国家自然科学基金（Nos. 42288201，32020103006）
北京市属高校教师队伍建设支持计划（BPHR20220114）

昆虫演化的旋律

来自中国北方侏罗纪和白垩纪的证据

Rhythms of Insect Evolution

Evidence from the Jurassic and Cretaceous in Northern China

任 东 史宗冈 高太平 王永杰 姚云志 著

河南科学技术出版社
·郑州·

This book has been translated from "Rhythms of Insect Evolution – Evidence from the Jurassic and Cretaceous in Northern China" © 2019 John Wiley & Sons Ltd., with additional updated taxa and other information published in 2019 and 2020.

本书翻译自 "Rhythms of Insect Evolution – Evidence from the Jurassic and Cretaceous in Northern China" © 2019 John Wiley & Sons Ltd.，补充了 2019 年至 2020 年间报道的昆虫分类和其他新信息。

图书在版编目（CIP）数据

昆虫演化的旋律：来自中国北方侏罗纪和白垩纪的证据/任东等著. —郑州：河南科学技术出版社，2024.2
ISBN 978-7-5725-1227-8

Ⅰ.①昆… Ⅱ.①任… Ⅲ.①昆虫—进化 Ⅳ.①Q961

中国国家版本馆CIP数据核字(2024)第163276号

出版发行：河南科学技术出版社
　　　　　地址：郑州市郑东新区祥盛街 27 号　邮编：450016
　　　　　电话：（0371）65737028　65788613
　　　　　网址：www.hnstp.cn
总 策 划：周本庆
策划编辑：陈淑芹　杨秀芳
责任编辑：陈淑芹　陈　艳　田　伟　杨秀芳
责任校对：耿宝文　梁晓婷
整体设计：张　伟
责任印制：徐海东
印　　刷：河南瑞之光印刷股份有限公司
经　　销：全国新华书店
开　　本：889 mm×1 194 mm　1/16　印张：55　字数：1 473 千字
版　　次：2024 年 2 月第 1 版　　2024 年 2 月第 1 次印刷
定　　价：798.00 元

本书编写人员名单

（以姓氏笔画为序）

马依明	首都师范大学	肖丽芳	广东省科学院动物研究所
王　莹	国家自然博物馆	吴　琼	首都师范大学
王　梅	中国林业科学研究院	张　晓	中山大学
王　涵	首都师范大学	张　瑁	首都师范大学
王永杰	广东省科学院动物研究所	张浩强	首都师范大学
王佳佳	首都师范大学	张维婷	河北地质大学
王梦琪	首都师范大学	张燕婕	首都师范大学
王瑞倩	首都师范大学	陈　莎	首都师范大学
毛　玥	首都师范大学	陈冠宇	首都师范大学
方　慧	河北地质大学	陈真珍	首都师范大学
史宗冈	美国国家自然历史博物馆	林晓丹	海南大学
白海燕	首都师范大学	庞　虹	中山大学
邢长月	首都师范大学	赵志鹏	中国水产科学研究院
师超凡	中山大学	俞雅丽	广东省科学院动物研究所
乔　丹	首都师范大学	姚云志	首都师范大学
任　东	首都师范大学	顾俊杰	四川农业大学
任明月	首都师范大学	徐逸凡	首都师范大学
刘振华	广东省科学院动物研究所	高太平	首都师范大学
杜思乐	首都师范大学	黄　硕	首都师范大学
李　升	中国科学院动物研究所	曹慧佳	首都师范大学
李龙凤	甘肃农业大学	崔莹莹	华南师范大学
杨　强	广州大学	梁军辉	天津自然博物馆
杨弘茹	首都师范大学	韩　晔	首都师范大学

　　我国北方中侏罗统和下白垩统地层中发现了多样且极具科研价值的化石标本，包括带羽毛的恐龙、翼龙、鸟类、哺乳动物、爬行动物、两栖动物、昆虫、裸子植物和被子植物。对于这些标本的研究和记录，极大地扩展了我们对古生物学、地层学、进化论、生态学和其他相关自然科学的认识。众多学术论文、媒体或网络报道了大量由古生物化石讲述的"寂静故事"，修正甚至改写了自然科学类教科书中的相关知识，促进了学科的发展，激起了人们浓厚的兴趣。

　　中侏罗世和早白垩世，昆虫表现出取食、拟态和生殖等有趣的生活方式，在生态系统中发挥着重要作用。当时，频繁的火山喷发产生的有毒气体和火山灰致使昆虫突然死亡。然而，它们中的少数代表历经自然界的沧桑变迁，最终形成一件件精美的化石。在我国北方发现了大量埋藏在沉积岩中的昆虫化石，其惊人的细节结构和广泛的类群多样性得到了很好的保存。通过高科技仪器和先进软件对这些化石开展分析研究，为揭示昆虫演化旋律提供了有力的证据。

　　1923~1935年，葛利普教授(Amadeus W. Grabau)和秉志院士分别在我国开展了昆虫化石的奠基性研究。1965~1985年期间，我国古昆虫学家洪友崇和林启彬完成了昆虫化石早期的分类研究。1985年至今，任东及首都师范大学的科研团队，张俊峰、张海春、黄迪颖和王博及中国科学院南京地质古生物研究所的科研团队继续开展昆虫化石的分类学研究。1991年至今，这些团队的研究涵盖了昆虫系统演化和古生物学等多个方向。进入21世纪以来，我国古生物学者与国际同行积极开展广泛的交流合作与联合研究，促使我国古昆虫学科发展更加开放和国际化，研究深度和广度也得以不断拓展。

　　近20年来，首都师范大学和中国科学院南京地质古生物研究所采集了大量化石标本资料，对昆虫23个目的分类单元进行了新的分类学描述，记录并报道了昆虫的系统分类、功能、行为演化，以及它们的取食、拟态和生殖等有趣的生活方式。基于这些年来的研究成果以及相关参考文献提供的信息，我们精选了一些来自我国北方侏罗纪和白垩纪时期代表性昆虫化石并总结了昆虫演化的最新发现，汇集为《昆虫演化的旋律——来自中国北方侏罗纪和白垩纪的证据》一书。

　　我们希望这本书能传递三个方面的信息：自然科学（侧重昆虫学、昆虫形态、分类学、演化、地质学、生态系统、授粉、拟态、取食、求偶和交配等），有趣的大众科普（来自中国、美国等世界各地与昆虫有关的故事和文化）及艺术审美（精美典雅的现生及化石昆虫照片、线条图和3D复原艺术带来的视觉享受）。我们也尽最大的努力维持这三者之间的和谐平衡。

　　本书第4章概述了国内外古昆虫学家的重要成果。他们在昆虫分类学和形态学方面做出的学术贡献在昆虫23个目的章节中得以体现（第5~27章）。本书内容还涵盖了中国北方侏罗系及白垩系非海相地层及昆虫群（第1章）、昆虫的伴生动物与植物（第2章）、昆虫简介（第3章）、昆虫的取食（第28章）、伪装、拟态和警戒（第 29 章）和基因的延续——求偶、交配及产卵（第 30 章）。本书利用现生昆虫和植物以及化石和琥珀标本的精美照片、线条图和 3D 复原图使读者对昆虫化石的科学发现有一个清晰而美好的印象。此外，我们以知识窗的形式向读者介绍中西文化中与昆虫有关的趣闻故事。

　　本书适合不同层面的读者，诸如昆虫学家、进化论者、植物学家、生物学家、地质学家、古生态学家、化石收藏家、博物学家、昆虫爱好者和学生等。我们相信读者在阅读本书的同时，会对与昆虫相关的自然科学有一个新的理解和认识，并享受艺术表现的乐趣。我们也希望青年学子对这些学科产生兴趣、受到启发，能够立志成为一名昆虫学家或古生物学家，接过科研的火炬，照亮自然科学的未来之路。

任　东　史宗冈

2022 年 8 月

目 录

第1章

中国北方侏罗系与白垩系非海相地层及昆虫群

任东，师超凡

中国北方地区在本书中是指位于中国境内黄河以北的地区。自晚二叠世以来，中国华北板块进一步扩张，与塔里木板块、西伯利亚板块拼合，成为劳亚大陆的一部分。侏罗纪和白垩纪时期，仅在中国西北（塔里木盆地西侧）、西南（青藏地区南部）、东北（黑龙江北部）和东南的部分地区有海相沉积，中国主体，特别是中国北方的大部分地区处于古陆状态，东部受环太平洋地壳运动影响，岩浆活动强烈。因此，中国北方侏罗纪及白垩纪时期的地层主要由陆相沉积层、火山岩及火山沉积岩和含煤地层构成，人们在其中发现并报道了大量化石。目前侏罗纪和白垩纪的昆虫化石在新疆、甘肃、陕西、内蒙古、河北、北京、辽宁、吉林和山东等地均有报道，其中甘肃玉门–酒泉盆地、燕辽地区（北京–冀北–辽西–内蒙古东南部）和山东莱阳盆地的昆虫化石研究最为广泛而深入。

本书综合非海相地层中的昆虫化石、放射性同位素测年及其他伴生化石等数据，对中国北方侏罗系及白垩系非海相含昆虫化石地层进行划分和对比，方案如表1.1所示。

1.1 中国北方侏罗系及白垩系非海相含昆虫化石地层的划分与对比

侏罗系及白垩系非海相沉积广泛分布于中国北方的几个盆地，主要为杂色沉积、红层、含煤层、蒸发岩和火山岩。这些沉积通常厚度大，富含生物化石群、石油、煤和非金属矿产资源。

本书建立了相对完整的中国北方侏罗系及白垩系非海相含昆虫化石地层层序及地层对比（表1.1）。在该地层序列中，主要有两个具有代表性的含昆虫化石地层序列：甘肃玉门–酒泉盆地、燕辽地区。这些沉积中富含多样的陆生生物群，如昆虫、叶肢介类、介形虫、双壳类、腹足类、鱼类、两栖类、恐龙、鸟类、哺乳动物和植物。在过去的几十年中已报道了该地区大量侏罗系及白垩系非海相地层的相关研究[2-4]。最新的放射性同位素测年结果更加完善了该区生物地层学研究[5, 6]。本书对中国北方侏罗系及白垩系非海相含昆虫化石地层进行了重新评估，完善了昆虫和伴生化石群的组合序列和地层对比（表1.2和表1.3）。

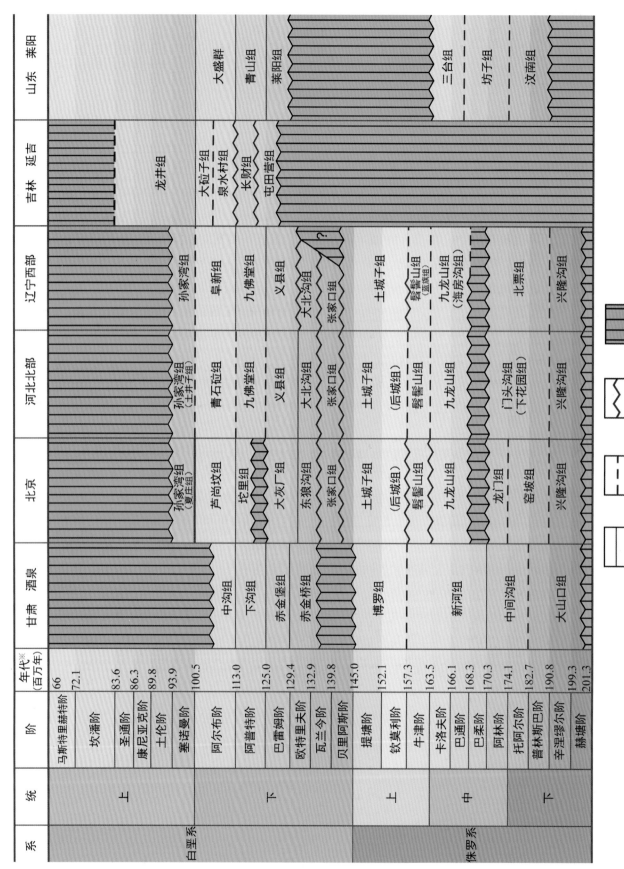

表 1.1　中国北方侏罗系及白垩系非海相含昆虫化石岩石地层划分及对比
（地质时代根据国际地层委员会地质年代表 2018 版）[1]

中国北方侏罗系及白垩系非海相含昆虫化石地层可划分为两种不同的沉积类型：①中国西北部以玉门-酒泉为代表的大型稳定的内陆沉积盆地，没有火山物质；②中国东北部以燕辽地区为代表的山间断陷盆地，受断层控制，主要发育一套富含火山熔岩和凝灰质沉积夹层的陆相沉积岩。

1.1.1　甘肃玉门-酒泉盆地

中生代中期的玉门-酒泉地区是中国西北地区大型稳定的无火山碎屑物质的内陆沉积盆地的代表。侏罗系及白垩系非海相岩层自下而上包括：大山口组、中间沟组、新河组、博罗组、赤金桥组、赤金堡组、下沟组和中沟组（表1.1）。

大山口组（最大厚度510 m）的基部是由灰绿色砾岩、砂岩夹紫红色粉砂岩和泥岩组成。它不整合覆盖在上三叠统的南营儿组之上。

中间沟组（最大厚度174 m），平行不整合覆盖在大山口组之上，主要由基部的灰色砾岩、中部的灰绿色砂岩、泥岩和含煤夹层组成。

新河组（最大厚度600 m），整合覆盖在中间沟组之上，主要由黄绿色和深灰色砂岩夹粉砂岩和泥岩组成。

博罗组（最大厚度700 m），平行不整合覆盖在新河组之上，主要由紫红色粉砂岩、砂岩和砾岩构成。

赤金桥组（最大厚度200 m），不整合覆盖在上侏罗统博罗组或其他较老的地层之上。它分为上下两部分：下部由紫红色砾岩和砂岩构成；上部由深灰色和灰绿色粉砂岩、薄层页岩和泥岩构成，含丰富的热河动物群化石[7]。

赤金堡组（最大厚度400 m），整合覆盖在赤金桥组之上，主要由黄绿色厚层至块状砂岩构成；中下部为砾岩层，上部为灰黑色泥岩、砂岩、粉砂岩夹页岩、含薄煤层。这个地层含有丰富的介甲目新叠饰叶肢介*Neodiestheria sp.*，双壳纲球蚬*Sphaerium jeholensis*，*S. anderssoni*，*S. subphanum*化石以及丰富的热河昆虫群化石[7]。

下沟组（最大厚度580 m），整合覆盖在赤金堡组之上，由灰绿色和紫红色粉砂岩组成，其中夹薄层泥岩和页岩，含丰富的昆虫化石。

中沟组（最大厚度398 m），整合覆盖在下沟组之上，其特征是紫红色粉砂岩和砂岩，顶部被新近系库泉组不整合覆盖。

1.1.2　北京-冀北-辽西-内蒙古东南部的山间火山盆地

中生代中期，中国东北地区由于地壳构造运动引起的火山活动十分强烈。分布在燕辽地区侏罗系及白垩系地层是典型的富含火山熔岩和凝灰质的山间断陷盆地，各个小盆地之间虽然呈隔离状态，但由共同的水系相连接。著名的燕辽生物群和热河生物群最先报道并命名于这一地区。自20世纪20年代以来，中国东北地区的中生代非海相地层和化石被广泛研究[8]，有关的学术论文和专著[1-23]数百篇（部）被发表。

燕辽地区侏罗系及白垩系非海相地层由老到新可划分为10个典型地层单位：兴隆沟组、门头沟组、九龙山组、髫髻山组、土城子组、张家口组、大北沟组、义县组、九佛堂组、阜新组、孙家湾组（表1.1）。

兴隆沟组（最大厚度905 m），不整合覆盖在上三叠统坤头波罗组之上，主要由玄武岩、安山岩和凝灰质砾岩组成，广泛分布于燕辽地区。

表 1.2   中国北方侏罗系及白垩系昆虫化石地层序列

系	阶	组	昆虫群	蜉蝣目	蜻蜓目	襀翅目	蜚蠊目	蛩蠊-螳蟥类	毛蝽科	蟾目	直翅目	革翅目	同翅目
白垩系	马斯特里赫特阶												
	坎潘阶												
	圣通阶												
	康尼亚克阶												
	土伦阶												
	塞诺曼阶	孙家湾组（夏庄组）	阜新昆虫群		*Hemeroseopus* / *Sinaeschnidia heishankoensis*								*Jiphara* / *Cretocercopis* / *Cretocixius stigmatosus*
	阿尔布阶	阜新组（芦尚坟组）											
	阿普特阶	九佛堂组	热河昆虫群	*Ephemeropsis trisetalis* / *Epicharmeropsis*	*Sinaeschnidia cancellosa* / *Rudiaeschna limnobia*	*Sinosharaperla zhaoi*	*Perlucipecta* / *Habroblattula drepanoides*		*Sinochresmoda magnicornia* / *Chresmoda shihi*	*Hagiphasma paradoxa* / *Renphasma sinica* / *Cretophasmomima melanogramma*	*Parahagla sibirica* / *Vitimoilus ovatus*	*Sinoprotodiplatys zhangi* / *Barbderma oblonguata* / *Cylindopygia falcate*	*Miracossus* / *Liaocossus* / *Lapicixius decorus*
	巴雷姆阶	义县组											
	欧特里夫阶	大北沟组											
	瓦兰今阶												
	贝里阿斯阶	张家口组											
侏罗系	提塘阶	土城子组											
	钦莫利阶												
	牛津阶	髫髻山组	燕辽昆虫群	*Jurassonurus amoenus* / *Mesobaetis*	*Sinokaratawia* / *Sinoeuthemis daohugouensis*	*Paranotonemoura pteroliriope* / *Karanemoura abrupta*	*Divocina noci, Fortiblatta cuspicolor* / *Fuzia dadeo*	*Cseintizia aristovi* / *Juramanto phasma* / *Juraperla grandis* / *Sinonele phasmoides*	*Jurachresmoda gaskelli*	*Adjacivena rasnitsyni*	*Liassophyllum caii* / *Archaboilus* / *Altaboilus* / *Locustopsis phytofemoralis*	*Perfissoderma triangulum* / *Palaeodermapteron* / *Belloderma arcuate*	*Daohugoucossus, Quadraticossus* / *Suljuktocossus, Synapocossus* / *Anthoscytina perpetua* / *Sunotettigarcta, Hirtaprosbole*
	卡洛夫阶	九龙山组（海房沟组）											
	巴通阶												
	巴柔阶												
	阿林阶	门头沟组（北票组）（下花园组）											
	托阿尔阶												
	普林斯巴阶												
	辛涅缪尔阶	兴隆沟组（南大岭组）											
	赫塘阶												

异翅目	脉翅目	蛇蛉目	鞘翅目	膜翅目	双翅目	长翅目	蚤目	毛翅目	鳞翅目
			Longaevicupes macilentus						
			Zygadenia trachylenus						
			Brochocoleus impressus						
			Monticupe surrectus						
			Cionocoleus magicus						
Mesolygaeus laiyangensis	Dipteromantispa brevisubcosta	Chrysoraphidia relicta	Latocupes bella	Archoxyelyda mirabilis	Protapiocera megista	Typhothauma yixianensis	Tyrannopsylla beipiaoensis	Cathayamodus fournieri	
Byssoidecerus levigata	Choromymeleon aspoeckorum	Baissoptera liaoningensis	Furcicupes raucus	Rectilyda sticta	Florinemestrius pulcherrimus	Jeholopsyche liaoningensis	Saurophthirus exquistus	Sinomodus spatiosus	
Flexicorpus acutirostratus	Aetheogramma speciosa		Sinopoqus lineatus	Megapelecinus changi	Origoasilus pingquanensis	Vitimopsyche kozlovi		Sinomodus peltatus	
Primipentatoma peregrina	Sophogramma lii		Oxyporus yixianus	Acephialtitia colossa	Lichnoplecia kovalevi	Megabittacus beipiaoensis			
Clavaticoris zhengi			Prophaenognatha robusta	Shoushida regilla	Dissup clausus				
			Paralithomerus exquisitus						
			Sinopraecipuus bilobatus						
			Abrocar brachyorhinos						
			Coptoclava longipoda						
Miracorizus punctatus	Bellinympha filicifolia	Juroraphidia longicollum	Alloioscarabaeus cheni	Mirolyda hirta	Eoptychopterina elenae	Tsuchingothauma shihi	Acisarcuatus variradius	Kladolepidopteron oviformis	
Pumilanthocoris gracilis	Grammolingia boi	Ororaphidia bifurcata	Jurotachinus breviantennatus	Aethotoma aninomorpha	Sinorhagio daohugouensis	Lichnomesopsyche gloriae	Pulcherylindratus punctatus	Ascololepidopterix multinerve	
Peregrinpachymeridium comitcola	Kallihemerobius aciedentatus		Protagrypnus robustus	Medilyda procera	Archirhagio gracilentus	Pseudopolycentropus janeannae	Liadotaulius limus	Sereslepidopteron dualis	
Mirivena robusta	Jurakempynus sinensis		Paradesmatus ponomarenkoi	Mesoserphus venustus	Uranorhagio daohugouensis	Juracimbrophlebia ginkgofolia			
			Loculiticoleus flatus	Synaphopterella patula	Praemacrochile dryasis	Pseudopulex jurassicus			
				Proephialtitia acantha					

表 1.3　中国北方侏罗系及白垩系昆虫重要及重要伴生生物化石地层序列

系	阶	组	生物	叶肢介	植物	鱼类	哺乳类	鸟类	翼龙类
白垩系	马斯特里赫特阶								
	坎潘阶								
	圣通阶								
	康尼亚克阶								
	土伦阶								
	塞诺曼阶	孙家湾组（夏庄组）	阜新生物群	Yanjiestheria-Neodiestheria-Orthestheria-Eosestheria lushangfenensis	Ctenislyrata-Chilinia ass. Ruffordia-Dryopterites ass. Acanthopteris-Ginkgo coriacea ass.				
	阿尔布阶	阜新组（芦尚坟组）	Hemeroscopus-Jiphara-Yanjiesheria-Xishanichthys- etc.			Haizhoulepis changi Xishanichthys xiei	Endotherium niinomii		
	阿普特阶	九佛堂组	热河生物群			Lycoptera muroii			
	巴雷姆阶	义县组	Ephemeropsis-Sinaeschnidia-Habroblattula-Liaocossus-Baissoptera-Sophogramma-Vitimopsyche-Florinemestrius-Hagiphasma- etc.	Eosestheria-Diestheria assm.	Brachyphyllum-Czekanowskia Solenites-Archaeofructus etc.	Peipiaosteus pani-Lycoptera davidi-Protopsephurus liui	Jeholodens-Liaoconodon-Sinobaatar-Maotherium-Zhangheotherium-Sinodelphys-Eomaia	Confuciusornis-Changchengornis-Protopteryx-Jeholornis-Sapeornis-Longipteryx-Cathayornis-Liaoxiornis-Chaoyangia etc.	Sinosauropteryx-Sinopterus-Microraptor-Feilongus-Chaoyangopterus-Beipiaopterus-Caudipteryx etc.
	欧特里夫阶	大北沟组	Nestoria-Keratestheria Nestoria-Jibeilimnadia						
	瓦兰今阶	张家口组							
	贝里阿斯阶								
侏罗系	提塘阶	土城子组							
	钦莫利阶								
	牛津阶	髫髻山组	燕辽生物群						
	卡洛夫阶		Jurassonurus-Archabollus-Fuzia-Karanemoura-Anthocytina-Suljuktocossus-Miracorizus-Pseudopulex-Juroraphidia-Grammolingia-Eopolychoptenia-Kladolepidopteron-Jurachresmoda-Belloderma- etc.	Triglypta pingguaensis-T.haifanggouensis-T.luanpingensis	Ningchengia jurassica-Anomozamites haifanggouensis-Weltrichia dachugouensis-Yimaiacaptulliformis-Schizolepis daohugouensis-Jurarehba bodae		Pseudotribos-Juramaia-Volaticotherium-Castrocauda-Arboroharamiya-Megaconus		Jeholopterus-Qinglongopterus-Jianchangopterus-Darwinopterus-Epidexipteryx-Aurornis-Eosinopteryx
	巴通阶	九龙山组（海房沟组）				Liaosteus hongi			
	巴柔阶								
	阿林阶	门头沟组（北票组）（下花园组）							
	托阿尔阶								
	普林斯巴阶								
	辛涅缪尔阶	兴隆沟组（南大岭组）							
	赫塘阶								

门头沟组（最大厚度1 330 m），假整合覆盖在兴隆沟组之上，其特点是含煤层，主要由湖相粉砂岩、泥岩、页岩和砂岩组成，富含凝灰质。这些含煤层等同于辽宁北票组或河北下花园组。北京门头沟组有时又被分为窑坡组和龙门组。

九龙山组（最大厚度680 m），不整合覆盖在门头沟组之上，由杂色细砂岩、细砾岩、粉砂岩、泥岩和页岩组成，富含化石。目前已报道了来自该组的22目166科476属约837种昆虫化石[2, 3, 24, 25]。燕辽生物群的大部分种类均来自该组。在辽宁地区相应地层称为"海房沟组"。内蒙古道虎沟村九龙山组以前又被称为"道虎沟组"，但多数学者认为"道虎沟组"是九龙山组的晚出异名[5, 26-28]，因此该名称很少被人们接受。

髫髻山组（最大厚度3 500 m），假整合覆盖在九龙山组之上，以大规模的厚层火山岩为主，主要由玄武岩、安山岩、粗安岩和流纹岩组成。在辽宁省髫髻山组相应地层又称为"蓝旗组"。

土城子组（最大厚度2 600 m），不整合覆盖在髫髻山组之上，是一套河流相灰紫色岩系为主夹零星中性火山岩的地层，主要由砾岩、凝灰岩、粗砂岩夹砾岩和粉砂岩组成。河北省和北京地区土城子组相应地层又称为"后城组"或"承德砾岩"。

张家口组（最大厚度1 640 m），假整合覆盖在土城子组之上，以中、酸性火山岩为主夹沉积岩，包括紫红色安山岩、流纹岩、酸性火山角砾岩和凝灰岩。辽西地区该套沉积可能缺失。

大北沟组（最大厚度344 m），不整合覆盖在张家口组之上，由河流相的灰色砂砾岩，粗、中、细粒的砂岩，粉砂岩，泥岩组成，含凝灰质。辽西地区该组不发育，辽西地区土城子组与义县组之间可能存在较长时期的沉积间断[2, 3, 29]。在北京地区大北沟组相应的地层也被称为"东狼沟组"。

义县组（最大厚度2 442 m），在辽西地区不整合覆盖在土城子组之上，但在冀北地区整合覆盖在大北沟组之上。由火山岩和若干含化石的河湖相沉积夹层组成，主要为凝灰质砾岩、灰黑色和紫红色安山岩、玄武岩、灰绿色或灰黄色凝灰岩、凝灰质砂岩、砂页岩、泥岩、凝灰质粉砂泥岩、粉砂岩和砂岩。著名的热河生物群化石在该组十分丰富，如昆虫、介形虫、叶肢介、双壳类、鱼类、有羽恐龙、早期鸟类、哺乳动物和早期被子植物。到目前为止，该组已报道昆虫化石共计19目204科573属862种[2-4, 6, 29-34]。北京地区义县组相对应的地层也被称为"大灰场组"。

九佛堂组（最大厚度2 118 m），在辽西地区整合覆盖在义县组之上，在冀北地区平行不整合覆盖在义县组之上。主要有湖相灰绿色、灰白色、灰黄色、灰黑色页岩，砂页岩层，粉砂屑灰岩，砂岩，薄层凝灰岩，凝灰质砂岩，凝灰质砂砾和粗砂岩。有时在该组上部会出现含煤层和油页岩。九佛堂组横向变化较大，北京地区相应地层为"坨里组"，粗碎屑沉积岩较多。

阜新组（最大厚度1 550 m），整合覆盖在九佛堂组之上，下部由硅质碎屑岩（多个灰白色含砾砂岩层旋回出现）、砂岩、粉砂岩、泥岩、厚层碳质泥岩和煤层构成；上部由灰绿色、黄灰色砂砾岩，粗粒或细粒砂岩，粉砂岩，泥岩，薄煤层和煤晶体构成[9, 23, 35]。阜新组在北京地区相应的地层称为"芦尚坟组"，在冀北地区相应的地层称为"青石砬组"。

孙家湾组（最大厚度660 m），平行不整合覆盖在阜新组之上，是一套河流和洪积相，主要为杂色砾岩夹薄层砂岩、粉砂岩和泥岩。上覆地层由新近系岩石不整合覆盖，北京地区相应地层称为"夏庄组"，冀北地区相应地层称为"土井子组"。

燕辽地区的上白垩统地层大部缺失。

吉林和山东地区侏罗系及白垩系非海相岩石地层与燕辽地区略有不同，地层层序发育不完整，但山东莱阳组也含有种类丰富的热河昆虫群化石。

1.2　中国北方侏罗系及白垩系非海相岩层中的昆虫群

中生代淡水河流相或湖相沉积物中昆虫化石十分丰富。中国北方侏罗纪和白垩纪大量保存的精美昆虫化石为非海相岩石地层的划分与对比做出了重要贡献[2, 3, 36]。

自1923年以来，古生物学家一直致力于研究中国北方地区侏罗纪和白垩纪时期的昆虫化石[8]。目前为止，中国北方侏罗纪和白垩纪发育有三个昆虫群：分别是中侏罗世燕辽昆虫群（地质时代为中侏罗世巴通期–卡洛夫期）、早白垩世早期的热河昆虫群（地质时代为早白垩世欧特里夫期–阿普特期）和早白垩世晚期的阜新昆虫群（地质时代为早白垩世阿尔布期）[2, 36]（表1.2）。

1.2.1　燕辽昆虫群

燕辽昆虫群是中侏罗世燕辽生物群的重要组成部分。近20年来在燕辽地区又新发现了大批保存精美的蜓蜒、最早的有羽恐龙、滑翔或水生哺乳动物、早期真兽类以及早期被子植物等，使得燕辽生物群在国际古生物界影响力进一步提升[2, 3, 5]。

1983年，洪友崇将海房沟组采集的大量化石昆虫统称为燕辽昆虫群[24]。随着叶肢介、双壳类、鱼类、爬行动物和哺乳动物等在内的各种非海生生物化石在该层位的发现，1995年，任东将燕辽昆虫群改称为燕辽动物群[2, 36]。此后在九龙山组又发现了大量植物化石，燕辽动物群又被称为燕辽生物群[5, 34, 36]。

▼ 图 1.1　道虎沟化石采挖场地　史宗冈拍摄

2002年以来，在内蒙古东南部宁城县的道虎沟地区（图1.1）发现并记录了相当于九龙山组层位的大量化石，被一些研究人员称为"道虎沟生物群"[5, 26, 37, 38]。但由于"道虎沟生物群"是燕辽生物群的晚出异名，"燕辽生物群"一词得到了研究人员更为广泛的认可和应用。鉴于中侏罗统九龙山组（海房沟组）和上覆地层髫髻山组（蓝旗组）的昆虫化石组成具有很强的相似性，本文的燕辽昆虫群指的是包括来自上述九龙山组和髫髻山组中所含的昆虫化石。徐星等人基于前人的观点，对燕辽生物群进行了全面的综述[4, 5, 25, 34, 36]。

目前为止，燕辽昆虫群已报道了22目166科476属大约837种昆虫[2, 3, 24, 25, 36, 39]。其中最常见的昆虫化石名录列于表1.2中，并在本书第5~27章分别做了介绍。

在众多燕辽植食性昆虫群中，具细长口器的长翅目昆虫，包括中蝎蛉科（如蔓霁精美中蝎蛉 *Lichnomesopsysy gloriae* Ren，Labandeira & Shih，2010）、阿纽蝎蛉科（如辽宁热河阿纽蝎蛉 *Jeholopsyche liaoningensis* Ren，Shih & Labandeira，2011）和拟蝎蛉科（如建恩拟蝎蛉 *Pseudopolycentropus janeannae* Ren，Shih & Labandeira，2010）[40-43]，在虫媒传粉演化方面具有重要意义。这些具有细长吸收式口器的长翅目昆虫以裸子植物的传粉滴或胚珠分泌液为食，与中侏罗世的裸子植物之间存在传粉的互利共生关系（详见第24.2和第28.1.1）。

悦耳古鸣螽（*Archaboilus musicus* Gu，Engel & Ren，2012）的发现也为燕辽生物群研究增添了惊喜。其雄虫前翅化石标本上保存有完好的摩擦发音结构，可以产生一种低频鸣声吸引潜在的配偶，这表明中侏罗世的生态系统已不再是寂静的世界[44]（详见第9.3和第30.2）。

燕辽昆虫群还以一些外寄生性昆虫而闻名。一些原始的蚤类如侏罗似蚤 *Pseudopulex jurassicus* Gao，Shih & Ren，2012、王氏似蚤 *P. wangi* Huang，Engel，Cai & Nel，2013等具有长的锯齿状口器，可能吸食较大体型宿主（如有羽恐龙、有羽翼龙或中型哺乳动物）的血液[28, 45-48]（详见第25.2和第28.3）。

脉翅目叶形丽翼蛉 *Bellinympha filicifolia* Wang，Ren，Liu & Engel，2010和丹氏丽翼蛉 *B. dancei* Wang，Ren，Shih & Engel，2010的翅形和色斑与同时代裸子植物苏铁类叶片极为相似[49]（详见第20.3和第29.2.1），以及长翅目银杏侏罗半岛蝎蛉 *Juracimbrophlebia ginkgofolia* Wang，Labandeira，Shih & Ren，2012，可以模拟一种银杏叶片，体现了当时环境中的昆虫与植物之间特异性的互利共生和协同演化关系[50]（详见第20.3和第29.2.2）。

许多从道虎沟地区采集到的燕辽昆虫群化石还保存有清晰的口器、触角甚至刚毛等结构。一些重要的昆虫、植物和其他动物的化石标本陈列在道虎沟古生物化石保护馆（图1.2，图1.3）和宁城国家地质公园博物馆（图1.4）。许多燕辽昆虫化石保存下来的痕迹有助于我们了解昆虫当时的生活习性。例如，一对交配的沫蝉（永恒花格蝉 *Anthoscytina perpetua* Li，Shih & Ren，2013）是昆虫交配的最早化石记录[51]（详见第16.3和第30.4）。燕辽昆虫群化石特异埋藏的原因是火山爆发产生的有毒气体导致昆虫群的突然死亡和快速埋葬。

通过对大量燕辽昆虫群化石和相应地层研究发现，当时的道虎沟位于浅水沼泽地区或浅水湖泊近岸处，气候温暖湿润、陆地植被丰富、土壤层发育[3, 25, 52, 53]。在道虎沟地区还发现了一些生活在高山丛林中的昆虫种类，如道虎沟中蛇蛉 *Mesoraphidia daohugouensis* Lyu，Ren & Liu，2015、双叉山蛇蛉 *Ororaphidia bifurcata* Lyu，Ren & Liu，2017[54, 55]和身体被毛的强壮多毛螽蝉 *Hirtaprosbole erromera* Liu，Li，Yao & Ren，2016[56]，这表明道虎沟地区在当时具有古海拔800~2 000 m的山地存在。

▼ 图 1.2　第五届国际古昆虫大会代表参观正在建设中的道虎沟古生物化石保护馆（2010 年 8 月）　史宗冈拍摄

▼ 图 1.3　道虎沟古生物化石保护馆　史宗冈拍摄

1.2.2　热河昆虫群

燕辽地区中生代化石和地层有将近100年的研究历史。燕辽地区古生物学和地层学研究最早来自葛利普（Grabau）（1923年）。在1928~1955年，燕辽地区曾被称为"热河省"。1928年，葛利普将主要由义县组和九佛堂组相应层位包含的化石命名为"热河动物群"。1962年中国古生物学家顾知微首次提出了"热河群"和"热河生物群"，以代表主要分布在中国东北地区早白垩世的陆地生态系统[57]。目前"热河生物群"一词被广泛使用，详见表1.3[2-4, 6, 17, 31-33, 58]。

1995年，任东将来自义县组和九佛堂组相应地层的昆虫化石命名为热河昆虫群[2, 3, 36]。早白垩世热河昆虫群与中侏罗世燕辽昆虫群化石在埋藏方式上有着高度的相似性[32]。在义县组发现的大部分昆虫化石保存十分完整和清晰。

多样性高、保存精美的昆虫化石是热河动物群中的重要生物门类代表，许多昆虫化石的发现在昆虫演化研究中产生了很大的影响（图1.5）。到目前为止，热河动物群中已报道了19目204科573属大约862种昆虫化石[2-4, 6, 29-34, 39, 58]（详见第5~27章）。热河昆虫群大致可分为3个演化阶段[32]。

热河昆虫群的生态系统结构和环境背景已初步建立。根据昆虫栖息环境可将义县组化石昆虫划分为4个群落，其中森林群落中物种多样性最高，其次是水生群落、土壤群落和高山群落。根据昆虫取食行为可划分为5个群落，其中植食性昆虫群落物种多样性最高，其次是捕食性昆虫、寄生性昆虫、腐食性昆虫和杂食性昆虫群落[3, 32, 58, 59]。

总体而言，燕辽地区的义县组湖泊生态系统中昆虫群落相对稳定。该地区气候温暖湿润，存在季节性干旱和半干旱气候。此地区发育大型的深水湖，同时周围存在沼泽以及其他浅水环境。陆地土壤营养丰富、湿润，适宜植物、昆虫以及其他动物生存。附近存在古海拔800~2 000 m的高山[58]。

更重要的是，整个热河动物群中几乎所有的常见脊椎动物类群（如鱼类、两栖类、离龙类、龟类、蜥

▼ 图1.5 第五届国际古昆虫大会与会专家在辽宁省北票市四合屯山坡上采集化石（2010年8月） 史宗冈拍摄

蜴、鸟类和翼龙类、部分恐龙和哺乳动物）均可取食昆虫，因此昆虫在整个热河生态系统和食物链中起着至关重要的作用[6, 58]。四合屯化石博物馆（图1.6）和朝阳古生物化石博物馆（图1.7）珍藏有热河动物群的昆虫、植物和其他动物化石标本。

义县组昆虫化石也为昆虫、植物、动物之间的协同演化关系提供了重要证据。大量的传粉昆虫化石的发现，如双翅目短角亚目侏罗原网翅虻*Protonemestrius jurassicus* Ren， 1998、长翅目柯式魏姬姆蝎蛉*Vitimopsyche kozlovi* Ren， Labandeira & Shih， 2010、脉翅目丽蛉科蝶形聪蛉*Sophogramma papilionacea* Ren & Guo， 1996，以及半翅目异翅亚目花蝽*Vetanthocoris decorus* Yao，Cai & Ren， 2006等，表明传粉昆虫可能在被子植物起源与早期演化过程中起到了重要的作用[43, 60-62]（详见第28.1）。

在热河昆虫群中发现了体型最大的蚤类，如巨大似蚤*Pseudopulex magnus* Gao， Shih & Ren，2012[45]、奇美刺龙蚤*Saurophthirus exquisitus* Gao， Shih & Ren， 2013[46]、北票凶蚤*Tyrannopsylla beipiaoensis* Huang， Engel， Cai & Nel， 2013[48]，以及吸血性的密毛喙蝽*Torirostratus pilosus* Yao，Shih & Engel， 2014、伶俐尖喙蝽*Flexicorpus acutirostratus* Yao， Cai & Engel， 2014[61]，表明早白垩世外寄生性昆虫的多样性已十分丰富（详见第17.3、25.2、28.3和28.4）。

1.2.3 阜新昆虫群

阜新组化石在不同研究工作中名称不同。1981年，陈芬等将发现于辽西地区沙海组和阜新组以及其他地区相应地层的植物化石统称为阜新植物群[12, 13]，该植物群富含真蕨类、银杏类、松柏类、苏铁类和木贼类。

1981年，洪友崇将来自北京西山卢尚坟组（相当于辽西地区的阜新组地层）的昆虫化石群命名为卢尚坟昆虫群[63]，但洪友崇于1993年不再使用卢尚坟昆虫群[64]。1987年，王五力将来自辽西地区阜新组的动植物化石命名为阜新生物群。在热河动物群中最常见的一些化石未在阜新生物群中发现，如三尾拟蜉蝣*Ephemenopsis trisetalis*、长肢裂尾甲*Coptoclava longipoda*、隐翅幽蚊*Chironomaptera gregaria*、

▼ 图 1.6　第五届国际古昆虫大会的与会专家参观四合屯化石博物馆（2010 年 8 月）　史宗冈拍摄

▼ 图 1.7　朝阳古生物化石博物馆　史宗冈拍摄

刺盾蝽*Clyptostemma xyphidle*、黑山沟中国蜓*Sinaeschuidia heishankouensis*（表1.2）等昆虫类，叶肢介类化石组合*Eosestheria-Diestheria-Liaoningestheria*，狼鳍鱼*Lycoptera*、北票鲟*Peipiaosteupanis*，鹦鹉龙*Psittacosaurus*。

考虑到热河昆虫群化石与阜新昆虫群化石所含种类不同，任东等将芦尚坟组的昆虫化石称为阜新昆虫群[2, 36]。目前阜新昆虫群已报道了20种昆虫化石。尽管阜新昆虫群化石的种类和数量明显少于热河生物群，但从阜新昆虫群化石中却发现了许多白蚁化石，如蓟白蚁属*Jitermes*、燕京白蚁属*Yanjingtermes*和永定白蚁属*Yongdingia*白蚁。还发现了蜻蜓目昼蜓属*Hemeroscopus*，鞘翅目舌鞘甲属*Cionocoleus*、中长扁甲属*Monticupes*、薄扁甲属*Diluticupes*化石。

1.3　中国北方侏罗系和白垩系非海相地层和昆虫群的时代

侏罗纪和白垩纪时期是中国东北地壳剧烈运动，古地貌、古气候和生物变化的重要时期，形成了大量具有经济价值的内生和沉积矿产（煤和石油等）。全球中生代时期的地层和化石分为海相和非海相两种类型。国际中生代地质年代表的建立主要根据海相化石，特别是结合菊石化石、微体化石（如有孔虫、钙质浮游生物等）和放射性同位素测年。然而，在已建立的国际年代地层表中，上侏罗统到下白垩统之间阶和统的界线，其同位素年龄仍然存有争议。这个年龄的确定是假设菊石化石的一个亚带持续时间为100万年，并且假设所有的亚带具有相同的进化速率，由此利用其平均值和内插法推测得到上述地质年代[65, 66]。因此，基于海相化石和放射性同位素测年，不同的地质学家和国际地层委员会对"侏罗系/白垩系界线（J/K界线）附近的国际年代地层框架图"仍有不同的观点[1, 21-23]。

多位学者曾将国际年代地层表中的J/K界线分别定为130百万年（Mya）、135百万年、137百万年、142百万年、145.5百万年[21, 65]，但目前仍无可靠证据确定J/K界线为140 Mya、142 Mya、145.5 Mya还是135 Mya。这一争议使得非海相侏罗系及白垩系地层的对比非常困难，难以依据国际年代地层表（global timescale）建立公认的侏罗系及白垩系非海相地层框架图[67-70]。目前，全球侏罗系及白垩系界线层型的位置和绝对年龄尚未确定。关于中国北方侏罗系及白垩系非海相的含煤层、石油和化石的地层对比及地质年代尚未达成最后的共识。

因此，根据国际地层委员会（ICS）最新的国际年代地层表（2018年版）[1]，并综合前人的观点，我们依据黑龙江东部盆地中海相和非海相地层中的昆虫化石，参考凝灰质岩石和熔岩之间的多个同位素年龄以及其他伴生的双壳类和沟鞭藻类化石[17-23]，对中国北方侏罗系和白垩系非海相岩石地层进行了对比。

在中国北方，由于燕辽动物群和热河动物群中大量昆虫化石被发现，赋存燕辽动物群的九龙山/髫髻山组和赋存热河动物群的义县/九佛堂组的地层年代受到广泛关注和研究。

根据古生物学数据，九龙山/海房沟组的地质年代为中侏罗世的观点已被学者们广泛接受[2, 3, 15, 24, 71]。2002年，任东团队首次测量并报道了内蒙古宁城县道虎沟村含燕辽生物群九龙山组的地层剖面，认为其属于中侏罗世阿林期晚期或巴柔期早期[37]。在过去10年中，大量新的同位素测年数据支持了该地层的年代划分，进一步发现九龙山组的一部分属于中侏罗统巴通阶，上部属于卡洛夫阶[5]。例如，在辽西北票地区，海房沟组中部的$^{40}Ar/^{39}Ar$同位素测年结果为（166.7±1.0）Mya，近年对蓝旗组的两次同位素测年（$^{40}Ar/^{39}Ar$）结果为（159.5±0.6）Mya[72, 73]。在道虎沟化石产地，多位作者分别从化石层收集的样本进行了一系列同位素测年，包括$^{206}Pb/^{238}U$ SHRIMP法和$^{40}Ar/^{39}Ar$法。$^{206}Pb/^{238}U$ SHRIMP法结果为（162±2）

Mya，（152±2.3）Mya，（166±1.5）Mya，（165±2.4）Mya，（164±1.2）Mya和（165±1.2）Mya，^{40}Ar/^{39}Ar法结果为（159.8±0.8）Mya，均表明九龙山组化石层大部分为中侏罗统卡洛夫阶[74-77]。

自20世纪20年代以来，热河群地层和热河生物群的地质年代一直有争议。赋存热河生物群的义县组的地质年代曾有晚侏罗世提塘期晚期、早白垩世或侏罗系及白垩系过渡层等多种意见[2, 3, 6, 9-11, 15-21]。最新的古生物数据和同位素测年数据支持早白垩世的观点[22, 23]。

许多研究团队从辽宁省北票市四合屯村义县组下部的凝灰岩或熔岩流采集的标本利用^{40}Ar/^{39}Ar或238U/206Pb同位素测年法测得了大量的地层年代数据[78-82]，其范围为巴雷姆期—阿普特期（130~120 Mya，间隔大约10 Mya）。因此，义县组的地层年代范围可能为欧特里夫期—阿普特期，但更多是在巴雷姆期—阿普特期附近，而九佛堂组的地质年代是阿普特期中期。

冀北地区滦平盆地大北沟组锆石SHRIMP U/Pb定年分别为（133.9±2.5） Mya、（130.1±2.5）Mya；张家口组的锆石SHRIMP U/Pb定年分别为（135.8±3.1）Mya、（136.3±3.4）Mya、（135.4±1.6）Mya[83, 84]。该结果不仅支持了热河生物群地层年代为欧特里夫期/巴雷姆期，还表明燕辽地区非海相侏罗系及白垩系界线位于义县组之下，可能位于土城子组之内（表1.1）。

参考文献

［1］COHEN K M, FINNEY S M, GIBBARD P L, et al. The ICS International Chronostratigraphic Chart ［J］. Episodes v, 2018 (2013 updated), 36 (3): 199–204.

［2］任东，卢立伍，郭子光，等. 北京与邻区侏罗－白垩纪动物群及其地层 ［M］. 北京：地震出版社，1995.

［3］REN D, SHIH C K, GAO T P, et al. SILENT STORIES–Insect Fossil Treasures from Dinosaur Era of the Northeastern China ［M］. Beijing：Science Press, 2010.

［4］CHANG M M, CHEN P J, WANG Y Q, et al. The Jehol Biota ［M］. Shanghai：Shanghai Scientific & Technical Publishers, 2003.

［5］XU X, ZHOU Z H, SULLIVAN C, et al. An updated review of the Middle-Late Jurassic Yanliao Biota：Chronology, Taphonomy, Paleontology and Paleoecology ［J］. Acta Geologica Sinica (English Edition), 2016, 90 (6): 2229–2243.

［6］ZHOU Z H, WANG Y, XU X, et al. Jehol Biota：an exceptional window to the Early Cretaceous terrestrial ecosystem ［M］. // FRASER N C, SUES H D. Terrestrial Conservation Lagerstatten–Windows into the Evolution of life on Land. Scotland：Dunedin Academic Press Ltd, 2017：169–214.

［7］HONG Y C. Mesozoic fossil insects of Jiuquan Basin in Gansu Province ［M］. Beijing：Geological Publishing House, 1982.

［8］GRABAU A W. Cretaceous fossil from Shandong ［J］. Bulletin of Geology Survey of China, 1923, 2 (5): 164－181.

［9］顾知微. 中国侏罗纪地层对比表及说明书 ［M］. // 中国科学院南京地质古生物研究所. 中国各纪地层对比表及说明书，北京：科学出版社，1982：223–240.

［10］顾知微. 论我国非海相侏罗系和白垩系的分界 ［M］. // 中国科学院南京地质古生物研究所. 中国各纪地层界线研究，北京：科学出版社，1983：65–82.

［11］顾知微，蔡华伟. 陆相侏罗系 ［M］. // 中国科学院南京地质古生物研究所. 中国地层研究二十年（1979~1999）、合肥：中国科学技术大学出版社，2000：309–314.

［12］陈芬，杨关秀，周蕙琴. 辽宁阜新盆地早白垩世植物群 ［J］. 地球科学，1981，2：39–51.

［13］陈芬，孟祥营，任守勤，等. 辽宁阜新和铁法盆地早白垩世植物群及含煤地层 ［M］. 北京：地质出版社，1988.

［14］王五力. 论中国北方早白垩世早期阜新生物群 ［J］. 中国地质科学院沈阳地质矿产研究所所刊，1987，16：53–58.

［15］王五力，郑少林，张立君，等. 辽宁西部中生代地层古生物（一）［M］. 北京：地质出版社，1989.

［16］王思恩，高林至，庞其清，等. 中国陆相侏罗系—白垩系界线及其国际地层对比——以冀北—辽西地区侏罗—白垩纪年代地层为例 ［J］. 地质学报，2015，89（8）：1331–1351.

［17］陈丕基. 热河动物群的分布与迁移——兼论中国陆相侏罗—白垩系界线划分 ［J］. 古生物学报，1988，27（6）：659–683.

［18］CHEN P J, CHANG Z L. Nonmarine Cretaceous stratigraphy of eastern China ［J］. Cretaceous Research, 1994, 15 (3):

245–257.

［19］CHEN P J. Cretaceous conchostracan faunas of China ［J］. Cretaceous Research, 1994, 15 (3): 259–269.

［20］CHEN P J, LI J J, MATSUKAWA M, et al. Geological ages of dinosaur–track–bearing formations in China ［J］. Cretaceous Research, 2006, 27 (1): 22–32.

［21］CHEN P J, WANG Q F, ZHANG H C, et al. Jianshangou beds of the Yixian Formation in west Liaoning, China ［J］. Science in China Series D：Earth Sciences, 2005, 48 (3): 298–312.

［22］SHA J G, CHEN S W, CAI H W, et al. Jurassic-Cretaceous boundary in northeastern China: placement based on buchiid bivalves and dinoflagellate cysts ［J］. Progress in Natural Sciences, 2006, 16 (sup 1): 39–49.

［23］SHA J G. Cretaceous stratigraphy of northeast China：non-marine and marine correlation. Cretaceous Research, 2007, 28 (2): 146–170.

［24］洪友崇. 北方中侏罗世昆虫化石 ［M］. 北京：地质出版社, 1983.

［25］刘平娟, 黄建东, 任东. 中侏罗世燕辽昆虫群结构与古生态分析 ［J］. 动物分类学报, 2010, 35（3）：568–584.

［26］张俊峰. 道虎沟生物群（前热河生物群）的发现及其地质时代 ［J］. 地层学杂志, 2002, 26（3）：173–177.

［27］GAO K Q, REN D. Radiometric dating of ignimbrite from Inner Mongolia provides no indication of a post-Middle Jurassic age for the Daohugou Beds ［J］. Acta Geologica Sinica（English Edition）, 2006, 80 (1): 42–45.

［28］黄迪颖. 道虎沟生物群 ［M］. 上海：上海科学技术出版社, 2016.

［29］任东, 郭子光, 卢立伍, 等. 辽宁西部上侏罗统义县组研究新认识 ［J］. 地质论评, 1997, 43（5）：449–459.

［30］PAN Y H, SHA J G, FÜRSICH F T, et al. Dynamics of the lacustrine fauna from the Early Cretaceous Yixian Formation, China：implications of volcanic and climatic factors ［J］. Lethaia, 2012, 45 (3): 299-314.

［31］PAN Y H, SHA J G, ZHOU Z H, et al. The Jehol Biota：Definition and distribution of exceptionally preserved relics of a continental Early Cretaceous ecosystem ［J］. Cretaceous Research, 2013, 44：30-38.

［32］ZHANG H C, WANG B, FANG Y. Evolution of insect diversity in the Jehol Biota ［J］. Science China, Earth Sciences, 2010, 53 (12): 1908-1917.

［33］ZHOU Z H. Evolutionary radiation of the Jehol Biota：chronological and ecological perspectives ［J］. Geological Journal, 2006, 41 (3-4): 377-392.

［34］ZHOU Z H, JIN F, WANG Y. Vertebrate assemblages from the Middle–Late Jurassic Yanliao Biota in northeast China ［J］. Earth Science Frontiers, 2010, 17：252-254.

［35］刘香亭, 梁鸿德, 孙镇城, 等. 阜新盆地白垩系 ［M］. // 叶得泉, 钟筱春, 等. 中国北方含油气区白垩系. 北京：石油工业出版社, 1990：99–122.

［36］任东, 卢立伍, 姬书安, 等. 燕辽地区晚中生代动物群及其古生态和古地理意义 ［J］. 地球学报, 1996, 17：148-154.

［37］任东, 高克勤, 郭子光, 等. 内蒙古宁城道虎沟地区侏罗纪地层划分及时代探讨 ［J］. 地质通报, 2002, 21（8–9）：584–591.

［38］SULLIVAN C, WANG Y, HONE D W E, et al. The vertebrates of the Jurassic Daohugou Biota of northeastern China ［J］. Journal of Vertebrate Paleontology, 2014, 34 (2): 243-280.

［39］刘平娟, 黄建东, 任东, 等. 中国北方中生代晚期水生昆虫群落演替与环境变迁 ［J］. 动物分类学报, 2009, 34（4）：836–846.

［40］REN D, LABANDEIRA C C, SHIH C K. New Mesozoic Mesopsychidae（Mecoptera）from Northeastern China ［J］. Acta Geologica Sinica（English Edition）, 2010, 84 (4): 720-731.

［41］REN D, SHIH C K, LABANDEIRA C C. New Jurassic pseudopolycentropodids from China（Insecta：Mecoptera）［J］. Acta Geologica Sinica（English Edition）, 2010, 84 (1): 22-30.

［42］REN D, SHIH C K, LABANDEIRA C C. A well-preserved aneuretopsychid from the Jehol Biota of China（Insecta, Mecoptera, Aneuretopsychidae）［J］. ZooKeys, 2011, 129：17-28.

［43］REN D, LABANDEIRA C C, SANTIAGO-BLAY A J, et al. A probable pollination mode before angiosperms：Eurasian, long-proboscid scorpionflies ［J］. Science, 2009, 326 (5954): 840-847.

［44］GU J J, MONTEALEGRE-ZAPATA F, ROBERT D, et al. Wing stridulation in a Jurassic katydid (Insecta, Orthoptera) produced low–pitched musical calls to attract female ［J］. Proceedings of the National Academy of Sciences USA (PNAS), 2012, 109 (10): 3868-3873.

［45］GAO T P, SHIH C K, XU X, et al. Mid-Mesozoic flea–like ectoparasites of feathered or haired vertebrates ［J］. Current

Biology, 2012, 22：732-735.

［46］GAO T P, SHIH C K, RASNITSYN A P, et al. New transitional fleas from China highlighting diversity of Early Cretaceous ectoparasitic insects ［J］, Current Biology, 2013, 23 (13): 1261-1266.

［47］GAO T P, SHIH C K, RASNITSYN A P, et al. The first flea with fully distended abdomen from the Early Cretaceous of China ［J］. BMC Evolutionary Biology, 2014, 14：168.

［48］HUANG D Y, ENGEL M S, CAI C Y, et al. Diverse transitional giant fleas from the Mesozoic era of China ［J］. Nature, 2012, 483：201-204.

［49］WANG Y J, LIU Z Q, WANG X, et al. Ancient pinnate leaf mimesis among lacewings ［J］. Proceedings of the National Academy of Sciences USA (PNAS）, 2010, 107 (37): 16212-16215.

［50］WANG Y J, LABANDEIRA C C, SHIH C K, et al. Jurassic mimicry between a hangingfly and a ginkgo from China ［J］. Proceedings of the National Academy of Sciences USA (PNAS）, 2012, 109 (50): 20514-20519.

［51］LI S, SHIH C K, WANG C, et al. Forever love：the hitherto earliest record of copulating insects from the Middle Jurassic of China ［J］. PLoS ONE, 2013, 8 (11): e78188.

［52］TAN J J, REN D. Jurassic and Cretaceous Cupedomorpha (Insecta：Coleoptera）faunas of China ［J］. Progress in Natural Science, 2006, 16 (sup1): 313-322.

［53］TAN J J, REN D, SHIH C K. Palaeogeography, palaeoecology and taphonomy of Jurassic-Cretaceous Cupedomorpha faunas from China ［M］. // EVANS S E. 9th International Symposium on Mesozoic Terrestrial Ecosystems and Biota. Manchester：Natural History Museum, 2006：130-133.

［54］LYU Y N, REN D, LIU X Y. Review of the fossil snakefly family Mesoraphidiidae (Insecta：Raphidioptera）in the Middle Jurassic of China, with description of a new species ［J］. Alcheringa：An Australasian Journal of Palaeontology, 2017, 41 (3): 403-412.

［55］ENGEL M S, REN D. New snakeflies from the Jiulongshan Formation of Inner Mongolia, China (Raphidioptera）［J］. Journal of the Kansas Entomological Society, 2008, 81 (3): 188-193.

［56］LIU X H, LI Y, YAO Y Z, et al. A hairy-bodied tettigarctid (Hemiptera：Cicadoidea）from the latest Middle Jurassic of northeast China ［J］. Alcheringa：An Australasian Journal of Palaeontology, 2016, 40 (3): 383-389.

［57］顾知微. 中国的侏罗系和白垩系 ［M］. 北京：科学出版社，1962.

［58］刘平娟，黄建东，任东. 冀北、辽西义县组昆虫群落古生态分析 ［J］. 环境昆虫学报，2009，31（3）：254-274.

［59］张海春，王博，方艳. 中国北方中—新生代昆虫化石 ［M］. 上海：上海科学技术出版社，2015.

［60］REN D. Flower-associated Brachycera flies as fossil evidences for Jurassic angiosperm origins ［J］. Science, 1998, 280：85-88.

［61］YAO Y Z, CAI W Z, XU X, et al. Blood-Feeding True Bugs in the Early Cretaceous ［J］. Current Biology, 2014, 24 (15）：1786-1792.

［62］LABANDEIRA C C, YANG Q, SANTIAGO-BLAY J A, et al. The evolutionary convergence of mid-Mesozoic lacewings and Cenozoic butterflies ［J］. Proceedings of the Royal Society B, 2016, 283：20152893.

［63］洪友崇. 京西早白垩世卢尚坟昆虫群 ［J］. 中国地质科学院天津地质矿产研究所所刊，1981，4：87-96.

［64］洪友崇. 东亚古陆中生代晚期热河生物群的起源、发展、鼎盛与衰亡 ［J］. 现代地质，1993，7（4）：373-383.

［65］WANG Q F, CHEN P J. A brief introduction to the Cretaceous chronostratigraphic study ［J］. Journal of Stratigraphy, 2005, 29 (2): 114 -123.

［66］YOUNG G C, LAURIE J. Australian Phanerozoic Timescales. South Melbourne Britain：Oxford University Press, 1996.

［67］KENNEDY W J, ODIN G S. The Jurassic and Cretaceous time scale ［M］. // ODIN G S. Numerical dating in stratigraphy. Chichester：John Wiley & Sons Ltd, 1982：557-592.

［68］GRADSTEIN F M, OGG J G, SMITH A G. Chronostratigraphy：linking time and rock ［M］. // GRADSTEIN F M, OGG J G, SMITH A G . A Geological Time Scale. Cambridge：Cambridge University Press, 2004：20-46.

［69］GRADSTEIN F M, OGG K G, SCHMITZ M D, et al. The Geologic Time Scale, Vol. I ［M］. London：Elsevier, 2012：794-797.

［70］OGG J G. Status of divisions of the international geologic time scale ［J］. Lethaia, 2004, 37 (2): 183-199.

［71］SHEN Y B, CHEN P J, HUANG D Y. Age of the fossil conchostracans from Daohugou of Ningcheng, Inner Mongolia ［J］. Journal of Stratigraphy, 2003, 27 (4): 311-313.

［72］CHANG S C, ZHANG H C, RENNE P R, et al. High–precision $^{40}Ar/^{39}Ar$ age constraints on the basal Lanqi Formation and its implications for the origin of angiosperm plants ［J］. Earth and Planetary Science Letters, 2009, 279 (3–4): 212-221.

［73］CHANG S C, ZHANG H C, HEMMING S R, et al. ^{40}Ar/^{39}Ar age constraints on the Haifanggou and Lanqi formations: when did the first flowers bloom ［J］. Geological Society, London, Special Publications, 2014, 378 (1): 277-284.

［74］LIU Y X, LIU Y Q, ZHONG H. LA–ICPMS zircon U-Pb dating in the Jurassic Daohugou beds and correlative strata in Ningcheng of Inner Mongolia ［J］. Acta Geologica Sinica (English Edition), 2006, 80 (5): 733-742.

［75］HE H Y, WANG X L, ZHOU Z H, et al. ^{40}Ar/^{39}Ar dating of ignimbrite from Inner Mongolia, northeastern China, indicates a post-Middle Jurassic age for the overlying Daohugou Bed ［J］. Geophyical Research Letters, 2004, 31:1-4.

［76］HE H Y, WANG X L, ZHOU Z H, et al. ^{40}Ar/^{39}Ar dating of Lujiatun Bed (Jehol Group) in Liaoning, northesatern China ［J］. Geophysical Research Letters, 2006, 33: L04303.

［77］YANG W, LI S G. Geochronology and geochemistry of the Mesozoic volcanic rocks in Western Liaoning:implications for lithospheric thinning of the North China Craton ［J］. Lithos, 2008, 102 (1): 88-117.

［78］CHANG S C, ZHANG H C, RENNE P R, et al. High-precision ^{40}Ar/^{39}Ar age for the Jehol Biota ［J］. Palaeogeography, Palaeoclimatology, Palaeoecology, 2009, 280 (1–2): 94-104.

［79］SMITH P E, EVENSEN N M, YORK D, et al. Dates and rates in ancient lakes:^{40}Ar/^{39}Ar evidence for an Early Cretaceous age for the Jehol Group, northeast China ［J］. Canadian Journal of Earth Science, 1995, 32 (9): 1426-1431.

［80］SWISHER C C, WANG Y, WANG X, et al. Cretaceous age for the feathered dinosaurs of Liaoning, China ［J］. Nature, 1999, 400:59-61.

［81］SWISHER C C, WANG X, ZHONG Z, et al. Further support for a Cretaceous age for featured dinosaur beds of Liaoning Province, China:new 40Ar/39Ar dating of the Yixian and Tuchengzi formations ［J］. Chinese Science Bulletin, 2002, 47: 135-138.

［82］ZHU R, PAN Y, SHI R, et al. Palaeomagnetic and ^{40}Ar/^{39}Ar dating constraints on the age of the Jehol Biota and the duration of deposition of the Sihetun fossil-bearing lake sediments, northeast China ［J］. Cretaceous Research, 2007, 28 (2): 171–176.

［83］牛宝贵，和政军，宋彪，等. 张家口组火山岩SHRIMP定年及其重大意义 ［J］. 地质通报，2003，2：140–141.

［84］LIU Y Q, LI P X, TIAN S G. SHRIMP U-Pb zircon age of Late Mesozoic tuff (lava) in Luanping basin，northern Hebei and its implications ［J］. Acta Petrologica et Mineralogica，2003，22 (3): 237-244.

史宗冈，李升，高太平，任东

2.1　简介

中国北方地区发现的大量化石揭示了距今1.65亿~1.25亿年期间已经形成了由丰富的动植物与昆虫种群组成的稳定生态环境（第5~27章），已报道的化石表明当时的气候应该是温暖湿润的。该地区侏罗纪—白垩纪生态系统中有丰富的植被，还有许多节肢动物（例如：叶肢介、虾、鳌虾、昆虫、蜘蛛和盲蛛）、鱼类（例如：狼鳍鱼和鲟鱼）、两栖动物（例如：蛙类和蝾螈）、爬行动物（例如：鳄鱼、蜥蜴、龟类、恐龙、翼龙）、鸟类以及古老的哺乳动物共同生存。丰富的化石记录还保存了大量生物之间复杂的关系和互动证据，例如，拟态与伪装，寄生与寄主，协同与敌对，捕食与防御，竞争与合作等。这些动物和植物的相互作用维持着中生代陆相生态系统的平衡、稳定与进化。

2017年周忠和与王原回顾并报道了中侏罗世的燕辽生物群和早白垩世的热河生物群（图2.1）中的脊椎动物群[1]。在脊椎动物中，热河生物群报道了171个种，燕辽生物群报道了40个种。在这两个生物群中，许多古老的哺乳动物、恐龙以及翼龙均有发现。可是鸟类、七鳃鳗类（lampreys）、蛙类、龟鳖类以及离龙类（choristoderes，一种半水生双孔亚纲爬行动物）在燕辽生物群中未被发现。鱼类在热河生物群中已报道了15个种，而在燕辽生物群中只发现了2个种。时至今日，只有蝾螈目辽西螈属（*Liaoxitriton*）在两个生物群中都有记载。此外，在这两个生物群中，保存下来的昆虫也仅有几个共同属，而且不存在共同种[2]。

▼ 图 2.1　燕辽生物群与热河生物群脊椎动物分布对照，图示为两个生物群主要脊椎动物种级数量
（引自 Zhou & Wang, 2017[1]）

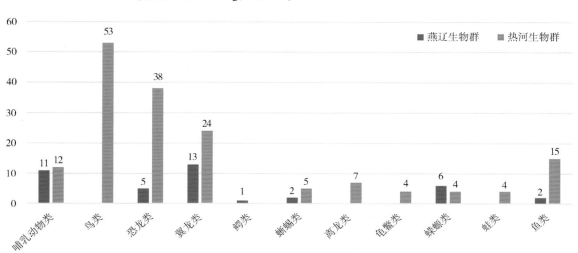

肉食性脊椎动物处于食物链的顶端，许多脊椎动物和一些大型捕食性昆虫取食体型较小的昆虫；很多脊椎动物和昆虫以植物为食，还有一些则扮演腐食者与清洁者的角色。有一些昆虫有长的虹吸式口器，用来吸食裸子植物的传粉滴，还有一些血食性昆虫有特殊的刺吸式口器，从鸟类、恐龙、翼龙或者哺乳动物身上吸血。早期的原始哺乳动物，通常体型较小，可能会藏在茂密的灌木或其他植物中躲避天敌。体型中等的哺乳动物，有报道称它们猎食小型恐龙。对于生态系统中的所有生物来说，它们体现生命中三个重要功能：取食（第28章）、躲避敌害（第29章）以及繁衍后代（第30章）。就像狄更斯在《双城记》中写道："这是最好的时代，也是最糟糕的时代。"

2.2 代表性伴生动物化石

2.2.1 恐龙

原始中华龙鸟 *Sinosauropteryx prima* Ji & Ji，1996（图2.2）

原始中华龙鸟是季强与姬书安在1996年报道的第一个被覆浓密原始羽毛的恐龙[3]。从它的名字可以看出它最早被认为是鸟类。然而在1998年陈丕基等人发表的文章中[4]，认为它属于蜥臀目（Saurischia）兽脚亚目（Theropod）美颌龙科（Compsognathidae）的肉食性恐龙，它与美颌龙（*Compsognathus*）有密切的关系，美颌龙是与始祖鸟一同发现于同一层位（索伦霍芬）的恐龙。在之后的研究中，Currie和陈丕基[5]认为原始中华龙鸟的重要性不仅仅是它体表的覆盖物，还是虚骨龙（coelurosaur）的基干类群，代表了兽脚亚目进化过程中十分重要的阶段。

在发现的大量标本中，原始中华龙鸟体长最长的可达1.07 m，估算体重可达0.55 kg。原始羽毛的长度在头部大约13 mm，在肩部的长度35 mm，在尾部最长可达40 mm。通过分析黑色素体（melanosomes）的结构和分布，张福成等人[6]证实了原始中华龙鸟的尾羽上存在明暗的颜色。此外，根据存在的褐黑色素（phaeomelanosomes）以及圆形的黑色素体可以生成并储存红色，他们推测原始中华龙鸟身上更深颜色的羽毛可能是栗色或红褐色的。这些原始羽毛可能是用来求偶或者保暖，这些发现给我们一种新的启示：恐龙可能曾经是温血动物。之后的研究发现了一个没有条纹的蛋以及一些内部的组织，一个原始中华龙鸟标本的肠道中有蜥蜴的残骸，另一个的肠道中有3个哺乳动物的颚骨。Hurum等人[7]在原始中华龙鸟胃部分辨出的3个哺乳动物的颚骨中有两个属于张和兽，另一个为中国俊兽。带羽毛的恐龙化石为鸟类是从恐龙演化来的这一假设中缺失的一环提供了重要的证据。它提供了这样一个观点：羽毛最初的演化可能是为了保暖或展示，而不是用于飞行。

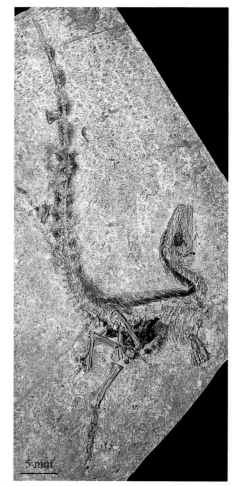

▲ 图 2.2 原 始 中 华 龙 鸟 *Sinosauropteryx prima* Ji & Ji，1996 姬书安供图

顾氏小盗龙 *Microraptor gui* Xu，Zhou & Wang，2003（图2.3）

徐星等人[8]2003年描述了被覆羽毛的赵氏小盗龙*Microraptor zhaoianus* Xu，Zhou & Wang，2000，这也是一个比始祖鸟小的非鸟类恐龙，名字是为了纪念研究恐龙的杰出学者赵喜进教授。后续的研究又报道了2个新种（顾氏小盗龙*M. gui*和汉卿小盗龙*M. hanqingi*）。Alexander等人[9]认为，

▲ 图 2.3　顾氏小盗龙 *Microraptor gui* Xu，Zhou & Wang，2003　徐星供图

被中国博物馆收藏的超过300个未描述的化石标本可以归于*Microraptor*这一类群。

顾氏小盗龙体长约77 cm，在它的前肢、后肢以及尾部有羽毛覆盖[10]。其种名是用来纪念顾知微教授对中国古生物学事业做出的杰出贡献。这是发现的第一只后肢长有羽毛的恐龙。这些羽毛的羽片（vanes）不对称，这一特征与鸟类的飞行有关联。这可能说明了前肢与后肢的羽毛组成了一个很好的翼型结构来帮助这些生物在树间滑翔。覆盖着羽毛的长尾巴可能为它短距离滑行提供稳定性和滑行方向。足的结构适应了在树上爬行。他们认为鸟类是由这类在四肢上覆有羽毛的恐龙演化而来，而在树间滑行是向羽毛丰满的鸟类拍打翅膀飞行的重要一步。后肢覆有羽毛暗示了鸟类飞行可能是起源于从树上向下滑行[10]。

通过对化石黑色素体的分析，李全国等人[11]报道*Microraptor*羽毛的着色方式与现代鸟类的光亮黑色一致。

奇异帝龙 *Dilong paradoxus* Xu，Norell & Kuang，2004（图2.4）

奇异帝龙是一种小型的、最早的、最原始的暴龙之一，在化石中可以看出它的下颚及尾部均有原始羽毛覆盖。帝龙意为中国帝王龙。体长大约1.6 m，但研究者认为它还是一个未发育完全的幼体，估计成年后体长会超过2 m。徐星等人[12]推测在暴龙身体不同部位的表皮可能覆盖有鳞片或者羽毛。他们还推测原始羽毛可能与幼体保暖有关。当它们长大后可能会退掉羽毛而仅保留鳞片，因为它们不需要羽毛去保暖。Turner等人在2007年重新分析了包括帝龙在内的虚骨龙类等各类群之间的关系，认为帝龙比虚骨龙更进化，但比美颌龙科（Compsognathidae）原始[13-14]。然而，其他的研究者仍然认为

▼ 图 2.4　奇异帝龙 *Dilong paradoxus* Xu，Norell & Kuang，2004　徐星供图

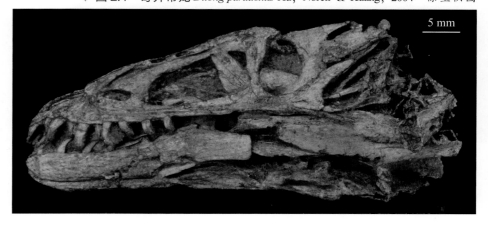

帝龙属于暴龙（tyrannosauroid），而且Carr和Williamson[15]认为帝龙应该位于暴龙支系中，而不是在更进化的虚骨龙（coelurosaur）中。

寐龙 *Mei long* Xu & Norell，2004（图2.5）

寐龙属于伤齿龙科（Troodontidae），体型近鸭子大小，发现于早白垩世的热河生物群。"*Mei*"（寐）在汉字中是指"彻底睡着"的意思，"*long*"就是汉字"龙"谐音。到目前为止"*Mei*"也是所有恐龙的属名中最短的一个[16]。

标本保存了很好的立体结构和细节，标本的头部向上弯放在前肢下，类似于现代鸟类休息和睡眠时的姿势。除了形态学的相似之处，这样的姿势也为我们提供了一个鸟类和恐龙之间的连接。寐龙同样有很大的鼻孔，这也是伤齿龙科（Troodontidae）的一个代表特征。标本的姿势以及化石的化学分析矩阵结果显示，活体恐龙可能是被有毒气体毒死后被火山灰掩埋。寐龙的一些特征支持恐龙是温血动物，小巧的体型是飞行的先决条件。它可能是一个体长53 cm的肉食动物[16]。

赫氏近鸟龙 *Anchiornis huxleyi* Xu，Zhao & Norell，2009（图2.6）

赫氏近鸟龙发现于上侏罗统髫髻山组（牛津阶），是一种小型被覆羽毛、四翅近鸟类的恐龙，距今约1.60亿年。第一块化石报道来自辽宁省建昌县要路沟，第二块产自玲珑塔大西山地区，位于相同的区域。属名*Anchiornis*的意思是"近鸟的"，种名*huxleyi*是为了纪念第一位提出鸟类和恐龙之间进化关系的科学家赫胥黎（Thomas Henry Huxley）。这一发现填补了鸟类与非鸟类恐龙之间过渡类型的空白[17]。

近鸟龙（*Anchiornis*）有一个三角形的头盖骨，头的顶部长有羽毛，前肢较长且长有羽毛，后肢很长，对称的羽片有长的飞行/滑行羽毛，与顾氏小盗龙十分相似，但后者的羽片是不对称的。赫氏近鸟龙的前肢与后肢都比顾氏小盗龙的短。后肢的胫骨（lower leg）固定有12~13根飞行羽毛，跖骨（metatarsus）（upper foot）有10~11根羽毛。足（除了爪之外）全部被短的羽毛覆盖[18]。

通过对比第二个标本中保存完好的羽毛以及在现生鸟类中羽毛颜色被确定的黑色素体，李全国等

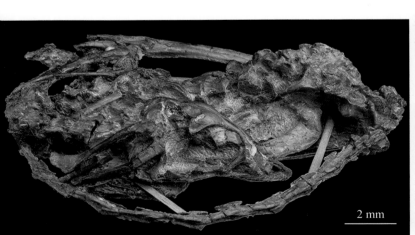

2 mm

▲ 图2.5　寐龙 *Mei long* Xu & Norell，2004　徐星供图

3 mm

▲ 图2.6　赫氏近鸟龙 *Anchiornis huxleyi* Xu，Zhao & Norell，2009　徐星供图

人[19]研究认为近鸟龙羽毛大多为灰色，但是恐龙全身都覆盖艳丽的羽毛，头顶是明亮的棕色，前翅和后翅为亮白色，在每一个白色羽毛上都有一个黑色的小尖。近鸟龙所展现出鲜明的着色可能是种之间的区别，或用于求偶展示吸引异性，或者是警告潜在的捕食者。然而，2015年Lindgren等人[20]用相同的方法在益州化石地质公园对第三个近鸟龙的化石标本进行了研究，发现只有在头顶部（crest）存在灰黑色的黑色素体，这与2010年研究中关于羽毛颜色的结论是不一样的。

2.2.2　翼龙

宁城热河翼龙 *Jeholopterus ningchengensis* Wang，Zhou & Zhang，2002（图2.7）

宁城热河翼龙采自内蒙古宁城道虎沟，是属于喙嘴翼龙亚目（Rhamphorhynchoidea）的一个成年或亚成年的翼龙。它的翼展大约90 cm，颈部和尾部都很短，可能有很好的飞行能力。头骨的宽大于长，与蛙类比较相似，因此它被归入了蛙嘴龙科。翅的膜质区域一直延伸到后肢的踝关节。这个标本翅的膜质区域很好地保存了纤维，在颈部、身体和尾部有发状的结构，这一发现在翼龙中很少见。这些"毛发"覆盖了从颈部到尾巴的部分，表明这只翼龙可能是温血动物[21]。2009年Kellner等人[22]发现翅的纤维保存了三层，使动物更好地适应翼型（wing profile）。他们建议建立蛙颌翼龙类（Batrachognathinae），包括热河翼龙、蛙颌翼龙和树翼龙。根据它有蹼的脚趾，宁城热河翼龙可能生活在接近水边的区域并且捕食鱼或者昆虫。

翼龙蛋及胚胎（图2.8）

2004年汪筱林和周忠和报道了采自于辽宁北票市尖山沟义县组的翼龙蛋Pterosaur-egg中的胚胎[18]。这是关于翼龙蛋的第一个报道，也证明了翼龙是卵生。季强等人[24]和Chiappe等人[25]同样在2004年报道了翼龙蛋化石。吕君昌等人[26]和汪筱林等人[27]分别在2011年和2015年报道了成年翼龙保护蛋和胚胎的行为。

▲ 图2.7　宁城热河翼龙 *Jeholopterus ningchengensis*
Wang，Zhou & Zhang，2002　姬书安供图

▲ 图2.8　翼龙蛋及胚胎　姬书安供图

2.2.3　鸟

圣贤孔子鸟 *Confuciusornis sanctus* Hou，Zhou & Gu，1995（图2.9）

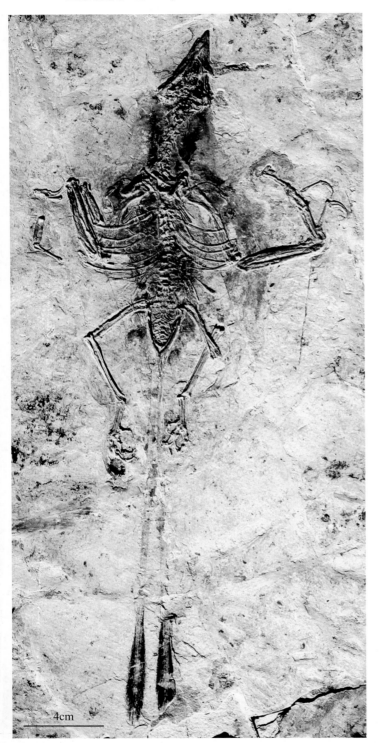

1994年，在靠近辽宁北票市上园镇尖山沟及黄半吉沟村发现了鸟类化石。1995年侯连海等人在Nature杂志报道了一只命名为圣贤孔子鸟的化石，并将它归入蜥鸟亚纲——一个位于孔子鸟目孔子鸟科的古老类群。它大约生活在1.25亿年前，是除了产自德国索伦霍芬（Solnhofen）晚侏罗时期的始祖鸟（*Archaeopteryx*）之外最古老的鸟[28，29]。

除了圣贤孔子鸟，还有其他3个鸟被报道：川洲孔子鸟[30]、孙氏孔子鸟[30]和杜氏孔子鸟[31]。这些鸟已经完全进化出没有牙齿的角状喙和强健的没有完全闭合的头盖骨，并且保留了眶后骨。肱骨突出的气袋用于减轻体重，这一点与现代鸟类相似。与现代鸟类对比，孔子鸟尾骨要稍微长一些并且前肢有3个长的爪，发育长而强壮的爪，可能是适应树栖或者攀爬。此后，又有许多孔子鸟的标本在四合屯被发现，有些雄性和雌性在同一石板上。雄鸟有一对长达20 cm的尾羽。

长颌丁氏鸟 *Dingavis longimaxilla* O' Connor，Wang & Hu，2016（图2.10）

O' Connor[32]等人描述了一只采自下白垩统义县组四合屯的喙延长的直爪丽鸟（ornithuromorph）。与长翼鸟科（Longipterygidae）中的反鸟类（enantiornithines）相似，长颌丁氏鸟（*Dingavis longimaxilla*）中喙的延长主要来自上颌，然而新鸟类neornithines延长的前颌骨（premaxilla）以及吻端要比现在观察得到的鸟类长得多。显然，在早白垩世长颚动物直爪丽鸟*Xinghaiornis lini* Wang，Chiappe，Teng & Ji，2013[33]的喙，前颌骨与上颌骨（maxilla）对喙的形成做了相同的贡献。许多白垩纪早期的鸟类都有延长的上颌骨，但是这一特征在衍生类群中被舍弃，并且认为在鸟纲中颅骨的外形在结构上起到了一些稳定性的作用[32]。

4cm

▲ 图 2.9　圣贤孔子鸟 *Confuciusornis sanctus* Hou，Zhou & Gu，1995[28]

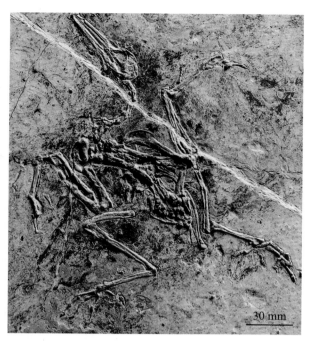

◀ 图 2.10　长颌丁氏鸟 *Dingavis longimaxilla* O' Connor，Wang & Hu，2016（正模标本，IVPPV20284）完整照片[32] Jingmai K. O' Connor 博士供图

2.2.4　哺乳动物

金氏热河兽 *Jeholodens jenkinsi* Ji，Luo & Ji，1999（图2.11）

　　金氏热河兽发现于辽宁北票市的四合屯村下白垩统义县组。种名是纪念著名古生物学家Dr. Farish A. Jenkins Jr.。这是一类原始的哺乳动物，在臼齿上有3个主要的尖点排列成直线，因此将它归入了三尖齿兽目（Triconodonta）。它的牙式为4个勺状的切牙（门牙），上颌有3个臼齿，下颌有4个臼齿。金氏热河兽的肩带（pectoral girdle）较为进化——有肩胛骨（shoulder blade，scapula）和锁骨（collarbone，clavicle），表明它的前肢有垂直支撑的能力。它的行走就像一些进化的真兽亚纲动物（derived therians）。然而，金氏热河兽的骨盆非常原始，不规则伸展的后肢和张开的后足，堪比爬行动物。金氏热河兽的肢体结构表明它可能在陆地上居住，在陆地生态系统中取食昆虫[34]。

▼ 图 2.11　金氏热河兽 *Jeholodens jenkinsi* Ji，Luo & Ji，1999[34]　姬书安供图

中华侏罗兽 *Juramaia sinensis* Luo，Yuan，Meng & Ji，2011（图2.12）

罗哲西等人2011年在辽宁省建昌县髫髻山组大西沟（中侏罗统）发现并报道了中华侏罗兽，是真哺乳亚纲的基干类群。它是一个类似鼩鼱（shrew-like）的哺乳动物，体长70~100 mm，重15~17 kg。这一发现将真哺乳亚纲有胎盘哺乳动物的最早记录向前推进了3 500万年，弥补了有胎盘哺乳动物——有袋类动物的化石记录与分子数据之间的分歧[35]。

这个哺乳动物化石的骨架几乎保存完整（图2.12），头盖骨不完整，但保存了完整详细的食虫牙齿的结构，前肢适应攀爬，身体被毛发覆盖，同时还拥有其他真哺乳亚纲的解剖结构[35]。

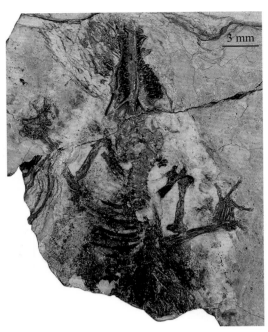

▲ 图 2.12　中华侏罗兽 *Juramaia sinensis* Luo，Yuan，Meng & Ji，2011 正模标本（PM1143），北京自然历史博物馆（BMNH）王莹供图

欧亚皱纹齿兽 *Rugosodon eurasiaticus* Yuan，Ji，Meng & Tabrum，2013（图2.13）

袁崇喜等人[36]报道了一个来自辽宁省中侏罗统髫髻山组的啮齿类哺乳动物。这是已经描述的保罗科菲特兽科（Paulchoffatiidae）中最早的记录，也是多瘤齿兽目（Multituberculata）最原始的类群。

这只欧亚皱纹齿兽的重量在65~80 g，接近花栗鼠的平均体重。欧亚皱纹齿兽的牙齿表面呈皱纹状（它的属名也来自牙齿上的皱纹），由此可知该动物是一种杂食类动物，适合啃咬或取食植物（果实或种子）以及小型动物（蠕虫、昆虫或脊椎动物）。它有活动自如的关节、指节及灵活的脊柱，对于理解多瘤齿兽类（multituberculates）在白垩纪以及古近纪的成功演化至关重要[36]。

▲ 图 2.13　欧亚皱纹齿兽 *Rugosodon eurasiaticus* Yuan，Ji，Meng & Tabrum，2013　王莹供图

2.2.5　爬行类动物

楔齿满洲鳄 *Monjurosuchus splendens* Endo，1940（图 2.14）

　　楔齿满洲鳄采自辽宁省凌源市牛营子村义县组，是一只中等体型的离龙（choristoderan reptile）。它属于双孔亚纲（Diapsida）离龙目（Choristodera）[37]。体长约30 cm。头盖骨扁平且眼眶较大。额骨非常窄。翼骨上大约有50个小圆锥状的各式各样的齿。前后足都有蹼。脊柱的组成为：颈部骨8枚，背部骨16枚，尾骨3枚以及尾椎骨55枚。身体的鳞片重叠呈瓦片状。它们可能生活在水中，取食鱼类、两栖类以及无脊椎动物。以前认为在抗日战争中该种的模式标本丢失。在2000年高克勤等人描述了一个新发现的模式标本，并且有保存较好的软组织[38]。高克勤在2005年报道了另一个来自早白垩世戏水龙属 *Philydrosaurus* 中国离龙（Chinese choristodere），并归入了满洲鳄科Monjurosuchidae满洲鳄属 *Monjurosuchus* [39]。2020年7月，任东在辽宁省博物馆进行化石检视工作期间意外发现楔齿满洲鳄 *Monjurosuchus splendens* Endo，1940的模式标本保存在沈阳市辽宁省博物馆。

▲ 图 2.14　楔齿满洲鳄 *Monjurosuchus splendens* Endo，1940　*姬书安供图*

2.2.6　蜘蛛

侏罗蒙古蜘蛛 *Mongolarachne jurassica* Selden，Shih & Ren，2013（图2.15）

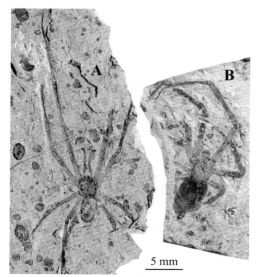

▲ 图 2.15　侏罗蒙古蜘蛛 *Mongolarachne jurassica* Selden Shih & Ren，2013[41]（标本由史宗冈捐赠）A：雄性，B：雌性

　　2011年，Selden等人[40]在中国内蒙古宁城中侏罗统道虎沟化石层中报道了一头雌性蜘蛛。它是迄今已报道的体型最大的蜘蛛化石：雌性体长25 mm，第一步足长56.5 mm。基于大量相似的形态特征将这只雌性蜘蛛归入现生类群络新妇科（Nephilidae），并命名为侏罗络新妇蛛 *Nephila jurassica*，但是和许多化石蜘蛛一样，这一单独的标本缺少络新妇科的共有衍征。

　　2013年，Selden等人又发现了一件巨大的雄性蜘蛛化石[41]，基于它与先前的蜘蛛化石有着相似的形态特征、大小（雄性体长16.5 mm，第一步足长58.2 mm）以及产地，研究人员认为它们是同一个种。根据触肢的形态结构，这只雄性无法归入络新妇科，因此为其建立了蒙古蛛科Mongolarachnidae和蒙古蛛属*Mongolarachne*。该科与其相关科的对比分析显示：蒙古蛛科很可能是圆网蛛类的基干类群，和其他具筛器的圆网蛛类关系较近（如妖面蛛总科），这意味着早在中侏罗世时，具筛器的圆网蛛类就出现了多样性的差异[41]。

2.2.7 盲蛛

邓氏中盲蛛 *Mesobunus dunlopi* Giribet，Tourinho，Shih & Ren，2012（图2.16）

盲蛛目（Opliones）是蛛形纲的第三大目，仅次于蜱螨目（Acari）（有时也被称为蜱螨亚纲）与蜘蛛目（Araneae），目前已描述约6 500种，预估该类群现生物种数可达到10 000种[42]。最早的化石记录来自早泥盆世（约4.1亿年前）[43, 44]。

邓氏中盲蛛产自中国内蒙古道虎沟，时代为中侏罗世（大约1.65亿年前），被归入了硬体盲蛛科，该科是盲蛛目最大的科，也是盲蛛目中仅在北半球温暖地带生活的科之一。它的种名是为了纪念Dr. Jason A. Dunlop在盲蛛化石研究方面做出的贡献[45]。

中生代盲蛛的化石记录非常少，在侏罗纪只有3个种。另外两个是马氏中盲蛛*Mesobunus martensi* Huang，Selden & Jason，2009和希氏道虎沟盲蛛 *Daohugopilio sheari* Huang，Selden & Jason，2009[46]。邓氏中盲蛛保存了很好的阴茎与触肢的细节，Giribet等人将它归入现生的硬体盲蛛科盾刺盲蛛亚科或者平丘盲蛛亚科。这是首个可明确归入该亚科的化石，它提供了1.65亿年前盲蛛的形态结构。另外，邓氏中盲蛛和昆虫保存在一起，说明该种和一些现生的硬体盲蛛有着相似的生活模式[46]。

▼ 图 2.16 邓氏中盲蛛 *Mesobunus dunlopi* Giribet，Tourinho，Shih & Ren，2012[45]（标本由史宗冈捐赠）

2.3　伴生植物化石代表

在中国东北地区中侏罗世到早白垩世的地层中发现了种类丰富的植物。包括苔类和藓类，以及石松类、木贼类、蕨类、种子蕨、本内苏铁和苏铁、茨康类、银杏类、松柏类、买麻藤类和被子植物等。孙革等人在《中国辽西地区早期被子植物及其伴生植物》中对义县组的植物化石做了很详细的记录[47]。我们整理了中国东北地区种类多样的植物化石并且对一些植物化石的代表进行了说明。

2.3.1　被子植物

最近的发现表明被子植物（种子包裹在子房中的开花植物）在生态系统中最早出现在早白垩世（大约1.25亿年前）。在辽宁北票义县组发现的辽宁古果（图2.17）与中华古果（图2.18）[50]被认为是最古老的开花被子植物。在同样的产地，Leng与Friis[51]发现了有进化特征的十字里海果。随后，季强等人[52]描述了一个完整的植物化石——始花古果，并且认为细长茎尖端的生殖器官代表着两性花。

辽宁古果 *Archaefructus liaoningensis* Sun，Dilcher，Zheng & Zhou，1998（图2.17）

1998年孙革等人在*Science*发表封面文章，报道了采自辽宁北票义县组的植物化石——辽宁古果，认为是当时最早的被子植物。Archae的意思是古老的，fructus的意思是果实，liaoning是指化石产地辽宁省。这一发现将被子植物的化石证据提前了1 500万年[47, 48]。

2012年，王鑫和郑少林[49]再次对古果属进行了研究，认为古果属的胚珠/种子是附着在果实中脉的远轴处并且果实为轮生/对生，中华古果证实了果实是成对排列在轴的两侧。

中华古果 *Archaefructus sinensis* Sun，Ji，Dilcher & Nixon，2002（图2.18）

2002年，孙革等人报道了中华古果。这块化石标本产自辽宁省凌源市，标本保存完好，整株植物包括种子、雄蕊、嫩枝、茎、叶片和根都清晰可见。古果属的"花"很特别，同时包括了雌性和雄性生殖器。心皮在嫩枝的末端，在花粉飘散及轴上其他部分都脱落之后才成熟。未成熟的心皮紧密地聚合在一起，随着它们成熟逐渐被伸长的轴隔开，当它们成熟时，大多呈螺旋状排列，成熟的心皮包含8~12个种子。缺少花瓣、萼片或者苞片。在心皮未成熟时，雄蕊是成对排

5 mm

▲ 图 2.17　辽宁古果 *Archaefructus liaoningensis* Sun，Dilcher，Zheng & Zhou，1998
标本由史宗冈捐赠

▲图2.18　中华古果 *Archaefructus sinensis* Sun，Ji，Dilcher & Nixon，2002　史宗冈拍摄

列附着在茎上的。随着心皮成熟，雄蕊脱离，只在嫩枝上留下一个短的梗。古果科可能为水生植物。它有很明显的草本植物特质，纤细且延长的茎可能需要水来提供支持力[50]。

2.3.2　裸子植物

本内苏铁类

本内苏铁类（Bennettitales）属于裸子植物，通常称为苏铁或者铁树。苏铁类植物茎通常很短，常绿，多为木质。在茎的顶端长有大型革质羽状复叶。新叶紧密卷曲。雌、雄生殖器官呈圆锥形结构或者在茎的顶端呈锥形。通常花粉来自一株植物而种子球果长在另一株植物上。苏铁目是苏铁类植物中的一个目。它们的生殖器官像花。苏铁类植物最早出现在石炭纪晚期，在二叠纪逐渐繁盛，在三叠纪到白垩纪早期达到鼎盛。现今只存活10个属，主要分布在热带、亚热带地区。苏铁类植物在我国东北地区的化石中比较常见。图2.19展示的就是威氏苏铁（*Williamsonia* sp.）的一未定种化石。

▲图2.19　威氏苏铁一未定种（*Williamsonia* sp.）　史宗冈拍摄

茨康类和银杏类

茨康类 Czekanowskiales（图2.20）与银杏类Ginkgoales（图2.21）属于银杏门。它们都是雌雄异株植物。雄性生殖器官像花束一样；雌性生殖器位于枝丫的末端，有2个胚珠，但是只有1个可以发育成种子。银杏门在二叠纪时期出现，经过侏罗纪到白垩纪早期达到繁盛。银杏呈全球分布，但是大多数主要分布在热带、亚热带地区。它们也是形成煤炭的主要原料。在白垩纪早期，它们逐渐消亡，时至今日，仅在温带和热带地区保留有1属1种（银杏 *Ginkgo biloba*）。银杏最先是在中国的一个寺庙院落中发现，因此它也被称为"活化石"。如今保留下的银杏，叶子很简单，呈扇形，叶脉呈扇状放射。然而，古银杏叶类似手套状，叶片上有4~7裂。现今的银杏新叶仍然会出现裂，这是演化的重现或幼态持续现象。银杏叶与果实可被用作中药。茨康目有细线状或舌状叶，聚拢成一束，附着在一个短枝上。它们发现于三叠纪至白垩纪早期。茨康目与银杏目在中国东北产出的化石中只发现了很少的一部分。

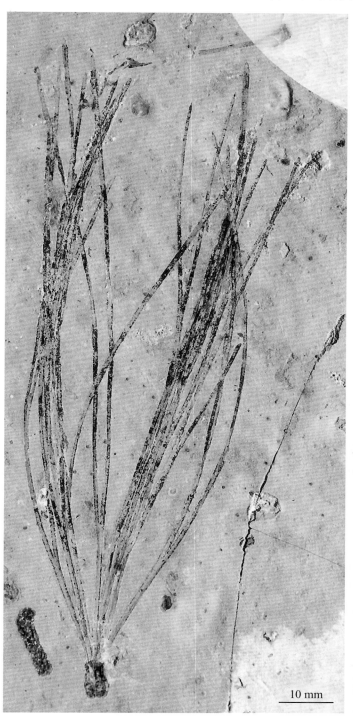

10 mm

▲ 图 2.20　茨康类一未定种（*Czekanowskiales* sp.）　史宗冈拍摄

5 mm

▲ 图 2.21　银杏类未定种（*Ginkgoites* sp.）的叶与果实　史宗冈拍摄

松柏植物类

松柏植物类包括科达纲（Cordaitopsida）和松柏纲（Coniferopsida）。科达纲植物是一类高大细长的树，在顶端有分枝与叶片。树叶宽，呈带状。在石炭纪晚期至二叠纪期科达纲植物十分丰富，三叠纪过后科达纲灭绝。松柏纲植物包括松柏类，例如：松树、柏树、美国水松和罗汉松。松柏类植物有许多分枝以及小的简单的叶，被认为是裸子植物中较进化的类群。它们大多数都是高大的木质常绿树，只有少数是灌木。大多数雌性与雄性生殖器在同一植株上，只有少数为雌雄异株。种子长在种子果球上，不同物种之间有区别。松柏纲植物最早出现在石炭纪早期，在二叠纪早期逐渐扩散至整个北半球。在中生代与新生代，它们是最繁盛的裸子植物（图2.22，图2.23）。直到今天它们分布范围仍然很广泛，在平原以及不同海拔的山脉形成常绿针叶林。美国西北部森林中的高大红杉是世界上最古老也是最高大的树。它们是松柏科植物寿命长、适应性强、生存久、生长繁荣的最好证据。中国东北中生代的松柏类植物化石很丰富。

▼ 图 2.22　松柏植物叶与种子　史宗冈拍摄

20 mm

▼ 图 2.23　松柏植物种子　史宗冈拍摄

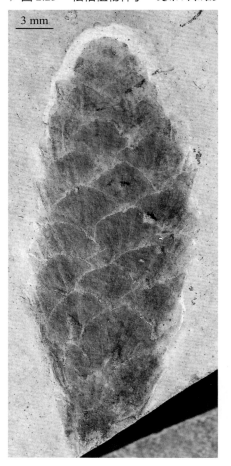

3 mm

买麻藤类

　　买麻藤类（Gnetales）属于买麻藤门。买麻藤的茎以及枝条分节。枝条及叶片生长在节点上，并且有轻微的扩展。枝条在茎上轮生，角度为30°～60°。叶片在节点的基部，通常两叶对生。雌性的"花状"器官着生在枝条尖端，种子呈卵圆形（图2.24）。它们生长在热带干旱地区。今天麻黄属植物被用作中草药。在中国东北的化石中买麻藤植物很少见。

2 mm

▲ 图 2.24　买麻藤植物（*Ephedrites* sp.）种子　史宗冈拍摄

参考文献

[1] ZHOU Z H, WANG Y. Vertebrate assemblages of the Jurassic Yanliao Biota and the Early Cretaceous Jehol Biota：Comparisons and implications［J］. Palaeoworld, 2017, 26：241–252.

[2] HUANG D-Y. Yanliao Biota and the Yanshan Movement［J］. Acta Palaeontologica Sinica, 2015, 54 (4): 501–546.

[3] JI Q, JI S A. On discovery of the earliest bird fossil in China and the origin of birds［J］. Chinese Geology, 1996, 10 (233): 30–33.

[4] CHEN P J, DONG Z M, ZHEN S N. An exceptionally well–preserved theropod dinosaur from the Yixian Formation of China［J］. Nature, 1998, 391 (8): 147–152.

[5] CURRIE P J, CHEN P J. Anatomy of Sinosauropteryx prima from Liaoning, northeastern China［J］. Canadian Journal of Earth Sciences, 2001, 38 (1):705–727.

[6] ZHANG F, KEARNS S L, ORR P J, et al. Fossilized melanosomes and the colour of Cretaceous dinosaurs and birds

［J］. Nature, 2010, 463 (7284): 1075–1078.

［7］ HURUM J H, LUO Z X, KIELAN–JAWOROWSKA Z. Were mammals originally venomous? ［J］. Acta Palaeontologica Polonica, 2006, 51 (1): 1–11.

［8］ XU X, ZHOU Z, WANG X L. The smallest known non-avian theropod dinosaur ［J］. Nature, 2000, 408: 705–708.

［9］ ALEXANDER D E, GONG E, MARTIN L D, et al. Model tests of gliding with different hindwing configurations in the four–winged dromaeosaurid Microraptor gui ［J］. Proceedings of the National Academy of Sciences, USA, 2010, 107: 2972–2976.

［10］ XU X, ZHOU Z H, WANG X L, et al. Four-winged dinosaurs from China ［J］. Nature, 2003, 421 (6921): 335–340.

［11］ LI Q G, GAO K Q, MENG Q, et al. Reconstruction of Microraptor and the Evolution of Iridescent Plumage ［J］. Science, 2012, 335 (6073): 1215–1219.

［12］ XU X, NORELL M A, KUANG X W et al. Basal tyrannosauroids from China and evidence for protofeathers in tyrannosauroids ［J］. Nature, 2004, 431: 680–684.

［13］ TURNER A H, POL D, CLARKE J A, et al. A basal dromaeosaurid and size evolution preceding avian flight ［J］. Science, 2007, 317, 1378–1381.

［14］ TURNER A H, POL D, CLARKE J A, et al. Supporting online material for: A basal dromaeosaurid and size evolution preceding avian flight ［J］. Science, 2007, 317: 1378–1381.

［15］ CARR T D, WILLIAMSON T E. Bistahieversor sealeyi, gen. et sp. nov., a new tyrannosauroid from New Mexico and the origin of deep snouts in Tyrannosauroidea ［J］. Journal of Vertebrate Paleontology, 2010, 30 (1): 1–16.

［16］ XU X, NORELL M. A new troodontid dinosaur from China with avian-like sleeping posture ［J］. Nature, 2004, 431: 838–841.

［17］ XU X, ZHAO Q, NORELL M A, et al. A new feathered maniraptoran dinosaur fossil that fills a morphological gap in avian origin ［J］. Chinese Science Bulletin, 2009, 54: 430–435.

［18］ HU D, HOU L H, ZHANG L, et al. A pre–Archaeopteryx troodontid theropod from China with long feathers on the metatarsus ［J］. Nature, 2009, 461: 640–643.

［19］ LI Q G, GAO K Q, VINTHER J, et al. Plumage color patterns of an extinct dinosaur ［J］. Science, 2010, 327 (5971): 1369–1372.

［20］ LINDGREN J, SJÖVALL P, CARNEY R M, et al. Molecular composition and ultrastructure of Jurassic paravian feathers ［J］. Scientific Reports, 2015, 5: 13520.

［21］ WANG X L, ZHO Z H, ZHANG F C, et al. A nearly completely articulated rhamphorhynchoid pterosaur with exceptionally well–preserved wing membranes and 'hairs' from Inner Mongolia, northeast China ［J］. Chinese Science Bulletin, 2002, 47 (3): 226–232.

［22］ KELLNER A W A, WANG X L, TISCHLINGER H, et al. The soft tissue of Jeholopterus (Pterosauria, Anurognathidae, Batrachognathinae) and the structure of the pterosaur wing membrane ［J］. Proceedings of Royal Society B, 2009, 277: 321–329.

［23］ WANG X L, ZHOU Z H. Palaeontology: Pterosaur embryo from the Early Cretaceous ［J］. Nature, 2004, 429: 621.

［24］ JI Q, JI S A, CHENG Y N, et al. Palaeontology: Pterosaur egg with a leathery shell ［J］. Nature, 2004, 432: 572.

［25］ CHIAPPE L M, CODORNIÚ L, GRELLET-TINNER G, et al. Argentinian unhatched pterosaur fossil ［J］. Nature, 2004, 432: 571.

［26］ LÜ J C, UNWIN D M, DEEMING D C, et al. An egg-adult association, gender and reproduction in pterosaurs ［J］. Science, 2011, 331 (6015): 321–324.

［27］ WANG X L, KELLNER A W A, CHENG X, et al. Eggshell and histology provide insight on the life history of a pterosaur with two functional ovaries ［J］. Annals of the Brazilian Academy of Sciences, 2015, 87 (30): 1599–1609.

［28］ HOU L H, ZHOU Z H, GU Y C, et al. Description of Confuciusornis sanctus ［J］. Chinese Science Bulletin, 1995, 10: 61–63.

［29］ HOU L H, ZHOU Z H, MARTIN L D, et al. A beaked bird from the Jurassic of China ［J］. Nature, 1995, 377: 616–618.

［30］ 侯连海. 中国中生代鸟类. 南投县: 台湾凤凰谷鸟园 ［M］. 1997: 228.

［31］ HOU L H, MARTIN L D, ZHOU Z H, et al. A diapsid skull in a new species of the primitive bird Confuciusornis ［J］. Nature, 1999, 399: 679–682.

［32］ O'CONNOR J K, WANG M, HU H. A new ornithuromorph (Aves) with an elongate rostrum from the Jehol Biota, and the early evolution of rostralization in birds ［J］. Journal of Systematic Palaeontology, 2016, 14 (11): 939–948.

［33］Wang X R, Chiappe L M, Teng F F, et al. Xinghaiornis lini (Aves: Ornithothoraces) from the Early Cretaceous of Liaoning: An Example of Evolutionary Mosaic in Early Birds ［J］. Acta Geologica Sinica (English Edition), 2013, 87 (3): 686–689.

［34］JI Q, LUO Z X, JI S A. A Chinese triconodont mammal and mosaic evolution of the mammalian skeleton ［J］. Nature, 1999, 398: 326–330.

［35］LUO Z X, YUAN C X, MENG Q J, et al. A Jurassic eutherian mammal and divergence of marsupials and placentals ［J］. Nature, 2011: 476.

［36］YUAN C X, JI Q, MENG Q J, et al. Earliest evolution of multituberculate mammals revealed by a new Jurassic fossil ［J］. Science, 2013, 341 (6147): 779–783.

［37］ENDO R. A new genus of Thecodontia from the Lycoptera beds in Manchoukou ［J］. Bulletin of the National Central Museum of Manchoukou, 1940, 2: 1–14.

［38］GAO K Q, EVANS S, JI Q, et al. Exceptional fossil material of a semi–aquatic reptile from China: the resolution of an enigma ［J］. Journal of Vertebrate Paleontology, 2000, 20 (3): 417–421.

［39］GAO K Q, FOX R C. A new choristodere (Reptilia: Diapsida) from the Lower Cretaceous of western Liaoning Province, China, and phylogenetic relationships of Monjurosuchidae ［J］. Zoological Journal of the Linnean Society, 2005, 145 (3): 427–444.

［40］SELDEN P A, SHIH C K, REN D. A golden orb-weaver spider (Araneae: Nephilidae: Nephila) from the Middle Jurassic of China ［J］. Biology Letters, 2011, 7 (5): 775–778.

［41］SELDEN P A, SHIH C K, REN D. A giant spider from the Jurassic of China reveals greater diversity of the orbicularian stem group ［J］. Naturwissenschaften, 2013, 100 (12): 1171–1181.

［42］PINTO-DA-ROCHA R, MACHADO G, GIRIBET G. Harvestmen: The Biology of Opiliones ［M］. Harvard University Press, Cambridge, MA, 2007.

［43］DUNLOP J A, ANDERSON L I, KERP H, et al. Preserved organs of Devonian harvestmen ［J］. Nature, 2003, 425: 916.

［44］DUNLOP J A, ANDERSON L I, KERP H, et al. A harvestman (Arachnida: Opiliones) from the Early Devonian Rhynie cherts, Aberdeenshire, Scotland. Transactions of the Royal Society of Edinburgh ［J］. Earth Sciences, 2003, 94: 341–354.

［45］GIRIBET G, TOURINHO A L, SHIH C K, et al. An exquisitely preserved harvestman (Arthropoda, Arachnida, Opiliones) from the Middle Jurassic of China ［J］. Organisms Diversity and Evolution, 2012, 12 (1): 51–56.

［46］HUANG D-Y, SELDEN P A, DUNLOP J A. Harvestmen (Arachnida: Opiliones) from the Middle Jurassic of China ［J］. Naturwissenschaften, 2009, 96: 955–962.

［47］孙革，DILCHER D L，郑少林，等. 辽西早期被子植物及伴生植物群 ［M］. 上海：上海科技教育出版社，2001: 227.

［48］SUN G, DILCHER D, ZHENG S L, et al. In search of the first flower: a Jurassic angiosperm, Archaefructus, from northeast China ［J］. Science, 1998, 282: 1692–1695.

［49］SUN G, JI Q, DILCHER D L, et al. Archaefructaceae, a new basal angiosperm family ［J］. Science, 2002, 296: 899–904.

［50］LENG Q, FRIIS E M. Sinocarpus decussatus gen. et sp. nov., a new angiosperm with basally synocarpous fruits from the Yixian Formation of Northeast China ［J］. Plant Systematics and Evolution, 2003, 241 (1–2): 77–88.

［51］JI Q, LI H Q, BOWE L M, et al. Early Cretaceous Archaefructus eoflora sp. nov. with bisexual flowers from Beipiao, Western Liaoning, China ［J］. Acta Geologica Sinica (English Edition), 2004, 78 (4): 883–896.

［52］WANG X, ZHENG X T. Reconsiderations on two characters of early angiosperm Archaefructus ［J］. Palaeoworld, 2012, 21 (3–4): 193–201.

毛玥，高太平，史宗冈，任东

昆虫纲属于动物界、节肢动物门、六足总纲，是动物界中最庞大的类群，包含有翅类群：甲虫、苍蝇、蝴蝶、蛾、蜂、蜻蜓、蜉蝣、草蛉等，以及另一些无翅类群：跳蚤、虱、衣鱼、石蛃、双尾虫等[1]。昆虫几乎能适应各种陆生生活环境[2]。根据2014年Gullan和Cranston的观点，现生昆虫类群可归为33个目[1]。

2002年，Rasnitsyn和Quicke基于已经报道的化石昆虫标本，总结了已知昆虫纲的绝灭类群[3]。2011年，Staniczek等人基于化石中发现的2只成虫和近40只幼虫建立了昆虫的一个化石目——长基蜉蝣目Coxoplectoptera，这些标本采自巴西下白垩统克拉图组[4]。近年来在白垩纪中期缅甸琥珀昆虫群中（距今约0.99亿年），发现并描述了一些在演化上意义重大的昆虫类群，英国的Andrew Ross专门设立了一个网站，不断更新缅甸琥珀中描述的昆虫[7]。2016年至今，缅甸琥珀中已经有4个新的昆虫类群不能归于已有的目级阶元，学者们相继建立了4个昆虫目。白明等人在2016年基于缅甸琥珀中发现的1只雄性昆虫标本——短鞘奇翅Alienopterus brachyelytrus并建立了奇翅目Alienoptera[8]，奇翅目展示了很多和蟑螂、螳螂较为相似的性状。黄迪颖等人在2016年建立了二叠啮虫目Permopsocida并阐释了不完全变态昆虫口器的进化过程[9]。Poinar和Brown在2017年报道了一类无翅的奇特雌性昆虫Aethiocarenus burmanicus，建立了缅甸琥珀中第三个昆虫目级阶元类群目Aethiocarenodea[10]。Mey等人在2017年建立了缅甸琥珀中第四个新目飘翅目Tarachoptera，认为飘翅目从兼翅总目Amphiesmenoptera祖先中独立起源，与毛翅目Trichoptera和鳞翅目Lepidoptera并非同一祖先[11]。

每年都会有千余个现生昆虫类群以及一些已经绝灭的昆虫新种类被发现，丰富了我们对复杂的昆虫世界的认识。许多保存完好且有趣的化石昆虫为我们认识和了解亿万年间昆虫演化的过程打开了一扇窗户。

3.1　如何鉴定一只昆虫

昆虫常被大众称为"虫子"。很多情况下，人们对于昆虫和其他节肢动物之间的关系感觉很困惑，经常有人将蜘蛛、伪蝎、盲蛛或者蜈蚣叫成"虫子"。有这样的疑惑一点也不奇怪，因为昆虫的多样性太丰富了，昆虫有不同的幼虫、成虫发育阶段。此外，很多昆虫拥有精妙绝伦的拟态伪装，让它们自己看起来并不像是昆虫，比如兰花螳螂、枯叶蝶、竹节虫等。还有一些并非昆虫纲的节肢动物也会模仿昆虫的样子，让我们鉴别一只节肢动物到底是不是昆虫变得更加困难，例如，一种蚁蛛看起来就与蚂蚁的外表十分相似，实际上却是蜘蛛的一种[12]。已经有很多内容丰富的专业书籍或科普著作详细地介绍了昆虫的形态，分类以及生态学方面的知识[1, 3, 13-19]，这里简要地介绍一下昆虫的普遍特征。

昆虫在它们的生命周期中会发生很多显著的变化。因为外骨骼的存在，昆虫幼虫（或若虫）、蛹必须要突破这一层限制才能得以继续发育。随着生长发育，它们必须频繁蜕皮产生新的外骨骼以容纳成长的身体[1]（图3.1）。一些昆虫，例如，蜻蜓、蜉蝣、石蝇、蟪、蜚蠊、螳螂、竹节虫、虱、白蚁、蝗虫、蝉等拥有三个清晰的生长阶段：卵、幼虫（若虫）和成虫。这一系列生长发育过程被称为"不完全变态"发育，或称"半变态"和"渐变态"，这些昆虫也被称为不完全变态昆虫。一些昆虫幼虫营水栖生活、成虫营陆栖生活，占据不同的生态位，例如：蜻蜓、蜉蝣和石蝇，这些昆虫的幼虫通常称为稚虫。很多渐变态类昆虫幼虫与成虫栖息在相同的环境中，例如：蟪、水黾、螳螂、蟑螂等。另外一些昆虫，例如：苍蝇、草蛉、蝴

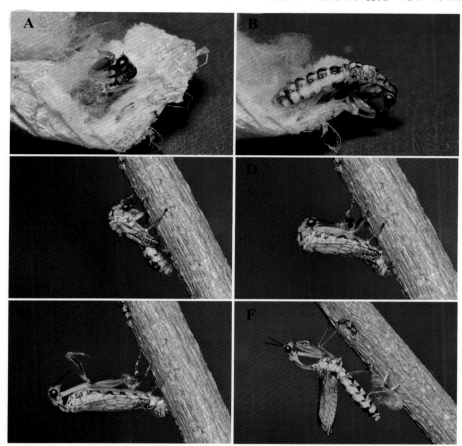

▼ 图 3.1　螳蛉正在羽化　史宗文拍摄

蝶、蛾、蛇蛉、蝎蛉、石蛾、蜂等在幼虫和成虫之间有一个独特的生长发育阶段——蛹期。一些昆虫在化蛹时，幼虫会减少活动并用茧把自己裹住。这些昆虫的生命周期包括卵、幼虫、蛹和成虫，这种生长发育过程被称为"全变态"或"完全变态"，这些昆虫被称为全变态昆虫。蛹期往往被认为是昆虫躲避不良环境的一种很有效的生存机制。

　　总的来说，昆虫幼虫（或若虫）、成虫最重要的生活目标是取食（第28章）以及防止被其他动物捕食（第29章）。不同类群的昆虫成虫期长短不一，例如：蚂蚁蚁后可以存活30年，而工蚁只能存活1~3年；白蚁蚁后可以存活30~50年，而白蚁工蚁和兵蚁只能存活1~2年。蜉蝣和一些石蛾在成虫阶段就不再摄食了，因此它们的成虫只存活很短的一段时间。对大部分昆虫成虫来说，寻找配偶、交配繁衍从而使自己的基因能顺利传到下一代，是生命中第三个重要的目标（第30章）。

　　昆虫成虫体表被外骨骼覆盖，分节的身体可以分为头、胸、腹3个明显的部分。头部几丁质化，有1对多样的触角，1对由许多六边形小眼构成的复眼，是重要的光线感觉器官，还有极为复杂的口器结构（图3.2）。许多昆虫头部有3个简单的单眼，在一些活动能力比较弱的昆虫如跳蚤、虱等，单眼通常都退化了。

　　胸部是昆虫的运动中心，有3对足和2对翅（有翅昆虫）。前、中、后足分别从前胸、中胸、后胸延伸出来。3对足是判断某种动物是否属于昆虫最重要的特征，因此昆虫纲属于六足总纲。有翅昆虫的中胸和后胸通常着生有前翅和后翅。

　　柔软的腹部通常包括11~12个腹节，是昆虫消化系统所在的部位。每个腹节两侧各有一个可以与外界进行气体交换的气门。但是腹部分节数或气门的数量在不同的昆虫类群中差异较大。在一些基干的昆虫

▼ 图 3.2　甲虫的头部　史宗文拍摄

类群中，腹部末端是外生殖器和1对尾须。一些雌性昆虫有非常特化的产卵器以适应它们特殊的产卵方式，比如，寄生蜂有着极长的产卵器，可以将卵产到树干中或寄主幼虫体内（图3.3）[20]。

与复眼相比，触角是昆虫之间交流更为重要的结构。昆虫利用触角执行一些复杂的功能，比如探测环境中的化学分子、气流、温度信号来寻找食物或者适宜的栖息地，发现潜在的交配对象或寄主等[21, 22]。典型的触角有许多分节，基部两节分别称为柄节和梗节，紧接着是数量不等的鞭小节。不同的昆虫类群有着多样化的触角结构，大多数蜚蠊和蟋蟀的触角为丝状，苍蝇的触角为具芒状，蚂蚁的触角为肘状，甲虫的触角有鳃状、锯齿状和扇状等。触角的各个鞭小节上布满了多种类型的感受器，其中含有化学分子感受体、机械性刺激的感受体、温度或湿度的感受器[23–25]。

▼ 图 3.3　金小蜂 *Solenura ania* 细长的产卵器　史宗文拍摄

昆虫具有复杂的口器结构用以适应多样化的取食习性[26]。根据昆虫口器的结构差异和着生位置一般分为三大类：下口式（口器延伸向头的下方，和身体呈垂直状，是较为原始的方式，如蜚蠊、螳螂、衣鱼等），前口式（口器延伸向头的前方，和身体呈平行状，主要存在于一些捕食性昆虫中，如螳蛉、竹节虫、脉翅目幼虫等），后口式（口器向下、向后方向，和昆虫的腹部成一定的锐角，如蝉、部分蜻和一些刺吸式口器的虱、跳蚤等）。大部分昆虫口器包含5个基本结构，包括上唇，上颚，下唇，舌，下颚[14]。利用昆虫口器一些细微的结构差异，结合口器的类型可以在一定程度上鉴定一只昆虫的归类。一些昆虫具有咀嚼式口器，不仅可以咬碎猎物或植物，还能在繁殖时移动自身产的卵[27]，如蜻蜓、叶

蜂和一些甲虫（图3.2）。蛾和蝴蝶拥有虹吸式口器用来吸食花蜜和花朵分泌的糖液（图3.4）[28]。蚜虫和蓟马具有探针状的刺吸式口器可以轻松刺入植物茎秆中，吸食植物体内流动的营养液[29]。

胸部是昆虫的运动中心，着生有昆虫运动必需的足和翅。昆虫的足一般分为6节，最基部的是基节，与胸部的腹板相连，基节后依次为转节、股节、胫节、跗节和爪[1]。昆虫具有多样而特化的足用于适应不同的生活环境，虱营外寄生生活，具有粗壮的足和巨大的爪，跗节退化为1~2节[30, 31]；蝼蛄前足特化为开掘足[32]；蜜蜂后足演化为携粉足（图3.5）[33]；部分栖息于水中的昆虫往往具有特殊的游泳足[34]，一些多新翅类如竹节虫、螽斯的跗节腹面拥有加厚的跗垫以增加摩擦力[35]。

在演化历史上，昆虫是最早飞舞在天空中的动物，大约比翼龙早了1.7亿年，另外两类可以飞行的动物——鸟与蝙蝠出现的时间更晚[18]。飞行能力的获得给予了昆虫更大的生存优势，可以适应更加多样的环境。大量的研究工作都在探讨昆虫翅的出现、飞行的起源和早期演化[36-46]。翅脉的形态是有翅类昆虫重要的鉴别特征之一。被昆虫学界普遍认可的一种翅脉模型是康尼脉系（Comstock-Needham system）[1, 14, 47]，作为有翅昆虫的基本脉序，参考如下：C，前缘脉；Sc，亚前缘脉；ScP，后

▼ 图 3.4　**蝴蝶的虹吸式口器**　*史宗冈拍摄*

▼ 图 3.5　**蜜蜂的携粉足**　*史宗冈拍摄*

▼ 图 3.6　齿蛉两对翅上清晰的翅脉　史宗文拍摄

▼ 图 3.7　有翅昆虫的翅脉的命名 [1]

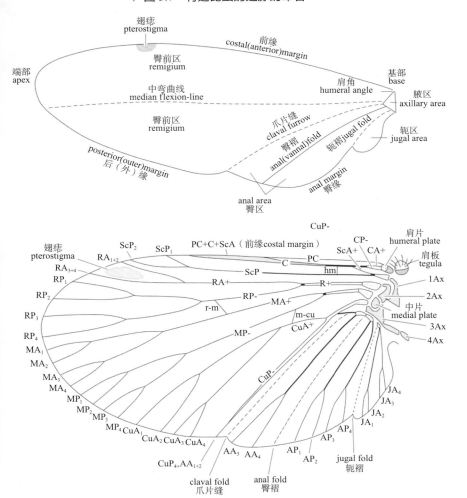

亚前缘脉；R，径脉；RA，前径脉；RP，后径脉；M，中脉；MA，前中脉；MP，后中脉；Cu，肘脉；CuA，前肘脉；CuP，后肘脉；AA，前臀脉；AA₁，第1前臀脉；A₂，第2前臀脉；ra-rp，rp-ma分别表示RA与RP，RP与MA之间的横脉。右前翅与左前翅被表示为RFW与LFW，右后翅与左后翅被表示为RHW与LHW（图3.6和图3.7）。许多横脉分布于纵脉之间。在某些昆虫中翅脉融合减少，如膜翅目小蜂类 [27, 48]；跳蚤 [49]、白蚁和蚂蚁的工蚁 [50, 51] 的翅甚至完全退化。

　　成虫的腹部一般包含11~12节，是昆虫心脏、中肠等消化器官及生殖系统分布的部位 [52]。腹部几丁质化程度比头部和胸部低，由上方的背板、下方的腹板，有时还包括侧板组成，这些结构由可伸缩的膜质肌肉层关联在一起 [53]。腹部的前面几节结构较为简单，最后的3节包含有生殖系统，用于交配（图3.8和图3.9）或产卵（图3.10）[54] 等，结构相对复杂一些。外生殖器的结构在不同昆虫类群中差异较大，在分类学上，经常被作为种类归属的鉴定依据 [55]。雌性蜚蠊繁殖时会形成一种特殊的囊状卵荚结构，将卵包裹于其中，直到小蟑螂孵化爬出 [56, 57]；雌性螽斯具有巨大的弯刀状产卵器，两侧是1对短尾须；许多蜉蝣具有短的尾铗和超过身体长度的尾须。大部分蜂类具有由第一腹节与胸部融合而成的并胸腹节结构，使第一腹节与第二腹节之间形成了一个"蜂腰"的缢缩，是对蜂类特殊产卵方式的适应 [18]。

◀ 图 3.8　蝴蝶交配　史宗冈拍摄

▶ 图 3.9　蝇交配　史宗冈拍摄

◀ 图 3.10　正在产卵的草蛉　史宗文拍摄

3.2　昆虫的起源与进化

　　据估计，现生昆虫已发表的种类超过100万种。但对于有着悠久演化历史的昆虫来说，它们类群数量应该远远大于100万种[18, 58, 59]。研究人员通过多种手段来追溯昆虫的起源和演化过程，比如基于分子数据的生物信息学研究、形态学分析、解剖学，特别是基于化石材料的古生物学[3, 18, 60]。目前已知最早确切的昆虫化石来自北美洲加斯佩泥盆纪中期的一块标本，时间是390百万~393百万年前[61, 62]。在2004年，Engel和Grimaldi重新描述了1928年Tillyard命名的莱尼虫*Rhyniognatha hirsti*，根据其清晰的上颚结构将其归于昆虫纲[62]。Engel和Grimaldi认为莱尼虫具有三角形口器形态符合典型的有翅类昆虫，提出莱尼虫可能是一类有翅昆虫[63]。基于翅脉的系统学分析推测有翅亚纲昆虫的亲缘关系，认为有翅昆虫的起源时间大约是泥盆纪晚期或石炭纪早期[18, 64, 65]。在1890年，Brongniart报道了法国石炭纪晚期的一种昆虫*Stenodictya lobata*，第1胸节有2个片状扩展物，第2、3胸节有4个真正的翅，这种结构在昆虫中从未见过，被归入古网翅目Paleodicotoptera[66, 67]。在石炭纪和二叠纪时期，原蜻蜓目Protodonata昆虫体型普遍很大，很多翅展70～75 cm、体长30～38 cm[68]。拥有飞行能力，增强了昆虫捕食、避敌、迁移寻找新的适宜环境的能力。在石炭系巴什基尔阶至莫斯科阶（Bashkirian–Moscovian）地层中发现了膜翅目、半翅目和啮虫目的基干类群，完全变态类昆虫直到二叠纪后才开始繁盛[41]。现生昆虫的大部分科级阶元在三叠纪至侏罗纪开始出现。在我国东北中生代中侏罗世至早白垩世（1.65亿~1.25亿年前）发现的长翅目的3个类群（科）和脉翅目丽蛉科Kalligrammatidae昆虫具有细长管状口器。长翅目这3个类群口器长度在1~10 mm，丽蛉科昆虫的口器长度在5.4～18 mm[69-71]，研究表明这些昆虫在被子植物出现之前为裸子植物传粉（第20.3、第24.3、第28.2.1和第28.2.2）。在早白垩世之后，随着被子植物的兴起，现生主流访花类昆虫比如鳞翅目（图3.4）、膜翅目（图3.11）、双翅目（图3.12）、鞘翅目（图3.13）等昆虫与被子植物之间"互利共生"的授粉生活方式才逐渐成为主导[72-74]。

▼ 图 3.11　访花的蜜蜂　史宗冈拍摄

▼ 图 3.12　访花的蝇　史宗冈拍摄

▶ 图 3.13　具有虹吸式口器的
　　　　　　花萤　史宗冈拍摄

参考文献

［1］ GULLAN P J, CRANSTON P S. The Insects: An Outline of Entomology (Fifth Edition)［M］. Oxford: Wiley-Blackwell, 2014.

［2］ WILSON E O. The Diversity of Life［M］. Cambridge: Belknap Press, 2010.

［3］ RASNITSYN A P, QUICKE D L J. History of Insects［M］. Dordrecht: Kluwer, 2002.

［4］ STANICZEK A, BECHLY G, GODUNKO R. Coxoplectoptera, a new fossil order of Palaeoptera (Arthropoda：Insecta), with comments on the phylogeny of the stem group of mayflies (Ephemeroptera)［J］. Insect systematics & Evolution, 2011, 42: 101–138.

［5］ GRIMALDI D A, ENGEL M S, NASCIMBENE P C. Fosiliferous Cretaceous amber from Myanmar (Burma): its rediscovery, biotic diversity, and paleontological significance［J］. American Museum Novitates, 2002, 3361: 1–72.

［6］ SHI G, GRIMALDI D A, HARLOW G E, et al. Age constraint on Burmese amber based on U–Pb dating of zircons［J］. Cretaceous Research, 2012, 37: 155–163.

［7］ ROSS A J. Supplement to the Burmese (Myanmar) amber checklist and bibliography, 2020［J］. Palaeoentomology, 2021, 4：057–076.

［8］ BAI M, BEUTEL R G, KLASS K D, et al. Alienoptera - A new insect order in the roach–mantodean twilight zone［J］. Gondwana Research, 2016, 39: 317–326.

［9］ HUANG D-Y, BECHLY G, NEL P, et al. New fossil insect order Permopsocida elucidates major radiation and evolution of suction feeding in hemimetabolous insects (Hexapoda: Acercaria)［J］. Scientific Reports, 2016, 6: 23004.

［10］ POINAR G, BROWN A E. An exotic insect *Aethiocarenus burmanicus* gen. et sp. nov. (Aethiocarenodea ord. nov., Aethiocarenidae fam. nov.) from mid-Cretaceous Myanmar amber［J］. Cretaceous Research, 2017, 72：100–104.

［11］ MEY W, WICHARD W, MUELLER P, et al. The blueprint of the Amphiesmenoptera-Tarachoptera, a new order of insects from Burmese amber (Insecta, Amphiesmenoptera)［J］. Fossil Record, 2017, 20: 129–145.

［12］ OLIVEIRA P S. Ant-mimicry in some Brazilian salticid and clubionid spiders (Araneae: Salticidae, Glubionidae)［J］. Biological Journal of the Linnean Society, 1988, 33: 1–15.

［13］ IMMS A D. A general textbook of entomology: including the anatomy, physiology, development and classification of Insects［M］. London: Methuen, 1923.

［14］ SNODGRASS R E. Principles of Insect Morphology［M］. New York：McGraw-Hill Book Company, Inc., 1935.

［15］ BORROR D J, DELONG D M, TRIPLEHORN C A. An Introduction to the Study of Insects.［M］. New York: Holt, Rinehart and Winston, 1976.

［16］ CHAPMAN R F. The Insects Structure and Function［M］. Cambridge: Cambridge University Press, 1998.

［17］ RESH V H, CARDÉ R T. Encyclopedia of Insects［M］. Burlington：Academic Press, 2003.

［18］ GRIMALDI D A, ENGEL M S. Evolution of the Insects［M］. New York: Cambridge University Press, 2005.

［19］ PRICE P W, DENNO R F, EUBANKS M D, et al. Insect Ecology Behavior, Populations and Communities［M］. Cambridge: Cambridge University Press, 2011.

［20］ GAULD I, BOLTON B. The Hymenoptera［M］. New York: Oxford University Press, 1988.

［21］ CARDÉ R T, MINKS A K. Insect Pheromone Research: New Directions［M］. New York：Chapman & Hall, 1997.

［22］ TEGONI M, CAMPANACCI V, CAMBILLAU C. Structural aspects of sexual attraction and chemical communication in insects［J］. Trends in Biochemical Sciences, 2004, 29 (5): 257–264.

［23］ CROOK D J, KERR L M, MASTRO V C. Distribution and fine structure of antennal sensilla in emerald ash borer (Coleoptera: Buprestidae)［J］. Annals of the Entomological Society of America, 2008, 101: 1103–1111.

［24］ BARSAGADE D D, TEMBHARE B, KADU S G. Microscopic stucture of antennal sensilla in the carpenter ant Camponotus compressus (Fabricius) (Formicidae: Hymenoptera)［J］. Asian Myrmecology, 2013, 5: 113–120.

［25］ GAO T, SHIH C, LABANDEIRA C C, et al. Convergent evolution of ramified antennae in insect lineages from the Early Cretaceous of Northeastern China［J］. Proceedings of the Royal Society B: Biological Sciences, 2016, 283: 20161448.

［26］ LABANDEIRA C C. Insect mouthparts: ascertaining the paleobiology of insect feeding strategies［J］. Annual Review of Ecology and Systematics, 1997, 28: 153–193.

［27］ GOULET H, HUBER J T. Hymenoptera of the world: An identification guide to families［M］. Ottawa: Agriculture Canada

Publication, 1993.

［28］KRENN H W, PLANT J D, SZUCSICH N U. Mouthparts of flower–visiting insects ［J］. Arthropod Structure & Development, 2005, 34 (1): 1–40.

［29］PETERSON A. Morphological studies on the head and mouth–parts of the Thysanoptera ［J］. Annals of the Entomological Society of America, 1915, 8: 20–59.

［30］PRICE R D, HELLENTHAL R A, PALMA R L, et al. The Chewing Lice World Checklist and Biological Overview ［M］. Champaign: Illinois Natural History Surve, 2003.

［31］LEHANE M J. The Biology of Blood-Sucking in Insects ［M］. New York: Cambridge University Press, 2005.

［32］ULAGARAJ S M. Mole Crickets: Ecology, Behavior, and Dispersal Flight (Orthoptera: Gryllotalpidae: Scapteriscus) ［J］. Environmental Entomology, 1975, 4: 265–273.

［33］MICHENER C D. The Bees of the World. Baltimore: Johns Hopkins University Press, 2000.

［34］VOISE J, CASAS J. The management of fluid and wave resistances by whirligig beetles ［J］. Journal of The Royal Society Interface, 2010, 7 (43): 343–352.

［35］CLEMENTE C J, FEDERLE W. Pushing versus pulling: division of labour between tarsal attachment pads in cockroaches ［J］. Proceedings of the Royal Society B: Biological Sciences, 2008, 275: 1329–1336.

［36］WIGGLESWORTH V B. Origin of wings in insects ［J］. Nature, 1963, 197: 97–98.

［37］KUKALOVA-PECK J. Origin and evolution of insect wings and their relation to metamorphosis, as documented by the fossil record ［J］. Journal of Morphology, 1978, 156: 53–125.

［38］RASNITSYN A P. A modified paranotal theory of insect wing origin ［J］. Journal of Morphology, 1981, 168: 331–338.

［39］KAISER J. A new theory of insect wing origins takes off ［J］. Science, 1994, 266 (5184): 363.

［40］AVEROF M, COHEN S M. Evolutionary origin of insect wings from ancestral gills ［J］. Nature, 1997, 385: 627–630.

［41］NEL A, ROQUES P, NEL P, et al. The earliest known holometabolous insects ［J］. Nature, 2013, 503: 257–261.

［42］MEDVED V, MARDEN J H, FESCEMYER H W, et al. Origin and diversification of wings: insights from a neopteran insect ［J］. Proceedings of the National Academy of Sciences of the United States of America, 2015, 112 (52): 15946–15951.

［43］PROKOP J, PECHAROVÁ M, NEL A, et al. Paleozoic nymphal wing pads support dual model of insect wing origins ［J］. Current Biology, 2017, 27 (2): 263–269.

［44］WOOTTON R J. Function, homology and terminology in insect wings ［J］. Systematic Entomology, 1979, 4 (1): 81–93.

［45］WOOTTON R J. Functional Morphology of Insect Wings ［J］. Annual Review of Entomology, 1992, 37: 113–140.

［46］WOOTTON R J, KUKALOVÁ–PECK J. Flight adaptations in Palaeozoic Palaeoptera (Insecta) ［J］. Biological Reviews, 2000, 75 (1): 129–167.

［47］NAUMANN I D, CAME P B, LAWRENCE J F, et al. Insects of Australia: A Textbook for Students and Research Workers, 2nd ed ［M］. Carlton: Melbourne University Publishing, 1991.

［48］SNODGRASS R E. The thorax of the Hymenoptera ［J］. Proceedings of the United States National Museum, 1910, 39: 37–91.

［49］SNODGRASS R E. The skeletal anatomy of fleas (Siphonaptera) ［J］. Smithsonian Miscellaneous Collections, 1946, 104: 1–89.

［50］WILSON E O. The social biology of ants ［J］. Annual Review of Entomology, 1963, 8: 345–368.

［51］JONGEPIER E, FOITZIK S. Fitness costs of worker specialization for ant societies ［J］. Proceedings of the Royal Society B: Biological Sciences, 2016, 283 (1822): 20152572.

［52］MATSUDA R. Morphology and evolution of the insect abdomen, with special reference to developmental patterns and their bearings upon systematics ［J］. The Quarterly Review of Biology, 1976, 52 (4): 442.

［53］SNODGRASS R E. Morphology of the insect abdomen ［J］. Part I. Smithsonian Miscellaneous Collections, 1933, 85: 31–128.

［54］MATSUDA R. On the origin of the external genitalia of Insects ［J］. Annals of the Entomological Society of America, 1958, 51 (1): 84–94.

［55］SONG H. Species-specificity of male genitalia is characterized by shape, size, and complexity ［J］. Insect Systematics & Evolution, 2009, 40: 159–170.

［56］MCKITTRICK F A. Evolutionary studies of cockroaches ［M］. New York: Cornell University Agricultural Experiment Station, 1964.

［57］BELL W J, ROTH L M, NELEPA C A. Cockroaches: Ecology, Behavior, and Natural History ［M］. Maryland: The Johns Hopkins University Press, 2007.

［58］GLENNER H, THOMSEN P F, HEBSGAARD M B, et al. The Origin of Insects ［J］. Science, 2006, 314: 1883–1884.

［59］ENGEL M S. Insect evolution ［J］. Current Biology, 2015, 25: 868–872.

［60］MISOF B, LIU S, MEUSEMANN K, et al. Phylogenomics resolves the timing and pattern of insect evolution ［J］. Science, 2014, 346 (6210): 763–767.

［61］SHEAR W A, BONAMO P M, GRIERSON J D, et al. Early land animals in north America: evidence from Devonian age arthropods from Gilboa, New York ［J］. Science, 1984, 224 (4648): 492–494.

［62］LABANDEIRA C C, BEALL B S, HUEBER F M. Early insect diversification: evidence from a Lower Devonian Bristletail from Québec ［J］. Science, 1988, 242 (4880): 913–916.

［63］ENGEL M S, GRIMALDI D A. New light shed on the oldest insect ［J］. Nature, 2004, 427: 627–630.

［64］KUKALOVÁ-PECK J. Origin of the insect wing and wing articulation from the arthropodan leg ［J］. Canadian Journal of Zoology, 1983, 61: 1618–1669.

［65］ROSS A J. A review of the Carboniferous fossil insects from Scotland ［J］. Scottish Journal of Geology, 2010, 46: 157–168.

［66］HANDLIRSCH A. Die Fossilen Insekten und die Phylogenie der rezenten Formen: ein Handlbuch für paläontologen und Zoologen ［M］. Verlag Engelmann: Leipzig, 1906–1908.

［67］HOELL H V, DOYEN J T, PURCELL A H. Introduction to Insect Biology and Diversity, 2nd ed ［M］. Oxford: Oxford University Press, 1998.

［68］PENNEY D, JEPSON J E. Fossil Insects: An Introduction to Palaeoentomology ［M］. Manchester: Siri Scientific Press, 2014.

［69］REN D, LABANDEIRA C, SANTIAGO-BLAY J, et al. A probable pollination mode before angiosperms: Eurasian, Long-Proboscid Scorpionflies ［J］. Science, 2009, 326 (5954): 840–847.

［70］YANG Q, WANG Y, LABANDEIRA C C, et al. Mesozoic lacewings from China provide phylogenetic insight into evolution of the Kalligrammatidae (Neuroptera) ［J］. BMC Evolutionary Biology, 2014, 14: 126.

［71］LABANDEIRA C C, YANG Q, SANTIAGO-BLAY J A, et al. The evolutionary convergence of mid-Mesozoic lacewings and Cenozoic butterflies ［J］. Proceedings of the Royal Society B: Biological Sciences, 2016, 283 (1824): 20152893.

［72］JOHNSON S D, ANDERSON B. Coevolution between food-rewarding flowers and their pollinators ［J］. Evolution: Education and Outreach, 2010, 3: 32–39.

［73］LABANDEIRA C C. A paleobiologic perspective on plant–insect interactions ［J］. Current Opinion in Plant Biology, 2013, 16 (4): 414–421.

［74］LABANDEIRA C C, CURRANO E D. The fossil record of plant-insect dynamics ［J］. Annual Review of Earth and Planetary Sciences, 2013, 41: 287–311.

第4章

中国古昆虫学研究简史

任东，高太平，史宗冈，师超凡

中国古昆虫学具有近百年的研究历史，其发展历程可以概括为五个阶段：早期奠基研究（1923~1935年），早期分类学研究（1965~1984年），全面的分类学研究（1985年至今），生物学和系统发育学研究（1991年至今），广泛的国际合作研究（2000年至今）。需要强调的是，从1965年之后的这四个阶段之间并没有严格的界限，是相互依存、重叠、逐渐发展的过程。然而，每个阶段都有其较为核心的主题与成果，对我国古昆虫学的研究发展有着里程碑式的意义。

4.1　早期奠基研究（1923~1935年）

我国古昆虫学早期奠基研究开始于1923年，持续至1935年。这一时期由葛利普（Amadeus W. Grabau）博士和秉志博士对我国中生界地层中的昆虫化石进行了分类学研究，主要体现在4篇代表性的学术论文中。

葛利普博士（图4.1）于1870年1月9日出生于美国威斯康星州细德堡（Cedarburg），在那儿度过了他快乐的童年生活。1896年，葛利普在麻省理工学院（MIT）获得地质学和矿物学学士学位，1900年获得了哈佛大学地质学博士学位。葛利普博士先后任教于麻省理工学院（1899~1901年）、哥伦比亚大学（1901~1919年）。葛利普博士的研究领域非常广泛，除了古生物学和地层学，还涉及岩石学、矿物学、埋藏学、石油地质学、构造学、地貌学、冰川学以及古人类学。在到中国工作之前，葛利普博士在欧美已经是一位著名的地质学家和古生物学家了。

1919年，葛利普博士开始在北京大学地质系任教授，兼任中国地质调查所古生物室主任，同时也是清华大学的兼职教授。葛利普博士教授普通地质学、古生物学、地层学和地史学课程，培养了我国第一批著名的地质学家和古生物学家。在中国工作期间，葛利普博士发表了一系列有关中国地质学和古生物学的重要研究成果，包括《中国地质历史》第一卷（古生代）和之后的第二卷（中生代）[1]等重要的著作。在这些著作中，葛利普博士首次把我国河北北部、辽宁西部的早白垩世化石群定名为"热河动物群"。在1923年，葛利普博士报道了山东省莱阳盆地下白垩统地层的昆虫化石4属4种，这也是我国第一篇真正意义

▲ 图4.1　葛利普博士

上的古昆虫学论文[2]。

葛利普博士知识渊博、兢兢业业，教授学生循循善诱，富有感染力。他和蔼可亲的处事方式、高深的学术造诣、高质量的科研标准赢得了中国学者和学生的尊重和爱戴。第二次世界大战期间，葛利普博士仍然留在北京，在1941年左右，他被日本侵略者软禁起来。之后，他的身体状况就一直不太好。1946年3月22日，葛利普博士病逝于北京，应他的遗嘱葬于北京大学校园里（图4.2）。

秉志博士（图4.3）1886年4月9日出生于河南省开封市。1908年，秉志博士从京师大学堂（现

▲ 图 4.2 北京大学校园内的葛利普博士之墓 任东供图

北京大学）预科毕业之后，前往康奈尔大学农学院跟随著名昆虫学家尼达罕姆教授（Geidam J. Needham）学习昆虫学，于1913年获得学士学位、1918年获得博士学位，秉志博士也是在美国获得博士学位的首位中国学者。

秉志博士开展了多个领域的研究工作，在昆虫学、神经生理学、动物学、系统生物学、解剖学、脊椎动物形态学、生理学、古动物学等方面都做出了奠基性的工作。1935年，秉志博士当选为中国科学院院士，他也是第一位研究化石昆虫的中国学者。在1928~1935年期间，秉志博士先后发表了3篇有关化石昆虫研究的论文，分别描述了采自新疆吐鲁番上侏罗统煤窑沟组地层、山东下白垩统莱阳组地层、辽宁下白垩统义县组地层、辽宁抚顺始新统琥珀中的昆虫化石共计32属35种[3-5]。

▲ 图 4.3 秉志博士

4.2　早期分类学研究（1965~1984年）

新中国成立以来，我国古昆虫学研究进入了新的快速发展阶段。20世纪60年代至90年代，洪友崇先生和林启彬先生开始致力于古昆虫学研究，对我国华北和华南的古生代、中生代、新生代含昆虫化石地层及其层序开展了大量研究工作，为中国古昆虫学研究奠定了坚实的基础。这一阶段，我国古昆虫学研究主要集中在化石属种的鉴定和描述等分类学工作。

洪友崇先生（图4.4和图4.5）1929年10月出生于广东省南澳县，1953年在北京地质学院（现中国地质大学）获得地质学学士学位。1958~1960年，洪友崇先生被选派至苏联科学院（现俄罗斯科学研究院）跟随马丁森（G. G. Martinson）研究员开展水生软体动物化石的研究工作，之后他在昆虫学家马丁诺娃（O. M. Martynova）研究员的指导下从事昆虫化石的研究。

洪友崇先生一生兢兢业业、成就斐然、著作等身，先后发表了160余篇科研论文，出版23部专著，其中6部专著独立完成，17部合作撰写[6-13]。洪友崇先生根据我国华北古生代至新生代昆虫化石划分出14个昆虫群和29个昆虫组合[12]，并于1983年提出了中侏罗世"燕辽昆虫群"的概念[10]，之后被我国古生物学者普遍采用。此外，洪友崇先生对我国辽宁省抚顺始新世琥珀中

▲ 图 4.4　洪友崇先生　任东供图

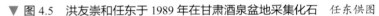

▼ 图 4.5　洪友崇和任东于 1989 年在甘肃酒泉盆地采集化石　任东供图

▼ 图 4.6 林启彬先生 张海春供图

的昆虫进行了系统的研究[12]，是我国琥珀昆虫研究的奠基人和开创者。1989年洪友崇先生从北京自然博物馆退休，2009年获得了李四光地质科学奖。

林启彬先生（图4.6）出生于1935年2月，1959年从南京大学毕业，获得生物学学士学位，毕业之后开始在中国科学院南京地质古生物研究所从事昆虫化石的研究。林启彬先生发表了60余篇科研论文，出版了1部专著[14-20]。他撰写的专著《华南中生代早期的昆虫》[18]对我国古昆虫学产生了深远的影响。

4.3 全面的分类学研究（1985年至今）

洪友崇先生和林启彬先生为我国古昆虫学的研究做出了很多开创性的工作，奠定了良好的基础。之后，张俊峰博士、任东博士、张海春博士、黄迪颖博士、王博博士带领他们的研究团队开展了大量的工作，取得了一系列的成果，近30多年来发表近千篇论文，出版10余部专著，研究内容从传统分类学向系统发育、协同演化等领域拓展。青年一代古昆虫学者也在这几位学者的教导下逐渐成长，研究队伍逐渐壮大，极大地推进了我国古昆虫学研究的发展，在国际古昆虫学界发挥着越来越显著的作用。

张俊峰博士出生于1945年，1968年毕业于北京地质学院（现中国地质大学）。从1985年开始，他对山东省和燕辽地区的白垩纪和新生代的昆虫化石展开研究。张俊峰博士先后发表科研论文104篇[21-25]，撰写了两部有关山东山旺中新世昆虫化石类群的著作[26, 27]。

张海春博士（图4.7）出生于1965年3月，1989年毕业于南京大学，获得古生物学学士学位。1992年，师从南京地质古生物研究所林启彬先生并获得了古生物硕士学位，之后留所工作。1999年，在陈丕基先生和张俊峰博士的共同指导下，获得了古生物学博士学位。张海春博士和他的团队先后发表科研论文200余篇[28-33]，撰写了1部有关我国中生代和新生代昆虫化石研究的著作[34]。

黄迪颖博士（图4.8）出生于1975年，1997年毕业于南京大学地球科学系（现地球科学与工程学院），之后开始在南京地质古生物研究所工作。2005年在法国里昂第一大学（Université Claude Bernard Lyon）获得古生物学博士学位。黄迪颖博士和他的团队先后发表科研论文170余篇[35-38]，撰写1部有关道虎沟生物群研究的专著[39]。

▲ 图 4.7 张海春博士 张海春供图

▲ 图 4.8 黄迪颖博士 黄迪颖供图

4.4　生物学和系统发育学研究（1991年至今）

　　自然分类是仅包含单系群全体已知现生及绝灭成员之间亲缘发育关系和自然演化过程的分类[93]。只有涵盖了共同祖先的所有类群，包括现生类群和化石类群，才能称之为真正的自然分类系统。在系统发育重建的过程中存在两个常见的误解：一是在一个单系类群中包括的成员不完全却声称是一个自然系统；二是将通过数学和程序运算出来的最"简约"或最"似然"的亲缘发育关系当作自然系统。随着化石标本材料的不断描述，越来越多的研究基于系统发育关系，运用自然系统的理念开展昆虫的系统分类与演化研究。

　　昆虫化石不仅揭示了地质历史中的生物面貌，更为昆虫的起源与演化提供了重要依据和线索。自1966年Hennig创立支序系统学，在各个生物类群的系统发育研究中获得了广泛的应用，并取得了一系列的研究成果[40-45]。古生物化石因其保存形态特征的局限性和难以获取DNA序列等遗传信息而在系统发育分析中受到了很大的限制。但是化石标本是生物自然演化过程的直接载体和证据，忠实地反映了各种生物类群的基本形态演化及时间和空间分布特征，是研究生物起源与演化无可替代的研究材料[46]。

　　任东博士和洪友崇先生于1994年首次将化石与现生昆虫相结合，以蛇蛉目为突破口，依据形态结构特征对蛇蛉目包括化石与现生的7个科（蛇蛉科Raphidiidae，盲蛇蛉科Inocelliidae，巴依萨蛇蛉科Baissopteridae，中蛇蛉科Mesoraphidiidae，华夏蛇蛉科Huaixiaraphidiidae，异蛇蛉科Alloraphidiidae，吉林蛇蛉科Jilinoraphidiidae）进行了系统发育分析，验证了蛇蛉目的单系性，Baissopteridae在蛇蛉目中具有较多祖征，与其他6科形成姐妹群[47]。随着分子系统的迅速发展，DNA序列等遗传信息成为了系统发育分析中常用的数据类型。在昆虫学领域，结合化石与现生、形态特征与分子数据进行全证据的系统发育分析成为了越来越被广泛认可的分析方法；在明确系统发育关系的基础上，可进一步对更多的演化问题进行深入探讨，如重建关键形态特征的祖先状态，历史生物地理分析等。中国学者在脉翅目细蛉科[48]、膜翅目扁叶蜂总科[49]、旗腹蜂科[50]、石蛃目[51]、广翅目齿蛉亚科[52]等多个类群开展了相关系统演化研究，并取得了很好的研究成果[53-57]。

　　昆虫的生物学习性与其个体生活史和历史演化都有密切的关系[58]。然而，在昆虫化石中，保存有生物学习性特性相关的形态结构及生存状态的化石却很罕见，因此关于昆虫生物学习性和行为特性的演化还有大量的科学问题有待研究。我国北方中侏罗统九龙山组和下白垩统义县组地层中发现了大量结构完整、特征清晰、保存精美的昆虫化石标本，为研究昆虫的生物学特性及与伴生动物、植物（第2、28、29、30章）的协同演化关系提供了证据，并取得了一系列的研究成果。

　　根据在九龙山组地层中燕辽生物群发现的保存有精细发音结构的雄性螽斯标本，结合现生螽斯的声学特征数据和生物力学原理与方法，首次复原了距今1.65亿年前螽斯的鸣叫声[59]。通过对我国、英国、德国和哈萨克斯坦侏罗纪鳞翅目昆虫化石和缅甸白垩纪飘翅目昆虫化石的鳞片结构研究，揭示了昆虫翅结构色的最早化石证据[60]。

　　昆虫在漫长的演化历史中形成了复杂多样的性选择和生殖交配方式及亲代抚育等社会行为[61]。然而，在化石中能够保存昆虫行为方式的记录却非常难得。我国九龙山组地层中发现的长翅目昆虫生殖节膨大，是该类昆虫求偶炫耀或雄性争斗行为的早期证据[62]。在缅甸晚白垩世琥珀中发现的蜻蜓目扇螅科昆虫雄虫足部胫节极度膨大，暗示了雄性扇螅吸引雌性和驱赶其他求偶者的行为[63]。在九龙山组地层中还发现了一对原沫蝉交配的化石，由此推测原沫蝉在中侏罗世已经形成了侧位交配的方式，与现生的原沫蝉生殖器形态及交配方式一致[64]。中生代不同时期的葬甲化石表明，葬甲通过发音锉吓退天敌并与幼虫交流的亲代抚育行为在早白垩世就已出现。在晚白垩世琥珀中还发现了覆葬甲属*Nicrophorus*最早的化石记录，由此推测覆葬甲埋葬小型哺乳动物或鸟类尸体、为幼虫储藏食物、喂养后代等亲代抚育行为可能在晚白垩世已经出现[37]。在晚白垩世缅甸琥珀中还发现介壳虫雌性成虫，通过蜡质卵囊保护所产的卵及6只刚孵化的若虫，是昆虫亲代抚育行为的直接化石证据，也指示了经过近1亿年的演化历史介壳虫的孵卵方式几乎未变[65]。在缅甸晚白垩世琥珀中发现的白蚁群代表了目前已知最早的昆虫社会性群体。结合行为生态学、昆虫学和古生物学研究，揭示了白垩纪中期一类生活在湿木或朽木环境中的白蚁群，它们不仅有品级分化现象，还表现出合作育幼和世代重叠等特征，填补了白垩纪白蚁真社会性行为及生态学研究的空白[66]。

拟态和伪装是昆虫中比较常见的现象，是昆虫演化过程中特化出的一种重要而有效的防御策略[61]。在九龙山组地层中发现了迄今最古老的羽叶状拟态，脉翅目丽翼蛉通过其翅斑的特化模拟裸子植物的叶片，逃避捕食者的攻击。该现象是被子植物繁盛前发生在昆虫与裸子植物之间的相互关系，也暗示了羽叶状拟态在被子植物起源前就已存在[67]。更多的研究表明，昆虫对植物的拟态在侏罗纪已经趋于多样化，出现了较为复杂的共生关系。2012年在同一地层发现了长翅目半岛蝎蛉对银杏叶片的模拟，推测半岛蝎蛉的拟态帮助其躲避捕食者的攻击，同时也可能是一种捕食策略，通过这种拟态更易捕食到银杏树上的植食昆虫，同时也起到了对银杏的保护作用，揭示了被子植物起源前昆虫与植物的互利共生关系[68]。在同一地层发现的竹节虫化石展现了通过腹部背板的扩展和足部胫节长刺等特征同时形成拟态和防御机制，并结合系统发育分析揭示了竹节虫防御天敌历史中的早期演化过程[69]。此外，中生代晚期特有的脉翅目丽蛉在其6500万年的演化史中特化出了形态多样的翅上的眼斑，通过模拟脊椎动物的眼睛来恐吓捕食者[70-72]。在缅甸晚白垩世琥珀中的脉翅目草蛉总科的幼虫拟态苔类植物的现象，不同于现生草蛉总科幼虫中常见的伪装行为[73]。而昆虫的伪装行为在白垩纪也已出现，如脉翅目草蛉总科、蚁蛉总科幼虫和半翅目猎蝽科的伪装行为在缅甸、法国、黎巴嫩、西班牙的琥珀中都有记录[74, 75]。上述昆虫化石为恢复中生代昆虫群的面貌、生活习性以及昆虫与其伴生生物的互作关系提供了重要的直接证据。

昆虫与其伴生动植物的互作关系主要表现在取食、竞争、防御（如前述拟态行为）等方面。在地质历史中，取食者与取食对象之间发生着协同演化，也是一种重要的生物演化模式[76]。中生代长翅目蝎蛉类昆虫的研究证实这类昆虫通过吸受式口器的喙取食裸子植物的授粉滴，这种取食方式很可能间接地帮助裸子植物完成了授粉，基于此首次提出了昆虫与裸子植物之间的协同演化关系远远早于蝇、蛾、蜜蜂等昆虫与被子植物之间的传粉关系，揭示了一种更为复杂的早期昆虫与植物协同演化的生态学现象[77]。后续的研究发现，中生代昆虫与裸子植物之间的协同关系不仅出现在长翅目，在脉翅目丽蛉科中发现具有长喙状的虹吸式口器，可能取食本内苏铁的传粉滴及花粉。中侏罗世至晚白垩世的丽蛉口器长度多样化（0.6~18.0 mm），暗示了丽蛉取食的植物及其花管长度的多样性。丽蛉多样化的眼斑和虹吸式口器与现生鳞翅目凤蝶形成了时隔4000万年的趋同进化现象[71, 72]。昆虫与被子植物的协同关系最早发现于我国早白垩世，在义县组地层中发现的访花虻类与被子植物之间的传粉关系[78]。在晚白垩世缅甸琥珀中发现的长翅目双翅蝎蛉特化出了新型的口器结构，揭示了与同时期小型裸子植物或早期被子植物之间的传粉关系[79]。在同一地层发现的鞘翅目澳洲蕈虫取食苏铁植物的花粉并为其传粉，及隐翅虫取食伞菌纲等真菌的现象，为进一步认识昆虫与植物、真菌的早期演化及协同关系提供了更多的化石证据[80-83]。

昆虫在其演化历史中不仅与植物形成了密切的关系，与其伴生动物之间的互作关系在近年的研究中也逐渐被揭示。在九龙山组地层发现双翅目幼虫化石，指示其适应于水生外寄生生活，可能吸食同时期蝾螈的血液[84]。在中侏罗世九龙山组和早白垩世义县组发现的蚤目化石代表了蚤目昆虫的基干类群，揭示了在演化早期阶段中生代蚤目昆虫吸食同时期伴生的有羽恐龙、有羽翼龙或中型哺乳动物的血液[35, 85-87]。在义县组地层中还发现了异翅目最早的吸血昆虫，其潜在的吸食对象是同一时期的哺乳动物、鸟类及近鸟型恐龙，将血食性异翅目昆虫的起源时间向前推进了3000万年，扩展了对热河生物群吸血性昆虫多样性的认识[88]。在晚白垩世缅甸琥珀中发现的中生食毛虫若虫咬食羽毛的现象表明食毛类外寄生昆虫伴随着有羽恐龙和鸟类的繁盛开始出现，是迄今为止全世界报道的最古老的食毛类昆虫[89]。昆虫不仅寄生于大型脊椎动物，也会与小型节肢动物发生寄生关系。缅甸琥珀中发现的鞘翅目隐翅虫科毛蕈隐翅虫代表了寄居白蚁巢穴的最早记录，证实了在白垩纪白蚁巢穴就已被其他动物所利用[90]。同一地层发现的脉翅目草蛉形态特化，幼虫的生活习性可能与结网型蜘蛛相关，营捕食蜘蛛或偷窃寄生生活[91]。昆虫与小型节肢动物的共生关系具有更为久远的演化历史。在我国晚石炭世土坡组地层中发现的甲螨寄生于绝灭的古直翅昆虫，指示了两者之间的携带传播关系，属于偏利共生，昆虫为甲螨提供了扩散和保护作用。这是首次在古生代地层中发现的蜱螨与昆虫之间的携播共生关系，同时证明了在蜱螨演化的早期这种共生关系就已出现[92, 94]。

4.5 广泛的国际合作研究（2000年至今）

21世纪以来，中国的古生物学研究更加趋于开放和国际化，越来越多的国际同行也参与到了中国古昆虫学研究的行列，通过广泛的国际合作促进了昆虫演化学科的发展，同时为世界古昆虫学的研究做出了重要的贡献。重要的国际昆虫学家包括（按姓氏字母先后顺序）：Olivier Béthoux、Rolf G. Beutel、David L. Dilcher、Michael S. Engel、Edmund A. Jarzembowski、Wiesław Krzemiński、Conrad C. Labandeira、Fernando Montealegre-Z、André Nel、Alexander G. Ponomarenko、Alexandr P. Rasnitsyn、Jörg W. Schneider、Paul A. Selden、Adam Ślipiński、Jacek Szwedo、Peter Vršanský、Shaun L.Winterton、Evgeny V. Yan等。

2010年8月20~28日，任东作为组织委员会主席在北京首都师范大学主办了"第五届国际古昆虫学、节肢动物和琥珀大会（FOSSIL X3）"（图4.9）。会议的主题涵盖了国际上有关化石昆虫、节肢动物和琥珀研究的最新成果报告，进一步发挥国际古昆虫学会的作用，为参会人员传递学会的信息和理念。来自18个国家共160多位学者参加了此次大会，包括阿根廷、澳大利亚、波兰、德国、俄罗斯、法国、哈萨克斯坦、捷克、黎巴嫩、美国、墨西哥、斯洛伐克、西班牙、新西兰、印度、英国、乌克兰等。此次会议共收到53篇科研论文和113份摘要，世界各地的专家们针对10个主题进行了精彩的学术报告。会后，专家们共同前往我国辽宁省参观了侏罗系—白垩系化石产地现场。此外，这次会议期间还安排了一场双翅目昆虫化石的前沿进展的研讨会。我国地质学会出版的*Acta Geologica Sinica – English Edition*为此次大会出版了古昆虫学特刊（2010年第84卷4期），任东教授为特邀编辑，组织发表了33篇重要研究论文共计460页，并在大会之前出版。

▼ 图 4.9 第 5 届国际古昆虫大会（FOSSIL X3）于 2010 年 8 月在首都师范大学举办　任东供图

表 4.1　我国古昆虫研究的不同阶段

研究阶段	学者	1923~1935年	1936~1964年	1965~1984年	1985~1990年	1991~1995年	1996~2000年	2001~2005年	2006~2010年	2011~2015年	2016~2020年
早期奠基研究阶段	Grabau, Amadeus W.	—									
	秉志	—									
早期分类学研究阶段	洪友崇			—	—	—	—	—	—	—	—
	林启彬			—	—	—	—	—	—	—	—
早期零星的研究	陈世骧			—							
	谭娟杰			—							
	周尧			—	—						
全面的分类学研究阶段	张俊峰				—	—	—	—	—	—	—
	任东				—	—	—	—	—	—	—
	张海春				—	—	—	—	—	—	—
	史宗冈				—	—	—	—	—	—	—
	黄迪颖						—	—	—	—	—
	杨定							—	—	—	—
	彩万志							—	—	—	—
	杨星科							—	—	—	—
	庞虹							—	—	—	—
	白明									—	—
	姚云志							—	—	—	—
	刘星月									—	—
	王永杰									—	—
	王博									—	—

续表

研究阶段	学者	1923~1935年	1936~1964年	1965~1984年	1985~1990年	1991~1995年	1996~2000年	2001~2005年	2006~2010年	2011~2015年	2016~2020年
生物学和系统发育学研究阶段	任东						—	—	—	—	—
	张海春								—	—	—
	史宗冈							—	—	—	—
	黄迪颖									—	—
	姚云志								—	—	—
	刘星月										—
	王永杰								—	—	—
	王博									—	—
广泛的国际合作研究阶段	Azar，Dany								—	—	—
	Béthoux，Olivier								—	—	—
	Beutel，Rolf G.									—	
	Davis，Steven R.								—	—	—
	Dilcher，David L.								—	—	
	Engel，Michael S.					—	—	—	—	—	—
	Grimaldi，David						—		—		
	Jarzembowski，Edmund A.									—	
	Krzemiński，Wiesław									—	
	Labandeira，Conrad C								—	—	
	Makarkin，Vladimir N.								—		
	McNamara，Maria E.									—	
	Montealegre-Z Fernando								—	—	
	Nel，André								—	—	—
	Petrulevicius Julián F.，								—	—	
	Ponomarenko，Alexander G.								—	—	
	Prokop，Jakub								—	—	—
	Rasnitsyn，Alexandr P.							—	—		
	Rust，Jes									—	—
	Selden，Paul A.								—		—
	Sinitshenkova，Nina D.							—			
	Ślipiński，Adam									—	—
	Szwedo，Jacek								—	—	—
	Vršanský，Peter								—	—	
	Winterton，Shaun L.									—	—
	Yan，Evgeny V.								—	—	—

参考文献

［1］GRABAU A W. Stratigraphy of China (Part 1 and Part 2)［M］. Geological Survey of China, Beijing, 1924–1928.

［2］GRABAU A W. Cretaceous fossils from Shantung［J］. Bulletin of the Geological Survey of China, 1923, 5: 143–182.

［3］PING C. Cretaceous fossil insects of China［J］. Palaeontoligia Sinica, 1928, 13: 1–47.

［4］PING C. On a Blattoid insect in the Fushun amber［J］. Bulletin of the Geological Society of China, 1932, 11: 212–214.

［5］PING C. On four fossil insects from Sinkiang［J］. The Chinese Journal of Zoology, 1935, 1: 107–115.

［6］洪友崇. 河北围场昆虫化石一新科——中国树蜂科［J］. 昆虫学报，1975，18（2）：235–241.

［7］洪友崇. 昆虫化石［M］.// 中国地质科学院地质研究所. 陕甘宁盆地中生代地层古生物. 北京：地质出版社，1980.

［8］洪友崇. 陕西晚生代昆虫的新发现［J］. 地质论评，1980，26（2）：89–95.

［9］洪友崇. 酒泉盆地昆虫化石［M］. 北京：地质出版社，1982.

［10］洪友崇. 北方中侏罗世昆虫化石［M］. 北京：地质出版社，1983.

［11］洪友崇，王文利. 莱阳组的昆虫化石［M］.// 山东省地质矿产局区域地质调查队. 山东莱阳盆地地层古生物. 北京：地质出版社，1990.

［12］HONG Y C. Establishment of fossil entomofaunas and their evolutionary succession in North China. Insect Science, 1998, 5 (4) 283–300.

［13］洪友崇. 中国琥珀昆虫志［M］. 北京：北京科学技术出版社，2002.

［14］林启彬. 内蒙下部侏罗系的两种昆虫化石［J］. 古生物学报，1965，13（2）：363–368.

［15］林启彬. 辽宁侏罗系的昆虫化石［J］. 古生物学报，1976，15（1）：97–116.

［16］林启彬. 中国蜚蠊目昆虫化石［J］. 昆虫学报，1978，21（3）：335–342.

［17］林启彬. 浙皖中生代昆虫化石［M］.// 南京地质古生物研究所. 浙皖中生代火山沉积岩地层的划分及对比. 北京：科学出版社，1980.

［18］林启彬. 华南中生代早期的昆虫［M］. 北京：科学出版社，1986.

［19］林启彬. 新疆托克逊晚三叠世昆虫［J］. 古生物学报，1992，31（3）：313–335.

［20］LIN Q B. Cretaceous insects of China［J］. Cretaceous Research, 1994, 15: 305–316.

［21］ZHANG J F. On Chironomaptera Ping 1928 (Diptera, Insecta), from late Mesozoic of East Asia［J］. Mesozoic Research, 1990, 2: 237–247.

［22］ZHANG J F. Late Mesozoic entomofauna from Laiyang, Shandong Province, China, with discussion of its palaeoecological and stratigraphical significance［J］. Cretaceous Research, 1992, 13: 133–145.

［23］ZHANG J F. The most primitive earwigs (Archidermaptera, Dermaptera, Insecta) from the Upper Jurassic of Nei Monggol Autonomous Region, northeastern China. Acta Micropalaeontologica Sinica, 2002, 19: 348–362.

［24］ZHANG J F, ZHANG H C. Kalligramma jurachegonium sp. nov. (Neuroptera: Kalligrammatidae) from the Middle Jurassic of northeastern China［J］. Oriental Insects, 2003, 37: 301–308.

［25］ZHANG J F. Snipe flies (Diptera: Rhagionidae) from the Daohugou Formation (Jurassic), Inner Mongolia, and the systematic position of related records in China［J］. Palaeontology, 2013, 56: 217–228.

［26］张俊峰. 山旺昆虫化石［M］. 济南：山东科学技术出版社，1989.

［27］张俊峰，孙博，张希雨. 山东山旺中新世昆虫与蜘蛛［M］. 北京：科学出版社，1994.

［28］ZHANG H C. Early Cretaceous insects from the Dalazi Formation of the Zhixin Basin, Jilin Province, China［J］. Palaeoworld, 1997, 7: 75–103.

［29］ZHANG H C, ZHANG J F. Xyelid sawflies (Insecta, Hymenoptera) from the Upper Jurassic Yixian Formation of Western Liaoning, China［J］. Acta Palaeontologica Sinica, 2000, 39: 476–492.

［30］ZHANG H C, RASNITSYN A P. Pelecinid wasps (Insecta, Hymenoptera, Proctotrupoidea) from the Cretaceous of Russia and Mongolia［J］. Cretaceous Research, 2004, 25: 807–825.

［31］WANG B, SZWEDO J, ZHANG H.C. New Jurassic Cercopoidea from China and their evolutionary significance (Insecta: Hemiptera)［J］. Palaeontology, 2012, 55: 1223–1243.

［32］WANG B, ZHANG H C, JARZEMBOWSKI E A, et al. Taphonomic variability of fossil insects: a biostratinomic study of Palaeontinidae and Tettigarctidae (Insecta: Hemiptera) from the Jurassic Daohugou Lagerstätte［J］. Palaios, 2013, 28: 233–242.

［33］WANG B, RUST J, ENGEL M S, et al. A diverse Paleobiota in Early Eocene Fushun amber from China ［J］. Current Biology, 2014, 24: 1606–1610.

［34］张海春，王博，方艳. 中国北方中—新生代昆虫化石［M］. 上海：上海科学技术出版社，2015.

［35］HUANG D Y, ENGEL M S, CAI C Y, et al. Diverse transitional giant fleas from the Mesozoic era of China ［J］. Nature, 2012, 483: 201–204.

［36］HUANG D Y, NEL A, CAI C Y, et al. Amphibious flies and paedomorphism in the Jurassic period ［J］. Nature, 2013, 495: 94–97.

［37］CAI C Y, THAYER M K, et al. Early origin of parental care in Mesozoic carrion beetles ［J］. Proceedings of the National Academy of Science of the United States of America, 2014, 111 (39): 14170–14174.

［38］CAI C Y, LAWRENCE J F, ŚLIPIŃSKI A, et al. Jurassic artematopodid beetles and their implications for the early evolution of Artematopodidae (Coleoptera) ［J］. Systematic Entomology, 2015, 40 (4): 779–788.

［39］黄迪颖. 道虎沟生物群［M］. 上海：上海科学技术出版社，2016.

［40］HENNIG W. Phylogenetic Systematics ［M］. Urbana: University of Illinois Press, 1966.

［41］HENNIG W. Insect Phylogeny ［M］. New York: Wiley & Sons, 1981.

［42］BEUTEL R G, FRIEDRICH F, HORNSCHEMEYER T, et al. Morphological and molecular evidence converge upon a robust phylogeny of the megadiverse Holometabola ［J］. Cladistics, 2011, 27 (4): 341–355.

［43］DUNN C W, HEJNOL A, MATUS D Q, et al. Broad phylogenomic sampling improves resolution of the animal tree of life ［J］. Nature, 2008, 452 (7188): 745–750.

［44］MISOF B, LIU S, MEUSEMANN K, PETERS R S, et al. Phylogenomics resolves the timing and pattern of insect evolution ［J］. Science, 2014, 346 (6210): 763–767.

［45］ROTA-STABELLI O, DALEY A, PISANI D. Molecular timetrees reveal a Cambrian colonization of land and a new scenario for ecdysozoan evolution ［J］. Current Biology, 2013, 23 (5): 392–398.

［46］任东. 重构符合自然历史的演化树是系统生物学的终极目标［J］. 昆虫学报，2017，60（6）：699–709.

［47］任东，洪友崇. 现生和化石蛇蛉科的支序分类［J］. 中国地质科学院院报，1994，29：103–117.

［48］SHI C F, WINTERTON S L, REN D. Phylogeny of split-footed lacewings (Neuroptera, Nymphidae), with descriptions of new Cretaceous fossil species from China ［J］. Cladistics, 2015, 31: 455–490.

［49］WANG M, RASNITSYN A P, LI H, et al. Phylogenetic analyses elucidate the inter-relationships of Pamphilioidea (Hymenoptera, Symphyta) ［J］. Cladistics, 2016, 32: 239–260.

［50］LI L F, RASNITSYN A P, SHIH C K, et al. Phylogeny of Evanioidea (Hymenoptera, Apocrita), with descriptions of new Mesozoic species from China and Myanmar ［J］. Systematic Entomology, 2018, 43: 810–842.

［51］ZHANG W T, LI H, SHIH C K, et al. Phylogenetic analyses with four new Cretaceous bristletails reveal inter-relationships of Archaeognatha and Gondwana origin of Meinertellidae ［J］. Cladistics, 2018, 34 (4): 384–406.

［52］LIU X Y, WANG Y J, SHIH C K, et al. Early evolution and historical biogeography of fishflies (Megaloptera: Chauliodinae): implications from a phylogeny combining fossil and extant taxa ［J］. PLoS ONE, 2012, 7 (7): e40345.

［53］任东，卢立伍，郭子光，等. 北京与邻区侏罗–白垩纪动物群及其地层［M］. 北京：地震出版社，1995.

［54］REN D, SHIH C K, GAO T P, et al. Silent Stories–Insect Fossil Treasure from Dinosaur Era of the Northeastern China ［M］. Beijing: Science Press, 2010.

［55］SHIH C K, FENG H, LIU C X, et al. Morphology, phylogeny, evolution, and dispersal of pelecinid wasps (Hymenoptera: Pelecinidae) over 165 Million Years ［J］. Annals of the Entomological Society of America, 2010, 103 (6): 875–885.

［56］任东，史宗冈，高太平，等. 中国东北中生代昆虫化石珍品［M］. 北京：科学出版社，2012.

［57］DU S L, YAO Y Z, REN D, et al. Dehiscensicoridae fam. nov. (Insecta: Heteroptera: Pentatomomorpha) from the Upper Mesozoic of Northeast China ［J］. Journal of Systematic Palaeontology, 2017, 15: 991–1013.

［58］彩万志，庞雄飞，花保祯，等. 普通昆虫学［M］. 2版. 北京：中国农业大学出版社，2011.

［59］GU J J, MONTEALEGRE-Z F, ROBERT D, et al. Wing stridulation in a Jurassic katydid (Insecta, Orthoptera) produced low-pitched musical calls to attract females ［J］. Proceedings of the National Academy of Sciences, 2012, 109 (10): 3868–3873.

［60］ZHANG Q Q, MEY W, ANSORGE J, et al. Fossil scales illuminate the early evolution of lepidopterans and structural colors ［J］. Science Advances, 2018, 4 (4): e1700988.

［61］GULLAN P J, CRANSTON P S. The Insects: An Outline of Entomology. (Fifth edition) ［M］. New York: Wiley Blackwell,

2014.

［62］WANG Q, SHIH C K, REN D. The earliest case of extreme sexual display with exaggerated male organs by two Middle Jurassic mecopterans［J］. PLoS ONE, 2013, 8 (8): e71378.

［63］ZHENG D R, NEL A, JARZEMBOWSKI E A, et al. Extreme adaptations for probable visual courtship behaviour in a Cretaceous dancing damselfly［J］. Scientific Reports, 2017, 7: 44932.

［64］LI S, SHIH C K, WANG C, et al. Forever love: The hitherto earliest record of copulating insects from the Middle Jurassic of China［J］. PLoS ONE, 2013, 8 (11): e78188.

［65］WANG B, XIA F Y, WAPPLER T, et al. Brood care in a 100-million-year-old scale insect［J］. eLIFE, 2015, 4: e05447.

［66］ZHAO Z P, YIN X C, SHIH C K, et al. Termite colonies from mid-Cretaceous Myanmar demonstrate their early eusocial lifestyle in damp wood［J］. National Science Review, 2020, 7 (2): 381–390.

［67］WANG Y J, LIU Z Q, WANG X, et al. Ancient pinnate leaf mimesis among lacewings［J］. Proceedings of the National Academy of Sciences of the United States of America, 2010, 107 (37): 16212–16215.

［68］WANG Y J, LABANDEIRA C C, SHIH C K, et al. Jurassic mimicry between a hangingfly and a ginkgo from China［J］. Proceedings of the National Academy of Sciences of the United States of America, 2012, 109 (50): 20514–20519.

［69］YANG H R, SHI C F, ENGEL M S, et al. Early specializations for mimicry and defense in a Jurassic stick insect［J］. National Science Review, 2020, 0: 1–10.

［70］YANG Q, WANG Y J, LABANDEIRA C C, et al. Mesozoic lacewings from China provide phylogenetic insight into evolution of the Kalligrammatidae (Neuroptera)［J］. BMC Evolutionary Biology, 2014, 14 (126): 1–30.

［71］LABANDEIR C C, YANG Q, SANTIAGO-BLAY J A, et al. The evolutionary convergence of mid-Mesozoic lacewings and Cenozoic butterflies［J］. Proceedings of the Royal Society B: Biological Sciences, 2016, 283 (1824): 20152893.

［72］LIU Q, LU X M, ZHANG Q Q, et al. High niche diversity in Mesozoic pollinating lacewings［J］. Nature Communications, 2018, 9 (1): 3793.

［73］LIU X Y, SHI G L, XIA F Y, et al. Liverwort mimesis in a Cretaceous lacewing larva［J］. Current Biology, 2018, 28 (9): 1475–1481.

［74］PÉREZ-DE LA FUENTE R, DELCLÒS X, PEÑALVER E, et al. Early evolution and ecology of camouflage in insects［J］. Proceedings of the National Academy of Sciences, 2012, 109 (52): 21414–21419.

［75］WANG B, XIA F Y, ENGEL M S, et al. Debris-carrying camouflage among diverse lineages of Cretaceous insects［J］. Science Advances, 2016, 2 (6): e1501918.

［76］REN D, SHIH C K, GAO T P, et al. Rhythms of Insect Evolution: Evidence from the Jurassic and Cretaceous in Northern China［M］. New York: Wiley Blackwell, 2019.

［77］REN D, LABANDEIRA, C C, SANTIAGO-BLAY J A, et al. A probable pollination mode before angiosperms: Eurasian, Long-Proboscid Scorpionflies［J］. Science, 2009, 326 (5954): 840–847.

［78］REN D. Flower-associated brachycera flies as fossil evidence for Jurassic angiosperm origins［J］. Science, 1998, 280: 85–88.

［79］LIN X D, LABANDEIRA C C, SHIH C K, et al. Life habits and evolutionary biology of new two-winged long-proboscid scorpionflies from mid-Cretaceous Myanmar amber［J］. Nature Communications, 2019, 10: 1235.

［80］WANG B, ZHANG H C, JARZEMBOWSKI E A. Early Cretaceous angiosperms and beetle evolution［J］. Frontiers in Plant Science, 2013, 4 (360): 1–6.

［81］CAI C Y, NEWTON A F, THAYER M K, et al. Specialized proteinine rove beetles shed light on insect–fungal associations in the Cretaceous［J］. Proceedings of the Royal Society B: Biological Sciences, 2016, 283 (1845): 20161439.

［82］CAI C Y, LESCHEN R A B, HIBBETT D S, et al. Mycophagous rove beetles highlight diverse mushrooms in the Cretaceous［J］. Nature Communications, 2017, 8: 14894.

［83］CAI C Y, ESCALONA H E, LI L Q, et al. Beetle pollination of cycads in the Mesozoic［J］. Current Biology, 2018, 28 (17): 2806–2812.

［84］CHEN J, WANG B, ENGEL M S, et al. Extreme adaptations for aquatic ectoparasitism in a Jurassic fly larva［J］. eLIFE, 2014, 3: e02844.

［85］GAO T P, SHIH C K, XU X, et al. Mid-Mesozoic flea-like ectoparasites of feathered or haired vertebrates［J］. Current biology, 2012, 22 (8): 732–735.

［86］GAO T P, SHIH C K, RASNITSYN A P, et al. New transitional fleas from China highlighting diversity of Early Cretaceous ectoparasitic insects ［J］. Current Biology, 2013, 23 (13): 1261–1266.

［87］GAO T P, SHIH C K, RASNITSYN A P, et al. The first flea with fully distended abdomen from the Early Cretaceous of China ［J］. BMC Evolutionary Biology, 2014, 14 (1): 168–174.

［88］YAO Y Z, CAI W Z, XU X, et al. Blood-feeding true bugs in the Early Cretaceous ［J］. Current Biology, 2014, 24 (15): 1786–1792.

［89］GAO T P, YIN X C, SHIH C K, et al. New insects feeding on dinosaur feathers in mid-Cretaceous amber ［J］. Nature Communications, 2019, 10: 5424.

［90］CAI C Y, HUANG D Y, NEWTON A F, et al. Early evolution of specialized termitophily in Cretaceous rove beetles ［J］. Current Biology, 2017, 27 (8): 1229–1235.

［91］LIU X Y, ZHANG W W, WINTERTON S L, et al. Early morphological specialization for insect-spider associations in Mesozoic lacewings ［J］. Current Biology, 2016, 26 (12): 1590–1594.

［92］ROBIN N, BÉTHOUX O, SIDORCHUK E, et al. A Carboniferous mite on an insect reveals the antiquity of an inconspicuous interaction ［J］. Current Biology, 2016, 26 (10)：1376–1382.

［93］任东."自然分类"——老概念，新诠释 ［J］. 2021，Bio-101: e1010607.

［94］GAO T P, SHIH C K, REN D. Behaiviors and interactions of insects in Mid-Mesozoic ecosystems of Northeastern China ［J］. Annual Review of Entomology, 2021, 66: 337–354.

王梅，王梦琪，史宗冈，任东

5.1　蜉蝣目简介

　　蜉蝣目拉丁名Ephemeroptera表示"仅一天的生命"或"朝生暮死"的意思，蜉蝣是最原始的有翅昆虫之一，与蜻蜓目同属于古翅次纲[1, 2]，休息时翅直立于背部。迄今为止，世界上现存的蜉蝣已报道42科3 100多种，我国有250多种。蜉蝣成虫体态轻盈，身体小巧柔软，常常拖着长长的尾须飞舞或休息在清澈的水边（图5.1和图5.2）。蜉蝣以其朝生暮死而闻名，但这仅针对蜉蝣成虫而言。由于口器退化，成虫不具有取食功能，生存所需的能量均来自稚虫期的积累，因此成虫寿命极短，只能存活数小时至几天时间，仅进行交尾产卵。

　　蜉蝣体型小到中型，体长从3 mm到30 mm不等，分为头、胸、腹3节。复眼发达，尤其是雄虫；成虫口器极度退化，不取食；触角短，刚毛状；胸部极为发达，2对翅，翅面明显褶皱，前翅三角形，后翅不足前翅的一半，翅脉复杂，存在许多的横脉和闰脉，其翅柔软，因此蜉蝣飞行能力较弱；雄性成虫的前足明显延长，常与虫体等长，在婚飞时用于抱住雌虫；腹部共10节，第一腹节常与后胸融合。

　　蜉蝣具特殊的亚成虫时期，是昆虫界唯一属于原变态发育类型的昆虫。蜉蝣的生命开始于水中，不同的属种因温度的不同，孵化时间通常需要数周到一年不等。稚虫阶段是蜉蝣一生中最长的一个阶段，它们在水中的生活时间长达2年。其分布地非常广泛，从山间的溪流到大江、大河中均有发现。不同生活环境中的稚虫形态结构和取食方式不同，研究者们因此将稚虫分为滤食型、刮食型、捕食型和撕食型[3]。稚虫一般经过10~15次的蜕皮才变成亚成虫，少数稚虫的蜕皮次数多达55次[4, 5]，老熟的稚虫在水面羽化成亚成虫（图5.3和图5.4）。亚成虫的外形与成虫相似，只是体色较暗淡，翅呈暗灰色，一般需要几个小时到两天时间再次蜕皮变成有透明翅的成虫[6]。蜉蝣成虫经常成群出现。雄虫在水面上翩翩起舞，拼命吸引雌虫的注

▲ 图 5.1　蜉蝣成虫　史宗文拍摄　　　　　　　　　　　　　　▲ 图 5.2　蜉蝣成虫　史宗文拍摄

▼ 图 5.3　蜉蝣稚虫蜕皮成亚成虫　史宗文拍摄

▼ 图 5.4　蜉蝣亚成虫　史宗文拍摄

意，在获得异性芳心之后，它们相约慢慢向地面或水面飞去，同时在空中进行交配。交配时间非常短，仅仅需要几秒钟的时间，这样的行为叫作婚飞。雌雄虫婚飞后不久，雄虫即死去落向地面，雌虫把卵排入水中不久后也会死去。

蜉蝣稚虫对生活的水质非常敏感，工业和农业产生的污染物、低氧或反常的酸性水质都会影响稚虫的生存，因此人们常常将蜉蝣稚虫作为水质监测指示生物[7]。稚虫以藻类为生，在食物链中扮演着初级消费者的角色，是鱼类等捕食者很好的饵料[8,9]。蜉蝣稚虫是底栖水生昆虫中最重要的群落之一，因此它们的一举一动都对水生生态系统和人类周边生态环境产生巨大影响。

2013年8月25日夜间，匈牙利塔希托特法卢镇（Tahitotfalu），距离布达佩斯（Budapest）约29 km，多瑙河沿岸突现数百万只蜉蝣（Ephoron virgo Olivier，1791），成群结队地在空中翩翩起舞，在飞行过程中不断撞在行人的脸上或者爬满车身，但是一夜之间，空中的蜉蝣几乎都消失不见了，只见地面上遍布蜉蝣的尸体，许多蜉蝣雌虫在婚飞后将卵产在河流中，完成生命中最重要的事件——繁殖下一代之后也相继死去，掉入水中。由于河流污染的减少，这种繁殖群和自然奇观的出现受到当地人和游客的喜爱。

5.2　蜉蝣目化石的研究进展

蜉蝣目化石的研究始于19世纪初，至今为止已有200多年的历史[10]。蜉蝣是昆虫界的活化石，见证了地球近3亿年的海陆变迁。根据现在的研究报道：广义蜉蝣目最早出现在石炭纪晚期，而狭义蜉蝣目中最古老的蜉蝣Jarmilidae和Oboriphlebiidae出现在早二叠世（2.95亿~2.9亿年），我们所熟知的蜉蝣最早出现在距今2.4亿年的中三叠世，均属于真蜉蝣亚目（包含所有的现生类群、部分三叠纪以及侏罗纪以来的全部化石类群）。蜉蝣化石分布广泛，除南极洲外，其余各洲均有蜉蝣化石的报道，涉及的地质时代久远，从石炭纪晚期（3亿年）到新近纪上新世（5.2百万~2.5百万年）均有分布。迄今为止，世界上已报道化石蜉蝣44科142属268种。

中国蜉蝣目化石的研究起步相对较晚。著名的古生物学家秉志是我国蜉蝣目化石研究的第一人。1928年，他对辽西热河生物群的代表种三尾拟蜉蝣Ephemeropsis trisetalis进行了重新描述[11]。1935年，他在新疆吐鲁番报道了化石蜉蝣3属4种[12]。秉志之后，越来越多的古昆虫学家开始对中国的蜉蝣化石进行研究，其中做出巨大贡献的有洪友崇、林启彬、张俊峰、任东、史宗冈、黄建东及俄罗斯著名古生物学家Nina D. Sinitshenkova等。我国的蜉蝣化石产地主要集中在中国东北、西北和华南地区，尤其是内蒙古、辽宁、河北中生代晚期的蜉蝣化石标本非常丰富，目前在中国东北地区报道化石蜉蝣5科17属23种（表5.1），涉及的地层有中侏罗统海房沟组、九龙山组、三间房组和下白垩统义县组、大北沟组。

5.3　中国北方地区蜉蝣目代表性化石

> 真蜉蝣亚目 Euplectoptera Tillyard，1932

> 前翅角下目 Anteritorna Kluge，1993

蜉蝣科 Fuoidae Zhang & Kluge，2007

蜉蝣科是一个绝灭科，根据侏罗纪的一个化石属种建立。稚虫前翅翅芽从基部开始分裂且分裂角度较大，后翅翅芽大小是前翅翅芽的一半，前足腿节、胫节和跗节内侧长有细毛，爪基部生有1枚宽大的指状突起，尾丝3根，尾须和中尾丝等长，中尾丝两侧和尾须的内侧有浓密的游泳毛；依据老熟稚虫的特征，原作者推测成虫后翅是前翅的一半大小，跗节5节，中尾丝退化[13]。目前蜉蝣科仅发表了1属1种。

中国北方地区侏罗纪仅报道1属：蜉蝣属*Fuyous* Zhang & Kluge，2007。

蜉蝣属 *Fuyous* Zhang & Kluge，2007

Fuyous Zhang & Kluge，2007，*Orient. Insects*，41：352–354[13]（original designation）.

模式种：群居蜉蝣*Fuyous gregarious* Zhang & Kluge，2007。

稚虫前口式，鳃弯曲且极度延长，前足比中、后足更强健，第1~9腹节后侧突明显，7对腹鳃均存在，腹节一侧仅存在单个腹鳃且其末端圆润，前缘肋位于前缘，臀肋不存在或不可见。雌虫前足跗节第1节最长，约为第5节的1.3倍长且为第2节的两倍长，第3节略短于第2节而略长于第4节。

产地及时代：内蒙古，中侏罗世。

中国北方地区侏罗纪仅报道1种（详见表5.1）。

六族蜉蝣科 Hexagenitidae Lameere，1917

六族蜉蝣科是中生代的一个绝灭科，也是中生代的优势类群，从早侏罗世到白垩纪均有分布。六族蜉蝣科虫体中到大型，其独有衍征如下：成虫前翅CuA分叉形成CuA$_1$和CuA$_2$，从分支处生出一个"iCu"，这个脉形成一系列（3~6个）三叉脉，每个三叉脉的前支形成下一个三叉脉，每个三叉脉的前支拱起，所有三叉脉最终到达翅的后缘是六族蜉蝣科的独有衍征；稚虫第7对腹鳃大，明显长于其他的腹鳃，而第1~6对腹鳃近似等长[14]。六族蜉蝣科的化石在阿尔及利亚、巴西、外贝加尔地区、中国、德国、蒙古和乌克兰均有发现，其中最早的六族蜉蝣科化石在外贝加尔和蒙古的下—中侏罗统被报道，而距今最晚的化石在缅甸白垩纪中期的琥珀中被报道[15]。迄今为止，六族蜉蝣科已报道14属25种。

中国北方地区侏罗纪和白垩纪报道4属：拟蜉蝣属*Ephemeropsis* Eichwald，1864；西伯利亚蜉属*Siberiogenites* Sinitshenkova，1985；美丽蜉属*Epicharmeropsis* Huang，Ren & Shih，2007；山头蜉属

Shantous Zhang & Kluge，2007。

西伯利亚蜉属 *Siberiogenites* Sinitshenkova，1985

Siberiogenites Sinitshenkova，1985，*The Jurassic Insects of Siberia and Mongolia*，221：20–21[16]（original designation）.

模式种：细腿西伯利亚蜉*Siberiogenites angustatus* Sinitshenkova，1985。

稚虫中等大小，每对腹鳃上距后缘一定距离有明显臀肋存在；第7对腹鳃不长于前面各对，具有短鳃蜉类的外形，尾丝具有浓密的游泳毛。

产地及时代：辽宁，早白垩世。

中国北方地区白垩纪仅报道1种（详见表5.1）。

美丽蜉属 *Epicharmeropsis* Huang，Ren & Shih，2007

Epicharmeropsis Huang，Ren & Shih，2007，*Zootaxa*，1629，40–48[14]（original designation）.

模式种：六小脉美丽蜉*Epicharmeropsis hexavenulosus* Huang，Ren & Shih，2007。

成虫中到大型，中胸背缝（MNs）在中部强烈向后延伸但不形成横向的缝，成对的中胸侧缝（MPs）在中胸背板中部连接，而不相互平行，侧裂缝（LPs）在侧面弯曲，后胸背板长，有明显的小盾片。前翅长是宽的2.4倍，前翅RSa形成2个分叉，RSp不分叉，在MP_2和CuA间有明显的闰脉，CuA_1分出4~6个三叉脉到达翅的后缘，纵脉间有很多横脉和闰脉，后翅略长于前翅的一半。

产地及时代：辽宁、河北、内蒙古，早白垩世。

中国北方地区白垩纪报道2种（详见表5.1）。

六小脉美丽蜉 *Epicharmeropsis hexavenulosus* Huang，Ren & Shih，2007（图5.5和图5.6）

Epicharmeropsis hexavenulosus Huang，Ren & Shih，2007，*Zootaxa*，1629：40–42.

10 mm

▲ 图 5.5　六小脉美丽蜉 *Epicharmeropsis hexavenulosus* Huang，Ren & Shih，2007（正模标本，CNU-E-YX-2007001-2）标本由史宗冈捐赠

▼ 图 5.6　六小脉美丽蜉 *Epicharmeropsis hexavenulosus* Huang，Ren & Shih，2007　生态复原图　王晨绘制

产地及层位：河北平泉石门村；下白垩统，义县组。

虫体除尾须外体长31.0 mm，前翅长34.0 mm，后翅长18.0 mm。复眼较大，彼此靠近，后胸背板长，具有明显的盾片。前翅宽、三角形，亚前缘脉弓明显，MA_1和MA_2均等分叉，前翅iCu形成6条三叉脉，后翅宽，翅尖相对圆钝，MA在翅中部分叉，MP在翅基部分叉，臀脉4条。尾须3根，中尾丝很短[14]。在辽西的热河生物群中，通常认为东方叶肢介*Eosestheria middendorfii*、三尾拟蜉蝣*Ephemeropsis trisetalis*和狼鳍鱼*Lycoptera jobolensis*是3个代表成员，但基于黄建东等人[14]的研究，以前中国所发表的三尾拟蜉蝣稚虫化石应该归入美丽蜉属。

四小脉美丽蜉 *Epicharmeropsis quadrivenulosus* Huang，Sintshenkova & Ren，2007（图5.7）

Epicharmeropsis quadrivenulosus Huang，Sinitshenkova & Ren，2007，*Zootaxa*，1629：42–48.

产地及层位：辽宁北票尖山沟、辽宁北票黄半吉沟、河北平泉石门村、辽宁义县大康堡村；下白垩统，义县组。

成虫前翅38.5 mm，后翅长21.0 mm，CuA1分出4条三叉脉到达翅后缘，左后翅的RSa分叉，iRSa缺失，而右后翅的RSa不分叉，iRSa存在[14]。

▼ 图5.7 四小脉美丽蜉 *Epicharmeropsis quadrivenulosus* Huang，Sinitshenkova & Ren，2007（正模标本，CNU-E-YX-2007002）

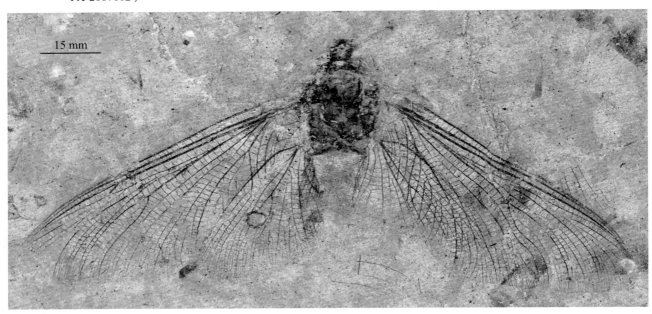

山头蜉属 *Shantous* Zhang & Kluge，2007

Shantous Zhang & Kluge，2007，*Orient. Insects*，41：354–356[13]（original designation）.

模式种：湖栖山头蜉*Shantous lacustris* Zhang & Kluge，2007。

稚虫第1~6腹鳃极长（不短于第7腹鳃），无臀肋，第7腹鳃宽，臀肋在腹鳃中部位置，每对腹鳃的前缘肋发达。

产地及时代：内蒙古，中侏罗世。

中国北方地区侏罗纪仅报道1种（详见表5.1）。

珠蜉科 Mesonetidae Tshernova，1969

珠蜉科是一个绝灭科，稚虫体型小到中型，腹节宽而短，7对短叶状鳃位于腹部的两侧，雄性生殖器具彼此分离的铗片。目前，珠蜉科已发表3属25种，最早的珠蜉科化石在俄罗斯下三叠统地层被报道[17]。珠蜉科化石仅分布在欧亚大陆（俄罗斯、蒙古、乌克兰和中国），从晚三叠世到早白垩世均有报道。

中国北方地区侏罗纪和白垩纪报道2属：暗蜉属*Furvoneta* Sinitshenkova，1990；棒蜉属*Clavineta* Sinitshenkova，1991。

暗蜉属 *Furvoneta* Sinitshenkova，1990

Furvoneta Sinitshenkova，1990. *The Late Mesozoic insects from Eastern Transbaikalia*，239：19[18]（original designation）.

模式种：广布暗蜉*Furvoneta*（*Mesoneta*）*lata* Sinitshenkova，1976。

稚虫第1~8腹节的后侧角突出，第9腹节的后侧角极长，约等于或超过第10腹节的长度，腹鳃片状，有前缘肋和臀肋，前足腿节、胫节和跗节的内缘具长刚毛，尾丝具浓密的游泳毛。

产地及时代：辽宁，中侏罗世。

中国北方地区侏罗纪仅报道1种（详见表5.1）。

棒蜉属 *Clavineta* Sinitshenkova，1991

Clavineta Sinitshenkova，1991，*Paleont. Jour.*，1：119[19]（original designation）.

模式种：精美棒蜉*Clavineta cantabilis* Sinitshenkova，1991。

稚虫腹节的宽度约为长度的4倍，腹节的后侧角上长有齿，前角略圆润，侧缘直，前足腿节和胫节的内缘有排列整齐的长刚毛，腹鳃大，近卵形，前缘肋和臀肋发达，第9腹节的后侧角短，不超过第10腹节，尾须长，中尾丝短于尾须。

产地及时代：河北，中侏罗世；辽宁，早白垩世。

中国北方地区侏罗纪和白垩纪报道3种（详见表5.1）。

短丝蜉总科 Siphlonuroidea McCafferty，1995

短丝蜉科 Siphlonuridae Bank，1900

短丝蜉科是一个较大的现生科，不仅其现生属种的物种多样性高，而且其化石数量也非常丰富，从中三叠世到始新世均有分布。通过如下特征能将短丝蜉科与其他科区分开来：前翅CuA通过一些横脉与翅的后缘相连，后翅相对较大，MA在近翅中部位置分叉，雄成虫阳茎叶在端部的中央分裂，雌成虫的生殖孔末端硬化，尾须2根[20]。短丝蜉科有2个亚科：Siphlonurinae Banks，1900和Parameletinae Kluge，Studemann，Landolt & Gonser，1995。目前现生的短丝蜉科已报道4属49种，仅分布在北半球[21]，而短丝蜉科化石分布较广，在俄罗斯西伯利亚和外贝加尔地区、蒙古、中国、波罗的海地区、德国、法国、巴西、澳大利亚维多利亚、美国加利福尼亚、哈萨克斯坦卡拉套地区均有报道，其化石记录共计24属35种[22]。最早的短丝蜉科化石*Triassonurus doliiformis* Sinitshenkova，2005在法国中三叠统地层被报道[23]。

中国北方地区侏罗纪和白垩纪报道4属：欧嘉蜉属*Olgisca* Demoulin，1970；多分支蜉属*Multiramificans* Huang，Liu，Sinitshenkova & Ren，2007；掌形阿嘉蜉属*Cheirolgisca* Lin & Huang，2008；侏罗短丝蜉属*Jurassonurus* Huang，Ren & Sinitshenkova，2008。

欧嘉蜉属 *Olgisca* Demoulin，1970

Olgisca Demoulin，1970，*Bull. Inst. Roy. Sci. Nat. Belg.*，46（4）：4–7[24]（original designation）.

模式种：海百合欧嘉蜉*Olgisca*（*Paedephemera*）*schwertschlageri* Handlirsch，1906。

成虫前翅三角形，CuA通过8条横脉与翅后缘相连，RSa_1和RSa_2间无闰脉存在，MA约在近翅缘1/3的位置分叉，尾须2根。

产地及时代：内蒙古，中侏罗世。

中国北方地区侏罗纪仅报道1种（详见表5.1）。

多分支蜉属 *Multiramificans* Huang，Liu，Sinitshenkova & Ren，2007

Multiramificans Huang，Liu，Sinitshenkova & Ren，2007，*Ann. Zool.*，57（2）：222–223[22]（original designation）.

模式种：卵形多分支蜉*Multiramificans ovalis* Huang，Liu，Sinitshenkova & Ren，2007。

成虫后胸特别长，具有明显的后胸盾片和小盾片。前翅MA在翅中部分叉，肘脉区较大，CuA直，分出超过15条以上的横脉与翅后缘相连，后翅卵圆形，相对较大，翅中部区域之后有8条纵脉，通过横脉相连。

产地及时代：内蒙古，中侏罗世。

中国北方地区侏罗纪仅报道1种（详见表5.1）。

卵形多分支蜉 *Multiramificans ovalis* Huang，Liu，Sinitshenkova & Ren，2007（图5.8）

Multiramificans ovalis Huang，Liu，Sinitshenkova & Ren，2007，*Ann. Zool*，57（2）：222–223.

产地及层位：内蒙古宁城道虎沟；中侏罗统，九龙山组。

成虫体长（不包括第10腹节和尾丝）18.5 mm。前翅片段长12.5 mm，RA和Sc与前缘几乎平行，RS分出三叉脉，MA在翅中部之前对称性地分出MA_1、MA_2，CuA延伸不远，分出18条横脉与翅后缘相连；后翅肘脉光滑，无前缘突。中足胫节明显长于后足胫节，后足爪均尖锐[22]。

▲ 图5.8   卵形多分支蜉 *Multiramificans ovalis* Huang，Liu，Sinitshenkova & Ren，2007（正模标本，CNU-E-DHG-2006001-1）

掌形阿嘉蜉属 *Cheirolgisca* Lin & Huang，2008

Cheirolgisca Lin & Huang，2008，*Ann. Zool*，58（3）：522–523[25]（original designation）.

模式种：宁城掌形阿嘉蜉 *Cheirolgisca ningchengensis* Lin and Huang，2008。

成虫后翅三角形，是前翅长的1/3。尾须3根，中尾丝退化，尾铗4节，钳状，阳茎表面无阳茎突。

产地及时代：内蒙古，中侏罗世。

中国北方地区侏罗纪仅报道1种（详见表5.1）。

侏罗短丝蜉属 *Jurassonurus* Huang，Ren & Sinitshenkova，2008

Jurassonurus Huang，Ren & Sinitshenkova，2008，*Insect Sci.*，15：194–197[26]（original designation）.

模式种：可爱侏罗短丝蜉 *Jurassonurus amoenus* Huang，Ren & Sinitshenkova，2008。

成虫和亚成虫前胸相对较大，是具翅胸节的1/3，中胸基腹片发达，中胸小腹片印痕存在于两个小腹片突之间。前翅A_1不分叉，RSa_1和RSa_2之间有闰脉存在，后翅长卵形，前缘突明显。足在腿节和胫节间有退化的膝节存在，中后足腿节明显比胫节和跗节强壮，阳茎在末端分叉。

产地及时代：内蒙古，中侏罗世。

中国北方地区侏罗纪仅报道1种（详见表5.1）。

可爱侏罗短丝蜉 *Jurassonurus amoenus* Huang，Ren & Sinitshenkova，2008（图5.9）

Jurassonurus amoenus Huang，Ren & Sinitshenkova，2008，*Insect Sci.*，15：194–197.

产地及层位：内蒙古宁城道虎沟；中侏罗统，九龙山组。

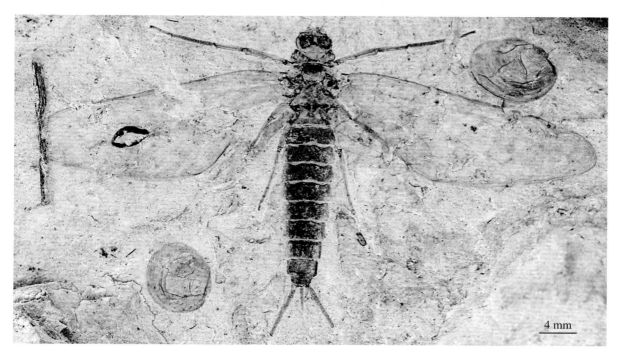

▲ 图 5.9　可爱侏罗短丝蜉 *Jurassonuru amoenus* Huang，Ren & Sinitshenkova，2008
（正模标本，CNU-E-DHG-2006006-1） 标本由史宗冈捐赠

成虫体长（除尾丝外）13.5~16.5 mm，前翅长12.7~14.0 mm，后翅长6.0~6.8 mm。雄性成虫复眼相对较大，彼此靠近，而雌性成虫复眼较小，相互分离。触角短，约为头部长度的2/3，胸部腹面具明显的基腹片和小腹片突，在两个腹片突之间有小腹片印痕存在。前翅MA约在翅中部分叉，肘脉区小，仅少量横脉从CuA发出到达翅后缘。跗节5节，尾铗仅保存了末端2节，阳茎末端略呈"V"形分叉，尾须很长，约为腹部长度的1.2倍，中尾丝短[26]。

拟短丝蜉科 Siphluriscidae Zhou & Peters，2003

拟短丝蜉科是一个新建的科，成虫阳茎无附属物、生殖下板后缘中部深裂，后翅超过前翅的一半，前足和中足基节有丝状鳃的残痕，爪均尖锐；稚虫鳃唇形，唇须3节，爪基部生有1枚可动的指状突起[27]。拟短丝蜉科由现生属*Siphluriscus* Ulmer，1920（1种）和侏罗纪的*Stackelbergisca* Tshernova，1967（3个种）组成，拟短丝蜉科的化石仅在俄罗斯外贝加尔地区和中国有报道。

中国北方地区侏罗纪报道1属：斯塔克尔伯格蜉属 *Stackelbergisca* Tshernova，1967。

斯塔克尔伯格蜉属 *Stackelbergisca* Tshernova，1967

Stackelbergisca Tshernova，1967，*Entomologicheskoe Obozrenie*，46：323–324[28]（original designation）.

模式种：西伯利亚斯塔克尔伯格蜉*Stackelbergisca sibirica* Tshernova，1967。

成虫前翅三角形，臀区长，CuA直且通过一系列横脉与翅缘相连，CuP稍弯曲。稚虫背腹两侧都存在叶状鳃。

产地及时代：内蒙古，中侏罗世。

中国北方地区侏罗纪仅报道1种（详见表5.1）。

稀有蜉属 *Caenoephemera* Lin & Huang，2001

Caenoephemera Lin & Huang，2001，*Can. Entomol.*，133：748–751[29]（original designation）.

模式种：上园稀有蜉*Caenoephemera shangyuanensis* Lin & Huang，2001。

稚虫头部略圆，呈三角形，下颚发达，顶端长有2个齿，具翅胸节发达，着生2对末端略弯曲的翅芽，后翅芽小，不被前翅芽遮盖，足强健，跗节5节，爪1个且尖锐，7对腹鳃宽大，呈长椭圆形，3根尾须比虫体短，中尾丝两侧和尾须的内侧长有细毛。

产地及时代：辽宁，早白垩世。

中国北方地区白垩纪仅报道1种（详见表5.1）。

知识窗：缅甸琥珀中的蜉蝣

近期在缅甸白垩纪中期的琥珀中报道了鲎蜉科的第一个化石：一只保存良好的雌性亚成虫直脉近角蜉*Proximicorneus rectivenius* Lin，Shih & Ren，2018[30]（图5.10），这个新属种体型中等，虫体除尾须外体长4.0 mm，臀脉位于臀角位置（在现生鲎蜉属*Prosopistoma*中雌虫臀脉明显位于臀角之后），足较现生鲎蜉属发达，腿节、胫节不退化，跗节3节，爪一尖一钝（现生鲎蜉属足退化，胫节、跗节融合在一起，跗节分节不超过2节），尾须分节，环生长刚毛，中尾丝短且不分节。这是鲎蜉科的第一个化石记录，这件标本的出现将鲎蜉科的起源时间追溯至中白垩时期，也为鲎蜉科的劳亚大陆起源提供了一定的证据支持。

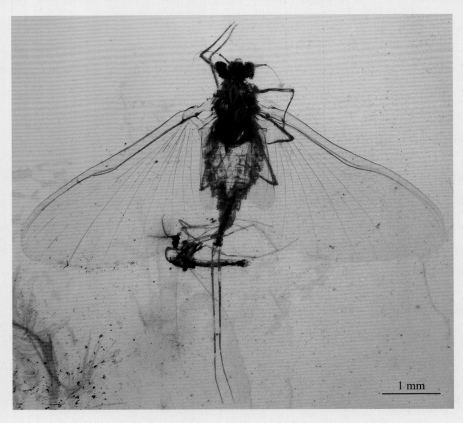

1 mm

▲ 图 5.10　直脉近角蜉 *Proximicorneus rectivenius* Lin，Shih & Ren，
2018（正模标本，CNU-EPH-MA2017001）

表 5.1 中国侏罗纪和白垩纪蜉蝣目化石昆虫名录

科	种	产地	层位 / 时代	文献出处
Fuyoidae	*Fuyous gregarius* Zhang & Kluge，2007	内蒙古宁城	九龙山组 /J₂ᵇ⁾	Zhang & Kluge[13]
Hexagenitidae	a⁾ *Ephemeropsis trisetalis* Eichwald，1864	河北滦平	大北沟组 /K₁	王五力[31]
	Shantous lacustris Zhang & Kluge，2007	内蒙古宁城	九龙山组 /J₂ᵇ⁾	Zhang & Kluge[13]
	Epicharmeropsis hexavenulosus Huang，Ren & Shih，2007	河北平泉	义县组 /K₁	Huang *et al.*[14]
	Epicharmeropsis quadrivenulosus Huang，Ren & Shih，2007	辽宁北票	义县组 /K₁	Huang *et al.*[14]
		河北平泉	义县组 /K₁	Huang *et al.*[14]
	Siberiogenites branchicillus Huang，Sinitshenkova & Ren，2011	辽宁北票	义县组 /K₁	Huang *et al.*[32]
Mesonetidae	a⁾ *Mesoneta antiqu* Brauer，Redtenbacher & Ganglbauer，1889	辽宁北票	海房沟组 /J₂	洪友崇[33]
		河北滦平	九龙山组 /J₂	洪友崇[33]
	a⁾ *Mesoneta beipiaoensis* Wang，1980	辽宁北票	海房沟组 /J₂	王五力[31]
	a⁾ *Mesoneta* sp. Wang，1980	辽宁北票	土城子组 /J₁—K₁ᵇ⁾	王五力[31]
	Clavineta eximia Zhang，2006	河北滦平	九龙山组 /J₂	Zhang[34]
	Clavineta excavata Huang，Sinitshenkova & Ren，2011	辽宁北票	义县组 /K₁	Huang *et al.*[32]
	Clavineta brevinodia Huang，Sinitshenkova & Ren，2011	辽宁北票	义县组 /K₁	Huang *et al.*[32]
	Furvoneta relicta Zhang，2006	辽宁北票	海房沟组 /J₂	Zhang[34]
Siphlonuridae	a⁾ *Huizhougenia orbicularis* Lin，1980	安徽黄山	岩塘组 /J₁—K₁	林启彬[36]
	a⁾ *Mesobaetis sibirica* Brauer，Redtenbacher & Ganglbauer，1889	新疆吐哈盆地	三间房组 /J₂	Hong *et al.*[33]
		河北滦平	九龙山组 /J₂	王五力[31]
		辽宁朝阳	九龙山组 /J₂ᵇ⁾	洪友崇[33]
		辽宁北票	海房沟组 /J₂	洪友崇[33]
	a⁾ *Mesobaetis maculata* Hong，Liang & Hu，1995	新疆吐哈盆地	三间房组 /J₂	洪友崇等[35]
	a⁾ *Mesobaetis sanjianfangensis* Hong，Liang & Hu，1995	新疆吐哈盆地	三间房组 /J₂	洪友崇等[35]
	a⁾ *Mesobaetis latifilamentacea* Zhang，2006	河北承德	九龙山组 /J₂	Zhang[34]
	Multiramificans ovalis Huang，Liu & Sinitshenkova，2007	内蒙古宁城	九龙山组 /J₂	Huang *et al.*[22]
	Cheirolgisca ningchengensis Lin & Huang，2008	内蒙古宁城	九龙山组 /J₂	Lin & Huang[25]
	Jurassonurus amoenus Huang，Ren & Sinitshenkova，2008	内蒙古宁城	九龙山组 /J₂	Huang *et al.*[26]
	Olgisca angusticubitis Lin & Huang，2008	内蒙古宁城	九龙山组 /J₂	Lin & Huang[25]
Siphluriscidae	*Stackelbergisca cylindrata* Zhang，2006	内蒙古宁城	九龙山组 /J₂ᵇ⁾	Zhang[34]
Family incertae sedis	*Caenoephemera shangyuanensi* Lin & Huang，2001	辽宁北票	义县组 /K₁	Lin & Huang[29]

注：a）由于原始描述、照片和线条图不清晰且无法检视正模标本，所以该种在正文中未列出。

b）根据现有的研究成果对层位/时代进行了修订。

参考文献

［1］KUKALOVA´-PECK J. Fossil history and the evolution of hexapod structures ［M］. // NAUMANN I D . The Insects of Australia, 2nd edition vol. 1 CSIRO. Melbourne: Melbourne University Press. 1991.

［2］MISOF B, LIU S, MEUSEMANN K, et al. Phylogenomics resolves the timing and pattern of insect evolution ［J］. Science, 2014, 346: 763-767.

［3］周长发，郑乐怡，周开亚.蜉蝣稚虫形态多样性及其适应性变化［J］.动物学杂志，2003，38（6）：81‒85.

［4］RUFFIEUX L, SARTORI M, EPLATTENIER G L. Palmen body: a reliable structure to estimate the number of instars in *Siphlonurus aestivalis* (Eaton) (Ephemeroptera: Siphlonuridae) ［J］. International Journal of Insect Morphology and Embryology, 1996, 25: 341–344.

［5］BRITTAIN J E, SARTORI M. Ephemeroptera ［M］. // RESH V H, CARDÉ R T. Encyclopedia of Insects. Amsterdam: Academic Press, 2003.

［6］EDMUNDS G F, MCCAFFERTY W P. The mayfly subimago ［J］. Annual Review of Entomology, 1988, 33: 509–529.

［7］HUBBARD M D, PETERS W L. Environmental requirements and pollution tolerance of Ephemeroptera ［M］. Cincinnati: Environmental Protection Agency, 1978.

［8］MERRIT R W, CUMMINS K W. An Introduction to the Aquatic Insects of North America ［M］. Dubuque: Kendall Hunt Publishing Company, 1978.

［9］WARD J V. Aquatic Insect Ecology ［M］. New York: Wiley, 1992.

［10］HUBBARD M D. Ephemeroptera ［M］. // WESTPHAL F. Fossilium Catalogus I: Animalia, Pars 129. Amsterdam: Kugler Publication. 1987.

［11］PING C. Cretaceous fossil insects of China ［J］. Palaeontologia Sinica, 1928, 13: 1–47.

［12］PING C. On four fossil insects from Sinkiang ［J］. The Chinese Journal of Zoology, 1935, 1: 107–115.

［13］ZHANG J F., KLUGE N J. Jurassic larvae of mayflies (Ephemeroptera) from the Daohugou formation in Inner Mongolia, China ［J］. Oriental Insects, 2007, 41: 351–366.

［14］HUANG J D, REN D, SINITSHENKOVA N D, SHIH C K. New genus and species of Hexagenitidae (Insecta: Ephemeroptera) from Yixian Formation, China ［J］. Zootaxa, 2007, 1629: 39–50.

［15］LIN Q Q, KONG L J, SHIH C K, REN D. The latest record of Hexagenitidae (Insecta: Ephemeroptera) with elongated abdominal sternum IX from mid-Cretaceous Myanmar amber ［J］. Cretaceous Research, 2018, 91: 140–146.

［16］SINITSHENKOVA N D. The Jurassic mayflies (Ephemerida = Ephemeroptera) of South Siberia and West Mongolia ［M］. // RASNITSYN A P. The Jurassic Insects of Siberia and Mongolia. Trudy Paleontologischeskogo Instituta Akademii Nau, SSSR, 1985 (in Russian).

［17］SINITSHENKOVA N D. A review of Triassic Mayflies, with a Description of New Species from Western Siberia and Ukraine (Ephemerida = Ephemeroptera) ［J］. Paleomological Journal, 2000, 34 (3): 275–283.

［18］SINITSHENKOVA N D. The mayflies (Ephemerida) ［M］. // RASNITSYN A P. The Late Mesozoic insects from Eastern Transbaikalia. Trudy Paleontologischeskogo Instituta Akademii Nauk, SSSR, 1990 (in Russian).

［19］SINITSHENKOVA N D. New Mesozoic mayflies from Transbaikal and Mongolia ［J］ Paleont ologicheskii Zhurnal, 1991, 1: 116–119 (in Russian).

［20］KLUGE N J, STUDEMANN D, LANDOLT P, GONSER T. A reclassification of Siphlonuroidea (Ephemeroptera) ［J］, Mitteilungen Der Schweizerischen Entomologischen Gesellschaft, 1995, 68: 103–132.

［21］BARBER-JAMES M H, GATTOLLIAT J L, SARTORI M, HUBBARD M D. Global diversity of mayflies (Ephemeroptera, Insecta) in freshwater ［J］. Hydrobiologia, 2008, 595: 339–350.

［22］HUANG J D., LIU Y S., SINITSHENKOVA N D., REN D. A new fossil genus of Siphlonuridae (Insecta: Ephemeroptera) from the Daohugou, Inner Mongolia, China ［J］. Annales Zoologici, 2007, 57 (2): 221–225.

［23］SINITSHENKOVA N D, MARCHAL-PAPIER F, GRAUVOGEL-STAMM L, GALL J C. The Ephemeroptera (Insecta) from the Gres a Voltzia (early Middle Triassic) of the Vosges (NE France) ［J］. Palaeontologische Zeitschrift, 2005, 79 (3): 377–397.

［24］DEMOULIN G. Contribution à l'étude morphologique systématique et phylogenique des Ephéméroptères jurassiques d'Europe centrale. V. Hexagenitidae = Paedephemeridae, (syn. nov.) ［J］. Bulletin of the Royal Belgian Institute of Natural Sciences,

1970, 46 (4): 4–7.

［25］LIN Q B, HUANG D Y. New middle Jurassic mayflies (Insecta: Ephemeroptera: Siphlonuridae) from Inner Mongolia, China ［J］. Annales Zoologici, 2008, 58 (3): 521–527.

［26］HUANG J D, REN D, SINITSHENKOVA N D, SHIH C K. New fossil mayflies (Insecta: Ephemeroptera) from the Middle Jurassic of Daohugou, Inner Mongolia, China ［J］. Insect Science, 2008, 15: 193–198.

［27］ZHOU C F, PETERS J G. The nymph of *Siphluriscus chinensis* and additional imaginal description: a living mayfly with Jurassic origins (Siphluriscidae new family: Ephemeroptera) ［J］. Florida Entomologist, 2003, 86 (3): 345–352.

［28］TSHERNOVA O A. Mayflies of the recent family in Jurassic deposits of Transbaikalia (Ephemeroptera, Siphlonuridae) ［J］. Entomologicheskoe Obozrenie, 1967, 46: 322–326 (in Russian).

［29］LIN Q B., HUANG D Y. Description of *Caenoephemera shangyuanensis*, gen. nov., sp. nov. (Ephemeroptera) from the Yixian Formation ［J］. The Canadian Entomologist, 2001, 133: 747–754.

［30］LIN Q Q, SHIH C K, ZHAO Y Y, REN D. A new genus and species of Prosopistomatidae (Insecta: Ephemeroptera) from mid-Cretaceous Myanmar amber ［J］. Cretaceous Research, 2018, 84: 401–406.

［31］王五力. 华北地区古生物图册.（二）中生代分册［M］. 北京：地质出版社，1980.

［32］HUANG J D, SINITSHENKOVA N D, REN D. New mayfly nymphs (Insecta: Ephemeroptera) from Yixian Formation, China ［J］. Paleontological Journal, 2011, 45 (2): 167–173. doi: 10.1134/S0031030111020092.

［33］洪友崇. 北方中侏罗昆虫化石［M］. 北京：地质出版社，1983.

［34］ZHANG J F. New Mayfly Nymphs from the Jurassic of Northern and Northeastern China (Insecta: Ephemeroptera) ［J］. Paleontological Journal, 2006, 5: 80-86.

［35］洪友崇，梁世君，胡亭. 新疆吐哈盆地地质古生物组合研究［J］. 现代地质，1995，9（4）：426–440.

［36］林启彬. 浙皖中生代昆虫化石［M］. 北京：科学出版社，1980.

杨强，任东，庞虹，史宗冈

6.1　蜻蜓目简介

　　蜻蜓目Odonata包括蜻蜓和豆娘，属于昆虫纲、有翅亚纲、蜻蜓总目。蜻蜓总目包含古蜻蜓目Geroptera、原蜻蜓目Protodonata和蜻蜓目Odonata三个类群，是昆虫纲中起源最早的有翅昆虫之一。古蜻蜓目仅生存于石炭纪晚期（巴什基尔早期），只有真脉蜓科Eugeropteridae一个科。原蜻蜓目，即著名的被称为"griffenflies"的巨型蜻蜓，生存于石炭纪晚期至二叠纪，其中产于美国堪萨斯州的埃尔莫和俄克拉荷马州的米德科二叠纪早期的二叠拟巨脉蜓 *Meganeuropsis permiana* Carpenter 翅展达710 mm，是世界已知最大的昆虫[1, 2]。而蜻蜓目从二叠纪起一直繁衍至今，包括差翅亚目（Anisoptera，俗称蜻蜓dragonfly）、均翅亚目（Zygoptera，俗称豆娘damselfly）以及有活化石之称只包含4个现生种的间翅亚目（Anisozygoptera，俗称螅蜓或昔蜓damsel-dragonfly，发现于印度、尼泊尔、不丹、日本、朝鲜和中国）[3]。

　　蜻蜓目作为昆虫纲最基干的类群之一，对研究生物演化尤其是翅的起源演化具有重要意义。拉丁词"Odon"意为牙齿，旨在强调蜻蜓目昆虫强壮的下颚（像牙齿一样）。现存的蜻蜓体型差异很大，体长一般15~135 mm，翅展可宽达190 mm。它们具有4个狭长的膜质翅，翅脉复杂。在翅前缘的中部具有一个凹槽或结点，在近翅前缘的顶端具有一块硬化的翅痣。豆娘的前后翅几乎等长，并且形状相似（图6.1），但是蜻蜓的后翅基部要比前翅稍宽（图6.2）。大多数豆娘在停歇时，四翅会合拢竖在身体背部，而蜻蜓休息时四翅平展在两侧。尽管如此也会有一些种类例外。蜻蜓和豆娘均具有很强的飞行能力。蜻蜓能高速飞行，可以独立控制4个翅以获得更好的机动性，在空中悬停，甚至可以向后飞行，是天空中

▲ 图 6.1　豆娘　史宗冈拍摄

▲ 图 6.2　蜻蜓　史宗冈拍摄

的优秀猎手。虽然脉翅目昆虫和同翅目昆虫也能独立控制4个翅，但它们的飞行能力远不如蜻蜓目昆虫。蜻蜓目昆虫的颈部柔韧而灵活，所以头部可以转动自如，触角非常短，刚毛状。全世界已知现生蜻蜓目约6 000种，其中约2 700种为蜻蜓。

蜻蜓目昆虫在空中交配。交配仪式是通过成对耦合和串联飞行来展示。雄性个体将精荚储存在副外生殖器的阴囊（豆娘的位于第2腹节，蜻蜓的位于第3腹节）中，交配时雄性蜻蜓用腹部末端的肛附器抓住雌虫的头部（图6.3），雄性豆娘则抓住雌虫的前胸或中胸（图6.4）。在雄虫通过它的副外生殖器把精液传送至雌虫的腹部末端的整个过程中，这一对情侣就以这个独特的心形"交配轮"姿势一起飞行。

雌性个体产卵器在第8腹节下面，有些种类的蜻蜓会用产卵器在水生植物的茎上切

▲ 图 6.3　蜻蜓交配　史宗冈拍摄

▲ 图 6.4　豆娘交配　史宗冈拍摄

个缝隙然后把卵产在里面，其他种类则直接把卵产在水里（图6.5）。蜻蜓目昆虫为不完全变态类（半变态）昆虫，幼体称为稚虫，俗称水虿，水生，是非常凶猛的水中捕食者。水虿可以捕食昆虫、蝌蚪、小型蝾螈，甚至小鱼。它具有一个结构特殊的下唇，下唇可以迅速伸长并用其顶端的一对刺或爪状结构捕捉猎物。这个独特结构在不使用的时候折叠在头部下面。

蜻蜓稚虫通过汲取水分进入直肠鳃获得氧气，然后借助喷出水流获得前进的动力。一些在水底泥沙挖洞穴的底栖蜻蜓稚虫腹部末端有一根虹吸管，虹吸管可以伸出泥沙之上将水吸入直肠鳃进行呼吸。豆娘稚虫的尾部具有3片叶状鳃用以辅助它们简单的直肠腮呼吸。稚虫在成熟前要经历10～20次蜕皮。根据种类、地点和气候等条件的不同，蜻蜓稚虫完全发育需要经历的时间也不同，少则1个月，多则五六年。

完全发育的蜻蜓稚虫会从水中爬至池塘、湖泊或溪流边的水生植物茎上或石头表面。通常情况下，为了躲避天敌，它们会选择在夜晚或清晨进行羽化。羽化开始时，胸部背面的外壳裂开，头胸部最先出来，为了抱握支持物，足部变得更加坚硬。在前后翅张开之前，体液涌入翅脉。最后脱壳而出的是腹部，之后翅和身体开始变硬，蜻蜓或豆娘便为飞翔做好了准备。

成年蜻蜓和豆娘通常出现在水边——池塘、湖泊、溪流、江河、沼泽地及周边地区。成年豆娘寿命一般在一周至两个月；成年蜻蜓则稍长些，两周至三个月。蜻蜓目昆虫的成虫和稚虫都被认为是益虫，因为它们会捕食和防控蚊子、苍蝇和其他有害小昆虫。

蜻蜓目昆虫被认为是"观鸟者之虫"，因为它们可以在空中展示复杂的行为。它们几乎完全是白天活动，具有敏锐的视觉，灵活强大的机动飞行能力。所以蜻蜓和豆娘引起了专业人士和业余爱好者的极大兴趣。许多蜻蜓专家已经综述了蜻蜓目昆虫的生物学及其分类学和系统学关系，其中Grimald和Engel[4]提出了一个蜻蜓目的演化分支图。

▲ 图6.5 **蜻蜓产卵** 史宗冈拍摄

知识窗：最大的蜻蜓或豆娘

如前所述，其中一种griffenflies，产于美国堪萨斯州的埃尔莫和俄克拉荷马州的米德科二叠纪早期的二叠拟巨脉蜓*Meganeuropsis permiana* Carpenter，翅展达710 mm，是有史以来最大的昆虫[1, 2]。该"巨型griffenflies"并非真正的蜻蜓，而是属原蜻蜓目Protodonata巨脉蜓科Meganeuridae。而在中国发现的最大的原蜻蜓目昆虫，是产自宁夏石炭纪晚期的祁连山神舟巨脉蜓*Shenzhousia qilianshanensis*，翅展可达400~500 mm[5]，但这一物种在2013年被修订[6]，估计翅长约160 mm，翅展约330 mm（图6.6）。

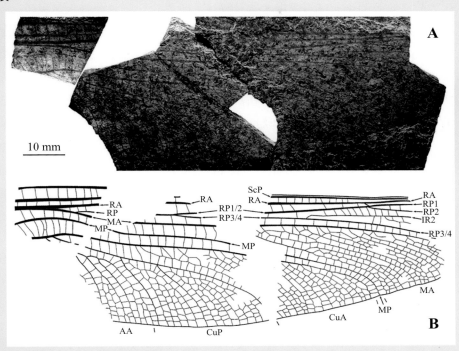

▲ 图6.6　祁连山神舟巨脉蜓 *Shenzhousia qilianshanensis* Zhang & Hong，2006
（正模标本 CNU-NX1-400）

A.标本照片；B. 右翅线条图

最大的现生蜻蜓目昆虫是生活在中美洲和南美洲的豆娘——蓝边巨螅*Megaloprepus caerulatus*（Drury）翅展可达190 mm。在蜻蜓目昆虫的化石记录中，已报道的最大的蜻蜓目昆虫是采自于法国中三叠世中期的纪氏三叠蜓*Triadotypus guillaumei* Grauvogel & Laurentiaux，1952，前翅长136 mm，推算翅展可达280 mm[7]。第二大蜻蜓是采自于英国中侏罗世的巨褐蜓*Hemerobioides giganteus* Westwood，1845，前翅长约120 mm[8]。第三大蜻蜓是采自于德国晚侏罗世的阿斯帕西娅等脉蜓*Isophlebia aspasia* Hagen，1866，前翅长110 mm，估算翅展可达228 mm[9]。排名第四的是采自于我国中侏罗世的赵氏修复螅蜓*Hsiufua chaoi* Zhang & Wang，2006，前翅长107.6 mm，估算翅展可达225 mm[10]。排名第五的是采自于德国晚侏罗世的库氏箭蜓*Aeschnogomphus kuempeli* Bechly，2000，前翅长106 mm，翅展为220 mm[11]。

知识窗：缅甸琥珀中的蜻蜓

近些年，缅甸琥珀中发现了大量保存较好的蜻蜓化石，现已描述21科31属38种[12]。一直以来，蜻蜓化石的翅基结构由于保存等因素未被描述。近期由于缅蜓科张氏原蜓*Proaeschna zhangi* Wei，Shih，Ren & Wang，2019的发现（图6.7），作者通过与现生蜻蜓目翅关节比较，并参考原蜻蜓目的翅关节骨片（wing pteralia）组成，首次详细描述并解析了蜻蜓张氏原蜓的翅基关节骨片结构。进一步完善了蜻蜓目翅关节模式，提出翅关节在侧翅突内侧和外侧的结构差异以及其原始组成骨片的分布和愈合方式，给人们带来了对蜻蜓目翅基与翅脉连接的新认识[13]。依据该标本纵脉基部（basivenale）的分布并结合原蜻蜓目纵脉干（vein stem）走向以及现生蜻蜓稚虫的气管分布等证据，进一步证实蜻蜓翅基部纵脉初次分支及愈合模式为"MA+RA，MP+Cu"。蜻蜓目和原蜻蜓目以及它们共同祖先的姊妹群Geroptera的翅关节结构同源分析表明，蜻蜓目中发达的前缘板（costal plate）的形成、翅下前侧片（basalare）与前缘板的愈合、盾片侧离片（SDP，semi-detached scutal plate）等最终的结构是经过演化后形成的。这些结构在蜻蜓目飞行演化过程中具有关键作用，表明蜻蜓的直接飞行机制是逐步得到完善的，而张氏原蜓标本提供了这一演化过程的中间状态。

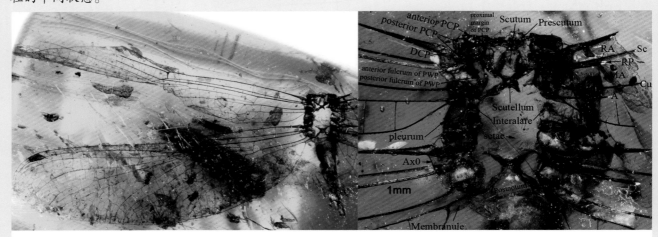

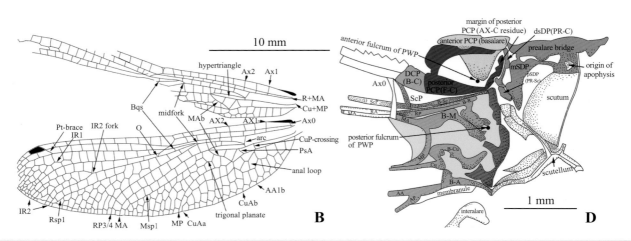

▲ 图6.7　张氏原蜓 *Proaeschna zhangi* Wei，Shih，Ren & Wang，2019（正模标本，CNU-ODO-MA2018001）
A. 标本照片；B. 线条图；C. 胸部照片；D. 翅基重建图

6.2 蜻蜓目化石的研究进展

蜻蜓目化石的研究始于19世纪80年代。1884年法国著名古生物学家Charles Brongniart报道了采自法国石炭纪晚期（约3亿年前）的蒙尼巨脉蜻蜓*Meganeura monyi*，属于原蜻蜓目，是真正蜻蜓目昆虫的祖先[14]。迄今为止，从石炭纪到新近纪，已发现报道蜻蜓化石超过95科。

蜻蜓目昆虫化石呈世界性分布（包括南极洲）[15]。被认为最早的类似于现代蜻蜓是采自于2.68亿年前二叠纪晚期的迷你萨克森螅*Saxonagrion minutus*[16]。可见，早在古生代时期，蜻蜓目昆虫就已进入并适应了类似于现生种类所占据的生境，而且具备了与现生类群相似的飞行结构[17]。此后，不同的蜻蜓类群在各个地质历史时期兴衰更替，相继灭绝，仅差翅亚目和均翅亚目两大类群以及间翅亚目中的4个种繁衍至今。

近年，Grimaldi和Engel[4]综合了众多蜻蜓学者的研究结果将蜻蜓目划分为6个亚目：原差翅亚目Protanisoptera、古束翅亚目Archizygoptera、三叠脉亚目Triadophlebiomorpha、扁脉亚目Tarsophlebioptera、均翅亚目Zygoptera以及肛上板亚目Epiprocta。现生形态分类学家广泛运用的差翅亚目Anisoptera和间翅亚目Anisozygoptera被归并于肛上板亚目Epiprocta。

1965年我国古生物学家洪友崇描述了一块采自内蒙古赤峰市早白垩世的蜻蜓化石标本，建立了中国蜓属*Sinaeschnidia*[18]，自此揭开了中国蜻蜓目昆虫化石研究的序幕。至今，已记录的中国蜻蜓目化石共计26科72属91种（含6个未定种）。在此期间，洪友崇、林启彬、张俊峰、任东、张海春、庞虹、史宗冈、黄迪颖、张兵兰、李永军、王博、郑大燃、魏广金，以及A. Nel，G. Bechly，G. Fleck 等先后做出了贡献。化石的产地主要包括陕西、新疆、辽宁、吉林、河北、山东、内蒙古、北京、山西、甘肃、宁夏、浙江等，地质时代集中在中生代中侏罗世至晚白垩世以及新生代中新世。其中已正式发表的，发现于辽宁、吉林、河北、山东和内蒙古中生代地层的蜻蜓目化石合计22科62属75种（表6.1）。化石主要产自中侏罗世海房沟组、九龙山组；晚侏罗世赤金桥组、西瓜园组、大北沟组、杭加湖组；早白垩世义县组、卢尚坟组、九佛堂组、沙海组、东山组、胡柳沟组、志丹组和六盘山组。这些化石大多保存完整，对蜻蜓目形态学和演化研究具有重要的科学价值。

6.3 中国北方地区蜻蜓目代表性化石

古蜓科 Aeschnidiidae Handlirsch，1906

古蜓科是一个绝灭科，繁盛于晚侏罗世至早白垩世。因为之前发现的大部分化石都位于滨海沉积中，而几乎很少在内陆环境中发现，所以古蜓科曾被认为是具海滨特色的类群[19]。令人困惑的是，在远离海滨几千千米的湖相沉积地区却发现大量稚虫化石，但一直没有（如在蒙古西部）或极少（如在俄罗斯外贝加尔地区）有成虫标本的报道[15]。而在我国远离海滨的热河生物群义县组发现了很多归属于该科的化石，黑山沟中国蜓*Sinaeschnidia heishankowensis*就是其典型代表之一。这些发现终于为古蜓科昆虫去掉了"滨海类群"的印象。

中国北方地区白垩纪报道的属：中国蜓属*Sinaeschnidia* Hong，1965；龙古蜓属*Dracontaeschnidium* Zhang & Zhang，2001；林氏古蜓属*Linaeschnidium* Huang，Baudoin & Nel，2009。

中国蜓属 *Sinaeschnidia* Hong，1965

Sinaeschnidia Hong，1965，*Acta Entomol. Sin.*，14（2）：171–172 [18]（original designation）.

模式种：黑山沟中国蜓*Sinaeschnidia heishankowensis* Hong，1965。

后翅C和Sc呈波形，Arc下段以1横脉与CuP相连，三角室大且长，内纵脉不达底部，R$_1$和R$_2$之间在翅痣下部有2~3排翅室；上三角室不明显；MA呈弧形；Cu曲折分叉，A显著曲折，A域在三角室基端分割成几个大的区域。

产地及时代：内蒙古、辽宁，早白垩世。

中国北方地区白垩纪报道2种（详见表6.1）。

龙古蜓属 *Dracontaeschnidium* Zhang & Zhang，2001

Dracontaeschnidium Zhang & Zhang，2001，*Cret. Res.*，22：445 [20]（original designation）.

模式种：东方龙古蜓*Dracontaeschnidium orientale* Zhang & Zhang，2001。

后翅基部较宽，C与Sc之间具有间插脉，在翅结之前结束。Sc很长，达到翅痣基部，从翅结到翅痣之间的C与R$_1$具有2排翅室。结前横脉之间距离较远。痣结脉之前与之后的R$_1$与R$_2$之间具有3排翅室。盘三角室的高约是宽的两倍，远端明显弯曲。

产地及时代：辽宁，早白垩世。

中国北方地区白垩纪仅报道1种（详见表6.1）。

林氏古蜓属 *Linaeschnidium* Huang，Baudoin & Nel，2009

Linaeschnidium Huang，Baudoin & Nel，2009，*Cret. Res.*，30：805–806 [21]（original designation）.

模式种：中国林氏古蜓*Linaeschnidium sinensis* Huang，Baudoin & Nel，2009。

该属以林启彬先生的名字命名，感谢他对古昆虫学研究的杰出贡献。

翅痣较长，具有颜色，中间有13~15条横脉，端部的横脉倾斜，脉较粗。后翅端部的亚三角室区域不宽，横向，具有AAsp1和有角度的AA1b；PsA伸至MP+CuA；Msp1与MA之间具有2排翅室（很少有3排）；Rsp1与IR2之间具有3~4排翅室；RA与RP1亚结节之间具有2排翅室；前后翅ScP上方结前脉从基部发出。

产地及时代：辽宁，早白垩世。

中国北方地区白垩纪仅报道1种（详见表6.1）。

蜓科 Aeschnidae Leach，1815

蜓科为世界性分布蜻蜓，体型中至大型，复眼发达，身体常具有丰富的条纹和斑点，飞行能力较强，该科具有较多的珍稀物种。

中国北方地区白垩纪报道2属：柱蜓属*Stylaeschnidium* Zhang & Zhang，2001；蜓属*Aeschna* Chang & Sun，2005。

柱蜓属 *Stylaeschnidium* Zhang & Zhang，2001

Stylaeschnidium Zhang & Zhang，2001，*Cret. Res.*，22：444 [20]（original designation）.

模式种：稀柱蜓*Stylaeschnidium rarum* Zhang & Zhang，2001。

下唇几乎扁平，略微向内侧凹陷。两对翅牙相互平行。雌性肛上板近三角形。末龄幼虫产卵器极度伸长，仅略短于腹部。肛侧板端部较直，顶端不向内弯曲。

　　产地及时代：辽宁，早白垩世。

　　中国北方地区白垩纪仅报道1种（详见表6.1）。

蜓属 *Aeschna* Chang & Sun，2005

Aeschna Chang & Sun，2005，*Glob. Geol.*，24（2）：108[22]（original designation）.

　　模式种：尖齿蜓 *Aeschna acrodonta* Chang & Sun，2005。

　　仅保存有雄性稚虫特征：前颏相对较小，椭圆形，不具纵裂，下唇须叶相对较大，由2个椭圆形钳体组成，并向内侧弯曲，内侧不具齿，端钩不发育；胸足基节为卵圆形，转节近球形，腿节较为宽大，具1条纵肋，胫节较为细长，长于腿节，不具纵肋；腹部共10节，几乎近等宽，仅在第4腹节处，略微收缩。最宽部位在第6腹节末端，从第7腹节向后，各腹节逐步收缩，腹部末端浑圆。最后3个腹节的侧板下缘各具1对向内强烈弯曲的侧刺，侧刺呈钩状；腹部末端具1个长柱状的上肛器。上肛附器较为细长。

　　产地及时代：辽宁，早白垩世。

　　中国北方地区白垩纪仅报道2种（详见表6.1）。

阿克塔斯蜓科 Aktassiidae Pritykina，1968

　　阿克塔斯蜓科作为Petalurida基干类群的一员，包括两个亚科：Pseudocymatophlebiinae Nel，Bechly et Jarzembowski，1998和Aktassiinae Pritykina，1968。这个科的特点是前翅的结前区域不小于结后区域，并且具有较密的翅脉形成明显较多的翅室。该科仅发现于中侏罗统至下白垩统地层中，欧亚大陆至少2个分布较广的属。与中生代的大多数其他蜻蜓科相反，该科在世界其他地区知之甚少。

　　中国北方地区白垩纪报道2属：似波形蜓属*Pseudocymatophlebia* Nel，Bechly & Jarzembowski，1998；中国阿克塔斯蜓属*Sinaktassia* Lin，Nel & Huang，2010。

似波形蜓属 *Pseudocymatophlebia* Nel，Bechly & Jarzembowski，1998

Pseudocymatophlebia Nel，Bechly & Jarzembowski，1998，*Paleontol. Lombarda*，（N.S.），10：37[23]（original designation）.

　　模式种：亨氏似波形蜓*Pseudocymatophlebia hennigi* Nel，Bechly & Jarzembowski，1998。

　　该种名是为了纪念系统发育学创始人Willi Hennig教授。

　　翅较长，众多网状翅脉形成密集翅室；翅痣区不是很倾斜，基部稍微凹陷；Bqs数量较多，Rspl和Msp1不发育，但是后盘区以及IR2与RP3/4之间的较宽，翅室较多；一条直的很长的次生IR1末梢在RP1与RP2之间的区域消失（独征），并且没有与伪IR1融合；MA与RP3/4以及IR2与RP2之间的横脉向翅基倾斜；翅结基部RA与RP之间具有很多横脉。

　　产地及时代：辽宁，早白垩世。

　　中国北方地区白垩纪仅报道1种（详见表6.1）。

中国阿克塔斯蜓属 *Sinaktassia* Lin，Nel & Huang，2010

Sinaktassia Lin，Nel & Huang，2010，*Zootaxa*，2359：61–62[24]（original designation）.

Sinaktassia Zheng *et al.*2016，*Cret. Res.*，61：86–90[25].

模式种：唐氏中国阿克塔斯蜓 *Sinaktassia tangi* Lin，Nel & Huang，2010。

该种名是献给唐永刚先生，感谢他对作者在野外工作和研究中的巨大帮助。

该属结后区非常窄，在翅痣后有许多翅室；IR1较长，基部强烈曲折，呈"Z"形；与翅痣同一水平的RA与RP1之间仅有1排翅室；RP1与RP2之间区域极度扩张，具有8~9排翅室；前翅PsA较宽大；前翅下三角盘区较宽，三角室横向；前翅的下三角盘区和三角室被横脉分开，而后翅没有横脉；后盘区基部在三角翅室到中间分叉点同一水平的位置具有超过2排翅室；RP3/4呈波状，末端从MA分出，之间具有多于3排翅室；臀圈后部关闭，具有7个翅室[24, 25]。

产地及时代：辽宁，早白垩世。

中国北方地区白垩纪仅报道1种（详见表6.1）。

阿拉里佩蜻科 Araripelibellulidae Bechly，1996

阿拉里佩蜻科是蜻蜓目中的一个绝灭类群，至今已发现6属7种，分布于西班牙、英国、巴西和中国。该科昆虫体型偏小，灵巧而强壮的身体与现生的伪蜻科蜻蜓相似。伪蜻科蜻蜓常在树木繁盛的原始环境中生存。

中国北方地区白垩纪仅报道1属：聪蜻属 *Sopholibellula* Zhang，Ren & Zhou，2006。

聪蜻属 *Sopholibellula* Zhang，Ren & Zhou，2006

Sopholibellula Zhang，Ren & Zhou，2006，*Acta Geol. Sin-Engl.*，80（3）：328[26]（original designation）.

模式种：雅致聪蜻 *Sopholibellula eleganta* Zhang，Ren & Zhou，2006。

该属体型较大，两对翅的RP与MA起始位置在弓脉处明显分开；臀圈宽而短，内部翅脉呈"Y"形；MA与IR2不呈"Z"形；后翅的后盘区有一些小的间插脉；翅室小而密，特别是在顶点和后缘处。

产地及时代：辽宁，早白垩世。

中国北方地区白垩纪报道2种（详见表6.1）。

雅致聪蜻 *Sopholibellula eleganta* Zhang，Ren & Zhou，2006（图6.8）

Sopholibellula eleganta Zhang，Ren & Zhou，2006，*Acta Geol. Sin-Engl.* 80（3）：328.

◀ 图 6.8　雅致聪蜻 *Sopholibellula eleganta* Zhang，Ren & Zhou，2006（正模标本，CNU-OD-LB2004002p）

10 mm

产地及层位：辽宁北票黄半吉沟；下白垩统，义县组。

雄性后翅臀三角室仅被纵向的横脉分为2个翅室；前翅Ax2接近于后盘区的末端；前后翅均有较长的"大蜓隙"和"蜻隙"；臀圈具有4个翅室；上三角室和下三角室前缘边显著弯曲[26]。

弯脉蜓科 Campterophlebiidae Handlirsch，1920

弯脉蜓科是存活于侏罗纪至白垩纪的均翅亚目最大的一个科。自1905年第一次报道以来，共描述报道了27属46种。中国直到2002年才有了Campterophlebiid的记录。到目前为止，共报道了5属9种，均采自于内蒙古宁城县道虎沟村。它们身体粗壮，翅细长，六足强壮，且足上具有锋利的刺。从它们凶猛的外形，以及采集到的相当丰富的化石标本来看，它们可能是中侏罗世晚期道虎沟地区的优势蜻蜓类群。

中国北方地区侏罗纪和白垩纪报道12属：多塞特蜓属*Dorsettia* Whalley，1985；丽棕蜓属*Bellabrunetia* Fleck & Nel，2002；河福氏弯脉属*Amnifleckia* Zhang，Ren & Cheng，2006；似棕蜓属*Parabrunetia* Huang，Fleck，Nel & Lin，2006；中国卡拉塔蜓属*Sinokaratawia* Nel，Huang & Lin，2007；束翅卡拉塔蜓属*Zygokaratawia* Nel，Huang & Lin，2008；卡拉塔蜓属*Karatawia* Martynov，1925；似河福氏弯脉蜓属*Parafleckium* Li，Nel，Ren & Pang，2012；窄翅脉蜓属*Angustiphlebia* Li，Nel，Ren & Pang，2013；修复螅蜓属*Hsiufua* Zhang & Wang，2013；俊峰蜓属*Junfengi* Zheng & Zhang，2017；侏罗脉蜓属*Jurassophlebia* Zheng，Nel & Zhang，2019。

多塞特蜓属 *Dorsettia* Whalley，1985

Dorsettia Whalley，1985，*Bull. Br. Mus. Nat. Hist. Geol. Ser.*，39：107–187[27]（original designation）.

模式种：鲜明多塞特蜓*Dorsettia laeta* Whalley，1985。

该属的模式种采自于Dorset的下侏罗统[27]，2016年，郑大燃等人进行了描述，标本采自于新疆克拉玛依，八道湾组，下侏罗统的一个新种*Dorsettia sinica*[28]，并修订了其属征：后翅AA在CuP附近有一条较粗的支脉，纵向从基部延伸至翅缘；CuA与MP分离较远，在MP较远处分出CuAa和CuAb；CuAa与CuAb分化明显；AA与CuAb末端有限；下盘区翅室至翅边缘；CuAa末端消失，MP与CuAa之间区域退化；下盘区区域分为5个小翅室；RP2与IR1，RP3/4与IR2，以及MA与MP之间均有1排翅室；翅痣狭长，无支持脉[27, 28]。

产地及时代：中国（新疆）、英国多赛特，早侏罗世。

中国北方地区侏罗纪仅报道1种（详见表6.1）。

丽棕蜓属 *Bellabrunetia* Fleck & Nel，2002

Bellabrunetia Fleck & Nel，2002，*Palaeontology*，45：1123–1124[29]（original designation）.

模式种：凯瑟琳丽棕蜓*Bellabrunetia catherinae* Fleck & Nel，2002。

CuA基部非常长且直；后翅结前横脉Ax1与Ax2平行，前翅Ax2倾斜；前后翅的AA均到达CuA；前翅R与MA在弓脉端部非常接近；MAa与RP3/4稍微弯曲；CuAa非常短；后翅MP与CuA之间有2~3排翅室；后盘区RP3/4与IR2之间有一排长而斜的横脉；IR2不起源于RP3/4。

产地及时代：内蒙古，中侏罗世。

中国北方地区侏罗纪仅报道1种（详见表6.1）。

河福氏弯脉蜓属 *Amnifleckia* Zhang，Ren & Cheng，2006

Amnifleckia Zhang，Ren & Cheng，2006，*Zootaxa*，1339：53[30]（original designation）.

模式种：滴斑河福氏弯脉蜓*Amnifleckia guttata* Zhang，Ren & Cheng，2006。

翅非常长而窄；前翅明显长于后翅（约9%）；在Ax1和Ax2之间没有横脉；前后翅盘区和亚三角室均无横脉；前翅的盘区基部开放，而后翅的盘区基部闭合；亚盘区较大，横向，后部终止于AA；翅痣基部凹陷，下面至少2条横脉；前翅翅痣明显短于后翅；IR2起源于RP。

产地及时代：内蒙古，中侏罗世。

中国北方地区侏罗纪报道2种（详见表6.1）。

滴斑河福氏弯脉蜓 *Amnifleckia guttata* Zhang，Ren & Cheng，2006（图6.9）

Amnifleckia guttata Zhang，Ren & Cheng，2006，*Zootaxa*，1339：53.

产地及层位：内蒙古宁城道虎沟；中侏罗统，九龙山组。

MA与MP之间两排翅室，IR2与RP3/4之间两排翅室，第3和第4腹节具有明显的滴状斑点[30]。

似棕蜓属 *Parabrunetia* Huang，Fleck，Nel & Lin，2006

Parabrunetia Huang，Fleck，Nel & Lin，2006，*Zootaxa*，1339：63[30]（original designation）.

模式种：赛琳似棕蜓*Parabrunetia celinea* Huang，Fleck，Nel & Lin，2006。

Ax1位于弓脉基部；后翅臀区具有较密的不规则翅室；后翅亚三角室2条横脉；前后翅后盘区翅后缘加宽；前翅亚三角室明显变窄。

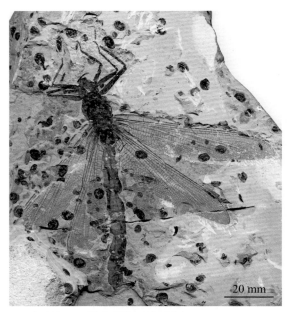

▲ 图6.9　滴斑河福氏弯脉蜓 *Amnifleckia guttata* Zhang，Ren & Cheng，2006（正模标本，D2834）

产地及时代：内蒙古，中侏罗世。

中国北方地区侏罗纪仅报道1种（详见表6.1）。

中国卡拉塔蜓属 *Sinokaratawia* Nel，Huang & Lin，2007

Sinokaratawia Nel，Huang & Lin，2007，*Zootaxa*，1642：14[31]（original designation）.

模式种：普氏中国卡拉塔蜓*Sinokaratawia prokopi* Nel，Huang & Lin，2007。

前翅Ax2强烈倾斜；雄虫亚三角室翅室后部开放，但是雌虫后端封闭或几乎封闭；MP较直，MAa平滑弯曲，端部呈"Z"形；MAa与MP之间区域变窄；雄虫后翅臀角非常突出；RP3/4与IR2之间区域收缩；MAa末端呈"Z"形；前翅后盘区和MP与CuA之间区域基部具有2排翅室。

产地及时代：内蒙古，中侏罗世。

中国北方地区侏罗纪仅报道1种（详见表6.1）。

束翅卡拉塔蜓属 *Zygokaratawia* Nel，Huang & Lin，2008

Zygokaratawia Nel，Huang & Lin，2008，*European J. Entomol.*，105：784–786[32]（original designation）.

模式种：任氏束翅卡拉塔蜓*Zygokaratawia reni* Nel，Huang & Lin，2008。

该种名是献给任东教授。

后翅亚三角室较小，后端封闭；前后翅肘区到臀区和臀区非常窄（非臀三角室）；CuA在分叉前的基部主干较长；MP较直；MAa呈"Z"形，末端非常弱；CuAa较短；后翅RP3/4与IR2之间区域收缩，而前翅没有收缩；翅痣基部不凹陷。

产地及时代：内蒙古，中侏罗世。

中国北方地区侏罗纪仅报道1种（详见表6.1）。

卡拉塔蜓属 *Karatawia* Martynov，1925

Karatawia Martynov，1925，*Izvestiya Rossiiskoi Akademii Nauk*，17（6）：569–598[33]（original designation）.

模式种：图兰卡拉塔蜓*Karatawia turanica* Martynov，1925.

该属的模式种采自于哈萨克斯坦（突厥斯坦）中侏罗统[33]。2012年，李永军等人描述了采自于中国九龙山组中侏罗统的一新种中国卡拉塔蜓*Karatawia sinica*[34]，并修订了其属征：前后翅翅痣延长且相对宽，位置略微靠后，无支撑脉；后翅翅痣长于前翅翅痣；IR1稍弯曲；RP2、IR2、RP3/4、MA和MP均比较平直；RP2与IR2，R2与RP3/4以及MA/MP之间区域在翅缘后端几乎没有扩大；CuA较短；MP+CuA平直[33, 34]。

产地及时代：中国（内蒙古）、哈萨克斯坦、蒙古、塔吉克斯坦，早侏罗世；中侏罗世。

中国北方地区侏罗纪仅报道1种（详见表6.1）。

似河福氏弯脉蜓属 *Parafleckium* Li，Nel，Ren & Pang，2012

Parafleckium Li，Nel，Ren & Pang，2012，*Cret. Res.*，34：341[35]（original designation）.

模式种：森吉图似河福氏弯脉蜓*Parafleckium senjituense* Li，Nel，Ren & Pang，2012。

该属的模式种采自于西土窑下白垩统。2012年，李永军等人描述了采自于白土沟的一新标本[36]，并修订了其属征：前翅RA与RP1之间端部区域2排翅室，稍微变宽；许多次级间插脉起源于MP；CuA基部直且长，MP和CuA的基部宽度约是MA与MP基部宽度的3倍；Ax1位于弓脉前，非常倾斜；Ax2几乎垂直于ScP和RA；臀区翅后缘基部有一条间插脉平行于AA；MP与CuA之间的区域只有1个大的翅室；MP与RP3/4在中间弯曲；翅痣下方有很多翅室；IR2起源于RP3/4；斜脉"O"倾斜且粗壮，与RP2相距7个翅室。雄性后翅MP和CuA的基部宽度至少是MA与MP基部宽度的3倍；肘区非常宽大，CuAa与翅后缘之间具有7排翅室；CuAa分三支；CuAb长且直，末端不与AA融合，臀区呈三角形，非常宽，臀角向前突起但并不尖锐[35, 36]。

产地及时代：河北、内蒙古，早白垩世。

中国北方地区白垩纪仅报道1种（详见表6.1）。

森吉图似河福氏弯脉蜓 *Parafleckium senjituense* Li，Nel，Ren & Pang，2012（图6.10）

Parafleckium senjituense Li，Nel，Ren & Pang，2012: *Cret. Res.*，34：341–342[35] and *Zootaxa*，3597：54[36].

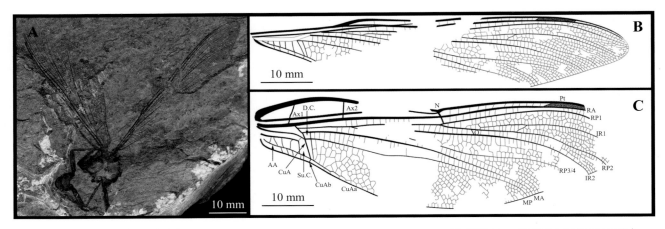

▲ 图6.10　森吉图似河福氏弯脉蜓*Parafleckium senjituense* Li，Nel，Ren & Pang，2012（正模标本，CNU-ODO-LB2010002）
　　　　　A. 标本照片；B、C. 前后翅线条图

产地及层位：内蒙古多伦县；下白垩统，义县组。

森吉图似河福氏弯脉蜓具有弯脉蜓科Campterophlebiidae或等脉蜓科Isophlebiidae的几个典型特征，因此对于厘清等脉蟌蜓总科Isophlebioidea的系统发育关系极为重要。因为此前这两个科的属种都是基于前翅特征建立的，而李永军等人2012年描述的新标本呈现了一些其他的重要特征，特别是雄性后翅特征。也因此修订了森吉图似河福氏弯脉蜓的特征。

窄翅脉蜓属 *Angustiphlebia* Li，Nel，Ren & Pang，2013

Angustiphlebia Li，Nel，Ren & Pang，2013，*J. Nat. Hist.*，29–30（47）：1954[37]（original designation）.

模式种：奇异窄翅脉蜓*Angustiphlebia mirabilis* Li，Nel，Ren & Pang，2013。

后翅极为细长（长宽比为6左右）；Axl与Ax2几乎与ScP垂直；弓脉弯曲且非常倾斜；IR2与RP3/4之间以及MA与MP之间仅有1排翅室；gaff长且直；前后翅CuAa均较短，在弓脉和翅结中间与翅后缘融合；亚三角室没有横脉；AA在CuP-crossing之后分为AA1和AA2；后翅的翅后缘在翅基部形成一个强烈的钩状弯曲。

产地及时代：内蒙古，中侏罗世。

中国北方地区侏罗纪仅报道1种（详见表6.1）。

修复蟌蜓属 *Hsiufua* Zhang & Wang，2013

Hsiufua Zhang & Wang，2013，*Chin. Sci. Bull.*，58：1580[10]（original designation）.

模式种：赵氏修复蟌蜓*Hsiufua chaoi* Zhang & Wang，2013。

该种名献给我国已故著名昆虫学家赵修复教授。

前翅极窄长；gaff（CuA脉基段）长且直；MP和CuA之间区域的基部宽约为MA和MP之间基部宽的3倍；Ax1位于Arc的基侧；远离翅基，近垂直于ScP；Ax2与Ax1近平行，位于翅基与翅结之间中点略靠基侧处；臀区有1条次生纵脉与AA和翅后缘近平行；gaff端侧，有1个长翅室占据MP与CuA之间的区域基部；IR2和RP3/4之间的区域在其中部明显变宽，末端明显变窄；CuAa比较短；翅痣窄长、色深但中部透明，远离翅尖，其下无横脉；IR2未从RP3/4分出；"O"明显斜且粗，与RP2基部之间仅具4排翅室。

产地及时代：内蒙古，中侏罗世。

中国北方地区侏罗纪仅报道1种（详见表6.1）。

赵氏修复蟌蜓 *Hsiufua chaoi* Zhang & Wang，2013 （图6.11）

Hsiufua chaoi Zhang & Wang，2013，*Chin. Sci. Bull.* 58：1580.

产地及层位：内蒙古宁城道虎沟；中侏罗统，九龙山组。

它是我国已知最大的蜻蜓。前翅透明，长107.6 mm，宽14.3 mm，翅展约225 mm。

▼ 图6.11　赵氏修复蟌蜓 *Hsiufua chaoi* Zhang & Wang，2013（正模标本，NIGP156221）　张海春供图

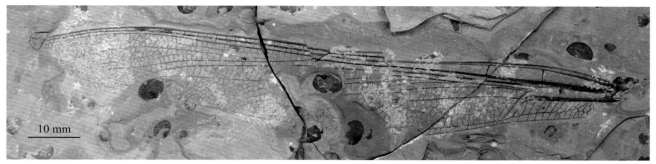

10 mm

俊峰蜓属 *Junfengi* Zheng & Zhang，2017

Junfengi Zheng & Zhang，2017，*Alcheringa*，41（4）：509–513[38]（original designation）.

模式种：榆林俊峰蜓*Junfengi yulinensis* Zheng & Zhang，2017。

该种名献给张俊峰博士，以示他对古昆虫学的贡献。

雄性后翅Ax1与Ax2平行且倾斜；弓脉与Ax2相比更接近于Ax1；盘室延长，端部是基部的3倍；亚三角室较宽，后部封闭，呈六边形；AA具有4支平行支脉，未穿过臀三角；MA和MP之间区域的基部宽度与MP和CuAa近似等宽；RP3/4基部与翅结相比更接近弓脉；IRl起源点比RP2更接近翅痣；CuAa与翅后缘之间具有3~4排翅室；钩状臀角消失。

产地及时代：陕西，中侏罗世。

中国北方地区侏罗纪仅报道1种（详见表6.1）。

侏罗脉蜓属 *Jurassophlebia* Zheng，Nel & Zhang，2019

Jurassophlebia Zheng，Nel & Zhang，2019，*Alcheringa*，43（4）：563–567[39]（original designation）.

模式种：新疆侏罗脉蜓*Jurassophlebia xinjiangensis* Zheng，Nel & Zhang，2019。

仅雄性后翅特征：沿着臀三角有一段半圆形棕色膜质，被分为两部分；臀区呈三角形；Ax1与Ax2平行，延长并倾斜成同一角度；亚盘室后部开放，横向较窄，后部被两条横脉分开，长宽比大于3：1；MP与CuA之间区域较宽；后盘区在翅结水平之间具有2~3排翅室，末端变窄，之间有一些弯曲的脉。

产地及时代：新疆，早侏罗世。

中国北方地区侏罗纪仅报道1种（详见表6.1）。

蟌蜻蜓科 Congqingiidae Zhang，1992

体型小，身体强壮；头半圆形；复眼较大；前胸背板较大，横向延长；中胸宽大于长；腹部宽而扁平，至少基部3节非常短宽，第3节长略大于宽；前后翅形状和翅脉非常相似，但四边室形状不一样，翅基逐渐变窄，但不成柄状；翅结显著，位于离翅基不到2/5处；仅2条结前横脉，IR3和R4+5上升更接近于弓脉，远于亚翅结；R2+3的分支远离Sn；弓脉起源与第二条结前横脉同一水平，远离于翅结，但离翅基更远；四边室基部封闭，呈梯形，端角宽；前后翅亚四边室形状相似；臀脉较粗，前臀脉较长，伸至翅边缘中间位置之后；前后翅臀区较窄，前翅臀区比后翅的稍窄，基部1排翅室，末端2排翅室。

中国北方地区白垩纪仅报道1属：蟌蜻蜓属*Congqingia* Zhang，1992。

蟌蜻蜓属 *Congqingia* Zhang，1992

Congqingia Zhang，1992，*Odonatologica*，21（3）：376[40]（original designation）.

模式种：强壮蟌蜻蜓*Congqingia rhora* Zhang，1992。

前翅比后翅长，前翅四边室比后翅四边室短。

产地及时代：山东，早白垩世。

中国北方白垩纪仅报道1种（详见表6.1）。

伪蜻科 Corduliidae Selys-Longchamps，1850

伪蜻科蜻蜓常称为翡翠蜻蜓或绿眼蜻蜓。这类蜻蜓通常胸部呈金属光泽，暗绿色或蓝色，并且大多数具有翡翠绿色的大复眼。稚虫黑色，多毛，通常半水生。世界性分布，但有些种非常稀有。头部在背面观两眼互相接触一段较长的距离；眼的后缘中央常有一个小型波状突起；臀圈明显，四边形或六边形，或稍为长方形；足常较长。

中国北方地区白垩纪仅报道1属：中生伪蜻属*Mesocordulia* Ren & Guo，1996。

中生伪蜻属 *Mesocordulia* Ren & Guo，1996

Mesocordulia Ren & Guo，1996，*Insect Sci.*，3（2）：101[41]（original designation）.

模式种：北方中生伪蜻*Mesocordulia boreala* Ren & Guo，1996。

前翅至少6条结前横脉，后翅4条结前横脉；后翅三角室基部非常接近弓脉，弓脉扇区分别提升；三角室和亚三角室分离；Rsp1与Msp1存在；IR3与MA均分叉；前翅盘区平行于翅缘，而后翅从起源点就偏离；臀圈具有8~11个翅室；IR2发育良好；翅痣具有支撑脉并且强烈倾斜。

产地及时代：辽宁，早白垩世。

中国北方白垩纪仅报道1种（详见表6.1）。

道虎沟蜻科 Daohugoulibellulidae Nel & Huang，2015

道虎沟蜻科是中生代小箭蜓科Nannogomphidae的潜在姐妹群。亚结前横脉端部无横脉；CuA在分叉前的基部延长，平直；IR2基部斜脉无分叉；前翅盘三角室横向，但后翅的更为延长；翅痣边不完全平行；后翅CuA后端分4支；臀圈延长，分成4个翅室；MP与CuA之间区域的基部仅有1排翅室；CuA末端分支无起源CuA的二次分叉；RP3/4与MA平行至后缘；RP2与IR2之间区域在末端明显加宽，后半部多于1排翅室；Ax1与Ax2分开；弓脉延长，后部分明显短于前部；后翅MP未缩短，终止于翅结的端部水平；前后翅第一斜脉翅结端部4个翅室。

中国北方地区侏罗纪仅报道1属：道虎沟蜻属*Daohugoulibellula* Nel & Huang，2015。

道虎沟蜻属 *Daohugoulibellula* Nel & Huang，2015

Daohugoulibellula Nel & Huang，2015，*Alcheringa*，39：526[42]（original designation）.

模式种：林氏道虎沟蜻*Daohugoulibellula lini* Nel & Huang，2015。

该种名献给林启彬教授，以示他对昆虫化石研究的贡献。

前翅盘三角室具3个翅室，后翅盘三角室只有2个翅室；后翅MP与CuA只有2对翅室。

产地及时代：内蒙古，中侏罗世。

中国北方地区侏罗纪仅报道1种（详见表6.1）。

优美蜓科 Euthemistidae Pritykina，1968

中生代的等脉螅蜓Isophlebioptera是蜻蜓目中的很大一支，包括四个类群：优美蜓科Euthemistidae、似螅蜓Parazygoptera、神蜓科Selenothemistidae和等脉螅蜓总科Isophlebiida。优美蜓科包括2属3种，其中国外报道1属2种（均由前翅建立）。目前关于优美蜓科的认识还比较匮乏，其系统位置也不是太确定，甚至可能是属于Isophlebioptera。IR1与RP1，IR1与RP2，以及RP3/4与IR2之间均由几支长的间插脉（间插脉平行于主径脉，但不起源于主径脉，而是它们之间的横脉）；前翅后盘区相当狭窄，后翅也可能如此；无翅柄；翅缘前部以及第二结前横脉端部的ScP之间有次级结前横脉；前翅盘室开放，后翅闭合；后翅亚盘区横向，后部关闭，短且宽；后翅CuA基部不长；RP2与翅结对齐；后翅后盘区横脉不长也不倾斜。

中国北方地区侏罗纪仅报道1属：中国优美蜓属*Sinoeuthemis* Li，Nel，Shih，Ren & Pang，2013。

中国优美蜓属 *Sinoeuthemis* Li，Nel，Shih，Ren & Pang，2013

Sinoeuthemis Li，Nel，Shih，Ren & Pang，2013，*ZooKeys*，261：43–44[43]（original designation）.

模式种：道虎沟中国优美蜓*Sinoeuthemis daohugouensis* Li，Nel，Shih，Ren & Pang，2013。

翅相对较短，前后翅CuA非常短，后部分支发育较弱，几乎不能分辨。

产地及时代：内蒙古，中侏罗世。

中国北方地区侏罗纪仅报道1种（详见表6.1）。

道虎沟中国优美蜓 *Sinoeuthemis daohugouensis* Li，Nel，Shih，Ren & Pang，2013 （图6.12）

Sinoeuthemis daohugouensis Li，Nel，Shih，Ren & Pang，2013，*ZooKeys*，261：43–44.

产地及层位：内蒙古宁城道虎沟；中侏罗统，九龙山组。

道虎沟中国优美蜓为我国第一次发现优美蜓科的类群，采自于中国东北中侏罗世，之前优美蜓科仅局限于哈萨克斯坦的晚侏罗世早期。该发现修订了优美蜓科的后翅特征。并且该种展示了优美蜓科Euthemistidae和楔蜓科Sphenophlebiidae两个科的混合特征[43]。

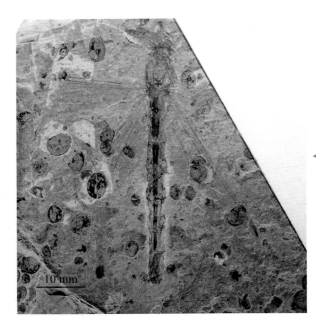

◀图 6.12　道虎沟中国优美蜓 *Sinoeuthemis daohugouensis* Li，Nel，Shih，Ren & Pang，2013（正模标本，CNU-ODO-NN2012004）标本由史宗冈捐赠

闩蜓科 Gomphaeschnidae Tillyard and Fraser，1940

闩蜓科是一个孑遗类群，只包含1个现生属 *Oligoaeschna*，含32个现生种，均生活在东南亚。*Oligoaeschna* 通常被现生蜻蜓分类学家归入蜓科 Aeshnidae。化石闩蜓科已描述10属25种。到目前为止，它们均采自于欧洲、亚洲和美洲的白垩系和新生代地层。

中国北方地区白垩纪报道3属：中国小蜓属 *Sinojagoria* Bechly，2001；拟聪蜓属 *Falsisophoaeschna* Zhang，Ren & Pang，2008；冷聪蜓属 *Sophoaeschna* Zhang，Ren & Pang，2008。

中国小蜓属 *Sinojagoria* Bechly，2001

Sinojagoria Bechly，2001，*N. paläont. Abh.*，4：159[44]（original designation）.

模式种：残中国小蜓 *Sinojagoria imperfecta* Bechly，2001。

前翅盘三角室纵向延长，分2个翅室；后翅盘三角室分4个翅室，短且粗壮；臀圈大，6~7个翅室，几乎长宽等比（可能为独征）；前翅Ax2与盘三角室基部一个水平；前翅Ax1与Ax2之间有一条次级结前横脉，后翅有两条；RP2微波状；翅痣覆盖2个翅室；前翅亚翅结基部RA与RP仅4条亚结前横脉；Rsp1与Mspl相对较直，它们之间，以及Rsp1与IR2，Msp1与MA之间仅1排翅室；IR2平直；RP3/4与MA相对呈波状平行；MA的末端比RP3/4的波状起伏更大，从而导致局部较短区域变宽，之间有2排翅室；后翅MP从MA大角度分出。

产地及时代：辽宁，早白垩世。

中国北方地区白垩纪报道3种（详见表6.1）。

拟聪蜓属 *Falsisophoaeschna* Zhang，Ren & Pang，2008

Falsisophoaeschna Zhang，Ren & Pang，2008，*Prog. Nat. Sci.*，18：61–62[45]（original designation）.

模式种：普拟聪蜓 *Falsisophoaeschna generalis* Zhang，Ren & Pang，2008.

臀圈非常大，具7个翅室；前翅盘三角室比后翅长约8%；RP2非常弯曲，与Pseudo-IR之间具有4排翅室；CuAa基部强烈弯曲，因此基部CuAa与MP之间显著变宽；前后翅特别是后翅稍微变宽，从而导致IR2

与RP3/4之间区域变宽。

产地及时代：内蒙古，早白垩世。

中国北方白垩纪仅报道1种（详见表6.1）。

冷聪蜓属 *Sophoaeschna* Zhang，Ren & Pang，2008

Sophoaeschna Zhang，Ren & Pang，2008，*Prog. Nat. Sci.*，18：60[45]（original designation）.

模式种：冷聪蜓*Sophoaeschna frigida* Zhang，Ren & Pang，2008。

前后翅盘三角室等长，分2个翅室，纵向延长，MAb末梢非常弯曲；Ax2位于与盘三角室基部同一水平；Pseudo- IR1较长，起源于翅痣端部下方；Rsp1与Msp1发育良好，近似平行于IR2与MA，它们之间分别具有1排翅室；Rsp1与RP3/4之间，以及Msp1与MP之间具有明显的间插脉；翅痣覆盖4个翅室，基部与端部平行；翅痣支撑脉平直，与翅痣基部平齐；后翅MP与CuAa在末梢融合，之间具有1排大的翅室；臀圈4个翅室；复眼大，且相接触。

产地及时代：内蒙古，早白垩世。

中国北方白垩纪仅报道1种（详见表6.1）。

冷聪蜓 *Sophoaeschna frigida* Zhang，Ren & Pang，2008（图6.13）

Sophoaeschna frigida Zhang，Ren & Pang，2008，*Prog. Nat. Sci.*，18：60.

产地及层位：内蒙古宁城县柳条沟村；下白垩统，义县组。

四翅展开的雌性标本，翅上无色斑；前翅Ax1与Ax2比次级结前横脉稍粗；前缘与RA在翅痣区域加厚；IR2呈微波状，末端弯曲；Msp1与MA之间仅1排翅室；后翅前缘与ScP之间仅2条结前横脉；Msp1与MP之间至少3条间插脉；臀圈发育良好，被"Y"形横脉分为4个翅室[45]。

▲ 图 6.13　冷聪蜓 *Sophoaeschna frigida* Zhang，Ren & Pang，2008（正模标本，CNU-ODO-NN2004015）

箭蜓科 Gomphidae Rambur，1842

箭蜓科昆虫通常被称为棒尾蜻蜓或春蜓，包含约90属900种。该名字是指腹部末端的棒状扩张（腹部第7~9节）。然而，这种棒状扩展在雌性中通常不太明显，并且在某些种类中完全不存在。

中国北方地区白垩纪报道3属：光箭蜓属 *Liogomphus* Ren & Guo，1996；箭蜓属 *Gomphus* Chang & Sun，2005；辽宁澜箭蜓属 *Liaoninglanthus* Chang & Sun，2006。

光箭蜓属 *Liogomphus* Ren & Guo，1996

Liogomphus Ren & Guo，1996，*Insect Sci.*，3（2）：97–98[41]（original designation）.

模式种：义县光箭蜓 *Liogomphus yixianensis* Ren & Guo，1996。

上三角室和下三角室中均无横脉；前后翅三角室不长，前边与内边几乎等长；翅痣下3条横脉；前翅3条肘臀横脉，后翅1条，雄性后翅臀三角室3个翅室；臀脉栉状分支发育良好；Rsp1与Msp1缺失；前翅无三角面；R3平滑弯曲，左后翅R2在翅痣后突然弯曲（可能是由于保存原因）；IR2发育；IR3具3支栉状分支；MA与CuP之间前部2~3排翅室，到翅后缘翅室增多。

产地及时代：辽宁，早白垩世。

中国北方地区白垩纪仅报道1种（详见表6.1）。

箭蜓属 *Gomphus* Chang & Sun，2005

Gomphus Chang & Sun，2005，*Glob. Geol.*，24（2）：107[22]（original designation）.

模式种：双突箭蜓 *Gomphus biconvexus* Chang & Sun，2005。

仅稚虫特征：腹部较长，腹部宽度明显大于胸部；腹末端具明显的尾须，3块肛板没有特化为尾腮；胸足跗节末端具爪；稚虫虫体最宽部位在腹部后端，腹中部收缩使其分为两部分，各部分中部明显膨大。

产地及时代：辽宁，早白垩世。

中国北方地区白垩纪仅报道1种（详见表6.1）。

辽宁澜箭蜓属 *Liaoninglanthus* Chang & Sun，2006

Liaoninglanthus Chang & Sun，2006，*Glob. Geol.*，25（2）：107[46]（original designation）.

模式种：宽翅辽宁澜箭蜓 *Liaoninglanthus latus* Chang & Sun，2006。

前翅较薄，并较为短宽。三角室近直立，上边略短，其他两边近等长；A_1在Cu-A与基部间发出，波状，该脉与Cu和翅后缘间具较多横脉，形成许多蜂巢状翅室，近基端的翅室较大，靠翅端侧者极为细小和密集，A_2极短，发出点较靠近翅基部。中胸宽度较窄。Rs_3在靠近翅缘处具较多的细弱支脉。

产地及时代：辽宁，早白垩世。

中国北方地区白垩纪仅报道1种（详见表6.1）。

昼蜓科 Hemeroscopidae Pritykina，1977

昼蜓科是早白垩世的一个绝灭科，其化石标本主要采自于外贝加尔湖地区、蒙古和中国（我国的化石分别采自北京西山的卢尚坟组和辽宁北票市义县的九佛堂组）[47]。

中国北方地区侏罗纪和白垩纪报道2属：昼蜓属 *Hemeroscopus* Pritykina，1977；丽昼蜓属

Abrohemeroscopus Ren，Liu & Cheng，2003。

昼蜓属 *Hemeroscopus* Pritykina，1977

Hemeroscopus Pritykina，1977. Pritykina & Rasnitsyn，2002. Superorder Libellulidea Laicharting，1781. Order Odonata Fabricius，1792. The dragonflies. In: Rasnitsyn & Quicke （eds.） *History of Insects*. Dordrecht: Kluwer Academic Publishers. 97–103 [15]（original designation）.

模式种：巴依萨昼蜓*Hemeroscopus baissicus* Pritykina，1977。

翅相对较短；前后翅的CuA非常短，后部分支较弱。

产地及时代：中国（北京）、西伯利亚、蒙古、韩国，早白垩世。

中国北方地区白垩纪仅报道1种（详见表6.1）。

丽昼蜓属 *Abrohemeroscopus* Ren，Liu & Cheng，2003

Abrohemeroscopus Ren，Liu & Cheng，2003，*Acta Entomol. Sinica*，46（5）：623 [47]（original designation）.

模式种：孟氏丽昼蜓*Abrohemeroscopus mengi* Ren，Liu & Cheng，2003。

该种名献给孟庆金先生，以感谢他惠借标本给作者研究。

前翅MP未缩短，在翅结水平之后伸至翅缘后部；翅痣具有显著支撑脉；后翅臀圈较小，仅6~7排翅室（祖征）；Rsp1缺失；CuAa弯曲，后部5条显著分支；MP与CuAa之间区域较窄，仅在盘三角室附近有1排翅室。

产地及时代：辽宁，早白垩世。

中国北方地区白垩纪仅报道1种（详见表6.1）。

侏罗蜻科 *Juralibellulidae* Huang & Nel，2007

侏罗蜻属*Juralibellula*是Neobrachystigmata Bechly，1996 的姐妹群。后翅MP向翅后缘显著弯曲，从而显得MP缩短，终止于翅结同一水平的位置。该特征是Neobrachystigmata的衍征，但是在侏罗蜻科中消失。

中国北方地区侏罗纪仅报道1属：侏罗蜻属*Juralibellula* Huang & Nel，2007。

侏罗蜻属 *Juralibellula* Huang & Nel，2007

Juralibellula Huang & Nel，2007，*N. Jb. Geol. Palaont. Abh.*，246（1）:64 [48]（original designation）.

模式种：宁城侏罗蜻*Juralibellula ningchengensis* Huang & Nel，2007。

仅翅特征：前后翅均透明，结前横脉区端部横脉少且上下无对应关系；前翅三角室相对直立，后翅三角室相对横向延长，前后翅三角室均具3个翅室；前后翅中区均具3个室；翅痣前后端不平行，覆盖部超过2个翅室；CuA基部明显延长且直；后翅CuAa具5条后分支，向后缘处明显弯曲；臀圈长，分为8个小室，并具明显的"Z"形中肋；MP和CuA间区域基部变宽，具2排小室；RP3/4和MA平行于后缘；RP2和IR2间端部明显变宽；Ax1和Ax2分开；后翅MP不变短。

产地及时代：内蒙古，中侏罗世。

中国北方地区侏罗纪仅报道1种（详见表6.1）。

里阿斯箭蜓科 Liassogomphidae Tillyard，1925

翅痣延长；三角翅室仅1条横脉；亚三角翅室有时有分叉大的横脉；1A在三角室端部强烈弯曲，在翅结端部扩张；臀区发育良好，被栉状分支分开，从而在分支之间形成多排翅室。

中国北方地区白垩纪仅报道1属：丽箭蜓属 *Chrysogomphus* Ren，1994。

丽箭蜓属 *Chrysogomphus* Ren，1994

Chrysogomphus Ren，1994，*Geoscience*，8（3）：255[49]（original designation）.

模式种：北票丽箭蜓 *Chrysogomphus beipiaoensis* Ren，1994。

上三角室明显长于三角室的上边，上三角室内无横脉，2支粗直完全的结前横脉之间具有3支不完全的横脉，前翅CuA-A区有1支横脉；后翅有1A脉末端在水平方向略超过翅结，R_{4+5}和MA不成波状，而成等角度弯曲，R_2和R_3之间的2排翅室在结脉和翅痣的中间开始形成，在翅痣下部变成4列翅室，IR_2和Rsp1都不明显发育，R_3和IR_3之间2列翅室在翅痣下开始形成，IR_3带有3支梳状脉，R_{4+5}和MA之间2列翅室始于翅边缘，MA和CuP之间在基部始发育4列翅室，至边缘加密，MA带3条梳状脉。

产地及时代：辽宁，早白垩世。

中国北方地区白垩纪仅报道1种（详见表6.1）。

六盘山蜓科 Liupanshaniidae Bechly，Nel & Martínez-Delclòz，2001

后翅盘三角室独特，窄而长（盘三角室前边末端弯曲，终止于上三角室MA的前部；MAb强烈弯曲呈"S"形，基部凹陷）；盘三角室被平行的横脉分成至少3个翅室；前翅盘三角室分为3个翅室（仅在阿勒莱皮蟏蝴蜓属 *Araripeliupanshania* 和似中生尾蜓属 *Paramesuropetala* 两个属中出现）；前后翅（特别是后翅）在后盘区三角面有一条凸起的径脉起源于MAb；RP2与IR2之间端部的第二斜脉消失。

中国北方地区白垩纪仅报道1属：固原蜓属 *Guyuanaeschnidia* Lin，1982。

固原蜓属 *Guyuanaeschnidia* Lin，1982

Guyuanaeschnidia Lin，1982. Mesozoic and Cenozoic insects. In: *Paleontological Atlas of Northwest China*.（Ⅲ）. Volume of Shaan-Gan-Ning Basin Insecta. 72[50]（original designation）.

模式种：奇异固原蜓 *Guyuanaeschnidia eximia* Lin，1982。

该属的模式种采自于六盘山的早白垩世[50]，2002年，林启彬等重新描述了模式标本 *Guyuanaeschnidia eximia* [51]，并修订了其属征：翅痣支撑脉与翅痣基部边对齐，微倾斜；RP2呈波状但并不是强烈弯曲；Pseudo-IR1发育良好；IR1主干较长；Rsp1与IR2平行，呈"Z"形，之间2排翅室；上三角室分为2个翅室；盘三角室长而窄，被分成4个翅室；一条非常粗的凸起的次级径脉在后盘区起源于MAb，三角面末梢分叉，但并没有消失在后盘区，而是终止于翅后缘；Msp1显著，起源处正好位于盘三角室端部的2条凹横脉，其与MA之间1排翅室；臀圈发育良好，后端封闭，被分成5个翅室；MAb显著弯曲形成角状[50, 51]。

产地及时代：宁夏，早白垩世。

中国北方地区白垩纪仅报道1种（详见表6.1）。

结翅蜓科 Nodalulaidae Lin，Huang & Nel，2007

该科的特征展示其是昼蜓科Hemeroscopidae和一些现生类群如伪蜻科Corduliidae、蜻科Libellulidae等的中间类型。该科的发现对研究整个蜻蜓目的演化和多样性非常重要。

中国北方地区白垩纪仅报道1属：结翅蜓属Nodalula Lin，Huang & Nel，2007。

结翅蜓属 *Nodalula* Lin，Huang & Nel，2007

Nodalula Lin，Huang & Nel，2007，*Zootaxa*，1469：60[52]（original designation）.

模式种：大凌河结翅蜓*Nodalula dalinghensis* Lin，Huang & Nel，2007。

雌性产卵器退化；翅痣相对较短，覆盖不超过3个翅室；后翅CuA分叉前的基部延长且平直；CuAa分4支，最端部一直从CuA分出次级分支；MP与CuA之间区域基部稍微加宽；RP3/4与MA平行至翅后缘；RP2与IR2之间区域端部明显加宽，后半部分多于1排翅室；Rsp1与Msp1发育良好，其上有1排翅室；一条明显的翅痣支撑脉；后翅臀室菱形，分7个翅室；弓脉不呈角状，稍平直，后半部分明显短于前半部分；后翅MP明显向翅后缘弯曲，从而显得较短，终止于翅结同一水平位置；前翅盘三角室延长；盘室交叉；前后翅Ax1与Ax2之间均有2条次级结前横脉。

产地及时代：辽宁，早白垩世。

中国北方地区白垩纪仅报道1种（详见表6.1）。

原戈壁蜓科 Progobiaeshnidae Bechly，Nel & Martínez-Delclòz，2001

翅痣相对较短，翅痣支撑脉垂直，不像翅痣基部边一样倾斜；Pseudo-IR1 强烈退化（非常短，起源于翅痣端部）；臀圈呈五边形，增大被分为9个翅室，从而形成延长的gaff；IR2与Rsp1之间几排翅室近似平行；后翅盘三角室分为2个翅室。

中国北方地区侏罗纪和白垩纪报道3属：原戈壁蜓属*Progobiaeshna* Bechly，Nel & Martínez-Delclòs，2001；蒙古蜓属*Mongoliaeshna* Nel & Huang，2010；华美蜓属*Decoraeshna* Li，Nel，Ren & Pang，2012。

原戈壁蜓属 *Progobiaeshna* Bechly，Nel & Martínez-Delclòs，2001

Progobiaeshna Bechly，Nel & Martínez-Delclòs，2001，*N. Paläont. Abh.*，4：66–67[44]（original designation）.

模式种：辽宁原戈壁蜓*Progobiaeshna liaoningensis* Bechly，Nel & Martínez-Delclòs，2001。

该属与戈壁蜓属*Gobiaeshna*非常相似（不倾斜的翅痣支撑脉），但前翅有些不同特征：RP1与RP2平行部分仅有1排翅室；Ax2端部有13条次级结前横脉；Ax1与Ax2之间约5条次级结前横脉；PsA退化成1条简单的横脉。

产地及时代：辽宁，早白垩世。

中国北方地区白垩纪仅报道1种（详见表6.1）。

蒙古蜓属 *Mongoliaeshna* Nel and Huang，2010

Mongoliaeshna Nel and Huang，2010，*C. R. Palevol*，9：142[53]（original designation）.

模式种：中国蒙古蜓*Mongoliaeshna sinica* Nel and Huang，2010。

蒙古蜓属*Mongoliaeshna*与原戈壁蜓属*Progobiaeshna*的不同点在于臀圈分成5个翅室；前翅PsA角在盘区有3个翅室；后翅MP与CuA之间的基部很长一段区域有2排翅室；RP1与RP2之间区域的基部，斜脉的端部具有2排翅室；亚盘三角室被分成3个翅室；上三角室无横脉。

产地及时代：内蒙古，早白垩世。

中国北方地区白垩纪报道3种（详见表6.1）。

华美蜓属 *Decoraeshna* Li，Nel，Ren & Pang，2012

Decoraeshna Li，Nel，Ren & Pang，2012，*Geobios*，45：346[54]（original designation）.

模式种：精致华美蜓*Decoraeshna preciosa* Li，Nel，Ren & Pang，2012。

RP1与RP2的基部有1排翅室；上三角室无横脉；三角室有4个小翅室；翅痣支撑脉非常倾斜；翅痣相对较短；Ax1与Ax2之间的结前横脉数多于3条。

产地及时代：辽宁，早白垩世。

中国北方地区白垩纪仅报道1种（详见表6.1）。

精致华美蜓 *Decoraeshna preciosa* Li，Nel，Ren & Pang，2012（图6.14）

Decoraeshna preciosa Li，Nel，Ren & Pang，2012，*Geobios*，45，346.

产地及层位：辽宁北票黄半吉沟；下白垩统，义县组。

翅痣深褐色；前翅弓脉弯曲；翅结发育良好；翅痣较短具4个翅室；翅痣支撑脉倾斜，与翅痣基部相连；翅中室无横脉；PsA平直，发育较弱；上三角室横向延长，具4个翅室；亚三角室发育良好，具2个翅室；RP1与RP2之间仅1排翅室，在翅痣同一水平位置强烈发散开，沿翅后缘具8排翅室；臀区仅2排翅室；后翅结前横脉12条；翅痣较短；臀区无臀三角[53]。

▼ 图 6.14　精致华美蜓 *Decoraeshna preciosa* Li，Nel，Ren & Pang，2012（正模标本，CNU-ODO-LB2011003c）

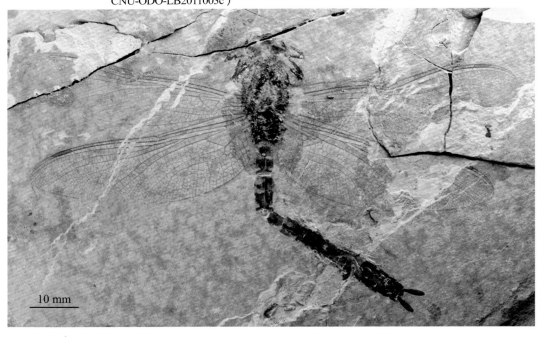

10 mm

原箭蜓科 Proterogomphidae Bechly，Nel，Martínez-Delclòz & Fleck，1998

　　三角室不二次分裂；翅痣下仅2个翅室；Pseudo-IR1显著，起源于翅痣末端下方的RP1；臀圈退化，仅1~2个翅室；前翅亚基部下方翅室变大；后翅三角室更径向延长（与林春蜓亚科Lindeniinae一致）。所有这些特征似乎都是独征。

　　中国北方地区白垩纪仅报道1属：林氏箭蜓属*Lingomphus* Vernoux，Huang，Jarzembowski & Nel，2010。

林氏箭蜓属 *Lingomphus* Vernoux，Huang，Jarzembowski & Nel，2010

　　Lingomphus Vernoux，Huang，Jarzembowski & Nel，2010，*Cret. Res.*，31：94–95[55]（original designation）.

　　模式种：完美林氏箭蜓*Lingomphus magnificus* Vernoux，Huang，Jarzembowski & Nel，2010。

　　该属以林启彬教授的名字命名，感谢他对古昆虫学研究的杰出贡献。

　　该属具有（蜓隙）；上三角室、三角室和亚三角室无横脉；翅痣具支撑脉；翅痣下3~4个翅室；Pseudo-IR1起源于翅痣末端下方的RP1；后翅2条前叉横脉（前翅3条）；结后横脉基部明显倾斜；后翅盘三角室强烈延长；臀圈长大于宽，径向分为2个翅室；后翅末端前叉横脉不倾斜；后翅臀区以及臀肘区非常宽；CuAa具有明显后部分支。

　　产地及时代：辽宁，早白垩世。

　　中国北方地区白垩纪仅报道1种（详见表6.1）。

野蜓科 Rudiaeschnidae Bechly，Nel & Martínez-Delclòs，2001

　　Rsp1显著弯曲，与IR2之间至少3排翅室；后翅IR2与RP3/4之间1~3条凸起的波状次级斜脉，位于Rsp1起源点的基部；后翅亚盘三角室被分成2~3个翅室；后翅的PsA比前翅的呈更强烈的锯齿状，且形成明显更弱；臀圈扩大，gaff增长；RP1和RP2分离；RP2和IR2末端显著分离；雄性腹部第3节生殖叶不存在。

　　中国北方地区侏罗纪和白垩纪报道2属：野蜓属*Rudiaeschna* Ren & Guo，1996；伏羲蜓属*Fuxiaeschna* Lin，Zhang & Huang，2004。

野蜓属 *Rudiaeschna* Ren & Guo，1996

　　Rudiaeschna Ren & Guo，1996，*Insect Sci.*，3（2）：96[41]（original designation）.

　　模式种：沼泽野蜓*Rudiaeschna limnobia* Ren & Guo，1996。

　　该属模式种采自于我国辽宁黄半吉沟早白垩世[41]，2001年Bechly等建立了单模科沼泽野蜓科Rudiaeschnidae[44]，2011年，李永军等人重新描述了同样采自于黄半吉沟一个完整的*Rudiaeschna limnobia*标本，并修订了其属征：后翅PsA比前翅更曲折，发育更弱；臀圈变宽，gaff延长；RP1与RP2次级分支分叉；RP2与IR2末端明显分叉；雄性腹部第3节有对称的叶状体膨大，并且叶状体外边缘的后2/3处有1排刺；腹部第2节明显收缩[41, 44, 56]。

　　产地及时代：辽宁，早白垩世。

　　中国北方地区白垩纪仅报道1种（详见表6.1）。

沼泽野蜓 *Rudiaeschna limnobia* Ren & Guo，1996（图6.15）

Rudiaeschna limnobia Ren & Guo，1996，*Insect Sci.*，3（2），96.

产地及层位：辽宁北票黄半吉沟；下白垩统，义县组。

翅痣长，有明显的Pt-brace；Ax2位于三角室末端位置；IR2和RP2稍微弯曲；两条斜脉"O"；RP2和RP1之间基部略微发散，之间有2~3排翅室；Pseudo-IR1较短；臀圈更为明显，更宽，呈五边形，有5~11个翅室；Rsp1发育良好，弯曲，与IR2之间有2~3排翅室；MA和RP3/4平滑弯曲；Msp1不明显；盘三角室MAb末端平直；盘三角室横向延长；上三角室有1~3条横脉；CuP-crossing和PsA之间有横脉；亚三角室有3~4个小翅室；后翅PsA比前翅弱，弯曲。雄性腹部第3节有对称的叶状体膨大，并且叶状体的后2/3处有1排脊刺；腹部第2节变窄；尾毛叶状，末端圆形，无脊；下肛附器宽且长，近长方形，末端二裂。RA和RP之间的

▼ 图 6.15 沼泽野蜓 *Rudiaeschna limnobia* Ren & Guo，1996（CNU-ODO-LB2010001）
A. 标本照片；B. 线条图；C. 第 2 腹节照片；D. 第 3 腹节照片；E. 尾须照片

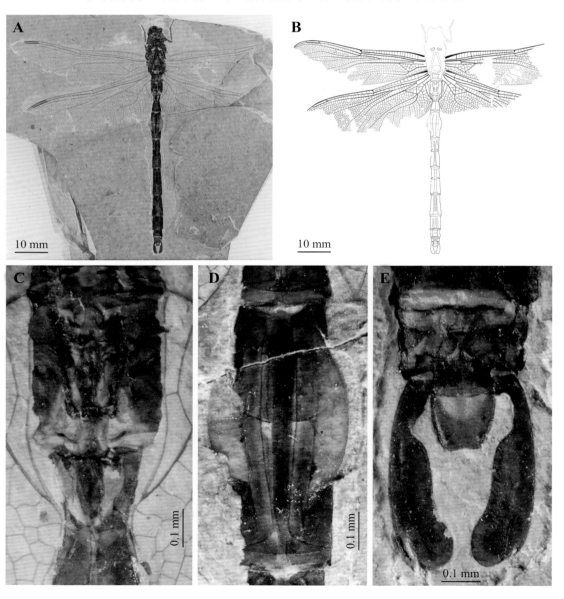

区域，在靠近弓脉的地方并没有出现空白区（即该区域没有横脉）[41, 56]。

伏羲蜓属 *Fuxiaeschna* Lin，Zhang & Huang，2004

Fuxiaeschna Lin，Zhang & Huang，2004，*Odonatologica*，33（4）：438[57]（original designation）.

模式种：修复伏羲蜓*Fuxiaeschna hsiufunia* Lin，Zhang & Huang，2004。

复眼相接触；前唇基有中凹缝线槽，后唇基狭窄。Msp1存在；盘三角室中有1条横脉；亚盘三角室被分为3个翅室；后翅PsA呈"Z"形；臀圈后部弱封闭。前足和中足胫节内缘有1排粗壮的刺；腹部第3~8节背板具有中脊。

中国北方白垩纪仅报道1种（详见表6.1）。

窄翅蜓科 Stenophlebiidae Needham，1903

蜻蜓目蟌蜓支Stenophlebioptera仅分布于中生代，在晚侏罗世和早白垩世时期比较繁盛。其最早的代表发现于法国的森诺曼阶（99.6百万年~93.6百万年）[58]。该分支目前被认为是差翅亚目Anisoptera的假定姐妹群，并且最近对其进行了修订[59]。窄翅蜓科Stenophlebiidae是一个绝灭类群，包含7个属，广泛分布于德国、西班牙、英国、法国、中国、蒙古和哈萨克斯坦。

中国北方地区侏罗纪和白垩纪报道3属：窄翅蜓属*Stenophlebia* Hagen，1866；义县窄翅蜓属*Yixianstenophlebia* Nel & Huang，2015；辽窄翅蜓属*Liaostenophlebia* Zheng，Wang & Jarzembowski，2016。

窄翅蜓属 *Stenophlebia* Hagen，1866

Stenophlebia Hagen，1866，*Paleontographica*，15：57–96[60]（original designation）.

模式种：安菲特窄翅蜓*Stenophlebia amphitrite* Hagen，1862[61]。

翅窄而短，Cr较长，其下2个翅室，与ScP末端对齐；Sn较短，仅1个翅室长；Sn下次级脉与RP2对齐，3个翅室长；Arc位于Ax1与Ax2的中间；IR1与RP2基部2个翅室。

产地及时代：中国（辽宁）、德国、英国，晚侏罗世；早白垩世。

中国北方地区白垩纪仅报道1种（详见表6.1）。

义县窄翅蜓属 *Yixianstenophlebia* Nel & Huang，2015

Yixianstenophlebia Nel & Huang，2015，*Cret. Res.*，56：422[62]（original designation）.

模式种：完美义县窄翅蜓*Yixianstenophlebia magnifica* Nel & Huang，2015.

盘三角室横向，几乎与MAa与MAb成直角；后翅臀区宽大，AA与翅后缘之间3排翅室；翅柄非常短；亚翅结Sn与翅结横脉不对齐；CuAa较短，终止于翅后缘与翅结基部同一水平；盘区端部的后盘区4排翅室（独征，其他所有的窄翅蜓下目Stenophlebiomorpha均为3排翅室或更少）。

产地及时代：内蒙古，早白垩世。

中国北方地区白垩纪仅报道1种（详见表6.1）。

辽窄翅蜓属 *Liaostenophlebia* Zheng，Wang & Jarzembowski，2016

Liaostenophlebia Zheng，Wang & Jarzembowski，2016，*Cret. Res.*，67，60[63]（original designation）.

模式种：义县辽窄翅蜓*Liaostenophlebia yixianensis* Zheng，Wang & Jarzembowski，2016.

Ax2与MAb相对；Arc位于Ax1端部；三角室延长，横向，具3个翅室；上三角室宽大，3翅室，前边弯曲；亚盘区较窄，靴状，具3个翅室；Ha1横向，发育良好，具2个翅室；AA末端粗壮，与基部垂直；后盘区基部4排翅室。

产地及时代：辽宁，早白垩世。

中国北方地区白垩纪仅报道1种（详见表6.1）。

扁蜓科 Tarsophlebiidae Handlirsch，1906

扁蜓科Tarsophlebiidae是蜻蜓目昆虫的一个绝灭类群，中等体型，主要采自于欧亚大陆的上侏罗统和下白垩统地层。该科可能是间翅亚目Anisozygopter最基部类群，属于差翅亚目Anisoptera蜻蜓干群，或是所有现生蜻蜓的姐妹群。其主要特征是前后翅盘三角室基部开放，足非常长，雄性尾毛桨状，雌性产卵器宽大。后翅亚盘室宽大；MAb+MP+CuA在MP与CuA分离之前融合很长一段距离；AA在CuP-crossing处强烈弯曲；前翅盘室和亚盘室呈锐角。足显著延长，附节分3节，基附节非常长；足爪上齿消失。雄性尾毛端部呈桨状扩张；极长的雌性产卵器可能是该科的同源性状。

中国北方地区白垩纪仅报道1属：图拉诺扁蜓属 *Turanophlebia* Pritykina，1968。

图拉诺扁蜓属 *Turanophlebia* Pritykina，1968

Turanophlebia Pritykina，1968，"Strekozy Karatau（Odonata）"［Dragonflies of Karatau（Odonata）］. In Rohdendorf *Yurskoy Nasekomiye Karatau Uurassic Insects of Karatau*（in Russian）. Moscow: Academy of Sciences of the USSR，Section of General Biology，Publishing House "Nauka." 26–54[64]（original designation）.

模式种：马氏图拉诺扁蜓 *Turanophlebia martynovi* Pritykina，1968。

翅脉密集；结后横脉不少于25条（*Tarsophlebia* 11~16条）；后翅CuA与翅后缘之间至少5排翅室（*Tarsophlebia*少于5排）；至少10条结前横脉；IR1长于*Tarsophlebia*的；IR2与RP2之间次级径脉不呈"Z"形。

产地及时代：中国（辽宁）、哈萨克斯坦、蒙古、英国、俄罗斯，晚侏罗世；早白垩世。

中国北方地区白垩纪仅报道1种（详见表6.1）。

科未定 Family incertae sedis

中国北方地区侏罗纪和白垩纪报道4属：萨迈拉蜓属*Samarura* Brauer，Redtenbacher & Ganglbauer，1889；似瓣蜓属*Parapetala* Huang，Nel & Lin，2003；沼蜓属*Telmaeshna* Zhang，Ren & Pang，2008；中国波形蜓属*Sinocymatophlebiella* Li，Nel，Ren & Pang，2011。

萨迈拉蜓属 *Samarura* Brauer，Redtenbacher & Ganglbauer，1889

Samarura Brauer，Redtenbacher & Ganglbauer，1889，Pritykina（1968）．"Strekozy Karatau（Odonata）"［Dragonflies of Karatau（Odonata）］. In Rohdendorf BB. *Yurskoy Nasekomiye Karatau Uurassic Insects of Karatau*（in Russian）. Moscow: Academy of Sciences of the USSR，Section of General Biology，Publishing House "Nauka." 26–54[64]（original designation）.

模式种：巨萨迈拉蜓*Samarura gigantea* Brauer，Redtenbacher & Ganglbauer，1889.

仅稚虫特征：身体柔软，翅牙伸至腹部第3腹节，末端3条尾鳃。

产地及时代：中国（河北）、俄罗斯，早白垩世。

中国北方地区白垩纪报道2种（详见表6.1）。

似瓣蜓属 *Parapetala* Huang，Nel & Lin，2003

Parapetala Huang，Nel & Lin，2003，*Cret. Res.*，24：141–142 [65]（original designation）.

模式种：辽宁似瓣蜓*Parapetala liaoningensis* Huang，Nel & Lin，2003。

复眼明显分离。RP1与RP2较长，互相平行至翅痣基部；前后翅Rsp1与Msp1存在；臀圈较小，不延长，封闭，具3个翅室；盘三角室无横脉，前翅盘三角室明显大于后翅；弓脉与Ax1接近；翅痣支撑脉发育良好，与翅痣基部边对齐；RP2与IR2在翅缘未融合；RP3/4与MA呈波状，互相平行；前后翅三角面存在，后翅发育更为良好。

产地及时代：辽宁，早白垩世。

中国北方地区白垩纪仅报道1种（详见表6.1）。

沼蜓属 *Telmaeshna* Zhang，Ren & Pang，2008

Telmaeshna Zhang，Ren & Pang，2008，*Zootaxa*，1681，63 [66]（original designation）.

模式种：特沼蜓*Telmaeshna paradoxica* Zhang，Ren & Pang，2008。

仅后翅特征：后翅显著宽大，近圆形；Ax0与Ax1无Anx；Ax1与Ax2距离较近，中间仅一条结前横脉；2条斜脉"O"；翅痣长且粗壮；Pseudo-IR1发育较弱（呈"Z"形，非常短，起源于翅痣端部）；RP2基部与翅结不对齐；RP1与RP2之间区域较宽，其间3排翅室；Msp1存在；上三角室和盘三角室分别分成至少5个翅室；亚盘三角室被分成3个翅室；臀圈近似五角形，宽大，具9个翅室，gaff延长。

产地及时代：辽宁，早白垩世。

中国北方地区白垩纪仅报道1种（详见表6.1）。

中国波形蜓属 *Sinocymatophlebiella* Li，Nel，Ren & Pang，2011

Sinocymatophlebiella Li，Nel，Ren & Pang，2011，*Zootaxa*，2927，58 [67]（original designation）.

模式种：戟尾中国波形蜓*Sinocymatophlebiella hasticercus* Li，Nel，Ren & Pang，2011。

翅痣下方仅有1横脉；Pseudo-IR1非常短，起源于翅痣的后面；2条斜脉"O"；RP1和RP2基部平行，之间有1排翅室；RP2中部弯曲；IR2略呈波状；Rspl不发达，呈"Z"形，与IR2之间有1排翅室；MAb直；上三角室没有横脉；三角室和亚三角室之内都有横脉；亚中室仅有CuP-crossing和PsA之间没有其他横脉；前后翅三角室性状相似，略微横向伸长；RP3/4和MA强烈弯曲，呈波状；Mspl退化；CuAa有很多末端分支；臀圈消失；gaff非常短；雄性后翅的AA有2条分支。臀三角的基部有膜；腹部第2节非常窄；尾毛戟状。

产地及时代：内蒙古，中侏罗世。

中国北方地区侏罗纪仅报道1种（详见表6.1）。

戟尾中国波形蜓 *Sinocymatophlebiella hasticercus* Li，Nel，Ren & Pang，2011 （图6.16）

Sinocymatophlebiella hasticercus Li，Nel，Ren & Pang，2011，*Zootaxa*，2927：58.

产地及层位：内蒙古宁城道虎沟；中侏罗统，九龙山组。

戟尾中国波形蜓Sinocymatophlebiella hasticercus与Karatau晚侏罗世的波形蜓属Cymatophlebiella有很多重要特征相似，暗示它们具有较近的亲缘关系，可能属于同一个科，但是由于后者标本保存不完整，因此不能确定它们之间的确切关系。该物种的发现也支持侏罗纪快速和大规模多样化的演化场景。

▼ 图6.16　戟尾中国波形蜓Sinocymatophlebiella hasticercus Li，Nel，Ren & Pang，2011（正模标本，CNU-ODO-NN2010004p）　A. 标本照片；B. 第2腹节照片；C. 尾须照片

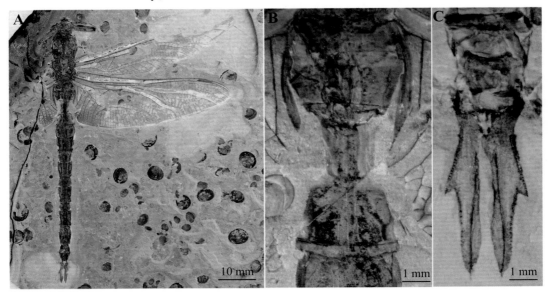

表6.1　中国侏罗纪和白垩纪蜻蜓目昆虫化石名录

科	种	产地	层位/时代	文献出处
Aeschinidiidae	[a]*Brunneaeschnidia jiuquanensis* Hong，1982	甘肃玉门	赤金桥组/K₁[b]	洪友崇[68]
	Dracontaeschnidium orientale Zhang & Zhang，2001	辽宁北票	义县组/K₁	Zhang and Zhang[20]
	[a]*Hebeiaeschnidia fengningensis* Hong，1982	河北丰宁	义县组/K₁[b]	洪友崇[68]
	Linaeschnidium sinensis Huang，Baudoin & Nel，2009	辽宁北票	义县组/K₁	Huang *et al.*[21]
	Aeschna acrodonta Chang & Sun，2005	辽宁北票	义县组/K₁	常建平和孙忠实[22]
	Sinaeschnidia cancellosa Ren，1995	辽宁北票	义县组/K₁	任东等[69]
	[a]*Sinaeschnidia heishankowensis* Hong，1965	内蒙古赤峰	沙海组/K₁	洪友崇[18]
	Stylaeschnidium rarum Zhang & Zhang，2001	辽宁义县	义县组/K₁	Zhang & Zhang[20]
Aktassiidae	*Pseudocymatophlebia boda* Li，Nel & Ren，2012	内蒙古赤峰	义县组/K₁	Li *et al.*[70]
	Sinaktassia tangi Lin，Nel & Huang，2010	内蒙古赤峰	义县组/K₁	Lin *et al.*[24]，Zheng *et al.*[25]
Araripelibellulidae	*Sopholibellula amoena* Zhang，Ren & Zhou，2006	辽宁北票	义县组/K₁	Zhang *et al.*[26]
	Sopholibellula eleganta Zhang，Ren & Zhou，2006	辽宁北票	义县组/K₁	Zhang *et al.*[26]

续表

科	种	产地	层位 / 时代	文献出处
Campterophlebiidae	*Angustiphlebia mirabilis* Li，Nel，Ren & Pang，2013	内蒙古宁城	九龙山组 /J_2	Li *et al.*[37]
	Amnifleckia guttata Zhang，Ren & Cheng，2006	内蒙古宁城	九龙山组 / J_2	Zhang *et al.*[30]
	Amnifleckia splendida Huang，Fleck，Nel & Lin，2006	内蒙古宁城	九龙山组 / J_2	Zhang *et al.*[30]
	Bellabrunetia catherinae Fleck & Nel，2002	内蒙古宁城	九龙山组 / J_2	Fleck and Nel[29]
	Dorsettia sinica Zheng，Nel & Wang，2016	新疆克拉玛依	八道湾组 / J_1	Zheng *et al.*[28]
	Hsiufua chaoi Zhang & Wang，2013	内蒙古宁城	海房沟组 / J_2	Zhang *et al.*[10]
	Junfengi yulinensis Zheng & Zhang，2017	陕西榆林	延安组 / J_2	Zheng *et al.*[38]
	Jurassophlebia xinjiangensis Zheng，Nel & Zhang	新疆克拉玛依	八道湾组 / J_1	Zheng *et al.*[39]
	Karatawia sinica Li，Nel & Ren，2012	内蒙古宁城	九龙山组 / J_2	Li *et al.*[34]
	Parabrunetia celinea Huang，Fleck，Nel & Lin，2006	内蒙古宁城	九龙山组 / J_2	Zhang *et al.*[30]
	Parafleckium senjituense Li，Nel，Ren & Pang，2012	河北丰宁	义县组 / K_1	Li *et al.*[35, 36]
	Sinokaratawia daohugouica Zhang，Ren & Pang，2008	内蒙古宁城	九龙山组 / J_2	Zhang *et al.*[71]
	Sinokaratawia gloriosa Zhang，Ren & Pang，2008	内蒙古宁城	九龙山组 / J_2	Zhang *et al.*[71]
	Sinokaratawia magica Zhang，Ren & Pang，2008	内蒙古宁城	九龙山组 / J_2	Zhang *et al.*[71]
	Sinokaratawia prokopi Nel，Huang & Lin，2007	内蒙古宁城	九龙山组 / J_2	Nel *et al.*[31]
	Zygokaratawia reni Nel，Huang & Lin，2008	内蒙古宁城	九龙山组 / J_2	Nel *et al.*[32]
Congqingiidae	*Congqingia rhora* Zhang，1992	山东莱阳	莱阳组 /K_1^b	Zhang[40]
Corduliidae	*Mesocordulia boreala* Ren & Guo，1996	辽宁北票	义县组 / K_1	Ren and Guo[41]
Daohugoulibellulidae	*Daohugoulibellula lini* Nel & Huang，2015	内蒙古宁城	九龙山组 / J_2	Nel and Huang[42]
Euthemistidae	*Sinoeuthemis daohugouensis* Li，Nel，Shih，Ren & Pang，2013	内蒙古宁城	九龙山组 / J_2	Li *et al.*[43]
Gomphaeschnidae	*Falsisophoaeschna generalis* Zhang，Ren & Pang，2008	内蒙古赤峰	义县组 / K_1	Zhang *et al.*[45]
	Sinojagoria cancellosa Li，Nel，Ren & Pang，2012	辽宁北票	义县组 / K_1	Li *et al.*[54]
	Sinojagoria imperfecta Bechly，2001	辽宁北票	义县组 / K_1	Bechly *et al.*[44]
	Sinojagoria magna Li，Nel，Ren & Pang，2012	辽宁北票	义县组 / K_1	Li *et al.*[54]
	Sophoaeschna frigida Zhang，Ren & Pang，2008	内蒙古赤峰	义县组 / K_1	Zhang *et al.*[45]

续表

科	种	产地	层位 / 时代	文献出处
Gomphidae	[a]*Archaeogomphus labius* Lin, 1976	辽宁义县	义县组 / K_1	林启彬[72]
	[a]*Cercus clavas* Hong, 1982	甘肃玉门	赤金桥组 / K_1^b	洪友崇[73]
	[a]*Dissurus liaoyuanensis* Hong, 1982	辽宁凌源	义县组 / K_1^b	洪友崇[73]
	[a]*Dissurus qinquanensis* Hong, 1982	甘肃玉门	赤金桥组 / K_1^b	洪友崇[73]
	Gomphus biconvexus Chang & Sun, 2005	辽宁北票	义县组 / K_1	常建平和孙忠实[22]
	[a]*Jibeigomphus xinboensis* Hong, 1984	河北围场	大北沟组 / K_1^b	洪友崇[74]
	Liaoninglanthus latus Chang & Sun, 2006	辽宁北票	义县组 / K_1	常建平和孙忠实[22]
	Liogomphus yixianensis Ren & Guo, 1996	辽宁北票	义县组 / K_1	Ren and Guo[41]
	Neimenggologomphus dongwugaiensis Hong, 1982	内蒙古乌拉特	胡柳沟组 / K_1	洪友崇[73]
	[a]*Sinogomphus taushanensis* Hong, 1982	吉林奈曼旗	赤金桥组 / K_1^b	洪友崇[73]
	[a]*Pseudosamarura largina* Lin, 1976	辽宁义县	义县组 / K_1	林启彬[72]
Hemeroscopidae	*Abrohemeroscopus mengi* Ren, Liu & Cheng, 2003	辽宁义县	九佛堂组 / K_1	Ren et al.[47]
	Hemeroscopus baissicus Pritykina, 1977	北京西山	卢尚坟组 / K_1	Huang and Lin[75]
Juralibellulidae	*Juralibellula ningchengensis* Huang & Nel, 2007	内蒙古宁城	九龙山组 / J_2	Huang and Nel[48]
Liassogomphidae	*Chrysogomphus beipiaoensis* Ren, 1994	辽宁北票	义县组 / K_1	任东[49]
Liassophlebiidae	*Paraliassophlebia chengdeensis* Hong, 1983	河北承德	九龙山组 / J_2	洪友崇[73]
Liupanshaniidae	*Guyuanaeschnidia eximia* Lin, 1982	宁夏固原	六盘山组 / K_1	Lin et al.[51]
	[a]*Liupanshania sijiensis* Hong, 1982	甘肃酒泉	东山组 / K_1	洪友崇[73]
Nodalulaidae	*Nodalula dalinghensis* Lin, Huang & Nel, 2007	辽宁北票	义县组 / K_1	Lin et al.[52]
Progobiaeshnidae	*Decoraeshna preciosa* Li, Nel, Ren & Pang, 2012	辽宁北票	义县组 / K_1	Li et al.[54]
	Mongoliaeshna exiguusens Li, Nel, Ren & Pang, 2012	内蒙古宁城	义县组 / K_1	Li et al.[54]
	Mongoliaeshna hadrens Li, Nel, Ren & Pang, 2012	内蒙古宁城	义县组 / K_1	Li et al.[54]
	Mongoliaeshna sinica Nel & Huang, 2010	内蒙古宁城	义县组 / K_1	Nel and Huang[53]
	Progobiaeshna liaoningensis Bechly, Nel & Martinez-Delclos, 2001	辽宁	义县组 / K_1	Bechly et al.[44]

续表

科	种	产地	层位 / 时代	文献出处
Proterogomphidae	*Lingomphus magnificus* Vernoux, Huang, Jarzembowski & Nel., 2010	辽宁北票	义县组 / K₁	Vernoux *et al.*[55]
Rudiaeschnidae	*Fuxiaeschna hsiufunia* Lin, Zhang & Huang, 2004	甘肃华亭	罗汉洞组 / K₁	Lin *et al.*[57]
	Rudiaeschna limnobia Ren & Guo, 1996	辽宁北票	义县组 / K₁	Ren and Guo[41]
Stenophlebiidae	*Liaostenophlebia yixianensis* Zheng, Wang & Jarzembowski, 2016	辽宁北票	义县组 / K₁	Zheng *et al.*[63]
	Stenophlebia liaoningensis Zheng, Nel & Wang, 2016	辽宁北票	义县组 / K₁	Zheng *et al.*[76]
	ᵃ*Sinostenophlebia zhanjiakouensis* Hong, 1984	河北石洞子	义县组 / K₁	洪友崇[73]
	Yixianstenophlebia magnifica Nel & Huang, 2015	内蒙古宁城	义县组 / K₁	Nel and Huang[62]
Tarsophlebiidae	*Turanophlebia sinica* Huang & Nel, 2009	辽宁北票	义县组 / K₁	Huang and Nel[77]
Family incertae Sedis	ᵃ*Huabeia liugouensis* Hong, 1983	河北承德	九龙山组 / J₂	洪友崇[78]
	Parapetala liaoningensis Huang, Nel & Lin, 2003	辽宁义县	义县组 / K₁	Huang *et al.*[65]
	Samarura gigantea Brauer, Redtenbacher & Ganglbauer, 1889	辽宁北票	海房沟组 / J₂	Pritykina[64]
	ᵃ*Samarura punctaticaudata* Hong, 1983	河北承德	九龙山组 / J₂	洪友崇[78]
	Sinocymatophlebiella hasticercus Li, Nel, Ren & Pang, 2011	内蒙古宁城	九龙山组 / J₂	Li *et al.*[67]
	Telmaeshna paradoxica Zhang, Ren & Pang, 2008	辽宁北票	义县组 / K₁	Zhang *et al.*[66]

注：a）由于原始描述、照片和线条图不精确，而且无法重新检视模式标本，所以在正文中没有介绍该种。

　　b）基于更新的信息和数据，对原来文章中的层位 / 时代进行了修订。

参考文献

[1] CARPENTER F M. The Lower Permian insects of Kansas. Part 8. Additional Megasecoptera, Protodonata, Odonata, Homoptera, Psocoptera, Protelytroptera, Plectoptera, and Protoperlaria [J]. Proceedings of the American Academy of Arts and Sciences, 1939, 73: 29–70.

[2] CARPENTER F M. Lower Permian insects from Oklahoma. Part 1. Introduction and the orders Megasecoptera, Protodonata, and Odonata [J]. Proceedings of the American Academy of Arts and Sciences, 1947, 76: 25–54.

[3] ZHANG H M. Dragonflies and damselflies of China [M]. Chongqing: Chongqing University Press, 2019.

[4] GRIMALDI D, ENGEL M S. Evolution of the Insect [M]. Cambridge: Cambridge University Press, 2005.

[5] ZHANG Z J, HONG Y C, LU L W, et al. *Shenzhousia qilianshanensis* gen. et sp. nov. (Protodonata, Meganeuridae), a giant dragonfly from the Upper Carboniferous of China [J]. Progress in Natural Science, 2006, 16 (3): 328–330.

[6] LI Y J, BÉTHOUX O, PANG H, et al. Early Pennsylvanian Odonatoptera from the Xiaheyan locality (Ningxia, China): new material, taxa, and perspectives [J]. Fossil Record, 2013, 16 (1): 117–139.

［7］NEL A, BÉTHOUX O, BECHLY G, et al. The Permo-Triassic Odonatoptera of the "Protodonate" grade （Insecta: Odonatoptera）［J］. Annales de la Societe Entomologique de France, 2001, 37: 501–525.

［8］HANDLIRSCH A. Die fossilen Insekten und die Phylogenie der rezenten Formen, Parts V-11. Ein Handbuch fur Palaontologen und Zoologen［M］. Leipzig: Wilhelm Engelmann, 1907.

［9］RIEK EF. A new collection of insects from the Upper Triassic of South Africa［J］. Annals of the Natal Museum, 1976, 22: 791–820.

［10］ZHANG H C, ZHENG D R, WANG B, et al. The largest known odonate in China: *Hsiufua chaoi* Zhang et Wang, gen. et sp. nov. from the Midqle Jurassic of Inner Mongolia［J］. Chinese Science Bulletin, 2013, 58: 1579–1584.

［11］BECHLY G. Two new fossil dragonfly species （Insecta: Odonata: Pananisoptera: Aeschnidiidae and Atassiidae） from the Solnhofen lithographic limestones （Upper Jurassic, Germany）［J］. Stuttgarter Beitrage zur Naturkunde, Serie B, 2000, 288: 1–9.

［12］ROSS A J. Burmese （Myanmar） amber taxa, on-line supplement v.2020.1. http://www.nms.ac.uk/explore/stories/natural-world/burmese-amber/.

［13］WEI G J, SHIH C K, REN D, et al. A new burmaeshnid dragonfly from the mid-Cretaceous Burmese amber: Elucidating wing base structure of true Odonata［J］. Cretaceous Research, 2019, 101: 23–29.

［14］BRONGNIART C. Sur un gigantesque neurorthoptere, provenant des terrains houillers de Commentry （Allier）［J］. Comptes Rendus Hebdomadaires des Seances de l'Academie des Sciences, 1884, 98: 832–833.

［15］PRITYKINA L N, RASNITSYN A P. Superorder Libellulidea Laicharting, 1781. Order Odonata Fabricius, 1792. The dragonflies. RASNITSYN A P, QUICKE D L J. History of Insects. Dordrecht: Kluwer Academic Publishers, 2002：97–103.

［16］NEL A, FLECK G, BÉTHOUX O, et al. *Saxonagrion minutes* nov. gen. et sp., the oldest damselfly from the Upper Permian of France （Odonatoptera, Panodonata, Saxonagrionidae nov. fam.）［J］. Geobias, 1999, 32: 883–888.

［17］WOOTTON R J, KUKALOVÁ-PECK J. Flight adaptations in Palaeozoic Palaeoptera （Insecta）［J］. Biological Reviews, 2000, 75: 129–167.

［18］洪友崇. 昆虫化石一个新属——中国蜓属*Sinaeschnidia*（Odonata，Insecta）［J］. 昆虫学报，1965，14（2）:171–176. (in Chinese with Russian abstract).

［19］PRITYKINA L N. First dragonflies （Odonata; Aeschnidiidae） from Cenomanian of Crimea［J］. Paleontological Journal, 1993, 27 (1A): 179–181.

［20］ZHANG J F, ZHANG H C. New findings of larval and adult aeschnidiids (Insecta: Odonata) in the Yixian Formation, Liaoning Province, China［J］. Cretaceous Research, 2001, 22: 443–450.

［21］HUANG D Y, BAUDOIN A, NEL A. A new aeschnidiid genus from the Early Cretaceous of China (Odonata: Anisoptera)［J］. Cretaceous Research, 2009, 30: 805–809.

［22］常建平, 孙忠实. 辽西热河生物群中的水蛉化石新发现［J］. 世界地质, 2005, 24（2）：105–111.

［23］NEL A, BECHLY G, JARZEMBOWSKI E A, et al. A revision of the fossil petalurid dragonflies (Insecta: Odonata: Anisoptera: Petalurida)［J］. Paleontologia Lombarda, (Nuova Serie), 1998, 10: 1–68.

［24］LIN Q B, NEL A, HUANG D Y. *Sinaktassia tangi*, a new Chinese Mesozoic genus and species of Aktassiidae (Odonata: Petaluroidea)［J］. Zootaxa, 2010, 2359: 61–64.

［25］ZHENG D R, NEL A, WANG B, et al. The discovery of the hind wing of the Early Cretaceous dragonfly *Sinaktassia tangi* Lin, Nel & Huang, 2010 (Odonata, Aktassiidae) in Northeastern China［J］. Cretaceous Research, 2016, 61: 86–90.

［26］ZHANG B L, REN D, ZHOU C Q, et al. New Genus and Species of Fossil Dragonflies (Insecta: Odonata) from the Yixian Formation of Northeastern China［J］. Acta Geologica Sinica (English Edition), 2006, 80 (3): 327–335.

［27］WHALLEY P E S. The systematics and palaeogeography of the Lower Jurassic insects of Dorset, England: Bulletin of the British Museum (Natural History)［J］. Geology, 1985, 39: 107–187.

［28］ZHENG D R, NEL A, WANG B, et al. A new damsel-dragonfly from the Lower Jurassic of northwestern China and its palaeobiogeographic significance［J］. Journal of Paleontology, 2016, 90 (3): 485–490.

［29］FLECK G, NEL A. The first Isophlebioid dragonfly (Odonata: Isophlebioptera: Campterophlebiidae) from the Mesozoic of China［J］. Palaeontology, 2002, 45 (6): 1123–1136.

［30］ZHANG B L, FLECK G, HUANG D Y, et al. New isophlebioid dragonflies (Odonata: Isophlebioptera: Campterophlebiidae) from the Middle Jurassic of China［J］. Zootaxa, 2006, 1339: 51–68.

［31］NEL A, HUANG D Y, LIN Q B. A new genus of isophlebioid damsel-dragonflies (Odonata: Isophlebioptera: Campterophlebiidae) from the Middle Jurassic of China［J］. Zootaxa, 2007, 1642: 13–22.

［32］NEL A, HUANG D Y, LIN Q B. A new genus of isophlebioid damsel-dragonflies with "calopterygid"-like wing shape from the Middle Jurassic of China (Odonata: Isophlebioidea: Campterophlebiidae)［J］. European Journal of Entomology, 2008, 105: 783–787.

［33］MARTYNOV A V. On the knowledge of fossil insects from Jurassic beds in Turkestan［J］. Izvestiya Rossiiskoi Akademii Nauk［Bulletin de l'Academie des Sciences de l'URSS］, 1925, 6 (17): 569–598.

［34］LI Y J, NEL A, REN D, et al. Reassessment of the Jurassic damsel-dragonfly genus Karatawia (Odonata: Campterophlebiidae)［J］. Zootaxa, 2012, 3417: 64–68.

［35］LI Y J, NEL A, REN D, et al. A new damsel-dragonfly from the Lower Cretaceous of China enlightens the systematics of the Isophlebioidea (Odonata: Isophlebioptera: Campterophlebiidae)［J］. Cretaceous Research, 2012, 34: 340–343.

［36］LI Y J, NEL A, REN D, et al. Redescription of the damsel-dragonfly *Parajleckium senjituense* on the basis of a more complete specimen (Odonata: Isophlebioptera: Campterophlebiidae)［J］. Zootaxa, 2012, 3597: 53–56.

［37］LI Y J, NEL A, REN D, et al. A new damsel-dragonfly from the Mesozoic of China with a hook-like male anal angle (Odonata: Isophlebioptera: Campterophlebiidae)［J］. Journal of Natural History, 2013, 47 (29–30): 1953–1958.

［38］ZHENG D R, DONG C, WANG H, et al. The first damsel-dragonfly (Odonata: Isophlebioidea: Campterophlebiidae) from the Middle Jurassic of Shaanxi Province, northwestern China［J］. Alcheringa: An Australasian Journal of Palaeontology, 2017, 41: 509–513.

［39］ZHENG D R, WANG H, NEL A, et al. A new damsel-dragonfly (Odonata: Anisozygoptera: Campterophlebiidae) from the earliest Jurassic of the Junggar Basin, northwestern China［J］. Alcheringa: An Australasian Journal of Palaeontology, 2019, 43 (4): 563–567.

［40］ZHANG J F. *Congqingia rhora* gen. nov., sp. nov., a new dragonfly from the Upper Jurassic of eastern China (Anisozygoptera: Congqingiidae fam. nov.)［J］. Odonatologica, 1992, 21 (3): 375–383.

［41］REN D, GUO Z G. Three new genera and three new species of dragonflies from the Late Jurassic of Northeast China (Anisoptera: Aeshnidae, Gomphidae, Corduliidae)［J］. Insect Science, 1996, 3 (2): 95–105.

［42］NEL A, HUANG D Y. A new family of 'libelluloid' dragonflies from the Middle Jurassic of Daohugou, Northeastern China (Odonata: Anisoptera: Cavilabiata)［J］. Alcheringa: An Australasian Journal of Palaeontology, 2015, 39 (4): 525–529.

［43］LI Y J, NEL A, SHIH C K, et al. The first euthemistid damsel-dragonfly from the Middle Jurassic of China (Odonata, Epiproctophora, Isophlebioptera)［J］. ZooKeys, 2013, 261: 41–50.

［44］BECHLY G, NEL A, Martínez-Delclòz X, et al. A revision and phylogenetic study of Mesozoic Aeshnoptera, with description of numerous new taxa (Insecta: Odonata: Anisoptera)［J］. Neue paläontologische Abhandlungen, 2001, 4: 1–219.

［45］ZHANG B L, REN D, Pang H. New dragonflies (Insecta: Odonata: Gomphaeschnidae) from the Yixian Formation of Inner Mongolia, China［J］. Progress in Natural Science, 2008, 18: 59–64.

［46］常建平，孙忠实. 江西热河生物群箭蜓科昆虫新类群［J］. 世界地质，2006，25（2）：105–112.

［47］REN D, LIU J Y, CHENG X D. A new hemeroscopid dragonfly from the Lower Cretaceous of Northeast China (Odonata: Hemeroscopidae)［J］. Acta Entomologica Sinica, 2003, 46 (5): 622–628.

［48］HUANG D Y, NEL A. Oldest "libelluloid" dragonfly from the Middle Jurassic of China (Odonata: Anisoptera: Cavilabiata)［J］. Neues Jahrbuch fur Geologie Paliiontologie Abhandlungen, 2007, 246 (1): 63–68.

［49］任东. 辽宁晚侏罗世里阿斯箭蜓科一新属（昆虫纲，蜻蜓目）［J］. 现代地质，1994，8（3）：254–258.

［50］林启彬. 中生代新生代昆虫［M］. 西北地区古生物图册、陕甘宁分册. 北京：地质出版社，1982.

［51］LIN Q B, NEL A, HUANG D Y. Phylogenetic analysis of the Mesozoic dragonfly family Liupanshaniidae (Insecta: Aeshnoptera: Odonata)［J］. Cretaceous Research, 2002, 23 (4): 439–444.

［52］LIN Q B, HUANG D Y, NEL A. A new family of Cavilabiata from the Lower Cretaceous Yixian Formation, China (Odonata: Anisoptera)［J］. Zootaxa, 2007, 1469: 59–64.

［53］NEL A, HUANG D Y. A new Mesozoic Chinese genus of aeshnopteran dragonflies［J］. Comptes Rendus Palevol, 2010, 9: 141–145.

［54］LI Y J, NEL A, REN D, et al. New gomphaeschnids and progobiaeshnids from the Yixian Fonnation in Liaoning Province (China) illustrate the tremendous Upper Mesozoic diversity of the aeshnopteran dragonflies［J］. Geobios, 2012, 45: 339–350.

［55］VERNOUX J, HUANG D Y, JARZEMBOWSKI E A, et al. The Proterogomphidae: a worldwide Mesozoic family of gomphid dragonflies (Odonata: Anisoptera: Gomphides) ［J］. Cretaceous Research, 2010, 31: 94–100.

［56］LI Y J, NEL A, REN D, et al. A new Chinese Mesozoic dragonfly clarifies the relationships between Rudiaeschnidae and Cymatophlebiidae (Odonata: Aeshnoptera) ［J］. Zootaxa, 2011, 2802: 51–57.

［57］LIN Q B, ZHANG S, HUANG D Y. *Fuxiaeschna hsiufunia* gen. nov., spec. nov., A new Lower Cretaceous dragonfly from Northwestern China (Anisoptera: Rudiaeschnidae) ［J］. Odonatologica, 2004, 33 (4): 437–442.

［58］NEL A, FLECK G, GARCIA G, et al. New dragonflies from the lower Cenomanian of France enlighten the timing of the odonatan turnover at the Early-Late Cretaceous boundary ［J］. Cretaceous Research, 2015, 52: 108–117.

［59］FLECK G, BECHLY G, Martínez-Delclòz X, et al. Phylogeny and classification of the Stenophlebioptera (Odonata, Epiproctophora) ［J］. Annales de la Societe entomologique de France. (NS.), 2003, 39 (1): 55–93.

［60］HAGEN H A. Die Neuropteren aus dem Lithographischen Schiefer im Bayern ［J］. Paleontographica, 1886, 15: 57–96.

［61］HAGEN H A. Uber die Neuropteren aus dem Lithographischen Schiefer im Bayern ［J］. Paleontographica, 1862, 10: 96–145.

［62］NEL A, HUANG D Y. A new genus and species of damsel-dragonfly (Odonata: Stenophlebiidae) from the Lower Cretaceous of Inner Mongolia ［J］. Cretaceous Research, 2015, 56: 421–425.

［63］ZHENG D R, WANG H, JARZEMBOWSKI E A, et al. New data on Early Cretaceous odonatans (Stenophlebiidae, Aeschnidiidae) from northern China ［J］. Cretaceous Research, 2016, 67: 59–65.

［64］PRITYKINA L N. "Strekozy Karatau (Odonata)"Dragonflies of Karatau (Odonata) ［M］. //ROHDENDORF B B, Jurassic Insects of Karatau. Moscow: Nauka, 1968: 26–54.

［65］HUANG D Y, NEL A, LIN Q B. A new genus and species of aeshnopteran dragonfly from the Lower Cretaceous of China ［J］. Cretaceous Research, 2003, 24: 141–147.

［66］ZHANG B L, REN D, PANG H. *Telmaeshna paradoxica* gen. et sp. nov., a new fossil dragonfly (Insecta: Odonata: Anisoptera) from the Yixian Formation, Liaoning, China ［J］. Zootaxa, 2008, 1681: 62–68.

［67］LI Y J, NEL A, REN D, et al. A new genus and species of hawker dragonfly of uncertain affinities from the Middle Jurassic of China (Odonata: Aeshnoptera) ［J］. Zootaxa, 2011, 2927: 57–62.

［68］洪友崇. 甘肃酒泉盆地中生代昆虫化石 ［M］. 北京: 地质出版社, 1982.

［69］任东, 卢立伍, 郭子光, 等. 北京与邻区侏罗–白垩纪动物群及其地层 ［M］. 北京: 地震出版社, 1995.

［70］LI Y J, HAN G, NEL A, et al. A new fossil petalurid dragonfly (Odonata: Petaluroidea: Aktassiidae) from the Cretaceous of China ［J］. Alcheringa: An Australasian Journal of Palaeontology, 2012, 36: 319–322.

［71］ZHANG B L, REN D, PANG H. New isophlebioid dragonflies from the Middle *Jurassic of Inner* Mongolia, China (Insecta: Odonata: Isophlebioptera: Campterophlebiidae) ［J］. Acta Geologica Sinica (English Edition), 2008, 82 (6): 1104–1114.

［72］林启彬. 辽西侏罗系的昆虫化石 ［J］. 古生物学报, 1976, 15 (1): 97–116.

［73］洪友崇. 昆虫纲.内蒙古固阳含煤盆地中生代地层古生物 ［M］. 北京: 地质出版社, 1982.

［74］洪友崇. 昆虫纲.华北地区古生物图册, (二) 中生代分册 ［M］. 北京: 地质出版社, 1984.

［75］HUANG D Y, LIN Q B. The Early Cretaceous Hemeroscopid larva fossils from Beijing, China ［J］. Chinese Science Bulletin, 2001, 46 (17): 1477–1481.

［76］ZHENG D R, NEL A, WANG B, et al. The first Early Cretaceous damsel-dragonfly (Stenophlebiidae: Stenophlebia) from western Liaoning, China ［J］. Cretaceous Research, 2016, 61: 124–128.

［77］HUANG D Y, NEL A. The first Chinese Tarsophlebiidae from the Lower Cretaceous Yixian Formation, with morphological and phylogenetic implications (Odonatoptera: Panodonata) ［J］. Cretaceous Research, 2009, 30: 429–433.

［78］洪友崇. 北方中侏罗世昆虫化石 ［M］. 北京: 地质出版社, 1983.

梁军辉，陈冠宇，史宗冈，任东

7.1 蜚蠊简介

蜚蠊目昆虫俗称蟑螂，喜温暖潮湿的环境，全球广布。迄今全世界已记录蟑螂5 000余现生种和1 000余绝灭种[1]，其中仅16种被认为是卫生害虫[2]。我们常见的是生活在室内的德国小蠊、美洲大蠊，它们十分令人厌恶，不仅污染食物，啃食纤维织物，边吃边排泄，分泌难闻的气味，而且携带并传播多种细菌、病毒。这些少数害虫使得整个蟑螂种类蒙上了污名，成为肮脏和恶心的代名词。事实上，苍蝇、蚊子以及跳蚤远比蟑螂携带的病菌更多，污染食物的能力也更强，与蟑螂相比，它们对人类生活危害性更大。

大多数蟑螂在生态系统中扮演食腐者的角色，分解植物落叶以及有机物质（图7.1）。澳大利亚的食木蟑螂（*Panesthia cribrata*）以腐烂的木头为食。

蟑螂种类繁多，然而科学家对于其分类地位，意见分歧较大。有些学者甚至认为等翅目（白蚁）是蟑螂的一个亚目（详见第8章，白蚁）。昆虫学家Roth在Mckittrik工作的基础上将现生蜚蠊分为6个科[3]，分别是隐尾蠊科、蜚蠊科、地鳖蠊科、隐尾蠊科、姬蠊科和硕蠊科[4]。

蟑螂自3亿多年前的晚石炭世出现以来，就成为适者生存的典范（图7.2），这与蟑螂的身体结构特征和生活习性密不可分。扁平的身体、折叠的翅膀使它们能够在很小的裂缝中穿行或躲藏于狭窄的空间内；夜行觅食的特征使它们能够躲避一些昼行的捕食者；食性广泛，很多有机质都是它们的食物来源，即使没有食物也能坚持很长时间；蟑螂繁殖后代的能力很强，坚固的卵鞘确保了后代的安全，不受外界条件和环境的限制，很短时间内可使自己的后代充斥每一个角落。美洲大蠊的寿命约为4年，一只雌性美洲大蠊每年可产卵250枚以上。通常情况下，若虫只需要一年就能成年并繁殖。

有些蟑螂甚至具有罕见的亲代养育方式，这些行为也大大提高了幼虫的存活率。如澳大利亚的犀牛蟑螂（*Macropanesthia rhinoceros*），在洞穴中营集体生活，它们外出觅食饲养洞穴中的幼虫直至长成成虫。在南美洲，雌性*Paratropes*常把幼虫藏于翅和腹部之间以保护它们。

▼ **图**7.1 **蟑螂** 史宗文拍摄

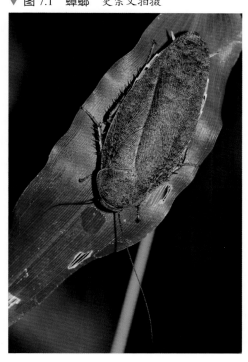

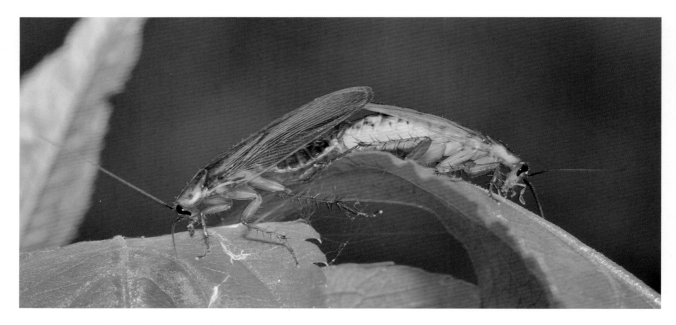

▲ 图 7.2 交配中的蟑螂　史宗文拍摄

　　蟑螂随着周围环境的变化，不断改变着自己，就算在今天，人类介入自然造成的种种不利条件也没能让它们屈服。相反，它们适应了人类的生活方式，如良好的避光性和快速移动的特征让它们能够在瞬间迅速逃离。而且它们对杀虫剂具有超强的耐性和抗性，有些甚至能够躲避杀虫药。蟑螂超强的繁殖和适应能力，使它们能够很好地应对环境和气候的各种变化，因此它们是真正的不折不扣、横跨古今、适者生存的王者。

7.2　蟑螂化石的研究进展

　　蟑螂自晚石炭世就已经出现并广泛分布于世界各地，其化石种类数量仅次于鞘翅目昆虫，位居第二位[7, 8]。蟑螂在进化过程中，适应了多种生态环境并且形态达到了高度的多样化，有传粉蟑螂[9]、水生蟑螂[10, 11]、跳跃蟑螂[12, 13]、肉食性蟑螂[14, 15]、似甲虫蟑螂[16]、身体半透明的蟑螂[17]以及发光蟑螂等[18, 19]。

　　我国蟑螂化石的研究始于1923年。在过去近100年间，国内外学者先后对中国蟑螂化石进行研究。我国北方地区已描述的蜚蠊化石涉及9科（蜚蠊科Blattidae、小蠊科Blattulidae、丽蠊科Caloblattinidae、椭蠊科Ectobiidae、夫子蠊科Fuziidae、自由蠊科Liberiblattinidae、中蠊科Mesoblattinidae、蛇蠊科Raphidiomimidae和玉门鞘蠊科Umenocoleidae）37属93种。

　　最早的蟑螂类化石发现于晚石炭世[20-23]。这个时期蟑螂翅脉复杂，产卵器较长，有些种类的翅脉与石炭纪和二叠纪蕨类植物的叶脉相似。到了晚三叠世，蟑螂的形态特征接近于现代蟑螂的特征，翅脉更加简化，雌性个体产卵器缩短。侏罗纪和白垩纪期间，蟑螂种类和形态更加多样化，出现了具有跳跃能力的蟑螂、肉食性蟑螂、似甲虫蟑螂以及具有尾钳的蟑螂等。

知识窗：中国最早的蟑螂化石

　　蟑螂类昆虫在石炭世的宾夕法尼亚很常见，这个时期也是有翅昆虫发展和分化时期。一些主要昆虫化石产地都发现有大量蟑螂化石，这些化石产地分布于中国、法国、北美、英国、西伯利亚、摩洛哥和德国等地。中国最早的蟑螂类化石纳缪尔祁蠊发现于3.15亿年前的早宾夕法尼亚时期，产地为宁夏回族自治区中卫市（图7.3）。宁夏晚石炭世蜚蠊类昆虫左右前翅的翅脉差异和宾夕法尼亚纪时期蟑螂类昆虫的前翅具有同源性：①径脉系统中RA的末端分支转移到RP上；②宾夕法尼亚纪时期蟑螂类昆虫中，中脉系统的分支转移到前臀脉或与前臀脉融合[21, 22]。

4 mm

▲ 图7.3　纳缪尔祁蠊 *Qilianiblatta namurensis* Zhang，Schneider & Hong，2012（新标本，CNU-NX1-303）[21, 22]

7.3　中国北方地区蜚蠊目代表性化石

蜚蠊科 Blattidae Handlirsch，1923

　　蜚蠊科在白垩纪就已经出现，我国最早的蜚蠊科化石发现于山东早白垩世的*Sinoblatta laiyangensis* Grabau，1923[24]。到目前为止，中国北方地区侏罗系到白垩系地层中蜚蠊科化石记录仅有1种。

　　中国北方地区白垩系地层仅报道1属：中华蠊属 *Sinoblatta* Grabau，1923。

中华蠊属 *Sinoblatta* Grabau，1923

　　Sinoblatta Grabau，1923，*Bull. Geol. Surv. China*，5：167–173[24]（original designation）.

模式种：莱阳中华蠊*Sinoblatta laiyangensis* Grabau，1923。

头为卵圆形，较大，复眼大；前胸背板形状似心形；足股节相对较长；径脉强壮。

产地及时代：山东，早白垩世。

中国北方地区白垩系地层仅报道1种（详见表7.1）。

小蠊科 Blattulidae Vishniakova，1982

小蠊科已灭绝，由俄罗斯古昆虫学家Vishniakova在1982年建立[25]，最早发现于三叠纪，白垩纪后绝灭，广泛分布于中生代的世界各地。该科具有以下典型特征：个体小；Sc无分支或分支较少；R近端分支规则简单；M分为2支，或者仅有1支；臀区仅有4~6支臀脉。小蠊科报道18属[26, 27, 32, 33]。

中国北方地区侏罗系和白垩系地层报道4属：伊氏蠊属 *Elisama* Giebel，1856；小蠊属 *Blattula* Handlirsch，1908；优雅小蠊属 *Habroblattula* Wang，Liang & Ren，2007；开心小蠊属 *Macaroblattula* Wang，Ren & Liang，2007。

伊氏蠊属 Elisama Giebel，1856

Elisama Giebel，1856，*Leipzig*. XVIII[28]（original designation）.

Ctenoblattina Scudder，1886，*Memoirs of the Boston Society of Natural History*，3（13）：439–485[29]；Syn. by Vršanský，2003，*Entomological Problems*，33（1–2），119–151[16]。

模式种：小伊氏蠊 *Elisama minor* Giebel，1856。

前翅翅脉规则简单，具有明显的翅痣；Sc无分支；R弓形弯曲；臀区没有横脉；M和Cu较少。

产地及时代：中国辽宁，中侏罗世；河北，早白垩世；蒙古，早白垩世和晚侏罗世；巴西、英国和黎巴嫩，早白垩世；俄罗斯，白垩纪。

中国北方地区侏罗系和白垩系地层报道3种（详见表7.1）。

小蠊属 Blattula Handlirsch，1906

Blattula Handlirsch，1906，*Leipzig*. 1433[30]（original designation）.

*Mesobl*attula Handlirsch 1906–1908，*Ein Handbuch fur Palantologen und Zoologen*. 430–431[30]；Syn. by Vršanský & Ansorge，2007. *Afr. Invertebr.*，48（1）：103–126[31]。

Parablattula Handlirsch 1920，*Annalen des Naturhistorischen Museum Wien* 49，1–240；Syn. by Vršanský & Ansorge，2007. *Afr. Invertebr.*，48（1）：103–126[31]。

模式种：朗氏小蠊*Blattina langfeldti* Geigitz，1880。

前翅卵圆形，翅前缘和后缘平行；Sc无分支；肩区宽；R直，支脉平行；M分支少；CuA为栉状分支。后翅Sc直；M具有分支；CuA直，具有栉状分支。

产地及时代：中国辽宁、河北，中侏罗世至早白垩世；北京，早白垩世；俄罗斯，早侏罗世到中侏罗世；德国、吉尔吉斯斯坦、塔吉克斯坦和澳大利亚，早侏罗世；哈萨克斯坦和蒙古，侏罗纪；韩国和英国，早白垩世。

中国北方侏罗系和白垩系地层报道8种（详见表7.1）。

优雅小蠊属 *Habroblattula* Wang，Liang & Ren，2007

Habroblattula Wang，Liang & Ren，2007，*Zootaxa*，1443：17–27 [32]（original designation）.

模式种：镰形优雅小蠊 *Habroblattula drepanoides* Wang，Ren & Liang，2007。

个体较大（前翅长/宽：11.0~12.0/3.2~4.0 mm）。翅、前胸背板和足具有色斑。前翅长椭圆形，Sc末端分支；CuP强烈弯曲；前翅翅脉粗壮，具有间插脉和横脉；后翅具有翅痣（分布于R1区），CuA具有丰富的双叉式分支。

产地及时代：辽宁，早白垩世。

中国北方地区白垩系地层仅报道1种（详见表7.1）。

镰形优雅小蠊 *Habroblattula drepanoides* Wang，Ren & Liang，2007（图 7.4）

Habroblattula drepanoides Wang，Ren & Liang，2007，*Zootaxa*，1443，17–27 [32].

产地及层位：辽宁北票黄半吉沟；下白垩统，义县组。

前翅具有镰刀状色斑。前缘区狭窄；Sc直，且粗壮；R12~17支；M3~8支；CuA3~6支；A6~8支。后翅长10.0~11.0 mm。Sc无分支；R15~6支，Rs 9~11支；M2~5支；CuA 6~9支；A1分支。根据*H. drepanoides* 的前翅色斑和翅脉变异系数低（不包括Sc和A）推测当时镰形优雅小蠊生活在温暖潮湿的环境，具有较好的飞行能力。

▼ 图 7.4　镰形优雅小蠊 *Habroblattula drepanoides* Wang，Ren & Liang，2007 [32]（正模标本，CNU-B-LB-2006369）
　　A. 标本照片；B. 线条图

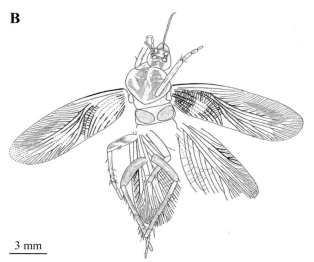

开心小蠊属 *Macaroblattula* Wang，Ren & Liang，2007

Macaroblattula Wang，Ren & Liang，2007，*Ann. Zool.*，57（3）：483–495 [33]（original designation）.

模式种：椭圆开心小蠊 *Macaroblattula ellipsoids* Wang，Ren & Liang，2007。

前翅Sc区具有色斑，Sc末端分支；R基干粗壮，微弯曲，分支简单；M分支早于CuA；CuP强烈弯曲。后翅具有翅痣，R分R1和Rs两支；CuA脉粗壮。后翅翅端部具有色斑。

产地及时代：辽宁，早白垩世。

中国北方地区白垩系地层仅报道1种（详见表7.1）。

丽蠊科 Caloblattinidae Vršanský & Ansorge，2000

丽蠊科为已绝灭类群，在欧洲、亚洲、南美洲、南非、格陵兰岛和澳大利亚的中三叠世到晚白垩世地层中都有发现[16]。丽蠊科个体较大，雌性个体具有很长的产卵器，前后翅均具有色斑，翅脉分支较多[34]。该科的很多种类形态较为进化。在夜晚或黎明活动。琥珀中该科的记录相当少，可能是由于个体较大能够挣脱树脂的束缚。

中国北方地区侏罗系和白垩系地层报道9属：扇蠊属 *Rhipidoblattina* Handlirsch，1906；灰蠊属 *Samaroblatta* Tillyard，1919；宽蠊属 *Euryblattula* Martynov，1937；灰小蠊属 *Samaroblattula* Martynov，1937；索德蠊属 *Sogdoblatta* Martynov，1937；套蠊属 *Taublatta* Martynov，1937；日本蠊属 *Nipponoblatta* Fujiyama，1974；梭蠊属 *Fusiblatta* Hong，1980；牛卡拉蠊属 *Nuurcala* Vršanský，2003。

扇蠊属 *Rhipidoblattina* Handlirsch，1906

Rhipidoblattina Handlirsch，1906，*Leipzig*，1433[30]. Trans. from Mesoblattinidae by Vršanský，2008，*Paleontol. J.*，42（1）：36–42[35].

模式种：格氏扇蠊*Rhipidoblattina geikiei* Scudder，1886。

前翅狭长，长为8.5~28 mm，具有间插脉和横脉；肩区窄，与臀区等长；Sc无分支，1~2支；R主干在翅中部微弓形，几乎位于翅中央部位，支脉多；M分支简单；CuA分支早于M；臀区较长。

产地及时代：中国辽宁、河北，早侏罗世至中侏罗世；北京、河北，晚侏罗世；吉林、辽宁、山东和甘肃，早白垩世；塔吉克斯坦、澳大利亚、吉尔吉斯斯坦，早侏罗世；哈萨克斯坦，晚侏罗世；蒙古、俄罗斯、韩国、英国，早白垩世。

中国北方地区侏罗系至白垩系地层报道18种（详见表7.1）。

灰蠊属 *Samaroblatta* Tillyard，1919

Samaroblatta Tillyard，1919，*Proc. Linn. Soc. N. S.W.*，44：358–382[36]. Trans. from Mesoblattinidae by Vršanský，2008，*Paleontol. J.*，42（1）：36–42[35].

模式种：网状灰蠊*Samaroblatta reticulata* Tillyard，1919。

中等个体；肩区较宽，与臀区相似；Sc仅有1支；R强烈弯曲；臀区似刀形。

产地及时代：中国河北、内蒙古，中侏罗世；甘肃，早白垩世；俄罗斯、南非、塔吉克斯坦，早侏罗世；蒙古，中侏罗世；韩国，早白垩世。

中国北方地区侏罗系至白垩系地层报道4种（详见表7.1）。

宽蠊属 *Euryblattula* Martynov，1937

Euryblattula Martynov，1937，*Trud. Pal. Inst. Akad. Nauk SSSR.*，7（1）：1–231[37].

Trans. from Mesoblattinidae by Vršanský，2008，*Paleontol. J.*，42（1）：36–42[35].

模式种：稀疏宽蠊*Euryblattula sparsa* Martynov，1937。

前翅宽；Sc仅有1支，肩区与臀区等长；R短，微弯曲；M分支晚于CuA；CuA明显弯曲；CuP强烈弯曲；臀区短。

产地及时代：中国辽宁，早侏罗世；河北，中侏罗世；北京，晚侏罗世；吉尔吉斯斯坦，早侏罗世。

中国北方地区侏罗系地层报道5种（详见表7.1）。

灰小蠊属 *Samaroblattula* Martynov，1937

Samaroblattula Martynov，1937，*Trud. Pal. Inst. Akad. Nank SSSR.*，7（1）：1–231 [37]. Trans. from Mesoblattinidae by Vršanský，2008，*Paleontol. J.*，42（1）：36–42 [35].

模式种：尖端灰小蠊*Samaroblattula subacuta* Martynov，1937。

前翅宽，间插脉和横脉明显；肩区宽；Sc区与臀区几乎等长，具2~3分支；CuA分支早于M；臀区较长，具横脉。后翅Sc具少量分支；R、M、CuA几乎同时分支；M不发达。

产地及时代：中国青海，中侏罗世；北京，晚侏罗世；塔吉克斯坦，早侏罗世；蒙古，中侏罗世。

中国北方地区侏罗系地层报道5种（详见表7.1）。

索德蠊属 *Sogdoblatta* Martynov，1937

Sogdoblatta Martynov，1937，*Trud. Pal. Inst. Akad. Nank SSSR.*，7（1）：1–231 [37]. Trans. from Mesoblattinidae by Vršanský，2008，*Paleontol. J.*，42（1）：36–42 [35].

模式种：强壮索德蠊*Sogdoblatta robusta* Martynov，1937。

前翅较长，间插脉和横脉明显；Sc具有3支，与臀区等长或更长；R微弯曲；CuA分支早于M，支脉多于M；臀区大。后翅Sc很长；R为双叉式分支，R和M几乎同时分支；CuA分支早，支脉很多。

产地及时代：中国河北、辽宁，中侏罗世；北京，晚侏罗世；吉尔吉斯斯坦和塔吉克斯坦，早侏罗世；蒙古和俄罗斯，中侏罗世。

中国北方地区侏罗系地层报道3种（详见表7.1）。

套蠊属 *Taublatta* Martynov，1937

Taublatta Martynov，1937，*Trud. Pal. Inst. Akad. Nank SSSR.*，7（1）：1–231 [37]. Trans. from Mesoblattinidae by Vršanský，2008，*Paleontol. J.*，42（1）：36–42 [35].

模式种：弯曲套蠊*Taublatta curvata* Martynov，1937。

前翅宽短，长15~20 mm。间插脉和横脉明显。Sc具有2~3分支；肩区与臀区等长或者稍长；R强烈弯曲；CuA支脉较多，与M会合于臀区上方。

产地及时代：中国辽宁，早侏罗世；吉尔吉斯斯坦、塔吉克斯坦，早侏罗世；蒙古，中侏罗世。

中国北方地区侏罗系地层仅报道1种（详见表7.1）。

日本蠊属 *Nipponoblatta* Fujiyama，1974

Nipponoblatta Fujiyama，1974，*Bull. Natn. Sci. Mus.*，17（4）：311–314 [38]. Trans. from Mesoblattinidae by Vršanský，2008，*Paleontol. J.*，42（1）：36–42 [35].

模式种：铃峰日本蠊*Nipponoblatta suzugaminae* Fujiyama，1974。

种名赠予Suzugamine女子大学的Sotoji Imamura和Hiroko Ishine教授。

该属个体较大。间插脉明显，没有横脉。肩区大，几乎占前翅的一半长；臀区大，稍短于肩区；Sc具有长的分支；R呈"S"形弯曲，具有10个分支。

产地及时代：中国辽宁，早白垩世；日本，早侏罗世。

中国北方地区白垩系地层仅报道1种（详见表7.1）。

梭蠊属 *Fusiblatta* Hong，1980

Fusiblatta Hong，1980，*Bull. Chin. Acad. Geol. Sci.*，4：49–60[39]．Trans. from Mesoblattinidae by Vršanský，2008，*Paleontol. J.*，42（1）：36–42[35]．

模式种：穹形梭蠊 *Fusiblatta arcuata* Hong，1980。

前翅梭形，间插脉明显，有少量的横脉；肩区窄，与臀区几乎等长；Sc有1~2分支；R支脉少；M主干长，M区窄，前后两支为双叉式分支；CuA分支早于M，呈双叉式分支；臀区相当宽。

产地及时代：辽宁、河北，中侏罗世。

中国北方地区侏罗系地层报道2种（见表7.1）。

牛卡拉蠊属 *Nuurcala* Vršanský，2003

Nuurcala Vršanský，2003，*Entomological Problems*，33（1–2）：119–151[16]（original designation）．

模式种：波氏牛卡拉蠊 *Nuurcala popovi* Vršanský，2003。

种名献给俄罗斯古生物学家Yuri Popov博士。

该属中等个体。雌性个体具有长而直的产卵器。前胸背板横卵圆形，有色斑。前翅宽，有色斑。Sc有分支；R支脉丰富。

产地及时代：中国辽宁，早白垩世；蒙古，早白垩世。

中国北方地区白垩系地层仅报道1种（详见表7.1）。

健壮牛卡拉蠊 *Nuurcala obesa* Wang & Ren，2013（图7.5）

Nuurcala obesa Wang & Ren，2013，*ZooKeys*，318，35–46[40]．

产地及层位：辽宁北票黄半吉沟；下白垩统，义县组。

前胸背板似盾形，边缘带状着色。前翅长约25.2 mm，宽为9.9 mm。前翅Sc区边缘具有黑色带状色斑，除Sc、R区部分区外，前后翅有色斑。间插脉明显；Sc有3分支，比臀区短；R有15支支脉；M有9支

▼ 图7.5　健壮牛卡拉蠊 *Nuurcala obesa* Wang & Ren，2013[40]（正模标本，CNU-BLA-LB-2012055）
　　　　A. 标本照片；B. 线条图

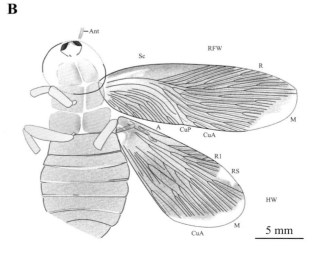

支脉，支脉到达翅顶缘；CuA具有10支支脉。臀区长，几乎占翅长1/3；A具有三级分支。后翅Sc分支；R1与Rs具有9支支脉；Cu区具有网脉[40]。

在义县组小蠊科为优势种，丽蠊科化石则十分稀少。这与卡拉套地区和哈萨克斯坦南部地区丰富的丽蠊科化石形成鲜明的对比[14, 41]。义县组地区发现的蟑螂化石大多具有复杂的色斑，例如小蠊科[32, 33, 42, 43]。一般在干燥的环境中，蟑螂个体颜色比较单一[43, 44]，牛卡拉蠊翅膀具有色斑，这个特征反映了下白垩统义县组当时环境潮湿，并不干燥[45]。

椭蠊科 Ectobiidae Brunner von Wattenwyl，1865

椭蠊科是一个已绝灭的类群，早白垩世就已出现。俄罗斯Transvaikalian的ZaZa组[46]和巴西的Crato组发现该科许多种[47]，但我国仅报道1种义县品蠊 *Piniblattella yixianensis* Gao，Shih & Ren，2018。

中国北方地区白垩纪仅报道1属：品蠊属*Piniblattella* Vršanský，1997。

品蠊属 *Piniblattella* Vršanský，1997

Piniblattella Vršanský，1997，*Entomological Problems*，28（1）：67–79[46]（original designation）.

模式种：*Piniblattella vitimica* Vršanský，1997.

前翅卵圆形；Sc无分支或分支；M支脉丰富，12~23支；CuA分支到达翅后缘。后翅CuA为双叉式分支；A1末端分支；R1明显，Rs顶端叉状分支。

产地及时代：中国辽宁，早白垩世；巴西、蒙古和俄罗斯，早白垩世。

中国北方地区白垩系地层仅报道1种（详见表7.1）。

义县品蠊 *Piniblattella yixianensis* Gao，Shih & Ren，2018（图 7.6 及图 7.7）

Piniblattella yixianensis Gao，Shih & Ren，2018，*J. Syst. Palaeontol.*[48]

产地及层位：辽宁北票黄半吉沟；下白垩统，义县组。

▼ 图 7.6 义县品蠊 *Piniblattella yixianensis* Gao，Shih & Ren，2018[48]（正模标本，CNU-BLA-LB2013800p）
A. 标本照片；B. 线条图

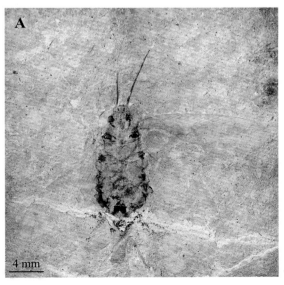

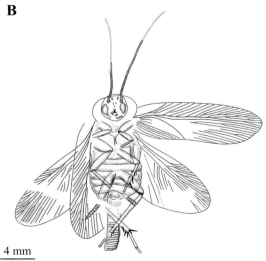

▲ 图 7.7　义县品蠊 *Piniblattella yixianensis* Gao，Shih & Ren，2018[48] 生态复原图（王晨绘制）

处于对后代的保护，现生雌性蟑螂在尾端携带一种卵荚的硬化结构。卵荚里装满了2列卵[3, 49]，这样的卵荚结构可以连接雌性蟑螂和幼体之间的物质营养传输，协助后代度过严酷的生境，确保后代的出生率。*Piniblattella yixianensis*是已知最早携带卵鞘的蟑螂[49~52]。该种发现有6块标本均携带有卵荚，占体长的46%~62%，含有60~70枚卵。白垩纪刚刚出现的卵荚的功能行为，与现生蟑螂的生活方式几乎一样，这样独特的护幼行为在演化过程中非常成功，这也是蟑螂如此繁盛和多样化的一个关键因素[48]。2019年，Hinkelman将该种进行转移并做了新组合 *Spinaeblattina yixianensis*（Gao，Shih & Ren，2018）comb. n.[53]，由于Hinkelman的观点存在许多疑问，因此本文仍采用最初的分类方案。

夫子蠊科 Fuziidae Vršanský，Liang & Ren，2009

夫子蠊科目前仅在中国有发现，其典型特征是头部较小，隐藏于大的前胸背板下，臀区长且宽。Sc强壮，无分支或分支；R分为R1和Rs前后两支。该科与蟑螂其他科最大的区别在于雄性个体身体狭长，具有镰状尾须。尾须的作用可能在交配时起到固定雌性产卵器的作用。

中国北方地区侏罗系和白垩系地层报道5属：夫子蠊属 *Fuzia* Vršanský，Liang & Ren，2009；小夫子蠊属 *Parvifuzia* Guo & Ren，2011；月牙夫子蠊属 *Arcofuzia* Wei，Shih & Ren，2012；着色夫子蠊属 *Colorifuzia* Wei，Liang & Ren，2013；长腹蠊属 *Longifuzia* Liang，Shih & Ren，2019。

夫子蠊属 *Fuzia* Vršanský，Liang & Ren，2009

Fuzia Vršanský，Liang & Ren，2009，*Geol. Carpath.*，60（6）：449–462 [44]（original designation）.

模式种：大道夫子蠊 *Fuzia dadao* Vršanský，Liang & Ren，2009。

中等个体，雄性体长10~15.5 mm，体宽3.6~6.5 mm，雌性体长12.5~13 mm，体宽4.2~4.5 mm。前胸背板较大。前翅前缘区较宽，Sc粗壮，不分支；R分为R1和Rs前后两支；臀区较短，A无分支。雄性身体比前翅狭长，尾须为尾铗；雌性产卵器弯曲。

产地及时代：内蒙古，中侏罗世。

中国北方地区侏罗系地层仅报道1种（详见表7.1）。

大道夫子蠊 *Fuzia dadao* Vršanský，Liang & Ren，2009（图 7.8）

Fuzia dadao Vršanský，Liang & Ren，2009，*Geol. Carpath.*，60（6）：449–462 [44].

产地及层位：内蒙古宁城道虎沟；中侏罗统，九龙山组。

雌性前胸背板长/宽为2.5~3.1 mm/4.2~4.5 mm，雄性为2.2~2.6 mm/3.2~3.8 mm。R分为R1和Rs前后支，15~25支支脉；M3~10支；CuA4~13支；臀区较短，A4~7支。后翅Sc无分支；R13~4支，Rs9~13支；M2~6支；CuA6~11支，支脉为二级或三级分支。

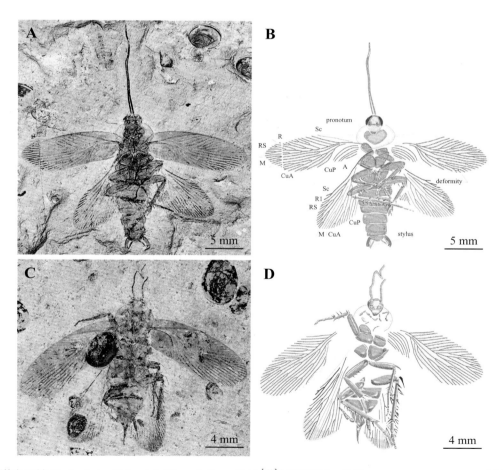

▲ 图 7.8　大道夫子蠊 *Fuzia dadao* Vršanský，Liang & Ren，2009 [44]（正模标本，雌性，CNU-B-NN-2006666；副模标本，雄性，CNU-B-NN-2006301）标本均由史宗冈捐赠　A、C.标本照片；B、D.线条图

大道夫子蠊雌雄个体均无色斑。前胸背板以及前翅前缘区较大，推测该类群具有隐匿行为，生活在灌木从中。雌雄虫体大小相似，雌性飞行能力较好，其前翅翅脉变异系数低CV=14.44。雄性镰状尾须可能在交配过程中起到固定雌性产卵器的作用。雌性产卵器较长，因此可能会将卵产在植物根部或者朽木中[44]。

小夫子蠊属 *Parvifuzia* Guo & Ren，2011

Parvifuzia Guo & Ren，2011，*Acta Geol. Sin.*，85（2）：501–506[54]（original designation）.

模式种：战神小夫子蠊 *Parvifuzia marsa* Guo & Ren，2011。

个体较小（前翅长/宽：6.3~6.4 mm/2.1~2.1 mm）。雄性镰状尾须强烈向内弯曲，尾须末节端部较圆。前翅较窄，翅脉简单，间插脉不明显；R强烈弯曲；臀区较宽。

产地及时代：内蒙古，中侏罗世。

中国北方地区侏罗系地层报道3种（详见表7.1）。

月牙夫子蠊属 *Arcofuzia* Wei，Shih & Ren，2012

Arcofuzia Wei，Shih & Ren，2012，*Zootaxa*，3597：25–32[55]（original designation）.

模式种：灰白月牙夫子蠊 *Arcofuzia cana* Wei，Shih & Ren，2012。

前翅相当宽大，Sc无分支，具有横脉；翅脉很丰富（43~54支脉）；间插脉明显；前翅端部具有月形的色斑。

产地及时代：内蒙古，中侏罗世。

中国北方地区侏罗系地层仅报道1种（详见表7.1）。

着色夫子蠊属 *Colorifuzia* Wei，Liang & Ren，2013

Colorifuzia Wei，Liang & Ren，2013，*Geodiversitas*，35（2）：335–343[42]（original designation）.

模式种：庄严着色夫子蠊 *Colorifuzia agenora* Wei，Liang & Ren，2013。

个体相对较大（前翅长/宽：14.9~16.1 mm/ 5.5~6.7 mm）。前翅较宽；R和M区域具有色斑；翅脉丰富。

产地及时代：内蒙古，中侏罗世。

中国北方地区侏罗系地层仅报道1种（详见表7.1）。

长腹蠊属 *Longifuzia* Liang，Shih & Ren，2019

Longifuzia Liang，Shih & Ren，2019，*Alcheringa*，3（43）：441–448[56]（original designation）.

模式种：栉状长腹蠊 *Longifuzia pectinata* Liang，Shih & Ren，2019。

大型个体（前翅长/宽：13.6~17.9 mm/5.5~6.0 mm）。腹部相当狭长；前翅翅脉丰富，具有41~59支支脉；前翅色斑位于R、M和CuA区的基部；镰状尾须由3节组成。

产地及时代：内蒙古，中侏罗世。

中国北方地区侏罗系地层仅报道1种（详见表7.1）。

栉状长腹蠊 *Longifuzia pectinata* Liang，Shih & Ren，2019（图 7.9）

Longifuzia pectinata Liang，Shih & Ren，2019，*Alcheringa*，3（43）：441–448[56].

产地及层位：内蒙古宁城道虎沟；中侏罗统，九龙山组。

前翅翅脉丰富，41~59支。Sc无分支或具有分支；R分为前后2支；CuP强烈弯曲；臀区很短；R、M

▼ 图 7.9　栉状长腹蠊 *Longifuzia pectinata* Liang，Shih & Ren，2019[56]（正模标本，CNU-B-NN-2006920p）
　　　　A. 标本照片；B. 线条图

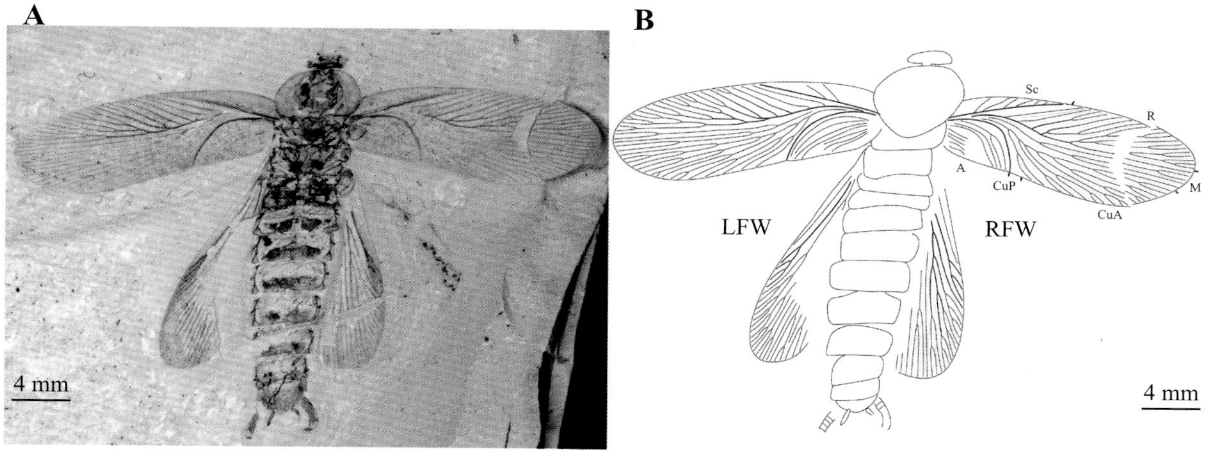

以及CuA具有二级分支。

　　栉状长腹蠊雄性分泌腺位于腹部第4~8节，在交配前分泌腺体以此吸引雌性；尾须的镊状结构由3节组成，可能在交配时起固定雌性产卵器的作用。Sc无分支或分支，分支可达7支，在同一层位上发现的美丽修长蠊 *Graciliblatta bella* Sc具有8个分支[56]。Sc分支多的特征在古生代蜚蠊中较为常见，而中生代蜚蠊一般不分支，或者分2~4支[56]。

自由蠊科 Liberiblattinidae Vršanský，2002

　　该科为已绝灭类群。与其他科的区别在于Sc具有分支；R微弯曲，分R1和Rs两支；M分支较少；A分支简单；后翅M和CuA无分支，没有三级分支。自由蠊科保留了一些祖先特征，例如：Sc具有分支；R没有到达翅顶缘；A具有分支等。该科分布于晚侏罗世到早白垩世的欧亚大陆的化石及琥珀中。

　　中国北方地区侏罗系地层仅报道1属：热蠊属*Entropia* Vršanský，2012。

热蠊属 *Entropia* Vršanský，2012

　　Entropia Vršanský，2012，*Orient Insects*，46（1）：12–18[57]（original designation）.

　　模式种：始热蠊 *Entropia initialis* Vršanský，2012。

　　前翅宽，Sc长具有分支；R微弯曲，没有三级分支；M和Cu分支丰富；CuP强烈弯曲。后翅Sc无分支，CuA具有三级分支。

　　产地及时代：内蒙古，中侏罗世。

　　中国北方地区侏罗系地层仅报道1种（详见表7.1）。

中蠊科 Mesoblattinidae Handlirsch，1906

　　中蠊科以前被认为是一个分类学的"垃圾桶"[34, 43, 58]，一些原本属于丽蠊科、小蠊科以及蛇蠊科的种类，都被归该科。中蠊起源于早侏罗世的丽蠊，早期的中蠊科具有一些近祖特征，如翅脉不规则，而随后的中蠊科具有前翅翅缘平行，翅脉较规律等特征。

中国北方地区侏罗系和白垩系地层报道7属：中蠊属 *Mesoblattina* Genitz，1880；三叠蠊属 *Triassoblatta* Tillyard，1919；莱阳蠊属 *Laiyangia* Grabau，1923；卡拉套蠊属 *Karatavoblatta* Vishniakova，1968；靖远蠊属 *Jingyuanoblatta* Lin，1982；基蠊属 *Basiblattina* Zhang，1997；透胸蠊属 *Perlucipecta* Wei & Ren，2013。

中蠊属 *Mesoblattina* Geinitz，1880

Mesoblattina Geinitz，1880，*Zeitschrift der Deutschen Geologischen Gesellschaft*，32：510–530 [59]（original designation）.

模式种：原形中蠊 *Mesoblattina protypa* Genitz，1880 [59]。

前翅窄，翅的前后缘几乎平行；Sc无分支；肩区窄，与臀区等长或稍长；R较直或者微弯曲；MA无分支，MP不分支；臀区宽且圆。

产地及时代：中国辽宁、甘肃，早侏罗世；辽宁，中侏罗世；德国、吉尔吉斯斯坦、蒙古和瑞士，早侏罗世；韩国、西班牙和英国，早白垩世。

中国北方地区侏罗系和白垩系地层报道5种（详见表7.1）。

三叠蠊属 *Triassoblatta* Tillyard，1919

Triassoblatta Tillyard，1919，*Proc. Linn. Soc. N. S.W.*，44：358–382 [36]（original designation）.

模式种：典型三叠蠊 *Triassoblatta typica* Tillyard，1919。

前翅翅端部尖，似叶状；Sc具少量分支；CuA和CuP在翅基部合并；无间插脉。

产地及时代：河北，早侏罗世和中侏罗世。

中国北方地区侏罗系地层报道4种（详见表7.1）。

莱阳蠊属 *Laiyangia* Grabau，1923

Laiyangia Grabau，1923，*Bull. Geol. Surv. Chin.*，5：167–173 [24]（original designation）.

模式种：异莱阳蠊 *Laiyangia paradoxiformis* Grabau，1923。

翅脉简单，Sc几乎到达翅中部；R基部开始分支；M分支丰富；CuA4支。

产地及时代：山东，早白垩世。

中国北方地区白垩系地层报道2种（详见表7.1）。

卡拉套蠊属 *Karatavoblatta* Vishniakova，1968

Karatavoblatta Vishniakova，1968，In: Rohdendorf. *Yurskie nasekomye Karatau*（Jurassic Insects of Karatau），Nauka，Moscow. 55–86 [41]（original designation）.

模式种：长尾卡拉套蠊 *Karatavoblatta longicaudata* Vishniakova，1968。

头没有被前胸背板覆盖；产卵器长而直。R脉微弯曲，没有到达翅顶缘；M脉分支晚于CuA；间插脉明显，无网脉。

产地及时代：中国辽宁，早白垩世；哈萨克斯坦，晚侏罗世。

中国北方地区白垩系地层仅报道1种（详见表7.1）。

靖远蠊属 *Jingyuanoblatta* Lin，1982

Jingyuanoblatta Lin，1982，*Atlas of Palaeontol. from Northwest Region*，Shaanganning division. 77–79 [60] （original designation）.

　　模式种：羽状靖远蜚蠊 *Jingyuanoblatta pluma* Lin，1982.

　　后翅Sc较长，无分支；R在翅中部分支；M分支晚于R，R和M分支少；CuA分支丰富，网脉位于CuA与CuP之间。

　　产地及时代：甘肃，早白垩世。

　　中国北方地区白垩系地层仅报道1种（详见表7.1）。

基蠊属 *Basiblattina* Zhang，1997

Basiblattina Zhang，1997，*Palaeoworld*，7：75–103[61]（original designation）.

　　模式种：相似基蠊 *Basiblattina conformis* Zhang，1997.

　　翅长，肩区宽；Sc分为两支；R强烈弯曲，支脉为梳状分支；臀区较高，与肩区同长；臀脉有8支。

　　产地及时代：吉林，早白垩世。

　　中国北方地区白垩系地层仅报道1种（详见表7.1）。

透胸蠊属 *Perlucipecta* Wei & Ren，2013

Perlucipecta Wei & Ren，2013，*Geol. Carpath.*，64（4）：291–304[43]（original designation）.

　　模式种：金色透胸蠊 *Perlucipecta aurea* Wei & Ren，2013.

　　前胸背板椭圆形，边缘为透明色，中间具有色斑；腹部宽，具有深色纵条纹。前翅长，翅脉丰富，43~54支脉；Sc具有分支；R支脉丰富，主脉较直；M分支很多；CuA支脉少；A脉支脉丰富。后翅Sc无分支；R与Rs支脉丰富；M无分支，或具有分支；CuA为双叉式分支。

　　产地及时代：中国辽宁，早白垩世；巴西，早白垩世。

　　中国北方地区白垩系地层报道2种（详见表7.1）。

金色透胸蠊 *Pellucpecta aurea* Wei & Ren，2013（图7.10）

Perlucipecta aurea Wei & Ren，2013，*Geol. Carpath.*，64（4）：291–304[43].

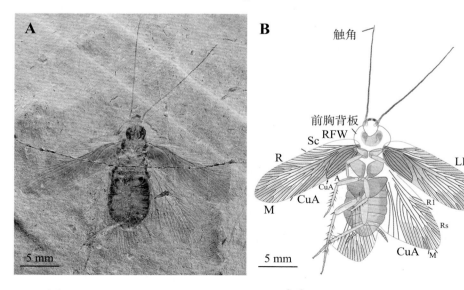

▲ 图7.10　金色透胸蠊 *Pellucpecta aurea* Wei & Ren，2013[43]（正模标本，CNU-B-NN-2011610p）
A. 标本照片；B. 线条图

产地及层位：辽宁北票黄半吉沟；下白垩统，义县组。

前翅长/宽：12.0~17.0 mm/4.0~5.6 mm，有间插脉和横脉；Sc有1~4支支脉，亚前缘区比臀区短；R具有18~24支支脉；M区宽，7~15支支脉；CuA区窄，3~10支；A6~10支。后翅长11.0~13.9 mm；R1具有2~4支，Rs 8~14支支脉；CuA 9~11支[43]。

金色透胸蠊与维姗透胸蠊*Pellucpecta vrsanskyi*雄性腹腺不同，表明这两种生活在不同的栖息地。金色透胸蠊前翅具有独特的色斑，表明当时辽宁义县气候比较湿润[45]。金色透胸蠊前翅变异系数为6.23%，低于早期的中蠊科变异系数，这与昆虫前翅变异系数会随着时间的推移而降低是相符合的[34]。

蛇蠊科 Raphidiomimidae Vishniakova，1973

蛇蠊，是一类较为特化的类群，具有捕食行为。其狭长的头部前伸，完全暴露于前胸背板外；与大多数蟑螂后口式口器不同（口器的方向朝向身体的后方），蛇蠊的口器为前口式（典型的肉食性昆虫的共同特征，便于攻击并捕食其前方的猎物）；具有长的下唇须和下颚须；前翅与臀区狭长，前缘区狭窄；前足前伸；翅多具有色斑。蛇蠊在内蒙古（中侏罗世）、卡拉套和英国（晚侏罗世）以及缅甸（晚白垩世）琥珀中都有发现[14, 15, 31, 62-64]。

中国侏罗系和白垩系地层报道5属：利德蠊属 *Liadoblattina* Handlirsch，1908；强壮蠊属 *Fortiblatta* Liang，Vršanský & Ren，2009；神奇蠊属 *Divocina* Liang，Vršanský & Ren，2012；修长蠊属 *Graciliblatta* Liang，Huang & Ren，2012；金钩蠊属 *Falcatusiblatta* Liang，Shih & Ren，2017。

利德蠊属 *Liadoblattina* Handlirsch，1908

Liadoblattina Handlirsch，1908，Leipzig，1433[30]. Trans. from Mesoblattinidae by Vršanský & Ansorge，2007. *Afr. Invertebr.*，48（1）：103–126[31].

模式种：布氏利德蠊 *Liadoblattina blakei* Scudder，1886。

种名献给Blake博士，以此感谢他在早侏罗世里亚斯统古昆虫研究上的贡献。

该属前翅长，前缘区强烈弯曲；R强烈弯曲，支脉到达翅的前缘，R区较小；M分前后两支，前支支脉丰富，后支有3支支脉。

产地及时代：中国河北、辽宁，早白垩世；德国、俄罗斯和英国，早侏罗世；蒙古，早白垩世。

中国北方地区白垩纪报道2种（详见表7.1）。

强壮蠊属 *Fortiblatta* Liang，Vršanský & Ren，2009

Fortiblatta Liang，Vršanský & Ren.，2009，*Zootaxa*，1974：17–30[15]（original designation）.

模式种：端色强壮蠊 *Fortiblatta cuspicolor* Liang，Vršanský & Ren，2009。

个体较大，前翅长/宽：21.1~26.0 mm/ 6.5~8.0 mm。前胸背板中央及边缘具有色斑。肩区狭长，Sc具有分支；R支脉没有到达翅顶端；前翅臀区基部具有色斑。后翅Sc无分支；M有两支；CuA基部强壮，强烈骨化，CuP无分支，网脉位于CuA和CuP之间。产卵器较短。

产地及时代：内蒙古，中侏罗世。

中国北方地区侏罗系地层仅报道1种（详见表7.1）。

神奇蠊属 *Divocina* Liang，Vršanský & Ren，2012

Divocina Liang，Vršanský & Ren，2012，*Revista Mexicana de Ciencias Geológicas*，29（2）：411–421[64]（original designation）.

模式种：夜神奇蠊 *Divocina noci* Liang，Vršanský & Ren，2009。

个体较小，前翅长/宽：12.3~16 mm/ 3.2~4.8 mm，后翅长10.3~14 mm。除翅前缘部分区域外，其余前后翅均有色斑。Sc具有分支，R微弯曲，支脉没有达到翅顶端，M和CuA分支丰富。后翅Sc无分支；R分为前后两支；M分支丰富；CuA具有四级分支，网脉位于CuA-CuP之间，CuP和A1不分支，A2分支。产卵器较短小。

产地及时代：内蒙古，中侏罗世。

中国北方地区侏罗系地层仅报道1种（详见表7.1）。

暗夜神奇蠊 *Divocina noci* Liang，Vršanský & Ren，2009（图7.11）

Divocina noci Liang，Vršanský & Ren，2009，*Revista Mexicana de Ciencias Geológicas*，29（2）：411–421[64].

产地及层位：内蒙古宁城道虎沟；中侏罗统，九龙山组。

前胸背板长/宽：2.5~3.5 mm/ 2.5~3.0 mm。Sc分支，2~6支；R 8~17支；M 5~16支；CuA 4~11支；A 5~10支。后翅长10.3~14 mm，R1 3~7支，Rs 5~9支；M 2~8支；CuA 5~9支。

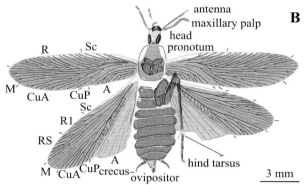

▲ 图 7.11　暗夜神奇蠊 *Divocina noci* Liang，Vršanský & Ren，2012[64]（正模标本，CNU-B-NN-2006067）
A. 标本照片；B. 线条图

暗夜神奇蠊前后翅除了翅前缘外，都具有色斑，这一特征与黄昏或夜晚活动的爬虫体色相似，因此推测暗夜神奇蠊是在黄昏或夜间活动的。翅脉变异系数低，结合翅脉的对称性，我们推测暗夜神奇蠊具有较好的飞行能力。在44件标本中，仅2件标本具有翅脉融合现象，分别是前翅R和M翅脉融合和是M的两个支脉融合，这一特征说明暗夜神奇蠊是一个稳定的形态类型。根据产卵器短小的特点，我们推测暗夜神奇蠊的卵可能是一个聚合物甚至是卵鞘[64]。

修长蠊属 *Graciliblatta* Liang，Huang & Ren，2012

Graciliblatta Liang，Huang & Ren，2012，*Zootaxa*，3449：62–68[63]（original designation）.

模式种：美丽修长蠊 *Graciliblatta bella* Liang，Huang & Ren，2012。

个体中等，头和前胸背板较长。前翅长/宽：17.5 ~19.0 mm/5.2~5.5 mm。Sc分支丰富，具有7~8支；R

脉没有到达翅顶缘，微弯曲，基部具有色斑；A具有三级分支。后翅Sc无分支；R分为前后两支，R1具双叉式分支。

产地及时代：内蒙古，中侏罗世。

中国北方地区侏罗纪仅报道1种（详见表7.1）。

金钩蠊属 *Falcatusiblatta* Liang，Shih & Ren，2017

Falcatusiblatta Liang，Shih & Ren，2017，*Alcheringa*，42（1），101–109[58]（original designation）.

模式种：纤细金钩蠊 *Falcatusiblatta gracilis* Liang，Shih & Ren，2017。

个体较小，前翅长/宽：11.1~13.4 mm/ 3.1~4.9 mm。前胸背板中央有2条色斑。前翅具有不规则明暗相间的色斑。产卵器较长，形似刀；左右尾须不对称。

产地及时代：内蒙古，中侏罗世。

中国北方地区侏罗纪报道2种（详见表7.1）。

纤细金钩蠊 *Falcatusiblatta gracilis* Liang，Shih & Ren，2017（图7.12）

Falcatusiblatta gracilis Liang，Shih & Ren，2017，*Alcheringa*，42（1）：101–109[58].

产地及层位：内蒙古宁城道虎沟；中侏罗统，九龙山组。

前胸背板长/宽：2.4~3.4 mm/2.4~3.3 mm。Sc3~4支；R13~17支，没有到达翅顶缘；M3~11支；CuA8~12支；A8~13支。尾须9~10节，左右尾须不对称。

纤细金钩蠊前翅的斑纹被认为具有伪装作用，以此避免被捕食者发现，从而保护自己。金钩蠊产卵器很长，这一特点在石炭纪到二叠纪蟑螂化石中很常见，而侏罗纪和白垩纪蟑螂化石其产卵器一般较短。根据其具有长的产卵器，我们推测这一类群可能会将卵产在地下、朽木或者缝隙中。一般蟑螂左右

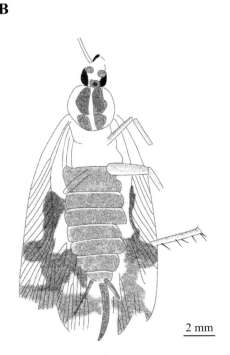

▲ 图 7.12　纤细金钩蠊 *Falcatusiblatta gracilis* Liang，Shih & Ren，2017[58]（正模标本，TNP 42411p）
　　A. 标本照片；B. 线条图

两根尾须在长度上一样长，是对称的，而金钩蠊左右尾须长短不对称，这一特征在蟑螂化石类群中很罕见，究其原因尚不清楚。金钩蠊的翅脉具有融合现象，这是一个稳定的遗传特性，可能与生态压力有关[58]。

玉门鞘蠊科 Umenocoleidae Chen & Tan，1973

玉门鞘蠊科是当今争议最大的昆虫化石类群之一，发现于白垩系地层中，最初被认为是原始的鞘翅目昆虫[65]。后被Vršanský教授归入蜚蠊目[66]。但该科的系统发育位置一直存在争议，被不同的学者先后归入到鞘翅目的基干类群、蜚蠊目、网翅目的基干类群或者螳螂目[67-75]。2021年1月有学者对其进行系统发育分析，认为玉门鞘蠊科是网翅总目内一类特化的类群[76]，然而在2021年3月有学者仍然将该科归入蜚蠊目[77]。鉴于其分类位置仍有争议，本文暂时将玉门鞘蠊科归入蜚蠊目。该科在西伯利亚、中国、蒙古、巴西的化石以及缅甸、约旦、美国和黎巴嫩琥珀的白垩系地层中都有发现。玉门鞘蠊头部宽，复眼极大，前翅鞘质化，存在粗糙刻点，翅脉简单，产卵器较短，尾须分节少，具有长刚毛。

中国北方地区白垩系地层报道4属：玉门鞘蠊属 *Umenocoleus* Chen & Tan，1973；波诺鞘蠊属 *Ponopterix* Vršanský & Grimaldi，1999；飞行鞘蠊属 *Blattapterix* Vršanský，2003；佩特拉鞘蠊属 *Petropterix* Vršanský，2003。

玉门鞘蠊属 *Umenocoleus* Chen & Tan，1973

Umenocoleus Chen & Tan，1973，*Acta Ento. Sin.*，16（2）：169–178[65]. Trans. From Coleoptera by Vršanský，2003，*AMBA Projekty*，7（1）：3–30[66].

模式种：弯脉玉门鞘蠊 *Umenocoleus sinuatus* Chen & Tan，1973。

前翅无色斑，R无分支，与M融合，M无分支；Cu强烈弯曲，呈"S"形；臀脉多。前胸背板刻点粗密。

产地及时代：吉林、甘肃，早白垩世。

中国北方地区白垩系地层报道2种（详见表7.1）。

波诺鞘蠊属 *Ponopterix* Vršanský & Grimaldi，1999

Ponopterix Vršanský & Grimaldi，1999，AMBA/AM/PFICM98/1.99：167–176[78].

模式种：阿克斯罗德波诺鞘蠊 *Ponopterix axelrodi* Vršanský & Grimaldi，1999。

头和复眼大。前翅浅色，存在色斑；前翅翅脉明显，完全鞘质化；后翅R分支较多，具有翅痣。

产地及时代：甘肃，早白垩世。

中国北方地区白垩系地层报道2个未定种（详见表7.1）。

飞行鞘蠊属 *Blattapterix* Vršanský，2003

Blattapterix gansu Vršanský，2003，*AMBA Projekty*，7（1）：3–30[66].

模式种：甘肃飞行鞘蠊 *Blattapterix gansu* Vršanský，2003。

前翅部分硬化，后翅存在大量横脉，R减少，后足相对长。

产地及时代：甘肃，早白垩世。

中国北方地区白垩系地层仅报道1种（详见表7.1）。

佩特拉鞘蠊属 *Petropterix* Vršanský，2003

Petropterix mirabilis Vršanský，2003，*AMBA Projekty*，7（1）：3–30[66]。

模式种：神奇佩特拉鞘蠊 *Petropterix mirabilis* Vršanský，2003。

前翅完全硬化，深色，存在浅斑和短毛，Sc长且分支，R大量分支，M减少，最多3个分支，Cu扩展，后翅R1明显二分支。

产地及时代：甘肃，早白垩世。

中国北方地区白垩纪仅报道1种（详见表7.1）。

表 7.1　中国侏罗纪和白垩纪蜚蠊目化石名录

科	种	产地	层位 / 时代	文献出处
Blattidae	*Zhujiblatta anofissilis* Lin，1980	浙江诸暨	寿昌组 /K_1	林启彬[79]
	Sinoblatta laiyangensis Grabau，1923	山东莱阳	莱阳组 /K_1	Grabau[24]
	Strictiblatta longanusis Lin，1980	安徽合肥	岩塘组 /K_2	林启彬[79]
Blattulidae	*Blattula apicifurca*（Lin，1986）	湖南浏阳	造上组 /J_1	林启彬[80]
	Blattula chengdeensis（Hong，1980）	河北承德	九龙山组 /J_2	洪友崇[39]
	Blattula ctinoida Lin，1986	湖南祁阳	观音滩组 /J_1	林启彬[80]
	Blattula curvula（Ren，1995）	河北滦平	九龙山组 /J_2	任东等[81]
	Blattula delicatula Ren，1995	河北承德	义县组 /K_1	任东等[81]
	Blattula hymena Lin，1986	广西钟山	石梯组 /J_1	林启彬[80]
	Blattula kellos Zhang，1986	河北承德	九龙山组 /J_2	张俊峰[82]
	Blattula kiensis（Martynov，1937）	安徽含山	含山组 /J_2	林启彬[83]
	Blattula liaoningensis Hong，1986	辽宁葫芦岛	海房沟组 /J_2	洪友崇[84]
	Blattula mirta（Zhang，1986）	河北承德	九龙山组 /J_2	张俊峰[82]
	Blattula pachohymena Lin，1985	安徽含山	含山组 /J_2	林启彬[83]
	Blattula platypa Ren，1995	河北承德	义县组 /K_1	任东等[81]
	Blattula rudis Ren，1995	北京西山	卢尚坟组 /K_1	任东等[81]
	Blattula sincera（Lin，1985）	安徽含山	含山组 /J_2	林启彬[83]
	Blattula tuodianensis（Zhang & Hong，2003）	云南双柏	妥甸组 /J_3	张志军等[85]
	Blattula zaoshangensis Lin，1986	湖南浏阳	造上组 /J_1	林启彬[80]
	Elisama cuboides Wang，Liang & Ren，2007	辽宁北票	义县组 /K_1	Wang *et al.*[33]
	Elisama extenuata（Ren，1995）	河北承德	义县组 /K_1	Wang *et al.*[33]
	Elisama dignata（Wang，1987）	辽宁北票	海房沟组 /J_2	王五力[86]
	Habroblattula drepaniodes Wang，Liang & Ren，2007	辽宁北票	义县组 /K_1	Wang *et al.*[32]
	Macaroblattula ellipsoids Wang，Liang & Ren，2007	辽宁北票	义县组 /K_1	Wang *et al.*[33]

续表

科	种	产地	层位 / 时代	文献出处
	Euryblattula beipiaoensis Wang，1987	辽宁北票	北票组 /J_1	王五力[86]
	Euryblattula chaoyangensis Wang，1987	辽宁朝阳	北票组 /J_1	王五力[86]
	Euryblattula flabelliformis Wang，1980	辽宁本溪	长梁子组 /J_1	王五力[87]
	Euryblattula huapenensis Hong，1997	北京延庆	土城子组 /J_3**	洪友崇等[88]
	Euryblattula lepta Lin，1986	湖南兰山	观音滩组 /J_1	林启彬[80]
	Euryblattula lingulata Hong，1980	河北承德	九龙山组 /J_2	洪友崇[39]
	Euryblattula monchis Lin，1986	湖南祁阳	观音滩组 /J_1	林启彬[80]
	Euryblattula opima Lin，1986	湖南兰山	观音滩组 /J_1	林启彬[80]
	Euryblattula obliqua Lin，1986	湖南兰山	观音滩组 /J_1	林启彬[80]
	Euryblattula pura Lin，1986	湖南兰山	观音滩组 /J_1	林启彬[80]
	Fusiblatta arcuata Hong，1980	河北滦平	九龙山组 /J_2	洪友崇[39]
	Fusiblatta dongchangtaiensis Hong，1980	辽宁新宾	侯家屯组 /J_2	洪友崇[39]
	Nipponoblatta acerba Ren，1995	辽宁北票	义县组 /K_1	任东等[81]
	Nipponoblatta deformis Lin，1986	湖南兰山	观音滩组 /J_1	林启彬[80]
	Nuurcala obesa Wang & Ren，2013	辽宁北票	义县组 /K_1	Wang *et al.*[40]
	Rhipidoblattina chichengensis Hong，1997	河北赤城	土城子组 /J_3**	洪友崇[89]
	Rhipidoblattina decoris Lin，1978	辽宁义县	义县组 /K_1**	林启彬[90]
	Rhipidoblattina emacerata Zhang，1986	河北滦平	花园组 /J_1	张俊峰[82]
	Rhipidoblattina fuxinensis Lin，1976	辽宁阜新	阜新组 /K_1	林启彬[91]
Caloblattinidae	*Rhipidoblattina forticrusa* Lin，1986	湖南兰山	观音滩组 /J_1	林启彬[80]
	Rhipidoblattina jilinensis Hong，1992	吉林九台	营城组 /K_1	洪友崇[92]
	Rhipidoblattina lanceolata Hong，1980	河北承德	九龙山组 /J_2	洪友崇[39]
	Rhipidoblattina mayingziensis Wang，1987	辽宁朝阳	北票组 /J_1	王五力[86]
	Rhipidoblattina magna Zhang，1997	吉林龙井	大砬子组 /K_1	Zhang[61]
	Rhipidoblattina nanligezhuangensis Hong & Wang，1990	山东莱阳	莱阳组 /K_1	洪友崇等[93]
	Rhipidoblattina radipinguis Lin，1986	湖南江永	石梯组 /J_1	林启彬[89]
	Rhipidoblattina spathulata Hong，1982	甘肃玉门	赤金堡组 /K_1	洪友崇[94]
	Rhipidoblattina shulanensis Hong，1992	吉林九台	营城组 /K_1	洪友崇[92]
	Rhipidoblattina jidongensis Chang & Wang，1993	河北抚宁	北票组 /J_1	常建平等[95]
	Rhipidoblattina（*Rhipidoblattina*）*beipiaoensis* Hong，1983	辽宁北票	海房沟组 /J_2	洪友崇[96]
	Rhipidoblattina（*Rhipidoblattina*）*liugouensis* Hong，1983	河北小范杖子	九龙山组 /J_2	洪友崇[96]
	Rhipidoblattina（*Rhipidoblattina*）*liaoningensis* Hong，1980	辽宁朝阳	义县组 /K_1**	洪友崇[39]
	Rhipidoblattina（*Canaliblatta*）*tenuis* Hong，1983	河北小范杖子	九龙山组 /J_2	洪友崇[96]
	Rhipidoblattina（*Canaliblatta*）*yanqingensis* Hong，1997	北京延庆	土城子组 /J_3**	洪友崇[88]
	Rhipidoblattina（*Canaliblatta*）*hebeiensis* Hong，1983	河北周营子	九龙山组 /J_2	洪友崇[96]
	Samaroblatta frondoidis Lin，1978	内蒙古东胜	延安组 /J_2	林启彬[90]

科	种	产地	层位/时代	文献出处
Caloblattinidae	*Samaroblatta gausis* Lin，1982	甘肃靖远	王家山组/K_1	林启彬[60]
	Samaroblatta nitida Lin，1986	湖南兰山	观音滩组/J_1	林启彬[80]
	Samaroblatta rhypha Lin，1986	湖南兰山	观音滩组/J_1	林启彬[80]
	Samaroblatta turanica Martynov，1937	安徽含山	含山组/J_2	林启彬[80]
	Samaroblatta wangyingziensis Hong，1980	河北滦平	九龙山组/J_2	洪友崇[39]
	Samaroblatta zhouyingziensis Hong，1980	河北滦平	九龙山组/J_2	洪友崇[39]
	Samaroblattula houchengensis Hong & Xiao，1997	北京延庆	土城子组/J_3**	洪友崇等[88]
	Samaroblattula lata Hong & Xiao，1997	北京延庆	土城子组/J_3**	洪友崇等[88]
	Samaroblattula lineata Hong & Xiao，1997	北京延庆	土城子组/J_3**	洪友崇等[97]
	Samaroblattula lingulata Hong & Xiao，1997	北京延庆	土城子组/J_3**	洪友崇等[97]
	Samaroblattula reticulate Hong，1982	青海大柴旦	大煤沟组/J_2	洪友崇[94]
	Samaroblattula subacuta Martynov，1937	湖南江永	石梯组/J_1	林启彬[80]
	Samaroblattula scabra Lin，1986	湖南江永	石梯组/J_1	林启彬[80]
	Sogdoblatta compressa Martynov，1937	湖南浏阳	造上组/J_1	林启彬[80]
	Sogdoblatta haifanggouensis Hong，1983	辽宁北票	海房沟组/J_2	洪友崇[96]
	Sogdoblatta heiheensis Hong & Xiao，1997	北京延庆	土城子组/J_3	洪友崇等[97]
	Sogdoblatta luanpingensis Hong，1980	河北滦平	九龙山组/J_2	洪友崇[39]
	Taublatta hesta Lin，1986	湖南祁阳	观音滩组/J_1	林启彬[80]
	Taublatta niujiaoshiensis Lin，1986	湖南江永	石梯组/J_1	林启彬[80]
	Taublatta ninghuaensis Lin，1978	福建宁化	梨山组/J_1**	林启彬[90]
	Taublatta semifoliosa Lin，1986	湖南江永	石梯组/J_1	林启彬[80]
	Taublatta siccitifoliosa Lin，1986	湖南江永	石梯组/J_1	林启彬[80]
	Taublatta strenis Lin，1986	湖南祁阳	观音滩组/J_1	林启彬[80]
	Taublatta yangshugouensis Wang，1987	辽宁喀左	北票组/J_1	王五力[86]
Ectobiidae	*Piniblattella yixianensis* Gao，Shih & Ren，2018	辽宁北票	义县组/K_1	Gao et al.[48]
Fuziidae	*Arcofuzia cana* Wei，Shih & Ren，2012	内蒙古宁城	九龙山组/J_2	Wei et al.[55]
	Colorifuzia agenora Wei，Liang & Ren，2013	内蒙古宁城	九龙山组/J_2	Wei et al.[42]
	Fuzia dadao Vršanský，Liang & Ren，2010	内蒙古宁城	九龙山组/J_2	Vršanský et al.[44]
	Parvifuzia brava Guo & Ren，2011	内蒙古宁城	九龙山组/J_2	Guo et al.[54]
	Parvifuzia marsa Guo & Ren，2011	内蒙古宁城	九龙山组/J_2	Guo et al.[54]
	Parvifuzia peregrina Wei，Liang & Ren，2012	内蒙古宁城	九龙山组/J_2	Wei et al.[98]
	Longifuzia pectinata Liang，Shih & Ren，2019	内蒙古宁城	九龙山组/J_2	Liang et al.[15]
Liberiblattinidae	*Entropia initialis* Vršanský，Liang & Ren，2012	内蒙古宁城	九龙山组/J_2	Vršanský et al.[57]
Mesoblattinidae	*Basiblattina conformis* Zhang，1997	吉林龙井	大砬子组/K_1	Zhang[61]
	Jingyuanoblatta pluma Lin，1982	甘肃靖远	王家山组/K_1	林启彬[60]
	Karatavoblatta formosa Ren，1995	辽宁凌源	义县组/K_1	任东等[81]
	Laiyangia delicatula Zhang，1985	山东莱阳	莱阳组/K_1	张俊峰[99]
	Laiyangia paradoxiformis Grabau，1923	山东莱阳	莱阳组/K_1	Grabau[24]
	Mesoblattina cretacea Hong，1982	甘肃玉门	中沟组/K_1	洪友崇[94]
	Mesoblattina multivenosa Martynov，1937	湖南秭归	观音滩组/J_1	林启彬[79]

续表

科	种	产地	层位 / 时代	文献出处
Mesoblattinidae	*Mesoblattina protypa* Geinitz，1880	湖南祁阳	观音滩组 /J$_1$	林启彬[79]
	Mesoblattina paucivenose Hong，1982	甘肃玉门	大山口群 /J$_1$–J$_2$	洪友崇[94]
	Mesoblattina simplicis Hong，1980	辽宁恒仁	长梁子组 /J$_1$**	洪友崇[39]
	Mesoblattina wuweiensis Lin，1978	甘肃武威	延安组 /K$_1$	林启彬[90]
	Mesoblattina wanbeiensis Lin，1985	安徽含山	含山组 /J$_2$	林启彬[83]
	Mesoblattina xiangnanensis Lin，1986	湖南兰山	观音滩组 /J$_1$	林启彬[80]
	Mesoblattina sinica Ping，1928	辽宁北票	义县组 /K$_1$**	Ping[100]
	Perlucipecta aurea Wei & Ren，2013	辽宁北票	义县组 /K$_1$	Wei *et al.*[43]
	Perlucipecta vrsanskyi Wei & Ren，2013	辽宁北票	义县组 /K$_1$	Wei *et al.*[43]
	*Soliblatta lampra Lin，1986	湖南兰山	观音滩组 /J$_1$	林启彬[80]
	*Summatiblatta colorata Lin，1986	湖南兰山	观音滩组 /J$_1$	林启彬[80]
	Triassoblatta damiaoliangensis Hong，1983	河北承德	九龙山组 /J$_2$	洪友崇[96]
	Triassoblatta fusiformis Hong，1983	河北小范杖子	九龙山组 /J$_2$	洪友崇[96]
	Triassoblatta longitriangulata Chang & Wang，1993	河北抚宁	北票组 /J$_1$	常建平等[95]
	Triassoblatta shimenzhaiensis Chang & Wang，1993	河北抚宁	北票组 /C$_1$	常建平等[95]
Raphidiomimidae	*Divocina noci* Liang，Vršanský & Ren，2012	内蒙古宁城	九龙山组 /J$_2$	Liang *et al.*[64]
	Fortiblatta cuspicolor Liang，Vršanský & Ren，2009	内蒙古宁城	九龙山组 /J$_2$	Liang *et al.*[15]
	Falcatusiblatta gracilis Liang，Shih & Ren，2017	内蒙古宁城	九龙山组 /J$_2$	Liang *et al.*[58]
	Falcatusiblatta qiandaohuiensis Liang，Shih & Ren，2017	内蒙古宁城	九龙山组 /J$_2$	Liang *et al.*[58]
	Graciliblatta bella Liang，Huang & Ren，2012	内蒙古宁城	九龙山组 /J$_2$	Liang *et al.*[63]
	Liadoblattina heishanyaoensis Chang & Wang，1993	河北抚宁	北票组 /J$_1$	常建平等[95]
	Liadoblattina laternoforma Lin，1978	辽宁义县	义县组 /K$_1$	林启彬[90]
Umenocoleidae	*Umenocoleus nervosus* Zhang，1997	吉林延边	大砬子组 /K$_1$	Zhang[61]
	Umenocoleus sinuatus Chen & Tan，1973	甘肃玉门	赤金堡组 /K$_1$	陈世骧[65]
	Blattapterix gansu Vršanský，2003	甘肃玉门	下沟组 /K$_1$	Vršanský[66]
	Petropterix kukalovae Vršanský，2003	甘肃玉门	中沟组 /K$_1$	Vršanský[66]
	Ponopterix sp. 1	甘肃玉门	中沟组 /K$_1$	Luo *et al.*[76]
	Ponopterix sp. 2	甘肃玉门	中沟组 /K$_1$	Luo *et al.*[76]
Family incertae sedis	** Prolaxta haianensis* Lin，1989	江苏	泰州组 /K$_2$	林启彬[101]

注：*由于原始描述、照片和线条图不精确，而且无法重新检视模式标本，所以在正文中没有介绍该种。

　　**根据更新的信息和数据，对原始文献中的地质时期进行了修订。

参考文献

［1］VRŠANSKÝ P, VISHNIKOVA V N, RASNITSYN, A P. Order Blattida Latreille, 1810. The Cockroaches ［M］. // History of insect. Kluwer Academic Publishers, American, 2002：263–270.

［2］刘宪伟. 昆虫纲：螳螂目［M］.//昆虫分类. 南京：南京师范大学出版社，1999：169–181.

［3］MCKITTRICK F A. Evolutionary Studies of Cockroaches［J］. Cornell University Agricultural Experiment Station New York, 1964：197.

［4］ROTH L M. Blattodea. Blattaria (Cockroaches). The insects of Australia［J］. A textguide for students and researchers, 1991, 1: 320–329.

［5］胡艳芬，吕小满，王玉梅，等.美洲大蠊药用价值研究进展［J］.医学综述，2008，14 (18)：2822–2824.

［6］蒋永新，王熙才，金从国.美洲大蠊提取物对小鼠3LL肺癌的抑制作用及其机制探讨［J］.中国肺癌杂志，2006，9 (6)：488–491.

［7］Carpenter F M. The geological history and evolution of insects［M］. American Scientist, 1953, 41: 256–270.

［8］Carpenter F M. Order Blattaria Latreille, 1810.［M］.// Treatise on Invertebrate Palaeontology. Part R. Arthropoda 4 (3). Superclass Hexapoda. The Geological Society of America, Inc. and the University of Kansas, Boulder, Colorado and Lawrence, 1992：134-137.

［9］NAGAMITSU T, INOUE T. Cockroach pollination and breeding system of *Uvaria elmeri* (Annonaceae) in a lowland mixed–dipterocarp forest in Sarawak［J］. American Journal of Botany, 1997, 84: 208–213.

［10］SHELFORD R. Note on some amphibious cockroaches［J］. Record of the Indian Museum, 1909, 3: 125–127.

［11］TAKAHASHI R. Observations on the aquatic cockroach［J］. Opistoplatia maculata Dobutsugaku Zassi, 1926, 38: 89.

［12］VRŠANSKÝ P. Jumping cockroaches (Blattaria, Skokidae fam. n.) from the Late Jurassic of Karatau in Kazakhstan［J］. Biologia, Bratislava, 2007, 62 (5): 588–592.

［13］PICKER M, COLVILLE J F, BURROWS M. A. cockroach that jumps［J］. Biology Letters, 2012, 8 (3): 390–392.

［14］VISHNIAKOVA V N. Problems of the Insect Palaeontology［J］. Lectures on the XXIV Annual Readings in Memory of N. A. Kholodkovsky (1-2 April, 1971) , ed. Narchuk, E.P. (Nauka, Leningrad) , 1973: 64–77.

［15］LIANG J H, VRŠANSKÝ P, REN D, SHIH C K. A new Jurassic carnivorous cockroach (Insecta, Blattaria, Raphidiomimidae) from the Inner Mongolia in China［J］. Zootaxa, 2009, 1974: 17–30.

［16］VRŠANSKÝ P. Unique assemblage of Dictyoptera (Insecta, Blattaria, Mantodea, Isoptera) from the Lower Cretaceous of Bon Tsagaan Nuur in Mongolia［J］. Entomological Problems, 2003, 33 (1–2): 119–151.

［17］VIDLIČKA L, VRŠANSKÝ P, SHCHERBAKOV D E. Two new troglobitic cockroach species of the genus *Speleoblatta* (Blattaria: Nocticollidae) from North Thailand［J］. Journal of Natural History, 2003, 37: 107–114.

［18］ZOMPRO O, FRITZSCHE I. *Lucihormetica* n. gen. n. sp., the first record of luminescence in an orthopteroid insect (Dictyoptera: Blaberidae: Blaberinae: Brachycolini)［J］. Amazoniana, 1999, 15: 211–219.

［19］VRŠANSKÝ P, CHORVÁT D, FRITZSCHE I, et al. Light-mimicking cockroaches indicate Tertiary origin of recent terrestrial luminescence［J］. Naturwissenschaften, 2012, 99: 739–749.

［20］LU L, FANG X, JI S, PANG Q. A contribution to the knowledge of the Namurian in Ningxia［J］. Acta Geoscientia Sinica, 2002, 23: 165–168.

［21］ZHANG Z J, SCHNEIDER J W, HONG Y C. The most ancient roach (Blattida): A new genus and species from the earliest Late Carboniferous (Namurian) of China, with discussion on the phylomorphogeny of early blattids［J］. Journal of Systematic Palaeontology, 2012, 11: 27–40.

［22］GUO Y X, BÉTHOUX O, GU J J, REN D. Wing venation homologies in Pennsylvanian 'cockroachoids' (Insecta) clarified thanks to a remarkable specimen from the Pennsylvanian of Ningxia (China)［J］. Journal of Systematic Palaeontology, 2013, 11: 41–46.

［23］WEI D D, BÉTHOUX O, GUO Y X ET AL. New data on the singularly rare 'cockroachoids' from Xiaheyan (Pennsylvanian; Ningxia, China)［J］. Alcheringa, 2013, 17: 1–11.

［24］GRABAU A W. Cretaceous fossils from Shandong［J］. Bulletin of the Geological Survey of China, 1923, 5: 167–173.

［25］VISHNIAKOVA V N. Jurassic cockroaches of the new family Blattulidae from Siberia［J］. Palaeontologica Journal, 1982, 2: 67–77.

［26］VRŠANSKÝ P. A fossil insect in a drilling core sample-cockroach *Kridla stastia* gen. et sp. nov. (Blattulidae) from the Cretaceous of the Verkhne-Bureinskaya Depression in Eastern Russia［J］. Entomological Problems, 2005, 35 (2): 115–116.

［27］CIFUENTES-RUIZ P, VRŠANSKÝ P, VEGA F J, et al. Ca mpanian terrestrial arthropods from the Cerro del Pueblo Formation, Difunta Group in northeastern Mexico［J］. Geologica Carpathica, 2006, 57 (5)：347–354.

［28］ GIEBEL C G A. Fauna der Vorwelt mit steter Berücksichtigung der lebenden Thiere. Monographisch dargestellt. Zweiter Band. Glieder-thiere. Erste Abtheilung. Insecten und Spinnen ［M］. F.A. Brock-haus. Leipzig, 1856.

［29］ SCUDDER S. A review of Mesozoic cockroaches ［J］. Memoirs of the Boston Society of Natural History, 1886, 3 (13): 439–485.

［30］ HANDLIRSCH A. Die fossilen Insekten und die Phylogenie der rezenten Formen: ein Handbuch für Paläontologen und Zoologen ［M］. Leipzig, Germany, 1906–1908.

［31］ VRŠANSKÝ P, ANSORGE J. Lower Jurassic cockroaches (Insecta: Blattaria) from Germany and England ［J］. African Invertebrates, 2007, 48 (1): 103–126.

［32］ WANG T T, LIANG J H, REN D. Variability of *Habroblattula drepanoides* gen. et. sp. nov. (Insecta: Blattaria: Blattulidae) from the Yixian Formation in Liaoning, China ［J］. Zootaxa, 2007, 1443: 17–27.

［33］ WANG T T, REN D, LIANG J H, SHIH C K. New Mesozoic cockroaches (Blattaria: Blattulidae) from Jehol Biota of western Liaoning in China ［J］. Annal Zoologici (Warszawa), 2007, 57 (3): 483–495.

［34］ VRŠANSKÝ P. Decreasing variability-from the Carboniferous to the present (Validated on Independent Lineages of Blattaria) ［J］. Paleontological Journal, 2000, 34 (3): 374–379.

［35］ VRŠANSKÝ P. Late Jurassic Cockroaches (Insecta, Blattaria) from the Houtiyn-Hotgor Locality in Mongolia ［J］. Paleontological Journal, 2008, 42 (1): 36–42.

［36］ TILLYARD R J. Mesozoic insects of Queensland. No. 6. Blattoidea ［J］. Proceedings of the Linnean Society of New South Wales, 1919, 44: 358–382.

［37］ Martynov A V. Liassic insects of Shurab and Kyzyl-Kiya ［J］. Transactions of the Paleontological Instutute of the USSR Academy of Sciences (Trudy Paleontologicheskogo instituta Akademii nauk SSSR), 1937, 7 (1): 1–231.

［38］ FUJIYAMA I. A Liassic cockroach from Toyora, Japan ［J］. Bulletin of the National Science Museum, 1974, 17 (4): 311–314.

［39］ 洪友崇. 中国中蠊科（昆虫纲）的新属种 ［J］. 中国地质科学院学报，天津地质矿产研究所分刊，1980，1（4）：49–60.

［40］ WANG C D, REN D. *Nuurcala obesa* sp. n. (Blattida, Caloblattinidae) from the Lower Cretaceous Yixian Formation in Liaoning Province, China ［J］. ZooKeys, 2013, 318: 35–46.

［41］ VISHNIAKOVA V N. New cockroaches (Insecta: Blattodea) from the Upper Jurassic of Karatau mountains ［M］. // Rohdendorf B B. Jurassic insects from Karatau, Nauka, Moscow, 1968: 55–86.

［42］ WEI D D, LIANG J H, REN D. A new fossil genus of the Fuziidae (Insecta, Blattida) from the Middle Jurassic of Jiulongshan Formation, China ［J］. Geodiversitas, 2013, 35 (2): 335–343.

［43］ WEI D D, REN D. Completely preserved cockroaches of the family Mesoblattinidae from the Upper Jurassic-Lower Cretaceous Yixian Formation (Liaoning Province, NE China) ［J］. Geologica Carpathica, 2013, 64 (4): 291–304.

［44］ VRŠANSKÝ P. Advanced morphology and behaviour of extinct earwig-like cockroaches (Blattaria: Fuziidae fam. nov.) ［J］. Geologica Carpathica, 2009, 60 (6): 449–462.

［45］ DING Q H, ZHANG L D, GUO S Z, et al. Paleoclimatic and palaeoenvironmental proxies of the Yixian Formation in the Beipiao area, western Liaoning ［J］. Geological Bulletin of China, 2003, 22 (3): 186–191.

［46］ VRŠANSKÝ P. *Piniblattella* gen. nov. – the most ancient genus of the family Blattellidae (Blattodea) from the Lower Cretaceous of Siberia ［J］. Entomological Problems, 1997, 28 (1): 67–79.

［47］ LEE S W. Taxonomic diversity of cockroach assemblages (Blattaria, Insecta) of the Aptian Crato Formation (Cretaceous, NE Brazil) ［J］. Geologica Carpathica, 2016, 67: 433–450.

［48］ GAO T P, SHIH C K, LABANDEIRA C C, et al. Maternal care by Early Cretaceous cockroaches ［J］. Journal of Systematic Palaeontology, 2018, 17 (5): 379–391.

［49］ ROTH L M. Evolution and taxonomic significance of reproduction in Blattaria ［J］. Annual Review of Entomology, 1970, 15 (1): 75–96.

［50］ ROTH L M, WILLIS E R. An analysis of oviparity and viviparity in the Blattaria ［J］. Transactions of the American Entomological society, 1957, 83 (4): 221–238.

［51］ ROTH L M. Systematics and phylogeny of cockroaches (Dictyoptera: Blttaria) ［J］. Oriental Insects, 2003, 37 (1): 1–186.

［52］ BELL W J, ROTH L M, NELEPA C A. Cockroaches: Ecology, Behavior, and Natural History ［M］. The Johns Hopkins

University Press, Baltimore, Maryland, 2007.

［53］HINKELMAN J. *Spinaeblattina myanmarensis* gen. et sp. nov. and *Blattoothecichnus argenteus* ichnogen. et ichnosp. nov. (both Mesoblattinidae) from mid-Cretaceous Myanmar amber ［J］. Cretaceous Research, 2019, 99: 229–239.

［54］GUO Y X, REN D. A new cockroach genus of the family Fuziidae from Northeastern China (Insecta: Blattida) ［J］. Acta Geologica Sinica (English Edition) , 2011, 85 (2): 501–506.

［55］WEI D D, SHIH C K, REN D. *Arcofuzia cana* gen. et sp. n. (Insecta, Blattaria, Fuziidae) from the Middle Jurassic sediments of Inner Mongolia, China ［J］. Zootaxa, 2012, 3597: 25–32.

［56］Liang J H, Shih C K, Wang L X, Ren D. New cockroaches (Insecta, Blattaria, Fuziidae) from the Middle Jurassic Jiulongshan Formation in northeastern China ［J］. Alcheringa, 2016, 3 (43): 441–448.

［57］VRŠANSKÝ P, LIANG J H, REN D. Malformed cockroach (Blattida: Liberiblattinidae) in the Middle Jurassic sediments from China ［J］. Oriental Insects, 2012, 46 (1): 12–18.

［58］Liang J H, Shih C K, Ren D. New Jurassic predatory cockroaches (Blattaria: Raphidiomimidae) from Daohugou, China and Karatau, Kazakhstan ［J］. Alcheringa, 2017, 42 (1): 101–109.

［59］Geinitz F E. Der Jura in Mecklenburg und seine Versteinerungen ［J］. Zeitschrift der deutschen geologischen Gesellschaft, 1880, 22: 510–535.

［60］林启彬. 中生代新生代昆虫 ［M］// 西北地区古生物图册陕甘宁分册. 北京：地质出版社, 1982：77–79.

［61］ZHANG H C. Early Cretaceous insects from the Dalazi Formation of the Zhixin Basin, Jilin Province, China ［J］. Palaeoworld, 1997, 7: 75–103.

［62］GRIMALDI D, ROSS A. *Raphidiomimula*, an enigmatic new cockroach in Cretaceous amber from Myanmar (Burma) (Insecta: Blattodea: Raphidiomimidae) ［J］. Journal of Systematic Palaeontology, 2004, 2: 101–104.

［63］Liang J H, Huang W L, Ren D. Graciliblatta bella gen. et sp. n. - a rare carnivorous cockroach (Insecta, Blattida, Raphidiomimidae) from the Middle Jurassic sediments of Daohugou in Inner Mongolia, China ［J］. Zootaxa, 2012, 3449: 62–68.

［64］Liang J H, Vršanský P, Ren D. Variability and symmetry of a Jurassic nocturnal predatory cockroach (Blattida: Raphidiomimidae) ［J］. Revista Mexicana de Ciencias Geológicas, 2012, 29 (2): 411–421.

［65］陈世骧，谭娟杰. 甘肃白垩纪的一个甲虫新科 ［J］. 昆虫学报，1973，16（2）：169–178.

［66］VRŠANSKÝ P. Umenocoleidea – an amazing lineage of aberrant insects (Insecta, Blattaria) ［J］. AMBA projekty, 2003, **7** (1): 3–30.

［67］CARPENTER F M. Superclass Hexapoda ［M］. // Treatise on Invertebrate Paleontology: Arthopoda 4, 3/4. The Geological Society of America and the University of Kansas, Boulder and Lawrence, 1992.

［68］VRŠANSKÝ P. The Blattaria fauna of the Lower Cretaceous of Baissa in Transbaikalian Siberia ［M］. PhD dissertation, Comenius University, Bratislava, Slovakia, 1998.

［69］VRŠANSKÝ P. Two new species of Blattaria (Insecta) from the Lower Cretaceous of Asia, with comments on the origin and phylogenetic position of the families Polyphagidae and Blattulidae ［J］. Entomological Problem, 1999, 30: 85–91.

［70］GOROCHOV A V. The most interesting finds of orthopteroid insects at the end of the 20th century and a new recent genus and species ［J］. Journal of Orthoptera Research, 2001, 10: 353–367.

［71］GRIMALDI D A. A revision of Cretaceous mantises and their relationships, including new taxa (Insecta: Dictyoptera: Mantodea) ［J］. American Museum Novitates, 2003：1–47.

［72］GRIMALDI D A, ENGEL M S. Evolution of the Insects ［M］. Cambridge University Press, Cambridge, 2005: 770.

［73］BECHLY G. Chapter 11.8 "Blattaria": cockroaches and roachoids ［M］. // The Crato Fossil Beds of Brazil: Window into An Ancient World. Cambridge University Press, Cambridge, 2007, 239–249.

［74］LEE S W. A revision of the orders Blattaria, Manodea and Orthoptera(Insecta) from the Lower Cretaceous Crato Formation of Northaest Brazil ［M］. PhD dissertation, Universitat Tubingen, Mathematisch-Naturwissenchaftlichen Fakultat der Eberhard Kars, Tubingen, Germany, 2011：251.

［75］KIREJTSHUK A G, POSCHMANN M, PROKOP J, GARROUSTE R, NEL A. Evolution of the elytral venation and structural adaptation in the oldest Palaeozoic beetles (Insecta: Coleoptera: Tshekardocoleidae) ［J］. Journal of Systematic Palaeontology, 2014, 12: 575–600.

［76］LUO C H, GEORG BEUTEL R, THOMSON U R, ZHENG D R, LI J H, ZHAO X Y, ZHANG H C, WANG B. Beetle or roach: systematic position of the enigmatica Umenocoleidae based on new material from Zhonggou Formation in Jiuquan, Northwest China, and a morphocladistic analysis ［J］. Palaeoworld, 2021: 1–29.

［77］VRŠANSKÝ P, SENDI H, HINKELMAN J, HAIN M. *Alienopteria* Mlynsky et al., 2018 complex in North Myanmar amber supports Umenocoleidea/ae status ［J］. Biologia, 2021: 1–18.

［78］VRŠANSKÝ P. Lower Cretaceous of Blattaria ［M］. // AMBA/AM/PFICM98/1.99. 1999: 167–176.

［79］林启彬. 浙皖中生代昆虫化石 ［M］. // 浙皖中生代火山沉积岩底层的划分及对比. 北京：科学出版社，1980: 211–238.

［80］林启彬. 华南中生代早期的昆虫 ［M］. // 中国古生物志，新乙种第21号. 北京：科学出版社，1986: 28–53.

［81］任东，卢立武，郭子光，等. 北京与邻区侏罗–白垩动物群及其地层 ［M］. 北京：地震出版社，1995: 50–56.

［82］张俊峰. 冀北侏罗纪的某些昆虫化石 ［M］. 山东古生物地层论文集，1986: 74–84.

［83］林启彬. 安徽含山含山组昆虫化石 ［J］. 古生物学报，1985，24（3）：300–304.

［84］洪友崇. 辽西海房沟组新的昆虫化石 ［J］. 长春地质学院学报，1986，4: 10–16.

［85］张志军，卢立伍，靳悦高，等. 滇中妥甸组首次发现昆虫化石 ［J］. 地质通报，2003，22（6）：452–455.

［86］王五力. 辽宁西部早中生代昆虫化石 ［M］. //辽宁西部中生代地层古生物（三）. 北京：地质出版社，1987: 206–210.

［87］王五力. 东北地区古生物图册（二）［M］. 北京：地质出版社，1980：134–136.

［88］洪友崇，萧宗正. 北京延庆县后城组蜚蠊目化石（昆虫纲）［J］. 北京地质，1997，9（2）：1–6.

［89］洪友崇. 河北后城组昆虫化石的新发现和后城昆虫群的建立 ［J］. 北京地质，1997，9（1）：1–10.

［90］林启彬. 中国蜚蠊目昆虫化石 ［J］. 昆虫学报，1978，3：335–342.

［91］林启彬. 辽西侏罗系的昆虫化石 ［J］. 古生物学报，1976，15（1）：97–118.

［92］洪友崇. 中晚侏罗世昆虫 ［M］. // 吉林省古生物图册. 长春：吉林科学技术出版社，1992：410–417.

［93］洪友崇，王文利. 莱阳组的昆虫化石 ［M］. // 山东莱阳盆地地层古生物. 北京：地质出版社，1990: 44–189.

［94］洪友崇. 酒泉盆地昆虫化石 ［M］. 北京：地质出版社，1982: 63–70.

［95］常建平，王卫东. 河北抚宁付水寨附近早侏罗世中蠊科昆虫化石几个新种 ［J］. 长春地质学院学报，1993，23（1）：10–15.

［96］洪友崇. 北方中侏罗世昆虫化石 ［M］. 北京：地质出版社，1983: 26–37.

［97］洪友崇，萧宗正. 北京延庆县后城组蜚蠊目化石（昆虫纲）［J］. 北京地质，1997，9（2）：1–6.

［98］WEI D D, LIANG J H, REN D. A new species of Fuziidae（Insecta, Blattida）from the Inner Mongolia, China ［J］. ZooKeys, 2012, 217: 53–61.

［99］张俊峰. 中生代昆虫化石新资料 ［J］. 山东地质，1985，1（2）：23–39.

［100］PING C. Cretaceous Fossil Insects of China ［J］. Palaeontologica Sinica, Series B, 1928, 13 (1): 1–35.

［101］林启彬，王全生. 苏北盆地晚白垩世昆虫 ［M］. // 苏北盆地泰州组、阜宁组一段地层古生物. 南京：南京大学出版社，1989：193–197.

第 8 章
白蚁领科

赵志鹏，任东，史宗冈

8.1 白蚁领科简介

白蚁是一类常见的真社会性食木昆虫，至今共报道约3 100种，包括现生白蚁和化石中保存的白蚁[1]。白蚁喜欢潮湿、温暖的生活环境，在全球分布广泛，除南极洲以外都有记录，集中分布在热带、亚热带地区[2]。白蚁曾一度被划归为"等翅目 Isoptera"，因其通常具有形态一致的四翅和翅脉结构而得名，但也有例外。比如澳白蚁科的后翅具有臀区，而前翅无臀区，并且白蚁的翅脉在个体间有时也会存在差异。近些年的一些系统发育学研究认为白蚁属于一类"食木蟑螂"，为蜚蠊目下的一个单系，与隐尾蠊科 Cryptocercidae 互为姐妹群[3]，继续使用"等翅目"不再合适。目前白蚁的分类阶元和命名仍存在争议[4, 5, 6]，白蚁学家们一般改用"等翅次目 Infraorder Isoptera[1, 7]"或"白蚁领科 Epifamily Termitoidae[6, 8, 9]"。在本书中使用白蚁领科，主要考虑到能够通过命名直观地了解到其分类地位，并且在一些文章中已经使用白蚁领科作为白蚁的分类阶元名称。

白蚁具有明显的多型现象，体现在不同的品级分化上。白蚁的主要品级包括有翅型（交配后成为新巢的蚁王蚁后）、工蚁/拟工蚁、兵蚁。各品级的分化发育过程属于不完全变态。尽管不同品级有明显的形态差异，但白蚁具有保守的鉴定特征，比如：前口式口器，念珠状触角，发达的前胸背板，步行足，腹部共10节。

有翅型的成虫每年会按一定规律产生，到了适宜的时间，从巢内飞出进行婚飞交配。有翅型白蚁的翅具有网脉，翅脉从前至后分别包括C、Sc、R、Rs、M、CuA、CuP，在澳白蚁科后翅可见臀区中A脉。白蚁翅近基部一般具有肩缝，是一个薄弱的结构，在婚飞结束后，翅将沿肩缝脱落。澳白蚁和一些基干类群的白蚁后翅无明显的肩缝。

白蚁工蚁为蚁巢承担重要的"后勤工作"（图8.1），它们有雌雄性别之分，有时不同的性别会承担不同的任务[10]。工蚁品级的存在具有典型性和普遍性，但是在古白蚁科、胃白蚁科和木白蚁科中，若虫承担工蚁任务，称为伪工蚁，其发育途径和"真正的工蚁"不同[11, 12]。

白蚁兵蚁头部极度特化，常具有强壮的上颚，与其他品级相比更容易分辨。由于上颚和头部的延伸，兵蚁头部长度占身体长度的比例也是所有品级里最高的。兵蚁上颚的形态和齿式通常不对称，咬合状态时左颚在上。常见的兵蚁根据头部特化可分为三类：加长的上颚和延伸的头部（图8.2）、塞子状头部、具退化上颚和向前延伸的锥形头部（图8.3）。另外，很多高等白蚁可以通过头顶上的囟门或者特化的喷嘴朝敌人喷射化学物质使敌人退散。尽管这些特殊的结构赋予兵蚁强大的防卫能力，但是也有不尽完善的地方，比如它们大多没有完善的视觉能力，也无法生育（仅有少数特例），再加上无法正常进食，它们的营养来源主要是工蚁的喂食。所以兵蚁的职责基本限于防卫，其他功能则比较退化。

现生白蚁领科目前已报道9科：澳白蚁科 Mastotermitidae、草白蚁科 Hodotermitidae、古白蚁科 Archotermopsidae、胄白蚁科 Stolotermitidae、木白蚁科Kalotermitidae、杆白蚁科 Stylotermitidae、鼻白蚁科 Rhinotermitidae、齿白蚁科 Serritermitidae和白蚁科 Termitidae。化石绝灭科已报道3科：克拉图澳白蚁科 Cratomastotermitidae、原白蚁科 Termopsidae和古鼻白蚁科 Archeorhinotermitidae[12]。许多研究利用形态数据和分子数据分析了各科系统发育关系[13-16]。其中，澳白蚁科被普遍认为是最基干的现生类群，白蚁科是最年轻的类群，估算白蚁起源时间在侏罗纪。

白蚁具木食性，在其后肠共生的原生生物或细菌能辅助消化纤维素[18]。这些共生的微生物对白蚁来说不是与生俱来的，而是后天获得的。因此新生个体需要通过交哺（trophallaxis）行为从成年同伴口中或肛门的排泄物来获得营养、原生生物或细菌。口交哺（stomodeal trophallaxis）的过程通常是受体用触角抚摸供体的头或者敲打其上颚，作为反馈，将会有液滴口对口地从供体流至受体消化道[11]。这样的亲密动作会让受体咽下唾液或包括木碎片的反刍液。肛门交哺（proctodeal trophallaxis）则是受体用触角、触须或者前足触碰供体的肛门周区域，接着受体咽下来自供体直肠的排泄物。这样两种交哺方式对白蚁来说是不可缺少的，因为白蚁的兵蚁上颚的退化，无法自主进食，必须由工蚁通过口交哺的方式喂食。另外，新孵化的白蚁或者蜕皮后的白蚁都需要通过交哺方式获取原生生物或细菌。

基于具体的食物来源，白蚁常被分为两类：低等白蚁（lower termites）和高等白蚁（higher termites）。低等白蚁的肠道内包括原生生物和多种细菌，主要食用被真菌感染的朽木。高等白蚁的肠道内只有多种细菌，无原生生物[19]，食用多种来源的纤维素，比如粪便、腐殖质、草、叶子和根[20]。

▼图8.1 台湾乳白蚁 Coptotermes formosanus 工蚁　史宗文拍摄

▼图8.2 台湾乳白蚁 Coptotermes formosanus 工蚁　史宗文拍摄

▼图8.3 在台湾发现的高山象白蚁兵蚁 Nasutitermes takasagoensis 栖息在树干基部　罗美玲拍摄

知识窗：已知最古老的澳白蚁

　　缅甸琥珀中保存了白垩纪时期最具多样性的白蚁，为白蚁基干类群的系统发育研究提供了重要的研究材料。近期在缅甸琥珀中首次发现了最古老的澳白蚁（图8.4），填补了这个关键类群在其起源阶段没有明确化石记录的空缺[17]。夏氏不等白蚁*Anisotermes xiai* Zhao，Eggleton & Ren，2019（图8.4B）的前胸背板宽大且略呈马鞍状，具有4个宽大且强壮的翅，网脉发达，部分甚至呈横脉状，C，Sc，R，Rs和M脉均强烈硬化，比CuA脉的颜色更深，最明显的特征是其后翅具臀区。夏氏不等白蚁的工蚁/拟工蚁和兵蚁同现生的达尔文澳白蚁非常相似，差异主要体现在前/中/后胸背板的形状。同时报道的还有单列澳白蚁*Mastotermes monostichus* Zhao，Eggleton & Ren，2019（图8.4C），该标本保存了左侧的两个翅。单列澳白蚁相比其他已知的澳白蚁翅脉更简单，分支略少，部分网脉同样发达甚至呈近横脉状，后翅臀区及A脉明显。将夏氏不等白蚁多品级雌雄标本的形态信息加入系统发育研究，结果表明澳白蚁科为一个单系，而由古白蚁科、胃白蚁科和草白蚁科构成的"广义草白蚁科（Hodotermitidae sensu lato）"也是一个单系，其中的3个科也分别具有共有衍征，支持各自成为单系。

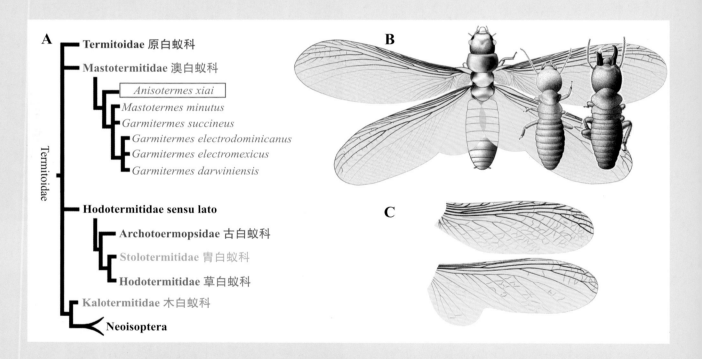

▲ 图8.4　基于现生和化石基干类群重建的白蚁科级系统发育关系和已知最古老的澳白蚁

　　　　A. 白蚁基干类群的科间系统发育关系（包括澳白蚁科科内系统发育关系）；

　　　　B. 夏氏不等白蚁 *Anisotermes xiai* 的有翅型、工蚁、兵蚁，它们继承了部分蜚蠊目的原始的祖征（有翅型正模标本由夏方远提供）；

　　　　C. 单列澳白蚁 *Mastotermes monostichus* 的 1 对左翅，翅上的网脉丰富

白蚁巢提供了安全保障来抵御环境不利因素和潜在的捕食者。白蚁筑巢位置常分为三种，即地下巢（完全建于地下）、地上巢（伸出地表）、木栖（栖息在木头中）[21]。多数白蚁巢建在隐蔽的地下。在非洲、澳洲和南美洲干燥或排水较好的地方有很多白蚁用沙土和泥构筑的沙堆，里面拥有复杂的分支系统管道和沟，为地下部分形成优良的通风和温控系统。一些白蚁在木结构中筑巢，比如：原木、树桩、树木枯死的部分，这种栖息性有时造成了人类建筑材料的损毁。

白蚁的巢形成稳定的生态系统，能够保持适宜的温度、湿度。有些高等白蚁可以通过培养真菌来保证巢内供应一定的营养。在巢内，因大多数白蚁不具良好的视力，所以其基本的沟通交流主要是通过化学气味信号和物理信号[22, 23]。化学信号不仅参与调控了白蚁的品级分化[24, 25]，由腹板腺分泌的气味分子还作用于巢外觅食中的交流和追踪。此外，物理信息交流也至关重要，比如交哺行为中的触觉刺激[11]和头部快速振动敲打巢内结构产生的警告信号。白蚁巢属于相对封闭的环境，所以巢内卫生也尤为重要，清洁的环境能有效避免腐败和病原体的传染。如果死亡的个体没有被妥善地处理掉，对巢内其他个体的生存也会有负面影响。有意思的是，工蚁有处理尸体的行为，包括：绕行[26]、食尸[27, 28]和搬运残渣掩埋尸体[11, 26, 29-33]。尸体信号主要通过化学气味、物理触觉和生物视觉传播[34]。

白蚁拥有如此精妙的庇护所，吸引其他动物到巢穴中也是情有可原的。这些在白蚁巢中发现的其他动物被称为蟊客（termitophiles），"蟊客"一词也常用来表示专性蟊客，即仅在白蚁巢中发现其他类群的寄居生物。已发现的昆虫类蟊客集中在双翅目、半翅目、膜翅目、鳞翅目、鞘翅目中，也发现过内口纲弹尾目类群[11, 35]。蟊客通常利用白蚁巢中的物质和能量来生存繁衍，有些与寄主白蚁构成了互利共生的关系。蚂蚁作为白蚁的主要天敌，常捕食白蚁（图8.5），甚至成群袭击白蚁巢，捕食巢内的白蚁。为了应对这样的斗争，白蚁兵蚁也具备发达的上颚作为武器来保卫家园。白蚁的武装策略主要包括：利用上颚咬合直接攻击侵略者，由囟门喷出化学物质逼退侵略者，利用塞子状的头来堵住洞口防止入侵。

▲ 图 8.5　蚂蚁攻击一只台湾乳白蚁 *Coptotermes formosanus* 工蚁
　　史宗文拍摄

8.2　白蚁化石的研究进展

卡氏白垩白蚁 *Cretatermes carpenteri* Emerson，1967是最先被报道的白垩纪白蚁化石，产地为加拿大拉布拉多[40]。已知最早的白蚁化石记录距今约1.3亿年，为早白垩世，包括布氏瓦迪白蚁 *Valditermes brenanae* Jarzembowski，1981[41-43]和贝氏美亚白蚁 *Meiatermes bertrani* Lacasa-Ruiz & Martínez-Delclòs，1986[42, 44]。白蚁化石在中新世多米尼加琥珀中有较高的多样性，保存了很多精美保存的标本[45-47]。迄今为止，已有40属45种白垩纪白蚁被描述，大多数为有翅成虫，而工蚁、兵蚁鲜有保存。已知最早确凿的工蚁和兵蚁来自白垩纪中期缅甸琥珀（99 Mya）[1, 17, 48]。目前，仅有6属7种白蚁在下白垩统卢尚坟组被报道，产地位于中国北京西南房山卢尚坟村[49]。除此之外，没有其他来自侏罗纪或更早地质时期的白蚁化石在中国北方报道。

知识窗：白蚁的真社会性

白蚁作为一种真社会性昆虫，具有很多复杂的社会行为，比如：品级分化、合作育幼、世代重叠、交哺、筑巢护巢、群体交流、埋藏尸体、集体觅食（另见第22章）。这些行为极大地增强白蚁巢内种群的生存率及发展规模，使白蚁成为最成功的昆虫之一。有些白蚁巢内个体数量最多能达到几百万，蚁后可存活长达30~50年，是目前已知寿命最长的昆虫。现有证据表明白蚁是最早具备真社会性的昆虫，特殊的木食性很可能是其真社会性产生的基础[36-38]。再加上白垩纪时期被子植物的逐渐繁盛，白蚁有了丰富的食物来源，使其具有生态学的优势[15]。

最近在缅甸琥珀中发现的3个已知最古老的白蚁群[39]，属于胃白蚁科秩序白蚁属 *Cosmotermes* Zhao，Yin，Shih & Ren，2020。其中一块缅甸琥珀（图8.6A）中包含了共89只多型秩序白蚁 *Cosmotermes multus* Zhao，Yin，Shih & Ren，2020，包括工蚁/伪工蚁、兵蚁和未成熟的幼虫（图8.6B）。相比之前白垩纪化石研究中报道的单个的白蚁，多型秩序白蚁群满足了所有真社会性的重要特征，揭示了白垩纪中期白蚁群体的真社会性已经出现。共埋藏的木碎片和粪粒的形态连同系统学的证据，都指向多型秩序白蚁是一类湿木白蚁（dampwood termites）的结论，具有在湿木或朽木中生活的生态习性（图8.6C）。

▲ 图8.6　多型秩序白蚁群 *Cosmotermes multus* Zhao，Yin，Shih & Ren，2020[39]
　　　　A. 埋藏了白蚁群的缅甸琥珀 CNU008418 照片；
　　　　B. 多型秩序白蚁兵蚁（左）和伪工蚁（右）复原线条图；
　　　　C. 生态复原图，描绘了白垩纪中期的多型秩序白蚁在湿木上的生活状态
　　　　赵志鹏绘制

8.3　中国北方地区白蚁的代表性化石

草白蚁科 Hodotermitidae Desneux，1904

草白蚁也被称为"收割白蚁（harvester termites）"，因为这类白蚁的食物主要是来自收集的干草。草白蚁有以下主要形态特征：无囟门和单眼；触角念珠状，触角节数23~32节；左上颚具1顶齿和3缘齿，右上颚具1顶齿和2缘齿；前胸背板马鞍状，比头窄；翅网脉较发达，Rs脉具下支；足上具4跗节，端距公式为3∶2~5∶3~5；只有第4腹板具腹板腺；尾须节数1~5节，刺突通常存在。

蓟白蚁属 *Jitermes* Ren，1995

Jitermes Ren，1995，*Faunae and Stratigraphy of Jurassic-Cretaceous in Beijing and the Adjacent Areas.* Geological Publishing House，Beijing，56–57[49]（original designation）.

模式种：蔡氏蓟白蚁 *Jitermes tsaii* Ren，1995。

种名为纪念著名的昆虫学家蔡邦华教授。

前翅：肩缝斜直；Rs首次分支接近翅基部，约5上支，无次级分支，下支结束于近翅端；M位于Rs和CuA居中位置；M首次分支位置距翅基约1/3翅长，略晚于Rs首次分支位置；M域宽，共约6支，包括次级分支；CuA分支较少，结束位置距翅基超过翅长一半；翅网脉发达。

产地及时代：北京，早白垩世。

中国北方地区白垩纪仅报道1种（详见表8.1）。

燕京白蚁属 *Yanjingtermes* Ren，1995

Yanjingtermes Ren，1995，*Faunae and Stratigraphy of Jurassic-Cretaceous in Beijing and the Adjacent Areas.* Geological Publishing House，Beijing，57–58[49]（original designation）.

模式种：硕燕京白蚁 *Yanjingtermes giganteus* Ren，1995。

前翅：R1在近基部分两为2支；Rs区域在翅端部宽；Rs具约5上支，第一支离翅基近，上支具次级分支，下支发达，结束于翅后缘；M距CuA更近，首次分支晚于Rs首次分支；M域宽，分支多；CuA域相对较窄，脉密集；网脉较发达。

产地及时代：北京，早白垩世。

中国北方地区白垩纪仅报道1种（详见表8.1）。

永定白蚁属 *Yongdingia* Ren，1995

Yongdingia Ren，1995，*Faunae and Stratigraphy of Jurassic-Cretaceous in Beijing and the Adjacent Areas.* Geological Publishing House，Beijing，58–59[49]（original designation）.

模式种：美丽永定白蚁 *Yongdingia opipara* Ren，1995。

前翅：肩缝直；翅后缘明显长于前缘；Rs域在翅端前部较宽，但是不如燕京白蚁属明显，Rs上支短，与前缘成角度较大，有次级脉；下支无次级脉；M与Rs在翅基外独立，与Rs和Cu距离相当，首次分支发生于翅中部，晚于Rs首次分支；CuA域宽大，端部结束点距翅端小于翅长一半；翅网脉发达。

产地及时代：北京，早白垩世。

中国北方地区白垩纪仅报道1种（详见表8.1）。

华夏白蚁属 *Huaxiatermes* Ren，1995

Huaxiatermes Ren，1995，*Faunae and Stratigraphy of Jurassic-Cretaceous in Beijing and the Adjacent Areas*. Geological Publishing House，Beijing，59–60[49] (original designation).

模式种：黄氏华夏白蚁*Huaxiatermes huangi* Ren，1995。

种名献给著名的昆虫学家黄复生教授。

前翅：肩缝弯曲；翅后缘长于前缘；Rs无下支，发育至翅后缘近翅端；M起源于Rs的基部，分支较多，首次分支位置略早于Rs首次分支；CuA在肩缝上的起点距Rs很近，分支多，结束位置近于后缘中点；网脉相对较弱。

产地及时代：北京，早白垩世。

中国北方地区白垩纪仅报道1种（详见表8.1）。

亚白蚁属 *Asiatermes* Ren，1995

Asiatermes Ren，1995，*Faunae and Stratigraphy of Jurassic-Cretaceous in Beijing and the Adjacent Areas*. Geological Publishing House，Beijing，60[49] (original designation).

模式种：网脉亚白蚁*Asiatermes reticulatus* Ren，1995。

前翅：与白垩白蚁*Cretatermes*相似；前缘区域狭窄，Rs共4支，基部第三支具次级分支，无下支，发育至翅后缘；M与CuA愈合，网脉发达。

产地及时代：北京，早白垩世。

中国北方地区白垩纪仅报道1种（详见表8.1）。

中生白蚁属 *Mesotermopsis* Engel and Ren，2003

Mesotermes Ren，1995，*Faunae and Stratigraphy of Jurassic-Cretaceous in Beijing and the Adjacent Areas*. Geological Publishing House，Beijing，60–61[49] (original designation).

Mesotermopsis Engel and Ren，2003，*J. Kans. Entomol. Soc.*，76（3）：536 (*nom. nov.* for *Mesotermes* Ren，1995)

模式种：不全中生白蚁*Mesotermes incompletus* Ren，1995（original designation）。

前翅：Rs具较多长的上支，无下支和次级分支，结束于翅端；M具4~5支，首次分支略晚于Rs首次分支；M域相对较窄；CuA域宽，CuA多分支，结束于近翅顶端的后缘上；网脉不发达。

产地及时代：北京，早白垩世。

中国北方地区白垩纪报道2种（详见表8.1）。

宽中生白蚁 *Mesotermopsis lata*（Ren，1995）

Mesotermes latus Ren，1995，*Faunae and Stratigraphy of Jurassic-Cretaceous in Beijing and the Adjacent Areas*. Geological Publishing House，Beijing，61[49]. (original designation)

Mesotermopsis latus Engel and Ren，2003，*J. Kans. Entomol. Soc.* 76（3）：536.（*nom. nov.* for *Mesotermes* Ren，1995）.

Mesotermopsis lata Engel，Grimaldi and Krishna，2007，*Stutt. Beitr. Naturkd. B.*，371：1–32.

产地及时代：北京，早白垩世。

前翅：Rs上支宽度适中，平行于前缘，几乎结束于翅端，Rs下支不发育；M区域窄，共4支；CuA长，分支多，网脉不发达。

表8.1　中国白垩纪白蚁化石名录

科	种	产地	层位 / 年代	文献出处
Hodotermitidae	*Jitermes tsaii* Ren，1995	北京房山	卢尚坟组 /K$_1$	任东等，1995[49]
	Yanjingtermes giganteus Ren，1995	北京房山	卢尚坟组 / K$_1$	任东等，1995[49]
	Yongdingia opipara Ren，1995	北京房山	卢尚坟组 / K$_1$	任东等，1995[49]
	Huaxiatermes huangi Ren，1995	北京房山	卢尚坟组 / K$_1$	任东等，1995[49]
	Asiatermes reticulatus Ren，1995	北京房山	卢尚坟组 / K$_1$	任东等，1995[49]
	Mesotermopsis incompleta Ren，1995	北京房山	卢尚坟组 / K$_1$	Engel *et al.* 2007[42]
	Mesotermopsis lata Ren，1995	北京房山	卢尚坟组 / K$_1$	Engel *et al.* 2007[42]

参考文献

[1] ENGEL M S, BARDEN P, RICCIO M L, et al. Morphologically specialized termite castes and advanced sociality in the Early Cretaceous ［J］. Current Biology, 2016, 26 (4): 522-530.

[2] EGGLETON P. Global patterns of termite diversity ［M］. // ABE T, BIGNELL D E, HIGASHI M. Termites: Evolution, Sociality, Symbioses, Ecology. Dordrecht: Springer, 2000.

[3] LO N, TOKUDA G, WATANABE H, et al. Evidence from multiple gene sequences indicates that termites evolved from wood-feeding cockroaches ［J］. Current Biology, 2000, 10 (13): 801-804.

[4] INWARD D, BECCALONI G, EGGLETON P. Death of an order: a comprehensive molecular phylogenetic study confirms that termites are eusocial cockroaches ［J］. Biology Letters, 2007, 3 (3): 331-335.

[5] LO N, ENGEL M S, CAMERON S L, et al. Save Isoptera: a comment on Inward et al ［J］. Biology Letters, 2007, 3 (5): 562–565.

[6] EGGLETON P, BECCALONI G, INWARD D. Response to Lo et al ［J］. Biology Letters, 2007, 3 (5): 564–565.

[7] ENGEL M S. Family-group names for termites (Isoptera), redux ［J］. Zookeys, 2011, 148: 171-184.

[8] CAMERON S L, LO N, BOURGUIGNON T, et al. A mitochondrial genome phylogeny of termites (Blattodea: Termitoidae): robust support for interfamilial relationships and molecular synapomorphies define major clades ［J］. Molecular Phylogenetics and Evolution, 2012, 65 (1): 163-173.

[9] XIAO B, CHEN A, JIANG G, et al. Complete mitochondrial genomes of two cockroaches, Blattella germanica and Periplaneta americana, and the phylogenetic position of termites ［J］. Current Genetics, 2012, 58: 65-77.

[10] KORB J. Termites, hemimetabolous diploid white ants? ［J］. Frontiers in Zoology, 2008, 5 (1): 15.

[11] KRISHNA K, WEESNER F M. Biology of Termites ［M］. New York and London: Academic Press, 1969.

[12] KRISHNA K, GRIMALDI D A, KRISHNA V, et al. Treatise on the isoptera of the world ［M］. New York: Bulletin of the Museum of Natural History, 2013.

[13] INWARD D J, VOGLER A P, EGGLETON P. A comprehensive phylogenetic analysis of termites (Isoptera) illuminates key aspects of their evolutionary biology ［J］. Molecular Phylogenetics and Evolution, 2007, 44 (3): 953–967.

[14] LEGENDRE F, WHITING M F, BORDEREAU C, et al. The phylogeny of termites (Dictyoptera: Isoptera) based on mitochondrial and nuclear markers: Implications for the evolution of the worker and pseudergate castes, and foraging behaviors ［J］. Molecular Phylogenetics and Evolution, 2008, 48 (2): 615–627.

[15] ENGEL M S, GRIMALDI D A, KRISHNA K. Termites (Isoptera): their phylogeny, classification, and rise to ecological dominance ［J］. American Museum Novitates, 2009: 3650

[16] BOURGUIGNON T, LO N, CAMERON S L, et al. The evolutionary history of termites as inferred from 66 mitochondrial genomes [J]. Molecular Biology and Evolution, 2015, 32 (2): 406–421.

[17] ZHAO Z, EGGLETON P, YIN X, et al. The oldest known mastotermitids (Blattodea: Termitoidae) and phylogeny of basal termites [J]. Systematic Entomology, 2019, 44: 612–623.

[18] WIER A, DOLAN M, GRIMALDI D A, et al. Spirochete and protist symbionts of a termite (Mastotermes electrodominicus) in Miocene amber [J]. Proceedings of the National Academy of Sciences of the United States of America, 2002, 99 (3): 1410–1413.

[19] BREZNAK J A, BRUNE A. Role of microorganisms in the digestion of lignocellulose by termites [J]. Annual Review of Entomology, 1994, 39 (1): 453–487.

[20] RADEK R. Flagellates, bacteria, and fungi associated with termites: diversity and function in nutrition – a review [J]. Ecotropica, 1999, 5: 183–196.

[21] NOIROT C, DARLINGTON J P E C. Termite nests: architecture, regulation and defence [M]. // ABE T, BIGNELL D E, HIGASHI M. Termites: Evolution, Sociality, Symbioses, Ecology. Netherlands Dordrecht: Springer, 2000.

[22] COSTA-LEONARDO A M, HAIFIG I. Pheromones and exocrine glands in Isoptera [J]. Vitamins and Hormones, 2010, 83: 521–549.

[23] COSTA-LEONARDO A M, HAIFIG I. Termite communication during different behavioral activities [M]. // GUENTHER W. Biocommunication of Animals. Netherlands: Springer, 2013.

[24] BORDEREAU C. The role of pheromones in termite caste differentiation [M]. // WATSON J, OKOT-KOBER B, NOIROT C. Caste differentiation in social insects. Oxfort: Pergamon Press, 1985.

[25] BORDEREAU C, PASTEELS J M. Pheromones and Chemical Ecology of Dispersal and Foraging in Termite [M]. // BIGNELL D E, ROISIN Y, LO N. Biology of Termites: A Modern Synthesis. Netherlands：Springer, 2011.

[26] SU N Y. Response of the Formosan subterranean termites (Isoptera: Rhinotermitidae) to baits or nonrepellent termiticides in extended foraging arenas [J]. Journal of Economic Entomology, 2005, 98: 2143–2152.

[27] KRAMM K R, WEST D F, ROCKENBACH P G. Termite pathogens: Transfer of the entomopathogen Metarhizium anisopliae between *Reticulitermes* sp. termites [J]. Journal of Invertebrate Pathology, 1982, 40: 1–6.

[28] ROSENGAUS R, TRANIELLO J. Disease susceptibility and the adaptive nature of colony demography in the dampwood termite Zootermopsis angusticollis [J]. Behavioral Ecology and Sociobiology, 2001, 50 (6): 546–556.

[29] ZOBERI M H. Metarhizium anisopliae, a fungal pathogen of *Reticulitermes flavipes* (Isoptera: Rhinotermitidae) [J]. Mycologia, 1995, 87: 354–359.

[30] MYLES T G. Alarm, aggregation, and defense by *Reticulitermes flavipes* in response to a naturally occurring isolate of Metarhizium anisopliae [J]. Soiobiology, 2002, 40: 13.

[31] CHOUVENC T, ROBERT A, SEMON E, et al. Burial behaviour by dealates of the termite Pseudacanthotermes spiniger (Termitidae, Macrotermitinae) induced by chemical signals from termite corpses [J]. Insectes Sociaux, 2012, 59: 119–125.

[32] ULYSHEN M D, SHELTON T G. Evidence of cue synergism in termite corpse response behavior [J]. Naturwissenschaften, 2012, 99: 89–93.

[33] SUN Q, HAYNES K F, ZHOU X. Differential undertaking response of a lower termite to congeneric and conspecific corpses [J]. Scientific Reports, 2013, 3: 1650.

[34] SUN Q, ZHOU X. Corpse management in social insects [J]. International Journal of Biological Sciences, 2013, 9 (3): 313–321.

[35] CAI C, HUANG D, NEWTON A F, et al. Early evolution of specialized termitophily in cretaceous rove beetles [J]. Current Biology, 2017, 27 (8): 1229–1235.

[36] WILSON E O. The Insect Societies [M]. Cambridge: Massachusetts: Belknap Press of Harvard University Press, 1971.

[37] GRIMALDI D A, ENGEL M S. Evolution of the Insects [M]. Cambridge: Cambridge University Press, 2005.

[38] NALEPA C A. Altricial Development in Wood-Feeding Cockroaches: The Key Antecedent of Termite Eusociality [M]. // BIGNELL D E, ROISIN Y, LO N. Biology of Termites: A Modern Synthesis. Netherlands: Springer, 2011.

[39] ZHAO Z, YIN X, SHIH C K, et al. Termite colonies from mid-Cretaceous Myanmar demonstrate their early eusocial lifestyle in damp wood [J]. National Science Review, 2020, 7: 381–390.

[40] EMERSON A E. Cretaceous insects from Labrador A new genus and species of Termite. (Isoptera Hodotermitidae) [J].

Psyche, 1967, 74: 276–289.

［41］JARZEMBOWSKI E A. An early Cretaceous termite from southern England (Isoptera Hodotermitidae) ［J］. Systematic Entomology, 1981, 6: 91–96.

［42］ENGEL M S, GRIMALDI D A, KRISHNA K. Primitive termites from the Early Cretaceous of Asia (Isoptera) ［J］. Stuttgarter Beiträge zur Naturkunde Serie B, 2007, 371: 1–32.

［43］WOLFE J M, DALEY A C, LEGG D A, et al. Fossil calibrations for the arthropod Tree of Life ［J］. Earth-Science Reviews, 2016, 160: 43–110.

［44］DELCLÒS X, MARTINELL J. The Oldest Known Record of Social Insects ［J］. Journal of Paleontology, 1995, 63: 594–599.

［45］KRISHNA K, GRIMALDI D A. A New Fossil Species from Dominican Amber of the Living Australian Termite Genus Mastotermes (Isoptera: Mastotermitidae) ［J］. American Museum Novitates, 1991, 3021: 1–10.

［46］KRISHNA K. New Fossil Species of Termites of the Subfamily Nasutitermitinae from Dominican and Mexican Amber(Isoptera, Termitidae) ［J］. American Museum Novitates, 1996, 3176: 1–8.

［47］ENGEL M S, KRISHNA K. New Dolichorhinotermes from Ecuador and in Mexican Amber (Isoptera: Rhinotermitidae) ［J］. American Museum Novitates, 2007, 3592: 1–8.

［48］SHI G, GRIMALDI D A, HARLOW G E, et al. Age constraint on Burmese amber based on U–Pb dating of zircons ［J］. Cretaceous Research, 2012, 37: 155–163.

［49］任东，卢立伍，郭子光，等. 北京与邻区侏罗—白垩纪动物群及其地层 ［M］. 北京：地震出版社，1995.

第9章
直翅目

顾俊杰，史宗冈，任东

9.1　直翅目简介

　　直翅目是最古老的昆虫之一，从石炭纪晚期出现，一直延续至今，包括蝗虫、蚱蜢、螽斯、蟋蟀等。目前已描述约25 700个现生物种。直翅目为不完全变态昆虫，体型通常较大，最大者体长超过120 mm，最小者不足5 mm。它们广泛分布于各个生物区系，在热带地区多样性十分丰富，在高海拔或高纬度地区多样性较低。

　　作为陆生昆虫的重要一员，多数直翅目昆虫有发达的善于跳跃的后足。其头为前口式，丝状触角，前胸背板呈马鞍状，2对翅，翅脉较直，前翅革质，有些特化产生发音器官，后翅膜质。咀嚼式口器，食性多样。

　　直翅目包括螽亚目和蝗亚目。现生螽亚目由7总科共11科构成，如蟋蟀、螽斯、灶马、蝼蛄、裂跗螽等，共2 000余属，12 000余种，以长于身体的触角，跗节3~4节，具发音器官的前翅和剑状或刀状产卵器为典型特征。多数雄性螽斯，甚至部分雌性均可以通过摩擦前翅发音器来发出鸣声。鸣声通常与求偶或者争斗有关。螽斯食性多样，有植食性、杂食性和捕食性；有些食性特化，专食花蜜、花粉、种子或者果实（图9.1~图9.3）。

　　现生蝗亚目包括9总科28科，如蝗虫、蚱蜢、蚤蝼等。它们以较短的触角和产卵器、发达的后足腿节和不多于3节的跗节为典型特征。多数为日间活动的植食性昆虫，有些种类具有迁飞习性，并对农牧业造成严重危害。如最臭名昭著的飞蝗，是人类历史上最具破坏力的害虫。尽管多数蝗虫都是害虫，但它们也可以作为食物为人类提供优质的蛋白质。在东南亚、中国以及墨西哥，有很多人将蝗虫以及一些其他昆虫当作美食，比如油炸蝗虫在很多餐馆、集市上常见。

▲ 图 9.1　椭翼钝树螽 *Amblycorypha oblongifolia* 取食叶片
史建明拍摄

▲ 图9.2 螽斯交配 史宗文拍摄

▲ 图9.3 螽斯羽化 史宗文拍摄

9.2 直翅目昆虫化石的研究进展

Handlirsch[3]最早对直翅目昆虫化石及其近缘类群进行了全面的总结。Handlirsch[4]将直翅总目分为原直翅目 Protorthoptera、跳跃目 Saltatoria、革翅目 Demaptera、竹节虫目 Phasmida、重舌目 Diploglossata和蓟马目 Thysanoptera。Zeuner[5]和Carpenter[6]延续了Handlirsch的系统。Sharov[7]将原直翅目分为3个目：直翅目 Orthoptera、原蜚蠊目 Protoblattodea和副襀翅目 Paraplecoptera。Sharov[8]定义直翅目包括螽亚目 Ensifera和蝗亚目 Caelifera。Gorochov[9]对螽亚目形态、分类、生态学、系统发育与演化做了全面的总结。将螽亚目分为4个次目：跳螽次目 Oedischiidea、短脉螽次目 Elcanidea、螽斯次目 Tettigoniidea和蟋蟀次目 Gryllidea（图9.4）。

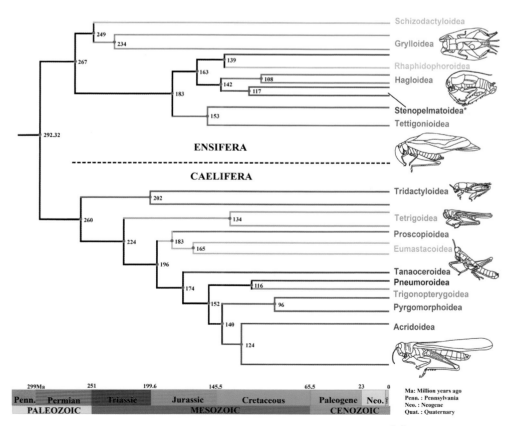

▲ 图9.4 直翅目系统发育关系及分歧时间假想图（仿自[1]）

尽管有着很长的研究历史，从石炭纪到新生代有着丰富的化石记录，但目前还未有包含化石和现生物种全面的直翅目系统发育学研究。Sharov和Gorochov在分类和系统学方面做出了大量的贡献[7-14]，但研究主要集中在经典的描述性分类工作，缺乏基于系统发育学原理的研究。Béthoux & Nel[15]首次基于支序系统学原理对石炭纪至白垩纪的化石类群并包含一现生种进行了系统发育分析，提出了新的关于包含化石类群在内的直翅目及近缘类群的系统关系假设。认为包含化石和现生类群在内的原螽总科 Hagloidea sensu Gorochov[9]是一并系群。

中国直翅目化石昆虫的研究已有50多年历史。1965年林启彬首次报道了采自中国内蒙古的直翅目昆虫化石，命名为花华原螽 Sinohagla anthoides[16]。之后，更多的古昆虫学家参与研究，发现了大量来自早侏罗世至古新世的直翅目化石。迄今为止，共描述有5科42属66种来自于侏罗纪至白垩纪的直翅目化石昆虫。在此期间，洪友崇、林启彬、张俊峰、张海春、任东、王文利、王五力、方艳、孟祥明、李连梅、顾俊杰、王贺、田河，以及O. Béthoux，F. Montealegre-Zapata，J. Prokop等先后做出贡献。

9.3　中国北方地区直翅目代表性化石

螽亚目 'Ensifera' Chopard，1920

原螽总科 Hagloidea Handlirsch，1906

土螽科 Tuphellidae Gorochov，1988

土螽科最早发现于早三叠世，一直延续到白垩纪，目前共发现5属9种，仅分布于欧亚大陆。该科翅形多宽短，MA及R呈波浪状，R分支较晚，发音区域较宽阔。

中国北方地区侏罗纪、白垩纪报道1属：里阿斯螽属 Liassophylum Zeuner，1935。

里阿斯螽属 Liassophylum Zeuner，1935

Liassophylum Zeuner，1935，*Stylops*，4：106[19]（original designation）.

模式种：短里阿斯螽 *Liassophyllum abbreviatum* Zeuner，1935。

R分支较晚，在分之前强烈向前缘弯曲；RP基部强烈弯曲；MA靠近RP，几乎相交；R与MA区域明显宽阔。

产地及时代：中国内蒙古，中侏罗世；英格兰，早侏罗世。

中国北方地区侏罗纪和白垩纪仅报道1种（详见表9.1）。

蔡氏里阿斯螽 *Liassophylum caii* Gu，Qiao & Ren，2012（图9.5）

Liassophylum caii Gu，Qiao & Ren，2012，*Alcheringa*，36（1）：27–34.

产地及层位：内蒙古宁城道虎沟；中侏罗统，九龙山组。

种名献给洪涛古生物博物馆馆长蔡洪涛先生，以感谢其捐赠标本。

该种体大型，体长约60 mm，触角着生于复眼之间，明显长于体长，触角窝下缘低于复眼腹缘，梗节圆柱状；前足胫节和后足腿节具两排刺；尾须较长。翅宽短，与腹部近等长；雄性翅端部截形；R脉简单，分支晚，在ScP弯折后向翅前缘强烈弯曲；RP基部近直角；MA波浪状，十分靠近RP基部[21]。

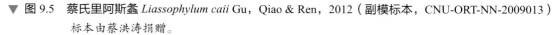

▼ 图 9.5　蔡氏里阿斯螽 *Liassophylum caii* Gu，Qiao & Ren，2012（副模标本，CNU-ORT-NN-2009013）
标本由蔡洪涛捐赠。

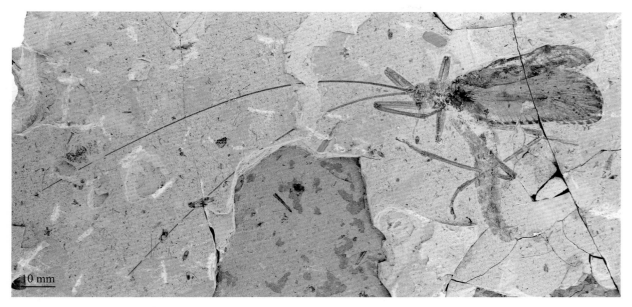

原螽科 Haglidae Handlirsch，1906

原螽科作为原螽总科最大的类群从三叠纪延续到白垩纪，繁盛于三叠纪至中侏罗世[10, 17]。该科以 CuPb 和 CuPaβ区域横脉明显弯曲，存在 "handle" 脉和扇区，RP和MA区域显著增宽为典型特征。最早的化石记录发现于阿根廷和澳大利亚中三叠统地层中。原螽科包括9个亚科[18]，种类十分丰富，共计69属93种，分布于非洲、亚洲、欧洲、大洋洲、南美洲等地的中生代地层中[19, 20]。Bèthoux & Nel[15]经过支序系统学分析认为该科应该是一并系群。

中国北方地区侏罗纪、白垩纪报道7属：古鸣螽属*Archaboilus* Martynov，1937；伊斯法原螽属*Isfaroptera* Martynov，1937；古原螽属*Archaeohagla* Lin，1965；华原螽属*Sinohagla* Lin，1965；燕山原螽属*Yenshania* Hong，1982a；莱阳原螽属*Laiyangohagla* Wang & Liu，1996；卵原螽属 *Vitimoilus* Gorochov，1996。

古鸣螽属 *Archaboilus* Martynov，1937

Archaboilus Martynov，1937，*Trud. Inst. Paleont. Acad. Sci. SSSR.*，7（1）：51[22]（original designation）.

模式种：中亚古鸣螽*Archaboilus kisylkiensis* Martynov，1937.

ScA长，ScP支脉间具间插脉，形成两列小室；MP基部弯曲，微呈波浪状；MA与RP区域被一小脉分为两部分。

产地及时代：中国内蒙古，中侏罗世；吉尔吉斯斯坦，早侏罗世；俄罗斯，侏罗纪。

中国北方地区侏罗纪仅报道1种（详见表9.1）。

悦耳古鸣螽 *Archaboilus musicus* Gu，Engel & Ren，2012（图9.6）

Archaboilus musicus Gu，Engel & Ren，2012，*PNAS*，109（10）：3868.

产地及层位：内蒙古宁城道虎沟；中侏罗统，九龙山组。

翅大型，前翅长70.0 mm以上；具宽条带状色斑；RP分支早于RA；MA弯曲，但不呈明显波浪状；CuPaβ在柄脉至后缘间向翅基部弯曲；左前翅音锉具107个音齿，中部有少许缺失；右前翅音锉保存96个音齿，基部大约有11个缺失；音齿结构不对称，具齿翼，两端音齿较短，雄性可以发出低频乐音鸣叫声[23]。

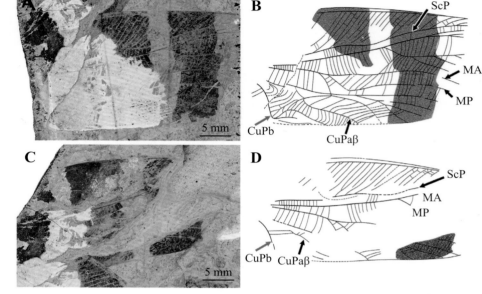

▼ 图9.6 悦耳古鸣螽 *Archaboilus musicus* Gu，Engel & Ren，2012，红色箭头示发音锉（仿自[23]）A.正模标本照片 B.线条图

中侏罗世悦耳古鸣螽的鸣声

在压痕化石中很难发现保存完好的昆虫发音器官。顾俊杰等于2012年报道了发现于中国中侏罗世的原螽科化石，悦耳古鸣螽*Archaboilus musicus*，完好地保存了发音锉与音齿[23]。标本展示了许多从未记录过的化石螽斯发音器形态细节。绝大多数螽斯类昆虫呈现明显的非对称翅，即左前翅腹面发育发音锉，右前翅臀脉域边缘发育刮器。而悦耳古鸣螽左右前翅结构高度对称，均发育骨化的发音齿。相比其他螽斯类昆虫与鸣螽科昆虫，如圆翅鸣螽 *Cyphoderris* spp.更为相似。其音齿的分布模式表明音齿间距由翅缘处向近基部成线性增加，这与现生发出律音的螽斯音齿结构类似。因此，这种对称的翅形结构及音齿分布表明悦耳古鸣螽已经适应于发出律音的鸣叫声[23]（图9.7）。

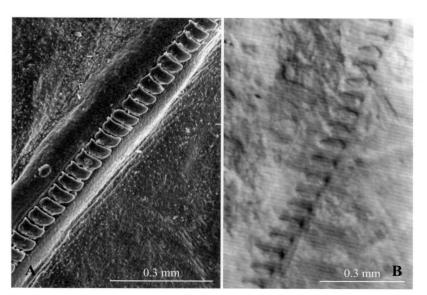

▲ 图9.7 巴氏圆翅鸣螽 *Cyphoderris buckelli* 和悦耳古鸣螽 *Archaboilus musicus* 音锉结构（仿自[23]）A.巴氏圆翅鸣螽音齿扫描电镜照；B.悦耳古鸣螽音齿

伊斯法原螽属 *Isfaroptera* Martynov，1937

Isfaroptera Martynov，1937，*Trud. Inst. Paleont. Acad. Sci. SSSR.*，7（1）：50 [22]（original designation）.

模式种：多脉伊斯法原螽 *Isfaroptera grylliformis* Martynov，1937。

RP简单，无支脉；MA不分叉，不与RP相融合；MP与CuA融合后自CuA + CuPaα分出。

产地及时代：中国内蒙古，中侏罗世；吉尔吉斯斯坦，早侏罗世。

中国北方地区侏罗纪仅报道1种（详见表9.1）。

古原螽属 *Archaeohagla* Lin，1965

Archaeohagla Lin，1965，*Acta Palaeontol. Sin.*，13：365 [16]（original designation）.

模式种：华古原螽 *Archaeohagla sinensis* Lin，1965。

R基部波浪状，RP与MA之间存在两种类型的横脉。

产地及时代：内蒙古，早侏罗世。

中国北方地区侏罗纪仅报道1种（详见表9.1）。

华原螽属 *Sinohagla* Lin，1965

Sinohagla Lin，1965，*Acta Palaeontol. Sin.*，13：364 [16]（original designation）.

模式种：花华原螽 *Sinohagla anthoides* Lin，1965。

ScP脉直，RA具5支脉到达翅端部，CuA + CuPaα第一分支起始时指向前缘。

产地及时代：内蒙古，早侏罗世。

中国北方地区侏罗纪仅报道1种（详见表9.1）。

莱阳原螽属 *Laiyangohagla* Wang & Liu，1996

Laiyangohagla Wang & Liu，1996，*Mem. Beijing Nat. Hist. Mus.*，55：70 [24]（original designation）.

模式种：北泊子莱阳原螽 *Laiyangohagla beipoziensis* Wang & Liu，1996。

上颚强壮，近三角形。ScP脉斜，R具大量支脉到达翅端，RP分支较晚，内侧听器小于外侧。

产地及时代：山东，早白垩世。

中国北方地区白垩纪仅报道1种（详见表9.1）。

卵原螽属 *Vitimoilus* Gorochov，1996

Vitimoilus Gorochov，1996，*Paleontol. Zhur.*，3：73–82 [25]（original designation）.

模式种：肩卵原螽 *Vitimoilus scaptiosus* Gorochov，1996。

前翅宽大，阔卵圆形；R分支较晚；M在翅中部分为MA和MP；CuA在翅中部之后与CuPaα融合；CuPb-CuPaβ域基部横脉不强烈弯曲。

产地及时代：中国河北、辽宁，早白垩世；俄罗斯，白垩纪。

中国北方地区白垩纪仅报道1种（详见表9.1）。

阔卵原螽 *Vitimoilus ovatus* Gu，Tian，Yin，Shi & Ren，2017（图9.8）

Vitimoilus ovatus Gu，Tian，Yin，Shi & Ren，2017，*Cret. Res.*，74：151–154.

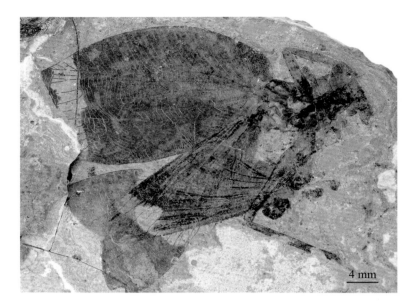

◀ 图 9.8 阔卵原螽 *Vitimoilus ovatus* Gu, Tian, Yin, Shi & Ren, 2017（正模标本, CNU-ORT-HF-2010004p）

产地及层位：河北丰宁；下白垩统，大北沟组；辽宁建昌；下白垩统，义县组。

体大型，翅长55~74 mm。前翅阔卵圆形；R分支相对较早，在M分支处分支；RP基部明显向翅前缘弯曲；M自CuA+M分出后很快分支；MP基部向翅后缘强烈弯曲，然后折向翅端；CuA + CuPaα分支5~6支，支脉间具不规则网状横脉[26]。

鸣螽科 Prophalangopsidae Kirby，1906

鸣螽科是螽亚目中十分特殊的科，繁盛于中侏罗世至早白垩世。它们以ScA脉在CuA与M+CuA分离处或之后到达翅前缘，CuA + CuPaα三分支模式和ScA支脉与ScP分支相连等为典型特征。该科是螽亚目昆虫唯一由早侏罗世延续至今的类群。它们包括两个现生亚科，鸣螽亚科Prophalangopsinae和圆翅鸣螽亚科Cyphoderrinae[1, 9, 12, 13, 27-29]。现生鸣螽呈间断分布，目前在中国西南、印度北部、美国西北和西伯利亚东部有发现。它们通常生活在高海拔地区，偏爱凉爽、湿润的环境。绝灭类群分为5个亚科：原阿博鸣螽亚科Protaboilinae、阿博鸣螽亚科Aboilinae、赤峰鸣螽亚科Chifengiinae、蜑鸣螽亚科Termitidiinae和异鸣螽亚科Tettohaglinae。最早的化石记录是原阿博鸣螽亚科的前原阿博鸣螽*Protaboilus praedictus* Gorochov，1988，发现于吉尔吉斯斯坦的下侏罗统地层中。

中国北方地区侏罗纪和白垩纪报道15属：强壮鸣螽属*Pycnophlebia* Deichmüller，1886；阿博鸣螽属*Aboilus* Martynov，1925；拟鸣螽属*Pseudohagla* Sharov，1962；似原螽属*Parahagla* Sharov，1968；商鸣螽属*Ashanga* Zherikhin，1985；巴哈阿博鸣螽属 *Bacharaboilus* Gorochov，1988；商县鸣螽属*Shangxiania* Zhang，1993；中生鸣螽属*Mesohagla* Zhang，1996；奇异阿博鸣螽属*Allaboilus* Ren & Meng，2006；狭阿博鸣螽属*Angustaboilus* Li，Ren & Meng，2007；圆阿博鸣螽属*Circulaboilus* Li，Ren & Wang，2007；新阿博鸣螽属*Novaboilus* Li，Ren & Meng，2007；曲阿博鸣螽属 *Sigmaboilus* Fang，Zhang，Wang & Zhang，2007；似商鸣螽属 *Ashangopsis* Lin，Huang & Nel，2008；剑异阿博鸣螽属 *Scalpellaboilus* Gu，Qiao & Ren，2010.

强壮鸣螽属 *Pycnophlebia* Deichmüller，1886

Pycnophlebia Deichmüller，1886，*Mitt. K. miner.-geol. Prähist. Mus. Dresden.*，7：1–88[30]（original designation）.

　　模式种：丽强壮鸣螽 *Pycnophlebia speciosa* Germar，1839。

　　体大型，粗壮。触角长，开放式听器。RP具10个支脉，支脉间具"Z"形脉。

　　产地及时代：中国辽宁，中侏罗世；德国，晚侏罗世。

　　中国北方地区侏罗纪仅报道1种（详见表9.1）。

阿博鸣螽属 *Aboilus* Martynov，1925

　　Aboilus Martynov，1925，*Bull. Acad. Sci. USSR.*，19：581[31]（original designation）.

　　模式种：环带阿博鸣螽 *Aboilus fasciatus* Martynov，1925。

　　雄性前翅长卵圆形或阔卵圆形；ScA微弯曲，在翅中部到达前缘；R在翅中部前分支；RA，RP支脉多于4支；MP起始位置相较RP更靠近CuA + CuPaα融合处。

　　产地及时代：中国内蒙古、河南，中侏罗世；中国甘肃、新疆，早侏罗世；哈萨克斯坦，晚侏罗世。

　　中国北方地区侏罗纪报道7种（详见表9.1）。

拟鸣螽属 *Pseudohagla* Sharov，1962

　　Pseudohagla Sharov，1962，*Fundamentals of Paleontology*，9：145[32]（original designation）.

　　模式种：波氏拟鸣螽 *Pseudohagla pospelovi* Sharov，1968。

　　ScA脉横切ScP支脉并在翅中部前到达前缘；RA，RP和CuA + CuPaα均具较多支脉[33]。

　　产地及时代：中国内蒙古，中侏罗世；俄罗斯，早侏罗世。

　　中国北方地区侏罗纪仅报道1种（详见表9.1）。

似原螽属 *Parahagla* Sharov，1968

　　Parahagla Sharov，1968，*Trud. Inst. Paleont. Acad. Sci. SSSR.*，118：178[8]（original designation）.

　　Hebeihagla Hong，1982，*Scientia Sin. series B*，25（10）：1118–1129[34]；*Habrohagla* Ren，Lu，Guo & Ji，1995，Seismic Publishing House，Beijing[35]；*Grammohagla* Meng & Ren，2006，*Acta Zootaxonomica Sin.*，31（2）：282–288[36]；*Trachohagla* Meng，Ren & Li，2006，*Acta Zootaxonomica Sin.* 31（4）：752–757[37]. Syn. by Gu，Qiao & Ren，2010，*J. Orthoptera Res.*，19（1）：45–56[38].

　　模式种：西伯利亚似原螽 *Parahagla sibirica* Sharov，1968。

　　前翅：ScA退化，与ScP支脉平行，MA与MP区域基部窄，约为中部的1/2，雄性前翅具柄脉。后翅：ScP呈"S"形，CuA + CuPaα后分支不到达CuPaβ；后足胫节具4个距；产卵器长于前胸背板。

　　产地及时代：中国辽宁、河北、内蒙古，早白垩世；俄罗斯，早白垩世。

　　中国北方地区白垩纪仅报道1种（详见表9.1）。

商鸣螽属 *Ashanga* Zherikhin，1985

　　Ashanga Zherikhin，1985，*Trud. Inst. Paleont. Acad. Sci. SSSR.*，211：175[39]（original designation）.

　　模式种：亮商鸣螽 *Ashanga clara* Zherikhin，1985。

　　ScA脉直，与ScP支脉融合，CuA + CuPaα融合一段后分支。

　　产地及时代：中国甘肃、辽宁，早白垩世；俄罗斯，侏罗纪。

　　中国北方地区白垩纪报道3种（详见表9.1）。

巴哈阿博鸣螽属 *Bacharaboilus* Gorochov，1988

Bacharaboilus Gorochov，1988，*Paleont. Zhur.*，2：65[11]（original designation）.

模式种：蒙古巴哈阿博鸣螽*Bacharaboilus mongolicus* Gorochov，1988。

翅后缘中部向后弯曲。ScA微弯，在翅中部前到达前缘；RP基部与MA区域显著增宽；RP基部弯曲；CuA + CuPaα分支较多。

产地及时代：中国内蒙古，中侏罗世；蒙古，中侏罗世。

中国北方地区侏罗纪报道2种（详见表9.1）。

李氏巴哈阿博鸣螽 *Bacharaboilus lii* Gu，Qiao & Ren，2011 （图9.9）

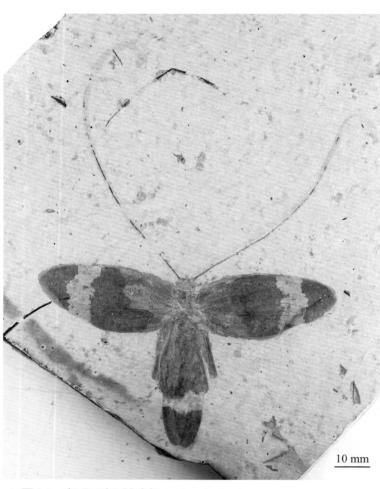

10 mm

▲ 图 9.9　李氏巴哈阿博鸣螽 *Bacharaboilus lii* Gu，Qiao & Ren，2011 （正模标本，CNU-ORT-NN2011001p）

Bacharaboilus lii Gu，Qiao & Ren，2011，*Zootaxa*，2909：65.

产地及层位：内蒙古宁城道虎沟；中侏罗统，九龙山组。

种名献给三亚古生物博物馆馆长李跃卓先生，以感谢其提供模式标本用于研究。

触角着生于复眼之间，80 mm长，远长于身体，柄节圆柱状；上颚粗壮，端部齿短钝，臼齿发达，可能为植食性。RP在RA分支前分支；CuPaβ在柄脉与后缘间成波浪状；AA1与CuPb融合一段距离[40]（图9.9）。

商县鸣螽属 *Shangxiania* Zhang，1993

Shangxiania Zhang，1993，*Palaeoworld*，2：49[41]（original designation）.

模式种：凤家山商县鸣螽*Shangxiania fengjiashanensis* Zhang，1993。

雌性前翅窄，前缘域与亚前缘域短，ScA在翅中部到达前缘。

产地及时代：陕西，早白垩世。

中国北方地区白垩纪报道2种（详见表9.1）。

中生鸣螽属 *Mesohagla* Zhang，1996

Mesohagla Zhang，1996，*Entomotaxonomia*，18（4）：250[42]（original designation）.

模式种：新疆中鸣螽 *Mesohagla xinjiangensis* Zhang，1996。

雌性前翅长约为宽的3倍，前缘较直，近翅端处弯曲，ScP末端靠近翅端，RA具两支脉。

产地及时代：新疆，早侏罗世。

中国北方地区侏罗纪报道2种（详见表9.1）。

奇异阿博鸣螽属 *Allaboilus* Ren & Meng，2006

Allaboilus Ren & Meng，2006，*Acta Zootaxonomica Sin.*，31（3）：513[43]（original designation）.

Flexaboilus Li，Ren & Meng，2007，*Acta Zootaxonomica Sin.*，32（1）：174–181[44]；*Furcaboilus* Li，Ren & Meng，2007，*Acta Zootaxonomica Sin.*，32（1）：174–181[44]. Syn. by Gu，Qiao & Ren，2010，*J. Orthoptera Res.*，19（1）：45–56[38].

模式种：二叉奇异阿博鸣螽 *Allaboilus dicrus* Ren & Meng，2006。

前翅大型，ScA长，在靠近翅中部到达前缘，ScP微呈"S"形，RA、RP与CuA + CuPaα具大量支脉，产卵器长且粗壮。

产地及时代：内蒙古，中侏罗世；辽宁，早白垩世。

中国北方地区侏罗纪、白垩纪报道4种（详见表9.1）。

狭阿博鸣螽属 *Angustaboilus* Li，Ren & Meng，2007

Angustaboilus Li，Ren & Meng，2007，*Acta Zootaxonomica Sin.*，32（1）：175[44]（original designation）.

模式种：房氏狭阿博鸣螽 *Angustaboilus fangianus* Li，Ren & Meng，2007。

ScA脉短，弓形，前缘域三角形，ScP直，在翅3/4处到达前缘。

产地及时代：内蒙古，中侏罗世。

中国北方地区侏罗纪仅报道1种（详见表9.1）。

圆阿博鸣螽属 *Circulaboilus* Li，Ren & Wang，2007

Circulaboilus Li，Ren & Wang，2007，*Acta Zootaxonomica Sin.*，32（2），412[33]（original designation）.

模式种：金黄圆阿博鸣螽 *Circulaboilus aureus* Li，Ren & Wang，2007。

前翅卵圆形，端部尖，ScA长，在翅中部之后到达前缘，ScP支脉间距较大，R分支晚，R与M区域显著增宽，雄性柄脉长且直。

产地及时代：内蒙古，中侏罗世。

中国北方地区侏罗纪报道2种（详见表9.1）。

新阿博鸣螽属 *Novaboilus* Li，Ren & Meng，2007

Novaboilus Li，Ren & Meng，2007，*Acta Zootaxonomica Sin.*，32（1）：177[44]（original designation）.

模式种：多叉新阿博鸣螽 *Novaboilus multifurcatus* Li，Ren & Meng，2007。

ScA脉微呈"S"形，ScP与前缘域宽阔，ScP支脉间距次级小脉，末端分支明显倾斜。

产地及时代：内蒙古，中侏罗世。

中国北方地区侏罗纪仅报道1种（详见表9.1）。

曲阿博鸣螽属 *Sigmaboilus* Fang，Zhang，Wang & Zhang，2007

Sigmaboilus Fang，Zhang，Wang & Zhang，2007，*Zootaxa*，1637，56[45]（original designation）.

模式种：戈氏曲阿博鸣螽 *Sigmaboilus gorochovi* Fang，Zhang，Wang & Zhang，2007。

种名献给杰出的古昆虫学家A.V. Gorochov。前翅ScA长，微呈波浪状，在翅中部之后到达前缘；ScP长，具大量支脉到达ScA；M+CuA与CuP基部横脉"S"形。后翅：ScP与R基部融合，R分支前微弯；R分支较前翅更早。

产地及时代：内蒙古，中侏罗世。

中国北方地区侏罗纪报道5种（详见表9.1）。

似商鸣螽属 *Ashangopsis* Lin，Huang & Nel，2008

Ashangopsis Lin，Huang & Nel，2008，*C. R. Palevol.*，7（4）：206 [46]（original designation）.

模式种：道虎沟似商鸣螽 *Ashangopsis daohugouensis* Lin，Huang & Nel，2008。

前胸背板窄长，前翅宽短。ScA直，与ScP近平行，前翅纵脉粗壮。

产地及时代：内蒙古，中侏罗世。

中国北方地区侏罗纪仅报道1种（详见表9.1）。

剑异阿博鸣螽属 *Scalpellaboilus* Gu，Qiao & Ren，2010

Scalpellaboilus Gu，Qiao & Ren，2010，*J. Orthoptera Res.*，19（1）：42 [38]（original designation）.

模式种：狭剑异阿博鸣螽 *Scalpellaboilus angustus* Gu，Qiao & Ren，2010。

前翅窄长，长宽比大于5，C脉发达，R波浪状，M+CuA弯曲。

产地及时代：内蒙古，中侏罗世。

中国北方地区侏罗纪仅报道1种（详见表9.1）。

短脉螽总科 Elcanoidea Handlirsch，1906

短脉螽科 Elcanidae Handlirsch，1906

短脉螽科是直翅目里很特殊的类群，出现于三叠纪至白垩纪晚期。它们拥有与螽亚目相似的长的、丝状触角，但翅脉与螽斯类和蟋蟀类均有较大区别。其系统发育关系一直未得到解决。Sharov认为短脉螽与蝗亚目互为姐妹群关系。短脉螽总科和二叠针螽总科可能与所有其他直翅目总科互为姐妹群关系 [17]。Gorochov对短脉螽科进行了修订，认为其包括两个亚科：短脉螽亚科Elcaninae和古短脉螽亚科Archelcaninae。截至目前，共描述包括琥珀在内的短脉螽科15属32种，分布于巴西、中国、欧洲和缅甸的侏罗系至白垩系地层当中 [8, 47–49]。

中国北方地区侏罗纪和白垩纪报道5属：潘诺短脉螽属 *Panorpidium* Westwood，1854；原巴短脉螽属 *Probaisselcana* Gorochov，1989；似短脉螽属 *Parelcana* Handlirsch，1906；热河短脉螽属 *Jeholelcana* Fang，Heads，Wang，Zhang & Wang，2018；华短脉螽属 *Sinoelcana* Gu，Tian，Wang & Yue，2020。

潘诺短脉螽属 *Panorpidium* Westwood，1854

Panorpidium Westwood，1854，*Q. J. geol. Soc. Lond.*，10：394 [50]（original designation）.

模式种：格脉潘诺短脉螽 *Panorpidium tessellatum* Westwood，1854。

前翅通常中型到大型，ScA分支较少；在RP与CuA + CuPaα间具3条或4条纵脉；CuPaβ末端与CuPb和1A融合。

产地及时代：中国辽宁，早白垩世；英格兰，早白垩世。

中国北方地区白垩纪仅报道1种（详见表9.1）。

义县潘诺短脉螽 *Panorpidium yixianensis* Fang，Wang，Zhang，Wang，Jarzembowski，Zheng，Zhang，Li & Liu，2015 （图9.10）

Panorpidium yixianensis Fang，Wang，Zhang，Wang，Jarzembowski，Zheng，Zhang，Li & Liu，2015，*Cret. Res.*，52：323–328.

产地及层位：内蒙古宁城杨树湾子；下白垩统，义县组。

前翅较大，ScA支脉较少；在RP与CuA+CuPaα之间具4条纵脉；MP至臀域区域较窄[49]。

原巴短脉螽属 *Probaisselcana* Gorochov，1989

Probaisselcana Gorochov. 1989，*Vestnik Zoologii*，4：26[51]（original designation）.

模式种：卡拉套原巴短脉螽*Probaisselcana karatavica* Sharov，1968。

前翅中型至大型，ScA支脉较少，在RP基部与CuA+CuPaα之间具2条纵脉，MP至臀域区域较短，臀区具网状横脉。

产地及时代：中国辽宁，早白垩世；英格兰，早白垩世；哈萨克斯坦，晚侏罗世。

中国北方地区白垩纪仅报道1种（详见表9.1）。

宽距原巴短脉螽 *Probaisselcana euryptera* Tian，Gu & Ren，2019 （图9.11）

Probaisselcana euryptera Tian，Gu & Ren，2019，*Cret. Res.*，99：275–280.

产地及层位：内蒙古宁城杨树湾子；下白垩统，义县组。

前翅大型，ScA支脉较少，R在翅中部分支，RP具梳状分支，MP不分支，臀区具不规则横脉[52]。

热河短脉螽属 *Jeholelcana* Fang，Heads，Wang，Zhang & Wang，2018

Jeholelcana Fang，Heads，Wang，Zhang & Wang，2018，*Cret. Res.*，86：131[53]（original designation）.

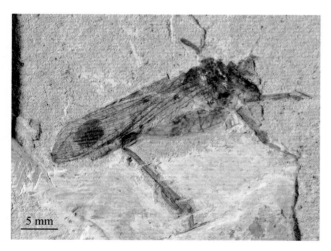

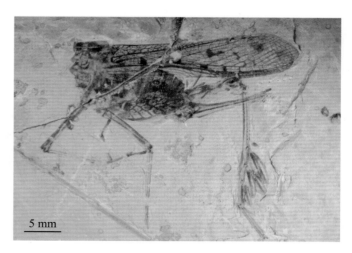

▲ 图 9.10　义县潘诺短脉螽 *Panorpidium yixianensis* Fang，Wang，Zhang，Wang，Jarzembowski，Zheng，Zhang，Li & Liu，2015（正模标本，NIGP 159068）
张海春供图

▲ 图 9.11　宽距原巴短脉螽 *Probaisselcana euryptera* Tian，Gu & Ren，2019（正模标本，CNU-ORT-NL2011035）

模式种：燕热河短脉螽*Jeholelcana yanensis* Fang，Heads，Wang，Zhang & Wang，2018。

前翅中型，ScA支脉较少，在RP基部与CuA+CuPaα之间具3条纵脉；后足胫节沿端部向基部排列3对大型、1对小型叶状距。

产地及时代：辽宁，早白垩世。

中国北方地区白垩纪仅报道1种（详见表9.1）。

似短脉螽属 *Parelcana* Handlirsch，1906

Parelcana Handlirsch，1906，*Ein Handbuch für Paläontologen und Zoologen*，1（3–4）:421[3]（original designation）.

模式种：纤细似短脉螽*Parelcana tenuis* Handlirsch，1906。

前翅ScP具大量支脉到达前缘，M在MA1与RP融合之前具3分支，CuA短，CuPaβ，CuPb，和AA1不融合。

产地及时代：内蒙古，中侏罗世。

中国北方地区侏罗纪仅报道1种（详见表9.1）。

华短脉螽属 *Sinoelcana* Gu，Tian，Wang & Yue，2020

Sinoelcana Gu，Tian，Wang & Yue，2020，*ZooKeys*，954：65–74[55]（original designation）.

模式种：倭华短脉螽*Sinoelcana minuta* Gu，Tian，Wang & Yue，2020。

产卵器镰刀状，后足胫节具叶状距；在RP基部与CuA+CuPaα之间具2条纵脉，CuPaα短，自CuPa分出后立即与M+CuA融合，CuPaα与M+CuA融合较长一段距离。

产地及时代：内蒙古，中侏罗世。

中国北方地区侏罗纪仅报道1种（详见表9.1）。

倭华短脉螽 *Sinoelcana minuta* Gu，Tian，Wang & Yue，2020（图9.12）

产地及层位：内蒙古宁城道虎沟；中侏罗统，九龙山组。

前胸背板马鞍状，后足胫节具4对叶状距；前翅深色，无圆形色斑，RP在ScP到达前缘后与MA1融合，尾须粗短，圆锥状，产卵器2倍于前胸背板之长[55]。

◀ 图 9.12　倭华短脉螽 *Sinoelcana minuta* Gu，Tian，Wang & Yue，2020（正模标本，IMMNH-PI11334）

5 mm

蝗亚目 'Caelifera' Ander，1936

拟蝗总科 Locustopsoidea Handlirsch，1906

拟蝗科 Locustopsidae Handlirsch，1906

拟蝗科 Locustopsidae 是蝗亚目一灭绝科，出现于三叠纪至晚白垩世。该科包括拟蝗亚科 Locustopsinae 和河蝗亚科 Araripelocustinae，以CuPaβ起始于翅基半部和CuA + CuPaα具1~3分支典型特征[47]。在德国、法国、英国、俄罗斯、中亚、中国、埃及、北美洲、巴西和澳大利亚均有发现。其中Locustopsinae出现于晚三叠世至晚白垩世，最早的化石记录为英国晚三叠世的 Locustopsis spp.。河蝗亚科只在早白垩世有发现。截至目前，该科共描述17属70种[20]。

中国北方地区侏罗纪仅报道1属：拟蝗属 Locustopsis Handlirsch，1906。

拟蝗属 Locustopsis Handlirsch，1906

Locustopsis Handlirsch，1906，*Ein Handbuch für Paläontologen und Zoologen*，1（3–4），421[3]（original designation）.

模式种：雅拟蝗 *Locustopsis elegans* Handlirsch，1906。

小型到中型。前翅MA分3支；CuA + CuPaα分两支。

产地及时代：中国内蒙古，中侏罗世；德国，早侏罗世；英国，晚三叠世；哈萨克斯坦，中侏罗世；吉尔吉斯斯坦，早侏罗世；塔吉克斯坦，早侏罗世；巴西，白垩纪。

中国北方地区侏罗纪仅报道1种（详见表9.1）。

皱腿拟蝗 *Locustopsis rhytofemoralis* Gu，Yue，Shi，Tian & Ren，2016（图9.13）

Locustopsis rhytofemoralis Gu，Yue，Shi，Tian & Ren，2016，*Zootaxa*，4169（2）：377–380.

产地及层位：内蒙古宁城道虎沟；中侏罗统，九龙山组。

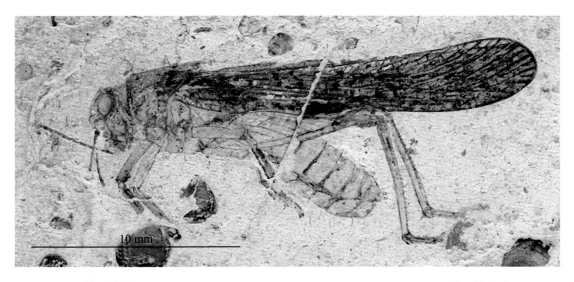

▲ 图 9.13　皱腿拟蝗 *Locustopsis rhytofemoralis* Gu，Yue，Shi，Tian & Ren，2016（正模标本，CNU-ORT-NN-2011010p）

雄性体小型，体长15.0 mm（颜顶至腹部末端）；头前口式；触角窝强烈隆起；柄节长于梗节，柄节和梗节均显著宽于鞭节；上颚粗壮，眼下沟"S"形；前胸背板马鞍状，前胸背板后叶盖住翅基部。ScA长，在靠近翅中部、M分支后到达前缘；MA在CuPaβ起始位置分为两支[56]。

表9.1　中国侏罗纪和白垩纪直翅目化石名录

科	种	产地	层位 / 地质年代	文献出处
Tuphellidae	*Liassophylum caii* Gu，Qiao & Ren，2012	内蒙古宁城	九龙山组 / J$_2$	Gu *et al.*[21]
Haglidae	*Archaboilus musicus* Gu，Engel & Ren，2012	内蒙古宁城	九龙山组 / J$_2$	Gu *et al.*[23]
	Archaeohagla sinensis Lin，1965	内蒙古鄂尔多斯	未知 / J$_1$	林启彬[16]
	a) *Isfaroptera yujiagouensis* Hong，1983	辽宁北票	义县组 /K$_1$	洪友崇[57]
	Laiyangohagla beipoziensis Wang & Liu，1996	山东莱阳	莱阳组 / K$_1$	王文利和刘明渭[24]
	Sinohagla anthoides Lin，1965	内蒙古鄂尔多斯	未知 / J$_1$	林启彬[16]
	Vitimoilus ovatus Gu，Tian，Yin，Shi & Ren，2017	河北丰宁	大北沟组 / K$_1$	Gu *et al.*[26]
	a) *Yenshania hebeiensis* Hong，1982	河北隆化	b) 义县组 / K$_1$	洪友崇[34]
Prophalangopsidae	*Aboilus lamina*（Lin，1982）	甘肃康县	未知 / J$_1$	Lin & Huang[58]
	Aboilus chinensis Fang，Zhang & Wang，2009	内蒙古宁城	九龙山组 / J$_2$	Fang *et al.*[59]
	Aboilus cornutus Li，Ren & Wang，2007	内蒙古宁城	九龙山组 / J$_2$	李连梅等[33]
	Aboilus jiyuanensis Lin & Huang，2006	河南济源	马凹群 / J$_2$	Lin & Huang[58]
	Aboilus perbellus Wang，Li，Zhang，Fang，Wang & Zhang，2015	内蒙古宁城	九龙山组 / J$_2$	Wang *et al.*[60]
	Aboilus stratosus Li，Ren & Wang，2007	内蒙古宁城	九龙山组 / J$_2$	李连梅等[33]
	Aboilus tuzigouensis Lin & Huang，2006	新疆克拉玛依	八道湾组 / J$_1$	Lin & Huang[58]
	Allaboilus dicrus Ren & Meng，2006	内蒙古宁城	九龙山组 / J$_2$	任东和孟祥民[43]
	Allaboilus gigantus Ren & Meng，2006	内蒙古宁城	九龙山组 / J$_2$	任东和孟祥民[43]
	Allaboilus hani Gu，Qiao & Ren，2010	辽宁北票	义县组 / K$_1$	Gu *et al.*[38]

续表

科	种	产地	层位 / 地质年代	文献出处
Prophalangopsidae	*Allaboilus robustus* Gu，Qiao & Ren，2010	内蒙古宁城	九龙山组 / J$_2$	Gu *et al.*[38]
	[a] *Alloma faciata* Hong，1982	辽宁建昌	义县组 / K$_1$	洪友崇[61]
	[a] *Alloma huanghuachunensis* Hong，1982	辽宁喀左	九佛堂组 / K$_1$	洪友崇[34]
	Angustaboilus fangianus Li，Ren & Meng，2007	内蒙古宁城	九龙山组 / J$_2$	李连梅等[44]
	Ashanga borealis Fang，Zhang，Wang & Zheng，2013	辽宁凌源	义县组 / K$_1$	Fang *et al.*[62]
	Ashanga hongi（Meng & Ren，2006）	辽宁北票	义县组 / K$_1$	Gu *et al.*[38]
	Ashanga jiuquanensis Wang & Zhang，2017	甘肃酒泉	中沟组 / K$_1$	Wang *et al.*[63]
	Ashangopsis daohugouensis Lin，Huang & Nel，2008	内蒙古宁城	九龙山组 / J$_2$	Lin *et al.*[46]
	Bacharaboilus lii Gu，Qiao & Ren，2011	内蒙古宁城	九龙山组 / J$_2$	Gu *et al.*[40]
	Bacharaboilus jurassicus Li，Ren & Wang，2007	辽宁北票	义县组 / K$_1$	李连梅等[33]
	[a] *Brunneus haifanggouensis* Hong，1983	内蒙古宁城	海房沟组 / J$_2$	洪友崇[57]
	[a] *Chifengia batuyingziensis* Wang，1987	辽宁北票	海房沟组 / J$_2$	王五力[64]
	[a] *Chifengia mosaica* Hong，1982	内蒙古赤峰	义县组 / K$_1$	洪友崇[61]
	Circulaboilus aureus Li，Ren & Wang，2007	内蒙古宁城	九龙山组 / J$_2$	李连梅[33]
	Circulaboilus priscus Gu，Qiao & Ren，2010	内蒙古宁城	九龙山组 / J$_2$	Gu *et al.*[38]
	Mesohagla xinjiangensis Zhang，1996	新疆克拉玛依	八道湾组 / J$_1$	张海春[42]
	[a] *Mesoprophalangopsis liaoxiensis* Hong，1986	辽宁北票	海房沟组 / J$_2$	洪友崇[65]
	Novaboilus multifurcatus Li，Ren & Meng，2007	内蒙古宁城	九龙山组 / J$_2$	李连梅等[44]
	Parahagla sibirica Sharov，1968	辽宁北票、河北滦平、河北承德、甘肃酒泉	义县组、赤金堡组 / K$_1$	Gu *et al.*[38]
	[a] *Parahaglopsis posteria* Hong，1992	吉林九台	营城组 / K$_1$	洪友崇[66]
	Protaboilus amblus Ren & Meng，2006	内蒙古宁城	九龙山组 / J$_2$	任东和孟祥民[43]
	Protaboilus rudis Ren & Meng，2006	内蒙古宁城	九龙山组 / J$_2$	任东和孟祥民[43]

续表

科	种	产地	层位 / 地质年代	文献出处
Prophalangopsidae	*Pseudohagla shihi* Li，Ren & Wang，2007	内蒙古宁城	九龙山组 / J$_2$	李连梅等 [33]
	Pycnophlebia obesa Wang，1987	辽宁北票	海房沟组 / J$_2$	王五力 [64]
	Scalpellaboilus angustus Gu，Qiao & Ren，2010	内蒙古宁城	九龙山组 / J$_2$	Gu *et al.* [38]
	Shangxiania fengjiashanensis Zhang，1993	陕西商县	凤家山组 / K$_1$	张俊峰 [41]
	a) *Shanxius reticulates* Hong，1984	山西	未知 / J$_1$	洪友崇 [67]
	a) *Shanxius meileyingziensis* Hong，1988	辽宁喀左	九佛堂组 / K$_1$	洪友崇 [68]
	Sigmaboilus calophlebiu Wang，Fang & Zhang，2018	内蒙古宁城	九龙山组 / J$_2$	Wang *et al.* [69]
	Sigmaboilus fuscus Gu，Zhao & Ren，2009	内蒙古宁城	九龙山组 / J$_2$	Gu *et al.* [70]
	Sigmaboilus gorochovi Fang，Zhang，Wang & Zhang，2007	内蒙古宁城	九龙山组 / J$_2$	Fang *et al.* [45]
	Sigmaboilus longus Fang，Zhang，Wang & Zhang，2007	内蒙古宁城	九龙山组 / J$_2$	Fang *et al.* [45]
	Sigmaboilus peregrinus Gu，Zhao & Ren，2009	内蒙古宁城	九龙山组 / J$_2$	Gu *et al.* [70]
	Sigmaboilus sinensis Fang，Zhang，Wang & Zhang，2007	内蒙古宁城	九龙山组 / J$_2$	Fang *et al.* [45]
	a) *Sinoprophalangopsis reticulata* Hong，1983	辽宁北票	海房沟组 / J$_2$	洪友崇 [57]
	a) *Sunoprophalangopsis clathrata* Hong，1982	河北滦平	九龙山组 / J$_2$	洪友崇 [34]
	a) *Sunoprophalangopsis elegantis* Hong，1982	河北滦平	九龙山组 / J$_2$	洪友崇 [34]
	a) *Sunoprophalangopsis scupta* Hong，1982	河北滦平	九龙山组 / J$_2$	洪友崇 [34]
	a) *Zhemengia sinica* Hong，1982	内蒙古通辽	未知 / J$_1$	洪友崇 [34]
Elcanidae	*Panorpidium yixianensis* Fang，Wang，Zhang，Wang，Jarzembowski，Zheng，Zhang，Li & Liu，2015	内蒙古宁城	义县组 / K$_1$	Fang *et al.* [49]
	Probaisselcana euryptera Tian，Gu & Ren，2019	内蒙古宁城	义县组 / K$_1$	Tian *et al.* [52]
	Jeholelcana yanensis Fang，Heads，Wang，Zhang & Wang，2018	辽宁朝阳	义县组 / K$_1$	Fang *et al.* [53]
	Parelcana pulchmacula Tian，Gu，Yin & Ren，2019	内蒙古宁城	九龙山组 / J$_2$	Tian *et al.* [54]
	Sinoelcana minuta Gu，Tian，Wang & Yue，2020	内蒙古宁城	九龙山组 / J$_2$	Gu *et al.* [55]
Locustopsidae	*Locustopsis rhytofemoralis* Gu，Yue，Shi，Tian & Ren，2016	内蒙古宁城	九龙山组 / J$_2$	Gu *et al.* [56]
	a) *Mesolocustopsis sinica* Hong，1990	山东莱阳	莱阳组 / K$_1$	洪友崇 [71]
	Pseudoacrida costata Lin，1982	宁夏固原、山东莱阳	六盘山群 / K$_1$；莱阳组 / K$_1$	林启彬 [72]
Family incertae Sedis	a) *Falsimareus ravus* Zhang，1985	山东莱阳	莱阳组 / K$_1$	张俊峰 [73]
	a) *Yuxiania jurassica* Hong，1997	河北蔚县	后城组 / J$_3$	洪友崇 [74]

注：a）由于原始描述、照片和线条图不精确，而且无法重新检查模式标本，所以在正文中没有介绍该种。

b）基于更新的信息和数据，对原来文章中的地层/分布时代进行了修订。

参考文献

［1］SONG H J, AMEDEGNATO C, CIGLIANO M M, et al. 300 million years of diversification: elucidating the patterns of orthopteranevolution based on comprehensive taxon and gene sampling ［J］. Cladistics, 2015, 6: 621–651.

［2］JIN X B. Chinese Cricket Culture: An Introduction to Culture Entomology in China ［J］. Cultural Entomology Digest, 1994, 3: 9–15.

［3］HANDLIRSH A. Die Fossilen Insekten und die Phylogenie der rezenten Formen: Ein Handbuch für Paläontologen und Zoologen ［M］. Leipzig: Engelmann, 1906–1908.

［4］HANDLIRSCH A. Paläontologie ［M］. // SCHRÖDER C M. Handbuch der Entomologie, Band 3. Jena: Gustav Fischer, 1925.

［5］ZEUNER F E. Fossil Orthoptera Ensifera, British Museum (Natural History) ［M］. London: British Museum (Natural History) , 1939.

［6］CARPENTER F M. The Lower Permian insects of Kansas: Part 10. The order Protorthoptera: The family Liomopteridae and its relatives ［J］. Proceedings of the American Academy of Arts and Sciences, 1950, 78 (4) : 187–219.

［7］SHAROV A G. A new Permian family of Orthoptera ［J］. Paleontologicheskii Zhurnal, 1962: 112–116.

［8］SHAROV A G. Filogeniya orthopteroidnykh nasekomykh ［J］. Trudy Paleontologicheskii Instituta Akademii Nauk SSSR, 1968, 118: 1–216.

［9］GOROCHOV A V. System and Evolution of the Suborder Ensifera (Orthoptera) Pt. 1/2 ［J］. Trudy Zoologicheskovo Instituta Akademii Nauk SSSR, 223: 126–137.

［10］GOROCHOV A V. Triassic insects of the Superfamily Hagloidea (Orthoptera) ［J］. Trudy Zoologicheskovo Instituta Akademii Nauk SSSR, 1986, 143: 65–100.

［11］GOROCHOV A V. Orthopterans of the Superfamily Hagloidea (Orthoptera) from the Lower and Middle Jurassic ［J］. Paleontologicheskii Zhurnal, 1988, 2: 54–66.

［12］GOROCHOV A V. The most interesting finds of orthopteroid insects at the end of the 20th century and a new recent genus and species ［J］. Journal of Orthoptera Research, 2001, 10: 353–367.

［13］GOROCHOV A V. New data on taxonomy and evolution of fossil and recent Prophalangopsidae (Orthoptera: Hagloidea) ［J］. Acta Zoological Cracoviensia, 2003, 46: 117–127.

［14］HENNING W. Insect Phylogeny ［M］. New York: Wiley, 1981.

［15］BÉTHOUX O, NEL A. Venational pattern and revision of Orthoptera *sensu n.* and sister group Phylogeny of Palaeozoic and Mesozoic Orthoptera *sensu n* ［J］. Zootaxa, 2002, 96: 1–88.

［16］林启彬. 内蒙下部侏罗系的两种昆虫化石 ［J］. 古生物学报, 1965, 13 (2) : 363–368.

［17］GOROCHOV A V, RASNITSYN A P. Superorder Gryllidea ［M］. // RASNITSYN A P, Quicke D L J. History of Insects. Dordrecht: Kluwer Academic Publisher, 2002.

［18］GOROCHOV A V, MAEHR M D. New names for some fossil taxa of the infraclass Polyneoptera (Insecta) ［J］. Zoosystematica Rossica, 2008, 17 (1) : 60.

［19］ZEUNER F E. The recent and fossil Prophalangopsidae ［J］. Stylops: A Journal of Taxonomic Entomology, 1935, 4 (5) : 102–108.

［20］CIGLIANO M M, BRAUN H, EADES D C, et al. Orthoptera Species File. 2017. Version 5.0/5.0.http: //Orthoptera. SpeciesFile.org (accessed 17.9.20).

［21］GU J J, QIAO G X, REN D. The first discovery of Cyrtophyllitinae (Orthoptera, Haglidae) from the Middle Jurassic and its morphological implications ［J］. Alcheringa, 2012, 36 (1) : 27–34.

［22］MARTYNOV A V. Liassic insects from Shurab and Kyzyl-Kiya ［J］. Trudy Zoologicheskovo Instituta Akademii Nauk SSSR, 1937: 80–160.

［23］GU J J, MONTEALEGRE-Z F, ROBERT D, et al. Wing stridulation in a Jurassic katydid (Insecta, Orthoptera) produced low-pitched musical calls to attract females ［J］. Proceedings of the National Academy of Sciences of the United States of America, 2012, 109 (10) : 3868–3873.

［24］王文利, 刘明渭. 中生代晚期直翅目哈格鸣螽科一新属及听器的研究 ［J］. 北京自然博物馆研究报告, 1996, 55:

69–77.

［25］GOROCHOV A V. New Mesozoic insects of the Superfamily Hagloidea (Orthoptera)［J］. Paleontologicheskii Zhurnal, 1996 (3)：73–82.

［26］GU J J, TIAN H, YIN X C, et al. A new species of Cyrtophyllitinae (Insecta: Ensifera) from the Cretaceous China［J］. Cretaceous Research, 2017, 74: 151–154.

［27］MORRIS G K, GWYNNE DT. Geographical distribution and biological observations of *Cyphoderris* (Orthoptera: Haglidae) with a description of a new species［J］. Psyche, 1978, 85 (2–3)：147–167.

［28］LIU X W, ZHOU M, BI W X, et al. New data on taxonomy of recent Prophalangopsidae (Orthoptera: Hagloidea)［J］. Zootaxa, 2009, 2026: 53–62.

［29］ZHOU Z J, ZHAO L, LIU N, et al. Towards a higher-level Ensifera phylogeny inferred from mitogenome sequences［J］. Molecular Phylogenetics and Evolution, 2017, 108: 22–33.

［30］DEICHMÜLLER J V. Die Insecten aus dem lithographischen Schiefer mit dresdener Museum［J］. Mittheilungen aus dem Koeniglichen Mineralogisch Geologischen und Prahistorischen Museum, 1886, 37: 1–84.

［31］MARTYNOV A V. To the knowledge of fossil insects from Jurassic beds in Turkestan［J］. Bulletin de lí Académie des Sciences de l'URSS, 1925, 19: 569–598.

［32］SHAROV A V. Podtip Mandibulata zhvalonosnye chlenistonogie［M］. // Rodendorf B B.Osnovy paleontologii. Chlenistonogie. Trakheinye I khelitserovye［Fundamentals of Palaeontology. Arthropoda, Tracheata, Chelicerata］. Moscow: Izdatel'stvo Akademii Nauk SSSR, 1962.

［33］LI L M, REN D, WANG Z H. New prophalangopsids from late Mesozoic of China (Orthoptera, Prophalangpsidae, Aboiliane)［J］. Acta Zootaxonomica Sinica, 2007, 32 (2)：412–422.

［34］洪友崇. 中国直翅目哈格鸣螽科化石［J］. 中国科学B辑，1982，25（10）：1118–1129.

［35］任东. 昆虫化石部分. 北京与邻区侏罗—白垩纪动物群及其地层［M］.北京：地震出版社，1995.

［36］孟祥明，任东. 中国东北晚侏罗世原哈格鸣螽科化石新发现（直翅目，原哈格鸣螽科，赤峰鸣螽亚科）［J］.动物分类学报，2006，31（2）：282–288.

［37］孟祥明，任东，李连梅. 中国原哈格鸣螽科化石新发现（直翅目，哈格鸣螽科，阿博鸣螽亚科）［J］.动物分类学报，2006，31（4）：752–757.

［38］GU J J, QIAO G X, REN D. Revision and new taxa of fossil Prophalangopsidae (Orthoptera: Ensifera)［J］. Journal of Orthoptera Research, 2010, 19 (1): 41–56.

［39］ZHERIKHIN V V. The Jurassic Orthoptera in South Siberia and West Mongolia, in Jurassic Insects of Siberia and Mongolia［J］. Trudy Zoologicheskovo Instituta Akademii Nauk SSSR, 1985: 171–184.

［40］GU J J, QIAO G X, REN D. A exceptionally-preserved new species of *Bacharaboilus* (Orthoptera: Prophalangopsidae) from the Middle Jurassic of Daohugou, China［J］. Zootaxa, 2011, 2909: 64–68.

［41］张俊峰.陕南、豫南中生代晚期的昆虫化石［J］. Palaeoworld，1993，2: 49–5.

［42］张海春.鸣螽化石在西北地区的首次发现［J］.昆虫分类学报，1996，18（4）：249–251.

［43］任东，孟祥明. 中国侏罗纪Protaboilinae亚科化石新属种（直翅目，原哈格鸣螽科）［J］.动物分类学报，2006，31：513–519.

［44］李连梅，任东，孟祥明. 中国原哈格鸣螽科化石新发现（直翅目，哈格鸣螽科，阿博鸣螽亚科）［J］.动物分类学报，2007，32（1）：174–181.

［45］FANG Y, ZHANG H C, WANG B, et al. New taxa of Aboilinae (Insecta, Orthoptera, Prophalangopsidae) from the Middle Jurassic of Daohugou, Inner Mongolia, China［J］. Zootaxa, 2007, 1637: 55–62.

［46］LIN Q B, HUANG D Y, Nel A. A new genus of Chifengiine (Orthoptera: Ensifera: Prophalangopsidae) from the Middle Jurassic (Jiulongshan Formation) of Inner Mongolia, China［J］. Comptes Rendus Palevol, 2008, 7: 205–209.

［47］GOROCHOV A V, JARZEMBOWSKI E A, CORAM, R A. Grasshoppers and crickets (Insecta: Orthoptera) from the Lower Cretaceous of southern England［J］. Cretaceous Research, 2006, 27: 641–662.

［48］PEÑALVER E, GRIMALDI D A. Latest occurrences of the Mesozoic family Elcanidae (Insecta: Orthoptera), in Cretaceous amber from Myanmar and Spain［C］. Annales De La societe entomologique De France, 2010, 46 (1–2)：88–99.

［49］FANG Y, WANG B, ZHANG H, et al. New Cretaceous Elcanidae from China and Myanmar (Insecta, Orthoptera)［J］. Cretaceous Research, 2015, 52: 323–328.

［50］WESTWOOD J O. Contribution to fossil entomology［J］. Quarterly Journal of the Geological Society of London, 1854, 10

(1–2): 378–396.

［51］GOROCHOV A V. New taxa of the Orthopteran families Bintoniellidae，Xenopteridae，Permelcanidae，Elcanidae, and Vitimiidae (Orthoptera，Ensifera) from the Mesozoic Asia ［J］. Vestnik Zoologii，1989，27: 20–27.

［52］TIAN H，GU J J，HUANG F，et al. A new species of Elcaninae (Orthoptera，Elcanidae) from the Lower Cretaceous Yixian Formation at Liutiaogou，Inner Mongolia，NE China，and its morphological implications ［J］. Cretaceous Research，2019，99: 275–280.

［53］FANG Y，HEADS S W，WANG H，et al. The first Archelcaninae (Orthoptera，Elcanidae) from the Cretaceous Jehol Biota of Liaoning，China ［J］. Cretaceous Research，2018，86: 129–134.

［54］TIAN H，GU J J，YIN X，et al. The first Elcanidae (Orthoptera，Elcanoidea) from the Daohugou fossil bed of northeastern China ［J］. ZooKeys，2019，897: 19–28.

［55］GU J J，TIAN H，WANG J，et al. A world key to the genera of Elcanidae (Insecta，Orthoptera)，with a Jurassic new genus and species of Archelcaninae from China ［J］. ZooKeys，2020，954: 65–74.

［56］GU J J，YUE Y L，SHI F M，et al. First Jurassic grasshopper (Insecta，Caelifera) from China ［J］. Zootaxa，2016，4169 (2): 377–380.

［57］洪友崇. 北方中侏罗世昆虫化石 ［M］. 北京: 地质出版社，1983.

［58］LIN Q B，HUANG D Y. Revision of "*Parahagla lamina*" Lin，1982 and two new species of *Aboilus* (Orthoptera: Prophalangopsidae) from the Early-Middle Jurassic of Northwest China ［J］. Progress in Natural Science，2006，16: 303–307.

［59］FANG Y，ZHANG H C，WANG B. A new species of *Aboilus* (Insecta，Orthoptera，Prophalangopsidae) from the Middle Jurassic of Daohugou，Inner Mongolia，China ［J］. Zootaxa，2009，2249: 63–68.

［60］WANG H，LI S，ZHANG Q，et al. A new species of *Aboilus* (Insecta，Orthoptera) from the Jurassic Daohugou beds of China，and discussion of forewing coloration in *Aboilus* ［J］. Alcheringa，2015，39: 250–258.

［61］洪友崇. 酒泉盆地昆虫化石 ［M］. 北京：地质出版社，1982.

［62］FANG Y，ZHANG H C，WANG B，et al. A new Chifengiinae species (Orthoptera: Prophalangopsidae) from the Lower Cretaceous Yixian Formation (Liaoning，P. R. China) ［J］. Insect Systematics & Evolution，2013，44 (2): 141–147.

［63］WANG H，ZHENG D R，LEI X J，et al. A new species of Chifengiinae (Orthoptera: Prophalangopsidae) from the Lower Cretaceous Zhonggou Formation of the Jiuquan Basin，Northwest China ［J］. Cretaceous Research，2017，73: 60–64.

［64］王五力. 辽宁西部中生代地层古生物（三）辽宁西部早中生代昆虫化石 ［M］. 北京：地质出版社，1987.

［65］洪友崇. 辽西海房沟组新的昆虫化石 ［J］. 长春地质学院学报，1986，4: 10–16.

［66］洪友崇. 吉林省古生物图册，中晚侏罗世昆虫 ［M］. 长春：吉林科学技术出版社，1992.

［67］洪友崇. 华北地区古生物图册（二）中生代分册 ［M］. 北京：地质出版社，1984.

［68］洪友崇. 辽西喀左早白垩世直翅目、脉翅目、膜翅目化石的研究 ［J］. 昆虫分类学报，1988，10（1–2）：120–124.

［69］WANG H，FANG Y，ZHANG Q，et al. New material of *Sigmaboilus* (Insecta，Orthoptera，Prophalangopsidae) from the Jurassic Daohugou Beds，Inner Mongolia，China ［J］. Earth and Environmental Science Transactions of the Royal Society of Edinburgh，2018，107 (2–3): 1–7.

［70］GU J J，ZHAO Y Y，REN D. New fossil Prophalangopsidae (Orthoptera，Hagloidea) from the Middle Jurassic of Inner Mongolia，China ［J］. Zootaxa，2009，2004: 16–24.

［71］洪友崇. 山东莱阳盆地地层及古生物 ［M］. 北京：地质出版社，1990.

［72］林启彬. 西北地区古生物图册. 陕甘宁分册，中生代新生代昆虫 ［M］. 北京：地质出版社，1982.

［73］张俊峰. 中生代昆虫化石新资料 ［J］. 山东地质，1985，1（2）：23–39.

［74］洪友崇. 河北后城组昆虫化石的新发现和后城昆虫群的建立 ［J］. 北京地质，1997，9（1）：1–10.

第 10 章
螳䗛目和蛩蠊目

崔莹莹，史宗冈，任东

10.1 螳䗛目简介

螳䗛目，英文名通常为rock crawlers、heelwalkers或者gladiators。这个类群是最晚发现的现生昆虫目级分类单元，由Klass等人在2002年报道并命名[1]。现生螳䗛目是一类无翅昆虫，看起来兼具螳螂和竹节虫的形态特征（图10.1），目前只发现于纳米比亚、坦桑尼亚以及南非[2-5]。螳䗛是一类掠食性的食肉昆虫，它们常常利用夜色，用其布满利刺的前、中足捕食其他小型昆虫、节肢动物。螳䗛足的末端，前跗节上都具有一个膨大、具细小刚毛的爪垫。分子数据表明螳䗛与同样神秘的蛩蠊目昆虫亲缘关系最近[6, 7]。

▲ 图 10.1　*Karoophasma biedouwense* Klass，Picker，Damgaard，van Noort & Tojo，2003 [2]，雌虫

Monika Eberhard　拍摄

10.2　蛩蠊目简介

蛩蠊目，英文名通常被叫作ice crawlers，学名Grylloblattida或者Grylloblattidae，是一类稀有的无翅昆虫，目前仅32种分布在纬度较高较寒冷的地区[8-11]。已知32个现生物种属于5个属：东蛩蠊属*Galloisiana*、蛩蠊属*Grylloblatta*、西蛩蠊属*Grylloblattella*、蚰蛩蠊属*Grylloblattina*和南宫蛩蠊属*Namkungia*。其中只有*Grylloblatta*在北美洲的西北部有发现，其他4个属分布于日本、朝鲜半岛、中国东北、俄罗斯太平洋沿岸，以及阿尔泰和萨彦山脉附近[11]。蛩蠊通常只出现在山岭及高海拔地区，尤其是在冰河边缘。由于温度是限制其分布、迁移及种间交流的重要因素，因此每个物种的分布范围极其有限。*Galloisiana*、*Namkungia*和*Grylloblattina*发现于茂盛的森林中，部分物种是特化的穴居者。

根据Engel和Grimaldi的建议[12]，Arillo和Engel将螳䗛目和蛩蠊目合并为一个目[13]，使用Crampton建议的名字Notoptera[14]，来囊括包含这两个类群的全部现生和化石记录。

在中国，只有2个现生蛩蠊物种被描述和记录。第1个现生种是由中国科学院动物研究所王书永研究员在长白山发现，并将其命名为中华蛩蠊*Galloisiana sinensis* Wang，1987[15]。1988年，蛩蠊被认定为国家一级保护动物，是中国仅有2种一级保护昆虫中的一种。中国发现的第2个蛩蠊为雌虫，于2009年发现于新疆喀纳斯海拔1 750 m处。该物种以中国科学院动物所陈世骧教授姓氏命名——陈氏西蛩蠊

Grylloblattella cheni Bai，Wang & Yang，2010，纪念其为中国昆虫学研究做出的贡献[8]（图10.2）。

现生蛩蠊成虫体长12~35 mm，细长、柄形，无翅。头短，前口式，咀嚼式口器，上颚发达。触角丝状，28~50节。复眼有或无，无单眼。胸部3个胸节的背板形状相似，可自由活动；3对足细长、相似，跗节5节。腹部通常10节，尾须长，8~10节。雄虫腹部第9节的肢基片特化为发达的外生殖器，左右不对称，其末端具刺突；雌虫有发达的刀剑状产卵器将卵产在土中。

现生蛩蠊生活在海拔高度200~3 200 m冷凉或永久性冻土的生活环境，其适应温度在3~16℃，在0℃时最为活跃。温度高于20℃时其死亡比例升高。有报道指出蛩蠊若在人类手中稍握片刻，便有可能死亡。对稍高温度的不耐受以及翅的退化是限制其迁移、扩散及基因交流的重要因素。

▲ 图 10.2　陈氏西蛩蠊 *Grylloblattella cheni* Bai，Wang & Yang，2010，雌虫[8]　白明供图

和现生类群不同，化石蛩蠊有翅，具有较好的迁移扩散能力。与稀少的现生种相比，化石种的分布较广、多样性相对较为丰富。该类群所有的化石物种，即*Grylloblattida sensu* Storozhenko，2002[16]的鉴定最主要是基于两个翅脉特征，分别是：M/MP基部较弱，以及CuA特殊的分支形式，即后一分支（CuA2）简单，前一分支（CuA1）在CuA1-CuA2分支后分支。但是，蛩蠊目化石类群的鉴定及分类一直备受争议，原因有：现生类群翅的退化，但在化石标本中除翅保存外极少保存有身体结构特征，尤其是外生殖器结构。因此，在检测假定的蛩蠊目化石类群与现生蛩蠊，甚至与其亲缘关系较近的螳螂目的系统学关系中，身体结构特征比翅脉特征更有意义。

综上，现生蛩蠊由于缺乏大范围迁移的能力故而导致其分布范围较为局限。基于目前现生和化石类群的研究，蛩蠊目的演化趋势是从有翅能飞到无翅爬行，从温热的气候到冷凉的环境，从广阔到狭隘的分布的发现。这类昆虫是一类有可能面临灭绝的珍稀物种。

10.3　螳螂目和蛩蠊目昆虫化石的研究进展

螳螂目昆虫化石在始新世波罗的海琥珀中[1, 13, 17, 18]，以及中国内蒙古道虎沟中侏罗世九龙山组地层中均有记录[19]。

蛩蠊目昆虫化石在晚石炭世时期稀少[20, 21]：在美国的化石产地Mazon Creek，法国的Commentry，俄罗斯Tunguska盆地，中国宁夏等各产地中报道不足10种。蛩蠊目昆虫物种多样性和数量在二叠纪时期达到顶峰[22]，该时期记录了该类群非常丰富的多样性及广阔的分布范围，有30余科，近200种产自法国Lodève，捷克共和国Obora，美国Elmo和Midco，以及德国和俄罗斯的多个二叠纪化石产地。然而，在个别化石产地中的种级、属级阶元的多样性有可能被高估了。

中生代时期，蛩蠊目昆虫的多样性有所下降。三叠纪时期少于60种的记录。仅发现于俄罗斯的

Kemerovo地区和阿根廷的Cerro Cacheuta，但大部分的物种来自于亚洲中部的Madygen化石地层，但该地层记录的物种多样性也可能被高估了。其他少数化石记录是来自南非和澳大利亚的东北部。

侏罗纪时期的产地近年来研究较多。迄今有6个科近40种被鉴定和描述。从系统发育学角度来说，完好保存的身体结构的细节描述是至关重要的。在中国道虎沟化石产地产出并描述了几件非常重要且保存完好的标本[23-28]。蛩蠊目在早白垩世之后鲜有化石记录，只有3个物种被描述[29]。

迄今，中国蛩蠊目昆虫化石已报道12个物种。这些物种被归于5个绝灭科（表10.1）。所有的标本均是来自于中国内蒙古宁城道虎沟中侏罗统九龙山组。该时期蛩蠊目化石物种多样性总体来讲开始有所下降，因此对该时期产出的标本进行研究非常有意义。

10.4　中国北方地区螳䗛目Mantophasmatodea Klass，Zompro，Kristensen & Adis，2002代表性化石

螳䗛科 Mantophasmatidae Klass，Zompro，Kristensen & Adis，2002

拉普托螳䗛亚科 Raptophasmatinae Zompro，2005

这个亚科最初建立是基于在始新世波罗的海琥珀发现的物种[18]。在中国东北中侏罗世发现的该亚科的化石标本表明此类群的地理分布范围更广阔，其时代更为久远。

中国北方地区侏罗纪仅报道1属：侏罗螳䗛属*Juramantophasma* Huang，Nel，Zompro & Walker，2008.

侏罗螳䗛属 *Juramantophasma* Huang，Nel，Zompro & Walker，2008

Juramantophasma Huang，Nel，Zompro & Walker，2008，*Naturwissenschaften*，95：948–950[19]（original designation）.

模式种：中华侏罗螳䗛*Juramantophasma sinica* Huang，Nel，Zompro & Walker，2008。

侏罗螳䗛属*Juramantophasma*具有目前公认的螳䗛目的几个衍征，即第3跗节背面具有骨化的、延伸的突起；膨大的扇形前跗节爪垫，且背面具有清晰的一排刚毛，同现生螳䗛属物种*Mantophasma zephyra*一致[1, 4, 30]；末节跗节与其他节形成一定的角度，保持其直立在空中；雌性产卵器第3产卵瓣短且爪状；卵具有圆形脊。

产地及时代：内蒙古，中侏罗世。

中国北方地区侏罗纪仅报道1种（详见表10.1）。

中华侏罗螳䗛 *Juramantophasma sinica* Huang，Nel，Zompro & Walker，2008（图10.3）

Juramantophasma sinica Huang，Nel，Zompro & Walker，2008，*Naturwissenschaften*，95：948–950[19].

产地及层位：内蒙古宁城道虎沟；中侏罗统，九龙山组。

正模雌虫体长34 mm，头下口式，覆盖有极细的皮毛状的刚毛，5.1 mm长，4.4 mm宽；复眼大，1.7 mm长，1.3 mm宽，未见单眼；触角丝状，基部5节保存；柄节宽大，0.8 mm长；梗节0.25 mm长；鞭节第一节0.95 mm长，鞭节第二节0.8 mm长。

◀ 图 10.3　中华侏罗螳蟖 *Juramantophasma sinica* Huang，Nel，Zompro & Walker，2008（正模标本，NIGPAS 142171a、b 叠加合成）[19]　黄迪颖供图

5 mm

另有其他螳螂目的特征：头下口式；无翅；触角丝状且长；单眼不可见，或无；前胸长于中胸和后胸；后足细，但长于中足和前足；前足腿节最宽大；跗节基部4节较短，带有非常大的跗垫（现生蛩蠊的跗垫非常小）；产卵器长，延伸到腹部的末端；卵大，狭长，表面具有小圆点图案，中部凸起。中华侏罗螳蟖的口器与现生蟋蟀和螽斯的很像，根据其口器具有强壮的齿以及宽阔的前足具有强壮的钩状爪，可以推测其有可能是捕食者[19]。

10.5　中国北方地区蛩蠊目Grylloblattida Walker，1914代表性化石

珍珠侏罗蠊科 Juraperlidae Huang & Nel，2007

该科是绝灭科，仅单一属珍珠侏罗蠊属*Juraperla*，其特征为在翅前缘和ScP之间有1条次级脉。这个特征在蛩蠊目中是唯一的[31]。

中国北方地区侏罗纪仅报道1属：珍珠侏罗蠊属*Juraperla* Huang & Nel，2007.

珍珠侏罗蠊属 *Juraperla* Huang & Nel，2007

Juraperla Huang & Nel，2007，*Eur. J. Entomol.*，104：837–840[31]（original designation）.

模式种：道虎沟珍珠侏罗蠊*Juraperla daohugouensis* Huang & Nel，2007。

该属记录有2种：道虎沟珍珠侏罗蠊*J. daohugouensis* Huang & Nel，2007；巨大珍珠侏罗蠊*J. grandis* Cui，Béthoux，Shih & Ren，2010。这两个物种具有同样的特征：即RP简单不分支及M的第一分支和CuA位于arculus附近[26, 31]。

产地及时代：内蒙古，中侏罗世。

中国北方地区侏罗纪报道2种（详见表10.1）。

巨大珍珠侏罗蠊 *Juraperla grandis* Cui，Béthoux，Shih & Ren，2010（图10.4）

Juraperla grandis Cui，Béthoux，Shih & Ren，2010，*Acta. Geol. Sin. -Engl.*，84：710–713[26].

产地及层位：内蒙古宁城道虎沟；中侏罗统，九龙山组。

◀ 图 10.4　巨大珍珠侏罗蠊 *Juraperla grandis* Cui，Béthoux，Shih & Ren，2010（正模标本，CNU-GRY-NN2009006）[26]　标本由史宗冈捐赠

A. 标本照片；B. 线条图

　　该物种的建立是基于两对翅及部分身体结构完好保存的一片标本。巨大珍珠侏罗蠊和道虎沟珍珠侏罗蠊的区别是：巨大珍珠侏罗蠊的体型比后者大很多；巨大珍珠侏罗蠊中CuA1具3分支，而道虎沟珍珠侏罗蠊具4分支；MP和CuA1最前端分支之间有2排翅室是巨大珍珠侏罗蠊特有的[26, 31]。

似蜚蠊蠊科 Blattogryllidae Rasnitsyn，1926

　　原似蜚蠊蠊科Plesioblattogryllidae Huang，Nel & Petrulevičius，2008的建立是基于中国东北中侏罗世发现的一片完整保存有头部、足和卵等细节结构的雌性标本。该标本翅脉特征上呈现出与似蜚蠊蠊科中的物种卡拉塔似蜚蠊蠊*Blattogryllus karatavicus* Rasnitsyn，1976基本一致，但由于足的跗节及爪的特征与文献记录不同而建立新科[23, 32]。之后经过俄罗斯学者对副模标本的重现检视，发现其差异结构虽有，但是由于生境不同导致，不足以导致科级阶元的分类差异，因此认为原似蜚蠊蠊科是似蜚蠊蠊科的异名[33]。似蜚蠊蠊科Blattogryllidae与Megakhosaridae一起被认为是现生蠊蠊科的干群[32, 34]，因而尤其重要。

　　中国北方地区侏罗纪仅报道2属：原似蜚蠊蠊属*Plesioblattogryllus* Huang，Nel & Petrulevičius，2008；多多蠊蠊属*Duoduo* Cui，2012。

原似蜚蛩蠊属 *Plesioblattogryllus* Huang，Nel & Petrulevičius，2008

Plesioblattogryllus Huang，Nel & Petrulevičius，2008，*Zoo. J. Linnean. Soc.*，152：17–24[23]（original designation）.

模式种：宏伟原似蜚蛩蠊*Plesioblattogryllus magnificus* Huang，Nel & Petrulevičius，2008。

该属记录有2种：宏伟原似蜚蛩蠊*P. magnificus*[23]和玲珑原似蜚蛩蠊*P. minor*[35]。该科及属的鉴别特征是：口器强壮，具有锋利的前端齿，以及具有宽广基部的边缘齿；复眼和单眼存在；触角稍长于头，基部4~6（7）节短于其他节；跗节1~4节具有1对较大的跗垫（在玲珑原似蜚蛩蠊*P. minor*中未记录）；跗节末节具有1对强壮的爪，无爪垫；卵橄榄形；尾须分节。在前翅中，ScP终止于前缘；前缘与ScP之间狭窄；RA简单，基本上与ScP平行；RP向后栉齿状分支；M与CuA在基部融合；MA通常简单；MP具有1~3分支；CuA1具有2分支。在后翅中，ScP终止于翅前缘；RA简单，与ScP平行；RP向后栉齿状分支，具4分支；MA简单；MP分支；CuA具有3分支。

产地及时代：内蒙古，中侏罗世。

中国北方地区侏罗纪报道2种（详见表10.1）。

玲珑原似蜚蛩蠊 *Plesioblattogryllus minor* Ren & Aristov，2011（图10.5）

Plesioblattogryllus minor Ren & Aristov，2011，*Paleontol. J.*，45：273–274[35].

产地及层位：内蒙古宁城道虎沟；中侏罗统，九龙山组。

玲珑原似蜚蛩蠊*P. minor*在体型上比宏伟原似蜚蛩蠊*P. magnificus*小很多：前翅约20 mm长，后翅15 mm长。其他的鉴定特征是：前胸背板矩形，基本与头部同宽，或稍窄；MA在RP起始处稍后与其融合；

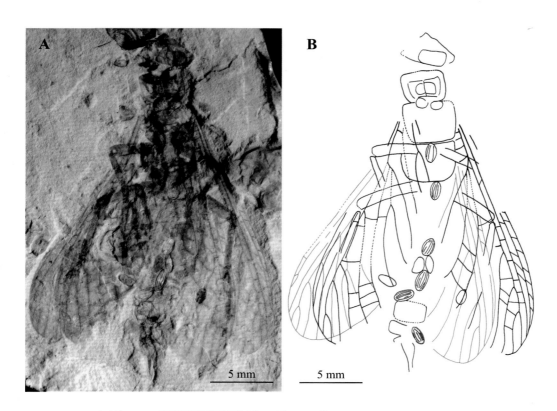

▲ 图 10.5　玲珑原似蜚蛩蠊 *Plesioblattogryllus minor* Ren & Aristov，2011
（标本号：CNU-GRY-NN2011001）[25]　A. 标本照片；B. 线条图

MP简单或者2分支，极少3分支[35]。

Cui，2012中报道了该物种的4个完整保存的标本[25]，其中一个如图10.5所示。由于这些标本身体特征保存良好，现生蛩蠊与化石科似螳蛩蠊科Blattogryllidae的系统发育关系得以探讨。首先，衍征生殖突基节的不对称性在似螳蛩蠊属Blattogryllus中得以确认，同时该特征在现生蛩蠊中也得以确认。继而玲珑原似螳蛩蠊P. minor中雌性生殖器结构的特征中，尽管共有衍征现在还不能确认，但表明了其与现生蛩蠊的极度相似性。另外，玲珑原似螳蛩蠊P. minor头部特征也显示了与现生蛩蠊的很多相似性。因此，这些关于现生蛩蠊和灭绝的似螳蛩蠊科Blattogryllidae的讨论结果是非常重要的，主要是能使得利用翅脉特征来探讨现生无翅类群与新翅类群早期辐射演化相联系成为可能[25]。

多多蛩蠊属 *Duoduo* Cui，2012

Duoduo Cui，2012，*Arthropod Syst. Phylo.*，70: 167–180[25]（original designation）.

模式种：钱氏多多蛩蠊*Duoduo qianae* Cui，2012.

该物种的命名是为了感谢中国扬州大学应用昆虫研究所钱昱含博士对作者的帮助。

该物种唯一的标本仅保存有翅，其特征为 RA和MA无融合；CuA1具有5分支；AA1和AA2至少具有3分支。这一组特征在似螳蛩蠊科Blattogryllidae Rasnitsyn，1976中未曾报道。值得注意的是该标本清晰保存了基部CuA由Cu基干分离出来，后与M融合。

产地及时代：内蒙古，中侏罗世。

中国北方地区侏罗纪报道1种（详见表10.1）。

盖尼齐蛩蠊科 Geinitziidae Handlirsch，1906

该科是绝灭科[36]，目前报道8个属：*Fletchizia* Riek，1976[37]；*Geinitzia* Handlirsch，1906[36]；*Megasepididontus* Huang & Nel，2008[24]；*Permoshurabia* Aristov，2009[38]；*Prosepididontus* Handlirsch，1920[38]；*Shurabia* Martynov，1937[40]；*Sinosepididontus* Huang & Nel，2008[24]；*Stegopterum* Sharov，1961[41]。

中国北方地区侏罗纪报道3属：盖尼齐蛩蠊属*Geinitzia* Handlirsch，1906；舒拉比亚蛩蠊属*Shurabia* Martynov，1937；华乌贼蛩蠊属*Sinosepididontus* Huang & Nel，2008。

盖尼齐蛩蠊属 *Geinitzia* Handlirsch，1906

Geinitzia Handlirsch，1906，*Ein Handbuch für paläontologen und Zoologen*：640[36]（original designation）.

模式种：施氏盖尼齐蛩蠊*Gryllacris schlieffeni* Geinitz，1884[42]。

该模式物种产自德国。翅长约26 mm；其翅后缘CuA和CuP之间明显变窄，其宽度远小于CuA分支之间的间距。

产地及时代：内蒙古，中侏罗世。

中国北方地区侏罗纪仅报道1种（详见表10.1）。

阿氏盖尼齐蛩蠊 *Geinitzia aristovi* Cui，Storozhenko & Ren，2012（图10.6）

Geinitzia aristovi Cui，Storozhenko & Ren，2012，*Alcheringa*，36: 251–261[28].

◀ 图 10.6　阿氏盖尼齐蛩蠊 *Geinitzia aristovi* Cui,
Storozhenko & Ren，2012（正模标本，
CNU-GRY-NN2009005）[28]

产地及层位：内蒙古宁城道虎沟；中侏罗统，九龙山组。

该物种是以俄罗斯蛩蠊昆虫化石研究学者Aristov博士命名。

该物种前翅CuA具有5分支，与该属内其余物种CuA具有的4分支不同。

舒拉比亚蛩蠊属 *Shurabia* Martynov，1937

Shurabia Martynov，1937，*Trud. Inst. Paleont. Akad. Sci. SSSR*，232[40]（original designation）.

模式种：卵圆舒拉比亚蛩蠊*Shurabia ovata* Martynov，1937。

该模式物种产自塔吉克斯坦。翅长约16 mm；Rs由R分出的位置于M第一分支点与Sc末端的中间。

产地及时代：内蒙古，中侏罗世。

中国北方地区侏罗纪仅报道1种（详见表10.1）。

巨大舒拉比亚蛩蠊 *Shurabia grandis* Huang & Nel，2008（图10.7）

Shurabia grandis Cui, Storozhenko & Ren，2012，*Alcheringa*，36：251–261[28].

Megasepididontus grandis Huang & Nel，2008，

▲ 图 10.7　巨大舒拉比亚蛩蠊 *Shurabia grandis*
（Huang & Nel，2008）（标本号，
CNU-GRY-NN2009001）[28]

Alcheringa，32: 395–403[24]. Syn. by Cui，Storozhenko & Ren，2012，*Alcheringa*，36: 251–261[28].

产地及层位：内蒙古宁城道虎沟；中侏罗统，九龙山组。

巨乌贼蜚蠊属*Megasepididontus* Huang & Nel，2008为舒拉比亚蜚蠊属*Shurabia*的异名，故而巨大乌贼蜚蠊*Megasepididontus grandis*被转移至舒拉比亚蜚蠊属*Shurabia*之下。由于该标本较好的保存，其身体和附肢的结构特征有助于厘清舒拉比亚蜚蠊属*Shurabia*的形态学特征。

华乌贼蜚蠊属 *Sinosepididontus* Huang & Nel，2008

Sinosepididontus Huang & Nel，2008，*Alcheringa*，32: 395–403[24]（original designation）。

模式种：赤峰华乌贼蜚蠊*Sinosepididontus chifengensis* Huang & Nel，2008。

根据文献[24]，该属的鉴别特征为RA简单，较宽阔的前缘域以及臀脉在到达翅后缘之前融合为一支。

产地及时代：内蒙古，中侏罗世。

中国北方地区侏罗纪仅报道1种（详见表10.1）。

巴扬扎尔加拉尼蜚蠊科Bajanzhargalanidae Storozhenko，1992

该科是蜚蠊目中最鲜有报道的类群之一[16]，是根据蒙古Khouiyn-Khotgor产地产出的一个物种*Bajanzhargalana magna* Storozhenko，1988 建立[43]。迄今为止，该科记录了4个属：巴扬扎尔加拉尼蜚蠊属*Bajanzhargalana* Storozhenko，1988（模式属）[43]；奈尔蜚蠊属*Nele* Ansorge，1996[44]；瑟尔瓦蜚蠊属*Syvafossor* Aristov，2004[45]；中华奈尔蜚蠊属*Sinonele* Cui，Béthoux，Klass & Ren，2015[27]。

中国北方地区侏罗纪仅报道1属：中华奈尔蜚蠊属*Sinonele* Cui，Béthoux，Klass & Ren，2015。

中华奈尔蜚蠊属 *Sinonele* Cui，Béthoux，Klass & Ren，2015

Sinonele Cui，Béthoux，Klass & Ren，2015，*Arthropod Struct. Dev.*，44: 688–716[27]（original designation）。

模式种：房氏中华奈尔蜚蠊*Sinonele fangi* Cui，Béthoux，Klass & Ren，2015。

中华奈尔蜚蠊属的鉴别特征是：触角第2节较大程度上短于其他节（该特征在巴扬扎尔加拉尼蜚蠊科Bajanzhargalanidae其余属中未有记录）。前翅中ScP在翅长约3/4处终止于翅前缘；RP的分支位于翅末端顶点水平前部；CuA2和CuP之间有1条间插脉，该脉只在房氏中华奈尔蜚蠊*S. fangi*的大规模样本中发现；CuP和AA1之间有1条间插脉。在*S. fangi*中雄性腹部第9节腹面所有骨片融合为一个下生殖板，其上有几个区域均具结节，基节叶融合为单个的具有中部槽口的下生殖叶，具1对刺突及前表皮内突；尾须较短，弯曲，不明确分节。

产地及时代：内蒙古，中侏罗世。

中国北方地区侏罗纪报道4种（详见表10.1）。

房氏中华奈尔蜚蠊*Sinonele fangi* Cui，Béthoux，Klass & Ren，2015（图10.8）

Sinonele fangi Cui，Béthoux，Klass & Ren，2015，*Arthropod Struct. Dev.*，44: 688–716[27].

产地及层位：内蒙古宁城道虎沟；中侏罗统，九龙山组。

该物种是以化石捐赠者房梁先生的姓氏命名。

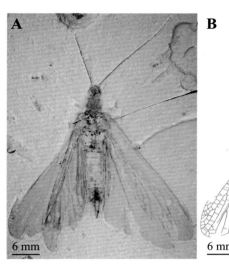 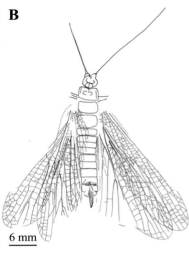

◀ 图 10.8 房氏中华奈尔蛩蠊 *Sinonele fangi* Cui，Béthoux，Klass & Ren，2015（正模标本，CNU-GRY-NN2010004）[27]

A. 标本照片；B. 线条图

该物种的鉴别特征是：体型中等；纵脉与横脉深色。膜质区域着色较浅，在翅前缘着色较深。与产自道虎沟的该科其余化石物种相比较，房氏中华奈尔蛩蠊 *S. fangi* 具有最多的标本数量。经过选择，有13片标本，包括4片有生殖器完好保存的标本，在文章中得以描述[27]。

黝黑中华奈尔蛩蠊 *Sinonele hei* Cui，Béthoux，Klass & Ren，2015（图10.9）

Sinonele hei Cui，Béthoux，Klass & Ren，2015，*Arthropod Struct. Dev.*，44：688–716[27].

产地及层位：内蒙古宁城道虎沟；中侏罗统，九龙山组。

该物种命名是基于其较深的体色，命名为"黑"。该物种仅有正模标本被描述。其鉴别特征是：前翅全翅及后翅臀前区深色，翅前缘尤其深，仅有最末端区域颜色浅，几近透明[27]。

▶ 图 10.9 黝黑中华奈尔蛩蠊 *Sinonele hei* Cui，Béthoux，Klass & Ren，2015（正模标本，CNU-GRY-NN-2010030）[27]

A. 标本照片；B. 线条图

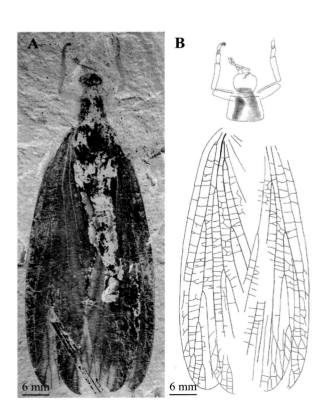

表 10.1　中国侏罗纪螳䗛目和蛩蠊目化石名录

目	科	种	产地	层位 / 时代	文献出处
Mantophasmatodea 螳䗛目	**Mantophasmatidae**	*Juramantophasma sinica* Huang，Nel，Zompro & Walker，2008	内蒙古宁城	九龙山组 /J$_2$	Huang *et al.* [19]
Grylloblattodea 蛩蠊目	**Bajanzhargalanidae**	*Sinonele fangi* Cui，Béthoux，Klass & Ren，2015	内蒙古宁城	九龙山组 /J$_2$	Cui *et al.* [27]
		Sinonele hei Cui，Béthoux，Klass & Ren，2015	内蒙古宁城	九龙山组 /J$_2$	Cui *et al.* [27]
		Sinonele phasmoides Cui，Béthoux，Klass & Ren，2015	内蒙古宁城	九龙山组 /J$_2$	Cui *et al.* [27]
		Sinonele mini Cui，Béthoux，Klass & Ren，2015	内蒙古宁城	九龙山组 /J$_2$	Cui *et al.* [27]
	Geinitziidae	*Geinitzia aristovi* Cui，Storozhenko & Ren，2012	内蒙古宁城	九龙山组 /J$_2$	Cui *et al.* [28]
		Shurabia grandis（Huang & Nel，2008）	内蒙古宁城	九龙山组 /J$_2$	Huang *et al.* [24]
		Sinosepididontus chifengensis Huang & Nel，2008	内蒙古宁城	九龙山组 /J$_2$	Huang *et al.* [24]
	Juraperlidae	*Juraperla daohugouensis* Huang & Nel，2007	内蒙古宁城	九龙山组 /J$_2$	Huang *et al.* [31]
		Juraperla grandis Cui，Béthoux，Shih & Ren，2010	内蒙古宁城	九龙山组 /J$_2$	Cui *et al.* [26]
	Blattogryllidae	*Plesioblattogryllus magnificus* Huang，Nel & Petrulevičius，2008	内蒙古宁城	九龙山组 /J$_2$	Huang *et al.* [23]
		Plesioblattogryllus minor Ren & Aristov，2011	内蒙古宁城	九龙山组 /J$_2$	Ren & Aristov [35]
		Duoduo qianae Cui，2012	内蒙古宁城	九龙山组 /J$_2$	Cui [25]

参考文献

［1］KLASS K D, ZOMPRO O, KRISTENSEN N P, et al. Mantophasmatodea: a new insect order with extant members in the afrotropics ［J］. Science, 2002, 296 (5572): 1456–1459.

［2］KLASS K D, PICKER M D, DAMGAARD J, et al. The taxonomy, genitalic morphology, and phylogenetic relationships of southern African Mantophasmatodea (Insecta) ［J］. Entomologische Abhandlungen (Dresden) , 2003, 61: 3–67.

［3］PICKER M D, COLVILLE J F, VAN NOORT S. Mantophasmatodea now in South Africa ［J］. Science, 2002, 297: 1475.

［4］ZOMPRO O, ADIS J, WEITSCHAT W. A review of the order Mantophasmatodea (Insecta) ［J］. Zoologischer Anzeiger-A Journal of Comparative Zoology, 2002, 241 (3): 269–279.

［5］ZOMPRO O, ADIS J, BRAGG P E, et al. A new genus and species of Mantophasmatidae (Insecta: Mantophasmatodea) from the Brandberg Massif, Namibia, with notes on behavior ［J］. Cimbebasia, 2003, 19: 13–24.

［6］TERRY M D, WHITING M F. Mantophasmatodea and phylogeny of the lower neopterous insects ［J］. Cladistics, 2005, 21 (3): 240–257.

［7］CAMERON S L, BARKER S C, WHITING M F. Mitochondrial genomics and the new insect order Mantophasmatodea ［J］. Molecular Phylogenetics and Evolution, 2006, 38 (1): 274–279.

［8］BAI M, JARVIS K, WANG S Y, et al. A second new species of ice crawlers from China (Insecta: Grylloblattodea) , with thorax evolution and the prediction of potential distribution ［J］. PLoS One, 2010, 5: e12850.

［9］SCHOVILLE S D, RODERICK G K. Evolutionary diversification of cryophilic *Grylloblatta* species (Grylloblattodea: Grylloblattidae) in alpine habitats of California ［J］. BMC Evolutionary Biology, 2010, 10 (1): 163.

［10］SCHOVILLE S D, UCHIFUNE T, MACHIDA R. Colliding fragment islands transport independent lineages of endemic rock-crawlers (Grylloblattodea: Grylloblattidae) in the Japanese archipelago ［J］. Molecular Phylogenetics and Evolution, 2013, 66 (3): 915–927.

［11］WIPFLER B, BAI M, SCHOVILLE S, et al. Ice Crawlers (Grylloblattodea)-the history of the investigation of a highly unusual group of insects ［J］. Journal of Insect Biodiversity, 2014, 2 (2): 1–25.

［12］ENGEL M S, GRIMALDI D A. A new rock crawler in Baltic amber, with comments on the order (Mantophasmatodea: Mantophasmatidae) ［J］. American Museum Novitates, 2004, 3431: 1–11.

［13］ARILLO A, ENGEL M S. Rock crawlers in Baltic amber (Notoptera: Mantophasmatodea) ［J］. American Museum Novitates, 2006, 3539: 1–10.

［14］CRAMPTON G C. The thoracic sclerites and the systematic position of *Grylloblatta campodeiformis* Walker, a remarkable annectant, "orthopteroid" insect ［J］. Entomol News, 1915, 26 (10): 337–350.

［15］WANG S Y. The discovery of Grylloblattodea in China and the description of a new species ［J］. Acta Entomologica Sinica, 1987, 30 (4): 423–429.

［16］STOROZHENKO S Y. Order Grylloblattida Walker, 1914 (= Notoptera, Crampton, 1915, = Grylloblattodea Brues et Melander, 1932, + Protorthoptera Handlirsch, 1906, = Paraplecoptera Martynov, 1925, + Protoperlaria Tillyard, 1928) ［M］. // RASNITSYN A P, QUICKE D L J. History of Insects. Dordrecht: Kluwer Academic Publishers, 2002.

［17］ZOMPRO O. The Phasmatodea and *Raptophasma* n. gen., Orthoptera incertae sedis, in Baltic amber (Insecta: Orthoptera) ［J］. Mitteilungen des Geologisch-Paläontologischen Institutes der Universität Hamburg, 2001, 85: 229–261.

［18］ZOMPRO O. Inter- and intra-ordinal relationships of the Mantophasmatodea, with comments on the phylogeny of polyneopteran orders (Insecta: Polyneoptera) ［J］. Mitteilungen des Geologisch-Paläontologischen Institutes der Universität Hamburg, 2005, 89: 85–116.

［19］HUANG D Y, NEL A, ZOMPRO O, et al. Mantophasmatodea now in the Jurassic ［J］. Naturwissenschaften, 2008, 95 (10): 947–952.

［20］STOROZHENKO S Y. Sistematika, filogeniya i evolyutsiya grilloblattidovykh nasekomykh (Insecta: Grylloblattida) ［M］. Vladivostok: Dal'nauka, 1998.

［21］BÉTHOUX O, NEL A. Description of a new grylloblattidan insect from Montceau-les-Mines (Pennsylvanian; France) and definition of *Phenopterum* Carpenter, 1950 ［J］. Systematic Entomology, 2010, 35 (3): 546–553.

［22］BECKEMEYER R J, HALL J D. The entomofauna of the Lower Permian fossil insect beds of Kansas and Oklahoma, USA ［J］. African Invertebrates, 2007, 48 (1): 23–39.

［23］HUANG D Y, NEL A, PETRULEVIČIUS J F. New evolutionary evidence of Grylloblattida from the Middle Jurassic of Inner Mongolia, north-east China (Insecta, Polyneoptera) ［J］. Zoological Journal of the Linnean Society, 2008, 152 (1): 17–24.

［24］HUANG D Y, NEL A. New 'Grylloblattida' related to the genus *Prosepididontus* Handlirsch, 1920 in the Middle Jurassic of China (Insecta: Geinitziidae) ［J］. Alcheringa, 2008, 32 (4): 395–403.

［25］CUI Y. New data on the Blattogryllidae-Plesioblattogryllidae-Grylloblattidae complex (Insecta: Grylloblattida: Blattogryllopterida tax. n.) ［J］. Arthropod Systematics & Phylogeny, 2012, 70 (3): 167–180.

［26］CUI Y, BÉTHOUX O, SHIH C K, et al. A new species of the family Juraperlidae (Insecta: Grylloblattida) from the Middle Jurassic of China ［J］. Acta Geologica Sinica (English edition), 2010, 84 (4): 710–713.

［27］CUI Y, BÉTHOUX O, KLASS K D, et al. The Jurassic Bajanzhargalanidae (Insecta: Grylloblattida): new genera and species, and data on postabdominal morphology ［J］. Arthropod Structure & Development, 2015, 44 (6): 688–716.

［28］CUI Y, STOROZHENKO S Y, REN D. New and little-known species of Geinitziidae (Insecta: Grylloblattida) from the Middle Jurassic of China, with notes on taxonomy, habitus and habitat of these insects ［J］. Alcheringa, 2012, 36 (2): 251–261.

［29］VRŠANSKÝ P, STOROZHENKO S Y, LABANDEIRA C C, et al. *Galloisiana olgae* sp. nov. (Grylloblattodea: Grylloblattidae) and the paleobiology of a relict order of insects ［J］. Annals of the Entomological Society of America, 2001, 94 (2): 179–184.

［30］BEUTEL R G, GORB S N. A revised interpretation of the evolution of attachment structures in Hexapoda with special emphasis on Mantophasmatodea ［J］. Arthropod Systematics & Phylogeny, 2006, 64 (1): 3–25.

［31］HUANG D Y, NEL A. A new Middle Jurassic "grylloblattodean" family from China (Insecta: Juraperlidae fam. n.) ［J］. European Journal of Entomology, 2007, 104 (4): 837–840.

［32］RASNITSYN A P. Grylloblattidy – sovremennye predstaviteli otryada Protoblattod (Insecta, Protoblattodea) ［Grylloblattidae: modern representatives of order Protoblattodea (Insecta) ［J］. Doklady Akademii nauk SSSR, 1976, 228 (2): 502–504.

[33] STOROZHENKO S Y, ARISTOV D S. Review of the Paleozoic and Mesozoic families Megakhosaridae and Blattogryllidae (Insecta: Grylloblattida) [J] . Far Eastern Entomologist, 2014, 271: 1–28.

[34] STOROZHENKO S Y. Sistematika, filofeniya i evolyutsiya grilloblattidovykh nasekomykh (Insecta:Grylloblattida) [Sistematics, phylogeny and evolution of the grylloblattids (Insecta:Grylloblattida)] [M] . Vladivostok: Dalnauka, 1998. [In Russian] .

[35] REN D. ARISTOV D S. A new species of Plesioblattogryllus Huang, Nel et Petrulevičius (Grylloblattida: Plesioblattogryllidae) from the Middle Jurassic of China [J] . Paleontological Journal, 2011, 45 (3): 273–274.

[36] HANDLIRSCH A. Die Fossilen Insekten und die Phylogenie der rezenten Formen: Ein Handbuch für paläontologen und Zoologen [M] . Leipzig: Engelmann, 1906.

[37] RIEK E F. A new collection of insects from the Upper Triassic of South Africa [J] . Annals of the Natal Museum, 1976, 22 (3): 791–820.

[38] ARISTOV D S. Review of the stratigraphic distribution of Permian Grylloblattida (Insecta) with description of new taxa [J] . Paleontological Journal, 2009, 43 (6): 37–45.

[39] HANDLIRSCH A. Kapitel 7. Palaeontologie [M] . // SCHRÖDER C. Handbuch der Entomologie. III. Jena: G. Fischer, 1920.

[40] MARTYNOV A V. Liassic insects of Shurab and Kizil-Kija [J] . Trudy Paleontologicheskogo Instituta Akademii Nauk SSSR, 1937, 7: 1–232.

[41] SHAROV A V. Paleozoic insects of the Kuznetsk Basin: the orders Protoblattodea and Paraplecoptera [J] . Trudy Paleontologicheskogo Instituta Akademii Nauk SSSR, 1961, 85: 157–234.

[42] GEINITZ F E. Uber die Fauna des Dobbertiner Lias [J] . Zeitschrift der Deutschen Geologischen Gesellschaft, 1884, 36: 566–583.

[43] STOROZHENKO S Y. A review of the family Grylloblattidae [J] . Articulata, 1988, 3 (5): 167–181.

[44] ANSORGE J. Insekten aus dem oberen Lias von Grimmen (Vorpommern, Norddeutschland) [J] . Neue Paläontologische Abhandlungen, 1996, 2: 1–132.

[45] ARISTOV D S. The fauna of grylloblattid insects (Grylloblattida) of the Lower Permian locality of Tshekarda [J] . Paleontological Journal, 2004, 38 (Suppl 2): 80–145.

任明月，史宗冈，毛玥，邢长月，任东

11.1 革翅目简介

革翅目（Dermaptera）昆虫，俗称为蠼螋，虽然具有短的革质前翅，但并不经常使用。着生于腹部末端的两个"大钳子"是革翅目最典型的特征，也是它的"武器"——当受到攻击时，蠼螋通常举起腹部，打开"钳子"惊吓敌人。革翅目还有一个英文俗名为"earwig"，来源于一个古老的西方民间传说："革翅目昆虫会在夜间爬进人们的耳朵，在大脑中产卵"，但这是毫无科学依据的。大多革翅目昆虫在夜间活动，白天常常藏于窄小而潮湿的石缝隙中或其他覆盖物下。蠼螋的食性广泛，主要取食动物的尸体、腐烂的植物、小型昆虫或其他一些小型节肢动物。正是由于它们性喜潜藏、多以腐烂食物为食，使得它们并不受人类的欢迎。

尽管如此，雌性革翅目昆虫也有温情的"亲代哺育"的习性，即保护和照顾卵和一龄若虫。产卵后，雌性蠼螋通常趴在卵上方或旁边，同时用口器清洁卵，以防止真菌感染（图11.1）。当卵或若虫受到威胁时，雌虫会用其尾铗做出攻击反应。还有一些雌性蠼螋会为一龄若虫提供食物或引导它们找到食物来源。雌性革翅目昆虫对卵和若虫特殊照顾的行为对提高其后代的存活率具有重要意义。

蠼螋体型小到中型，体长4~78 mm不等，通常细长扁平，呈褐色或黑色。头前口式，复眼较发达，单眼退化或缺失（一些绝灭的基干类群具单眼）。丝状触角用来感知周围的环境，通常具10~30个鞭小节，但有些种类超过50节。革翅目昆虫有翅或无翅。前翅也称为覆翅，短而坚硬，休止时覆盖于背部以保护后翅，并不用于飞行。后翅发达，膜质，扇形或半圆形，有扩大的臀区及辐射脉等。一般来说，革翅目有翅的类群并不擅长飞行且不能长距离飞行。腹部较长，8~10个腹节外露，外露部分可自由弯曲。有一些种类的第三和第四腹节有气味腺，可分泌一种恶臭的液体自卫。腹部末端具两个类似钳子的

▲ 图 11.1　雌性蠼螋对卵的清洁和保护　史宗文拍摄

尾铗，用于防卫、交配、进食和折叠后翅。雌性和雄性的尾铗差异较大，雄性的尾铗一般更为弯曲且较长，而雌性尾铗相对较直且短。

大多数蠼螋为杂食性，也有植食性或捕食性类群。交配后不久，雌虫会在树叶上、岩石或木头下、巢穴中或地下缝隙中产卵，一次产卵30~50个，若虫发育为成虫需要6周到1年的时间。若虫的生活环境与成虫相似，相对于成虫，若虫的活动更加敏捷。

Engel在2003年的研究[1]认为，革翅目可分为三个亚目：始螋亚目（Archidermaptera）、原螋亚目（Eodermaptera）和新螋亚目（Neodermaptera）。始螋亚目和原螋亚目均为绝灭类群，仅有化石记录。新螋亚目包含了2 000余种现生类群以及一部分绝灭类群。革翅目昆虫分布广泛，除极寒地区外，世界各地均有它们的身影。

11.2　革翅目昆虫化石的研究进展

世界革翅目昆虫化石的研究始于19世纪中期，1856年，德国学者Massalongo报道了意大利的一个始新世的球螋科化石，揭开了革翅目昆虫化石研究的帷幕[2]。由于现生类群与绝灭类群在形态上有很大的差异，且化石蠼螋保存较差，很容易与鞘翅目和直翅目的类群混淆，因此，革翅目的分类地位一直不明确。直到1910年，Burr正式提出将革翅目昆虫作为一个独立的目存在[3]。近年来，革翅目昆虫化石记录逐渐增加。迄今为止，共发表革翅目昆虫化石12科69属115种。目前已知最早的革翅目化石发现于中国东北地区的中侏罗世[4-5]。

中国革翅目昆虫化石的研究始于1935年，秉志鉴定描述了来自新疆晚侏罗世的革翅目昆虫化石标本新疆中生环球螋 *Mesoforficula sinkianensis* Ping，1935[6]。此后，越来越多的革翅目昆虫化石被报道。在中国，约有23种化石蠼螋被描述并报道。2010年，赵静霞等人报道的丽螋属（*Belloderma* Zhao，Shih & Ren，2010）同时具有革翅目原始类群和进化类群的特征，展现了一系列演化过程中的过渡性结构，弥补了革翅目系统发育中始螋亚目（Archidermaptera）与原螋亚目（Eodermaptera）之间的演化空缺[5]。系统发育分析表明，最古老的革翅目可追溯至晚三叠世至早侏罗世。目前，在中国东北和西北地区已发现革翅目化石4科14属17种（表11.1），其中主要涉及中侏罗统的九龙山组和下白垩统的义县组。

11.3　中国北方地区革翅目的代表性化石

始螋亚目 Archidermaptera Bey-Bienko，1936

始丝尾螋总科 Protodiplatyoidea Martynov，1925

始革翅科 Dermapteridae Vishniakova，1980

始革翅科（Dermapteridae）是革翅目中一个已绝灭的科。该类群触角丝状，触角鞭小节多于19节。具2个单眼。前胸背板宽大于长，形状多样。前翅强凸几丁质化，相对较长。两爪间具中垫。腹部细长。雄性阳茎基侧突弯曲或径直向后。尾铗短小锋利。迄今为止，在中国北方发现的化石类群有3属3种[4, 7]。

中国北方地区侏罗纪报道的属：中国始螋属 *Sinopalaeodermata* Zhang，2002；侏罗似巫螋属

Jurassimedeola Zhang，2002；始螋属*Palaeodermapteron* Zhao，Ren & Shih，2011。

中国始螋属 *Sinopalaeodermata* Zhang，2002

Sinopalaeodermata Zhang，2002，*Acta Micropalaeontol. Sin*，19（4）：351^[4]（original designation）.

模式种：内蒙古中国始螋*Sinopalaeodermata neimonggolensis* Zhang，2002。

触角节数多于19节，前胸背板窄但纵向拉长，并且在前胸基节窝轻微收缩。前胸腹板窄且纵向延长，在接近前胸基节窝处略收缩。爪发育良好，具中垫。尾铗柔软，细长，丝状，多分节。

产地及时代：内蒙古，中侏罗世。

中国北方地区侏罗纪仅报道1种（详见表11.1）。

侏罗似巫螋属 *Jurassimedeola* Zhang，2002

Jurassimedeola Zhang，2002，*Acta Micropalaeontol. Sin*，19（4）：353^[4]（original designation）.

模式种：亚洲侏罗似巫螋*Jurassimedeola orientalis* Zhang，2002。

触角中等粗壮，第1鞭小节明显粗且长于第3鞭小节。前翅纵脉发育不全，几乎不可见。后翅S$_\text{C}$脉和R脉延长，结束于缘区。产卵器外露，较短，几乎与末腹节等长。

产地及时代：内蒙古，中侏罗世。

中国北方地区侏罗纪仅报道1种（详见表11.1）。

始螋属 *Palaeodermapteron* Zhao，Ren & Shih，2011

Palaeodermapteron Zhao，Ren & Shih，2011，*Acta Geol. Sin*，85（1）：75–80^[7]（original designation）.

模式种：两端尖始螋*Palaeodermapteron dicranum* Zhao，Ren & Shih，2011。

头相对较小，触角较细，第1节粗且短于第3节。复眼相对较小。上颚内缘具齿。前胸背板横阔，前缘和后缘近等宽，前缘两端具有两个尖角，中间存在纵向沟。前翅纵向翅脉发达，前缘弯曲。臀板横阔。尾须第1节短于后面的几节。雄性外生殖器阳茎基侧突圆锥状，后阳茎基侧突与前阳茎基侧突有明显的分界。

产地及时代：内蒙古，中侏罗世。

中国北方地区侏罗纪仅报道1种（详见表11.1）。

始丝尾螋科 Protodiplatyidae Martynov，1925

始丝尾螋科（= Longicerciatidae）的化石记录十分稀少。至今，仅发现该科化石12属18种，分布在英国、哈萨克斯坦、蒙古和中国^[7–14]。该科的鉴别特征为触角17~23节，前翅翅脉退化，仅有少数保留，跗节5分节，尾须长且分节。

中国北方地区侏罗纪和白垩纪报道的属：长尾螋属*Longicerciata* Zhang，1994；中国始丝尾螋属*Sinoprotodiplatys* Nel，Aria，Garrouste & Waller，2012；短毛螋属*Barbderma* Xing，Shih & Ren，2016；奇异螋属*Perissoderma* Xing，Shih & Ren，2016；雅致螋属*Abrderma* Xing，Shih & Ren，2016。

长尾蜕属 *Longicerciata* Zhang，1994

Longicerciata Zhang，1994，*Acta Palaeontol. Sin*，33：231 [12]（original designation）.

模式种：中生长尾蜕 *Longicerciata mesozoica* Zhang，1994。

头部较大。触角第3鞭小节长于第4鞭小节。后翅短于腹部长度的一半。尾须与虫体几乎等长，至少36分节。

产地及时代：山东，早白垩世。

中国北方地区侏罗纪报道2种（详见表11.1）。

中国始丝尾蜕属 *Sinoprotodiplatys* Nel，Aria，Garrouste & Waller，2012

Sinoprotodiplatys Nel，Aria，Garrouste & Waller，2012，*Cret. Res*，33：190 [13]（original designation）.

模式种：张氏中国始丝尾蜕 *Sinoprotodiplatys zhangi* Nel，Aria，Garrouste & Waller，2012。

该种名以昆虫学家张俊峰研究员的姓氏命名。

体长中等，触角18分节。上颚有两个突出的尖齿。前胸背板近似椭圆形，其前缘和后缘宽度相等。中胸盾片大或者无。前翅无可见的翅脉。后翅翅脉存在且后翅的长度超过腹部的第2分节。尾须细长，至少20分节。

产地及时代：辽宁，早白垩世。

中国北方地区侏罗纪报道2种（详见表11.1）。

短毛蜕属 *Barbderma* Xing，Shih & Ren，2016

Barbderma Xing，Shih & Ren，2016，*Cret. Res*，64：60 [14]（original designation）.

模式种：矩圆状短毛蜕 *Barbderma oblonguata* Xing，Shih & Ren，2016。

体型中到大型，身体呈扁平状并覆盖有浓密的刚毛。触角丝状，共19分节，梗节宽于其他分节。前胸背板长方形或不规则四边形，前缘与后缘同宽或宽于后缘。前翅具发达的纵脉。臀板小。尾须几乎与身体等长。

产地及时代：辽宁，早白垩世。

中国北方地区侏罗纪仅报道1种（详见表11.1）。

奇异蜕属 *Perissoderma* Xing，Shih & Ren，2016

Perissoderma Xing，Shih & Ren，2016，*Zootaxa*，4205（2）：182 [15]（original designation）.

模式种：三角状奇异蜕 *Perissoderma triangulum* Xing，Shih & Ren，2016。

虫体具浓密的刚毛。触角丝状，共17分节。前胸背板近似椭圆形，前缘与后缘等宽或宽于后缘。腹部具6分节且后几节收缩成一个特殊的结构。前翅具纵向的脉。雌性有暴露的产卵器。臀板小。尾须细长分节，其长约为体长的一半。

产地及时代：内蒙古，中侏罗世。

中国北方地区侏罗纪仅报道1种（详见表11.1）。

雅致蜕属 *Abrderma* Xing，Shih & Ren，2016

Abrderma Xing，Shih & Ren，2016，*Zootaxa*，4205（2）：185 [15]（original designation）.

模式种：纤细状雅致蠼*Abrderma gracilentum* Xing，Shih & Ren，2016。

头小近似三角形。触角丝状，共有17~19节，触角柄节宽于其他分节。上颚具两个尖的锯齿结构。具两个单眼。前翅较大且长，具发达的纵脉，两前翅内侧边缘较直，前缘拱形。跗节5分节，1~4节短缩，呈马蹄形。尾须短，分节。

产地及时代：内蒙古，中侏罗世。

中国北方地区侏罗纪仅报道1种（详见表11.1）。

纤细状雅致蠼*Abrderma gracilentum* Xing，Shih & Ren，2016（图11.2）

Abrderma gracilentum Xing，Shih & Ren，2016，*Zootaxa*，4205（2）：185.

产地及层位：内蒙古宁城道虎沟；中侏罗统，九龙山组。

体长约17.4 mm（不包括尾须）。头小近似三角形。单眼存在。复眼较大，突出位于头后缘。前胸背板近似椭圆形，长2.5 mm，宽1.3 mm。前翅具有发达的纵脉，长5.3 mm，宽2.5 mm，两前翅内侧边缘较直。腹部末端有外露的产卵器，长2.4 mm。臀板小[15]。

▲ 图11.2　纤细状雅致蠼*Abrderma gracilentum* Xing，Shih & Ren，2016（正模标本：CNU-DER-NN2016002p）

原蠼亚目 Eodermaptera Engel，2003

丽蠼科 Bellodermatidae Zhao，Shih & Ren，2010

丽蠼科是始蠼亚目和原蠼亚目间的过渡类群[5]。该科的鉴别特征为前胸背板宽大于长。前翅保留有翅脉，较长，缘区拱形。股节龙骨形，有两个明显隆起脊。跗节3节，第2跗节末端延伸到第3节的下方。爪发达，但中垫缺失。雌性腹部末端有一对外露的产卵器。尾须短，分节，不对称。

中国北方地区侏罗纪仅报道1属：*Belloderma* Zhao，Shih & Ren，2010。

美丽蠼属 *Belloderma* Zhao，Shih & Ren，2010

Belloderma Zhao，Shih & Ren，2010，*BMC Evol. Biol*，10：344[5]（original designation）.

模式种：弓形美丽蠼 *Belloderma arcuata* Zhao，Shih & Ren，2010。

头相对较大，后缘不光滑。触角第1节略粗，短于或等于第3节。复眼大。前胸背板横阔，前缘和后缘近等宽；小盾片隐藏或暴露；跗节短于胫节；臀板小。尾须分节且第1节长于其他分节。

产地及时代：内蒙古，中侏罗世。

中国北方地区侏罗纪报道2种（详见表11.1）。

弓形美丽蠼 *Belloderma arcuata* Zhao，Shih & Ren，2010（图11.3 和 图11.4）

Belloderma arcuata Zhao，Shih & Ren，2010，*BMC Evol. Biol*，10：344.

产地及层位：内蒙古宁城道虎沟；中侏罗统，九龙山组。

体型中等，长15.5 mm（不包括触角和尾须），体表被刚毛。头近三角形，长2.3 mm，宽2.6 mm。前胸背板宽是长的1.8倍，前缘直，其余边缘圆弧形。前翅长为宽的3倍，延伸到腹部第2节。前足跗节3节的长度比是1.2：1.2：0.9，中足3节跗节的长度比是1.3：1.6：1.1。腹部长度超过头部和胸部之和。腹部2~7节可见，第1节与后胸腹板融合，所有腹板的长度几乎相等，第4节最宽。腹部末端有外露的产卵器。臀板小[5]。

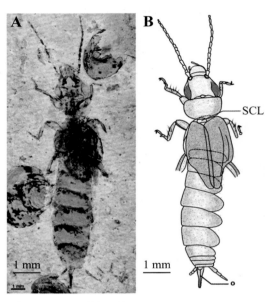

▲ 图 11.3　弓形美丽蠼 *Belloderma arcuata* Zhao，Shih & Ren，2010（正模标本，CNU-DER-NN2008002）标本由史宗冈捐赠　A. 标本照片；B. 线条图

▲ 图 11.4　弓形美丽蠼 *Belloderma arcuata* Zhao，Shih & Ren，2010 生态复原图　王晨绘制

新蠼亚目 Neodermaptera Engel，2003

大尾蠼总科 Pygidicranoidea Verhoeff，1902

大尾蠼科 Pygidicranidae Verhoeff，1902

现生大尾蠼科[1, 16]，包含10亚科和1绝灭亚科。该科的主要鉴别特征为体型稍扁平，触角第4~6节长大于宽，腹部比较长且扁宽。截至目前，已发现大尾蠼科化石14属15种，其中，中国东北和西北地区报道3属3种[12, 18, 19]。

中国北方侏罗纪和白垩纪报道的属：古蠼属*Archaeosoma* Zhang，1994；地蠼属*Geosoma* Zhang，1997；圆柱蠼属*Cylindopygia* Yang，Ren & Shih，2015。

古蠼属 *Archaeosoma* Zhang，1994

Archaeosoma Zhang，1994，*Acta Palaeontol. Sin*，33：234[12]（original designation）.

模式种：锯齿古蠼 *Archaeosoma serratum* Zhang，1994。

触角至少24节。单眼存在。复眼大且发达，位于头部后缘。后翅窄小。尾铗短，无锯齿。

产地及时代：山东，早白垩世。

中国北方地区侏罗纪仅报道1种（详见表11.1）。

地蠼属 *Geosoma* Zhang，1997

Geosoma Zhang，1997，*Palaeoworld*，1997，7（8）：83 [18]（original designation）.

模式种：先锋地蠼 *Geosoma prodromum* Zhang，1997。

触角柄节粗，节数超过26节。单眼缺失。复眼发达，位于头部两侧基部。前胸背板近倒三角形。前翅短，近三角形。

产地及时代：吉林，早白垩世。

中国北方地区侏罗纪仅报道1种（详见表11.1）。

圆柱蠼属 *Cylindopygia* Yang，Ren & Shih，2015

Cylindopygia Yang，Ren & Shih，2015，*Cret. Res*，52（1）：330 [19]（original designation）.

模式种：镰尾圆柱蠼 *Cylindopygia falcate* Yang，Ren & Shih，2015。

体形较大，长19.5~20 mm（不包括触角和尾铗）。触角至少22节，柄节长而粗壮，端部稍宽于基部。前胸背板近梯形。腹部近圆柱形，被刚毛。尾铗强烈弯曲，镰刀状，背腹侧均有纵向脊。臀板较大，宽度正好等于尾铗基部分开距离。产卵瓣未伸出腹部末端。

产地及时代：辽宁，早白垩世。

中国北方地区侏罗纪仅报道1种（详见表11.1）。

镰尾圆柱蠼 *Cylindopygia falcate* Yang，Ren & Shih，2015（图11.5）

Cylindopygia falcate Yang，Ren & Shih，2015，*Cret. Res*，52（1）：330.

产地及层位：辽宁北票黄半吉沟；下白垩统，义县组。

体长19.5 mm（不包含触角和尾铗），宽5 mm。触角长8 mm，至少22节，柄节长而粗壮（长0.7 mm），端部宽于基部，最宽处0.4 mm。前胸背板近梯形。覆翅对称，无翅脉，长5.9 mm，遮住前两腹节，前缘外缘弧形，后缘角相对尖。尾铗强烈弯曲，镰刀状，背腹侧均有纵向脊，基部分开间距大，无结节和齿等。臀板较大，宽度正好等于尾铗基部分开距离。产卵瓣未伸出腹部末端 [19]。

▲ 图 11.5　镰尾圆柱蠼 *Cylindopygia falcate* Yang，Ren & Shih，2015（正模标本，CNU-DER-LB2013001p）

知识窗：缅甸琥珀中的蠼螋

　　一只发现于缅甸琥珀中且保存完好的大尾螋科雌性：具沟瘦螋*Gracilipygia canaliculata* M. Ren，Zhang，Shih & D. Ren，2017，其地质年代为早白垩世（图11.6）。体型细长约5.89 mm（不包括触角和尾铗的长度），复眼大且突出。前背板近方形。股节相对较粗但不具隆脊。具中垫。臀板突出。大而简单的中垫，突出的臀板以及延长的尾铗都表明它属于绒螋亚科。这也是绒螋亚科的首个化石记录[20]。

1 mm

▲ 图11.6　具沟瘦螋 *Gracilipygia canaliculata* M. Ren，Zhang，Shih & D. Ren，2017（正模标本，CNU-DER-MA2016001）

科未定 Family incertae sedis

中生球螋属 *Mesoforficula* Ping，1935

Mesoforficula Ping，1935，*Chin. Jour. Zool*，1：108[6]（original designation）.

模式种：新疆中生球螋*Mesoforficula sinkianensis* Ping，1935。

触角较短。前翅和后翅窄。胸部和腹部较细。尾铗短而简单。

产地及时代：新疆，晚侏罗世。

中国北方地区侏罗纪仅报道1种（详见表11.1）。

奇特螋属 *Atopderma* Zhao，Ren & Shih，2010

Atopderma Zhao，Ren & Shih，2010，*Insect Sci*，17：460[21]（original designation）.

模式种：椭圆奇特螋*Atopderma ellipta* Zhao，Ren & Shih，2010。

头相对较大。触角第1节宽于且长于或等于第3节。复眼中等大小。前胸背板横阔，前缘窄于头的后缘。小盾片隐藏。前翅纵脉缺失，前缘弯曲。跗节短于胫节[21]。

产地及时代：内蒙古，中侏罗世。

中国北方地区侏罗纪仅报道1种（详见表11.1）。

表 11.1　中国侏罗纪和白垩纪革翅目化石名录

科	种	产地	层位 / 时代	文献出处
Suborder Archidermaptera Bey-Bienko，1936				
Dermapteridae	*Jurassimedeola orientalis* Zhang，2002	内蒙古宁城	九龙山组 /J₂	Zhang [4]
	Palaeodermapteron dicranum Zhao，Ren & Shih，2011	内蒙古宁城	九龙山组 /J₂	Zhao et al. [5]
	Sinopalaeodermata neimonggolensis Zhang，2002	内蒙古宁城	九龙山组 /J₂	Zhang [4]
Protodiplatyidae (=Longicerciatidae)	*Abrderma gracilentum* Xing，Shih & Ren，2016	内蒙古宁城	九龙山组 /J₂	Xing et al. [15]
	Barbderma oblonguata Xing，Shih & Ren，2016	辽宁北票	义县组 /K₁	Xing et al. [14]
	Longicerciata mesozoica Zhang，1994	山东莱阳	莱阳组 /K₁	Zhang [12]
	Longicerciata rumpens Zhang，1994	山东莱阳	莱阳组 /K₁	Zhang [12]
	Perissoderma triangulum Xing，Shih & Ren，2016	内蒙古宁城	九龙山组 /J₂	Xing et al. [15]
	Sinoprotodiplatys zhangi Nel，Aria，Garrouste & Waller，2012	辽宁北票	义县组 /K₁	Nel et al. [13]
	Sinoprotodiplatys ellipsoideuata Xing，Shih & Ren，2016	辽宁北票	义县组 /K₁	Xing et al. [14]
Suborder Eodermaptera Engel，2003				
Bellodermatidae	*Belloderma arcuate* Zhao，Shih & Ren，2010	内蒙古宁城	九龙山组 /J₂	Zhao et al. [5]
	Belloderma ovata Zhao，Ren & Shih，2010	内蒙古宁城	九龙山组 /J₂	Zhao et al. [5]
Neodermaptera Engel，2003				
Pygidicranidae	*Archaeosoma serratum* Zhang，1994	山东莱阳	莱阳组 /K₁	Zhang [12]
	Cylindopygia falcate Yang，Ren & Shih，2015	辽宁北票	义县组 /K₁	Yang et al. [19]
	Geosoma prodromum Zhang，1997	吉林智新	大拉子组 /K₁	Zhang [18]
Family incertae sedis	*Atopderma ellipta* Zhao，Ren & Shih，2010	内蒙古宁城	九龙山组 /J₂	Zhao et al. [21]
	Mesoforficula sinkianensis Ping，1935	新疆吐鲁番	煤窑沟组 / J₃	秉志 [6]

参考文献

［1］ENGEL M S. The earwigs of Kansas, with a key to genera north of Mexico (Insecta：Dermaptera)［J］. Transactions of the Kansas Academy of Science, 2003, 106: 115–123.

［2］MASSALONGO A.B.P. Prodromo di un' entomologia fossile del M. Bolca［J］. Studii Paleontologici. 1856, 11–21.

［3］BURR M. Dermaptera (Earwigs)［J］. The fauna of British India, Including Ceylon and Burma, 1910, 5 (28)：1–217.

［4］ZHANG J F. The most primitive earwigs (Archidermaptera, Dermaptera insect) from the Upper Jurassic of Nei Monggol Autonomous Region, northeastern China［J］. Acta Micropalaeontologica Sinica, 2002, 17: 459–464.

［5］ZHAO J X, ZHAO Y Y, SHIH C K, et al. Transitional fossil earwigs - a missing link in Dermaptera evolution［J］. BMC Evolutionary Biology, 2010, 10 (344)：1–10.

［6］秉志. 新疆四种昆虫化石［J］. 动物学杂志，1935，1: 107–115.

［7］ZHAO J X, SHIH C K, REN D, et al. New primitive fossil earwig from Daohugou, Inner Mongolia, China (Insecta: Dermaptera: Archidermaptera)［J］. Acta Geologica Sinica - English Edition, 2011, 85 (1)：75–80.

［8］MARTYNOV A V. To the knowledge of fossil insects from Jurassic beds in Turkestan. 2. Raphidioptera (continued), Orthoptera (s.l.), Odonata［J］. Neuroptera Bulletin de l'Academie des Sciences de l'Union des Republiques Socialistes, 1925, 19: 569–598.

［9］VISHNIAKOVA V H. Earwig from the Upper Jurassic the Karatau range (Insect, Forficulida)［J］. Paleontological Journal, 1980: 78–94.

［10］VISHNIAKOVA V H. Earwigs. Forficulida (= Dermaptera). In Nasekomye v rannemelovykh ekosistemakh zapadnoy

Mongolii [J] . The Joint Soviet-Mongolian Palaeontological Expedition 1986, 28: 1–171 (in Russian).

[11] WHALLEY P E S. The systematics and palaeogeography of the Lower Jurassic Insects of Dorset, England [J] . Bulletin of the British Museum (Natural History). Geology Series, 1985, 39 (3) : 107–189.

[12] ZHANG J F. Discovery of primitive fossil earwigs (Insecta) from the Late Jurassic of Laiyang, Shandong and its significance [J] . Acta Palaeontologica Sinica, 1994, 33: 229–245.

[13] NEL A, ARIA C, GARROUSTE R, et al. Evolution and palaeosynecology of the Mesozoic earwigs (Insecta: Dermaptera) [J] . Cretaceous Research, 2012, 33: 189–195.

[14] XING C Y, SHIH C K, Zhao, Y Y, et al. New protodiplatyids (Insecta: Dermaptera) from the Lower Cretaceous Yixian Formation of northeastern China [J] . Cretaceous Research, 2016, 64: 59–66.

[15] XING C Y, SHIH C K, ZHAO Y Y, et al. New Earwigs in Protodiplatyidae (Insecta: Dermaptera) from the Middle Jurassic Jiulongshan Formation of Northeastern China [J] . Zootaxa, 2016, 4205 (2) : 180–188.

[16] ENGEL M S. New earwigs in mid-Cretaceous amber from Myanmar (Dermaptera, Neodermaptera) [J] . ZooKeys, 2011, 130: 137–152.

[17] VERHOEFF K W. Über Dermapteren. 1. Aufsatz: Versuch eines neuen, natürlichen Systems auf vergleichend-morphologischer Grundlage und über den Mikrothorax der Insecten [J] . Zoologischer Anzeiger, 1902, 25 (665) : 181–208.

[18] ZHANG H C. Early Cretaceous Insects from the Dalazi Formation of the Zhixin Basin, Jilin Province, China [J] . Palaeoworld, 1997, 7: 75–103.

[19] YANG D, SHIH C K, REN D. The earliest pygidicranid (Insecta: Dermaptera) from the Lower Cretaceous of China [J] . Cretaceous Research, 2015, 52 (1) : 329–335.

[20] REN M Y, ZHANG W T, SHIH C K, et al. A new earwig (Dermaptera: Pygidicranidae) from the Upper Cretaceous Myanmar amber [J] . Cretaceous Research, 2017, 74: 137–141.

[21] ZHAO J X, REN D, SHIH C K. Enigmatic earwig-like fossils from Inner Mongolia, China [J] . Insect Science, 2010, 17: 459–464.

师超凡，史宗冈，任东

12.1　鼋蝽科简介

鼋蝽科（Chresmodidae）是一类绝灭的昆虫，体型较大，具有极长的足，形似现生的半翅目鼋蝽科昆虫。其生活习性也与鼋蝽相似，属于水生昆虫。鼋蝽的足被覆浓密的短毛，适应行走于水面之上[1-3]。然而，鉴于鼋蝽的体型及体重较大，可能还需漂浮的植物以支撑其浮于水面之上[4]。它们可能是捕食性昆虫，取食水中或因水面张力困于水面上的小型昆虫及其他生物[3, 5-9]。

鼋蝽科的模式属鼋蝽属 Chresmoda 由 Germar 于1839年建立以来，该科的系统位置一直争议不断[10-12]。迄今，该科共包含三属，化石发现于欧亚地区和巴西的中侏罗统至上白垩统的地层中[3, 4, 7, 8, 13-16]。

鼋蝽体型中至大型。头小，覆短而细的刚毛。触角多呈线状，覆或短或长的刚毛。该科触角会出现雌雄二型性。如巨角中华鼋蝽 Sinochresmoda magnicornia Zhang，Ren & Pang，2008 雄虫柄节膨大，显著大于雌虫柄节，雄虫鞭节第一节内弯，而雌虫鞭节第一节直[14]。复眼圆，口器可能为咀嚼式口器，前口式[4, 7, 8, 13-16]。

鼋蝽的六只足都极长且细，密布刚毛。三对足几乎等长。但足的长度在种间略有差异。而足的股节与胫节的长度比，特别是前足的比值，具有显著的种间差异，常作为区别种的特征[14-16]。跗节长，高度特化，具有多至40节分节，这一特征被 Nel 等人称为"超分节跗节"[7, 8]，在鼋蝽科的雌虫、雄虫及若虫中都有发现[15]，这在整个昆虫纲都是独有的[4]。这种高度分节的跗节可能是鼋蝽为了适应水面上行走的功能。

此前一度认为鼋蝽的雄虫和若虫无翅，但中华鼋蝽属 Sinochresmoda 的报道改变了以往的认知。在现今发现的所有化石中，鼋蝽科所有的雌虫、中华鼋蝽属的雄虫和鼋蝽属中两种雄虫均具四翅，应具飞行能力。翅长在属间及种间都有差异。具翅的鼋蝽在休息时常将翅折叠于腹部上方，呈屋脊状。极少的化石呈翅展开的保存状态，借此展示了鼋蝽科的脉序特征[4, 14, 16]。尾须通常比较短，仅侏罗鼋蝽属 Jurachresmoda 例外，具有长而分节的尾须。产卵器长、骨化强、呈剑状，后缘内侧具一列锯齿状结构，推测其功能为帮助其产卵于水面漂浮或水生的植物上[7, 14, 15]。

12.2　鼋蝽科化石的研究进展

如前所述，鼋蝽科的系统位置长久以来一直存在争议。鼋蝽科的模式种 Chresmoda obscura 的产地和层位为德国索伦霍芬上侏罗统地层，由 Germar 于1839年描述并归为螳螂目 Mantodea[10]。自此，鼋蝽属 Chresmoda 的分类位置在近两百年中被不断修订，现有多种观点，认为其应归入或与半翅目鼋蝽科、螳螂目、副襀翅目 Paraplecoptera、多新翅类 Grylloneans（= Polyneoptera）、直翅类 Orthopterida 或竹节虫目近缘。Handlirsch（1906—1908）建立龟蝽科Chresmodidae，将其归入竹节虫目[22]。Martynov（1928）建立龟蝽亚目Chresmododea作为竹节虫目中的基干类群，该亚目包含四个中生代的科：龟蝽科Chresmodidae（侏罗纪–白垩纪），三叠蝽科Aeroplanidae（三叠纪），僵蝽科Necrophasmatidae（侏罗纪）和飞蝽科Aerophasmidae（侏罗纪）[23]。Sharov也认同龟蝽科归入竹节虫目[24]。而Popov于1980年基于其水生的特点及与龟蝽的相似性将该科归入半翅目龟蝽次目Gerromorpha[25]。Ponomarenko（1985）认为龟蝽科不应归属于副新翅类，因其发育的尾须，跗节分5节，而应归入绝灭的副襀翅目，作为多新翅类的一个基干类群，这一观点也得到了Martínez-Delclòs（1991）的认同[2, 6]。Rasnitsyn和Quicke（2002）认为该科属多新翅类，但系统位置不确定[12]，而Grimaldi和Engel暂将其归入直翅类[3]。Nel等人于2005年将其归入古直翅总目Archaeorthoptera，但不同于Grimaldi和Engel的观点，Nel等人认为古直翅总目不包含竹节虫目[3, 8, 26]。Delclòs等基于西班牙和巴西化石标本中保存的展开的前后翅的脉序于2008年也将该科归入古直翅目[4]。

中国龟蝽科化石研究始于1949年，Esaki描述了采集自中国东北早白垩世的*Chresmoda orientalis*[27]。张馨文等人于2008年、2010年描述了我国内蒙古中侏罗世和内蒙古、辽宁、河北早白垩世的三属五种[14-16]，见表12.1。这些属种揭示了龟蝽科触角的雌雄二型性和脉序，并将该科的地质历史向前推进至中侏罗世。

知识窗：水上行走

龟蝽科最引人注目的是其长而细的足，指示着它们可能具有水面上行走的能力。事实上，水上行走在动物界也并不罕见，在昆虫、蜘蛛、蜥蜴中都存在[17]。

半翅目异翅亚目中多个科具有水上行走或滑行的能力，包括黾蝽科Gerridae、水蝽科Mesoveliidae、尺蝽科Hydrometridae和海蝽科Hermatobatidae。其中，黾蝽是最常见也最广为人知的。在暖和的天气，池塘、湖泊或平静的溪流中常可见到在水面上行走或滑行的黾蝽[18]。黾蝽和龟蝽外形相似，但是黾蝽的前足短于中足和后足，其触角分四节，而非龟蝽的多节。

黾蝽因其细长和疏水性的足具有较强的表面张力，所以可以行走于水面上（图12.1）。它们细长、强壮、灵活的足使身体的重量均匀地作用于水面上较大的面积，并随水面的波动而起伏。身体和足的每

▲ 图12.1　黾蝽浮于水面交配　史宗文拍摄

一平方毫米都被覆着数千的细毛，从而防止因水波、水雾或雨水而将身体浸湿。这些细毛还可以蓄积空气，一旦水面没过虫体，遍布身体的细毛中的气泡可通过其浮力将蛋蠊再次带上水面，同时也有助于蛋蠊在水下呼吸[18]。蛋蠊在水面上滑行的动力主要来自水面下形成的漩涡，其覆毛的足如螺旋桨般在水中形成漩涡，从而产生了向前的动力，其向前运动的速度最高可达150 cm/s[19]。

盗蛛科（蛛形纲）*Dolomedes triton*是一种可以水上行走的蜘蛛，它们栖息于池塘或溪流附近，日间捕食。这种蜘蛛常在水面上将足伸展开来等待猎物到来。它们可以耐心地等待数小时，一旦猎物出现，便快速地在水面上行进，或潜入水面，最深可潜至水下18 cm。它们取食水下和水面上的昆虫、蝌蚪，偶尔也捕食小鱼[20]。

冠蜥科双冠蜥属*Basiliscus*的蜥蜴体型较大，以能在水面上较长距离奔跑而著名。当逃避捕食者时，双冠蜥可以在水面上奔跑一段距离而身体基本不会沉于水中。双冠蜥的后足大，三、四、五趾的两侧具缘鳞。当蜥蜴在陆地上行走时，这些缘鳞在趾间互相叠覆在一起。当感知到危险时，双冠蜥会跳入水中，撑开缘鳞覆于水面上，由此增大表面积和储积空气，从而提供了支持它在水上奔跑的浮力。一只双冠蜥在水面上最快可以1.5 m/s的速度奔跑近4.5 m不沉于水，而幼蜥可奔跑10~20 m[21]。

12.3 中国北方地区蛋蠊科的代表性化石

蛋蠊科 Chresmodidae Handlirsch，1908

中国北方地区侏罗纪和白垩纪报道的属：蛋蠊属*Chresmoda* Germar，1839；中华蛋蠊属*Sinochresmoda* Zhang，Ren & Pang，2008；侏罗蛋蠊属*Jurachresmoda* Zhang，Ren & Shih，2008。

侏罗蛋蠊属 *Jurachresmoda* Zhang，Ren & Shih，2008

Jurachresmoda Zhang，Ren & Shih，2008，*Zooxata*，1762：54[15]（original designation）.

模式种：加氏侏罗蛋蠊*Jurachresmoda gaskelli* Zhang，Ren & Shih，2008。

该属触角线状，超过18节，中胸显著长于前后胸，前足胫节长于股节长的1/2，中足股节最长，尾须长，雌虫翅长，超过体长（含产卵器），约为腹部长的2倍，若虫尾须分节。

产地及时代：内蒙古，中侏罗世。

中国北方地区侏罗纪报道两种（详见表12.1）。

加氏侏罗蛋蠊 *Jurachresmoda gaskelli* Zhang，Ren & Shih，2008（图12.2）

Jurachresmoda gaskelli Zhang，Ren & Shih，2008，*Zootaxa*，1762：54.

产地及层位：内蒙古宁城道虎沟；中侏罗统，九龙山组。

该种种名献给Tony Gaskell先生，致敬他为史宗冈博士研究昆虫化石给予支持和鼓励。

该种标本为采自我国1.65亿年前中侏罗统地层的一只雌性成虫和若虫化石，代表了该科最早的化石记录。典型特征是足极长，特别是中足，中足胫节和跗节覆缘毛，有利于辅助水上滑行。在该种若虫中首次发现了尾须分节的现象。

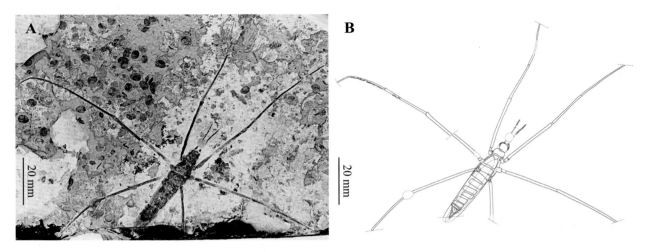

▲ 图 12.2　加氏侏罗龟蟾 *Jurachresmoda gaskelli* Zhang，Ren & Shih，2008（正模标本，CNU-CH-DHG2007010）
标本由史宗冈捐赠　A.标本照片；B.线条图

龟蟾属 *Chresmoda* Germar，1839

Chresmoda Germar，1839，Nova Acta Academia Leopoldiana Carola，XIX，201[10]（original designation）.

模式种：神秘龟蟾*Chresmoda obscura* Germar，1839。

雌雄虫触角均呈线状，覆短毛。足长且细，跗节极长，分节超过40节，翅缘无缘毛，前翅前缘域近基部宽，近端部窄，ScP与R脉长且直，MA具2~3支支脉，MP于翅中部分叉，CuA与MP基部融合，尾须短，不分节，产卵器长，具两个锯齿瓣。

产地及时代：中国（辽宁）、缅甸、黎巴嫩、德国、西班牙、巴西，白垩纪。

中国北方地区白垩纪报道三种（详见表12.1）。

多脉龟蟾 *Chresmoda multinervis* Zhang，Ren & Shih，2010（图12.3）

Chresmoda multinervis Zhang，Ren & Shih，2010，*Acta Geol. Sin.-Engl.* 84（1）：39–41.

产地及层位：河北丰宁；下白垩统，义县组。

该种触角短，20节。柄节膨大，显著大于其他节。前足胫节长，略长于股节长的1/2。翅长，超过腹

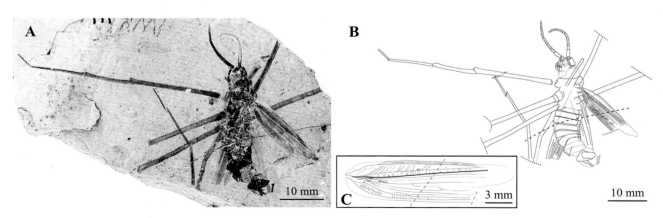

▲ 图 12.3　多脉龟 蟾 *Chresmoda multinervis* Zhang，Ren & Shih，2010（正模标本，CNU-CH-HF2007007）
A. 标本照片；B. 线条图；C. 前翅线条图

部长。身体和翅都被覆浓密的短毛。尾须短,为腹部长的13%~14%。该种及后述*C. shihi*雄虫具翅,是鼋蠊属中首次报道的具翅雄虫,而此前报道的该属其他种雄虫均无翅[16]。

Delclòs等人基于中脉和肘脉的特征将鼋蠊科归入古直翅总目[4],而上述翅脉在多脉鼋蠊化石中未保存。但是,多脉鼋蠊的前翅,特别是绝大多数都平行的纵脉,显示了它与竹节虫目更高的相似性[16]。

史氏鼋蠊 *Chresmoda shihi* Zhang,Ren & Shih,2010(图12.4,图12.5)

Chresmoda shihi Zhang,Ren & Shih,2010,*Acta Geol. Sin.-Engl.* 84(1),41–42.

产地及层位:河北丰宁;下白垩统,义县组。

该种种名献给史宗文先生,感谢他对史宗冈博士在古生物研究过程中的启发和支持,史宗文先生还为本书及首都师范大学团队出版的专著提供了许多精美的现生昆虫照片。

该种触角短,柄节膨大,大于其他节。前足胫节约为股节长度的1/3。翅长,超过腹部的长度。中足具缘毛,这一特征在侏罗鼋蠊属的两种及现生的鼋蝽中也存在。缘毛据推测类似于鼋蝽,司辅助水上滑行的功能。根据缘毛存在于中足的特征推测鼋蠊可能是用中足划动,用前足和后足定向、平衡或辅助滑行[16]。

▲ 图 12.4 史氏鼋蠊 *Chresmoda shihi* Zhang,Ren & Shih,2009(正模标本,CNU-CH-HF20070010)标本由史宗冈捐赠

▲ 图 12.5 史宗文先生 (感谢他为本书拍摄了多张昆虫照片)

中华鼋蠊属 *Sinochresmoda* Zhang,Ren & Pang,2008

Sinochresmoda Zhang,Ren & Pang,2008,Zootaxa,1702:27[14](Original designation).

模式种:巨角中华鼋蠊 *Sinochresmoda magnicornia* Zhang,Ren & Pang,2008。

头小,触角常呈线状,但具雌雄二型性。雄虫柄节膨大,大于雌虫柄节,雄虫鞭节第一节内弯,雌虫鞭节第一节直。雌雄虫均具翅,翅缘具浓密的缘毛。

产地及时代:内蒙古,早白垩世。

中国北方地区白垩纪仅报道1种(详见表12.1)。

巨角中华电蜻 *Sinochresmoda magnicornia* Zhang，Ren & Pang，2008（图12.6）

Sinochresmoda magnicornia Zhang，Ren & Pang，2008，*Zootaxa*，1702：27.

产地及层位：内蒙古宁城柳条沟；下白垩统，义县组。

前足胫节短，短于股节长度的1/2。翅短，短于腹部长度，约为体长的60%。该种报道前，电蜻科中未发现过具翅的雄虫和若虫。巨角中华电蜻也是在电蜻科中首次报道触角的雌雄二型性[14]。

15 mm

▲ 图 12.6 巨角中华电蜻 *Sinochresmoda magnicornia* Zhang，Ren & Pang，
2008（正模标本，CNU-CH-NN2007004）

表 12.1 中国侏罗纪和白垩纪电蜻科化石名录

科	种	产地	层位/时代	文献出处
Chresmodidae	*Jurachresmoda gaskelli* Zhang，Ren & Shih，2008	内蒙古宁城	九龙山组/J$_2$	Zhang *et al.* [15]
	Jurachresmoda sanyica Zhang，Ren & Pang，2010	内蒙古宁城	九龙山组/J$_2$	Zhang *et al.* [16]
	Chresmoda multinervis Zhang，Ren & Shih，2010	河北丰宁	义县组/K$_1$	Zhang *et al.* [16]
	Chresmoda orientalis Esaki，1949	辽宁凌源	义县组/K$_1$	Esaki [27]
	Chresmoda shihi Zhang，Ren & Shih，2010	河北丰宁	义县组/K$_1$	Zhang *et al.* [16]
	Sinochresmoda magnicornia Zhang，Ren & Pang，2008	内蒙古宁城	义县组/K$_1$	Zhang *et al.* [14]

参考文献

［1］BAUDOIN R. Sur les Gerris des miroirs d'eau actuels et les *Chresmoda* des lagunes post-recifales portlandiennes de Solnhofen ［J］. Annales des Sciences Naturelles, 1980, 2: 111–116.

［2］PONOMARENKO A G. Fossil insects from the Tithonian "Solnhofener Plattenkalke" in the Museum of Natural History, Vienna ［J］. Annalen des Naturhistorischen Museums in Wien, 1985, 87A: 135–144.

［3］GRIMALDI D A, ENGEL M S. Evolution of the Insects ［M］. New York: Cambridge University Press, 2005.

［4］DELCLOS X, NEL A, AZAR D, et al. The enigmatic, Mesozoic family Chresmodidae (Polyneoptera: Archaeorthoptera): new palaeobiological and phylogenetic data, with the description of a new species from the Lower Cretaceous of Brazil ［J］. Neues Jahrbuch für Geologie und Paläontologie, Abhandlungen, 2008, 247 (3): 353–381.

［5］MARTÍNEZ-DELCLÒS X. *Chresmoda aquatica* n. sp. insecto Chresmodidae del Cretácico inferior de la Sierra del Montsec (Lleida, España) ［J］. Revista Española de Paleontología, 1989, 4: 67–74.

［6］MARTINEZ-DELCLOS X. Insectes hemimetàbols del Cretaci Inferior d'Espanya ［M］. Tafonomia i Paleoautoecologia. Doctor thesis. Departament de Geologia Dinamica, Geofisica i Paleontologia, Universitat de Barcelona, 1991.

［7］NEL A, AZAR D, MARTINEZ-DELCLOS X. A new Upper Cretaceous species of Chresmoda from Lebanon – a latest representative of Chresmodidae (Insecta: Polyneoptera inc. sed.): first record of homeotic mutations in the fossil record of insects ［J］. European Journal of Entomology, 2004, 101 (1): 145–151.

［8］NEL A, MARTÍNEZ-DELCLÒS X, BÉTHOUX O, et al. *Chresmoda*, an enigmatic Mesozoic insect that is finally placed ［J］. 3rd International Congress of Palaeoentomology (FossilsX3) Abstracts, South Africa: Pretoria, 2005, 48.

［9］REN, D., SHIH, C.K, GAO T P, et al. Silent Stories – Insect Fossil Treasures from Dinosaur Era of the Northeastern China ［M］. Beijing: Science Press, 2010.

［10］GERMAR E F. Die Versteinerten Insecten Solnhofen ［J］. Nova Acta Academia Leopoldiana Carola, 1839, XIX: 187–222.

［11］CARPENTER F M. Superclass Hexapoda ［M］. // Moore R C, Kaesler R L. Treatise on Invertebrate Paleontology, R, Arthropoda 4. Boulder, Colorado, and Lawrence, Kansas: Geological Society of America & University of Kansas, 1992: xxi+617.

［12］RASNITSYN A P, QUICKE D L J. History of Insects ［M］. Hingham: Kluwer Academic Publishers, 2002.

［13］ZHANG W W, CAI W Z, LI W Z, et al. A new species of Chresmodidae from Mid-Cretaceous amber discovered in Myanmar ［J］. Zoological Systematics, 2017, 42 (2): 243–247.

［14］ZHANG X W, REN D, PANG H, et al. A new genus and species of Chresmodidae (Insecta: Gryllones) from Upper Jurassic–Lower Cretaceous of Yixian Formation, Inner Mongolia, China ［J］. Zootaxa, 2008, 1702: 26–40.

［15］ZHANG X W, REN D, PANG H, et al. A water-skiing chresmodid from the Middle Jurassic in Daohugou, Inner Mongolia, China (Polyneoptera: Orthopterida) ［J］. Zootaxa, 2008, 1762: 53–62.

［16］ZHANG X W, REN D, PANG H, et al. Late Mesozoic chresmodids with forewing from Inner Mongolia, China (Polyneoptera: Archaeorthoptera) ［J］. Acta Geologica Sinica – English Edition, 2010, 84 (1): 38–46.

［17］BUSH J W M, HU D L. Walking on water: biolocomotion at the Interface ［J］. The Annual Review of Fluid Mechanics, 2006, 38: 339–369.

［18］WARD J V. Aquatic Insect Ecology: 1. Biology and Habitat ［M］. New York: John Wiley & Sons Ltd, 1992.

［19］HU D L, CHAN B, BUSH J W M. The hydrodynamics of water strider locomotion ［J］. Nature, 2003, 424: 663–666.

［20］WISE D. Spiders in Ecological Webs ［M］. New York: Cambridge University Press, 1993.

［21］ROACH J. How "Jesus Lizards" Walk on Water ［J］. National Geographic News, 2004: Nov 16.

［22］HANDLIRSCH A. Die Fossilen Insekten und die Phylogenie der rezenten Formen: Ein Handbuch für Paläontologen und Zoologen ［M］. Leipzig: Verlagvon Wilhelm Engelmann, 1906–1908.

［23］MARTYNOV A V. A new fossil form of Phasmatodea from Galkino (Turkestan), and on Mesozoic Phasmids in general ［J］. The Annals and Magazine of Natural History; Zoology, Botany, and Geology, 1928, 10 (1): 319–328.

［24］SHAROV A G. Filogeniya ortopteroidnykh nasekomykh ［M］. Moskva: Trudy Paleontologicheskogo Instituta, Akademiya Nauk S.S.S.R., 1968. ［Cin Russian, Translated in English in 1971: Phylogeny of the Orthopteroidea. Israel program for scientific translations, Keter Press, Jerusalem.］

［25］POPOV Y A. Superorder Cimicidea Laicharting, 1781. Order Cimicina Laicharting, 1781 ［M］. // Rohdendorf B B,

Rasnitsyn A P. Historical Development of the Class of Insects. Moskva: Trudy Paleontologicheskogo Instituta, Akademiya Nauk S.S.S.R., 1980: 58–69.

［26］BÉTHOUX O, NEL A. Venation pattern and revision of Orthoptera sensu nov. and sister groups. Phylogeny of Palaeozoic and Mesozoic Orthoptera sensu nov. ［J］. Zootaxa, 2002, 96: 1–88.

［27］ESAKI T. The occurrence of the Mesozoic insect *Chresmoda* in the Far East ［J］. Insecta Matsumurana, 1949, 17: 4–5.

师超凡，杨弘茹，史宗冈，陈莎，任东

13.1 竹节虫简介

蜱目Phasmatodea，又称竹节虫目，俗称竹节虫或叶子虫，是昆虫纲中的一个小目，全世界已知3 000多现生种，大多分布于热带和亚热带地区[1, 2]。"*Phasma*"在希腊语中意为幻影，强调竹节虫非凡的伪装本领。支持竹节虫目为单系的特征有：多数种类在前胸的前缘有一对防御腺体，可以向各个方向射出分泌物，以抵御天敌；雄性个体的第十腹板下有肛下犁突以及雌性个体的第七腹板有盖前器。竹节虫目的分类体系争议较大，此前根据竹节虫胫节腹侧端部有无三角形凹陷分为两个亚目：胫棱亚目Areolatae和胫缘亚目Anareolatae，但是最新的研究结果表明这两个亚目均为并系[3, 4]。目前，被广泛接受的是将竹节虫目分为新蜱亚目Timematodea和真蜱亚目Euphasmatodea。新蜱亚目包括1科1属，共21种，仅分布于美国西北部，主要在加利福尼亚州[3-13]，其单系性主要由以下特征支持：跗节三节，右尾须有额外的骨片以及独特的产卵方式（雌性摄取土壤覆盖在卵上）[14]。真蜱亚目包括5个现生科：蜱科Phasmatidae、异蜱科Heteronemiidae、杆蜱科Bacillidae、拟蜱科Pseudophasmatidae和叶蜱科Phyllidae。

竹节虫通常有竹节状细长的身体（图13.1）。目前，世界上最长的昆虫是中国巨竹节虫*Phryganistria chinensis* Zhao，2016（未正式命名）的雌性，除触角和足外，其身体长度长达370 mm（见下文）。叶蜱，即叶子虫，拥有扁平叶状的身体。竹节虫触角丝状，复眼小，单眼仅在一些有翅类群中存在，前口式，咀嚼式口器，前胸背板短且前缘有一对防御腺孔，中胸和后胸背板延长，后胸背板通常与第一腹节背板融合，步行足，大多细长，跗节五节（除新蜱亚目，跗节三节），尾须不分节。多数竹节虫无翅，有翅的类群前翅退化，后翅发达，膜质，紧紧折叠于细长的身体上，或者像前翅一样模拟叶子的形态，大多类群的雄性细长且比雌性小。

竹节虫属于渐变态类昆虫，生活史包括三个阶段：卵、若虫和成虫。多数竹节虫可以进行孤雌生殖，即雌性不需要与雄性交配就可以产卵[15]。卵通常是椭圆形或者筒状，有坚硬的外壳，看起来像极了植物的种子，吸引着蚂蚁把它们搬回自己的巢穴埋藏，这样竹节虫的卵就阴差阳错地受到了蚂蚁的保护。雌性产卵的数量因种而异，100~1 200枚不等[16]，产卵方式也多种多样，例如：我国多数竹节虫产卵时都会先爬到树木较高处，像排粪便般将卵产出，卵粒自由下落，通常会滚动到枯枝落叶

▲ 图 13.1　身体细长的枝状竹节虫　史宗文拍摄

中，避免被天敌发现；有些竹节虫会把卵粘在植物上，例如广西的腹指瘦枝䗛 *Macellina digitata*；还有一些竹节虫会把腹部末端插入疏松的沙土里产卵[15]，然后用足拨土埋上，这种产卵方式具有很高的隐蔽性。卵的孵化期也因种而异，需要13~114d不等[16]。温带地区的竹节虫经常经历滞育，尤其是在冬季，比如，由于滞育的原因，*Diapheromera femorata*的卵需要两年才能孵化[17]。

竹节虫的若虫生活在与成虫相同的环境中，且具有成虫的基本形态特征，但是触角较短，生殖器和翅发育不全[18]。若虫的生长发育可以持续数月并需要经历一系列蜕皮的过程（图13.2），许多雌性竹节虫需要经历六次蜕皮，雄性竹节虫需经历五次。雄成虫的寿命一般是4~5周，雌成虫一般为8~9周[15]。

▲ 图 13.2　正在蜕皮的竹节虫若虫　史宗文拍摄

知识窗："树龙虾"——复活的"灭绝"昆虫

豪勋爵岛竹节虫*Dryococelus australis* Montrouzier, 1855，俗称"树龙虾"[19]，是一种生活于豪勋爵岛（Lord Howe Island）的竹节虫。豪勋爵岛是一座火山遗迹小岛，位于澳大利亚和新西兰之间的塔斯曼海。1918年，搁浅的"Makambo"号运输船将黑鼠*Rattus rattus* Linnaeus, 1758带进岛内后，豪勋爵岛竹节虫很快就在当地灭绝，导致在20世纪20年代人们一度认为该竹节虫已绝种。

幸运的是，20世纪60年代，登山者在波尔斯金字塔上重新发现了豪勋爵岛竹节虫的遗骸[19]。2001年，昆虫学家又在波尔斯金字塔上发现了一个由24个个体组成的种群[19, 20]。由于数量稀少，它们被称为"世上最罕有的昆虫"[20]。豪勋爵岛竹节虫的成虫大约长130 mm，无翅，但跑步速度却很快，雌雄很容易区分[19]，一般雌虫比雄虫大，拥有椭圆形的虫体及结实的足部，雄性更是有一对不合比例的粗壮股节。据观察，雌性和雄性形成了某种纽带关系，无论走到哪里雄性总是跟着雌性，并且在晚上会用足紧紧抱住雌性，竹节虫夫妇相拥入眠，这种行为对昆虫来说是非常罕见的。产卵时，雌性倒挂在树上，卵的孵化期长达9个月。若虫呈鲜绿色，白天十分活跃，而成虫呈黑色，晚上比较活跃。2003年捕获的一对成虫在墨尔本动物园已经成功地进行了人工繁殖，卵已被送往英国、美国和加拿大的动物园。

知识窗：破纪录的竹节虫

巨竹节虫属*Phryganistria*隶属于䗛科，分布于东南亚地区，该属的物种均拥有巨大的体型。2014年，在广西柳州采集的中国巨竹节虫*Phryganistria chinensis* Zhao（未正式命名）是世界上现存最长的昆虫，体长约370 mm（不包括触角和足），取代了之前体长约357 mm（不包括触角和足）的陈氏竹节虫 *Phobaeticus chani* Bragg，2008。陈氏竹节虫曾被国际物种探索研究所（IISE）亚利桑那州立大学和国际分类学家委员会评选为"IISE 2008年十大新物种"之一。

同为巨竹节虫属的越南潭道巨竹节虫 *Phryganistria tamdaoensis* Bresseel & Constant，2014，在2015年被IISE列为"IISE 2014年十大新物种"之一，因为其奇特的虫体颜色和形状，被称为"伪装大师"[21]。2010年8月，来自比利时皇家自然科学研究所的J. Constant和P. Limbourg在越南西北部的Tam Dao（潭道）国家公园首次采集到潭道巨竹节虫。它的雄虫拥有独特的颜色，头部前后区域均为全黄色，中胸背板边缘为黑色，股节有蓝色的脊和黑色的刺，胫节和跗节为粉褐色。雌性为淡褐色至暗绿色，颈部呈蓝绿色，长230 mm，宽93 mm，是巨型竹节虫中体型最小的一种[22]。

13.2 竹节虫化石的研究进展

1839年，Germar描述了一件来自德国侏罗纪的竹节虫化石标本，由此拉开了竹节虫化石研究的序幕，但是，这件标本与竹节虫的关系一直存在争议。根据Sharov[23]，Carpenter[24]，Rasnitsyn和Quicke[25]，以及Willmann[26]的研究结果，最早的竹节虫可以追溯到二叠纪晚期，来源于蒙古，隶属于二叠蟋科Permophamatidae，其次是晚三叠世的剑翅蟋科Xiphopteridae、三叠蟋科Aeroplanidae和原邻飞蟋科Prochresmodidae，均来自吉尔吉斯斯坦和澳大利亚昆士兰州的伊普斯威奇（仅三叠蟋科）的Madygen组。Tilgner[27]认为这些化石类群和竹节虫的关系有待商榷，因为大多数的鉴定特征不是竹节虫特有的。但是，来自中国早白垩世的神蟋科Hagiphasmatidae[28]雌虫化石标本有盖前器和扩大的第八腹板，因此与现生竹节虫有着密切的关系。神蟋科Hagiphasmatidae和泛神蟋科Susumaniidae共同构成了泛神蟋总科Susumanioidea，其标本从中侏罗世到始新世都有发现[25, 28–31]，被认为属于竹节虫目。迄今为止，世界中生代的化石和琥珀中发现的竹节虫有28属51种，主要分布于俄罗斯、哈萨克斯坦、吉尔吉斯斯坦、缅甸和中国[26, 32–37]，但大多数标本只保存了翅或不完整的身体结构[33]。在晚始新世的波罗的海琥珀中、早渐新世的美国科罗拉多州和早中新世的多米尼加琥珀中也有发现和报道竹节虫化石。现生的竹节虫类群中，仅蟋科和叶蟋科有来自新生代的化石记录[25]。

竹节虫以模仿树干、树枝和树叶的形态而闻名。2001年，Zompro根据波罗的海琥珀中原拟蟋科Archipseudophasmatidae一件未命名的竹节虫若虫标本，首次报道了竹节虫的枝状拟态[38–40]。2007年，Wedmann等人[41]发现了世界上最早的叶蟋 *Eophyllium messelensis* Wedmann，Bradler & Rust，2007，来自德国梅塞尔坑（始新世），距今约4 700万年。2014年，王茂民等人[31]描述了三件来自中国早白垩世泛神蟋总科的竹节虫标本，并认为其具有模仿叶子（或叶状器官）的能力。

中国竹节虫目昆虫化石的研究开展较晚，最早由任东教授（1997年）根据采集于中国河北、辽宁的一批保存完好的化石标本建立了神蟋科Hagiphasmatidae，并描述了这一科的三新属三新种[28]。随后，Nel 和 Delfosse[42]、尚良洁等人[30]、王茂民等人[31]、杨弘茹等人[37]描述了一系列来自中国东北中生代晚期的竹节虫标本，这些竹节虫被认为是基干类群。迄今为止，来自辽宁、河北和宁城道虎沟的竹节虫标本共报道了7属7种。

知识窗：缅甸琥珀中的竹节虫揭示了白垩纪中期跗垫的多样性

　　现生的许多昆虫为了适应周围的环境，增大摩擦力或附着力，在其跗节上已经进化出了跗垫或中垫这样的结构。中生代的多新翅类昆虫，例如蛩蠊目、螳螂目和直翅目都有跗垫结构，然而，由于竹节虫化石数量稀少，其跗垫的起源和早期演化我们尚不可知。2018年，陈莎等人在缅甸琥珀中报道了两件特殊的竹节虫标本，长膨足蟾*Tumefactipes prolongates* Chen, Shih, Ren & Gao, 2018和脊颗粒蟾*Granosicorpes lirates* Chen, Shih, Ren & Gao, 2018，其第二跗节的跗垫强烈扩展[35]，这是首次在竹节虫化石中报道跗垫的结构，同时证明了中生代多新翅类跗垫的多样性。这种跗垫结构可增大摩擦力，从而帮助中白垩时期的竹节虫在各种表面稳固地攀爬，比如宽阔的叶片、潮湿的树枝或者陆地。长膨足蟾和脊颗粒蟾来自相同的地层，是迄今为止新蟾亚目中最早的化石记录，这些类群为我们研究新蟾亚目、真蟾亚目、直翅目和纺足目的关系提供了更多的形态学特征（图13.3）。

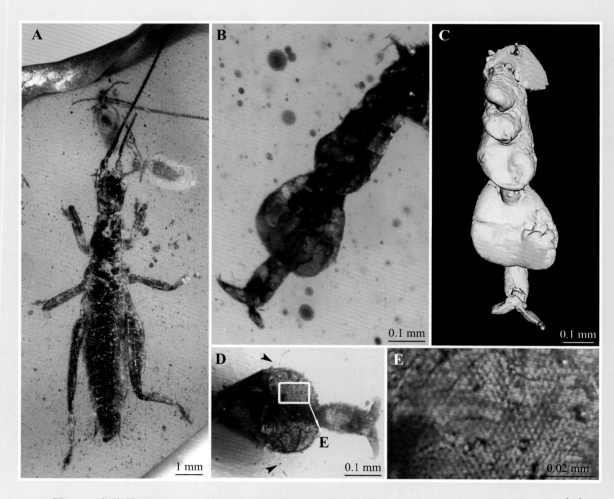

　　▲ 图 13.3　长膨足 蟾 *Tumefactipes prolongates* Chen, Shih, Ren & Gao, 2018（正模标本，BU-001232）[35]
　　　A. 整体结构图；B. 右后足跗节腹面观；C. 右后足跗节 3D 重建结果；D. 左中足第二跗节跗垫，
　　箭头表示长刚毛；E. D 中白色矩形的放大，展示的小方格可能是刚毛

知识窗：白垩纪有翅竹节虫阐明了竹节虫的早期演化

现生竹节虫多无翅或短翅型，而大多数化石中的绝灭类群前后翅发育都十分完整，因此这些绝灭类群与现生竹节虫的关系一直存在争议。2019年，杨弘茹等人首次报道了缅甸琥珀中的雄性有翅竹节虫类群，并建立了一个新科——翼螳科Pterophasmatidae Yang，Shih，Ren & Gao，2019，此科具有类似化石中绝灭类群泛神螳总科的前翅翅脉，还有一些与现生竹节虫相同的身体特征，因此被认为是从绝灭的有翅竹节虫到现生无翅和短翅竹节虫的一个"转化类群"。翼螳科的雄性生殖器包括两瓣对称且庞大的阳茎叶，与之前报道的所有竹节虫类群均不相同，对竹节虫雄性生殖器的演化研究具有十分重要的意义[36]（图13.4）。

▲ 图 13.4　红斑新月螳 *Meniscophasma erythrosticta* Yang，Shih，Ren & Gao，2019（正模标本，BU-001967）[36]
A. 整体图；B. 线条图；C. 雄性生殖器背面观；D. 生态复原图（王晨绘制）

泛神螳科 Susumaniidae Gorochov，1988

泛神螳总科包括泛神螳科和神螳科，被认为是竹节虫的基干类群。如上所述，神螳科的雌性和现

系统发育分析的结果表明绝灭的有翅类群（包括泛神蟌总科和翼蟌科）属于竹节虫目，可能是所有现生竹节虫的祖先类群，即所有现存竹节虫均是由有翅型演化而来，并且从有翅到无翅的转化在竹节

生竹节虫类似，都拥有腹瓣和盖前器的结构[28]。泛神蟌科中的中国任氏蟌 Renphasma sinica 和多刺隐蔽蟌 Aclistophasma echinulatum 的雄性有肛下犁突[42]与雌性的盖前器进行匹配，起到控制雌性的作用；近脉腊氏崎蟌 Adjacivena rasnitsyni 的雌性有腹瓣，雄性有钳状的突起（可能是肛下犁突）[30]；黑带蟌 Cretophasmomima melanogramma 的雌性也有腹瓣，并且所有种都有"肩板"[31]，这些特征均展示了与现生竹节虫的高度相似性。此外，黑带蟌的雄性还具有宽的尾须，在泛神蟌科中从未发现，但与现生的竹节虫非常相似，表明基干类群竹节虫外生殖器的多样性[31, 43]。多刺隐蔽蟌和近脉腊氏崎蟌雄性的第十腹板末端均发现了刺垫的结构，也是在交配的时候用来控制雌性，表明其交配方式与现生竹节虫非常类似[37, 43]。迄今为止，泛神蟌科的竹节虫在中侏罗世至晚白垩世都有发现，化石主要采集地包括中国、丹麦、哈萨克斯坦和俄罗斯[32]。泛神蟌科的主要鉴别特征包括前翅ScP减少，RP起始于翅基半部的位置，MA和MP分支较少，CuA单支；后翅RP和MA1融合了一段距离[30, 42]。

中国北方地区侏罗纪和白垩纪报道4属：白垩类蟌属 Cretophasmomima Kuzmina，1985；近脉崎蟌属 Adjacivena Shang，Béthoux & Ren，2011；任氏蟌属 Renphasma Nel & Delfosse，2011；隐蔽蟌属 Aclistophasma Yang，Engel & Gao，2020。

白垩类蟌属 Cretophasmomima Kuzmina，1985

Cretophasmomima Kuzmina，1985，Pal. J.，19：61[44]（original designation）.

模式种：维季姆白垩类蟌 Cretophasmomima vitimica Kuzmina，1985。

前翅RP在翅基部1/3处从R分出，CuA和CuPaα单支，CuA2消失。

产地及时代：中国（内蒙古）、俄罗斯，白垩纪。

中国白垩纪仅报道1种（详见表13.1）。

黑带白垩类蟌 Cretophasmomima melanogramma Wang，Béthoux & Ren，2014（图13.7）

Cretophasmomima melanogramma Wang，Béthoux & Ren，2014，PLoS ONE 9（3）：e91290.

产地及层位：内蒙古宁城柳条沟；下白垩统，义县组。

头球形；上颚有门齿，内颚叶有两个顶端齿；前胸和中胸梯形，后胸长方形；前股节直；前翅长且发育完整，有"肩板"，蟌前翅的大部分区域和后翅末端部分的主脉和闰脉被深色区域包围；雌性略大于雄性，都有相同大小的翅；雄性有两个深褐色尾须且没有明显的分节现象；雌性第八、第九生殖突延长，腹瓣细长，和生殖突等长。引人注目的翅脉着色表明叶状拟态在早白垩世就已经出现，当时各种树上的小型食虫鸟和哺乳动物可能导致了这一拟态防御机制的出现。基于白垩纪的这些竹节虫特征，说明了叶状拟态可能早于枝状和树皮状拟态[31]。

▲ 图 13.7　黑带白垩类蟌 Cretophasmomima melanogramma Wang，Béthoux & Ren，2014（正模标本，CNU-PHA-NN2012002）

近脉崎蜻属 *Adjacivena* Shang，Béthoux & Ren，2011

Adjacivena Shang，Béthoux & Ren，2011，*Eur. J. Entomol.*，108：678[30]（original designation）.

模式种：近脉腊氏崎蜻 *Adjacivena rasnitsyni* Shang，Béthoux & Ren，2011。

前翅MA2在翅中部靠前的位置靠近MP+CuA1一小段距离（主要鉴别特征）；MP+CuA1分支（只在模式种中出现）；后翅（仅模式种）MA1和RP融合了一段距离；MA2和MA1末端从RP+MA1分离出；足细长，中等长度且没有防御结构。

产地及时代：内蒙古，中侏罗世。

中国侏罗纪仅报道1种（详见表13.1）。

近脉腊氏崎蜻 *Adjacivena rasnitsyni* Shang，Béthoux & Ren，2011（图13.8）

Adjacivena rasnitsyni Shang，Béthoux & Ren，2011：*Eur. J. Entomol.* 108，679.

产地及层位：内蒙古宁城道虎沟；中侏罗统，九龙山组。

种名献给Alexandr Rasnitsyn教授（俄罗斯科学院古生物研究所，莫斯科）。

足细长，中等长度，没有防御结构，覆盖有细小的刚毛；雌性前翅着色深，有白色斑点且形成横向条纹；推测的雄性前翅有黑白交替的区域；雌性产卵器隐藏于腹瓣下；雄性第十背板延长，刺垫出现；这个种也展示出了翅脉的种内变异，比如前翅RP的分支数和MA1的分支位置；雌雄两性差异出现，依据是不同的前翅着色方式和雄性比雌性细长的身体；这是迄今最早的竹节虫化石记录[30]。

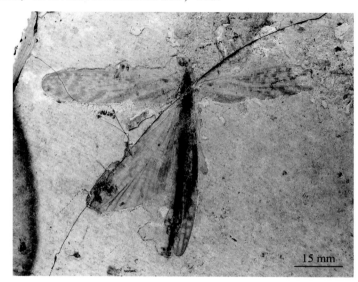

▲ 图 13.8　近脉腊氏崎蜻 *Adjacivena rasnitsyni* Shang，Béthoux & Ren，2011（正模标本，CNU-PHA-NN2009002p）

任氏蜻属 *Renphasma* Nel & Delfosse，2011

Renphasma Nel & Delfosse，2011，*Acta pal. Pol.*，56（2）：429[42]（original designation）.

模式种：中国任氏蜻 *Renphasma sinica* Nel & Delfosse，2011.

属名献给任东教授。

该属名由"Ren"与蜻属"*Phasma*"合成；前翅RP起始于翅中部，分支短；MA分叉位置与RP起始处相对，MA支脉较长；MP从CuA分出且离MP+CuA的基部较远；MP分叉且分支较长。

产地及时代：辽宁，早白垩世。

中国白垩纪仅报道1种（详见表13.1）。

隐蔽蜻属 *Aclistophasma* Yang，Engel & Gao，2020

Aclistophasma Yang，Engel & Gao，2021，*Natl. Sci. Rev.*，8，nwaa05[37]（original designation）.

模式种：多刺隐蔽蜻 *Aclistophasma echinulatum* Yang，Engel & Gao，2021。

前翅：RP多个分支；M的分支位置早于RP起始处；MP在翅中部靠近CuA+CuPaα；后翅：RP和MA在中部融合，末端分开；CuP和1A中部融合了一小段距离。

产地及时代：内蒙古，中侏罗世。

中国侏罗纪仅报道1种（详见表13.1）。

多刺隐蔽螳 *Aclistophasma echinulatum* Yang，Engel & Gao，2021（图13.9）

Aclistophasma echinulatum Yang，Engel & Gao，2021：*Natl. Sci. Rev.* 8，nwaa05.

产地及层位：内蒙古宁城道虎沟；中侏罗统，九龙山组。

头卵圆形，触角丝状，较长；前胸长大于宽，有一横的凹陷，类似现生竹节虫，中后胸短但宽于前胸；股节直且具突刺，跗节五节，有爪垫；前后翅发达且翅脉保存完整；腹部可见清晰的十节，每节两侧背板都发生了扩展且均具有突出的小刺，第一腹板和后胸腹板明显地分开，第五腹节前缘窄而后缘正常，第十腹节末端分开，刺垫分别存在于两端；下生殖板横向分成两部分，末端圆，具纵脊；尾须细长，不分节，有刚毛；雄性具肛下犁突。

▲ 图13.9　多刺隐蔽螳 *Aclistophasma echinulatum* Yang，Engel & Gao，2021（正模标本，CNU-PHA-NN2019006）

竹节虫早期拟态和防御的演化机制及生存策略

竹节虫以"伪装大师"著称，表现出多种与拟态和防御相关的结构和行为的特化，展现了独特的生存策略。竹节虫的防御策略通常包括两大类：初级防御和次级防御。初级防御主要是指其昼伏夜出的生活方式、杆状及叶状的身体结构（拟态）等；当初级防御失败而被捕食者发现后，继而利用次级防御，如以身体上的突刺反抗、用翅膀鲜艳的颜色恐吓、通过装死迷惑以及通过前胸的防御腺体喷出难闻的刺激性分泌物来击退捕食者或趁机逃跑。然而，我们目前对竹节虫这些身体结构及行为的起源和早期演化知之甚少。2021年，杨弘茹和师超凡等人首次报道了保存有十分完整的拟态和防御结构的竹节虫化石标本——多刺隐蔽螳 *Aclistophasma echinulatum*，该类群拥有中生代竹节虫典型的杆状有翅身体（图13.9），但腹部每一节两侧都出现了明显的扩展，与同时期蕨类植物叶片的大小和形状极其相似，而现生竹节虫腹部、胸部和足部都出现了扩展（如叶螳），因此，研究者认为竹节虫腹部扩展的出现要早于身体其他部位。另外，在其腹部两侧扩展的边缘和三对足的股节上均发现了较小的刺状突起，表明侏罗纪时期的竹节虫就已经演化出了用于反击捕食者的刺状突起[37]。由此可见，中生代的竹节虫已经初步具备了初级和次级防御策略，但是防御机制并没有现生竹节虫那么完善，与现生竹节虫不同的是其发育完整的前后翅也可以帮助其逃避捕食者。该研究基于系统发育分析结果标定了这种"扩展"拟态、前后翅、突出的"刺"所关联的防御机制在竹节虫不同类群中的分布规律，揭示了1.65亿年前竹节虫的生存策略（图13.10）。

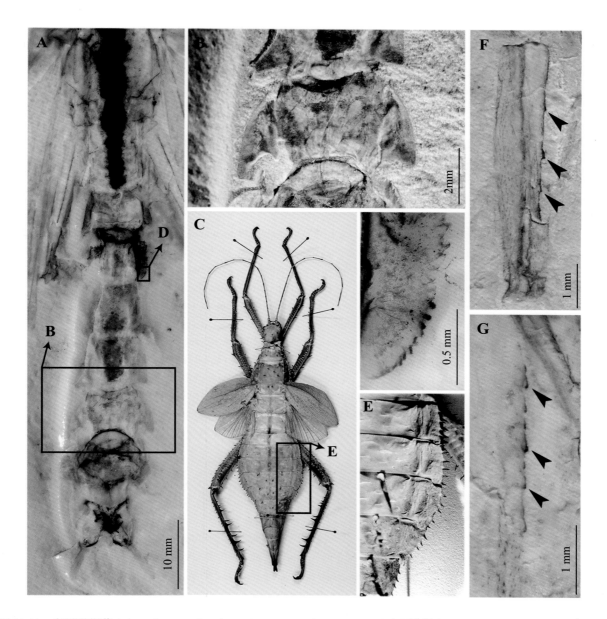

▲ 图 13.10　多刺隐蔽蜉 *Aclistophasma echinulatum* Yang，Engel & Gao，2021（正模标本，CNU-PHA-NN2019006）
　　A. 腹部整体图；B. 腹部扩展；C. 现生竹节虫 *Heteropteryx dilatata*；D. 多刺隐蔽蜉背板扩展上的刺；
　　E. 现生竹节虫背板扩展上的刺；F. 前足股节上的刺；G. 后足股节上的刺

表 13.1　中国侏罗纪和白垩纪蜉目化石名录

科	种	产地	层位 / 时代	文献出处
Hagiphasmatidae	*Hagiphasma paradoxa* Ren，1997	辽宁北票	义县组 /K$_1$	Ren[28]
	Aethephasma megista Ren，1997	河北平泉	义县组 /K$_1$	Ren[28]
	Orephasma eumorpha Ren，1997	河北平泉	义县组 /K$_1$	Ren[28]
Susumaniidae	*Renphasma sinica* Nel & Delfosse，2011	辽宁北票	义县组 /K$_1$	Nel & Delfosse[42]
	Adjacivena rasnitsyni Shang，Béthoux & Ren，2011	内蒙古宁城	九龙山组 /J$_2$	Shang *et al.*[30]
	Cretophasmomima melanogramma Wang，Béthoux & Ren，2014	内蒙古宁城	义县组 /K$_1$	Wang *et al.*[31]
	Aclistophasma echinulatum Yang，Engel & Gao，2021	内蒙古宁城	九龙山组 /J$_2$	Yang *et al.*[37]

参考文献

［1］BRAGG P E. The phasmid database version 1.5 ［J］. Phasmid Studies, 1995, 3: 41–42.

［2］TILGNER E H. Systematics of Phasmida ［D］. Doctor dissertation. University of Georgia, 2002.

［3］BRADLER S. Phasmatodea, Gespenstschrecken ［M］. // DATHE H H. Lehrbuch der Speziellen Zoologie, Band I: Wirbellose Tiere. 5. Teil: Insecta. Heidelberg, Germany: Spektrum Akademischer Verlag, 2003.

［4］GRIMALDI D A, ENGEL M S. Evolution of the Insects ［M］. New York: Cambridge University Press, 2005.

［5］KRISTENSEN N P. The phylogeny of hexapod "orders". A critical review of recent accounts ［J］. Journal of Zoological Systematics and Evolutionary Research, 1975, 13: 1–44.

［6］VICKERY V R. Revision of *Timema* Scudder (Phasmatoptera: Timematodea) including three new species ［J］. The Canadian Entomologist, 1993, 125: 657–692.

［7］SANDOVAL C P, VICKERY V R. *Timema douglasi* (Phasmatoptera: Timematodea), a new parthenogenetic species from southwestern Oregon and northern California, with notes on other species ［J］. Canadian Entomologist, 1996, 128: 79–84.

［8］SANDOVAL C P, VICKERY V R. *Tinema coffmani* (Phasmatoptera: Timematodea) a new species from Arizona and description of the female of *Timema ritensis* ［J］. Journal of Orthoptera Research, 1998, 25 (7) : 103–106.

［9］VICKERY V R, SANDOVAL C P. *Timema bartmani* (Phasmatoptera: Timematodea: Timematidae), a new species from southern California ［J］. The Canadian Entomologist, 1997, 129: 933–936.

［10］VICKERY V R, SANDOVAL C P. *Timema monikensis* sp. nov. (Phasmatoptera: Timematodea: Timematidae), a new parthenogenetic species in California ［J］. Lyman Entomological Museum and Research Laboratory, 1998, 22: 1–3.

［11］VICKERY V R, SANDOVAL C P. Two new species of *Timema* (Phasmatoptera: Timematodea: Timematidae), one parthenogenetic, in California ［J］. Journal of Orthoptera Research, 1999, 8: 45–47.

［12］VICKERY V R, SANDOVAL C P. Descriptions of three new species of *Timema* (Phasmatoptera: Timematodea: Timematidae) and notes on three other species ［J］. Journal of Orthoptera Research, 2001, 10: 53–61.

［13］BRADLER S. The vomer of *Timema* Scudder, 1895 (Insecta: Phasmatodea) and its significance for phasmatodean phylogeny ［J］. CFS Courier Forschungsinstitut Senckenberg, 1999, 215: 43–47.

［14］TILGNER E H, KISELYOVA T G, MCHUGH J V. A morphological study of *Timema cristinae* Vickery with implications for the phylogenetics of Phasmida ［J］. Deutsche Entomologische Zeitschrift, 1999, 46: 149–162.

［15］郑乐怡, 归鸿. 昆虫分类 ［M］. 南京：南京师范大学出版社，1999.

［16］BEDFORD G O. Biology and ecology of the Phasmatodea ［J］. Annual Review of Entomology, 1978, 23 (1): 125–149.

［17］RESH V H, CARDÉ R T. Encyclopedia of Insects ［M］. Burlington: Academic Press, 2009.

［18］POINAR G JR. A walking stick, *Clonistria dominicana* n. sp. (Phasmatodea: Diapheromeridae) in Dominican amber ［J］. Historical Biology, 2011, 23 (2–3): 223–226.

［19］PRIDDEL D, CARLILE N, HUMPHREY M, et al. Rediscovery of the 'extinct' Lord Howe Island stick-insect (*Dryococelus australis* (Montrouzier) (Phasmatodea) and recommendations for its conservation ［J］. Biodiversity and Conservation, 2003, 12 (7): 1391–1403.

［20］BUCKLEY T R, ATTANAYAKE D, BRADLER S. Extreme convergence in stick insect evolution: phylogenetic placement of the Lord Howe Island tree lobster ［J］. Proceedings of the Royal Society B: Biological Sciences, 2009, 276 (1659): 1055–1062.

［21］GRAY R. "Top 10 new species of 2015: Cartwheeling spiders, 'chicken from hell' and a giant stick insect celebrated in the year's first official list". MailOnline (21 May 2015).

［22］BRESSEEL J, CONSTANT J. Giant sticks from Vietnam and China, with three new taxa including the second longest insect known to date (Phasmatodea, Phasmatidae, Clitumninae, Pharnaciini) ［J］. European Journal of Taxonomy, 2014, 104 (104): 1–38.

［23］SHAROV A G. Phylogeny of the orthopteroid insects ［J］. Trudy Paleontologicheskogo Instituta Akademia Nauk SSSR, 1968, 118: 1–216. ［in Russian］.

［24］CARPENTER F M. Superclass Hexapoda ［M］. // KAESLER R L. Treatise on Invertebrate Paleontology. Boulder, CO: Geological Society of America, 1992.

［25］RASNITSYN A P, QUICKE D L J. History of Insects ［M］. Dordrecht: Kluwer Academic Publishers, 2002.

［26］WILLMANN R. Die phylogenetischen Beziehungen der Insecta: Offene Fragen und Probleme ［J］. Verhandlungen Westdeutscher Entomologentag, 2003, 2001: 1–64.

［27］TILGNER E H. The fossil record of Phasmida (Insecta: Neoptera) ［J］. Insect Systematics & Evolution, 2000, 31: 473–480.

［28］REN D. First record of fossil stick-insects from China with analyses of some palaeobiological features (Phasmatodea: Hagiphasmatidae fam. nov.) ［J］. Acta Zootaxonomica Sinica, 1997, 22 (3): 268–282.

［29］GOROCHOV A V. Phasmomimidae: are they Orthoptera or Phasmatoptera? ［J］. Paleontological Journal, 2000, 34: 295–300.

［30］SHANG L J, BÉTHOUX O, REN D. New stem-Phasmatodea from the Middle Jurassic of China ［J］. European Journal of Entomology, 2011, 108 (4): 677–685.

［31］WANG M M, BÉTHOUX O, BRADLER S, et al. Under cover at pre-angiosperm times: a cloaked phasmatodean insect from the Early Cretaceous Jehol Biota ［J］. PLoS One, 2014, 9 (3): e91290.

［32］王茂民，任东. 世界中生代竹节虫目昆虫化石研究［J］. 动物分类学报，2013，38（3）：626－633.

［33］ENGEL M S, WANG B, ALQARNI A S. A thorny, 'anareolate' stick-insect (Phasmatidae s.l.) in Upper Cretaceous amber from Myanmar, with remarks on diversification times among Phasmatodea ［J］. Cretaceous Research, 2016, 63: 45–53.

［34］CHEN S, ZHANG W W, SHIH C K, et al. Two new species of Archipseudophasmatidae (Insecta: Phasmatodea) from Upper Cretaceous Myanmar amber ［J］. Cretaceous Research, 2017, 73: 65–70.

［35］CHEN S, DENG S W, SHIH C K, et al. The earliest timematids in Burmese amber reveal diverse tarsal pads of stick insects in the mid-Cretaceous ［J］. Insect Science, 2018, 26: 945–957.

［36］YANG H R, YIN X C, LIN X D, et al. Cretaceous winged stick insects clarify the early evolution of Phasmatodea ［J］. Proceedings of the Royal Society B, 2019, 286: 20191085.

［37］YANG H R, SHI C F, ENGEL M S, et al. Early specializations for mimicry and defense in a Jurassic stick insect ［J］. National Science Review, 2021, 8: nwaa056.

［38］ZOMPRO O. The Phasmatodea and *Raptophasma* n. gen., Orthoptera *incertae sedis*, in Baltic Amber (Insecta: Orthoptera) ［J］. Mitteilungen des Geologisch-Paläontologischen Institutes der Universität Hamburg, 2001, 85: 229–261.

［39］ZOMPRO O. Revision of the genera of the Areolatae, including the status of *Timena* and *Agathemera* (Insecta, Phasmatodea) ［J］. Abhandlungen des Naturwissenschaftlichen Vereins in Hamburg, 2004, 37: 1–327.

［40］WEDMANN S. A brief review of the fossil history of plant masquerade by insects ［J］. Palaeontographica Abteilung B, 2010, 283: 175–182.

［41］WEDMANN S, BRADLER S, RUST J. The first fossil leaf insect: 47 million years of specialized cryptic morphology and behavior ［J］. Proceedings of the National Academy of Sciences of the United States of America, 2007, 104 (2): 565–569.

［42］NEL A, DELFOSSE E. A new Chinese Mesozoic stick insect ［J］. Acta Palaeontologica Polonica, 2011, 56: 429–432.

［43］BRADLER S. Die Phylogenie der Stab- und Gespentschrecken (Insecta: Phasmatodea) ［J］. Species, Phylogeny and Evolution, 2009, 2: 3–139.

［44］KUZMINA S A. New orthopterans of the family Phasmomimidae from the Lower Cretaceous of Transbaikalia ［J］. Paleontological Journal, 1985, 19 (3): 56–63.

第 14 章
襀翅目

崔莹莹，史宗冈，任东

14.1 襀翅目简介

襀翅目昆虫，俗称石蝇，是一类不完全变态昆虫。休息时，石蝇的后翅会折叠在前翅之下（图14.1，图14.2），其学名Plecoptera（意为折叠的翅）由此而来。迄今为止，全世界现生记录约有3 500种。

石蝇个体差异较大，体长4~70 mm不等，有如下鉴别特征：体柔软，跗部3节，触角丝状，口器通常退化，有些种类具咀嚼式上颚，一对复眼，单眼2~3个或无，腹部10节，具2条长长的尾须，少数种类具有颜色艳丽的翅[1]。

石蝇稚虫营水生生活，大多生活在冷凉、干净且通气良好的流水水域，也有个别物种生活在湖泊中。因此，连同蜉蝣目和毛翅目，这三个类群是目前国际流行的EPT（E-蜉蝣目、P-襀翅目、T-毛翅目）水质监测的三大水生昆虫。石蝇稚虫以水中昆虫的幼虫、藻类、植物碎片或腐败的有机物等为食。

石蝇成虫通常陆生，但有个别例外：黑襀科Capniidae物种*Capnia lacustra* Jewett，1965的成虫曾发现于美国太浩湖60~80 m深处[2]，叉襀科Nemouridae物种*Zapada cinctipes*（Banks，1897）的雌性成虫产卵期间可以在水下环境停留20~60 min[3]。石蝇成虫多数具有两对膜质的翅，少数物种的翅退化或无翅。后翅臀区大小在不同类群之间有所差异，休息时臀区纵向折叠于腹部之上，一对前翅覆盖于后翅之上，因而前翅的前缘域和亚前缘域有时会向下微垂，而在某些类群中前翅会有较明显的卷曲，半包住腹部。成虫喜在水边徘徊，但极少进食。

石蝇的翅脉特征在各高级阶元中有较大差异，主要体现在纵脉和横脉的数量上[4]。襀翅目昆虫在翅脉上的鉴定特征包括：在前翅和后翅中都存在arculus，中脉2分支，后翅RP与M在基部有一定程度融合。尽管翅脉特征本身被认为不足以提供可靠的系统发育学信息[5]，但由于翅是在昆虫化石中最经常被保留

▲ 图 14.1　石蝇　史宗文拍摄

▲ 图 14.2　石蝇　史宗文拍摄

下来的结构，所以翅脉特征在化石类群分类中是最为有效且最有优势的特征。

在本章的描述中，我们沿用昆虫翅脉通用命名系统[6, 7]，列举如下：ScP：亚前缘脉后分支；RA：径脉前分支；RP：径脉后分支；M：中脉；MA：中脉前分支；MP：中脉后分支；Cu：肘脉；CuA：肘脉前分支；CuP：肘脉后分支；AA：前臀脉；AA1：前臀脉第一分支；AA2：前臀脉第二分支；ra-rp、rp-ma、mp-cua分别是指连接RA和RP、RP和MA、MP和CuA的三个特殊横脉。右前翅和左前翅分别标注为RFW和LFW，右后翅和左后翅分别标注为RHW和LHW。其他特殊用语参见参考文献[4, 8]。

襀翅目除南极大陆外世界广布。目前被普遍接受的分类系统是Zwick提出的2亚目，即南襀亚目和北襀亚目，共16科的分类系统。正如名称所示，这两大类群分别主要分布在南半球和北半球。北襀亚目中有个别特例在分布上已逐步移殖到南半球：蟏科向南美洲扩散，背蟏科向澳洲、南美洲和非洲扩散[9, 10]。南襀亚目和北襀亚目是根据肌肉等身体内部结构特征进行区分的，但在化石形成过程中，这些特征几乎不可能被保存下来。因此，翅作为最易保存在昆虫化石中的结构，其翅脉特征的研究重要性是显而易见的。

14.2 襀翅目昆虫化石的研究进展

自19世纪中期在波罗的海琥珀中发现了首个襀翅目化石以来[11]，对该目化石的研究已经进行了150余年。之后，随着襀翅目化石在世界各化石产地的不断发现，众多古生物学者描述了大量的新属种。其中俄罗斯古昆虫学家Sinitshenkova在该领域做出了突出贡献。目前，所报道的襀翅目化石大多分布在欧亚大陆侏罗系到白垩系地层中。

中国也发现了丰富多样的襀翅目化石，特别是东北地区中侏罗世和早白垩世地层中保存了大量精美的石蝇成虫和幼虫化石。然而，直到1928年，中国对襀翅目化石的研究才开始起步。秉志[12, 13]、林启彬[14–17]以及洪友崇[18, 19]描述了襀翅目化石11属14种。后来中国学者刘玉双等与俄罗斯学者Sinitshenkova合作发表了多个新属种[20–24]。随着新化石标本的不断发现及报道、新方法技术的应用，我们对于襀翅目化石的认识也不断提升，进行了部分类群的修订工作[8, 10, 25, 26]。

时代最古老的襀翅目化石记录是卡氏古蝼 *Gulou carpenteri* Béthoux，Cui，Kondratieff，Stark & Ren，2011（见知识窗及图14.3），来自中国晚石炭世，距今约3.1亿年。

14.3 中国北方地区襀翅目的代表性化石

卷蟏科 Leuctridae Klapálek，1905

卷蟏科是一个现生科，具330余种。体长5~13 mm，其中多数都小于10 mm。迄今共有3个化石种被归于卷蟏科，其中包括来自中国东北中侏罗世的叶氏丽卷蟏 *Aristoleuctra yehae* Liu，Ren & Sinitshenkova，2006[20]。

中国北方地区侏罗纪仅报道1属：丽卷蟏属 *Aristoleuctra* Liu，Ren & Sinitshenkova，2006。

丽卷蟏属 *Aristoleuctra* Liu，Ren & Sinitshenkova，2006

Aristoleuctra Liu，Ren & Sinitshenkova，2006，*Ann. Zool.*，56：549–554[20]（original designation）.
Béthoux，Kondratieff，Grímsson，Ólafsson & Wappler，2015，*Syst. Entomol.*，40：322–341[8].

模式种：叶氏丽卷蟥 *Aristoleuctra yehae* Liu，Ren & Sinitshenkova，2006。

在前翅中，M基部独立于R的基部；arculus在M从R分出后不久与M相连；在右前翅、左前翅中，除了arculus，在M/MP和CuA之间分别有3和5条横脉；MP由M分出，倾斜；在CuA和CuP之间的区域有6条横脉；CuP在中部强壮；在后翅中MP由M分出，倾斜；mp-cua横脉短。

产地及时代：内蒙古，中侏罗世。

中国北方地区侏罗纪仅报道1种（详见表14.1）。

知识窗：最古老的石蝇

由于襀翅目在昆虫纲系统发育中位于较基部的位置，该类群一直被认为在昆虫进化过程中出现的非常早。目前已知最古老的石蝇，卡氏古蝼 *Gulou carpenteri* Béthoux，Cui，Kondratieff，Stark & Ren，2011[27]（图14.3）发现于距今3.1亿年的宾夕法尼亚纪，被认为是该时期唯一的真正的石蝇。该物种以F. M. Carpenter教授命名，纪念其在古生代化石昆虫研究中做出的重要贡献。标本采集于中国宁夏回族自治区中卫市下河沿附近的化石产地。除了产自二叠纪时期的几个真正的石蝇物种外[28, 29]，*G. carpenter*是唯一产自古生代，且是最古老的物种。尽管该物种的报道并未对解释襀翅目与其他主要的昆虫类群分支的关系提供关键证据，但根据该物种翅脉的形态学特征，可以提炼出现生襀翅目昆虫的祖征性状。

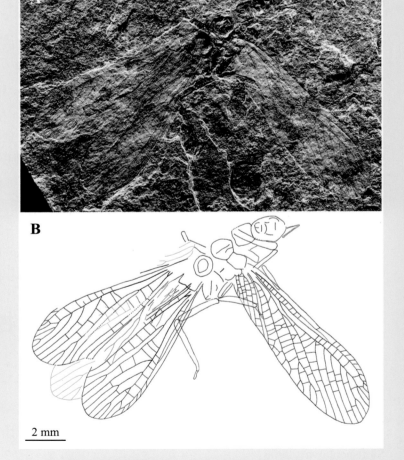

2 mm

▲ 图 14.3　卡氏古蝼 *Gulou carpenteri* Béthoux，Cui，Kondratieff，Stark & Ren，2011（正模标本，CNU-NX1-143）
A. 标本照片；B. 线条图

叶氏丽卷襀 *Aristoleuctra yehae* Liu，Ren & Sinitshenkova，2006 （图14.4）

Aristoleuctra yehae Liu，Ren & Sinitshenkova，2006，*Ann. Zool.*，56：549–554[20].

Béthoux，Kondratieff，Grímsson，Ólafsson & Wappler，2015，*Syst. Entomol.*，40：322–341[8].

产地及层位：内蒙古宁城道虎沟；中侏罗统，九龙山组。

种名"*yehae*"是为了致敬史宗冈教授的母亲叶瑞琴女士。

Béthoux等基于对正模标本的重新检视，详细报道了该物种的翅脉形态学特征：前翅基部、MP基部的走向和位置，以及后翅中mp-cua横脉的位置[8]。而且与最初发表文章中的描述"后翅具有宽大的臀区"[20]不同，此研究试验性地复原了后翅臀脉，认为该物种具有退化的臀脉。

对叶氏丽卷襀的系统分类位置的分析认为该种属于卷襀科。该物种与卷襀科其他现生物种一样，具有下列特征：前翅和后翅中，翅前缘和RA之间的区域，以及ScP以外的区域，没有横脉、细脉或任何翅脉。因此，叶氏丽卷襀不属于绝灭科小襀科Baleyopterygidae Sinitshenkova，1985（黑襀科和卷襀科的基干类群）[30]，而属于现生卷襀科。

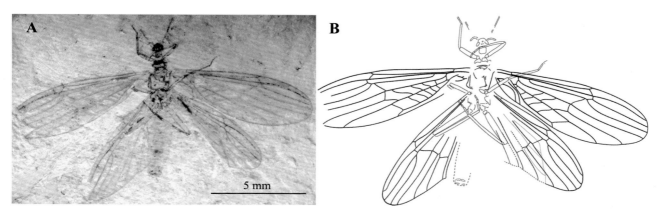

▲ 图 14.4　叶氏丽卷襀 *Aristoleuctra yehae* Liu，Ren & Sinitshenkova，2006（正模标本，CNU-PLE-NM2005002，标本由史宗冈捐赠）A. 整体图；B. 线条图

背襀科 Notonemouridae Ricker，1950

背襀科是一个具有120余种的现生科，大多分布在南半球：南美洲、非洲南部、澳洲和新西兰。该科与现生科叉襀科关系相近[9]，因此有可能是由北半球的分支分离出来。该科只有一个确定的化石物种记录，分布在中国。

中国北方地区侏罗纪仅报道1属：似背襀属*Paranotonemoura* Cui & Béthoux，2019。

似背襀亚科 Paranotonemourinae Cui & Béthoux，2019

似背襀属 *Paranotonemoura* Cui & Béthoux，2019

Paranotonemoura Cui & Béthoux，2019，*J. Sys. Palaeontol*，17（3）：255–268[10]（original designation）.

模式种：兹维克似背襀*Paranotonemoura zwicki* Cui & Béthoux，2019。

该物种以著名的德国襀翅目分类学家Zwick教授命名，以纪念其在现生类群研究中做出的巨大贡献。

该物种前翅中，约在翅长2/3处，ScP与RA融合一段距离，然后分离，继而到达翅的前缘；在翅前缘与ScP之间通常具2或3横脉；在翅最基部的肩脉，以及在该区域端部最窄的部分具有1~2横脉；在由翅前缘和RA、以及ScP端部的独立的部分作限定的区域中，有深色的色斑；R在基部翅长约1/5处分支为RA和RP；RA简单不分支；RP在ScP于RA终止的位置分支；在RA和RP之间的区域，只有ra-rp横脉在RP分支处或者稍微基部；M在翅长中部分支为MA和MP；在RP和M/MA之间的区域只有rp-ma横脉；在M/MP和CuA的区域中具有3~4横脉，包括非常弯曲、倾斜且很长的mp-cua；mp-cua两倍长于CuA和CuP之间最长的横脉；CuP在模式种中于M分支后延伸至翅后缘。

产地与时代：内蒙古，中侏罗世。

中国北方地区侏罗纪仅报道1种（详见表14.1）。

兹维克似背蜻 *Paranotonemoura zwicki* Cui & Béthoux，2019 （图 14.5）

Paranotonemoura zwicki Cui & Béthoux，2019，*J. Syst. Palaeontol.*，17（3）：255–268[10]．

产地及层位：内蒙古宁城道虎沟；中侏罗统，九龙山组。

这是属于背蜻科的石蝇化石的首次记录，表明了背蜻科的分支时间早于1.65亿年前。该化石物种的报道提供了一个新的襀翅目昆虫的古生物地理案例，即一个类群的起源和分布始于北半球，后迁移至南半球。该化石记录表明了背蜻科在1.65亿年前就出现在了北半球，后在该区域经历了一连串的灭绝事件。推断在2.2亿~1.6亿年之间，在劳亚大陆和冈瓦纳大陆尚未完全分开时，背蜻科从北向南扩散，形成了现在的分布格局。

◀ 图 14.5　兹维克似背蜻 *Paranotonemoura zwicki* Cui & Béthoux 2019（正模标本，CNU-PLE-NN2016103）
A. 标本照片；B. 线条图

襀总科 Perloidea Latreille，1802

襀科 Perlidae Latreille，1802

襀科是具有多达1 000余种的现生科，几乎全世界广布，其中有500余种分布在亚洲。

中国北方地区侏罗纪仅报道1属：华蒙襀属 *Sinosharaperla* Liu，Sinitshenkova & Ren，2007。

华蒙襀属 *Sinosharaperla* Liu，Sinitshenkova & Ren，2007

Sinosharaperla Liu，Sinitshenkova & Ren，2007，*Cret. Res.*，28：322–326[22]（original designation）.

Archaeoperla Liu，Ren & Sinitshenkova，2008，（模式种：*Archaeoperla rarissimus* Liu，Ren & Sinitshenkova，2008）*Acta. Geol. Sin. -Engl.*，82：249-256[21]. Syn. by Cui，Béthoux，Kondratieff，Liu & Ren，2015，*J. Syst. Palaeontol.*，13：884[25].

模式种：赵氏华蒙襀 *Sinosharaperla zhaoi* Liu，Sinitshenkova & Ren，2007。

在标本前翅中，CuA有7~8分支（或许在雄虫里面分支稍少）；在翅的端部半边，多个弯曲的横脉占据了从RP最前端分支到CuA最前端分支；多处横脉伴有深色色斑：ra-rp，第一个rp-ma，在翅前缘和ScP之间的横脉以及在M分支处也有深色色斑。

产地及时代：内蒙古，中侏罗世。

中国北方地区侏罗纪仅报道1种（详见表14.1）。

赵氏华蒙襀 *Sinosharaperla zhaoi* Liu，Sinitshenkova & Ren，2007（图14.6）

Sinosharaperla zhaoi Liu，Sinitshenkova & Ren，2007，*Cret. Res.*，28：322–326[22].

Archaeoperla rarissimus Liu，Ren & Sinitshenkova，2008，*Archaeoperla ralus* Liu，Ren & Sinitshenkova，2008，*Acta. Geol. Sin. -Engl.*，82：249-256[21]. Syn. by Cui，Béthoux，Kondratieff，Liu & Ren，2015，*J. Syst. Palaeontol.*，13：884[25].

产地及层位：辽宁北票炒米甸子；下白垩统，义县组。

该物种以赵呈祥先生的姓氏命名，感谢其将标本捐赠予首都师范大学。

最初该化石种被Liu *et al.* 归于化石科西伯利亚襀科Siberioperlidae，此科是南襀亚目的基干类群[22]。现生南襀亚目的科：纬襀科、始襀科、澳襀科和原襀科均分布于南半球，因此Liu *et al.* 对该化石物种的归属则预示了南襀亚目曾经出现在北半球，继而一场大规模的灭绝事件影响了其在北半球的存在。

2015年Cui *et al.* 重新检视了标本，将该物种归于襀总科（很可能是襀科）[25]。这个分类位置的转移支持更加保守的假设，即这种南北隔离分布的原因是：一个类群的分化是随着"古生代超级大陆盘古大陆分离为劳亚大陆和冈瓦纳大陆"这一地质事件进行的。这个隶属

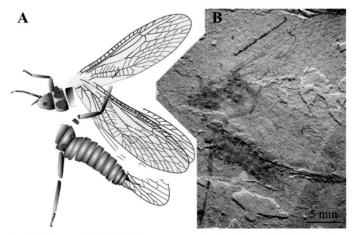

▲ 图 14.6　赵氏华蒙襀 *Sinosharaperla zhaoi* Liu，Sinitshenkova & Ren，2007（正模标本，CNU，BPYX1）A.线条图；B.标本照片

于蜻总科的化石物种在北半球的分布，与其现生类群的分布格局是一致的[9]。

大蜻总科 Pteronarcyoidea Newman，1853

大蜻科 Pteronarcyidae Newman，1853

　　大蜻科物种较少，现生类群仅具有2属13种，其中有11个种分布在美洲北部和中部（10种分布于北美），剩下2种分布于亚洲。该科模式属：纳西索斯蜻属*Pteronarcys*的古希腊语"Pteron"（意为"翅"）和"Narcissus"（希腊神话中以美貌闻名的纳西索斯Narcissus，他是河神克菲索斯Cephissus和仙女莱里奥普Liriope的儿子）。迄今为止，该科只有一个化石物种记录。

　　中国北方地区侏罗纪仅报道1属：莱里奥普蜻属 *Pteroliriope* Cui，Béthoux，Kondratieff，Shih & Ren，2016。

莱里奥普蜻属 *Pteroliriope* Cui，Béthoux，Kondratieff，Shih & Ren，2016

　　Pteroliriope Cui，Béthoux，Kondratieff，Shih & Ren，2016，*BMC Evol. Biol.*，16：217[26]（original designation）.

　　模式种：斯氏莱里奥普蜻 *Pteroliriope sinitshenkovae* Cui，Béthoux，Kondratieff，Shih & Ren，2016。

　　该物种综合显示了现生大蜻科两个属的几个翅脉特征：在前翅中，R/RP和M之间的区域，M分支之前是正常宽度，无横脉（与纳塞拉蜻属 *Pteronarcella* 相同，与纳西索斯蜻属 *Pteronarcys* 相悖）；MA分离于RP（与纳塞拉蜻属相同，在纳西索斯蜻属中偶有融合）；AA2具有至少3分支（与纳西索斯蜻属相同，在纳塞拉蜻属中少于3分支）；后翅中CuA分支（在纳塞拉蜻属中简单不分支，在纳西索斯蜻属中分支）。本属不同于两个现生属的特征是aa1-aa2横脉：在AA2分支中无任何横脉（与纳塞拉蜻属、纳西索斯蜻属均相悖，二者均有横脉）。

　　产地及时代：内蒙古，中侏罗世。

　　中国北方地区侏罗纪仅报道1种（详见表14.1）。

斯氏莱里奥普蜻 *Pteroliriope sinitshenkovae* Cui，Shih & Ren，2016（图14.7）

　　Pteroliriope sinitshenkovae Cui，Shih & Ren，2016，*BMC Evol. Biol.*，16：217[26].

　　产地及层位：内蒙古宁城道虎沟；中侏罗统，九龙山组。

　　该物种以俄罗斯古昆虫学家Sinitshenkova命名，纪念其为褙翅目化石研究做出的重要工作。

　　大蜻科的首个化石记录的报道表明了大蜻科和蜻总科早在1.65亿年前已经分离，并且大蜻科内部各分支的分化已经发生。这个发现与之前关于大部分褙翅目科级阶元分化时间的推测相符，分化很可能发生在三叠纪，甚至二叠纪时期[26]。

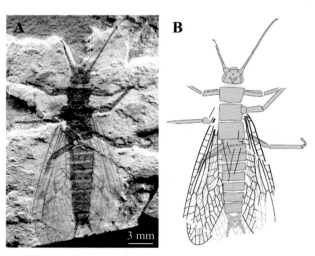

▲ 图 14.7　斯氏莱里奥普蜻 *Pteroliriope sinitshenkovae* Cui，Shih & Ren，2016（正模标本，CNU-PLE-NN2015001）A. 标本照片；B. 线条图

原叉襀科 Pronemouridae Liu，Sinitshenkova & Ren，2011

根据Liu *et al.*[33]，绝灭科原叉襀科的建立是因为其具有不同于现生叉襀科昆虫的祖征：短的多节尾须，CuA分支。Liu *et al.* 认为原叉襀科或与叉襀总科的5个现生科关系相近，但是原叉襀科不同于带襀科的特征是其具有较短的第二节跗节，不同于其他4个现生科的特征是其CuA具有2分支。同时，在该文章中，前人报道的两个来自Transbaikalia东部早白垩世的属*Dimoula* Sinitshenkova，2005（成虫）和 *Nemourisca* Sinitshenkova，1987（若虫）也被归于原叉襀科。

中国北方地区侏罗纪仅报道1属：原叉襀属*Pronemoura* Liu，Sinitshenkova & Ren，2011。

原叉襀属 *Pronemoura* Liu，Sinitshenkova & Ren，2011

Pronemoura Liu，Sinitshenkova & Ren，2011，*Palaeontol*，54：4[33]（original designation）.

模式种：石氏原叉襀*Pronemoura shii* Liu，Sinitshenkova & Ren，2011。

原叉襀属*Pronemoura*包含5个种，区别于属*Dimoula* Sinitshenkova，2005的特征有：前后翅前缘域无横脉，且后翅臀区宽大。有的种的左翅和右翅具有一致的翅脉，比如*P. shii*，*P. angustithorax* 和 *P. peculiaris*；但是，有的种左右翅脉不尽相同，如*P. longialata* 和 *P. minuta*。另外，在同种不同的个体中（包括雌雄之间），翅脉或具有稍许的差异[33]。

产地及时代：内蒙古，中侏罗世。

中国北方地区侏罗纪报道5种（详见表14.1）。

石氏原叉襀 *Pronemoura shii* Liu，Sinitshenkova & Ren，2011（图14.8）

Pronemoura shii Liu，Sinitshenkova & Ren，2011，*Palaeontol*，54：4[33].

产地及层位：内蒙古宁城道虎沟；中侏罗统，九龙山组。

该物种以石福明教授的姓氏命名，感谢其对作者刘玉双博士的关照和指导。该物种头较大，触角较短，短于头和胸的总长度；翅大，翅脉上"X"形状清晰；Rs后一分支严重弯曲，非S形状；后翅宽大的臀区至少具有5条纵脉。左翅和右翅具有一致的翅脉[33]。

▲ 图 14.8　石氏原叉襀 *Pronemoura shii* Liu，Sinitshenkova & Ren，2011（正模标本，CNU，NMDHG3）

表 14.1　中国侏罗纪和白垩纪襀翅目化石名录

科	种	产地	层位 / 时代	文献出处
Perlidae	*Sinosharaperla zhaoi* Liu，Sinitshenkova & Ren，2007	辽宁北票	义县组 /K₁	Liu *et al.* [22]
Notonemouridae	*Paranotonemoura zwicki* Cui & Béthoux，2019	内蒙古宁城	九龙山组 /J₂	Cui *et al.* [10]
Pteronarcyidae	*Pteroliriope sinitshenkovae* Cui，Béthoux，Kondratieff，Shih & Ren，2016	内蒙古宁城	九龙山组 /J₂	Cui *et al.* [26]
Platyperlidae	*Platyperla kingi* Ping，1935	新疆吐鲁番	煤窑沟组 /J	秉志 [13]
	Platyperla platypoda Brauer Redtenbacher & Ganglbauer 1889	辽宁北票	海房沟组 /J₂	洪友崇 [18]
Perlomorpha incertae sedis	*Triassoperla yongrenensis* Lin，1977	云南永仁	纳拉菁组 /T₃	林启彬 [14]
Mesoleuctridae	*Mesoleuctra Peipiaoensis* Ping，1928	辽宁北票	北票组 /K₁	秉志 [12]
	Capitiperla tonicopoda Lin，1992	新疆托克逊	黄山街组 /T₃	林启彬 [17]
Perlariopseidae	*Sinoperla abdominalis* Ping，1928	辽宁北票	北票组 /K₁	秉志 [12]
	Perlariopsis peipiaoensis Ping，1928	辽宁北票	北票组 /K₁	秉志 [12]
	Rectonemoura yujiagouensis Hong，1983	辽宁北票	海房沟组 /J₂	洪友崇 [18]
	Sinotaeniopteryx chendeensis Hong，1983	河北承德	九龙山组 /J₂	洪友崇 [18]
	Sinotaeniopteryx luanpingensis Hong，1983	河北滦平	九龙山组 /J₂	洪友崇 [18]
	Karanemoura mancus Liu，Sinitshenkova & Ren，2009	内蒙古宁城	九龙山组 /J₂	Liu *et al.* [24]
	Karanemoura abrupta Sinitshenkova，1987	内蒙古宁城	九龙山组 /J₂	Sinitshenkova [31]
Leuctridae	*Aristoleuctra yehae* Liu，Ren & Sinitshenkova，2006	内蒙古宁城	九龙山组 /J₂	Liu *et al.* [22]
Taeniopterygidae	*Jurataenionema stigmaeus* Liu & Ren，2007	内蒙古宁城	九龙山组 /J₂	Liu *et al.* [23]
	Jurataenionema inornatus Liu & Ren，2007	内蒙古宁城	九龙山组 /J₂	Liu *et al.* [23]
	Protaenionema fuscalatus Liu & Shih，2007	内蒙古宁城	九龙山组 /J₂	Liu *et al.* [23]
	Mengitaenioptera multiramis Liu & Ren，2008	内蒙古宁城	九龙山组 /J₂	Liu & Ren [32]
	Noviramonemoura trinervis Liu & Ren，2008	内蒙古宁城	九龙山组 /J₂	Liu & Ren [32]
	Liaotaenionema tenuitibia Liu，Ren & Sinitshenkova，2008	辽宁凌源	义县组 /K₁	Liu *et al.* [21]
Pronemouridae	*Pronemoura shii* Liu，Sinitshenkova & Ren，2011	内蒙古宁城	九龙山组 /J₂	Liu *et al.* [33]
	Pronemoura angustithorax Liu，Ren & Shih，2011	内蒙古宁城	九龙山组 /J₂	Liu *et al.* [33]
	Pronemoura longialata Liu，Sinitshenkova & Ren，2011	内蒙古宁城	九龙山组 /J₂	Liu *et al.* [33]
	Pronemoura minuta Liu，Sinitshenkova & Ren，2011	内蒙古宁城	九龙山组 /J₂	Liu *et al.* [33]
	Pronemoura peculiaris Liu，Sinitshenkova & Ren，2011	内蒙古宁城	九龙山组 /J₂	Liu *et al.* [33]
Nemouridae	*Parvinemoura parvus* Liu，Ren & Shih，2008	辽宁北票	义县组 /K₁	Liu *et al.* [21]
Capniidae	*Dobbertiniopteryx Juracapnia* Liu，Sinitshenkova & Ren，2009	内蒙古宁城	九龙山组 /J₂	Liu *et al.* [24]
Perlida incertae sedis	*Fluminiperla hastis* Lin，1980	浙江诸暨	寿昌组 /K₁	林启彬 [15]
Questionable species	*Marciperla curta* Lin，1986	广西贺州市	石梯组 /J₁	林启彬 [16]
	Sinonemoura grabaul Ping，1928	河北赤峰	赤峰组 /K₁	秉志 [12]
	Sinoperla（？）*liaoningensis* Hong，1992	辽宁桓仁	下桦皮甸子组 /J₃	洪友崇 [19]

参考文献

［1］FOCHETTI R, DE FIGUEROA J.M.T. Global diversity of stoneflies (Plecoptera; Insecta) in freshwater ［J］. Hydrobiologia, 2008, 595 (1): 365–377.

［2］JEWETT S G. A stonefly aquatic in the adult stage ［J］. Science, 1963, 139 (3554): 484–485.

［3］TOZER W. Underwater behavioural thermoregulation in the adult stonefly, *Zapada cinctipes* ［J］. Nature, 1979, 281: 566–567.

［4］BÉTHOUX O. Wing venation pattern of Plecoptera (Insecta: Neoptera) ［J］. Illiesia, 2005, 1 (9): 52–81.

［5］GRIMALDI D. Insect evolutionary history from Handlirsch to Hennig, and beyond ［J］. Journal of Paleontology, 2001, 75 (6): 1152–1160.

［6］LAMEERE A. Sur la nervation alaire des Insectes ［J］. Bulletin de la Classe des Sciences de l'Académie Royale de Belgique, 1922, 8: 138–149.

［7］LAMEERE A. On the wing-venation of insects ［J］. Psyche, 1923, 30 (3–4): 123–132.

［8］BÉTHOUX O, KONDRATIEFF B, GRÍMSSON F, et al. Character state-based taxa erected to accommodate fossil and extant needle stoneflies (Leuctridae–*Leuctrida tax. n.*) and close relatives ［J］. Systematic Entomology, 2015, 40 (2): 322–341.

［9］ZWICK P. Phylogenetic System and Zoogeography of the Plecoptera ［J］. Annual Review of Entomology, 2000, 45 (1): 709–746.

［10］CUI Y, REN D, BÉTHOUX O. The pangean journey of 'south forestflies' (Insecta: Plecoptera) revealed by their first fossil ［J］. Journal of Systematic Palaeontology, 2019, 17 (3): 255–268.

［11］PICTET F J, HAGEN H. Die im Bernstein befindlichen Neuropteren der Vorwelt ［M］. // BERENDT G C (Ed.). Die im Bernstein befindlichen organischen Reste der Vorwelt, Band 2. Berlin: Nicolai, 1856.

［12］PING C. Study of the Cretaceous fossil insects of China ［J］. Palaeontologia Sinica, 1928, 13 (1): 1–47.

［13］PING C. On four fossil insects from Sinkiang ［J］. Chinese Journal of Zoology, 1935, 1 (107): e115.

［14］LIN Q B. Fossil insects from Yunnan ［M］. // Mesozoic fossils from Yunnan. Beijing: Science Press, 1977.

［15］LIN Q B. Fossil insects from the Mesozoic of Zhejiang and Anhui ［M］. // Division and correlateion of stratigraphy of Mesozoic volcanic sediments from Zhejiang and Anhui. Beijing: Science Press, 1980.

［16］LIN Q B. Early Mesozoic fossil insects from South China ［J］. Palaeontologica Sinica, Series B, 1986, 170 (21): 69–82.

［17］LIN Q B. Late Triassic insect fauna from Toksun, Xinjiang ［J］. Acta Palaeontologica Sinica, 1992, 31 (3): 313–335.

［18］HONG Y C. Middle Jurassic Fossil Insects in North China ［M］. Beijing: Geological Publishing House, 1983.

［19］HONG Y C. Palaeontological atlas of Jilin Province ［M］. Jilin: Jilin Science and Technology Press, 1992.

［20］LIU Y S, REN D, SINITSHENKOVA N D, et al. A new Middle Jurassic stonefly from Daohugou, Inner Mongolia, China (Insecta: Plecoptera) ［J］. Annales Zoologici (Warszawa), 2006, 56 (3): 549–554.

［21］LIU Y S, REN D, SINITSHENKOVA N D, et al. Three new stoneflies (Insecta: Plecoptera) from Yixian Formation of Liaoning, China ［J］. Acta Geologica Sinica (English Edition), 2008, 82 (2): 249–256.

［22］LIU Y S, SINITSHENKOVA N D, REN D. A new genus and species of stonefly (Insecta: Plecoptera) from the Yixian Formation of China ［J］. Cretaceous Research, 2007, 28 (2): 322–326.

［23］LIU Y S, SINITSHENKOVA N D, REN D, et al. The oldest known record of Taeniopterygidae in the Middle Jurassic of Daohugou, Inner Mongolia, China (Insecta: Plecoptera) ［J］. Zootaxa, 2007, 1521 (1): 1–8.

［24］LIU Y S, SINITSHENKOVA N D, REN D. A Revision of *Dobbertiniopteryx* and *Karanemoura* (Insecta: Plecoptera) from Daohugou, China, with the description of a new species ［J］. Paleontological Journal, 2009, 43 (2): 183–190.

［25］CUI Y, BÉTHOUX O, KONDRATIEFF B, et al. *Sinosharaperla zhaoi* (Insecta: Plecoptera; Early Cretaceous), a Gondwanian element in the northern hemisphere, or just a misplaced species? ［J］. Journal of Systematic Palaeontology, 2015, 13 (10): 883–889.

［26］CUI Y, BÉTHOUX O, KONDRATIEFF B, et al. The first fossil salmonfly (Insecta: Plecoptera: Pteronarcyidae), back to the Middle Jurassic ［J］. BMC Evolutionary Biology, 2016, 16 (1): 217–230.

［27］BÉTHOUX O, CUI Y, KONDRATIEFF B, et al. At last, a Pennsylvanian stem-stonefly (Plecoptera) discovered ［J］. BMC Evolutionary Biology，2011，11 (1): 248–259.

［28］SHAROV A G. Order Plecoptera ［M］. // ROHDENDORF B B. Fundamentals of Paleontology Arthropoda，Tracheata,

Chelicerata. Washington D. C.: Smithsonian Institution Libraries, 1991.

［29］CARPENTER F M. Superclass Hexapoda［M］// KAESLER R L (Ed.). Treatise on Invertebrate Paleontology. Boulder: The Geological Society of America and the University of Kansas, 1992.

［30］SINITSHENKOVA N D. Order Perlida Latreille, 1810. The stoneflies (=Plecoptera Burmeister, 1839) ［M］. // RASNITSYN A P, QUICKE D L J. History of Insects. Dordrecht: Kluwer Academic Publishers, 2002.

［31］SINITSHENKOVA N D. Istoritcheskoe rasvitie vesnjanok［J］. Trudy Paleontologicheskova Instituta Akademii nauk SSSR, 1987, 221: 1–143.

［32］LIU Y S, REN D. Two new Jurassic stoneflies (Insecta: Plecoptera) from Daohugou, Inner Mongolia, China［J］. Progress in Natural Science, 2008, 18 (8): 1039–1042.

［33］LIU, Y S, SINITSHENKOVA N D, REN D, et al. Pronemouridae fam. nov. (Insecta: Plecoptera), the stem group of Nemouridae and Notonemouridae, from the Middle Jurassic of Inner Mongolia, China［J］. Palaeontology, 2011, 54 (4): 923–933.

第 15 章

啮虫目

王瑞倩，李升，姚云志，任东，史宗冈

15.1　啮虫简介

啮虫，俗名为树虱或书虱，全球已有10 000多种现生种被描述。尽管早期文献中被称为"虱"，但是啮虫并非寄生性昆虫。啮虫的学名来源于古希腊词"psocus"（意为"咬，磨"）和"pteron"（意为"翅"）的组合，表示啮虫的口器像杵和臼一样碾磨食物[1]。树虱一般生活在户外，大部分以地衣、藻类、植物孢子、死去的植物和昆虫等有机质为食；而书虱一般与人类生活在一起，以贮物和纸屑为食。树虱体长一般为1~10 mm，但大部分小于6 mm[2]，书虱一般较小，体长在1~2 mm之间。

啮虫的口器为咀嚼式，下颚中间的叶片简化为一细棒状。啮虫的头较大，复眼大，通常有三个单眼，触角细长，12~50节不等。啮虫大部分有翅，少数为无翅类型。有翅型啮虫的翅膜质，前翅大于后翅，翅脉相对退化，休息时翅向腹部折叠呈屋脊状[3]或前后翅覆于身体背侧，与身体平行。啮虫的足为步行足，细长，通常跗节3分节。

啮虫为不完全变态昆虫。大多数情况下雄虫在交配时会"表演"交配舞，受精后，雌虫将卵产于树皮、叶子或丝网下。一些树虱有群居性行为，成群生活在由口器中丝腺吐出的丝网下。有趣的是，成虫和幼虫都以此腺体吐丝[4]。

最近的形态学和分子生物学证据表明，寄生性的虱（虱目）属于啮虫目下的粉虱亚目[5-6]。啮虫目可分为三个亚目：窃虱亚目（Trogiomorpha，书虱）、粉虱亚目（Troctomorpha，书虱）和虱亚目（Psocomorpha，树虱）。窃虱亚目的触角鞭节为20~50节，跗节全部为3节[7]。窃虱亚目包括三个次目：窃虱次目（Atropetae）、锯虱次目（Prionoglaridetae）和跳虱次目（Psyllipsocetae）[8]。粉虱亚目一般触角鞭节为15~17节，跗节2节。粉虱亚目包含两个次目：重虱次目（Amphientometae）和南虱次目（Nanopsocetae）及虱目（Phthiraptera）[8]。

虱亚目是现生啮虫目昆虫中最多的类群（大约有24科3 600多种），通常触角鞭节为13节，跗节2节或3节。目前的研究结果表明虱亚目可分为四个次目：上虱次目（Epipsocetae）、单虱次目（Caeciliusetae）、联虱次目（Homilopsocidea）和虱次目（Psocetae）[9]。

15.2　啮虫目化石的研究进展

啮虫目的化石研究始于19世纪中叶。Pictet是第一个研究啮虫化石的学者，他根据保存于波罗的海琥珀中的啮虫，报道了啮虫目的第一个化石记录[10]。随后Handlirsch根据岩石中保存的啮虫目化石建立了古虱科（Archipsyllidae Handlirsch，1905）[11]。随后Tillyard[12]、Martynov[13]、Carpenter[14]、Becker-Migdisova[15-16]和Vishnyakova[17]对堪萨斯早二叠世、澳大利亚晚二叠世、俄罗斯晚二叠世等不同产地和地质时期[18-25]啮虫印痕化石开展了研究。近几年随着各国研究者对琥珀的关注，在缅甸、黎巴嫩、西班牙、法国和美国新泽西、波罗的海的琥珀中也有很多啮虫目昆虫的发现[18-22, 26-30]。

知识窗：缅甸琥珀中的啮虫

啮虫目体型较小，且身体几丁质少，不易在岩石化石中保存。目前有关啮虫目的石板化石记录较少，并且这些化石标本中很多特征保存不全。琥珀因其特殊的保存方式，使啮虫目昆虫得到了很好的保存，因此琥珀可以显示远古时期啮虫繁盛的景象。目前在世界多个琥珀产地都有啮虫的化石记录。近些年，随着对缅甸琥珀的研究，越来越多的啮虫在缅甸琥珀中被发现及报道。

目前在缅甸琥珀中共报道9科10属16种[31-32]。2019年，王瑞倩等人报道了缅甸琥珀中的跳啮科一新属种：平行凹跳啮。该新种前翅近四方形，端部向内凹陷，翅脉退化至只有纵脉，无翅痣（图15.1）。且在副模标本中出现左右前翅翅脉不对称的现象[32]。

0.5 mm

▲ 图 15.1　缅甸琥珀中跳啮科昆虫化石 —— 平行凹跳啮 *Concavapsocus parallelus* Wang, Li, Ren & Yao, 2019（正模标本，雌性，CNU-MAY-PSO-2019001）[32]

15.3　中国北方地区啮虫目的代表性化石

古虱科 Archipsyllidae Handlirsch，1906

古虱科的前翅为卵圆形，长约为宽的3倍。Rs起源于翅基部，Sc基部退化与翅缘相交，端部分支，形成翅痣的基部。翅痣短而宽，端部形成折角。翅痣与Rs之间有一横脉；Rs与M之间有横脉相连，横脉位于翅中部。M基部与R融合，四分支。Cu_1分叉。小室（AP室）长，Cu_{1b}短，臀区退化[33]。

古虱科口器与其他啮虫不同。它们的上颚延长，下唇长且窄。2016年，黄迪颖等人通过系统发育学的分析将中白垩世缅甸琥珀中的缅甸有喙古蜢（*Psocorrhyncha burmitica*）归入一个新目：二叠啮虫目（Permopsocida）[34]。Yoshizawa和Lienhard在2016年基于缅甸琥珀中长喙古虱（*Mydiognathus eviohlhoffa*e）的形态学和系统发育学研究结果推断古虱科不属于啮虫目[35]。但是，由于在上述研究中的标本特征并不完全清晰，本文仍延续古虱科原始的分类位置，等待未来有更多的化石标本和证据进行研究。

中国北方地区侏罗纪仅报道1属：古虱属*Archipsylla* Handlirsch，1906。

古虱属 *Archipsylla* Handlirsch，1906

Archipsylla Handlirsch，1906，*Die fossilen Insekten und die Phylogeny der rezenten Formen*，502[11]（original designation）.

模式种：原始古虱*Archipsylla primitiva* Handlirsch，1906。

属征与科征相同。

产地及时代：中国内蒙古，中侏罗世；俄罗斯，晚侏罗世。

中国北方地区侏罗纪仅报道1种（详见表15.1）。

中华古虱 *Archipsylla sinica* Huang，Nel，Azar & Nel，2008（图15.2）

Archipsylla sinica Huang，Nel，Azar & Nel，2008，*Geobios*，461–464.

产地及层位：内蒙古宁城道虎沟；中侏罗统，九龙山组。

触角细长，鞭节11节，有次生环状结构。前翅无小结。翅痣硬化，相当短，但长度明显大于宽度，且后端无折角，与Rs之间由一横脉相连；rs-m横脉终止于M分支前端。M_4存在。AP室延长且自由，Cu_2比2A更靠近1A。后翅的大小和翅脉结构与前翅相同。跗节4节；爪对称，有端前齿，基部有爪垫。古虱科（Archipsyllidae）的4跗节现象表明在现生的副新翅总目的蝎总目（啮虫目和虱目）和髁颚总目（缨翅目和半翅目）进化枝上至少独立出现了两次跗节减少的现象[25]。

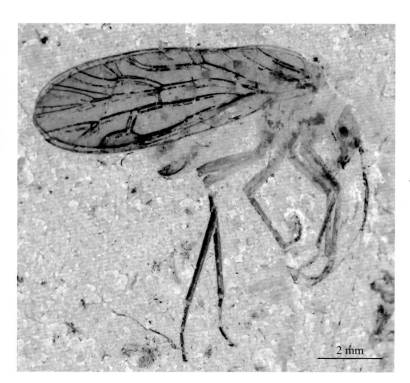

◀图15.2　中华古虱 *Archipsylla sinica* Huang，Nel，Azar & Nel，2008（正模标本，NIGP 142194）[25]　黄迪颖供图

表 15.1 中国侏罗纪啮虫目化石名录

科名	种名	产地	层位 / 时代	文献出处
Archipsyllidae	*Archipsylla sinica* Huang，Nel，Azar & Nel，2008	内蒙古宁城	九龙山组 /J₂	Huang *et al.*，2008 [25]

参考文献

［1］Amateur Entomologists' Society. Booklice and Barklice (Order: Psocoptera)［M］. 2017.

［2］DELLINGER T A, DAY E. Psocids: Barklice and Booklice, Psocodea: various families［J］. Virginia Cooperative Extension, Virginia Tech. 2015, ENTO-143NP.

［3］GULLAN P J, CRANSTON P S. Taxobox 17: Psocodea: "Psocoptera" (bark lice and book lice)［M］. // in The Insects: An Outline of Entomology, 5, 509. Oxford: Wiley Blackwell.

［4］DALY H V, DOYEN J T, PURCELL A H. Psocoptera, in Introduction to Insect Biology and Diversity (2nd edition)［M］. // Oxford University Press.

［5］JOHNSON K P, YOSHIZAWA K, SMITH V S. Multiple origins of parasitism in lice［J］. Proceedings of the Royal Society of London, 2004, 271 (1550): 1771–1776.

［6］YOSHIZAWA K, JOHNSON K P. Morphology of male genitalia in lice and their relatives and phylogenetic implications［J］. Systematic Entomology, 2006, 31 (2): 350–361.

［7］李法圣.中国蠚目志［M］.北京：科学出版社，2002.

［8］YOSHIZAWA K, LIENHARD C, JOHNSON K P. Molecular systematics of the suborder Trogiomorpha (Insecta: Psocodea: 'Psocoptera')［J］. Zoological Journal of the Linnean Society, 2006, 146 (2) : 287–299.

［9］LIENHARD C, SMITHERS C N. Psocoptera (Insecta) : World Catalogue and Bibliography［M］. // Muséum d'histoire naturelle, 2002.

［10］PICTET F J. Traité de paléontologie ou histoire naturelle des animaux fossiles considérés dans leur rapports zoologiques et géologiques［M］. Paris: Bailliere, 1854.

［11］HANDLIRSCH A. Die mesozoische insektenfauna［J］. in Die fossilen Insekten und die Phylogenie der rezenten Formen, Leipzig: Verlag von Wilhelm Engelmann. 1906, 1161–1173.

［12］TILLYARD R J. Kansas Permian insects. 8. The order Copeognatha［J］. American Journal of Science, 1926, 11: 315–349.

［13］MARTYNOV A. Permian fossil insects of Northeast Europe［J］. Travaux du Musée géologique de l'Académie des Sciences de l'U.S.S.R, 1928, 4: 1–118.

［14］CARPENTER F M. Fossil insects from the Lower Permian of Kansas［J］. Bulletin of the Museum of Comparative Zoology, Harvard College 1926, 67: 437–444.

［15］BECKER-MIGDISOVA E F. Obzar faun ravnokrylykh i senoidou erunakovska I kuznetskai svit kuzbassa. (Review of the Homoptera and Copeognatha of the Erunakov and Kuznetsk formations of the Kuznetsk Basin)［J］. Doklady Akademii nauk Soyuza Sovetskihk Sotsialistichechescikhk Respublik, 1953: 90 (1).

［16］BECKER-MIGDISOVA E F. Some new Heteroptera and Psocoptera［J］. Paleontologicheskii Zhurnal, 1962: 89–104.

［17］VISHNYAKOVA V N. Order Psocoptera, in Keys to the Insects of the European USSR［J］. (ed., G.IA. Bei-Bienko, B.E. Bykhovskii and G.S. Medvedev) , Zoologicheskii institut (Akademiia nauk SSSR) / Israel Program for Scientific Translations. 1967: 362–384.

［18］NEL A, WALLER A. The first fossil Compsocidae from Cretaceous Burmese amber (Insecta, Psocoptera, Troctomorpha)［J］. Cretaceous Research, 2007, 28 (6) : 1039–1041.

［19］AZAR D, HUANG D Y, CAI C Y, et al. The earliest records of pachytroctid booklice from Lebanese and Burmese Cretaceous ambers (Psocodea, Troctomorpha, Nanopsocetae, Pachytroctidae)［J］. Cretaceous Research, 2014, 52: 336–347.

［20］AZAR D, HAKIM M, HUANG D Y. A new compsocid booklouse from the Cretaceous amber of Myanmar (Psocodea: Troctomorpha: Amphientometae: Compsocidae)［J］. Cretaceous Research, 2016, 68: 28–33.

［21］AZAR D, HUANG D Y, EL-HAJJ L, et al. New Prionoglarididae from Burmese amber (Psocodea: Trogiomorpha:

Prionoglaridetae）［J］. Cretaceous Research, 2017, 75: 146–156.

［22］GRIMALDI D, ENGEL M S. The paraneopteran orders, in Evolution of the Insects［M］. New York: Cambridge University Press, 2005.

［23］LIN Q B. The Jurassic fossil insects from Western Liaoning［J］. Acta Palaeontologica Sinica, 1976: 15（1）.

［24］洪友崇. 中国琥珀昆虫图志［M］. 郑州：河南科学技术出版社，2002.

［25］HUANG D Y, NEL A, AZAR D, et al. Phylogenetic relationships of the Mesozoic paraneopteran family Archipsyllidae (Insecta: Psocodea)［J］. Geobios, 2008, 41 (4): 461–464.

［26］AZAR D, NEL A. The oldest psyllipsocid booklice, in Lower Cretaceous amber from Lebanon (Psocodea, Trogiomorpha, Psocathropetae, Psyllipsocidae)［J］. Zookeys, 2011, 130: 153–165.

［27］AZAR D, NEL A, PERRICHOT V. 2014. Diverse barklice (Psocodea) from Late Cretaceous Vendean amber［J］. Paleontological Contributions, 2014, 10:11.

［28］BAZ A, ORTUÑO V M. Archaeatropidae, a new family of Psocoptera from the Cretaceous amber of Alava, northern Spain ［J］. Annals of the Entomological Society of America, 2000, 93: 367–373.

［29］BAZ A, ORTUÑO V M. New genera and species of empheriids (Psocoptera: Empheriidae) from the Cretaceous amber of Alava, northern Spain［J］. Cretaceous Research, 2001, 22: 575–584.

［30］AZAR D, NEL A, PETRULEVICIUS V. First Psocodean (Psocadea, Empheriidae) from the Cretaceous Amber of New Jersey ［J］. Acta Geologica Sinica English Edition, 2010, 84 (4):763.

［31］ROSS A J. Supplement to the Burmese (Myanmar) amber checklist and bibliography, 2019,［J］, Palaeoentomology, 2020, 3 (1): 103–118.

［32］WANG R Q, LI S, REN D, YAO Y Z. New genus and species of the Psyllipsocidae (Psocodea: Trogiomorpha) from mid-Cretaceous Burmese amber［J］. Cretaceous Research, 2019, 07: 008.

［33］SMITHERS C N. The classification and phylogeny of the Psocoptera［M］. The Australian Museum Trustees, Sydney, Australia, 1972.

［34］HUANG D, BECHLY G, NEL P, et al. New fossil insect order Permopsocida elucidates major radiation and evolution of suction feeding in hemimetabolous insects (Hexapoda: Acercaria)［J］. Scientific Reports, 2016, 6 (23004): 1–9.

［35］YOSHIZAWA K. LIENHARD C. Bridging the gap between chewing and sucking in the hemipteroid insects: new insights from Cretaceous amber［J］. Zootaxa, 2016, 4079 (2): 229–245.

第 16 章 同翅目

张晓，王莹，王涵，乔丹，史宗冈，任东，姚云志

16.1 同翅目简介

同翅目Homoptera意思是“翅的质地相同”，该类群具有四个质地均一的膜质翅，大多属于渐变态类昆虫。同翅目昆虫的典型代表为蚜虫、介壳虫、粉虱、蜡蝉、角蝉、叶蝉、沫蝉和蝉等，它们具有独特的翅和刺吸式口器。近年来学者们根据形态数据和分子数据的支序分析研究表明同翅目为一并系类群。多数学者赞成其与异翅目Heteroptera合并组成半翅目Hemiptera，成为最大的非完全变态昆虫目。然而，本书仍然按传统习惯把同翅目和异翅目分为两章进行介绍（第16章和第17章）。

同翅目作为一个并系群，现在被划分为三个单系：胸喙亚目Sternorrhyncha、头喙亚目Auchenorrhyncha和孑遗类群鞘喙亚目Coleorrhyncha[1]。胸喙亚目通常分为四个总科：粉虱总科Aleyrodoidea、蚜总科Aphidoidea、蚧总科Coccoidea和木虱总科Psylloidea。头喙亚目划分为蜡蝉次目Fulgoromorpha和蝉次目Cicadomorpha[2]，它们具有鼓室声学系统，刚毛状触角和翅基部近基中板退化。蜡蝉次目包括三个总科：苏菱蜡蝉总科Surijokocixioidea、革蜡蝉总科Coleoscytoidea和蜡蝉总科Fulgoroidea[3]，因其若虫涂有疏水性蜡质，通称为“蜡蝉”（图16.1）。蝉次目包括四个总科：蝉总科Cicadoidea（图16.2）、沫蝉总科Cercopoidea（图16.3）、角蝉总科Membracoidea（也称为叶蝉总科Cicadelloidea，“叶蝉”和“角蝉”）和古蝉总科Palaeontinoidea（化石绝灭科）[2]。大多数蝉次目昆虫都有一个中肠过滤室，用来过滤木质部或韧皮部汁液中摄取的多余水分[4]。本书所描述的中国北方中生代中期的蝉次目化石，还包括其他的化石总科：原蝉总科Prosboloidea和异翅蝉总科Pereborioidea。鞘喙亚目通常被称为“苔藓蝽”或叫

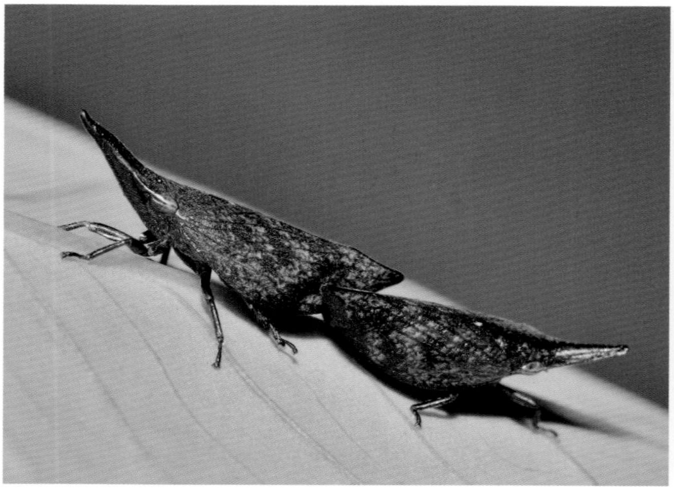

▲ 图 16.1　脊唇蜡蝉的交尾　史宗文拍摄

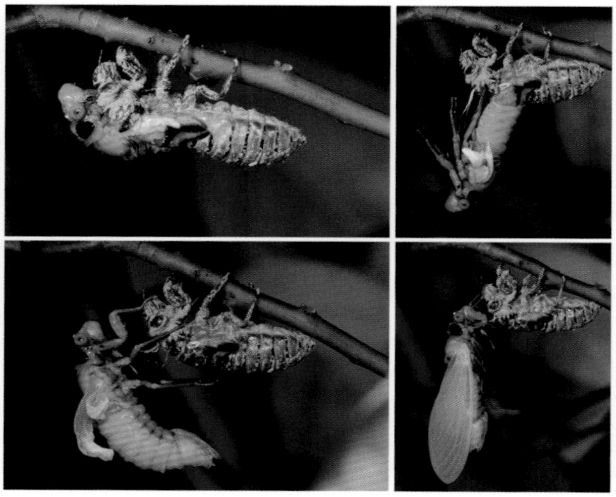

▲ 图 16.2　金蝉脱壳　史宗文拍摄

"甲蝽"，包括1个现生科鞘喙蝽科Peloridiidae和3个化石科。有关子遗类群鞘喙亚目的详情将在第17章异翅目中介绍。

同翅目呈世界性分布。据估计，全世界有超过40 000现生种被报道。一些头喙亚目和胸喙亚目昆虫吸食植物汁液，传播植物病毒，是重要的农作物和树木害虫。然而，有些类群仍然是有益的，如生产胭脂虫染料的介壳虫—胭脂蚧Dactylopius coccus和分泌虫胶树脂的雌性虫胶昆虫—紫胶蚧Kerria lacca[1]。

同翅目昆虫个体大小差异很大，小到几毫米的蚜虫和介壳虫，大到200 mm的蝉。有些科（如叶蝉科）前后翅长度几乎相等，但有些科（如蝉科）前翅明显长于后翅。它们都是飞行好手，休息时，翅会呈屋脊状覆在身上。蝉和叶蝉的触角是短刚毛状的，几乎看不见。它们的口器呈细长管状（常称喙），从头后部

▲ 图 16.3 一个巢沫蝉未定种 *Machaerota* sp.（沫蝉总科 Cercopoidea，巢沫蝉科 Machaerotidae）和其若虫分泌物形成的碳酸钙管状结构 史宗文拍摄

伸出。这种口器可以刺吸植物的汁液。由于所有的头喙亚目和胸喙亚目昆虫都以植物为食，绝大多数现生头喙亚目昆虫以被子植物为食，其多样性和丰富度可能与被子植物辐射有关。

知识窗：蜜露制造者

所有的同翅目都取食陆生植物。许多同翅目都有一个共同的生物学特性，那就是它们会产生蜜露并且由蚂蚁在旁进行照顾，特别是胸喙亚目中的类群。角蝉和蚜虫就是这种行为的典型例子（图16.4和图16.5）。它们每天会产生大于自身体重几倍的蜜露。生产蜜露的行为广泛分布在同翅目不同的谱系中，可能起源于二叠纪。事实上，它的出现可能刺激了各种植物蜜露的形成及发展，植物为昆虫产生蜜露最初是作为一种吸引捕食性昆虫的机制，可以降低植食性昆虫对植物的侵扰[5]。

蚂蚁渴望得到蜜露，在很多情况下，它们会用触角快速地拍打同翅目昆虫[6]。蚂蚁似乎因为交哺已经预先适应了对同翅目"挤奶"，或液体食物交换，这是它们社会生活中一个复杂的部分。许多关于蚂蚁与同翅目共生关系的研究都集中在蚜虫身上。这种共生关系的一个极端例子是新黑毛蚁*Lasius neoniger*照顾玉米根蚜*Aphis maidiradicis*：蚜虫在蚁群里过冬，然后蚂蚁在春天把它们送回寄主植物那里[1]。

George Poinar和Roberta Poinar从多米尼加琥珀中描述了一只蚂蚁，它的上颚携带了一只介壳虫，展示了一种蚂蚁照料介壳虫以获取其含糖分泌物的关系[7, 8]，这种关系目前仍然存在。虽然不是照料蚜虫，但这个例子说明了一种类似的共同进化关系。Perkovsky在2006年报道了始新世—渐新世萨克森阶琥珀中蚂蚁和蚜虫的联系，暗示了典型的蚂蚁蚜虫共同进化关系[9]。

▲ 图 16.4 脊突尹泰角蝉 *Entylia carinata*（角蝉科 Membracidae），排放含糖液体，蚂蚁趁机喂食 史宗冈拍摄

▲ 图 16.5　蚂蚁取食蚜虫的蜜露，蚜虫受到食蚜蝇（食蚜蝇科）的攻击
史宗文拍摄

知识窗：夏季的音乐家

　　新蝉鸣高柳，因鸣而闻名。不同种类的蝉会在一天的不同时间鸣叫。它们用声音来交流，尤其是求爱。每个物种都有自己独特的鸣声，吸引同类中的雌性。发声的器官是位于第一腹节两侧的鼓室。在许多物种中，鼓室部分或全部被音盖所掩盖，音盖是第二腹背板层状的前突出物。内部鼓膜肌收缩导致鼓膜向内弯曲，肌肉舒张使鼓膜弹回原来的位置。产生的声音被腹腔放大，就像一个共鸣器[4]。

　　头喙亚目具有复杂的鼓室发声系统。背板的每一侧，具有鼓室和鼓膜，前者由振动的薄板组成[10, 11]。大部分头喙亚目产生的振动人类是听不到的。但蝉是非常响亮的，因为鼓室很大很复杂。发出的声音用于个体之间的交流，甚至用于防御[12]。蝉通过交替的肌肉变形和弹性表皮层特定区域的松弛来发声，鼓室发出单个的咔哒声或可变的调制脉冲。

16.2　同翅目化石的研究进展

　　1845年，Brodie首次描述了英国中生代的蝉类化石[13]。1852年，Germar第一次命名新生代波罗的海琥珀的蝉类[14]。

　　已知最古老的同翅目昆虫化石为古革蝉科Archescytinidae，发现于早二叠世亚丁斯克早期的摩拉维亚地区（捷克），出现的类群较为稀少，一直延续到晚三叠世，在一些化石中因保存完好的喙被认为是最古老的同翅目昆虫[15]。1904年Handlirsch首次报道了一个来自俄罗斯二叠纪的头喙亚目昆虫，科克革蝉

Scytinoptera kokeni Handlirsch，1904（革蝉科Scytinopteridae）[14]。中二叠世晚期（距今约2.53亿年），蜡蝉次目的早期类群开始出现。到晚白垩世后期，同翅目形成了与现代类群相似的格局，包括现生的头喙亚目和胸喙亚目大部分的科[15]。

蚜虫，蚜总科Aphidoidea在侏罗纪并不常见，但到了早白垩世，在北温带地区却展现了高度的多样化。原木虱科Protopsyllidiidae是一个绝灭的科，与胸喙亚目互为姐妹群，这个科曾经被认为与木虱亚目Psyllomorpha密切相关而归入木虱亚目[16, 17, 18]。这个科有大量的化石记录，从二叠纪晚期到白垩纪中期至少有30属50种化石记录。最古老的粉虱（粉虱总科Aleyrodoidea，粉虱科Aleyrodidae）发现于晚侏罗世，最古老的介壳虫发现于早白垩世[5]。迄今为止，已描述的同翅目化石超过63科855属1 425种。

1977年林启彬首次报道了中国云南勐腊县新生代同翅目有力奋蝉化石*Nisocercopis validis* Lin，1977，自此揭开了中国同翅目化石研究的序幕[19]。在过去的40多年中，中国同翅目昆虫化石研究发展迅速，先后有林启彬、谭娟杰、洪友崇、任东、张俊峰、王文利、张海春、王博、黄迪颖、王莹、史宗冈、姚云志、李姝、Jacek Szwedo、胡海静、杨光、李艺、刘晓辉、陈栋、张晓、陈军、付衍哲等对同翅目昆虫化石做了大量研究[20]。迄今为止，中外学者共描述了中国侏罗纪和白垩纪同翅目昆虫22科82属152种（表16.1）。

胸喙亚目Suborder Sternorrhyncha Amyot and Serville，1843:

蚜总科Aphidoidea，4科，10属，16种

乃蚜总科Naibioidea，1科，1属，1种

古蚜总科Palaeoaphidoidea，1科，1属，1种

未定科，2属，2种

原木虱总科Protopsyllidioidea，1科，2属，2种

头喙亚目Suborder Auchenorrhyncha Dumeril，1806:

蜡蝉总科Fulgoroidea，4科，7属，10种

沫蝉总科Cercopoidea，2科，16属，38种

蝉总科Cicadoidea，1科，11属，16种

角蝉总科Membracoidea，3科，4属，5种

原蝉总科Prosboloidea，2科，3属，3种

古蝉总科Palaeontinoidea，1科，23属，55种

异翅蝉总科Pereborioidea，1科，1属，2种

古喙亚目Suborder Paleorrhyncha Carpenter，1931：
1科，1属，1种

16.3　中国北方地区同翅目的代表性化石

胸喙亚目 Suborder Sternorrhyncha Amyot and Serville，1843

蚜总科 Aphidoidea Latreille，1802

蚜科 Aphididae Latreille，1802

蚜科是蚜总科下的一个现生科，以较大的复眼和三面小眼（triommatidia）为鉴定特征，包含蚜亚科

Aphidinae Latreille，1802和长管蚜亚科Macrosiphinae Wilson，1910。迄今为止，该科化石从早侏罗世到新生代仅报道2属3种。其中，两个种产自山东：山东孙氏蚜*Sunaphis shandongensis* Hong & Wang，1990和莱阳孙氏蚜*Sunaphis laiyangensis* Hong & Wang，1990[21]。蚜科昆虫出现在各种植物上，并且在其生命周期中主要在秋季进行宿主转移。

中国北方地区白垩纪报道1属：孙氏蚜属*Sunaphis* Hong & Wang，1990。

孙氏蚜属 *Sunaphis* Hong & Wang，1990

Sunaphis Hong & Wang，1990，*The Stratigraphy & Palaeontology of Laiyang Basin*，*Shandong Province*，81[21]（original designation）.

模式种：山东孙氏蚜*Sunaphis shandongensis* Hong & Wang，1990。

属名为纪念已故的著名的古生物学奠基人之一孙云铸老师。

触角分为五或六节；Rs起源于翅痣中或前部；M起源于翅痣基部，具有3分支；CuA_1和CuA_2距离较远，分别起源于Sc+R+M；腹管孔呈圆形。

产地及时代：山东，早白垩世。

中国北方地区白垩纪报道2种（详见表16.1）。

扁蚜科 Hormaphididae Mordvilko，1908

扁蚜科，包含三个亚科，坚蚜亚科Cerataphidinae Baker，1920，日本扁蚜亚科Nipponaphidinae Ghosh，1988和扁蚜亚科Hormaphidinae Mordvilko，1908，该科是蚜总科中唯一出现在中国中生代的现生科，全世界有200多种。扁蚜科拥有几个引人注目的生物学特征。所有已知的兵蚜都是扁蚜科和瘿棉蚜科Pemphigidae的成员[22]。在扁蚜科中，发现了强烈的寄主专一性，代表了类群之间不同的宿主关联模式。坚蚜亚科主要选择安息香科的植物，而扁蚜亚科和日本扁蚜亚科首要选择金缕梅科的植物作为原生寄主。次生寄主的范围相对广泛，坚蚜亚科可能在菊科、禾本科、桑寄生科、棕榈科和姜科植物上；扁蚜亚科在桦木科和松科上；日本扁蚜科在壳斗科、樟科和桑科上寄生[23]。大多数种的宿主转移是通过有翅型性蚜在秋季进行，两年为一周期，在原生寄主上留下虫瘿。该科无翅型性蚜通常具有发达的喙。

中国北方地区白垩纪报道的属：类柄蚜属*Petiolaphioides* Hong & Wang，1990；柄蚜属*Petiolaphis* Hong & Wang，1990。

类柄蚜属 *Petiolaphioides* Hong & Wang，1990

Petiolaphioides Hong & Wang，1990，*The Stratigraphy and Palaeontology of Laiyang Basin*，*Shandong Province*. 88[21]（original designation）.

模式种：山东类柄蚜*Petiolaphioides shandongensis* Hong & Wang，1990。

头大而宽，触角分为六节；触角第三节长；次生感觉圈圆形，横向排列，密集而规律；M基部完整且清晰，起源于Sc+R+M；CuA_1和CuA_2的共同主干较长。

产地及时代：山东，早白垩世。

中国北方地区白垩纪仅报道1种（详见表16.1）。

柄蚜属 *Petiolaphis* Hong & Wang，1990

Petiolaphis Hong & Wang，1990，*The Stratigraphy and Palaeontology of Laiyang Basin*，*Shandong Province*，86[21]（original designation）.

模式种：莱阳柄蚜*Petiolaphis laiyangensis* Hong & Wang，1990。

体短而宽；触角分为六节；次生感觉圈圆形；M基部完整且清晰，起源于Sc+R+M；CuA$_1$和CuA$_2$的共同主干较长。

产地及时代：山东，早白垩世。

中国北方地区白垩纪仅报道1种（详见表16.1）。

卵蚜科 Oviparosiphidae Shaposhnikov，1979

卵蚜科是一个绝灭蚜虫科，以同时具有产卵器和腹管为鉴定特征；其Rs起源于细长的翅痣中部；M具有3分支；两Cu的起源点十分近；触角短，分为三节，具有横向分布的次生感觉圈。卵蚜科的化石记录十分稀少，中国中生代仅有10个种被报道[24]，其中多数来自早白垩世，晚白垩世没有化石记录[24]。该科最古老的种是来自中国内蒙古中侏罗世晚期的大翅道蚜*Daoaphis magnalata* Huang，Wegierek，Żyła & Nel，2015[25]。

中国北方地区侏罗纪和白垩纪报道的属：卵蚜属*Oviparosiphum* Shaposhnikov，1979；膨胀蚜属*Expansaphis* Hong & Wang，1990；华卵蚜属*Sinoviparosiphum* Ren，1995；古老卵蚜属*Archeoviparosiphum* Żyła，Homan，Franielczyk & Wegierek，2015；道蚜属*Daoaphis* Huang，Wegierek，Żyła & Nel，2015。

卵蚜属 *Oviparosiphum* Shaposhnikov，1979

Oviparosiphum Shaposhnikov，1979，*Paleontol. J.*，13：458[26]（original designation）.

模式种：加考夫卵蚜*Oviparosiphum jakovlevi* Shaposhnikov，1979。

触角分为七节；次生感觉圈为稍微大的卵圆形；腹管是十分短的截断锥体形；产卵器大，第一产卵瓣和第三产卵瓣发达[27]。

产地及时代：中国（山东）、蒙古，早白垩世。

中国北方地区白垩纪仅报道1种（详见表16.1）。

斑卵蚜 *Oviparosiphum stictum* Fu，Yao & Qiao，2017（图16.6）

Oviparosiphum stictum Fu，Yao & Qiao，2017，*Cretac. Res.*，75：157–161.

产地及层位：辽宁北票黄半吉沟；下白垩统，义县组。

在许多绝灭的科中出现发达产卵器进一步证明了卵生是祖征[28]。此外，这块化石为白垩纪蚜虫的快速辐射期提供了新的证据[29]。有翅型标本。体长3.89 mm。触角第一节长0.03 mm（图16.6A）。触角第三节长0.35 mm，较其他各节更粗。触角第四节（0.18 mm），接近于第三节长度的一半，长度约为宽度的3倍。触角第三、四、五节具有丰富的椭圆形感觉圈排成多行（图16.6B）。中胸强烈骨化。翅痣长而宽，长度约为最宽处的3.5倍。CuA$_1$和CuA$_2$的基部从Sc+R+M分出。Rs微微弯曲，起始于翅痣的近虫体端。后翅的主脉粗。腹管的基部直径0.19 mm（图16.6D）。产卵器发达，可见两个产卵瓣（图16.6C）[27]。

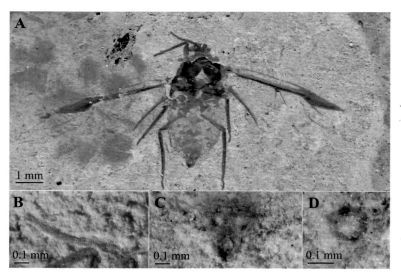

◀ 图16.6 斑卵蚜 *Oviparosiphum stictum* Fu, Yao & Qiao，2017（正模标本，CNU-HET-LB2016001）
A. 整体结构图；B. 触角；
C. 产卵器；D. 腹管

膨胀蚜属 *Expansaphis* Hong & Wang，1990

Expansaphis Hong & Wang，1990，*The Stratigraphy and Palaeontology of Laiyang Basin*，*Shandong Province*，77[21]（original designation）.

模式种：卵形膨胀蚜*Expansaphis ovata* Hong & Wang，1990。

触角分为五节，短于或等于头和胸的长度；次生感觉圈卵圆形，排布规则；CuA_1和CuA_2基部膨胀；产卵器发达。

产地及时代：山东，早白垩世。

中国北方地区白垩纪报道2种（详见表16.1）。

华卵蚜属 *Sinoviparosiphum* Ren，1995

Sinoviparosiphum Ren，1995，*Faunae and Stratigraphy of Jurassic-Cretaceous in Beijing and the Adjacent Areas*，71[30]（original designation）.

模式种：林氏华卵蚜*Sinoviparosiphum lini* Ren，1995。

种名致敬林启彬教授对蚜虫化石研究做出的贡献。

触角分为四节，末节具有pt结构；两个单眼位于复眼内侧；前胸长于头；CuA_2短，几乎与主脉垂直；M靠近Rs。

产地及时代：河北，早白垩世。

中国北方地区白垩纪仅报道1种（详见表16.1）。

古老卵蚜属 *Archeoviparosiphum* Żyła，Homan，Franielczyk & Wegierek，2015

Archeoviparosiphum Zyła，Homan，Franielczyk & Wegierek，2015，*Zookeys*，483：9–22[31]（original designation）.

Mesoviparosiphum Zhang，Zhang，Hou & Ma，1989，*Geology of Shandong*，5：28–46[32].Syn. by Heie & Wegierek，2011，*A list of fossil aphids*（*Hemiptera*，*Sternorrhyncha*，*Aphidomorpha*），45[24].

Paroviparosiphum Zhang，Zhang，Hou & Ma，1989，*Geology of Shandong*，5：28–46[32] Syn. by Heie & Wegierek，2011，*A list of fossil aphids*（*Hemiptera*，*Sternorrhyncha*，*Aphidomorpha*），51[24].

模式种：巴衣萨古老卵蚜*Archeoviparosiphum baissense*（Shaposhnikov & Wegierek，1989）。

2011年，Heie和Wegierek将似卵蚜属*Paroviparosiphum* Zhang，Zhang，Hou & Ma，1989和中卵蚜属*Mesoviparosiphum* Zhang，Zhang，Hou & Ma，1989中所有四个种转移到卵蚜属*Oviparosiphum* Shaposhnikov，1979[24]。之后，2015年，Żyła等人修订了卵蚜属并且建立一个新组合古老卵蚜属*Archeoviparosiphum*，包括之前属于似卵蚜属*Paroviparosiphum*和中卵蚜属*Mesoviparosiphum*的四个种，以及从前属于卵蚜属*Oviparosiphum*的两个种。其中，巴衣萨卵蚜*Oviparosiphum baissensis* Shaposhnikov & Wegierek指定为模式种并且重命名为巴衣萨古老卵蚜*Archeoviparosiphum baissense*（Shaposhnikov & Wegierek，1989）[31]。

触角分为七节；次生感觉圈近似于卵圆形，小；翅痣的长至多为宽的5倍；腹部没有刚毛；腹管孔状；产卵器小而不发达。

产地及时代：山东，早白垩世。

中国北方地区白垩纪报道5种（详见表16.1）。

道蚜属 *Daoaphis* Huang，Wegierek，Żyła & Nel，2015

Daoaphis Huang，Wegierek，Żyła & Nel，2015，*Eur. J. Entomol.*，112（1）：187[25]（original designation）.

模式种：大翅道蚜*Daoaphis magnalata* Huang，Wegierek，Żyła & Nel，2015。

触角分为七节，长且呈珠状，到达腹部前部；次生感觉圈椭圆形，横向排列成数行；前翅远长于身体；CuA_1和CuA_2基部彼此靠近，但是CuA_2不与Sc+R+M连接。

产地及时代：内蒙古，中侏罗世。

中国北方地区侏罗纪仅报道1种（详见表16.1）。

大翅道蚜 *Daoaphis magnalata* Huang，Wegierek，Żyła & Nel，2015（图16.7）

Daoaphis magnalata Huang，Wegierek，Żyła & Nel，2015，*Eur. J. Entomol.*，112（1）：187.

产地及层位：内蒙古宁城道虎沟；中侏罗统，九龙山组。

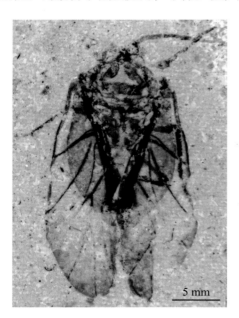

◀图 16.7　大翅道蚜 *Daoaphis magnalata* Huang，Wegierek，Żyła & Nel，2015（正模标本，NIGP 140801）照片由黄迪颖提供

触角长度为体长的一半。喙的端部位于中足和后足基节之间。前胸背板宽于头。后胸背板分离较远，之间有弱的骨化区域。中胸后背板形似一个"U"形短板。较宽覆盖虫体两边。足短，后足基节紧密靠近。前翅宽度，1.80~1.92 mm。顶端发达。Cu轻微加粗。后翅长于体长的一半，具有两条Cu[25]。

华蚜科 Sinaphididae Zhang，Zhang，Hou & Ma，1989

华蚜科与卵蚜科相似，它们都具有产卵器和腹管。然而，华蚜科不同于卵蚜科在于其圆形且无序排列的次生感觉圈，CuA₁和CuA₂基部分离，M和CuA₁基部不发达[32]。华蚜科较为少见，中国中生代仅描述了9种[24]。

中国北方地区白垩纪报道的属：华蚜属 $Sinaphidium$ Zhang，Zhang，Hou & Ma，1989；垢蚜属 $Tartaraphis$ Zhang，Zhang，Hou & Ma，1989。

华蚜属 $Sinaphidium$ Zhang，Zhang，Hou & Ma，1989

$Sinaphidium$ Zhang，Zhang，Hou & Ma，1989，$Geology\ of\ Shandong$，5：34[32]（original designation）.

模式种：丽华蚜$Sinaphidium\ epichare$ Zhang，Zhang，Hou & Ma，1989。

头近似于半圆形；触角长大约为头的4倍，触角第三节长为宽的5.5倍；翅痣大；M基部相当长的一段消失，分支弯曲；CuA₂朝向翅基部弯曲，CuA₁与CuA₂弯曲方向相反。

产地及时代：山东，早白垩世。

中国北方地区白垩纪仅报道1种（详见表16.1）。

垢蚜属 $Tartaraphis$ Zhang，Zhang，Hou & Ma，1989

$Tartaraphis$ Zhang，Zhang，Hou & Ma，1989，$Geology\ of\ Shandong$，5：35[32]（original designation）.

模式种：奇异垢蚜$Tartaraphis\ peregrina$ Zhang，Zhang，Hou & Ma，1989。

触角分为七节，触角第三节和第七节具有少量感觉圈；跗节细而长；前翅CuA₂长短于CuA₁的一半。产卵器球形，中等大小。

产地及时代：山东，早白垩世。

中国北方地区白垩纪仅报道1种（详见表16.1）。

乃蚜总科 Naibioidea Shcherbakov，2007

中华侏罗蚜科 Sinojuraphididae Huang & Nel，2008

白垩纪之前的蚜虫种类和标本数量远少于白垩纪时期。已经被归入乃蚜总科的侏罗纪绝灭的中华侏罗蚜科Sinojuraphididae和侏罗蚜科Juraphididae共同证实了侏罗纪蚜虫中古老支系的存在[33]。然而，乃蚜总科内的系统发育关系仍旧存有争议。最初，Shcherbakov在2007年认为乃蚜总科是介壳虫的"基干"类群[34]。然而，Heie和Wegierek在2011年将乃蚜总科作为一个总科，包含乃蚜科Naibiidae Shcherbakov，2007；中华侏罗蚜科Sinojuraphidiae Huang & Nel，2008；龙蚜科Dracaphididae Hong，Zhang，Guo &

Heie，2009，归入蚜亚目[24]。道虎沟化石产地的燕辽植物群包含低等植物、蕨类植物、种子蕨类植物和裸子植物，但没有被子植物，中华侏罗蚜很可能生活在裸子植物上[33]。

中国北方地区侏罗纪报道的属：中华侏罗蚜属*Sinojuraphis* Huang & Nel，2008。

中华侏罗蚜属 *Sinojuraphis* Huang & Nel，2008

Sinojuraphis Huang & Nel，2008，*Palaeontology*，51（3）：715[33]（original designation）.

模式种：宁城中华侏罗蚜*Sinojuraphis ningchengensis* Huang & Nel，2008。

前翅CuA共同主干很长，明显长于其后的两分支；CuA的主干周围没有任何后部沟槽；M分支；翅痣很窄；R_1抵达翅顶端；喙短于虫体；触角分为12节，基部的触角分节短。

产地及时代：内蒙古，中侏罗世。

中国北方地区侏罗纪仅报道1种（详见表16.1）。

古蚜总科 Palaeoaphidoidea Richards，1966

艾丽蚜科 Ellinaphididae Kania & Wegierek，2008

白垩纪绝灭的艾丽蚜科化石数量众多，包含9属32种[35]。它们大多数来自俄罗斯的巴衣萨（早白垩世），仅艾丽蚜属*Ellinaphis*的一个种来自中国（山东莱阳，团旺）[32]。通过对环蚜属*Annulaphis*、尾蚜属*Caudaphis*和艾丽蚜属*Ellinaphis*的数量进行分析，发现它们常被发现于气候凉爽的地层中[35]。该科触角与早白垩世许多蚜虫的类型相同（鞭节所有的触角节具有小的感觉圈，横向排列成许多行），尤其在卵蚜科Oviparosiphidae和沙波什尼科夫蚜科Shaposhnikoviidae中[26]。Kania和Wegierek（2008）认为，艾丽蚜科和古蚜科是姐妹群，具有许多相似的翅脉结构，包括CuA_1和CuA_2在基部明显加粗，且具有共同主干[35]。

中国北方地区白垩纪报道的属：艾丽蚜属*Ellinaphis* Shaposhnikov，1979。

艾丽蚜属 *Ellinaphis* Shaposhnikov，1979

Ellinaphis Shaposhnikov，1979，*Paleontol. J.*，13：449–461[26]（original designation）.

模式种：感艾丽蚜*Ellinaphis sensoriata* Shaposhnikov，1979。

次生感觉圈椭圆形，大，触角第七节长为宽的3.5倍，末端不变细；后翅具有两个CuA[24]。

产地及时代：中国（山东）、蒙古、俄罗斯，早白垩世。

中国北方地区白垩纪仅报道1种（详见表16.1）。

科末定 Family incertae sedis

大台蚜属 *Dataiphis* Lin，1995

Dataiphis Lin，1995，*Acta Palaeontol. Sin.*，34（2）：195[36]（original designation）.

模式种：康德大台蚜*Dataiphis conderis* Lin，1995。

胸部大于腹部；Rs起源于翅痣基部；M直，三分支，起源于Sc+R+M的中点处；M_1靠近Rs，M_2几乎与M_3等长；CuA_1和CuA_2靠近，分别起源于Sc+R+M；CuA_1长于CuA_2。

产地及时代：甘肃，早白垩世。

中国北方地区白垩纪仅报道1种（详见表16.1）。

原木虱总科 Protopsyllidioidea Becker-Migdisova，1960

原木虱科 Protopsyllidiidae Carpenter，1931

原木虱科是同翅目胸喙亚目中的一个绝灭科。目前，这个科化石记录从晚二叠世（约260 Mya）到晚白垩世（90 Mya），共描述31属57种[16]。已知二叠纪有28个种[37-45]，三叠纪有2个种[17, 46]，侏罗纪有20个种[9, 17, 41, 43, 45, 47-51]，白垩纪有7个种[16, 45]。这些种来自中国、蒙古、缅甸、吉尔吉斯斯坦、哈萨克斯坦、塔吉克斯坦、澳大利亚、南非、美国（新泽西）、英国、德国和俄罗斯[1, 15, 52]。

中国北方地区侏罗纪和白垩纪报道的属：中国木虱属 Sinopsocus Lin，1976；多元木虱属 Poljanka Klimaszewski，1995。

中国木虱属 Sinopsocus Lin，1976

Sinopsocus Lin，1976，Acta Palaeontol. Sin.，1976：1[50]（original designation）.

模式种：小型中国木虱 Sinopsocus oligovenus Lin，1976。

前翅近卵圆形，长为宽的2倍。Sc不可见。R直且长，Rs不分支，自R主干发出，直且长。M和Cu具有共同主干，M主干较短，分支位于R分支之后，稍向前缘靠近。CuA于翅基部分支并且分支较短，翅脉有刺。

产地及时代：辽宁，早白垩世。

中国北方地区白垩纪仅报道1种（详见表16.1）。

多元木虱属 Poljanka Klimaszewski，1995

Poljanka Klimaszewski，1995，Acta Biologica Silesiana，27：33-43[45]（original designation）.

模式种：舒拉布似叶多元木虱 Poljanka shurabensis（Bekker-Migdisova，1985）。

前翅在近顶端处变宽；R主干稍短于M+CuA；M有2个长分支；m_{1+2}室延长不一，总长于cua_1室；CuA分成长的CuA_1和短的CuA_2；臀区长，几乎为前翅长的一半。后足胫节长于前足和中足胫节；跗节2节，第一跗分节长于第二跗分节。

产地及时代：吉尔吉斯斯坦，早侏罗世到中侏罗世；中国内蒙古，中侏罗世；哈萨克斯坦，中侏罗世到晚侏罗世。

中国北方地区侏罗纪仅报道1种（详见表16.1）。

多毛多元木虱 Poljanka hirsuta Yang，Yao & Ren，2012（图16.8）

Poljanka hirsuta Yang，Yao & Ren，2012，Zootaxa，3274：36-42.

产地及层位：内蒙古宁城道虎沟；中侏罗统，九龙山组。

柄节粗于梗节1.5倍，梗节粗于鞭节2倍，顶鞭小节膨大；腿节约粗于相应胫节的2倍，后足胫节长是前足和中足胫节的1.46~1.57倍，前足第一跗分节长是第二跗分节的1.33倍，中足第一跗分节长是第二跗分节的1.5倍，后足第一跗分节长是第二跗分节的2.31倍；前翅R_1退化，M+CuA长约为R的1.5倍，M的分支长是M主干的2.3倍[53]。

▲ 图16.8　多毛多元木虱*Poljanka hirsuta* Yang，Yao & Ren，2012　A. 正模标本，CNU-PSY-NN2011008p；
B. 右前翅；C. 左前足和触角；D. 喙

头喙亚目 Suborder Auchenorrhyncha Dumeril，1806

蜡蝉次目 Infraorder Fulgoromorpha Evans，1946

蜡蝉总科 Fulgoroidea Latreille，1807

菱蜡蝉科 Cixiidae Spinola，1839

菱蜡蝉科世界性分布，是蜡蝉总科的基干类群[54]，包含三个亚科：沟菱蜡蝉亚科Bothriocerinae Muir，1923、帛菱蜡蝉亚科Borystheninae Emeljanov，1989和菱蜡蝉亚科Cixiinae Spinola，1839[55]。菱蜡蝉科是蜡蝉中的一个较大群体，已经描述的现生类群超过170属，1 500种，这可能只占实际世界类群的40%[56]。菱蜡蝉科化石记录并不丰富，并且以往归入菱蜡蝉科的许多化石类群需要重新检视和修订。最古老的化石记录来自早白垩世的英国、巴西、中国[30, 57]和黎巴嫩琥珀[58]。菱蜡蝉科的鉴别特征为：中单眼位于额唇基缝上方，后足第二跗分节有一列顶刺，雌性有一个高度发达的"直翅类"产卵器[59]。

中国北方地区白垩纪报道的属：燕都菱蜡蝉属*Yanducixius* Ren，1995；石菱蜡蝉属*Lapicixius* Ren，Yin & Dou，1998。

燕都菱蜡蝉属 *Yanducixius* Ren，1995

Yanducixius Ren，1995，*Faunae and Stratigraphy of Jurassic-Cretaceous in Beijing and the Adjacent Areas*，64–73[30]（original designation）.

模式种：叶氏燕都菱蜡蝉*Yanducixius yihi* Ren，1995。

这一特殊的种名是为了纪念著名地质学家叶良辅教授。

前翅前后缘近平行；Sc平行于前缘，在翅痣前消失；R_1末端3分支；Rs 5分支；M 4分支；CuA有2分支；臀脉"Y"形；横脉发达。

产地及时代：北京，早白垩世。

中国北方地区白垩纪报道2种（详见表16.1）。

石菱蜡蝉属 *Lapicixius* Ren，Yin & Dou，1998

Lapicixius Ren，Yin & Dou，1998，*Acta Zootaxonomica Sin.*，23（3）：281–288 [57]（original designation）.

模式种：美石菱蜡蝉*Lapicixius decorus* Ren，Yin & Dou，1998。

背面观头窄于前胸背板。头顶宽，中间被一个横向弯曲的脊分成前后两部分，两部分都有一个退化的纵向中线。头顶后缘直或稍凸。复眼大且突出。额稍长于宽，有一个纵脊。中单眼存在。额唇基缝稍弯曲。后唇基约和额一样长。喙超过后足基节。前胸背板中部最长，前缘稍微凹或明显的刻入，后缘凸。中胸盾片大约长宽相等，有五个脊，中间的脊与前胸背板的脊相连。后足胫节无侧刺。前翅超过腹部顶端，顶缘均匀圆。翅痣发达。所有的翅脉无颗粒。Rs稍微在翅中部之前出现，有3~4分支。M在翅中部分支，端部5~7分支。CuA分支在Rs分出之前，具有4个端部分支。

产地及时代：辽宁，早白垩世。

中国北方地区白垩纪仅报道1种（详见表16.1）。

知识窗：缅甸琥珀中的蜡蝉

中国侏罗纪和白垩纪的蜡蝉化石并不丰富。到目前为止，只有四个科有文献记载，其中大部分是保存在印痕化石中的单个翅，身体特征缺失或者保存不完整。但是，缅甸琥珀中蜡蝉的种类更为丰富，目前至少报道了7个科。这些琥珀中的蜡蝉通常有保存完好的、精细的身体和翅的特征，可以进行深入的分类学研究。

孔瓢蜡蝉科Perforissidae是一个绝灭的科，仅在白垩纪发现，其鉴别依据是前胸背板后部深深的刻入，成虫保留有圆形的感觉窝。近期从缅甸琥珀中报道孔瓢蜡蝉科一新种，异形窝孔瓢蜡蝉*Foveopsis heteroidea* Zhang，Ren & Yao，2017，具有保存完好的感觉窝和翅连锁结构（图16.9）[60]。然而，该种的不同个体，感觉窝的数量和分布是多种多样的，表明感觉窝不能被作为一种鉴别特征。保存完好的翅连锁结构和节线表明这种蜡蝉具有适度全能飞行能力。其化石记录，在白垩纪时期的4 000万年内，广泛的地理分布可能与它飞行能力和有利的气流相关。同时，缅甸琥珀中异形窝孔瓢蜡蝉的雌雄差异与晚白垩世新泽西州发现的缪尔孔瓢蜡蝉*Perforissus muiri* Shcherbakov，2007一致。

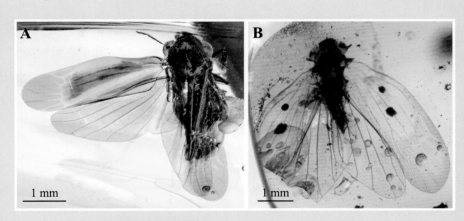

▲ 图 16.9　异形窝孔瓢蜡蝉 *Foveopsis heteroidea* Zhang，Ren & Yao，2017
A. 正模标本，CNU-HOM-MA2017003，雌性；
B. 副模标本，CNU-HOM-MA2017004，雄性

类蜡蝉科 Fulgoridiidae Handlirsch，1939

　　类蜡蝉科，一个绝灭的似"菱蜡蝉"的科，目前报道于侏罗纪和白垩纪的欧洲和亚洲。迄今为止，类蜡蝉科包括150余种，但大部分种需要再次修订。类蜡蝉科是一个明显的并系类群[58]。"真正的"类蜡蝉覆翅RP基部较长并且CuA主干较短，两分支较早，身体结构类似于现生的菱蜡蝉科。这个科被视为蜡蝉总科的祖先类群[61]。

　　中国北方地区侏罗纪和白垩纪报道的属有：始类蜡蝉属*Eofulgoridium* Martynov，1937；凤凰类蜡蝉属*Fenghuangor* Li & Szwedo，2011。

始类蜡蝉属 *Eofulgoridium* Martynov，1937

　　Eofulgoridium Martynov，1937，*Trud. Paleont. Inst. Acad. Sci. SSSR.*，7：95–97[47]（original designation）.

　　模式种：基西尔始类蜡蝉*Eofulgoridium kisylkiense* Martynov，1937。

　　前翅Sc大约位于R和C的中部，M分支点大约在翅中部，M3分支。后翅前缘凹，Rs在翅中部以后分出，M和CuA在翅中部以后分支。

　　产地及时代：中国（新疆）、吉尔吉斯斯坦，早侏罗世；中国甘肃，早白垩世。

　　中国北方地区侏罗纪白垩纪报道2种（详见表16.1）。

凤凰类蜡蝉属 *Fenghuangor* Li & Szwedo，2011

　　Fenghuangor Li & Szwedo，2011，*Zootaxa*，3094：52–62[62]（original designation）.

　　模式种：帝凤凰类蜡蝉*Fenghuangor imperator* Li & Szwedo，2011。

　　该属明显不同于欧洲和亚洲类蜡蝉科其他的属在于其大小和翅脉，覆翅M_{3+4}和CuA_{1a}有小段融合。它与始类蜡蝉属*Eofulgoridium* Martynov，1937的不同在于其覆翅的长宽比为2.1；前缘域明显窄于前缘室；前缘域在顶端部分稍微加宽；在前缘域顶端之前$ScRA_1$与Pc+CP相交；c5室有一根横脉icua；c5a室宽楔形并且CuA_1在到达翅缘前分两次。

　　产地及时代：内蒙古，中侏罗世。

　　中国北方地区侏罗纪仅报道1种（详见表16.1）。

帝凤凰类蜡蝉 *Fenghuangor imperator* Li & Szwedo，2011（图16.10）

　　Fenghuangor imperator Li & Szwedo，2011，*Zootaxa*，3094：54.

　　产地及层位：内蒙古宁城道虎沟；中侏罗统，九龙山组。

　　横脉组成的节线和顶线不明显；c2室长约为宽的4.8倍；c3室长多于宽的3倍[62]。

5 mm

▲ 图 16.10　帝凤凰类蜡蝉 *Fenghuangor imperator* Li & Szwedo，2011（正模标本，CUN-HEM-2006266p）

拉蜡蝉科 Lalacidae Hamilton，1990

拉蜡蝉科，似"菱蜡蝉"类群中一个绝灭科，包括三个亚科，拉蜡蝉亚科Lalacinae Hamilton，1990，缆拉蜡蝉亚科Ancoralinae Hamilton，1990和冠虱拉蜡蝉亚科Protodelphacinae Hamilton，1990，共包含9属24种。化石记录主要来自早白垩世的巴西，只有一个属报道于早白垩世的中国北京。拉蜡蝉科的鉴别特征为头部靠近头冠顶端有一对浅窝，围脉狭窄，前缘最宽，有硬化的条纹，翅脉类似于现在的残管蜡蝉科，并且后足顶端梳膜有可以移动的刚毛[63]。

中国北方地区白垩纪报道1属：白垩拉蜡蝉属*Cretocixius* Zhang，2002。

白垩拉蜡蝉属 *Cretocixius* Zhang，2002

Cretocixius Zhang，2002，*Acta Zootaxonomica Sin.*，27（1）：20–23[64]（original designation）.

模式种：痣白垩拉蜡蝉*Cretocixius stigmatosus* Zhang，2002。

覆翅前缘直并且明显增厚；围脉窄，仅顶缘有硬化的条纹；翅痣发达；在翅痣区Sc 2分支；R_1不分支并且包围翅痣的后缘；CuA末端6分支；所有横脉明显加粗，r-m长；有6个亚端室和14个端室。

产地及时代：北京，早白垩世。

中国北方地区白垩纪仅报道1种（详见表16.1）。

蝉次目 Infraorder Cicadomorpha Evans，1946

沫蝉总科 Cercopoidea Leach，1815

知识窗：跳高冠军

"沫蝉"若虫因覆盖有保护性泡沫而闻名。成虫因看起来像在植物中跳动的小青蛙被称为"蛙蝉"（froghoppers）。沫蝉若虫和成虫取食植物汁液并且被认为是为害严重的植物害虫。

通常公认的昆虫跳高冠军是跳蚤（蚤目），体长3 mm，能跳200 mm高，330 mm远。2003年剑桥大学研究人员的一项研究表明一个体长6 mm的牧草长沫蝉*Philaenus spumarius*，能在空中跳大约700 mm高。它的起跳速度可达3.1 m s^{-1}[65]。弹跳高度与体长之比约为116。想象一下这相当于一个身高1.7 m的人跳到了197 m的高度，比70层的摩天大楼还要高。沫蝉可以在它强壮的后足上存储巨大的能量，并且通过瞬间释放能量，利用跳跃躲避敌害。

原沫蝉科 Family Procercopidae Handlirsch，1906

原沫蝉科，一个绝灭科，被认为是沫蝉总科中最基部的科[66]。它们具有细长的前翅，Rs从翅接近基部1/3处分出，M和CuA在翅接近端部1/3处分支。化石记录来自侏罗纪早期到白垩纪中期的德国、俄罗斯、中亚、缅甸和中国[67]，包含11属40种。原沫蝉是侏罗纪沫蝉总科的优势类群。尽管原沫蝉科是中国燕辽生物群中的一个常见类群，但其多样性相对较低[68]。

中国北方地区侏罗纪和白垩纪报道的属：似原沫蝉属*Procercopina* Martynov，1937；中国泡蝉属*Sinocercopis* Hong，1982；花格蝉属*Anthoscytina* Hong，1983；白垩沫蝉属*Cretocercopis* Ren，1995；革沫蝉属*Anomoscytina* Ren，Yin & Dou，1998；侏罗沫蝉属*Jurocercopis* Wang & Zhang，2009；星状沫蝉属*Stellularis* Chen，Yao & Ren，2015；太阳神沫蝉属*Titanocercopis* Chen，Zhang & Wang，2015。

似原沫蝉属 *Procercopina* Martynov，1937

Procercopina Martynov，1937，*Trud.Paleont.Inst. Acad. Sci. SSSR.*，7：99–101[47]（original designation）.

模式种：向生似原沫蝉*Procercopina asiatica* Martynov，1937。

覆翅R向上凸在末端前有1个短分支。Rs几乎和R一样强烈上凸，分2支，分支点稍微超出R分支水平，前分支通过一条短横脉与R相连。M分成2支，远远位于翅中部之后，前后分支间有一根横脉，并且稍微比横脉（Rs与M前分支间横脉）更靠近翅端部。CuA倾斜，有2分支；CuP简单，m-cu（M后支和CuA前支之间）稍微在M分支之后。覆翅表面具小瘤。覆翅，保存部分，长12 mm，宽4 mm。

产地及时代：中国（新疆）、德国、吉尔吉斯斯坦，早侏罗世。

中国北方地区侏罗纪报道2种（详见表16.1）。

中国泡蝉属 *Sinocercopis* Hong，1982

Sinocercopis Hong，1982，*Mesozoic Fossil Insects of Jiuquan Basin in Gansu Province*，86[69]（original designation）.

Sunoscytinopteris Hong，1984，*Palaeontological Atlas of North China*，155[70] Syn. by Chen et al.，2019，*J. Zool. Syst. Evol. Res.*，58：1–20[71].

Cathaycixius Ren，1995，*Faunae and Stratigraphy of Jurassic-Cretaceous in Beijing and the Adjacent Areas*，66–67[30] Syn. by Chen et al.，2020，*J. Zool. Syst. Evol. Res.*，58：174–193[71].

模式种：辽源中国泡蝉*Sinocercopis liaoyuanensis* Hong，1982。

前翅长为宽的两倍；Rs、M和CuA分支在同一水平上；Rs与R，M与CuA分离点也几乎在同一水平上，分离点距翅基1/4和1/3；所有分支长。后翅宽，散开呈扇形，m-cua位于CuA分支之前。翅面粗糙。

产地及时代：辽宁、北京，早白垩世。

中国北方地区白垩纪报道5种（详见表16.1）。

花格蝉属 *Anthoscytina* Hong，1983

Anthoscytina Hong，1983，*Middle Jurassic Fossil Insects in North China*，61–62[72]（original designation）.

Paracicadella Hong，1983，*Middle Jurassic Fossil Insects in North China*，62–63[72] Syn. by

Shcherbakov，1988，*Paleontol. J.*，22（4）：55–66[73]．

模式种：长形花格蝉*Anthoscytina longa* Hong，1983。

覆翅长于宽的最宽部分，前缘不弯曲，顶缘均匀圆。后翅具明显的围脉。腹部有九个可见分节。雌性生殖器有三对长形产卵瓣延伸远超出腹部末端。

产地及时代：吉尔吉斯斯坦，早侏罗世；中国辽宁、河北、内蒙古，中侏罗世；中国河北，早白垩世。

中国北方地区侏罗纪和白垩纪报道8种（详见表16.1）。

永恒花格蝉 *Anthoscytina perpetua* Li，Shih & Ren，2013（图16.11）

Anthoscytina perpetua Li，Shih & Ren，2013，*PLoS ONE*，8（11）：e78188[74]．

产地及层位：内蒙古宁城道虎沟；中侏罗统，九龙山组。

前翅细长，RA不分支，M在翅长接近于端部1/5处分成MA和MP；CuA_1长度为CuA_2的2倍；横脉ir与横脉r-m在同一水平，比横脉m-cua更靠近翅端部。后翅MA和RP之间有横脉r-m，稍位于M分支点之后。化石保存中它们展示了腹面对腹面的交配姿势，雄性阳茎插入雌性交配囊。雄性腹部第八到第九节脱节，说明这些腹节在交配中发生扭转，由于可能受到埋藏学影响，我们不能排除它们可能像现生沫蝉那样是侧位交配模式。基于副模标本，雄性和雌性的生殖器具对称性。

▲ 图 16.11 永恒花格蝉 *Anthoscytina perpetua* Li，Shih & Ren，2013
　　　　A. 正模标本，右侧雄性 CNU-HEM-NN2012002；配模标本，左侧雌性 CNU-HEM-NN2012003
　　　　B. 现生沫蝉交配 史宗文拍摄

白垩沫蝉属 *Cretocercopis* Ren，1995

Cretocercopis Ren，1995，*Faunae and Stratigraphy of Jurassic-Cretaceous in Beijing and the Adjacent Areas*，70[30]（original designation）.

模式种：易氏白垩沫蝉*Cretocercopis yii* Ren，1995。

种名赠予古生物学家易庸恩教授。

前翅长约为宽的3.5倍，R_1 3分支，Rs 4分支，CuA分支位于M分支之前。后翅M，CuA和CuP都各自有2分支。

产地及时代：北京，早白垩世。

中国北方地区白垩纪仅报道1种（详见表16.1）。

革沫蝉属 *Anomoscytina* Ren，Yin & Dou，1998

Anomoscytina Ren，Yin & Dou，1998，*Acta Zootaxonomica Sin.*，23（3）：281–288 [57]（original designation）.

模式种：殊革沫蝉*Anomoscytina anomala* Ren，Yin & Dou，1998。

后足胫节有七个短侧刺。喙到达中足基节。后翅，M分支位于CuA分支之前。CuA两个末端分支顶端融合。

产地及时代：辽宁，早白垩世。

中国北方地区白垩纪仅报道1种（详见表16.1）。

侏罗沫蝉属 *Jurocercopis* Wang & Zhang，2009

Jurocercopis Wang & Zhang，2009，*Geobios*，42（2）：243–253 [75]（original designation）.

模式种：巨大侏罗沫蝉*Jurocercopis grandis* Wang & Zhang，2009。

覆翅大细长，长约20 mm，长宽比2.8~3.0；前缘在翅长大约接近于基部0.4处凸（白垩沫蝉属*Cretocercopis* Ren，1995在翅长接近于基部0.3处凸）；在翅长大约接近于基部1/3处Sc+RA从Sc+R分出；RA有一些分支；M多于4分支；横脉m缺失；CuA分支明显在M分支之前，CuA$_1$稍微长于CuA$_2$。触角长度为前足胫节的一半。喙长度适中，延伸到达中足基节。前胸背板六边形，中部最宽，后缘直。前足腿节短于后足腿节。后足胫节细长，长度约为后足腿节1.8倍。后足胫节在长度3/5处有一个短侧刺。后足胫节有两列顶端刺，每列大约有6个刺。后足跗节的基跗节和中跗节都有一列小的顶刺。产卵器细长，向上弯曲。

产地及时代：内蒙古，中侏罗世。

中国北方地区侏罗纪仅报道1种（详见表16.1）。

星状沫蝉属 *Stellularis* Chen，Yao & Ren，2015

Stellularis Chen，Yao & Ren，2015，*Cret. Res.*，52：402–406 [76]（original designation）.

模式种：长喙星状沫蝉*Stellularis longirostris* Chen，Yao & Ren，2015。

前翅细长，RA和M不分支，横脉ir与横脉r-m处于同一水平，位于m-cua之后，后翅横脉r-m位于M分支之后。喙延伸到达后足基节。

产地及时代：辽宁、河北、内蒙古，早白垩世。

中国北方地区白垩纪报道5种（详见表16.1）。

长喙星状沫蝉 *Stellularis longirostris* Chen，Yao & Ren，2015（图16.12）

Stellularis longirostris Chen，Yao & Ren，2015，*Cret. Res.*，52：402–406.

产地及层位：辽宁北票黄半吉沟；下白垩统，义县组。

头部不扁平，窄于前胸背板，复眼几乎球形。后唇基膨大有明显的横向凹槽，喙很长，延伸到达后足基节。前胸背板极度扩大，后足胫节有一个侧刺，跗节爪垫可见。前翅延长，长10~12 mm，宽2.5~3.5 mm，长宽比3~4。后翅M不分支，CuA分成CuA$_1$和CuA$_2$。肛管延长，产卵器长，明显超出覆翅顶端 [76]。

◀ 图 16.12　长喙星状沫蝉 *Stellularis longirostris* Chen，Yao & Ren，2015（正模标本，CNU-HEM-LB2013001）

太阳神沫蝉属 *Titanocercopis* Chen，Zhang & Wang，2015

Titanocercopis Chen，Zhang & Wang，2015，*Entomol. Sci.*，18（2）：147–152 [77]（original designation）.

模式种：北太阳神沫蝉*Titanocercopis borealis* Chen，Zhang & Wang，2015。

个体大，总长约30 mm。覆翅细长，长约25 mm；爪片和前缘域长；ScP+R主干短，几乎直，在翅长接近于基部1/3处分成ScP+RA和RP；RA多分支；RP不分支或2分支；M分支在CuA分支之前或几乎在同一水平；横脉im存在；CuP长，几乎直，到达翅缘仅仅位于CuA$_2$到达翅缘之前。

产地及时代：内蒙古，中侏罗世。

中国北方地区侏罗纪仅报道1种（详见表16.1）。

华翅蝉科 Sinoalidae Wang & Szwedo，2012

华翅蝉科是2012年王博和Jacek Szwedo报道的一个新的绝灭科。目前为止，从侏罗纪的中国和白垩纪缅甸琥珀共报道了16属21种。这个科与原沫蝉科密切相关，前胸背板后缘由中部刻入；覆翅细长，部分有斑点；Sc基部没有超出基室顶端，后足有侧刺。这个科目前放在沫蝉总科 [66]。

中国北方地区侏罗纪报道的属：承德沫蝉属*Chengdecercopis* Hong，1983；河北沫蝉属*Hebeicercopis* Hong，1983；华北沫蝉属*Huabeicercopis* Hong，1983；滦平蝉属*Luanpingia* Hong，1983；剑蝉属*Jiania* Wang & Szwedo，2012；华翅蝉属*Sinoala* Wang & Szwedo，2012；书凡沫蝉属*Shufania* Chen，Zheng，Wei & Wang，2017；斑沫蝉属*Stictocercopis* Fu & Huang，2018；侏罗华翅蝉属*Juroala* Chen & Wang，2019。

承德沫蝉属 *Chengdecercopis* Hong，1983

Chengdecercopis Hong，1983，*Middle Jurassic Fossil Insects in North China*，59–60 [72]（original designation）.

模式种：小范杖子承德沫蝉*Chengdecercopis xiaofanzhangziensis* Hong，1983。

虫体长6.3 mm，头近圆形，宽于长；前胸背板心形，小盾片小，三角形；腹宽大，9节；前翅长为宽的2.5~3倍，前缘附近有网脉。ScA到达翅中部；ScP弓形，与R+M和CuA融合于一点；R_1不分支，Rs发自R_2大约1/3处。M 4分支；中央室发达；CuA分支迟于M分支；臀叶发达有A_2。

产地及时代：河北，中侏罗世。

中国北方地区侏罗纪仅报道1种（详见表16.1）。

华北沫蝉属 *Huabeicercopis* Hong，1983

Huabeicercopis Hong，1983，*Middle Jurassic Fossil Insects in North China*，57–58 [72]（original designation）.

模式种：杨氏华北沫蝉*Huabeicercopis yangi* Hong，1983。

种名为了纪念杨遵仪教授。

覆翅长约为宽的4.1倍，顶端圆；基室长约为覆翅长的1/4；ScP，R+M和CuA从同一点离开基室；ScRA长约为Sc+R的4.4倍；CuA基部稍微凸，分支与爪片顶端在同一水平；翅痣室非常窄，约为径室宽的一半；横脉m-cua位于CuA分支之前。

产地及时代：河北，中侏罗世。

中国北方地区侏罗纪仅报道1种（详见表16.1）。

滦平蝉属 *Luanpingia* Hong，1983

Luanpingia Hong，1983，*Middle Jurassic Fossil Insects in North China*，54 [72]（original designation）.

模式种：长形滦平蝉*Luanpingia longa* Hong，1983。

覆翅长约为宽的2.9倍，顶端截断；基室长约为覆翅长的0.23，以翅脉并接闭合；ScR，M和CuA从同一点离开基室；ScRA长约为Sc+R长的1.3倍；$ScRA_1$末端短，约为ScRA长的一半；CuA基部稍微凸，分支位于爪片顶端之后；翅痣室和径室一样宽；横脉m-cua缺失。

产地及时代：河北、内蒙古，中侏罗世。

中国北方地区侏罗纪报道3种（详见表16.1）。

剑蝉属 *Jiania* Wang & Szwedo，2012

Jiania Wang & Szwedo，2012，*Palaeontology*，55（6）：1223–1243 [66]（original designation）.

模式种：粗脉剑蝉*Jiania crebra* Wang & Szwedo，2012。

覆翅长约为宽的3.5倍，顶端钝圆；基室长约为覆翅长的0.17；ScR+M非常短；ScRA长约为ScR长的1.5倍；CuA基部明显凸，分支位于爪片顶端之前；翅痣室窄，约为径室宽的一半。

产地及时代：内蒙古，中侏罗世。

中国北方地区侏罗纪报道2种（详见表16.1）。

粗脉剑蝉 *Jiania crebra* Wang & Szwedo，2012（图16.13）

Jiania crebra Wang & Szwedo，2012，*Palaeontology*，55（6）：1223–1243.

产地及层位：内蒙古宁城道虎沟；中侏罗统，九龙山组。

覆翅长约为宽的3.4倍，前缘增厚并且基部弯曲；前缘室点状；c1室长超过邻近端室的2倍；c3室约等长于邻近端室；产卵器明显超出覆翅顶端，长约为后足胫节的1.2倍 [66]。

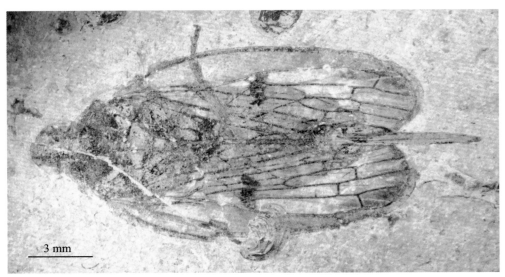

▲ 图 16.13　粗脉剑蝉 *Jiania crebra* Wang & Szwedo，2012（正模标本，NIGP154598a）
照片由张海春提供

华翅蝉属 *Sinoala* Wang & Szwedo，2012

Sinoala Wang & Szwedo，2012，*Palaeontology*，55（6）：1223–1243[66]（original designation）.

模式种：并脉华翅蝉 *Sinoala parallelivena* Wang & Szwedo，2012。

覆翅长约为宽的3.4倍，顶端平截；基室长约为覆翅长的0.12；ScR，M和CuA从同一点离开基室；ScRA长约为Sc+R的10倍；CuA基部稍微凸，分支和爪片顶端在同一水平；翅痣室非常窄，约为径室宽的0.4~0.5；横脉m-cua位于CuA分支之后[66]。

产地及时代：内蒙古，中侏罗世。

中国北方地区侏罗纪仅报道1种（详见表16.1）。

书凡沫蝉属 *Shufania* Chen，Zheng，Wei & Wang，2017

Shufania Chen et al.，2017，*J. Paleontol.*，91（5）：994–1000[78]（original designation）.

模式种：韩书凡沫蝉 *Shufania hani* Chen，Zheng，Wei & Wang，2017。

属、种名为致敬艺术家，临沂大学博物馆负责人韩书凡教授。

前翅小，基室长，大约是前翅长的1/5，ScP+R+M+CuA在与横脉cua-cup连接位置分支，ScP+R+M主干非常短，RP基部强烈弯曲，M很长几乎直，分成M_{1+2}和M_{3+4}，CuA在和横脉m-cua相接位置分成CuA_1和CuA_2，分支稍微早于M分支。

产地及时代：内蒙古，中侏罗世。

中国北方地区侏罗纪仅报道1种（详见表16.1）。

斑沫蝉属 *Stictocercopis* Fu & Huang，2018

Stictocercopis Fu & Huang，2018，*Eur. J. Entomol.*，115：127–133[79]（original designation）.

模式种：五花斑沫蝉 *Stictocercopis wuhuaensis* Fu & Huang，2018。

触角芒状，鞭节至少8分节。覆翅脉上具斑，RA 3~4分支，RP 2分支，MP 5分支，后翅MP 2分支，和CuA分支在同一水平，后足胫节有两列侧刺，总共5~7个。

产地及时代：内蒙古，中侏罗世。

中国北方地区侏罗纪仅报道1种（详见表16.1）。

侏罗华翅蝉属 *Juroala* Chen & Wang，2019

Juroala Chen & Wang，2019，*J. Syst. Palaeontol.*，1–13[80]（original designation）.

Parasinoala Fu & Huang，2019，*Alcheringa*，1–11[81] Syn. by Fu & Huang，2019，*Palaeoentomology*，002（4）：350–362[82].

模式种：道虎沟侏罗华翅蝉*Juroala daohugouensis* Chen & Wang，2019。

体长包含生殖器12~18 mm，背面观头半圆形，侧单眼大，触角鞭节分10节，前胸背板前缘直。覆翅顶端截断，基室长度约为翅长的0.3，端室最多11个，Pc+CP短，CuA主干基部强烈弯曲，分支接近于或超过爪片顶端，在分支处与横脉mp-cua相连。

产地及时代：内蒙古，中侏罗世。

中国北方地区侏罗纪报道3种（详见表16.1）。

蝉总科 Cicadoidea Latreille，1802

螽蝉科 Tettigarctidae Distant，1905

螽蝉科，蝉总科中最原始的孑遗类群，是蝉科的姐妹群[83]。它们最明显的特征是前胸背板扩大，掩盖大部分中胸背板。螽蝉科包含两个亚科，祖蝉亚科Cicadoprosbolinae Becker-Migdisova，1947和螽蝉亚科Tettigarctinae Distant，1905，包含29属42个绝灭种和两个现生种[84]。螽蝉科的化石记录，从晚三叠世到中新世，主要在北半球分布，但现生螽蝉生活在南半球的澳大利亚[84-86]。螽蝉科的古地理分布需要进一步系统研究[87]。与其他蝉不同的是，雄性螽蝉，不能发出响亮的声音信号，只能发出基质传播的振动信号[88]。

中国北方地区侏罗纪和白垩纪报道的属：舒拉布螽蝉属*Shuraboprosbole* Becker-Migdisova，1949；原螽蝉属*Protabanus* Hong，1982；孙氏螽蝉属*Sunotettigarcta* Hong，1983；四脉蝉属*Quadrisbole* Lin，1986；中国蝉属*Sinocicadia* Hong & Wang，1990；陕西螽蝉属*Shaanxiarcta* Shcherbakov，2008；天宇螽蝉属*Tianyuprosbole* Chen，Wang & Zhang，2014；多毛螽蝉属*Hirtaprosbole* Liu，Yao & Ren，2016；巨螽蝉属*Macrotettigarcta* Chen & Wang，2016；斑似古螽蝉属*Maculaprosbole* Zheng，Chen & Wang，2016；三脉螽蝉属*Sanmai* Chen，Zhang & Wang，2016。

舒拉布螽蝉属 *Shuraboprosbole* Becker-Migdisova，1949

Shuraboprosbole Becker-Migdisova，1949，*Trud. Paleont. Inst. Acad. Sci. SSSR.*，22：23–24[89]（original designation）.

模式种：盘舒拉布螽蝉*Shuraboprosbole plachutai* Becker-Migdisova，1949。

头部有膨胀的，倾斜的头冠。喙长，延伸到达或超过后足基节。前胸背板极度扩大，后半部横向褶皱。前胸背板中长是头顶的3倍。中胸背板部分暴露。足有密集的刚毛。前翅延长，在翅长大约接近基部0.6处有节点；前缘域宽；R+M主干分支在翅长大约接近基部0.2处；M 4分支；R+M主干长为R的一半或1/3；RA 2分支；CuA与M融合一段；CuP终止于翅中部。产卵器适中，紧贴尾节。

产地及时代：吉尔吉斯斯坦、英国，早侏罗世；中国内蒙古，中侏罗世。

中国北方地区侏罗纪报道3种（详见表16.1）。

原螽蝉属 *Protabanus* Hong，1982

Protabanus Hong，1982，*Mesozoic Fossil Insects of Jiuquan Basin in Gansu Province*，171[69]（original designation）．

模式种：朝阳原螽蝉*Protabanus chaoyangensis* Hong，1982。

节线位于翅中部之后；M在节线之前分支；在基室之后M与CuA融合。前缘域宽于内臀室，RA分2支，M分支大约位于从基室到节线距离的2/3处，节脉前区革质。

产地及时代：辽宁，中侏罗世。

中国北方地区侏罗纪仅报道1种（详见表16.1）。

孙氏螽蝉属 *Sunotettigarcta* Hong，1983

Sunotettigarcta Hong，1983，*Middle Jurassic Fossil Insects in North China*，55[72]（original designation）．

模式种：河北孙氏螽蝉*Sunotettigarcta hebeiensis*，Hong，1983。

属名为纪念著名古生物学家孙云铸教授。

覆翅延长，前缘强烈弯曲。内臀室节线处最宽。前缘域宽于内臀室。节点大约位于翅基半部。RP在翅基半部从R主干分出，直，伸达翅缘。M在节线前分支；CuA弯曲并且与M融合于一点，横向下弯，比节线更接近于翅顶端。

产地及时代：内蒙古、河北，中侏罗世。

中国北方地区侏罗纪报道2种（详见表16.1）。

中国蝉属 *Sinocicadia* Hong & Wang，1990

Sinocicadia Hong & Wang，1990，*Fossil insects from the Laiyang Basin，Shandong Province*，44–189[21]（original designation）．

模式种：山东中国蝉*Sinocicadia shandongensis* Hong & Wang，1990。

后翅长17 mm，宽13 mm，延长，前缘域宽，边缘横向褶皱，耦合叶没有到达翅中部。后翅缘脉明显。臀区翅脉周围有几根微刺。

产地及时代：山东，早白垩世。

中国北方地区白垩纪仅报道1种（详见表16.1）。

陕西螽蝉属 *Shaanxiarcta* Shcherbakov，2008

Shaanxiarcta Shcherbakov，2008，*Russian Entomol. J.*，16：343–348[84]（original designation）．

Involuta Zhang，1993，*Palaeoworld*，3：49–56[90] Syn. by Shcherbakov，2008，*Russian Entomol. J.*，17：343–348[84]．

模式种：稀少昧蝉*Shaanxiarcta perrara*（Zhang，1993）。

雌性前翅细长；前缘域宽而短，稍有分支，Sc被截断；Rs 4分支覆盖翅顶端区域。CuP短。

产地及时代：陕西，早白垩世。

中国北方地区白垩纪仅报道1种（详见表16.1）。

天宇螽蝉属 *Tianyuprosbole* Chen，Wang & Zhang，2014

Tianyuprosbole Chen，Wang & Zhang，2014，*Zootaxa*，3764（5）：581–586 [91]（original designation）.

模式种：郑氏天宇螽蝉*Tianyuprosbole zhengi* Chen，Wang & Zhang，2014。

种名为了感谢山东天宇自然博物馆馆长郑晓廷教授。

体短粗。触角发达，刚毛状；柄节粗；梗节稍微细长于柄节；鞭节芒状。复眼大，侧面观半圆形。后唇基强烈膨大。前胸背板强烈扩大并且掩盖中胸背板，后部2/3横向褶皱。前足腿节稍粗；后足胫节细长。覆翅短，近梯形。爪片和前缘域长而宽。节脉后区有褶皱，短，差不多是节脉前区的一半长。节线宽但不明显。节点明显。ScP与R+M在翅基部融合，在节线处与ScP+RA分离，终止在节点。R+M分支位于翅长接近于基部0.21处。R的长度为翅长的1/10，2分支；RA 2分支；RP不分支，节脉处强烈弯。M与CuA融合一段大约为翅长的0.10，在翅长接近于基部0.48处分成M_{1+2}和M_{3+4}，M_{1+2}和M_{3+4}几乎在同一水平分成M_1，M_2，M_3。CuA几乎直，但是节线后弯曲，然后分成CuA_1长且弯曲。CuP直，终止在节线处。Pcu大约终止于翅中部。A_1纵向 [91]。

产地及时代：内蒙古，中侏罗世。

中国北方地区侏罗纪仅报道1种（详见表16.1）。

多毛螽蝉属 *Hirtaprosbole* Liu，Yao & Ren，2016

Hirtaprosbole Liu，Yao & Ren，2016，*Alcheringa*，40（3）：383–389 [92]（original designation）.

模式种：强壮多毛螽蝉*Hirtaprosbole erromera* Liu，Yao & Ren，2016。

体覆密毛。喙延伸超过后足基节。后唇基隆起有明显的横向凹槽。触角节数（包括柄节和梗节）不少于5节。前胸背板接近中部有一沟并且被刚毛覆盖。前翅，ScP终止于前缘中部；ScP+R主干长于ScP+R+M主干；RA 3分支；M与CuA融于一点；节线位于翅中部；a6室近似正方形；a8室和a10室近似等长。

产地及时代：内蒙古，中侏罗世。

中国北方地区侏罗纪仅报道1种（详见表16.1）。

强壮多毛螽蝉 *Hirtaprosbole erromera* Liu，Yao & Ren，2016（图16.14）

Hirtaprosbole erromera Liu，Yao & Ren，2016，*Alcheringa*，40（3），383–389.

产地及层位：内蒙古宁城道虎沟；中侏罗统，九龙山组。

体长17.5~24.0 mm，被覆浓密长毛，尤其是后唇基和前胸背板；复眼大，触角细长有刚毛，喙延伸超过后足基节，前胸背板没有横向褶皱，前翅膜质，节脉位于翅中部。后翅短于前翅，产卵器长，后足胫节细长，无刺，端跗节最长。多毛强壮螽蝉的浓密长毛可能有保温作用，这个种可能适应于高山和寒冷地区的生活 [92]。

▲ 图 16.14　强壮多毛螽蝉 *Hirtaprosbole erromera* Liu，Yao & Ren，2016（正模标本，CNU-HEM-NN2012399）

巨蚤蝉属 *Macrotettigarcta* Chen & Wang，2016

Macrotettigarcta Chen & Wang，2016，*Spixiana*，39（1）：119–124[93]（original designation）.

模式种：丰巨蚤蝉*Macrotettigarcta obesa* Chen & Wang，2016。

体粗壮。产卵器相对较短。中胸背板有纵脊。前翅大，长约50 mm；基室短而宽；节点刻入在翅长大约接近于基部3/5处；ScP+R+M+CuA主干分支在翅长大约接近于基部0.18处；ScP+R主干非常短；RA 3分支；M+CuA在翅长接近于基部0.2处分成M和CuA，刚刚超过它与横脉cua-cup的连接处；M$_{1+2}$主干通过横脉im与M$_3$相连；CuA$_2$长，"S"形；CuP大约终止于翅中部。

产地及时代：内蒙古，中侏罗世。

中国北方地区侏罗纪仅报道1种（详见表16.1）。

斑似古蚤蝉属 *Maculaprosbole* Zheng，Chen & Wang，2016

Maculaprosbole Zheng，Chen & Wang，2016，*ZooKeys*，632：47–55[94]（original designation）.

模式种：郑氏斑似古蚤蝉*Maculaprosbole zhengi* Zheng，Chen & Wang，2016。

种名是为了感谢山东天宇自然博物馆创始人郑晓廷教授捐赠的模式标本。

前翅大，有颜色，节线大约位于翅长中部，节点明显，RA 3支，RP不分支，M 4分支，CuA 2分支，CuP几乎直，终止约在翅长2/5处。

产地及时代：内蒙古，中侏罗世。

中国北方地区侏罗纪仅报道1种（详见表16.1）。

三脉蚤蝉属 *Sanmai* Chen，Zhang & Wang，2016

Sanmai Chen，Zhang & Wang，2016，*Acta Palaeontol. Polonica*，61（4）：853–862[95]（original designation）.

模式种：孔三脉蚤蝉*Sanmai kongi* Chen，Zhang & Wang，2016。

种名是纪念儒家创始人孔子（Kung Fu-Tsy）的姓氏——孔。

后唇基膨大。复眼大，侧面观椭圆形或半圆形。触角柄节稍粗于梗节；鞭节芒状，有5分节。前胸背板扩大，前半部有小颗粒状突起，后部横向褶皱。中胸背板部分暴露，后部1/3横向褶皱。腿节有小颗粒；胫节有浓密的刚毛，有明显的脊，后足胫节有2个侧刺；跗节有浓密刚毛，跗节分3节，爪发达。产卵器剑状，上弯，紧贴尾节延伸仅在肛管之下。前翅膜质色深，有浅色不规则色斑和纵向色带；顶室8个；R分支在翅长大约接近于基部1/3处；RP与节线融合一段或弯曲靠近节线；M 3分支；M$_{3+4}$不分支；CuA稍微在节线后分支；CuA$_2$端部沿着翅缘。后翅M 3分支，M$_{1+2}$不分支[95]。

产地及时代：内蒙古，中侏罗世。

中国北方地区侏罗纪报道3种（详见表16.1）。

角蝉总科 Membracoidea Rafinesque，1815

古叶蝉科 Archijassidae Becker-Migdisva，1962

为绝灭科，包含三个亚科：古叶蝉亚科Archijassinae Becker-Migdisova，1962；卡拉叶蝉亚科Karajassinae Shcherbakov，1992；莎尔叶蝉亚科Dellasharinae Shcherbakov，2012。迄今为止，共描述了

来自澳大利亚和欧亚大陆的三叠纪到白垩纪的16属25种。这个科的鉴定特征为覆翅有6~8个完整大小的端室，后翅有5~6个完整大小的端室，RA长，MP与CuA$_1$相连或完全融合[96]。

中国北方地区白垩纪报道的属：古叶蝉属*Archijassus* Handlirsch，1906；中生眼叶蝉属*Mesoccus* Zhang，1985。

古叶蝉属 *Archijassus* Handlirsch，1906

Archijassus Handlirsch，1906，*Ein Handbuch fur Palaontologen und Zoologen*，501–502[97]（original designation）

模式种：黑尔古叶蝉*Archijassus heeri* Geinitz，1880。

前翅前缘强烈有角，RS从翅端半部发出；M 4分支。

产地及时代：德国、瑞士，早侏罗世；哈萨克斯坦，中侏罗世；中国山东，早白垩世。

中国北方地区白垩纪仅报道1种（详见表16.1）。

中生眼叶蝉属 *Mesoccus* Zhang，1985

Mesoccus Zhang，1985，*Shandong Geology*，1（2）：25–26[98]（original designation）.

模式种：泥生眼叶蝉*Mesoccus lutarius* Zhang，1985。

虫体长，头窄于前胸背板，复眼非常小，触角接近复眼前缘，额不明显，后唇基发达。后足胫节有两列长刺，前翅端部脉序清晰，产卵器大三角形。

产地及时代：山东，早白垩世。

中国北方地区白垩纪报道2种（详见表16.1）。

叶蝉科 Cicadellidae Latreille，1802

叶蝉科，现生种超过30 000种，是同翅目中物种最丰富的科之一[99]。目前，包含超过40个亚科[100]。叶蝉科的化石记录在早白垩世的中国莱阳有过报道[98]。古近纪的化石记录非常丰富[101]。叶蝉科的鉴定特征为后足胫节有棱脊，棱脊上有刺毛排列成行，后足基节平行[102]。

中国北方地区白垩纪报道的属：中国叶蝉属*Sinojassus* Zhang，1985。

中国叶蝉属 *Sinojassus* Zhang，1985

Sinojassus Zhang，1985，*Shandong Geology*，1（2）：26[98]（original designation）.

模式种：短刺中国叶蝉*Sinojassus brevispinatus* Zhang，1985。

后唇基长三角形；喙短到达前足基节，复眼接近后唇基。后翅RS，M和CuA均有2分支；横脉rs-m和m-cu可见。

产地及时代：山东，早白垩世。

中国北方地区白垩纪仅报道1种（详见表16.1）。

古蝉总科 Palaeontinoidea Handlirsch，1906

古蝉科 Palaeontinidae Handlirsch，1906

古蝉科为化石绝灭科，出现在中三叠世到早白垩世的欧亚大陆、南美洲、非洲和澳大利亚[1, 17, 47, 103, 104]。古蝉的特征是头小，比前胸背板窄；中胸背板发达；前翅端部宽于基部；R与M在翅中部前或接近翅中部分开；M 4分支。后翅前缘具明显凹陷[52]。目前为止，共报道来自中国北方的侏罗纪和白垩纪的古蝉23属55种，广泛分布于新疆、河北、辽宁、甘肃和内蒙古[1, 30, 70, 72, 105–124]。

中国北方地区侏罗纪和白垩纪报道的属：马氏古蝉属*Martynovocossus*（Martynov，1931）；类古蝉属*Palaeontinodes* Martynov，1937；拟古蝉属*Palaeontinopsis* Martynov，1937；薄古蝉属*Plachutella* Becker-Migdisova，1949；苏留克古蝉属*Suljuktocossus* Becker-Migdisova，1949；甘肃古蝉属*Gansucossus*（Hong，1982）；中国古蝉属*Sinopalaeocossus* Hong，1983；伊列达古蝉属*Ilerdocossus* Gomez，1984；冀北古蝉属*Jibeicossus* Hong，1984；燕古蝉属*Yanocossus* Ren，1995；辽古蝉属*Liaocossus* Ren，Yin & Dou，1998；殊古蝉属*Miracossus* Ren，Yin & Dou，1998；道虎沟古蝉属*Daohugoucossus* Wang，Zhang & Fang，2006；东方古蝉属*Eoiocossus* Wang，Zhang & Fang，2006；丽古蝉属*Aborocossus* Wang，Zhang & Fang，2007；钩古蝉属*Hamicossus* Wang & Ren，2007；长形古蝉属*Quadraticossus* Wang & Ren，2007；内蒙古古蝉属*Neimenggucossus* Wang，Zhang & Fang，2007；枝古蝉属*Cladocossus* Wang & Ren，2009；环古蝉属*Cricocossus* Wang & Ren，2009；宁城古蝉属*Ningchengia* Wang，Zhang & Fang，2009；联合古蝉属*Synapocossus* Wang，Shih & Ren，2013；美丽古蝉属*Kallicossus* Chen，Zhang & Wang，2014。

马氏古蝉属 *Martynovocossus*（Martynov，1931）

Pseudocossus Martynov，1931，*Ann. Soc. Palaeontol. Russia*，9：93–122[125]；Homonymum. With Kenrick，1914，*Trans. of the Entomol. Soc. of London*，1914，587–602[126]；Gaede，1933，Cossidae，807–824[127] Syn. by Wang & Zhang，2008，*Geol. J.*，43：1–18[114]。

模式种：泽氏马氏古蝉*Martynovocossus zemcuznicovi*（Martynov，1931）。

属名献给已故的俄罗斯古生物学家Andrey V. Martynov教授。

前翅近三角形，长31~78 mm；节点凹陷位于翅基部0.4翅长处；ScP分4~8支；RA在基部从R分出；横脉r+m-cua横向；节脉将翅室分为两部分；翅室无横脉。后翅长20~35 mm，长宽比为1.4；前缘域宽，最宽处在距翅基部1/3；节点凹陷位于翅基部0.4翅长处；Sc在节点凹陷前抵达翅前缘；RP与M_1有一段距离的融合；M在翅基部分为M_1和M_{2+3+4}；M_{3+4}与CuA以横脉m-cua相连，在节点凹陷的同一水平分为M_3和M_4；CuA在节点凹陷后分为CuA_1和CuA_2；CuP和Pcu简单[114, 116]。

产地及时代：中国（新疆）、俄罗斯，早侏罗世；中国内蒙古，中侏罗世；哈萨克斯坦，早侏罗世和中侏罗世。

中国北方地区侏罗纪报道6种（详见表16.1）。

类古蝉属 *Palaeontinodes* Martynov，1937

Palaeontinodes Martynov，1937，*Trud. Paleont. Inst. Acad. Sci. SSSR.*，7（1）：101–103[47]（original designation）。

模式种：沙氏类古蝉*Palaeontinodes shabarovi* Martynov，1937。

模式种种名献给H.V. Shabarovi，因为他第一次发现并采集了塔吉克斯坦Sulyukta组的昆虫化石。

前翅三角形，长22~58 mm；翅前缘加厚；节点凹陷不明显；翅端部尖；ScA明显，终止在节点凹陷处；ScP不分支，与RA在翅基部0.3翅长处融合；横脉r+m-cua长，接近垂直；横脉m-cua将翅室分开；Pcu简单；A_2短，基部与A_1融合；爪片长度大约为翅长的0.3倍；节脉明显[107, 112]。

产地及时代：塔吉克斯坦、俄罗斯、吉尔吉斯斯坦，早侏罗世；中国（内蒙古、河北）、俄罗斯，中侏罗世。

中国北方地区侏罗纪报道5种（详见表16.1）。

薄古蝉属 *Plachutella* Becker-Migdisova，1949

Plachutella Becker-Migdisova，1949，*Trud. Paleont. Inst. Acad. Sci. SSSR.*，22：11–15[89]（original designation）.

模式种：圆薄古蝉*Plachutella rotundata* Becker-Migdisova，1949。

这个属的所有种都是基于后翅建立的。后翅前缘端部较直；RP与M_1融合；M_{1+2}和M_{3+4}分开；M_2接近M_{3+4}并在一点处近似相连，但没有合并[107]。

产地及时代：中国（新疆）、吉尔吉斯斯坦、俄罗斯，早侏罗世；中国（河北、内蒙古）、哈萨克斯坦，中侏罗世。

中国北方地区侏罗纪报道3种（详见表16.1）。

苏留克古蝉属 *Suljuktocossus* Becker-Migdisova，1949

Suljuktocossus Becker-Migdisova，1949，*Trud. Paleont. Inst. Acad. Sci. SSSR.*，22：8[89]（original designation）.

模式种：原苏留克古蝉*Suljuktocossus prosboloides* Becker-Migdisova，1949。

前翅端部尖；前缘域和爪片不明显；ScP在基部从Sc分出，不分支且与RA合并；横脉r+m-cua短且倾斜；翅室被节脉分为两个梯形，爪片长度约为翅长的1/3。后翅小，凹陷在翅基部的0.4翅长处；ScP和R有一小段融合；RP或通过短的横脉r-m与M_1相连或与M_1融合一段距离；M_1在M_{3+4}与M_2分开之前分出；M_{3+4}与CuA通过一横脉在翅基部的0.25翅长处相连[108, 112, 115]。

产地及时代：塔吉克斯坦，早侏罗世；中国内蒙古，中侏罗世。

中国北方地区侏罗纪报道3种（详见表16.1）。

殷氏苏留克古蝉 *Suljuktocossus yinae* Wang & Ren，2007（图16.15）

Suljuktocossus yinae Wang & Ren，2007，*Zootaxa*，1576：58.

产地及层位：内蒙古宁城道虎沟；中侏罗统，九龙山组。

该种名以殷睿悦女士姓氏命名，感谢她采集该化石标本并将之捐赠给首都师范大学。

模式种保存身体和前后翅。前翅长56 mm，宽27 mm；具CP，且CP截止于节点处。Sc不具分支。R与M同时分支。M_{1+2}分支晚于M_{3+4}分支。爪片小，有两臀脉。A_2具2分支，短分支向下弯曲在翅基部抵达翅缘；长分支在爪片顶端前与A_1融合。节脉自节点处发出，与R_1融合并行较短距离后，在Sc与R_1融合后经过Rs，并于M分支后经过M_{1+2}和M_{3+4}，然后与m4-cua融合，并与CuA_2并行一段后分开，最终与CuP末端融合抵达翅缘。后翅长35 mm，宽25 mm，具明显节点。Sc在基部分出。R在分成R_{1+2}和Rs前与Sc平行。Rs向下弯曲在节点前与M_1融合并行一段距离后与M_1分开，M具有4分支。M_1在翅基部与M_{2+3+4}分离；M_2直并

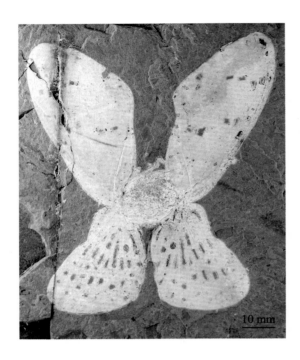

◀ 图 16.15　殷氏苏留克古蝉 *Suljuktocossus yinae* Wang &Ren，2007（正模标本，CNU-H-NN2007001p）
标本由殷睿悦捐赠

且从M₁与M分离之后，独自抵达翅缘。M_{3+4}柄长，与CuA由一短横脉m_{3+4}-cua相连，并且在横脉连接M_{3+4}位置稍微弯曲。M_{3+4}在节点水平分支。CuA分支稍早于M_{3+4}。CuP简单。A分2支，A_2较短，靠近翅基部向下弯曲抵达翅缘。前后翅均具有翅斑[118]。

甘肃古蝉属 *Gansucossus*（Hong，1982）

Yumenia Hong，1982，*Mesozoic fossil insects of Jiuquan basin in Gansu Province*，81 [69] Homonymum. With Hou，1958，*Memoirs of the Institute of Palaeontology*，*Academia Sinica*，1，93 [128] Syn. by Wang，Zhang & Fang，2006，*Zootaxa*，1268：59–68 [108]．

模式种：扇形甘肃古蝉*Gansucossus pectinata*（Hong，1982）。

后翅长22~32 mm，长宽比为1.5~1.9；前缘域宽（长宽比为3.6~5.5）；Sc终止于前缘节点；RP与M_1有较长距离的融合；M分4支，M_{3+4}与CuA间由一短横脉m-cua连接；M_{2+3+4}与CuA间构成的翅室宽阔。CuA在基部出现；A_1终止于臀区[108]。

产地及时代：甘肃，早—中侏罗世；河北、内蒙古，中侏罗世。

中国北方地区侏罗纪报道3种（详见表16.1）。

中国古蝉属 *Sinopalaeocossus* Hong，1983

Sinopalaeocossus Hong，1983，*Middle Jurassic Fossil Insects in North China*，52 [72]（original designation）．

模式种：粗糙中国古蝉*Sinopalaeocossus scabratus* Hong，1983。

前翅长宽比为1.8；节点位于翅前缘中部；ScP具多支不明显的分支，并在翅基部的0.25翅长处与RA融合；M与R同时分支；M_4基部在与横脉m_4-cua连接处呈膝状弯曲；翅室约为翅长的1/5，节脉前区正方形，节脉后区稍微长于前区；爪片约为翅长的1/5；CuP朝前弯曲，终止在爪片顶端；Pcu简单，A_1向后弯曲，节脉明显。后翅卵圆形。长宽比为1.46~1.57。节点凹陷在翅基部0.25~0.33翅长处；R自翅基部从R+M分出，并与Sc融合，形成分支Sc+RA和RP；RP与M_1有小距离融合；M在翅基部分为M_{1+2}和M_{3+4}，M_{3+4}不分支，并在翅基部向CuA弯曲靠近。前后翅具色斑[109]。

产地及时代：河北、内蒙古，中侏罗世。

中国北方地区侏罗纪报道2种（详见表16.1）。

伊列达古蝉属 *Ilerdocossus* Gomez，1984

Ilerdocossus Gomez-Pallerola，1984，*Boletín Geológico y Minero*，304，photo 4 [103]（original designation）.

Wonnacottella Whalley & Jarzembowski，1985，*Bull. Br. Mus. Nat. Hist.*，London（*Grol.*），38（5）：381–412 [129] Syn. by Menon *et al.*，2005，*Cret. Res.*，26：837–844 [130].

模式种：维拉尔塔伊列达古蝉*Ilerdocossus villaltai* Gomez，1984。

体短且宽；中胸背板具15纵脊。前翅Sc不分支；横脉r+m-cua长且倾斜；RA，RP和M在同一点分开；横脉m$_4$-cua倾斜；翅室约为翅长的1/4；节脉前区梯形，节脉后区退化，CuA在节点之前分支；CuA$_1$和CuA$_2$长；爪片窄，约为翅长的1/3。后翅前缘域小，M$_1$与RA有长距离的融合[113, 131]。

产地及时代：中国内蒙古，早白垩世和中侏罗世；西班牙，早白垩世。

中国北方地区侏罗纪和白垩纪报道2种（详见表16.1）。

燕古蝉属 *Yanocossus* Ren，1995

Yanocossus Ren，1995，*Faunae and Stratigraphy of Jurassic-Cretaceous in Beijing and the Adjacent Areas*，64–65 [30]（original designation）.

模式种：郭氏燕古蝉*Yanocossus guoi* Ren，1995。

种名赠予标本的采集者，中国地质博物馆郭子光研究员。

前翅长33~40 mm，最大宽度（翅中部）为15~17 mm；节点凹陷不明显，位于翅基部的0.35翅长处；Sc不分支；横脉r+m-cua长且倾斜；RA，RP和M在同一点分开；M$_4$基部垂直，在与横脉m$_4$-cua连接处膝状弯曲；翅室约为翅长的1/3，节脉前区梯形，节脉后区退化，近半圆形；爪片窄，短于翅长的1/3 [30, 113]。

产地及时代：河北，早白垩世。

中国北方地区白垩纪仅报道1种（详见表16.1）。

辽古蝉属 *Liaocossus* Ren，Yin & Dou，1998

Liaocossus Ren，Yin & Dou，1998，*Entomologia Sin.*，5（3）：222–232 [105]（original designation）.

模式种：胡氏辽古蝉*Liaocossus hui* Ren，Yin & Dou，1998。

种名献给北票市市委书记胡国忠先生，以感谢他为我国化石保护做出的贡献。

前翅三角形。具明显节脉，且节脉抵达前缘脉并具明显节点。翅不仅在节脉外侧具斑点，翅面均具有色斑。Sc基部不分支，延伸至节脉处与RA融合。RP从RA基部分出。后翅小，不具明显的前缘脉凹陷。M$_1$与RP有长距离的融合。M分4支。CuA分支早[105]。

产地及时代：辽宁、河北，早白垩世。

中国北方地区白垩纪报道5种（详见表16.1）。

殊古蝉属 *Miracossus* Ren，Yin & Dou，1998

Miracossus Ren，Yin & Dou，1998，*Entomologia Sin.*，5（3）：222–232 [105]（original designation）.

模式种：大型殊古蝉*Miracossus ingentius* Ren，Yin & Dou，1998。

体型大。头具很长的喙，伸达腹中部。前翅长37~46 mm，最大宽度为14~21 mm；Sc弯曲不分支；横脉r+m-cua长，并且倾斜；RA，RP和M在同一点分开，在近节脉处有一倾斜横脉r-r；M_4基部垂直，然后在与横脉m_4-cua连接处膝状弯曲；横脉m_4-cua纵向；翅室约为翅长的1/3；节脉发育好，通过M基部翅室时呈"S"形弯曲；CuA在横脉r+m-cua和m_4-cua间强烈弯曲。后翅前缘域小。RP在翅基部0.3翅长处通过横脉r-m与M_1相连；M在翅基部分支为M_1和M_{2+3+4}；M_{3+4}在横脉r-m的同一水平分为M_3和M_4；M_4与CuA间具横脉m_4-cua[105，113]。

产地及时代：辽宁，早白垩世。

中国北方地区白垩纪报道2种（详见表16.1）。

道虎沟古蝉属 *Daohugoucossus* Wang，Zhang & Fang，2006

Daohugoucossus Wang，Zhang & Fang，2006，*Zootaxa*，1268，59–68[108]（original designation）.

模式种：分脉道虎沟古蝉*Daohugoucossus solutus* Wang，Zhang & Fang，2006.

前翅Sc退化，基部与R融合，在横脉m-cua与M连接处与R分离，后与R融合至节脉经过处，再次分开至接近翅端缘，最终与R_1融合抵达翅缘；M_{1+2}分支较M_{3+4}分支晚；CuA与M通过两横脉连接；A分支并且A_2具分支。覆翅狭长，基部窄。后翅长，顶端较尖；Sc与R在R分支后融合；Rs与M_1有部分融合；Rs，M_1和M_2在翅端部较直；M_{3+4}长，基部靠近CuA但不与之相连；前后翅均具有翅斑[108，121]。

产地及时代：内蒙古，中侏罗世。

中国北方地区侏罗纪报道4种（详见表16.1）。

石氏道虎沟古蝉 *Daohugoucossus shii* Wang，Ren & Shih，2007（图16.16）

Daohugoucossus shii Wang，Ren & Shih，2007，*Science in China Series D*，*Earth Sciences*，16（1）：483.

产地及层位：内蒙古宁城道虎沟；中侏罗统，九龙山组。

种名献给石岩先生，感谢他对本研究工作提供的协助及贡献。

该标本身体保存完整，并具伸展的前翅和后翅。具一对大的复眼；长喙可见2节，延伸至胸部。后唇基较前额窄，后唇基和额之间边界模糊。足可见腿节、胫节及跗节，跗节3节，第三跗节较长。腹部可见6节，且具有细密的毛。翅膜质。前翅具明显节脉和CP。Sc基部与R融合，在基部横脉m-cua与M连接处与R分离，行至M分支点附近与R再次融合，共行至节点前与R再次分离，在抵达翅端缘前再次与R合并。R_1在抵达翅缘前轻微向上弯曲，Rs简单，并且在Sc和R融合之前从R分出，Rs和M之间有短横脉r-m。M分4支，在节脉通过前分为M_{1+2}和M_{3+4}，M_{1+2}分支晚于M_{3+4}。CuA与M间通过2横脉相连，通过一长横脉与M_4相连；CuA在节脉通过处弯曲且分为CuA_1和CuA_2；CuA_2几乎平行于CuA_1。CuP直且简单。

10 mm

▲ 图 16.16　石氏道虎沟古蝉 *Daohugoucossus shii* Wang，Ren & Shih，2007（正模标本，CNU-H-NN2006005p）标本由史宗冈捐赠

A具2分支。覆翅狭长，基部窄。后翅较前翅小，前缘明显弯曲，形成一个明显的凹陷，Rs与M_1有很长一段融合。M_{3+4}在近翅基部与CuA有小段融合后分开。全翅具斑。体长36 mm，宽18 mm；前翅长48 mm，宽23 mm；后翅长30 mm，宽16 mm[121]。

东方古蝉属 *Eoiocossus* Wang，Zhang & Fang，2006

Eoiocossus Wang，Zhang & Fang，2006，*Annales Zoologici.*，56（4）：757–762[110]（original designation）.

Papilioncossus Wang，Ren & Shih，2007，*Prog. Nat. Sc.*，17（1）：112–116[120] Syn. by Wang，Zhang & Szwedo，2009，*Palaeontology*，52（1）：53–64[115].

模式种：强壮东方古蝉*Eoiocossus validus* Wang，Zhang & Fang，2006。

前翅长61~78 mm；Sc具分支；Sc与RA在翅基部0.25~0.29翅长处融合；横脉m4-cua与节脉一部分融合然后向后弯曲几乎平行于M_3；翅室约为翅长的1/3，节脉后区长，CuA_2有2分支；爪片小，小于翅长的1/6；CuP和Pcu弯曲；A_1弯曲并与A_2在基部融合[110, 120]。

产地及时代：内蒙古，中侏罗世。

中国北方地区侏罗纪报道4种（详见表16.1）。

丽古蝉属 *Abrocossus* Wang，Zhang & Fang，2007

Abrocossus Wang，Zhang & Fang，2007，*Alavesia*，1：89–104[112]（original designation）.

模式种：长形丽古蝉*Abrocossus longus* Wang，Zhang & Fang，2007。

前翅几乎三角形，端部尖；ScP不分支，与R有小段融合；横脉r+m-cua垂直且很短；m4-cua长，与节脉融合并行一段距离；翅室约为翅长的1/3；节脉前区半圆形，节脉后区几乎梯形，爪片稍短于翅长的1/3；Pcu向前弯曲，A_1和A_2短。翅膜质褐色具有一些苍白小斑点[112]。

产地及时代：内蒙古，中侏罗世。

中国北方地区侏罗纪仅报道1种（详见表16.1）。

钩古蝉属 *Hamicossus* Wang & Ren，2007

Hamicossus Wang & Ren，2007，*Zootaxa*，1390：41–49[117]（original designation）.

模式种：滑脉钩古蝉*Hamicossus laevis* Wang & Ren，2007。

前翅三角形。Sc具多分支，在翅基部与R+M融合，后与R+M分开一小段距离后再次与R融合。M_4强烈弯曲。CuA与M_4通过一水平横脉相连。后翅前缘具明显凹陷[117]。

产地及时代：内蒙古，中侏罗世。

中国北方地区侏罗纪仅报道1种（详见表16.1）。

长形古蝉属 *Quadraticossus* Wang & Ren，2007

Quadraticossus Wang & Ren，2007，Zootaxa，1390：41–49[117]（original designation）.

模式种：房氏长形古蝉*Quadraticossus fangi* Wang & Ren，2007。

种名以房良先生名字命名，对他采集并捐赠标本表示感谢。

前翅三角形，Sc在基部与R平行，后融合，并在节点后与之分离并平行于R_1一段距离又融合于R_1。Rs简单。M具4分支。M_4自M_{3+4}分出后强烈弯曲。CuA通过一水平横脉与M_4相连接。A有2支，A_2具分支。节脉把翅室分为两部分。第二翅室形状近长方形。后翅很小，有明显凹陷。M_{1+2}主干长，M_{3+4}不分支。A不分支[117]。

产地及时代：内蒙古，中侏罗世。

中国北方地区侏罗纪报道3种（详见表16.1）。

内蒙古古蝉属 *Neimenggucossus* Wang，Zhang & Fang，2007

Neimenggucossus Wang，Zhang & Fang，2007，*Alavesia*，1：89–104[112]（original designation）.

模式种：正常内蒙古古蝉*Neimenggucossus normalis* Wang，Zhang & Fang，2007。

后翅椭圆形，长宽比为1.40；前缘域长宽比为3.8，最大宽度在翅中部；节点凹陷在翅基部0.38翅长处；RP与M_1融合并行一段距离，终止于近顶端处；M分4支；M_{3+4}在基部从M分出，并与CuA在一点靠近，然后在RP与M_1融合的水平位置分支[112]。

产地及时代：内蒙古，中侏罗世。

中国北方地区侏罗纪仅报道1种（详见表16.1）。

枝古蝉属 *Cladocossus* Wang & Ren，2009

Cladocossus Wang & Ren，2009，*Acta Geol. Sin.-Engl.*，83（1）：33–38[119]（original designation）.

模式种：波状枝古蝉*Cladocossus undulatus* Wang & Ren，2009。

前翅Sc具分支，与R+M自基部分离，在R分为R_1和Rs后与R_1融合；M分5支，M_3具有2分支；CuA_2明显弯曲，"S"形。CuA通过横脉r+m-cua与R+M相连，通过横脉m-cua与M相连，通过横脉m_4-cua与M_4相连；前翅具有明显的色斑[119]。

产地及时代：内蒙古，中侏罗世。

中国北方地区侏罗纪仅报道1种（详见表16.1）。

环古蝉属 *Cricocossus* Wang & Ren，2009

Cricocossus Wang & Ren，2009，*Acta Geol. Sin.-Engl.*，83（1）：33–38[119]（original designation）.

模式种：奇异环古蝉*Cricocossus paradoxus* Wang & Ren，2009。

前翅三角形。Sc具分支，在翅基部与R+M分开，在R分支后与R_1融合共同抵达翅前缘。M分5支，其中M_3分为M_{3a}和M_{3b}，CuA通过短横脉m-cua与M在基部连接，通过横脉m_{3+4}-cua与M_{3+4}连接；翅具有色斑[119]。

产地及时代：内蒙古，中侏罗世。

中国北方地区侏罗纪仅报道1种（详见表16.1）。

宁城古蝉属 *Ningchengia* Wang，Zhang & Szwedo，2009

Ningchengia Wang，Zhang & Szwedo，2009，*Palaeontology*，52（1）：53–64[115]（original designation）.

模式种：粗糙宁城古蝉*Ningchengia aspera* Wang，Zhang & Szwedo，2009。

前翅中等大小，长约33 mm；节点凹陷在翅基部0.42翅长处；ScP不分支；M与横脉r+m-cua连接处明显弯曲；r+m-cua垂直且很短；Cu基部弯曲。后翅RP在与M_1通过横脉r-m连接处强烈弯曲；M_{3+4}与M_{2+3+4}在基部分开；M_{3+4}在节点凹陷之后分支；M_{3+4}与CuA或直接相连或基部通过一倾斜的横脉m-cua连接[115]。

产地及时代：内蒙古，中侏罗世。

中国北方地区侏罗纪报道2种（详见表16.1）。

联合古蝉属 *Synapocossus* Wang，Shih & Ren，2013

Synapocossus Wang，Shih & Ren，2013，*Alcheringa*，37：19–30[123]（original designation）.

模式种：琪氏联合古蝉*Synapocossus sciacchitanoae* Wang，Shih & Ren，2013。

虫体小，长16~19 mm，宽9~11 mm；前翅RP与M_1有部分融合；后翅M_{3+4}不分支[123]。

产地及时代：内蒙古，中侏罗世。

中国北方地区侏罗纪仅报道1种（详见表16.1）。

琪氏联合古蝉 *Synapocossus sciacchitanoae* Wang，Shih & Ren，2013（图16.17）

Synapocossus sciacchitanoae Wang，Shih & Ren，2013，*Alcheringa*，37（1）：20[123].

产地及层位：内蒙古宁城道虎沟；中侏罗统，九龙山组。

种名献给Fran Sciacchitano女士，以此感谢她对史宗冈的帮助。

头（包括复眼）的宽度约为前胸背板的3/5，约为中胸背板的2/5；后唇基隆起，约为头宽（包括复眼）的1/3。前足腿节稍加粗。前翅三角形。M_{1+2}分支稍晚于M_{3+4}分支。左右前翅均可见RP与M_1有部分融合（一些种RP与M_1融合长度存在种内差异，从非常短到很长）。爪片达翅长的1/3。翅室长为宽的3倍。后翅小。RP与M_1在后翅长的1/3处有长距离的融合。M_{3+4}基部与CuA相连，m-cua缺失。腹部有刚毛[123]。

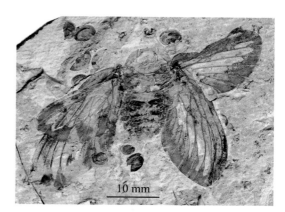

▲ 图 16.17　琪氏联合古蝉 *Synapocossus sciacchitanoae* Wang，Shih &Ren，2013（副模标本，CNU-HEM-NN2007008p 标本由史宗冈捐赠

美丽古蝉属 *Kallicossus* Chen，Zhang & Wang，2014

Kallicossus Chen，Zhang & Wang，2014，*Acta Palaeontol. Sin.*，53（3）：345–351[124]（original designation）.

模式种：宁城美丽古蝉*Kallicossus ningchengensis* Chen，Zhang & Wang，2014。

后翅椭圆形，长宽比为1.65。节点凹陷明显，位于翅基部0.37翅长处。前缘域三角形，长宽比为3.28，最大宽度在距基部1/3处。R与Sc融合，宽，轻微弯曲。R在0.28翅长处分为RA和RP。RA分2支。RA_1短，截止于前缘节点后，RA_2终止于前缘。RP与M_1在节点凹陷水平位置融合后平行于RA_2。M分为M_{1+2}和M_{3+4}。M_{1+2}长。横脉m-cua长且宽。CuA分2支。CuP简单。A_1长。缘膜明显外缘宽[124]。

产地及时代：内蒙古，中侏罗世。

中国北方地区侏罗纪仅报道1种（详见表16.1）。

异翅蝉总科 Pereborioidea Zalessky，1930

异翅蝉科 Pereboriidae Zalessky，1930

异翅蝉科（之前Pereboridae Zalessky，1930），一个绝灭的科，蝉次目的基干类群[132]，化石记录来自于二叠纪到早白垩世的巴西、俄罗斯、南非和中国。这个科目前包括7属9种，鉴定特征为前翅膜质，R和CuA有大量的分支[133]。

中国北方地区白垩纪报道的属：蓟异翅蝉属*Jiphara* Ren，1995。

蓟异翅蝉属 *Jiphara* Ren，1995

Jiphara Ren，1995，*Faunae and Stratigraphy of Jurassic-Cretaceous in Beijing and the Adjacent Areas*，64–73[30]（original designation）.

模式种：王氏蓟异翅蝉*Jiphara wangi* Ren，1995。

种名是为了纪念著名的地质学家王竹泉教授。

Sc_1明显长于Sc_2，R_1朝向顶端弯曲，有许多分支和再分支。Rs从R_1中部分出；R分支早于M和CuA分支；M_1短于M_2；A_2发达从后缘发出。

产地及时代：北京，早白垩世。

中国北方地区白垩纪报道2种（详见表16.1）。

表 16.1　中国侏罗纪和白垩纪同翅目化石名录

科	种	产地	层位 / 时代	文献出处
Suborder Sternorrhyncha Amyot and Serville，1843				
Aphididae	*Sunaphis laiyangensis* Hong & Wang，1990	山东莱阳	莱阳组 /K_1	洪友崇等[21]
	Sunaphis shandongensis Hong & Wang，1990	山东莱阳	莱阳组 /K_1	洪友崇等[21]
Ellinaphididae	*Ellinaphis leptoneura*（Zhang，Zhang，Hou & Ma，1989）	山东莱阳	莱阳组 /K_1	张俊峰等[32]
Hormaphididae	*Petiolaphioides shandongensis* Hong & Wang，1990	山东莱阳	莱阳组 /K_1	洪友崇等[21]
	Petiolaphis laiyangensis Hong & Wang，1990	山东莱阳	莱阳组 /K_1	洪友崇等[21]
Oviparosiphidae	*Archeoviparosiphum camptotropum*（Zhang，Zhang，Hou & Ma，1989）	山东莱阳	莱阳组 /K_1	张俊峰等[32] Zyła *et al.*[31]
	Archeoviparosiphum latum（Hong & Wang，1990）	山东莱阳	莱阳组 /K_1	洪友崇等[21] Zyła *et al.*[31]
	Archeoviparosiphum malacum（Zhang，Zhang，Hou & Ma，1989）	山东莱阳	莱阳组 /K_1	张俊峰等[32] Zyła *et al.*[31]
	Archeoviparosiphum opimum（Zhang，Zhang，Hou & Ma，1989）	山东莱阳	莱阳组 /K_1	张俊峰等[32] Zyła *et al.*[31]
	Archeoviparosiphum tuanwangense（Zhang，Zhang，Hou & Ma，1989）	山东莱阳	莱阳组 /K_1	张俊峰等[32] Zyła *et al.*[31]
	Daoaphis magnalata Huang，Wegierek，Zyla & Nel，2015	内蒙古宁城	九龙山组 /J_2	Huang *et al.*[25] Zyła *et al.*[31]
	Expansaphis laticosta Hong & Wang，1990	山东莱阳	莱阳组 /K_1	洪友崇等[21] Zyła *et al.*[31]
	Expansaphis ovata Hong & Wang，1990	山东莱阳	莱阳组 /K_1	洪友崇等[21] Zyła *et al.*[31]
	Oviparosiphum stictum Fu，Yao & Qiao，2017	辽宁北票	义县组 /K_1	Fu *et al.*[27]
	Sinoviparosiphum lini Ren，1995	河北承德	义县组 /K_1	任东等[30] Zyła *et al.*[31]
Protopsyllidiidae	*Poljanka hirsuta* Yang，Yao & Ren，2012	内蒙古宁城	九龙山组 /J_2	Yang *et al.*[53]
	Sinopsocus oligovenus Lin，1976	辽宁北票	义县组 /K_1	林启彬[50]
Sinaphididae	*Sinaphidium epichare* Zhang，Zhang，Hou & Ma，1989	山东莱阳	莱阳组 /K_1	张俊峰等[32]
	Tartaraphis peregrina Zhang，Zhang，Hou & Ma，1989	山东莱阳	莱阳组 /K_1	张俊峰等[32]
Sinojuraphidiidae	*Sinojuraphis ningchengensis* Huang & Nel，2008	内蒙古宁城	九龙山组 /J_2	Huang *et al.*[33]

续表

科	种	产地	层位 / 时代	文献出处
Incertaesedis	*Dataiphis coniferis* Lin，1995	甘肃华亭	罗汉洞组 /K₁	林启彬[36]
	a) *Penaphis circa* Lin，1980	浙江建德	白水岭组 /K₁	林启彬[134]
	**Suborder Auchenorrhyncha Dumeril，1806**			
Archijassidae	*Archijassus plurinervis* Zhang，1985	山东莱阳	莱阳组 /K₁	张俊峰[98]
	Mesoccus advenus Zhang，1985	山东莱阳	莱阳组 /K₁	张俊峰[98]
	Mesoccus lutarius Zhang，1985	山东莱阳	莱阳组 /K₁	张俊峰[98]
Cicadellidae	*Sinojassus brevispinatus* Zhang，1985	山东莱阳	莱阳组 /K₁	张俊峰[98]
Cixiidae	*Lapicixius decorus* Ren，Yin & Dou，1998	辽宁北票	义县组 /K₁	Ren *et al.*[57]
	Yanducixius pardalinus Ren，1995	北京西山	芦上坟组 /K₁	任东等[30]
	Yanducixius yihi Ren，1995	北京西山	芦上坟组 /K₁	任东等[30]
Dysmorphoptilidae	a) *Stigmocercopis parvis* Lin，1986	湖南江永	石梯组 /J₁	林启彬[135]
Fulgoridiidae	*Eofulgoridium chanmaense* Hong，1982	甘肃玉门	赤金堡组 /K₁	洪友崇[69]
	Eofulgoridium tenellum Zhang，Wang & Zhang，2003	新疆吉木萨尔	三工河组 /J₁	张海春等[136]
	Fenghuangor imperator Li & Szwedo，2011	内蒙古宁城	九龙山组 /J₂	Li *et al.*[62]
	a) *Valvifulgoria pingkuiensis* Lin，1986	广西钟山	石梯组 /J₁	林启彬[135]
	a) *Valvifulgoria tiantungensis* Lin，1986	广西钟山	石梯组 /J₁	林启彬[135]
Lalacidae	*Cretocixius stigmatosus* Zhang，2002	北京京西	芦上坟组 /K₁	张志军[64]
Membracidae	a) *Tegulicicada plana* Lin，1986	广西钟山	石梯组 /J₁	林启彬[135]
Palaeontinidae	*Abrocossus longus* Wang，Zhang & Fang，2007	内蒙古宁城	九龙山组 /J₂	Wang *et al.*[112]
	Cladocossus undulatus Wang & Ren，2009	内蒙古宁城	九龙山组 /J₂	Wang & Ren[119]
	Cricocossus paradoxus Wang & Ren，2009	内蒙古宁城	九龙山组 /J₂	Wang & Ren[119]
	Daohugoucossus solutus Wang，Zhang & Fang，2006	内蒙古宁城	九龙山组 /J₂	Wang *et al.*[108]
	Daohugoucossus shii Wang，Ren & Shih，2007	内蒙古宁城	九龙山组 /J₂	Wang *et al.*[121]
	Daohugoucossus parallelivenius Wang，Ren & Shih，2007	内蒙古宁城	九龙山组 /J₂	Wang *et al.*[121]
	Daohugoucossus lii Wang，Ren & Shih，2007	内蒙古宁城	九龙山组 /J₂	Wang *et al.*[121]
	Eoiocossus validus Wang，Zhang & Fang，2006	内蒙古宁城	九龙山组 /J₂	Wang *et al.*[110]
	Eoiocossus conchatus（Wang，Ren & Shih，2007）	内蒙古宁城	九龙山组 /J₂	Wang *et al.*[120]
	Eoiocossus giganteus（Wang，Ren & Shih，2007）	内蒙古宁城	九龙山组 /J₂	Wang *et al.*[120]
	Eoiocossus pteroideus（Wang，Ren & Shih，2007）	内蒙古宁城	九龙山组 /J₂	Wang *et al.*[120]
	Gansucossus pectinata（Hong，1982）	甘肃肃北	大山口组 / 下 -J₂	洪友崇[69]
	Gansucossus luanpingensis（Hong，1983）	河北滦平	九龙山组 /J₂	洪友崇[72]
	Gansucossus typicus Wang，Zhang & Fang，2006	内蒙古宁城	九龙山组 /J₂	Wang *et al.*[108]
	Hamicossus laevis Wang & Ren，2007	内蒙古宁城	九龙山组 /J₂	Wang & Ren[117]
	Ilerdocossus dissidens Li，Chen & Wang，2019	内蒙古宁城	义县组 /K₁	Li *et al.*[131]
	Ilerdocossus ningchengensis Wang，Zhang & Fang，2008	内蒙古宁城	九龙山组 /J₂	Wang *et al.*[113]
	a) *Jibeicossus qingshilaense* Hong，1984	河北石洞子	九龙山组 /J₂	洪友崇[137]

科	种	产地	层位 / 时代	文献出处
	Kallicossus ningchengensis Chen，Zhang & Wang，2014	内蒙古宁城	九龙山组 /J$_2$	陈军等[124]
	Liaocossus beipiaoensis Ren，Yin & Dou，1998	辽宁北票	义县组 /K$_1$	任东等[105]
	Liaocossus exiguus Ren，Yin & Dou，1998	辽宁北票	义县组 /K$_1$	任东等[105]
	Liaocossus hui Ren，Yin & Dou，1998	辽宁北票	义县组 /K$_1$	任东等[105]
	Liaocossus fengningensis Ren，Yin & Dou，1998	河北丰宁	义县组 /K$_1$	任东等[105]
	Liaocossus pingquanensis Ren，Yin & Dou，1998	河北平泉	义县组 /K$_1$	任东等[105]
	Martynovocossus punctulosus（Wang & Ren，2006）	内蒙古宁城	九龙山组 /J$_2$	王莹和任东[116] Wang et al.[114]
	Martynovocossus bellus（Wang & Ren，2006）	内蒙古宁城	九龙山组 /J$_2$	王莹和任东[116] Wang et al.[114]
	Martynovocossus ancylivenius（Wang & Ren，2006）	内蒙古宁城	九龙山组 /J$_2$	王莹和任东[116] Wang et al.[114]
	Martynovocossus cheni Wang，Zhang & Fang，2008	内蒙古宁城	九龙山组 /J$_2$	Wang et al.[114]
	Martynovocossus decorus Wang，Zhang & Fang，2009	内蒙古宁城	九龙山组 /J$_2$	Wang et al.[114]
	Martynovocossus strenus（Zhang，1997）	新疆克拉玛依	八道湾组 /J$_1$	张海春[106] Wang et al.[114]
	Miracossus gongi Li，Chen & Wang，2019	辽宁北票	义县组 /K$_1$	Li et al.[131]
Palaeontinidae	*Miracossus ingentius* Ren，Yin & Dou，1998	辽宁北票	义县组 /K$_1$	任东等[105]
	Neimenggucossus normalis Wang，Zhang & Fang，2007	内蒙古宁城	九龙山组 /J$_2$	Wang et al.[112]
	Ningchengia minuta（Wang，Zhang & Fang，2006）	内蒙古宁城	九龙山组 /J$_2$	Wang et al.[107] Wang et al.[115]
	Ningchengia aspera Wang，Zhang & Szwedo，2009	内蒙古宁城	九龙山组 /J$_2$	Wang et al.[115]
	Palaeontinodes haifanggouensis Hong，1983	辽宁北票	海房沟组 /J$_2$	洪友崇[72]
	Palaeontinodes reshuitangensis Wang & Zhang，2007	辽宁凌源；内蒙古宁城	九龙山组 /J$_2$	Wang et al.[111]
	Palaeontinodes daohugouensis Wang，Zhang & Fang，2007	内蒙古宁城	九龙山组 /J$_2$	Wang et al.[112]
	Palaeontinodes locellus Wang，Zhang & Fang，2007	内蒙古宁城	九龙山组 /J$_2$	Wang et al.[112]
	Palaeontinodes separatus Wang，Zhang & Fang，2007	内蒙古宁城	九龙山组 /J$_2$	Wang et al.[112]
	a) *Palaeontinopsis liaoxiensis* Hong，1986	辽宁葫芦岛	海房沟组 /J$_2$	洪友崇[138]
	a) *Palaeontinopsis sinensis* Hong，1986	辽宁葫芦岛	海房沟组 /J$_2$	洪友崇[138]
	Plachutella zhouyingziensis（Hong，1983）	河北滦平	九龙山组 /J$_2$	洪友崇[72]
	Plachutella exculpta Zhang，1997	新疆克拉玛依	八道湾组 /J$_1$	张海春[106]

续表

科	种	产地	层位 / 时代	文献出处
Palaeontinidae	*Plachutella magica* Wang，Zhang & Fang，2006	内蒙古宁城	九龙山组 /J₂	Wang et al.[107]
	Quadraticossus fangi Wang & Ren，2007	内蒙古宁城	九龙山组 /J₂	Wang & Ren[117]
	Quadraticossus longicaulis Wang & Ren，2007	内蒙古宁城	九龙山组 /J₂	Wang & Ren[117]
	Quadraticossus eumorphus Wang & Ren，2007	内蒙古宁城	九龙山组 /J₂	Wang & Ren[117]
	Sinopalaeocossus scabratus Hong，1983	河北滦平	九龙山组 /J₂	洪友崇[72]
	Sinopalaeocossus trinervus Wang，Zhang & Fang，2006	内蒙古宁城	九龙山组 /J₂	Wang et al.[109]
	Suljuktocossus coloratus Wang，Zhang & Fang，2006	内蒙古宁城	九龙山组 /J₂	Wang et al.[107]
	Suljuktocossus chifengensis Wang，Zhang & Fang，2007	内蒙古宁城	九龙山组 /J₂	Wang et al.[112]
	Suljuktocossus yinae Wang & Ren，2007	内蒙古宁城	九龙山组 /J₂	Wang & Ren[118]
	Synapocossus sciacchitanoae Wang，Shih & Ren，2013	内蒙古宁城	九龙山组 /J₂	Wang et al.[123]
	Yanocossus guoi Ren，1995	河北承德	义县组 /K₁	任东等[30]
Pereboriidae	*Jiphara wangi* Ren，1995	北京西山	芦上坟组 /K₁	任东等[30]
	Jiphara reticulata Ren，1995	北京西山	芦上坟组 /K₁	任东等[30]
Procercopidae	*Anomoscytina anomala* Ren，Yin & Dou，1998	辽宁北票	义县组 /K₁	Ren et al.[57]
	Anthoscytina brevineura Chen，Wang & Zhang，2015	内蒙古宁城	九龙山组 /J₂	Chen et al.[67]
	Anthoscytina daidaleos Fu，Huang & Engel，2018	内蒙古宁城	海房沟组 /J₂	Fu et al.[139]
	Anthoscytina elegans Chen，Wang & Zhang，2015	内蒙古宁城	九龙山组 /J₂	Chen et al.[67]
	Anthoscytina hongi Chen，Wang & Zhang，2015	辽宁葫芦岛	海房沟组 /J₂	洪友崇[138] Chen et al.[67]
	Anthoscytina liugouensis（Hong，1983）	河北滦平	九龙山组 /J₂	洪友崇[72]
	Anthoscytina longa Hong，1983	辽宁北票	海房沟组 /J₂	洪友崇[72]
	Anthoscytina parallelica Ren，1995	河北滦平	义县组 /K₁	任东等[30]
	Anthoscytina perpetua Li，Shih & Ren，2013	内蒙古宁城	九龙山组 /J₂	Li et al.[74]
	Cretocercopis yii Ren，1995	北京西山	芦上坟组 /K₁	任东等[30]
	Jurocercopis grandis Wang & Zhang，2009	内蒙古宁城	九龙山组 /J₂	Wang & Zhang[75]
	Procercopina delicata Zhang，Wang & Zhang，2003	新疆克拉玛依	八道湾组 /J₁	张海春等[136]
	Procercopina shawanensis（Zhang，Wang & Zhang，2003）	新疆沙湾	八道湾组 /J₁	张海春等[136]
	Sinocercopis liaoyuanensis Hong，1982	吉林辽源	b) 义县组 /K₁	洪友崇[69]
	Sinocercopis lushangfenensis（Hong，1984）	北京房山	芦上坟组 /K₁	洪友崇[70]
	Sinocercopis macula（Hu，Yao & Ren，2014）	辽宁北票	义县组 /K₁	Hu et al.[140]
	Sinocercopis pustulosus（Ren，1995）	北京西山	芦上坟组 /K₁	任东等[30]
	Sinocercopis trinervus（Ren，1995）	北京西山	芦上坟组 /K₁	任东等[30]
	Stellularis bineuris Chen & Wang，2020	辽宁北票；内蒙古赤峰	义县组 /K₁	Chen et al.[71]
	Stellularis aphthosa（Ren，Yin & Dou，1998）	辽宁北票	义县组 /K₁	Ren et al.[57]
	Stellularis longirostris Chen，Yao & Ren，2015	辽宁北票	义县组 /K₁	Chen et al.[76]
	Stellularis minutus Chen & Wang，2020	辽宁北票	义县组 /K₁	Chen et al.[71]
	Stellularis senjituensis（Hong，1984）	河北滦平	b) 义县组 /K₁	洪友崇[70]
	Titanocercopis borealis Chen，Zhang & Wang，2015	内蒙古宁城	九龙山组 /J₂	Chen et al.[77]

科	种	产地	层位 / 时代	文献出处
Prosbolidae	[a] *Longimaxilla sinnica* Hong，1982	甘肃玉门	下沟组 /K$_1$	洪友崇[69]
	[a] *Permocicada beipiaoensis* Wang，1987	辽宁北票	九龙山组 /J$_2$	王五力[141]
Qiyangiricaniidae	[a] *Qiyangiricania cesta* Lin，1986	湖南永州	观音滩组 /J$_1$	林启彬[135] Szwedo *et al.*[142]
Sinoalidae	*Chengdecercopis xiaofanzhangziensis* Hong，1983	河北承德	九龙山组 /J$_2$	洪友崇[72]
	Jiania crebra Wang & Szwedo，2012	内蒙古宁城	九龙山组 /J$_2$	Wang *et al.*[66]
	Jiania gracila Wang & Szwedo，2012	内蒙古宁城	九龙山组 /J$_2$	Wang *et al.*[66]
	Juroala daidaleos（Fu & Huang，2019）	内蒙古宁城	海房沟组 /J$_2$	Fu & Huang[81]
	Juroala daohugouensis Chen & Wang，2019	内蒙古宁城	九龙山组 /J$_2$	Chen *et al.*[80]
	Juroala minuta（Fu & Huang，2019）	内蒙古宁城	海房沟组 /J$_2$	Fu & Huang[81]
	[a] *Hebeicercopis triangulata* Hong，1983	河北滦平	九龙山组 /J$_2$	洪友崇[72]
	Huabeicercopis yangi Hong，1983	河北滦平	九龙山组 /J$_2$	洪友崇[72]
	Luanpingia daohugouensis Fu，Cai & Huang，2017	内蒙古宁城	海房沟组 /J$_2$	Fu *et al.*[143]
	Luanpingia longa Hong，1983	河北滦平	九龙山组 /J$_2$	洪友崇[72]
	Luanpingia youchongi Fu & Huang，2019	内蒙古宁城	海房沟组 /J$_2$	Fu & Huang[144]
	Shufania hani Chen et al.，2017	内蒙古宁城	九龙山组 /J$_2$	Chen *et al.*[78]
	Sinoala parallelivena Wang & Szwedo，2012	内蒙古宁城	九龙山组 /J$_2$	Wang *et al.*[66]
	Stictocercopis wuhuaensis Fu & Huang，2018	内蒙古宁城	海房沟组 /J$_2$	Fu & Huang[79]
Tettigarctidae	*Hirtaprosbole erromera* Liu，Yao & Ren，2016	内蒙古宁城	九龙山组 /J$_2$	Liu *et al.*[92]
	Macrotettigarcta obesa Chen & Wang，2016	内蒙古宁城	九龙山组 /J$_2$	Chen & Wang[93]
	Maculaprosbole zhengi Zheng，Chen & Wang，2016	内蒙古宁城	九龙山组 /J$_2$	Zheng *et al.*[94]
	Protabanus chaoyangensis Hong，1982	辽宁朝阳	[b] 九龙山组 /J$_2$	洪友崇[69]
	[a] *Quadrisbole stenis* Lin，1986	湖南浏阳	造上组 /J$_1$	林启彬[135]
	Sanmai kongi Chen，Zhang & Wang，2016	内蒙古宁城	九龙山组 /J$_2$	Chen *et al.*[95]
	Sanmai mengi Chen，Zhang & Wang，2016	内蒙古宁城	九龙山组 /J$_2$	Chen *et al.*[95]
	Sanmai xuni Chen，Zhang & Wang，2016	内蒙古宁城	九龙山组 /J$_2$	Chen *et al.*[95]
	Shaanxiarcta perrara（Zhang，1993）	陕西商县	凤家山组 /K$_1$	张俊峰[90] Shcherbakov[84]
	Shuraboprosbole daohugouensis Wang & Zhang，2009	内蒙古宁城	九龙山组 /J$_2$	Wang & Zhang[75]
	Shuraboprosbole minuta Wang & Zhang，2009	内蒙古宁城	九龙山组 /J$_2$	Wang & Zhang[75]
	Shuraboprosbole media Wang & Zhang，2009	内蒙古宁城	九龙山组 /J$_2$	Wang & Zhang[75]
	Sinocicadia shandongensis Hong & Wang，1990	山东莱阳	莱阳组 /K$_1$	洪友崇和王文利[21]
	Sunotettigarcta hebeiensis Hong，1983	河北滦平	九龙山组 /J$_2$	洪友崇[72]
	Sunotettigarcta hirsuta Li，Wang & Ren，2012	内蒙古宁城	九龙山组 /J$_2$	Li *et al.*[145]
	Tianyuprosbole zhengi Chen，Wang & Zhang，2014	内蒙古宁城	九龙山组 /J$_2$	Chen *et al.*[91]
	**Suborder Paleorrhyncha Carpenter，1931**			
Archescytinidae	[a] *Lepidoscytina miaobaoensis* Wang，1980	辽宁本溪	长梁子组 /J$_1$	王五力[146]

注：a）由于原始描述、照片和线条图不精确，而且无法重新检视模式标本，所以在正文中没有介绍该种。

　　b）基于更新的信息和数据，对原来文章中的层位/时代进行了修订。

参考文献

［1］GRIMALDI D, ENGEL M S. Evolution of the Insects［M］. New York: Cambridge University Press, 2005.

［2］GULLAN P J, CRANSTON P S. The Insects: An Outline of Entomology［M］. Blackwell Publishing, Ltd, 2005.

［3］BOURGOIN T, SZWEDO J. The 'cixiid-like' fossil planthopper families［J］. Bulletin of Insectology, 2008, 61 (1): 107–108.

［4］DIETRICH C H, RESH V H, CARDE R T. Encyclopedia of Insects［M］. San Diego, CA: Academic Press, 2003.

［5］RASNITSYN A P, QUICKE D L J. History of Insects［M］. Dordrecht: Kluwer Academic Publishers, 2002.

［6］BUCKLEY R. Ant-plant-homopteran interactions［J］. Advances in Ecological Research, 1987, 16: 53–85.

［7］POINAR G O, POINAR R. The Quest for Life in Amber［M］. New York: Addison-Wesley, 1994.

［8］POINAR G O, POINAR R. The Amber Forest［M］. Princeton, NJ: Princeton University Press, 1999.

［9］PERKOVSKY E E. Vstrechaemost sininklozov muravev (Hymentoptera, Formicidae) I trei (Homoptera, Aphidinea) v Saksonskom I Rovenskom yantaryakh［J］. Paleontologicheskii Zhurnal, 2006, 2: 72–74.

［10］CLARIDGE M F. Acoustic signals in the Homoptera: behavior, taxonomy, and evolution［J］. Annual Review of Entomology, 1985, 30: 297–317.

［11］OSSIANILSSON F. Insect drummers, a study on the morphology and function of the sound-producing organ of Swedish Homoptera Auchenorrhyncha with notes on their sound production［J］. Opuscula Entomologia, Supplementum, 1949, 10: 139.

［12］COCROFT R. Thornbug to thornbug: the inside story of insect song［J］. Natural History, 1999, 10: 53–57.

［13］BRODIE P B. A History of the Fossil Insects in the Secondary Rocks of England［M］. London: John van Voorst, 1845.

［14］SHCHERBAKOV D E. The 270 million year history of Auchenorrhyncha (Homoptera)［J］. Denisia, 2002, 4: 29–35.

［15］SHCHERBAKOV D E, POPOV Y A. Superorder Cimicidea Laicharting, 1781. Order Hemiptera Linné, 1758. The bugs, cicadas, plantlice, scale insects, etc. (=Cimicida Laicharting, 1781 = Homoptera Leach, 1815 + Heteroptera Latreille, 1810)［M］. // RASNITSYN A P, QUICKE D L J (Eds.). History of Insects. Dordrecht: Kluwer Academic Publishers, 2002.

［16］GRIMALDI D A. First amber fossils of the extinct family Protopsyllidiidae, and their phylogenetic signifificance among Hemiptera［J］. Insect Systematics and Evolution, 2003, 34: 329–344.

［17］EVANS J W. Palaeozoic and Mesozoic Hemiptera (insect)［J］. Australian Journal of Zoology, 1956, 4: 165–258.

［18］HENNIG W. Insect Phylogeny［M］. Chichester: Wiley, 1981.

［19］林启彬. 云南的昆虫化石［M］. // 中国科学院南京地质古生物研究所. 云南中生代化石.下册. 北京：科学出版社，1977.

［20］王莹，任东，梁军辉，等.中国同翅目昆虫化石［J］.动物分类学报，2006，31（2）：294–303.

［21］洪友崇，王文利.莱阳组昆虫化石［M］. // 山东省地质矿产局区域地质调查队. 山东莱阳盆地地层古生物. 北京：地质出版社，1990.

［22］STERN D L. A phylogenetic analysis of soldier evolution in the aphid family Hormaphididae［J］. Proceedings of the Royal Society of London B, 1994, 256: 203–209.

［23］CHEN J, JIANG L Y, QIAO G X. A total evidence phylogenetic analysis of hormaphidinae (hemiptera: aphididae), with comments on the evolution of galls［J］. Cladistics-the International Journal of the Willi Hennig Society, 2013, 30 (1): 26–66.

［24］HEIE O E, WEGIEREK P. A List of Fossil Aphids (Hemiptera, Sternorrhyncha, Aphidomorpha)［M］. Upper Silesian Museum: Department of Natural History, 2011.

［25］HUANG D Y, WEGIEREK P, ZYLA D, et al. The oldest aphid of the family Oviparosiphidae (Hemiptera: Aphidoidea) from the Middle Jurassic of China［J］. European Journal of Entomology, 2015, 112 (1): 187–192.

［26］SHAPOSHNIKOV G K. Late Jurassic and Early Cretaceous aphids［J］. Paleontological Journal, 1979, 13: 449–461.

［27］FU Y, YAO Y Z, QIAO G X, et al. A new species of Oviparosiphidae (Hemiptera: Aphidomorpha) from the Lower Cretaceous of China［J］. Cretaceous Research, 2017, 75: 157–161.

［28］HEIE O E. Paleontology and phylogeny［M］. // MINKS A K, HARREWIJN P. Aphids: Their Biology, Natural Enemies and Control, vol. 2. Elsevier Science Publishers B.V., 1987.

［29］VON DOHLEN C D, MORAN N A. Molecular data support a rapid radiation of aphids in the Cretaceous and multiple origins of host alternation［J］. Biological Journal of the Linnean Society, 2000, 71: 689–717.

［30］ 任东，卢立武，郭子光，等.北京与邻区侏罗-白垩纪动物群及其地层［M］.北京: 地震出版社，1995.

［31］ ZYŁA D, HOMAN A, FRANIELCZYK B, et al. Revised concept of the fossil genus *oviparosiphum* shaposhnikov, 1979 with the description of a new genus (hemiptera, sternorrhyncha, aphidomorpha)［J］. Zookeys, 2015, 483: 9–22.

［32］ 张俊峰，张生，侯凤莲，等.山东晚侏罗世蚜类（同翅目，昆虫纲）［J］.山东地质，1989，5（1）：28–46.

［33］ HUANG D Y, NEL A. A new Middle Jurassic aphid family (Insecta: Hemiptera: Sternorrhyncha: Sinojuraphididae fam. nov.) from Inner Mongolia, China［J］. Palaeontology, 2008, 51 (3): 715–719.

［34］ SHCHERBAKOV D E. Extinct four-winged precoccids and the ancestry of scale insects and aphids (Hemiptera)［J］. Russian Entomological Journal, 2007, 16: 47–62.

［35］ KANIA I, WEGIEREK P. Palaeoaphididae (Hemiptera, Sternorrhyncha) from Lower Cretaceous Baissa Deposits. Morphology and Classiffifition［M］. Kraków: Wydawnictwa instytut Systematyki i Ewolucji Zwierzat Polskiej Akademii Nauk, Ltd, 2008.

［36］ 林启彬. 白垩纪*Penaphis*属（同翅目斑蚜科）及协同进化关系［J］.古生物学报，1995，34（2）：194–204.

［37］ TILLYARD R J. Upper Permian insects of New South Wales. Part 1. Introduction and the order Hemiptera［J］. Proceedings of the Linnaean Society of New South Wales, 1926, 51: 1–30.

［38］ DAVIS C. Hemiptera and Copeognatha from the Upper Permian of New South Wales［J］. Proceedings of the Linnaean Society of New South Wales, 1942, 67: 111–122.

［39］ EVANS J W. Upper Permian homoptera from new South Wales［J］. Records of the Australian Museum, 1943, 21: 180–198.

［40］ EVANS J W. Two interesting upper Permian homoptera from new South Wales［J］. Transactions of the Royal Society of South Australia, 1943, 67: 7–9.

［41］ BEKKER-MIGDISOVA E E. Some new representatives of a group of Sternorrhyncha from the Permian and Mesozoic of the USSR［J］. Materialy kosnovam paleontologii, 1959, 3: 104–116.

［42］ BEKKER-MIGDISOVA E E. New Permian Homoptera from European USSR［J］. Trudy Paleontologicheskogo Instituta Akademii Nauk SSSR, 1960, 76: 1–112.

［43］ BEKKER-MIGDISOVA E E. Fossil Psyllomorpha insects［J］. Trudy Paleontologicheskogo Instituta Akademii Nauk SSSR, 1985, 206: 1–93.

［44］ RIEK E F. New Upper Permian insects from Natal, South Africa［J］. Annals of the Natal Museum, 1976, 22 (3): 755–789.

［45］ KLIMASZEWSKI S M. Supplement to the knowledge of Protopsyllidiidae (Homoptera, Psyllomorpha)［J］. Acta Biologica Silesiana, 1995, 27: 33–43.

［46］ TILLYARD R J. Permian and Triasic insects from New South Wales in the collection of Mr. John Mitchell［J］. Proceedings of the Linnaean Society of New South Wales, 1917, 42: 720–756.

［47］ MARTYNOV A V. Liassic insects of Shurab and Kizilkya Mongolia［J］. Trudy Paleontologicheskogo Instituta Akademii Nauk SSSR, 1937, 7 (1): 1–232.

［48］ HANDLIRSCH A. Neue Untersuchungen über die fossilen Insekten mit Ergänzungen und Nachträgen sowie Ausblicken auf phylogenetische, palaeogeographische und allgemein biologische Probleme. II Teil［J］. Annalen des Naturhistorischen Museums in Wien, 1939, 49: 1–240.

［49］ BEKKER-MIGDISOVA E E. Protopsyllidiids and their morphology (Homoptera, Protopsyllidiidae)［J］. Jurassic Insects of Karatau, 1968, 25: 87–98.

［50］ 林启彬.辽宁西部侏罗纪昆虫化石［J］.中国古生物学报，1976，15：97–116.

［51］ ANSORGE J. Insekten aus dem Oberen Lias von Grimmen (Vorpommern, Norddeutschland)［J］. Neue Palaeontologische Abhandlungen, 1996, 2: 1–132.

［52］ CARPENTER F M. Treatise on Invertebrate Paleontology, Part R, Arthropoda 4, vol. 3［M］. Lawrence/Kansas: Geological Society of America and University of Kansas, 1992.

［53］ YANG G, YAO Y Z, REN D. A new species of Protopsyllidiidae (Hemiptera, Sternorrhyncha)from the Middle Jurassic of China［J］. Zootaxa, 2012, 3274: 36–42.

［54］ FENNAH R G. A new genus and species of Cixiidae (Homoptera, Fulgoroidea)from Lower Cretaceous amber［J］. Journal of Natural History, London, 1987, 21: 1237–1240.

［55］ EMELJANOV A F. Contribution to classifification and phylogeny of the family Cixiidae (Hemiptera, Fulgoromorpha)［M］. // HOLZINGER W E. Zikaden – Leafhoppers, Planthoppers and Cicadas (Insecta: Hemiptera: Auchenorrhyncha). Denisia 04, zugleich Kataloge des OÖ, 2002.

［56］LARIVIÈRE M C. Cixiidae (Insecta: Hemiptera: Auchenorrhyncha)［J］. Fauna of New Zealand, 1999, 40: 1–93.

［57］REN D, YIN J C, DOU W X. New planthoppers and froghoppers from the late Jurassic of Northeast China (Homoptera: Auchenorrhyncha)［J］. Acta Zootaxonomica Sinica, 1998, 23 (3): 281–288.

［58］SZWEDO J, BOURGOIN T, LEFEBVRE F. Fossil Planthoppers (Hemiptera: Fulgoromorpha) of the World: An Annotated Catalogue with Notes on Hemiptera Classifification［M］. Polish Academy of Sciences: Museum and Institute of Zoology, 2004.

［59］ASCHE M. Preliminary thoughts on the phylogeny of Fulgoromorpha (Homoptera, Auchenorrhyncha)［C］Proceedings of the 6th Auchenorrhyncha Meeting, 1987, 7: 47–53.

［60］ZHANG X, REN D, YAO Y Z. A new species of *Foveopsis* Shcherbakov (Hemiptera: Fulgoromorpha: Fulgoroidea: Perforissidae) from mid-Cretaceous Myanmar amber［J］. Cretaceous Research, 2017, 79: 35–42.

［61］SZWEDO J. Jurassic Fulgoridiidae and roots of Fulgoroidea (Insecta: Hemiptera: Fulgoromorpha)［J］. Earth Science Frontiers, 2010, 17: 222–223.

［62］LI S, SZWEDO J, REN D, et al. *Fenghuangor imperator* gen. et sp. nov. of Fulgoridiidae from the Middle Jurassic of Daohugou Biota (Hemiptera: Fulgoromorpha)［J］. Zootaxa, 2011, 3094: 52–62.

［63］HAMILTON K G A. Homoptera. Insects from the Santana Formation, Lower Cretaceous, of Brazil［J］. Bulletin of the American Museum of Natural History, 1990, 195：82–122.

［64］张志军. 北京京西盆地早白垩世同翅目化石—新属（同翅目：蜡蝉总科）［J］. 动物分类学报，2002，27（1）：20–23.

［65］BURROWS M. Biomechanics: froghopper insects leap to new heights［J］. Nature, 2003, 424: 509.

［66］WANG B, SZWEDO J, ZHANG H C. New Jurassic Cercopoidea from China and their evolutionary signifificance (Insecta: Hemiptera)［J］. Palaeontology, 2012, 55 (6): 1223–1243.

［67］CHEN J, WANG B, ZHANG H C, et al. New fossil Procercopidae (Hemiptera: Cicadomorpha) from the Middle Jurassic of Daohugou, Inner Mongolia, China［J］. European Journal of Entomology, 2015, 112 (2): 373–380.

［68］WANG B, ZHANG H C. A remarkable new genus of Procercopidae (Hemiptera: Cercopoidea) from the Middle Jurassic of China［J］. Comptes Rendus Palevol, 2009, 8 (4): 389–394.

［69］洪友崇. 酒泉盆地昆虫化石［M］. 北京：地质出版社，1982.

［70］洪友崇. 华北地区古生物图册（二）中生代分册［M］. 北京：地质出版社，1984.

［71］CHEN J, WANG B, ZHENG Y, et al. Taxonomic review and phylogenetic inference elucidate the evolutionary history of Mesozoic Procercopidae, with new data from the Cretaceous Jehol Biota of NE China (Hemiptera, Cicadomorpha)［J］. Journal of Zoological Systematics and Evolutionary Research, 2020, 58: 174–193.

［72］洪友崇. 北方中侏罗世昆虫化石［M］. 北京：地质出版社，1983.

［73］SHCHERBAKOV D E. New cicadas (Cicadina) from the Late Mesozoic of Transbaikalia［J］. Paleontological Journal, 1988, 22 (4): 55–66.

［74］LI S, SHIH C K, WANG C, et al. Forever love: the hitherto earliest record of copulating insects from the Middle Jurassic of China［J］. PloS ONE, 2013, 8 (11): e78188.

［75］WANG B, ZHANG H C. Middle Jurassic Tettigarctidae from Daohugou, China (Insecta: Hemiptera: Cicadoidea)［J］. Geobios, 2009, 42 (2): 243–253.

［76］CHEN D, YAO Y Z, REN D. A new species of fossil Procercopidae (Hemiptera, Cicadomorpha) from the Lower Cretaceous of Northeastern China［J］. Cretaceous Research, 2015, 52: 402–406.

［77］CHEN J, ZHANG H C, WANG B, et al. High variability in tegminal venation of primitive cercopoids (Hemiptera: Cicadomorpha）, as implied by the new discovery of fossils from the Middle Jurassic of China［J］. Entomological Science, 2015, 18 (2): 147–152.

［78］CHEN J, ZHENG Y, WEI G J, et al. New data on Jurassic Sinoalidae from northeastern China (Insecta, Hemiptera)［J］. Journal of Paleontology, 2017, 91 (5): 994–1000.

［79］FU Y Z, HUANG D Y. New fossil genus and species of Sinoalidae (Hemiptera: Cercopoidea) from the Middle to Upper Jurassic deposits in northeastern China［J］. European Journal of Entomology, 2018, 115: 127–133.

［80］CHEN J, WANG B, ZHENG Y, et al. Female-biased froghoppers (Hemiptera, Cercopoidea) from the Mesozoic of China and phylogenetic reconstruction of early Cercopoidea［J］. Journal of Systematic Palaeontology, 2019: 1–13.

［81］FU Y Z, HUANG D Y. New sinoalids (Insecta: Hemiptera: Cercopoidea) from Middle to Upper Jurassic strata at Daohugou, Inner Mongolia, China［J］. Alcheringa: An Australasian Journal of Palaeontology, 2019: 1–11.

［82］FU Y Z, HUANG D Y. A new sinoalid assemblage from the topmost Late Jurassic Daohugou Bed indicating the evolution and ecological significance of *Juroala* Chen & Wang, 2019 (Hemiptera: Cercopoidea) during more than one million years［J］. Palaeoentomology, 2019, 002 (4): 350–362.

［83］MOULDS M S. An appraisal of the higher classifification of cicadas (Hemiptera: Cicadoidea) with special reference to the Australian fauna［J］. Records of the Australian Museum, 2005, 57: 375–446.

［84］SHCHERBAKOV D E. Review of the fossil and extant genera of the cicada family Tettigarctidae (Hemiptera: Cicadoidea)［J］. Russian Entomological Journal, 2008, 17: 343–348.

［85］WAPPLER T. Systematik, Phylogenie, Taphonomie und Palaookologie der Insekten aus dem Mittle Eowan des Eckfelder marares［J］. Vulkaneifel, Clausthaler Geozissenchafen, 2003, 2: 1–241.

［86］KAULFUSS U, MOULDS M. A new genus and species of tettigarctid cicada from the early Miocene of New Zealand: *Paratettigarcta zealandica* (Hemiptera, Auchenorrhyncha, Tettigarctidae)［J］. Zookeys, 2015, 484: 83–94.

［87］NEL A, ZARBOUT M, BARALE G, et al. *Liassotettigarcta africana* sp. n. (Auchenorrhyncha: Cicadoidea: Tettigarctidae）, the first Mesozoic insect from Tunisia［J］. European Journal of Entomology, 1998, 95: 593–598.

［88］CLARIDGE M F, MORGAN J C, MOULDS M S. Substrate-transmitted acoustic signals of the primitive cicada, *Tettigarcta crinita* Distant (Hemiptera Cicadoidea, Tettigarctidae)［J］. Journal of Natural History, 1999, 33 (12): 1831–1834.

［89］BECKER-MIGDISOVA E E. Mesozoic Homoptera of Middle Asia［J］. Trudy Paleontologicheskogo Instituta Akademii Nauk USSR, 1949, 22: 1–68.

［90］张俊峰. 陕南、豫南中生代晚期的昆虫化石［J］. Palaeoworld，1993，2：49–56.

［91］CHEN J, WANG B, ZHANG H C, et al. A remarkable new genus of Tettigarctidae (Insecta, Hemiptera, Cicadoidea) from the Middle Jurassic of Northeastern China［J］. Zootaxa, 2014, 3764 (5): 581–586.

［92］LIU X H, LI Y, YAO Y Z, et al. A hairy-bodied tettigarctid (Hemiptera: Cicadoidea) from the latest Middle Jurassic of Northeast China［J］. Alcheringa: An Australasian Journal of Palaeontology, 2016, 40 (3): 383–389.

［93］CHEN J, WANG B. A giant tettigarctid cicada from the Mesozoic of Northeastern China［J］. Spixiana, 2016, 39 (1): 119–124.

［94］ZHENG Y, CHEN J, WANG X L. A new genus and species of Tettigarctidae from the Mesozoic of Northeastern China (Insecta, Hemiptera, Cicadoidea)［J］. ZooKeys, 2016, 632: 47–55.

［95］CHEN J, ZHANG H C, WANG B, et al. New Jurassic tettigarctid cicadas from China with a novel example of disruptive coloration［J］. Acta Palaeontologica Polonica, 2016, 61 (4): 853–862.

［96］SHCHERBAKOV D E. More on Mesozoic Membracoidea (Homoptera)［J］. Russian Entomological Journal, 2012, 21: 15–22.

［97］HANDLIRSCH A. Die fossilen Insekten und die Phylogenie der rezenten Formen［M］. Leipzig: Verlagvon Wilhelm Engelmann, 1906–1908.

［98］张俊峰. 中生代昆虫化石新资料［J］. 山东地质，1985，1（2）：25–26.

［99］SZWEDO J, GEBICKI C, KOWALEWSKA M. *Microelectrona cladara* gen. et sp. nov.: a new Protodikraneurini from the Eocene Baltic amber (Hemiptera: Cicadomorpha: Cicadellidae：Typhlocybinae)［J］. Acta Geologica Sinica (English Edition), 2010, 84 (4): 696–704.

［100］DIETRICH C H. Keys to the families of Cicadomorpha and subfamilies and tribes of Cicadellidae (Hemiptera：Auchenorrhyncha)［J］. Florida Entomologist 88, 2005 (4): 502–517.

［101］SZWEDO J. *Jantarivacanthus kotejai* gen. et sp. n. from Eocene Baltic amber, with notes on the Bathysmatophorini and related taxa (Hemiptera：Cicadomorpha：Cicadellidae)［J］. Polskie Pismo Entomologiczne, 2005, 74：251–276.

［102］EMELJANOV A F. Filogenia tsikadovykh (Homoptera, Cicadina) po sravnitel'no-morfologicheskim dannym.［Phylogeny of Cicadina (Homoptera) on comparatively morphological data.］［J］. Trudy Vesoyuznogo Entomologicheskogo Obshchestva, 1987, 69: 19–109. (In Russian).

［103］GOMEZ-PALLEROLA J E. Nuevos Paleontínidos del yacimiento Infracretácico de la "Pedrera de Meiá" (Lérida)［J］. Boletín Geológico y Minero, 1984, 95 (4): 301–309. (In French).

［104］MARTINS-NETO R G. Novos registros de paleontiníedos (Insecta, Hemiptera) na Formação Santana (Cretáceo Inferior),

Bacia do Araripe, nordeste do Brasil ［J］. Acta Geologica Leopoldensia, 1998, 21 (46/47): 69–74.

［105］任东，尹继才，窦文秀. 河北和辽宁晚侏罗世古蝉化石（同翅目：头喙亚目）［J］. 中国昆虫科学，1998，5（3）：222–232.

［106］张海春. 新疆克拉玛依侏罗纪古蝉类化石；兼论中国的古蝉科（同翅目：古蝉科）［J］. 中国昆虫科学，1997，4（4）：312–323.

［107］WANG B, ZHANG H C, FANG Y. Some Jurassic Palaeontinidae (Insecta, Hemiptera) from Daohugou, Inner Mongolia, China ［J］. Palaeoworld, 2006, 15: 115–125.

［108］WANG B, ZHANG H C, FANG Y. *Gansucossus*, a replacement name for *Yumenia* Hong, 1982 (Insecta, Hemiptera, Palaeontinidae), with description of a new genus ［J］. Zootaxa, 2006, 1268: 59–68.

［109］WANG B, ZHANG H C, FANG Y, et al. Revision of the genus *Sinopalaeocossus* Hong (Hemiptera: Palaeontinidae), with description of a new species from the Middle Jurassic of China ［J］. Zootaxa, 2006, 1349: 37–45.

［110］WANG B, ZHANG H C, FANG Y, et al. A new genus and species of Palaeontinidae (Insecta: Hemiptera) from the Middle Jurassic of Daohugou, China ［J］. Annales Zoologici, 2006, 56 (4): 757–762.

［111］WANG B, ZHANG H C, FANG Y. *Palaeontinodes reshuitangensis*, a new species of Palaeontinidae (Hemiptera, Cicadomorpha) from the Middle Jurassic of Reshuitang and Daohugou of China ［J］. Zootaxa, 2007, 1500: 61–68.

［112］WANG B, ZHANG H C, FANG Y. Middle Jurassic Palaeontinidae (Insecta, Hemiptera) from Daohugou of China ［J］. Alavesia, 2007, 1: 89–104.

［113］WANG B, ZHANG H C, FANG Y, et al. New data on Cretaceous Palaeontinidae (Insecta: Hemiptera) from China ［J］. Cretaceous Research, 2008, 29: 551–560.

［114］WANG B, ZHANG H C, FANG Y, et al. A revision of Palaeontinidae (Insecta: Hemiptera, Cicadomorpha) from the Jurassic of China with descriptions of new taxa and new combinations ［J］. Geological Journal, 2008, 43: 1–18.

［115］WANG B, ZHANG H C, SZWEDO J. Jurassic Palaeontinidae from China and the higher systematics of Palaeontinoidea (Insecta: Hemiptera: Cicadomorpha) ［J］. Palaeontology, 2009, 52 (1): 53–64.

［116］王莹，任东. 内蒙古道虎沟中侏罗世假古蝉属化石（同翅目，古蝉科）［J］. 动物分类学报，2006，31（2）：289–293.

［117］WANG Y, REN D. Two new genera of fossil palaeontinids from the Middle Jurassic in Daohugou, Inner Mongolia, China (Hemiptera, Palaeontinidae) ［J］. Zootaxa, 2007, 1390：41–49.

［118］WANG Y, REN D. Revision of the genus *Suljuktocossus* Becker-Migdisova, 1949 (Hemiptera, Palaeontinidae), with description of a new species from Daohugou, Inner Mongolia, China ［J］. Zootaxa, 2007, 1576：57–62.

［119］WANG Y, REN D. New fossil palaeontinids from the Middle Jurassic of Daohugou, Inner Mongolia, China (Insecta, Hemiptera) ［J］. Acta Geologica Sinica-English Edition, 2009, 83 (1): 33–38.

［120］WANG Y, REN D, SHIH C K. Discovery of Middle Jurassic palaeontinids from Inner Mongolia, China (Homptera：Palaeontinidae) ［J］. Progress in Natural Science, 2007, 17 (1): 112–116.

［121］WANG Y, REN D, SHIH C K. New discovery of palaeontinid fossils from the Middle Jurassic in Daohugou, Inner Mongolia (Homoptera, Palaeontinidae) ［J］. Science in China Series D, Earth Sciences, 2007, 50 (4): 481–486.

［122］WANG Y, WANG L, REN D. Revision of genera *Quadraticossus*, *Martynovocossus* and *Fletcheriana* (Insecta, Hemiptera) from the Middle Jurassic of China with description of a new species ［J］. Zootaxa, 2008, 1855：56–64.

［123］Wang Y, Shih C K, Szwedo J, et al. New fossil palaeontinids (Hemiptera, Cicadomorpha, Palaeontinidae) from the Middle Jurassic of Daohugou, China ［J］. Alcheringa, 2013, 37 (1): 19–30.

［124］陈军，张海春，王博，等. 内蒙古道虎沟中侏罗世古蝉科（昆虫纲，半翅目）—新属种 ［J］. 古生物学报，2014，53（3）：345–351.

［125］MARTYNOV A V. To the morphology and systematical position of the fam. Palaeontinidae Handl., with a description of a new form from Ust-baley, Siberia ［J］. Ezhegodnik Ruskogo Paleontologicheskogo Obshchetstva, 1931, 9: 93–122.

［126］KENRICK G H. New or little known Heterocera from Madagascar ［J］. Transactions of the Entomological Society of London, 1914, 61 (4): 587–602.

［127］GAEDE M. Cossidae ［M］. // SEITZ A (Ed.). Die Gross-Schmetterlinge der Erde, II. Abteilung：Exo tische Fauna 10 (die Indo-Australischen Spinner und Schwarmer). Stuttgart：Alfred Kernen Publisher, 1933.

［128］侯祐堂. 中国西北及东北地区白垩纪淡水介形类化石Cyprideinae亚科 ［J］. 中国科学院南京地质古生物研究所集刊，1958，1：33–104.

［129］WHALLEY P E S, JARZEMBOWSKI E A. Fossil insects from the lithographic limestone of Montsech (Late Jurassic-Early Cretaceous), Lerida Province, Spain［J］. Bulletin of the British Museum (Natural History) Geology, 1985, 38 (5): 381–412.

［130］MENON F, HEADS S W, MARTIL D M. New Palaeontinidae (Insecta：Cicadomorpha) from the Lower Cretaceous Crato Formation of Brazil［J］. Cretaceous Research, 2005, 26：837–844.

［131］LI Y L, CHEN J, WANG B. New Cretaceous palaeontinids (Insecta, Hemiptera) from northeast China［J］. Cretaceous Research, 2019, 95：130–137.

［132］VASSILENKO D V, SHCHERBAKOV D E, KARASEV E V. Biodamage on Phylladoderma leaves from the Upper Permian of the Pechora Basin［J］. Paleontological Journal, 2014, 48 (4): 447–450.

［133］BECKER-MIGDISOVA E E. Otryad Homoptera, Otryad Heteroptera［Orders Homoptera and Heteroptera］［M］. // ORLOV Y A (Ed.). Osnovy Paleontologii［Fundamentals of Paleontology］, 1962.

［134］林启彬. 浙皖中生代昆虫化石［M］. 北京：科学出版社, 1980.

［135］林启彬. 华南中生代早期的昆虫［M］. 北京：科学出版社, 1986.

［136］张海春, 王启飞, 张俊峰. 新疆准噶尔盆地侏罗纪的几种昆虫化石［J］. 古生物学报, 2003, 42（4）：548–551.

［137］洪友崇. 华北地区古生物图册（二）中生代分册［M］. 北京：地质出版社, 1984.

［138］洪友崇. 辽西海房沟组新的昆虫化石［J］. 长春地质学院学报, 1986, 4：10–16.

［139］FU Y Z, HUANG D Y, ENGEL M S. A new species of the extinct family Procercopidae (Hemiptera：Cercopoidea) from the Jurassic of northeastern China［J］. Palaeoentomology, 2018, 1 (1): 51–57.

［140］HU H J, YAO Y Z, REN D. New Fossil Procercopidae (Hemiptera, Cicadomorpha) from the Early Cretaceous of Northeastern China［J］. Acta Geologica Sinica (English Edition）, 2014, 88 (3): 725–729.

［141］王五力. 辽宁西部中生代地层古生物（三）辽宁西部早中生代昆虫化石［M］. 北京：地质出版社, 1987.

［142］SZWEDO J, WANG B, ZHANG H C. An extraordinary Early Jurassic planthopper from Hunan (China) representing a new family Qiyangiricaniidae fam. nov. (Hemiptera, Fulgoromorpha, Fulgoroidea)［J］. Acta Geologica Sinica-English Edition, 2011, 85 (4): 739–748.

［143］FU Y Z, CAI C Y, HUANG D Y. A new fossil sinoalid species from the Middle Jurassic Daohugou beds (Insecta：Hemiptera：Cercopoidea）［J］. Alcheringa：An Australasian Journal of Palaeontology, 2017, 42 (1): 94–100.

［144］FU Y Z, HUANG D Y. A new species of Luanpingia (Hemiptera：Cercopoidea：Sinoalidae) from the Middle–Upper Jurassic Daohugou Bed［J］. Palaeoentomology, 2019, 002 (5): 441–445.

［145］LI S, WANG Y, REN D, et al. Revision of the genus Sunotettigarcta Hong, 1983 (Hemiptera, Tettigarctidae), with a new species from Daohugou, Inner Mongolia, China［J］. Alcheringa, 2012, 36 (4): 501–507.

［146］王五力. 昆虫纲［M］. // 沈阳地质矿产研究所. 东北地区古生物图册（二）. 北京：地质出版社, 1980.

张瑁，杜思乐，史宗冈，任东，姚云志

17.1 异翅目简介

异翅目昆虫Heteroptera通常称为"蝽"，是不完全变态昆虫，辐射演化出许多的生态类型，全世界已知现生种类超过4万种。它们一般被归入广义半翅目，包含超过80个现生科，广泛分布在几乎所有的大陆板块（南极洲除外）和诸多岛屿上。在漫长的进化过程中，异翅目昆虫形成了独特的适应性结构和高度的生物多样性。研究人员通过对形态学和系统发育系统学的研究，将异翅目划分为7个次目：奇蝽次目Enicocephalomorpha、鞭蝽次目Dipsocoromorpha、黾蝽次目Gerromorpha、蝎蝽次目Nepomorpha、细蝽次目Leptopodomorpha、臭虫次目Cimicomorpha和蝽次目Pentatomomorpha。但这7个次目之间的系统发育关系至今还没有定论[1,2]。此外，鞘喙亚目Coleorrhyncha作为广义半翅目中的成员之一，其形态结构与异翅目虽然有明显的区别，但却有较近的亲缘关系。因此，本章的内容也包括鞘喙亚目的化石记录。

异翅目昆虫的主要鉴别特征：触角4~5节、刺吸式口器、坚硬的前胸背板和小盾片、前翅分为革片和膜片两个部分（俗称为半鞘翅）、独特的臭腺（用于防御天敌和吸引配偶）。

异翅目昆虫的取食习性可分为4种类型：植食性、菌食性、捕食性和血食性。植食性类群是数量最多的一类，这类异翅目昆虫以植物的营养器官和生殖器官为食，如叶、种子和果实等（图17.1和图17.2），它们通常被视为主要的农林业害虫。菌食性类群，如扁蝽科Aradidae，以真菌菌丝为食。捕食性类群，通常有粗壮的喙和捕捉足，以其他昆虫或小型节肢动物为食（图17.3）。血食性类群，如臭虫科Cimicidae、锥猎蝽亚科Triatominae和寄蝽科Polyctenidae，常以蝙蝠、鸟类或人类的血液为食。

▲ 图 17.1　荔蝽 *Tessaratoma papillosa*（荔蝽科 Tessaratomidae），产卵和护幼　史宗文拍摄

▲ 图 17.2　色彩斑斓的荔蝽若虫 *Tessaratoma papillosa*（荔蝽科 Tessaratomidae）　史宗文拍摄

▲ 图 17.3　猎蝽 *Epidaus famulus*（猎蝽科 Reduviidae）　史宗文拍摄

鞘喙亚目，通常被称为"鞘喙蝽"，也常被称为"活化石"。现生的鞘喙亚目昆虫很容易从外观上识别出来。它们的身体通常宽扁，体长一般为2~4 mm，具有一个奇特的头部和两个相互远离的复眼。翅前缘或上表面硬化，并且有网格状翅脉和不同形状的封闭翅室。大多数鞘喙亚目昆虫都具有较为硬化的前翅，无后翅，因此它们不具备飞行能力。此外，现生类群的地理分布较为单一。现生鞘喙蝽仅包含1科36种，分布在南半球的新喀里多尼亚、新西兰、澳大利亚东南部和南美洲南部，主要在沼泽地区；而其化石广泛分布于欧亚大陆和澳大利亚[3, 4]。

知识窗：臭腺

秋风习习，带走了夏日的炎热，气温逐渐降低，天高云淡，层林尽染，树叶纷纷呈现出黄色和红色的外衣。茶翅蝽*Halyomorpha halys*[5]（图17.4）也感受到了这秋风的凉意，开始由它们生活的植物叶片逐步爬向新泽西州温暖的民居中。它们爬进窗户或钻入墙缝，为安全过冬寻找更舒适、温暖的藏身之所。茶翅蝽是偶然从亚洲传入美国的，在西半球的首次正式报道的时间、地点是2001年位于宾夕法尼亚州的艾伦镇[6]。晚春时分，经过漫长的冬眠，它们从藏身之所爬出来，爬到墙壁上或是摇摇晃晃地飞进灯具中。当受到惊吓或被打扰时，它们会分泌深色液体，并从臭腺中散发出刺鼻的气味。而一些小家伙逃出民居，回归到大自然，继续取食，并开始新一轮的繁衍生息。

▲ 图 17.4　茶翅蝽 *Halyomorpha halys*（蝽科 Pentatomidae）在新泽西州花园　史宗冈拍摄

　　正如它们的俗名"臭大姐"，这类昆虫在腹背侧和胸腹侧都具有臭腺，散发出刺鼻的气味。茶翅蝽的成虫和若虫都会产生这种强烈的刺激性气味，这类化学物质是用于防御其他捕食者的重要手段。科学家发现蝽类的分泌物中含有己烯醛、辛烯醛和乙酸己烯醛等化学物质[7]。2006年克莱姆森大学的一项研究表明，臭虫的气味中存在两种醛类化合物：反-2-癸烯醛和反-2-辛烯醛。而且有报道称：缘蝽类和其他蝽类昆虫的臭腺可以保护它们免受小型脊椎动物和无脊椎动物等捕食者的侵害[8-14]。一些臭虫甚至能向鸟类的眼睛喷射刺激性化学物质，尽管这招并不能百发百中[15, 16]。

　　除了防御捕食者，一些水生和土栖蝽类的臭腺分泌物能够抑制某些微生物的生长。例如，分支根土蝽*Scaptocoris divergens*的臭腺分泌物能抑制土壤中镰孢菌的孢子和菌丝体（镰孢菌是引起香蕉枯萎的病原体）的生长[11]。此外，这种气味也能用作吸引伴侣的性信息素。在腺体结构及其分泌物上表现为雌雄二型现象。

知识窗：吸血

食血行为，也就是吸血行为，是现生昆虫常见的一种取食策略[17]。昆虫纲中确定有四个目的昆虫具有吸血行为，它们分别是：虱目（Phthiraptera，虱子）、蚤目（Siphonaptera，跳蚤，第25章）、双翅目（Diptera，真蝇、蚊子、蚋，第23章）和异翅目（蝽）[18]。此外，某些蝽类昆虫以恒温动物的血液为食，由此向人类传播致命的病毒和其他病原体。

一些臭虫科和锥猎蝽亚科的昆虫是恐怖之源。臭虫科，俗称"床虱"，是一种发现于床褥上较为常见的寄生昆虫。该科约有90种，主要分布在温带和热带地区。其个体小、身体扁平、呈卵圆形，但在吸血后它们的身体会膨胀起来。由于翅退化，它们无法飞行，仅保留有一对小小的翅芽，不具任何功能。具有喙状口器，可以刺穿宿主的皮肤，吸取血液。

锥猎蝽亚科属于猎蝽科Reduviidae，俗称"锥鼻虫""接吻虫"或"吸血鬼虫"。该亚科包括130余种吸血昆虫，大多以脊椎动物的血液为食，只有极少数以无脊椎动物为食[19, 20]。它们主要分布在美洲，少数类群通过迁徙至亚洲、非洲和大洋洲。身体呈锥形，长约25 mm。该类群所传播的查加斯病是由原生动物克氏锥虫引起的一种严重的热带寄生虫病。患者被感染后，该病即便得到缓解，也有可能会发展成慢性病。据统计，高达30%~40%的患者会表现出心肌病、心律失常、巨结肠及巨食管症，甚至是多发性神经病及中风[21]。据估计，截至2015年，约660万人患有查加斯病，大部分发生在中美洲和南美洲。在2015年，导致约8 000人死亡。

吸血习性在节肢动物中经过多次的独立进化[22, 23]，并且这一习性在蝽类昆虫中至少进化了3次[24, 25]。到目前为止，该类群吸血行为最早的化石证据来自中国东北地区下白垩统义县组的枪喙蝽科Torirostratidae的2个种：密毛枪喙蝽*Torirostratus pilosus* Yao, Shih & Engel, 2014和伶俐尖喙蝽*Flexicorpus acutirostratus* Yao, Cai & Engel, 2014[26]。这一研究结果将血食性蝽的地质历史记录向前推进了约3 000万年，并为研究血食性昆虫化石提供了一种新的方法。

17.2　异翅目和鞘喙亚目昆虫化石的研究进展

Fabricius是首位研究异翅目（陆生）昆虫的学者，于1775年报道了该类群最早的化石记录，即第一例猎蝽科的化石记录；1794年又报道了一例长蝽科化石的记录。20世纪初，Handlirsch[27, 28]在异翅目昆虫化石的研究中取得了很大的进展。其间，Tillyard[29]和Martynov[30]对绝灭昆虫展开系统学研究，使异翅目化石的研究有了质的飞跃，其化石产地涉及欧洲、亚洲、北美洲和澳大利亚。研究范围也从单一的形态学扩展到系统发育、历史地理学以及古生态学的领域。

20世纪后半叶，异翅目昆虫化石的研究取得了进一步的发展。俄罗斯著名古昆虫学家Yuri A. Popov对化石和现生半翅类昆虫的分类学、形态学、系统发育和演化做出了重大贡献。自1961年他发表了第一篇关于异翅目昆虫化石的文章到2016年11月去世，共发表论文170余篇。他研究了世界各地中生代和新生代化石，涵盖了现生和绝灭异翅目昆虫的所有总科，描述了20多个新科和亚科以及300多个新属种。

在中国，异翅目昆虫化石的研究始于1928年，秉志先生描述了第一块来自山东省莱阳市的异翅目昆虫化石——莱阳中蝽*Mesolygaeus laiyangensis* Ping，1928[31]。之后，林启彬先生又报道了来自辽宁省的两个新种：舟形卡拉达划蝽*Karataviella pontoforma* Lin，1976和中华卡拉达划蝽*K.chinensiss* Lin，1976[32]。此后，越来越多的古昆虫学家对异翅目昆虫，特别是中国东北地区异翅目昆虫化石进行了研究。中国的化石标本形态特征普遍保存完好，为研究异翅目昆虫早期进化提供了重要依据。到目前为止，在中国已报道异翅目昆虫化石23科86属100余种。在此期间，洪友崇、张俊峰、张海春、任东、彩万志、姚云志、史宗冈和张维婷等人做出了重要贡献。

相对于异翅目昆虫，鞘喙亚目昆虫的地质历史则较为久远，自晚二叠世以来，它们一直存在并繁衍生息，是一个具有重要进化意义的特殊类群[33]。世界各地对鞘喙亚目化石的研究已有近百年历史。1906年，Handlirsch首次对英国早侏罗世地层的鞘喙亚目昆虫化石进行了研究，确定了2属2种——弯曲始臭虫*Eocimex liasinu* Handlirsch，1906和侏罗原臭虫*Progonocimex jurassicus* Handlirsch，1906[27]。1926年，Tillyard将一块产自澳大利亚的化石命名为*Actinoscytina belmontensis* Tillyard，1926，这是迄今为止鞘喙亚目最古老的化石记录，出现在晚二叠世[34]。1929年，Myers和China将这类昆虫归入鞘喙亚目[35]。经过10年的发展，Handlirsch于1939年从德国多伯廷化石中建立了2属4种[28]。20世纪50年代中后期至今是鞘喙亚目昆虫化石研究的快速发展期。Evans[36]、Becker-Migdisova[37]、Wootton[38]、Popov[39-46]、Hong[47]、Popov和Shcherbakov[33]、Wang[48]等人对鞘喙亚目昆虫化石做了详细的研究，并描述了大量的新属种。其中Popov的贡献最为显著，详细描述了11属65种，为鞘喙亚目昆虫化石的进一步研究奠定了坚实的基础。2009年，Burckhardt利用形态学数据对鞘喙亚目唯一的现生科鞘喙蝽科进行了深入的系统发育学研究，详细描述了各个现生种的特征[3]，并进行了生物地理学的研究。到目前为止，全世界学者已发表鞘喙亚目昆虫化石的分类文章近30篇，包括2科29属100种（含中国化石种），分布在8个国家。

知识窗：Popov——著名的昆虫学家

俄罗斯著名古昆虫学家Yuri A. Popov博士在化石和现生半翅类（异翅目和鞘喙亚目）昆虫的分类、形态、系统发育和进化方面做出了巨大贡献。Popov除了是一位有成就的科学家，还是一位很好的朋友——与我们合作时，和蔼可亲、亲切友好、慷慨大方地帮助我们完成相关的研究项目。我们非常感谢他所提供的大量文献资料以及其对异翅目研究工作的指导，并深深地怀念与他相处并一起工作的时光。2010年他拜访首都师范大学（CNU）昆虫演化与环境变迁重点实验室时的场景仍历历在目（图17.5）。

▲ 图 17.5　任东教授（左）、Popov 教授（中）和姚云志教授（右）于 2010 年 8 月在首都师范大学昆虫演化与环境变迁实验室　史宗冈拍摄

17.3 中国北方地区异翅目代表性化石

黾蝽次目 Gerromorpha Popov，1971

水黾总科 Mesovelioidea Douglas & Scott，1867

水黾科 Mesoveliidae Douglas & Scott，1867

水黾科通常被称为"踩水蝽"或者"水草蝽"[49]。所有属种均为捕食性类群，主要以节肢动物为食。它们生活在潮湿的环境中，包括苔藓、邻水的落叶层、浮生植物或水面[49]。该科包括两个亚科，分别是润水黾亚科Madeoveliinae Poisson，1959和水黾亚科Mesoveliinae Douglas & Scott，1867，现生共11属45种[49-53]。

水黾的化石属种目前仅有2个种，它们分别是：来自多米尼加中新世琥珀中的多米尼加水黾*Mesovelia dominicana* Garrouste & Nel，2010；来自中国早白垩世的波氏中华水黾*Sinovelia mega* Yao，Zhang & Ren，2012。另外，该科还有3个存疑的种，分别是：伸展邓氏水黾*Duncanovelia extensa* Jell & Duncan，1986；长突卡纳（比）水黾*Karanabis kiritschenkoi* Bekker-Migdisova，1962；细源纳（比）水黾*Engynabis tenuis* Bode，1953[54-58]。此外，在巴西东北部克拉图组[59]的下白垩统（阿普第阶晚期或阿尔布阶早期）[60]也发现了1个未被描述的疑似该类群标本。

中国北方地区白垩纪仅报道1属：中华水黾属*Sinovelia* Yao，Zhang & Ren，2012。

中华水黾属 *Sinovelia* Yao，Zhang & Ren，2012

Sinovelia Yao，Zhang & Ren，2012，*Alcheringa*，36：108[55]（original designation）.

模式种：大中华水黾*Sinovelia mega* Yao，Zhang & Ren，2012。

头钝圆三角形，头背面中部具有明显的槽。喙的第二节长于头部。触角4节，长度几乎为体长的一半。前胸背板无领，在胸部腹板和腹部第一节上存在喙沟。前足跗节长度约为胫节的1/3。

产地及时代：辽宁，早白垩世。

中国北方地区白垩纪报道2种（详见表17.1）。

大中华水黾 *Sinovelia mega* Yao，Zhang & Ren，2012（图17.6）

Sinovelia mega Yao，Zhang & Ren，2012，*Alcheringa*，36：108.

产地及层位：辽宁北票黄半吉沟；下白垩统，义县组。

喙的第二节长于头部长度。复眼远离前胸背板前缘。触角第三、四节近等长。跗节第二节最长[55]。

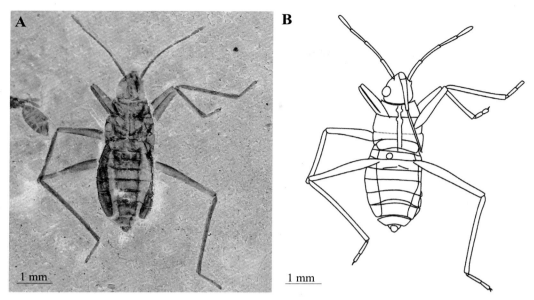

▲ 图 17.6　大中华水蝽 *Sinovelia mega* Yao，Zhang & Ren，2012（正模标本，CNU-HE-LB2010224p）[55]
　　　　　A. 标本照片；B. 线条图

细蝽次目 Leptopodomorpha Popov，1971

跳蝽科 Saldidae Amyot & Serville，1843

跳蝽科是细蝽次目中最大的科，已知现生种约有335种[61]。跳蝽的复眼很大，呈肾形，革片上具有前缘裂，膜片通常有4~5个封闭翅室，存在翅多型现象[62]。跳蝽通常出现在溪流和湖泊的岸边[63, 64]，因此，它们通常被称为"岸蝽"。虽然呈现世界性分布，但以分布在北半球为主[61, 65]。

到目前为止，已报道化石记录9属15种。近十年来，来自中国义县组下白垩统的化石种有3例：丽翅短裂蝽*Brevrimatus pulchalifer* Zhang，Yao & Ren，2011；小室迷人跳蝽*Venustsalda locella* Zhang，Song，Yao & Ren，2012；多斑楚跳蝽*Luculentsalda maculosa* Zhang，Yao & Ren，2013[66–68]。2012年Ryzhkova描述了蒙古下白垩统的两个种：股乌兰巴托跳蝽*Ulanocoris femoralis* Ryzhkova，2012；大乌兰巴托跳蝽*U. grandis* Ryzhkova，2012[69]。2015年他又记录了来自西伯利亚和蒙古下白垩统3个种：幼巴依萨蝽*Baissotea infanta* Ryzhkova，2015；外巴依萨蝽*B. peregrine* Ryzhkova，2015；波氏巴依萨蝽*B. popovi* Ryzhkova，2015[70]。还有一些来自新生代的种类，例如来自波罗的海琥珀的始新世化石种：黑跳蝽*Salda exigua* Germar & Berendt，1856。来自德国的上渐新统化石种：渐新跳蝽*Oligosaldina rottensis* Statz & Wagner，1950；欧洲渐新跳蝽*O. rhenana* Statz & Wagner，1950；水生渐新跳蝽*O. aquatilis* Statz & Wagner，1950。最近在美国和冰川黏土中均发现了中新世化石种，分别为：福氏彭塔跳蝽*Propentacora froeschneri* Lewis，1969（ = *Oreokora froeschneri*）；泽黑跳蝽*Salda littoralis* Linnaeus，1758[71–74]。

中国北方地区白垩纪报道的属：短裂蝽属*Brevrimatus* Zhang，Yao & Ren，2011；迷人跳蝽属*Venustsalda* Zhang，Song，Yao & Ren，2012；楚跳蝽属*Luculentsalda* Zhang，Yao & Ren，2013。

短裂蝽属 *Brevrimatus* Zhang，Yao & Ren，2011

Brevrimatus Zhang，Yao & Ren，2011，*ZooKeys*，130：187[66]（original designation）.

模式种：丽翅短裂蝽*Brevrimatus pulchalifer* Zhang，Yao & Ren，2011。

头部相对较短。革片具有大的白色斑点，前翅中裂短，前缘裂非常长，膜片具有5个翅室。雌虫腹部第七节后缘沿中线凹入。产卵器基部暴露。

产地及时代：内蒙古，早白垩世。

中国北方地区白垩纪仅报道1种（详见表17.1）。

丽翅短裂蝽 *Brevrimatus pulchalifer* Zhang，Yao & Ren，2011（图17.7）

Brevrimatus pulchalifer Zhang，Yao & Ren，2011，*ZooKeys*，130：189.

产地及层位：内蒙古多伦白土沟；下白垩统，义县组。

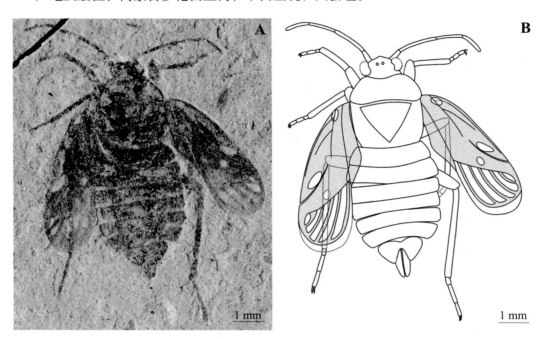

▲ 图 17.7 丽翅短裂蝽 *Brevrimatus pulchalifer* Zhang，Yao & Ren，2011（正模标本，CNU-HE-ND2010334p）[66]
A. 标本照片；B. 线条图

身体长8.00 mm，宽3.18 mm。头部相对较短，长0.84 mm，宽1.24 mm。触角最后一节略微膨大。革片具有大的白色斑点，前翅中裂短，前缘裂非常长，膜片具有5个翅室，膜片中基部翅室的端部延伸超过了端部翅室。雌虫腹部第七节前缘弯曲，后缘沿中线凹入。前翅缘片区域轻微加厚为适应交配而特化[66]。

迷人跳蝽属 *Venustsalda* Zhang，Song，Yao & Ren，2012

Venustsalda Zhang，Song，Yao & Ren，2012，*Zootaxa*，3273：64[67]（original designation）.

模式种：小室迷人跳蝽*Venustsalda locella* Zhang，Song，Yao & Ren，2012。

复眼大，覆盖大部分头部。前胸背板后缘明显凹入。前翅中裂及前缘裂长；革片的脉伸达膜片最外侧的翅室；膜片上有6个封闭的翅室。雄性生殖基节呈锥形。

产地及时代：辽宁，早白垩世。

中国北方地区白垩纪仅报道1种（详见表17.1）。

楚跳蝽属 *Luculentsalda* Zhang，Yao & Ren，2013

Luculentsalda Zhang，Yao & Ren，2013，*Zootaxa*，3647 (4)：586[68] (original designation).

模式种：多斑楚跳蝽*Luculentsalda maculosa* Zhang，Yao & Ren，2013。

单眼存在且间距大。前胸背板具胝。前缘裂长，不与中裂相接，中裂短；膜片具5个翅室，最外侧翅室几乎与其临近的翅室等长。雄性第八腹节短。

产地及时代：辽宁，早白垩世。

中国北方地区白垩纪仅报道1种（详见表17.1）。

古臭虫科 Archegocimicidae Handlirsch，1906

Archegocimicidae Handlirsch，1906–1908，*Einhandbuch für paläontologen und zoologlen*，493[27][Type genus: *Archegocimex* Handlirsch，1906，*in* Handlirsch，1906–1908].

Eonabidae Handlirsch，1925，*Verlag von Gustav Fischer*，207[75][Type genus: *Eonabis* Handlirsch，1925].

Diatillidae Handlirsch，1925，*Verlag von Gustav Fischer*，210[75][Type genus: *Diatillus* Handlirsch，1925].

Archegocimicidae Handlirsch；Popov & Wootton，1977，*Syst. Entomol.*，338[39][Redescription，synonymy with Eonabidae and Diatillidae].

Enicocoridae Popov，1980，*Trans. joint Soviet-Mongolian Paleontol. Exped.*，13：50[76][Tgenus: *Enicocoris* Popov，1980].

Xishanidae Hong，1981，*Tianjin Inst. Geol. & Miner. Resour. Bull.*，4：87[76][Type genus: *Xishania* Hong，1981].

Archegocimicidae Handlirsch；Popov，1985，*Tr. Paleontol. Inst. Akad. Nauk. SSSR*，211：42[41][Redescription，synonymy with Saldoniinae].

Enicocoridae Popov，1986，*Proc. Joint Sov. Mongol. Paleont. Exped.*，28：69[42][Redescription].

Archegocimicidae Handlirsch；Popov，1988，*Trans. joint Soviet-Mongolian Paleontol. Exped.* 73[42][Redescription，synonymy with Xishanidae].

Mesolygaeidae Hong & Ren in Hong & Wang，1990，*Geol. Publishing House* 96[78][Type genus: *Mesolygaeus* Ping，1928，synonymy with Enicocoridae and Xishanidae].

Mesolygaeidae Hong & Ren；Zhang，1991，*Acta Palaeontologica Sinica*，682[79][Redescription].

Mesolygaeidae Hong & Ren，1992，*Memoirs of Beijing Natural History Museum*，51：46[80][Redescription].

Archegocimicidae Handlirsch；Popov *et al.*，1994，*Genus*，321[46][Redescription，synonymy with Mesolygaeidae，synonymic summary].

中生代古臭虫科昆虫体长为3~10 mm，呈长卵圆形。复眼突出，与前胸背板接触；前胸背板宽大，分为前叶、后叶；小盾片近似等边三角形；革片和膜片界线不明显；存在前缘裂；R、Rs、M和CuA远端分支平行，在膜片形成一些封闭翅室。足细长，跗节较长，具2个爪。古臭虫科从早侏罗世至早白垩世一共报道26属36种，但是有些标本保存极差，对它们的分类位置还存有质疑。该科化石主要分布在德国、俄罗斯、英国和中国[27, 28, 43, 46, 75, 76]，而且在早侏罗世分布相当广泛[45]。

中国北方地区侏罗纪和白垩纪报道的属：中蝽属*Mesolygaeus* Ping，1928；长唇蝽属*Longianteclypea* Zhang，Engel，Yao & Ren，2014；胫长唇蝽*Propritergum* Zhang，Engel，Yao & Ren，2014。

中蝽属 *Mesolygaeus* Ping，1928

Mesolygaeus Ping，1928，*Paleontol. Sin. Series B*，13 (1)：5–51[31] (original designation).

Enicocoris Popov，1980，*Trans. Joint Sov. Mongol. Paleontol. Exped.*，13：48–51[76]. Popov，1986，*Trans. Joint Sov. Mongol. Paleont. Exped.*，28：47–84[42]. *Syn.* by Hong & Wang，1990，Fossil insects from the Laiyang Formation，89–105[78].

Sinolygaeus Hong，1980，137 (Type species：*Sinolygaeus naevius* Hong，1980)，in Wang，1980，*Paleontological Atlas of North East China Part 2.*，130–153[81]. *Syn.* by Zhang，Engel，Yao，Ren & Shih.，2014. *J. Syst. Palaeontol.*，12 (1)：93–111[82].

Xishania Hong，1981，*Tianjin Inst. Geol. & Miner. Resour. Bull.*，4：87–94[76]；Hong，1984，Insecta，128–185[83]. Syn. by Hong & Wang，1990，*Fossil insects from the Laiyang Formation*，89–105[78].

Jiaodongia Hong，1984，*Prof. Pap. Stratigr. Palaeontol.*，11：31–34[84]. *Syn.* by Zhang，1991，*Acta Palaeontol. Sin.*，30：679–704[79].

模式种：莱阳中蝽*Mesolygaeus laiyangensis* Ping，1928。

前胸背板被深的横向凹痕分为前叶和后叶，前叶侧缘直，平行或前端汇聚、后端分离。膜片具有5个翅室。

产地及时代：山东、北京、甘肃、辽宁、内蒙古，早白垩世。

中国北方地区白垩纪报道2种（详见表17.1）。

长唇蝽属 *Longianteclypea* Zhang，Engel，Yao & Ren，2014

Longianteclypea Zhang，Engel，Yao & Ren，2014，*J. Syst. Palaeontol.*，12(1)：103[82] (original designation).

模式种：胫长唇蝽*Enicocoris tibialis* Popov，1986。

前唇基和侧唇基伸长。前胸背板后叶明显宽于前叶，后缘明显凹入。膜片具有4个翅室。侧接缘存在。

产地及时代：辽宁；早白垩世。

中国北方地区白垩纪仅报道1种（详见表17.1）

胫长唇蝽 *Longianteclypea tibialis*（Popov，1986）（图17.8）

Enicocoris tibialis (Popov，1986)，*Trans. Joint Sov. Mongol. Paleont. Exped.*，28：47–84[42]. *Syn.* by Zhang，Engel，Yao，Ren & Shih，2014. *J. Syst. Palaeontol.*，12 (1)：93–111[82].

Mesolygaeus laiyangensis Ping，1928，*Paleontol. Sin. Series B*，13 (1)：5–51[31]；Zhang，1991，*Acta Palaeontol. Sin.*，30：679–704[79] (erroneous synonymy).

Mesolygaeus laiyangensis Ping，1928，*Paleontol. Sin. Series B*，13 (1)：5–51[31]；Hong，1995，*Acta Geol. Gansu*，4 (1)：1–13[85] (erroneous synonymy).

Longianteclypea tibialis Zhang，Engel，Yao & Ren，2014，*J. Syst. Palaeontol.*，12 (1)：104.

▲ 图 17.8　胫长唇蝽 *Longianteclypea tibialis* (Popov，1986)[82]

A. 标本照片，CNU-HET-LB2010331，雄性；B. 标本照片，CNU-HET-LB2010332，雌性

产地及层位：辽宁北票黄半吉沟；下白垩统，义县组。

这个种最初归入奇蝽属（*Enicocoris*，中蝽属的异名）。但该种与中蝽属明显不同，因此，它于2014年被转移到长唇蝽属[82]。

身体呈长卵圆形，长约6.34 mm，宽约2.37 mm。头部三角形，前唇基和侧唇基明显伸长，前唇基长约0.40 mm，侧唇基长约0.37 mm。复眼相对，占据了头部两侧的一半，适当向外突出，与前胸背板前缘接触；前胸背板明显分为前叶和后叶，前叶前缘明显凹入，前角尖锐，侧缘在后缘稍微汇聚。后叶梯形，后缘明显凹入。小盾片大，近三角形，中线长于前胸背板长度。雄性生殖器半圆形；雌性产卵器伸长[82]。

殊背蝽属 *Propritergum* Zhang，Engel，Yao & Ren，2014

Propritergum Zhang，Engel，Yao & Ren，2014，*Zookeys*，130：102[82] (original designation).

模式种：壮殊背蝽 *Propritergum opimum* Zhang，Engel，Yao & Ren，2014。

前胸背板分为前叶和后叶，具有半透明并扩展的边缘。前翅前缘裂长；膜片具有翅室。侧接缘不存在。

产地及时代：辽宁，早白垩世。

中国北方地区白垩纪仅报道1种（详见表17.1）。

壮殊背蝽 *Propritergum opimum* Zhang，Engel，Yao & Ren，2014（图17.9）

Propritergum opimum Zhang，Engel，Yao & Ren，2014，*J. Syst. Palaeontol.*，12 (1)：10.

产地及层位：辽宁北票黄半吉沟；下白垩统，义县组。

身体呈卵圆形，长约5.87 mm，宽约2.79 mm。头横宽，长约0.75 mm，宽约1.23 mm。触角第一节明显加粗，第二节最长。复眼几乎占据头部。前胸背板呈梯形，侧缘凸出，前叶长于后叶，占据前胸背板的大部分，前胸背板前缘凹，后缘凸。小盾片大。前翅到达腹部末端；前缘裂长，到达革片中央；膜片具有翅室。后足胫节侧缘有一排短刺，跗节第一节非常短，第二、第三节近等长。雌性生殖器三角

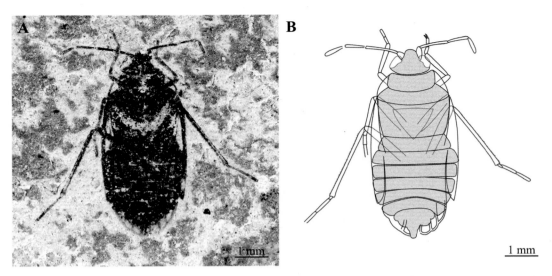

▲ 图 17.9　壮殊背蝽 *Propritergum opimum* Zhang，Engel，Yao & Ren，2014（正模标本，CNU-HET-LB2006653）[82]
　　　　　A. 标本照片；B. 线条图

形，产卵器长[82]。

古臭虫科的系统学研究

　　虽然前人的研究已经证明了细蝽次目的单系性[1, 86-89, 147]，但古臭虫科的系统发育位置仍存在争议。为了阐明细蝽次目中各科之间的关系，我们使用了45个形态学特征，包括该次目内所有主要类群中具有代表性的现生标本和化石标本。再次确认了细蝽次目的单系性，根据图17.10的结果显示，跳蝽总科

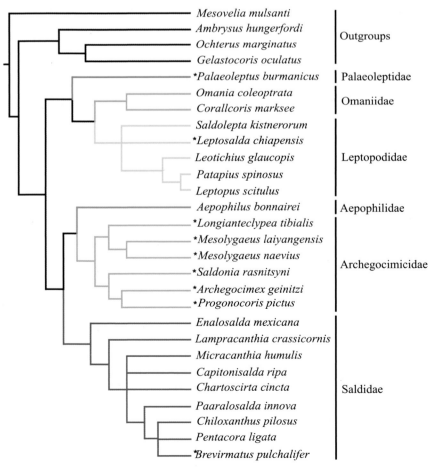

▲ 图 17.10　细蝽次目种级阶元支序分析图，采用 NONA 分析所得到的严格合意树（改自参考文献 [82]）

和细蜢总科均为单系且互为姐妹群关系，前者包括跳蜢科、滨蜢科和古臭虫科，后者包括古细蜢科、涯蜢科和细蜢科。然而，我们的研究结果对涯蜢科和古臭虫科之间的姐妹群关系支持率并不高，因此，滨蜢科、古臭虫科和跳蜢科之间的关系仍存在争议[82]。

蝎蜢次目 Nepomorpha Popov，1968

蜍蜢总科 Ochteroidea Kirkaldy，1906

蜍蜢科 Ochteridae Kirkaldy，1906

蜍蜢科是一个类群较小的科，现存3属68种，分布在热带和暖温带地区，通常出现在池塘或溪流的岸边，以沿岸地带的土壤微生物为食[90-92]。其外形看起来像跳蜢，但它们的触角长且为丝状，头部适当横宽，复眼无柄。目前已知蜍蜢化石5例，分别是：来自英国下侏罗统（下里阿斯统）的查茅斯动物群的斑洁蜍蜢*Propreocoris maculatus* Popov，Dolling & Whalley，1994；另外4例均来自中国下白垩统的义县组[93, 94]。

中国北方地区白垩纪报道的属：始蜍蜢属*Pristinochterus* Yao，Cai & Ren，2007；花尾蜍蜢属*Floricaudus* Yao，Ren & Shih，2011；角蜍蜢属*Angulochterus* Yao，Zhang & Ren，2011。

始蜍蜢属 *Pristinochterus* Yao，Cai & Ren，2007

Pristinochterus Yao，Cai & Ren，2007，*Eur. J. Entomol.*，104：827[93] (original designation).

模式种：张氏始蜍蜢*Pristinochterus zhangi* Yao，Cai & Ren，2007。

该种名感谢张林先生在收集辽宁化石方面的帮助和贡献。

该种身体较大，体长为10~14.3 mm。触角4节，基部两节细长，端部两节粗壮，各节几乎等长。复眼较小，直径小于头宽的一半。复眼较小，直径小于头宽的一半。前缘裂缺失，膜片近30个翅室。胫节具有刚毛和短刺，刺不成列，跗节式2-2-3。

产地及时代：辽宁、内蒙古，早白垩世。

中国北方地区白垩纪报道2种（详见表17.1）。

花尾蜍蜢属 *Floricaudus* Yao，Ren & Shih，2011

Floricaudus Yao，Ren & Shih，2011，*Syst. Entomol.*，36：593[94] (original designation).

模式种：多室花尾蜍蜢*Floricaudus multilocellus* Yao，Ren & Shih，2011。

前胸背板后缘形成两个钩状的后角。腹部末端外露，未覆于前翅之下，雄性第七、八、九节腹板侧缘扁平且强烈扩展。

产地及时代：辽宁，早白垩世。

中国北方地区白垩纪仅报道1种（详见表17.1）。

多室花尾蜍蜢 *Floricaudus multilocellus* Yao，Ren & Shih，2011（图17.11）

Floricaudus multilocellus Yao，Ren & Shih，2011，*Syst. Entomol.*，36：593.

产地及层位：辽宁北票黄半吉沟；下白垩统，义县组。

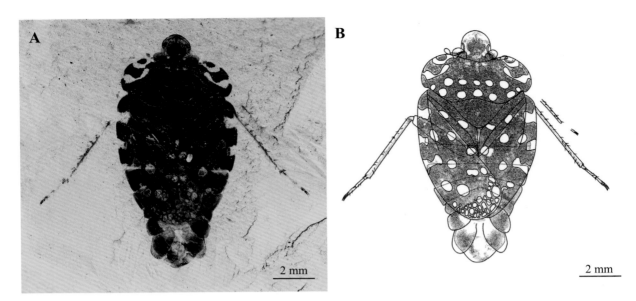

▲ 图 17.11　多室花尾蝽蟒 *Floricaudus multilocellus* Yao，Ren & Shih，2011（正模标本，雄性，
　　　　　CNU-HE-LB2008006，标本由史宗冈捐赠）[94]
　　　　　A. 标本照片；B. 线条图

身体长12.6 mm，是宽的2倍。前翅未伸至腹部末端，中部具有较深的中裂，膜片近30个翅室[92]。

角蝽蟒属 *Angulochterus* Yao，Zhang & Ren，2011

Angulochterus Yao，Zhang & Ren，2011，*Syst. Entomol.*，36：595[94] (original designation).

模式种：四斑角蝽蟒*Angulochterus quatrimaculatus* Yao，Zhang & Ren，2011。

头部前缘呈叶状；复眼较大，与前胸背板前缘接触；喙伸至中足基节。前胸背板和革片均具有刻点，前胸背板后缘形成两个钩状的后角；胫节刺不成列。革片具有较深的前缘裂和中裂，膜片的翅脉未伸至边缘顶端。雄性腹部第八腹板开裂成2个独立且不对称的板。

产地及时代：辽宁，早白垩世。

中国北方地区白垩纪仅报道1种（详见表17.1）。

四斑角蝽蟒 *Angulochterus quatrimaculatus* Yao，Zhang & Ren，2011（图17.12）

Angulochterus quatrimaculatus Yao，Zhang & Ren，2011，*Syst. Entomol.*，36：595.

产地及层位：辽宁北票黄半吉沟；下白垩统，义县组。

体长8.2 mm。前胸背板在前角附近有2个明显的斑点，末端有4个斑点排成一排。前翅具有6个浅黄色斑点。小盾片两边各有2个斑点。胫节具有密集的刺，刺长短于胫节直径。前翅伸达腹部末端[94]。

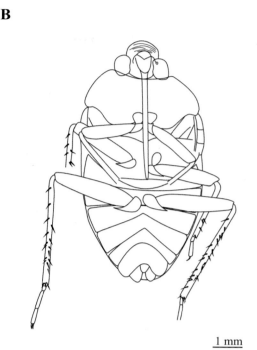

1 mm

1 mm

▲ 图 17.12　四斑角蝽蝽 *Angulochterus quatrimaculatus* Yao，Zhang & Ren，2011（正模标本，雄性，CNU-HE-LB2006644p）[94]

A. 标本照片；B. 线条图

潜蝽科 Naucoridae Fallen，1814

　　潜蝽科，俗称"爬水蝽"，呈世界性分布，以新热带和东洋地区为主[97]。目前现生潜蝽有40属395种[91]，大多数类群喜欢生活在快速流动的淡水中，只有一小部分类群生活在池塘或其他静水里。潜蝽科有以下一些特征：触角短，不超过头部；喙短粗，不超过前胸腹板，复眼大且向前延伸并相互靠近；前足跗节1~2节[91]。到目前为止，已有22属28种潜蝽化石记录[27, 41, 42, 95-98]，这些化石来自晚侏罗世到上新世。其中，中国义县组仅有两种被描述[95]。

　　中国北方地区白垩纪报道的属：弱足潜蝽属 *Exilcrus* Zhang，Yao & Ren，2011和异眼潜蝽属 *Miroculus* Zhang，Yao & Ren，2011。

弱足潜蝽属 *Exilcrus* Zhang，Yao & Ren，2011

　　Exilcrus Zhang，Yao & Ren，2011，*Acta Geol. Sin.-Engl.*，85 (2)：492[95] (original designation).

　　模式种：具室弱足潜蝽 *Exilcrus cameriferus* Zhang，Yao & Ren，2011。

　　喙未伸至前胸腹板前缘。前胸背前缘凹入，侧缘几乎平直，后缘明显凸起。革片有斑点和大的翅室。

　　产地及时代：辽宁，早白垩世。

　　中国北方地区白垩纪仅报道1种（详见表17.1）。

异眼潜蝽属 *Miroculus* Zhang，Yao & Ren，2011

Miroculus Zhang，Yao & Ren，2011，*Acta Geol. Sin.-Engl.*，85 (2)：495[95] (original designation).

模式种：宽头异眼潜蝽*Miroculus laticephlus* Zhang，Yao & Ren，2011。

喙短粗；前胸背板前缘向内凹，侧缘稍微凸起，后缘平直；小盾片三角形。

产地及时代：辽宁，早白垩世。

中国北方地区白垩纪报道2种（表17.1）。

宽头异眼潜蝽 *Miroculus laticephlus* Zhang，Yao，Ren & Zhao，2011（图17.13）

Miroculus laticephlus Zhang，Yao，Ren & Zhao，2011，*Acta Geol. Sin.-Engl.*，85 (2)：496.

产地及层位：内蒙古多伦白土沟；下白垩统，义县组。

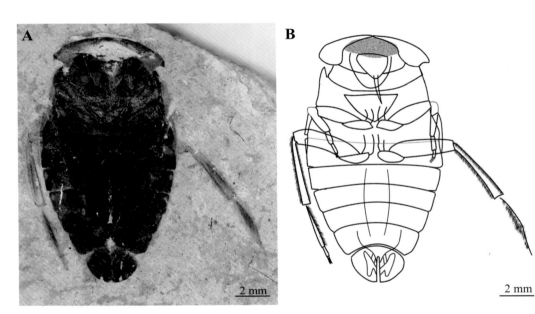

▲ 图 17.13　宽头异眼潜蝽 *Miroculus laticephlus* Zhang，Yao，Ren & Zhao，2011（正模标本，CNU-HE-LB2006692）[95]
A. 标本照片；B. 线条图

虫体卵圆形，长14.2 mm，身体最宽处达7.7 mm。头短宽，宽6.3 mm，长1.9 mm，复眼大且延伸，并在头前缘极度靠近。喙伸达到前胸后缘。前胸背板明显横向，长度短于头部。小盾片三角形，长1.5 mm，宽3.0 mm。革片有斑点。中足较短，股节2.3 mm，胫节1.8 mm，跗节1.4 mm[95]。

仰蝽科 Notonectidae Leach，1815

仰蝽科在蝎蝽次目中物种数量第二多，仅次于划蝽科[99]。该科有2个亚科：大仰蝽亚科和小仰蝽亚科，目前现生种有400多种。仰蝽科呈世界性分布，以温带和热带地区为主[91]。仰蝽科类群通常被称作"松藻虫"，终生以背面向下、腹面向上的姿势在水中生活。其腹部两侧末端吸收空气，使它们可以浮在水面上[100]，有时也会在水下游泳或依附于水生植物上[63]。仰蝽科都是肉食性昆虫，通常以小型水生节肢动物为食，如蚊子幼虫或任何能被捕食的小动物[101, 102]。

到目前为止，中生代共有5属7种被描述，分别发现于哈萨克斯坦、俄罗斯、阿根廷、德国和中国。在中国，已报道的标本分别来自浙江方岩组[103]、甘肃赤金桥组[104]、山东莱阳组[78]、辽宁义县组[105]，共描述4个种：锹形大仰蝽*Notonecta xyphiale*（Popov，1964）[106, 107]；纺织扁泳蝽*Tarsonecta mecopoda* Zhang，1989；中国拟仰蝽*Notonectop sinica* Hong & Wang，1990；古大仰蝽*Notonecta vetula* Zhang，Yao & Ren，2012。其中，上侏罗统至下白垩统的赤金桥组[108]、营城组[109]、义县组[83]、莱阳组[78, 155]均有锹形大仰蝽的记录。中国拟仰蝽是在山东下白垩统莱阳组中发现的[78]。

中国北方地区白垩纪报道的属：大仰蝽属*Notonecta* Linnaeus，1758。

大仰蝽属 *Notonecta* Linnaeus，1758

Notonecta Linnaeus，1758，*Entomotaxonomia*，3：198[74]（original designation）.

模式种：蓝绿大仰蝽*Notonecta glauca* Linnaeus，1758。

各足跗节均为2节，前足和中足跗节均具2个爪，后足的爪强烈退化且不显著。腹部腹面凹陷，具有纵脊。纵脊和腹部下凹的区域两侧均有毛覆盖两条纵沟，形成储气空间。腹部末端生殖节对称。

产地及时代：甘肃，晚侏罗世；河北、山东，早白垩世。

中国北方地区侏罗纪和白垩纪报道2个种（详见表17.1）。

古大仰蝽 *Notonecta vetula* Zhang，Yao & Ren，2012（图17.14）

Notonecta vetula Zhang，Yao & Ren，2012，*Alcheringa*，36 (2)：240.

产地及层位：甘肃玉门；上侏罗统，赤金桥组。

该种为五龄若虫，前额中部具有较宽的隆起，上唇顶端钝圆突出。复眼相对较小，两眼间距较远。腹部腹面凹陷，有一中脊伸达生殖前节。中脊和腹部凹陷区域两侧覆有长毛，形成储气空间。腹部末端较窄、圆润且生殖节对称[105]。

 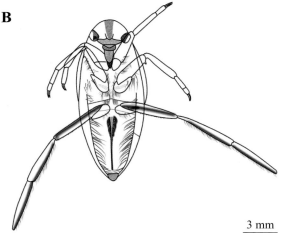

▲ 图 17.14　古大仰蝽 *Notonecta vetula* Zhang，Yao & Ren，2012（正模标本，CNU-HET-GY2010001）[105]
　　　　A. 标本照片；B. 线条图

划蝽科 Corixidae Leach，1815

划蝽科，俗称"水上船夫"，因为它们的后足像桨一样，是蝎蝽次目中最古老且最为丰富的类群。它们体长为2.5~15 mm，具有类似仰泳蝽身体扁平的外观，但不同的是，游泳时它们的背面朝上[91]。大多数划蝽生活在不流动的淡水中，如池塘、湖泊和水库，但也有一些生活在海水中[111-113]。Popov对划蝽科化石建立了5个绝灭的亚科，分别是：元划蝽亚科Archaecorixinae、简划蝽亚科Ijannectinae、大划蝽亚科Velocorixinae、系划蝽亚科Corixonectinae和异划蝽亚科Diapherininae[42, 43, 96, 97]。同时，他还建立了与之关系紧密的侏罗纪时期的绝灭科——修划蝽科Shurabellidae[97]。从晚三叠世到渐新世，共记录67种划蝽科化石，其中中国就有18属25种。

中国北方地区侏罗纪和白垩纪报道的属：卡拉达划蝽属*Karataviella* Becker-Migdisove，1949；小希加划蝽属*Sigarella* Popov，1971；道虎沟划蝽属*Daohugocorixa* Zhang，2010；九龙山划蝽属*Jiulongshancorixa* Zhang，2010。

卡拉达划蝽属 *Karataviella* Becker-Migdisove，1949

Karataviella Becker-Migdisove，1949，*Tr. Paleontol. Inst. Akad. Nauk. SSSR*，22：1–68[114] (original designation).

模式种：短翅卡拉达划蝽*Karataviella brachyptera* Becker-Migdisove，1949。

两个复眼很大且远离，占据了头部的大部分位置。前胸背板大，前角钝圆。小盾片宽大，呈三角形。前翅膜片小且无脉。后足跗节较为细短，与后足胫节的长度近乎等长，且边缘有较长的刚毛；跗节第二节长度是整个跗节长度的一半或更短。

产地及时代：内蒙古，中侏罗世；辽宁、河北、山东，早白垩世。

中国北方地区侏罗纪和白垩纪报道5种（详见表17.1）。

小希加划蝽属 *Sigarella* Popov，1971

Sigarella Popov，1971，*Tr. Paleontol. Inst. Akad. Nauk. SSSR*，139：89–105[97] (in Russian) (original designation).

模式种：法属小希加划蝽*Corixe florissantella* Cockerell，1906。

身体呈现棕色；前胸背板大并且具有1条中纵脊；R与M融合形成R+M，在靠近翅基部与Cu融合为R+M+Cu。小盾片较小；爪片上有1支臀脉。膜片缺失。腹部8节，生殖节不对称。

产地及时代：山东，早白垩世。

中国北方地区白垩纪仅报道1种（详见表17.1）。

道虎沟划蝽属 *Daohugocorixa* Zhang，2010

Daohugocorixa Zhang，2010，*Paleontol. J.*，44 (5)：520[115] (original designation).

模式种：火山道虎沟划蝽*Daohugocorixa vulcanica* Zhang，2010。

头部长度等于或略短于前胸背板。两复眼间距大于复眼宽度。前胸背板后缘明显向后凸，侧角圆顿，中间有横向拱形的长皱纹。前缘裂存在，2个前翅膜片部分非常狭窄且互相重叠。

产地及时代：内蒙古，中侏罗世。

中国北方地区侏罗纪仅报道1种（详见表17.1）。

九龙山划蝽属 *Jiulongshancorixa* Zhang，2010

Jiulongshancorixa Zhang，2010，*Paleontol. J.*，44（5）：519[115]（original designation）.

模式种：真九龙山划蝽 *Jiulongshancorixa genuina* Zhang，2010。

头部长度超过前胸背板。两复眼间距大于复眼宽度。前胸背板呈钝三角形，且侧面形成角度，没有褶皱，有一较长的纵脊中部靠近前缘，两侧接近侧缘。前缘裂存在。2个前翅膜片部分非常狭窄且互相重叠。爪片结合缝长度长于小盾片长度的2倍。

产地及时代：河北，早白垩世。

中国北方地区白垩纪仅报道1种（详见表17.1）。

臭虫次目 Cimicomorpha Leston，Pendergrast & Southwood，1954

枪喙蝽科 Torirostratidae Yao，Cai，Shih & Engel，2014

该科化石具有以下特征：口器通常以侧面观或向前伸直的方式保存，喙4节，第二节最长且基部膨大。依据地球化学元素测定并且结合埋藏学和形态学数据证实这类昆虫是蝽类具有吸血行为的最早证据，将蝽类血食性的地质记录整整向前推进了将近3 000万年[26]。

中国北方地区侏罗纪和白垩纪报道的属：枪喙蝽属 *Torirostratus* Yao，Shih & Engel，2014；伶俐喙蝽属 *Flexicorpus* Yao，Cai & Engel，2014。

枪喙蝽属 *Torirostratus* Yao，Shih & Engel，2014

Torirostratus Yao，Shih & Engel，2014，*Curr. Biol.*，24：1786[26]（original designation）.

模式种：密毛枪喙蝽 *Torirostratus pilosus* Yao，Shih & Engel，2014。

体长超过12 mm。喙延伸超过前足基节。革片末端指节状。肘脉边缘呈脊状，并沿着爪片缝与爪片末端相连。前胸背板和腹部的宽度一样，腹部第四节最宽。

产地及时代：辽宁、内蒙古、河北，早白垩世。

中国北方地区白垩纪仅报道1种（详见表17.1）。

密毛枪喙蝽 *Torirostratus pilosus* Yao，Shih & Engel，2014（图17.15）

Torirostratus pilosus Yao，Shih & Engel，2014，*Curr. Biol.*，24：1786.

产地及层位：辽宁北票黄半吉沟、辽宁凌源大王仗子、内蒙古宁城柳条沟、河北平泉杨树岭石门；下白垩统，义县组。

体长是宽的3倍。头部长大于宽；眼前区长于眼后区。复眼间距大于复眼直径，两单眼间距等于单眼直径。侧接缘宽大，第三到第五节后角有黑色的方形斑点，第六、第七节之间有楔形纹理[26]。

伶俐喙蝽属 *Flexicorpus* Yao，Cai & Engel，2014

Flexicorpus Yao，Cai & Engel，2014，*Curi. Biol.*，24：1786[26]（original designation）.

模式种：伶俐尖喙蝽 *Flexicorpus acutirostratus* Yao，Cai & Engel，2014。

体长小于10 mm。喙延伸至前足基节。单眼大，单眼直径略大于两单眼间距。产卵器延伸至腹部最后两节。

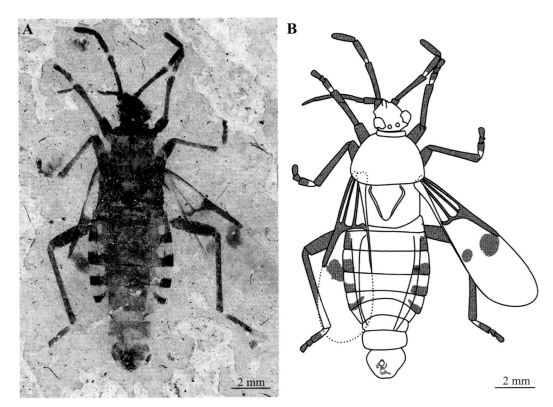

▲ 图 17.15　密毛枪喙蝽 *Torirostratus pilosus* Yao，Shih & Engel，2014（正模标本，CNU-HE-
LB2006506p，标本由史宗冈捐赠）[26]
A. 标本照片；B. 线条图

产地及时代：辽宁，早白垩世。
中国北方地区白垩纪仅报道1种（详见表17.1）。

臭虫总科 Cimicoidea Stephen，1829

古花蝽科 Vetanthocoridae Yao，Cai & Ren，2006

古花蝽科是一个绝灭科，是花蝽科Anthocoridae化石记录的重要补充，为研究花蝽的早期起源和演化提供了新的证据。花蝽的鉴别特征如下：体长为4.3~13.7 mm；喙4节，未伸达腹部基部；触角4节；前胸背板呈梯形，后缘凹陷；腹部有明显的侧接缘；产卵器长，一直延伸至腹部最后两节。古花蝽科有两个族：古花蝽族和粗角花蝽族，共12属16种。其中，在中国下白垩统义县组报道13种，在中国中侏罗统九龙山组报道2种，这也是古花蝽科最古老的化石记录。另外，下白垩统沙海组的长形辽猎蝽*Liaoxia longa* Hong，1987于2006年转入该科[116-121]。

中国北方地区侏罗纪和白垩纪所报道的属：古花蝽属*Vetanthocoris* Yao，Cai & Ren，2006；领古花蝽属*Collivetanthocoris* Yao，Cai & Ren，2006；丝角花蝽属*Byssoidecerus* Yao，Cai & Ren，2006；长足花蝽属*Mecopodus* Yao，Cai & Ren，2006；短角花蝽属*Curticerus* Yao，Cai & Ren，2006；点胸花蝽属*Pustulithoracalis* Yao，Cai & Ren，2006；弯尾花蝽属*Curvicaudus* Yao，Cai & Ren，2006；粗角花蝽属*Crassicerus* Yao，Cai & Ren，2006；娇小古花蝽属*Pumilanthocoris* Hou，Yao & Zhang，2012；长针花蝽属

Longilanceolatus Tang，Yao & Ren，2015；刻点花蝽属*Punctivetanthocoris* Tang，Yao & Ren，2017。

古花蝽属 *Vetanthocoris* Yao，Cai & Ren，2006

Vetanthocoris Yao，Cai & Ren，2006，*Zootaxa*，1360：8[117] (original designation).

模式种：华美古花蝽*Vetanthocoris decorus* Yao，Cai & Ren，2006。

前胸背板无领，长为宽的1/3。前翅略超过腹部末端。腹部宽于前胸背板。

产地及时代：辽宁，早白垩世。

中国北方地区白垩纪报道2种（详见表17.1）。

领古花蝽属 *Collivetanthocoris* Yao，Cai & Ren，2006

Collivetanthocoris Yao，Cai & Ren，2006，*Zootaxa*，1360：16[117] (original designation).

模式种：凶领古花蝽*Collivetanthocoris rapax* Yao，Cai & Ren，2006。

前胸背板有领，长为宽的一半。前翅明显超过腹部末端。前胸背板宽于腹部。

产地及时代：辽宁，早白垩世。

中国北方地区白垩纪仅报道1种（详见表17.1）。

丝角花蝽属 *Byssoidecerus* Yao，Cai & Ren，2006

Byssoidecerus Yao，Cai & Ren，2006，*Zootaxa*，1360：19[117] (original designation).

模式种：光丝角花蝽*Byssoidecerus levigatus* Yao，Cai & Ren，2006。

触角第三、第四节近等长且比较纤细，直径相当于第二节的一半。爪片宽大，为翅长的一半。

产地及时代：辽宁，早白垩世。

中国北方地区白垩纪仅报道1种（详见表17.1）。

长足花蝽属 *Mecopodus* Yao，Cai & Ren，2006

Mecopodus Yao，Cai & Ren，2006，*Zootaxa*，1360：22[117] (original designation).

模式种：黄长足花蝽*Mecopodus xanthos* Yao，Cai & Ren，2006。

触角第三、第四节直径相当于第二节的一半。前胸背板前缘长于后缘一半。腹部宽于前胸背板。

产地及时代：辽宁，早白垩世。

中国北方地区白垩纪仅报道1种（详见表17.1）。

短角花蝽属 *Curticerus* Yao，Cai & Ren，2006

Curticerus Yao，Cai & Ren，2006，*Zootaxa*，1360：31[117] (original designation).

模式种：维短角花蝽*Curticerus venustus* Yao，Cai & Ren，2006。

触角略长于头、前胸背板以及小盾片长度之和，第三、第四节长度之和超过第二节。前胸背板长是宽的一半，腹板第三到第七节宽度近似相等。

产地及时代：辽宁，早白垩世。

中国北方地区白垩纪仅报道1种（详见表17.1）。

点胸花蝽属 *Pustulithoracalis* Yao，Cai & Ren，2006

Pustulithoracalis Yao，Cai & Ren，2006，*Zootaxa*，1360：35[117] (original designation).

模式种：秀点胸花蝽*Pustulithoracalis gloriosus* Yao，Cai & Ren，2006。

身体较小，体长小于6mm，触角第二、三、四节近等粗。前胸背板、小盾片、爪片、革片均具有刻点。

产地及时代：辽宁，早白垩世。

中国北方地区白垩纪仅报道1种（详见表17.1）。

弯尾花蝽属 *Curvicaudus* Yao，Cai & Ren，2006

Curvicaudus Yao，Cai & Ren，2006，*Zootaxa*，1360：23[117] (original designation).

模式种：毛弯尾花蝽*Curvicaudus ciliatus* Yao，Cai & Ren，2006。

前胸背板背面具有两条纵脊或纵沟状结构。革片有较深的前缘裂。雄性腹部末端左弯。

产地及时代：辽宁，早白垩世。

中国北方地区白垩纪报道2种（详见表17.1）。

粗角花蝽属 *Crassicerus* Yao，Cai & Ren，2006

Crassicerus Yao，Cai & Ren，2006，*Zootaxa*，1360：29[117] (original designation).

模式种：秘粗角花蝽*Crassicerus furtivus* Yao，Cai & Ren，2006。

触角的长度与头部、前胸背板和小盾片之和近似相等，触角第二节近等于第三、四节长度之和。前胸背板长为宽的1/3，腹部腹板第三到第六节宽度近似相等[119]。

产地及时代：辽宁，早白垩世。

中国北方地区白垩纪报道2种（详见表17.1）。

娇小古花蝽属*Pumilanthocoris* Hou，Yao & Zhang，2012

Pumilanthocoris Hou，Yao & Zhang，2012，*Eur. J. Entomol.*，109：282[118] (original designation).

模式种：狭长娇小古花蝽*Pumilanthocoris gracilis* Hou，Yao & Zhang，2012。

喙的第一节略短于第三节，第二节长于第四节。前胸背板具领。

产地及时代：内蒙古，中侏罗世。

中国北方地区侏罗纪报道2种（详见表17.1）。

长针花蝽属 *Longilanceolatus* Tang，Yao & Ren，2015

Longilanceolatus Tang，Yao & Ren，2015，*Cretac. Res.*，56：505[119] (original designation).

模式种：纤弱长针花蝽*Longilanceolatus tenellus* Tang，Yao & Ren，2015。

头部相对较圆，后缘中线明显隆起。复眼较圆，远离前胸背板前缘。产卵器很长，略微突出于腹部的末端。

产地及时代：辽宁，早白垩世。

中国北方地区白垩纪仅报道1种（详见表17.1）。

刻点花蝽属 *Punctivetanthocoris* Tang，Yao & Ren，2017

Punctivetanthocoris Tang，Yao & Ren，2017，*J. Syst. Palaeontol.*，15（9）：699[121]（original designation）.

模式种：多毛刻点花蝽 *Punctivetanthocoris pubens* Tang，Yao & Ren，2017。

前胸背板、爪片和革片的背面光滑；喙4节，第二节长度近等于第四节。前胸背板无领。革片没有前缘裂。

产地及时代：辽宁，早白垩世。

中国北方地区白垩纪仅报道1种（详见表17.1）。

多毛刻点花蝽 *Punctivetanthocoris pubens* Tang，Yao & Ren，2017（图17.16）

Punctivetanthocoris pubens Tang，Yao & Ren，2017，*J. Syst. Palaeontol.*，15（9）：700.

产地及层位：辽宁北票黄半吉沟；下白垩统，义县组。

前胸背板，爪片和革片覆盖浓密刚毛和密集的刻点。喙4节，第三节最长，第四节略短于第二节。触角4节，第二节最长，等于第三、第四节长度之和。前胸背板具领。前翅延伸超过腹部末端，革片有明显前缘裂和中裂，小盾片长度超过爪片结合缝。腹部宽度超过前胸背板，产卵器较长[121]。

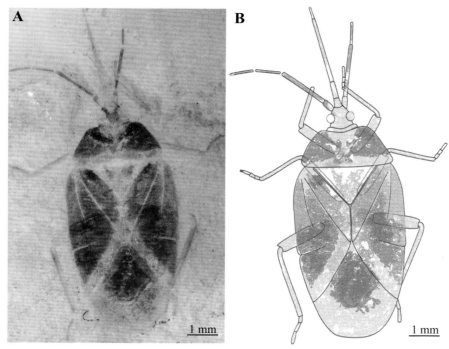

▲ 图17.16　多毛刻点花蝽 *Punctivetanthocoris pubens* Tang，Yao & Ren，2017（正模标本，CNU-HET- LB2012089p）[121]
　　　　　　A. 标本照片；B. 线条图

古花蝽科的系统学研究

为了确定古花蝽科在臭虫型中的位置，并阐明与现存花蝽科的系统发育关系，唐迪等[121]进行了两组形态学数据的分析。第一组是针对臭虫型进行支序分析。通过对17个种和53个形态特征进行系统发育分析，结果证实了臭虫型和臭虫总科的单系性，并证明了已绝灭的古花蝽科属于臭虫总科（图17.17）。第二组是对臭虫总科进行支序分析的。通过对9个种和21个形态特征进行系统发育分析，结果表明花蝽中3个现生科为一个单系群，古花蝽科被认为与广义的花蝽科有较近的亲缘关系，而广义的花蝽科应是臭虫总科中最具代表性的类群（图17.17、图17.18）[121]。

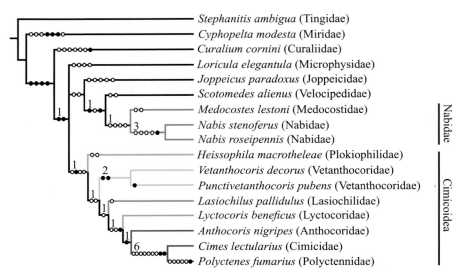

▲图 17.17 通过对臭虫型内特征矩阵的系统分析产生的严格合意树（改自参考文献［121］）：
树长 =126；一致性指数 =0.54；保留性指数 =0.65
（·：同源性特征；○：非同源性特征。分支上黑色数字表示布雷默支持值）

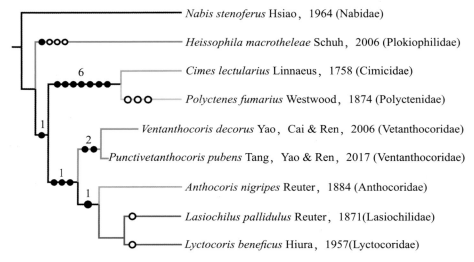

▲图 17.18 臭虫总科的严格合意树[121]（改自参考文献[121]）：树长 =32；一致性指数 =0.75；保
留性指数 =0.73
（·：同源性特征；○：非同源性特征。分支上黑色数字表示布雷默支持值）

盲蝽总科 Miroidea Hahn，1833

盲蝽科 Miridae Hahn，1833

盲蝽科是异翅目中最大的科，现生类群大约有 1 400属10 000种[91]。盲蝽科体长1~15 mm。因其单眼缺失，故叫"盲蝽"。盲蝽科大部分类群是重要的农业害虫，它们会刺穿植物组织以植物汁液为食，有时还会传播一些病毒导致植物发生病害。另外一些种类具捕食性。盲蝽科化石种类繁多，来自中新世波罗的海琥珀中的盲蝽科化石记录尤为丰富，化石种已超过40种。在中国东北始新世的琥珀中曾描述过1

种盲蝽[122]，但其亚科尚未确定。强壮怪脉盲蝽*Mirivena robusta* Yao，Cai & Ren，2007是盲蝽科最古老的化石记录，产于中国中侏罗统九龙山组。

中国北方地区侏罗纪报道的属：怪脉盲蝽属*Mirivena* Yao，Cai & Ren，2007。

怪脉盲蝽属 *Mirivena* Yao，Cai & Ren，2007

Mirivena Yao，Cai & Ren，2007，*Zootaxa*，1442：38[123]（original designation）。

模式种：强壮怪脉盲蝽*Mirivena robusta* Yao，Cai & Ren，2007。

体长约11 mm，头部宽是长的1.4倍。复眼与前胸背板前缘分离。革片CuP缺失，R伸达至前翅前缘。

产地及时代：内蒙古，中侏罗世。

中国北方地区侏罗纪仅报道1种（详见表17.1）。

网蝽总科 Tingoidea Laporte，1833

奇异网蝽科 Ignotingidae Zhang，Golub，Popov & Shcherbakov，2005

网蝽总科昆虫，通常被称作"网蝽"，包括现生的网蝽科和3个绝灭科，分别为：奇异网蝽科Ignotingidae、埃博网蝽科Ebboidae和西班牙网蝽科Hispanocaderidae[124, 125, 126]。奇异网蝽科是网蝽总科中的1个绝灭科，发现于中国山东下白垩统莱阳组，目前仅记录1属1种。基于前胸背板和前翅的外部形态，奇异网蝽科应与网蝽科有密切的亲缘关系。奇异网蝽科不同于网蝽科的特征如下：头部和胸部有较为粗糙的斑点，就像南美网蝽亚科Vianaidinae一样；头部没有突出的下颚片或者小颊；触角很长，伸展超过体长；喙粗壮且较长，朝腹部延伸但不贴着腹部，基部灵活。前胸背板和侧背板网格状；小盾片外露；革片延伸至前翅末端，并伴有几个翅室；前缘裂缺失；R+M粗壮；爪片较大，呈三角形，爪片结合缝较长；膜片不是网状结构；后足基节间距宽于前足、中足基节间距；跗节3节；第二、三节腹板融合；产卵器呈锯齿状且未被侧背板盖住[124]。

中国北方地区白垩纪报道的属：奇异网蝽属*Ignotingis* Zhang，Golub，Popov & Shcherbakov，2005[124]。

奇异网蝽属 *Ignotingis* Zhang，Golub，Popov & Shcherbakov，2005

Ignotingis Zhang，Golub，Popov & Shcherbakov，2005，*Cretac. Res.*，26：784[124]（original designation）。

模式种：华丽奇异网蝽*Ignotingis mirifica* Zhang，Golub，Popov & Shcherbakov，2005。

头部没有突出的下颚片或者小颊。触角很长，伸展超过体长，第三节最长，第二节比第一节长。前胸背板前缘具有较窄的领，相对狭窄的侧背板延伸至中胸背板，小盾片外露。前缘裂缺失，膜片（前翅重叠区域）狭长且没有网状结构。

产地及时代：山东，早白垩世。

中国北方地区白垩纪仅报道1种（详见表17.1）。

蝽次目 Pentatomomorpha Leston，Pendergrast & Southwood，1954

脉蝽科 Venicoridae Yao，Ren & Cai，2012

脉蝽科在中国早白垩世仅有4个种被报道[127, 128]。该科主要的鉴别特征：触角第二节很长，明显超过第三节，近等于第三节和第四节长度之和；前胸背板没有明显的胝；爪片顶端贴近但不相连，且没有被小盾片盖住；侧结缘清晰，完全暴露；R、M和Cu在革片基部融合；Sc缺失，R和M在革片基部分开，爪片上仅有1A；雄性腹部第八节气孔缺失。

中国北方地区白垩纪报道的属：脉蝽属 *Venicoris* Yao，Ren & Rider，2012；爪片蝽属 *Clavaticoris* Yao，Ren & Cai，2012；晕脉蝽属 *Halonatusivena* Du，Yao & Ren，2016。

脉蝽属 *Venicoris* Yao，Ren & Rider，2012

Venicoris Yao，Ren & Rider，2012，*PLoS ONE*，7 (5)：13[127] (original designation).

模式种：太阳脉蝽 *Venicoris solaris* Yao，Ren & Rider，2012。

喙延伸至胸部中足基节。前胸背板呈梯形，没有领，存在隆起；小盾片三角形；R、M和Cu在革片基部连接，膜片呈网状脉相，爪片1A存在且末端尖细，R+M在后翅末端分支。

产地及时代：辽宁，早白垩世。

中国北方地区白垩纪仅报道1种（详见表17.1）。

太阳脉蝽 *Venicoris solaris* Yao，Ren & Rider，2012（图17.19）

Venicoris solaris Yao，Ren & Rider，2012，*PLoS ONE*，7 (5)：13.

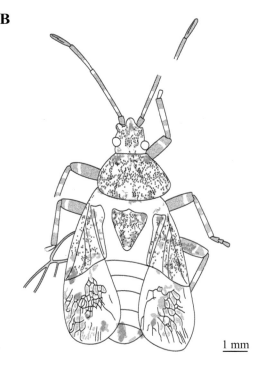

▲ 图 17.19　太阳脉蝽 *Venicoris solaris* Yao，Ren & Rider，2012（正模标本，雄性，CNU-HE-LB2006526）[127]

A. 标本照片；B. 线条图

产地及层位：辽宁北票黄半吉沟；下白垩统，义县组。

触角长度超过体长一半。小盾片侧缘长于前胸背板中线，基部两侧的角具有黑圆斑点。股节有一个浅色环，胫节有两个浅色环。膜片基部有三个黑斑，最外侧斑点最大，中间的最小；革翅前缘为弧形。腹部宽，各节侧接缘后缘角处有方形黑斑[127]。

爪片蝽属 *Clavaticoris* Yao，Ren & Cai，2012

Clavaticoris Yao，Ren & Cai，2012，*PLoS ONE*，7 (5)：15[127] (original designation)。

模式种：郑氏爪片蝽*Clavaticoris zhengi* Yao，Ren & Cai，2012。

该种名为了致谢郑乐怡教授（南开大学昆虫学研究所）对中国异翅目昆虫研究做出的杰出贡献。

体长17 mm，小盾片三角形，端部圆形，伸至腹部第二节。喙伸至腹板第三节。R从革片基部发出，直至革片前缘端部1/6处；M和Cu从R基部发出，直至爪片基部。

产地及时代：辽宁，早白垩世。

中国北方地区白垩纪仅报道1种（详见表17.1）。

晕脉蝽属 *Halonatusivena* Du，Yao & Ren，2016

Halonatusivena Du，Yao & Ren，2016，*Cretac. Res.*，68：23[128] (original designation)。

模式种：石氏晕脉蝽*Halonatusivena shii* Du，Yao & Ren，2016

该种名为了感谢石岩对化石采集工作的帮助和贡献。

触角第二节长度短于第三、四节长度的和。头部较圆且侧面光滑，复眼向外凸起；小盾片中部往后缢缩；爪片尖细；膜片的脉相为网状，翅脉边缘极不规则，管状结构在翅脉中减少；产卵器较长，一直延伸至腹部最后四节。

产地及时代：辽宁，早白垩世。

中国北方地区白垩纪报道2种（详见表17.1）。

脉蝽科系统学研究

为了研究已绝灭的脉蝽科与蝽次目其他科之间的关系，姚云志等人对34个现生类群和5个化石类群的130个形态特征进行了系统发育分析，主要结果如图17.20所示：整个蝽次目应为单系群；扁蝽总科和毛点类互为姐妹群关系；脉蝽科作为一个科级阶元，可能是整个毛点类的祖先型或是其他类群的姐妹群；蝽次目的起源时间应该早于现有的化石记录，或许可以追溯到中三叠世或早三叠世[127]。

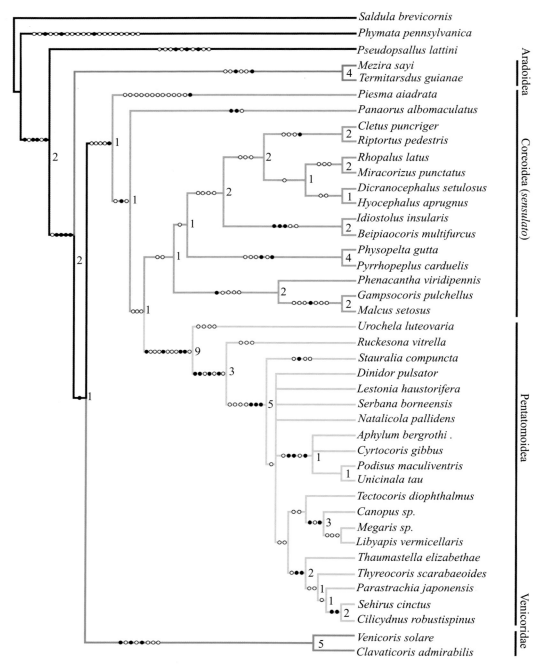

▲ 图 17.20　脉蝽科系统发育树（改自参考文献［127］）。依据 15 棵最大简约树得到的严格合意树
（●：同源性特征；○：非同源性特征。分支上黑色数字表示布雷默支持值）

缘蝽总科 Coreoidea Reuter，1910

粗蝽科 Pachymeridiiae Handlirsch，1906–1908

　　1977年Popov等人认为广义缘蝽总科（包括红蝽总科和长蝽总科）的祖先型是已绝灭的粗蝽科[39]。尽管现有的化石记录显示粗蝽科在侏罗纪繁盛，但是至今仍无法解释它们在中白垩时期灭绝的原因[92]。

目前，我们已经从义县组和九龙山组收集了大量保存完好的粗蝽科化石[129，130]。

中国北方地区侏罗纪和白垩纪报道的属：中国粗蝽属*Sinopachymeridium* Yao，Cai & Ren，2006；北票粗蝽属*Beipiaocoris* Yao，Cai & Ren，2008；雅蝽属*Bellicoris* Yao，Cai & Ren，2008；亮眼粗蝽属*Nitoculus* Yao，Cai & Ren，2008；壮脉粗蝽属*Viriosinervis* Yao，Cai & Ren，2008；奇异粗蝽属*Peregrinpachymeridium* Lu，Yao & Ren，2011；美冠粗蝽属*Corollpachymeridium* Lu，Yao & Ren，2011。

中国粗蝽属 *Sinopachymeridium* Yao，Cai & Ren，2006

Sinopachymeridium Yao，Cai & Ren，2006，*Annales Zoologici.*，56 (4)：754[129] (original designation).

模式种：波氏中国粗蝽*Sinopachymeridium popovi* Yao，Cai & Ren，2006。

喙伸至后足基节；跗节3节；前翅分为明显的膜片和革片；C存在，其基部1/4处与Sc+R+M融合；膜片上有7条简单的纵脉，第一条脉远离翅前缘，第四、五条脉基部融合。

产地及时代：内蒙古，中侏罗世。

中国北方地区侏罗纪仅报道1种（详见表17.1）。

波氏中国粗蝽 *Sinopachymeridium popovi* Yao，Cai & Ren，2006（图17.21）

Sinopachymeridium popovi Yao，Cai & Ren，2006，*Annales Zoologici.*，56 (4)：754.

产地及层位：内蒙古宁城道虎沟；中侏罗统，九龙山组。

该种名为了纪念Yuri A. Popov博士，感谢他对异翅目化石的研究做出的杰出贡献。

前足基节远离中足基节。前足股节略短于胫节，跗节端部有两个爪。后足明显长于前足和中足，股节长于胫节的1.6倍。革片前缘1/5处具前缘裂。腹板第三至第六节近似等宽，其中第四节最宽[129]。

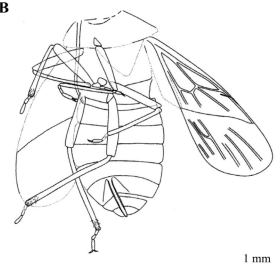

▲ 图 17.21　波氏中国粗蝽 *Sinopachymeridium popovi* Yao，Cai & Ren，2006（正模标本，CNU-HE-NN2005001）[129]

A. 标本照片；B. 线条图

北票粗蝽属 *Beipiaocoris* Yao，Cai & Ren，2008

Beipiaocoris Yao，Cai & Ren，2008，*Acta Geol. Sin.-Engl.*，82（1）：37[130]（original designation）.

模式种：叉脉北票粗蝽*Beipiaocoris multifurcus* Yao，Cai & Ren，2008。

唇基长于上颚片；单眼间距窄于复眼间距。前胸背板具领；革片形成4个近等大的翅室，膜片有5条交叉的纵脉，由革片与膜片分界处的横脉发出。

产地及时代：辽宁，早白垩世。

中国北方地区白垩纪仅报道1种（详见表17.1）。

雅蝽属 *Bellicoris* Yao，Cai & Ren，2008

Bellicoris Yao，Cai & Ren，2008，*Acta Geol. Sin.-Engl.*，82（1）：39[130]（original designation）.

模式种：超然雅蝽*Bellicoris mirabilis* Yao，Cai & Ren，2008。

复眼位于头中部；喙伸至中足基节。前胸背板无领。前翅超过腹部端部；爪片大，爪片结合缝与小盾片近等长；膜片有4条简单浅色的纵脉，类似于色斑。

产地及时代：辽宁，早白垩世。

中国北方地区白垩纪仅报道1种（详见表17.1）。

亮眼粗蝽属 *Nitoculus* Yao，Cai & Ren，2008

Nitoculus Yao，Cai & Ren，2008，*Acta Geol. Sin.-Engl.*，82（1）：40[130]（original designation）.

模式种：国王亮眼粗蝽*Nitoculus regillus* Yao，Cai & Ren，2008。

复眼圆且大，眼前区明显长于眼后区。喙延伸至后足基节。前胸背板无领。C存在，Sc、R和M由一点分开，膜片有几条简单的纵脉。

产地及时代：内蒙古，中侏罗世。

中国北方地区侏罗纪仅报道1种（详见表17.1）。

壮脉粗蝽属 *Viriosinervis* Yao，Cai & Ren，2008

Viriosinervis Yao，Cai & Ren，2008，*Acta Geol. Sin.-Engl.*，82（1）：42[130]（original designation）.

模式种：笨壮脉粗蝽*Viriosinervis stolidus* Yao，Cai & Ren，2008。

前胸背板无领。小盾片三角形，长于前胸背板中线，宽大于长，表面发现一些褶皱纹。前翅狭长，C存在，与Sc+R在翅基部融合，与Sc在前缘裂前汇合为C+Sc并伸至革片端部，Sc与Sc+R在革片基部2/3处分开，Sc、R和M由一点分开，R与C+Sc在革片端部融合；爪片结合缝短于小盾片侧缘。

产地及时代：内蒙古，中侏罗世。

中国北方地区侏罗纪仅报道1种（详见表17.1）。

奇异粗蝽属 *Peregrinpachymeridium* Lu，Yao & Ren，2011

Peregrinpachymeridium Lu，Yao & Ren，2011，*Zootaxa*，2835：42[131]（original designation）.

模式种：情侣奇异粗蝽*Peregrinpachymeridium comitcola* Lu，Yao & Ren，2011。

领存在；膜片上有一个清晰可见的斑点；Sc、R和M由一点发出，Cu从爪片结合缝发出连接到端部的1A，1A靠近爪片结合缝，爪片后端的2A沿着爪片后缘；革片和膜片的交界处有一横脉连接C+Sc、R、M和Cu；爪片结合缝长于小盾片；膜片上有6条简单的纵脉，由革片与膜片分界处的横脉发出。

产地及时代：内蒙古，中侏罗世。

中国北方地区侏罗纪仅报道1种（详见表17.1）。

美冠粗蝽属 *Corollpachymeridium* Lu，Yao & Ren，2011

Corollpachymeridium Lu，Yao & Ren，2011，*Zootaxa*，2835：43[131]（original designation）.

模式种：异脉美冠粗蝽*Corollpachymeridium heteroneurus* Lu，Yao & Ren，2011。

喙长延伸至中足基节和后足基节中部。前胸背板宽是长的2.69倍。Sc、R和M由临近两点发出；膜片具5条交叉的纵脉，均由革片与膜片分界处的横脉发出，膜片基部有一大片深色斑纹。

产地及时代：内蒙古，中侏罗世。

中国北方地区侏罗纪仅报道1种（详见表17.1）。

姬缘蝽科 Rhopalidae Amyot & Serville，1843

姬缘蝽科被称作是"无臭味的植食性蝽"，与缘蝽类其他类群相比通常颜色浅、个体小。到目前为止，世界上已知姬缘蝽昆虫有8个现生属，共200余种。姬缘蝽科化石仅在中国有发现。这些化石与现生的类群有两部分明显不同：其针状产卵器和腹板第七节[132, 133]。

中国北方地区侏罗纪和白垩纪所报道的属：奇异姬缘蝽属*Miracorizus* Yao，Cai & Ren，2006；长爪片姬缘蝽属*Longiclavula* Yao，Cai & Ren，2006；祖姬缘蝽属*Originicorizus* Yao，Cai & Ren，2006；四室姬缘蝽属*Quatlocellus* Yao，Cai & Ren，2006；大头姬缘蝽属*Grandicaputus* Yao，Cai & Ren，2006；小柳叶姬缘蝽属*Vescisalignus* Chen，Yao & Ren，2015。

奇异姬缘蝽属 *Miracorizus* Yao，Cai & Ren，2006

Miracorizus Yao，Cai & Ren，2006，*Zootaxa*，1269：58[132]（original designation）.

模式种：多点奇异姬缘蝽*Miracorizus punctatus* Yao，Cai & Ren，2006。

前胸背板后缘有2条纵脊；爪片有1条脉状脊和1条由基部伸出的脉，两者越过爪片缝，脊伸至革片中部，脉越过革片后缘进入膜片；膜片基部有1个黑斑。

产地及时代：内蒙古，中侏罗世。

中国北方地区侏罗纪仅报道1种（详见表17.1）。

长爪片姬缘蝽属 *Longiclavula* Yao，Cai & Ren，2006

Longiclavula Yao，Cai & Ren，2006，*Zootaxa*，1269：63[132]（original designation）.

模式种：光长爪片姬缘蝽*Longiclavula calvata* Yao，Cai & Ren，2006。

革片仅有1条弯曲的纵脉；爪片末端尖细，没有纵脊和翅脉；膜片有很多条纵脉。腹部卵圆，节间缝直，腹部第3~5节等宽，明显宽于其余各节。

产地及时代：内蒙古，中侏罗世。

中国北方地区侏罗纪仅报道1种（详见表17.1）。

祖姬缘蝽属 *Originicorizus* Yao，Cai & Ren，2006

Originicorizus Yao，Cai & Ren，2006，*Zootaxa*，1384：42[133]（original designation）.

模式种：梨形祖姬蝽*Originicorizus pyriformis* Yao，Cai & Ren，2006。

体长小于7 mm；喙较长，延伸至腹板第三节。1A位于爪片中部，2A位于爪片后缘直至爪片端部；膜片有一些纵脉。

产地及时代：内蒙古，中侏罗世。

中国北方地区侏罗纪仅报道1种（详见表17.1）。

四室姬缘蝽属 *Quatlocellus* Yao，Cai & Ren，2006

Quatlocellus Yao，Cai & Ren，2006，Zootaxa，1384：45 [133] (original designation).

模式种：李氏四室姬缘蝽*Quatlocellus liae* Yao，Cai & Ren，2006。

体长超过8 mm；眼前区长于眼后区；喙较短，喙长不及中足基节。2A沿着爪片后缘一直延伸至端部。

产地及时代：内蒙古，中侏罗世。

中国北方地区侏罗纪仅报道1种（详见表17.1）。

大头姬缘蝽属 *Grandicaputus* Yao，Cai & Ren，2006

Grandicaputus Yao，Cai & Ren，2006，Zootaxa，1384：51 [133] (original designation).

模式种：双斑大头姬缘蝽*Grandicaputus binpunctatus* Yao，Cai & Ren，2006

唇基长于上颚片；胫节具有密集的刚毛；革片有爪片结合缝；膜片端部有近20条纵脉。

产地及时代：内蒙古，中侏罗世。

中国北方地区侏罗纪仅报道1种（详见表17.1）。

小柳叶姬缘蝽属 *Vescisalignus* Chen，Yao & Ren，2015

Vescisalignus Chen，Yao & Ren，2015，Zootaxa，4058 (1)：135 [134] (original designation).

模式种：朴素小柳叶姬缘蝽*Vescisalignus indecorus* Chen，Yao & Ren，2015。

头部三角形；前唇基超过上颚片。小盾片三角形，端部钝圆。革片发现较大的透明区域，膜片上有超过10条简单的纵脉，基部具有逗号似的斑点。产卵器呈锯齿状，从腹片第七节开始分裂，延伸至腹部最后四节。

产地及时代：辽宁，早白垩世。

中国北方地区白垩纪仅报道1种（详见表17.1）。

朴素小柳叶姬缘蝽 *Vescisalignus indecorus* Chen，Yao & Ren，2015（图17.22）

Vescisalignus indecorus Chen，Yao & Ren，2015，Zootaxa，4058 (1)：136.

产地及层位：辽宁北票黄半吉沟；下白垩统，义县组。

头部顶端超过触角第一节，前胸背板前缘距复眼较远，头与前胸背板近等长，前胸背板的长是宽的一半。小盾片呈三角形，端部钝圆，宽大于长。股节明显比胫节短粗，跗节3节，第二节最长，第三节卵圆形。腹部第五腹节的不收缩，产卵器呈锯齿状 [134]。

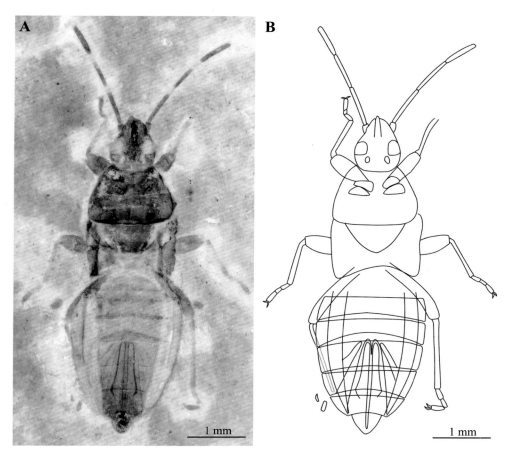

▲ 图 17.22 朴素小柳叶姬缘蝽 *Vescisalignus indecorus* Chen，Yao & Ren，2015（正模标本，
CNU-HET-LB2010249）[134]

A. 标本照片；B. 线条图

尤氏缘蝽科 Yuripopovinidae Azar，Nel，Engel，Garrouste & Matocq，2011

Yuripopovinidae Azar *et al.*，2011，*Pol. J. Entomol.*，80：627–644[135]（original designation）.

Dehiscensicoridae Du，Yao & Ren，2017，*J. Syst. Palaeontol.*，15（12）：991–1013[136]. ［Type genus. *Dehiscensicoris* Du，Yao & Ren，2017］.

Yuripopovinidae Du，Yao & Ren，2019，*Cretac. Res.*，94：141–146[137]. ［synonymic summary］

Dany Azar等人在2011年为了感谢俄罗斯著名古昆虫学家Yuri A. Popov在异翅目化石研究中的突出贡献建立了绝灭科——尤氏缘蝽科Yuripopovinidae[135]。

2017年杜思乐等人建立裂翅蝽科Dehiscensicoridae，科下共5属5种。2019年杜思乐等人将尤氏缘蝽科和裂翅蝽科合并，并建立1属1种，故该科共包括7属7种，均来自早白垩世，但是分布地点却有所不同。华丽尤氏缘蝽*Yuripopovina magnifica* Azar et al.，2011来自黎巴嫩琥珀[135]，胡氏网背蝽*Reticulatitergum hui* Du et al.，2019来自缅甸北部胡康河谷的琥珀[137]，另外的5属5种均发现于辽宁省义县组[136]。

中国北方地区白垩纪报道的属：裂翅蝽属*Dehiscensicoris* Du，Yao & Ren，2017；平泉蝽属*Pingquanicoris* Du，Yao & Ren，2017；长喙蝽属*Changirostrus* Du，Yao & Ren，2017；粗角蝽属*Crassiantenninus* Du，Yao & Ren，2017；小蝽属*Minuticoris* Du，Yao & Ren，2017。

裂翅蝽属 *Dehiscensicoris* Du，Yao & Ren，2017

Dehiscensicoris Du，Yao & Ren，2017，*J. Syst. Palaeontol.*，15 (12)：995[136] (original designation).

模式种：神圣裂翅蝽*Dehiscensicoris sanctus* Du，Yao & Ren，2017。

具颈。触角第二与第三节近等长。单眼可见，靠近复眼后缘，单眼间间距宽于单眼直径。Sc在革片基部与R分离。

产地及时代：辽宁，早白垩世。

中国北方地区白垩纪仅报道1种（详见表17.1）。

神圣裂翅蝽 *Dehiscensicoris sanctus* Du，Yao & Ren，2017（图17.23）

Dehiscensicoris sanctus Du，Yao & Ren，2017，*J. Syst. Palaeontol.*，15 (12)：995.

产地及层位：辽宁北票黄半吉沟；下白垩统，义县组。

身体中等大小；单眼直径窄于单眼间间距；喙伸至后足基节；触角长于头、前胸背板和小盾片的长度总和，前胸背板和小盾片的背面具有密集的刻点；胫节具有密集的刚毛，革片小，C存在，Sc与R、R与M间具有横脉，R和M在膜片基部融合。腹部宽度与前胸背板宽度近乎相等，侧结缘缺失，产卵期长，超过腹部末端三个腹节[136]。

中国北方地区白垩纪仅报道1种（详见表17.1）。

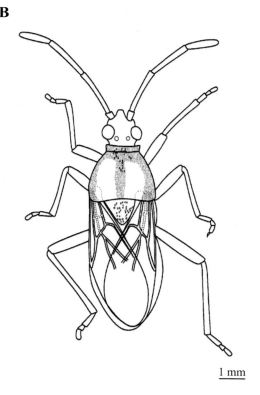

▲ 图 17.23　神圣裂翅蝽 *Dehiscensicoris sanctus* Du，Yao & Ren，2017（正模标本，CNU-HET-LB2006152p）[136]

A. 标本照片；B. 线条图

平泉蝽属 *Pingquanicoris* Du，Yao & Ren，2017

Pingquanicoris Du，Yao & Ren，2017，*J. Syst. Palaeontol.*，15 (12)：1000[136] (original designation).

模式种：刻点平泉蝽*Pingquanicoris punctatus* Du，Yao & Ren，2017。

没有颈。单眼直径窄于单眼间间距。Sc与R在革片2/3处融合，在革片末端部分形成一个封闭的翅室。

产地及时代：河北，早白垩世。

中国北方地区白垩纪仅报道1种（详见表17.1）。

长喙蝽属 *Changirostrus* Du，Yao & Ren，2017

Changirostrus Du，Yao & Ren，2017，*J. Syst. Palaeontol.*，15 (12)：1001[136] (original designation).

模式种：斑点长喙蝽*Changirostrus maculatus* Du，Yao & Ren，2017。

喙长，超过后足基节；单眼间距离比单眼和复眼间距离窄，单眼直径窄于单眼间间距；触角第二节最长；头部没有明显的眼后溢痕；产卵器长，超过腹部后三节。

产地及时代：辽宁，早白垩世。

中国北方地区白垩纪仅1种（详见表17.1）。

粗角蝽属 *Crassiantenninus* Du，Yao & Ren，2017

Crassiantenninus Du，Yao & Ren，2017，*J. Syst. Palaeontol.*，15 (12)：1004[136] (original designation).

模式种：小粗角蝽*Crassiantenninus minutus* Du，Yao & Ren，2017。

喙伸至中足基节。复眼肾形，内缘内凹。单眼直径和单眼间间距近等长。触角长，稍微短于身体长度或者近似等于身体长度，第三节长于第二节。

产地及时代：辽宁，早白垩世。

中国北方地区白垩纪仅报道1种（详见表17.1）。

小蝽属 *Minuticoris* Du，Yao & Ren，2017

Minuticoris Du，Yao & Ren，2017，*J. Syst. Palaeontol.*，15 (12)：1009[136] (original designation).

模式种：棕小蝽*Minuticoris brunneus* Du，Yao & Ren，2017。

复眼肾形，相互远离；单眼存在，靠近复眼后缘，单眼直径与单眼间间距近等长。触角稍微长于体长的一半。前胸背板宽大于长。

产地及时代：辽宁，早白垩世。

中国北方地区白垩纪仅报道1种（详见表17.1）。

广义缘蝽总科系统学研究

广义的缘蝽总科是蝽次目下一个重要的类群，通常认为其包括4个总科：狭义的缘蝽总科Coreoidea、红蝽总科Pyrrhocoroidea、南蝽总科Idiostoloidea和长蝽总科Lygaeoidea[91, 92, 138–140]。在过去的20年里，许多研究学者从分子数据或者形态数据上，针对广义缘蝽总科系统发育关系提出了不同的观点[89, 91, 141–147]。

在我们最近的研究中，一些保存完好的化石标本为我们研究广义缘蝽总科起源与进化提供了新的研究信息。我们选取了2个化石类群和23个现生类群、72个形态特征对其进行支序分析，结果显示，红蝽总科、缘蝽总科、南蝽总科、长蝽总科和尤氏缘蝽科的单系性得到很好的支持（图17.24）。南蝽总科和长蝽总科应互为姐妹群关系。这个结果可以简单概括为：红蝽总科＋｛尤氏缘蝽科＋［缘蝽总科＋（南蝽总科

＋长蝽总科）］｝[2，136]。

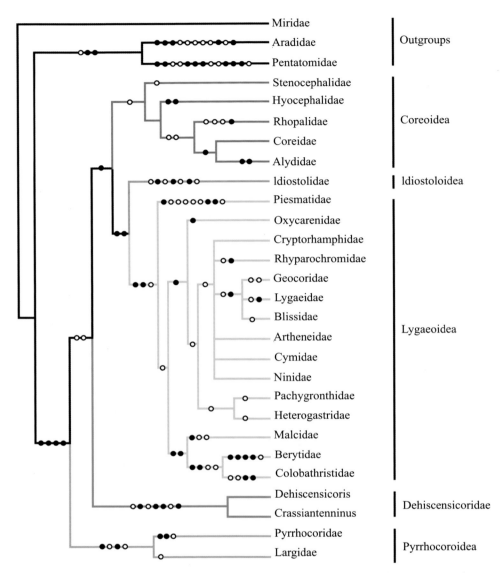

▲ 图 17.24   广义缘蝽总科系统发育树（改自参考文献［136］）。依据 3 棵最大简约树得到的严格合意树
（·：同源性特征；○：非同源性特征。分支上黑色数字表示布雷默支持值）

蝽总科 Pentatomoidea Reuter，1910

土蝽科 Cydnidae Billberg，1820

土蝽科Cydnidae，俗称为"穴居虫"，它们的胫节具有强壮的刺，用于挖掘土壤或者地表的落叶层，因此很容易识别。目前，中生代土蝽科仅有10种被报道。来自中国的强刺毛土蝽*Cilicydnus robustispinus* Yao，Cai & Ren，2007和洪氏东方土蝽*Orienicydnus hongi* Yao，Cai & Ren，2007这两个种产于辽宁省下白垩统义县组[148]。

中国北方地区白垩纪所报道的属：毛土蝽属*Cilicydnus* Yao，Cai & Ren，2007；东方土蝽属*Orienicydnus* Yao，Cai & Ren，2007。

毛土蝽属 *Cilicydnus* Yao，Cai & Ren，2007

Cilicydnus Yao，Cai & Ren，2007，*Zootaxa*，1388：60[148]（original designation）.

模式种：强刺毛土蝽*Cilicydnus robustispinus* Yao，Cai & Ren，2007。

小盾片横宽。股节粗壮，胫节上有粗壮的刺，跗分节近等粗；中足和后足基节彼此靠近，基节和转节呈圆三角形。革片具有中裂、爪片大、爪片结合缝长度短于小盾片。

产地及时代：辽宁，早白垩世。

中国北方地区白垩纪仅报道1种（详见表17.1）。

东方土蝽属 *Orienicydnus* Yao，Cai & Ren，2007

Orienicydnus Yao，Cai & Ren，2007，*Zootaxa*，1388：62[148]（original designation）.

模式种：洪氏东方土蝽*Orienicydnus hongi* Yao，Cai & Ren，2007。

该属头部、前胸背板、小盾片的背面以及前翅革片密布长刚毛。头半圆形，宽大于长，与前胸背板近等长，头前缘具有9个初生刚毛。喙伸至前胸背板后缘。复眼近似三角形，靠近前胸背板前缘。股节粗壮，明显粗于胫节，胫节具有浓密的毛和强刺，跗节3节。

产地及时代：辽宁，早白垩世。

中国北方地区白垩纪仅报道1种（详见表17.1）。

洪氏东方土蝽 *Orienicydnus hongi* Yao，Cai & Ren，2007（图17.25）

Orienicydnus hongi Yao，Cai & Ren，2007，*Zootaxa*，1388：62.

产地及层位：辽宁北票黄半吉沟；下白垩统，义县组。

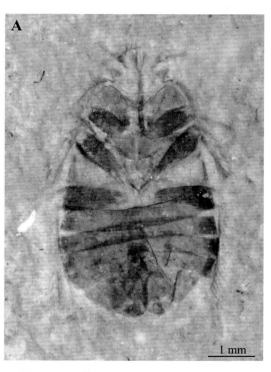
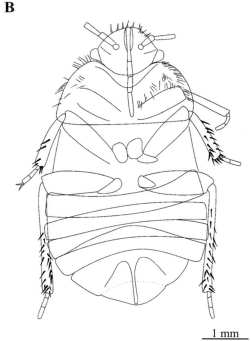

▲ 图 17.25　洪氏东方土蝽 *Orienicydnus hongi* Yao，Cai & Ren，2007（正模标本，CNU-HE-LB2006300）[148]

　　A. 标本照片；B. 线条图

该种名为纪念洪友崇先生，感谢他对中国昆虫化石研究做出的巨大贡献。

喙各节近等粗，第四节明显长于第三节。复眼近似三角形，接近前胸背板前缘。跗节第二节与第三节近等长。前胸背板前缘强烈凹陷，侧缘外凸，后缘近直，前侧角略圆，后侧角近圆，长大约是宽的2.7倍[148]。

初蝽科 Primipentatomidae Yao，Cai，Rider & Ren，2013

初蝽科是蝽总科下的1个绝灭科，在中国东北地区早白垩世报道4属5种。初蝽科的鉴别特征如下：身体中等大小；头三角形；触角4节，第一节最短；喙伸至前足基节，第一节藏于小颊中；前胸背板梯形，连接舌状小盾片，基部具月状隆起，长度小于腹长的一半；足简单且没有刺，跗节3节；胸部腹板有明显隆起；前翅为大翅型，革片小且短于小盾片，具有1个大翅室，有一条脉从翅室发出伸至膜片；爪片端部尖锐，静息时隐蔽在小盾片下面，没有形成爪片缝；膜片基部具有1个大的翅室和从中发出两条脉；片状产卵器，第八腹板不融合；第八侧背片相对较大，盖住第九侧背片[149]。

中国北方地区白垩纪报道的属：初蝽属*Primipentatoma* Yao，Cai，Rider & Ren，2013；短盾蝽属*Breviscutum* Yao，Cai，Rider & Ren，2013；脊初蝽属*Oropentatoma* Yao，Cai，Rider & Ren，2013；四节初蝽属*Quadrocoris* Yao，Cai，Rider & Ren，2013。

初蝽属 *Primipentatoma* Yao，Cai，Rider & Ren，2013

Primipentatoma Yao，Cai，Rider & Ren，2013，*J. Syst. Palaeontol.*，11(1)：67[149] (original designation).

模式种：奇异初蝽*Primipentatoma peregrina* Yao，Cai，Rider & Ren，2013。

触角远离复眼，触角第三、四节近等长。喙延伸，接近中足基节。复眼间间距超过复眼的直径。前胸背板扩展至腹部第四节。中足基节更靠近后足基节。腹部椭圆形，侧结缘较宽。

产地及时代：辽宁，早白垩世。

中国北方地区白垩纪仅报道1种（详见表17.1）。

奇异初蝽 *Primipentatoma peregrina* Yao，Cai，Rider & Ren，2013（图17.26）

Primipentatoma peregrina Yao，Cai，Rider & Ren，2013，*J. Syst. Palaeontol.*，11(1)：71.

产地及层位：辽宁北票黄半吉沟、辽宁凌源大王仗子；下白垩统，义县组。

体长12.2 mm，体宽最大6.6 mm，触角第二节最长。前胸背板占体长的1/3，前角前缘具有2个椭圆形斑点和2个楔形斑点。小盾片在突出的月状区域有2个椭圆形斑点。前翅不及腹部末端，爪片和革片短于小盾片侧缘长度。侧结缘宽大，每节后角有黑色方形斑纹[149]。

短盾蝽属 *Breviscutum* Yao，Cai，Rider & Ren，2013

Breviscutum Yao，Cai，Rider & Ren，2013，*J. Syst. Palaeontol.*，11(1)：74[149] (original designation).

模式种：新月短盾蝽*Breviscutum lunatum* Yao，Cai，Rider & Ren，2013。

体长超过10 mm，触角第三节长度超过第四节，喙长超过前足基节。前胸背板明显具领，没有胝。小盾片延伸至腹部第三节，明显宽大于长，其端部较为钝圆。

产地及时代：辽宁，早白垩世。

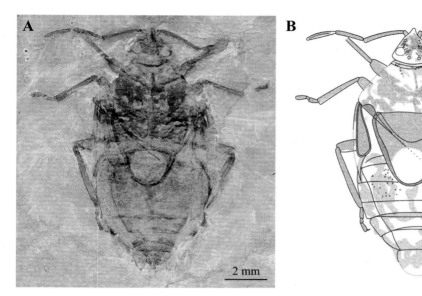

▲ 图 17.26 奇异初蝽 *Primipentatoma peregrina* Yao，Cai，Rider & Ren，2013（正模标本，CNU-HET-LB2006001）[149]

A. 标本照片；B. 线条图

中国北方地区白垩纪仅报道1种（详见表17.1）。

脊初蝽属 *Oropentatoma* Yao，Cai，Rider & Ren，2013

Oropentatoma Yao，Cai，Rider & Ren，2013，*J. Syst. Palaeontol.*，11(1)：76[149] (original designation).

模式种：美丽脊初蝽*Oropentatoma epichara* Yao，Cai，Rider & Ren，2013。

身体细长。触角第三节长度超过第四节。喙几乎伸至中足基节。前胸背板有明显的领，没有脈。小盾片末端圆形，伸至腹部第三节，长宽近似相等。

产地及时代：辽宁，早白垩世。

中国北方地区白垩纪仅报道1种（详见表17.1）。

四节初蝽属 *Quadrocoris* Yao，Cai，Rider & Ren，2013

Quadrocoris Yao，Cai，Rider & Ren，2013，*J. Syst. Palaeontol.*，11(1)：77[149] (original designation).

模式种：放射四节初蝽*Quadrocoris radius* Yao，Cai，Rider & Ren，2013。

体长小于10 mm。喙从头部顶端伸出，几乎伸长至后足基节处。前胸背板有明显的脈。小盾片伸至腹部第三节。腹部呈卵圆形且有7个很明显的分节。

产地及时代：辽宁，早白垩世。

中国北方地区白垩纪仅报道1种（详见表17.1）。

初蝽科的系统学研究

姚云志等（2013）根据系统发育分析推测初蝽科和蝽次目其他科之间的系统发育关系[149]。一共选择了72个形态特征，其中56个来自Grazia等人的研究，但对其中3个性状进行了修订[150]。在这72个特征中，其中有48个是二态性状，24个是多态性状。其中9个特征被认为是由于非叠加基因作用产生的。支序分析结果表明初蝽科应为一个新科，其单系性得到有力的数据支持。并且，同蝽科Acanthosomatidae、蝽科Pentatomidae、隆背蝽科Thyreocoridae、兜蝽科Dinidoridae、三节蝽科Phloeidae和盾蝽科Scutelleridae的单系性也都得到强烈的支持（图17.27）。同时，初蝽科应与整个蝽总科互为姐妹群关系，除了舟蝽科Saileriolidae和异蝽科Urostylididae之外。然而，土蝽科的单系性没有被很好地支持。广义的异蝽科与蝽总科其他的类群构成一个并系，尽管广义的异蝽科和初蝽科的系统发育问题没有被解决，但是这个结果与Grazia等人简约树的研究结果十分类似[150]。

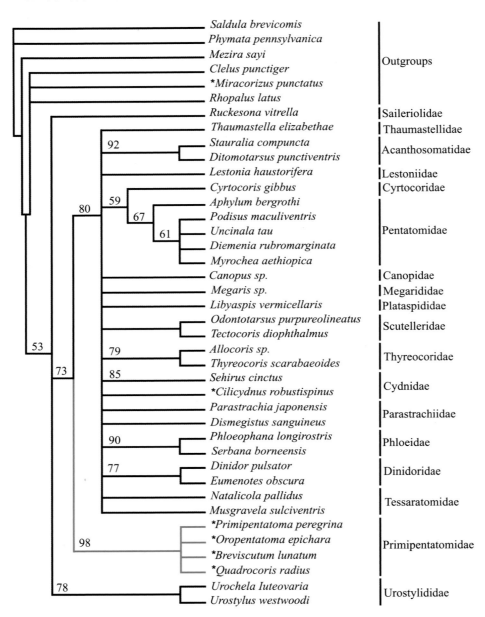

▲ 图17.27　初蝽科和蝽次目下其他科的系统发育树，图片改自参考文献［149］。图为依据所有最大简约树提取出的严格合意树，各分支上的数字为自展值。＊：化石种。

鞘喙亚目 Coleorrhyncha Myers & China，1929

原臭虫总科 Progonocimicoidea Handlirsch，1906

原臭虫科 Progonocimicidae Handlirsch，1906

正如上文所述，鞘喙亚目是半翅目中的4个亚目之一，英文统称为"moss bugs"，可翻译为"鞘喙蝽"，因为它们是十分古老的昆虫类群，经常称之为"活化石"。鞘喙亚目一共分为4个科，仅有鞘喙蝽科Peloridiidae为现生科，其余3个科（似膜翅蝽科Hoploridiidae、卡拉蝽科Karabasiidae、原臭虫科Progonocimicidae）均为绝灭类群。在1906年，Handlirsch通过化石标本建立了鞘喙亚目中绝灭科之一——原臭虫科。到目前为止，该科发表了大约20属60种。已知该科仅有2属4种来自中国。这些类群具有一些相似的形态特征，例如：前翅具有简单的纵脉，dSc离基室很远，A-R较短，两者通常为水平状态，M_3和M_4分别与CuA_1汇合。后翅有4个较大的翅室。头部宽度小于前胸背板宽度的0.6倍。触角一般有6~7节，且具刚毛，第四到第六节基部较粗壮。后足跗节3节，第一节最长。后足胫节有刺。第九腹节没有生殖刺突。

中国北方地区侏罗纪报道的属：蝉蝽属*Cicadocoris* Becker-Migdisova，1958；卡拉蝽属*Karabasia* Wang，Szwedo，Zhang & Lin，2011。

蝉蝽属 *Cicadocoris* Becker-Migdisova，1958

Cicadocoris Becker-Migdisova，1958，*Mater. Fundam. Paleontol.*，2：57–67[37]．

模式种：库里蝉蝽*Cicadocoris kuliki* Becker-Migdisova，1958。

前翅端部圆形，M_{3+4}相交点在边缘上；翅脉前缘为弧形；中室长度短于前翅一半；基室长超过边缘翅室的1/3；R_1比dSc更接近Rs；腹部卵圆形，长大于宽，腹板第四节最宽，产卵器略微超过第九腹板。

分布和时代：俄罗斯，早侏罗世；内蒙古，中侏罗世。

中国北方地区侏罗纪报道3种（详见表17.1）。

差翅蝉蝽 *Cicadocoris anisomeridis* Dong，Yao & Ren，2014（图17.28）

Cicadocoris anisomeridis Dong，Yao & Ren，2014，*Syst. Entomol.*，39（4）：775.

▲ 图 17.28　差翅蝉蝽 *Cicadocoris anisomeridis* Dong，Yao & Ren，2014（正模标本，CNU-PRO-NN2012240p）[151]
　　　　A. 标本照片；B. 线条图

产地及层位：内蒙古宁城道虎沟；中侏罗统，九龙山组。

头部宽度不超过前胸背板的一半；基跗节是中跗节的2倍。腹板大约比腹部侧背片宽4.1~5.4倍。前翅基部变窄，通常爪片端部的长度比整个翅长窄1/3。C呈轻微弧形；前缘域狭小。R_1长是dSc的1.1~1.5倍，Rs长是R_1的1.3~1.9倍[151]。

鞘喙亚目的系统学研究

为了确定鞘喙亚目的系统发育关系并给出合理的支序假设，我们尝试用属级阶元的类群对其进行支序分析，选取了蝉次目中的鸣鸣蝉*Oncotympana maculaticollis*作为外群。内群一共选取鞘喙亚目下的10个类群，其中包括8个化石类群和2个现生类群。依据成虫的形态鉴别特征，选出20个形态特征，并对所有分类单元进行了编码。卡拉蝽科在传统分类上被分为两个亚科：卡拉蝽亚科Karabasiinae和似膜翅蝽亚科Hoploridiinae。根据我们的结果表明：卡拉蝽科应该与鞘喙蝽科形成一个并系，并且后者与似膜翅蝽亚科形成姐妹群关系。支序分析结果如图17.29所示，原臭虫科的单系性基于R三分支和头部长度小于前胸背板的0.6倍而得到支持。然而，原臭虫亚科Progonocimicinae和蝉蝽亚科Cicadocorinae的单系性却无法得到任何特征的支持，形成一个并系。因此，我们建议废除古原虫亚科、蝉蝽亚科和卡拉蝽亚科，将似膜翅蝽亚科提升为科级单位，依旧保留原臭虫科的分类阶元。这个结果可以简单地概括为：鞘喙亚目Coleorrhyncha = 原臭虫科Progonocimicidae +［卡拉蝽科Karabasiidae+（似膜翅蝽科Hoploridiidae + 鞘喙蝽科Peloridiidae）］。

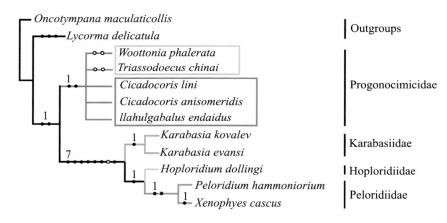

▲图17.29　鞘喙亚目严格合意树（改自参考文献［150］）：树长 = 26；一致性指数 = 0.84；保留性指数 = 0.92

（·：同源性特征；○：非同源性特征。分支上方的黑色数字表示布雷默支持值）

表 17.1　中国侏罗纪和白垩纪异翅目化石名录

科	种	产地	层位 / 时代	文献出处
Infraorder Gerromorpha Popov，1971				
Mesoveliidae	*Sinovelia mega* Yao，Zhang & Ren，2012	辽宁北票	义县组 /K₁	Yao *et al.*[55]
	Sinovelia popovi Yao，Zhang & Ren，2012	辽宁北票	义县组 /K₁	Yao *et al.*[55]
Infraorder Leptopodomorpha Popov，1971				
Archegocimicidae	*Longianteclypea tibialis* (popov，1986)	辽宁北票	义县组 /K₁	Zhang *et al.*[82]
	Mesolygaeus laiyangensis Ping，1928	山东莱阳	莱阳组 /K₁	秉志[31]
	Mesolygaeus naevius (Hong in Wang，1980) Zhang，Engel，Yao & Ren，2014	辽宁北票	义县组 /K₁	王五力[81]
	Propritergum opimum Zhang，Engel，Yao & Ren，2014	辽宁北票	义县组 /K₁	Zhang *et al.*[82]
Saldidae	*Brevrimatus pulchalifer* Zhang，Yao & Ren，2011	内蒙古多伦	义县组 /K₁	Zhang *et al.*[66]
	Venustsalda locella Zhang，Song，Yao & Ren，2012	辽宁北票	义县组 /K₁	Zhang *et al.*[67]
	Luculentsalda maculosa Zhang，Yao & Ren，2013	辽宁北票	义县组 /K₁	Zhang *et al.*[67]
Infraorder Nepomorpha Popov，1968				
Belostomatidae	a) *Sinobelostoma liui* Chou & Hong，1989	甘肃平凉	华池组 /K₁	周尧和洪友崇[151]
Corixidae	a) *Corixopsis tuanwangensis* Hong & Wang，1990	山东莱阳	莱阳组 /K₁	洪友崇和王文利[78]
	a) *Crypsacorixa tachis* Lin，1992	新疆托克逊	黄山街组 /T₃	林启彬[152]
	a) *Cutitegmena oonis* Lin，1992	新疆托克逊	黄山街组 /T₃	林启彬[152]
	Daohugocorixa vulcanica Zhang，2010	内蒙古宁城	b) 九龙山组 /J₂	Zhang[115]
	a) *Huatingicorixa laozhuanensis* Hong，1995	甘肃平凉	华池组 /K₁	洪友崇[85]
	Jiulongshancorixa genuina Zhang，2010	河北滦平	b) 九龙山组 /J₂	Zhang[115]
	Karataviella macra Zhang，1986	河北滦平	下花园组 /J₂	张俊峰[154]
	Karataviella pontoforma Lin，1976	辽宁北票	义县组 /K₁	林启彬[32]
	Karataviella shandongensis Zhang，1985	山东莱阳	b) 莱阳组 /K₁	张俊峰[154]
	Karataviella stolida Zhang，1986	河北承德	九龙山组 /J₂	张俊峰[154]
	Karataviella popovi Zhang，2010	内蒙古宁城	b) 九龙山组 /J₂	Zhang[115]
	a) *Lacocorixa divena* Lin，1992	新疆托克逊	黄山街组 /T₃	林启彬[153]
	a) *Lufengnecta corragis* Lin，1977	云南禄丰	b) 平浪组 /K₂	林启彬[156]
	a) *Linicorixa odota* Lin，1980	浙江寿昌	老山组 /J₃	林启彬[103]
	a) *Mesocorixa nanligezhuangensis* Hong & Wang，1990	山东莱阳	莱阳组 /K₁	洪友崇和王文利[78]
	a) *Ratiticorixa stenorhinchis* Lin，1980	安徽黄山	岩塘组 /J₃ - K₁	林启彬[103]
	a) *Siculicorixa estria* Lin，1980	浙江金华	方岩组 /J₃	林启彬[103]
	Sigarella tennuis Hong & Wang，1990	山东莱阳	莱阳组 /K₁	洪友崇和王文利[78]
	a) *Venacorixa xiangzhongensis* Lin，1986	湖南永州	b) 观音滩组 /J₁	林启彬[157]
	a) *Vulcanicorixa dorylis* Lin，1980	浙江寿昌	寿昌组 /J₃	林启彬[103]
	a) *Yanliaocorixa (Karataviella) chinensis* Lin，1976	辽宁北票	海房沟组 /J₂	林启彬[32]

科	种	产地	层位 / 时代	文献出处
Naucoridae	*Exilcrus cameriferus* Zhang，Yao & Ren，2011	辽宁北票	b) 义县组 /K₁	Zhang *et al.*[95]
	Miroculus laticephlus Zhang，Yao，Ren & Zhao，2011	辽宁北票	b) 义县组 /K₁	Zhang *et al.*[95]
Notonectidae	*Notonecta* (*Clypostemma*) *xyphiale* (Popov，1964)	河北滦平	义县组 /K₁	Popov[106]
	Notonecta vetula Zhang，Yao & Ren，2012	甘肃玉门	b) 赤金桥组 /K₁	Zhang *et al.*[105]
	a) *Notonectopsis sinica* Hong & Wang，1990	山东莱阳	莱阳组 /K₁	洪友崇和王文利[78]
	a) *Clypostemma limna* Lin，1980	浙江兰溪	方岩组 /K₁	林启彬[103]
	Clypostemma petila Zhang，1985	山东莱阳	b) 莱阳组 /K₁	张俊峰[155]
	a) *Clemms hydatidosa* Hong，1982	甘肃酒泉	b) 赤金桥组 /K₁	洪友崇[108]
Ochteridae	*Angulochterus quatrimaculatus* Yao，Zhang & Ren，2011	辽宁北票	义县组 /K₁	Yao *et al.*[94]
	Floricaudus multilocellus Yao，Ren & Shih，2011	辽宁北票	义县组 /K₁	Yao *et al.*[94]
	Pristinochterus zhangi Yao，Cai & Ren，2007	辽宁北票	b) 义县组 /K₁	Yao *et al.*[93]
	Pristinochterus ovatus Yao，Zhang & Ren，2011	辽宁北票	义县组 /K₁	Yao *et al.*[94]

Infraorder Cimicomorpha Leston，Pendergrast & Southwood，1954

科	种	产地	层位 / 时代	文献出处
Anthocoridae	a) *Mesanthocoris brunneus* Hong & Wang，1990	山东莱阳	莱阳组 /K₁	洪友崇和王文利[78]
Ignotingidae	*Ignotingis mirifica* Zhang，Golub，Popov & Shcherbakov，2005	山东莱阳	b) 莱阳组 /K₁	Zhang *et al.*[124]
Miridae	*Mirivena robusta* Yao，Cai & Ren，2007	内蒙古宁城	九龙山组 /J₂	Yao *et al.*[123]
Torirostratidae	*Torirostratus pilosus* Yao，Shih & Engel，2014	辽宁北票	义县组 /K₁	Yao *et al.*[26]
	Flexicorpus acutirostratus Yao，Cai & Engel，2014	辽宁北票	义县组 /K₁	Yao *et al.*[26]
Vetanthocoridae	*Byssoidecerus levigatus* Yao，Cai & Ren，2006	辽宁北票	b) 义县组 /K₁	Yao *et al.*[117]
	Collivetanthocoris rapax Yao，Cai & Ren，2006	辽宁北票	b) 义县组 /K₁	Yao *et al.*[117]
	Crassicerus furtivus Yao，Cai & Ren，2006	辽宁北票	b) 义县组 /K₁	Yao *et al.*[117]
	Crassicerus limpiduspterus Tang，Yao & Ren，2016	辽宁北票	义县组 /K₁	Tang *et al.*[120]
	Curticerus venustus Yao，Cai & Ren，2006	辽宁北票	b) 义县组 /K₁	Yao *et al.*[117]
	Curvicaudus ciliatus Yao，Cai & Ren，2006	辽宁北票	b) 义县组 /K₁	Yao *et al.*[117]
	Curvicaudus spinosus Tang，Yao & Ren，2015	辽宁北票	义县组 /K₁	Tang *et al.*[119]
	a) *Liaoxia longa* Hong，1987	辽宁喀左	沙海组 /K₁	洪友崇[116]
	Longilanceolatus tenellus Tang，Yao & Ren，2015	辽宁北票	义县组 /K₁	Tang *et al.*[119]
	Mecopodus xanthos Yao，Cai & Ren，2006	辽宁北票	b) 义县组 /K₁	Yao *et al.*[117]
	Pumilanthocoris gracilis Hou，Yao & Zhang，2012	内蒙古宁城	九龙山组 /J₂	Hou *et al.*[118]
	Pumilanthocoris obesus Hou，Yao & Zhang，2012	内蒙古宁城	九龙山组 /J₂	Hou *et al.*[118]
	Punctivetanthocoris pubens Tang，Yao & Ren，2017	辽宁北票	义县组 /K₁	Tang *et al.*[121]
	Pustulithoracalis gloriosus Yao，Cai & Ren，2006	辽宁北票	b) 义县组 /K₁	Yao *et al.*[117]
	Vetanthocoris decorus Yao，Cai & Ren，2006	辽宁北票	b) 义县组 /K₁	Yao *et al.*[117]
	Vetanthocoris longispicus Yao，Cai & Ren，2006	辽宁北票	b) 义县组 /K₁	Yao *et al.*[117]

Infraorder Pentatomomorpha Leston，Pendergrast & Southwood，1954

续表

科	种	产地	层位 / 时代	文献出处
Coreidae	a) *Bibiticen hebeiensis* Hong，1984	河北承德	b) 义县组 /K₁	洪友崇[83]
	a) *Coriodes longus* Hong，1987	辽宁喀左	沙海组 /K₁	洪友崇[116]
	a) *Kazuocoris liaonngensis* Hong，1987	辽宁喀左	沙海组 /K₁	洪友崇[116]
	a) *Hebeicoris longa* Hong，1983	河北滦平	九龙山组 /J₂	洪友崇[47]
	a) *Hebeicoris luanpingensis* Hong，1983	河北滦平	九龙山组 /J₂	洪友崇[47]
	a) *Hebeicoris xinboensis* Hong，1984	河北威昌	b) 大北沟组 /K₁	洪友崇[83]
	a) *Sinocoris oblonga* Hong，1983	辽宁北票	海房沟组 /J₂	洪友崇[47]
	a) *Sinocoris ovata* Hong，1983	辽宁北票	海房沟组 /J₂	洪友崇[47]
	a) *Weichangicoris daobaliangengsis* Hong，1984	河北威昌	b) 大北沟组 /K₁	洪友崇[83]
Cydnidae	*Cilicydnus robustispinus* Yao，Cai & Ren，2007	辽宁北票	义县组 /K₁	Yao et al.[148]
	Orienicydnus hongi Yao，Cai & Ren，2007	辽宁北票	义县组 /K₁	Yao et al.[148]
Yuripopovinidae	*Changirostrus maculatus* Du，Yao & Ren，2017	辽宁北票	义县组 /K₁	Du et al.[137]
	Crassiantenninus minutus Du，Yao & Ren，2017	辽宁北票	义县组 /K₁	Du et al.[137]
	Dehiscensicoris sanctus Du，Yao & Ren，2017	辽宁北票	义县组 /K₁	Du et al.[137]
	Minuticoris brunneus Du，Yao & Ren，2017	辽宁北票	义县组 /K₁	Du et al.[137]
	Pingquanicoris punctatus Du，Yao & Ren，2017	辽宁北票	义县组 /K₁	Du et al.[137]
Lygaeidae	a) *Oligacanchus damiaoense* Hong，1980	内蒙古赤峰	b) 九佛堂组 /K₁	王五力[81]
	a) *Sinolygaeus naevius* Hong，1980	内蒙古赤峰	b) 九佛堂组 /K₁	王五力[81]
Pachymeridiidae	*Beipiaocoris multifurcus* Yao，Cai & Ren，2008	辽宁北票	义县组 /K₁	Yao et al.[130]
	Bellicoris mirabilis Yao，Cai & Ren，2008	辽宁北票	b) 义县组 /K₁	Yao et al.[130]
	Corollpachymeridium heteroneurus Lu，Yao & Ren，2011	内蒙古宁城	九龙山组 /J₂	Lu et al.[131]
	Nitoculus regilus Yao，Cai & Ren，2008	内蒙古宁城	九龙山组 /J₂	Yao et al.[130]
	Sinopachymericium popovi Yao，Cai & Ren，2006	内蒙古宁城	九龙山组 /J₂	Yao et al.[129]
	Peregrinpachymeridium comitcola Lu，Yao & Ren，2011	内蒙古宁城	九龙山组 /J₂	Lu et al.[131]
	Viriosinervis stolidus Yao，Cai & Ren，2008	内蒙古宁城	九龙山组 /J₂	Yao et al.[130]
Primipentatomidae	*Breviscutum lunatum* Yao，Cai，Rider & Ren，2013	辽宁北票	义县组 /K₁	Yao et al.[149]
	Oropentatoma epichara Yao，Cai，Rider &Ren，2013	辽宁北票	义县组 /K₁	Yao et al.[149]
	Quadrocoris radius Yao，Cai，Rider & Ren，2013	辽宁北票	义县组 /K₁	Yao et al.[149]
	Primipentatoma fangi Yao，Cai，Rider & Ren，2013	辽宁葫芦岛	九佛堂组 /K₁	Yao et al.[149]
	Primipentatoma peregrina Yao，Cai，Rider & Ren，2013	辽宁北票	义县组 /K₁	Yao et al.[149]
Pyrrhocoridae	a) *Mesopyrrhocorix fasciata* Hong & Wang，1990	山东莱阳	莱阳组 /K₁	洪友崇和王文利[78]

续表

科	种	产地	层位 / 时代	文献出处
Rhopalidae	*Longiclavula calvata* Yao，Cai & Ren，2006	内蒙古宁城	九龙山组 /J₂	Yao *et al.*[132]
	Miracorizus punctatus Yao，Cai & Ren，2006	内蒙古宁城	九龙山组 /J₂	Yao *et al.*[132]
	Grandicaputus binpunctatus Yao，Cai & Ren，2006	内蒙古宁城	九龙山组 /J₂	Yao *et al.*[133]
	Originicorizus pyriformis Yao，Cai & Ren，2006	内蒙古宁城	九龙山组 /J₂	Yao *et al.*[133]
	Quatlocellus liae Yao，Cai & Ren，2006	内蒙古宁城	九龙山组 /J₂	Yao *et al.*[133]
	Vescisalignus indecorus Chen，Yao & Ren，2015	辽宁北票	义县组 /K₁	Chen *et al.*[134]
Venicoridae	*Clavaticoris zhengi* Yao，Ren & Cai，2012	辽宁北票	b) 义县组 /K₁	Yao *et al.*[127]
	Halonatusivena shii Du，Yao & Ren，2016	辽宁北票	义县组 /K₁	Du *et al.*[128]
	Halonatusivena nervosus Du，Yao & Ren，2016	辽宁北票	义县组 /K₁	Du *et al.*[128]
	Venicoris solaris Yao，Ren & Rider，2012	辽宁北票	b) 义县组 /K₁	Yao *et al.*[127]
Suborder Coleorrhyncha Myers & China，1929				
Karabasiidae	a) *Karabasia plana* Lin，1986	广西西万	石梯组 /J₂	林启彬[158]
Progonocimicidae	*Cicadocoris anisomeridis* Dong，Yao & Ren，2014	内蒙古宁城	九龙山组 /J₂	Dong *et al.*[151]
	Cicadocoris assimilis Dong，Yao & Ren，2012	内蒙古宁城	九龙山组 /J₂	Dong *et al.*[157]
	Cicadocoris varians Dong，Yao & Ren，2012	内蒙古宁城	九龙山组 /J₂	Dong *et al.*[110]
	a) *Mesocimex (Mesoscytina) brunnea* Hong，1983	辽宁北票	海房沟组 /J₂	洪友崇[47]
	a) *Mesocimex lini* Wang，Szwedo & Zhang，2009	内蒙古宁城	九龙山组 /J₂	Wang *et al.*[48]
	a) *Mesocimex sinensis* Hong，1983	辽宁北票	海房沟组 /J₂	洪友崇[47]

注：a）由于原始描述、照片和线条图不精确，而且无法重新检查模式标本，所以在正文中没有介绍该种。

　　b）基于更新的信息和数据，对原来文章中的地层/分布时代进行了修订。

参考文献

［1］WEIRAUCH C, SCHUH R T. Systematics and evolution of Heteroptera: 25 years of progress［J］. Annual Review of Enotomology, 2011, 56 (1): 487–510.

［2］LI H, LEAVENGOOD J M J, CHAPMAN E G, et al. Mitochondrial phylogenomics of Hemiptera reveals adaptive innovations driving the diversification of true bugs［J］. Proceedings of the Royal Society B Biological Sciences, 2017, 284 (1862): 20171223.

［3］BURCKHARDT D. Taxonomy and phylogeny of the Gondwanan moss bugs or Peloridiidae (Hemiptera, Coleorrhyncha)［J］. Deutsche Entomologische Zeitschrift, 2009, 56 (2): 173–235.

［4］BURCKHARDT D, BOCHUD E, DAMGAARD J, et al. A review of the moss bug genus *Xenophyes* (Hemiptera: Coleorrhyncha: Peloridiidae) from New Zealand: systematics and biogeography［J］. Zootaxa, 2011, 2 (923): 1–26.

［5］STÅL C. Nya Hemiptera［J］. Öfversigt af Kongliga Svenska Vetenskaps-Akademiens Förhandlingar, 1855, 12: 182.

［6］HAMILTON G C, SHEARER P W. Brown marmorated stink bug-a new exotic insect in New Jersey［J］. FS002. Rutgers Cooperative Extension，New Jersey Agricultural Experiment Station, Rutgers, NJAES, 2003.

［7］ALDRICH J R. Chemical ecology of the Heteroptera［J］. Annual Review of Entomology, 1988, 33: 211–238.

［8］CONRADL A F. Variations in the protective value of odoriferous secretions of some Heteroptera［J］. Science, 1904, 19 (479): 393–394.

［9］BLUM M S, TRAYNHAM J G. The chemistry of the pentatomid scent gland ［J］. XI International Congress of Entomology, Vienna, 1960, 3: 48–52.

［10］BLUM M S. The presence of 2-hexenal in the scent gland of the pentatomid Brochymena quadripustulata ［J］. Annals of the Entomological Society of America, 1961, 54 (3): 410–412.

［11］ROTH L M. A study of the odoriferous glands of *Scaptocoris divergens* (Hemiptera: Cydnidae) ［J］. Annals of the Entomological Society of American, 1961, 54 (6): 900–911.

［12］WATERHOUSE D F, FORSS D A, HACKMAN R H. Characteristic odour components of the scent of stink bugs ［J］. Journal of Insect Physiology, 1961, 6 (2): 113–121.

［13］REMOLD H. Über die biologische Bedeutung der Duftdrüsen bei den Landwanzen (Geocorisae) ［J］. Journal of Comparative Physiology, 1962, 45 (6): 636–694.

［14］STADDON B W. The scent glands of Heteroptera ［J］. Advances in Insect Physiology, 1979, 14: 351–418.

［15］ALCOCK J. The feeding response of hand-reared red-winged blackbirds (*Agelaius phoeniceus*) to a stinkbug (*Euschistll sconsperslls*) ［J］. American Midland Naturalist, 1973，89: 307–313.

［16］SCHLEE M A. Avian predation on Heteroptera: Experiments on the European Blackbird *Turdus m. merula* L. ［J］. Ethology, 1986, 73 (1): 1–18.

［17］LEHANE M J. The Biology of Blood-Sucking in Insects ［M］. Cambridge University Press, 2005.

［18］ADAMS T S. Hematophagy and hormone release ［J］. Annals of the Entomological Society of America, 1999, 92(1): 1–13.

［19］SANDOVAL C M, JOYA M, GUTIÉRREZ R, ANGULO V M. Cleptohaemathophagia of the Triatomine bug *Belminus herreri* ［J］. Medical & Veterinary Entomology, 2000, 14 (1): 100–101.

［20］SANDOVAL C M, DUARTE R, GUTIÉRREZ R, et al. Feeding sources and natural infection of *Belminus herreri* (Hemiptera, Reduviidae, Triatominae) from dwellings in Cesar, Colombia ［J］. Memórias Do Instituto Oswaldo Cruz, 2004, 99 (2): 137–140.

［21］PÉREZ-MOLINA J A, MOLINA I. Chagas disease cardiomyopathy treatment remains a challenge-Authors reply ［J］. Lancet, 2018, 391: 82–94.

［22］BALASHOV Y S. Interaction between blood-sucking arthropods and their hosts, and its influence on vector potential ［J］. Annual Review of Entomology, 1984, 29(1): 137–156.

［23］RIBEIRO J M C. Blood-feeding arthropods: live syringes or invertebrate pharmacologists? ［J］. Infectious Agents and Disease, 1995, 4(3): 143–152.

［24］GRIMALDI D A, ENGEL M S. Evolution of the Insects ［M］. Cambridge University Press, 2005.

［25］RIBEIRO J M C, ASSUMPÇÃO T C F, FRANCISCHETTI I M B. An insight into the sialomes of blood-sucking Heteroptera ［J］. Psyche: A Journal of Entomology, 2012 (2012): 1–16.

［26］YAO Y Z, CAI W Z, XU X, et al. Blood-feeding true bugs in the Early Cretaceous ［J］. Current Biology, 2014, 24(15): 1786–1792.

［27］HANDLIRSCH A. Die fossilen insekten und die phylogenie der rezentlen formen ［M］. Einhandbuch für paläontologen und zoologlen, 1906–1908, 1–1430. ［In German］

［28］HANDLIRSCH A. Neue Untersuchungenüber die fossilenInsekten, part 2 ［J］. Annalen des Naturhistorischen Museums in Wien, 1939, 49: 1–240. ［In German］

［29］TILLYARD R J. Mesozoic insects of Queensland. 3. Odonata and Protodonata ［J］. Proceedings- Linnean Society of New South Wales, 1918, 43: 417–436.

［30］MARTYNOV A V. Permian fossil insects from the Arkhangelsk district. Part V. The family Euthygrammatidae and its relationships (with the description of a new genus and family from Chekarda) ［J］. Trudy Paleontologicheskogo Institut, Akademiya Nauk SSSR, 1938, 7: 69–80.

［31］PING C. Cretaceous fossil insects of China ［M］. Palaeontologia Sinica, Series B, 1928.

［32］林启彬. 辽西侏罗系的昆虫化石 ［J］. 古生物学报，1976, 15（1）：97–115.

［33］POPOV Y A，SHCHERBAKOV D E. Mesozoic Peloridioidea and their ancestors (Insecta: Hemiptera, Coleorrhyncha) ［J］. Geology Palaeontology, 1991, 25: 215–235.

［34］TILLYARD R J. Kansas Permian insects. Part 6. Additions to the orders Protohymenoptera and Odonata ［J］. American Journal of Science, Series 5, 1926, 11 (2): 58–73.

［35］MYERS J G, CHINA W E. The systematic position of the Peloridiidae as elucidated by a further study of the external anatomy of *Hemiodoecus leai* China ［J］. Annals and Magazine of Natural History, 1929, 3: 282–294.

［36］EVANS J W. Palaeozoic and Mesozoic Hemiptera (Insecta) ［J］. Australian Journal of Zoology, 1956, 4: 165–258.

［37］BECKER-MIGDISOVA E E. New fossil Homoptera. Pt. 1 ［J］. Material for the Fundamentals of Paleontology, 1958, 2: 57–67.［In Russian.］

［38］WOOTTON R J. Actinoscytinidae (Hemiptera: Heteroptera) from the Upper Triassic of Queensland ［J］. Annals and Magazine of Nature History, 1963, 6: 249–255.

［39］POPOV Y A, WOOTTON R J. The upper Liassic Heteroptera of Mecklenburg and Saxony ［J］. Systematic Entomology, 1977, 2: 333–351.

［40］POPOV Y A. Upper Jurassic hemipterans, genus *Olgamartynovia* (Hemiptera, Progonocimicidae) from Central Asia ［J］. Paleontology Journal, 1982, 2: 78–94.

［41］POPOV Y A. Jurassic bugs and Coleorrhyncha of southern Siberia and western Mongolia ［J］. Trudy Paleontology Instuitut Akademie Nauk SSSR, 1985, 211: 28–47.［In Russian.］

［42］POPOV Y A. Peloridiinas and bugs: Peloridiina (= Coleorrhyncha) et Cimicina (= Heteroptera) ［M］// Rasnitsyn A P. Insects in Early Cretaceous Ecosystems of Western Mongolia. Transactions of the Joint Soviet-Mongolian Paleontological Expedition, 1986.［In Russian.］

［43］POPOV Y A. New Mesozoic water boatmen (Corixidae，Shurabellidae) ［M］//Rozanov A Y. New Species of Fossil Invertebrates of Mongolia. Transactions of the Joint Soviet-Mongolian Paleontological Expedition, 1988a.［In Russian.］

［44］POPOV Y A. New Mesozoic Coleorrhyncha and Heteroptera from eastern Transbaikalia ［J］. Paleontologicheski Zhurnal, 1988b, 4: 67–77.［In Russian.］

［45］POPOV Y A. Some aspects of systematic of Leptopodoidea ［J］. Acta Biologica Silesiana, 1989, 13 (30): 63–68.

［46］POPOV Y A, DOLLING W R，WHALLEY P E S. British Upper Triassic and Lower Jurassic Heteroptera and Coleorrhyncha (Insecta: Hemiptera) ［J］. Genus, 1994, 5 (4): 307–347.

［47］洪友崇. 北方中侏罗世昆虫化石［M］. 北京：地质出版社，1983.

［48］WANG B, SZWEDO J, ZHANG H C. Jurassic Progonocimicidae (Hemiptera) from China and phylogenetic evolution of Coleorrhyncha ［J］. Science in China, Series D, Earth Sciences, 2009, 52: 1953–1961.

［49］ANDERSEN N M, WEIR T A. Mesoveliidae, Hebridae, and Hydrometridae of Australia (Hemiptera: Heteroptera: Gerromorpha), with a reanalysis of the phylogeny of semiaquatic bugs ［J］. Invertebrate Systematics, 2004, 18: 467–522.

［50］ANDERSEN N M, POLHEMUS J T. Four new genera of Mesoveliidae (Hemiptera，Gerromorpha) and the phylogeny and classification of the family ［J］. Insect Systematics & Evolution, 1980, 11 (4): 369–392.

［51］ANDERSEN N M. The semiaquatic bugs (Hemiptera，Gerromorpha). Phylogeny, adaptations, biogeography and classification ［J］. Systematic Zoology, 1982, 32 (4): 69–71.

［52］AUKEMA B, RIEGER C. Catalogue of the Heteroptera of the Palaearctic Region. Vol. 1. Enicocephalomorpha, Dipsocoromorpha, Nepomorpha, Gerromorpha and Leptopodomorpha ［M］. Netherlands Entomological Society, 1995.

［53］CHEN P P, NIESER N, ZETTEL H. The Aquatic and Semiaquatic Bugs (Heteroptera: Nepomorpha & Gerromorpha) of Malesia ［J］. Leiden-Boston: Brill Academic Publishers, 2005.

［54］GARROUSTE R, NEL A. First semi-aquatic bugs Mesoveliidae and Hebridae (Hemiptera: Heteroptera: Gerromorpha) in Miocene Dominican amber ［J］. Insect Systematics & Evolution, 2010，41: 93–102.

［55］YAO Y Z, ZHANG W T, REN D. The first report of Mesoveliidae (Heteroptera: Gerromorpha) from the Yixian Formation of China and its taxonomic significance ［J］. Alcheringa: an Australasian Journal of Palaeontology, 2012, 36 (1): 107–116.

［56］JELL P A，DUNCAN P M. Invertebrates，mainly insects, from the freshwater, Lower Cretaceous, Koonwarra fossil bed (Korumburra group), South Gippsland，Victoria ［J］. Memoirs of the Association of Australasian Palaentologists, 1986, 3: 111–205.

［57］BEKKER-MIGDISOVA E E. Order Heteroptera: Heteropterans，or True Bugs ［M］// Rohdendorf B B. Osnovy Paleontologii. Tom 9. Chlenistonogie. Trakheinye i Khelitserovye. Aademy of Sciences, 1962.［In Russian.］

［58］BODE A. Die Insektenfauna des Ostniedersächsischen Oberen Lias ［J］. Palaeontographica, 1953, 103: 1–517.

［59］POPOV Y A, BECHLY G. Heteroptera: bugs ［M］// MARTILL D M, BECHLY G, LOVERIGE R F. The Crato Fossil Beds of Brazil: Window into an Ancient World. Cambridge: Cambridge University Press, 2007.

［60］MARTILL D M. The age of the Cretaceous Santana Formation fossil Konservat Lagerstätte of north-east Brazil: a historical review and an appraisal of the biochronostratigraphic utility of its palaeobiota ［J］. Cretaceous Research, 2007, 28: 895–

920.

［61］SCHUH R T, POLHEMUS J T. Revision and analysis of Pseudosaldula Cobben (Insecta: Hemiptera: Saldidae): a group with a classic Andean distribution ［J］. Bulletin of the American Museum of Natural History, 2009, 323: 1–102.

［62］POLHEMUS J T, CHAPMAN H C. Family Saldidae/shore bugs in the semiaquatic and aquatic Hemiptera of California (Heteroptera: Hemiptera) ［M］// MENKE A S. Bulletin of the California Insect Survey, vol. 21. Berkeley: University of California Press, 1979.

［63］BROOKS A R, KELTON L A. Aquatic and semiaquatic Heteroptera of Alberta, Saskatchewan, and Manitoba (Hemiptera) ［J］. Memoirs of the Entomological Society of Canada, 1967, 51: 1–92.

［64］POINAR G, BUCKLEY R. *Palaeoleptus burmanicus* n. gen., n. sp., an Early Cretaceous shore bug (Hemiptera: Palaeoleptidae n. fam.) in Burmese amber ［J］. Cretaceous Research, 2009, 30: 1000–1004.

［65］SCHUH R T, GALIL B, POLHEMUS J T. Catalog and bibliography of Leptopodomorpha (Heteroptera) ［J］. American Museum of Natural History, 1987, 185: 243–406.

［66］ZHANG W T, YAO Y Z, REN D. New shore bug (Hemiptera, Heteroptera, Saldidae) from the Early Cretaceous of China with phylogenetic analyses ［J］. ZooKeys, 2011, 130: 185–198.

［67］ZHANG W T, SONG J J, YAO Y Z, REN D. A new fossil Saldidae (Hemiptera: Heteroptera: Leptopodomorpha) from the Early Cretaceous in China ［J］. Zootaxa, 2012, 3273: 63–68.

［68］ZHANG W T, YAO Y Z, REN D. A new Early Cretaceous shore bug (Hemiptera: Heteroptera: Saldidae) from China ［J］. Zootaxa, 2013, 3647 (4): 585–592.

［69］RYZHKOVA O V. New Saldoid bugs of the family Enicocoridae (Hemiptera: Heteroptera: Leptopodomorpha) from the Lower Cretaceous of Mongolia ［J］. Paleontological Journal, 2012, 46 (5): 485–494.

［70］RYZHKOVA O V. New Saldidae-Enicocorinae (Heteroptera: Leptopodomorpha) from the Lower Cretaceous of Siberia and Mongolia ［J］. Paleontological Journal, 2015, 49 (2): 153–161.

［71］GERMAR E F, BERENDT G C. Die im Bernstein befindlichen Hemipteren und Orthopteren der Vorwelt ［M］// BERENDT G C. Die im Bernstein befindlichen organische Reste der Vorwelt gesammelt in Verbindung mit Mehrenen. Bearbeitet und herausgegeben, 1856. ［In Germany.］

［72］STATZ G, WAGNER E. Geocorisae (Landwanzen) aus den Oberoligocäner Ablagerungen von Rott ［J］. Palaeontographica, ser. A, 1950, 98: 97–136.

［73］LEWIS S E. Fossil insects of the Latah Formation (Miocene) of Eastern Washington and Northern Idaho ［J］. Northwest Science, 1969, 41 (3): 99–115.

［74］LINNAEUS C V. Systema Naturae per Regna Tria Naturae, Secundum Classes, Ordines, Genera, Species, Cum Characteribus Differentiis Synonymis, Locis, Revised Edition ［M］. Holmiae: Laurentius Salvius, 1758.

［75］HANDLIRSCH A. Palaeontologie ［M］// SCHRÖDER C. Handbuch der Entomologie Band 3: Geschichte, Literatur, Technik, Paläontologie, Phylogenie, Systematik. Verlag von Gustav Fischer, 1925.

［76］POPOV Y A. Heteroptera from the Lower Cretaceous deposits of locality Manlay ［J］. Transactions of the Joint Soviet-Mongolian Paleontological Expedition, 1980, 13: 48–51. ［In Russian.］

［77］洪友崇. 京西早白垩世卢尚坟昆虫群 ［J］. 天津地质矿产研究所所刊, 1981, 4: 87–96.

［78］洪友崇, 王文利. （五）莱阳组的昆虫化石 ［M］// 山东省地质矿产局区域地质调查队. 山东莱阳盆地地层古生物. 1990.

［79］张俊峰. 中生代晚期中蜢类昆虫新探 ［J］. 古生物学报, 1991, 30 (6): 679–704.

［80］洪友崇, 任东. 中蜢科（Mesolygaeidae）的补充和修订 ［R］. 北京自然博物馆研究报告, 1992, 51: 45–50.

［81］王五力. 东北地区古生物图册（二）［M］. 北京: 地质出版社, 1980.

［82］ZHANG W T, ENGEL M S, YAO Y Z, et al. The Mesozoic family Archegocimicidae and phylogeny of the infraorder Leptopodomorpha (Hemiptera) ［J］. Journal of Systematic Palaeontology, 2014, 12 (1): 93–111.

［83］洪友崇. 昆虫纲 ［M］// 地质矿产部天津地质矿产研究所. 华北地区古生物图册（二）中生代分册. 1984a.

［84］洪友崇. 山东莱阳盆地莱阳群昆虫化石的新资料 ［G］// 中国地质科学院地层古生物论文集编委会. 地层古生物论文集（11）. 1984b.

［85］洪友崇. 鄂尔多斯盆地南部昆虫化石 ［J］. 甘肃地质学报, 1995, 4 (1): 1–13.

［86］SCHUH R T, POLHEMUS J T. Analysis of taxonomic congruence among morphological, ecological, and biogeographic data sets for the Leptopodomorpha (Hemiptera) ［J］. Systematic Zoology, 1980, 29 (1): 1–26.

［87］WHEELER W C, SCHUH R T, BANG R. Cladistic relationships among higher groups of Heteroptera: congruence between morphological and molecular data sets ［J］. Entomologica Scandinavica, 1993, 24: 121–137.

［88］FORERO D. The systematics of the Hemiptera ［J］. Revista Colombiana de Entomología, 2008, 34 (1): 1–21.

［89］LI H M, DENG R Q, WANG J W, et al. A preliminary phylogeny of the Pentatomomorpha (Hemiptera: Heteroptera) based on nuclear 18S rRNA and mitochondrial DNA sequences ［J］. Molecular Phylogenetic and Evolution, 2005, 37: 313–326.

［90］BAEHR M. Review of the Australian Ochteridae (Insecta，Heteroptera) ［J］. Spixiana (München), 1989, 11 (2): 111–126.

［91］SCHUH R T, SLATER J A. True Bugs of the World (Hemiptera: Heteroptera) Classification and Natural History ［M］. Ithaca: Cornell University Press, 1995.

［92］SHCHERBAKOV D E, POPOV Y A. Superorder Cimicidea Laicharting, 1781. Order Hemiptera Linné, 1758. The Bugs, Cicadas, Plantlice, Scale Insects, etc ［M］// RASNITSYN A P, QUICKE D L J. History of Insects, Dordrecht: Kluwer Academic Publishers, 2002.

［93］YAO Y Z, CAI W Z, REN D. *Pristinochterus* gen. n. (Hemiptera: Ochteridae) from the upper Mesozoic of Northeastern China ［J］. European Journal of Entomology, 2007, 104: 827–835.

［94］YAO Y Z, ZHANG W T, REN D, et al. New fossil Ochteridae (Hemiptera: Heteroptera: Ochteroidea) from the Upper Mesozoic of north-eastern China，with phylogeny of the family ［J］. Systematic Entomology, 2011, 36: 589–600.

［95］ZHANG W T, YAO Y Z, REN D. First description of fossil Naucoridae (Heteroptera: Nepomorpha) from late Mesozoic of China ［J］. Acta Geologica Sinica, 2011, 85 (2): 490–500.

［96］POPOV Y A. True Hemipterous insects of the Jurassic Karatau Fauna (Heteroptera) ［M］// RODENDORF B B. Jurassic Insects of the Karatau, 1968. ［In Russian.］

［97］POPOV Y A. Historical development of Hemiptera infraorder Nepomorpha (Heteroptera) ［J］. Trudy Paleontologicheskogo Instituta Akademii Nauk SSSR, 1971, 139: 1–230. ［In Russian.］

［98］RUF M L, GOODWYN P P, MARTINS-NETO R G. New Heteroptera (Insecta) from the Santana Formation, Lower Cretaceous (Northeastern Brazil), with description of a new family and new taxa of Naucoridae and Gelastocoridae ［J］. Gaea, 2005, 1 (2): 68–74.

［99］POLHEMUS J T, POLHEMUS D A. Global diversity of true bugs (Heteroptera; Insecta) in freshwater ［J］. Hydrobiologia, 2008, 595: 379–391.

［100］PARSONS M C. Respiratory significance of the thoracic and abdominal morphology of the three aquatic bugs Ambrysus, Notonecta and Hesperocorixa (Insecta, Heteroptera) ［J］. Zoomorphology, 1970, 66: 242–298.

［101］USINGER R L. Aquatic Hemiptera ［M］// USINGER R L. Aquatic Insects of California. Berkeley: University of California Press, 1956, 182–229.

［102］TRUXAL F S. Family Notonectidae: backswimmers ［M］// MENKE A S. The Semiaquatic and Aquatic Hemiptera of California (Heteroptera: Hemiptera), vol. 21. Bulletin of the California Insect Survey, 1979.

［103］林启彬. 浙皖中生代昆虫化石 ［M］// 中国科学院南京地质古生物研究所. 浙皖中生代火山沉积岩地层的划分及对比. 1980.

［104］林启彬. 中生代新生代昆虫 ［M］// 地质矿产部西安地质矿产研究所. 西北地区古生物图册，（三）陕甘宁分册. 1982.

［105］ZHANG W T, YAO Y Z, REN D. Phylogenetic analysis of a new fossil Notonectidae (Heteroptera: Nepomorpha) from the Late Jurassic of China ［J］. Alcheringa: An Australasian Journal of Palaeontology, 2012, 36 (2): 239–250.

［106］POPOV Y A. A new subfamily of the Mesozoic water bugs (Heteroptera) from Transbaikalia ［J］. Palaeontologicheskii Zhurnal, 1964, 2: 63–71. ［In Russian.］

［107］ZHANG W T, YAO Y Z, REN D. A revision of the species *Notonecta xyphiale* (Popov, 1964) (Heteroptera: Notonectidae) ［J］. Cretaceous Research, 2012, 33: 159–164.

［108］洪友崇. 酒泉盆地昆虫化石 ［M］. 北京：地质出版社，1982.

［109］洪友崇. 中晚侏罗世昆虫 ［M］// 吉林省地质矿产局. 吉林省古生物图册. 1992.

［110］DONG Q P, YAO Y Z, REN D. A new species of Progonocimicidae (Hemiptera, Coleorrhyncha) from Northeastern China ［J］. Zootaxa, 2012, 3495: 73–78.

［111］SCUDDER G G E. Water-boatmen of saline waters (Hemiptera: Corixidae) ［M］// CHENG L. Marine Insects. Amsterdam: North Holland Publishers, 1976.

［112］SCUDDER G G E. A review of factors governing the distribution of two closely related Corixids in the Saline Lakes of

British Columbia ［J］. Hydrobiologia, 1983, 105: 143–154.

［113］LAUCK D R. "Family Corixidae", the semiaquatic and aquatic Hemiptera of California (Heteroptera: Hemiptera) ［J］. Bulletin California Insect Survey, 1979, 87–123.

［114］BECKER-MIGDISOVE E E. Mesozoic homoptera of middle Asia ［J］. Trudy Paleontologicheskogo Instituta Akadamii Nauk SSSR, 1949, 22: 1–68.

［115］ZHANG J F. Revision and description of water boatmen from the Middle–Upper Jurassic of Northern and Northeastern China (Insecta: Hemiptera: Heteroptera: Corixidae) ［J］. Paleontological Journal, 2010, 44 (5): 515–525.

［116］洪友崇. 辽西喀左早白垩世昆虫化石的研究——蜻蜓、异翅、鞘翅、膜翅目的研究 ［G］// 中国地质科学院地层古生物论文集编委会. 地层古生物论文集（18），地层古生物论文集. 1987.

［117］YAO Y Z, CAI W Z, REN D. Fossil flower bugs (Heteroptera: Cimicomorpha: Cimicoidea) from the Late Jurassic of Northeast China, including a new family, Vetanthocoridae ［J］. Zootaxa, 2006, 1360: 1–40.

［118］HOU W J, YAO Y Z, REN D. The earliest fossil flower bugs (Heteroptera: Cimicomorpha: Cimicoidea: Vetanthocoridae) from the Middle Jurassic of Inner Mongolia, China ［J］. European Journal of Entomology, 2012, 109: 281–288.

［119］TANG D, YAO Y Z, REN D. New fossil flower bugs (Heteroptera: Cimicomorpha: Cimicoidea: Vetanthocoridae) with uniquely long ovipositor from the Yixian Formation (Lower Cretaceous), China ［J］. Cretaceous Research，2015, 56: 504–509.

［120］TANG D, YAO Y Z, REN D. A new species of Vetanthocoridae (Heteroptera: Cimicomorpha) from the Lower Cretaceous of China ［J］. Cretaceous Research, 2016, 64: 30–35.

［121］TANG D, YAO Y Z, REN D. Phylogenetic position of the extinct insect family Vetanthocoridae (Heteroptera) in Cimiciformes ［J］. Journal of Systematic Palaeontology, 2017, 15 (9): 697–708.

［122］洪友崇. 中国琥珀昆虫志 ［M］. 北京：北京科学技术出版社，2002.

［123］YAO Y Z, CAI W Z, REN D. The oldest fossil plant bug (Heteroptera: Miridae) from Middle Jurassic of Inner Mongolia, China ［J］. Zootaxa, 2007, 1442: 37–41.

［124］ZHANG J F, GOLUB V B, POPOV Y A, et al. Ignotingidae fam. nov. (Insecta: Heteroptera: Tingoidea), the earliest lace bugs from the Upper Mesozoic of eastern China ［J］. Cretaceous Research, 2005, 26: 783–792.

［125］PERRICHOT V, NEL A, GUILBERT E, et al. Fossil Tingoidea (Heteroptera: Cimicomorpha) from French Cretaceous amber, including Tingidae and a new family, Ebboidae ［J］. Zootaxa, 2006, 1203: 57–68.

［126］GOLUB V B, POPOV Y A, ARILLO A. Hispanocaderidae n. fam. (Hemiptera: Heteroptera: Tingoidea), one of the oldest lace bugs from the Lower Cretaceous Álava amber (Spain) ［J］. Zootaxa, 2012, 3270: 41–50.

［127］YAO Y Z, REN D, RIDER D A. Phylogeny of the Infraorder Pentatomomorpha based on fossil and extant morphology, with description of a new fossil family from China ［J］. PLoS One, 2012, 7 (5): e37289.

［128］DU S L, YAO Y Z, REN D. New fossil species of the Venicoridae (Heteroptera: Pentatomomorpha) from the Lower Cretaceous of Northeast China ［J］. Cretaceous Research, 2016, 68: 21–27.

［129］YAO Y Z, CAI W Z, REN D. *Sinopachymeridium popovi* gen. and sp. nov. - a new fossil true bug (Heteroptera: Pachymeridiiae) from the Middle Jurassic of Inner Mongolia, China ［J］. Annales Zoologici (Warszawa), 2006, 56 (4): 753–756.

［130］YAO Y Z, CAI W Z, REN D. Jurassic fossil true bugs of the Pachymeridiidae (Hemiptera: Pentatomomorpha) from Northeast China ［J］. Acta Geologica Sinica, 2008, 82 (1): 35–47.

［131］LU Y, YAO Y Z, REN D. Two new genera and species of fossil true bugs (Hemiptera: Heteroptera: Pachymeridiidae) from Northeastern China ［J］. Zootaxa, 2011, 2835: 41–52.

［132］YAO Y Z, CAI W Z, REN D. The first discovery of fossil rhopalids (Heteroptera: Coreoidea) from Middle Jurassic of Inner Mongolia, China ［J］. Zootaxa, 2006, 1269: 57–68.

［133］YAO Y Z, CAI W Z, REN D, et al. New fossil rhopalids (Heteroptera: Coreoidea) from the Middle Jurassic of Inner Mongolia, China ［J］. Zootaxa, 2006, 1384: 41–58.

［134］CHEN X T, YAO Y Z, REN D. A new genus and species of Rhopalidae (Hemiptera: Heteroptera) from the Early Cretaceous of Liaoning Province, China ［J］. Zootaxa, 2015, 4058 (1): 135.

［135］AZAR D, NEL A, ENGEL M S, et al. A new family of Coreoidea from the Lower Cretaceous Lebanese Amber (Hemiptera: Pentatomomorpha) ［J］. Polish Journal of Entomology, 2011, 80, 627–644.

［136］DU S L, YAO Y Z, REN D, et al. Dehiscensicoridae fam. nov. (Insecta: Heteroptera: Pentatomomorpha) from the Upper

Mesozoic of Northeast China ［J］. Journal of Systematic Palaeontology, 2017, 15 (12): 991–1013.

［137］DU S L, YAO Y Z, REN D. New genus and species of the Yuripopovinidae (Pentatomomorpha: Coreoidea) from mid-Cretaceous Burmese amber ［J］. Cretaceous Research, 2019, 94, 141–146.

［138］CARVER M, GROSS G F, WOODWARD T E. Hemiptera (Bugs, leafhoppers, cicadas, aphids, scale insects etc.) ［M］// NAUMANN I D. The Insects of Australia. Melbourne: Melbourne University Press, 1994.

［139］郑乐怡. 第24章：昆虫纲，半翅目—异翅目 ［=半翅目（狭义）］ ［M］// 郑乐怡，归鸿. 昆虫分类. 1999.

［140］HENRY T J. Biodiversity of the Heteroptera ［M］// Foottit R G, Adler P H (Eds.) Insect Biodiversity: Science and Society. Oxford: Wiley-Blackwell, 2009.

［141］HENRY T J, FROESCHER RC. Catalog of the Hetero Ptera, or True Bugs, of Canada and the Continetal United States ［M］. Leiden, E. J. Brill Publishers. 1988.

［142］LI X Z. A preliminary study on the phylogeny of Rhopalidae (Hemiptera: Coreoidea) ［J］. Acta Zootaxonomica Sinica, 1994, 3947 (1): 527–542.

［143］SCHAEFER C W. The Pentatomomorpha (Hemiptera: Heteroptera): an annotated outline of its systematic history ［J］. Europe Journal of Entomology, 1993, 90: 105–122.

［144］HENRY T J. Phylogenetic analysis of family groups within the infraoder Pentatomomorpha (Hemiptera: Heteroptera), with emphasis on the Lygaeoidea ［J］. Annals of the Entomological Society of America, 1997, 90: 275–301.

［145］XIE Q, BU W J, ZHENG L Y. The Bayesian phylogenetic analysis of the 18S rRNA sequences from the main lineages of Trichophora (Insecta: Heteroptera: Pentatomomorpha) ［J］. Molecular Phylogenetic and Evolution, 2005, 37 (2): 313–326.

［146］HUA J M, LI M, DONG P Z, et al. Comparative and phylogenomic studies on the mitochondrial genomes of Pentatomomorpha (Insecta: Hemiptera: Heteroptera) ［J］. BMC Genomics, 2008, 9: 610.

［147］XIE Q, TIAN Y, ZHENG L Y, et al. 18S rRNA hyper-elongation and the phylogeny of Euhemiptera (Insecta: Hemiptera) ［J］. Molecular Phylogenetics and Evolution, 2008, 47: 463–471.

［148］YAO Y Z, CAI W Z, REN D. The first fossil Cydnidae (Hemiptera: Pentatomoidea) from the Late Mesozoic of China ［J］. Zootaxa, 2007, 1388: 59–68.

［149］YAO Y Z, CAI W Z, RIDER D A, et al. Primipentatomidae fam. nov. (Hemiptera: Heteroptera: Pentatomomorpha), an extinct insect family from the Cretaceous of northeastern China ［J］. Journal of Systematic Palaeontology, 2013, 11 (1): 63–82.

［150］GRAZIA J, SCHUH R T, WHEELER W C. Phylogenetic relationships of family groups in Pentatomoidea based on morphology and DNA sequences (Insecta: Heteroptera) ［J］. Cladistics, 2008, 24: 1–45.

［151］DONG Q P, YAO Y Z, REN D. New fossil Progonocimicidae (Hemiptera: Coleorrhyncha: Progonocimicoidea) from the Upper Mesozoic of northeastern China, with a phylogeny of Coleorrhyncha ［J］. Systematic Entomology, 2014, 39: 773–782.

［152］周尧，洪友崇. 陕甘宁盆地早白垩世一个异翅目昆虫化石的新属种 ［J］. 昆虫分类学报，1989，3：197–205.

［153］林启彬. 新疆托克逊晚三叠世昆虫 ［J］. 古生物学报，1992，31（3）：313–335.

［154］张俊峰. 冀北侏罗纪的某些昆虫化石 ［G］// 山东古生物学会. 山东古生物地层论文集. 1986.

［155］张俊峰. 中生代昆虫化石新资料 ［J］. 山东地质，1985，1（2）：23–39.

［156］林启彬. 云南的昆虫化石 ［M］// 中国科学院南京地质古生物研究所. 云南中生代化石（下册）. 北京：科学出版社，1977.

［157］DONG Q P, YAO Y Z, REN D. A new species of Progonocimicidae (Hemiptera: Coleorrhyncha) from the Middle Jurassic of China ［J］. Alcheringa, 2012, 37: 31–37.

［158］林启彬. 华南中生代早期的昆虫 ［M］. 北京：科学出版社，1986.

第18章
广翅目

徐逸凡，王永杰，史宗冈，任东

18.1 广翅目简介

广翅目隶属于脉翅总目，是全变态昆虫中一个较小的类群。现生广翅目仅包括两个科——齿蛉科（齿蛉dobsonflies和鱼蛉fishflies）和泥蛉科（泥蛉 alderflies），全世界已知有373现生种。广翅目属于中大型昆虫（翅展最大超过210 mm），成虫头部扁平、前突，翅为膜质，后翅臀区扩大[1]。广翅目昆虫的幼虫生活在水中，因此成虫通常出现在溪流或沼泽附近。该目通常被认为是脉翅总目的基干类群，系统发育表明其与脉翅目的亲缘关系最为接近[2, 3]。

齿蛉科由齿蛉亚科 Corydalinae（dobsonflies）和鱼蛉亚科 Chauliodinae（fishflies）两个亚科组成，是广翅目中最大的科，现生已知27属295种[4]。齿蛉亚科现存160种，分布于北美洲、南美洲、南非和亚洲。一部分的齿蛉亚科昆虫翅展超过200 mm，是最大的昆虫之一。齿蛉亚科的幼虫为水生生活，腹部通常有八对侧鳃。齿蛉亚科雄性成虫通常有非常突出的上颚，用来在求偶和交配过程中吸引雌性和辅助交配，对人类是无害的。但是，也有一些齿蛉亚科昆虫出现了上颚退化的现象，例如齿蛉属*Neoneuromus*和星齿蛉属*Protohermes*，Liu等人认为这类昆虫上颚退化可能与它的"献礼行为"有关[5]。

鱼蛉亚科是齿蛉科的另一个亚科，现存135种，分布于南北美、南非、亚洲、新西兰和澳大利亚。鱼蛉亚科主要生活在亚热带或暖温带地区，但也有一些种类能适应不同的生境，具有广泛的分布范围。鱼蛉亚科昆虫触角变化多样，部分属种存在性二型现象（图18.1），与齿蛉亚科区别显著。

▲ 图 18.1　一个雌性鱼蛉（Corydalidae）　史宗文拍摄

泥蛉科是一类"活化石"昆虫，现存12属87种。与齿蛉科相比，泥蛉科成虫体型较小，无单眼，前胸背板短，第四跗节特化，端部膨大呈二叶状。

广翅目昆虫的幼虫，包括齿蛉、鱼蛉和泥蛉，均为水生生活，是鳟鱼、鲈鱼和其他淡水鱼重要的食料。与蜉蝣目、襀翅目和毛翅目昆虫的幼虫相比，广翅目昆虫的幼虫不能为"蝇钓"创造良好机会。然而，广翅目幼虫生活在无污染的水域中，是重要的环境指示昆虫；对当地渔民而言也是一种天然的美食。

一些研究人员曾提出了广翅目为并系类群的观点，认为应该将泥蛉科从广翅目分出，与蛇蛉目形成姐妹群关系[2, 7, 8]。然而，最新系统发育研究利用形态学和分子生物学数据得出较为一致的结果，证实了广翅目的单系性[9-14]。在广翅目内部，虽然泥蛉科内的相互关系尚未完全解决，但其作为广翅目的基干类群已经得到了证实（图18.2）。根据Wang等人估算的起源时间，广翅目昆虫的起源时间约为2.97亿年前；而齿蛉科昆虫和泥蛉科昆虫的分化时间为三叠纪初期，约为2.51亿年前[3]。

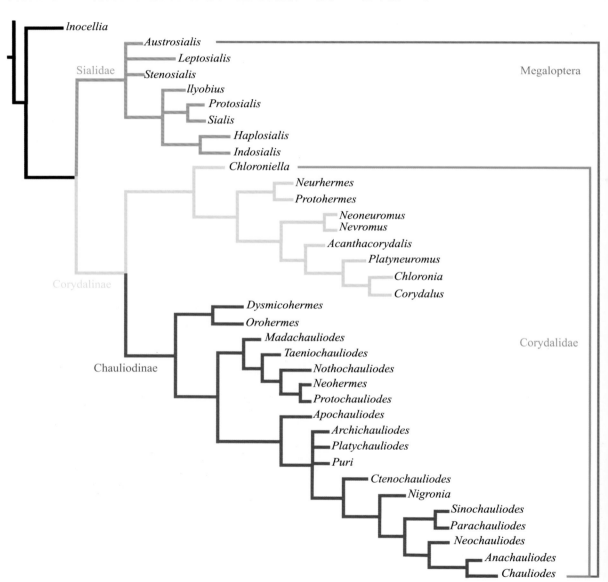

▲ 图 18.2 广翅目系统发育树（改自参考文献 [14]）

18.2　广翅目化石的研究进展

　　广翅目昆虫化石非常稀少，仅发现47种[15]。最古老的广翅目昆虫化石属于已绝灭的准泥蛉科 Parasialidae，发现于俄罗斯和蒙古的二叠纪晚期[16, 17]。实际上，许多形态上与广翅目相近的化石昆虫被归入该目后，又被转移到其他类群，如优脉鱼蛉科 Euchauliodidae、二叠泥蛉科 Permosialidae 和奇异泥蛉科 Tychtodelopteridae[18]。另外，大量的早期幼虫化石由于其腹部鳃状结构与现存的齿蛉科昆虫类似而被分入广翅目，但由于缺少成虫，这些幼虫的系统位置仍值得商榷。在中国，仅有来自侏罗纪中期鱼蛉亚科的两个属：侏罗鱼蛉属*Jurochauliodes* Wang & Zhang，2010[19] 和始鱼蛉属*Eochauliodes* Liu，Wang，Shih，Ren & Yang，2012[20] 在内蒙古被报道，这也是齿蛉科目前最古老的证据[19, 20]。

18.3　中国北方地区广翅目的代表性化石

齿蛉科 Corydalidae Leach，1815

　　大多数已知的齿蛉亚科化石都来自古新世，推测白垩纪早期已有齿蛉亚科类群[4]。最早的鱼蛉亚科化石标本出现在中国中侏罗世。

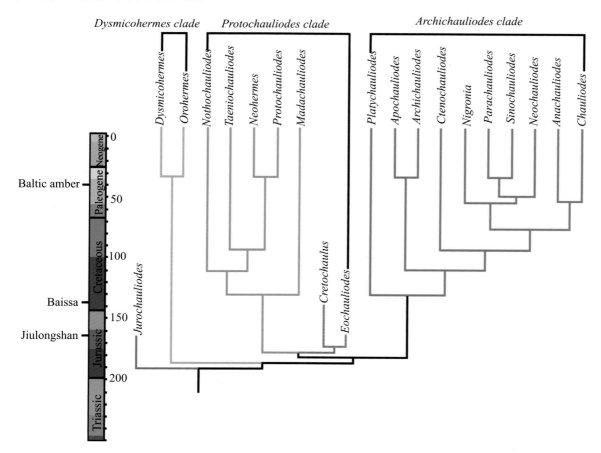

▲ 图 18.3　鱼蛉亚科系统发育树，包括化石和现生种（改自参考文献［20］）

中国北方地区侏罗纪报道2属：侏罗鱼蛉属*Jurochauliodes* Wang & Zhang，2010；始鱼蛉属*Eochauliodes* Liu，Wang，Shih，Ren & Yang，2012。

鱼蛉亚科鱼蛉的系统发育

来自中国中侏罗世的鱼蛉亚科成虫化石，是目前已知最早的鱼蛉化石，对了解鱼蛉亚科的历史演化具有重要意义[20]。在系统发育研究中（图18.3），最早的侏罗纪时期的侏罗鱼蛉属作为基部进化枝与其他属构成姐妹群，另一来自欧亚侏罗纪的始鱼蛉属和近代的亚洲属明显处在不同的进化枝上，这表明这些地理分布相近的古今昆虫并不存在直接的祖裔关系。值得注意的是，侏罗纪的始鱼蛉属和早白垩世的白垩鱼蛉属与现生的原鱼蛉属构成姐妹群关系。而现生的原鱼蛉属目前局限于南美洲南部、大洋洲东部、马达加斯加和南非等地。该结果表明在泛大陆解体之前，鱼蛉的起源和全球分布应该已经完成，远早于目前已知的化石记录。

侏罗鱼蛉属 *Jurochauliodes* Wang & Zhang，2010

Jurochauliodes Wang & Zhang，2010，J. Paleontol. 84 (4)：777.[19] (original designation).

模式种：波氏侏罗鱼蛉*Jurochauliodes ponomarenkoi* Wang & Zhang，2010。

种名是为了纪念俄罗斯著名的昆虫学家——Alexander G. Ponomarenko。

该属最初是基于幼虫建立[19]，Liu等人于2012年补充了成虫的特征并重新进行了描述[20]。该属成虫体长中等（前翅长35.0 mm），翅呈明显的椭圆形；Rs具有4分支，每个分支端部分叉；MA端部分叉；MP为2分支，MP1基部具有3~4分支，MP2通常为2分支；1A、2A、3A在前翅保存完整，各具2分支，呈笔直延伸；1A和2A间由一横脉连接。幼虫：体型中等（末龄幼虫体长约40.0 mm）；前背板近方形，明显宽于长，也宽于头部；节上的腹部侧面的鳃几乎与各自节的宽度一样长，略短于后足；第八节上的气门不做管状凸起[20]。

产地及时代：内蒙古，中侏罗世。

中国北方地区侏罗纪仅报道1种（详见表18.1）。

始鱼蛉属 *Eochauliodes* Liu，Wang，Shih，Ren & Yang，2012

Eochauliodes Liu，Wang，Shih，Ren & Yang，2012，PLoS ONE，7 (7)：e40345[20] (original designation).

模式种：狭斑始鱼蛉*Eochauliodes striolatus* Liu，Wang，Shih，Ren & Yang，2012。

成虫体中型（前翅长约30.0 mm），丝状触角，单眼距离近；翅狭长，约为宽的3倍，膜区透明，沿纵脉有少量深色条纹；翅疤存在于MA和MP之间；Rs具2分支，每个分支在端部分叉；MA端部分叉；MP为2分支，MP1为端部分叉；1A、2A和3A在前翅中发育完整，各具2分支，在翅缘处弯曲；前翅1A和2A由一短横脉连接。幼虫体型中等（末龄幼虫体长约40.0mm）。触角的末端两节几乎与第二节等长。前背板近方形，稍宽于长。1~5节上的腹部侧面的鳃明显长于各自节的宽度，且长于后足。第八节上的气门不做气管状凸起[20]。

产地及时代：内蒙古，中侏罗世。

中国北方地区侏罗纪仅报道1种（详见表18.1）。

狭斑始鱼蛉 *Eochauliodes striolatus* Liu，Wang，Shih，Ren & Yang，2012 (图 18.4)

Eochauliodes striolatus Liu，Wang，Shih，Ren & Yang，2012，PLoS ONE，7 (7)：e40345.

产地及层位：内蒙古宁城道虎沟；中侏罗统，九龙山组。

该种在外形上区别于其他的鱼蛉亚科昆虫，其特征是翅上的纵向深色条纹，前翅上的MA分叉，MP的前分支分叉，2A通过一条短的交叉脉连接到1A；幼虫，头部和胸部较暗，前背板稍宽于长，腹侧鳃部明显长于后足[20]。

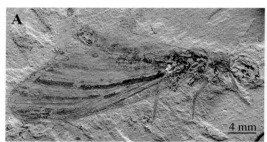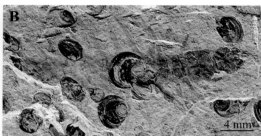

▲ 图 18.4　狭斑始鱼蛉 *Eochauliodes striolatus* Liu，Wang，Shih，Ren & Yang，2012
A. 正模标本，CNU-MEG-NN2011004；B. 幼虫，CNU-MEG-NN2011008（史宗冈捐赠）

表 18.1　中国侏罗纪广翅目化石名录

科	种	产地	层位 / 时代	文献出处
Corydalidae	*Eochauliodes striolatus* Liu，Wang，Shih，Ren & Yang，2012	内蒙古宁城	九龙山组 /J_2	Liu *et al.*[20]
	Jurochauliodes ponomarenkoi Wang & Zhang，2010	内蒙古宁城	九龙山组 /J_2	Wang and Zhang[19]

参考文献

［1］NEW TR, THEISCHINGER G. Megaloptera (Alderflies，Dobsonflies) ［J］. Handbuch der Zoologie (Berlin), 1993, 4, 1–97.

［2］WINTERTON S L, HARDY N B, WIEGMANN B M. On wings of lace: phylogeny and Bayesian divergence time estimates of Neuropterida (Insecta) based on morphological and molecular data ［J］. Systematic Entomology, 2010, 35, 349–378.

［3］WANG Y Y, LIU X Y, GARZÓN-ORDUÑAI J, et al. Mitochondrial phylogenomics illuminates the evolutionary history of Neuropterida ［J］. Cladistics, 2016, 33, 617–636.

［4］ENGEL M S, WINTERTON S L, BREITKREUZ L C. Phylogeny and evolution of Neuropterida: where have wings of lace taken us ［J］. Annual Review of Entomology, 2018, 63, 531–551.

［5］LIU X Y, HAYASHI F, LAVINE L C，et al. Is diversification in male reproductive traits driven by evolutionary trade-offs between weapons and nuptial gifts ［J］. Proceedings of the Royal Society B: Biological Sciences, 2015, 282, 20150247.

［6］LIU X Y, HAYASHI F, YANG D. Phylogeny of the family Sialidae (Insecta: Megaloptera) inferred from morphological data, with implications for generic classification and historical biogeography ［J］. Cladistics, 2014, 31 (1)，1–32.

［7］HENNIG W. Kritische Bemerkungen zum phylogenetischen system der Insekten ［J］. Beiträgezur zur Entomologie, 1953, 3, 1–85.

［8］ŠTYS P, BILINSKI S. Ovariole types and the phylogeny of hexapods ［J］. Biological Reviews, 1990, 65, 401–429.

［9］ASPÖCK U, PLANT J D, NEMESCHKAL H L. Cladistic analysis of Neuroptera and their systematic position within Neuropterida (Insecta: Holometabola: Neuroptera) ［J］. Systematic Entomology, 2001, 26, 73–86.

［10］ASPÖCK U, HARING E, ASPÖCK H. The phylogeny of the Neuropterida: long lasting and current controversies and challenges(Insecta: Endopterygota) ［J］. Arthropod Systematics and Phylogeny, 2012, 70, 119–129.

［11］HARING E, ASPÖCK U. Phylogeny of the Neuropterida: a first molecular approach ［J］. Systematic Entomology, 2004, 29, 415–430.

［12］WANG Y Y, LIU X Y, WINTERTON S L, et al. The first mitochondrial genome for the fishfly subfamily Chauliodinae and implications for the higher phylogeny of Megaloptera ［J］. PLoS ONE, 2012, 7, e47302.

［13］ZHAO C J, LIU X Y, YANG D. Wing base structural data support the sister relationship of Megaloptera and Neuroptera (Insecta:Neuropterida) ［J］. PLoS ONE, 2014, 9, e114695.

［14］LIU X Y, LÜ Y N, ASPÖCKH, et al. Homology of the genital sclerites of Megaloptera (Insecta: Neuropterida) and their phylogenetic relevance ［J］. Systematic Entomology, 2016, 41(1), 256–286.

［15］OSWALD J D. Neuropterida species of the world. Version 5.0. http://lacewing.tamu.edu/. Last accessed 9 January 2024.

［16］PONOMARENKO A G. Paleozoic alderflies (Insecta, Megaloptera) ［J］. Paleontological Journal, 1977, 11, 73–81.

［17］PONOMARENKO A G. New alderflies (Megaloptera: Parasialidae) and glosselytrodeans (Glosselytrodea: Glosselytridae) from the Permian of Mongolia ［J］. Paleontological Journal, 2000, 34, S309–S311.

［18］ANSORGE J. *Dobbertinia recticulata* Handlirsch 1920 from the Lower Jurassicof Dobbertin (Mecklenburg/Germany) – the oldest representative of Sialidae (Megaloptera) ［J］. Neues Jahrbuch Fur Geologie Und Palaontologie Monatshefte, 2001, 9, 553–564.

［19］WANG B, ZHANG H C. Earliest evidence of fishflies (Megaloptera:Corydalidae): an exquisitely preserved larva from the middle Jurassic of China ［J］. Paleontological Journal, 2010, 84, 774–780.

［20］LIU X Y, WANG Y J, SHIH C K, et al. Early evolution and historical biogeography of fishflies (Megaloptera: Chauliodinae): implications from a phylogeny combining fossil and extant taxa ［J］. PloS ONE，2012, 7, e40345.

方慧，王永杰，任东，史宗冈

19.1　蛇蛉目简介

　　蛇蛉目昆虫属于脉翅总目，是全变态昆虫中特殊的小类群。蛇蛉成虫前口式，前胸狭窄且延长似脖颈，透明的翅着生较为错综复杂的翅脉（图19.1），雌虫产卵器极度延长（图19.2）。蛇蛉的头部可以像蛇一样举起，休息时翅呈屋脊状折叠[1]。

▶ 图 19.1　*Agulla* sp.（蛇蛉科）　刘星月拍摄

▲ 图 19.2　*Inocellia japonica*（盲蛇蛉科）　刘星月拍摄

现生蛇蛉目由33属240种组成，仅分为两个科：蛇蛉科和盲蛇蛉科。蛇蛉幼虫及成虫通常取食其他较小的昆虫，但是盲蛇蛉科成虫尚未观察到取食行为，此外，一些蛇蛉成虫被报道有取食花粉的行为[2]。雌性蛇蛉用长针状产卵器将卵产于松柏类和落叶植物的树皮缝隙里[3]。蛇蛉目幼虫像一些鞘翅目幼虫一样，捕食卵和其他昆虫的幼虫，例如蝉、叶蝉、角蝉、蜡蝉、沫蝉等，以及其他小型节肢动物成虫，例如螨虫、蜘蛛、跳虫、啮虫、蚜虫、粉虱、介壳虫等[3]。蛇蛉幼虫通常2年成蛹（有的1~3年）[4]，蛹为离蛹，可以活动。成虫通常为捕食者，与幼虫捕食相似的猎物。作为天敌昆虫，蛇蛉昆虫可以捕食和控制一些害虫，但是蛇蛉幼虫却是寄生蜂的寄主，如姬蜂科、茧蜂科和巨胸小蜂科[3]。

现生蛇蛉昆虫羽化的两个先决条件是树栖生境和明显的低温气候[1, 2, 5]。低温可以触发结茧，且低温是蛇蛉成虫翅发育的前提条件。现今，蛇蛉昆虫主要分布在有典型冷冬气候的泛北区，另外，一小部分种类分布在东洋区和中美地区的高海拔山区[1]。2013年以来，越来越多的蛇蛉新物种被描述，东亚和东南亚逐渐成为另一个蛇蛉物种丰度较高的区域[6]。

19.2　蛇蛉昆虫化石的研究进展

第一件中生代蛇蛉化石于1925年被Martynov描述[7]。值得注意的是，蛇蛉昆虫在中生代时期很繁盛，呈全球分布并有着丰富的物种多样性。化石蛇蛉包括6个绝灭科约100余种：草蛉蛉科Chrysoraphidiidae、巴依萨蛇蛉科Baissopteridae、中蛇蛉科Mesoraphidiidae、原痣蛇蛉科Priscaenigmatidae、后蛇蛉科Metaraphidiidae和侏罗蛇蛉科Juroraphidiidae，分别来自欧亚大陆、北美、南美以及缅甸琥珀[6, 8]。

尽管现生蛇蛉昆虫都有着细长的前胸，许多灭绝的中生代蛇蛉却有着相对较宽短的前胸，表明古生类群和现代类群生活习性上可能存在一定的差异。侏罗纪时期的蛇蛉相对较少，目前仅发现15种，分属于中蛇蛉科Mesoraphidiidae、原痣蛇蛉科Priscaenigmatidae和后蛇蛉科Metaraphidiidae。然而，白垩纪时期的蛇蛉有着非常高的多样性，占所有已知蛇蛉化石种的一半[1]。由于白垩纪末期的生物大灭绝，现生蛇蛉成为仅存活于北半球的孑遗类群[1, 5, 9]。

中国化石蛇蛉目已报道4科19属34种，出现于中侏罗世至早白垩世（表19.1），代表了1/3的世界已知蛇蛉化石物种。第一件蛇蛉化石标本是洪友崇于1982年报道的[10]。

2014年，刘星月、任东和杨定发表了包含现生和化石的蛇蛉目的系统发育树，重建了蛇蛉目的演化历史（图19.3）[1]。在上述结果中，古生和现生蛇蛉被证实为单系，并分为三个支系：原痣蛇蛉亚目Priscaenigmatomorpha、侏罗蛇蛉科Juroraphidiidae以及蛇蛉亚目Raphidiomorpha。原痣蛇蛉亚目Priscaenigmatomorpha为最早分化的一支，与其他两个支系为姐妹群关系；侏罗蛇

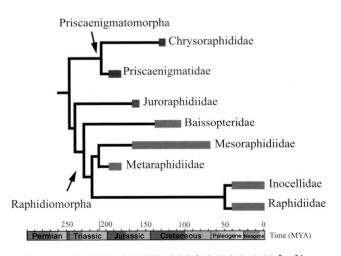

▲ 图 19.3　蛇蛉目昆虫系统发育树（改自参考文献［1］）

蛉科Juroraphidiidae和蛇蛉亚目Raphidiomorpha共同构成一个单系。原痣蛇蛉亚目Priscaenigmatomorpha包含了草蛇蛉科Chrysoraphidiidae和原痣蛇蛉科Priscaenigmatidae。在蛇蛉亚目Raphidiomorpha中，巴依萨蛇蛉科Baissopteridae是剩下的4个科的姐妹群，剩余4科分为两个支系：中蛇蛉科Mesoraphidiidae+后蛇蛉科Metaraphidiidae和蛇蛉科Raphidiidae+盲蛇蛉科Inocelliidae[1]。

关于蛇蛉目昆虫的起源，分子数据显示其大约在晚二叠世从脉翅总目分化（约2.50亿年前）[11,12]；然而，最早已知的蛇蛉化石仅发现于早侏罗世[1]。早侏罗世是蛇蛉昆虫亚目分化的重要时期，化石证据也支持蛇蛉目昆虫起源应早于早侏罗世（图19.3）。在早白垩时期，蛇蛉目在劳亚大陆和冈瓦纳大陆已广泛分布，南半球的白垩纪蛇蛉化石与北半球的蛇蛉有较高相似性[1]，表明蛇蛉在联合古陆裂解之前已经完成了南北半球的扩散，根据蛇蛉早期的化石分布推测该类昆虫可能是起源于北半球。

19.3 中国北方地区蛇蛉目的代表性化石

巴依萨蛇蛉科 Baissopteridae Martynova，1961

翅痣的近虫体端通常有横脉封闭，至少包括一条RA的分支。前翅：RP有3~5条分支，分支间有许多横脉：3–5 ra-pr，5–15 ir，4–7 r-m，3–5 im，2–3 icu。后翅：许多横脉：4–5 ra-pr，5–14 ir，4–6 r-m，2–4 m-cu[13]。

中国北方地区白垩纪报道2属：巴依萨蛇蛉属*Baissoptera* Martynova，1961和微巴依萨蛇蛉属*Microbaissoptera* Lyu，Ren & Liu，2017。

巴依萨蛇蛉属 *Baissoptera* Martynova，1961

Baissoptera Martynova，1961，*Paleontol. Zhur.* 3：80[13] (original designation).

模式种：马丁逊巴依萨蛇蛉*Baissoptera martinsoni* Martynova，1961。

种名是为了纪念G.G. Martinson博士对外贝加尔和蒙古地区地层的研究贡献。

有单眼，前胸背板短于头部。翅宽，但不及翅长的4倍。ScP端部终结于翅前缘的中部；径脉和中脉区的横脉形成2组以上的阶脉，形成3排以上的封闭翅室[13-15]。

产地及时代：辽宁，早白垩世。

中国北方地区白垩纪报道五种（详见表19.1）。

双色巴依萨蛇蛉 *Baissoptera bicolor* Lyu，Ren & Liu，2017（图19.4）

Baissoptera bicolor Lyu，Ren & Liu，2017，*Cret. Res.*80，17.

▲ 图 19.4 双色巴依萨蛇蛉 *Baissoptera bicolor* Lyu，Ren & Liu，2017（正模标本，CNU-RAP-LB-2017028）

产地及层位：辽宁北票黄半吉沟；下白垩统，义县组。

虫体大型，头部卵圆形，头顶略缢缩；前胸长略大于宽，短于头长；足细长，着色单一；翅宽，长为宽的3~4倍；翅痣基部浅色，端部深色，约占翅长的1/5，且翅痣中有一根横脉；前后翅端部具2组阶脉[15]。

微巴依萨蛇蛉属 *Microbaissoptera* Lyu，Ren & Liu，2017

Microbaissoptera Lyu，Ren & Liu，2017，*Cret. Res*，80：22[15]（original designation）.

模式种：单阶微巴依萨蛇蛉*Microbaissoptera monosticha* Lyu，Ren & Liu，2017。

虫体小型（虫体长度约短于14.3 mm，前翅长8.7~10.8 mm）；有单眼，前胸延长。前后翅宽阔，径脉和中脉区的横脉在靠近翅端部形成一排翅室，RP分支里仅一条横脉[15]。

产地及时代：辽宁，早白垩世。

中国北方地区白垩纪仅报道一种（详见表19.1）。

单阶微巴依萨蛇蛉 *Microbaissoptera monosticha* Lyu，Ren & Liu，2017（图19.5）

Microbaissoptera monosticha Lyu，Ren & Liu，2017，*Cret. Res*，80：24.

产地及层位：辽宁北票黄半吉沟；下白垩统，义县组。

虫体长14.3 mm，头卵圆形。鞭节有40鞭小节。前后翅的翅痣颜色均一，翅痣内部均有一根倾斜的横脉。前缘域有7条横脉；ScP弯向前缘域边缘，在翅中部结束；RA区域有2条细横脉；前后翅的径脉和中脉区均有一组脉[15]。

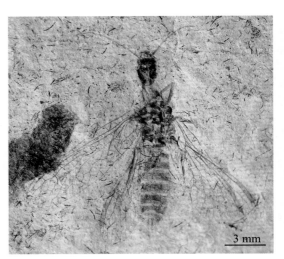

▲ 图 19.5 单阶微巴依萨蛇蛉 *Microbaissoptera monosticha* Lyu，Ren & Liu，2017（正模标本，CNU-RAP-LB-2017061）

草蛇蛉科 Chrysoraphidiidae Liu，Ren & Yang，2014

前后翅卵圆形，翅痣均明显。Sc不与C愈合；Rs+MA于翅基部从R分支出来；前翅的径脉和中肘脉区域形成2组脉；前翅MA单支，MP基干极短，深分叉，MP1单支，MP2末端二分叉；CuA栉状分支，三分叉；CuP单支；前翅1A脉栉状分支[1, 6]。

中国北方地区白垩纪仅报道一属：草蛇蛉属*Chrysoraphidia* Liu，Makarkin，Yang & Ren，2013。

草蛇蛉属 *Chrysoraphidia* Liu，Makarkin，Yang & Ren，2013

Chrysoraphidia Liu，Makarkin，Yang & Ren，2013，*Cret. Res*，45：307[6]（original designation）.

模式种：孑遗草蛇蛉*Chrysoraphidia relicta* Liu，Makarkin，Yang & Ren，2013。

虫体中型，其他特征与科级特征一致。

产地及时代：辽宁，早白垩世。

中国北方地区白垩纪仅报道一种（详见表19.1）。

侏罗蛇蛉科 Juroraphidiidae Liu，Ren & Yang，2014

前胸长于中胸与后胸的总和；翅痣长；前缘域相当窄；前翅MP形成2条简单的主分支；MP主分支区域仅一个盘室；CuA和CuP有明显的共同主干；1A短且简单[1]。

中国北方地区侏罗纪仅报道一属：侏罗蛇蛉属*Juroraphidia* Liu，Ren & Yang，2014。

侏罗蛇蛉属 *Juroraphidia* Liu，Ren & Yang，2014

Juroraphidia Liu，Ren & Yang，2014，*BMC Evol. Biol.*14：84，2[1] (original designtion).

模式种：*Juroraphidia longicollum* Liu，Ren & Yang，2014。

小型蛇蛉昆虫（前翅长6.1~8.6 mm）。其他特征同科级特征。

产地及时代：内蒙古，中侏罗世。

中国北方地区白垩纪仅报道一种（详见表19.1）。

长颈侏罗蛇蛉 *Juroraphidia longicollum* Liu，

Ren & Yang，2014（图19.6）

Juroraphidia longicollum Liu，Ren & Yang，2014，*BMC Evol. Biol.*14：84，3.

产地及层位：内蒙古宁城道虎沟；中侏罗统，九龙山组。

虫体保存较为完好，但后胸和腹部保存较差。头长2.1 mm；单眼未保存；口器的上唇和上颚有保存；前背板长3.1 mm，中胸长1.3 mm。前翅长8.9 mm，宽2.7 mm；前缘域几乎与亚前缘域等宽；Sc与C在翅痣端部愈合；翅痣长，约为翅长的一半；Rs形成4条简单分支；有一排阶脉；MP形成2条长而简单的分支。后翅长7.2 mm，宽2.3 mm，比前翅短，且臀脉很窄[1]。

▲ 图 19.6　长颈侏罗蛇蛉 *Juroraphidia longicollum* Liu，Ren & Yang，2014（副模标本，CNU-RAP-NN-2013001p）

中蛇蛉科 Mesoraphidiidae Martynov，1925

虫体中到大型。头部短且延长。3个单眼着生在复眼的后侧。翅细长，径脉和中脉区域的横脉很少。ScP于翅长中部与C汇合；仅一条scp-ra横脉；翅痣短或细长，基部被一条scp-ra横脉封闭，有或无翅痣横脉，端部被RA的横脉封闭。前翅：2ra-rp横脉后部连接RP分支的前部；MA的起源与MP第一分支点接近，且与RP主干有一段距离的合并；MA与MP之间形成2条横脉，形成2排长的中部翅室；CuA与M的连接点在M与R的分支点之后；MP端部有3个盘室，形成三角区；CuA末端3分支；1A与2A简单。后翅：3ra-rp横脉后部连接RP分支的前部；MA起源于R的主干，且与RP愈合一小段距离；CuA端部分叉；有1~2个盘室[7, 16-18]。

中国北方地区侏罗纪和白垩纪报道8属：中蛇蛉属*Mesoraphidia* Martynov，1925；山蛇蛉属*Ororaphidia* Engel & Ren，2008；树蛇蛉属*Styporaphidia* Engel & Ren，2008；长头蛇蛉属*Stenoraphidia*

Lyu，Ren & Liu，2018；义县蛇蛉属*Yixianoraphidia* Lyu，Ren & Liu，2020；异蛇蛉属*Allocotoraphidia* Lyu，Ren & Liu，2020；北票蛇蛉属*Beipiaoraphidia* Lyu，Ren & Liu，2020；线蛇蛉属*Grammoraphidia* Lyu，Ren & Liu，2020。

中蛇蛉属 *Mesoraphidia* Martynov，1925

Mesoraphidia Martynov，1925，*Izv. Ross. Akad. Nauk.* 19：235[7]（original designation）。

模式种：巨型中蛇蛉*Mesoraphidia grandis* Martynov，1925。

体长6.5~21.0 mm；三个单眼。前翅长5.5~19.0 mm；径脉和中脉区的横脉少；ScP于翅长中部弯向C；翅痣短或细长，有或无翅痣横脉；MA与MP之间形成2条长的翅室；靠近MP端部有3个盘室[7, 18]。

产地及时代：内蒙古自治区和辽宁，中侏罗世；辽宁，早白垩世。

中国北方地区白垩纪及侏罗纪报道11种（详见表19.1）。

道虎沟中蛇蛉 *Mesoraphidia daohugouensis* Lyu，Ren & Liu，2015（图19.7）

Mesoraphidia daohugouensis Lyu，Ren & Liu，2015，*Zootaxa*，3999：561.

产地及层位：内蒙古宁城道虎沟；中侏罗统，九龙山组。

虫体中型；前胸长不及中胸与后胸长度之和的一半。翅狭长；ScP于翅长中部与C愈合；翅痣约为翅长的1/3，无翅痣横脉；前翅RP三分叉；后翅RP的分支较早而简单，或者端部分叉且分支简单；前后翅MA均二分叉[8, 18]。

山蛇蛉属 *Ororaphidia* Engel & Ren，2008

Ororaphidia Engel & Ren，2008，*J. Kans. Entomol. Soc.* 81 (3)：188[19]（original designation）。

模式种：大头山蛇蛉*Ororaphidia megalocephala* Engel & Ren，2008。

前胸背板有侧缘，产卵器相对较短。翅痣区域有一条横脉；前翅Sc于超过翅中部处与C愈合；前翅MA在MP分叉前出现；MP有3个中室；1A简单；后翅MP有一个中室[18, 19]。

产地及时代：内蒙古自治区，中侏罗世。

中国北方地区侏罗纪报道二种（详见表19.1）。

双叉山蛇蛉 *Ororaphidia bifurcata* Lyu，Ren & Liu，2017（图19.8）

Ororaphidia bifurcata Lyu，Ren & Liu，2017，*Alcheringa*，41：407.

产地及层位：内蒙古宁城道虎沟；中侏罗统，九龙山组。

虫体长约8.4 mm，前翅长8.2~8.3 mm；翅痣基部被scp-ra封闭，内部有一条倾斜的翅痣横脉；前后翅的RP与MA各2次简单分支；前后翅中，边缘的ra-rp横脉后部连接RP的主干（2ra-rp在前翅，3ra-rp在后翅）；前后翅rp-ma横脉后部均连接MA主干；前翅MA起源点接近于MP第一分支点，且与RP主干有短距离的融合；有两个径脉翅室[18]。

▲ 图 19.7 道虎沟中蛇蛉 *Mesoraphidia daohugouensis* Lyu，Ren & Liu，2015（正模标本，CNU-RAP-NN-2015001）

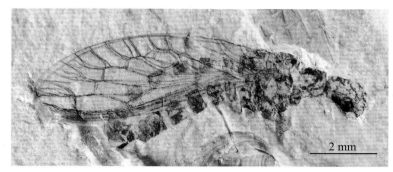

▲图 19.8 双叉山蛇蛉 *Ororaphidia bifurcata* Lyu，Ren & Liu，2017（正模标本，CNU-RAP-NN-2016016P）

长头蛇蛉属 *Stenoraphidia* Lyu，Ren & Liu，2018

Stenoraphidia Lyu，Ren & Liu，2018，*Cret. Res*，89：120[20] (original designation).

模式种：斜脉长头蛇蛉*Alloraphidia obliquivenatica* Ren，1994。

头部延长，有一个极度延长的后头部，几乎达到头长的一半，这一特征在蛇蛉目是首例。前胸延长，长为宽的2倍。翅痣长，翅痣内有一条横脉[20]。

产地及时代：辽宁，早白垩世。

中国北方地区白垩纪报道二种（详见表19.1）。

斜脉长头蛇蛉 *Stenoraphidia obliquivenatica* (Ren，1994)（图19.9）

Stenoraphidia obliquivenatica Lyu，Ren & Liu，2018，*Cret.Res*，89: 120.

Alloraphidia obliquivenatica Ren，1994，*Professional Papers of Stratigraphy and Palaeontology*，25，133[21]. Syn. by Lyu，Ren & Liu，2018，*Cret. Res*，89：119–125[20].

产地及层位：辽宁北票黄半吉沟；下白垩统，义县组。

虫体大型（体长14.1~23.0 mm，前翅长13.8~16.9 mm）。前胸前半部分浅色，后半部分深色。翅痣长，颜色均一，倾斜的翅痣横脉于端部明显变宽；RP有3~4个栉状分支；MA有3个分支[20]。

树蛇蛉属 *Styporaphidia* Engel & Ren，2008

Styporaphidia Engel & Ren，2008，*J. Kans. Entomol. Soc.*81 (3)：189[19] (original designation).

模式种：神奇树蛇蛉*Styporaphidia magia* Engel & Ren，2008.

▲图 19.9 斜脉长头蛇蛉 *Stenoraphidia obliquivenatica* (Ren，1994)（补充标本，CNU-RAP-LB-2017079）

前胸背板方形，短于中胸与后胸长度之和。翅痣中部顶点发出2条横脉；前翅MA起源点早于MP分支点；MP有3条中室；中室少；1A简单[19]。

产地及时代：内蒙古自治区，中侏罗世。

中国北方地区侏罗纪仅报道一种（详见表19.1）。

神奇树蛇蛉 *Styporaphidia magia* Engel & Ren，2008（图19.10）

Styporaphidia magia Engel & Ren，2008，*J. Kans.Entomol. Soc.*，81(3)，189.

产地及层位：内蒙古宁城道虎沟；中侏罗统，九龙山组。

性别未知。体长13 mm；腹部长度短于翅长，两边平行，8节腹节可见，腹部末端未保存。前翅长10 mm，宽4 mm；仅一条sc-r横脉，出现在Rs从R主干分支出来的位置；CuA与M的分支点位于M与R分支点之后，端部仅一个分支；1A简单[19]。

▲ 图 19.10　神奇树蛇蛉 *Styporaphidia magia* Engel & Ren，2008（补充标本，CNU-RAP-NN-2016029）

义县蛇蛉属 *Yixianoraphidia* Lyu，Ren & Liu，2020

Yixianoraphidia Lyu，Ren & Liu，2020，*J. Syst.Palaeontol.*，18：1745[23].

模式种：异义县蛇蛉 *Yixianoraphidia anomala* (Ren，1997)。

翅卵圆形，翅长为翅宽的3~4倍，前翅2ra-rp后端连接于RP主干；rp-ma后端连接于MA主干；后者具有细长的翅形，翅长约为翅宽的5倍，前翅2ra-rp后端连接于RP前分支；rp-ma后端连接于MA前分支[23]。

产地及时代：辽宁，早白垩世。

中国北方地区白垩纪仅报道一种（详见表19.1）。

异蛇蛉属 *Allocotoraphidia* Lyu，Ren & Liu，2020

Allocotoraphidia Lyu，Ren & Liu，2020，*J. Syst. Palaeontol.*，18：1747[23].

模式种：多脉异蛇蛉 *Allocotoraphidia myrioneura* (Ren，1997)。

体大型。前胸长约为头长的一半。具单眼，单眼位于复眼后半部分之间。翅痣内RA分支缺失，翅痣约为翅长的1/3；前后翅端部RA分支间具横脉，MA分支间具横脉；前翅具r翅室3个、dc翅室2个、m翅室3个；后翅具r翅室4个、dc翅室2个、m翅室3个，doi翅室3个排列成三角形[23]。

产地及时代：辽宁，早白垩世。

中国北方地区白垩纪仅报道一种（详见表19.1）。

北票蛇蛉属 *Beipiaoraphidia* Lyu，Ren & Liu，2020

Beipiaoraphidia Lyu，Ren & Liu，2020，*J. Syst. Palaeontol.*，18：1747[23].

模式种：玛氏北票蛇蛉 *Beipiaoraphidia martynovi* Lyu，Ren & Liu，2020。

体中型。头部卵圆形，复眼较小，具单眼。足细长。翅长约为宽的3倍，翅痣基部起始于2scp-ra横脉，远端达RA分支，翅痣内RA分支缺失；前翅M和CuA的分叉点略晚于R和M+CuA的分叉点；CuA+M较短，M干较长；MA与MP连接位置显著早于MP第一分叉点；1A单支和2A二分叉[23]。

　　产地及时代：辽宁，早白垩世。

　　中国北方地区白垩纪仅报道一种（详见表19.1）。

玛氏北票蛇蛉 *Beipiaoraphidia martynovi* Lyu，Ren & Liu，2020（图19.11）

Beipiaoraphidia martynovi Lyu，Ren &Liu，2020，*J. Syst. Palaeontol.*，18：1748.

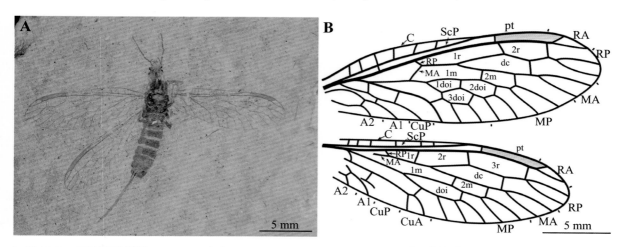

▲ 图 19.11　玛氏北票蛇蛉 *Beipiaoraphidia martynovi* Lyu，Ren & Liu，2020（正模标本：CNU-RAP-LB-2017073）
　　　　　　A. 整体照片；B. 前后翅线条图

　　产地及层位：辽宁北票黄半吉沟；下白垩统，义县组。

　　该种名以俄罗斯昆虫学家Dr. Martynov命名，为了纪念其对蛇蛉化石研究做出的卓越贡献。

　　该种虫体整体褐色。头卵圆形，触角约为头部和前胸的和，约40节。翅痣长约为翅长的1/4，翅痣宽度一致；翅室1r长约为翅室2r的1.5倍。前翅前缘域在近翅基部1/6处最宽；ScP在前翅的中部与C愈合；RA端部细脉2条，向翅顶点弯曲；RP具两支单支；M和CuA的分叉点略晚于R和M+CuA的分叉点；CuA+M较短，M基干较长；MA与MP连接位置显著早于MP第一分叉点；CuA具3支，CuP单支；1A单支和2A二分叉[23]。

线蛇蛉属 *Grammoraphidia* Lyu，Ren & Liu，2020

Grammoraphidia Lyu，Ren & Liu，2020，*J. Syst. Palaeontol.*，18：1750[23]。

　　模式种:波氏线蛇蛉*Grammoraphidia ponomarenkoi* Lyu，Ren & Liu，2020。

　　体大型。前胸长约为头长的一半。具单眼，单眼位于复眼后半部分之间。翅痣极短，基部起始于RA1，远端达RA1；RP具6~7支栉状分支，各分支单支且平滑；前后翅端部具1组阶脉；前翅dc翅室2个；后翅dc翅室2个[23]。

　　产地及时代：辽宁，早白垩世。

　　中国北方地区白垩纪仅报道一种（详见表19.1）。

波氏线蛇蛉 *Grammoraphidia ponomarenkoi* Lyu，Ren & Liu，2020（图19.12）

Grammoraphidia ponomarenkoi Lyu，Ren & Liu，2020，*J. Syst. Palaeontol.*，18：1750.

产地及层位：辽宁北票黄半吉沟；下白垩统，义县组。

该种名以俄罗斯古生物学家Dr. Ponomarenko命名，以纪念其在蛇蛉化石研究中的杰出贡献。

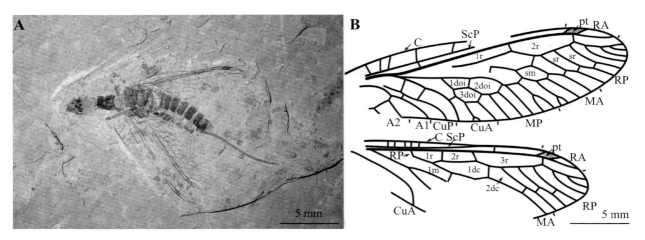

▲ 图19.12　波氏线蛇蛉 *Grammoraphidia ponomarenkoi* Lyu，Ren & Liu，2020（正模标本，CNU-RAP-LB-2017125）
　　　　　A. 整体照片；B. 前后翅线条图

虫体整体褐色。头卵圆形，额着色深，头顶着色浅。触角约为头部和前胸的和，约40节。前胸着色深。翅痣极短，长约为翅长的1/10，基部和端部由RA分支封闭。前翅前缘域在近翅基部1/5处最宽；ScP在前翅的中部与C愈合；RA端部细脉3条，向翅顶点弯曲；RP具7支栉状分支，各分支单支，且平滑；M和CuA的分叉点略晚于R和M+CuA的分叉点，CuA+M较短，M基干较长；MA基部不完整，MA二分叉，前分支单支，后分支具3支；M与CuA分离后，MP深分叉，具5分支；CuA具4支，CuP单支；1A单支，2A二分叉[23]。

表19.1　中国侏罗纪和白垩纪蛇蛉目化石名录

科	种	产地	层位 / 时代	文献出处
Baissopteridae	*Baissoptera bicolor* Lyu，Ren & Liu，2017	辽宁北票	义县组 /K₁	Lyu *et al.*，2017[15]
	Baissopterae uneura Ren，1997	辽宁北票	义县组 /K₁	任东，1997[22]
	Baissoptera grandis Ren，1995	辽宁北票	义县组 /K₁	任东等，1995[14]
	Baissoptera liaoningensis Ren，1994	辽宁北票	义县组 /K₁	任东，1994[21]
	Baissoptera sinica Lyu，Ren & Liu，2017	辽宁北票	义县组 /K₁	Lyu *et al.*，2017[15]
	Microbaissoptera monosticha Lyu，Ren & Liu，2017	辽宁北票	义县组 /K₁	Lyu *et al.*，2017[15]
Chrysoraphidiidae	*Chrysoraphidia relicta* Liu，Makarkin，Yang & Ren，2013	辽宁北票	义县组 /K₁	Liu *et al.*，2013[6]
Juroraphidiidae	*Juroraphidia longicollum* Liu，Ren & Yang，2014	内蒙古宁城	九龙山组 /J₂	Liu *et al.*，2014[1]
Mesoraphidiidae	*Allocotoraphidia myrioneura* (Ren，1997)	辽宁北票	义县组 /K₁	任东，1997[22]；Lyu *et al.*，2020[23]
	Beipiaoraphidia martynovi Lyu，Ren & Liu，2020	辽宁北票	义县组 /K₁	Lyu *et al.*，2020[23]

续表

科	种	产地	层位 / 时代	文献出处
Mesoraphidiidae	*Grammoraphidia ponomarenkoi* Lyu，Ren & Liu，2020	辽宁北票	义县组 /K₁	Lyu *et al.*，2020[23]
	Huaxiaraphidia shandongensis Hong，1992	山东莱阳	莱阳组 /K₁	洪友崇，1992[24]
	Huaxiaraphidia sinensis Hong，1992	山东莱阳	莱阳组 /K₁	洪友崇，1992[24]
	Jilinoraphidia dalaziensis Hong & Chang，1989	吉林延吉	大山子组 /K₁	洪友崇，常建平，1989[25]
	Kezuoraphidia kezuoensis (Hong，1992)	辽宁喀左	沙海组 /K₁	Hong，1992; Willmann，1994[26,27]
	Mesoraphidia daohugouensis Lyu，Ren & Liu，2015	内蒙古宁城	九龙山组 /J₂	Lyu *et al.*，2015[8]
	Mesoraphidia furcivenata Ren in Ren *et al.*，1995	北京	卢尚坟组 /K₁	任东等，1995[14]
	Mesoraphidia glossophylla (Ren，1997)	辽宁北票	义县组 /K₁	Engel，2002[9]；任东，1997[22]
	Mesoraphidia heteroneura Ren，1997	辽宁北票	义县组 /K₁**	任东，1997[22]；Pérez-de la Fuente *et al.*，2012[28]
	Mesoraphidia longistigmosa (Ren，1994)	辽宁北票	义县组 /K₁	Engel，2002[9]；任东，1994[21]
	Mesoraphidia obliquivenatica (Ren，1994)	辽宁北票	义县组 /K₁	Engel，2002[9]；任东，1994[21]
	Mesoraphidia polyphlebia (Ren，1994)	辽宁北票	义县组 /K₁	Engel，2002[9]；任东，1994[21]
	Mesoraphidia shangyuanensis (Ren，1994)	辽宁北票	义县组 /K₁	Engel，2002[9]；任东，1994[21]
	Mesoraphidia sinica Ren，1997	辽宁北票	义县组 /K₁	任东，1997[22]
	Ororaphidia bifurcata Lyu，Ren & Liu，2017	内蒙古宁城	九龙山组 /J₂	Lyu *et al.*，2017[18]
	Ororaphidia megalocephala Engel & Ren，2008	内蒙古宁城	九龙山组 /J₂	Engel & Ren，2008[19]
	Siboptera fornicata (Ren，1994)	辽宁北票	义县组 /K₁	任东，1994，1997[21,22]
	Sinoraphidia viridis Hong，1982	辽宁喀左	沙海组 /K₁	洪友崇，1982[10]
	Stenoraphidia longioccipitalis Lyu，Ren & Liu，2018	辽宁北票	义县组 /K₁	Lyu *et al.*，2018[20]
	Stenoraphidia obliquivenatica (Ren，1994)	辽宁北票	义县组 /K₁	Lyu *et al.*，2018[20]
	Styporaphidia magia Engel & Ren，2008	内蒙古宁城	九龙山组 /J₂	Engel & Ren，2008[19]
	Xuraphidia liaoxiensis Hong，1992	辽宁喀左	沙海组 /K₁	洪友崇，1992[24]
	Yanoraphidia gaoi Ren，1995	河北承德	义县组 /K₁**	任东等，1995[14]；任东，1997[22]；Pérez-de la Fuente *et al.*，2012[28]
	Yixianoraphidia anomala (Ren，1997)	辽宁北票	义县组 /K₁	任东，1997[22]；Lyu *et al.*，2020[23]

注：*由于原始描述、照片和线条图不精确，而且无法重新检查模式标本，所以在正文中没有介绍该种。

**基于更新的信息和数据，对原来文章中的地层/分布时代进行了修订。

参考文献

［1］LIU X Y, REN D, YANG D. New transitional fossil snakeflies from China illuminate the early evolution of Raphidioptera［J］. BMC Evolutionary Biology, 2014, 14: 84.

［2］ASPÖCKH. The biology of Raphidioptera: a review of present knowledge［J］. Acta Zoologica Academiae Scientiarum Hungaricae, 2002, 48 (Suppl 2): 35–50.

［3］GRIMALDI D A, ENGEL M S. Evolution of the Insects［M］.New York: Cambridge University Press. 2005.

［4］REN D, CUI Y Y, SHIH C K. Raphidioptera - looking out and looking forward［M］//REN D, SHIH C K, GAO T P, YAO Y Z, ZHAO Y Y (Eds.) Silent Stories - Insect Fossil Treasures from Dinosaur Era of the Northeastern China. Beijing: Science Press. 2010. pp: 158–164.

［5］ASPÖCK H. Distribution and biogeography of the order Raphidioptera: updated facts and a new hypothesis［J］. Acta Zoologica Fennica, 1998, 209: 33–44.

［6］LIU X Y, MAKARKIN V N, YANG Q, REN D. A remarkable new genus of basal snakeflies (Insecta: Raphidioptera: Priscaenigmatomorpha) from the Early Cretaceous of China［J］. Cretaceous Research, 2013, 45: 306–313.

［7］MARTYNOV A V. To the knowledge of fossil insects from Jurassic beds in Turkestan. 1. Raphidioptera［J］. Izvestiya Rossiiskoi Akademii Nauk, 1925, 19 (6): 233–246.

［8］LYU Y N, LIU X Y, REN D. First record of the fossil snakefly genus *Mesoraphidia* (Insecta: Raphidioptera: Mesoraphidiidae) from the Middle Jurassic of China, with description of a new species［J］. Zootaxa, 2015, 3999: 560–570.

［9］ENGEL M S. The smallest snakefly (Raphidioptera: Mesoraphidiidae): A new species in Cretaceous amber from Myanmar, with a catalog of fossil snakeflies［J］. American Museum Novitates, 2002, 3363: 1–22.

［10］洪友崇.酒泉盆地的昆虫化石［M］.北京: 地质出版社. 1982.

［11］WANG Y Y, LIU X Y, WINTERTON S L, et al. The first mitochondrial genome for the fishfly subfamily Chauliodinae and implications for the higher phylogeny of Megaloptera［J］. PLoS One, 2012, 7(10): e47302.

［12］WINTERTON S L, HARDY N B, WIEGMANN B M. On wings of lace: phylogeny and Bayesian divergence time estimates of Neuropterida (Insecta) based on morphological and molecular data［J］. Systematic Entomology, 2010, 35: 349–378.

［13］MARTYNOVA O M. Modern and extinct snakefly［J］. Paleontological Journal, 1961, 3: 73–83.

［14］任东，卢立伍，郭子光，等.北京与邻区侏罗-白垩纪动物群及其地层［M］.北京: 地震出版社.1995. 98–99.

［15］LYU Y N, REN D, LIU X Y. Systematic revision of the fossil snakefly family Baissopteridae (Insecta: Raphidioptera) from the Lower Cretaceous of China, with description of a new genus and three new species［J］. Cretaceous Research, 2017, 80: 13–26.

［16］MARTYNOV A V. To the knowledge of fossil insects from Jurassic beds in Turkestan. 2. Raphidioptera (continued), Orthoptera (*s.l.*), Odonata, Neuroptera［J］. Izvestiya Rossiiskoi Akademii Nauk, 1925, 19(6): 569–598.

［17］ENGEL M S, LIM J D, BAEK K S. Fossil snakeflies from the Early Cretaceous of southern Korea (Raphidioptera: Mesoraphidiidae)［J］. Neues Jahrbuch für Geologie und Paläontologie, 2006, 4: 249–256.

［18］LYU Y N, REN D, LIU X Y. Review of the fossil snakefly family Mesoraphidiidae (Insecta: Raphidioptera) in the Middle Jurassic of China, with description of a new species［J］. Alcheringa: An Australasian Journal of Palaeontology, 2017, 41 (3): 403–412.

［19］ENGEL M S, REN D. New snakeflies from the Jiulongshan Formation of Inner Mongolia, China (Raphidioptera)［J］. Journal of the Kansas Entomological Society, 2008, 81 (3): 188–193.

［20］LYU Y N, REN D, LIU X Y. A remarkable new genus of the snakefly family Mesoraphidiidae (Insecta: Raphidioptera) from the Lower Cretaceous of China, with description of a new species［J］. Cretaceous Research, 2018, 89: 119–125.

［21］任东.辽宁北票晚侏罗世蛇蛉化石（昆虫纲）的新发现［J］.地层古生物文集，1994, 25: 131–140.

［22］任东.中国中生代晚期蛇蛉化石研究（蛇蛉目:巴依萨蛇蛉科，中蛇蛉科，异蛇蛉科）［J］.动物分类学报，1997, 22: 172–188.

［23］LYU Y N, SHEN R R, WANG Y J, REN D, LIU X Y. The snakefly family Mesoraphidiidae (Insecta: Raphidioptera) from the Lower Cretaceous Yixian Formation, China: systematic revision and phylogenetic implications［J］. Journal of Systematic Palaeontology, 2020, 18: 1743–1768.

［24］洪友崇.辽宁喀左早白垩世鞘翅目、蛇蛉目、双翅目化石（昆虫纲）的研究［J］.甘肃地质学报，1992, 1: 1–13.

［25］洪友崇，常建平. 蛇蛉目（昆虫纲）一个化石新科——吉林蛇蛉科［J］. 现代地质，1989, 3: 290–295.

［26］HONG Y C. A new family of Mesozoic snakeflies (Insecta，Raphidioptera) from the Laiyang Basin, China［J］. Paleontologicheskii Zhurnal, 1992, 3: 101–105.

［27］WILLMANN R. Raphidiodea aus dem Lias und die Phylogenie der Kamelhalsfliegen (Insecta: Holometabola)［J］. Paleaontologische Zeitschrift, 1994, 68: 167–197.

［28］PÉREZ-DE LA FUENTE R, PENALVER E, DELCLOS X, et al. Snakefly diversity in Early Cretaceous amber from Spain (Neuropterida，Raphidioptera)［J］. ZooKeys, 2012, 204: 1–40.

第 20 章
脉翅目

马依明　白海燕　陈真珍　黄硕　王永杰　史宗冈　任东

20.1　脉翅目简介

脉翅目为全变态昆虫中一个子遗类群，现生种类分属于16科：蝶角蛉科、鳞蛉科、草蛉科、粉蛉科、栉角蛉科、褐蛉科、蛾蛉科、螳蛉科、蚁蛉科、旌蛉科、泽蛉科、细蛉科、溪蛉科、蝶蛉科、刺鳞蛉科和水蛉科，约6 000个现生种[1]。该类昆虫具有两对膜质的翅，翅脉复杂呈网状，通常被称为"蛉"，如草蛉、褐蛉、溪蛉、粉蛉等。

脉翅目昆虫外部形态结构比较稳定，在野外容易被识别。该昆虫体型大小变化极大，最小的"粉蛉"（粉蛉科）翅展在1.8~5 mm，而最大的"蚁狮"（蚁蛉科）翅展超过150 mm；但是大多数种类的翅展适中，20~30 mm不等（图20.1）。现代脉翅目成虫口器为咀嚼式口器，但旌蛉科的一些类群口器出现特化的现象，如非洲发现的Crocinae[2]，其口器延伸呈"长喙状"[3]。脉翅目昆虫触角通常为丝状，顶端逐渐变细，但在一些类群中也有例外，如蚁蛉和蝶角蛉为棒状触角（图20.2，图20.3），而栉角蛉的雄虫为栉状触角。脉翅目昆虫复眼突出，单眼通常退化，仅溪蛉科具有3个明显单眼。成虫前、中、后胸发育完好。前胸通常短，但螳蛉部分、鳞蛉及刺鳞蛉的前胸明显伸长（图20.4）；足通常为步行足，而螳蛉科和刺鳞蛉科具有典型的捕捉前足，使其可以像螳螂一样捕捉猎物。

脉翅目昆虫具有两对大小相近的翅，静止时呈屋脊状折叠于虫体上。少数类群中后翅具有特化现象，如旌蛉科的后翅特化成不同的形状，而褐蛉科和粉蛉科的一些类群后翅明显退化。一般来说，大多数脉翅目昆虫具有复杂的脉序，但粉蛉只保留了主要的纵脉，横脉几乎完全消失。有时一些脉翅目昆虫，尤其是大型的类群（例如，蚁蛉或蝶角蛉）被误认为是特殊的"蜻蜓"。实际上，蜻蜓（第6章）与脉翅目昆虫可以通过触角的形态很轻松地被区分，即脉翅目昆虫中触角明显、为长线状，而蜻蜓的触角为

▼ 图20.1　溪蛉　徐晗拍摄

短刚毛状。

脉翅目昆虫（成虫和幼虫）以捕食性为主，其中草蛉、褐蛉和粉蛉等类群是农业害虫防治中的重要天敌昆虫。脉翅目昆虫的飞行能力存在一定差异，因此不同类群的捕食策略也明显不同：草蛉（图20.5）和褐蛉成虫捕食时通常极为活跃，通过积极搜索来寻找猎物；

▲ 图 20.2　蚁蛉　史宗文拍摄

▲ 图 20.3　蝶角蛉　史宗文拍摄

▲ 图 20.4　螳蛉　史宗文拍摄

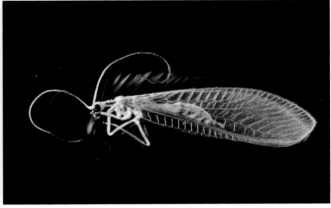

▲ 图 20.5　绿草蛉　史宗冈拍摄

螳蛉则属于"埋伏型"捕食者，通常埋伏在植物上等候猎物；此外，蝶角蛉具有出色的飞行能力，可以在空中直接捕捉猎物。脉翅目幼虫的捕食策略更加多样化，草蛉科（图20.6）、褐蛉科、粉蛉科和溪蛉科幼虫通过积极的爬行寻找猎物；蚁蛉幼虫（蚁狮）的捕食尤为特殊，其通常在松软的沙地上布设陷阱，利用陷阱进行捕食；此外，一些脉翅类的幼虫也有寄生行为，如一些鳞蛉幼虫能注射神经毒素杀死白蚁并以其为食，而螳蛉幼虫则是专性寄生蜘蛛的卵[4]。尽管如此，除了捕食性，其他食性在幼虫及成虫中都有记录：澳大利亚发现的蛾蛉，其幼虫口器退化，推测以腐烂的地下物质为食[5]；由于旌蛉成虫常被观察到在田野里访花，Tjeder在1967年提出南非的旌蛉可能以花粉为食[3]，而一些草蛉被发现可以直接取食花蜜[4, 6]。

脉翅目昆虫分布非常广泛，在所有的动物地理区中均有分布。然而，各个科在地理区间及内部分布

▲ 图 20.6 草蛉幼虫为了伪装而搬运碎屑 史宗文拍摄

极不平衡，除广布类群外，存在大量狭域分布的域属种。例如，溪蛉科分布非常广泛，除新北区外，绝大多数动物地理区都有记录[7]。然而，大多数溪蛉科的亚科分布狭窄，除瑕溪蛉亚科分布在古北区、东洋区、非洲区和澳洲区这4个区系中，其他亚科仅局限于一两个区。现生溪蛉在新北区的缺失似乎阻断了连续分布，但来自北美始新世地层的化石溪蛉填补了该区域的空白[8]，表明现生溪蛉在新北区的缺失可能与历史上的灭绝事件有关，类似情况在现生的脉翅目中很常见。因此，关于脉翅目昆虫全球分布如何形成的问题还远未解决。

脉翅目昆虫系统发育研究也经历了一个较长的历史[9-16]，早期的学者如Withycombe[9]和MacLeod[14]主要基于形态学证据来探讨脉翅目昆虫的系统关系（图20.7）。直到2001年，Aspöck等人基于成虫和幼虫的特征首次利用支序分析方法重建了脉翅目昆虫的系统发育，将脉翅目划分为3个亚目，即泽蛉亚目Nevrorthiformia、蚁蛉亚目Myrmeleontiformia和褐蛉亚目Hemerobiiformia[10]；在这一结果中，泽蛉科是脉翅目最早的分支，这也得到了后续形态学系统发育的支持[15, 16]。Haring和Aspöck在2004年首次开展了脉翅目分子系统发育研究，提出泽蛉科、水蛉科和溪岭科代表脉翅目昆虫最早的分支[17]，该结果得到了后续的成虫生殖器和幼虫头部结构证据的支持[18, 19]。然而，近年来基于基因组数据的系统发育研究与传统结果存在一定的差异，认为粉蛉科是脉翅目最早分化的类群，与其他脉翅目昆虫构成姐妹群关系[11, 12]；上述研究表明脉翅目昆虫内部高阶元的系统关系仍然

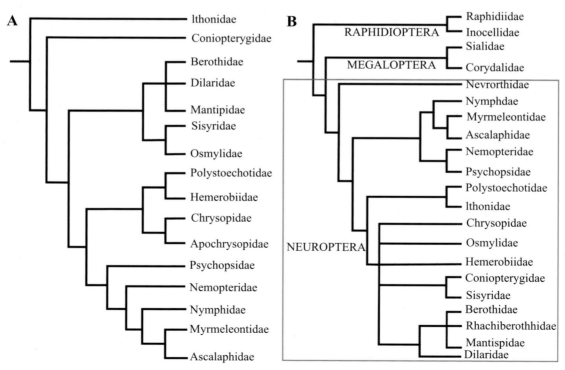

▲ 图 20.7 脉翅目系统发育关系
　　　 A. 修改自参考文献[9]；B. 修改自参考文献[10]

存在一定的争议（图20.8）。从目前来看，脉翅目单系性基本得到确定，分别得到了形态和分子系统发育研究的支持，但内部各科间的关系仍未解决。作为一个古老的类群，令人遗憾的是现在脉翅目系统发育重建中只考虑了小部分的化石类群，希望本文所描述的脉翅目化石能够在今后解决脉翅目系统发育问题上发挥更大的作用。

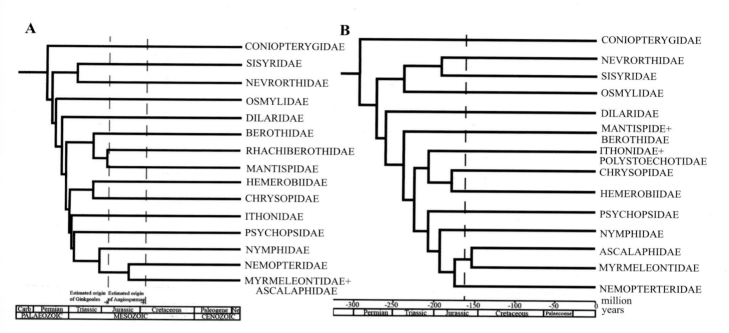

▲ 图 20.8　脉翅目系统发育关系（结合形态学和分子数据）
　　　　　A. 修改自参考文献[12]；B. 修改自参考文献[11]

20.2　脉翅目化石的研究进展

脉翅目是一个古老的类群，其历史可以追溯到早二叠世。在早期阶段具有较低的科级多样性[20, 21]，直到二叠纪晚期，脉翅目经历了第一次辐射，广泛分布于劳亚大陆和冈瓦纳大陆。然而，大多数二叠纪脉翅目昆虫是基于不完全翅或翅脉特征建立，因此其分类地位及与现代类群间的关系仍未得到很好的解决。

在二叠纪末期大灭绝之后，中生代脉翅目昆虫的多样性显著提升，几乎所有现生类群都在这个时期出现。与早期类群相比，三叠纪脉翅目昆虫出现了第一次科级阶元的辐射，在世界各地大约有10个科被描述；然而，部分绝灭的三叠纪类群普遍基于祖征或独征建立，导致其系统位置不确定；溪蛉科和蝶蛉科2个现生科的最早化石记录均来自三叠纪[22, 23]。在侏罗纪时期，脉翅目昆虫在欧亚大陆开始了快速的辐射，其中一些三叠纪物种也延续至侏罗纪早期[24, 25]；在中侏罗世和晚侏罗世，脉翅目昆虫的多样性最为丰富，已发现科级阶元超过20个，推测脉翅目昆虫的辐射与当时的环境密切相关。其中最引人注目的是被称为"中生代蝴蝶"的丽蛉，该类昆虫具有典型的延长吸收式口器，被认为是同时期内苏铁类植物重要的传粉者，代表着一种消失的昆虫为裸子植物的传粉模式[26, 27]。另一类是以丽翼蛉为代表，其体型巨大，具有丰富的、特异性的翅斑，最古老的模拟本内苏铁类羽状叶片的昆虫就来自该类群[28]。

到白垩系时期，脉翅目昆虫的分布进一步扩张，出现了一系列有代表性的化石产地，如巴西的桑塔纳地层、黎巴嫩琥珀、新泽西琥珀和缅甸琥珀等。该时期有一些非常特殊的类群被发现，如仅具有一对翅的双翅螳蛉科[29, 30]、与蜘蛛共生的草蛉[31]等。值得注意的是，在白垩纪末期，所有现生的脉翅目昆虫科都已出现，表明脉翅目昆虫科级阶元完成分化的时间非常早。杨强[32]等人利用形态学和分子数据对30个脉翅目的现生科和绝灭科进行了系统发育分析，首次将绝灭类群应用到脉翅目系统发育中（图20.9）。由于分子数据主要参考Winterton等人的数据[11]，所以脉翅目现代类群主要的拓扑结构未被修改，粉蛉科和水蛉科仍然是脉翅目最先分化的两个科；然而，在该结果中最古老的脉翅目绝灭科二叠鳞蛉科Permithonidae为第二分支，按此观点脉翅目的起源应该比目前的化石记录早得多；值得注意的是，蚁蛉亚目Myrmeleontiformia的单系性得到了很好的确认，而大多数中生代绝灭的类群都聚在这个分支中，这意味着该谱系在历史上的高度多样化。但是，该研究结果中一些支系的支持率较低，且缺乏已绝灭的支系，所以脉翅目昆虫的历史演化和系统发育还需要进一步的研究。

　　中国北方地区侏罗系及白垩系脉翅目化石多样性非常丰富，迄今约21科89属153种被描述（表

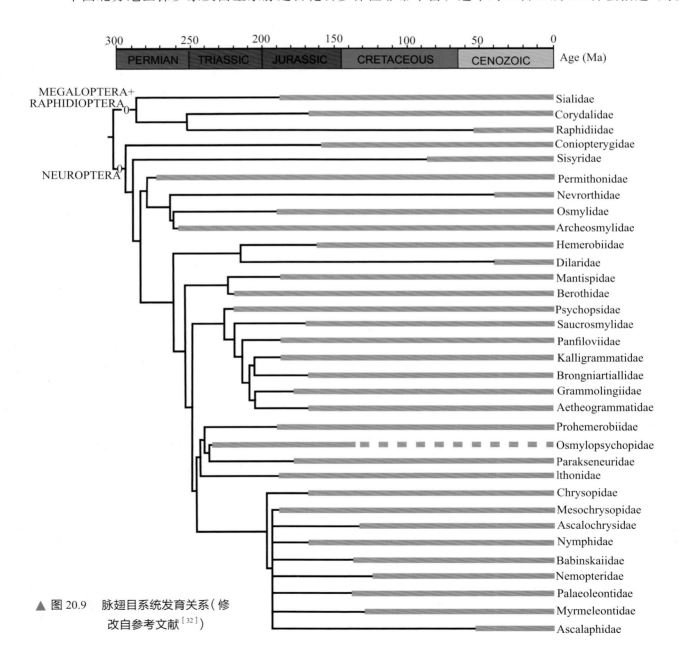

▲ 图 20.9　脉翅目系统发育关系（修改自参考文献[32]）

20.1）。1928年秉志首次描述辽宁省义县的*Mesohemerobius jeholensis*[33]；洪友崇在1980年描述产于陕西铜川三叠纪的脉翅目昆虫*Minonymphites orthophlebes*[34]；林启彬1986年报道了另一种来自广东的早侏罗世的*Idiastogyia fatisca*[35]；任东于1996年至今在九龙山组和义县组进行了较为系统的工作，新发现了一些灭绝科，例如丽蛉科、丽翼蛉科、线蛉科、奇异蛉科、异丽蛉科。此外，张俊峰、黄迪颖、王博、王永杰、史宗冈、杨强、师超凡等对中生代脉翅目研究也有重要的贡献。

20.3　中国北方地区脉翅目的代表性化石

异丽蛉科 Aetheogrammatidae Ren & Engel，2008

异丽蛉科被认为是脉翅目内最特殊的科之一[36]，其特征有：翅卵圆形，顶点钝圆；前后翅近等长；有宽的条带状翅斑从前缘延伸至后缘；无翅痣和眼斑；无缘饰和微毛；纵脉简单（Sc，R1，RP，MA和MP），靠近翅缘没有分支；横脉复杂，密布全翅，不形成阶脉。有学者认为其与丽蛉科关系密切，认为其应归入丽蛉，但该观点未得到广泛支持，本文仍保留该科原始位置。最古老的化石记录发现于中国内蒙古自治区中侏罗统九龙山组。异丽蛉科由两个亚科组成：奇丽蛉亚科Ectopogrammatinae和异丽蛉亚科Aetheogrammatinae。到目前为止，已发现有4个属，其中包括中国中侏罗世至晚白垩世的5个种，以及来自哈萨克斯坦中侏罗世的*Kalligrammina areolata* Panfilov，1980[36, 37]。

中国北方地区侏罗系及白垩系报道的属：异丽蛉属*Aetheogramma* Ren & Engel，2008；异斑异丽蛉属*Ectopogramma* Engel，Huang & Lin，2011；圆丽蛉属*Cyclicogramma* Yang，Makarkin，Shih & Ren，2015；拱脉异丽蛉属*Curtogramma* Yang，Makarkin，Shih & Ren，2015。

异丽蛉属 *Aetheogramma* Ren & Engel，2008

Aetheogramma Ren & Engel，2008，*J. Kans. Entomol. Soc.*，81：163[36] (original designation).

模式种：美丽异丽蛉*Aetheogramma speciosa* Ren & Engel，2008。

前翅：亚前缘脉之间的横脉缺失；RP和MP的分支强烈弯曲；M的分叉点相对接近翅基部。后翅：后缘直；ORB$_1$的分支不规则分布，且强烈弯曲[38]。

产地及时代：辽宁，早白垩世。

中国北方地区白垩纪报道2种（表20.1）。

双带异丽蛉 *Aetheogramma bistriatum* Yang，Makarkin，Shih & Ren，2015（图20.10）

Aetheogramma bistriatum Yang，Makarkin，Shih & Ren，2015：*Cret.*

▲ 图20.10　双带异丽蛉 *Aetheogramma bistriatum* Yang，Makarkin，Shih & Ren，2015（正模标本，CNU-NEU-LB2014008）[38]

Res.，55，27。

产地及层位：辽宁北票黄半吉沟；下白垩统，义县组。

翅暗褐色，具2条白色的宽带状斑（端部的一条沿着外缘，近端的一条靠近翅中部），条带之间具有白色斑点。整个翅的横脉非常密集。前翅：ORB_2起源于翅的端部；前缘域较宽；肩迴脉不发达；亚前缘横脉简单，不分叉[38]。

异斑异丽蛉属 *Ectopogramma* Engel，Huang & Lin，2011

Ectopogramma Engel，Huang & Lin，2011，*J. Kans. Entomol. Soc.*，84（4）：316[37]（original designation）。

模式种：丽异斑异丽蛉*Ectopogramma kalligra mmoides* Engel，Huang & Lin，2011。

前翅没有发达的肩迴脉；前缘横脉向翅尖倾斜，具有独特的基部分叉；前缘横脉之间有相互连接的短脉[37]。

产地及时代：内蒙古，中侏罗世。

中国北方地区侏罗纪仅报道1种（表20.1）。

拱脉异丽蛉属 *Curtogramma* Yang，Makarkin，Shih & Ren，2015

Curtogramma Yang，Makarkin，Shih & Ren，2015，*Cret. Res.*，55：29[38]（original designation）。

模式种：圆翅拱脉异丽蛉*Curtogramma ovatum* Yang，Makarkin，Shih & Ren，2015。

大型昆虫，前翅长约60 mm；无缘饰和翅痣；前缘域横脉简单；ScP长，接近翅尖处到达翅缘；有3条ORBs；M在翅中部分叉，MA和MP强烈弯曲；CuA和CuP同样分支弯曲；臀区发达[38]。

产地及时代：辽宁，早白垩世。

中国北方地区白垩纪仅报道1种（表20.1）。

圆丽蛉属 *Cyclicogramma* Yang，Makarkin，Shih & Ren，2015

Cyclicogramma Yang，Makarkin，Shih & Ren，2015，*Cret. Res.*，55：28[38]（original designation）。

模式种：圆翅圆丽蛉*Cyclicogramma rotundum* Yang，Makarkin，Shih & Ren，2015。

只有后翅保存，长度少于30 mm；前缘域狭窄；存在2条ORBs；M近端分叉；MA单分支，在中部稍弯曲；MP深分叉；CuA有2~3条分支，CuP分支简单[38]。

产地及时代：辽宁，早白垩世。

中国北方地区白垩纪仅报道1种（表20.1）。

圆翅圆丽蛉 *Cyclicogramma rotundum* Yang，Makarkin，Shih & Ren，2015（图20.11）

Cyclicogramma rotundum Yang，Makarkin，Shih & Ren，2015，*Cret. Res.*，55：29。

产地及层位：辽宁北票黄半吉沟；下白垩统，义县组。

▲图 20.11　圆翅圆丽蛉 *Cyclicogramma rotundum* Yang，Makarkin，Shih & Ren，2015（正模标本，CNU-NEU-LB2014009）[38] 标本由史宗冈捐赠

后翅宽，椭圆形；没有缘饰和翅痣；整个翅横脉密集；翅暗褐色，有2条白色带状斑（一条接近翅中部，另一条在翅边缘）；前缘域基部窄，到翅尖逐渐变宽；肩迴脉形似横脉；亚前缘域比前缘域宽，横脉密集；ScP相对较短，ScP端部未与RA融合；RA简单，由两支ORBs组成；MA略微弯曲；MP在翅中部分支；Cu在翅基部、近M分叉处分为CuA和CuP[38]。

蝶角草蛉科 Ascalochrysidae Ren & Makarkin，2009

蝶角草蛉科是脉翅目中一个特殊的类群，与中草蛉科Mesochrysopidae相近，但外形与蚁蛉类昆虫非常相似，例如，体型大，Sc和R1末端融合，脉序复杂等。然而，任东和Makarkin[39]根据脉序分析认为其更符合草蛉类群的特征，例如，没有缘饰，存在翅疤和基部弯曲的r-m，Sc和R1端部融合，CuA和1A之间有一条明显的横脉连接，2A和3A全部缺失（或明显退化），肩叶缺失或发育不完全等。值得注意的是，任东和Makarkin认为该科后翅存在一条特殊的脉序——"M5"，该情况仅在泽蛉科中的*Nipponeurorthus pallidinervis* Nakahara，1958[40]中出现；同时认为"M5"存在的情况出现在更古老的脉翅目二叠蛾蛉科Permithonidae中，因此提出这可能是脉翅目祖征的假设。但是，由于缺乏进一步的验证标本，"M5"的同源性在整个脉翅目中并没有得到支持，因此该特征仍然有待进一步确认。尽管如此，蝶角草蛉科的出现表明中生代草蛉具有非常明显的多样性，与现代草蛉存在较大的差异。

中国北方地区白垩纪报道的属：蝶角草蛉属*Ascalochrysa* Ren & Makarkin，2009。

蝶角草蛉属 *Ascalochrysa* Ren & Makarkin，2009

Ascalochrysa Ren & Makarkin，2009，*Cret. Res.*，30 (5)：1218[39] (original designation).

模式种：巨翅蝶角草蛉*Ascalochrysa megaptera* Ren & Makarkin，2009。

大型昆虫，后翅长约60 mm。后翅：没有缘饰和翅痣；Sc和R1在端部融合，Sc+R1超过翅尖后与翅缘融合；M靠近翅基部分叉；CuA较短，略弯曲；1A发达；未形成阶脉和规则的网状脉序[39]。

产地及时代：辽宁，早白垩世。

中国北方地区白垩纪仅报道1种（表20.1）。

鳞蛉科 Berothidae Handlirsch，1906

鳞蛉科是脉翅目中一个较小的科，现生有100余种，主要分布于热带和暖温带地区[41-43]。在现代脉翅目系统发育研究中，鳞蛉与刺鳞蛉科Rhachiberothidae、螳蛉科关系最为紧密；其中刺鳞蛉曾被认为是鳞蛉科的一个亚科[44]，二者可以通过特化的捕捉足区分，而由于螳蛉科也存在类似的捕捉足，导致这三个科之间的关系一直存在争议[45]。鳞蛉化石相当稀少，到目前为止描述了大约40个化石种，最早的鳞蛉化石发现于中国内蒙古自治区道虎沟中侏罗统[46]。迄今为止，侏罗系鳞蛉化石主要分布在道虎沟、诺沃斯帕斯科、霍特戈尔、巴卡尔和卡拉套等5个地区[47]。在白垩纪，鳞蛉出现了一次明显的多样性辐射，主要记录于缅甸琥珀、加拿大琥珀、克拉图组、黎巴嫩琥珀、新泽西州琥珀、西班牙琥珀和义县组。

中国北方地区侏罗系及白垩系报道的属：中华蒂翼蛉属*Sinosmylites* Hong，1983；全鳞蛉属*Oloberotha* Ren & Guo，1996。

中华蒂翼蛉属 *Sinosmylites* Hong，1983

Sinosmylites Hong，1983，*Middle Jurassic Fossil Insects in North China*，94[48]（original designation）.

模式种：栉状中华蒂翼蛉*Sinosmylites pectinatus* Hong，1983。

前翅前缘域基部强烈变窄；肩迴脉不发达并分叉；前缘横脉大部分简单不分叉；Sc和R1在翅端部融合；MP分叉远离RP的起点；CuA形成7条栉状分支；径分横脉形成1~2组内阶脉[46]。

产地及时代：内蒙古和辽宁，中侏罗世。

中国北方地区侏罗纪报道3种（表20.1）。

拉氏中华蒂翼蛉 *Sinosmylites rasnitsyni* Makarkin，Yang & Ren，2011（图20.12）

Sinosmylites rasnitsyni Makarkin，Yang & Ren，2011: *ZooKeys*，130：204.

产地及层位：内蒙古宁城道虎沟；中侏罗世，九龙山组。

该种名献给俄罗斯杰出的古昆虫学家A. P. Rasnitsyn博士。

触角念珠状，不完整；鞭小节宽大于长。足上覆有较短的毛；前足和中足相对较短；后足跗节较长；前足和后足的基跗节是跗节中最长的一节。前翅：顶端宽圆；前缘域相对较宽，在大约1/5处强烈加宽，基部变窄；前缘横脉简单，排列规则、紧密；Sc端部在远离顶点处与R1融合；Sc+R1具有9~11条简单的支脉；亚前缘域较宽，基部的横脉靠近RP的起源处；M远离RP1起源点处分叉，MA与MP几乎平行，端部各有2条较长的分支；Cu在接近RP起源点处分为CuA和CuP；CuA呈栉状分支，具有7条分支，部分再分叉；CuP深分支。后翅保存较差：前缘域较窄，端部仅稍微加宽；亚前缘横脉单支，排列紧密[46]。

▲ 图20.12　拉氏中华蒂翼蛉 *Sinosmylites rasnitsyni* Makarkin，Yang & Ren，2011（正模标本，CNU-NEU-NN2011002p）[46]

全鳞蛉属 *Oloberotha* Ren & Guo，1996

Oloberotha Ren & Guo，1996，*Acta Zootaxon. Sin.*，21（4）：468[49]（original designation）.

模式种：中华全鳞蛉*Oloberotha sinica* Ren & Guo，1996。

触角较短，柄节延长；前缘域在基部1/3处最宽；前翅肩脉弯曲，终止于前缘域基部，部分靠近基部分支；亚前缘脉弯曲并终止于R1，在R1基部有一条横脉连接；RP具有7~8条分支[49]。

产地及时代：辽宁，早白垩世。

中国北方地区白垩纪仅报道1种（表20.1）。

草蛉科 Chrysopidae Hagen，1866

草蛉科又称为 "green lacewings"，通常有亮绿色或棕绿色的虫体和翅，是脉翅目昆虫的第二大科，在世界范围内约有85个现生属近2 000种。与现生草蛉类丰富的多样性相比，草蛉化石的多样性相对较低，目前约有26属60余种；曾经最早的草蛉来自下侏罗统多伯廷[50]，但后被转移至螳蛉科[51]。目前，中生代草蛉化石的分类系统十分混乱，其也是草蛉化石研究较为缓慢的主要原因。在2005年，Nel等人[52]建立了草蛉总科的五科分类体系：异草蛉科Allopteridae，中草蛉科Mesochrysopidae，迅草蛉科Tachinymphidae，篱草蛉科Limaiidae，草蛉科Chrysopidae。然而同年，Makarkin和Menon认为大多数的中生代草蛉化石应归入中草蛉科Mesochrysopidae[53]。本文沿用Makarkin和Menon的两科分类系统，即中草蛉科（包括异草蛉、迅草蛉、篱草蛉）和草蛉科。到目前为止，最早明确的草蛉发现于中国道虎沟中侏罗世[54]，在晚侏罗世的哈萨克斯坦卡拉套有大约5个种被报道[52, 54-57]。

中国北方地区侏罗系及白垩系报道的属：间草蛉属*Mesypochrysa* Martynov，1927；龙草蛉属*Drakochrysa* Yang & Hong，1990；原草蛉属*Protochrysa* Willmann & Brooks，1991；舟草蛉属*Lembochrysa* Ren & Guo，1996。

间草蛉属 *Mesypochrysa* Martynov，1927

Mesypochrysa Martynov，1927，*Izv. Akad. Nauk. SSSR*. 21 (5)：764–768[55] (original designation).

模式种：缘毛间草蛉*Mesypochrysa latipennis* Martynov，1927。

该属的模式种来自晚侏罗世的卡拉套。2015年，Khramov等人描述了一个来自道虎沟新种*Mesypochrysa sinica*，并据此修订属征为：存在2组阶脉；1m翅室和RP主干通过一条横脉连接；RP具有5~20条分支；MP与CuA端部由一条横脉连接；Cu+MP有3~8条分支，CuP二叉分支，在翅缘形成四边形（有时为梯形）；1A和2A长而简单，有时在末端分叉；1A靠近CuP，通过短横脉连接或者二者融合；3A较短[54, 55]。

产地及时代：内蒙古，中侏罗世；辽宁，早白垩世。

中国北方地区侏罗系及白垩系报道3种（表20.1）。

双脉间草蛉 *Mesypochrysa binervis* Zhang，Shi & Ren，2020（图20.13）

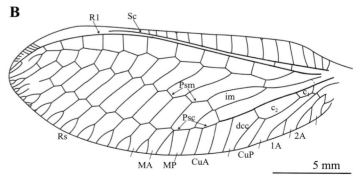

▲ 图 20.13　双脉间草蛉 *Mesypochrysa binervis* Zhang，Shi & Ren，2020（正模标本，CNU-NEU-LB2018001）[56]
　　　A. 标本照片；B. 右前翅线条图

Mesypochrysa binervis Zhang，Shi & Ren，2020: *Cret. Res.*，115：104564[56]．

产地及层位：辽宁北票黄半吉沟；下白垩统，义县组。

前翅：前缘横脉相对简单，仅有2条形成二叉分支：一条靠近翅基部，一条位于翅中部；靠近翅基部具有2条亚前缘横脉；最靠近基部的r1-rp位于RP1从RP分出点之前；RP具有10~11条分支，大部分分支靠近翅缘形成二叉分支；翅室im长于2im；rp-ma稍倾斜；MP与CuA在靠近外缘且在MP分叉前具有一段较短融合；CuA具有4条分支；1A、2A长，均形成二叉分支；3A呈弧形；臀区具有2条臀横脉：1a-2a短，2a-3a较长且倾斜。后翅：前缘横脉靠近翅缘不分叉；RP具有7~11条分支。

龙草蛉属 *Drakochrysa* Yang & Hong，1990

Drakochrysa Yang & Hong，1990，*Geoscience*，4 (4)：24[58] (original designation).

模式种：中华龙草蛉*Drakochrysa sinica* Yang & Hong，1990。

Sc长而弯曲；亚前缘域有1~2条横脉，位于RP基部之后；MP1和MP2在2组阶脉间回折，形成伪中脉psm和伪肘脉psc的一部分；m-cu靠近翅端部；CuA靠近端部有4条分支[58]。

产地及时代：山东，早白垩世。

中国北方地区白垩纪仅报道1种（表20.1）。

舟草蛉属 *Lembochrysa* Ren & Guo，1996

Lembochrysa Ren & Guo，1996，*Acta Zootaxon. Sin.*，21(4)：469[49] (original designation).

模式种：小型舟草蛉*Lembochrysa miniscula* Ren & Guo，1996。

该属根据义县组标本建立，其共有衍征为前翅Sc和R1端部未融合，Sc和R1之间有2条横脉，MA和MP1之间由一条横脉连接，后翅MP深分叉，不与RP+MA融合后翅，CuP短且有2个分支[49]。

产地及时代：山东，早白垩世。

中国北方地区白垩纪仅报道1种（表20.1）。

原草蛉属 *Protochrysa* Willmann & Brooks，1991

Protochrysa Willmann & Brooks，1991，*Meyniana.*，43：125[63] (original designation).

模式种：女神原草蛉*Protochrysa aphrodite* Willmann & Brooks，1991。

该属是篱草蛉亚科中唯一在新生代有记录的属，此前仅发现于丹麦和加拿大的古近系始新统地层。该属的共有衍征为前翅Sc较短，R1于翅端前结束，具有2组阶脉，Psc发育等。该属昆虫的翅痣区横脉多分叉，明显区别于篱草蛉亚科内的其他属。

产地及时代：辽宁，早白垩世。

中国北方地区白垩纪仅报道1种（表20.1）。

双翅螳蛉科 Dipteromantispidae Makarkin，Yang & Ren，2013

脉翅目昆虫通常有2对发育完好的翅，但是现生的类群中也有少数短翅型或无翅型类群。Grimaldi在2000年描述了来自美国新泽西州晚白垩世琥珀中一类特殊的具有1对翅的螳蛉——*Mantispidiptera*，该属最典型的特征是其后翅退化形成类似平衡棒的结构及类似现生螳蛉的捕捉式前足；Wedmann和Makarkin[51]认为该类昆虫翅脉特殊，很有可能不属于螳蛉科。Makarkin等人[30]在中国下白垩统义县组的地层中发现另外一类"双翅型螳蛉"*Dipteromantispa*，并基于形态学分析认为这类昆虫跟现代螳蛉科存在明显的差异，因此建立了新科双翅螳蛉科。

中国北方地区白垩纪报道的属：双翅螳蛉属*Dipteromantispa* Makarkin，Yang & Ren，2013。

双翅螳蛉属 *Dipteromantispa* Makarkin，Yang & Ren，2013

Dipteromantispa Makarkin，Yang & Ren，2013，*Foss. Rec.*，16（1）：68[30]（original designation）。

模式种：短缘双翅螳蛉*Dipteromantispa brevisubcosta* Makarkin，Yang & Ren，2013。

体型较*Mantispidiptera*大，后翅退化为类似双翅目的平衡棒结构。前翅约8 mm（*Mantispidiptera*前翅2.6~3.1 mm）；前翅Sc非常短，大约在翅中到达前缘（*Mantispidiptera*的Sc较长，约在翅末端1/3处到达前缘）；MP、CuA分支简单[30]。

产地及时代：辽宁，早白垩世。

中国北方地区白垩纪仅报道1种（表20.1）。

短缘双翅螳蛉 *Dipteromantispa brevisubcosta* Makarkin，Yang & Ren，2013（图20.14）

Dipteromantispa brevisubcosta Makarkin，Yang & Ren，2013：*Foss. Rec.*，16（1）：68.

产地及层位：辽宁北票黄半吉沟；下白垩统，义县组。

头几乎和前胸等宽；触角较长；柄节较短，长宽几乎相等；梗节较短，稍比第一鞭节大；鞭节约40节。前胸非常短窄，覆有较密的侧向长毛；中胸是胸中大的一节；后胸比中胸小，腹面骨化较弱。前足

▲ 图 20.14　短缘双翅螳蛉 *Dipteromantispa brevisubcosta* Makarkin，Yang & Ren，2013（正模标本，CNU-NEU-LB2011013）[30]

　　A. 标本照片；B. 线条图

捕捉式；基前节延长，粗壮，覆有较密的短毛[30]。腹部：第9生殖基节成卵形（在腹面），具有前凸的下尾片，生殖刺突未发现，可能消失。

前翅卵圆形，无翅斑和翅痣；前缘域中部强烈加宽，基部与端部变窄；亚前缘域前部较窄，向Sc端部逐渐变宽；Sc非常短，约在翅中部与前缘融合；R1在翅顶点前到达翅缘；RP有3条分支；R与M之间有2条横脉；M基部与R融合较长一段距离；2条内中横脉（1im与2im）分别位于接近r-m和2r-m；MA单支，MP深分叉；具有2条内肘横脉；CuA单支，非常短；CuP与CuA平行；1A部分保存。

线蛉科 Grammolingiidae Ren，2002

线蛉科是在中亚和东亚发现的一个较小的科，到目前为止，已报道有5属17种[59-65]，其中在中国分布有3属16种。线蛉科与中生代晚期的潘氏丽蛉科、丽蛉科、异丽蛉科和丽翼蛉科属于中生代特有类群，具有以下相似的特征：虫体巨大；横脉极为发达，径区横脉复杂不形成阶脉；MP在基部二分叉；CuA与CuP在翅基部分离；CuA在翅中部多分叉；肘脉区交叉脉间距较近。线蛉科的特点是前缘域出现一组横向阶脉，使前缘域产生2排翅室。另外，线蛉科昆虫的翅上一般具有明显的条带状翅斑，可分为多种类型。线蛉翅上的色斑可能属于一种特殊的伪装行为，通过模拟某种生境以避免被捕食者发现，其可能是线蛉一种特殊的生存策略（详见第29章）。

中国北方地区侏罗纪报道的属：线蛉属*Grammolingia* Ren，2002；细线蛉属*Leptolingia* Ren，2002；石线蛉属*Litholingia* Ren，2002；远线蛉属*Chorilingia* Shi，Wang，Yang & Ren，2012。

线蛉属 *Grammolingia* Ren，2002

Grammolingia Ren，2002，*Entomol. Sin.*，9 (12)：54[59] (original designation).

模式种：薄氏线蛉*Grammolingia boi* Ren，2002。

该种名献给化石采集者薄海臣。

CuA分叉早于CuP，两者分叉点都位于RP1分叉点前；1A终止于RP1分叉点前[59]。

产地及时代：内蒙古，中侏罗世。

中国北方地区侏罗纪报道4种（表20.1）。

单列线蛉 *Grammolingia uniserialis* Shi，Wang & Ren，2013（图20.15）

Grammolingia uniserialis Shi，Wang & Ren，2013：*Foss. Rec.*，16：172.

产地及层位：内蒙古宁城道虎沟；中侏罗统，九龙山组。

一个相对较小的线蛉。复眼在头的两侧突出；前胸小，与头等长，中胸略大于后胸，中胸背板有刻点。翅近卵圆形，边缘轻微镰刀状；膜区有几条平行的深色条带，条带边缘有浅色小斑点；翅前缘与外缘端部有缘饰。前翅：前缘域宽阔，基部强烈变窄，靠近端部缓慢变窄；前缘域近基部处具有2排翅室；MA

▲ 图20.15 单列线蛉 *Grammolingia uniserialis* Shi，Wang & Ren，2013（正模标本，CNU-NEU-NN-2010512p）[79]

在翅端部1/5处分叉。后翅：较前翅窄；前缘域窄，具1排翅室；亚前缘域和R1与RP之间的区域宽于前缘域；RP栉状分支，超过8条，向外缘平行且弯曲；MA和MP在近翅端处分叉；MP2翅中部栉状分叉，具有4条支脉；CuA弯曲，分叉早于MP后支脉分叉位置，支脉众多[79]。

细线蛉属 *Leptolingia* Ren，2002

Leptolingia Ren，2002，*Entomol. Sin.*，9 (4)：62[59] (original designation).

模式种：侏罗细线蛉*Leptolingia jurassica* Ren，2002。

前翅：RP于翅基部分出，形成6~7条支脉；MP在基部栉状分叉，MP2分叉点靠近RP第二分支点；CuA分叉点较CuP分叉点靠近端部。后翅：MP在MA分叉点处前分叉[59]。

产地及时代：内蒙古，中侏罗世。

中国北方地区侏罗纪报道4种（表20.1）。

石线蛉属 *Litholingia* Ren，2002

Litholingia Ren，2002，*Entomol. Sin.*，9 (4)：57[59] (original designation).

模式种：粗壮石蛉*Litholingia rhora* Ren，2002。

前翅为宽阔的椭圆形；在翅痣区，前缘横脉之间有短脉相连；MP分叉位置较MA分叉点更靠近端部；CuA分叉点较CuP分叉点靠近端部；CuP深分叉；1A中止于RP1从RP分出点处后[60]。

产地及时代：内蒙古，中侏罗世。

中国北方地区侏罗纪报道4种（表20.1）。

远线蛉属 *Chorilingia* Shi，Wang，Yang & Ren，2012

Chorilingia Shi，Wang，Yang & Ren，2012，*Alcheringa*，36(3)：310[65] (original designation).

模式种：阔翅远线蛉*Chorilingia euryptera* Shi，Wang，Yang & Ren，2012。

翅狭长，该属与线蛉科其他3个属的区别是RP的第一分支在翅基部1/3处分出，较CuA和CuP分叉位置远离翅基部[65]。

产地及时代：内蒙古，中侏罗世。

中国北方地区侏罗纪报道4种（表20.1）。

阔翅远线蛉 *Chorilingia euryptera* Shi，Wang，Yang & Ren，2012（图20.16）

Chorilingia euryptera Shi，Wang，Yang & Ren，2012，*Alcheringa*，36(3)：311.

产地及层位：内蒙古宁城道虎沟；中侏罗统，九龙山组。

体型中至大型。复眼大；触角丝状，有三节可见；前胸宽大于长（可能是由于保存时的变形）；中胸具完全发

▲ 图 20.16 阔翅远线蛉 *Chorilingia euryptera* Shi，Wang，Yang & Ren，2012（正模标本，CNU-NEU-NN2010513）[65]

育的骨片，盾片大，小盾片三角形；后胸小盾片小，呈三角形；腹部八节可见。翅卵圆形，透明，具有平行于横脉方向的深色条带，由翅基部开始，条带间布浅色斑点；翅前缘与外缘端部存在缘饰；前缘域具有2排翅室；MA从近翅基部分出，近翅端处分叉；MP分叉点位于MA分支点之后；CuP分叉早于CuA。后翅长于前翅，后缘凸，外缘凹，基部透明[65]。

蛾蛉科 Ithonidae Newman，1853 *sensu* Winterton & Makarkin，2010

Winterton和Makarkin（2010）的系统发育分析结果将美蛉Polystoechotidae和山蛉Rapismatidae并入蛾蛉科Ithonidae中[66]。因此，目前广义的蛾蛉科包含了4个不同的谱系，即蛾蛉支系、美蛉支系、山蛉支系和绝灭的*Principiala*支系。蛾蛉支系的幼虫生活于地下，虫体呈"C"形，成虫虫体粗壮，具有大量的毛，头宽而短，几乎可完全收缩于前胸背板下面。蛾蛉科现生类群由10属39种组成，间断分布于亚洲、大洋洲、北美洲和南美洲；到目前为止蛾蛉化石记录有13属28种。值得注意的是，美蛉支系在侏罗系地层中广泛分布[21, 57, 59, 67]，山蛉支系的化石主要分布于白垩纪早期[68, 69]。2020年，方慧等在中国东北部中侏罗统地层发现了1.65亿年前最古老的拟态地衣的蛾蛉科昆虫，该昆虫的翅斑与同时期的化石地衣*Daohugouthallus ciliiferus*的叶状体有着极高的相似性；而且同时在昆虫的翅斑和*D. ciliiferus*叶状体上发现了相似的黑色斑点，进一步增加了二者的相似性，揭示了最早的昆虫拟态地衣的自我保护机制（详见第29章）。

中国北方地区侏罗系及白垩系报道的属：中美蛉属*Mesopolystoechus* Martynov，1937；多毛蛾蛉属*Lasiosmylus* Ren & Guo，1996；侏罗美蛉属*Jurapolystoechotes* Ren，Engel & Lü，2002；古蛾蛉属*Guithone* Zheng，Ren & Wang，2016；地衣美蛉属*Lichenpolystoechotes* Fang，Zheng & Wang，2020。

中美蛉属 *Mesopolystoechus* Martynov，1937

Mesopolystoechus Martynov，1937，*Trud. Paleont. Inst. Acad. Sci. SSSR*.7：38[21] (original designation).

模式种：尖生中美蛉*Mesopolystoechus apicalis* Martynov，1937。

前缘横脉紧密排列，端部二分叉；前缘域的宽度是亚前缘域的2倍；Sc与R1末端融合；Sc与R1稍向端部弯曲，靠近翅顶点；在径分区有横脉排列成的2组阶脉；具有棕色带状斑，不规则排列[48]。

产地及时代：河北，早白垩世。

中国北方地区白垩纪仅报道1种（表20.1）。

多毛蛾蛉属 *Lasiosmylus* Ren & Guo，1996

Lasiosmylus Ren & Guo，1996，*Acta Zootaxon. Sin.*，21(4)：466[49] (original designation).

模式种：纽氏多毛蛾蛉*Lasiosmylus newi* Ren & Guo，1996。

该种名为致敬澳大利亚著名昆虫学家Tim R. New博士，感谢其对脉翅目研究做出的卓越贡献。

翅上有许多深色斑点；肩迴脉发达，伴有少量分支；Sc和R1端部不融合，终止于翅外缘；sc-r1一条或两条；径区横脉相对较少。该属开始被归入溪蛉科，但Makarkin等人在2012年将其转移到蛾蛉科[71]。郑炳煜等人在2016年对该属的模式标本进行了重新检视[70]，并对属征进行了修订：虫体粗壮，覆有浓密的刚毛；头下口式，头部部分收缩于前胸背板下；前翅具大量翅斑；肩片结构明显；前缘域基部加宽，逐渐向翅端变窄；肩迴脉发达，简单分支；前缘横脉简单，从前缘域中部到端部弯曲排列；Sc和R1末端不融合，在翅尖前与前缘融合[70]。

产地及时代：辽宁，早白垩世。

中国北方地区白垩纪报道2种（表20.1）。

细长多毛蛾蛉 *Lasiosmylus longus* Zheng，Ren & Wang，2016（图20.17）

Lasiosmylus longus Zheng，Ren & Wang，2016: *ZooKeys*，636：46.

产地及层位：辽宁北票黄半吉沟；下白垩统，义县组。

虫体长约16.3 mm。头下口式，部分收缩于前胸背板；触角丝状（长约4 mm），保存不完整；复眼发达，单眼缺失；前胸背板方形，覆有长且密的毛；中胸背板和后胸背板粗壮。前翅长约22.7 mm，宽约7.9 mm；翅型较长，具有大量深褐色斑点；肩片结构清晰可见；翅脉，尤其翅缘覆有浓密长毛；缘饰和翅疤缺失；前缘域基部宽（最大宽度约2.1 mm），逐渐向端部变窄；肩迴脉发达，伴有少量分支；前缘横脉由基部到端部呈现稀疏到密集排列；Sc和R1端部分开；亚前缘横脉一条，紧邻RP起源处；R1向翅端部形成密集的栉状分支；RP约有13条分支在径区规则分布，间隔近等宽；径区有少量横脉分布；MA简单；MP二叉分支，且分叉点接近MA起源于RP的分叉点；MP1和MP2间有一条横脉相连；CuA近中部约形成10条栉状分叉；CuP结构简单，形成3条分支；臀脉仅部分保存，1A近翅基部分支，形成3条分支，2A分支近似于1A。后翅：长约18.0 mm，宽约7.3 mm；翅脉分布近似于前翅，但前缘域狭窄；肘脉与臀脉结构保存不完整[70]。

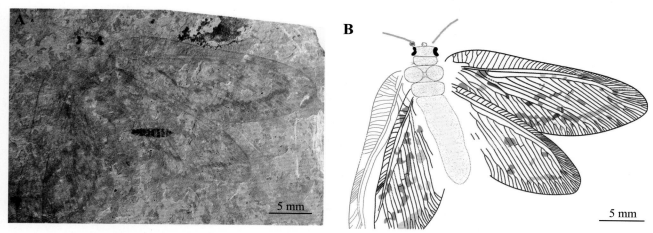

▲ 图 20.17　细长多毛蛾蛉 *Lasiosmylus longus* Zheng，Ren & Wang，2016（正模标本，CNU-NEU-LB2015003）[70]

A. 标本照片；B. 线条图

侏罗美蛉属 *Jurapolystoechotes* Ren，Engel & Lü，2002

Jurapolystoechotes Ren，Engel & Lü，2002，*J. Kans. Entomol. Soc.*，75（3）：191[72]（original designation）.

模式种：黑色侏罗美蛉*Jurapolystoechotes melanolomus* Ren，Engel & Lü，2002。

翅中等；近翅基部有一条亚前缘横脉；RP和R1间有大量横脉；Sc和R1末端融合，呈弧形在接近翅尖处到达翅缘带；径分区分支规则分布，且具2组阶脉；在外阶脉之外分叉脉发达[72]。

产地及时代：内蒙古，中侏罗世。

中国北方地区侏罗纪仅报道1种（表20.1）。

古蛾蛉属 *Guithone* Zheng，Ren & Wang，2016

Guithone Zheng，Ren & Wang，2016，*Acta Palaeontol. Pol.*，61（4）：850[73]（original designation）.

模式种：贝氏古蛾蛉 *Guithone bethouxi* Zheng，Ren & Wang，2016

古蛾蛉具有明显的现生蛾蛉（蛾蛉支系）特征，是现生蛾蛉支系最古老的化石记录，其特征包括：Sc和R1端部呈"S"形，在翅尖之前与翅缘融合；MP分叉远离翅基，具有简单的二叉分支。该属可通过以下特征进行鉴定：缘饰存在于整个前缘；肩迴脉简单，不发达；Sc和R1端部不融合，在翅尖之前与翅缘融合；径分区存在一些横脉；MP第一分支起源点远离MA分支点[73]。

产地及时代：内蒙古，中侏罗世。

中国北方地区侏罗纪仅报道1种（表20.1）。

贝氏古蛾蛉 *Guithone bethouxi* Zheng，Ren & Wang，2016（图20.18）

Guithone bethouxi Zheng，Ren & Wang，2016：*Acta Palaeontol. Pol.*，61（4）：850.

产地及层位：内蒙古宁城道虎沟；中侏罗统，九龙山组。

该种名为致敬法国自然博物馆Olivier Béthoux博士。

虫体粗壮，体表具有少量毛；头下口式；复眼宽大，宽度相当于额的1/2；单眼缺失；上颚发达，端部尖锐；中胸背板与后胸背板大小近乎一致；足中等长度，覆有大量刚毛；爪较短、锋利，具爪垫。翅相对细长；短且浓密的毛分布于翅缘及翅脉上；缘饰在翅前缘近中部分布；翅痣缺失；前缘域由基部宽阔向端部变窄；肩迴脉不发达；前缘横脉基部弯曲，端部二分支（极少出现三分支）；Sc和R1端部不融合，位于翅顶点之前到达翅端部；RP呈"Z"形，栉状分支，具有17条分支；MA结构简单，MA分支点接近RP基部；MP第一支点远离MA分支点；MP2仅部分保存，第一分支在翅1/2处分叉；CuA简单；CuP呈栉状分叉；臀区发达；1A-3A端部均有2~4分支。后翅仅部分结构保存；肩板结构完好保存，在后翅两端清晰可见；翅膜质，且有不规则浅色翅斑于翅表面[73]。

▲ 图20.18　贝氏古蛾蛉 *Guithone bethouxi* Zheng，Ren & Wang，2016（正模标本，CNU-NEU-NN2015003p）[73]

地衣美蛉属 *Lichenpolystoechotes* Fang，Zheng & Wang，2020

Lichenpolystoechotes Fang，Zheng & Wang，2020，*eLife.*，9：e59007.[74]（original designation）.

模式种：狭斑地衣美蛉*Lichenpolystoechotes angustimaculatus* Fang，Zheng & Wang，2020

该属名源自该类昆虫所具有的形似地衣叶壮体的特殊翅斑。其归于蛾蛉科的主要依据为前翅中型、前翅延长、前缘域较窄、ScA存在和复分支的肩迴脉；其他翅脉特征，如该属的Sc与RA靠近翅端部愈合、径脉区域横脉少、有一组外阶脉、MP分支点在MA之后，符合美蛉支系特征。该属明显不同于美蛉支系其他属的特征为sc-ra横脉缺失，翅斑为不规则细条带网状结构，MP两分支为栉状分支，CuA形成7~10条规则栉状分支。

产地及时代：内蒙古，中侏罗世。

中国北方地区侏罗纪报道2种（表20.1）。

狭斑地衣美蛉 *Lichenpolystoechotes angustimaculatus* Fang，Zheng & Wang，2020（图 20.19）

Lichenpolystoechotes angustimaculatus Fang，Zheng & Wang，2020: *eLife.*，9：e59007.

产地及层位：内蒙古宁城道虎沟；中侏罗统，九龙山组。

膜区分布深色不规则珊瑚枝状的翅斑，翅前缘约3个大窗斑，翅后缘约5个大窗斑，深色翅斑边缘有明显的颜色加深；亚前缘域基部略宽，向端部逐渐变窄；缘饰发育；肩脉存在，其上复发5条细横脉，ScA发育完好；前缘横脉基部至中部偶有分叉，在靠近端部出现2次分叉；ScP与RA在靠近翅末端处融合，ScP与RA区间狭窄，中间无横脉；RA与RP区间窄，均匀分布7条横脉，RP形成18条栉状分支，各分支在近外缘处再形成1~3次二分支，外阶脉发育完整，RP分支基部存在少许横脉；M分支点位于RP1分出点之后，MA和MP均形成7条栉状分支；CuA与CuP在翅基部分开，CuA在中部形成7条栉状分支，CuP在中部二分叉，延伸至端部再次分叉；1A有5条栉状分支，2A形成6条栉状分支，3A至少形成3条栉状分支；MA至A3区间有数条横脉[74]。

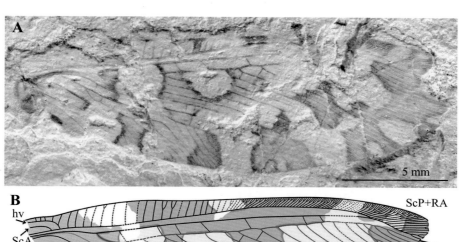

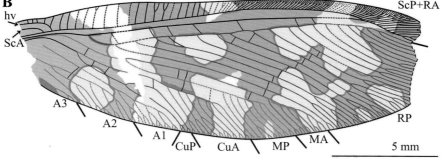

▲ 图 20.19　狭斑地衣美蛉 *Lichenpolystoechotes angustimaculatus* Fang，Zheng & Wang，2020（正模标本，CNU-NEU-NN2016040p）[74]

A. 标本前翅照片；B. 线条图

枝斑地衣美蛉 *Lichenpolystoechotes ramimaculatus* Fang，Ma & Wang，2020（图 20.20）

Lichenpolystoechotes ramimaculatus Fang，Ma & Wang，2020: *eLife.*，9：e59007.

产地及层位：内蒙古宁城道虎沟；中侏罗统，九龙山组。

　　翅斑为深色不规则的珊瑚枝状斑，翅前后缘均有数个"U"形透明窗斑，中部有数个明显透明窗斑，深色翅斑边缘有明显的颜色加深；亚前缘域基部略宽，向端部逐渐变窄；缘饰发育；肩脉与ScA状况不明；前缘横脉靠近翅端部形成二分叉；ScP与RA在近翅端处融合，ScP与RA区间狭窄，中间无横脉；RA与RP区间窄，具有6条横脉，RP形成22条栉状分支，各分支在靠近翅外缘再形成二分支，RP分支区间存在少许横脉；M分支靠近基部，MA端部形成二分叉，MP形成6条栉状分支；CuA与CuP在翅基部分开，CuA在中部形成11条栉状分支，CuP在中部二分叉；1A-3A部分保存[74]。

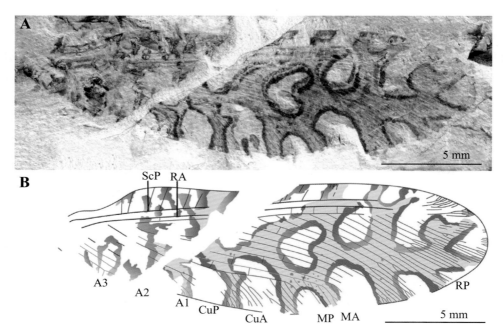

▲ 图 20.20　枝斑地衣美蛉 *Lichenpolystoechotes ramimaculatus* Fang，Ma & Wang，2020（正模标本，CNU-NEU-NN2019006p）[74]
　　A. 标本前翅照片；B. 线条图

丽蛉科 Kalligrammatidae Handlirsch，1906

　　丽蛉科是中生代脉翅目昆虫中一个非常特殊的类群，体型巨大，口器延长特化形成吸收式口器，翅斑极为丰富，最为典型的是具有多样化的眼斑（详见第29章）。由于这些特征，使其看上去与现生鳞翅目昆虫非常相似，因此又被称为"中生代的蝴蝶"[75]。丽蛉科昆虫的系统地位非常特殊，其翅展最长可达160 mm，脉序复杂，与蚁蛉亚目Myrmeleontiformia最为接近；但是在山丽蛉属*Oregramma*中发现有延长的剑状产卵器（图29.23），在脉翅目昆虫中只有现生栉角蛉科具有类似形状的产卵器。另外，现生脉翅目中不存在长喙状口器，说明这些丽蛉在中生代时期可能存在着与现代脉翅目昆虫完全不同的生活习性。Labandeira等在2016年证实这类特殊的长口器昆虫以同时期裸子植物传粉滴为食，代表一种绝灭的昆虫与裸子植物间的传粉关系[26]。到目前为止，从侏罗纪到早白垩世，已知12属29种[24, 49, 57, 76-88]，表明中生代丽蛉科具有显著的多样性。

丽蛉科各属的系统发育关系

　　杨强等人基于形态数据对丽蛉科内系统发育进行研究[27]，分析结果中丽蛉的单系性得到证实，其共有衍征为阔三角形翅型及复杂的MA分叉方式。丽蛉科分为5个亚科：聪蛉亚科Sophogrammatinae，少脉丽蛉亚科Meioneurinae，山丽蛉亚科Oregrammatinae，丽蛉亚科Kalligrammatinae，丽褐蛉亚科Kallihemerobiinae。基于分析结果（图20.21），聪蛉亚科Sophogrammatinae代表了丽蛉科最早的分化，为所有其他丽蛉的姐妹群；聪蛉亚科Sophogrammatinae与其他4个亚科的区别是MP的分支方式，其中2个分支平行并向后端弯曲，而其他类群的MP1起源于MP2靠近翅基部，形成1个大的三角形区域。其他4个亚科的共有衍征是前翅具有眼斑，前翅及MP区域形成1个巨大三角形区域。少脉丽蛉亚科Meioneurinae和山丽蛉亚科Oregrammatinae是姐妹群，由前缘横脉和CuA末端双分叉这2个同源特征支持。由于部分类群的模式标本保存不完整，很多关键特征无法确定，该研究结果仍然存在一定的问题，因此对于丽蛉科内部系统关系仍然有待进一步研究。然而，目前化石证据表明这类特殊的昆虫在中生代时期经历了快速辐射阶段[26]。

中国北方地区侏罗纪和白垩纪报道的属：丽蛉属*Kalligramma* Walther，1904；近丽蛉属*Kalligrammula* Handlirsch，1919；聪蛉属*Sophogramma* Ren & Guo，1996；丽褐蛉属*Kallihemerobius* Ren & Oswald，2002；山丽蛉属*Oregramma* Ren，2003；沼泽丽蛉属 *Limnogramma* Ren，2003；华丽蛉属*Sinokalligramma* Zhang，2003；网丽蛉属*Apochrysogramma* Yang，Makarkin & Ren，2011；原丽蛉属*Protokalligramma* Yang，Makarkin & Ren，2011；似丽蛉属*Affinigramma* Yang，Wang，Labandeira，Shih & Ren，2014；星丽蛉属*Stelligramma* Yang，Wang，Labandeira，Shih & Ren，2014；优雅丽蛉属*Abrigramma* Yang，Wang，Labandeira，Shih & Ren，2014；蛾丽蛉属*Ithigramma* Yang，Wang，Labandeira，Shih & Ren，2014；慧英丽蛉属*Huiyingogramma* Liu，Zheng & Zhang，2014。

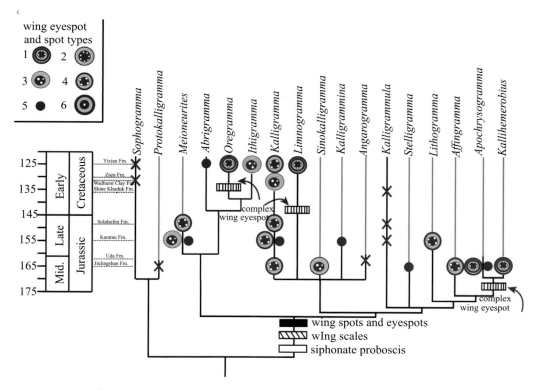

▲ 图20.21　丽蛉科的系统发育关系（改自参考文献［26］）

丽蛉属 *Kalligramma* Walther，1904

Kalligramma Walther，1904，*Denk. Med-Nat Ges. Jena*，11：184[76] (original designation).

模式种：黑氏丽蛉*Kalligramma haeckeli* Walther，1904

前翅和后翅各有一个眼斑；肩迴脉弯曲不发达；前缘横脉分叉；2条ORB；MP栉状分叉；后翅ScP与RA端部融合；CuP端部分叉[89]。

产地及时代：内蒙古，中侏罗世。

中国北方地区侏罗纪报道12种（表20.1）。

优雅丽蛉 *Kalligramma elegans* Yang，Makarkin & Ren，2014（图20.22）

Kalligramma elegans Yang，Makarkin & Ren，2014：*Ann. Entomol. Soc. Am.*，107 (5)：919.

产地及层位：内蒙古宁城道虎沟；中侏罗统，九龙山组。

与*Kalligramma paradoxum*比较相近，但二者眼斑结构明显不同：眼斑内外环之间的距离远小于中心暗斑直径。前翅前缘域基部宽阔，端部变窄；ScA发达，端部朝向ScP强烈弯曲；肩迴脉简单，不发达；横脉密集分布。翅上刚毛发达：前缘脉布满较密的短毛；前缘横脉及间横脉上分布有排列整齐的长刚毛。眼斑发育良好，由黑色中心结构、若干较小的棕色圆形结构及灰白色环组成[76，89]。

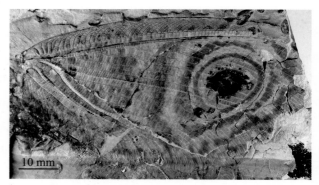

▲ 图 20.22　优雅丽蛉 *Kalligramma elegans* Yang, Makarkin & Ren, 2014（正模标本，CNU-NEU-NN-2013005p）[89]

近丽蛉属 *Kalligrammula* Handlirsch，1919

Kalligrammula Handlirsch，1919，*Senckenbergiana*，1：62[77] (original designation).

模式种：森肯伯格近丽蛉*Kalligrammula senckenbergiana* Handlirsch，1919

后翅CuP二叉分支，分支点远离翅端（在其他丽蛉的属中CuP一般末端分叉），RP于翅基部由R分出[90]。

产地及时代：内蒙古，中侏罗世。

中国北方地区侏罗纪仅报道1种（表20.1）。

聪蛉属 *Sophogramma* Ren & Guo，1996

Sophogramma Ren & Guo，1996，*Acta Zootaxon. Sin.*，21(4)：462[49] (original designation).

模式种：蝶形聪蛉*Sophogramma papilionacea* Ren & Guo，1996

前翅没有眼斑；肩迴脉存在；所有前缘横脉弯曲并分叉；RP具有12~15条分支；MA有5条平行的栉状分支；CuA栉状分支，分叉终止于翅后缘；CuP单支；1A平行于CuP，具有若干条支脉[49]。

产地及时代：辽宁，早白垩世。

中国北方地区白垩纪报道3种（表20.1）。

丽褐蛉属 *Kallihemerobius* Ren & Oswald，2002

Kallihemerobius Ren & Oswald，2002，*Stutt. Beit.Naturk.*，317：4[82]（original designation）.

模式种：多脉丽褐蛉*Kallihemerobius pleioneurus* Ren & Oswald，2002。

口器虹吸式。前翅：在RP和MA之间有8条ORBs；MP有9条栉状分支，第2条分支具有次生分支。后翅：有8条ORBs支脉，大部分呈二叉分支；MA有3条栉状分支[27]。

产地及时代：内蒙古，中侏罗世。

中国北方地区侏罗纪报道5种（表20.1）。

山丽蛉属 *Oregramma* Ren，2003

Oregramma Ren，2003，*Acta Zootaxon. Sin.*，28 (1)：105[83]（original designation）.

模式种：美形山丽蛉*Oregramma gloriosa* Ren，2003。

前翅有1个眼斑；肩迴脉缺失；大部分前缘横脉直，不分叉；Sc与R1融合；RP有12条分支；MA栉状分支，具有4条支脉；CuA栉状分叉；CuP简单；1A和2A平行于CuP；3A简单[83]。

产地及时代：辽宁，早白垩世。

中国北方地区白垩纪报道3种（表20.1）。

华美山丽蛉 *Oregramma aureolusa* Yang，Wang，Labandeira，Shih & Ren，2014（图20.23）

Oregramma aureolusa Yang，Wang，Labandeira，Shih & Ren，2014：*BMC Evol. Biol.*，14 (126)：18.

产地及层位：内蒙古宁城柳条沟；下白垩统，义县组。

复眼大；下颚须延长。前翅：有眼斑；翅痣区清晰可见；无肩迴脉；MA栉状分叉；MP弯曲，呈弧形，有8条栉状分支；CuA和CuP近翅缘处分叉；1A在靠近翅端处二叉分叉；2A栉状分叉。后翅：梨形；大部分前缘横脉弯曲且分叉；R1简单，近端有3条栉状分支；MA在翅中部呈二叉分支[27]。

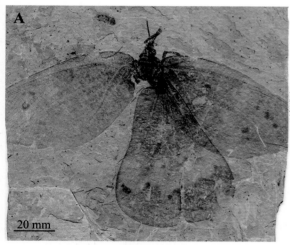
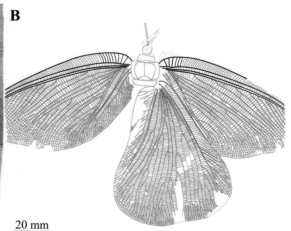

20 mm

20 mm

▲ 图 20.23　华美山丽蛉 *Oregramma aureolusa* Yang，Wang，Labandeira，Shih & Ren，2014（正模标本，CNU-NEU-NN2009-032p）[27]

　　A. 标本照片；B. 线条图

沼泽丽蛉属 *Limnogramma* Ren，2003

Limnogramma Ren，2003，*Acta Zootaxon. Sin.*，28 (1)：107[83]（original designation）.

模式种：奇异沼泽丽蛉*Limnogramma mira* Ren，2003。

后翅有1个眼斑；肩迴脉存在；所有前缘横脉直，多数不分叉；RP至少有5条分支，大部分在末端分支前分叉；MA单支；MP在基部分叉，有3条栉状分支；CuA单支且简单；CuP在基部分叉[83]。

产地及时代：辽宁，早白垩世。

中国北方地区白垩纪报道3种（表20.1）。

华丽蛉属 *Sinokalligramma* Zhang，2003

Sinokalligramma Zhang，2003，*Acta Geol. Sin.-Engl.*，77：143[84]（original designation）。

模式种：侏罗华丽蛉*Sinokalligramma jurassicum* Zhang，2003。

后翅短而宽，钝三角形；眼斑发达；肩迴脉存在；前缘域宽，前缘横脉弯曲且分叉；Sc和R1在端部融合；R1在端部栉状分支；RP有7条分支[84]。

产地及时代：内蒙古，中侏罗世。

中国北方地区侏罗纪报道1种（表20.1）。

网丽蛉属 *Apochrysogramma* Yang，Makarkin & Ren，2011

Apochrysogramma Yang，Makarkin & Ren，2011，*Zootaxa*，2873：65[91]（original designation）。

模式种：圆形网丽蛉*Apochrysogramma rotundum* Yang，Makarkin & Ren，2011。

网丽蛉属是丽褐蛉亚科的第2个属，与模式属相比可以用如下特征区分：卵圆形翅形，亚前缘横脉多且密集排列，RP和MP的分支多且复杂，具眼斑结构[91]。

产地及时代：内蒙古，中侏罗世。

中国北方地区侏罗纪仅报道1种（表20.1）。

原丽蛉属 *Protokalligramma* Yang，Makarkin & Ren，2011

Protokalligramma Yang，Makarkin & Ren，2011，*Zootaxa*，2873：61[91]（original designation）。

模式种：双纹原丽蛉*Protokalligramma bifasciatum* Yang，Makarkin & Ren，2011。

无眼斑；前缘域到翅顶点强烈变窄；横脉稀少；MP简单，不形成栉状分支；CuP和1A相对较短，与翅后缘不平行[91]。

产地及时代：内蒙古，中侏罗世。

中国北方地区侏罗纪仅报道1种（表20.1）。

双纹原丽蛉 *Protokalligramma bifasciatum* Yang，Makarkin & Ren，2011（图20.24）

Protokalligramma bifasciatum Yang，Makarkin & Ren，2011：*Zootaxa*，2873，62.

产地及层位：内蒙古宁城道虎沟；中侏罗统，九龙山组。

翅呈暗褐色，前缘域深色，端部和臀区颜色稍浅，翅面有两条横向的黑色条带，翅外缘分布有一些小的深褐色或黑色的斑块。前翅卵圆形；密布短

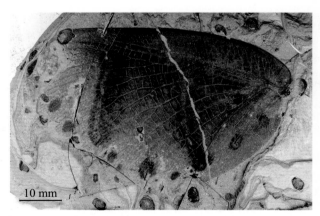

10 mm

▲图20.24　双纹原丽蛉 *Protokalligramma bifasciatum* Yang，Makarkin & Ren，2011（正模标本，CNU-NEU-NN2009026）[91]

毛；由于翅缘有较密的微刺，缘饰不可见或不存在；前缘脉粗壮；前缘域1/4处加宽，均向翅基处和端部变窄；前缘横脉自翅基部至1/4处形成二叉分支；前缘横脉间由多条短脉相连，在前缘域形成不规则的3~4列横向阶脉；亚前缘域相对较窄，横脉排列稀疏；CuA相对较短；CuP在端部1/2处分叉[91]。

似丽蛉属 *Affinigramma* Yang，Wang，Labandeira，Shih & Ren，2014

Affinigramma Yang，Wang，Labandeira，Shih & Ren，2014，*BMC Evo. Bio.*，14 (126)：5[27] (original designation).

模式种：多脉似丽蛉*Affinigramma myrioneura* Yang，Wang，Labandeira，Shih & Ren，2014。

虹吸式口器。无肩迴脉；所有前缘横脉弯曲并分叉；RP至少6条栉状分支；在RP与MA之间仅1条ORB；MA基部双分叉，端部形成栉状分支；CuA单支；CuP栉状分支[27]。

产地及时代：内蒙古，中侏罗世。

中国北方地区侏罗纪仅报道1种（表20.1）。

星丽蛉属 *Stelligramma* Yang，Wang，Labandeira，Shih & Ren，2014

Stelligramma Yang，Wang，Labandeira，Shih & Ren，2014，*BMC Evo. Bio.*，14 (126)：9[27] (original designation).

模式种：花斑星丽蛉*Stelligramma allochroma* Yang，Wang，Labandeira，Shih & Ren，2014。

前翅无眼斑；肩迴脉显著；前缘横脉具有深分叉，横脉间由短脉相连；RP栉状分叉，分支均双分叉；MA在翅中部分叉；CuA末端栉状分支；CuP在翅中部双分叉[27]。

产地及时代：内蒙古，中侏罗世。

中国北方地区侏罗纪仅报道1种（表20.1）。

优雅丽蛉属 *Abrigramma* Yang，Wang，Labandeira，Shih & Ren，2014

Abrigramma Yang，Wang，Labandeira，Shih & Ren，2014，*BMC Evo. Bio.*，14 (126)：16[27] (original designation).

模式种：美丽优雅丽蛉*Abrigramma calophleba* Yang，Wang，Labandeira，Shih & Ren，2014。

无肩迴脉。前翅：RP至少9条分支，均单分支；MA栉状分支；2A约形成13条栉状分支。后翅：RP约在R1的1/4处分出[27]。

产地及时代：河北，早白垩世。

中国北方地区白垩纪仅报道1种（表20.1）。

美丽优雅丽蛉 *Abrigramma calophleba* Yang，Wang，Labandeira，Shih & Ren，2014（图 20.25）

Abrigramma calophleba Yang，Wang，Labandeira，Shih & Ren，2014：*BMC Evo. Bio.*，14 (126)：16.

产地及层位：河北承德平泉县；下白垩统，义县组。

肩迴脉缺失；RP至少9条分支，均单支；MA形成3条栉状分支；2A约13条栉状分支。后翅：RP起源点离基部较远，在R1的1/4处分出，于端部1/3处分叉，至少2条分支；MP第一分支从近翅基分出；2A约9条栉状分支；3A较短，3条栉状分支，均双分叉[27]。

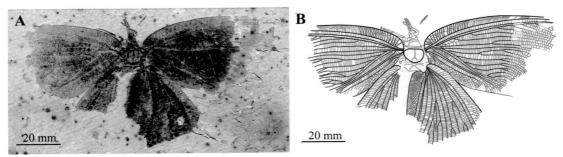

▲ 图 20.25　美脉优雅丽蛉 *Abrigramma calophleba* Yang，Wang，Labandeira，Shih & Ren，2014（正模标本，
CNU-NEU-HP2009-001p ）[27]

A. 标本照片；B. 线条图

蛾丽蛉属 *Ithigramma* Yang，Wang，Labandeira，Shih & Ren，2014

Ithigramma Yang，Wang，Labandeira，Shih & Ren，2014，*BMC Evo. Bio.*，14 (126)：16[27]（original designation）。

模式种：多脉蛾丽蛉*Ithigramma multinervium* Yang，Wang，Labandeira，Shih & Ren，2014。

大型昆虫；虫体及翅面布满较密的刚毛；触角丝状，较短；下颚须延长，超过头部长度；前翅翅痣清晰可见；存在眼斑[27]。

产地及时代：内蒙古，早白垩世。

中国北方地区白垩纪仅报道1种（表20.1）。

慧英丽蛉属 *Huiyingogramma* Liu，Zheng & Zhang，2014

Huiyingogramma Liu，Zheng & Zhang，2014，*Alcheringa*，38：68[92]（original designation）。

模式种：美丽慧英丽蛉*Huiyingogramma formosum* Liu，Zheng & Zhang，2014。

前翅宽；眼斑发达；肩迴脉存在；横脉密集；前缘域宽；前缘横脉之间有短脉；Sc和R1末端融合；RP有7个主要分支，大部分深分叉；MA简单；MP多次二分叉；CuA和CuP深分叉；1A和2A发达；3A较短[92]。

产地及时代：内蒙古，中侏罗世。

中国北方地区侏罗纪仅报道1种（表20.1）。

螳蛉科 Mantispidae Leach，1815

螳蛉科是脉翅目下一个特殊的类群，其复眼较大，前胸背板伸长，前足特化成捕捉足，形似螳螂。螳蛉科幼虫的生物学习性也高度特化，专性寄生于蜘蛛的卵囊中或者在黄蜂的巢穴里发育。另外，一些热带类群的形态与膜翅目昆虫具有极高的相似性，认为可能是螳蛉对膜翅目昆虫的一种拟态。该科在热带地区分布最丰富、种类最多，约有400余种，分为5个亚科：Symphrasinae、卓螳蛉亚科Drepanicinae、Calomantispinae和螳蛉亚科Mantispinae[51, 75, 93, 94]和已经绝灭的中螳蛉亚科Mesomantispinae[51, 95]。

螳蛉在化石记录中相对较少[51]，最早的螳蛉来自德国多贝尔廷晚侏罗世的*Liassochrysa atica* Ansorge & Schluter，1990[50]和卡拉套晚侏罗世的*Promantispa similis* Panfilov，1980[57]。白垩纪时期类群相对庞大，主要包括来自东西伯利亚百萨的*Mesomantispa* Makarkin，1997[95]，哈萨克斯坦Kzyl-Zhar的

Gerstaeckerella Makarkin，1990[96]，缅甸琥珀的*Doratomantispa* Poinar & Buckley，2011[97]，*Pectispina libera* Shi，Yang & Ren，2020（见侧边栏）和*Lonchomantispa longa* Shi，Yang & Ren，2020[98]，以及来自中国东北义县组下白垩统3个属[99]（见下节）。新生代的类群与现生的比较接近，包括在德国格鲁贝梅塞尔的始新世油页岩中发现的*Symphrasites eocenicus* Wedmann & Makarkin，2007[51]，始新世波罗的海琥珀的一种未命名幼虫[100]，英格兰怀特岛的始新世—渐新世地层发现的*Vectisparelicta* Cockerell，1921[101, 102]，法国多芬渐新世晚期发现的*Prosagittalata oligocenica* Nel，1989[103]，以及产自多米尼加和墨西哥的琥珀中的4个种：*Climaciella henrotayi* Nel，1989[103]；*Ferosetapriscus* Poinar，2006[104]；*Dicromantispa moronei* Engel and Grimaldi，2007；*D. electromexicana* Engel & Grimaldi，2007[105]。

中国北方地区侏罗纪报道的属：古卓螳蛉属*Archaeodrepanicus* Jepson，Heads，Makarkin & Ren，2013；粗腿螳蛉属*Clavifemora* Jepson，Heads，Makarkin & Ren，2013；华中生螳蛉属*Sinomesomantispa* Jepson，Heads，Makarkin & Ren，2013。

古卓螳蛉属 *Archaeodrepanicus* Jepson，Heads，Makarkin & Ren，2013

Archaeodrepanicus Jepson，Heads，Makarkin & Ren，2013，*Palaeontology*，56：606[99] (original designation).

模式种：纳德古卓螳蛉*Archaeodrepanicus nuddsi* Jepson，Heads，Makarkin & Ren，2013。

触角近基部伸长；翅狭长；RP有6条分支；在RP分支间有一组阶脉；翅斑由2~3条暗带组成[99]。

产地及时代：辽宁，早白垩世。

中国北方地区白垩纪报道2种（表20.1）。

纳德古卓螳蛉 *Archaeodrepanicus nuddsi* Jepson，Heads，Makarkin & Ren，2013（图20.26）

Archaeodrepanicus nuddsi Jepson，Heads，Makarkin & Ren，2013：*Palaeontology*，56：606.

产地及层位：辽宁北票黄半吉沟；下白垩统，义县组。

该种名是为了致敬曼彻斯特大学的古生物学家John R. Nudds博士。

头伸长，眼后叶强烈加宽；触角不完整，保留13节；前胸宽，相对较短；前足捕捉足，具有刚毛；基节伸长，粗壮；股节腹脊有2排，大约22根小刺；中足保存不完整，覆有刚毛；后足胫节长约3 mm。前翅：翅前缘和后缘具有缘饰；前缘域基部宽向端部逐渐变窄；肩迴脉发达；前缘脉紧密排列，大部分形成次生分支；Sc和R平行，之间有4条横脉；Sc端部急剧弯向R1；R1在顶点前到达翅缘；RP于翅基部分出，有6条主要分支；径分区有一组阶脉；2r-m存在；M起源于翅基部，M深分叉；MA和MP简单，仅形成末端分叉；1m-cu、2m-cu、3m-cu存在；Cu近基部分支；CuA有6条栉状分支，

▲ 图 20.26　纳德古卓螳蛉 *Archaeodrepanicus nuddsi* Jepson，Heads，Makarkin & Ren，2013（正模标本，CNU-NEU-LB2011001p）[99]

CuA的端部分支终止于翅后缘；CuP栉状分支，有3个主要分支；1A不完整，至少有1条分支；2A和3A未保存。腹部不完整，部分保存[99]。

粗腿螳蛉属 *Clavifemora* Jepson，Heads，Makarkin & Ren，2013

Clavifemora Jepson，Heads，Makarkin & Ren，2013，*Palaeontology*，56：610[99]（original designation）.

模式种：圆粗腿螳蛉*Clavifemora rotundata* Jepson，Heads，Makarkin & Ren，2013。

该属具有明显的膨大的棒状前足可与其他属区分。

产地及时代：内蒙古，中侏罗世。

中国北方地区侏罗纪仅报道1种（表20.1）。

华中生螳蛉属 *Sinomesomantispa* Jepson，Heads，Makarkin & Ren，2013

Sinomesomantispa Jepson，Heads，Makarkin & Ren，2013，*Palaeontology*，56：609[99]（original designation）.

模式种：小刺华中生螳蛉*Sinomesomantispa microdentata* Jepson，Heads，Makarkin & Ren，2013。

前股节宽，具有小刺；触角基节横向；前翅前缘在翅中部凹陷；前翅翅斑清晰可见[99]。

产地及时代：辽宁，早白垩世。

中国北方地区白垩纪仅报道1种（表20.1）。

知识窗：一种已灭绝螳蛉的捕食策略

尽管捕捉足和捕食行为在现生昆虫，如螳螂、螳蛉和猎蝽中已有了深入的研究，但由于化石的稀缺性和保存较差的问题，中生代螳蛉的捕捉足结构细节及其相关的捕食策略的研究却极其有限。师超凡等人在2020年描述了采集自缅甸北部克钦邦胡康河谷，晚白垩世琥珀中的离脉螳蛉*Pectispina libera* Shi，Yang & Ren，2020（图20.27）及*Lonchomantispa longa* Shi，Yang & Ren，2020[98]。离脉螳蛉*Pectispina libera*具有高度特化的捕捉足，与其他螳蛉有很大不同：股节腹侧具有1根很长的主刺，几乎与胫节等长，主刺上有次生的小刺；胫节腹侧具有较多直立且坚硬的短刚毛；胫节和跗节长度之和大于股节长；跗节五分节。

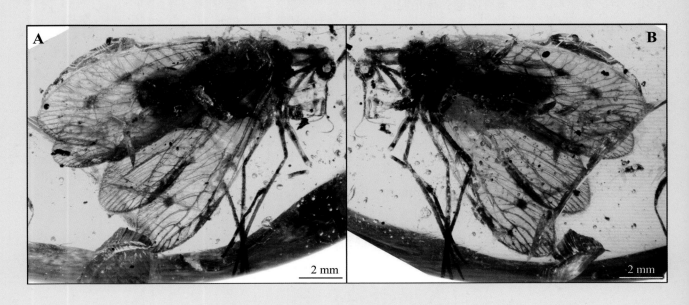

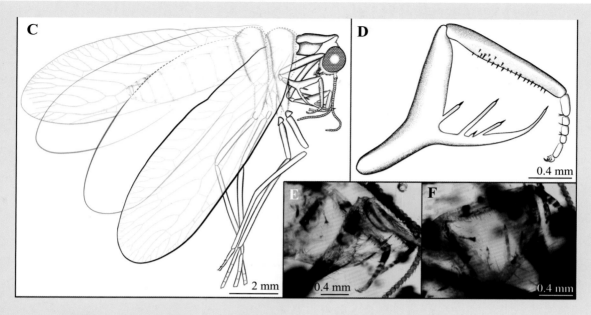

▲ 图 20.27 离脉螳蛉 *Pectispina libera* Shi，Yang & Ren，2020（正模标本，CNU-NEU-MA2018051）[98]

A 和 B. 标本照片；C. 整体线条图；D. 右前足线条图；E. 左前足照片；F. 右前足照片

　　这种前足形态结构的改变与功能适应性相关，*Pectispina libera* 前足股节上的主刺较现生螳蛉的股节刺更长，可能与现生螳蛉和螳螂通过与其他股节上的刺和胫节上坚硬的刚毛协调合作捕食猎物的方式不同；其次向前倾斜的股节主刺可能是帮助封闭股节–胫节–跗节陷阱，从而降低猎物逃脱的概率，但同时，这种机制也会限制螳蛉捕食到更远的目标。所以，*Pectispina libera* 的捕食行为可能与现生的螳蛉不同。这一新发现揭示了晚白垩世时期螳蛉科的前足形态的多样性和快速演化。

中草蛉科 Mesochrysopidae Handlirsch，1906

　　中草蛉科是一个中生代已绝灭的草蛉类昆虫，其与现代草蛉及同时期绝灭的草蛉类昆虫的关系一直存在较大的争议[106–110]。本文采纳 Makarkin 和 Menon[53] 的观点，将大部分绝灭的中生代草蛉并入中草蛉科，目前该科包括14个属：卢森堡早侏罗世发现的 *Protoaristenymphes*，哈萨克斯坦晚侏罗世发现的 *Macronympha* 和 *Aristenymphes*，德国晚侏罗世发现的 *Mesochrysopa* 和 *Mesotermes*，中国早白垩世发现的 *Allopterus*、*Kareninoides*、*Longicellochrysa*、*Mesascalaphus*、*Siniphes*，西伯利亚晚白垩世发现的 *Tachinymphes*，以及巴西晚白垩世发现的 *Armandochrysopa*、*Triangulochrysopa*、*Karenina*[52, 53, 111, 112]。

　　中国北方地区侏罗纪和白垩纪报道的属：异中草蛉属 *Allopterus* Zhang，1991；迅草蛉属 *Tachinymphes* Ponomarenko，1992；原须细蛉属 *Protoaristenymphes* Nel & Henrotay，1994；中长角草蛉属 *Mesascalaphus* Ren，1995；华蛉属 *siniphes* Ren & Yin，2002；长室草蛉属 *Longicellochrysa* Ren，Makarkin & Yang，2010；卡草蛉属 *Kareninoides* Yang，Makarkin & Ren，2012。

异中草蛉属 *Allopterus* Zhang，1991

Allopterus Zhang，1991，*Sci. China (Ser. B)*，34 (9)：1106[113] (original designation).

模式种：狭翅异中草蛉*Allopterus luianus* Zhang，1991。

该属是中草蛉科一个特殊的类群，其前后翅在形状、大小和脉序上高度特化，与其他属有明显的差异[113]。

产地及时代：山东，早白垩世。

中国北方地区白垩纪仅报道1种（表20.1）。

迅草蛉属 *Tachinymphes* Ponomarenko，1992

Tachinymphes Ponomarenko，1992，*Paleontol. J.*，26 (3)：45[114] (original designation).

模式种：近蚁迅草蛉*Tachinymphes ascalaphoides* Ponomarenko，1992。

后翅臀区退化，AP和AA缺失或退化，CuP较短，在CuA和AA之间有一个简单的横脉；后翅c1和c2室后方打开；前翅MA在基部强烈靠近MP_{1+2}，但未与之融合；CuA、MP_{3+4}、MP_{1+2}、MA在端部未融合；前、后翅前缘域未加宽；ScP和RA端部融合；触角非常短[114]。

产地及时代：辽宁，早白垩世。

中国北方地区白垩纪报道3种（表20.1）。

原须细蛉属 *Protoaristenymphes* Nel & Henrotay，1994

Protoaristenymphes Nel & Henrotay，1994，*Ann. Soc. Entomol. Fr.*，30：293–318[115] (original designation).

模式种：巴沙拉日原须细蛉*Protoaristenymphes bascharagensis* Neland Henrotay，1994。

中型昆虫，前翅16~25mm；M分叉位置与RP分支点相对或略远；1m较长，为宽的5~6倍；MP有4条分支；AA_{3+4}深分叉[116]。

产地及时代：内蒙古，中侏罗世。

中国北方地区侏罗纪仅报道1种（表20.1）。

中长角草蛉属 *Mesascalaphus* Ren，1995

Mesascalaphus Ren，1995，*Faunae and stratigraphy of Jurassic-Cretaceous in Beijing and the adjacent areas*：99[117] (original designation).

模式种：杨氏中长角蛉*Mesascalaphus yangi* Ren，1995。

复眼较小；前胸背板近方形；翅基部细长；只有一排前缘翅室；Sc和R1之间没有横脉；前翅RP有12条分支，后翅有11条；前翅MA有1条分支，后翅MP有2条；MA和MP均单支；前翅CuA区域明显大于后翅；前翅有2A[117]。

产地及时代：辽宁，早白垩世。

中国北方地区白垩纪仅报道1种（表20.1）。

华蛉属 *Siniphes* Ren & Yin，2002

Siniphes Ren & Yin，2002，*Acta Zootaxon. Sin.*，27 (2)：269[118] (original designation).

模式种：精细华蛉*Siniphes delicatus* Ren & Yin，2002。

中型昆虫；翅没有缘饰和微毛覆盖；翅痣区发育完好；前翅和后翅的前缘域较窄。前翅：Sc+R1在近顶点处到达翅缘；亚前缘域没有横脉；MP分支位置与Rs起点相对；CuA长于CuP；1A分叉。后翅：前班克氏线不明显；CuA和CuP比前翅短。Nel 等人在2005年认为该属是*Tachinymes*的同物异名，但未得到广泛认可，本文沿用该属的原始位置[52, 118]。

产地及时代：辽宁，早白垩世。

中国北方地区白垩纪仅报道1种（表20.1）。

长室草蛉属 *Longicellochrysa* Ren，Makarkin & Yang，2010

Longicellochrysa Ren，Makarkin & Yang，2010，*Zootaxa*，2523：51[119] (original designation).

模式种：义县长室中草蛉 *Longicellochrysa yixiana* Ren，Makarkin & Yang，2010。

大型昆虫。触角较长，长于头部和前胸的长度之和；翅痣区发育完好，长翅痣室缺失；RP主干光滑，末梢稍微呈"Z"形，具有16条规则分布的栉状分支；1m翅室长，大约是最大宽度的5倍；1m-cu长，靠近M的分支点；2m-cu与im相交；CuA长[119]。

产地及时代：辽宁，早白垩世。

中国北方地区白垩纪仅报道1种（表20.1）。

卡草蛉属 *Kareninoides* Yang，Makarkin & Ren，2012

Kareninoides Yang，Makarkin & Ren，2012，*Zootaxa*，3597：6[116] (original designation).

模式种：李氏卡草蛉*Kareninoides lii* Yang，Makarkin & Ren，2012。

卡草蛉属的前胸与其他中生代草蛉一样伸长。前翅明显加长；后缘光滑微弯曲；后翅长与前翅相似（在其他属中明显较短）；2条班克氏线发育完好[116]。

产地及时代：辽宁，早白垩世。

中国北方地区白垩纪仅报道1种（表20.1）。

李氏卡草蛉 *Kareninoides lii* Yang，Makarkin & Ren，2012（图20.28）

Kareninoides lii Yang，Makarkin & Ren，2012，*Zootaxa*，3597：7.

产地及层位：辽宁义县柳龙台镇；下白垩统，义县组。

该种名为感谢李晏军先生提供精美的标本用于研究。

头明显加长，顶点有明显的纵向冠状线；触角柄节及梗节比鞭节稍宽；下颚非常大（保存较差）。前胸较长，比头部稍长；中胸部分保存；后胸几乎完整，但保存较差。腹部约21.8 mm；第一背板具有中缝，横向将背板分为两半；第二背板较长，端背板不可见或

10 mm

▲ 图20.28 李氏卡草蛉 *Kareninoides lii* Yang，Makarkin & Ren，2012（正模标本，CNU-NEU-LY2011001p）[116] 标本由李晏军捐赠

消失。前翅狭长，端部圆钝；翅痣未保存；前缘域在近基部1/2处略微扩张，在ScP与RA融合处变得狭窄；ScP+RA分支均单支；亚前缘域非常窄，其间无横脉；RP具有15条规则分布的栉状分支，稍微呈"Z"形弯曲；径分区横脉较多，未形成阶脉；2条短的班克氏线在端部汇合，班克氏折叠线未发现；M基部与R融合一段距离，在接近RP1起点处分为MA与MP；MA呈弓形，MP呈明显的"Z"形[116]。

蚁蛉科 Myrmeleontidae Latreille，1802

蚁蛉科，俗称"蚁狮"，是脉翅目中种类最丰富的一类，全球约有2 000种。然而，与现生蚁蛉相比，蚁蛉化石相对较少。1969年，Rice首次报道了产自晚白垩世加拿大拉布拉多的蚁蛉类化石*Palaeoleon ferrogeneticus*[20, 120]。虽然*Palaeoleon*被归入Palaeoleontidae[121, 122]，但该科与蚁蛉科关系非常密切，也有人认为其是蚁蛉科的一个基干亚科。目前，中生代蚁蛉化石主要来自白垩纪，其中在巴西下白垩统克拉托组发现了蚁蛉科的9个属[1]；在国内，洪友崇1988年首次描述了一种来自辽宁早白垩世的似蚁蛉类化石*Liaoximyia*[123]，但Makarkin和Menon在2005年[53, 123]认为该属的模式标本不完整，其系统地位仍然存疑，认为其可能跟中草蛉科的关系更为密切；目前，在我国发现的真正蚁蛉化石是来自下白垩统的辽西北票义县组的*Choromyrmeleon*[49]。

中国北方地区白垩纪报道的属：舞蚁蛉属*Choromyrmeleon* Ren & Guo，1996。

舞蚁蛉属 *Choromyrmeleon* Ren & Guo，1996

Choromyrmeleon Ren & Guo，1996，*Acta Zootaxon. Sin.*，21 (4)：472[49] (original designation).

模式种：奇特舞蚁蛉*Choromyrmeleon othneius* Ren & Guo，1996。

前后翅的基径中横脉缺失；Sc和R在基部融合一段距离；前翅RP起源点早于CuA分叉点；CuP长，具有许多栉状分支[49]。

产地及时代：辽宁，早白垩世。

中国北方地区白垩纪报道2种（表20.1）。

阿氏舞蚁蛉 *Choromyrmeleon aspoeckorum* Ren & Engel，2008（图20.29）

Choromyrmeleon aspoeckorum Ren & Engel，2008，*Alavesia*，2：184.

产地及层位：辽宁北票黄半吉沟；下白垩统，义县组。

种名是为了感谢Horst Aspöck和Ulrike Aspöck夫妇对脉翅目研究做出的巨大贡献。

该种可以通过以下特征与同属的*C. othneius*明显区分：RP端部分支方式较为简单，仅形成末端分支（而在*C. othneius*中RP在R1终止后，能够形成连续分支）；R1和RP末端强烈，向翅后缘弯曲，并与顶点形成较大间距；斜脉在CuA分叉之前可以清楚地被识别（在*C.*

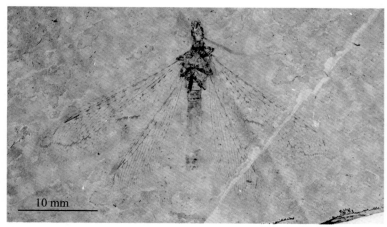

10 mm

▲ 图 20.29 阿氏舞蚁蛉 *Choromyrmeleon aspoeckorum* Ren & Engel 2008（正模标本，LB20003）[124] *othneius*中，斜脉与CuA分叉汇合）。此外，该种头部明显狭长，与现生蚁蛉明显区分[124]。

未定科

古蚁蛉属 *Guyiling* Shi，Béthoux，Shih & Ren，2012

Guyiling Shi，Béthoux，Shih & Ren，2012，*Syst. Entomol.*，37 (3)：618[62] (original designation).

模式种：建邦古蚁蛉*Guyiling jianboni* Shi，Béthoux，Shih & Ren，2012。

该属具有比较明显的蚁蛉类昆虫特征，如典型的膨大的触角端部及发育良好的前班克氏线。然而，该属同时具有明显的不同现代蚁蛉的特征使其系统地位难以确定，包括MP2和CuA在基部部分融合后分离、MA由R1分出等，上述特征在较为原始的Palaeoleontidae中也是不存在的。因此，作者认为该属可能是蚁蛉总科的一个基干类群，其科级地位仍有待进一步研究[62]。

产地及时代：辽宁，早白垩世。

中国北方地区白垩纪仅报道1种（表20.1）。

建邦古蚁蛉 *Guyiling jianboni* Shi，Béthoux，Shih & Ren，2012（图20.30）

Guyiling jianboni Shi，Béthoux，Shih & Ren，2012，*Syst. Entomol.*，37 (3)：618.

产地及层位：辽宁北票黄半吉沟；下白垩统，义县组。

该种名感谢史建邦在学习和工作中表现出的主动性、创造性和创新精神，以及给予史宗冈的启发及支持。

触角短于前翅长度的一半，末端逐渐膨大。RP+MA靠近翅基部；前班克氏线存在。前翅：ScP和RA之间没有横脉；MP2与CuA短暂融合；单支的CuA1干脉从MP2+CuA分出。该属表现出蚁蛉科的一些特征：触角端部扩张和前班克氏线发育好[62]。

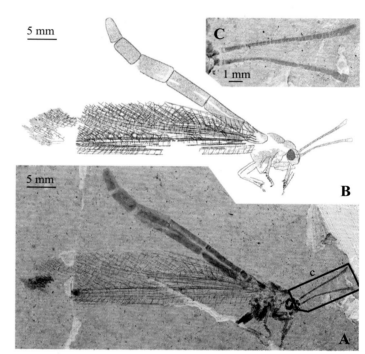

▲ 图 20.30　建邦古蚁蛉 *Guyiling jianboni* Shi，Béthoux，Shih & Ren，2012（正模标本，CNU-NEU-LB2011014）[62] 标本由史宗冈捐赠

A. 标本照片（复合，水平翻转）；B. 整体线条图；C. 触角细节照片

细蛉科 Nymphidae Rambur，1842

细蛉科通常被认为是蚁蛉总科中较为原始的类群，也是蚁蛉总科中唯一来自侏罗系地层的科[125]。细蛉科的特征：细长的丝状触角；单眼缺失；足中垫二裂；翅缘具有缘饰；无翅疤；沿着亚前缘域存在不同长度的横脉[126]。最早的细蛉化石记录可追溯到中国中侏罗世[125-128]，到目前为止，化石类群包括14属23种，分别来自中生代及古新世地层[126]，现生8属35种分布于澳洲区和东洋区，其中澳洲区的多样

性最高[128, 129]。

细蛉科的系统发育研究

　　2015年，师超凡等人首次将现生和化石类群相结合，利用形态学及分子数据对细蛉科进行了系统发育分析[126]（图20.31）。根据分析结果，细蛉科的单系性得到了较高的支持度，并有多个共有衍征支持：足中垫二分，成虫翅的亚前缘域具有不完整的横脉；部分幼虫的特征包括单眼数量，触角鞭节形态，下唇须多节，上颚内侧有一个大的齿，胸节和腹节具有侧突。细蛉科内部分成3个分支：侏罗纪的泥细蛉属*Liminympha*位于细蛉科的基干位置，其余的细蛉分别归入2个现存亚科Nymphinae和

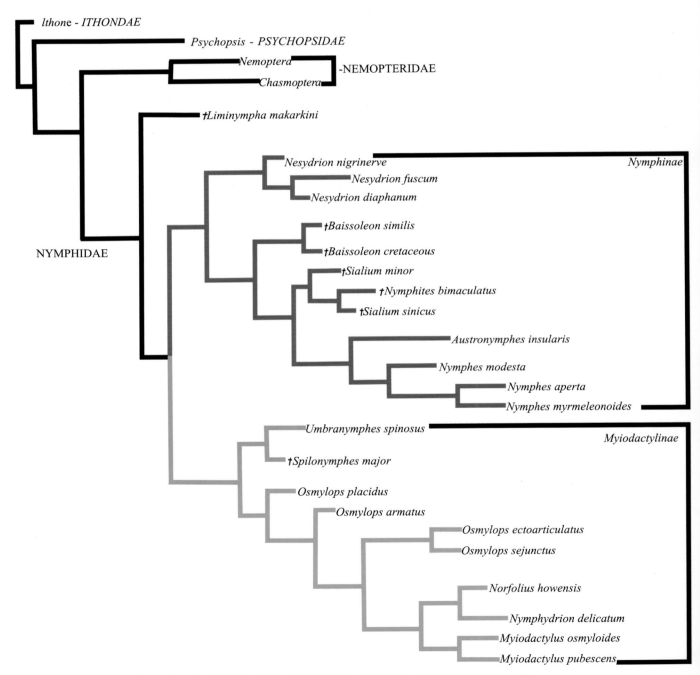

▲ 图20.31　现生及绝灭细蛉科的系统发育关系（结合形态学和分子数据，改自参考文献［126］）

Myiodactylinae。其中，Nymphinae包括3个现存属*Nesydrion*、*Austronymphes*和*Nymphes*，以及3个来自侏罗系及白垩系的化石属白沙细蛉属*Baissoleon*、瑕细蛉属*Sialium*和似细蛉属*Nymphites*。该亚科的共有衍征包括：足上有胫节距，翅前缘域狭窄，CuA分支间具有横脉，雄虫生殖器的殖弧叶二分，阳基侧突具有较大的侧叶等。值得注意的是，目前该亚科的现生类群局限于澳大利亚，而化石类群呈典型的全北区分布 [126，127，130]，古今类群的差异表明历史上该亚科的分布更为广泛，其历史演化也更为复杂。

　　细蛉的另外一个亚科Myiodactylinae包括现生属有*Umbranymphes*、*Osmylops*、*Myiodactylus*、*Norfolius*和*Nymphydrion*，以及早白垩世的斑细蛉属*Spilonymphes*。该亚科的共有衍征包括：胫节距缺失，翅前缘域宽（通常具有多分叉的前缘横脉），前翅CuA分支间无横脉，殖弧叶背部互相靠近（有时通过膜质相连），阳基侧突小且呈球形或三裂，腹侧有不同大小齿且没有明显的侧叶等。与细蛉亚科相似，该亚科现生主要分布在新几内亚和澳大利亚 [131，133]，而来自中国白垩纪的斑细蛉属表明Myiodactylinae的历史演化比预想的复杂。

　　中国北方地区侏罗系及白垩系报道的属：瑕细蛉属*Sialium* Westwood，1854；似细蛉属*Nymphites* Haase，1890；白沙细蛉属*Baissoleon* Makarkin，1990；泥细蛉属*Liminympha* Ren & Engel，2007；道细蛉属*Daonymphes* Makarkin，Yang，Shi & Ren，2013；斑细蛉属*Spilonymphes* Shi，Winterton & Ren，2015。

瑕细蛉属 *Sialium* Westwood，1854

Sialium Westwood，1854，*Quart. J. Geol. Soc.*，10：378–396 [134] (original designation).

模式种：楔角瑕细蛉*Sialium sipylus* Westwood，1854。

后足胫节具有端距；CuA与CuP之间区域在CuA分叉前加宽；CuA分支间的横脉不少于两列；后翅MP具有8条以上的栉状分支；CuP具有许多分支 [126]。

产地及时代：内蒙古，早白垩世。

中国北方地区白垩纪报道2种（表20.1）。

中华瑕细蛉 *Sialium sinicus* Shi，Winterton & Ren，2015（图20.32）

Sialium sinicus Shi，Winterton & Ren，2015，*Cladistics*，31 (5)：470.

产地及层位：内蒙古宁城柳条沟；下白垩统，义县组。

大型昆虫，前翅约长41.0 mm，宽11.8 mm；后翅约长37.5 mm，宽10.5 mm。前翅在亚前缘域和顶点区域分布有翅斑，在前翅后部翅斑较为稀疏，后翅在端部近1/3处有1个大的翅斑；前缘横脉很少分叉；肩迴脉存在；Sc与R1靠近且平行，RP和R1在翅基部分开；MA从翅基部1/5处从RP分出；MP分叉点位于RP起点与MA分叉点之间；MP1单支、较直；MP2具有栉状分支；CuA有4条栉状分支，终止于翅缘中间；CuA与CuP之间的区域在CuA分叉前加宽 [126]。

似细蛉属 *Nymphites* Haase，1890

Nymphites Haase，1890：*Neues Jahrbuch für Geologie und Paläontologie*，*Monatshefte*，2 (1)：1–33 [135] (original designation).

模式种：原始似细蛉*Hemerobius priscus* Weyenbergh，1869 [136]。

前翅狭长，基部宽，ScP端部支脉均形成次生分叉；MP呈4~5条栉状分支，分支间由1条横脉相互连接；CuP区间宽，是CuA与CuP之间区域的2倍。后翅：MP有4~5条栉状分支；CuA至少基部的支脉间隔具有横脉；CuP短，不呈栉状分支；至少后足胫节有端距 [128]。

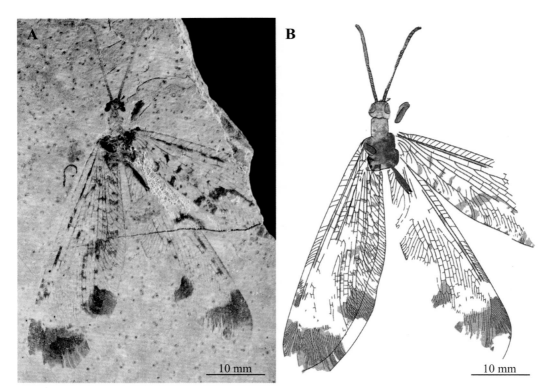

▲ 图 20.32　中华瑕细蛉 *Sialium sinicus* Shi，Winterton & Ren，2015（正模标本，CNU-NEU-NN2014002）[126]
A. 标本照片；B. 线条图

产地及时代：内蒙古，中侏罗世。

中国北方地区侏罗纪仅报道1种（表20.1）。

白沙细蛉属 *Baissoleon* Makarkin，1990

Baissoleon Makarkin，1990，*Ann. Soc. Entomol. Fr.*，26：125[96] (original designation)。

模式种：白垩白沙细蛉 *Baissoleon cretaceous* Makarkin，1990。

前胸长大于宽；胫节端距至少在后足存在；翅狭长；翅痣显著；Sc+R1在翅顶点之前融入翅缘；前缘域在Sc与R1愈合之后没有加宽；前翅CuP二叉分支[126]。

产地及时代：辽宁，早白垩世。

中国北方地区白垩纪仅报道1种（表20.1）。

泥细蛉属 *Liminympha* Ren & Engel，2007

Liminympha Ren & Engel，2007，*Ann. Zool.*，57 (2)：212[127] (original designation)。

模式种：马氏泥细蛉 *Liminympha makarkini* Ren & Engel，2007。

前翅前缘横脉丰富；Sc和R1端部愈合，并稍向后弯曲，终止于顶点之后；RP具有17条栉状分支；后翅MA主干缺失[127]。

产地及时代：内蒙古，中侏罗世。

中国北方地区侏罗纪仅报道1种（表20.1）。

道细蛉属 *Daonymphes* Makarkin，Yang，Shi & Ren，2013

Daonymphes Makarkin，Yang，Shi & Ren，2013，*ZooKeys*，325：3[125] (original designation).

模式种：双支道细蛉*Daonymphes bisulca* Makarkin，Yang，Shi & Ren，2013。

前翅基部宽；前缘横脉分叉众多；MP支脉间无横脉；CuP区间宽，是CuA与CuP之间宽度的2倍左右[125]。

产地及时代：内蒙古，中侏罗世。

中国北方地区侏罗纪仅报道1种（表20.1）。

斑细蛉属 *Spilonymphes* Shi，Winterton & Ren，2015

Spilonymphes Shi，Winterton & Ren，2015，*Cladistics*，31 (5)：464[126] (original designation).

模式种：巨大斑细蛉*Spilonymphes major* Shi，Winterton & Ren，2015。

与Nymphinae亚科中的各属不同，前翅前缘域明显宽阔，更接近Myiodactylinae。前翅基部rs-m存在；MA的分离点靠近RP的起点；CuP区域宽，几乎是CuA与CuP之间宽度的3倍；后翅CuA区域较宽[126]。

产地及时代：辽宁，早白垩世。

中国北方地区白垩纪仅报道1种（表20.1）。

巨大斑细蛉 *Spilonymphes major* Shi，Winterton & Ren，2015（图20.33）

Spilonymphes major Shi，Winterton & Ren，2015，*Cladistics*，31 (5)：464.

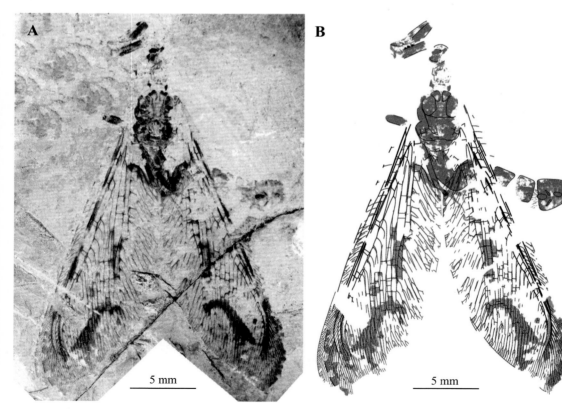

▲ 图 20.33　巨大斑细蛉 *Spilonymphes major* Shi，Winterton & Ren，2015（正模标本，CNU-NEU-LB2014001）[126]

A. 标本照片；B. 线条图

产地及层位：辽宁北票黄半吉沟；下白垩统，义县组。

中等体型昆虫。前翅前缘横脉很少分叉；Sc和R1在翅端部约1/4处愈合；R1和RP区域存在7条横脉；MA从RP主干近翅基1/4处分出；RP有17条分支；RP分支之间具有外阶脉和不规则的横脉；MP在MA起点之前分叉；MP1直至翅缘附近分叉，分支很少；MP2较直，并在翅中部呈栉状分支，MP2分支均终止于翅外缘；CuA平行于翅后缘，CuA在翅中形成4~5条栉状分支；CuP区域宽阔，约为CuA与CuP之间宽度的3倍；CuP形成约6条栉状分支，终止于翅后缘[126]。

溪蛉科 Osmylidae Leach，1815

溪蛉科是一个较小类群，有225个现生种[137]，广泛分布于除新北区外各大动物地理区系中。溪蛉成虫可从以下特征进行初步分类：褐色至深褐色的虫体和翅脉，头部具有3个明显的单眼（伽溪蛉亚科单眼缺失），翅痣、翅疤发育完整，脉序较为复杂。溪蛉幼虫一般生活在河流和溪水附近，推测其同时具有水生和陆生的习性。溪蛉属于脉翅目中的基干分支[9, 11, 16-19]，分子钟分析结果表明溪蛉科的起源时间不晚于晚二叠世[11, 12]，而且主要亚科的分化时间不晚于三叠纪末期，该结果与溪蛉科丰富的中生代化石记录基本一致[7]。中生代是溪蛉进化历程中的黄金时期，全球范围内约发现30个属。在中国，溪蛉化石的种类非常丰富，迄今为止共发现14属19种，分别隶属于4个主要的现生亚科，即伽溪蛉亚科、少脉溪蛉亚科、肯氏溪蛉亚科和溪蛉亚科。

中国北方地区侏罗纪和白垩纪报道的属：表溪蛉属Epiosmylus Panfilov，1980；燕翼蛉属Yanosmylus Ren，1995；池翼蛉属Laccosmylus Ren & Yin，2003；光神蛉属Enodinympha Ren & Engel，2007；宝石神蛉属Nilionympha Ren & Engel，2007；狭翅溪蛉属Tenuosmylus Wang，Liu & Ren，2009；单脉伽溪蛉属Allotriosmylus Yang，Makarkin & Ren，2010；侏罗异溪蛉属Juraheterosmylus Wang，Liu，Ren & Shih，2010；原始溪蛉属Archaeosmylidia Makarkin，Yang &Ren，2014；侏罗肯氏溪蛉属Jurakempynus Wang，Liu，Ren & Shih，2011；波溪蛉属Ponomarenkius Khramov et al.，2018；古溪蛉属Vetosmylus Ma，Shih，Ren & Wang，2020；异肯氏溪蛉属Mirokempynus Ma，Shih，Ren & Wang，2020。

表溪蛉属 *Epiosmylus* Panfilov，1980

Epiosmylus Panfilov，1980，*Fossil insects of Mesozoic*，100[138] (original designation).

模式种：长角表溪蛉*Epiosmylus longicornis* Panfilov，1980。

前翅：狭长，翅端微尖；RP第一分支一般远离翅基部；MA和RP在翅中部分离；CuA长于CuP。后翅：CuA较短，不超过MP2长度的一半；CuP单支[138]。

产地及时代：内蒙古，中侏罗世。

中国北方地区侏罗纪仅报道1种（表20.1）。

燕翼蛉属 *Yanosmylus* Ren，1995

Yanosmylus Ren，1995，*Faunae and stratigraphy of Jurassic-Cretaceous in Beijing and the adjacent areas*，191[117] (original designation).

模式种：稀脉燕翼蛉*Yanosmylus rarivenatus* Ren，1995。

前缘直；前缘横脉不分叉；亚前缘域与R1等宽；RP分支的基部具有数条横脉；MA和MP在翅缘三次分支；1A栉状分支[117]。

产地及时代：河北，早白垩世。

中国北方地区白垩纪仅报道1种（表20.1）。

光神蛉属 *Enodinympha* Ren & Engel，2007

Enodinympha Ren & Engel，2007，*Ann. Zool.*，57 (2)：214[127] (original designation）.

模式种：透明光神蛉 *Enodinympha translucida* Ren & Engel，2007。

前缘横脉在翅端部密集；亚前缘域几乎无横脉；RP 形成 11 条栉状分支；翅基部具有 5 条 rs-m；19 条 rs-ma；2A 与 3A 并不成闭合的臀环[127]。

产地及时代：内蒙古，中侏罗世。

中国北方地区侏罗纪仅报道 1 种（表 20.1）。

宝石神蛉属 *Nilionympha* Ren & Engel，2007

Nilionympha Ren & Engel，2007，*Ann. Zool.*，57 (2)：216[126] (original designation).

模式种：美丽宝石神蛉 *Nilionympha pulchella* Ren & Engel，2007。

后翅前缘横脉在端部排列密集；亚前缘域明显不具横脉；r1-rs 约 15 条；RP 起源于翅基部；MA 主干缺失；臀区在翅基部 1/5 处，相对较小[126]。

产地及时代：内蒙古，中侏罗世。

中国北方地区侏罗纪报道 2 种（表 20.1）。

古窗溪蛉属 *Palaeothyridosmylus* Wang，Liu & Ren，2009

Palaeothyridosmylus Wang，Liu & Ren，2009，*Zootaxa*，2034：65[139] (original designation).

模式种：七斑古窗溪蛉 *Palaeothyridosmylus septemaculatus* Wang，Liu & Ren，2009。

膜区褐色，具有多个透明翅斑；RP 多分支，径分横脉排列不规则，不形成阶脉；Cu 在翅基部分叉；MP 与 Cu 间横脉超过 1 条[139]。

产地及时代：内蒙古，中侏罗世。

中国北方地区侏罗纪仅报道 1 种（表 20.1）。

狭翅溪蛉属 *Tenuosmylus* Wang，Liu & Ren，2009

Tenuosmylus Wang，Liu & Ren，2009，*Acta Palaeontol. Pol.*，54 (3)：557[140] (original designation).

模式种：短脉狭翅溪蛉 *Tenuosmylus brevineurus* Wang，Liu & Ren，2009。

前翅径分区横脉数目多，排列不规则，不形成阶脉；MA 分离点在翅长 1/3 处；RP 第一分支靠近翅中部，具有 6~7 条分支；CuP 有 4 条栉状分支[140]。

产地及时代：内蒙古，中侏罗世。

中国北方地区侏罗纪仅报道 1 种（表 20.1）。

独溪蛉属 *Allotriosmylus* Yang，Makarkin & Ren，2010

Allotriosmylus Yang，Makarkin & Ren，2010，*Ann. Entomol. Soc. Am.*，103 (6)：856[141] (original designation).

模式种：单脉独溪蛉 *Allotriosmylus uniramosus* Yang，Makarkin & Ren，2010。

前翅长卵圆形；前缘域相对狭窄，仅在翅前 1/5 处轻微扩大；亚前缘脉单支，较直；翅痣清晰；RP 起源远离翅基部，呈 "Z" 形弯曲，具有 1 条 "Z" 形弯曲的分支；M 与 R 在基部愈合距离较长；MP 呈 "Z" 形弯曲，具有 7 条间隔较宽的栉状分支，端部分布深分叉；CuA 相对较短且直，具有 2 条向翅端延伸的分支；CuP 基部较细，端部较粗，具有 2 条分支[141]。

产地及时代：内蒙古，中侏罗世。

中国北方地区侏罗纪仅报道 1 种（表 20.1）。

侏罗异溪蛉属 *Juraheterosmylus* Wang，Liu，Ren & Shih，2010

Juraheterosmylus Wang，Liu，Ren & Shih，2010，*Zootaxa*，2480：46[142] (original designation).

模式种：古老侏罗异溪蛉 *Juraheterosmylus antiquatus* Wang，Liu，Ren & Shih，2010。

前翅翅斑较少；r1-rs 数目一般不超过 10 条；径分横脉形成 3 组阶脉；Cu 在翅基部分叉，每条分支近似等长[142]。

产地及时代：内蒙古，中侏罗世。

中国北方地区侏罗纪报道 3 种（表 20.1）。

侏罗肯氏溪蛉属 *Jurakempynus* Wang，Liu，Ren & Shih，2011

Jurakempynus Wang，Liu，Ren & Shih，2011，*Acta Palaeontol. Pol.*，56 (4)：866[78] (original designation).

模式种：中华侏罗肯氏溪蛉 *Jurakempynus sinensis* Wang，Liu，Ren & Shih，2011。

前翅分布有大量褐色翅斑；CuA 于中部形成复杂分叉；CuP 末端形成复杂分支。后翅：翅外缘分布褐色翅斑；M 形成 2 排翅室。此属与分布在澳大利亚的现生肯氏溪蛉亚科关系密切，表明肯氏溪蛉的祖先类群曾存在于中侏罗世（165 万年前）的北半球，并且比目前的分布更加广泛[143]。

产地及时代：内蒙古，中侏罗世。

中国北方地区侏罗纪报道 3 种（表 20.1）。

中华侏罗肯氏溪蛉 *Jurakempynus sinensis* Wang，Liu，Ren & Shih，2011（图20.34）

Jurakempynus sinensis Wang，Liu，Ren & Shih，2011，*Acta Palaeontol. Pol.*，56 (4)：867.

产地及层位：内蒙古宁城道虎沟；中侏罗统，九龙山组。

前翅：膜区分布有大量褐色翅斑；翅前缘分布有深色翅斑；Sc 与 R1 间分布有 5~7 个似横脉的翅斑；翅痣深色，其间具有透明的斑块；翅缘具有

▲ 图 20.34　中华侏罗肯氏溪蛉 *Jurakempynus sinensis* Wang，Liu，Ren & Shih，2011（正模标本，CNU-NEU-NN2010204-1）[143]

明显缘饰；前缘域相对狭窄，前缘横脉末端分叉；RP 分支数目较多，末端分支形成深的二叉分支；径分横脉排列不规则，不形成阶脉；MP 在翅基部分叉，两分支末端呈二叉分支；Cu 在翅基部分叉；CuA 长，于中部形成复杂的栉状分支；CuP 约为 CuA 长度的一半，末端形成简单二叉分支。后翅：翅外缘具有大量大型的褐色翅斑；有翅疤；翅后缘缘饰发育良好；前缘域狭窄，前缘横脉单支；M 间形成两列基部不规则的翅室；MA 末端形成简单二叉分支，MP 末端形成栉状分支；Cu 在翅基部分叉，CuA 长，末端呈栉状分支，CuP 约为 CuA 长度的一半，末端形成 4~5 条栉状分支[143]。

原始溪蛉属 *Archaeosmylidia* Makarkin，Yang & Ren，2014

Archaeosmylidia Makarkin，Yang & Ren，2014，*Acta Palaeontol. Pol.*，59 (1)：210[144] (original designation).

模式种：深翅原始溪蛉 *Archaeosmylidia fusca* Makar kin，Yang & Ren，2014。

Archaeosmylidia 与溪蛉其他属不同的特征有：亚前缘横脉数目多，所有纵脉不呈 "Z" 形，CuP 不呈栉状分支。*Archaeosmylidia* 与斑溪蛉亚科 Porisminae 相似，具有多条 sc-r_1 横脉（其他亚科均只有 1~2 条 sc-r_1 横脉），但二者中脉的结构明显不同；此外，*Archaeosmylidia* 的脉序与现生少脉溪蛉亚科和瑕溪蛉亚科也比较相似，但该属的 CuA 分支倾斜并且 CuP 末端分支简单，表明 *Archaeosmylidia* 不能归于任何一个已知亚科。因此，该属在溪蛉内的系统位置还有待进一步确定[144]。

产地及时代：内蒙古，中侏罗世。

中国北方地区侏罗纪仅报道 1 种（表 20.1）。

翼蝶蛉科 Osmylopsychopidae Martynova，1949

基于澳大利亚晚三叠世的 *Osmylopsychops* Tillyard，1923[146]，Martynova 在 1949 年建立了一个新科——"Osmylopsychopsidae"[145]。随后，在 1955 年，Riek 根据 *Osmylopsychops*，也独立地建立了翼蝶蛉科 "Osmylopsychopidae"[147]，并将澳大利亚晚三叠世的 *Archepsychops* Tillyard，1919[148] 和塔吉克斯坦早 / 中侏罗世的 *Mesopolystoechus* Martynov，1937 转移到这个科。直到 2005 年，Makarkin 和 Archibald 对该科名的归属进行了重新确定，该科的正确拼写应该是 Osmylopsychopidae Martynova，1949[148]。Jepson 等人在 2009 年将部分白垩纪的属，如 *Grammapsychops* Martynova，1954[149]，*Embaneura* Zalessky，1953[150] 和 *Pulchroptionia* Martins-Neto，1997[151] 归入翼蝶蛉科[152]。2014 年，Lambkin 重新检查了来自澳大利亚三叠纪的翼蝶蛉的所有属种，并描述了来自澳大利亚盖恩达中三叠世地层中的新属 *Gayndahpsychops*[153]。彭媛媛等人重新检视了中生代蝶蛉类昆虫化石，认为南美白垩纪发现的布朗尼蝶蛉科 (Brongniartiellidae) 应是翼蝶蛉科的同物异名[154]，同时指出中生代发现的蝶蛉类昆虫大部分应属于翼蝶蛉科。因此，迄今为止，从中三叠世到晚白垩世的 21 个属被归到翼蝶蛉科 Osmylopsychopidae[47]。

中国北方地区侏罗纪报道的属：波边蝶蛉属 *Undulopsychopsis* Peng，Makarkin，Wang & Ren，2011；道虎沟蝶蛉属 *Daopsychops* Peng，Makarkin & Ren，2015；丰脉蝶蛉属 *Eupypsychops* Peng，Makarkin& Ren，2015；丝脉蝶蛉属 *Nematopsychops* Peng，Makarkin& Ren，2015；苍白蝶蛉属 *Ochropsychops* Peng，Makarkin & Ren，2015；狭翅蝶蛉属 *Stenopteropsychops* Peng，Makarkin & Ren，2015。

波边蝶蛉属 *Undulopsychopsis* Peng，Makarkin，Wang & Ren，2011

Undulopsychopsis Peng，Makrkin，Wang & Ren，2011，*Zoo Keys*，130：221[155] (original designation)。

模式种：阿列西波边蝶蛉 *Undulopsychopsis alexi* Peng，Makarkin & Ren，2011。

前翅后缘及外缘呈波浪状；前翅无前缘阶脉；RP 末端呈二叉分支；RP1 栉状分支向前缘延伸；M 分叉处远离 RP 起源点；CuP 二叉分支[155]。

产地及时代：辽宁，早白垩世。

中国北方地区白垩纪仅报道 1 种（表 20.1）。

阿列西波边蝶蛉 *Undulopsychopsis alexi* Peng，Makarkin & Ren，2011 (图20.35)

Undulopsychopsis alexi Peng，Makarkin & Ren，2011，*ZooKeys*，130：221[155] (original designation)。

产地及层位：辽宁北票黄半吉沟；下白垩统，义县组。

该种名献给俄罗斯著名的古昆虫学家 Alexandr Rasnitsyn 博士。

前胸背板近矩形，覆有长毛；中胸背板侧面有长毛；翅脉和翅缘上覆盖着密集的刚毛，在基部的刚毛尤其长。缘饰明显；膜区一般呈褐色；翅斑主要由两个浅的横向 "Z" 形带组成；翅后缘和外缘呈波浪状起伏，前翅近三角形；前缘域宽；肩脉轻微向翅基弯迴并分支；前缘域基部有稀疏的横脉；Sc 与 R1 端部靠近但不愈合；RP1 向前呈栉状分支；MA 和 MP 可能呈单支；CuA 栉状分支；CuP 呈二叉分支，次生分支复杂；1A 长，二叉分支；2A 多分支[155]。

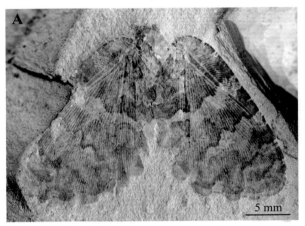

▲ 图 20.35　阿列西波边蝶蛉 *Undulopsychopsis alexi* Peng，Makarkin & Ren，2011（正模标本，CYNB044p）[155]
A. 标本照片；B. 线条图

道虎沟蝶蛉属 *Daopsychops* Peng，Makarkin & Ren，2015

Daopsychops Peng，Makarkin & Ren，2015，*J. Syst. Palaeontol.*，14：3[154] (original designation)。

模式种：多裂道虎沟蝶蛉 *Daopsychops dissectus* Peng，Makarkin & Ren，2015。

前翅相对较长，具有相当尖锐的翅尖；翅后缘和外缘呈波浪状；翅疤靠近翅端；前缘横脉较多；Sc 和 R1 在端部愈合；具有完整外阶脉；M 分叉处早于 CuA 的第一次分叉处；MP 二分叉，分支很少；CuP 相对较长，末端分叉在约翅中部处到达翅后缘[154]。

产地及时代：内蒙古，中侏罗世。

中国北方地区侏罗纪报道 5 种（表 20.1）。

丰脉蝶蛉属 *Eupypsychops* Peng，Makarkin & Ren，2015

Eupypsychops Peng，Makarkin & Ren，2015，*J. Syst. Palaeontol.*，14：16[154] (original designation).

模式种：邻近丰脉蝶蛉*Eupypsychops confinis* Peng，Makarkin & Ren，2015。

前翅相对狭长，翅尖较尖锐，翅后缘和外缘呈波浪状；具有端部翅疤；前缘域具有阶脉；亚前缘域横脉多；Sc和R1在端部不愈合；具有完整的外阶脉；M在CuA分支点之前分叉；MP具有很少的二叉分支；CuP相对长，约在翅中部到达翅后缘[154]。

产地及时代：内蒙古，中侏罗世。

中国北方地区侏罗纪报道2种（表20.1）。

丝脉蝶蛉属 *Nematopsychops* Peng，Makarkin & Ren，2015

Nematopsychops Peng，Makarkin & Ren，2015，*J. Syst. Palaeontol.*，14：18[154] (original designation).

模式种：单脉丝脉蝶蛉*Nematopsychops unicus* Peng，Makarkin & Ren，2015。

前后翅都不具有前缘横脉；基部翅疤缺失；Sc和R1在端部愈合；亚前缘域只有1条基部的横脉；具有完整的外阶脉；MP有很少的栉状分支；前翅CuP呈栉状分支，相对较长[154]。

产地及时代：内蒙古，中侏罗世。

中国北方地区侏罗纪仅报道1种（表20.1）。

单脉丝脉蝶蛉 *Nematopsychops unicus* Peng，Makarkin & Ren，2015 (图20.36)

Nematopsychops unicus Peng，Makarkin & Ren，2015，*J. Syst. Palaeontol.*，14：18.

产地及层位：内蒙古宁城道虎沟；中侏罗统，九龙山组。

前翅为宽阔的卵圆形，翅膜区深褐色，色斑不明显；缘饰部分保存；端部翅疤消失；前缘域基部非常宽，向翅尖渐窄；肩迴脉强烈弯迴，具有14条复杂的次生分支；前缘横脉缺失；Sc和R1向端部逐渐接近直至愈合；径分横脉排列成1组完整的外阶脉，其他横脉无序排列；M在翅基不与R愈合，在更靠近翅基处分叉（相对其他属）；MA在末端分叉前稍微呈弓形；MP略弯曲，具有少量栉状分支；CuA在端部栉状分支；1A长，二分叉；2A分支多于1A；3A分支很少。后翅近三角形，比前翅稍小；前缘域相对较宽，向翅尖稍稍扩张；肩迴脉弯迴，保存有3条分支；Sc和R1向翅尖方向逐渐靠近、愈合；无远侧翅疤；M不与R在翅基部愈合；MA在末端分叉前较直；MP稍弯曲，极少呈栉状分支；CuA在端部栉状分叉；CuP栉状分支；1A和2A呈深二叉分支；3A分支极少[154]。

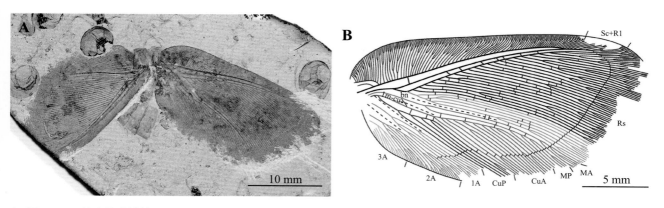

▲ 图 20.36　单脉丝脉蝶蛉 *Nematopsychops unicus* Peng，Makarkin & Ren，2015（正模标本，CNU-NEU-NN2011086p）[154]

A. 标本照片；B. 线条图

苍白蝶蛉属 *Ochropsychops* Peng，Makarkin & Ren，2015

Ochropsychops Peng，Makarkin & Ren，2015，*J. Syst. Palaeontol.*，14：20[81] (original designation).

模式种：多脉苍白蝶蛉*Ochropsychops multus* Peng，Makarkin& Ren，2015。

前翅宽阔，翅尖圆钝，翅后缘和外缘不呈波浪状；具有远侧翅疤；前缘域有1组阶脉；亚前缘域横脉多；有1组完整的外阶脉，外阶脉基侧有很多横脉，排列成数组短阶脉；Sc和R1在翅端愈合；Sc、C和R1向后缘强烈弯折；M的分叉点与CuA第1个分叉点相近；CuP相对较短，在翅中部之前到达翅后缘[154]。

产地及时代：内蒙古，中侏罗世。

中国北方地区侏罗纪仅报道1种（表20.1）。

狭翅蝶蛉属 *Stenopteropsychops* Peng，Makarkin & Ren，2015

Stenopteropsychops Peng，Makarkin & Ren，2015，*J. Syst. Palaeontol.*，14：23[154] (original designation).

模式种：三带狭翅蝶蛉*Stenopteropsychops trifasciatus* Peng，Makarkin & Ren，2015

前翅相对狭窄；具有浅色带状横斑；前缘域基部相对窄；RP与M之间存在1条纵脉；M由R1分出，分叉点靠近翅基；CuP简单，仅有一些末端分支；1A相对分叉很少[154]。

产地及时代：内蒙古，中侏罗世。

中国北方地区侏罗纪仅报道1种（表20.1）。

潘氏丽蛉科 Panfiloviidae Makarkin，1990

1980年，Panfilov描述了来自哈萨克斯坦卡拉套地区晚侏罗世的单型属*Grammosmylus*，并建立了一个新科Grammosmylidae[57]。Makarkin于1990年指出属名"*Grammosmylus*"在1914年已被Krüger描述现生溪蛉中使用[157]，该属名应为无效名，因此提出了用*Panfilovia*替代原属名，并提出了新的科名Panfiloviidae[96]。随后，Ponomarenko在1996年基于一个不完整的翅[158]，描述了来自德国的下侏罗统地层（下多尔斯阶）的另一个种*Panfilovia fasciata* Ponomarenko，1996，但该种后被转移至*Epipanfilovia* Yang，Makarkin & Ren，2013[156]。目前，潘氏丽蛉科在脉翅目的系统发育树中的位置存在较大的争议[75]。2003年，Makarkin与Archibald讨论了潘氏丽蛉科与丽蛉科的关系，认为其可能是丽蛉的同物异名[159]；但部分学者如Martins-Neto（1997）[151]、Engel和Grimaldi（2008）[160]认为这个科可以归入溪蛉总科，隶属于褐蛉亚目；Ponomarenko（2002）认为其与蝶蛉科关系较近[161]，同年任东将其归入蚁蛉总科中[59]。因此，对于潘氏丽蛉科的系统位置仍然需要进一步研究。

中国北方地区侏罗纪报道的属：近潘氏丽蛉属*Epipanfilovia* Yang，Makarkin & Ren，2013。

近潘氏丽蛉属 *Epipanfilovia* Yang，Makarkin & Ren，2013

Epipanfilovia Yang，Makarkin & Ren，2013，*Palaeontology*，56 (1)：52[156] (original designation).

模式种：卵形近潘氏丽蛉*Epipanfilovia oviformis* Yang，Makarkin & Ren，2013

Sc和R1端部分离；M分叉点离RP1的起点较远；CuA的前支以钝角发出，端部的呈锐角；CuP基部向内弯曲，端部呈弓形[156]。

产地和地层：内蒙古，中侏罗世。

中国北方地区侏罗纪仅报道1种（表20.1）。

奇异蛉科 Parakseneuridae Yang，Makarkin & Ren，2012

奇异蛉科是一类已灭绝的脉翅目昆虫，具有特有的大型翅（前翅50~75 mm长）和复杂的翅脉。它易于通过以下特征辨别：唇须强壮，相对较短；触角粗壮，呈丝状，明显短于前翅翅长；胫节距较直，短于基跗节；爪大，强烈弯曲；翅上肩迴脉发育良好，强烈弯迴并分支；径分横脉分布不规则，不形成阶脉；前翅的MP、CuA、CuP双分叉；推测的AA_{1+2}非常短（在奇异蛉属发现）；AA_{3+4}、AP_{1+2}和AP_{3+4}深分叉；后翅AA_{1+2}也非常短（似山蛉属中发现）；翅基部较端部宽。在系统发育分析中[160]，奇异蛉科与翼蝶蛉科、原褐蛉科和蛾蛉科在同一分支。该科发现有3属15种，分别来自中国内蒙古自治区道虎沟的中侏罗统地层（奇异蛉属 *Parakseneura* 和似山蛉属 *Pseudorapisma*）和吉尔吉斯斯坦Sai-Sagul的早/中侏罗统地层（*Shuraboneura* Khramov & Makarkin，2012）[32]。

中国北方地区侏罗纪报道的属：奇异蛉属 *Parakseneura* Yang，Makarkin & Ren，2012；似山蛉属 *Pseudorapisma* Yang，Makarkin & Ren，2012。

奇异蛉属 *Parakseneura* Yang，Makarkin & Ren，2012

Parakseneura Yang，Makarkin & Ren，2012，*PLoS ONE*，7 (9)：4[32] (original designation).

模式种：斑点奇异蛉 *Parakseneura nigromacula* Yang，Makarkin & Ren，2012。

前翅外缘呈波浪状（舒拉卜蛉属和似山蛉属光滑）；ScP与RA末端融合（舒拉卜蛉属和似山蛉属分离）；AA_{1+2}非常短，在基部与AA_{3+4}融合形成1个环（似山蛉属消失）；后翅基部弯曲的径中横脉存在（似山蛉属消失）[32]。

产地及时代：内蒙古，中侏罗世。

中国北方地区侏罗纪报道7种（表20.1）。

金色奇异蛉 *Parakseneura metallica* Yang，Makarkin & Ren，2012（图20.37）

Parakseneura metallica Yang，Makarkin & Ren，2012，*PLoS ONE*，7 (9)：13.

产地及层位：内蒙古宁城道虎沟；中侏罗统，九龙山组。

前翅未知；后翅呈深褐色，标本略呈淡蓝色金属光泽；外缘略呈微波浪状；缘饰在外缘和前缘显著；肩板保存较好，覆有许多纤细刚毛；ScA未保存；前缘域相对较宽；保存的前缘横脉大多分叉一次，少数双分叉；肩横脉弯曲，具有分支；前缘横脉在翅的前半部形成一组阶脉；ScP和RA融合；ScP+RA相对较短，向RP弯曲，

10 mm

▲ 图 20.37　金色奇异蛉 *Parakseneura metallica* Yang，Makarkin & Ren，2012（正模标本，CNU-NEU-NN-2011019p）[32]

具有2个较长的分支，在顶点之前融入翅缘；亚前缘域相对较宽，保存有较少的横脉；RA域比亚前缘域

宽，有较少的不规则的横脉；RP有分布范围较广的直到翅痣区域的7个分支，每条分支均双分叉；RP1从近RP的起点处分出；基部的径中横脉较长，强烈弯曲；中折叠线在翅前部显著；M的分叉点接近于RP1的起点；MA双分叉；MP栉状分支，2条分支双分叉；Cu在近翅基部分叉，CuA和CuP双分叉[32]。

似山蛉属 *Pseudorapisma* Yang，Makarkin & Ren，2012

Pseudorapisma Yang，Makarkin & Ren，2012，*PLoS ONE*，7 (9)：21[32] (original designation).

模式种：侏罗似山蛉*Pseudorapisma jurassicum* Yang，Makarkin & Ren，2012。

前翅相对狭长（奇异蛉属与舒拉卜蛉属为阔卵圆形），长50~70 mm；具有大的肩板；ScP与RA末端分离（奇异蛉属融合）；基部的臀环由AA$_{1+2}$融合而成，而AA$_{3+4}$缺失（奇异蛉属存在）；后翅ScP与RA末端分离（奇异蛉属融合）；CuA在MP分叉之前分叉（奇异蛉属在MP分叉点之后）；基部弯曲的径中横脉消失（奇异蛉属存在）[32]。

产地及时代：内蒙古，中侏罗世。

中国北方地区侏罗纪报道3种（表20.1）。

蝶蛉科 Psychopsidae Handlirsch，1906

蝶蛉科，又称"silky lacewings"，是脉翅目一个古老的科，包括现生蝶蛉5属27种，分布于非洲南部、东南亚和澳大利亚[162, 163]。蝶蛉成虫可通过宽阔的近似三角形前翅、宽的前缘域、中肋结构存在（由ScP、RA和RP的端部连接形成）和翅上有浓密的毛来鉴别。蝶蛉化石非常丰富，到目前为止已经描述了40多种。然而，因为缺乏现生支系的同源性状（如RP分支的模式，前翅M和Cu的结构，中肋结构），这些化石类群与现代类群的亲缘关系还存在问题。彭媛媛等[154]认为，大多数中生代的蝶蛉应属翼蝶蛉科。因此，目前的蝶蛉化石亟待修订[164]。

中国北方地区侏罗纪和白垩纪报道的属：白垩蝶蛉属*Cretapsychops* Jepson，Makarkin & Jarzembowski，2009；奇异蝶蛉属*Alloepipsychopsis* Makarkin，Yang，Peng & Ren，2012。

白垩蝶蛉属 *Cretapsychops* Jepson，Makarkin & Jarzembowski，2009

Cretapsychops Jepson，Makarkin & Jarzembowski，2009，*Cret. Res.*，30：1329[152] (original designation).

模式种：科拉姆白垩蝶蛉*Cretapschops corami* Jepson，Makarkin & Jarzembowski，2009。

前翅：具有明显块状翅斑；前缘域具有1组阶脉；R1端部有许多向上的栉状分叉；RP分支简单且不呈二分叉；径分区横脉共形成4组阶脉；CuA形成大量复杂的次生分支；CuP为深二叉分支；1A二分叉；2A栉状分叉。后翅：前缘域具有1组阶脉；RP分支简单，不呈二叉分叉；径分区保存有2组阶脉[164]。

产地及时代：内蒙古，中侏罗世。

中国北方地区侏罗纪仅报道1种（表20.1）。

神秘白垩蝶蛉 *Cretapsychops decipiens* Peng，Makarkin，Yang & Ren，2010（图20.38）

Cretapsychops decipiens Peng，Makarkin，Yang & Ren，2010，*Zootaxa*，2663：60.

产地及层位：内蒙古宁城道虎沟；中侏罗统，九龙山组。

前胸背板接近矩形，有深色斑点，下缘和侧缘皆覆有长毛；中胸背板几乎全部为深色，侧缘覆有长毛；后胸背板保存状况差。前翅：宽阔的亚三角形，翅端部圆阔；前缘域从基部至端部都非常宽，宽度是相邻的亚前缘域与R1域之和的3倍以上；具有肩板，肩迴脉向翅基强烈弯曲，且具有分支；Sc、R1与RP强壮，在近翅端部渐渐靠拢；RP有34条分支；径分横脉由基部到末端分支前共形成4组阶脉；M分叉点远离RP起源点；Cu在近翅基部处分叉；CuA的分叉形式特殊，两侧分支与主干呈相同角度；CuP分支少；肘区至臀区十分宽阔，比前缘域宽；翅缘皆具有明显的缘饰；翅缘及翅脉覆有浓密的长毛。后翅：前缘域宽阔，宽度是邻近的亚前缘域与R1域宽度之和的4倍及以上；前缘域具有1组完整的阶脉；Sc与R1向翅端部渐渐接近但不融合；径分横脉形成2组外侧阶脉；具有明显的缘饰；翅边缘及翅脉覆有浓密的长毛[164]。

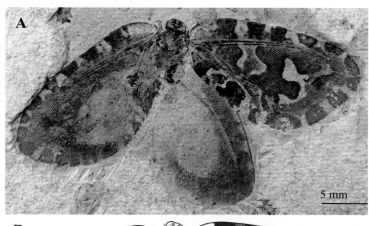

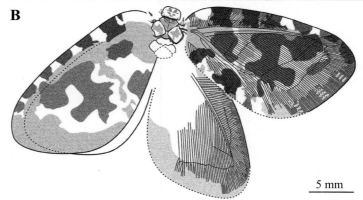

▲图 20.38　神秘白垩蝶蛉 *Cretapsychops decipiens* Peng，Makarkin，Yang & Ren，2010（正模标本，CNU-NEU-NN2010700p）[164] A. 标本照片；B. 线条图

奇异蝶蛉属 *Alloepipsychopsis*

Makarkin，Yang，Peng & Ren，2012

Alloepipsychopsis Makarkin，Yang，Peng & Ren，2012，*Cret. Res.*，35：59[71]（original designation）.

模式种：宽阔奇异蝶蛉*Alloepipsychopsis lata* Makarkin，Yang，Peng & Ren，2012。

体型较大，前翅不完整（保存的前翅长32 mm，估计整体约50 mm）；肩迴脉分叉，至少有3个端部分支；前缘横脉端部分叉并由许多短脉相互连接；翅上横脉密集分布；RP有8支保存完好的分支，深分叉；M分叉点靠近RP1的分支点；M具4条栉状分支，彼此平行；CuA和CuP斜分支，形成复杂的二叉分支[71]。

产地及时代：辽宁，早白垩世。

中国北方地区白垩纪仅报道1种（表20.1）。

知识窗: 缅甸琥珀中的蝶蛉

由于化石保存的局限性, 目前蝶蛉化石的分类主要依靠翅脉特征, 大量原始类群作为蝶蛉类昆虫被描述, 所以蝶蛉科化石研究仍然具有较大的争议。相较于印痕化石, 琥珀标本中保存的特征更加完整全面, 提供了更多虫体和翅脉特征的细节。缅甸琥珀标本采集自缅甸北部克钦邦胡康河谷, 地质年代为晚白垩世, 距今约99 Ma。

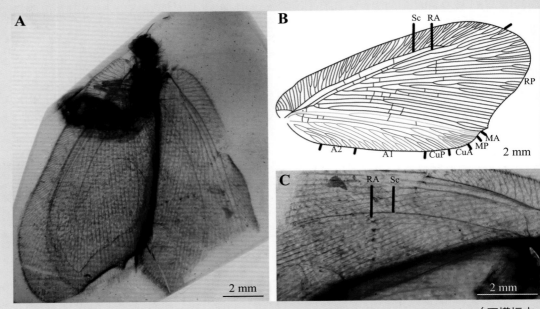

▲ 图 20.39　无斑多毛蝶蛉 *Lasiopsychops impunctatus* Bai, Chang, Shih, Ren & Wang, 2019（正模标本, CNU-NEU-MA2017009）[165]

A. 标本照片；B. 左前翅线条；C. 右前翅照片

无斑多毛蝶蛉 *Lasiopsychops impunctatus* Bai, Chang, Shih, Ren & Wang, 2019（图20.39）具有现生蝶蛉科的典型特征, 如前翅近三角形, 表面覆盖着大量柔软的长毛；前缘域等宽, 前缘横脉密集且多呈二叉分支等。但其翅脉仍有一些特征与蝶蛉科其他类群不同：RP大部分呈深分叉（在现生和中生代的一些属中, RP仅在端部简单分叉）；径区横脉排列不规则, 未形成长阶脉（在大多数现生和中生代的一些属中, 径脉区存在2~3组长阶脉）；CuA和CuP在端部呈深分叉（在中生代和现生的大多数属中, CuA和CuP形成帯状分支）。该标本还保留有较完整的雌性生殖器结构, 可观察到呈 "船" 状的第九生殖基节[165]。研究琥珀中的蝶蛉, 增加了我们对中生代蝶蛉科多样性和进化的认识, 也为白垩纪蝶蛉科的分类提供了更多的证据和支持。

丽翼蛉科 Saucrosmylidae Ren & Yin，2003

该科最初作为一个亚科被归入溪蛉科中, 其主要依据如下特征：缘饰、翅疤发育完好；Sc与R1末端愈合, 并到达翅前缘[166]。在2015年, 方慧等认为该归属所用到的特征均为溪蛉的祖征, 同时指出该类群具有独特的衍征, 即体型巨大、翅脉密集, 以及在R1和RP之间存在的多列翅室, 上述特征与溪蛉明显不同, 更接近同时期发现的丽蛉科Kalligrammatidae、线蛉科Grammolingiidae、异丽蛉科Aetheogrammatidae、潘氏丽蛉Panfiloviidae和奇异蛉科Parakseneuridae等绝灭类群, 因此将该亚科提升为科级地位[167]。该结果在脉翅目的系统发育研究中也得到证实, 丽翼蛉科未与溪蛉科构成姐妹群, 而被归入蚁蛉亚目Myrmeleontiformia[32]。丽翼蛉科在脉翅目演化历史中具有重要地位，最古老的拟态裸子植物叶片的昆虫就是来自该类群，表明该科在中生代时期具有特殊的习性和适应方式。到目前为止，在道虎沟的中侏罗统地层中发现了丽翼蛉的7属8种。

中国北方地区侏罗纪报道的属：池翼蛉属*Laccosmylus* Ren & Yin，2003；野翼蛉属*Rudiosmylus* Ren & Yin，2003；丽翼蛉属*Saucrosmylus* Ren & Yin，2003；美翼蛉属*Bellinympha* Wang，Ren，Liu，Shih & Engel，2010；惠翼蛉属*Huiyingosmylus* Liu，Zhang，Wang，Fang，Zheng，Zhang & Jarzembowski，2013；道虎沟翼蛉属*Daohugosmylus* Liu，Zhang，Wang，Fang，Zheng，Zhang & Jarzembowski，2014；乌氏翼蛉属*Ulrikezza* Fang，Ren & Wang，2015。

池翼蛉属 *Laccosmylus* Ren & Yin，2003

Laccosmylus Ren & Yin，2003，*J. N.Y. Entomol. Soc.*，111（1）：7[166]（original designation）。

模式种：丽脉池丽翼蛉*Laccosmylus calophlebius* Ren & Yin，2003。

后翅具有明显色斑；R1域最多有6~7列翅室；在RP向前弯曲之前，RP至少有6条主要分支；MA于翅中部之前分叉；MP1和MP2之间有2排翅室[166]。

产地及时代：内蒙古，中侏罗世。

中国北方地区侏罗纪仅报道1种（表20.1）。

野翼蛉属 *Rudiosmylus* Ren & Yin，2003

Rudiosmylus Ren & Yin，2003，*J. N.Y. Entomol. Soc.*，111（1）：5[166]（original designation）。

模式种：宁城野翼蛉*Rudiosmylus ningchengensis* Ren & Yin，2003。

后翅膜区没有明显的色斑；R1域最多有4列翅室；RP在向前弯曲前，至少有6条主要分支，端部分叉均朝向翅尖；MP1和MP2之间有2排翅室[166]。

产地及时代：内蒙古，中侏罗世。

中国北方地区侏罗纪仅报道1种（表20.1）。

丽翼蛉属 *Saucrosmylus* Ren & Yin，2003

Saucrosmylus Ren & Yin，2003，*J. N.Y. Entomol. Soc.*，111（1）：3[166]（original designation）。

模式种：弯脉丽翼蛉*Saucrosmylus sambneurus* Ren & Yin，2003。

前翅狭长，近似三角形；膜区分布有4~5条深色横带；R1域具有1~3列排列规则的翅室；MA 较为简单，仅形成末端分支；MP1末端二叉分支；MP2末端形成复杂的栉状分支；CuA中部形成复杂的树状分支，各分支均形成复杂的次生分叉；CuP相对简单，末端形成二叉分支，分支较深[166]。

产地及时代：内蒙古，中侏罗世。

中国北方地区侏罗纪仅报道1种（表20.1）。

美翼蛉属 *Bellinympha* Wang，Ren，Liu，Shih & Engel，2010

Bellinympha Wang，Ren，Liu，Shih & Engel，2010，*Proc. Natl. Acad. Sci.* USA，107（37）：16212[28]（original designation）。

模式种：叶形美翼蛉*Bellinympha filicifolia* Wang，Ren，Liu & Engel，2010。

大型昆虫，前翅膜区分布有清晰的羽叶状翅斑，MP分支形似叶轴，前后翅外缘呈波浪状凸起。

*Bellinympha*是最早出现的羽叶状拟态的昆虫，揭示了1.65亿年前昆虫和同时代的裸子植物之间已有了特殊的协同进化关系。美翼蛉的发现对于理解脉翅目昆虫在中生代演化具有重要意义，同时对于被子植物出现之前裸子植物和昆虫早期的协同进化也提供了关键证据[28]。

产地及时代：内蒙古，中侏罗世。

中国北方地区侏罗纪报道2种（表20.1）。

叶形美翼蛉 *Bellinympha filicifolia* Wang，Ren，Liu & Engel，2010（图20.40）

Bellinympha filicifolia Wang，Ren，Liu & Engel，2010，*Proc. Natl. Acad. Sci.* USA，107（37）：16213.

产地及层位：内蒙古宁城道虎沟；中侏罗统，九龙山组。

前翅具有羽状翅斑；缘饰和翅疤发育完好；翅外缘具有明显的波浪状凸起；前缘横脉端部分叉，其间多排短脉相连；RP区间在翅中部加宽，RP向R1弯曲；RP和R1区间形成2~5排翅室；RP具有19条分支；径分横脉数量多，排列不规则；MP分叉靠近翅基部；MP2末端呈8~9条栉状分支；CuA在中部分叉，末端大量栉状分支，形成一个扩大的三角形区域；CuP较长，超过CuA的1/2；1A与2A间形成两排翅室。后翅保存不完整，膜区有类似于前翅的羽叶状翅斑；缘饰发育良好，分布于翅外缘和部分前缘；翅脉与前翅类似：前缘横脉端部分叉，被数条短脉互相连接；RP向R1弯曲；在RP和R1之间拓宽形成较大区域；径分横脉数量多，排列不规则[28]。

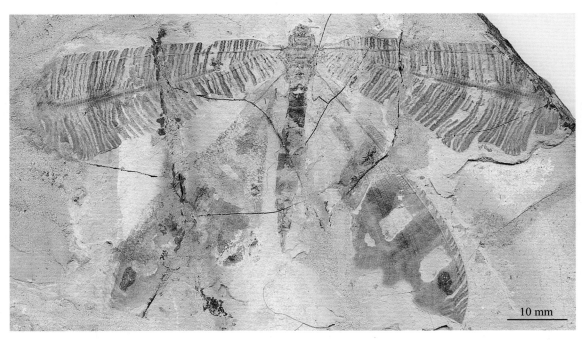

▲ 图 20.40　叶形美翼蛉 *Bellinympha filicifolia* Wang，Ren，Liu & Engel，2010（正模标本，CNU-NEU-NN2010240）[28]

惠翼蛉属 *Huiyingosmylus* Liu，Zhang，Wang，Fang，Zheng，Zhang & Jarzembowski，2013

Huiyingosmylus Liu，Zhang，Wang，Fang，Zheng，Zhang & Jarzembowski，2013，*Zootaxa*，3736：388[168] (original designation).

模式种：美丽惠翼蛉*Huiyingosmylus bellus* Liu，Zhang，Wang，Fang，Zheng，Zhang & Jarzembowski，2013。

前翅较宽，具有深褐色翅斑；外缘明显波浪状凸起；整个翅上横脉密集；前缘域适当加宽；前缘横脉密集且分叉；Sc靠近R1；R1区间具有至多6列翅室[168]。

产地及时代：内蒙古，中侏罗世。

中国北方地区侏罗纪仅报道1种（表20.1）。

道虎沟翼蛉属 *Daohugosmylus* Liu，Zhang，Wang，Fang，Zheng，Zhang & Jarzembowski，2014

Daohugosmylus Liu，Zhang，Wang，Fang，Zheng，Zhang & Jarzembowski，2014，*Alcheringa*，38：302[169] (original designation)。

模式种：纯粹道虎沟翼蛉*Daohugosmylus castus* Liu，Zhang，Wang，Fang，Zheng，Zhang & Jarzembowski，2014。

后翅宽阔，后缘平滑；整个翅上横脉密集；前缘域狭窄；Sc非常靠近R1；R1域宽阔，具有至多6列翅室；RP向前急剧弯曲向R1；MP基部分叉；CuA和CuP深分叉[169]。

产地及时代：内蒙古，中侏罗世。

中国北方地区侏罗纪仅报道1种（表20.1）。

乌翼蛉属 *Ulrikezza* Fang，Ren & Wang，2015

Ulrikezza Fang，Ren & Wang，2015，*PLoS ONE*，10 (10)：5[167] (original designation)。

模式种：阿氏乌翼蛉*Ulrikezza aspoeckae* Fang，Ren & Wang，2015。

此属名及模式种名献给脉翅目研究学者Dr. Ulrike Aspöck，感谢她对脉翅目研究做出的巨大贡献（图20.41）。

大型昆虫，前翅狭长；膜区分布多个褐色眼斑和数个小型翅斑；翅外缘平滑，缘饰和微刺发育良好；前缘横脉简单，仅端部分叉；R1与RP间形成4~5排不规则翅室；MA在近翅基部发出；MP的分支点介于MA、RP1分别从RP分出处之间；CuA在翅中部形成多条栉状分支；CuP短而且简单，仅2~3条，端部呈二叉分支。后翅比前翅稍宽；前缘横脉呈单支，几乎不分叉，仅少数出现末端分叉[167]。

产地及时代：内蒙古，中侏罗世。

中国北方地区侏罗纪仅报道1种（表20.1）。

▲ 图 20.41　Ulrike Aspöck 博士（左二）与文章共同作者在首都师范大学合影[167]

阿氏乌翼蛉 *Ulrikezza aspoeckae* Fang，Ren & Wang，2015 (图20.42)

Ulrikezza aspoeckae Fang，Ren & Wang，2015，*PLoS ONE*，10 (10)：5.

产地及层位：内蒙古宁城道虎沟；中侏罗统，九龙山组。

前翅：可见部分长约57 mm，宽约22 mm。翅上具有缘饰和翅疤；前缘域基部非常狭窄，后强烈加宽；前缘横脉端部分叉，其间有较多短脉相连；Sc在翅尖处与R1愈合，并在翅尖之前与翅前缘愈合；RP轻微向R1弯曲；RP与R1间形成4~5排不规则翅室；在RP弯曲前有6条主要的分支；CuA具有许多倾斜的栉状分支，在翅的约1/4处分叉，形成大的三角形区域；CuP短，形成2条主要分支。后翅稍短于前翅；

▲图 20.42　阿氏乌翼蛉 *Ulrikezza aspoeckae* Fang，Ren & Wang，2015（正模标本，CNU-NEU-NN2015001p）[167]

脉序特点与前翅相似，在前缘横脉间具有多条短脉；MA仅端部有三分支；MP分叉靠近翅基部；MP1与MP2间有2排翅室；CuA具有7条倾斜的栉状分支，在翅的约1/4处分叉，形成大的三角形区域；CuP短，具有3条倾斜的栉状分支；Cu+A基部略微分叉；臀区小，1A弯曲[167]。

未定科

洪氏溪蛉属 *Hongosmylites* Makarkin and Archibald，2005

Hongosmylites Makarkin and Archibald，2005，*Zootaxa*，1054：18[170] (original designation).

模式种：长洪氏溪蛉*Sinosmylites longus* Hong，1996[171]。

该属原始属名*Sinosmylites* Hong，1996[171]和华溪蛉属*Sinosmylites* Hong，1983[47]属于异物同名，在2005年，Makarkin和Archibald澄清两个属的关系，指出*Sinosmylites* Hong，1996应属于无效名，并基于"*Sinosmylites longus* Hong，1996[171]"建立了*Hongosmylites*洪氏溪蛉属[171]。

洪氏溪蛉为中型昆虫，前翅延长，前缘横脉简单密集；整个翅上横脉极少，除前缘横脉仅保留一条r1-rs；Sc和R1端部愈合；RP分支较多，MA和MP强烈倾斜并在端部分叉；CuA和CuP发育完好，并形成倾斜的栉状分支。Makarkin和Archibald指出在洪氏溪蛉保存的脉序中，纵脉的端部分支简单，与*Glottopteryx* Bode，1953[25]脉序非常相似，推测其可能与蝶蛉亲缘关系较近[170]；然而，根据对洪氏溪蛉属的模式种的原始描述，如横脉十分稀少、前缘横脉密集简单等特征，又与*Glottopteryx*明显不同。考虑到该属种的模式标本仍未重新检视，因此暂将该属作为　的处理[170]。

产地及时代：山东，早白垩世。

中国北方地区白垩纪仅报道1种（表20.1）。

表 20.1 中国侏罗纪和白垩纪脉翅目化石名录

科	种	产地	层位 / 时代	文献出处
Aetheogrammatidae	*Aetheogramma bistriatum* Yang，Makarkin，Shih & Ren，2015	辽宁北票	义县组 /K₁	Yang *et al.*[38]
	Aetheogramma speciosa Ren & Engel，2008	辽宁北票	义县组 /K₁	Ren & Engel[36]
	Curtogramma ovatum Yang，Makarkin，Shih & Ren，2015	辽宁凌源	义县组 /K₁	Yang *et al.*[38]
	Cyclicogramma rotundum Yang，Makarkin，Shih & Ren，2015	辽宁北票	义县组 /K₁	Yang *et al.*[38]
	Ectopogramma kalligra mmoides Engel，Huang & Lin，2011	内蒙古宁城	九龙山组 /J₂	Engel *et al.*[37]
Ascalochrysidae	*Ascalochrysa megaptera* Ren & Makarkin，2009	辽宁北票	义县组 /K₁	Ren & Makarkin[39]
Berothidae	*Oloberotha sinica* Ren & Guo，1996	辽宁北票	义县组 /K₁	Ren & Guo[49]
	Sinosmylites fumosus Makarkin，Yang & Ren，2011	内蒙古宁城	九龙山组 /J₂	Makarkin *et al.*[46]
	Sinosmylites pectinatus Hong，1983	辽宁北票	九龙山组 /J₂	洪友崇[48]
	Sinosmylites rasnitsyni Makarkin，Yang & Ren，2011	内蒙古宁城	九龙山组 /J₂	Makarkin *et al.*[46]
Chrysopidae	*Drakochrysa sinica* Yang & Hong，1990	山东莱阳	莱阳组 /K₁	杨集昆和洪友崇[58]
	Lembochrysa miniscula Ren & Guo，1996	辽宁北票	ᵇ⁾ 义县组 /K₁	Ren & Guo[49]
	Lembochrysa polyneura Ren & Guo，1996	辽宁北票	ᵇ⁾ 义县组 /K₁	Ren & Guo[49]
	Mesypochrysa sinica Khramov，Liu，Zhang & Jarzembowski，2015	内蒙古宁城	ᵇ⁾ 九龙山组 /J₂	Khramov *et al.*[54]
	Mesypochrysa binervis Zhang，Shi & Ren，2020	辽宁北票	义县组 /K₁	Zhang *et al.*[56]
	Mesypochrysa pusilla Zhang，Shi & Ren，2020	辽宁北票	义县组 /K₁	Zhang *et al.*[56]
	Protochrysa brevinervis Zhang，Shi，Pang & Ren，2020	辽宁北票	义县组 /K₁	张天薇等[64]
Dipteromantispidae	*Dipteromantispa brevisubcosta* Makarkin，Yang & Ren，2013	辽宁北票	义县组 /K₁	Makarkin *et al.*[30]
Grammolingiidae	*Chorilingia euryptera* Shi，Wang，Yang & Ren，2012	内蒙古宁城	九龙山组 /J₂	Shi *et al.*[65]
	Chorilingia parvica Shi，Wang，Yang & Ren，2012	内蒙古宁城	九龙山组 /J₂	Shi *et al.*[65]
	Chorilingia peregrina Shi，Wang，Yang & Ren，2012	内蒙古宁城	九龙山组 /J₂	Shi *et al.*[65]
	Chorilingia translucida Shi，Wang，Yang & Ren，2012	内蒙古宁城	九龙山组 /J₂	Shi *et al.*[65]
	Grammolingia binervis Shi，Wang & Ren，2013	内蒙古宁城	九龙山组 /J₂	Shi *et al.*[79]
	Grammolingia boi Ren，2002	内蒙古宁城	九龙山组 /J₂	Ren[59]
	Grammolingia sticta Shi，Wang & Ren，2013	内蒙古宁城	九龙山组 /J₂	Shi *et al.*[79]
	Grammolingia uniserialis Shi，Wang & Ren，2013	内蒙古宁城	九龙山组 /J₂	Shi *et al.*[79]
	Leptolingia calonervis Shi，Yang & Ren，2011	内蒙古宁城	九龙山组 /J₂	Shi *et al.*[60]
	Leptolingia imminuta Liu，Shi & Ren，2011	内蒙古宁城	九龙山组 /J₂	Liu *et al.*[61]
	Leptolingia jurassica Ren，2002	内蒙古宁城	九龙山组 /J₂	Ren[59]
	Leptolingia tianyiensis Ren，2002	内蒙古宁城	九龙山组 /J₂	Ren[59]
	Litholingia eumorpha Ren，2002	内蒙古宁城	九龙山组 /J₂	Ren[59]
	Litholingia polychotoma Ren，2002	内蒙古宁城	九龙山组 /J₂	Ren[59]
	Litholingia ptesa Shi，Yang & Ren，2011	内蒙古宁城	九龙山组 /J₂	Shi *et al.*[59]
	Litholingia rhora Ren，2002	内蒙古宁城	九龙山组 /J₂	Ren[59]

续表

科	种	产地	层位 / 时代	文献出处
Ithonidae	*Guithone bethouxi* Zheng，Ren & Wang，2016	内蒙古宁城	九龙山组 /J$_2$	Zheng et al.[73]
	Jurapolystoechotes melanolomus Ren，Engel & Lü，2002	内蒙古宁城	九龙山组 J$_2$	Ren et al.[72]
	Lasiosmylus longus Zheng，Ren & Wang，2016	辽宁北票	义县组 /K$_1$	Zheng et al.[70]
	Lasiosmylus newi Ren & Guo，1996	辽宁北票	b) 义县组 /K$_1$	Ren & Guo[49]
	Mesopolystoechus wangyingziensis Hong，1983	河北滦平	九龙山组 /J$_2$	洪友崇[48]
	Lichenpolystoechotes angustimaculatus Fang，Zheng & Wang，2020	内蒙古宁城	九龙山组 /J$_2$	Fang et al.[74]
	Lichenpolystoechotes ramimaculatus Fang，Ma & Wang，2020	内蒙古宁城	九龙山组 /J$_2$	Fang et al.[74]
Kalligrammatidae	*Abrigramma calophleba* Yang，Wang，Labandeira，Shih & Ren，2014	河北平泉	义县组 /K$_1$	Yang et al.[27]
	Affinigramma myrioneura Yang，Wang，Labandeira，Shih & Ren，2014	内蒙古宁城	九龙山组 /J$_2$	Yang et al.[27]
	Apochrysogramma rotundum Yang，Makarkin & Ren，2011	内蒙古宁城	九龙山组 J$_2$	Yang et al.[91]
	Huiyingogramma formosum Liu，Zheng，Zhang，Wang，Fang & Zhang，2014	内蒙古宁城	海房沟组 /J$_2$	Liu et al.[90]
	Ithigramma multinervium Yang，Wang，Labandeira，Shih & Ren，2014	内蒙古宁城	义县组 /K$_1$	Yang et al.[27]
	Kalligramma albifasciatus Yang，Makarkin & Ren，2014	内蒙古宁城	九龙山组 /J$_2$	Yang et al.[91]
	Kalligramma brachyrhyncha Yang，Wang，Labandeira，Shih & Ren，2014	内蒙古宁城	九龙山组 /J$_2$	Yang et al.[27]
	Kalligramma circularium Yang，Wang，Labandeira，Shih & Ren，2014	内蒙古宁城	九龙山组 /J$_2$	Yang et al.[27]
	Kalligramma delicatum Liu，Khramov & Zhang，2015	内蒙古宁城	九龙山组 /J$_2$	Liu et al.[172]
	Kalligramma elegans Yang，Makarkin & Ren，2014	内蒙古宁城	九龙山组 /J$_2$	Yang et al.[91]
	Kalligramma jurarchegonium Zhang，2003	辽宁北票	海房沟组 /J$_2$	Zhang[85]
	Kalligramma liaoningensis Ren & Guo，1996	辽宁北票	b) 义县组 /K$_1$	Ren & Guo[49]
	Kalligramma paradoxum Liu，Zheng，Zhang，Wang，Fang & Zhang，2014	内蒙古宁城	海房沟组 /J$_2$	Liu et al.[92]
	Kalligrammula lata Liu，Khramov，Zhang & Jarzembowski，2015	内蒙古宁城	九龙山组 /J$_2$	Liu et al.[90]
	Kallihemerobius pleioneurus Ren & Oswald，2002	内蒙古宁城	九龙山组 /J$_2$	Ren & Oswald[82]
	Kallihemerobius aciedentatus Yang，Wang，Labandeira，Shih & Ren，2014	内蒙古宁城	九龙山组 J$_2$	Yang et al.[27]
	Kallihemerobius almacellus Yang，Wang，Labandeira，Shih & Ren，2014	内蒙古宁城	九龙山组 /J$_2$	Yang et al.[27]
	Kallihemerobius feroculus Yang，Wang，Labandeira，Shih & Ren，2014	内蒙古宁城	九龙山组 /J$_2$	Yang et al.[27]
	Limnogramma hani Makarkin，Ren & Yang，2009	内蒙古宁城	九龙山组 /J$_2$	Makarkin et al.[86]

续表

科	种	产地	层位 / 时代	文献出处
Kalligrammatidae	*Limnogramma mira* Ren，2003	辽宁北票	义县组 /K₁	任东[83]
	Limnogramma mongolicum Makarkin，Ren & Yang，2009	内蒙古宁城	九龙山组 /J₂	Makarkin *et al.*[86]
	Oregramma aureolusa Yang，Wang，Labandeira，Shih & Ren，2014	内蒙古宁城	义县组 /K₁	Yang *et al.*[27]
	Oregramma gloriosa Ren，2003	辽宁北票	义县组 /K₁	任东[83]
	Oregramma illecebrosa Yang，Wang，Labandeira，Shih & Ren，2014	辽宁北票	义县组 /K₁	Yang *et al.*[27]
	Protokalligramma bifasciatum Yang，Makarkin & Ren，2011	内蒙古宁城	九龙山组 /J₂	Yang *et al.*[91]
	Sinokalligramma jurassicum Zhang，2003	内蒙古宁城	b) 九龙山组 /J₂	Zhang[84]
	Sophogramma eucalla Ren & Guo，1996	辽宁北票	义县组 /K₁	Ren & Guo[49]
	Sophogramma lii Yang，Zhao & Ren，2009	辽宁北票	义县组 /K₁	Yang *et al.*[87]
	Sophogramma papilionacea Ren & Guo，1996	辽宁北票	b) 义县组 /K₁	Ren & Guo[49]
	Sophogramma pingquanica Yang，Wang，Labandeira，Shih & Ren，2014	河北承德	义县组 /K₁	Yang *et al.*[27]
	Sophogramma plecophlebia Ren & Guo，1996	辽宁北票	义县组 /K₁	Ren & Guo[49]
	Stelligramma allochroma Yang，Wang，Labandeira，Shih & Ren，2014	内蒙古宁城	九龙山组 /J₂	Yang *et al.*[27]
Mantispidae	*Archaeodrepanicus acutus* Jepson，Heads，Makarkin & Ren，2013	辽宁北票	义县组 /K₁	Jepson *et al.*[99]
	Archaeodrepanicus nuddsi Jepson，Heads，Makarkin & Ren，2013	辽宁北票	义县组 /K₁	Jepson *et al.*[99]
	Clavifemora rotundata Jepson，Heads，Makarkin & Ren，2013	内蒙古宁城	九龙山组 /J₂	Jepson *et al.*[99]
	Sinomesomantispa microdentata Jepson，Heads，Makarkin & Ren，2013	辽宁北票	义县组 /K₁	Jepson *et al.*[99]
	Allopterus luianus Zhang，1991	山东莱阳	b) 莱阳组 /K₁	Zhang[113]
	Kareninoides lii Yang，Makarkin & Ren，2012	辽宁北票	义县组 /K₁	Yang *et al.*[116]
	Longicellochrysa yixiana Ren，Makarkin & Yang，2010	辽宁北票	义县组 /K₁	Ren *et al.*[119]
	Mesascalaphus yangi Ren，1995	辽宁北票	义县组 /K₁	Ren[117]
	Protoaristenymphes daohugouensis Yang，Makarkin & Ren，2012	内蒙古宁城	九龙山组 /J₂	Ren *et al.*[116]
	Siniphes delicatus Ren & Yin，2002	辽宁北票	义县组 /K₁	Ren & Yin[118]
	Tachinymphes delicata Ren & Yin，2002	辽宁北票	义县组 /K₁	Ren & Yin[118]
	Tachinymphes magnifica Nel，Delclos & Hutin，2005	辽宁北票	义县组 /K₁	Nel *et al.*[52]
Myrmeleontidae	*Choromyrmeleon aspoeckorum* Ren & Engel，2008	辽宁北票	义县组 /K₁	Ren & Engel[124]
	Choromyrmeleon othneius Ren & Guo，1996	辽宁北票	b) 义县组 /K₁	Ren & Guo[49]
	Liaoximyiasinica Hong，1988ᵃ	辽宁喀左	沙海组 /K₁	洪友崇[123]

续表

科	种	产地	层位 / 时代	文献出处
Nymphidae	*Baissoleon similis* Shi，Winterton & Ren，2015	内蒙古宁城	义县组 /K_1	Shi *et al.* [126]
	Daonymphes bisulca Makarkin，Yang，Shi & Ren，2013	内蒙古宁城	九龙山组 /J_2	Makarkin *et al.* [125]
	Liminympha makarkini Ren & Engel，2007	内蒙古宁城	九龙山组 /J_2	Ren & Engel [127]
	Nymphites bimaculatus Shi，Makarkin，Yang，Archibald & Ren，2013	内蒙古宁城	九龙山组 /J_2	Shi *et al.* [128]
	Sialium minor Shi，Winterton & Ren，2015	辽宁北票	义县组 /K_1	Shi *et al.* [126]
	Sialium sinicus Shi，Winterton & Ren，2015	内蒙古宁城	义县组 /K_1	Shi *et al.* [126]
	Spilonymphes major Shi，Winterton & Ren，2015	辽宁北票	义县组 /K_1	Shi *et al.* [126]
Osmylidae	*Allotriosmylus uniramosus* Yang，Makarkin & Ren，2010	内蒙古宁城	九龙山组 /J_2	Yang *et al.* [141]
	Archaeosmyl idia fusca Makarkin，Yang & Ren，2014	内蒙古宁城	九龙山组 /J_2	Makarkin *et al.* [144]
	Epiosmylus panfilov Ren & Yin，2002	内蒙古宁城	九龙山组 /J_2	任东和尹继才 [138]
	Enodinympha translucida Ren & Engel，2007	内蒙古宁城	九龙山组 /J_2	Ren *et al.* [127]
	Juraheterosmylus antiquatus Wang，Liu，Ren & Shih，2010	内蒙古宁城	九龙山组 /J_2	Wang *et al.* [142]
	Juraheterosmylus astictus Wang，Liu，Ren & Shih，2010	内蒙古宁城	九龙山组 /J_2	Wang *et al.* [142]
	Juraheterosmylus minor Wang，Liu，Ren & Shih，2010	内蒙古宁城	九龙山组 /J_2	Wang *et al.* [142]
	Jurakempynus bellatulus Wang，Liu，Ren & Shih，2011	内蒙古宁城	九龙山组 /J_2	Wang *et al.* [143]
	Jurakempynus epunctatus Wang，Liu，Ren & Shih，2011	内蒙古宁城	九龙山组 /J_2	Wang *et al.* [143]
	Jurakempynus loculosus Ma，Shih，Ren & Wang，2020	内蒙古宁城	九龙山组 /J_2	Ma *et al.* [173]
	Jurakempynus sinensis Wang，Liu，Ren & Shih，2011	内蒙古宁城	九龙山组 /J_2	Wang *et al.* [143]
	Laccosmylus calophlebius Ren & Yin，2003	内蒙古宁城	九龙山组 /J_2	Ren & Yin [166]
	Mirokempynus profundobifurcus Ma，Shih，Ren & Wang，2020	内蒙古宁城	九龙山组 /J_2	Ma *et al.* [173]
	Nilionympha imperfecta Ren & Engel，2007	内蒙古宁城	九龙山组 /J_2	Ren *et al.* [127]
	Nilionympha pulchella Ren & Engel，2007	内蒙古宁城	九龙山组 /J_2	Ren *et al.* [127]
	Palaeothyridosmylus septemaculatus Wang，Liu & Ren，2009	内蒙古宁城	九龙山组 /J_2	Wang *et al.* [139]
	Ponomarenkius excellens Khramov，Liu & Zhang，2017	内蒙古宁城	九龙山组 /J_2	Khramov *et al.* [174]
	Tenuosmylus brevineurus Wang，Liu & Ren，2009	内蒙古宁城	九龙山组 /J_2	Wang *et al.* [140]
	Vetosmylus maculosus Ma，Shih，Ren & Wang，2020	内蒙古宁城	九龙山组 /J_2	Ma *et al.* [175]
	Yanosmylus rarivenatus Ren，1995	河北承德	义县组 /K_1	Ren [117]
	a) *Idiastogyia fatisca* Lin，1986	广东揭阳	金鸡组 /J_1	林启彬 [35]

续表

科	种	产地	层位 / 时代	文献出处
Osmylopsychopidae	*Daopsychops bifasciatus* Peng，Makarkin & Ren，2015	内蒙古宁城	九龙山组 /J_2	Peng *et al.*[154]
	Daopsychops clausus Peng，Makarkin & Ren，2015	内蒙古宁城	九龙山组 /J_2	Peng *et al.*[154]
	Daopsychops cubitalis Peng，Makarkin & Ren，2015	内蒙古宁城	九龙山组 /J_2	Peng *et al.*[154]
	Daopsychops dissectus Peng，Makarkin & Ren，2015	内蒙古宁城	九龙山组 /J_2	Peng *et al.*[154]
	Daopsychops inanis Peng，Makarkin & Ren，2015	内蒙古宁城	九龙山组 /J_2	Peng *et al.*[154]
	Eupypsychops confinis Peng，Makarkin & Ren，2015	内蒙古宁城	九龙山组 /J_2	Peng *et al.*[154]
	Eupypsychops ferox Peng，Makarkin & Ren，2015	内蒙古宁城	九龙山组 /J_2	Peng *et al.*[154]
	Nematopsychops unicus Peng，Makarkin & Ren，2015	内蒙古宁城	九龙山组 /J_2	Peng *et al.*[154]
	Ochropsychops multus Peng，Makarkjin & Ren，2015	内蒙古宁城	九龙山组 /J_2	Peng *et al.*[154]
	Stenopteropsychops trifasciatus Peng，Makarkin & Ren，2015	内蒙古宁城	九龙山组 /J_2	Peng *et al.*[154]
	Undulopsychopsis alexi Peng，Makarkin，Wang & Ren，2011	辽宁北票	义县组 /K_1	Peng *et al.*[155]
Panfiloviidae	*Epipanfilovia oviformis* Yang，Makarkin & Ren，2013	内蒙古宁城	九龙山组 /J_2	Yang *et al.*[156]
Parakseneuridae	*Parakseneura albadelta* Yang，Makarkin & Ren，2012	内蒙古宁城	九龙山组 /J_2	Yang *et al.*[32]
	Parakseneura albomacula Yang，Makarkin & Ren，2012	内蒙古宁城	九龙山组 /J_2	Yang *et al.*[32]
	Parakseneura cavomacula Yang，Makarkin & Ren，2012	内蒙古宁城	九龙山组 /J_2	Yang *et al.*[32]
	Parakseneura curvivenis Yang，Makarkin & Ren，2012	内蒙古宁城	九龙山组 /J_2	Yang *et al.*[32]
	Parakseneura directa Yang，Makarkin & Ren，2012	内蒙古宁城	九龙山组 /J_2	Yang *et al.*[32]
	Parakseneura emarginata Yang，Makarkin & Ren，2012	内蒙古宁城	九龙山组 /J_2	Yang *et al.*[32]
	Parakseneura inflata Yang，Makarkin & Ren，2012	内蒙古宁城	九龙山组 /J_2	Yang *et al.*[32]
	Parakseneura metallica Yang，Makarkin & Ren，2012	内蒙古宁城	九龙山组 /J_2	Yang *et al.*[32]
	Parakseneura nigrolinea Yang，Makarkin & Ren，2012	内蒙古宁城	九龙山组 /J_2	Yang *et al.*[32]
	Parakseneura nigromacula Yang，Makarkin & Ren，2012	内蒙古宁城	九龙山组 /J_2	Yang *et al.*[32]
	Parakseneura undula Yang，Makarkin & Ren，2012	内蒙古宁城	九龙山组 /J_2	Yang *et al.*[32]
	Pseudorapisma angustipenne Yang，Makarkin & Ren，2012	内蒙古宁城	九龙山组 /J_2	Yang *et al.*[32]
	Pseudorapisma jurassicum Yang，Makarkin & Ren，2012	内蒙古宁城	九龙山组 /J_2	Yang *et al.*[32]
	Pseudorapisma maculatum Yang，Makarkin & Ren，2012	内蒙古宁城	九龙山组 /J_2	Yang *et al.*[32]

续表

科	种	产地	层位 / 时代	文献出处
Psychopsidae	*Alloepipsychopsis lata* Makarkin，Yang，Peng & Ren，2012	辽宁北票	义县组 /K₁	Makarkin *et al.*[71]
	a)*Angaropsychops sinicus* Wang，1980	内蒙古宁城	义县组 /K₁	Wang[176]
	a)*Beipiaopsychops triangulates* Hong，1983	辽宁北票	义县组 /K₁	洪友崇[48]
	Cretapsychops decipiens Peng，Makarkin，Yang & Ren，2010	内蒙古宁城	九龙山组 /J₂	Peng *et al.*[164]
	a)*Liutaipsychops borealis* Lin，1994	吉林六台	银城组 /J₁	Lin[177]
	a)*Sinopsychops chengdeensis* Hong，1982	河北承德	九龙山组 /J₂	洪友崇[178]
Saucrosmylidae	*Bellinympha dancei* Wang，Ren，Shih & Engel，2010	内蒙古宁城	九龙山组 /J₂	Wang *et al.*[28]
	Bellinympha filicifolia Wang，Ren，Liu & Engel，2010	内蒙古宁城	九龙山组 /J₂	Wang *et al.*[28]
	Daohugosmylus castus Liu，Zhang，Wang，Fang，Zheng，Zhang & Jarzembowski，2014	内蒙古宁城	海房沟组 /J₂	Liu *et al.*[169]
	Huiyingosmylus bellus Liu，Zhang，Wang，Fang，Zheng，Zhang & Jarzembowski，2013	内蒙古宁城	九龙山组 /J₂	Liu *et al.*[168]
	Laccosmylus calophlebius Ren & Yin，2003	内蒙古宁城	九龙山组 /J₂	Ren & Yin[166]
	Rudiosmylus ningchengensis Ren & Yin，2003	内蒙古宁城	九龙山组 /J₂	Ren & Yin[166]
	Saucrosmylus sambneurus Ren & Yin，2003	内蒙古宁城	九龙山组 /J₂	Ren & Yin[166]
	Ulrikezza aspoeckae Fang，Ren & Wang，2015	内蒙古宁城	九龙山组 /J₂	Fang *et al.*[167]
Family incertae sedis	*Guyiling jianboni* Shi，Béthoux，Shih & Ren，2012	辽宁北票	义县组 /K₁	Shi *et al.*[62]
	Hongosmylites longus (Hong，1996)	山东莱阳	莱阳组 /K₁	洪友崇[171]
	a)*Mesohemerobius jeholensis* Ping，1928	辽宁北票	义县组 /K₁	秉志[33]

注：a）文本中没有该物种，因为原始描述、照片和线条图不精确且不能重新检查正模标本。

b）根据更新的信息和数据从原始论文修订的地层/时代。

参考文献

［1］OSWALD, J.D. Lacewing Digital Library.Downloads page: https://lacewing.tamu.edu/Downloads/Main. TX, USA: Texas A & M University, 2020.

［2］MANSELL M W. A revision of the Australian Crocinae (Neuroptera: Nemopteridae)［J］. Australian Journal of Zoology, 1983, 31 (4): 607–627.

［3］TJEDER B. Neuroptera-Planipennia. The lace-wings of Southern Africa. 6. Family Nemopteridae［J］. South African Animal Life, 1967, 13: 290–501.

［4］NEW T R. Planipennia (Lacewings)［M］// FISCHER M. Handbuch der Zoologie. Band IV. Arthropoda: Insecta. Part 30. Berlin: Walter de Gruyter, 1989.

［5］GALLARD L. Notes on the feeding habits of the brown moth-lacewing, *Ithone fusca*［J］. Australian Naturalist, 1932, 8: 168–170.

［6］HAGEN K S, TASSAN R L. The influence of food Wheast and related *Saccharomyces fragilis* yeast products on the fecundity of *Chrysopa carnea* (Neuroptera: Chrysopidae)［J］. Canadian Entomologist, 1970, 102 (7): 806–811.

［ 7 ］ WINTERTON S L, ZHAO J, GARZÓN-ORDUÑA IJ, et al.The phylogeny of lance lacewings (Neuroptera: Osmylidae) ［ J ］. Systematic Entomology, 2017, 42 (3): 555–574.

［ 8 ］ HAGEN H A. Synopsis of the Neuroptera of North America, with a list of the South American species, Smithsonian Miscellaneous Collections ［ J ］. Smithsonian Institution, 1861, 4 (1): 210–211.

［ 9 ］ WITHYCOMBE C L. Some aspects of the biology and morphology of the Neuroptera. With special reference to the immature stages and their possible phylogenetic significance ［ J ］. Transactions of the Entomological Society of London, 1925, 72 (3–4): 303–411.

［ 10 ］ ASPÖCK U, PLANT J D, NEMESCHKAL H L. Cladistic analysis of Neuroptera and their systematic position within Neuropterida (Insecta: Holometabola: Neuroptera) ［ J ］. Systematic Entomology, 2001, 26: 73–86.

［ 11 ］ WINTERTON S L, HARDY N B, WIEGMANN B M. On wings of lace: phylogeny and bayesian divergence time estimates of Neuropterida (Insecta) based on morphological and molecular data ［ J ］. Systematic Entomology, 2010, 35 (3): 349–378.

［ 12 ］ WANG Y Y, LIU X Y, GARZÓN-ORDUÑA I J, et al. Mitochondrial phylogenomics illuminates the evolutionary history of Neuropterida ［ J ］. Cladistics, 2016, 33(6): 617–636.

［ 13 ］ WITHYCOMBE C L. Further notes on the biology of some British Neuroptera ［ J ］. The Entomologist, 1924, 57: 145–152.

［ 14 ］ MACLEOD E G. A comparative morphological study of the head capsule and cervix of larval Neuroptera (Insecta) ［ D ］. Harvard University, 1964.

［ 15 ］ BEUTEL R G, FRIEDRICH F, ASPÖCK U. The larval head of Nevrorthidae and the phylogeny of Neuroptera (Insecta) ［ J ］. Zoological Journal of the Linnean Society, 2010, 158: 533–562.

［ 16 ］ BEUTEL R G, ZIMMERMANN D, KRAUS M, et al. Head morphology of *Osmylus fulvicephalus* (Osmylidae, Neuroptera) and its phylogenetic implications ［ J ］. Organisms Diversity & Evolution, 2010, 10 (4): 311–329.

［ 17 ］ HARING E, ASPÖCK U. Phylogeny of the Neuropterida: a first molecular approach ［ J ］. Systematic Entomology, 2004, 29 (3): 415–430.

［ 18 ］ ASPÖCK H, ASPÖCK U. Phylogenetic relevance of the genital sclerites of Neuropterida (Insecta: Holometabola) ［ J ］. Systematic Entomology, 2008, 33 (1): 97–127.

［ 19 ］ RANDOLF S, ZIMMERMANN D, ASPÖCK U. Head anatomy of adult *Nevrorthus apatelios* and basal splitting events in Neuroptera (Neuroptera: Nevrorthidae) ［ J ］. Arthropod Systematics & Phylogeny, 2014, 111 (72): 111–136.

［ 20 ］ CARPENTER F M. Superclass Hexapoda ［ M ］ // MOORE R C, KAESLER R L (Ed.). Treatise on Invertebrate Paleontology, Part R, Arthropoda 4, vol. 3–4. Boulder, CO: Geological Society of America, 1992.

［ 21 ］ MARTYNOV A V. Liassic insect of Shurab and Kizil-Kija ［ J ］. Trudy Paleontologicheskogo Instituta Akademiya Nauk SSSR, 1937, 7(1): 1–232. (in Russian).

［ 22 ］ RIEK E F. A re-examination of the mecopteroid and orthopteroid fossils (Insecta) from the Triassic beds at Denmark Hill, Queensland, with descriptions of further specimens ［ J ］. Australian Journal of Zoology, 1956, 4 (1): 98–110.

［ 23 ］ TILLYARD R J. Mesozoic insects of Queensland. No.9. Orthoptera, and additions to the Protorthoptera, Odonata, Hemiptera and Planipennia ［ J ］. Proceedings of the Linnean Society of New South Wales, 1922, 47: 447–470.

［ 24 ］ HANDLIRSCH A. Die fossilen Insekten und die phylogenie der rezenten Formen: Ein Handbuch für Paläontologen und Zoologen ［ M ］. Leipzig: Wilhelm Engelmann, 1906–1908.

［ 25 ］ BODE A. Die insektenfauna des ostniedersächsischenoberenlias ［ J ］. Palaeontographica Abteilung A, 1953, 103: 1–375.

［ 26 ］ LABANDEIRA C C, YANG Q, SANTIAGO-BLAY J A, et al. The evolutionary convergence of mid-Mesozoic lacewings and Cenozoic butterflies ［ J ］. Proceedings of the Royal Society B, 2016, 283 (1824): 20152893.

［ 27 ］ YANG Q, WANG Y J, LABANDEIRA C C, et al. Mesozoic lacewings from China provide phylogenetic insight into evolution of the Kalligrammatidae (Neuroptera) ［ J ］. BMC Evolutionary Biology, 2014, 14 (126): 1–30.

［ 28 ］ WANG Y J, LIU Z Q, WANG X, et al. Ancient pinnate leaf mimesis among lacewings ［ J ］. Proceedings of the National Academy of Sciences, 2010, 107 (37): 16212–16215.

［ 29 ］ GRIMALDI D A. A diverse fauna of Neuropterodea in amber from the Cretaceous of New Jersey ［ M ］ // GRIMALDI D A. Studies on fossil in amber, with particular reference to the Cretaceous of New Jersey. Leiden: Backhuys Publishers, 2000.

［ 30 ］ MAKARKIN V N, YANG Q, REN D. A new Cretaceous family of enigmatic two-winged lacewings (Neuroptera) ［ J ］. Fossil Record, 2013, 16 (1): 67–75.

［ 31 ］ LIU X Y, ZHANG W W, WINTERTON S L, et al. Early morphological specialization for insect-spider associations in

Mesozoic lacewings［J］. Current Biology, 2016, 26 (12): 1590–1594.

［32］YANG Q, MAKARKIN V N, WINTERTON S L, et al. A remarkable new family of Jurassic insects (Neuroptera) with primitive wing venation and its phylogenetic position in Neuropterida［J］. PLoS One, 2012, 7 (9): 1–38.

［33］秉志. 中国白垩世之昆虫化石［M］. 古生物志，乙种13号，1928.

［34］洪友崇. 陕甘宁盆地中生代地层古生物［M］. 北京：地质出版社，1980.

［35］林启彬. 华南中生代早期的昆虫［M］// 中国科学院南京地质古生物研究所，中国科学院古脊椎动物与古人类研究所. 中国古生物志，总号第170册，新乙种第21号. 北京：科学出版社，1968.

［36］REN D, ENGEL M S. Aetheogrammatidae, a new family of lacewings from the Mesozoic of China (Neuroptera: Myrmeleontiformia)［J］. Journal of the Kansas Entomological Society, 2008, 81 (3): 161–167.

［37］ENGEL M S, HUANG D Y, LIN Q B. A new genus and species of Aetheogrammatidae from the Jurassic of Inner Mongolia, China (Neuroptera)［J］. Journal of the Kansas Entomological Society, 2011, 84 (4): 315–319.

［38］YANG Q, MAKARKIN V N, SHIH C F, et al. New Aetheogrammatidae (Insecta: Neuroptera) from the Lower Cretaceous Yixian Formation, China［J］. Cretaceous Research, 2015, 55: 25–31.

［39］REN D, MAKARKIN V N. Ascalochrysidae–a new lacewing family from the Mesozoic of China (Insecta: Neuroptera: Chrysopoidea)［J］. Cretaceous Research, 2009, 30 (5): 1217–1222.

［40］NAKAHARA W. The Neurorthinae, a new subfamily of the Sisyridae (Neuroptera)［J］. Mushi, 1958, 32: 19–32.

［41］ASPÖCK U. The present state of knowledge of the family Berothidae (Neuropteroidea: Planipennia)［M］// GEPP J, ASPÖCK H, HOLZEL H. Recent Research in Neuropterology. Graz: Privately printed, 1986.

［42］ASPÖCK H, ASPÖCK U. Studies on new and poorly-known Rhachiberothidae (Insecta: Neuroptera) from subsaharan Africa ［J］. Annalen des Naturhistorischen Museums in Wien, 1997, 99: 1–20.

［43］ASPÖCK U, NEMESCHKAL H L. A cladistic analysis of the Berothidae (Neuroptera)［J］. Acta Zoologica Fennica, 1998, 209: 45–63.

［44］TJEDER B. Neuroptera-Planipennia. The Lacewings of Southern Africa. 2. Family Berothidae［J］. South African Animal Life, 1959, 6: 256–314.

［45］WILLMANN R. The phylogenetic position of the Rhachiberothinae and the basal sister-group relationships within the Mantispidae (Neuroptera)［J］. Systematic Entomology, 1990, 15 (2): 253–265.

［46］MAKARKIN V N, YANG Q, REN D. Two new species of *Sinosmylites* Hong (Neuroptera, Berothidae) from the Middle Jurassic of China, with notes on Mesoberothidae［J］. ZooKeys, 2011, 130: 199–215.

［47］KHRAMOV A V, MAKARKIN V N. New fossil Osmylopsychopidae (Neuroptera) from the Early/Middle Jurassic of Kyrgyzstan, Central Asia［J］. Zootaxa, 2015, 4059 (1): 115–132.

［48］洪友崇. 北方中侏罗昆虫化石［M］. 北京：地质出版社，1983.

［49］REN D, GUO Z G. On the new fossil genera and species of Neuroptera (Insecta) from the Late Jurassic of Northeast China ［J］. Acta Zootaxonomica Sinica, 1996, 21 (4): 461–479.

［50］ANSORGE J, SCHLÜTER T. The earliest chrysopid: *Liassochrysa stigmatica* n. g., n. sp. from the Lower Jurassic of Dobbertin, Germany［J］. Neuroptera International, 1990, 6: 87–93.

［51］WEDMANN S, MAKARKIN V N. A new genus of Mantispidae (Insecta: Neuroptera) from the Eocene of Germany, with a review of the fossil record and palaeobiogeography of the family［J］. Zoological Journal of the Linnean Society, 2007, 149 (4): 701–716.

［52］NEL A, DELCLOS X, HUTIN A. Mesozoic chrysopid-like Planipennia: a phylogenetic approach (Insecta: Neuroptera)［J］. Annales de la Société Entomologique de France, 2005, 41 (1): 29–69.

［53］MAKARKIN V N, MENON F. New species of the Mesochrysopidae (Insecta，Neuroptera) from the Crato Formation of Brazil (Lower Cretaceous), with taxonomic treatment of the family［J］. Cretaceous Research, 2005, 26 (5): 801–812.

［54］KHRAMOV A V, LIU Q, ZHANG H C, et al. Early green lacewings (Insecta: Neuroptera: Chrysopidae) from the Jurassic of China and Kazakhstan［J］. Papers in Palaeontology, 2015, 2 (1): 25–39.

［55］MARTYNOV A V. Jurassic fossil insect from Turkestan. 7. Some Odonata, Neuroptera, Thysanoptera［J］. Bulletin de I'Academie des Sciences de I'URSS, 1927, 21 (5): 757–768.

［56］ZHANG T W, LUO C S, SHI C F, et al. New species of green lacewings (Insecta, Neuroptera) from the Lower Cretaceous of China［J］. Cretaceous Research, 2020, 115: 104564.

［57］PANFILOV D V. New representatives of lacewings (Neuroptera) from the Jurassic of Karatau［M］// DOLIN V G,

PANFILOV D V, PONOMARENKO A G, et al (Eds.). Mesozoic Fossil Insects. Kiev: Naukova Dumka, 1980.

［58］杨集昆，洪友崇. 山东莱阳盆地早白垩世草蛉化石一新属——龙草蛉属（昆虫纲：脉翅目）［J］. 现代地质，1990, 4（4）：15–26.

［59］REN D. A new lacewing family (Neuroptera) from the Middle Jurassic of Inner Mongolia, China［J］. Entomologia Sinica, 2002, 9(4): 53–67.

［60］SHI C F, YANG Q, REN D. Two new fossil lacewing species from the Middle Jurassic of Inner Mongolia, China (Neuroptera: Grammolingiidae)［J］. Acta Geologica Sinica, 2011, 85 (2): 482–489.

［61］LIU Y S, SHI C F, REN D. A new lacewing (Insecta: Neuroptera: Grammolingiidae) from the Middle Jurassic of Inner Mongolia, China［J］. Zootaxa, 2011, 2897: 51–56.

［62］SHI C F, BETHOUX O, SHIH C K, et al. *Guyiling jianboni* gen. et sp. n, an antlion-like lacewing, illuminating homologies and transformations in Neuroptera wing venation［J］. Systematic Entomology, 2012, 37 (3): 617–631.

［63］WILLMANN R, BROOKS S J. Insektenaus der Fur-Formation von Dänemark (Moler, ob. Paleozän/unt. Eozän). 6. Chrysopidae (Neuroptera)［J］. Meyniana, 1991, 43:125–135.

［64］张天薇，师超凡，庞虹，等. 中国早白垩世脉翅目草蛉科原草蛉属新种记述［J］. 环境昆虫学报，2020, 42（2）：506–510.

［65］Shi C F, Wang Y J, Yang Q, et al. *Chorilingia* (Neuroptera: Grammolingiidae): a new genus of lacewings with four species from the Middle Jurassic of Inner Mongolia, China［J］. Alcheringa: An Australasian Journal of Palaeontology, 2012, 36 (3): 309–318.

［66］WINTERTON S L, MAKARKIN V N. Phylogeny of moth lacewings and giant lacewings (Neuroptera: Ithonidae, Polystoechotidae) using DNA sequence data, morphology and fossils［J］. Annals of the Entomological Society of America, 2010, 103 (4): 511–522.

［67］MARTYNOV A V. To the knowledge of fossil insects from Jurassic beds in Turkestan. 2. Raphidioptera (continued), Orthoptera (s.l.), Odonata，Neuroptera［J］. Izvestia Rossiiskoi Akademii Nauk, 1925, 19: 569–598.

［68］MAKARKIN V N, MENON F. First record of fossil 'rapismatid-like' Ithonidae (Insecta，Neuroptera) from the Lower Cretaceous Crato Formation of Brazil［J］. Cretaceous Research, 2007, 28 (5): 743–753.

［69］MAKARKIN V N, ARCHIBALD S B. A new genus and first Cenozoic fossil record of moth lacewings (Neuroptera: Ithonidae) from the Early Eocene of North America［J］. Zootaxa, 2009, 2063: 55–63.

［70］ZHENG B Y, REN D, WANG Y J. A new species of *Lasiosmylus* from the Early Cretaceous, China clarifies its genus-group placement in Ithonidae (Neuroptera)［J］. ZooKeys, 2016, 636: 1–41.

［71］MAKARKIN V N, YANG Q, PENG Y Y, et al. A comparative overview of the neuropteran assemblage of the Lower Cretaceous Yixian Formation (China)，with description of a new genus of Psychopsidae (Insecta: Neuroptera)［J］. Cretaceous Research, 2012, 35: 57–68.

［72］REN D，ENGEL M S, LU W. New giant lacewings from the Middle Jurassic of Inner Mongolia, China (Neuroptera, Polystoechotidae)［J］. Journal of the Kansas Entomological Society, 2002, 75 (3): 188–193.

［73］ZHENG B Y, REN D, WANG Y J. Earliest true moth lacewing from the Middle Jurassic［J］. Acta Palaeontologica Polonica, 2016, 61 (4): 847–851.

［74］FANG H, LABANDEIRA C C, MA Y M, et al. Lichen mimesis in mid-Mesozoic lacewings［J］. eLife, 2020, 9: e59007.

［75］GRIMALDI D A, ENGEL M S. Evolution of the Insects［M］. Cambridge: Cambridge University Press, 2005.

［76］WALTHER J. Die Fauna der Solnhofener Plattenkalke. Bionomisch betrachtet Denkschriften der Medizinisch-Naturwissenschaftlichen［J］. Denkschriften der Medizinisch-Naturwissenschaftlichen Gesellschaftzu Jena, 1904, 11: 133–214.

［77］HANDLIRSCH A. Eine neue Kalligrammide (Neuroptera) aus dem Solnhofener Plattenkalke［J］. Senckenbergiana, 1919, 1 (3): 61–63.

［78］MARTYNOVA O M. Kalligrammatidae (Neuroptera) from the Jurassic shales of Karatau (Kazakhstanian SSR)［J］. Doklady Akademii Nauk SSSR (N.S.), 1947, 58: 2055–2058.

［79］SHI C F, WANG Y J, REN D. New species of *Grammolingia* Ren, 2002 from the Middle Jurassic of Inner Mongolia, China (Neuroptera: Grammolingiidae)［J］. Fossil Record, 2013, 16 (2): 171–178.

［80］PONOMARENKO A G. New lacewing (Insecta，Neuroptera) from the Mesozoic of Mongolia［J］. Transactions of the Joint Soviet-Mongolian Paleontological Expedition, 1992, 41: 101–111.

［81］ JARZEMBOWSKI E A. A new Wealden fossil lacewing ［M］// ROWLANDS M L J (Ed.). Tunbridge Wells and Rusthall Commons: A History and Natural History. Tunbridge Wells: Tunbridge Wells Museum and Art Gallery, 2001.

［82］ REN D, OSWALD J D. A new genus of kalligrammatid lacewings from the Middle Jurassic of China (Neuroptera: Kalligrammatidae) ［J］. Stuttgarter Beitragezur Naturkunde, Serie B, 2002, 33: 1–8.

［83］ 任东. 辽宁省北票晚侏罗世丽蛉化石二新属（脉翅目，丽蛉科）［J］. 动物分类学报，2003, 28（1）：105–109.

［84］ ZHANG J F. Kalligrammatid lacewings from Upper Jurassic of Daohugou formation in Inner Mongolia, China ［J］. Acta Geologica Sinica, 2003, 77 (2): 141–147.

［85］ ZHANG J F, ZHANG H C. *Kalligramma jurarchegonium* sp. nov. (Neuroptera: Kalligrammatidae) from the Middle Jurassic of Northeastern China ［J］. Oriental Insects, 2003, 37 (1): 301–308.

［86］ MAKARKIN V N, REN D, YANG Q. Two new species of Kalligrammatidae (Neuroptera) from the Jurassic of China, with comments on venational homologies ［J］. Annals of the Entomological Society of America, 2009, 102 (6): 964–969.

［87］ YANG Q, ZHAO Y Y, REN D. An exceptionally well-preserved fossil kalligrammatid from the Jehol Biota ［J］. Chinese Science Bulletin, 2009, 54 (10): 1732–1737.

［88］ MAKARKIN V N. New psychopsoid Neuroptera from the Lower Cretaceous of Baissa, Transbaikalia ［J］. Annales de la Société entomologi.ue de France, 2010, 46 (1–2): 254–261.

［89］ YANG Q, MAKARKIN V N, REN D. Two new species of *Kalligramma* Walther (Neuroptera: Kalligrammatidae) from the Middle Jurassic of China ［J］. Annals of the Entomological Society of America, 2014, 107 (5): 917–925.

［90］ LIU Q, KHRAMOV A V, ZHANG H C, et al. Two new species of *Kalligrammula* Handlirsch, 1919 (Insecta，Neuroptera，Kalligrammatidae) from the Jurassic of China and Kazakhstan ［J］. Journal of Paleontology, 2015, 89: 405–410.

［91］ YANG Q, MAKARKIN V N, REN D. Two interesting new genera of Kalligrammatidae (Neuroptera) from the Middle Jurassic of Daohugou, China ［J］. Zootaxa, 2011, 2873(6): 60–68.

［92］ LIU Q, ZHENG D R, ZHANG Q, et al.Two new kalligrammatids (Insecta, Neuroptera) from the Middle Jurassic of Daohugou, Inner Mongolia, China ［J］. Alcheringa: An Australasian Journal of Palaeontology, 2014, 38(1): 65–69.

［93］ LAMBKIN K J. A revision of the Australian Mantispidae (Insecta: Neuroptera) with a contribution to the classification of the family. I. General and Drepanicinae ［J］. Australian Journal of Zoology, 1986, 34 (116): 1–142.

［94］ OHL M. Annotated catalog of the Mantispidae of the world (Neuroptera) ［J］. Contributions on Entomology International ISSN, 2004，5 (3): 129–264.

［95］ MAKARKIN V N. Fossil Neuroptera of the Lower Cretaceous of Baisa, East Siberia. Part 4: Psychopsidae ［J］. Beitrage Zur Entomologie, Berlin, 1997, 47: 489–492.

［96］ Makarkin V N. *Baissoleon cretaceus* gen. and sp. nov. Fossil Neuroptera from the Lower Cretaceous of Baisa, East Siberia. 2. Nymphitidae ［J］. Geophysics, 1990, 62 (2): 630–643.

［97］ POINAR G O JR, BUCKLEY R. *Doratomantispa burmanica* n. gen. n. sp. (Neuroptera: Mantispidae), a new genus of mantidflies in Burmese amber ［J］. Historical Biology, 2011, 23: 169–176.

［98］ SHI CF, YANG Q, SHIH CK, et al. Cretaceous mantid lacewings with specialized raptorial forelegs illuminate modification of prey capture (Insecta: Neuroptera) ［J］. Zoological Journal of the Linnean Society, 2020, 90: 1054–1070.

［99］ JEPSON J E, HEADS S W, MAKARKIN V N, et al. New fossil mantidflies (Insecta: Neuroptera: Mantispidae) from the Mesozoic of North-Eastern China ［J］. Palaeontology, 2013, 56(3): 603–613.

［100］ OHL M. Aboard a spider – a complex developmental strategy fossilized in amber ［J］. Naturwissenschaften, 2011, 98(5): 453–456.

［101］ JARZEMBOWSKI E A. Fossil insects from the Bembridge Marls, Paleogene of the Isle of Wight, southern England ［J］. Bulletin of the British Museum (Natural History) Geology, 1980, 33: 237–293.

［102］ COCKERELL T D A. Fossil Arthropoda in the British Museum. Oligocene Hymenoptera from the Isle of Wight ［J］. Annals and Magazine of Natural History, 1921, 7(9): 13.

［103］ NEL A. Deux nouveaux Mantispidae (Planipennia) fossiles de l'Oligocene du sud-est de la France ［J］. Neuroptera International, 1989, 5: 103–109.

［104］ POINAR G. *Feroseta priscus* (Neuroptera: Mantispidae), a new genus and species of mantidflies in Dominican amber ［J］. Proceedings of the Entomological Society of Washington, 2006, 108: 411–417.

［105］ ENGEL M S, GRIMALDI D A. The neuropterid fauna of Dominican and Mexican amber (Neuropterida: Megaloptera, Neuroptera) ［J］. American Museum Novitates, 2007, 3587: 1–58.

［106］ ADAMSPA. A review of the Mesochrysinae and Nothochrysinae (Neuroptera: Chrysopidae) ［J］. Bulletin of the Museum of Comparative Zoology, 1967, 135: 215–238.

［107］ SCHLÜLER T. Phylogeny of Chrysopidae ［M］ // Canard M, Séméria Y, New T R (Eds.). Biology of Chrysopidae. Hague: Dr. W. Junk, 1984.

［108］ SÉMÉRIA Y, NEL A. *Paleochrysopa monteilsensis* gen. et sp. nov, a new fossil of Chrysopidae from the Upper Eocene Formation of Monteils (France), with a review of the known chrysopid fossils (Insecta: Neuroptera) ［M］ // MANSELL M W, ASPÖCK H. (Eds.). Advances in Neuropterology: Proceedings of the Tird International Symposium on Neuropterology. Pretoria: South African Department of Agricultural Development, 1990.

［109］ MARTINS-NETO R G. Te Santana formation paleoentomofauna reviewed. Part I – Neuropteroida (Neuroptera and Raphidioptera): systematic and phylogeny, with description of new taxa ［J］. Acta Geologica Leopoldensia(RS), 2003, 25(55): 35–66.

［110］ PONOMARENKO A G. On some Neuroptera (Insecta) from Upper Jurassic Solnhofen Limestone ［J］. Annals of the Upper Silesian Museum (Entomology), 2003, 12: 87–100.

［111］ MENON F, MAKARKIN V N. New fossil lacewings and antlions (Insecta, Neuroptera) from the Lower Cretaceous Crato Formation of Brazil ［J］.Palaeontology, 2008, 51(1): 149–162.

［112］ MARTINS-NETO R G, RODRIGUES V Z. New Neuroptera (Insecta, Osmylidae and Mesochrysopidae) from the Santana Formation, Lower Cretaceous of northeast Brazil ［J］. Gaea: Journal of Geoscience, 2009, 5(1): 1–15.

［113］ ZHANG J F. A new family of Neuroptera (Insecta) from the late Mesozoic of Shandong ［J］. Science in China Series, 1991, B 34: 1105–1111.

［114］ PONOMARENKO A G. Neuroptera (Insecta) from the Cretaceous of Transbaikalia ［J］. Paleontological Journal, 1992, 26(3): 43–50.

［115］ NEL A, HENROTAY M. Les Chrysopidae mésozoïques. État actuel des connaissances. Description d'un nouveau genre et nouvelle espèce dans le Jurassiqueinférieur (Lias) (Insecta, Neuroptera) ［J］. Annales de la Société Entomologique de France, 1994, 30: 293–318.

［116］ YANG Q, MAKARKIN V N, REN D. (2012). New fossil Mesochrysopidae (Neuroptera) from the Mesozoic of China ［J］. Zootaxa, 2012, 3597: 1–14.

［117］ REN, D. Faunae and stratigraphy of Jurassic-Cretaceous in Beijing and the adjacent areas ［M］. Beijing: Seismic Press, 1995.

［118］ REN D, YIN J C. A new genus and new species of lacewings in the Jurassic of China (Neuroptera: Myrmeleotoidea) ［J］. Acta Zootaxonomica Sinica, 2002, 27(2): 269–273.

［119］ REN D, MAKARKIN V N, YANG Q. A new fossil genus of Mesochrysopidae (Neuroptera) from the Early Cretaceous Yixian Formation of China ［J］. Zootaxa, 2010, 2523: 50–56.

［120］ RICE H M A. An antlion (Neuroptera) and a stonefly (Plecoptera) of Cretaceous age from Labrador, Newfoundland ［J］. Geological Survey of Canada, 1969, 68–65: 1–12.

［121］ DOBRUSKINA I A, PONOMARENKO A G, RASNITSYN A P. Fossil insects found in Israel ［J］. Paleontologicheskii Zhurnal, 1997, 5: 91–95.

［122］ MARTINS-NETO R G. Remarks on the neuropterofauna (Insecta，Neuroptera) from the Brazilian Cretaceous, with keys for the identification of the known taxa ［J］. Acta Geológica Hispánica, 2000, 35 (1): 97–118.

［123］ 洪友崇. 辽宁省喀左早白垩世直翅目、脉翅目、膜翅目化石的研究 ［J］. 昆虫分类学报，1988，10：119–130.

［124］ REN D, ENGEL M S. A second antlion from the Mesozoic of Northeastern China (Neuroptera: Myrmeleontidae) ［J］. Alavesia, 2008, 2: 183–186.

［125］ MAKARKIN V N, YANG Q, SHI C F, et al. The presence of the recurrent veinlet in the Middle Jurassic Nymphidae (Neuroptera): a unique character condition in Myrmeleontoidea ［J］. ZooKeys, 2013, 325: 1–20.

［126］ SHI C F, WINTERTON S L, REN D. Phylogeny of split-footed lacewings (Neuroptera，Nymphidae), with descriptions of new Cretaceous fossil species from China ［J］. Cladistics. 2015, 31 (5): 455–490.

［127］ REN D, ENGEL M S. A split-footed lacewing and two episomylines from the Jurassic of China (Neuroptera) ［J］. Annales Zoologici, 2007, 57 (2): 211–219.

［128］ SHI C F, MAKARKIN V N, YANG Q, et al. New species of *Nymphites* Haase (Neuroptera: Nymphidae) from the Middle Jurassic of China, with a redescription of the type species of the genus ［J］. Zootaxa, 2013, 3700 (3): 393–410.

［129］NEW T R. The Neuroptera of Malesia ［M］. Leiden: Brill Press, 2003.

［130］ARCHIBALD S B, MAKARKIN V N, ANSORGE J. New fossil species of Nymphidae (Neuroptera) from the Eocene of North America and Europe ［J］. Zootaxa, 2009, 2157: 59–68.

［131］NEW T R. A revision of the Australian Nymphidae (Insecta: Neuroptera) ［J］. Australian Journal of Zoology, 1981, 29 (5): 707–750.

［132］NEW T R. Nymphidae (Insecta: Neuroptera) from New Guinea ［J］. Invertebrate Taxonomy, 1987, 1: 807–815.

［133］OSWALD J D. *Osmylops* Banks (Neuroptera: Nymphidae): generic review and revision of the *armatus* species group ［J］. Journal of Neuropterology, 1998, 1: 79–108.

［134］WESTWOOD, J. Contributions to fossil entomology ［J］. Quarterly Journal of the Geological Society, 1854, 10 (1–2): 378–396.

［135］HAASE E. Remarks on the palaeontology of insects ［J］. New Year's Book for Mineralogy, Geology and Paleontology, Stuttgart, 1890, 2 (1): 1–33.

［136］WEYENBERGH H J R. Sur les insectes fossiles du calcaire lithographique de la Bavière, qui se trouvent au Musée Teyler ［J］. Archives du Musée Teyler, 1869, 1 (2): 247–294.

［137］BADANO D，WINTERTON S L. New Philippine species of *Spilosmylus* Kolbe (Neuroptera, Osmylidae) ［J］. ZooKeys, 2017, 712 (1): 29–42.

［138］任东，尹继才. 内蒙古自治区中侏罗世表翼蛉化石一新种（脉翅目：翼蛉科）［J］. 动物分类学报，2002, 27（2）：274–277.

［139］WANG Y J, LIU Z Q, REN D. A new fossil lacewing genus from the Middle Jurassic of Inner Mongolia, China (Neuroptera: Osmylidae) ［J］. Zootaxa, 2009, 2034: 65–68.

［140］WANG Y J, LIU Z Q, REN D. A new fossil lacewing genus and species from the Middle Jurassic of Inner Mongolia, China ［J］. Acta Palaeontologica Polonica, 2009, 54 (3): 557–560.

［141］YANG Q, MAKARKIN V N, REN D. Remarkable new genus of Gumillinae (Neuroptera: Osmylidae) from the Jurassic of China ［J］. Annals of the Entomological Society of America, 2010, 103 (6): 855–859.

［142］WANG Y J, LIU Z Q, REN D，et al. A new genus of Protosmylinae from the Middle Jurassic of China (Neuroptera: Osmylidae) ［J］. Zootaxa, 2010, 2480 (1): 45–53.

［143］WANG Y J, LIU Z Q, REN D, et al. New Middle Jurassic kempynin osmylid lacewings from China ［J］. Acta Palaeontologica Polonica, 2011, 56 (4): 865–869.

［144］MAKARKIN V N, YANG Q, REN D. A new basal osmylid neuropteran insect from the Middle Jurassic of China linking Osmylidae to the Permian–Triassic Archeosmylidae ［J］. Acta Palaeontologica Polonica, 2014, 59 (1): 209–214.

［145］MARTYNOVA O M. Mesozoic lacewings (Neuroptera) and their bearing on concepts of phylogeny and systematics of the order ［J］. Psychopharmacologia, 1949, 7(3): 175–181.

［146］TILLYARD R J. Mesozoic insects of Queensland. No. 10. Summary of the Upper Triassic insect fauna of Ipswich, Queensland (with an appendix describing new Hemiptera and Planipennia) ［J］. Proceedings of the Linnean Society of New South Wales, 1923, 48: 481–498.

［147］RIEK E F. Fossil insects from the Triassic beds at Mt. Crosby, Queensland ［J］. Australian Journal of Zoology, 1955, 3 (4): 654–691.

［148］TILLYARD R J. Studies in Australian Neuroptera. No. 7. The life-history of *Psychopsis elegans* Trim (Guerin) ［J］. Proceedings of the Linnean Soceety of New South Wales, 1919, 43: 787–818.

［149］MARTYNOVA O M. Neuropterous insects from the Cretaceous deposits of Siberia ［J］. Doklady Akademii Nauk SSSR, 1954, 94: 1167–1169.

［150］ZALESSKY G. New localities of Cretaceous insects of the Volga, Kazakhstan, and Transbaikalia regions ［J］. Antimicrobial Agents & Chemotherapy, 1953, 56 (6): 3114–3120.

［151］MARTIN-NETO R G. Neurópteros (Insecta, Planipennia) da Formação Santana (Cretáceo Inferior), Bacia do Araripe, nordeste do Brasil. X-Descrição de novos táxons (Chrysopidae, Babinskaiidae, Myrmeleontidae, Ascalaphidae e Psychopsidae) ［J］. Revista Uniersidade de Guarulhos, Série Ciências Exatase Technológicas, 1997, 2 (4): 68–83.

［152］JEPSON J E, MAKARKIN V N, JARZEMBOWSKI E A. New lacewings (Insecta: Neuroptera) from the Lower Cretaceous Wealden supergroup of southern England ［J］. Cretaceous Research, 2009, 30 (5): 1325–1338.

［153］LAMBKIN K J. Psychopsoid Neuroptera (Psychopidae, Osmylopsychopidae) from the Queensland Triassic ［J］.

Australian Entomologist, 2014, 41 (1): 57–76.

[154] PENG Y Y, MAKARKIN V N, REN D. Diverse new Middle Jurassic Osmylopsychopidae (Neuroptera) from China shed light on the classification of psychopsoids [J]. Journal of Systematic Palaeontology, 2015, 14 (4): 261–295.

[155] PENG Y Y, MAKARKIN V N, WANG X D, et al. A new fossil silky lacewing genus (Neuroptera, Psychopsidae) from the Early Cretaceous Yixian Formation of China [J]. ZooKeys, 2011, 130: 217–228.

[156] YANG Q, MAKARKIN V N, REN D. A new genus of the family Panfiloviidae (Insect，Neuroptera) from the Middle Jurassic of China [J]. Palaeontology, 2013, 56 (1): 49–59.

[157] KRÜGER L. Osmylidae. Beiträge zu einer monographie der neuropteren-familie der Osmyliden [J]. Entomologische Zeitung Stettin, 1914, 75: 9–113.

[158] PONOMARENKO A G. Upper Liassic neuropterans (Insecta) from Lower Saxony, Germany [J]. Russian Entomological Journal, 1996, 4: 73–89.

[159] MAKARKIN V N, ARCHIBALD S B. Family affinity of the genus *Palaeopsychops* Andersen with description of a new species from the Early Eocene of British Columbia (Neuroptera: Polystoechotidae) [J]. Annals of the Entomological Society of America, 2003, 96 (3): 171–180.

[160] ENGEL M S, GRIMALDI D A. Diverse Neuropterida in Cretaceous amber, with particular reference to the paleofauna of Myanmar (Insecta) [J]. Nova Supplementa Entomologica, 2008, 20: 1–86.

[161] PONOMARENKO A G. Superorder Myrmeleontidea Latreille, 1802 [M] // RASNITSYN A P, QUICKE D L J (Ed.). History of Insects. Dordrecht: Kluwer Academic Publishers, 2002.

[162] NEW T R. The Psychopsidae (Insecta: Neuroptera) of Australia and the Oriental region [J]. Invertebrate Systematics, 1988, 2 (7): 841–883.

[163] WANG X L, BAO R. A. taxonomic study on the genus *Balmes* Navás from China (Neuroptera, Psychopsidae) [J]. Acta Zootaxonomica Sinica, 2006, 31: 846–850.

[164] PENG Y Y, MAKARKIN V N, YANG Q, et al. A new silky lacewing (Neuroptera: Psychopsidae) from the Middle Jurassic of Inner Mongolia, China [J]. Zootaxa, 2010, 2663: 59–67.

[165] BAI H Y, CHANG Y, SHIH C K, et al. New silky lacewings from mid-Cretaceous Burmese amber (Insecta: Neuroptera: Psychopsidae) [J]. Zootaxa, 2019, 4661 (1): 182–188.

[166] REN D, YIN J C. New 'osmylid-like' fossil Neuroptera from the Middle Jurassic of Inner Mongolia, China [J]. Journal of the New York Entomological Society, 2003, 111 (1): 1–11.

[167] FANG H, REN D, WANG Y J. Familial clarification of Saucrosmylidae stat. nov. and new saucrosmylids from Daohugou, China (Insecta, Neuroptera) [J]. PLos One, 2015, 10 (10): e0141048.

[168] LIU Q, ZHANG H C, WANG B, et al. A new genus of Saucrosmylinae (Insecta，Neuroptera) from the Middle Jurassic of Daohugou, Inner Mongolia, China [J]. Zootaxa, 2013, 3736 (4): 387–391.

[169] LIU Q, ZHANG H C, WANG B, et al. A new saucrosmylid lacewing (Insecta, Neuroptera) from the Middle Jurassic of Daohugou, Inner Mongolia, China [J]. Alcheringa: An Australasian Journal of Palaeontology, 2014, 38 (2): 301–304.

[170] MAKARKIN, V N, ARCHIBALD S B. Substitute names for three genera of fossil Neuroptera, with taxonomic notes [J]. Zootaxa, 2005, 1054 (1): 15–23.

[171] 洪友崇. 山东莱阳盆地似翼蛉科化石一新属（昆虫纲：脉翅目）[J]. 北京自然博物馆研究报告，1996, 55：55–62.

[172] LIU Q, KHRAMOV A V, ZHANG H C. A new species of *Kalligramma* Walther, 1904 (Insecta, Neuroptera，Kalligrammatidae) from the Middle–Upper Jurassic of Daohugou, Inner Mongolia, China [J]. Alcheringa: an Australasian Journal of Palaeontology, 2015, 39 (3): 438–442.

[173] MA Y M, SHIH C K, REN D, et al. New lance lacewings (Osmylidae: Kempyninae) from the Middle Jurassic of Inner Mongolia, China [J]. Zootaxa, 2020, 4822(1): 94-100.

[174] KHRAMOV A V, LIU Q, ZHANG H. Mesozoic diversity of relict subfamily Kempyninae (Neuroptera: Osmylidae) [J]. Historical Biology, 2019, 31(7): 938–946.

[175] MA Y M, SHIH C K, REN D, et al. The first osmylines from the Middle Jurassic of Inner Mongolia, China [J]. Acta Palaeontologica Polonica, 2020, 65(2): 363–369.

[176] WANG W L. Mesozoic and Cenozoic [M] // Shenyang Institute of Geology and Mineral Resourcesv. Paleontological Atlas of Northeast China, vol. 2.Beijing: Geological Publishing House, 1980.

[177] LIN Q B. Cretaceous insects of China [J]. Cretaceous Research, 1994, 15 (3): 305–316.

［178］洪友崇.酒泉盆地昆虫化石［M］.北京：地质出版社，1982.

俞雅丽，刘振华，史宗冈，任东

21.1　鞘翅目简介

　　甲虫是地球上多样性最高的生物，包含了大约 420 000 个已知现生种，地球上每 5 种动植物中就有一种是甲虫。正如英国生物学家 John B. S. Haldane 博士所说："上帝偏爱星星和甲虫。"

　　甲虫的体型悬殊，目前已知最小的甲虫是缨甲科的 *Scydosella musawasensis* Hall，1999，长约 0.33 mm[1]；而最大的甲虫为南美的 *Titanus giganteus* (Linnaeus，1771) 和斐济的 *Xixuthrus heros* Heer，1868，两者均属于天牛科锯天牛亚科，它们的体长可达 200 mm。此外，甲虫在颜色、形态和习性上也具有很高的多样性。甲虫具有咀嚼式的口器，极少数为刺吸式口器、全变态发育的生活史和被称作鞘翅的骨化前翅。鞘翅目的拉丁名 Coleoptera 便来源于此，意为鞘状的翅，据此与昆虫纲中其他目昆虫相区分（图 21.1）。

　　甲虫和其他昆虫一样，身体分成 3 部分：头、胸和腹。大多数甲虫在休息时腹部被鞘翅覆盖而不可见，膜质的后翅也折叠在鞘翅下方。鞘翅可以保护后翅和腹部内的器官，也可以帮助甲虫在飞行时保持平稳，还可以维持体液。包括大多数隐翅虫科（图 21.2A）、阎甲科、露尾甲科，以及一些拟花萤科、天牛科和象甲科在内的甲虫具有比较短的鞘翅，因此腹部末端外露的背板与其他具完整鞘翅的甲虫相比骨化程度更高。甲虫的触角通常为 11 节，但也有少数甲虫的触角少于 11 节，可为丝状、念珠状、锤状、棒状、鳃状、膝状、锯齿状或梳状；在象甲总科的象甲科椰象

▲ 图 21.1　一只张开鞘翅和后翅准备飞翔的甲虫　史宗文拍摄

甲亚科 Dryophthorinae（图 21.2B）、三锥象科和毛象科中，膝状和非膝状的触角着生在喙的不同位置上。甲虫的第二性征常体现在上颚、头、触角、前胸背板、鞘翅或者足上。甲虫爱好者钟爱的金龟科犀金龟亚科中的独角仙 *Trypoxylus* (*Allomyrina*) *dichotomus* (Linnaeus，1771) 的雄虫在头部和前胸背板上长有长且分叉的突起（图 21.2D），用以与其他雄性打斗，争夺配偶。由于这种甲虫好斗及顽强的特质，日本人根

▲ 图21.2   甲虫 A. *Stenus* sp.（隐翅虫科）；B. *Cyrtotrachelus thompsoni* Alono-Zarazaga & Lyal，1999（象甲科）；C. *Agapanthia amurensis* Kraatz，1879（天牛科）；D. *Trypoxylus* (*Allomyrina*) *dichotomus* (Linnaeus，1771)（金龟科）   图 A 和图 C 刘振华拍摄，图 B 和图 D 史宗文拍摄

据独角仙的头部形状设计了武士头盔。另外，甲虫生活在极其多样的生境中，演化出了适应不同环境和不同生活方式的足，用以游泳、挖掘、跳跃、抱握和攀爬等。

根据目前的分类系统，鞘翅目被分为 4 个亚目：原鞘亚目 Archostemata、藻食亚目 Myxophaga、肉食亚目 Adephaga 和多食亚目 Polyphaga。尽管 4 个亚目的分类系统得到了系统发育学研究的高度支持，但是各个亚目之间的关系仍未确定。由 Crowson 提出的传统观念认为鞘翅目 4 个亚目之间的系统关系为原鞘亚目［肉食亚目（藻食亚目＋多食亚目）］[2]，这一假说得到了一些形态学和分子生物学研究的支持[3, 4]。Lawrence 等基于 516 个成虫和幼虫的形态学特征对鞘翅目进行了系统发育研究[5]，揭示的系统学关系为（原鞘亚目＋肉食亚目）＋（藻食亚目＋多食亚目），但这一假说没有得到明显的支持。目前，最为认可的系统关系是由 Kukalová-Peck 和 Lawrence 提出的观点[6, 7]，他们仅基于后翅特征提出了多食亚目［原鞘亚目（藻食亚目＋肉食亚目）］这一系统关系（图 21.3）。当然，其他一些研究团队基于不同的数据也提出过多种不同的假说，如：原鞘亚目＋藻食亚目＋（肉食亚目＋多食亚目）[8]，（原鞘亚目＋藻食亚目）（肉食亚目＋多食亚目）[9, 10]，（藻食亚目＋肉食亚目）（原鞘亚目＋多食亚目）[11, 12]，以及多食亚目［肉食亚目（原鞘亚目＋藻食亚目）］[13, 14]，这使得鞘翅目 4 个亚目之间系统关系的假说仍然处于争论之中。

原鞘亚目是鞘翅目中最小的一个亚目，包含 5 个现生科和数个绝灭科，其中侏罗甲科 Jurodidae 的位置存疑，该科仅包含一个现生种 *Sichotealinia zhiltzovae* Lafer，1996，该种的描述是基于单个来自俄罗斯远东地区的标本[15]。由于这个亚目甲虫的鞘翅与采自二叠纪及中生代早期的最古老的甲虫化石相似，都

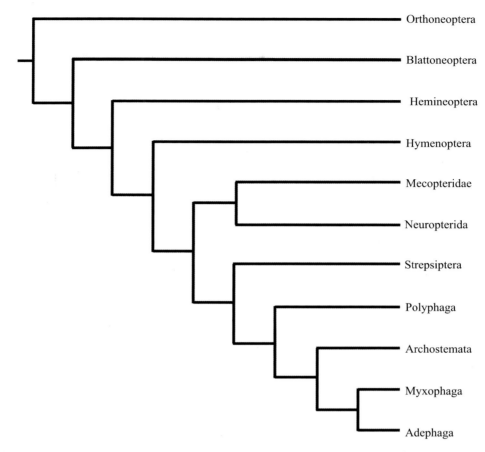

▲ 图 21.3　鞘翅目及近缘类群系统关系：基于 63 个后翅特征的唯一最简树（tree length=99，CI & RI =0.96）（改自参考文献［7］）

具有网格状的鞘翅刻点，因此通常被认为是甲虫的基部类群。原鞘亚目可通过以下特征与其他 3 个亚目相区分：后足基转片外露、中足基节窝侧面明显与后胸前侧板相接触（这一特征在其他 3 个亚目中从不出现），以及前胸具有大且外露的前胸侧板（与肉食亚目相似，但与藻食亚目和多食亚目不同）。眼甲科和长扁甲科包含了原鞘亚目中大多数的种类，具有典型的通常覆盖有鳞片的网格状鞘翅。而仅包含 *Crowsoniella relicta* Pace，1975 的克劳森甲科 Crowsoniellidae 及仅包含 *Micromalthus debilis* LeConte，1878 的复变甲科 Micromalthidae，由于它们独特的外形且缺乏典型原鞘亚目的特征，曾被认为是多食亚目的成员，但最终基于胸、雄性外生殖器及幼虫的特征将它们归于原鞘亚目。

藻食亚目包含了一些小型至微型的半水生甲虫，分属于 4 个科：单跗甲科 Lepiceridae、淘甲科 Torridincolidae、水缨甲科 Hydroscaphidae 和球甲科 Sphaeriusidae。藻食亚目的前胸侧板发育良好，完全将腹板和背板分开或是仅延伸至基节后方，从而使得背板和腹板在前端相连。前足基转片与多食亚目相似，与前胸侧板明显愈合。

肉食亚目包含 10 个现生科：豉甲科 Gyrinidae、沼梭甲科 Haliplidae、瀑甲科 Meruidae、小粒龙虱科 Noteridae、壁甲科 Aspidytidae、两栖甲科 Amphizoidae、水甲科 Hygrobiidae、龙虱科 Dytiscidae、粗水甲科 Trachypachidae 和步甲科 Carabidae。然而，步甲科中的一些亚科常被视为独立的科，比如虎甲亚科 Cicindellinae、条脊甲亚科 Rhysodinae 和棒角甲亚科 Paussinae。肉食亚目的前胸侧板也明显外露，但并未延伸至前胸的前缘，使得背板和腹板狭窄地相连。肉食亚目可通过第 2 节腹板被后足基节隔开这一特征而与其他 3 个亚目区分。另外，它们还具有一些共有衍征，比如下颚外叶须状，2 节；颏具有包围前颏的明显的侧瓣；前足基节腹面具骨节；后足基节无法移动；第 2~5 节腹板愈合。

多食亚目包含了鞘翅目中大多数的科和种类，包括了 7 个系：隐翅虫系 Staphyliniformia、金龟系 Scarabaeiformia、沼甲系 Scirtiformia、叩甲系 Elateriformia、伪郭公系 Derodontiformia、长蠹系 Bostrichiformia 和扁甲系 Cucujiformia。但其中一些类群的系统位置仍存疑，牙甲科 Hydrophilidae、蛛甲科 Ptinidae、拟花萤科 Melyridae、大蕈甲科 Erotylidae、叶甲科 Chrysomelidae、象甲科 Curculionidae 等类群中的一些亚科都曾经被视为独立的科，直到现在不同的研究者仍可能使用不同的分类系统。Bocak 等[4]基于分子数据的研究显示来自不同系的伪郭公科和沼甲总科一起构成了多食亚目的基部类群。多食亚目可以根据其前胸侧板位于前胸内部不可见且高度退化与基转片愈合，从而与其他 3 个亚目区分。另外颈片的存在也是区分这一亚目的重要特征。一些多食亚目的甲虫还具有重要的艺术和经济价值。除了前面提到的 *T. dichotomus* 之外，圣甲虫 *Scarabaeus sacer* Linnaeus, 1758 在古埃及文化中具有极其重要的宗教意义，而现在很多人也会使用吉丁科、叩甲科等类群的漂亮甲虫来制作项链或是其他饰品。另外，某些象甲科、金龟科和天牛科的幼虫是一些地区的传统食物，而牙甲科中的某些大型种类（如 *Hydrophilus triangularis* Say, 1823）在中国南方地区也是流行的小吃。一些多食亚目的类群还是严重的仓储和森林害虫，会带来巨大的经济损失。比如天牛科的松墨天牛 *Monochamus alternatus* Hope, 1842 是亚洲地区松树林的主要害虫，因为它是松材线虫的携带者，会造成严重的松树枯萎病[16, 17]。蛛甲科窃蠹亚科中的烟草蕈甲 *Lasioderma serricorne* (Fabricius, 1792) 则是一种主要的仓储害虫，它们在全世界范围内为害诸如烟草、茶叶、豆子等经济作物[18, 19]。除此之外还有很多拟步甲科、叶甲科和象甲科的甲虫也会给仓储谷物和森林带来危害[20]。另外，有些甲虫也作为天敌昆虫用来进行生物防治。例如来自澳大利亚的孟氏隐唇瓢虫 *Cryptolaemus montrouzieri* (Mulsant, 1850)，由于捕食粉蚧的习性而被许多国家作为天敌昆虫广泛应用于生物防治中[21, 22]。更为有趣的是，常被用作宠物鸟类、两栖爬行动物等食物及昆虫蛋白的黄粉虫 *Tenebrio molitor* L. 1758 还可以对聚苯乙烯进行生物降解，在黄粉虫幼虫的肠道中，12~14 h 内聚苯乙烯转化成二氧化碳的比率高达 48%[23]。另外，由于大的体型、靓丽的颜色和巨大的上颚或是角突，一些锹甲科和金龟科的种类对昆虫爱好者而言是很受欢迎的宠物。

甲虫多样性极高的一个关键因素就是它们具有极强的适应能力，这不仅是指其多样化的身体结构使其能生存在不同的生境中，还指它们广泛的食性使其在生态系统中占据优势，比如菌食性、植食性、腐食性、捕食性和寄生性。

菌食性在甲虫中相当普遍，比如隐翅虫科、筒蠹科、大蕈甲科、锯谷盗科（图 21.4A）、拟步甲科、象甲科、伪瓢虫科等类群中的一些或全部种类的成虫和幼虫均取食真菌的孢子、子实体或其他部分。诸如筒蠹科和小蠹亚科（象甲科）中的一些类群甚至具有特化的结构用以携带孢子，从而能够"种植"真菌来养育后代[24]。相对菌食性来说，植食性在甲虫中没这么普遍，大多数的植食性甲虫都属于叶甲总科和象甲总科。金龟科、瓢虫科等科中的一些类群也是植食性的，其中诸如茄十二星瓢虫 *Henosepilachna vigintioctopunctata* (Fabricius 1775)（图 21.4B）等是农业害虫。另外，许多甲虫取食花粉，常被当成传粉昆虫，比如红萤科 Lycidae、叩甲科 Elateridae、细花萤科 Prioноceridae（图 21.4C）、天牛科 Cerambycidae、象甲科等，其中澳洲蕈甲科 Boganiidae、大蕈甲科 Erotylidae 和象甲科（图 21.4D）中的一些类群是主要的苏铁类传粉昆虫[25-27]。此外还有一些腐食性甲虫，它们以死亡或腐烂的有机体为食。比如锹甲科和一些金龟科的幼虫以朽木为食；还有一些锹甲科和蜡斑甲科甲虫的成虫以树汁为食（图 21.5A）。最有名的食腐性甲虫是粪金龟（图 21.5B），它们是生态系统中十分重要的分解者。另外，一些如葬甲科 Silphidae 和皮蠹科 Dermestidae 以动物尸体为食的甲虫同样被视为腐食性。捕食性和寄生性的甲虫往往被认为是真正肉食性的甲虫。肉食亚目中的很多类群是陆生或是水生捕食者，如步甲和龙虱。例如，火缘步甲 *Carabus ignimetalla* Bates，1888 及大步甲属的其他一些种类以蜗牛为食（图 21.5C）。当然，甲虫中还有其他的捕食者，比如阎甲科、隐翅虫科及郭公虫科中的一些类群。与双翅目和膜翅目相比，鞘翅目中的寄生类群要少很多，但一些寄生性的甲虫也是生物防治中的重要天敌昆虫。比如寄甲科 Bothrideridae 中的花绒寄甲 *Dastarcus helophroides* (Fairmaire，1881) 对于防治锈色粒肩天牛 *Apriona swainsoni*（Hope，1840）等天牛有明显的作用[28]。球蕈甲科中的 Platypsyllinae 包含了一些高度特化的类群，它们外寄生于一些啮齿目和食虫目的哺乳动物身上[29]。羽角甲科同样是大家较为熟知的寄生性甲虫，由于该类群的幼虫寄生于蝉的幼虫，因此也被称为蝉寄甲 "cicada parasite beetles"[30, 31]；还有一些其他类群的甲虫能寄生于膜翅目中不同类群的蜂身上[32-34]。还有一种有趣的寄生行为是社会性寄生，比如一些寄生于蚁窝或白蚁窝中的棒角甲 Paussinae（步甲科）、蚁甲 Pselaphinae（隐翅虫科）（图 21.5D）和皮蠹。

▲图 21.4　甲虫　A. *Macrohliota militaris*(Erichson，1842)（锯谷盗科）；B. *Henosepilachna vigintioctopunctata*(Fabricius，1775)（瓢虫科）；C. *Idgia* sp.（细花萤科）；D. *Tranes* sp.（象甲科）　刘振华拍摄

▲ 图 21.5　甲虫亚 A. *Aegus dispar* Didier，1931（锹甲科）取食树木伤口处流出的汁液；B.*Onthophagus gazella* (Fabricius，1787)（金龟科，金龟亚科）于美国得克萨斯萨凡纳橡树牧场取食动物粪便；C. *Carabus ignimetalla* Bates，1888（步甲科）捕食蜗牛；D. 生活于蚂蚁巢穴中的隐翅虫科蚁甲亚科 Pselaphinae 甲虫　图 A、图 C 和图 D 刘振华拍摄，图 B 史宗冈拍摄

21.2　鞘翅目昆虫化石的研究进展

作为全变态发育昆虫中最古老的类群之一，甲虫化石吸引了很多研究者的注意，其中 Alexander G. Ponomarenko、Alexander G. Kirejtshuk 和 Roy A. Crowson 在这个领域做出了突出的贡献。

甲虫通常被认为和广翅目 Megaloptera（详见第 18 章）有着共同祖先，且它们在二叠纪早期分开[35, 36]。目前最古老的甲虫化石为德国二叠纪早期的 *Coleopsis archaica* Kirejtshuk，Poschmann & Nel，2014[37]。它与其他一些发现于二叠纪早期的甲虫常一起被归于 Tshekardocoleidae 内，Crowson[36] 为该科建立了一新目 Protocoleoptera，它们与现生的原鞘亚目有着一些相似的特征。但它们还有着一些不同于任何现生甲虫的特征，比如触角 13 节、前翅具有明显的翅脉及鞘翅覆盖超过腹部末端。Bouchard 等将 Kukalová[38] 描述的发现自二叠纪早期仅含 2 个种的科 Oborocoleidae 及 Ponomarenko[39] 描述的发现自白垩纪仅含 1 个种的科 Labradorocoleidae 都归入 Tshekardocoleoidea[40]，但这一观点或许需要进一步的证实。有趣的是，描述自白垩纪的 Umenocoleidae Chen & Tan，1973 起初被认为是 Tshekardocoleidae 的近缘类群，但在之后的研究中被移至 Protelytroptera 目[41] 甚至移至 Blattodea[42]。然而 Kirejtshuk 等[37] 基于翅脉特征认为 Umenocoleidae 是所有其他甲虫的姐妹群[43]。在本书第 7 章中我们将其视为蟑螂目 Blattaria 的类群。Kukalová-Peck 和 Beutel[44] 基于一些已描述的属建立了 Moravocoleidae 并将其归于

Protocoleoptera 目，但随后 Kirejtshuk[37] 认为该科为 Tshekardocoleidae 的次异名。Kirejtshuk 和 Nel[45] 将 *Coleopsis archaica* 从 Tshekardocoleidae 中移出并建立了一个新科 Coleopsidae。Tshekardocoleoidea 总科化石最早发现于俄罗斯[46-48] 和前捷克斯洛伐克[38] 的下二叠统地层，发现于中国甘肃省酒泉市肃北县中侏罗统地层的 *Dictycoleus jurassicus* Hong，1982 也被归于该总科，但需要进一步的研究来确定。除 Coleopsidae 和 Tshekardocoleidae 外，在北美洲下二叠统威灵顿组地层中还发现了一些 *Permocoleus* Lubkin & Engel 属的甲虫化石[49, 50]，但该属并未归在任何科内。晚二叠世的甲虫化石更加接近现生类群，它们的前翅翅脉更加退化，具有 11 节的触角。但 Permocupedidae 的部分类群还保留了 13 节的触角。Crowson[35, 36] 将晚二叠世的甲虫类群归在 Archecoleoptera 亚目中，其中包括了 Asiocoleidae、Schizocoleidae、Schizophoridae、Taldycupedidae、Permosynidae、Permocupedidae 和 Rhombocoleidae，但也有 Permocupedidae 的种类在后来被发现于巴西的下二叠统地层[51]。还有一些早期仅发现于三叠系地层的类群后来也出现在上二叠统地层，比如 Triaplidae 和 Ademosynidae[52, 53]。此外，Carpenter[41] 经过进一步的研究将 Rhombocoleidae 移入原鞘亚目，将 Triaplidae 移入肉食亚目，这一观点也被后来的研究者所接受。因此 Archecoleoptera 明显是非单系的类群，它和 Protocoleoptera 均被认为是无效名称[37]。更有趣的是，在近些年的研究中，描述自俄罗斯二叠纪晚期克德罗夫卡的 Trachypachidae 成为目前为止最早出现的现生类群[54]。另外，Asiocoleoidea 和 Schizophoroidea 总科被包含在藻食亚目中[40]，而 *Polysitum* Dunstan，1923 和 *Hydrobiites* Heer，1865 两个属被移至多食亚目[55]，其中 *Polysitum kuznetskiense* Rohdendorf，1961 和 *Hydrobiites tillyardi* Ponomarenko，2011，以及 *Hydrobiites vladimiri* Ponomarenko，2011 均发现自俄罗斯上二叠统地层。因此，鞘翅目中的 4 个亚目在二叠纪晚期时便已经存在，这远远早于 Crowson[36] 的推测。

原鞘亚目在传统观念中被认为是 4 个亚目中最古老的类群，这主要是由于在二叠纪甲虫化石中其他 3 个亚目的记录十分稀少且难以辨识，而这一时期的甲虫化石在外形上与原鞘亚目较为相似。原鞘亚目为基部类群的观点也被一些系统发育学研究[3, 4] 所支持。而另外一些基于形态特征或分子数据的研究[6, 7, 14, 56] 则支持多食亚目很可能是最基部的类群，其中伪郭公科 Derodontidae、沼甲科 Scirtidae 和扁股花甲科 Eucinetidae 一同构成了多食亚目的基部支系。近些年关于甲虫化石的研究也显示多食亚目的起源时间要远早于之前的观点，但其他 3 个亚目之间的关系还有争议。2017 年，研究人员在二叠纪晚期（长兴阶，2.54 亿至 2.52 亿年前）发现了具有独特昆虫蛀痕的木化石 *Ningxiaites specialis*[57]，这样的蛀痕只出现在多食亚目的绝灭类群中，这一发现或许说明多食亚目在晚二叠世已相当进化，但未能在二叠纪到三叠纪的大灭绝事件中幸存下来。因此，要证明哪个亚目为最基部的类群还需要更多的化石证据和相关研究。

在二叠纪末期，地球上的生物经历了一次严重的大灭绝事件，近 90% 的物种在这次事件中消失。这次史上最大的灭绝事件不仅是二叠纪和三叠纪的分界线，也是中生代的起点。由于这次大灭绝，三叠纪早期的甲虫化石也极其稀少，仅有一些 Asiocoleidae、Schizocoleidae、Permosynidae 和 Coptoclavidae 的化石被发现于俄罗斯和安哥拉[58-61]，这些类群可能都是水生甲虫[62]。在早三叠世后就再没有具有 Tshekardocoleidae 特征的甲虫化石被发现，这之后几乎所有的甲虫化石在鞘翅上都具有相近的条纹和 11 节的触角。与二叠纪较低的鞘翅目化石比例相比，三叠纪的甲虫化石要更加丰富，除南极洲外均有记录。Crowson[36] 曾提出鞘翅目中 4 个亚目在三叠纪结束前便已出现。在吉尔吉斯斯坦、俄罗斯、澳大利亚和南非的三叠系地层中发现了当时最早属于长扁甲科的原鞘亚目化石[48, 63-65]。Ponomarenko 也描述了一些原鞘亚目化石[47]，但 *Hadeocoleus* Ponomarenko，1969 属被认为应该属于肉食亚目，而一些

Ademosynidae 的化石由于短的前胸腹板和向下的头部被认为应该属于多食亚目[48]。另外，Crowson 基于 Coelocatiniidae 可能的水生习性认为该科或许是藻食亚目的祖先，并认为藻食亚目应该也同其他 3 个亚目一样在三叠纪便已出现。但如前所述，最近几年鞘翅目 4 个亚目的化石在二叠系地层均有发现，这意味着 4 个亚目的起源和分化时间应该在中二叠世甚至更早。Ponomarenko 描述了采自俄罗斯二叠系地层的甲虫属 Triaplus Ponomarenko[51]，并认为它代表了水生肉食亚目的祖先类群[66]，这意味着肉食亚目中水生支系和陆生支系在二叠纪结束前便完成了分化。而所有的这些假设与 Toussaint 等在 2017 年的研究结果一致，甚至多食亚目中一些总科的起源时间也追溯到了二叠纪，比如沼甲总科 Scirtoidea 和隐翅虫总科 Staphylinoidea[67]。但直到现在，多食亚目中大的支系的化石仍只发现于三叠纪，比如隐翅虫科 Staphylinidae[68] 和叩甲科 Elateridae 中的一些类群[69-71]。

与三叠纪相比，侏罗纪的甲虫化石特别是多食亚目类群要具有更高的多样性，原鞘亚目的昆虫在侏罗纪时期仍十分常见。多食亚目中几乎所有的总科在侏罗纪结束前就已出现，各大支系也已经分化。其中 Lidadytidae[66]、牙甲科 Hydrophidae[66, 72-73]、球蕈甲科 Leiodidae[74]、平唇水龟科 Hydraenidae[66, 75]、葬甲科 Silphidae[76]、小葬甲科 Agyrtidae[77]、隐翅虫科 Staphylinidae[78, 79]、Glaresidae[80, 81]、粪金龟科 Geotrupidae[82, 83]、侏罗甲科 Jurodidae[75, 84]、锹甲科 Lucanidae[85]、驼金龟科 Hybosoridae[86-88]、Ochodaeidae[89]、Mesocinetidae[90]、吉丁科 Buprestidae[75, 91]、丸甲科 Byrrhidae[80, 91]、挚爪泥甲科 Eulichadiae[92-95]、拉斯叩甲科 Lasiosynidae[96, 97]、伪长花蚤科 Artematopodidae[98]、树叩甲科 Cerophytidae[99, 100]、叩甲科 Elateriae[101, 102]、隐唇叩甲科 Eucnemidae[100]、伪郭公科 Derodontidae[103]、皮蠹科 Dermestidae[104]、谷盗科 Trogossitidae[91, 92, 105, 106]、郭公科 Cleridae[107]、蝶甲郭公科 Thanerocleridae[107]、细花萤科 Prionoceridae[108]、Parandrexidae[92, 93, 109, 110]、出尾扁甲科 Monotomidae[111]、露尾甲科 Nitidulidae[80, 91, 92]、小蕈甲科 Mycetophagidae[91, 112]、花蚤科 Mordellidae[113]、大花蚤科 Ripiphoridae[114]、拟步甲科 Tenebrionidae[80, 115, 116]、叶甲科 Chrysomelidae[92, 117, 118]、Nemonychidae[119-121]、长角象科 Anthribidae[122-124] 和 Ithyceridae[124-126] 均有化石被发现于蒙古、俄罗斯、中国、瑞士、德国或哈萨克斯坦的侏罗系地层，且大多数都属于现生科。原鞘亚目中的长扁甲科 Cupedidae 和眼甲科 Ommatidae 也有很多化石被发现于侏罗系地层，其中甚至包含一些现生属如 Tetraphalerus Waterhouse[48, 127-129] 和 Omma Newman[129-132] 的种类。肉食亚目中的 Triaplidae[93]、Coptoclavidae[66, 72, 133]、豉甲科 Gyrinidae[80, 91, 134]、龙虱科 Dytiscidae[41, 135, 136]、步甲科 Carabidae[75, 91, 137] 和粗水甲科 Trachypachidae[66, 93, 138] 自侏罗纪起一直延续至今，显示出漫长的演化历史。在侏罗纪时期还生活着一些不属于 4 个亚目的古老类群，比如 Asiocoleidae[139, 140]、Schizocoleidae[75, 141]、Schizophoridae[48, 92, 130, 142, 143]、Coelocatiniidae[130]、Taldycupedidae[93, 144, 145]、Ademosynidae[48]、Permosynidae[55, 75, 146] 和前面提到的 Tshekardocoleidae。更有趣的是，一些甲虫在侏罗纪时期就演化出了较为复杂的生活习性。Crowson[36] 曾猜想侏罗纪时期的苏铁应该依靠虫媒传粉，而且很有可能是由当时还未有化石记录的澳洲蕈甲科 Boganiidae 传粉，这一猜想在近期也得到了化石证据的支持[147]。

早白垩世的甲虫与侏罗纪时期相似[62]，但在早白垩世之后甲虫的多样性迅速提高，这一现象在多食亚目中尤为明显。在下白垩统地层中超过半数的鞘翅目现生科类群及一些已绝灭科的种类被发现，并且与侏罗纪相比甲虫的类群也与现生种类更加相似。比如，原鞘亚目中甲虫类群的减少和多食亚目中甲虫类群的增加、步甲科比粗水甲科类群丰富等。除 Tritarsidae 中的一个种在中国始新统地层中被发现外[148]，原鞘亚目、藻食亚目、肉食亚目中的绝灭科及那些不能归属于任何亚目的类群几乎都没有存活到白垩纪晚期。首个藻食亚目现生科的化石种类 Hydroscapha jeholensis Cai, Short & Huang, 2012 发现于下白垩统的义县组[149]。白垩纪时期甲虫类群的其他一些变化还包括隐翅虫科的大量增加和金龟总科多样性的上升。Crowson[35, 36]认为真正鸟类的突然出现、淡水中硬骨鱼类的出现及寄生类膜翅目的急剧增多都对白垩纪时期的甲虫造成了重要的影响。但叶甲科、天牛科和象甲科这些现在十分丰富的类群在白垩纪时期仍比较稀少。白垩纪时期丰富的、保存完好的动植物琥珀的发现，为昆虫分类学和系统发育学研究提供了更多的信息。白垩纪时期的琥珀在世界各地都有发现，比如下白垩统的黎巴嫩琥珀和西班牙琥珀、白垩纪中期的缅甸琥珀、上白垩统的新泽西琥珀等。特别是缅甸琥珀由于其内含物生物多样性极高成为近些年的一个研究热点，其中不仅包含了昆虫，还有大量的植物、两爬动物甚至是鸟类[150-152]。到目前为止，已经有 88 个科的鞘翅目类群被发现于缅甸琥珀中[153]，但仍然有许多种、属、科等待被描述和研究。与侏罗纪时期相似，一些复杂的生活习性也被报道于白垩纪时期的甲虫中，比如与白蚁共生的隐翅虫[154, 155]和具有育幼行为的葬甲[76]。

到了新生代，甲虫化石被发现于世界各地的地层中，同时它们与现生类群也更加相似。与白垩纪相似，许多新生代地层里都发现了丰富的动植物琥珀化石，其中最有名的是始新世的波罗的海琥珀。叶甲科和天牛科的类群在始新世较为常见，并且有近一半的类群都被归为现生属中。在中新世多米尼加琥珀中，几乎所有的物种都属于现生属，甚至还包含了部分现生种。

甲虫化石研究在中国的开始时间比西方国家要晚得多。1928 年秉志发表了《中国白垩纪之昆虫》一文[156]，打开了我国昆虫化石研究的篇章。但直到 20 世纪 70 年代，洪友崇和林启彬才再次描述了我国二叠纪至新生代时期不同类群的甲虫[77, 93, 137, 141, 157-172]。之后张海春和王五力继续对中国的甲虫化石进行了研究[101, 173-177]。在 21 世纪之后，中国甲虫化石的研究速度大幅提升，其中首都师范大学、中国科学院南京地质古生物研究所做出了主要贡献，Alexander G. Ponomarenko、Alexander G. Kirejtshuk、Edmund A. Jarzembowski 和 Adam Slipinski 等外国专家也在合作中提供了重要的帮助。首都师范大学的谭京晶、史宗冈和任东主要针对中生代原鞘亚目化石进行了一系列研究[96, 128, 129, 139, 143, 178-187]；而常华丽和任东的研究则主要集中于叩甲科和拉斯叩甲科[97, 188-193]。中科院的白明针对金龟总科的化石进行了大量的研究工作[194-203]。南京古生物研究所的黄迪颖团队不仅对中生代甲虫类群进行了分类学研究[98, 103, 111, 132, 149, 155, 204-219]，还对其生物学习性也进行了研究[76]。此外，王博[116, 133, 138, 220-222]、刘明[223-228]、岳艳丽[229-234]、俞雅丽[106, 235-239]、刘振华[108, 147]、萧昀[114]和邓从双[104]等人也对中国甲虫化石的研究做出了贡献。而 Evgeny V. Yan 则对中国、俄罗斯和澳大利亚的二叠纪及三叠纪甲虫进行了重要的研究工作。

21.3　中国北方地区鞘翅目代表性化石

原鞘亚目 Archostemata Kolbe，1908

纹鞘甲科 Ademosynidae Ponomarenko，1968

Ademosynidae 起初由 Ponomarenko 基于哈萨克斯坦卡拉套地区的侏罗系地层的化石而描述[130]，之后这个科中有更多的属和种的化石被描述，这些化石产自除南极洲外所有大陆的二叠纪晚期至白垩纪早期的地层，到目前为止共包含 10 个属。该科的鉴别特征主要为前胸腹板缝存在且分别延伸至前胸腹板前缘，后胸前侧板延伸至中足基节窝侧面，后胸腹板上的基转片缝和鞘翅不具有裂鞘但具刻点槽。

中国北方地区白垩纪报道的属：美纹鞘甲属 *Atalosyne* Ren，1995。

美纹鞘甲属 *Atalosyne* Ren，1995

Atalosyne Ren，1995，*Fauna and Stratigraphy of Jurassic-Cretaceous in Beijing and the Adjacent Areas*，83[240] (original designation).

模式种：弯纹美纹鞘甲 *Atalosyne sinuolata* Ren，1995。

头部宽大于长，上唇宽；前胸背板宽，前角尖且明显突出；前胸腹板细长，于前足基节间突起，后胸腹板宽大于长且具明显纵缝；鞘翅延伸不超过腹部末端，具 10 列刻点；腹部第一节可见腹板最长。

产地及时代：北京，早白垩世。

中国北方地区白垩纪仅报道 1 种（表 21.1）。

室鞘甲科 Asiocoleidae Rohdendorf，1961

Asiocoleidae 是一类特别的甲虫类群，目前包含 11 个属，发现于中国、俄罗斯和蒙古的二叠系至侏罗系地层。由 Ponomarenko[47] 建立的 Tricoleidae 也被移至 Asiocoleidae。在演化的早期，这个科被认为是从 tshekardocoleids 类甲虫演化而来[241]，该科甲虫的鞘翅仅具有 2 或 3 条纵脉或纵脊，纵脉或纵脊之间具有大量圆形的室。

中国北方地区侏罗纪报道的属：小室三列甲属 *Loculitricoleus* Tan & Ren，2009。

小室三列甲属 *Loculitricoleus* Tan & Ren，2009

Loculitricoleus Tan & Ren，2009，*Mesozoic Archostematan Fauna from China*，144[139] (original designation).

模式种：窄缩小室三列甲 *Loculitricoleus tenuatus* Tan & Ren，2009。

头横宽，近矩形，背面具 2 个不明显的突起，头盖缝 "Y" 形；上颚中等大小，基部区域宽，内侧具有 1 齿；前胸背板在背面具突起，后缘长且直；鞘翅具 3 条主脉，Rs、M+Cu 和 2A 与其他间插脉明显不同，背面具有超过 14 列矩形小翅室，翅室周围无黑色刻点；腹部第一节可见腹板最长。

产地及时代：中国内蒙古，中侏罗世；蒙古，晚侏罗世。

中国北方地区侏罗纪报道 2 种（表 21.1）。

长扁甲科 Cupedidae Laporte，1836

长扁甲科是原鞘亚目中最大的科。虫体细长，两侧平行，且明显扁平；体表覆盖有鳞片。头前口式，背面具 1~2 对可见的突起。触角着生于复眼前侧之间的位置，11 节，丝状。前胸腹面具容纳跗节的沟槽。前胸背板最宽处位于前半部，前角尖。前足基节窝分开。鞘翅具 9~10 列窗口状刻点。跗式 5-5-5；爪简单。腹部具 5 节可见腹板，呈覆瓦状排列。

中国北方地区侏罗纪和白垩纪报道的属：刀形长扁甲属 *Ensicupes* Hong，1976；花鞘甲属 *Anthocoleus* Hong，1983；瘤鞘甲属 *Celocoleus* Hong，1983；真穴鞘甲属 *Euteticoleus* Hong，1983；四脉

长扁甲属 *Tetrocupes* Hong，1983；河北长扁甲属 *Hebeicupes* Zhang，1986；古扁甲属 *Longaevicupes* Ren，1995；宽长扁甲属 *Latocupes* Ren & Tan，2006；二裂长扁甲属 *Furcicupes* Tan & Ren，2006；纤细长扁甲属 *Gracilicupes* Tan，Ren & Shih，2006；非原始长扁甲属 *Apriacma* Kirejtshuk，Nel & Kirejtshuk，2016；白垩长扁甲属 *Cretomerga*，Nel & Kirejtshuk，2016。

刀形长扁甲属 *Ensicupes* Hong，1976

Ensicupes Hong，1976，*Inner Mongolia*，*Volume 2. In: Paleontological Atlas of the North China Region*，81–87[157] (original designation).

模式种：固阳刀形长扁甲 *Ensicupes guyanensis* Hong，1976。

鞘翅上的翅室纵向排列成模糊的长列；A1 和 CuA 愈合，轻微隆起。

产地及时代：内蒙古和吉林，早白垩世。

中国北方地区白垩纪报道 2 种（表 21.1）。

花鞘甲属 *Anthocoleus* Hong，1983

Anthocoleus Hong，1983，*Middle Jurassic Fossil Insects in North China*，85[93] (original designation).

模式种：河北花鞘甲 *Anthocoleus hebeiensis* Hong，1983。

鞘翅窄，具有大约 10 条由不规则大翅室排列而成的长纵列，原始翅脉未隆起。

产地及时代：河北，中侏罗世。

中国北方地区侏罗纪仅报道 1 种（表 21.1）。

瘤鞘甲属 *Celocoleus* Hong，1983

Celocoelus Hong，1983，*Middle Jurassic Fossil Insects in North China*，87[93] (original designation).

模式种：稠密瘤鞘甲 *Celocoelus densus* Hong，1983。

鞘翅窄（长约 11 mm），具有超过 10 条由不规则大翅室排列而成的长纵列，原始翅脉不隆起。

产地及时代：河北，中侏罗世。

中国北方地区侏罗纪仅报道 1 种（表 21.1）。

真穴鞘甲属 *Euteticoleus* Hong，1983

Euteticoleus Hong，1983，*Middle Jurassic Fossil Insects in North China*，86[93] (original designation).

模式种：放射真穴鞘甲 *Euteticoleus radiatus* Hong，1983。

鞘翅相对较大且窄，具有大约 10 条由不规则大翅室排列而成的长纵列，原始翅脉不隆起。

产地及时代：河北，中侏罗世。

中国北方地区侏罗纪仅报道 1 种（表 21.1）。

四脉长扁甲属 *Tetrocupes* Hong，1983

Tetrocupes Hong，1983，*Middle Jurassic Fossil Insects in North China*，84[93] (original designation).

模式种：多穴四脉长扁甲 *Tetrocupes cavernasus* Hong，1983。

鞘翅长约 15 mm，细长，长为宽的 3~4 倍；R、Rs、M 和 Cu 纵向，直且平行，在后部消失；翅脉之间具有 5~6 列纵向凹陷，顶端无序。

产地及时代：河北，中侏罗世。

中国北方地区侏罗纪仅报道 1 种（表 21.1）。

河北长扁甲属 *Hebeicupes* Zhang，1986

Hebeizupes Zhang，1986，*Some fossil insects from the Jurassic of northern Hebei，China. In: The Paleontology and Stratigraphy of Shandong*，Haiyang Publishing House，Beijing，74–84 [118] (original designation).

模式种：强壮河北长扁甲 *Hebeicupes formidabilis* Zhang，1986。

虫体粗壮，前胸背板较宽，鞘翅短。翅室椭圆形，排列成模糊的长纵列，无隆起的翅脉。

产地及时代：河北，中侏罗世。

中国北方地区侏罗纪仅报道 1 种（表 21.1）。

古扁甲属 *Longaevicupes* Ren，1995

Longaevicupes Ren，1995，*Fauna and Stratigraphy of Jurassic-Cretaceous in Beijing and the Adjacent Areas*，82 [240] (original designation).

模式种：弱饰古扁甲 *Longaevicupes macilentus* Ren，1995。

鞘翅具有 9 条长且纵向排列的翅室，具翅胸节和腹部，与细长的长扁甲种类相似，但不同于细长的眼甲类。基脉由 A1 脉和 CuA 脉在鞘翅顶端愈合而成，后胸前侧板非常宽。

产地及时代：北京，早白垩世。

中国北方地区白垩纪仅报道 1 种（表 21.1）。

宽长扁甲属 *Latocupes* Ren & Tan，2006

Latocupes Ren & Tan，2006，*Annales Zoologici*，56 (3)：457–464 [178] (original designation).

模式种：强壮宽长扁甲 *Latocupes fortis* Ren & Tan，2006。

头部背面具有 2 对明显的突起。触角延伸至前胸基部之后；柄节最粗，梗节稍短于其他触角节，第 3 节长约为梗节的 1.4 倍，其余各节近等长。前胸背板近五边形或矩形，前角近直角；前胸腹板不具跗节沟；前胸腹板突仅稍延伸至基节之后。后足跗节基部 4 节二裂，且裂缝逐渐加深。鞘翅覆盖有棕色鳞片。

产地及时代：内蒙古，中侏罗世；北京和辽宁，早白垩世。

中国北方地区侏罗纪和白垩纪地区报道 6 种（表 21.1）。

二裂长扁甲属 *Furcicupes* Tan & Ren，2006

Furcicupes Tan & Ren，2006，*J. Nat. Hist.*，40 (47–48)：2653–2661 [182] (original designation).

模式种：粗糙二裂长扁甲 *Furcicupes raucus* Tan & Ren，2006。

头部背面具有明显的 "Y" 形凹陷和 2 对突起。颈区窄。触角延伸至前胸基部之后，柄节最粗，梗节稍短于其他触角节。前胸背板矩形，盘区未凸起，前侧角呈二裂状；前胸腹板在前足基节前的部分短，无跗节沟，前胸腹板突仅稍延伸至基节之后。鞘翅具有 9 列翅室。跗节 5 节，前足第 1 节和末节等长并且长于其他各节，第 2~4 节跗节短且等长。

产地及时代：辽宁，早白垩世。

中国北方地区白垩纪仅报道 1 种（表 21.1）。

纤细长扁甲属 *Gracilicupes* Tan，Ren & Shih，2006

Gracilicupes Tan，Ren & Shih，2006，*Annales Zoologici*，56 (1)：1–6[184] (original designation).

模式种：膨股纤细长扁甲 *Gracilicupes crassicruralis* Tan，Ren & Shih，2006。

头部近菱形，在复眼处最宽，背面具有 2 对不明显的突起，腹面不具触角沟；颈相对较窄，复眼非常大；触角长于虫体长的一半，第 3 节触角节短于前两节长度之和；前胸背板非常窄，近方形，与头等宽，背面具 2 个大的突起，侧边弯曲，前角和后角圆钝、不突出；前胸腹板在前足基节之前的部分非常短；鞘翅具有 10 条由翅室排列成的长纵列，主脉与次脉明显不同，呈明显隆起状，边缘急剧下倾。

产地及时代：内蒙古，中侏罗世。

中国北方地区侏罗纪报道 2 种（表 21.1）。

膨腿细长扁甲 *Gracilicupes crassicruralis* Tan，Ren & Shih，2006 (图21.6)

Gracilicupes crassicruralis Tan，Ren & Shih，2006，*Annales Zoologici*，56 (1)：1–6[185] (original designation).

产地及层位：内蒙古宁城道虎沟，中侏罗统，九龙山组。

虫体中等大小，细长形，覆盖有瘤突。触角丝状，11 节。前胸背板横向，长约为宽的 0.6 倍，前后缘直，侧缘略呈弧形，无侧板；前足基节窝不相连，小且圆形。鞘翅宽约为前胸宽的 1.5 倍，背面纵脊具小的凸起，长约为宽的 4 倍；翅面盘区具 10 列翅室，每列约有 53 个翅室；鞘翅翅室为方形，周围具有 1~2 个黑点，在鞘翅末端变长。

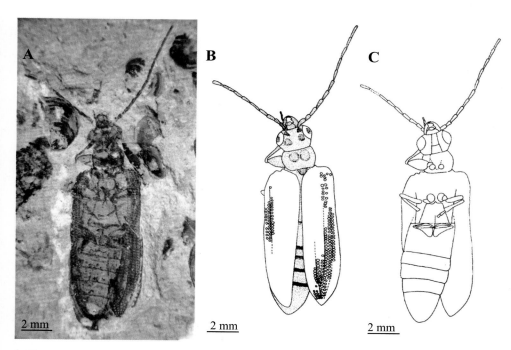

▲ 图 21.6 膨腿细长扁甲 *Gracilicupes crassicruralis* Tan，Ren & Shih，2006（正模标本，CNU-COL-NN2005001）[185] 标本为史宗冈捐赠
A. 标本照片；B. 背面线条图；C. 腹面线条图

非原始长扁甲属 *Apriacma* Kirejtshuk，Nel & Kirejtshuk，2016

Apriacma Kirejtshuk，Nel & Kirejtshuk，2016，*Invertebrate Zoology*，13 (2)：61–190 [242] (original designation).

模式种：瘤突非原始长扁甲 *Priacma tuberculosa* Tan，Ren & Shih，2006。

头部具"Y"形或"V"形凹痕，后颊突出；背面瘤突稍隆起，触角着生处相距较宽且明显不被瘤突覆盖。柄节与鞭节各节近等长或稍长于且厚于梗节。前胸背板近梯形，向前呈线性变宽，侧缘缘折宽，前角突出且较尖，背面常具瘤突，中央具略隆起的条脊。前胸腹板在基节之前的部分明显长于前足基节。鞘翅具有 9 条长的纵刻点和 1 条短的小盾片列，其间具有稍隆起的次脉和明显隆起的主脉；A1 直，几乎延伸至鞘翅顶端并与 CuA 在顶端前愈合；侧边近直线，顶端近圆形至近尖锐，后缘倾斜。

产地及时代：辽宁，早白垩世。

中国北方地区侏罗纪至白垩纪报道 4 种（表 21.1）。

白垩长扁甲属 *Cretomerga* A.Kirejtshuk，Nel & P.Kirejtshuk，2016

Cretomerga A.Kirejtshuk，Nel & P.Kirejtshuk，2016，*Invertebrate Zoology*，13 (2)：61–190 [242] (original designation).

模式种：细白垩长扁甲 *Priacmopsis subtilis* Tan & Ren，2006。

头部具"Y"形凹痕，后颊明显突出；背面瘤突稍隆起，触角着生处相距稍宽且明显不被瘤突覆盖。柄节与鞭节各节近等长或者远长于梗节。前胸背板背面平滑，近五边形，向前呈线性变宽，侧缘缘折宽，前角尖且前缘强烈凸起。前胸腹板在基节前的部分短于前足基节。鞘翅具有 9 条纵刻点，其间具不明显的次脉以及明显隆起的主脉；A1 在盾片处稍偏离，几乎完全呈线性延伸至鞘翅顶端，与 CuA 模糊地愈合，之后与 M 在顶端前愈合；侧边宽弧形，顶端近圆形至近尖锐，后缘明显倾斜。

产地及时代：辽宁，早白垩世。

中国北方地区白垩纪仅报道 1 种（表 21.1）。

侏罗甲科 Jurodidae Ponomarenko，1985

侏罗甲科昆虫是奇特的活化石代表，其化石类群和现生类群都十分稀少。它们是最神秘的甲虫类群 [243]，也是甲虫进化中的一个幻影 [244]。侏罗甲科具有混合的形态特征，比如头宽稍大于长，密布软毛；触角着生于额部背面，在额唇基缝正后方；触角 11 节，念珠状；前胸背板明显窄于鞘翅；前胸腹板突缺失，腹部具 6 节可见腹节。它可能代表着鞘翅目分亚目问题中的一个重要难点。

中国北方地区侏罗纪报道的属：侏罗甲属 *Jurodes* Ponomarenko，1985。

侏罗甲属 *Jurodes* Ponomarenko，1985

Jurodes Ponomarenko，1985，Coleoptera，In: Rasnitsyn，A.P. (ed.)，Jurassic Insects of Siberia and Mongolia，*Tr. Paleontol. Inst. Akad. Nauk SSSR*，47–87 [75] (original designation).

模式种：*Jurodes ignoramus* Ponomarenko，1985。

头四边形，头长与两眼中间最大宽度相等，在前端和后端均变窄。复眼大，卵圆形，向侧面稍突出。额部具宽且平的中央凸起。触角着生于颊部，位于复眼之前，不延伸至鞘翅基部；触角末节卵圆形，长和宽均是前一节的 2 倍。前胸背板短于头，侧缘弧形，在前端和后端均变窄。前胸腹板短于前足基节。小盾片小，向后逐渐变窄，顶端宽圆形。鞘翅具有超过 15 列刻点，相邻两列刻点间的距离约等于刻点的直径。后胸腹板几乎为中胸腹板的两倍长。后胸前侧片大，在前缘呈圆形变宽，之后向后缘逐渐变窄。腹部卵圆形，自基部起向后变窄。

产地及时代：中国内蒙古，中侏罗世；内蒙古，晚侏罗世；俄罗斯，晚侏罗世。

中国北方地区侏罗纪报道 2 种（表 21.1）。

眼甲科 Ommatidae Lawrence，1999

眼甲科是最古老的现生甲虫科之一，也是一个非常小的类群。与现生种类相比，中生代眼甲科的记录要丰富很多[129]。眼甲科头部前口式、触角侧向着生、亚触角沟缺失、触角 11 节且通常较短、前胸背板在前端最宽、前足基节窝相连、腹部各可见腹板或多或少地呈覆瓦状排列、跗节简单。

中国北方地区侏罗纪和白垩纪报道的属：眼甲属 Omma Newman，1839；四瘤长扁甲属 Tetraphalerus Waterhouse，1901；亡长扁甲属 Zygadenia Handlirsch，1906；背长扁甲属 Notocupes Ponomarenko，1964；网眼甲属 Brochocoleus Hong，1982；二裂长扁甲属 Fuscicupes Hong & Wang，1990；舌鞘甲属 Cionocoleus Ren，1995；山扁甲属 Monticupes Ren，1995；准宽眼甲属 Pareuryomma Tan，Wang，Ren & Yang，2012。

眼甲属 Omma Newman，1839

Omma Newman，1839，*Ann. Mag. Nat. Hist.*，3：303[245] (original designation)。

Procarabus Oppenheim，1888，*Paleontographica*，34：215–247[246]；Syn. by Ponomarenko，1971，*Paleontol. J.*，1：62–75[247]。

Ommomima Ponomarenko，1964，*Paleontol. J.*，2：49–62[127]；Syn. by Ponomarenko，1969，*Trudy Paleontol. Tol. Inst.*，125：1–240[47]。

模式种：史丹利眼甲 *Omma stanleyi* Newman，1839。

虫体长，适度扁平或近圆柱形。体表常具瘤突或极少刺突。头近四边形至稍细长，总是具有明显的颈区；后颊常短于复眼。触角丝状或近念珠状，等于或稍短于头和前胸长度之和；第 3 节触角最长，等于或长于前后两节长度之和。上颚突出，向内弯曲。上唇、唇基和额愈合。前胸背板近四边形或稍横宽，不具有侧脊。足细长，长度适中；胫节常不明显长于股节；中足股节侧向延伸至超过虫体侧边。腹部腹板排列在同一平面。

产地及时代：中国内蒙古，中侏罗世；北京，晚侏罗世；德国，晚侏罗世；哈萨克斯坦，中侏罗世；吉尔吉斯斯坦，早侏罗世；蒙古，中侏罗世和早白垩世；缅甸，晚白垩世；英国，早侏罗世；俄罗斯，早白垩世。

中国北方地区侏罗纪和白垩纪报道 2 种（表 21.1）。

四瘤长扁甲属 Tetraphalerus Waterhouse，1901

Tetraphalerus Waterhouse，1901，*Ann. Mag. Nat. Hist.*，7：520–523[248] (original designation)。

模式种：瓦氏四瘤长扁甲 *Tetraphalerus wagneri* Waterhouse，1901。

体型中等，扁平。头长，头部基部与复眼之间的距离不短于复眼直径的一半。前足基节连续。鞘翅常具成列的小室，背面平滑，翅室在外表面可见。中足和后足股节侧向延伸未至虫体边缘。腹部具有 5 节扁平的可见腹板。

产地及时代：中国辽宁，早白垩世；内蒙古，中侏罗世；河北，早白垩世；湖南，早侏罗世；蒙古，中侏罗世和早白垩世；缅甸，晚白垩世；澳大利亚，早侏罗世；哈萨克斯坦，中侏罗世；吉尔吉斯斯坦，早侏罗世；俄罗斯，早白垩世和晚白垩世；西班牙，早白垩世。

中国北方地区侏罗纪和白垩纪报道 7 种（表 21.1）。

亡长扁甲属 *Zygadenia* Handlirsch，1906

Zygadenia Handlirsch，1906，*Ein Handbuch fur Palaontologen und Zoologen*，1–640[91] (original designation).

Kakoselia Handlirsch，1906，*Ein Handbuch fur Palaontologen und Zoologen*，1–640[91]；Syn. by Ponomarenko，2006，*Paleontol. J.*，40 (1)：90–99[142].

Forticupes Hong and Wang，1990，*Stratigraphy and Palaeontology of Laiyang Basin*，*Shandong Province*，44–189[173]；Syn. by Ponomarenko，2006，*Paleontol. J.*，40 (1)：90–99[142].

Sinocupes Lin 1976，*Acta Palaeontol. Sin.*，15 (1)：97–116[168]；Syn. by Ponomarenko，2006，*Paleontol. J.*，40 (1)：90–99[142].

Conexicoxa Lin，1986，*Palaeontol. Sin.*，*Series B*，170 (21)：69–82[141]；Syn. by Ponomarenko，2006，*Paleontol. J.*，40 (1)：90–99[142].

Lupicupes Ren，1995，*Fauna and Stratigraphy of Jurassic-Cretaceous in Beijing and the Adjacent Areas*[240]；Syn. by Ponomarenko，2006，*Paleontol. J.*，40 (1)：90–99[142].

模式种：瘤突亡长扁甲 *Curculionites tuberculatus* Giebel，1856。

鞘翅相对较宽，隆起；具有 4 条明显区别于中间翅脉的主脉；A2 脉和 Cu 脉在鞘翅顶端前愈合，A2+Cu 脉终止于鞘翅边缘缝；2 列纵向翅室位于主脉之间，每列具有 20~30 个翅室；鞘翅缘折宽度适中，具或不具 1 列翅室；鞘翅顶端可能具有 1 个尾状突起。

产地及时代：中国辽宁，早白垩世；山东，早白垩世；北京，早白垩世；阿根廷，晚白垩世；俄罗斯，早白垩世；西班牙，早白垩世；英国，早白垩世；澳大利亚，早侏罗世；德国，晚侏罗世；哈萨克斯坦，中侏罗世；蒙古，晚侏罗世。

中国北方地区白垩纪报道 4 种（表 21.1）。

背长扁甲属 *Notocupes* Ponomarenko，1964

Notocupes Ponomarenko，1964，*Paleontol. Zhur.*，2，49–62[127] (original designation).

模式种：长头背长扁甲 *Notocupes picturatus* Ponomarenko，1964。

虫体中等大小，扁平。头长，在复眼下具脊。前足基节相连，被短的前胸腹板突覆盖。鞘翅具有成列的大翅室，与鞘翅边缘缝最近的 2 条翅脉在鞘翅顶端前愈合。腹部具有 5 节隆起的可见腹板，呈覆瓦状排列。

产地及时代：中国内蒙古，中侏罗世；河北，早白垩世；辽宁，早白垩世；山东，早白垩世；湖南，早侏罗世；哈萨克斯坦，中侏罗世和晚白垩世；蒙古，中侏罗世、晚侏罗世和早白垩世；俄罗斯，中侏罗世、晚侏罗世、早白垩世和晚白垩世；吉尔吉斯斯坦，早侏罗世和中侏罗世；波兰，早侏罗世；塔吉克斯坦，早侏罗世。

中国北方地区侏罗纪和白垩纪报道 16 种（表 21.1）。

网眼甲属 *Brochocoleus* Hong，1982

Brochocoleus Hong，1982，*Mesozoic Fossil Insects of Jiuquan Basin in Gansu Province*，103[160] (original designation).

Diluticupes Ren，1995，*Fauna and Stratigraphy of Jurassic-Cretaceous in Beijing and the Adjacent Areas*，73–90[240]；Syn. by Kirejtshuk，Ponomarenko，Prokin，Chang，Nikolajev & Ren，2010，*Acta Geol. Sin.-Engl.*，84：783–792[249].

模式种：斑点网眼甲 *Brochocoleus punctatus* Hong，1982。

虫体扁平，均匀地覆盖有瘤突；头长稍大于宽，前端不变窄；上颚相对较短；触角 11 节，短，稍呈念珠状，不延伸至前胸后缘，第 3 节触角最长。前胸横向，宽于头。鞘翅缘折宽，在基部具有 4 列翅室，所有的主纵脉均与鞘翅边缘平行；有些不具有明显的刻点。腹部具有 5 节可自由活动的可见腹板；所有的可见腹板位于同一平面，最后一节长度为前一节的 1.5~2 倍。

产地及时代：中国内蒙古，中侏罗世和早白垩世；甘肃，早白垩世；北京，早白垩世；辽宁，早白垩世；哈萨克斯坦，晚白垩世；蒙古，早白垩世；缅甸，晚白垩世；俄罗斯，晚白垩世；西班牙，晚白垩世；英国，早侏罗世和晚白垩世；吉尔吉斯斯坦，早侏罗世。

中国北方地区侏罗纪和白垩纪报道 7 种（表 21.1）。

二裂长扁甲属 *Fuscicupes* Hong & Wang，1990

Fuscicupes Hong & Wang，1990，*Insect fossils of Laiyang Formation*，In: *The Stratigraphy and Palaeontology of Laiyang Basin*，*Shandong Province*，44–189[173] (original designation).

模式种：小型棕长扁甲 *Fuscicupes parvus* Hong，1990。

虫体细长，头顶具有两对明显的瘤突；上颚宽且强壮，在同一水平线具有至少 3 个齿；触角 11 节，丝状，延伸至前胸背板后缘，柄节最长，梗节稍短于其他各节。前胸背板矩形，背板无瘤突，前角具 2 个小室；前胸腹板不具有跗节沟，前胸腹板突向后延伸稍超过前足基节后缘；鞘翅具有 8 列翅室；腹部具 5 节可见腹板，第一节长度等于或稍短于最后一节，最后一节宽度为之前一节的 2 倍以上；跗节 5 节；前足第 1 跗分节与第 5 跗分节等长，且长于其他各节，第 2~4 跗分节等长。

产地及时代：山东，早白垩世。

中国北方地区白垩纪报道 1 种（表 21.1）。

舌鞘甲属 *Cionocoleus* Ren，1995

Cionocoleus Ren，1995，Fauna and Stratigraphy of Jurassic-Cretaceous in Beijing and the Adjacent Areas，73[240] (original designation).

模式种：神奇舌鞘甲 *Cionocoleus magicus* Ren，1995。

体型大且扁。头横宽；触角丝状或稍念珠状，长度等于或短于头与前胸长度之和，第 3 节最长；上颚突出，向内弯曲，后颊短于复眼。前胸背板近横宽，不具有明显的缘边，前足基节窝相连。鞘翅背面扁平，不具有成列翅室。

产地及时代：中国北京，早白垩世；内蒙古，早白垩世；辽宁，早白垩世；蒙古，早白垩世；俄罗斯，早白垩世；西班牙，早白垩世；英国，早白垩世；哈萨克斯坦，中侏罗世。

中国北方地区白垩纪报道 5 种（表 21.1）。

山扁甲属 *Monticupes* Ren，1995

Monticupes Ren，1995，Fauna and Stratigraphy of Jurassic-Cretaceous in Beijing and the Adjacent Areas，75[240] (original designation)．

模式种：直缘山扁甲 *Monticupes surrectus* Ren，1995。

头长大于宽，前角极其前突，在复眼后无缢缩；上颚明显，具齿；前胸背板近四边形，宽于头，前胸侧腹缝弯曲；后胸腹板不具有纵缝；鞘翅长，顶端裂开，鞘翅缘折明显，背面具有 4 条粗糙的纵脊和 2 列具角的翅室。

产地及时代：北京，早白垩世。

中国北方地区白垩纪仅报道 1 种（表 21.1）。

准宽眼甲属 *Pareuryomma* Tan，Wang，Ren & Yang，2012

Pareuryomma Tan，Wang，Ren & Yang，2012，BMC Evol. Biol.，12 (113)：1–19[129] (original designation)．

Euryomma Tan，Ren，Shih & Ge，2006，*Acta Geol. Sin.-Engl.*，80 (4)：474–485[187]；replaced by Tan，Wang，Ren & Yang，2012，*BMC Evol. Biol.*，12 (113)：1–19[129].

模式种：瘤突准宽眼甲 *Euryommaty lodes* Tan，Ren，Shih & Ge，2006。

体表尤其是头部和前胸具有大的圆形瘤突，头背面不具有可见的瘤突。上颚突出，向内弯曲，具有垂直排列的齿。触角不延伸至前胸后缘，触角第 7~10 节稍长；触角末节短宽，末端圆形，明显膨大。前胸背板前端最宽，向后逐渐变窄；前角稍突出。鞘翅在基部明显隆起，朝末端逐渐扁平，具有 8 列翅室；鞘翅缘折在前端宽，朝着顶端逐渐变窄，在基部半部分具有 2 列翅室，在顶端半部分具有 1 列翅室；鞘翅上的主纵脉与鞘翅缝缘边平行。

产地及时代：辽宁，早白垩世；内蒙古，中侏罗世。

中国北方地区侏罗纪和白垩纪报道 3 种（表 21.1）。

瘤突准宽眼甲 *Pareuryomma tylodes* (Tan，Ren，Shih & Ge，2006)（图21.7）

Pareuryomma tylodes(Tan，Ren，Shih & Ge，2006)，*Acta Geol. Sin.-Engl.*，80 (4)：474–485[187]；replaced by Tan，Wang，Ren & Yang，2012，*BMC Evol. Biol.*，12 (113)：1–19[129].

▲ 图 21.7 瘤突准宽眼甲 *Pareuryomma tylodes* (Tan，Ren，Shih & Ge，2006)，(正模标本，CNU-COL-LB2005003)[187]

产地及层位：辽宁北票黄半吉沟；下白垩统，义县组。

虫体小，扁平，均匀地覆盖有大瘤突。头长大于宽，近矩形，背面或多或少扁平状；复眼中等大小。触角丝状，11 节，短。前胸背板梯形，长是宽的 0.7 倍，明显宽于头部。前足基节窝相连，前胸腹板突不延伸至基节后缘。腹部具有 5 节可见腹板。

眼甲科的系统发育关系

系统发育分析的结果支持在眼甲科中存在 6 个单系类群（族），分别为 Prontocupedini、Notocupedini、Lithocupedini、Brochocoleini、Ommatini 和 Tetraphalerini（图 21.8）。仅有 2 个亚科，即 Lithocupedinae 和 Tetraphalerinae 被确认为单系，而另 2 个亚科 Notocupedinae 和 Ommatinae 则被证实为并系[129]。

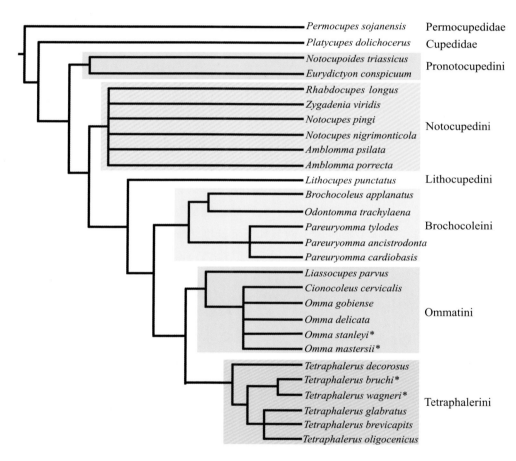

▲ 图 21.8　通过 NONA 严格一致性树生成的系统发育分析结果（改动自参考文献［129］）

裂鞘甲科 Schizophoridae Ponomarenko，1968

这个科首先被 Ponomarenko[130]描述于哈萨克斯坦卡拉套地区的侏罗系地层化石，该科大多数的属种采自欧亚大陆的二叠系到白垩系地层，仅有 1 个未描述种记录于北美。裂鞘甲科的主要特征是鞘翅和胸部之间具有 1 个连锁结构，即 "schiza"；另外该科还具有前胸侧板外露、鞘翅无窗格状翅室及鞘翅末端圆形等特征。Bouchard 等[40]认为这个科应该属于藻食亚目，但这一观点并没有得到其他研究者的认同。

中国北方地区侏罗纪和白垩纪报道的属：拟卡裂鞘甲属 *Homocatabrycus* Tan，Ren & Shih，2007；弯月裂鞘甲属 *Menopraesagus* Tan，Ren & Shih，2007；中国菱形甲属 *Sinorhombocoleus* Tan & Ren，2009；中华裂鞘甲属 *Sinoschizala* Jarzembowski，Yan，Wang & Zhang，2012；优雅圆鞘甲属 *Abrhadeocoleodes* Tan，Ren，Shih & Yang，2013。

拟卡裂鞘甲属 *Homocatabrycus* Tan，Ren & Shih，2007

Homocatabrycus Tan，Ren & Shih，2007，*Annales Zoologici*，57 (2)：231–247 [96] (original designation).

模式种：刘氏拟卡裂鞘甲 *Homocatabrycus liui* Tan，Ren & Shih，2007。

模式种以作者谭京晶在首都师范大学的本科论文导师刘家熙教授的名字命名。

虫体扁平，椭圆形；头大；上颚大，突出，具二齿；复眼着生于侧面；触角丝状，梗节明显细于柄节和鞭节，长约等于宽；前胸背板横宽，宽不足头宽的 1.5 倍，前角锥形，向前延伸，前胸背板侧缘窄；中足基节大，椭圆形且分离（模式标本由史宗冈捐献）。

产地及时代：内蒙古，中侏罗世。

中国侏罗纪仅报道 1 种（表 21.1）。

弯月裂鞘甲属 *Menopraesagus* Tan，Ren & Shih，2007

Menopraesagus Tan，Ren & Shih，2007，*Annales Zoologici*，57 (2)：231–247 [96] (original designation).

模式种：宽突弯月裂鞘甲 *Menopraesagus explanatus* Tan，Ren & Shih，2007。

虫体扁平，椭圆形；头稍下口式；上颚小；复眼着生于头背面；触角丝状，稍短于虫体长的一半，梗节明显细于柄节和鞭节，长约等于宽，第 3 节触角短于柄节和梗节长度之和；前胸背板宽小于头宽的 1.5 倍，前角锥形，稍向前延伸，不具有明显的前胸背板侧缘；中足基节略呈半圆形。

产地及时代：内蒙古，中侏罗世。

中国北方地区侏罗纪报道 4 种（表 21.1）。

中国菱形甲属 *Sinorhombocoleus* Tan & Ren，2009

Sinorhombocoleus Tan & Ren，2009，Mesozoic Archostematan Fauna from China，158 [139] (original designation).

模式种：梯胸中国菱形甲 *Sinorhombocoleus papposus* Tan & Ren，2009。

前胸背板近梯形，前缘两侧稍突出，后缘直；鞘翅至少具有 17 列椭圆形小翅室；Rs，M+CuA 和 2A 明显，RA 和 3A 可见；前区具有 6 列以上的翅室，Rs 和 M+CuA 之间具有 4 列翅室，M+CuA 和 2A 之间基部具有 6 列以上的翅室，在后端减少至 3 列。

产地及时代：辽宁，早白垩世。

中国北方地区白垩纪仅报道 1 种（表 21.1）。

中华裂鞘甲属 *Sinoschizala* Jarzembowski，Yan，Wang & Zhang，2012

Sinoschizala Jarzembowski，Yan，Wang & Zhang，2012，*Palaeoworld*，21 (3–4)：160–166 [250] (original designation).

模式种：大燃中华裂鞘甲 *Sinoschizala darani* Jarzembowski，Yan，Wang & Zhang，2012。

模式种种名取自中科院南京地质古生物研究所的郑大燃先生。

体型大,鞘翅细长且具有独特的翅脉:2A 脉在基部呈叉状,其中后支最粗;RP2 和 M+CuA 脉在臀叉末梢处聚拢;RA 脉简单,RP 脉呈分叉状;沿着 RP1 脉的短裂与后翅前缘凹陷的基部相对。前足跗节较细长。

产地及时代:内蒙古,中侏罗世。

中国北方地区侏罗纪仅报道 1 种(表 21.1)。

优雅圆鞘甲属 *Abrhadeocoleodes* Tan,Ren,Shih & Yang,2013

Abrhadeocoleodes Tan,Ren,Shih & Yang,2013,*J. Syst. Palaeontol.*,11 (1):47–62 [143] (original designation).

模式种:纵沟优雅圆鞘甲 *Abrohadeocoleodes eurycladus* Tan,Ren,Shih & Yang,2013。

虫体椭圆形;头前口式;上颚短实,三角形,大,长近似于头长的一半,末端具双齿;触角着生在头部背面,位于上颚在背面接合处之上,触角窝之间的宽度稍大于上唇的宽度;触角丝状,梗节几乎与柄节等宽,触角第 3 节短于前两节长度之和;前足基节窝相连;鞘翅末端圆形,鞘翅不延伸至腹部后缘,第 7 节腹板部分明显外露;足细长,后足转节稍三角形,明显延长或正常。

产地及时代:内蒙古,中侏罗世。

中国北方地区侏罗纪报道 4 种(表 21.1)。

纵沟优雅圆鞘甲 *Abrohadeocoleodes eurycladus* Tan,Ren,Shih & Yang,2013 (图21.9)

Abrohadeocoleodes eurycladus Tan,Ren,Shih & Yang,2013,*J. Syst. Palaeontol.*,11 (1):47–62.

产地及层位:内蒙古宁城道虎沟;中侏罗统,九龙山组。

头相对于前胸非常小;触角丝状,柄节和梗节非常短,宽大于长,明显粗于细长的鞭节;前胸背板前缘宽为头部后缘的 2.5 倍;颈片明显;后胸腹板具有宽的纵缝,并衍变呈一细长的沟;后胸腹板突宽且扁平;后足转节略呈三角形,与肉食亚目甲虫一样呈明显细长形 [143]。

基于形态特征和环境特点,该种甲虫在中生代可能行动迅速,在开阔地或者湖畔捕食其他小的昆虫。它可能与中生代的肉食亚目甲虫有着近缘关系 [143, 251]。

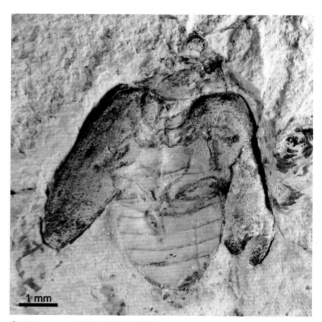

▲ 图 21.9 纵沟优雅圆鞘甲 *Abrohadeocoleodes eurycladus* Tan,Ren,Shih & Yang,2013(正模标本,CNU-COL-NN2010803)[143]

细网甲科 Tshekardocoleidae Rohdendorf,1944

与长扁甲科 Cupedidae 和二叠扁甲科 Permocupedidae 相比,细网甲科鞘翅上的主脉更为倾斜,不与前后缘平行;前缘与其余部分明显分开,宽且扁平,形成 1 个网状翅脉;RS 在翅 1/3 处和 2/3 处分叉;SC、RS 和鞘翅缝缘脊延伸至鞘翅顶端;M 具有 2 长分支;Cu 和 A1 平行,延伸至后翅边缘处,常与鞘翅缝缘脊合并。

中国北方地区侏罗纪仅报道 1 属：网甲属 *Dictycoleus* Hong，1982。

网甲属 *Dictycoleus* Hong，1982

Dictycoleus Hong，1982，Mesozoic Fossil Insects of Jiuquan Basin in Gansu Province，98 [160] (original designation).

模式种：侏罗网甲 *Dictycoleus jurassicus* Hong，1982。

鞘翅翅室在基部区域稍小于端部区域，排列不规则，网状。表面具有 11 条纵脉，其中常具 2 列翅室，但有时具有 3~5 列；前缘区域宽，翅脉网状，翅脉之间的区域具有 2 列翅室，在中央区域翅室列数增加；翅脉长且直，平行；纵脉总是具有小凹陷。

产地及时代：甘肃，早侏罗世 – 中侏罗世。

中国北方地区侏罗纪仅报道 1 种（表 21.1）。

藻食亚目 Myxophaga Crowson，1955

水缨甲科 Hydroscaphidae LeConte，1874

水缨甲科为一类小型甲虫，鞘翅短截，与一些隐翅虫比较相似。跗节 3 节；前胸背侧缝明显；触角短且无毛，5 节或者 8 节。

中国北方地区白垩纪仅报道 1 属：水缨甲属 *Hydroscapha* LeConte，1874。

水缨甲属 *Hydroscapha* LeConte，1874

Hydroscapha LeConte，1874，*Trans.. Am. Entomol. Soc.*，5：43–72 [252] (original designation).

模式种：泳水缨甲 *Hydroscapha natans* LeConte，1874。

虫体小，舟形，前端圆形，后端变窄，背面隆起，细长且具光泽；头相当大，前胸在前端窄，前角向下弯曲，基部平截不具缘边；小盾片小；鞘翅不具刻线，稍具刻点，顶端宽阔且平截；腹部向后延伸超过鞘翅，自背面观可见 3 节腹节，圆锥形，侧面无缘边。

产地及时代：辽宁，早白垩世。

中国北方地区白垩纪仅报道 1 种（表 21.1）。

肉食亚目 Adephaga Schellenberg，1806

步甲科 Carabidae Latreille，1802

步甲科是一个物种丰富且分布广泛的类群，大多为陆生肉食种类。它们常具有丝状触角，且触角第 3 或第 4 节之后都覆盖有密集的柔毛；头前口式，具大的捕食性上颚；前足胫节具有 1 个净角器；虫体上具有直立的触觉刚毛；后胸腹板上具有横沟，后足基节相对较窄。

中国北方地区侏罗纪和白垩纪报道的属：白垩步甲属 *Cretorabus* Ponomarenko，1977；古心步甲属

Nebrorabus Ponomarenko，1989；奇步甲属 *Aethocarabus* Ren，1995；裸步甲属 *Denudirabus* Ren，Lu，Ji & Guo，1995；罕步甲属 *Penecupes* Ren，1995；白垩暗虎甲属 *Cretotetracha* Zhao，Zhao，Chen & Wang，2019。

白垩步甲属 *Cretorabus* Ponomarenko，1977

Cretorabus Ponomarenko，1977，*Tr. Paleontol. Inst. Akad. Nauk SSSR*，161：17–119 [66] (original designation).

Cretarabus Hong & Wang，1990，*Stratigraphy and Palaeontology of Laiyang Basin*，*Shandong Province*，44–189 [173].

模式种：大头白垩步甲 *Cretorabus capitatus* Ponomarenko，1977。

虫体宽，小或中等体型。头大，强烈横宽。前胸背板横宽，在前端或者中间部分最宽，在中间之后部分缢缩。中胸腹板长于中足基节。后胸前侧板在后端变窄。后足基节板在外侧一半强烈变窄，向后足基节侧缘延伸成窄舌状。腹部短，顶端圆形；最后一节可见腹板长，其前缘 2/3 与腹部基部等宽。足短，腿节向侧面延伸稍超过虫体侧缘。鞘翅平滑或具多列大刻点。

产地及时代：中国内蒙古、蒙古、俄罗斯和英国，早白垩世。

中国北方地区白垩纪仅报道 1 种（表 21.1）。

古心步甲属 *Nebrorabus* Ponomarenko，1989

Nebrorabus Ponomarenko，1989，*Paleontol. J.*，2：52–63 [253] (original designation).

模式种：细长古心步甲 *Nebrorabus baculum* Ponomarenko，1989。

虫体小型，细长且扁平。头大，三角形，几乎与前胸背板等长，枕部宽度小于前胸背板基部宽度的 1.5 倍。前胸向后强烈变窄，在基部明显窄于鞘翅。后足基节倾斜，基节板强烈变短。鞘翅长约为宽的 3 倍，具有细小的刻点和沟纹或是平滑，腿节几乎长于虫体长的 1/3，后足胫节长于腿节。

产地及时代：中国北京、蒙古和俄罗斯，早白垩世。

中国北方地区白垩纪仅报道 1 种（表 21.1）。

奇步甲属 *Aethocarabus* Ren，1995

Aethocarabus Ren，1995，Fauna and Stratigraphy of Jurassic-Cretaceous in Beijing and the Adjacent Areas，84 [240] (original designation).

模式种：光滑奇步甲 *Aethocarabus levigata* Ren，1995。

头宽大于长；咽部在前端宽，外咽缝明显弯曲，内凹；前胸侧腹缝明显弯曲，前胸侧板中等大小；后胸腹板具有明显的横缝，纵缝缺失；鞘翅平滑，刻点不明显。

产地及时代：北京，早白垩世。

中国北方地区白垩纪仅报道 1 种（表 21.1）。

裸步甲属 *Denudirabus* Ren，1995

Denudirabus Ren，1995，Fauna and Stratigraphy of Jurassic-Cretaceous in Beijing and the Adjacent Areas，86 [240] (original designation).

模式种：无纹裸鞘步甲 *Denudirabus exstrius* Ren，1995。

头宽大于长，上颚强壮，咽部前端极宽，后端窄；前胸背板明显横宽，前角向前突出，背侧缝与前胸背板侧缘近似地弯曲，侧腹缝倾斜地延伸至前足基节；前胸腹板突在基节间不明显地突出；中足基节相距近；后胸腹板横缝明显，后足基节近圆形，后胸后侧板明显；鞘翅平滑，不具刻纹。

产地及时代：北京，早白垩世。

中国北方地区白垩纪仅报道 1 种（表 21.1）。

罕步甲属 *Penecupes* Ren，1995

Penecupes Ren，1995，Fauna and Stratigraphy of Jurassic-Cretaceous in Beijing and the Adjacent Areas，79[240] (original designation).

模式种：凶猛罕步甲 *Penecupes rapax* Ren，1995。

头宽大于长，复眼大，上颚明显大；前胸背板宽，其前端覆盖头基部，背侧缝直，侧腹缝弯曲；前足基节明显分开，前胸腹板突延伸至基节之间；中足基节分离；后胸腹板无纵缝和横缝；鞘翅完全覆盖住腹部，鞘翅缘折在前端和后端均明显，但无刻纹，背面具有 9 列纵向圆形翅室，在翅室周围无小刻点。

产地及时代：北京，早白垩世。

中国北方地区白垩纪仅报道 1 种（表 21.1）。

白垩暗虎甲属 *Cretotetracha* Zhao，Zhao，Chen & Wang，2019

Cretotetracha Zhao，Zhao，Chen & Wang，2019，*Cret. Res.*，94：147–151[254] (original designation).

模式种：大白垩暗虎甲 *Cretotetracha grandis* Zhao，Zhao，Chen & Wang，2019。

虫体中等大小，长为宽的 2.3 倍。头具大的复眼。上唇宽。上颚镰刀状，具 1 个端齿，2 个内缘齿。前胸背板横宽，长为宽的 1.5 倍；前侧角明显扩展；基部明显窄于鞘翅基部。腹部与中后胸腹板等长，端部圆形。足长，后足胫节稍长于腿节。

产地及时代：内蒙古，早白垩世。

中国北方地区白垩纪仅报道 1 种（表 21.1）。

龙虱总科 Dytiscoidea Bell，1966

裂尾甲科 Coptoclavidae Ponomarenko，1961

裂尾甲科是已灭绝的肉食水生甲虫。尽管已知幼虫的多样性相对于成虫来说很低，但成虫和幼虫的化石均较常见。裂尾甲成虫具有 2 对复眼，而大多数幼虫的前足都为捕捉足，中后足则为游泳足[133]。

中国北方地区侏罗纪和白垩纪报道的属：裂尾甲属 *Coptoclava* Ping，1928；宽板裂尾甲属 *Coptoclavisca* Ponomarenko，1987；道虎沟桨甲属 *Daohugounectes* Wang，Ponomarenko & Zhang，2009。

裂尾甲属 *Coptoclava* Ping，1928

Coptoclava Ping，1928，*Palaeontologica Sin. B*，13 (1)：1–56[156] (original designation).

Coptolavia Teixeira，1975，*Boletim da Sociedade Geologica de Portugal*，19 (3)：131–134[75].

模式种：长肢裂尾甲 *Coptoclava longipoda* Ping，1928。

体长 15~45 mm。头向前突出；上颚强壮，具 2~3 对齿；下颚须 4 节；复眼着生于头部背面，圆形且相距较远；腿节稍长于胫节，胫节具 1 对强壮的端距，跗节顶端尖，具 1 对发达的爪；腹部具 6 节可见腹板，每一节腹板具有 1 对侧鳃和气门；雄性具有强壮的抱握器，雌性从第 4 节腹板开始具有 3 对瓣膜；鞘翅未覆盖至腹部末端，臀板外露。鞘翅粗糙且隆起，前缘弧形并具有数条纵纹，前后缘相交处明显具角。

幼虫具两种类型：①成熟幼虫：体长 20~45 mm，形状与成虫相似；头和足具有与成虫相似的特征，腹部 6 节，在顶端具有 1 对长且叉状的尾突。②未成熟幼虫：体长 10~35 mm；头小，上颚强壮，具有 2~3 对齿；后足游泳足，前足针状，均覆盖有游泳毛；腹部具有 2 条粗大的纵向的气管，在末端具 1 对叉状尾突。

产地及时代：中国甘肃、河北、吉林、辽宁、山东和内蒙古，早白垩世；蒙古，早白垩世；俄罗斯，早白垩世；韩国，中白垩世。

中国北方地区侏罗纪和白垩纪仅报道 1 种（表 21.1）。

宽板裂尾甲属 *Coptoclavisca* Ponomarenko，1987

Coptoclavisca Ponomarenko，1987，*Paleontol. J.*，21 (2)：79–92[135] (original designation).

模式种：黑宽板裂尾甲 *Coptoclavisca nigricollinus* Ponomarenko，1987。

虫体小，后足基节板相对变宽，所有的足都不具明显的游泳毛。

产地及时代：中国山东和蒙古，早白垩世。

中国北方地区白垩纪仅报道 1 种（表 21.1）。

道虎沟桨甲属 *Daohugounectes* Wang，Ponomarenko & Zhang，2009

Daohugounectes Wang，Ponomarenko & Zhang，2009，*Paleontol. J.*，43 (6)：652–659[133] (original designation).

模式种：始道虎沟桨甲 *Daohugounectes primitivus* Wang，Ponomarenko & Zhang，2009。

幼虫：头横宽，基部前端变窄；鼻突具圆形的侧瓣。上颚在近中央处具有臼叶。前胸背片稍长于中、后胸背片。足相对短；中后足明显长于前足，腿节、胫节和跗节近等长，胫节在端部稍膨大，跗节前端圆形地膨大。腹部具有 9 节，其中 7 节横宽。

成虫：中等大小，椭圆形。头横宽，侧面圆形，复眼不突出。前胸背板横宽，其基部宽度远小于鞘翅基部的宽度，前缘微凹；前胸腹板突细长且两侧平行。后胸腹板具一隆起的三角形平板。腹部第 3 节和第 4 节之间的界线不清晰。鞘翅具有突出的纵脊，脊间区域光滑。足具有长且密的游泳毛。

该属幼虫具有一些原始的特征，如具有鼻突、上颚细长且仅具 2 个齿、中后足不是很强壮、主气管稍发达且螺旋形变厚、腹部第 9 节具退化的残余。它们被认为是 Timarchopsinae 中最基部的幼虫类型。但该属成虫具有一些比较特化的特征，被认为是 Timarchopsinae 中最高等的形态。因此，*Daohugounectes* 可能代表着 Timarchopsinae 和更端部的 Charanoscaphinae 之间的过渡类群[221]。

产地及时代：内蒙古，中侏罗世。

中国北方地区侏罗纪仅报道 1 种（表 21.1）。

龙虱科 Dytiscidae Leach，1815

龙虱科是水生肉食亚目中最主要的一个科，呈世界性分布。它们具有流线型的体形，后足强壮且具游泳毛，触角末端不膨大，具前胸侧板，无大的后足基节板。

中国北方地区白垩纪报道的属：里隐龙虱属 *Liadroporus* Prokin & Ren，2010；里龙虱属 *Liadytiscus* Prokin & Ren，2010；中生圆龙虱属 *Mesoderus* Prokin & Ren，2010；中华龙虱属 *Sinoporus* Prokin & Ren，2010；隆胸龙虱属 *Liadyxianus* Prokin，Petrov，Wang & Ponomarenko，2013；中生龙虱属 *Mesodytes* Prokin，Petrov，Wang & Ponomarenko，2013。

里隐龙虱属 *Liadroporus* Prokin & Ren，2010

Liadroporus Prokin & Ren，2010，*Paleontol. J.*，44 (5)：526–533[255] (original designation).

模式种：优雅里隐龙虱 *Liadroporus elegans* Prokin & Ren，2010。

中等体型，鞘翅两侧平行。前胸背板不窄于鞘翅，在基部与鞘翅平滑相连，形成稍弯曲的外缘轮廓。头部分缩进前胸背板中。前足基节和中足基节圆形，中足基节相距远。前胸腹板具隆脊。后胸腹板具有圆形的隆起区域。后足基节稍长于后胸腹板侧翼。后足基节突顶端圆形。后足腿节窄。鞘翅缘折在基部宽，向后逐渐变窄，并在腹部第 5 节中间位置处消失。

产地及时代：辽宁，早白垩世。

中国北方地区白垩纪仅报道 1 种（表 21.1）。

里龙虱属 *Liadytiscus* Prokin & Ren，2010

Liadytiscus Prokin & Ren，2010，*Paleontol. J.*，44 (5)：526–533[255] (original designation).

模式种：白垩里龙虱 *Liadytiscus cretaceous* Prokin & Ren，2010。

虫体中等大小，椭圆形。前胸背板不窄于鞘翅，侧缘在基部与鞘翅平滑相连形成稍弧形的侧缘轮廓。前足基节和中足基节圆形。前胸背板具隆脊。后足基节稍长于后胸腹板侧翼。后胸腹板突顶端平截，具缺刻。中足胫节和跗节具游泳毛。后足长，为腹部长的 1.5 倍。第 1 节可见腹板在中间位置短于其他可见腹板。鞘翅缘折长。小盾片呈等边三角形。鞘翅光滑，朝顶端逐渐变窄，不具沟槽或刻点列。

产地及时代：辽宁，早白垩世。

中国北方地区白垩纪仅报道 1 种（表 21.1）。

中生圆龙虱属 *Mesoderus* Prokin & Ren，2010

Mesoderus Prokin & Ren，2010，*Paleontol. J.*，44 (5)：526–533[255] (original designation).

模式种：大中生圆龙虱 *Mesoderus magnus* Prokin & Ren，2010。

前足基节相距近。中足胫节外侧具游泳毛。后胸腹板侧叶的最大长度相对较长，但短于后足基节的最大长度。后足基节板末端圆钝，分叉，在中间位置较窄。后胸腹板具圆形中部隆起区域。后足胫节与后足腿节近等长，扁平；后足跗节同样扁平。

产地及时代：内蒙古和辽宁，早白垩世。

中国北方地区白垩纪报道 4 种（表 21.1）。

中华龙虱属 *Sinoporus* Prokin & Ren，2010

Sinoporus Prokin & Ren，2010，*Paleontological Journal*，44 (5)：526–533[255] (original designation).

模式种：线纹中华龙虱 *Sinoporus lineatus* Prokin & Ren，2010。

虫体小，椭圆形，前胸背板侧缘与鞘翅侧缘分别呈弧线弯曲。虫体中间最宽。中足基节圆形，相距近。小盾片外露。复眼前缘不具缺刻。后胸腹板侧翼长，后缘近平直，不延伸至虫体侧缘，短于后足基节。后足基节突侧面直，顶端平截。后足胫节直，延伸至腹部第 4 节可见腹板的后缘。

产地及时代：辽宁，早白垩世。

中国北方地区白垩纪仅报道 1 种（表 21.1）。

隆胸龙虱属 *Liadyxianus* Prokin，Petrov，Wang & Ponomarenko，2013

Liadyxianus Prokin，Petrov，Wang & Ponomarenko，2013，*Zootaxa*，3666 (2)：137–159[136] (original designation).

模式种：基氏隆胸龙虱 *Liadyxianus kirejtshuki* Prokin，Petrov，Wang & Ponomarenko，2013。

该属后足基节板稍短于后胸腹板侧叶。后胸腹板具圆形中部隆起区域。后足基节板在末端分叉；侧缘平截，稍波状，具缺刻。后胸腹板侧叶不延伸至后胸前侧板和后足基节板。后足长，与腹部等长。后足腿节向后可延伸至第 3 节可见腹板后缘，后足胫节长于腿节。腹部第一节可见腹板在中间位置短于其他各节，第 2 节可见腹板最长。

产地及时代：辽宁，早白垩世。

中国北方地区白垩纪仅报道 1 种（表 21.1）。

中生龙虱属 *Mesodytes* Prokin，Petrov，Wang & Ponomarenko，2013

Mesodytes Prokin，Petrov，Wang & Ponomarenko，2013，*Zootaxa*，3666 (2)：137–159[136] (original designation).

模式种：黑斑中生龙虱 *Mesodytes rhantoides* Prokin，Petrov，Wang &Ponomarenko，2013。

鞘翅光滑，半透明，背面具有成列的无光泽的黑点，黑点之间的间距大于或等于它们的直径。前胸腹板突扁平，细长，延伸至中足基节。后胸腹板侧叶的最大长度相对较长，但短于后足基节板的最大长度。后胸腹板中央不具隆起区域。后足后基线在前端稍分散。后足基节突后缘圆形，前端稍窄。后足腿节长为胫节的 1.5 倍。后足腿节向后可延伸至腹部第 4 节可见腹板的中间位置。后足跗节第 1 节长为第 2 节的 1.5 倍。

产地及时代：内蒙古，早白垩世。

中国北方地区白垩纪仅报道 1 种（表 21.1）。

沼梭甲科 Haliplidae Aubé，1836

沼梭甲科多样性较低，包含 5 个现生属超过 200 个种，分布于除南极洲及新西兰之外的世界各地。另有一灭绝的化石属 *Cretihaliplus* Ren，Zhu & Lu，1995 被发现于中国，但 Prokin 和 Ponomarenko 认为它不属于沼梭甲科[256]。我们在此仍将其视为沼梭甲科，因为 Prokin 和 Ponomarenko 并未将其移到其他科或建立新科。该科最主要的鉴定特征是短且光滑的触角、巨大的后足基节板覆盖住后足腿节、腹部腹板的基部背面强烈隆起、鞘翅具成列的细刻点。

产地及时代：内蒙古，早白垩世。

中国北方地区白垩纪报道的属：白垩沼梭属 *Cretihaliplus* Ren，Zhu & Lu，1995。

白垩沼梭属 *Cretihaliplus* Ren，Zhu & Lu，1995

Cretihaliplus Ren，Zhu & Lu，1995，*Acta Geoscienta Sin.*，4：432–439[257] (original designation).

模式种：赤峰白垩沼梭 *Cretihaliplus chifengensis* Ren，Zhu & Lu，1995。

虫体具有密集的小刻点。头前口式，唇基和上唇大，头突出。前胸背板在前端窄，小盾片缺失。鞘翅具有 9 列纵刻纹，不完全覆盖住腹部，顶端开裂。后足基节板向后延伸不超过第 3 节可见腹板。

产地及时代：内蒙古，早白垩世。

中国北方地区白垩纪报道 2 种（表 21.1）。

里阿龙虱科 Liadytidae Ponomarenko，1977

Ponomarenko[66] 基于两种化石描述了一新属里阿龙虱属 *Liadytes* Ponomarenko，1977，并基于此建立了里阿龙虱科。该科被认为是水生甲虫，虫体椭圆形，背腹面均凸起。其主要鉴别特征为小盾片外露，后胸前侧板延伸至中足基节窝，后胸腹板中央具一纵向突起且两侧界线清晰；后足基节前缘近平直，与后胸腹板的横缝相连形成一条直线，中央顶端微凹；足细长，胫节和跗节上具游泳毛。

中国北方地区白垩纪报道的属：卵龙虱属 *Ovidytes* Ren，Zhu & Lu，1995。

卵龙虱属 *Ovidytes* Ren，Zhu & Lu，1995

Ovidytes Ren，Zhu & Lu，1995，*Acta Geoscienta Sin.*，4：432–439[257] (original designation).

模式种：高氏卵龙虱 *Ovidytes gaoi* Ren，Zhu & Lu，1995。

模式种种名是为了纪念著名的地质学家高振西院士。

虫体长椭圆形。前胸背板宽，前后端均朝基部弯曲，前胸腹板突明显；后足基节稍膨大，前缘弯曲，后足腿节和胫节具游泳毛，第 1 跗分节长。

产地及时代：内蒙古，早白垩世。

中国北方地区白垩纪仅报道 1 种（表 21.1）。

粗水甲科 Trachypachidae Thomson，1857

粗水甲科，又被称作伪步甲，多样性较低，包含了现生类群 Trachypachinae 和灭绝类群 Eodromeinae 2 个亚科。成虫具有触觉刚毛；前足胫节具有净角器；后足基节向侧面延伸至鞘翅处，因此后胸后侧板并不位于后胸前侧板和第 1 节可见腹板之间；触角具柔毛，但不像步甲一样在顶端变密。

中国北方地区侏罗纪和白垩纪报道的属：始粗水甲属 *Eodromeus* Ponomarenko，1977；细眼粗水甲属 *Unda* Ponomarenko，1977；壮粗水甲属 *Fortiseode* Jia & Ren，2011；中华粗水甲属 *Sinodromeus* Wang，Zhang & Ponomerenko，2012。

始粗水甲属 *Eodromeus* Ponomarenko，1977

Eodromeus Ponomarenko，1977，*Tr. Paleontol. Inst. Akad. Nauk SSSR*，161：17–119[66] (original designation).

模式种：古老始粗水甲 *Eodromeus antiquus* Ponomarenko，1977。

头三角形，包含上颚在内的长度通常短于枕部的宽度，后颊短于复眼。触角短，很少向后延伸超过前胸背板基部。前胸背板前缘微内凹，前角不尖锐，基部稍窄于鞘翅。后足基节板后缘和侧缘部分均微凹。

产地及时代：内蒙古，中侏罗世；吉林，早白垩世；蒙古，早白垩世；俄罗斯，早白垩世；哈萨克斯坦，中侏罗世。

中国北方地区侏罗纪和白垩纪报道 3 种（表 21.1）。

细眼粗水甲属 *Unda* Ponomarenko，1977

Unda Ponomarenko，1977，*Tr. Paleontol. Inst. Akad. Nauk SSSR*，161：17–119[66]（original designation）。

模式种：微板细眼粗水甲 *Unda microplata* Ponomarenko，1977。

头横宽，三角形。复眼小，不长于后颊。触角较长，细长，丝状。前胸背板横宽，在前端 1/3 处稍变窄，前缘稍内凹，基部稍窄于鞘翅基部。中胸腹板与中足基节近等。后足基节强烈倾斜。腹部很短，仅稍长于中后胸长度之和；可见腹板末节最长，前缘明显窄于腹部基部。

产地及时代：中国内蒙古，中侏罗世；北京，早白垩世；俄罗斯，晚侏罗世。

中国北方地区侏罗纪和白垩纪报道 3 种（表 21.1）。

壮粗水甲属 *Fortiseode* Jia & Ren，2011

Fortiseode Jia & Ren，2011，*Zootaxa*，2736：63–68[258]（original designation）。

模式种：大颚壮粗水甲 *Fortiseode pervalimand* Jia & Ren，2011。

头横宽，长度大于宽度的一半。上颚与头部等长，头部与上额一起的长度与头宽近相等。前胸背板心形，在前端约 1/5 处最宽，前缘强烈内凹，基部与鞘翅基部近等宽。后足基节强壮，横宽。腿节与胫节强壮，后足胫节短于鞘翅长的一半，后足跗节短，约为后足胫节长的一半；转节大，长于后足腿节的 1/3。

产地及时代：辽宁，早白垩世。

中国北方地区白垩纪仅报道 1 种（表 21.1）。

中华粗水甲属 *Sinodromeus* Wang，Zhang & Ponomerenko，2012

Sinodromeus Wang，Zhang & Ponomerenko，2012，*Palaeontology*，55 (2)：341–353[138]（original designation）。

模式种：柳条沟中华粗水甲 *Sinodromeus liutiaogouensis* Wang，Zhang & Ponomerenko，2012。

头横宽，三角形。复眼小，不长于后颊。触角较长，细长，丝状。前胸背板横宽，在前端 1/3 处稍窄缩；前缘稍内凹；基部稍窄于鞘翅基部。中、后足基节之间的间距长于中足基节的长度。后足基节强烈倾斜。腹部很短，仅稍长于中后胸之和；最后一节可见腹节最长，其前缘远窄于腹部基部。

产地及时代：内蒙古，早白垩世。

中国北方地区白垩纪仅报道 1 种（表 21.1）。

多食亚目 Polyphaga Emery，1886

隐翅虫系 Staphyliniformia Lameere，1900

水龟甲总科 Hydrophiloidea Latreille，1802

沟背牙甲科 Helophoridae Leach，1815

几乎所有的成虫均为水生，幼虫陆生。沟背牙甲科包含了主要分布于全北区的沟背牙甲属 *Helophorus*，它们在前胸背板上具有独特的纵向沟纹，并且下唇须末端具有成簇的长刚毛。

中国北方地区白垩纪报道的属：沟背牙甲属 *Helophorus* Fabricius，1775。

沟背牙甲属 *Helophorus* Fabricius，1775

Helophorus Fabricius，1775，*Systema Entomologiae*，*sistensinsectorum classes*，*ordines*，*genera*，*species*，*adiectis synonymis*，*locis*，*descriptionibus*，*observationibus*，Officina Libraria Kortii，Flensburgi & Lipsiae，1–832[259] (original designation).

模式种：水沟背牙甲 *Silpha aquatic* Linnaeus，1759[260]。

成虫：大多数种类的头部和前胸背板至少部分具有长有刚毛的沟缝；额唇基缝非常明显，其中央区域具沟；额明显横宽或宽仅稍大于长；咽部常强烈缢缩；前胸背板具有1~5条纵沟，侧缘至少轻微细齿状，前背缘折前侧区具有触角沟；中胸前侧板在中央不相接；中胸腹板在前缘非常窄，在后端中间位置具有1条横脊；鞘翅沿鞘翅刻点列颜色不变淡，具黑色条纹[261]。

幼虫：头前口式，鼻突呈简单的三角形或者具有叶状侧缘；口上叶大，稍覆盖住鼻突，具有一系列粗刚毛；上颚具2个具臼叶的齿；下唇不具有唇舌；头部两侧在颜色较深的骨化区具有6个单眼；所有的胸节都具有大的背片；腹部1~8节均具有1对背面的骨片，并且每一侧还具有1块大的骨片；尾突大，3节。

产地及时代：中国辽宁，早白垩世；蒙古，晚侏罗世和早白垩世；俄罗斯，晚侏罗世。

中国北方地区白垩纪报道2种（表21.1）。

牙甲科 Hydrophilidae Latreille，1802

牙甲科，英文名为"water scavenger beetles"，目前是牙甲总科中最大的一个支系。它们具有相对比较短的触角，触角7~9节，末端3节膨大且具柔毛，极少情况下末端4节膨大，锤状部前1节触角横宽且光滑无毛。

中国北方地区白垩纪报道的属：亚氏牙甲属 *Alegorius* Fikáček，Prokin，Yan，Yue，Wang，Ren & Beattie，2014；义县牙甲属 *Hydroyixia* Fikáček，Prokin，Yan，Yue，Wang，Ren & Beattie，2014。

亚氏牙甲属 *Alegorius* Fikáček，Prokin，Yan，Yue，Wang，Ren & Beattie，2014

Alegorius Fikáček，Prokin，Yan，Yue，Wang，Ren & Beattie，2014，*Zool. J. Linn. Soc-Lond*，170：710–734[262] (original designation).

模式种：义县亚氏牙甲 *Alegorius yixianus* Fikáček，Prokin，Yan，Yue，Wang，Ren & Beattie，2014。

虫体中等大小；上唇自背面部分可见，唇基前缘中间位置具微缺刻；前胸腹板中等长，中央具轻微的隆脊或隆起；小盾片小，三角形；缝发达，强烈弯曲，两侧近平行，在前端明显分离；中足基节相距非常近；腹部具 5 节可见腹板，可见腹板末节具深且窄的顶端微凹；鞘翅具刻点列，鞘翅缝刻纹深；中足跗节具 5 节跗分节，第 1 跗分节非常短。

产地及时代：辽宁，早白垩世。

中国北方地区白垩纪仅报道 1 种（表 21.1）。

义县牙甲属 *Hydroyixia* Fikáček，Prokin，Yan，Yue，Wang，Ren & Beattie，2014

Hydroyixia Fikáček，Prokin，Yan，Yue，Wang，Ren & Beattie，2014，*Zool. J. Linn. Soc-Lond*，170：710–734[262]（original designation）。

模式种：细长义县牙甲 *Hydroyixia elongate* Fikáček，Prokin，Yan，Yue，Wang，Ren & Beattie，2014。

虫体中等大小；上唇自背面部分可见，唇基前缘中间位置具深而宽的微缺刻；前胸腹板中等长；小盾片小，三角形；主侧片缝略弯曲，在前端并合；中胸腹板前端非常窄；中足基节相距非常近；腹部具 5 节可见腹板，可见腹板末节具有宽且浅的顶端凹陷；鞘翅具有刻点列，鞘翅缝刻纹深，鞘翅长刚毛非常明显；中足跗节 5 节，第 1 跗分节非常短。

产地及时代：辽宁，早白垩世。

中国北方地区白垩纪报道 2 种（表 21.1）。

隐翅虫总科 Staphylinoidea Latreille，1802

隐翅虫科 Staphylinidae Latreille，1802

隐翅虫科，英文名为"rove beetles"，是一个多样性极其丰富的类群，被认为是种类最多的一个现生类群。它们通常鞘翅较短，腹部末 3 节或以上的背板自背面外露，后翅折叠模式非常复杂[204]。

中国北方地区侏罗纪和白垩纪报道的属：巨须隐翅虫属 *Oxyporus* Fabricius，1775；肩隐翅虫属 *Quedius* Stephens，1829；始隐翅虫属 *Protostaphylinus* Lin，1976；白垩肩隐翅虫属 *Cretoquedius* Ryvkin，1988；石隐翅虫属 *Laostaphylinus* Zhang，1988；中生隐翅虫属 *Mesostaphylinus* Zhang，1988；中国隐翅虫属 *Sinostaphylina* Hong & Wang，1990；华隐翅虫属 *Sinostaphylius* Hong，1992；昔隐翅虫属 *Hesterniasca* Zhang，Wang & Xu，1992；光滑隐翅虫属 *Glabrimycetoporus* Yue，Zhao & Ren，2009；大滑隐翅虫属 *Megolisthaerus* Solodovnikov & Yue，2010；中国颈隐翅虫属 *Sinoxytelus* Yue，Zhao & Ren，2010；侏罗切边隐翅虫属 *Juroglypholoma* Cai & Huang，2012；中生波缘隐翅虫属 *Mesocoprophilus* Cai & Huang，2013；伪盾冠隐翅虫属 *Pseudanotylus* Cai & Huang，2013；华方角隐翅虫属 *Sinanthobium* Cai & Huang，2013；始光背隐翅虫属 *Protodeleaster* Cai，Thayer，Huang，Wang & Newton，2013；白垩宽颈隐翅虫属 *Cretoprosopus* Solodovnikov & Yue，2013；硬胸隐翅虫属 *Durothorax* Solodovnikov & Yue，2013；古生直缝隐翅虫属 *Paleothius* Solodovnikov & Yue，2013；古箭隐翅虫属 *Paleowinus* Solodovnikov & Yue，2013；泰氏隐翅虫属 *Thayeralinus* Solodovnikov & Yue，2013；白垩巨须隐翅虫属 *Cretoxyporus* Cai & Huang，2014；原巨须隐翅虫属 *Protoxyporus* Cai & Huang，2014；中生缩头隐翅虫属 *Mesapatetica* Cai，Huang，Newton & Thayer，2014；原光滑隐翅虫属 *Protolisthaerus* Cai，Beattie & Huang，2015；古扁隐翅虫属

Paleosiagonium Yue，Gu，Yang，Wang & Ren，2016。

巨须隐翅虫属 *Oxyporus* Fabricius，1775

Oxyporus Fabricius，1775，*Systema Entomologiae*，*sistens insectorvm classes*，*ordines*，*genera*，*species*，*adiectis synonymis*，*locis*，*descriptionibvs*，*observationibvs*. Officina Libraria Kortii，Flensburgi & Lipsiae，1–832[259].

模式种：红巨须隐翅虫 *Staphylinus rufus* Linnaeus，1810。

成虫头部大，前口式；上颚长且弯曲，下唇须末节顶端膨大；触角短，念珠状。幼虫臼齿呈明显的三叶形，上颚短粗且呈深二叉形。

产地及时代：中国辽宁，早白垩世；缅甸，晚白垩世。

中国北方地区白垩纪仅报道 1 种（表 21.1）。

义县巨须隐翅虫 *Oxyporus yixianus* Solodovnikov & Yue，2011 (图21.10)

Oxyporus yixianus Solodovnikov & Yue，2011，*J. Syst. Palaeontol.*，9 (4)：467–471[232].

产地及层位：辽宁北票黄半吉沟；下白垩统，义县组。

体色双色，体型强壮，无颈，上颚接近顶端处具明显的切槽；上颚背侧面具明显的沟。Solodovnikov 和 Yue 等人将其归入 Oxyporinae 中唯一的一个现生属 *Oxyporus* Fabricius，1775 内。巨须隐翅虫的化石记录之前也有所报道，但是义县巨须隐翅虫是最早的记录，这块古老化石的发现使得 Oxyporinae 为隐翅虫中基部支系这一假说更加可信。他们认为 *Oxyporus yixianus* 的形态极其特化，代表了巨须隐翅虫亚科从 Staphylinine 群中分化出的阶段。巨须隐翅虫亚科从 Staphylinine 群中开始分化的时间应该远早于早白垩世，其菌食的生物习性也明显早于文献记载[232]。

▲ 图 21.10　义县巨须隐翅虫 *Oxyporus yixianus* Solodovnikov & Yue，2011（正模标本 CNU-COL-LB2008087）[232]

肩隐翅虫属 *Quedius* Stephens，1829

Quedius Stephens，1829，*The Nomenclature of British insects; being a compendious list of such species as are contained in the Systematic Catalogue of British Insects*，*and forming a guide to their classification*，*68 columns*[263] (original designation).

模式种：广颈肩隐翅虫 *Staphylinus levicollis* Brullé，1832。

跗式 5-5-5；眼眶下脊发达且多样；前胸背板具或多或少朝下的前背缘折，基节后突膜质且发达，背面具 1~3 个刻点列；前胸腹板常具有中纵脊；中胸腹板具尖锐的基节间突，中足基节相连；雄性外生殖器侧叶愈合，形成 1 个单独的薄片。

产地及时代：辽宁，早白垩世。

中国北方地区白垩纪仅报道 1 种（表 21.1）。

始隐翅虫属 *Protostaphylinus* Lin，1976

Protostaphylinus Lin，1976，*Acta Palaeontol. Sin.*，15（1）：97–116 [168]（original designation）.

Prostaphylinus Hong，1983，*Middle Jurassic Fossil Insects in North China*，223 [93].

模式种：奇始隐翅虫 *Protostaphylinus mirus* Lin，1976。

触角 11 节，前 3 节长，后 5 节逐渐膨大，最后 1 节非常膨大且延长，其他各节念珠状；头三角形，后缘略窄，上颚不突出；复眼位于头部的后侧方；前胸大于头部，宽为长的 2 倍，前胸背板光滑；鞘翅短且光滑；腹部具 5 节可见腹板，后缘直，最后两节稍小。

产地及时代：辽宁，中侏罗世。

中国北方地区侏罗纪仅报道 1 种（表 21.1）。

白垩肩隐翅虫属 *Cretoquedius* Ryvkin，1988

Cretoquedius Ryvkin，1988，*Paleontol. Zh.*，4：103–106 [264]（original designation）.

模式种：大眼白垩肩隐翅虫 *Cretoquedius oculatus* Ryvkin，1988。

头部具明显的颈部缢缩，复眼特别大至中等大小。触角 11 节，着生于额部，着生点未被遮盖。前胸背板明显横宽至长约等于宽，前角明显，后角不明显呈宽圆形，侧缘圆弧形；前胸背腹缝发达；前胸腹板具有尖锐的纵脊。中足基节几乎相连，小盾片基部具 2 个隆线。鞘翅中等长，不具有明显的刻点或刻纹，似乎无鞘翅缘折脊。跗式 5-5-5，前足跗节 1~4 跗分节膨大。腹部细长，第 3~7 节背板具有 2 对侧板；每一节的侧板均明显分离；雄性第 8 节腹板简单，中央不具凹陷，第 9 节侧背板顶端膨大且具圆钝的突起，具有成束的长刚毛；雄性第 9 节腹板常完整；腹部第 3~7 节背板基部各具 1 条隆线；腹节边缘无长且粗的刚毛，但具有或多或少的短刚毛。

产地及时代：中国辽宁，早白垩世；俄罗斯，晚白垩世。

中国北方地区白垩纪报道 3 种（表 21.1）。

石隐翅虫属 *Laostaphylinus* Zhang，1988

Laostaphylinus Zhang，1988，*Acta Entomol. Sin.*，31：79–84 [265]（original designation）.

模式种：暗石隐翅虫 *Laostaphylinus nigritellu* Zhang，1988。

虫体细长，小型。头大，近四边形。前胸背板近正方形，不具有刚毛或刻点。前胸背板前缘稍宽于后缘，前角尖且稍向前延伸，后角圆形。鞘翅短，后缘平截。足短粗，跗节 5 节。后足跗节第 1 节短。腹部具有 7 节可见腹板，末端部分具有长刚毛。无尾须。

产地及时代：山东，早白垩世。

中国北方地区白垩纪报道 2 种（表 21.1）。

中生隐翅虫属 *Mesostaphylinus* Zhang，1988

Mesostaphylinus Zhang，1988，*Acta Entomol. Sin.*，31：79–84 [265]（original designation）.

模式种：莱阳中生隐翅虫 *Mesostaphylinus laiyangensis* Zhang，1988。

头具有明显的颈部缢缩，颈部细长；复眼中等大小，与后颊近等长。触角11节，着生于复眼前侧。前胸背板明显稍细长形，前背缘折宽且延伸形成明显的基节后突。鞘翅相对短，与前胸背板等长，具有1个类似鞘翅缘折脊的结构，从肩部延伸至鞘翅的中间。足中等长，前足基节大且相连，腿节前端宽，前足跗节1~4跗分节稍膨大。腹部至少在3~6节背板处具2对侧板，每对侧板明显分离；第9侧背板在背面相连或愈合，在顶端形成尖的突起；腹部3~7节背板基部各具1条隆线。

产地及时代：山东和辽宁，早白垩世。

中国北方地区白垩纪报道4种（表21.1）。

中国隐翅虫属 *Sinostaphylina* Hong & Wang，1990

Sinostaphylina Hong & Wang，1990，Insect fossils of Laiyang Formation. In: *The Stratigraphy and Palaeontology of Laiyang Basin*，*Shandong Province*，44–189[173] (original designation).

模式种：南李格庄中国隐翅虫 *Sinostaphylina nanligezhuangensis* Hong & Wang，1990。

中等体型，虫体长13 mm。触角柄节膨大，之后几节急剧退化，柄节宽约是梗节宽的3倍；前胸背板碗状，前缘明显宽于后缘，后角圆形；鞘翅缝端部形成1个半圆形的缺口；足宽且短，锤状。腹部具有8节矩形的可见腹板，每节可见腹板的后角都具1根长毛；腹部顶端具有细刚毛。

产地及时代：山东，早白垩世。

中国北方地区白垩纪仅报道1种（表21.1）。

中华隐翅虫属 *Sinostaphylius* Hong，1992

Sinostaphylius Hong，1992，Middle and Late Jurassic insects. In: ，*Palaeontological Atlas of Jilin Province*. 410–425[145] (original designation).

模式种：夏家街中国隐翅虫 *Sinostaphylius xiajiajieensis* Hong，1992。

头近三角形，前缘圆形；触角11节，丝状；前胸背板近扁柿子形，侧缝深；后足强壮，胫节细长且具背缘刺和2个端距；跗节5节，具1对爪；腹部具7节可见腹板和1对长的丝状尾突，第6和第7节具有长的后角和长刚毛；鞘翅硬，似革质，后缘平截，背面具有密集刻点。

产地及时代：吉林，早白垩世。

中国北方地区白垩纪仅报道1种（表21.1）。

昔隐翅虫属 *Hesterniasca* Zhang，Wang & Xu，1992

Hesterniasca Zhang，Wang & Xu，1992，*Entomotaxonomia*：14，277–281[266] (original designation).

模式种：肥昔隐翅虫 *Hesterniasca obesa* Zhang，Wang & Xu，1992。

虫体强壮；头小且横宽，三角形；前胸背板较大，横宽且近正方形；鞘翅短宽；腹部短粗，具有1对宽的生殖突基节；腹部3~7节可见腹板具有1对侧背板。

产地及时代：山东和辽宁，早白垩世。

中国北方地区白垩纪报道2种（表21.1）。

光滑隐翅虫属 *Glabrimycetoporus* Yue，Zhao & Ren，2009

Glabrimycetoporus Yue，Zhao & Ren，2009，*Zootaxa*，2225：63–68[233] (original designation).

模式种：可爱光滑隐翅虫 *Glabrimycetoporus amoenus* Yue，Zhao & Ren，2009。

头长大于宽，近基部最宽，稍缩于前胸背板之下，不具颈部。触角长，11节。前胸背板横宽，长宽比为0.6，侧面宽弧形，在后角之前最宽。足长，中后足胫节具有2个长距；前足跗节前4节跗分节膨大，最后1节最长，稍短于前3节长度之和。在中线处鞘翅长为前胸背板的1.4倍。腹部细长，侧缘自基部至尖锐的端部逐渐变窄，所有的腹节均覆盖有密集的微刚毛。

产地及时代：辽宁，早白垩世。

中国北方地区白垩纪仅报道 1 种（表 21.1）。

大滑隐翅虫属 *Megolisthaerus* Solodovnikov & Yue，2010

Megolisthaerus Solodovnikov & Yue，2010，*Insect Syst. Evol.*，41 (4)：317–327[231] (original designation).

模式种：中国大滑隐翅虫 *Megolisthaerus chinensis* Solodovnikov & Yue，2010。

虫体相对较大；上颚细长且顶端尖，具 1~2 个亚端齿；外咽缝从中部分别向前部和后方分开；触角柄节非常长，长于梗节的 2 倍；触角着生处位于头部的前缘，触角之间的距离稍长于触角着生处与复眼之间的距离；眼眶下脊存在；无颈部；小盾片大，前缘具凹陷；前足和中足跗节 5 节，细长；腹部 3~6 节背板具小且弧形的基侧脊；连接腹部各节的膜具有细小的近矩形骨片。

产地及时代：辽宁，早白垩世。

中国北方地区白垩纪报道 2 种（表 21.1）。

中国颈隐翅虫属 *Sinoxytelus* Yue，Zhao & Ren，2010

Sinoxytelus Yue，Zhao & Ren，2010，*Cret. Res.*，31：61–70[234] (original designation).

模式种：精致中国颈隐翅虫 *Sinoxytelus euglypheus* Yue，Zhao & Ren，2010。

下颚须末节与前 1 节近等宽，长于前 1 节；复眼内缘后侧具纵沟；外咽缝完全分离；中足基节稍分离，基转片外露；腹部第 3~7 节背板具有弯曲的基侧脊。

产地及时代：辽宁，早白垩世。

中国北方地区白垩纪报道 3 种（表 21.1）。

侏罗切边隐翅虫属 *Juroglypholoma* Cai & Huang，2012

Juroglypholoma Cai & Huang，2012，*J. Kansas Entomol. Soc.*，85 (3)：239–244[206] (original designation).

模式种：古侏罗切边隐翅虫 *Juroglypholoma antiquum* Cai & Huang，2012。

头稍长于宽，触角柄节和梗节正常，未膨大，末端 3 小节显著膨大，棒状，触角长度稍短于头和前胸背板之和；前胸背板横形，向后加宽；鞘翅相对于该科其他类型较短，暴露 4 节腹节（第 5~8 背板）；后足腿节较短；鞘翅折缘脊较短（约是鞘翅侧面观长度的 0.63 倍）。

产地及时代：中国内蒙古，中侏罗世；澳大利亚，晚白垩世。

中国北方地区侏罗纪仅报道 1 种（表 21.1）。

中生波缘隐翅虫属 *Mesocoprophilus* Cai & Huang，2013

Mesocoprophilus Cai & Huang，2013，*Insect Syst. Evol.*，44：213–220[211] (original designation).

模式种：棒角中生波缘隐翅虫 *Mesocoprophilus clavatus* Cai & Huang，2013。

身体小，长形；头较大；触角短，触角末端 3 小节明显膨大形成棒状；中足基节近连接，被中胸腹板突稍分开；腹部第二节短，骨化程度不高；腹板无纵向脊（后足基节间突起）；腹部第 3~7 节各具 2 对背侧板；背板无基侧脊；后足跗节 5 节。

产地及时代：辽宁，早白垩世。

中国北方地区白垩纪仅报道 1 种（表 21.1）。

伪盾冠隐翅虫属 *Pseudanotylus* Cai & Huang，2013

Pseudanotylus Cai & Huang，2013，*Insect Syst. Evol.*，44 (2)：203–212 [210] (original designation).

模式种：古伪盾冠隐翅虫 *Pseudanotylus archaicus*(Yue，Makranczy& Ren，2012)。

Anotylus archaicus Yue，Makranczy & Ren，2012，*Journal of Paleontology*，86，508–512 [230]。

身体较大，长形；触角短，念珠状；外咽缝分开明显，向两端扩展；上颚较大，粗壮；前胸背板横形，向后变窄；前足基节连接；中足基节近连接；所有胫节粗壮，向端部加宽，各具有 1 或 2 条纵脊；腹部第 2 节非常短，骨化程度弱；腹部 3~7 节各具 1 对宽的背侧板；背板无基侧脊。

产地及时代：辽宁，早白垩世。

中国北方地区白垩纪仅报道 1 种（表 21.1）。

华方角隐翅虫属 *Sinanthobium* Cai & Huang，2013

Sinanthobium Cai & Huang，2013，*Can. Entomol.*，145 (5)：496–500 [209] (original designation).

模式种：道虎沟华方角隐翅虫 *Sinanthobium daohugouense* Cai & Huang，2013。

身体卵圆形，体型微小（长小于 2 mm）；触角较长，伸至前胸背板后缘；触角第 8~10 小节近方形，非横形或长形；前胸背板横形，其折缘具向内发育的三角形突起；鞘翅长，露出末端 4 个腹节，即 5~8 节背板。

产地及时代：内蒙古，中侏罗世。

中国北方地区侏罗纪仅报道 1 种（表 21.1）。

始光背隐翅虫属 *Protodeleaster* Cai，Thayer，Huang，Wang & Newton，2013

Protodeleaster Cai，Thayer，Huang，Wang & Newton，2013，*Cr. Palevol.*，12：159–163 [216] (original designation).

模式种：始光背隐翅虫 *Protodeleaster glaber* Cai，Thayer，Huang，Wang & Newton，2013。

身体较大，长形，光洁无毛；触角近念珠状，触角末端 5 小节稍膨大；外咽缝在中间狭窄分开；额唇基缝发达，完整且较直；前胸背板横形，其侧边缘脊发达；前足基节小，圆形，前足基节窝向后开放；中足基节窝连接；小盾片较大，暴露；中足和后足胫节具有 1 或 2 个纵向脊；腹部第 2 节较短，骨化程度不高；腹部 3~7 节背板各具 1 对宽的背侧板；背板无基侧脊。

产地及时代：辽宁，早白垩世。

中国北方地区白垩纪仅报道 1 种（表 21.1）。

白垩宽颈隐翅虫属 *Cretoprosopus* Solodovnikov & Yue，2013

Cretoprosopus Solodovnikov & Yue，2013，*Cladistics*，29：360–403 [267] (original designation).

模式种：疑白垩宽颈隐翅虫 *Cretoprosopus problematicus* Solodovnikov & Yue，2013。

额唇基缝存在，上唇二裂状，强烈横宽；下颚须末节纺锤形，长约为宽的 2.5 倍，长于前 1 节。触角 11 节。前胸背板稍细长。鞘翅相对较短，长与前胸背板近相等，覆盖有短刚毛，无鞘翅缘折脊。足中等长，跗式 5-5-5；前足粗壮，腿节和胫节宽，前足跗节第 1~4 跗分节强烈膨大；中足腿节和胫节较前足更细长，后者具有显著的刺；后足基节长约等于宽，后足形状与中足相似；中后足跗节不变宽。腹部至少在第 3~6 节背板具有 2 对侧背板，每对侧背板均明显分离。

产地及时代：辽宁，早白垩世。

中国北方地区白垩纪仅报道 1 种（表 21.1）。

硬胸隐翅虫属 *Durothorax* Solodovnikov & Yue，2013

Durothorax Solodovnikov & Yue，2013，*Cladistics*，29：360–403 [267] (original designation)。

模式种：白垩硬胸隐翅虫 *Durothorax creticus* Solodovnikov & Yue，2013。

头稍细长形，具有明显的颈部缢缩。复眼小，后颊为复眼的近 4 倍长。触角 11 节，着生于额部，位于复眼前中侧。前胸背板前角在前胸腹板前缘之上强烈的延伸，前胸腹板前缘稍凹陷；前胸背腹缝明显。鞘翅约和前胸背板等长。中足基节连续。足中等长度，基节形状为隐翅虫族 Staphylinini 类型。腹部细长，第 3~6 节背板具有 2 对侧背板，腹节两边的侧背板完全分离；腹部第 7 节的侧背板因保存状态的原因不易观察到；第 8 节腹板末缘简单，中间位置不具凹陷；第 9 节侧背板向末端延伸，形成膨大且尖锐的突起；腹部第 3~7 节背板基部均具有 1 条隆线。

产地及时代：辽宁，早白垩世。

中国北方地区白垩纪仅报道 1 种（表 21.1）。

古生直缝隐翅虫属 *Paleothius* Solodovnikov & Yue，2013

Paleothius Solodovnikov & Yue，2013，*Cladistics*，29：360–403 [267] (original designation)。

模式种：纤古直缝隐翅虫 *Paleothius gracilis* Solodovnikov & Yue，2013。

头具有宽且明显的颈部。触角着生于额部前缘，相距十分近。前胸腹板前缘直，前胸腹板突末端尖。鞘翅近基部具有长脊，不延伸至鞘翅与中胸铰接处，从小盾片中间位置处延伸至肩部。小盾片具有 1 条横脊。中胸腹板突末端尖；中足基节相连。后胸相对较长；后足基节宽稍大于长。足相对较短，各足近等长，腿节宽，胫节细长。中后足跗节不膨大，5 节。腹部两侧前端大部分近平行；第 3~6 节各具有 2 对侧背板，第 7 节具有 1 对短的侧背板；第 9 和第 10 节未保存，除了第 9 节侧背板末端成簇的刚毛；腹部第 3~7 节背板各具有 1 条基部隆线。

产地及时代：辽宁，早白垩世。

中国北方地区白垩纪仅报道 1 种（表 21.1）。

古箭隐翅虫属 *Paleowinus* Solodovnikov & Yue，2013

Paleowinus Solodovnikov & Yue，2013，*Cladistics*，29：360–403 [267] (original designation)。

模式种：皇古箭隐翅虫 *Paleowinus rex* Solodovnikov & Yue，2013。

头部不具颈部缢缩。复眼中等大小。触角 11 节，着生于额部，位于复眼的前中侧，着生处自背面可见。前背折缘明显地弯曲至前胸背板之下，前胸背板前角延伸至前胸腹板直的前缘之上；前胸背腹缝明显。鞘翅中等长度，不具有明显的刻点和刻线。中足基节窝近相连。后翅发育良好，MP_3、MP_4 和 CuA 脉明显分离。胫节具有强壮的刚毛和刺，端距大；各足跗节 5 节，前足跗节 1~4 节跗分节变宽；前足和中足基节延长，略呈圆锥形，相连；后足基节长约等于宽。腹部细长，第 3~7 节具有 2 对侧背板；第 1 节背板具有腺体；雄性第 8 节腹板简单，中间不具凹陷，雌性和雄性的第 9 腹板完整，第 9 节侧背板向前末端延伸形成膨大的尖突，并具有成簇的长刚毛；腹部第 3 节背板总是具有 2 条基部隆线，第 4~7 节背板各具有 1~2 个基部隆线；腹部末节具有粗长的刚毛。

产地及时代：辽宁，早白垩世。

中国北方地区白垩纪报道 5 种（表 21.1）。

泰氏隐翅虫属 *Thayeralinus* Solodovnikov & Yue，2013

Thayeralinus Solodovnikov & Yue，2013，*Cladistics*，29：360–403 [267] (original designation).

模式种：菲尔德泰氏隐翅虫 *Thayeralinus fieldi* Solodovnikov & Yue，2013。

头部不具颈部缢缩，后颊明显长于复眼；触角 11 节，着生于额部侧面。前胸背板横宽，近梯形。鞘翅较短至中等长，无明显的刻点和刻线，具有明显的被鞘翅缘折脊所分开的鞘翅缘折。中足基节窝相连或近相连。各足中等长；胫节粗壮，内缘具有强壮的刚毛和刺，端距大；跗节 5 节，前足跗节 1~4 节跗分节变宽；前足和中足基节延长，略呈圆锥形；后足基节长宽近相等，侧背部外露。腹部细长，第 2 节发育良好，第 3~6 节背板各具两对侧背板；第 1 节背板具有腺体；雄性第 8 节腹板中间稍凹，雌性第 8 节腹板简单，末端呈光滑的圆形；雌性和雄性第 9 节侧背板向前延伸形成膨大的尖突起，具有成簇的长刚毛；雄性第 9 节腹板完整；雌性外生殖器具有 1 对产卵器，包含 1 对生殖突基节；腹部至少 3~6 节背板具有 1 条基部隆线；腹部各节特别是末节常在侧面和顶端具成列的粗长刚毛。

产地及时代：辽宁，早白垩世。

中国北方地区白垩纪报道 5 种（表 21.1）。

白垩巨须隐翅虫属 *Cretoxyporus* Cai & Huang，2014

Cretoxyporus Cai & Huang，2014，*Syst. Entomol.*，39 (3)：500–505 [212] (original designation).

模式种：奇异白垩巨须隐翅虫 *Cretoxyporus extraneus* Cai & Huang，2014。

虫体相对较小；触角 7~10 小节明显横宽，至少第 7 节触角不对称；上颚长且尖，近顶部交叉；具颈部缢缩；外咽缝相距远；眼眶下脊明显存在，长；中胸腹板非常短；中足基节椭圆形；中足基节被大的后胸腹板前突明显分开；后足基节间无间突。

产地及时代：辽宁，早白垩世。

中国北方地区白垩纪仅报道 1 种（表 21.1）。

原巨须隐翅虫属 *Protoxyporus* Cai & Huang，2014

Protoxyporus Cai & Huang，2014，*Syst. Entomol.*，39 (3)：500–505 [212] (original designation).

模式种：巨大原巨须隐翅虫 *Protoxyporus grandis* Cai & Huang，2014。

虫体粗大；触角相对于现生 Oxyporinae 来说较长，触角第 6~9 节稍横宽至长稍大于宽；无颈；外咽缝间距小。前足基节相连，横宽；中足基节相距适中；中胸腹板后突起和后胸腹板前突起相汇于中足基节之间；腹部第 2 和第 3 节腹板具后足基节间突起；中足跗节非叶状。

产地及时代：内蒙古，早白垩世。

中国北方地区白垩纪仅报道 1 种（表 21.1）。

中生缩头隐翅虫属 *Mesapatetica* Cai，Huang，Newton & Thayer，2014

Mesapatetica Cai，Huang，Newton & Thayer，2014，*J. Kansas Entomol. Soc.*，87 (2)：219–224[213] (original designation)．

模式种：神秘中生缩头隐翅虫 *Mesapatetica aenigmatica* Cai，Huang，Newton & Thayer，2014。

虫体中等大小，触角具末端膨大，第 8 节触角明显小于第 7 和第 9 小节；至少末端 5 或 6 小节触角具密集柔毛；额唇基缝 "V" 形，无基干；上颚强壮，顶端尖，不具亚端齿；下颚须长，倒数第 2 小节短于之前 1 小节，更短于末节；前胸背板横宽，具缘边；鞘翅长，覆盖住第 3 节背板，鞘翅每一边具有 9 列刻点，刻纹为沟状，类似于现生 *Apatetica*；胫节细，具有 2 条纵脊；前足基节横宽，相连；前足基转片外露；中足基节相连；中足跗节 5 节，1~4 节跗分节短，第 5 节细长；腹部第 3~7 节明显各具 1 对侧背板；腹部第 2 和第 3 节腹板具有明显的后足基节间突起；第 4 和第 5 节背板各具有 1 对基侧脊。

产地及时代：内蒙古，中侏罗世。

中国北方地区侏罗纪仅报道 1 种（表 21.1）。

原光滑隐翅虫属 *Protolisthaerus* Cai，Beattie & Huang，2015

Protolisthaerus Cai，Beattie & Huang，2015，*Gondwana Res.*，28 (1)：425–431[205] (original designation)．

模式种：侏罗原光滑隐翅虫 *Protolisthaerus jurassicus* Cai，Beattie & Huang，2015。

虫体相对较大；触角细长，梗节短，第 4~10 节触角均长大于宽；前胸背板横形；鞘翅各具有 8 列规则的刻点，顶端具褶皱；前胸基节后突正常，与现生种类一样未与前背折缘相分离。

产地及时代：内蒙古，中侏罗世。

中国北方地区侏罗纪仅报道 1 种（表 21.1）。

古扁隐翅虫属 *Paleosiagonium* Yue，Gu，Yang，Wang & Ren，2016

Paleosiagonium Yue，Gu，Yang，Wang & Ren，2016，*Cret. Res.*，63：63–67[229] (original designation)．

模式种：等长古扁隐翅虫 *Paleosiagonium adaequatum* Yue，Gu，Yang，Wang & Ren，2016。

触角短；后颊长于复眼；外咽缝非常窄地分离，在前端和后端均背离；前足胫节外缘不具粗刺；鞘翅短，不具成列愈合的刻点；腹部在第 3 节腹板具细长的中隆线，第 3~7 节背板各具 1 对弯曲的基侧脊和 2 条基部隆线。

产地及时代：辽宁，早白垩世。

中国北方地区白垩纪报道 2 种（表 21.1）。

隐翅虫科的系统发育学研究

基于对现生和化石类群最大似然法、最大简约法（图 21.11）和贝叶斯法系统发育研究，Paederinae 和 Staphylininae 的单系性及它们之间的姐妹群关系均得到了支持。隐翅虫是化石甲虫中种类最多的类群，在早白垩世时期，Paederinae 和 Staphylininae 已发生进一步的演化，其中一些类群甚至属于现生的族，但并不是现生中占支配地位的类群。对早白垩世隐翅虫类群的研究将 Paederinae 和 Staphylininae 之间的分歧时间往前推到了侏罗纪，研究说明目前多样性极高的 Staphylininae 类群的起源时间要晚于早白垩世[267]。

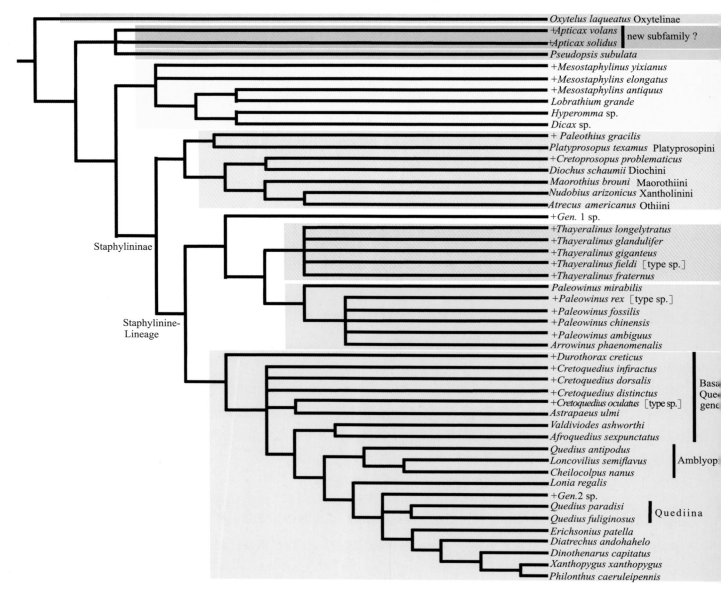

▲ 图21.11　基于最大简约法（MP）构建的严格一致性树（包含现生类群和化石类群）。化石种种名用"+"进行了标记（改自参考文献［267］）

金龟总科 Scarabaeoidea Latreille，1802

异金龟科 Alloioscarabaeidae Bai，Ren & Yang，2012

Alloioscarabaeidae 的主要鉴别特征是触角鳃叶状，复眼无刺突，前足胫节外缘具有4个齿，中足胫节近端部表面具有横向或倾斜的脊或梳齿，中足基节窝相距近，后翅径室开放，RP3+4脉发达且不与MP1+2脉愈合或相近，腹部6节。Alloioscarabaeidae 很可能不善于挖掘，可能取食腐烂的有机质[194]。

中国北方地区侏罗纪报道的属：异金龟属 Alloioscarabaeus Bai，Ren & Yang，2012。

异金龟属 Alloioscarabaeus Bai，Ren & Yang，2012

Alloioscarabaeus Bai，Ren & Yang，2012，Insect Science，19：159–171[194]（original designation）.

模式种：陈氏异金龟 *Alloioscarabaeus cheni* Bai，Ren & Yang，2012。

虫体宽椭圆形，结实。触角末3节鳃叶状，排列疏松；唇基前缘凸起。前胸背板明显宽于头，基部最宽。小盾片存在，三角形。腹部顶端稍圆形。前足基节窝强烈横宽；前胸腹板在基节之前侧缘部分的长度与前足基节窝中间部分的长度相等，中足基节窝不倾斜或稍倾斜；后足腿节细长；前足胫节端部膨大；中足和后足胫节细长，不强烈变宽；中足胫节外缘不具成列的纵齿。

产地及时代：内蒙古，中侏罗世。

中国北方地区侏罗纪仅报道 1 种（表 21.1）。

陈氏异金龟 *Alloioscarabaeus cheni* Bai，Ren & Yang，2012（图21.12）

Alloioscarabaeus cheni Bai，Ren & Yang，2012，*Insect Science*，19，159–171.

产地及层位：内蒙古宁城县道虎沟村；中侏罗统，九龙山组。

该种种名是为了纪念陈世骧教授对中国昆虫研究做出的贡献。

头长稍大于宽，椭圆形，在复眼处最宽。前胸背板抛物线形，宽是长的 2.2 倍；前缘稍凹陷，侧缘凸出具缘边。鞘翅抛物线形，长为前胸背板的 3.1 倍；背面刻纹粗且宽，组成刻纹的刻点明显。中足和后足胫节具有 2 个端距，长度和形状相近。腹部第 1 节可见腹板不完全被后足基节分开，顶端近圆形[194]。

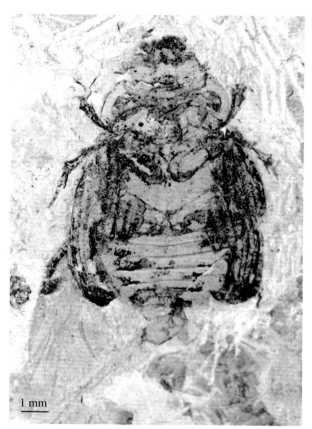

1 mm

▲ 图 21.12　陈氏异金龟 *Alloioscarabaeus cheni* Bai，Ren & Yang，2012（正模标本，CNU-COL-NN2010603）[194]

蜣螂科 Geotrupidae Latreille，1802

蜣螂科多样性较低，包含了一些相对较大且粗壮的甲虫。它们分布在除马达加斯加和新西兰外的世界各地。

中国北方地区白垩纪报道的属：蜣螂属 *Geotrupoides* Handlirsch，1906；拟蜣螂属 *Parageotrupes* Nikolajev & Ren，2010。

蜣螂属 *Geotrupoides* Handlirsch，1906

Geotrupoides Handlirsch，1906，*Die Fossilen Insekten und die Phylogenie der Rezenten Formen*，parts I–IV . Ein Handbuch fur Palaontologen und Zoologen，1–640[91]。

模式种：石版蜣螂 *Geotrupoides lithographicus* Deichmüller，1886。

头非常大，近球形。前胸背板和腹部相对较小。鞘翅具刻纹，长为宽的 2 倍多。

产地及时代：中国吉林、辽宁和山东，早白垩世；德国，晚侏罗世。

中国北方地区白垩纪报道 6 种（表 21.1）。

拟蜣螂属 *Parageotrupes* Nikolajev & Ren，2010

Parageotrupes Nikolajev & Ren，2010，*Acta Geol. Sin.-Engl.*，84 (4)：673–675[268] (original designation).

模式种：古拟蜣螂 *Parageotrupes incanus* Nikolajev & Ren，2010。

唇基具瘤突；额唇基缝"V"形；复眼具小瘤突；前胸背板前缘革质，不具刺；鞘翅在肩部具明显的细齿；雄性前足腿节在前端具细齿；前足胫节在外缘具有大量的细齿；雄性前足胫节末端的齿不特化；中足胫节和后足胫节在近中间位置具 1 条横向隆线；雄性后足腿节后端不具刺。

产地及时代：辽宁，早白垩世。

中国北方地区白垩纪仅报道 1 种（表 21.1）。

绒毛金龟科 Glaphyridae Macleay，1819

绒毛金龟科是一个多样性较低的科，主要分布在古北区。它们具有鲜艳的颜色和密集的长毛，常形似蜜蜂，具访花习性。

中国北方地区白垩纪报道的属：绒毛金龟属 *Glaphyrus* Latreille，1807；石绒毛金龟属 *Lithohypna* Nikolajev Wang & Zhang，2011；白垩绒毛金龟属 *Cretohypna* Yan，Nikolajev & Ren，2012；中生绒毛金龟属 *Mesohypna* Nikolajev & Ren，2013。

绒毛金龟属 *Glaphyrus* Latreille，1807

Glaphyrus Latreille，1807，*Genera crustaceorum et insectorum: secundum ordinem naturalem in familias disposita, iconibus exemplisque plurimis explicata.* Tomus Secundus. Amand Koenig，Parisiis et Argentorati，1–280[269]。

模式种：摩尔绒毛金龟 *Scarabaeus maurus* Linnaeus，1758。

虫体长椭圆形，小型至大型。上颚和上唇自背面清晰可见；上颚延伸超过上唇顶端。上唇窄。唇基前缘具有 2~3 个齿。复眼小，部分被颊前突分隔。小盾片自背面可见。鞘翅光滑或具 4 条明显的纵肋；鞘翅顶端常尖锐。中足基节分离不远。后足腿节常非常膨大。前足胫节具 3 个刺。

产地及时代：辽宁，早白垩世。

中国北方地区白垩纪仅报道 1 种（表 21.1）。

石绒毛金龟属 *Lithohypna* Nikolajev，Wang & Zhang，2011

Lithohypna Nikolajev，Wang & Zhang，2011，*Zootaxa*，2811 (1)：47–52[270] (original designation).

Fortishybosorus Yan，Bai & Ren，2013，*Alcheringa*，37 (2)：139–145[201]；Syn. by Nikolajev，2014，*Eur. Entomol. J.*，13 (3)：253–256[271].

模式种：赤峰石绒毛金龟 *Lithohypna chifengensis* Nikolajev，Wang & Zhang，2011。

虫体细长。上唇大，宽约为长的两倍，略呈二裂状，在中间位置波状。唇基前缘直且平截。小盾片外露，"U"形。鞘翅细长，不具刻线，顶端分叉。鞘翅侧缘弧形。臀板自背面可见，部分伸出鞘翅外。中足基节适度分离。中足腿节窄。前足胫节外缘具 3 个大齿。前足跗节长于前足胫节，在中间位置非片状。后足胫节外缘具有 1 条横向隆线。

产地及时代：内蒙古和辽宁，早白垩世。

中国北方地区白垩纪报道 7 种（表 21.1）。

白垩绒毛金龟属 *Cretohypna* Yan，Nikolajev & Ren，2012

Cretohypna Yan，Nikolajev & Ren，2012，*ZooKeys*，241：67–75[202]（original designation）.

模式种：白垩具脊绒毛金龟 *Cretohypna cristata* Yan，Nikolajev& Ren，2012。

体型大，长卵圆形，头胸腹结构很紧凑的金龟昆虫。上颚和上唇明显外露于唇基前缘，在虫体背面可见，上唇宽近长的 5 倍。前胸背板近正方形，前缘具凹陷，侧缘和后缘稍凸。小盾片三角形。中胸后侧板自背面在前胸背板和鞘翅之间可见。鞘翅薄且隆起，不具纵脊；后翅发达。足短粗，中足基节适度分离；前足胫节外缘具 3 个大齿；雄性中足胫节端部薄片状；中足胫节和后足胫节具有 2 个端距；雄性后足跗节短于后足胫节。腹部具有 6 节可见腹板，第 1 节可见腹板不被后足基节所覆盖。臀板暴露于鞘翅顶端之外。

产地及时代：内蒙古、辽宁，早白垩世。

中国北方地区白垩纪报道 4 种（表 21.1）。

中生绒毛金龟属 *Mesohypna* Nikolajev & Ren，2013

Mesohypna Nikolajev & Ren，2013，*Caucasian Entomological Bulletin*，9 (1)：62–64[272]（original designation）.

模式种：洛氏中生绒毛金龟 *Mesohypna lopatini* Nikolajev & Ren，2013。

该种种名是为了纪念著名的鞘翅目学家 I. K. Lopatin。

虫体中等大小，长卵圆形。上颚和上唇自背面可见；上颚向前突出，延伸至上唇之外。上唇相对长，前缘粗壮。唇基前缘不具突起，侧缘稍隆起，在中间位置最宽。复眼小，部分被颊突分隔。触角短。中胸后侧板自背面暴露于前胸背板和鞘翅之间。小盾片三角形，短宽。鞘翅光滑无脊，完全覆盖住前臀板和臀板。中足基节分隔不远。后足腿节相对较窄，长约为宽的 2.5 倍。前足胫节沿着外缘具有 3 个刺，雄性前足跗节长约等于后足长；足内缘不具刀刃状或梳齿状突起；中足和后足跗节明显长于胫节。中足胫节外侧具有两条横隆线；中足跗节第 1 跗分节最长，稍长于末节，第 2~4 节跗分节几乎等长；后足各节比例相同。

产地及时代：辽宁，早白垩世。

中国北方地区白垩纪报道 2 种（表 21.1）。

漠金龟科 Glaresidae Kolbe，1905

漠金龟科多样性低，分布于除澳洲和南极洲之外的世界各地，目前仅有 1 现生属。它们经常出现在半干旱地区的沙地，但它们的生物学习性仍不清楚。漠金龟科的鉴定特征有：头下口式，复眼具 1 个刺突和晶锥眼，触角 10 节，末端 3 节棒状，后翅 RP1 脉和 RP3+4 脉退化，腹部具 5 节可见腹板。

中国北方地区白垩纪报道的属：漠金龟属 *Glaresis* Erichson，1848。

漠金龟属 *Glaresis* Erichson，1848

Glaresis Erichson，1848，*Naturgeschichte der Insecten Deutschlands. Erste Abtheilung. Coleoptera*，Bd. *3*[273] (original designation).

模式种：红漠金龟 *Glaresis rufa* Erichson，1848

触角柄节最大，长杯状且部分包围住梗节；复眼被大的刺突所分隔，背面部分小，腹面部分大；上颚强烈骨化，臼齿区多样，从具 3 个钝齿至具一平板状表面，末端可能具不对称的齿，一侧相比另一侧具更多的齿。鞘翅具有 8~10 条肋脉。胸部长，具发达的后翅，后胸腹板可能具有深沟以容纳中足跗节。后胸后侧板具端部突起，向侧面延伸至鞘翅侧缘之外，将鞘翅锁定。前足胫节非常发达，具 3 个齿，用于挖掘；中足和后足胫节具有齿状突起及各种各样的脊和刚毛；后足胫节宽，铲状；后足腿节和后足胫节膨大，缩起时覆盖住腹部。

产地及时代：中国辽宁和俄罗斯，早白垩世。

中国北方地区白垩纪报道 2 种（表 21.1）。

驼金龟科 Hybosoridae Erichson，1847

驼金龟科通常为椭圆形，背面拱起且光滑。该科多样性低，分布于世界各地，热带地区多样性最高。它们的主要鉴定特征为具有功能性的第 8 气门、上唇和上颚自背面可见及触角末几节杯状。

中国北方地区白垩纪报道的属：细驼金龟属 *Leptosorus* Nikolajev，2006；中生驼金龟属 *Mesoceratocanthus* Nikolajev，Wang，Liu & Zhang，2010；宽驼金龟属 *Crassisorus* Nikolajev，Wang & Zhang，2012；美丽驼金龟属 *Pulcherhybosorus* Yan，Bai，& Ren，2012；华驼金龟属 *Sinohybosorus* Nie，Bai，Ren & Yang，2018；华毛驼金龟属 *Sinochaetodus* Lu，Bai，Ren & Yang，2018。

细驼金龟属 *Leptosorus* Nikolajev，2006

Leptosorus Nikolajev，2006，*Evraziatskii Entomologicheskii Zhurnal*，5 (1)：12–13 [274] (original designation).

模式种：耶氏细驼金龟 *Leptosorus zherikhini* Nikolajev，2006。

该种种名是为了纪念著名的俄罗斯古昆虫学家 V. V. Zherikhin。

虫体长椭圆形。上颚不隐藏在唇基下，具有 1 个稍拱起的前缘。复眼部分被颊突所分隔。所有足的基节均相接。中足基节呈直角。中足和后足胫节较细，外缘不具横向的脊。中足和后足跗节稍长于胫节。腹部完全隐藏在鞘翅下方。

产地及时代：中国内蒙古和俄罗斯，早白垩世。

中国北方地区白垩纪仅报道 1 种（表 21.1）。

中生驼金龟属 *Mesoceratocanthus* Nikolajev，Wang，Liu & Zhang，2010

Mesoceratocanthus Nikolajev，Wang，Liu & Zhang，2010，*Acta Palaeontol. Sin.*，49：443–447 [275] (original designation).

模式种：隆额中生驼金龟 *Mesoceratocanthus tuberculifrons* Nikolajev，Wang，Liu & Zhang，2010。

虫体大。上唇窄，椭圆形，宽为头部的 1/4。唇基前缘锯齿状。前胸背板后端有深的"V"形凹陷；侧缘呈波状。腹部具有 6 节可见腹板。臀板不被鞘翅覆盖。前足腿节宽，宽几乎与长相等。后足胫节细长，不明显变宽。

产地及时代：内蒙古，早白垩世。

中国北方地区白垩纪仅报道 1 种（表 21.1）。

宽驼金龟属 *Crassisorus* Nikolajev，Wang & Zhang，2012

Crassisorus Nikolajev，Wang & Zhang，2012，*Euroasian Entomological Journal*，11 (6)：503–506 [276] (original designation).

模式种：隐角宽驼金龟 *Crassisorus fractus* Nikolajev，Wang & Zhang，2012。

具后翅。虫体凸起，大型且宽，长约 25 mm，宽约 12 mm。触角棒第 1 小节部分或完全包住第 2 和第 3 小节。小盾片三角形，短宽。臀板完全隐藏在鞘翅之下。前足胫节在外缘具有 3 个大刺。中足胫节不具横脊，具 2 个近等长的端距；后足胫节可能具有 1 条横脊，末端延长形成 1 个弯曲的钩状凸起，可能无距。跗式 5-5-5，爪简单。

产地及时代：内蒙古，早白垩世。

中国北方地区白垩纪仅报道 1 种（表 21.1）。

美丽驼金龟属 *Pulcherhybosorus* Yan，Bai & Ren，2012

Pulcherhybosorus Yan，Bai & Ren，2012，*Zootaxa*，3478 (1)：201–204 [200] (original designation).

模式种：三齿美丽驼金龟 *Pulcherhybosorus tridentatus* Yan，Bai & Ren，2012。

虫体细长，卵圆形，上颚和上唇凸出，均外露于唇基，可以清晰地从虫体背面观看到，唇基的前缘略凹。触角的鳃片部由 3 节组成，薄片状，组成紧凑。复眼大。前胸背板略宽于鞘翅，近似梯形，最宽处在其基部。鞘翅隆起，刻点行明显，没有大的瘤突，后翅非常发达，翅脉 MP_3 存在而 MP_4 缺失。腹部具 5 节可见腹板。前足胫节外缘有 3 个大齿，中足胫节和后足胫节没有横脊，中足胫节末端有两个大小相同的端距，中足跗节末端有一对对称的爪。

产地及时代：内蒙古，早白垩世。

中国北方地区白垩纪仅报道 1 种（表 21.1）。

华驼金龟属 *Sinohybosorus* Nie，Bai，Ren & Yang，2018

Sinohybosorus Nie，Bai，Ren & Yang，2018，*Cret. Res.*，86：53–59 [277] (original designation).

模式种：陈氏华驼金龟 *Sinohybosorus cheni* Nie，Bai，Ren &Yang，2018。

该种的种名是为了纪念陈世骧教授对中国昆虫研究做出的巨大贡献而命名。

小盾片大，鞘翅长为小盾片长度的 5.3 倍; 前胸背板在距基部 1/4 处最宽。足粗壮，中足胫节长为宽的 2.2 倍，后足胫节长为宽的 3.5 倍。

产地及时代：辽宁，早白垩世。

中国北方地区白垩纪仅报道 1 种（表 21.1）。

华毛驼金龟属 *Sinochaetodus* Lu，Bai，Ren & Yang，2018

Sinochaetodus Lu，Bai，Ren & Yang，2018，*Cret. Res.*，86：53–59 [277] (original designation).

模式种：三齿华毛驼金龟 *Sinochaetodus tridentatus* Lu，Bai，Ren & Yang，2018。

前胸背板不具网眼状结构，中足和后足胫节细长，中足胫节外缘不具纵向排列的齿，后足胫节外缘具 1 列纵向的齿。

产地及时代：辽宁，早白垩世。

中国北方地区白垩纪仅报道 1 种（表 21.1）。

石板金龟科 Lithoscarabaeidae Nikolajev，1992

Nikolajev 在 1977 年描述了一新种白氏始毛金龟 *Proteroscarabaeus baissensis* Nikritin，后于 1992 年建立了一新属石板金龟属 *Lithoscarabaeus* 及石板金龟科 Lithoscarabaeidae[278]。之后基于数块仅保存有部分虫体和鞘翅的化石又描述了另外一新属 *Baisarabaeus* Nikolajev，2005[279]。Nikolajev 等人在 2013 年基于一块产自中国的仅保存有单个鞘翅的化石又描述了 *Baisarabaeus* 一新种[280]。

中国北方地区白垩纪报道的属：白氏石板金龟属 *Baisarabaeus* Nikolajev，2005。

白氏石板金龟属 *Baisarabaeus* Nikolajev，2005

Baisarabaeus Nikolajev，2005，*Biologicheskie Nauki Kazakhstana*，1：117–120[279] (original designation).

模式种：粗糙白氏石板金龟 *Baisarabaeus rugosus* Nikolajev，2005。

虫体相对较大。中足基节呈直角，不是非常宽，但明显被中胸的突起所分隔；后足胫节外缘在端部之前具有不多于 1 条横向隆线。

产地及时代：内蒙古，早白垩世。

中国北方地区白垩纪仅报道 1 种（表 21.1）。

锹甲科 Lucanidae Latreille，1804

锹甲科具有 5 节可见腹板，且触角末几节大都栉状。雌雄二型性现象十分显著，雄性上颚通常非常大，且内缘具多种多样的齿突。

中国北方地区侏罗纪和白垩纪报道的属：侏罗锹甲属 *Juraesalus* Nikolajev，Wang，Liu & Zhang，2011；中华锹甲属 *Sinaesalus* Nikolajev，Wang，Liu & Zhang，2011；始拟锹甲属 *Prosinodendron* Bai，Ren & Yang，2012；沟鞘锹甲属 *Litholamprima* Nikolajev & Ren，2015。

侏罗锹甲属 *Juraesalus* Nikolajev，Wang，Liu & Zhang，2011

Juraesalus Nikolajev，Wang，Liu & Zhang，2011，*Acta Palaeontol. Sin.*，50：41–47[85] (original designation).

模式种：始侏罗锹甲 *Juraesalus atavus* Nikolajev，Wang，Liu & Zhang，2011。

虫体细长，大型。复眼不具刺突。上颚短。触角非膝状。中足基节中度分离。前足胫节外缘具 2~3 个大齿。中足和后足胫节外缘具大量的齿。中足和后足跗节几乎与胫节等长。后足跗节第 1 跗分节与第 2 跗节近等长。腹部具有 5 节可见腹板，前 4 节可见腹板近等长。

产地及时代：内蒙古，中侏罗世。

中国北方地区侏罗纪仅报道 1 种（表 21.1）。

中华锹甲属 *Sinaesalus* Nikolajev，Wang，Liu & Zhang，2011

Sinaesalus Nikolajev，Wang，Liu & Zhang，2011，*Acta Palaeontol. Sin.*，50：41– 47[85] (original designation)。

模式种：细足中华锹甲 *Sinaesalus tenuipes* Nikolajev，Wang，Liu & Zhang，2011。

虫体大型。复眼不具刺突，上颚短，触角非膝状。小盾片长与宽近等长。中足基节狭窄地分离。前足胫节外缘具 4~5 个大齿。中足跗节长于胫节，后足跗节与胫节近等长。中足跗节第 1 跗分节长于第 2 和第 3 跗分节长度之和，后足跗节第 1 跗分节与第 2~4 节之和近等长。腹部具 5 节可见腹板，前 4 节可见腹板近等长。

产地及时代：内蒙古，早白垩世。

中国北方地区白垩纪报道 3 种（表 21.1）。

始拟锹甲属 *Prosinodendron* Bai，Ren & Yang，2012

Prosinodendron Bai，Ren & Yang，2012，*Cret. Res.*，34 (3)：334–339[199] (original designation)。

模式种：克氏始拟锹甲 *Prosinodendron krelli* Bai，Ren & Yang，2012。

该种种名是为了感谢 Krell 博士对金龟化石研究所做出的贡献而命名。

虫体细长；触角鳃叶状，端部排列疏松；上颚内切缘具 2~3 个齿，末端具双齿；复眼前缘和中缘不内凹；后足基节向侧面延伸至虫体侧缘；小盾片发育良好。

产地及时代：辽宁，早白垩世。

中国北方地区白垩纪仅报道 1 种（表 21.1）。

沟鞘锹甲属 *Litholamprima* Nikolajev & Ren，2015

Litholamprima Nikolajev & Ren，2015，*Caucasian Entomol. Bull.*，11：15–18[281] (original designation)。

模式种：长颚沟鞘锹甲 *Litholamprima longimana* Nikolajev & Ren，2015。

虫体细长，相对较大，长约 17 mm（不含上颚）。触角非膝状，柄节短。复眼完整，不被颊的突起分开。前胸背板梯形，宽稍大于长，前缘无革质缘边。小盾片三角形，短，宽明显大于长。鞘翅细长，具有稍凹的沟槽。后翅发达。前足基节被前胸腹板突明显分开。中胸腹板窄，隐藏在基节之下。具雌雄二型性，雄性具有强烈细长的上颚和前足胫节，并且雄性前足胫节端距宽且扁平，顶端宽圆形。

产地及时代：辽宁，早白垩世。

中国北方地区白垩纪仅报道 1 种（表 21.1）。

红金龟科 Ochodaeidae Mulsant & Rey，1871

红金龟科是一个世界性分布但多样性不高的类群，主要出现在全北区、非洲南部和马达加斯加。成虫具趋光性，常被采集于半干旱和沙漠地区。

中国北方地区侏罗纪和白垩纪报道的属：中生红金龟属 *Mesochodaeus* Nikolajev & Ren，2010；义县红金龟属 *Yixianochodaeus* Nikolajev，2015。

中生红金龟属 *Mesochodaeus* Nikolajev & Ren，2010

Mesochodaeus Nikolajev & Ren，2010，*Zootaxa*，2553 (1)：65–68[89] (original designation)。

模式种：道虎沟中生红金龟 *Mesochodaeus daohugouensis* Nikolajev & Ren，2010。

上颚外缘圆形，自背面在上唇前可见；中足基节看起来相连，但实际上可能极窄地分离；中足胫节外缘具有 2~3 条横隆线。

产地及时代：内蒙古，中侏罗世。

中国北方地区侏罗纪仅报道 1 种（表 21.1）。

义县红金龟属 *Yixianochodaeus* Nikolajev，2015

Yixianochodaeus Nikolajev，2015，*Euroasian Entomological Journal*，14：21–26[282] (original designation).

模式种：具毛义县红金龟 *Yixianochodaeus horridus* Nikolajev，2015。

虫体相对较小，长椭圆形；腹面具两亮色以及黑斑点。上颚和上唇不隐藏在唇基之下；复眼不被颊的突起分隔；前臀板上具有 1 个结构可以固定收回的后翅；中足基节看起来相连，但可能在活体中为狭窄地分开；前足胫节外缘具 3 个齿；中足和后足胫节至少具 2 条横隆线；后足胫节横截面非扁圆形；后足胫节至少 1 个端距为梳齿状。

产地及时代：辽宁，早白垩世。

中国北方地区白垩纪仅报道 1 种（表 21.1）。

毛金龟科 Pleocomidae LeConte，1861

毛金龟科仅报道 1 现生属 *Pleocoma*，分布于北美洲从华盛顿至下加利福尼亚的西海岸。雄性成虫具翅，出现在第一场春雨时节。雌性缺翅，除交配时均待在地洞中。

中国北方地区白垩纪报道的属：毛金龟属 *Pleocoma* LeConte，1856；始毛金龟属 *Proteroscarabaeus* Grabau，1923。

毛金龟属 *Pleocoma* LeConte，1856

Pleocoma LeConte，1856，*P. Acad. Nat. Sci. Phila.*，8：19–25[283] (original designation).

模式种：流苏毛金龟 *Pleocoma fimbriata* LeConte，1856。

虫体长椭圆形，大型，具雌雄二型性，雄性较小且具后翅，雌性后翅退化。上颚和上唇隐藏在唇基之下。唇基前缘背面或背侧具有高的突起。触角 11 节，末 4~8 节鳃叶状。复眼不被颊的刺突分隔。前足基节窝具有清晰可见的基转片，外部开放；中足基节窝被非常窄的腹板突所分隔。中足和后足胫节外表面具 1 条横向隆线。

产地及时代：辽宁，早白垩世。

中国北方地区白垩纪仅报道 1 种（表 21.1）。

始毛金龟属 *Proteroscarabaeus* Grabau，1923

Proteroscarabaeus Grabau，1923，*Bulletin of the Geological Survey of China*，5：148–181[284] (original designation).

模式种：耶氏始毛金龟 *Proteroscarabaeus yeni* Grabau，1923。

虫体中型至大型，宽且扁平。上唇和上颚不完全隐藏在唇基之下。前胸背板横宽，侧缘圆形。腹部气门孔大，在膜质部位。鞘翅不覆盖至腹部末端，不具有明显的由刻点组成的沟。后翅在肘脉和臀脉基部之间具 2 条翅脉。

产地及时代：中国吉林和山东，俄罗斯；早白垩世。

中国北方地区白垩纪报道 2 种（表 21.1）。

金龟科 Scarabaeidae Latreille，1802

金龟科是一个多样性非常高、世界性分布的类群。但它们的数量和多样性在寒冷气候下明显降低。

中国北方地区白垩纪报道的属：始金龟属 *Prophaenognatha* Bai，Ren & Yang，2011。

始金龟属 *Prophaenognatha* Bai，Ren & Yang，2011

Prophaenognatha Bai，Ren & Yang，2011，*Acta Geol. Sin-Engl.*，85 (5)：984–993 [198] (original designation).

模式种：健壮始金龟 *Prophaenognatha* Bai，Ren & Yang，2011。

中等体型。上唇和上颚突出，唇基具有横脊；鞘翅具有明显的刻线；前足胫节外缘具有 4 个齿，中足和后足胫节细长，中足胫节外缘不具横脊或齿。

产地及时代：辽宁，早白垩世。

中国北方地区白垩纪仅报道 1 种（表 21.1）。

七腹金龟科 Septiventeridae Bai，Ren，Shih & Yang，2013

Septiventeridae 腹部具 7 节可见腹板，中足基节窝相连，触角末 3 节鳃叶状，后翅胫脉发达 [196]。

中国北方地区白垩纪报道的属：七腹金龟属 *Septiventer* Bai，Ren，Shih & Yang，2013。

七腹金龟属 *Septiventer* Bai，Ren，Shih & Yang，2013

Septiventer Bai，Ren，Shih & Yang，2013，*J. Syst. Palaeontol.*，11 (3)：359–374 [196] (original designation).

模式种：四齿七腹金龟 *Septiventer quadridentatus* Bai，Ren，Shih & Yang，2013。虫体宽椭圆形，紧实且多毛。头近梯形，在小的复眼后变宽；后缘近直；唇基长且宽，前端圆形，明显覆盖住上唇。触角着生于头部腹面，末 3 节鳃叶状、细长。上颚完全隐藏。下颚须 3 节。前胸背板前端稍宽于头部，在基部最宽。小盾片三角形。鞘翅短于腹部。后翅径室发达。前足基节窝强烈横宽，前足胫节前端变宽，外缘具 4 个齿；中足基节窝相连，不倾斜或仅轻微倾斜；中足和后足胫节细长，近端部的表面具有 1 横脊。腹部具 7 节可见腹板。

产地及时代：辽宁，早白垩世。

中国北方地区白垩纪仅报道 1 种（表 21.1）。

四齿七腹金龟 *Septiventer quadridentatus* Bai，Ren，Shih & Yang，2013（图21.13）

Septiventer quadridentatus Bai，Ren，Shih & Yang，2013，*J. Syst. Palaeontol.*，11 (3)：359–374 [196].

产地及层位：辽宁省北票市黄半吉沟；下白垩统，义县组。

触角棒第 1 节非杯状，顶端 3 节触角棒近等长，长于之前两节触角长度之和。前胸背板在基部宽为长的 2.2 倍以上，前缘稍凹，侧缘圆形且具缘边。鞘翅在中线处长为宽的 2.2 倍，宽为前胸宽的 0.8 倍，两侧近平行，前缘中间和侧面以及后缘均圆形。后翅径室后端基部内侧角尖，端域长为后翅总长的 0.43 倍。前足胫节细长；中足基节窝连续，长为宽的 1.5 倍；中足和后足胫节不明显变宽，顶端外缘具长且浅的凹陷，中足胫节外缘不具纵向排列的齿。第 8 节腹板末端圆形。雄性外生殖器刀片状，不对称，具倾斜且稍凹的末缘；顶端尖锐；侧叶可能具 1 个尖锐的三角形结构[196]。

▲ 图 21.13　四齿七腹金龟 *Septiventer quadridentatus* Bai，Ren，Shih & Yang，2013（正模标本 CNU-COL-LB-2010-624）[196]　标本为史宗冈捐赠

七腹金龟科的系统学位置

　　七腹金龟科在所有特征均未加权时的严格一致性树中位于一个远未被解决的多分支中。它们在其中一棵系统发育树中为其他所有金龟总科的姐妹群（图 21.14）。在该系统发育树中，漠金龟科和皮金龟科形成 2 个连续的支系。这一模式意味着七腹金龟科是了解金龟总科早期演化的关键类群，并且在上述 3 个科中所发现的特征很可能反映了整个总科的共同祖征[196]。

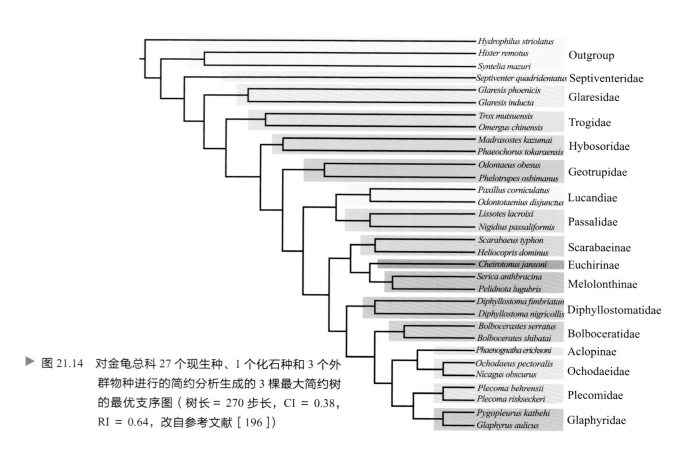

▶ 图 21.14　对金龟总科 27 个现生种、1 个化石种和 3 个外群物种进行的简约分析生成的 3 棵最大简约树的最优支序图（树长 = 270 步长，CI = 0.38，RI = 0.64，改自参考文献［196］）

叩甲系 Elateriformia Crowson，1960

花甲总科 Dascilloidea Guérin-Méneville，1843

花甲科 Dascillidae Guérin-Méneville，1843

花甲科被分为两个亚科，分别为 Dacillinae 和形态特化的 Karumiinae，后者中许多种类明显与生活于地下的白蚁相关[285, 286]。

中国北方地区白垩纪报道的属：白垩花甲属 *Cretodascillus* Jin，Ślipiński，Pang & Ren，2013。

白垩花甲属 *Cretodascillus* Jin，Ślipiński，Pang & Ren，2013

Cretodascillus Jin，Ślipiński，Pang & Ren，2013，*Annales Zoologici*，63 (3)：501–509[286] (original designation).

模式种：中华白垩花甲 *Cretodascillus sinensis* Jin，Ślipiński，Pang & Ren，2013。

鞘翅不具明显成列的刻点和刻纹，前胸腹板突相对较宽，中足基节略呈椭圆形。

产地及时代：内蒙古，早白垩世。

中国北方地区白垩纪仅报道 1 种（表 21.1）。

吉丁总科 Buprestoidea Leach，1815

吉丁科 Buprestidae Leach，1815

吉丁科是一个多样性高、世界性分布的类群，虫体小至稍大型，常具明暗双色色斑或明亮的金属颜色，被称为"宝石虫"。它们的主要鉴定特征为头短，下口式；复眼纵向椭圆形，小眼细，具中部内隆线；触角细长，多多少少锯齿状；前胸腹板突宽，契入大的中胸腹板凹陷之内，常覆盖住大部分的中胸腹板；前足基节基转片外露，与前胸紧密相接，不可自由活动；后胸腹板具明显的横缝；腹部第 1 和第 2 可见腹板愈合[287]。

中国北方地区侏罗纪和白垩纪报道的属：平鞘甲属 *Planocoleus* Hong，1982；中国似盾吉丁属 *Sinoparathyrea* Pan，Chang & Ren，2011；梯形背板吉丁属 *Trapezitergum* Yu，Ślipiński & Shih，2013；小蒙古吉丁属 *Mongoligenula* Yu，Ślipiński，Pang & Ren，2015。

平鞘甲属 *Planocoleus* Hong，1982

Planocoleus Hong，1982，*Mesozoic Fossil Insects of Jiuquan Basin in Gansu Province*，149[160] (original designation).

模式种：平滑平鞘甲 *Planocoleus glabratus* Hong，1982。

鞘翅小而宽，扁平或稍拱起，前后缘部分直且平行；表面光滑或覆盖有微弱的刻纹，不具刻点；前缘前端直，后端稍倾斜，基部窄而顶端明显缢缩；鞘翅缘折后端具颗粒状凸起，表面不具复杂的饰纹；径区不具短缝。

产地及时代：中国甘肃和蒙古，早白垩世。

中国北方地区白垩纪报道 2 种（表 21.1）。

中国似盾吉丁属 *Sinoparathyrea* Pan，Chang & Ren，2011

Sinoparathyrea Pan，Chang & Ren，2011，*Zootaxa*，2745：53–62[288] (original designation).

模式种：双斑点中国似盾吉丁 *Sinoparathyrea bimaculata* Pan，Chang & Ren，2011。

虫体中等大小，体长 13~18 mm，近似椭圆形；头几乎和前胸背板前缘等宽；前胸背板宽约是长的 1.6 倍，侧缘前 3/4 微拱形，然后弓形向后缘扩张，后角尖锐，基部最宽；鞘翅长是宽的约 3.0 倍，中部最宽；侧缘前 2/3 微拱形，然后弓形向后变窄，翅顶钝圆；腹部末节顶端宽圆。

产地及时代：内蒙古，中侏罗世。

中国北方地区侏罗纪报道 3 种（表 21.1）。

梯形背板吉丁属 *Trapezitergum* Yu，Ślipiński & Shih，2013

Trapezitergum Yu，Ślipiński & Shih，2013，*Zootaxa*，3637 (3)：355–360[239] (original designation).

模式种：大梯形背板吉丁 *Trapezitergum grande* Yu，Ślipiński & Shih，2013。

体型大，前胸宽约为长的 2 倍，前胸背板梯形，前胸腹板在前足基节前的部分长于前足基节的直径，后胸腹板横缝中间部分明显地双曲，第 5 腹节三角形且顶端呈微弱的三齿状。

产地及时代：内蒙古，早白垩世。

中国北方地区白垩纪仅报道 1 种（表 21.1）。

大梯形背板吉丁 *Trapezitergum grande* Yu，Ślipiński & Shih，2013（图21.15）

Trapezitergum grande Yu，Ślipiński & Shih，2013，*Zootaxa*，3637 (3)，355–360.

产地及层位：内蒙古宁城大双庙柳条沟，下白垩统，义县组。

头嵌入前胸，几乎和前胸背板前缘等宽；额唇基宽，微凸，表面布满小的、密集的刻点；复眼大，卵圆形，内缘向上聚合。触角短，从第 4 节触角起向前呈弱锯齿状。触角窝明显分开，紧靠复眼内缘。前胸背板前缘弓形，后缘微双曲；侧缘直。前胸腹板在基节之前长；前胸腹板突窄于前足基节直径，向末端变窄，顶端稍尖，延伸至前足基节之后；基节后突缺失；背腹缝高度发达。鞘翅缘折窄，内缘与鞘翅边缘近平行，表面不具明显成列的刻点和沟，具不规则的微刻点。中足基节圆形，基节间间距与基节直径相近。后胸腹板具完整的中线；后胸前侧片三角形，向后方聚合。后胸腹板横缝在中间明显的双曲，两侧不完整。后足基节横宽，具有发达的后足基节板；前缘波状，后缘稍倾斜。雄性外生殖器部分可见，细长，阳茎中叶两侧平行，端部圆钝；阳基侧突向前膨大，然后逐渐变窄呈尖细的顶点[239]。

小蒙古吉丁属 *Mongoligenula* Yu，Ślipiński，Pang & Ren，2015

Mongoligenula Yu，Ślipiński，Pang & Ren，2015，*Cretac. Res.*，52：480–489[237] (original designation).

模式种：胖腹小蒙古吉丁 *Mongoligenula altilabdominis* Yu，Ślipiński，Pang & Ren，2015。

虫体小。头部短，下口式。前胸背板横宽，圆梯形，在基部最宽；前缘和后缘稍波状；后角尖。前胸腹板突发达，两侧近平行，末端圆钝。后胸腹板宽大于长，具完整的纵缝；横缝波状。鞘翅具有不规则的斑点和 9 列明显的刻纹。后翅径室发达。前足和中足基节分离，后足基节横宽且相连。腹部第 1 和

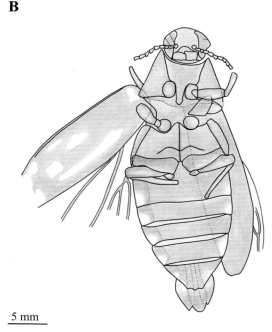

▲ 图 21.15　大梯形背板吉丁 *Trapezitergum grande* Yu，Ślipiński & Shih，2013（正模标本，CNU-COL-NN-2010411）[239]

标本为史宗冈捐赠

A. 标本照片；B. 线条图

第 2 节可见腹板愈合。

产地及时代：辽宁，早白垩世。

中国北方地区白垩纪报道 2 种（表 21.1）。

伪吉丁科 Schizopodidae LeConte，1861

伪吉丁科，英文名为 "false jewel beetles"，是一个多样性低、仅分布于北美洲西部的类群。它们与吉丁科很像，但后胸前侧板宽，第 4 跗分节深二裂，具有独特的后翅翅脉和折叠方式[215, 287, 289]。

中国北方地区白垩纪报道的属：中生伪吉丁属 *Mesoschizopus* Cai，Ślipiński & Huang，2015。

中生伪吉丁属 *Mesoschizopus* Cai，Ślipiński & Huang，2015

Mesoschizopus Cai，Ślipiński & Huang，2015，*Cret. Res.*，52：490–494[215]（original designation）.

模式种：优雅中生伪吉丁 *Mesoschizopus elegans* Cai，Ślipiński & Huang，2015。

虫体粗壮，中度椭圆形。头稍向下。前胸背板横宽。前胸腹板短，前胸腹板突短且窄。后胸腹板宽大于长，纵缝完整，横缝完整且波状。后胸前侧板非常宽。鞘翅具色斑和圆窗形刻点。鞘翅在近外缘处具有 1 条长且稍波状的隆线。后翅径室相对较宽，楔形室纺锤形、相对较窄。中足基节中等分离，后足基节大且相连。腹部宽，具 5 节可见腹板。

产地及时代：辽宁，早白垩世。

中国北方地区白垩纪仅报道 1 种（表 21.1）。

丸甲总科 Byrrhoidea Latreille，1804

丸甲科 Byrrhidae Latreille，1804

丸甲科昆虫虫体紧凑，背面强烈隆起，唇基退化，后胸腹板无横缝。它们通常在上唇和隆起的额脊之间具有 1 条深的横向凹痕及一系列相互契合的特化结构[290]。

中国北方地区侏罗纪和白垩纪报道的属：房山丸甲属 *Fangshanella* Huang & Zhang，1997；中生丸甲属 *Mesobyrrhus* Huang & Zhang，1997。

房山丸甲属 *Fangshanella* Huang & Zhang，1997

Fangshanella Huang & Zhang，1997，*J. Nanjing University (Natural Sciences)*，33 (4)：562–569[291] (original designation).

模式种：呆板房山丸甲 *Fangshanella stolida* Huang & Zhang，1997。

虫体稍大，较长，腹面和足呈鲛皮状。头长，布满疹点。前胸相当长，侧缘斜直。后胸腹板表面具有细刚毛。后足基节隆起。跗节具有微裂。腹板缝明显弯曲。鞘翅具有不平行的纵刻纹，鞘翅缘折退化。

产地及时代：北京，早白垩世。

中国北方地区白垩纪仅报道 1 种（表 21.1）。

中生丸甲属 *Mesobyrrhus* Huang & Zhang，1997

Mesobyrrhus Huang & Zhang，1997，*J. Nanjing University (Natural Sciences)*，33 (4)：562–569[291] (original designation).

模式种：谭氏中生丸甲 *Mesobyrrhus tanae* Huang & Zhang，1997。

虫体隆起，椭圆形，腹面和足呈鲛皮状。头顶相当宽，光滑。前胸背板自基部向端部强烈收缩，边缘呈拱形，宽远大于长。胫节逐渐变宽，不长于腿节，顶端不明显膨大。跗节具有微裂。腹部顶端圆形。鞘翅具有数条互相平行的微弱纵刻纹。

产地及时代：北京，早白垩世。

中国北方地区白垩纪报道 2 种（表 21.1）。

挚爪泥甲科 Eulichadidae Crowson，1973

挚爪泥甲科是一个多样性十分低的科，仅报道两现生属，分别为亚洲和东印度群岛的挚爪泥甲属 *Eulichas* 及北美地区的 *Stenocolus*。它们体型相对较大，体型似叩甲，体长 13~35 mm，覆盖有短刚毛，常在鞘翅上构成色斑[292]。

中国北方地区侏罗纪和白垩纪报道的属：中沼甲属 *Mesaplus* Hong，1983；白垩泥甲属 *Cretasyne* Yan，Wang & Zhang，2013。

中沼甲属 *Mesaplus* Hong，1983

Mesaplus Hong，1983，Middle Jurassic Fossil Insects in North China，79[93] (original designation).

模式种：北票中沼甲 *Mesaplus beipiaoensis* Hong，1983。

虫体中等大小，细长。头小，隐藏在前胸背板之下；前胸背板横宽，半月形，后缘两侧向中央倾斜，明显窄于鞘翅基部；小盾片小，三角形；中胸腹板止于后胸腹板，后胸前侧板长，延伸至第 1 节可见腹板；前足和中足基节圆形；后足基节横宽，三角形且相连，不形成直角，端部区域分离；后足腿节窄于后足胫节，后足胫节具 1 个端距；腹部长于具翅胸节；鞘翅长，长为宽的 3~4 倍，顶端尖，近 1/2 处分叉，具 11 列纵脊，脊间区具有密集的刻点，排成纵列。

产地及时代：辽宁，中侏罗世。

中国北方地区侏罗纪仅报道 1 种（表 21.1）。

白垩泥甲属 *Cretasyne* Yan，Wang & Zhang，2013

Cretasyne Yan，Wang & Zhang，2013，*Cret. Res.*，40（1）：43–50 [293] （original designation）.

模式种：宽突白垩拉斯叩甲 *Cretasyne lata* Yan，Wang & Zhang，2013。

外咽片和亚颏之间的缝退化；前胸背板梯形，前角圆形，后角稍向后侧方突出；前胸腹板突非常宽，宽为前足基节的一半；鞘翅刻纹浅，短刻纹缺失。

产地及时代：内蒙古，早白垩世。

中国北方地区白垩纪报道 2 种（表 21.1）。

长泥甲科 Heteroceridae MacLeay，1855

长泥甲科是一个特征明显、变化较小的类群，分布于世界各地。触角短且呈棒状，足具有强壮的刺。它们被分为 2 个亚科，常生活在近水的泥沙环境中 [294]。

中国北方地区白垩纪报道的属：长泥甲属 *Heterocerites* Ponomarenko，1986。

长泥甲属 *Heterocerites* Ponomarenko，1986

Heterocerites Ponomarenko，1986，Coleoptera. Scarabaeida（=Coleoptera），in: *Insects in the Early Cretaceous Ecosystems of Western Mongolia*，Moscow，Nauka，84–105 [295]。

模式种：*Heterocerites kobdoensis* Ponomarenko，1986。

该属不具有明显的鉴定特征，被建议描述为中生代长泥甲科属级位置不确定的化石 [295]。

产地及时代：中国辽宁和蒙古，早白垩世。

中国北方地区白垩纪仅报道 1 种（表 21.1）。

拉斯叩甲科 Lasiosynidae Kirejtshuk，Chang，Ren & Shih，2010

拉斯叩甲科为一灭绝类群，包含了大量形态特征多样、叩甲型的中生代甲虫。各足基节横宽，前足和中足基节基转片外露，后胸腹板具纵缝，头前口式，后翅径室细长且端区短 [97, 293]。

中国北方地区侏罗纪和白垩纪报道的属：拉斯叩甲属 *Lasiosyne* Tan，Ren & Shih，2007；鸭头叩甲属 *Anacapitis* Yan，2009；伪吉丁拉斯叩甲属 *Bupredactyla* Kirejtshuk，Chang，Ren & Shih，2010；拟叩拉斯叩甲属 *Parelateriformius* Yan & Wang，2010。

拉斯叩甲属 *Lasiosyne* Tan，Ren & Shih，2007

Lasiosyne Tan，Ren & Shih，2007，*Annales Zoologici*，57 (2)：231–247[96] (original designation).

模式种：*Lasiosyne euglyphea* Tan，Ren & Shih，2007。

虫体两侧近平行至近圆柱形。头亚前口式，触角沟在头部的腹面通常可见；上颚大，顶端尖；复眼大；上唇较短，横宽；具明显的颈部缢缩；触角相当长，11节，梗节短，常横宽，其他各节通常非常长，为细长的亚圆柱形或亚圆锥形，有时在顶端变宽。前胸背板明显窄于鞘翅基部，近正方形至稍横宽；后缘不具细圆齿，前角圆形且不突出，前缘与头近等宽；后角尖，向侧后方延伸。前胸腹板突较窄；中足基节狭窄地分离至近相连；后足基节板仅在基节中间位置稍发达至中度发达。后胸前侧板长为宽的2.5~3倍，鞘翅端部近尖锐，具11条刻纹，第2和第3刻纹不完整。跗式5-5-5，第1~4跗分节中等分裂。

产地及时代：中国内蒙古，中侏罗世；蒙古，晚侏罗世至早白垩世；俄罗斯，早白垩世。

中国北方地区侏罗纪报道5种（表21.1）。

费氏拉斯叩甲 *Lasiosyne fedorenkoi* Kirejtshuk，Chang & Ren，2010（图21.16）

Lasiosyne fedorenkoi Kirejtshuk，Chang & Ren，2010，*Ann. Soc. Entomol. Fr.*，46 (1–2)：67–87[97].

产地及层位：内蒙古宁城县道虎沟村；中侏罗统，九龙山组。

该种种名献给俄罗斯科学院的D. N. Fedorenko先生，感谢他为*Lasiosyne fedorenkoi*后翅翅脉和折叠方式的复原。

前胸背板前缘近平截至稍凸起，稍窄于前胸背板后缘，侧缘稍弓形；前胸腹板前缘相当凹陷，在前胸背板前缘之后明显露出。后足基节板较隆起。

在中国东北地区所发现的甲虫化石中，仅有非常少的一部分标本后翅保存良好并处于展开状态。此块标本具有保存完好的具翅胸节、鞘翅和后翅，后翅展开、翅脉和折痕均保存完好。这给研究*Lasiosyne*的后翅翅脉特征提供了很好的机会。

▲ 图21.16 费氏拉斯叩甲 *Lasiosyne fedorenkoi* Kirejtshuk，Chang & Ren，2010（正模标本，CNU-COL-NN2006015）[97] 标本为史宗冈捐赠

鸭头叩甲属 *Anacapitis* Yan，2009

Anacapitis Yan，2009，*Paleontol. J.*，43，78–82[296] (original designation).

Brachysyne Tan & Ren，2009，347[139]；*Ann. Soc. Entomol. Fr. (n.s.)*，46：67–87[97].

模式种：*Anacapitis oblongus* Yan，2009。

头前口式。上唇发达，广泛地与唇基相连，自背面可见；额唇基缝存在。外咽宽。触角着生处靠近复眼前缘；触角丝状，不容纳于前胸背板的沟中，梗节非常小。复眼大，椭圆形。前胸背板横宽，前缘微凹，侧缘圆形，前角尖，后角向侧后方延伸。前足基节球形，不相连，向后开放；前足基节基转片隐藏。前胸腹板突三角形，端部圆形，与中胸腹板前端的沟相契合。中足基节大，稍横椭圆形，基转片外露，在中间位置被短的后胸腹板突分隔。后胸腹板梯形，后足基节横缝在纵缝全宽约 1/3 处断开；侧面延伸至后胸腹板的边缘。后胸前侧板大，不延伸至中足基节窝。后足基节横宽，相连，具发达的基节板。腿节常为胫节的 2 倍宽；胫节稍长于腿节，朝着顶端逐渐变宽。后足跗节 5 节，跗分节圆柱形，几乎与胫节等宽，不具裂片或刺；爪简单。鞘翅具有深的细刻纹，在基部成对愈合，不具成列的刻点。腹部具有 5 节可见腹板。

产地及时代：中国内蒙古和哈萨克斯坦，中侏罗世。

中国北方地区侏罗纪仅报道 1 种（表 21.1）。

伪吉丁拉斯叩甲属 *Bupredactyla* Kirejtshuk，Chang，Ren & Shih，2010

Bupredactyla Kirejtshuk，Chang，Ren & Shih，2010，*Ann. Soc. Entomol. Fr.*，46 (1–2)：67–87[97] (original designation).

模式种：大伪吉丁拉斯叩甲 *Bupredactyla magna* Kirejtshuk，Chang，Ren & Shih，2010。

虫体明显的长椭圆形，具短且细的绒毛；上颚中度发达，端部尖；复眼中等大小；触角相当长，明显 11 节，大多数的触角节近圆柱形或近圆锥形，端部变粗。前胸背板最宽处与鞘翅基部等宽，横宽形且侧缘近弓形；前角圆形，不突出；后角尖，向侧后方延伸。中足基节相距近至近相连，后足基节板仅在基节内侧稍发达至中度发达；后胸前侧板长稍大于宽的 2 倍。鞘翅顶端圆钝，具 11 列刻纹，第 2 和第 3 列不完整。跗节隐 5 节，1~3 跗分节中度分裂，第 4 节非常小，第 5 节非常长。

产地及时代：内蒙古，中侏罗世。

中国北方地区侏罗纪仅报道 1 种（表 21.1）。

拟叩拉斯叩甲属 *Parelateriformius* Yan & Wang，2010

Parelateriformius Yan & Wang，2010，*Paleontol. J.*，44 (3)：297–302[297] (original designation).

模式种：普通拟叩拉斯叩甲 *Parelateriformius communis* Yan & Wang，2010。

触角窝大。复眼大，椭圆形；单眼缺失。前胸背板宽为头宽的 2~2.5 倍，长为鞘翅的 0.25 倍，梯形，具串珠状缘边，中部拱，两侧扁平；前胸背板侧缘适度弯曲；前角不向前延伸，仅稍尖；后角尖，向后延伸；前胸背板前缘稍凹；后缘圆形，锯齿状；前胸背板表面具有密集的深刻点。鞘翅细长，长为宽的 3.1 倍；鞘翅自中间位置开始平滑地膨大，形成 1 个弯曲的外缘，之后朝着圆形的顶端变窄；鞘翅两侧具宽阔的串珠状缘边；背面具 10 列由刻点组成的深沟，第 2 列沟在鞘翅 3/4 长处断开，其他各条沟延伸至鞘翅端部；鞘翅缝沟缺失；鞘翅表面被密集的刻点所覆盖，形成平行的皱褶。后足基节被后胸腹板后端三角形的短突起所分开，稍倾斜，具有相当小的基节板。

产地及时代：内蒙古，中侏罗世。

中国北方地区侏罗纪报道 4 种（表 21.1）。

叩甲总科 Elateroidea Leach，1815

拟长角花蚤科 Artematopodidae Lacordaire，1857

拟长角花蚤科多样性低，是叩甲总科中的一个基部支系。它们前胸腹板上具有成对的隆线，鞘翅末端内表面具一舌状锁定结构[98, 298]。

中国北方地区侏罗纪报道的属：隐跗拟长角花蚤属 *Tarsomegamerus* Zhang，2005；中华拟长角花蚤属 *Sinobrevipogon* Cai，Lawrence，Ślipiński & Huang，2015。

隐跗拟长角花蚤属 *Tarsomegamerus* Zhang，2005

Tarsomegamerus Zhang，2005，*Géobios*，38 (6)：865-871 [299] (original designation).

模式种：中生隐跗拟长角花蚤 *Tarsomegamerus mesozoicus* Zhang，2005。

虫体明显隆起，稍细长形。头短，明显横宽。前胸背板大，后角圆形，具中纵沟。小盾片小，半圆形。鞘翅缘折窄，鞘翅具由刻点排列成的 9 列刻纹。前足和中足基节椭圆形，不相连，后足基节长三角形，稍倾斜。足胫节具有中隆线；爪简单，粗长，明显分开。腹部具 5 节可见腹板，前 4 节可见腹板近等长，第 5 节稍长于其他节。

产地及时代：内蒙古，中侏罗世。

中国北方地区侏罗纪仅报道 1 种（表 21.1）。

中华拟长角花蚤属 *Sinobrevipogon* Cai，Lawrence，Ślipiński & Huang，2015

Sinobrevipogon Cai，Lawrence，Ślipiński & Huang，2015，*Syst. Entomol.*，40 (4)：779-788 [98] (original designation).

模式种：侏罗中华拟长角花蚤 *Sinobrevipogon jurassicus* Cai，Lawrence，Ślipiński & Huang，2015。

体型较大，长椭圆形，具密集的刚毛。复眼相对较大，向侧面突出。触角长，11 节，略呈锯齿状。前胸背板横宽，具完整的侧隆线；前胸腹板在前足基节前具 1 对纵隆线。鞘翅具条纹，刚毛密集，鞘翅端部内表面具一舌状连锁结构。前胸腹板突相对宽，两侧近平行。前足基节基转片外露；中足基节较宽地分离，中足基节窝侧面开放至中胸后侧板和后胸前侧板的前中缘；后足基节凹陷，具窄但完整的基节板。中足和后足跗节 5 节，后足第 1 和第 2 跗分节细长，第 3 和第 4 跗分节分叶状。腹部第 1 节可见腹板短，远短于第 2 可见腹板，第 5 节可见腹板非常长，长于第 3 和第 4 可见腹板之和。各节腹板之间的缝弯曲，第 4 和第 5 可见腹板之间的缝在前端强烈弯曲。

产地及时代：内蒙古，中侏罗世。

中国北方地区侏罗纪仅报道 1 种（表 21.1）。

拟长角花蚤科的系统发育重建

支序学分析基于 11 个内群和 2 个外群共选择了 30 个成虫特征，所得系统发育树（图 21.17）显示拟长角花蚤科为一单系群，包含了两化石属 *Sinobrevipogon* 和 *Tarsomegamerus*，但不包含 *Eulichas*（挚爪泥甲科）。在该科中有 3 个支系：① *Electribius*；② *Ctesibius* + *Brevipogon* + *Sinobrevipogon* + *Tarsomegamerus*；③包含 *Allopogonia* 在内的剩余现生属。

树叩甲科 Cerophytidae Latreille，1834

树叩甲科是一个多样性很低的类群，主要鉴定特征为后足基节板完全缺失及跗节的爪呈梳齿状 [300]。

中国北方地区白垩纪报道的属：愈腹树叩甲属 *Necromera* Martynov，1926；侏罗树叩甲属 *Jurassophytum* Yu，Ślipiński & Pang，2019。

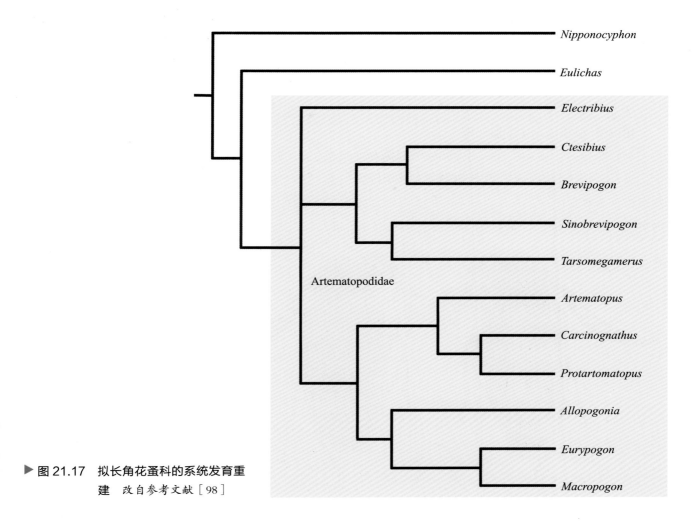

Nipponocyphon

Eulichas

Electribius

Ctesibius

Brevipogon

Sinobrevipogon

Tarsomegamerus

Artematopodidae

Artematopus

Carcinognathus

Protartomatopus

Allopogonia

Eurypogon

Macropogon

▶ 图 21.17 拟长角花蚤科的系统发育重建 改自参考文献 [98]

愈腹树叩甲属 *Necromera* Martynov, 1926

Necromera Martynov, 1926, *Ezhegodnik Russkogo Paleontologicheskogo Obshestva*, 5 (1): 1–39 [92] (original designation).

Idiomerus Dolin, 1980, *Naukova Dumka, Kiev*, 17–81 [301]; Syn. by Chang, Kirejtshuk & Ren, 2011, *Ann. Soc. Entomol. Fr. (n.s.)*, 2011, 47 (1–2): 33–44 [99].

Leptocnemus Hong & Wang, 1990, *The Stratigraphy and Palaeontology of Laiyang Basin, Shandong Province*, 105–120 [173]; Syn. by Chang, Kirejtshuk & Ren, 2011, *Ann. Soc. Entomol. Fr. (n.s.)*, 2011, 47 (1–2): 33–44 [99].

模式种：贝氏愈腹树叩甲 *Necromera baeckmanni* Martynov, 1926。

体长4.5~10.0 mm。头横宽，不收缩至前胸，后端缢缩；额部中间突出，具中隆线；触角着生处相互接近。复眼非常大，小眼小。触角11节，丝状或稍呈锯齿状；梗节长约等于宽或稍细长形，是第3节触角的0.5~0.8倍长。下颚须末节卵圆形。前胸背板凸起，前角圆钝，后角呈直角，不突出；侧隆线完整。前胸腹板具有突出且顶端圆形的颏托。前胸腹板突在前足基节位置呈直角，后端刀片状，延伸至中胸腹板的凹陷内。鞘翅不具有突出的肩部，至少具8列刻点状的纵纹。中足基节之间的间距小于基节直径的一半。后足基节横宽且相连，具有强烈退化的基节板。腹部具有5节可见腹板，第1~3节可见腹板愈合。后足转节长为后足腿节长的一半。跗节第4跗分节分叶状，第1跗分节稍长于第2和第3跗分节之和；前足跗节爪窄。

产地及时代：中国山东和辽宁，早白垩世；哈萨克斯坦，中侏罗世。

中国北方地区白垩纪报道 2 种（表 21.1）。

知识窗：缅甸琥珀中的树叩甲

俞雅丽等[302]描述了自缅甸琥珀中发现的树叩甲科化石4属4种，基于形态特征的系统发育学研究显示，这4属中有2个为新属，另外两种分别属于一现生属（图21.18）。这说明树叩甲科在白垩纪的时候便具有相当高的多样性，并且其形态特征在演化上也具有保守性。相比于现生类群仅含4属23种，仅缅甸琥珀中便出现四个属更说明树叩甲科在中生代很可能具有比现在更高的多样性。

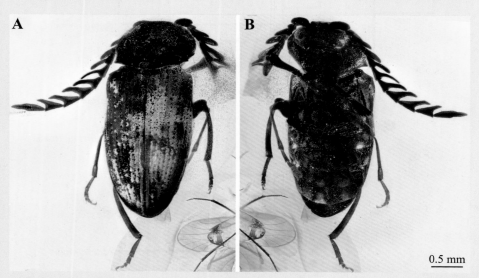

▲ 图 21.18 *Cerophytum albertalleni* Yu，Ślipiński，Lawrence，Yan，Ren and Pang，2019（正模标本，CNU-COL-MA2017004）[302]
　　　　A. 标本背面观；B. 标本腹面观

侏罗树叩甲属 *Jurassophytum* Yu，Ślipiński & Pang，2019

Jurassophytum Yu，Ślipiński & Pang，2019，*Cret. Res.*，99：51–70[302]（original designation）.

模式种：*Jurassophytum cleidecostae* Yu，Ślipiński & Pang，2019。

头内缩，背面几乎不可见；额中部突出，具有弱的额隆线；触角窝接近。复眼似乎较大，但保存不好。触角 11 节，锯齿状；梗节短于第 3 触角节。前胸背板具有尖锐但不突出的后角；侧隆线消失。前胸腹板具有宽且突出的颏托。前胸腹板突宽，在基节处具棱角，具有长且细的针延至中胸腹板窝。鞘翅平展，具有略微突出的肩部；鞘翅条脊深且呈刻点状。后足基节横向，连续，具有狭窄的后足基节片。后足转节与腿节斜向连接，长度约为后足腿节的一半。跗节部分保存；第 1 跗节的长度略大于第 2 跗节和第 3 跗节长度之和；第 4 跗节分叶状；前跗节爪未保存。腹部具 5 个腹节，腹节 1~3 愈合。

产地及时代：内蒙古，中侏罗世。

中国北方地区侏罗纪仅报道 1 种（表 21.1）。

叩甲科 Elateridae Leach，1815

　　叩甲科是一个多样性极高，数量也十分丰富的类群，常被称为"叩头虫"。它们上唇外露，前胸背板后角突出，前胸腹板长，前足基节球形、基转片隐藏，后足基节板发达，腹部前 4 节可见腹板愈合，具有弹跳结构，后胸腹板无横缝。

　　中国北方地区侏罗纪和白垩纪报道的属：原缝叩甲属 *Protagrypnus* Dolin，1973；隐腔叩甲属 *Crytocoelus* Dolin & Nel，2002；石体叩甲属 *Lithomerus* Dolin，1980；双线叩甲属 *Bilineariselater* Chang & Ren，2008；短叩甲属 *Curtelater* Chang & Ren，2008；似石体叩甲属 *Paralithomerus* Chang，Zhang & Ren，2008；似束叩甲属 *Paradesmatus* Chang，Kirejtshuk & Ren，2009；似原缝叩甲属 *Paraprotagrypnus* Chang，Zhao & Ren，2009；中华石体叩甲属 *Sinolithomerus* Dong & Huang，2009；显缝叩甲属 *Anoixis* Chang，Kirejtshuk & Ren，2010；斜板叩甲属 *Apoclion* Chang，Kirejtshuk & Ren，2010；横盾叩甲属 *Desmatinus* Chang，Kirejtshuk & Ren，2010；肿角叩甲属 *Clavelater* Dong & Huang，2011。

原缝叩甲属 *Protagrypnus* Dolin，1973

　　Protagrypnus Dolin，1973，Fossil forms of click-beetles (Elateridae，Coleoptera) from Lower Jurassic of Middle Asia，In: Fauna and biology of Insects of Moldavia，"Shtiintsa"，Kishinev，72–82 [303] (original designation).

　　模式种：小原缝叩甲 *Protagrypnus exoletus* Dolin，1973。

　　虫体小型至相对大型，细长。头横宽至近三角形，前胸后角尖，前胸腹板前端圆形，背腹缝明显与触角沟相连；前足基节外部开放；中胸腹板短，具多条横缝，将中胸腹板分割成小的上前侧板和大的下前侧板；中胸前侧板具有横缝；后足基节板向外稍变窄。

　　产地及时代：中国内蒙古，中侏罗世；吉尔吉斯斯坦，早侏罗世。

　　中国北方地区侏罗纪仅报道 1 种（表 21.1）。

隐腔叩甲属 *Crytocoelus* Dolin & Nel，2002

　　Crytocoelus Dolin & Nel，2002，*B. Soc. Entomol. Fr.*，107 (4)：341–346 [304] (original designation).

　　模式种：隐腔大叩甲 *Crytocoelus major* Dolin & Nel，2002。

　　虫体细长形。触角短，向后不延伸至前胸背板后角；柄节粗壮；梗节比柄节和第 3 节短得多；第 3 和第 4 节触角小节明显细长。前胸背板后角明显向后延长，具明显的短隆线；前胸腹板前缘具颏托，中等至强烈的弓形。小盾片圆形、半椭圆形或三角形，非心形。鞘翅具有不明显的纵刻纹。中足基节侧面开放至中胸后侧板；后足基节板呈钝头的长三角形，侧面均匀变窄。跗节 5 节，1~4 节跗分节逐渐变短。

　　产地及时代：辽宁，早白垩世。

　　中国北方地区白垩纪报道 3 种（表 21.1）。

石体叩甲属 *Lithomerus* Dolin，1980

　　Lithomerus Dolin，1980，*Naukova Dumka*，*Kiev*，17–81 [301] (original designation).

　　模式种：科氏石体叩甲 *Lithomerus cockerelli* Dolin，1980。

　　虫体细长形，鞘翅长为前胸的 2.5~4 倍。前胸横宽，前端窄圆形；前胸背腹缝延伸至前足基节。中足基节窝侧向开放至中胸后侧板；后足基节短，不长于中足基节的直径，侧面略变窄；后足基节板侧面强烈变窄，在外缘处几乎消失。后胸腹板长于前胸，并且短于腹部 1.5 倍以上。

产地及时代：中国辽宁，早白垩世；澳大利亚，早侏罗世；哈萨克斯坦，中侏罗世。

中国北方地区白垩纪仅报道 1 种（表 21.1）。

双线叩甲属 *Bilineariselater* Chang & Ren，2008

Bilineariselater Chang & Ren，2008，*Acta Geol. Sin-Engl.*，82 (2)：236–243[190] (original designation).

模式种：腹窝双线叩甲 *Bilineariselater foveatus* Chang & Ren，2008

虫体细长；头近三角形，额具脊；触角丝状，梗节比柄节和第 3 节短得多；前胸腹侧缝 2 条，前方闭合；后胸腹板不具横缝；中足基节侧面开放至中胸后侧片；中胸和后胸腹板被明显的缝分隔；后足基节片细而短，钝三角形，侧缘窄。

产地及时代：辽宁，早白垩世。

中国北方地区白垩纪仅报道 1 种（表 21.1）。

短叩甲属 *Curtelater* Chang & Ren，2008

Curtelater Chang & Ren，2008，*Acta Geol. Sin.-Engl.*，82 (2)：236–243[190] (original designation).

模式种：吴氏短叩甲 *Curtelater wui* Chang & Ren，2008。

该种种名是为了感谢吴启成先生对该研究的大力支持。

虫体细长形。上颚具齿，二裂；触角短，不延伸至前胸背板后角；前胸腹板颏托弓形；前胸腹侧缝单条；前胸背板后角具隆线。后足基节片短宽，钝长三角形，向侧面急剧变窄。后胸腹板不具横缝，具一纵缝；中胸腹板和后胸腹板被明显的缝所分隔。中足基节侧面开放至中胸后侧板。

产地及时代：辽宁，早白垩世。

中国北方地区白垩纪仅报道 1 种（表 21.1）。

似石体叩甲属 *Paralithomerus* Chang，Zhang & Ren，2008

Paralithomerus Chang，Zhang & Ren，2008，*Zootaxa*，1785：54–62[192] (original designation).

模式种：精美似石体叩甲 *Paralithomerus exquisitus* Chang，Zhang & Ren，2008。

后胸腹板具横缝，前胸腹板不具纵沟；鞘翅具有明显的纵脉；前胸背板底边具基侧沟，具明显的短脊。

产地及时代：辽宁，早白垩世。

中国北方地区白垩纪报道 2 种（表 21.1）。

似束叩甲属 *Paradesmatus* Chang，Kirejtshuk & Ren，2009

Paradesmatus Chang，Kirejtshuk & Ren，2009，*Annales Zoologici*，59 (1)：7–14[189] (original designation).

模式种：白氏似束叩甲 *Paradesmatus baiae* Chang，Kirejtshuk & Ren，2009。

前胸腹板前端弓形，短；前胸背板后缘三曲状。中足基节狭窄地分离；后足基节片非常大，呈三角形。

产地及时代：内蒙古，中侏罗世；辽宁，早白垩世。

中国北方地区侏罗纪和白垩纪报道 3 种（表 21.1）。

似原缝叩甲属 *Paraprotagrypnus* Chang，Zhao & Ren，2009

Paraprotagrypnus Chang，Zhao & Ren，2009，*Prog. Nat. Sci.-Mater.*，19 (10)：1433–1437[193] (original designation).

模式种：华丽似原缝叩甲 *Paraprotagrypnus superbus* Chang，Zhao & Ren，2009。

后足基节片短，向侧面急剧变窄；足非常细长。

产地及时代：内蒙古，中侏罗世。

中国北方地区侏罗纪仅报道 1 种（表 21.1）。

中华石体叩甲属 *Sinolithomerus* Dong & Huang，2009

Sinolithomerus Dong & Huang，2009，*Acta Palaeontol. Sin.*，48 (1)：102–108[305] (original designation).

模式种：多林中华石体叩甲 *Sinolithomerus dolini* Dong & Huang，2009。

该种种名献给乌克兰的昆虫学家 V. G. Dolin，以感谢他对现生和化石叩甲科昆虫研究所做的贡献。虫体非常窄，长约为宽的 3 倍。前胸背板长且窄，侧缘直；前胸腹板突在基节后非常窄。小盾片五边形。中足基节窝被中胸腹板、后胸腹板以及中胸后侧板侧向关闭。后足基节倾斜，中足基节片侧向长度约为基节长度的一半。

产地及时代：辽宁，中侏罗世。

中国北方地区侏罗纪仅报道 1 种（表 21.1）。

显缝叩甲属 *Anoixis* Chang，Kirejtshuk & Ren，2010

Anoixis Chang，Kirejtshuk & Ren，2010，*Ann. Entomol. Soc. Am.*，103 (6)：866–874[188] (original designation).

模式种：扁显缝叩甲 *Anoixis complanus* Chang，Kirejtshuk & Ren，2010。

虫体粗壮，头相对短。前胸背板近梯形，后角相对较短地突出。小盾片略横宽。前胸腹板腹侧缝不完整且相对较深地开放；前胸腹板突窄且非常长；前胸背板侧缘扩展。鞘翅侧缘略凹。后足基节强烈倾斜，具大的近三角形的后足基节片，基节片在内缘中间部分明显弯曲。

产地及时代：辽宁，早白垩世。

中国北方地区白垩纪仅报道 1 种（表 21.1）。

斜板叩甲属 *Apoclion* Chang，Kirejtshuk & Ren，2010

Apoclion Chang，Kirejtshuk & Ren，2010，*Ann. Entomol. Soc. Am.*，103 (6)：866–874[188] (original designation).

模式种：膨角斜板叩甲 *Apoclion clavatus* Chang，Kirejtshuk & Ren，2010。

虫体小，较细长。头近三角形，触角末节稍膨大。前胸背板近梯形，具清晰的侧隆线；前胸背板后角尖且长；前胸腹板突较宽。小盾片稍细长至稍横宽。后足基节强烈倾斜；后足基节片非常大，近三角形，内缘近直线形或在中间轻微的凹陷。鞘翅末端具"Y"形纹饰。

产地及时代：辽宁，早白垩世。

中国北方地区白垩纪报道 3 种（表 21.1）。

横盾叩甲属 *Desmatinus* Chang，Kirejtshuk & Ren，2010

Desmatinus Chang，Kirejtshuk & Ren，2010，*Ann. Entomol. Soc. Am.*，103 (6)：866–874 [188] (original designation).

模式种：大眼横盾叩甲 *Desmatinus cognatus* Chang，Kirejtshuk & Ren，2010。

虫体较细长。头较短；前胸背板侧缘弓形，向后角明显变窄；小盾片强烈横宽；前胸腹侧缝不开放，前胸腹板突相当宽。后足基节强烈倾斜，后足基节片近三角形。

产地及时代：辽宁，早白垩世。

中国北方地区白垩纪仅报道 1 种（表 21.1）。

大眼横盾叩甲 *Desmatinus cognatus* Chang，Kirejtshuk & Ren，2010（图21.19）

Desmatinus cognatus Chang，Kirejtshuk & Ren，2010，*Ann. Entomol. Soc. Am.*，103 (6)：866–874.

产地及层位：辽宁北票黄半吉沟；下白垩统，义县组。

头近三角形，在复眼后相当短，明显稍拱；复眼相对较大。前胸背板横宽，侧缘稍弓形，前缘微凹，后缘三曲状，不具基部横沟，后角相对短，不具隆线。小盾片强烈横宽，宽为长的 1.5 倍，近梯形。鞘翅

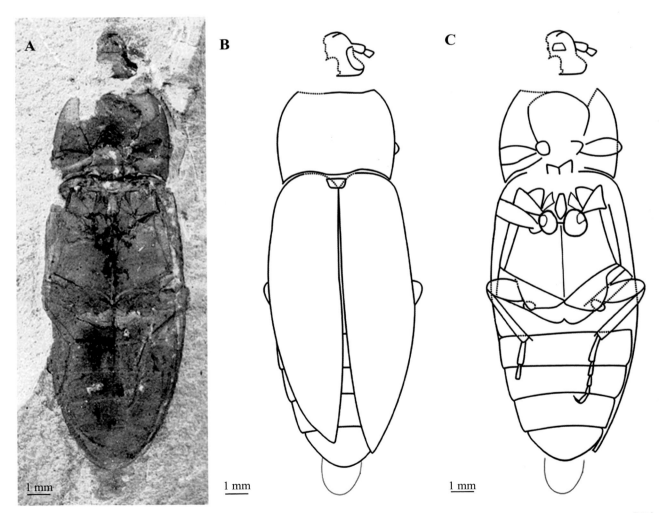

▲ 图 21.19　大眼横盾叩甲 *Desmatinus cognatus* Chang，Kirejtshuk & Ren，2010（正模标本，CNU-COL-LB2008836）[188]
　　A. 标本背面观照片；B. 背面观线条图；C. 腹面观线条图

稍宽于前胸，长是宽的 2 倍，顶端渐尖。腹面具有均匀、非常稀疏且较小的刻点。颏近梯形。前足基节窝椭圆形，小；中足基节窝近椭圆形，对中胸后侧片开放，对中胸前侧片闭合；中胸后侧片近三角形。后胸腹板明显近扁平，具 1 条纵中缝。后足基节强烈倾斜；后足基节片内缘连续，外缘强烈弯曲且末端深波状。后足胫节具 1 个端距，第 1 跗分节最长，第 2~4 跗分节逐渐变短，爪较长且简单[188]。

肿角叩甲属 *Clavelater* Dong & Huang，2011

Clavelater Dong & Huang，2011，*Acta Geol. Sin.*，85 (6)：1224–1230[102] (original designation).

模式种：宁城肿角叩甲 *Clavelater ningchengensis* Dong & Huang，2011。

虫体长为宽的 3.7 倍。头前口式；触角延伸至前胸背板后缘，第 3 节触角小节约为梗节的 1.8 倍长，末端 6 节异常地膨大。前胸背板长约等于宽，后角具短隆线；前胸腹板颏托短，前胸腹板突向后逐渐变窄，前胸背侧缝开放至前足基节窝。中足基节窝被中胸腹板、后胸腹板以及中胸后侧片关闭，后足基节板向侧面急剧变窄。

产地及时代：内蒙古，中侏罗世。

中国北方地区侏罗纪仅报道 1 种（表 21.1）。

隐唇叩甲科 Eucnemidae Eschscholtz，1829

隐唇叩甲科，也叫"伪叩头虫"，是一个多样性高、世界性分布的类群。它们的主要鉴别特征为上唇位于唇基之下，通常或多或少的膜质化，外部不可见；腹部所有的 5 节可见腹板均愈合；幼虫常具退化的足和口器[306]。

中国北方地区白垩纪报道的属：古隐唇叩甲属 *Palaeoxenus* Horn，1891。

古隐唇叩甲属 *Palaeoxenus* Horn，1891

Palaeoxenus Horn，1891，*Trans. Am. Entomol. Soc.*，18：32–48[307].

模式种：多氏古隐唇叩甲 *Palaeoxenus dobrni* Horn，1878。

触角简单，末端 2 节较短，最后 1 节宽大于长，呈直角的平截，末缘凿状。中胸腹板倾斜，具宽沟。复眼纵向直径更长，不具明显的眶上脊。

产地及时代：辽宁，早白垩世。

中国北方地区白垩纪仅报道 1 种（表 21.1）。

华古隐唇叩甲 *Palaeoxenus sinensis* Chang，Muona & Teräväinen，2016（图21.20、图21.21）

Palaeoxenus sinensis Chang, Muona & Teräväinen，2016，*Cladistics*，32 (2)：211–214.

产地及层位：辽宁北票黄半吉沟；下白垩统、义县组。

幼虫大型。头更短更宽；前胸腹板不延长，骨片稍大；中部具形状独特的刚毛簇；尾突相距略宽。化石种

▲ 图 21.20　华古隐唇叩甲 *Palaeoxenus sinensis* Chang，Muona & Teräväinen，2016（正模标本，41 HIII0181）[309]　常华丽供图

▲ 图 21.21　华古隐唇叩甲 *Palaeoxenus sinensis* Chang，Muona & Terävänen，2016 的生态重建图[309]　王晨绘制

的幼虫具有 *Palaeoxenus*[308] 的鉴别特征和典型的衍征，而该属是隐唇叩甲科 Palaeoxeninae 中唯一的属。该属包含了一现生种 *Palaeoxenus dohrni*，分布于加利福尼亚南部的山脉[306]。根据采集标签信息，该现生种可能与雪松和兰伯氏松相关[306]。化石中新的发现证明这一高度特化的隐唇叩甲科支系早在被子植物多样性爆发前的 1.25 亿年前便已出现，它们很可能适应了在裸子植物中生活[309]。

伪郭公系 Derodontiformia LeConte，1861

伪郭公总科 Derodontoidea LeConte，1861

伪郭公科 Derodontidae LeConte，1861

伪郭公科多样性低，具有一些甲虫中较为原始的特征，比如中后胸之间以膜质相连、中足基节窝被后胸前侧片部分关闭、后足基节片发达、雄性腹部第 10 节背板明显存在且与第 9 节分离[310]。

中国北方地区侏罗纪中仅报道 1 属：侏罗伪郭公属 *Juropeltastica* Cai，Lawrence，Ślipiński & Huang，2014。

侏罗伪郭公属 *Juropeltastica* Cai，Lawrence，Ślipiński & Huang，2014

Juropeltastica Cai，Lawrence，Ślipiński & Huang，2014，*Eur. J. Entomol.*，111 (2)：299–302[103] (original designation).

模式种：中华侏罗伪郭公 *Juropeltastica sinica* Cai，Lawrence，Ślipiński & Huang，2014。

虫体小。头额部隆起，其侧缘和后缘具缝。触角 11 节，末端 3 节为疏松的棒状。前胸背板稍扩展，侧缘具齿。前足基节横宽，明显分离；前足基转片外露；前足基节窝外部封闭。鞘翅具有 1 条短的位于基部中央的隆线及 3 条完整的纵隆线。鞘翅缘边具有 1 列相对大的圆窗形刻点。中足基节窝横宽，侧向开放，与中胸后侧板和后胸前侧板广泛相接。后胸腹板具纵缝。后足基节相连，下凹，侧面延伸至鞘翅边缘。

腹部第 1 节可见腹板非常短，不具平行的脊；第 2~5 节可见腹板基部侧方各具有 1 对小且弯曲的脊。

产地及时代：内蒙古，中侏罗世。

中国北方地区侏罗纪仅报道 1 种（表 21.1）。

长蠹系 Bostrichiformia Forbes，1926

长蠹总科 Bostrichoidea Latreille，1802

皮蠹科 Dermestidae Latreille，1804

皮蠹科为一世界性分布的类群。它们常具有紧实的身体，覆盖有短粗的刚毛或鳞片，形成花纹；头部中央常具有 1 个单独的单眼；虫体腹面常具凹陷以容纳触角和足[311]。

中国北方地区侏罗纪报道的属：缺眼皮蠹属 *Paradermestes* Deng，Ślipiński，Ren & Pang，2017。

缺眼皮蠹属 *Paradermestes* Deng，Ślipiński，Ren & Pang，2017

Paradermestes Deng，Ślipiński，Ren & Pang，2017，*Annales Zoologici*，67 (1)：109–112 [104] (original designation).

模式种：侏罗缺眼皮蠹 *Paradermestes jurassicus* Deng，Ślipiński，Ren & Pang，2017。

虫体宽椭圆形。头顶不具单眼；触角 11 节，末端 4 节棒状；前足基节不突出且被前胸腹板突完全分隔开；后足基节片在中间位置发达，后足基节向侧面延伸至鞘翅缘折。

产地及时代：内蒙古，中侏罗世。

中国北方地区侏罗纪仅报道 1 种（表 21.1）。

扁甲系 Cucujiformia Lameere，1938

郭公总科 Cleroidea Latreille，1802

郭公科 Cleridae Latreille，1802

郭公科，英文名为 "checkered beetles"，是扁甲系郭公总科中多样性非常高的一个类群。它们分布于世界各地，大部分发现于热带和亚热带地区。该科主要的鉴别特征有虫体常色彩鲜艳，覆盖有刚毛；触角棒状或锤状；跗节明显瓣状；前足基节突出，基转片多多少少隐藏[312]。

中国北方地区侏罗纪报道的属：始郭公属 *Protoclerus* Kolibáč & Huang，2016；王维郭公属 *Wangweiella* Kolibáč & Huang，2016。

始郭公属 *Protoclerus* Kolibáč & Huang，2016

Protoclerus Kolibáč & Huang，2016，*Syst. Entomol.*，41 (4)：808–823 [107] (original designation).

模式种：密孔始郭公 *Protoclerus korynetoides* Kolibáč & Huang，2016。

虫体宽椭圆形。触角末端 3 节对称，膨大呈紧凑的棒状；唇基前伸，额唇基缝明显内凹。前胸在基部不缢缩，但与中胸宽阔相连；前胸背板与鞘翅基部紧密相连，宽大于长，刻纹由颗粒状的刻点和中间的刚毛组成；前胸具明显的侧隆线。跗分节1~4不变短，均外露，大小相近，具爪垫。腹部具6节可见腹板。

产地及时代：内蒙古，中侏罗世。

中国北方地区侏罗纪仅报道1种（表21.1）。

王维郭公属 *Wangweiella* Kolibáč & Huang，2016

Wangweiella Kolibáč & Huang，2016，*Syst. Entomol.*，41（4）：808–823[107]（original designation）。

模式种：卡洛夫王维郭公 *Wangweiella calloviana* Kolibáč & Huang，2016。

该种属名是为了纪念中国唐代诗人和画家王维（699—759）。

虫体细长。触角长于头部；末端3节膨大，简单且排列疏松，近对称。复眼大，不明显凸出；头部不宽于前胸背板。前胸具侧隆线，在基部不明显变窄；中胸背板和中胸腹板不明显变窄形成1个类似颈部的结构。鞘翅长为前胸的3倍，在肩部宽于前胸背板。后足基节侧面延伸至后胸前侧板；前足跗节第1跗分节短，但背面不被第2跗分节覆盖；第4跗分节与第3节近等长。雄性外生殖器侧叶与阳基分隔开。

产地及时代：内蒙古，中侏罗世。

中国北方地区侏罗纪仅报道1种（表21.1）。

细花萤科 Prionoceridae Lacordaire，1857

细花萤科常颜色鲜艳，触角末节特化，头部前端常喙状突出，复眼大，前足胫节具1个端距，雄性前足跗节第2~3节上具梳齿。该科生活于古北区、东洋区和非洲区。成虫取食花粉，幼虫捕食性[313]。

中国北方地区侏罗纪报道的属：长头细花萤属 *Idgiaites* Liu，Ślipiński，Leschen，Ren & Pang，2015。

长头细花萤属 *Idgiaites* Liu，Ślipiński，Leschen，Ren & Pang，2015

Idgiaites Liu，Ślipiński，Leschen，Ren & Pang，2015，*Annales Zoologici*，65（1）：41–52[108]（original designation）。

模式种：侏罗长头细花萤 *Idgiaites jurassicus* Liu，Ślipiński，Leschen，Ren & Pang，2015。

虫体大。头部相对较小，在复眼前向前伸；额唇基区扁压，但可能不形成喙状突起。触角11节，长于头部，丝状，具绒毛；第3节触角明显长于其他各节，末端3节稍扁宽。下颚须末节长，稍膨大。复眼中等大小，圆形。前胸长于头部，侧缘平滑，不扩展。前足基节窝大，圆形，前足基节圆锥形，前足基转片外露。中足基节窝大，卵圆形，侧面开放至中胸后侧板。前足腿节在中间强烈膨大，中足和后足腿节中间稍宽；胫节细长，两侧平行。后足基节横宽；后足基节窝侧面开放。腹部具6节可自由活动的可见腹板，第1节最长。

产地及时代：内蒙古，中侏罗世。

中国北方地区侏罗纪仅报道1种（表21.1）。

谷盗科 Trogosstidiae Fabricius，1801

谷盗科，英文名为 "bark-gnawing beetles"，是一个多样性高且世界性分布的类群，包含至少 600 个现生种[314]。Kolibáč 在 2006 年基于成虫和幼虫特征对该科的系统发育关系进行了研究[315]，并提出了将谷盗科分为 Peltinae 和 Trogossitinae 2 个亚科的分类系统。但 Kolibáč 和 Zaitsev 在之后的研究中对这一结论进行了修订[316]，并将 Lophocaterinae 提升至亚科级地位[235]。

中国北方地区侏罗纪和白垩纪报道的属：古伪瓢虫属 Palaeoendomychus Zhang，1992；中华索谷盗属 Sinosoronia Zhang，1992；始谷盗属 Eotenebroides Ren，1995；中华谷盗属 Sinopeltis Yu，Leschen，Ślipiński，Ren & Pang，2012；宽背板谷盗属 Latitergum Yu，Ślipiński，Leschen，Ren & Pang，2014；窄背板谷盗属 Marginulatus Yu，Ślipiński，Leschen，Ren & Pang，2014；似白垩谷盗属 Paracretocateres Yu，Ślipiński，Leschen，Ren & Pang，2015；义县谷盗属 Yixianteres Yu，Ślipiński，Leschen，Ren & Pang，2015。

古伪瓢虫属 Palaeoendomychus Zhang，1992

Palaeoendomychus Zhang，1992，Acta Entomol. Sin.，35：331–338[317] (original designation).

模式种：壮古伪瓢虫 Palaeoendomychus gymnus Zhang，1992。

虫体小且紧实，椭圆形，不具刚毛。头深缩入前胸之中；复眼大，相距远，稍凸出；唇基前伸；触角短，棒状，鞭节圆柱形。前胸背板横宽，短，前端不呈膜状，侧缘宽扁，后角突出。小盾片小，窄三角形，长明显大于宽。鞘翅具隆线，宽且开裂；在基部与前胸背板等宽，两者紧密接合；肩角圆形，端角凸出；背面具刻纹。各足基节均相距远，后足跗节变宽或分叶状。足正常，跗节短且窄；第 1 和第 2 跗分节三角形，长与宽近相等；第 3 节圆柱形，长明显大于宽。

产地及时代：山东，早白垩世。

中国北方地区白垩纪仅报道 1 种（表 21.1）。

中华索谷盗属 Sinosoronia Zhang，1992

Sinosoronia Zhang，1992，Acta Entomol. Sin.，35：331–338[317] (original designation).

模式种：长角中华索谷盗 Sinosoronia longiantennata Zhang，1992。

虫体小，椭圆形。头小，三角形，明显缩入前胸中；复眼大；触角细长，末端呈疏松的棒状。前胸背板短宽；前角尖，明显向前扩展；后角凸出；后缘与鞘翅基部等宽。小盾片小，半圆形。鞘翅长，开裂，覆盖住腹部末端；肩部凸出，端角尖。

产地及时代：山东，早白垩世。

中国北方地区白垩纪仅报道 1 种（表 21.1）。

始谷盗属 Eotenebroides Ren，1995

Eotenebroides Ren，1995，Fauna and Stratigraphy of Jurassic-Cretaceous in Beijing and the Adjacent Areas，73–90[240] (original designation).

模式种：大眼始谷盗 Eotenebroides tumoculus Ren，1995。

虫体细长。头三角形，长大于宽，明显窄于前胸背板。复眼明显，大，侧向着生于头部中间。触角非棒状，5~10 节逐渐变宽并轻微的不对称。前胸背板梯形或轻微的心形，前角不明显突出。小盾片大。腿节非棒状，前足基节横宽，中足基节和后足基节相距近。鞘翅不长于腹部，具6~8条隆线及极细微的微刻纹。

产地及时代：北京，早白垩世。

中国北方地区白垩纪仅报道1种（表21.1）。

中华谷盗属 Sinopeltis Yu，Leschen，Ślipiński，Ren & Pang，2012

Sinopeltis Yu，Leschen，Ślipiński，Ren & Pang，2012，*Annales Zoologici*，62 (2)：245–252[235] (original designation).

模式种：侏罗中华谷盗 *Sinopeltis jurrasica* Yu，Leschen，Ślipiński，Ren & Pang，2012。

虫体宽卵圆形，两侧平行。触角明显棒状，对称；触角着生位置在背面可见。复眼突起。额唇基缝存在。触角沟存在且平行。前胸背板前角高度发达，近圆形。中胸腹板非拱形，后胸腹板不具腋区和后胸腹板横缝。中足基节相距宽；后足基节不下凹，相距近。鞘翅具成列刻点。腹部第1节可见腹板与第2节近等长，后足基节间突窄。

产地及时代：内蒙古，中侏罗世。

中国北方地区侏罗纪报道2种（表21.1）。

宽背板谷盗属 Latitergum Yu，Ślipiński，Leschen，Ren & Pang，2014

Latitergum Yu，Ślipiński，Leschen，Ren & Pang，2014，*Annales Zoologici*，64 (4)：667–676[106] (original designation).

模式种：无毛宽背板谷盗 *Latitergum glabrum* Yu，Ślipiński，Leschen，Ren & Pang，2014。

虫体细长，两侧平行。头较大，仅稍窄于前胸背板。触角11节，末端3节松散，形成不对称的棒状。额唇基缝不明显。前胸背板在近后缘处最宽；前胸背板前角不向前突出，具角。前胸腹板突顶端不膨大；前足基节窝外部狭窄地开放；前足基节横宽，基转片外露。中胸腹板不呈拱形。中足基节适度分离，基节窝外部开放。后胸腹板不具腋区和后胸腹板横缝。后足基节扁平，狭窄地分离。腹部具5节可见腹板，各节长度几乎相等。

产地及时代：内蒙古，中侏罗世。

中国北方地区侏罗纪仅报道1种（表21.1）。

窄背板谷盗属 Marginulatus Yu，Ślipiński，Leschen，Ren & Pang，2014

Marginulatus Yu，Ślipiński，Leschen，Ren & Pang，2014，*Annales Zoologici*，64 (4)：667–676[106] (original designation).

模式种：美丽窄背板谷盗 *Marginulatus venustus* Yu，Ślipiński，Leschen，Ren & Pang，2014。

虫体细长，两侧平行。头较大，前口式。触角11节，末端3节膨大形成紧密的触角棒。复眼外凸。前胸背板中间位置最宽；前胸背板前角微突，钝。前足基节横宽，基转片外露；前足基节窝外部开放，前背缘折延伸至前足基节窝后侧，明显覆盖在前胸腹突顶端之上。中胸腹板不呈拱形。中足基节狭窄地分离。后胸腹板具完整的纵缝，不具腋区和后胸腹板纵缝。后足基节扁平，不凹，非常狭窄地分离。鞘翅具细密的刻点。腹部1~4节可见腹板几乎等长，后足基节间突非常窄，顶端尖。

产地及时代：内蒙古，中侏罗世。

中国北方地区侏罗纪仅报道1种（表21.1）。

似白垩谷盗属 *Paracretocateres* Yu，Ślipiński，Leschen，Ren & Pang，2015

Paracretocateres Yu，Ślipiński，Leschen，Ren & Pang，2015，*Cret. Res.*，53：89–97[236]（original designation）。

　　模式种：优雅似白垩谷盗 *Paracretocateres bellus* Yu，Ślipiński，Leschen，Ren & Pang，2015。

　　虫体中等宽，两侧几乎平行。头前口式。虫体表面几乎赤裸无毛。触角 11 节，顶端 3 节明显棒状。复眼外凸，中等大小。外咽缝明显，高度分开。前胸背板前角微突。前足基节横宽，基转片外露，基节窝外部开放。中足和后足基节狭窄地分离。鞘翅具规则刻点列，列间区微拱。

　　产地及时代：辽宁，早白垩世。

　　中国北方地区白垩纪仅报道 1 种（表 21.1）。

义县谷盗属 *Yixianteres* Yu，Ślipiński，Leschen，Ren & Pang，2015

Yixianteres Yu，Ślipiński，Leschen，Ren & Pang，2015，*Cret. Res.*，53：89–97[236]（original designation）。

　　模式种：北票义县谷盗 *Yixianteres beipiaoensis* Yu，Ślipiński，Leschen，Ren & Pang，2015。

　　虫体细长，两侧平行。触角 11 节，末 3 节形成不对称的触角棒；触角沟可能存在。上颚强壮，顶端尖。额唇基缝不可见。复眼突出。前胸背板前角凸出。前足基节横宽，相距宽；前足基节基转片外露。中足基节和后足基节狭窄地分离；中足基节窝椭圆形，外部开放至中胸后侧板；中足基节基转片外露。鞘翅具有规则的成列刻点。

　　产地及时代：辽宁，早白垩世。

　　中国北方地区白垩纪仅报道 1 种（表 21.1）。

北票义县谷盗 *Yixianteres beipiaoensis* Yu，Ślipiński，Leschen，Ren & Pang，2015（图21.22）

Yixianteres beipiaoensis Yu，Ślipiński，Leschen，Ren & Pang，2015，*Cret. Res.* 53：89–97.

　　产地及层位：辽宁北票黄半吉沟；下白垩统，义县组。

　　头相对较大，前口式；头顶简单。复眼中等大小，突出。触角柄节短粗。前胸明显横宽，宽约为长的 1.7 倍，在基部最宽；侧缘稍平展；前角凸出，尖锐；后角钝或圆形。前足基节窝横宽，向后广泛地开放；背腹缝可见。前胸腹板突两侧平行，相对较宽，约为基节宽的 0.5 倍，顶端直或稍膨大。中胸腹板宽，前端弓形；中胸前侧片和后侧片梯形。中足基节窝

2 mm

▲ 图 21.22　北票义县谷盗 *Yixianteres beipiaoensis* Yu，Ślipiński，Leschen，Ren & Pang，2015（正模标本，CNU-COL-LB2011113）[236]

稍倾斜，中－后胸腹板突非常窄。后胸腹板梯形，基部宽于前端；具完整的纵缝。后胸前侧片中等宽阔，后侧片不可见。后足基节横宽，扁平，相距非常近。小盾片横宽，不清晰可见。鞘翅椭圆形，在 2/3 处最宽；背面具明显且规则的刻点。腹部具 5 节可自由活动的可见腹板，近等长[236]。

扁甲总科 Cucujoidea Latreille，1802

澳洲蕈甲科 Boganiidae Sen Gupta & Crowson，1966

澳洲蕈甲科是扁甲总科中十分有趣的一个孤立的基部类群，其成虫和幼虫均取食花粉[318]。该科共包含 6 个现生属，分布于南非、澳大利亚和新喀里多尼亚地区，另外还有 3 个属随后被移到 Phloeostichidae、Hobartiidae 和 Cavognathidae 中[147, 319, 320]。

中国北方地区侏罗纪报道的属：古澳洲蕈甲属 Palaeoboganium Liu，Ślipiński，Lawrence，Ren & Pang，2017。

古澳洲蕈甲属 Palaeoboganium Liu，Ślipiński，Lawrence，Ren & Pang，2017

Palaeoboganium Liu，Ślipiński，Lawrence，Ren & Pang，2017，J. Syst. Palaeontol.，10：1–10[147] (original designation).

模式种：侏罗古澳洲蕈甲 Palaeoboganium jurassicum Liu，Ślipiński，Lawrence，Ren & Pang，2017。

虫体大型。头部具强烈弓形的额唇基缝；上唇自背面不可见；上颚背面基部具 1 个凸起，与唇基基部侧缘的凹陷契合；触角沟不存在。触角短，呈轻微的锤状。前胸背板强烈横宽，不具有具腺体的胼胝体。前足和中足基节基转片均外露；后足基节相距近，侧面不延伸至鞘翅缘折。腹部具 5 节可自由活动的可见腹板。

产地及时代：内蒙古，中侏罗世。

中国北方地区白垩纪仅报道 1 种（表 21.1）。

侏罗古澳洲蕈甲 Palaeoboganium jurassicum Liu，Ślipiński，Lawrence，Ren & Pang，2017（图 21.23）

Palaeoboganium jurassicum Liu，Ślipiński，Lawrence，Ren & Pang，2017，J. Syst. Palaeontol.，10：1–10.

产地及层位：内蒙古宁城道虎沟；中侏罗统，九龙山组。

灭绝种侏罗古澳洲蕈甲 Palaeoboganium jurassicum 作为古生苏铁植物的传粉者这一假设很难被证实，但该种确实是一个很合适的候选者，因为该种所在的侏罗系地层中也包含有苏铁植物，而且该种在系统发育树上的位置和分布与非洲和澳大利亚的 2 个现生苏铁传粉者近缘。这表明澳洲蕈甲科在中生代时期可能具有更高的多样性和更广的分布，而澳洲蕈甲科甲虫与苏铁之间的

▲ 图 21.23　侏罗古澳洲蕈甲 Palaeoboganium jurassicum Liu，Ślipiński，Lawrence，Ren & Pang，2017（正模标本，CNU-COL-NN201601）[147]

传粉关系很可能在这 2 个属与相应的传粉植物发生联系之前就出现了[147]。

澳洲蕈甲科的系统发育研究

Liu 等人在 2017 年的系统发育学分析所得的严格一致性树如图 21.24 所示（步长 = 46; CI = 70; RI = 66）。所有的系统发育树均支持澳洲蕈甲科的单系性，古澳洲蕈甲属 *Palaeoboganium* 被认为（*Metacucujus*+*Paracucujus*）的姐妹群或是作为 Paracucujinae 的基部类群。支持 *Palaeoboganium* 属于澳洲蕈甲科的 3 个独有同源衍征为：头腹面无触角缝，上唇自背面不可见及上颚顶端简单。澳洲蕈甲科还被另外 4 个潜在的同源衍征所支持，分别为：上颚内切缘二叉或具 2 个愈合的瓣，下颚内叶爪突二齿状，倒数第 2 节中足跗节退化并远短于前 1 节及雄性外生殖器阳基不对称，但这些特征并未保存在化石种中，在矩阵中标记为（" ？ "）[147]。

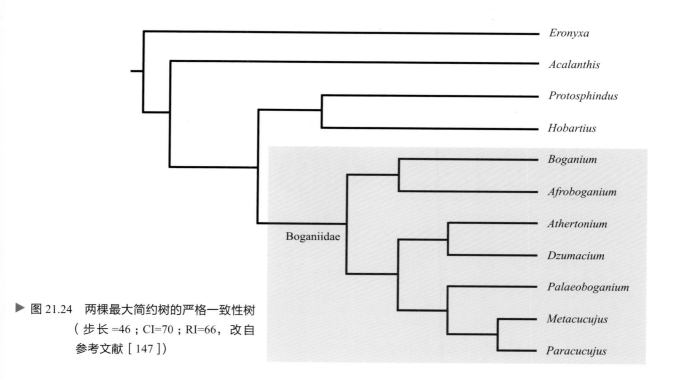

▶ 图 21.24　两棵最大简约树的严格一致性树（步长 =46；CI=70；RI=66，改自参考文献 [147]）

出尾扁甲科 Monotomidae Laporte，1840

出尾扁甲科英文名为 "root-eating beetles"。该科甲虫体型小且细长，长 1.5~6.0 mm，捕食性或菌食性，分布于所有的动物地理区[321]。

中国北方地区侏罗纪仅报道 1 属：侏罗啮蜡甲属 *Jurorhizophagus* Cai，Ślipiński & Huang，2015。

侏罗啮蜡甲属 *Jurorhizophagus* Cai，Ślipiński & Huang，2015

Jurorhizophagus Cai，Ślipiński & Huang，2015，*Alcheringa*，39 (4)：488–493[111] (original designation).

模式种：奇侏罗啮蜡甲 *Jurorhizophagus alienus* Cai，Ślipiński & Huang，2015。

体型较大，长约 5 mm，细长无毛。复眼侧向，具小眼面。触角短，11 节，末端 3 节膨大呈棒状。额唇基缝直。前胸背板横宽，具侧隆线和 1 条纵中缝；前胸腹板突窄，两侧近平行，顶端不膨大。前足基节基转片外露。鞘翅长，覆盖住前 3 节腹节，末端稍平截，腹部末两节背板外露；鞘翅每一侧具 8 条纵刻纹。后足跗节 5 节。腹部第 1 节可见腹板稍短于第 2 和第 3 节之和，后基线不存在。

产地及时代：内蒙古，中侏罗世。

中国北方地区侏罗纪仅报道 1 种（表 21.1）。

知识窗: 缅甸琥珀中的出尾扁甲

出尾扁甲科在系统发育研究中被认为是扁甲总科中较为基部的类群，其化石记录也被发现于中侏罗世的内蒙古道虎沟[111]，而白垩纪琥珀中则出现了更多该科的化石记录，支持了系统发育研究的结果。刘振华等[322]在缅甸琥珀中描述了两属三种属于 Lenacini 的出尾扁甲科化石（图21.25），其中两种还被包含于现生属 Lenax Sharp 中，而该族现生类群仅包含一属一种，分布于新西兰。这一发现意味着 Lenacini 可能在以前广泛地分布于盘古大陆并具有更高的多样性，或是西缅甸板块在 Lenacini 出现的时候可能与冈瓦纳古陆具有较近的地理位置。想要进一步求证这个问题则需要针对出尾扁甲科进行全面的分子系统学研究并推测各支系的分歧时间。

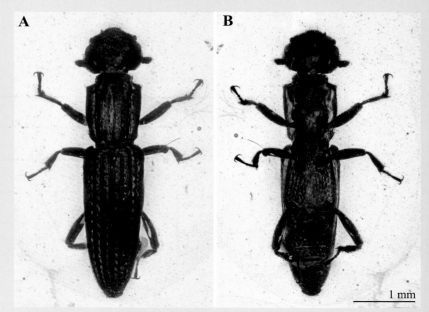

▲ 图 21.25 *Cretolenax carinatus* Liu，Tihelka，McElrath and Yamamoto，2020（正模标本，NIGP171018）[322]
A. 标本背面观；B. 标本腹面观

露尾甲科 Nitidulidae Latreille，1982

露尾甲科是一个多样性非常高，种类相对丰富的类群。它们常具有锤状触角和强烈横宽的前足基节，前足基节基转片外露，下颚外叶缺失[323]。

中国北方地区侏罗纪报道的属：华露尾甲属 *Sinonitidulina* Hong，1983。

华露尾甲属 *Sinonitidulina* Hong，1983

Sinonitidulina Hong，1983，Middle Jurassic Fossil Insects in North China，1–223[93]（original designation）.

模式种：滦平华露尾甲 *Sinonitidulina luanpingensis* Hong，1983。

虫体黑色。触角短，稍长于头，从不长于头和前胸背板长度之和，末端变宽。前胸背板宽稍大于长，具刻点。鞘翅非常长，长是宽的 3 倍，表面光滑或具刻纹和刻点。

产地及时代：河北，中侏罗世。

中国北方地区侏罗纪报道 3 种（表 21.1）。

类天牛科 Parandrexidae Kirejtshuk，1994

　　类天牛科是一个小的绝灭科，共包含 2 属：类天牛属 *Parandrexis* Martynov，1926[92] 和马氏类天牛属 *Martynopsis* Soriano，Kirejtshuk & Delclòs，2006[110]。最早类天牛属 *Parandrexis* 被认为属于叶甲总科天牛科异天牛亚科[92]，Kirejtshuk (1994)[109] 将其独立成类天牛科并放在扁甲系中。Soriano 等在 2006 年描述该科一新属马氏类天牛属 *Martynopsis* Soriano，Kirejtshuk & Delclòs，2006 将其放在扁甲总科中[110]。

　　中国北方地区侏罗纪和白垩纪仅报道 1 属：类天牛属 *Parandrexis* Martynov，1926。

类天牛属 *Parandrexis* Martynov，1926

　　Parandrexis Martynov，1926，*Ezhegodnik Russkogo Paleontologicheskogo Obshestva*，5 (1)：1–39[92] (original designation).

　　模式种：细小类天牛 *Parandrexis parvula* Martynov，1926。

　　虫体细长或椭圆形。触角丝状，11~12 节；柄节形成 1 个棒状结构。雄性上颚非常长且窄，但在雌性中触角远短于头部。下颚须 3~4 节，细长。中胸稍短，后胸长于中胸。小盾片三角形。前胸腹板突不延伸至中足基节。腿节纺锤形，不强壮；胫节远细于腿节，长度与腿节相等且朝着顶端稍变宽；跗节 4 节可见，短细，末节最长，爪简单。雌性外形与雄性相近，但体型更大，触角和上颚更短。

　　产地及时代：中国内蒙古，中侏罗世；辽宁，早白垩世；哈萨克斯坦，中侏罗世。

　　中国北方地区侏罗纪和白垩纪报道 5 种（表 21.1）。

知识窗：缅甸琥珀中的隐颚扁甲

　　隐颚扁甲科 Passandridae 是扁甲总科中较为特殊的一个科，它们的幼虫为外寄生习性，寄生于其他蛀木甲虫体外。目前该科化石记录十分稀少，之前仅被发现于新生代的波罗的海琥珀[324]。而分歧时间推测的工作也显示该科的起源时间为新生代[14] 或早白垩世[55]。金盂洁等[325] 在缅甸琥珀中发现了隐颚扁甲科的化石（图 21.26），将该科最古老的化石记录从 3 000 万~5 000 万年前的新生代推前至 9 900 万年前的晚白垩世。研究中使用形态系统发育学的研究方法认为其为该科的一个基部类群，祖征重建则显示隐颚扁甲科起源于古冈瓦纳大陆。这一研究结果说明早在白垩纪扁甲总科中便可能演化出了外寄生的习性。

▲ 图 21.26　*Mesopassandra keyao* Jin，Ślipiński，Zhou and Pang，2019（正模标本，SYS-ENAM0007）[325]

A. 标本背面观；B. 标本腹面观

拟步甲总科 Tenebrionoidea Latreille，1802

花蚤科 Mordellidae Latreille，1802

花蚤科，英文名为 "tumbling flower beetles"，世界性分布。虫体楔形，腹部第 7 节背板形成 1 个刺状的突起。后足基节非常大，部分与后胸腹板愈合；前胸在腹面尤其退化；头扁平，后口式，向后延伸至后胸腹板的前缘[326]。

中国北方地区侏罗纪和白垩纪报道的属：辽西花蚤属 Liaoximordella Wang，1993；白垩舟花蚤属 Cretanaspis Huang & Yang，1999；奇异花蚤属 Mirimordella Liu，Lu & Ren，2007；精致花蚤属 Bellimordella Liu，Zhao & Ren，2008；五华花蚤属 Wuhua Wang & Zhang，2011。

辽西花蚤属 Liaoximordella Wang，1993

Liaoximordella Wang，1993，*Acta Geol. Sin.*，6 (3)：361–370[327] (original designation).

模式种：洪氏辽西花蚤 *Liaoximordella hongi* Wang，1993。

虫体中等大小；头前突，长方形；上唇突出，梯形，发育良好；下颚须 4 节，端部棒状扩展；触角丝状，基部和末端触角节短，中段触角节长；复眼狭长，位于头后端；前胸背板发育良好，突出，侧缘明显或不明显；小盾片小，三角形；足细长；鞘翅大，在基部宽于前胸背板，中部宽，末端 1/3 分离；腹部 6 节，第 1 节小，第 6 节外露，向后逐渐收缩。

产地及时代：辽宁，晚侏罗世。

中国北方地区侏罗纪仅报道 1 种（表 21.1）。

白垩舟花蚤属 Cretanaspis Huang & Yang，1999

Cretanaspis Huang & Yang，1999，*Acta Palaeontol. Sin.*，38 (1)：125–132[328] (original designation).

模式种：卢尚坟白垩舟花蚤 *Cretanaspis lushangfenensis* Huang & Yang，1999。

虫体小。头部强烈下弯；复眼大，卵圆形，在触角窝后无凹陷；触角稍棒状，中间数节小、略呈锯齿状，最后 1 节明显小于前 1 节。前胸背板明显下弯，基部弓形，侧缘向前端逐渐变窄。中足基节不相连；中足跗节第 4 跗分节极小，被稍呈瓣状的第 3 跗节覆盖。后足基节非常大；后足胫节长于后足腿节或跗节，向着顶端逐渐变宽，顶端平截；后足跗节前 2 节在端部具有 1 个非常细的纵脊；后足胫节端距非常发达，长于后足跗节第 1 跗分节；爪发达。腹部具 6 节可见腹板，向后逐渐变小；第 6 节末端尖，不延长；腹部第 3 节顶端具 1 个丝状附器。

产地及时代：北京，早白垩世。

中国北方地区白垩纪仅报道 1 种（表 21.1）。

奇异花蚤属 Mirimordella Liu，Lu & Ren，2007

Mirimordella Liu，Lu & Ren，2007，*Zootaxa*，1415：49–56[223] (original designation).

模式种：纤足奇异花蚤 *Mirimordella gracilicruralis* Liu，Lu & Ren，2007。

下颚须线形，最后 1 节不明显膨大。小盾片长，三角形或矩形。鞘翅弓形，在顶端 1/3 处极剧变细；顶端尖。后足胫节顶端扩展，端部斜截，与腿节等长；后足跗节长于胫节。腹部具有 6 节可见腹板。

产地及时代：辽宁，早白垩世。

中国北方地区白垩纪仅报道 1 种（表 21.1）。

精致花蚤属 *Bellimordella* Liu，Zhao & Ren，2008

Bellimordella Liu，Zhao & Ren，2008，*Cret. Res.*，29（3）：445–450 [228]（original designation）。

模式种：小头精致花蚤 *Bellimordella capitulifera* Liu，Zhao & Ren，2008。

下颚须线形，最后 1 节不明显膨大。触角丝状，着生于复眼之前，短于前胸背板。鞘翅扁平，向后端逐渐变窄；顶端稍圆钝。中足和后足胫节各具 1 个端距，顶端平截，远短于跗节。腹部具 5 节可见腹板，最后 2 节超过鞘翅末端。

产地及时代：辽宁，早白垩世。

中国北方地区白垩纪报道 3 种（表 21.1）。

五华花蚤属 *Wuhua* Wang & Zhang，2011

Wuhua Wang & Zhang，2011，*J.Paleontol.*，85：266–270 [116]（original designation）。

模式种：侏罗五华花蚤 *Wuhua jurassica* Wang & Zhang，2011。

触角丝状，与前胸背板等长。鞘翅在端部 1/3 处逐渐变尖，末端圆形；中足基节窝分离，与前足基节相距远；后足基节横向膨大，形成倾斜的板，宽为长的 3 倍；后足胫节末端膨大，长于后足跗节，端部倾斜且平截。

产地及时代：内蒙古，中侏罗世。

中国北方地区侏罗纪报道 2 种（表 21.1）。

大花蚤科 Ripiphoridae Gemminger & Harold，1870

大花蚤科英文名为 "wedge-shaped beetles"。它们身体楔形，背面拱起，末端尖细。该科是捕食和寄生类甲虫中一个高度特化的类群，可能演化自长朽木甲型的祖先。按照传统的分类体系，大花蚤科被分为 6 个亚科，分别为 Pelecotominae、Micholaeminae、Ptilophorinae、Hemirhipidiinae、Ripidiinae 和 Ripiphorinae [114, 329, 330]。

中国北方地区侏罗纪报道的属：始源大花蚤属 *Archaeoripiphorus* Hsiao，Yu & Deng，2017。

始源大花蚤属 *Archaeoripiphorus* Hsiao，Yu & Deng，2017

Archaeoripiphorus Hsiao，Yu & Deng，2017，*Eur. J. Taxon.*，277：1–13 [114]（original designation）。

模式种：娲皇始源大花蚤 *Archaeoripiphorus nuwa* Hsiao，Yu & Deng，2017。

虫体大型，长 15~16 mm。头长，在后端急剧缢缩形成宽的颈部；复眼椭圆形，顶端浅凹，明显相互分离；触角 11 节，第 4~10 小节矩形或梯形，第 11 小节顶端尖；下颚须末节长斧状，不特化，长是最小宽的 4 倍。前胸背板近三角形，在基部三叶状。鞘翅完整，完全覆盖着腹部。腹部具 5 节可见腹板。前足胫节与前足跗节近等长；胫节端部不具刺状刚毛；至少中后足的爪梳齿状（模式标本由史宗冈捐献）。

产地及时代：内蒙古，中侏罗世。

中国北方地区侏罗纪仅报道 1 种（表 21.1）。

拟步甲科 Tenebrionidae Latreille，1802

拟步甲科是一个种类非常丰富的科。该科特征为：触角着生位置常隐藏，复眼略呈长椭圆形且顶端微凹，前足基节窝内外均封闭，前胸腹板突拱形，腹部第1~3节可见腹板愈合，腹部末端具1对防御性腺体，跗式5-5-4[331]。

中国北方地区白垩纪报道的属：拟粉虫属 *Alphitopsis* Kirejtshuk，Nabozhenko & Nel，2011；宽鞘拟步甲属 *Platycteniopus* Chang，Nabozhenko，Pu，Xu，Jia & Li，2016。

拟粉虫属 *Alphitopsis* Kirejtshuk，Nabozhenko & Nel，2011

Alphitopsis Kirejtshuk，Nabozhenko & Nel，2011，*Entomologicheskoe Obozrenie*，90：548–552[332] (original designation).

模式种：始拟粉虫 *Alphitopsis initialis* Kirejtshuk，Nabozhenko & Nel，2011。

虫体相对较大。头部中等横宽，复眼从腹面看呈圆卵形；触角自第6节开始念珠状，每一节的基部为窄棒状，触角末节顶端尖。下颚须末节窄，顶端倾斜且平截，非斧状；倒数第2节明显细长（长度远大于宽度），自基部向顶部稍变宽。颏相对窄，不向前缘变窄。前胸背板横宽，后缘稍呈双凹状，前缘较宽地内凹。鞘翅缘边浑圆，两边不平行。鞘翅缘折朝端部逐渐变窄，但不延伸至鞘翅缝的顶端。后足基节宽约等于后胸腹板长。

产地及时代：辽宁，早白垩世。

中国北方地区白垩纪仅报道1种（表21.1）。

宽鞘拟步甲属 *Platycteniopus* Chang，Nabozhenko，Pu，Xu，Jia & Li，2016

Platycteniopus Chang，Nabozhenko，Pu，Xu，Jia & Li，2016，*Cret. Res.*，57：289–293[333] (original designation).

模式种：异眼宽鞘拟步甲 *Platycteniopus diversoculatus* Chang，Nabozhenko，Pu，Xu，Jia & Li，2016。

虫体大，细长。头近椭圆形；复眼自背面看圆形，自腹面看横宽；触角锯齿状，前4节轻微横宽或长与宽近相等；上额二叉状。前胸背板钟形，不窄于鞘翅肩角；后侧角明显，后缘近平直。鞘翅宽，侧缘宽圆形，朝末端变窄，具细密的刻点。中足基节窝之间的中胸腹板突末端尖。腹部第6节可见腹板顶端深凹，第5节可见腹板后缘直。前足和中足不长，前足腿节和中足腿节向侧面延伸不超过前胸背板和鞘翅。后足较长，明显延伸超过鞘翅。前足胫节直，后足胫节轻微地弯曲。跗节窄，丝状，倒数第2节不具膜状瓣；前足跗节第1节与第2~4节等长。后足转节小，远短于后足腿节。雄性外生殖器阳基长，阳茎短，向外弯曲。

产地及时代：辽宁，早白垩世。

中国北方地区白垩纪仅报道1种（表21.1）。

叶甲总科 Chrysomeloidea Latreille，1802

天牛科 Cerambycidae Latreille，1802

天牛科，英文名为"longhorn beetles"，是一个多样性高、种类十分丰富的类群，是鞘翅目中最大的科之一，分布于除南极洲之外的世界各地[334]。它们具有隐 4 节式的跗节，触角着生位置隆起，触角长，常长于虫体长的一半，有时更长。

中国北方地区白垩纪报道的属：白垩天牛属 *Cretoprionus* Wang，Ma，McKenna，Yan，Zhang & Jarzembowski，2014；华殊天牛属 *Sinopraecipuus* Yu，Ślipiński，Reid，Shih，Pang & Ren，2015。

白垩天牛属 *Cretoprionus* Wang，Ma，McKenna，Yan，Zhang & Jarzembowski，2014

Cretoprionus Wang，Ma，McKenna，Yan，Zhang & Jarzembowski，2014，*J. Syst. Palaeontol.*，12 (5)；565–574[220] (original designation).

模式种：柳条沟白垩天牛 *Cretoprionus liutiaogouensis* Wang，Ma，McKenna，Yan，Zhang & Jarzembowski，2014。

虫体大型。触角粗壮，锯齿状，几乎与虫体等长。前胸背板宽，侧缘具侧隆线且每一侧具 4 个齿。鞘翅明显宽于前胸背板，顶端尖。

产地及时代：内蒙古，早白垩世。

中国北方地区白垩纪仅报道 1 种（表 21.1）。

叶甲总科主要支系的系统学研究

Wang 等人 2014 年根据最近的一个叶甲总科分子系统学研究的数据合并了两个新的校准点，作为 Prioninae+Parandrinae 和 Bruchinae 年代的最小约束条件，用以测定叶甲总科中主要支系的分歧时间（图 21.27）。他们的分析认为叶甲总科中大多数的科在侏罗纪开始出现，在白垩纪时代逐渐变得多样化，这与它们的寄主被子植物相关；但是叶甲总科的系统学研究还没完全解决，关于叶甲总科的起源分歧时间和宏演化模式还需要进一步的研究[220]。

华殊天牛属 *Sinopraecipuus* Yu，Ślipiński，Reid，Shih，Pang & Ren，2015

Sinopraecipuus Yu，Ślipiński，Reid，Shih，Pang & Ren，2015，*Cret. Res.*，52：453–460[238] (original designation).

模式种：双叶华殊天牛 *Sinopraecipuus bilobatus* Yu，Ślipiński，Reid，Shih，Pang & Ren，2015。

虫体细长，稍椭圆形。触角丝状，柄节非常短，梗节相对较长。前胸背板横宽，侧缘细锯齿状。前足基节窝向后封闭或近封闭，中足基节间距非常窄。鞘翅顶端非常尖，具密集刻点。前足胫节和中足胫节具 1 对端距；跗节隐 4 节式。

产地及时代：辽宁，早白垩世。

中国北方地区白垩纪仅报道 1 种（表 21.1）。

双叶华殊天牛 *Sinopraecipuus bilobatus* Yu，Ślipiński，Reid，Shih，Pang & Ren，2015（图21.28）

Sinopraecipuus bilobatus Yu，Ślipiński，Reid，Shih，Pang & Ren，2015，*Cret. Res.*，52：453–460。

产地及层位：辽宁凌源大王杖子；下白垩统，义县组。

双叶华殊天牛 *Sinopraecipuus bilobatus* 与现生的天牛有着许多相同的特征，可以支持它的科级位置。但是，*Sinopraecipuus. bilobatus* 与现生的天牛科又有着一些不同的特征，由于特征保存不完全及该种具有现生天牛科多个亚科的特征，无法将其归入天牛科中的任何一个亚科。这些特殊的特征组合让我们能略瞥到天牛科的早期演化历史。这些特征可能有部分是古生天牛科的祖征，但在接下来的演化过程中，这些及其他一些特征都可能在多个亚科的类群中发生了改变[238]。

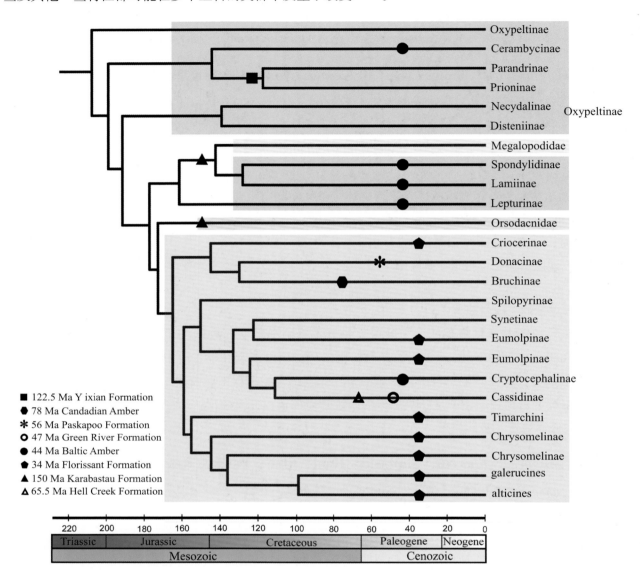

▲ 图 21.27　叶甲总科高级阶元的演化分支时间假说图。代表叶甲科的分支为蓝色。代表天牛科的分支为灰色。其他科（Megalopodidae，Orsodacnidae）的分支为黄色和橙色。分支上除三角形外的图形代表每个类群已知的最早的化石的大约年代[335-337]。三角形代表每个类群已知的最早的但存疑的化石的大约年代。（改自参考文献 [220，338]）

▲ 图 21.28 双叶华殊天牛 *Sinopraecipuus bilobatus* Yu，Ślipiński，Reid，Shih，Pang & Ren，2015（正模标本，CNU-COL-LB20111101）[238] 标本为史宗冈捐赠

叶甲科 Chrysomelidae Latreilles 1802

叶甲科，英文名为 "leaf beetles"，是一个大的世界性分布的类群。在植食性甲虫的类群中，叶甲科在物种数上仅次于象甲科，排名第二。它们具有短至中等长度的触角，触角不着生于突起处也不被复眼包围，胫节端距大都退化，体形高度变化但大都长椭圆形。叶甲科甲虫所有的成虫和幼虫取食叶片，但不钻孔[339]。

中国北方地区侏罗纪报道的属：中生豆象属 *Mesolaria* Zhang，1986。

中生豆象属 *Mesolaria* Zhang，1986

Mesolaria Zhang，1986，Some fossil insects from the Jurassic of northern Hebei，China，In: The Paleontology and Stratigraphy of Shandong，Haiyang Publishing House，Beijing，74–84[118] (original designation).

模式种：长翅中生豆象 *Mesolaria longala* Zhang，1986。

虫体中等大小。头小，圆形；复眼大；触角锯齿状；前胸背板后角尖；鞘翅短，不完全覆盖住腹部，表面具有细的纵刻纹，顶端尖；足细长。

产地及时代：河北，中侏罗世。

中国北方地区侏罗纪仅报道 1 种（表 21.1）。

象甲总科 Curculionoidea Latreille，1802

矛象科 Belidae Schönherr，1826

体长 5~23 mm，通常呈黄棕色至红棕色、深棕色或黑色，偶有在鞘翅上或前胸背板及鞘翅上呈双色；虫体表面几乎总是密被匍匐的、稠厚的刚毛，颜色多样，常形成某种图案，有时散布近直立的细小刚毛，稠密的刚毛有时形成小的斑块。

中国北方地区侏罗纪报道的属：中华精致矛象属 Sinoeuglypheus Yu，Davis & Shih，2019。

中华精致矛象属 Sinoeuglypheus Yu，Davis & Shih，2019

Sinoeuglypheus Yu，Davis & Shih，2019，*J.Syst.Palaeontol.*，17(24)：2105–2117[340]（original designation）。

模式种：道虎沟中华精致矛象 Sinoeuglypheus daohugouensis Yu，Davis & Shih，2019。

这是迄今报道的最早的矛象科化石。喙向前突出，近直，略长于头和前胸之和；触角着生在喙部中间位置，具松散的触角棒，第 1 鞭节长，约为柄节和梗节之和；复眼圆形，强烈突出；前胸背板表面密被粗糙的刻点，后缘中央具小突瘤；鞘翅密被短刚毛及不规则排列的小刻点，基部边缘具窄边；腹部侧缘具完整的隆脊用于连接鞘翅和腹部；前足胫节外缘具纵向隆线，内缘顶端具刷。

产地及时代：内蒙古，中侏罗世。

中国北方地区侏罗纪仅报道 1 种（表 21.1）。

三锥象科 Brentidae Billberg，1820

三锥象科，英文名为 "straight-snouted weevils"，是一个原始的蛀木象甲类群，分布于世界各地的热带和温带地区。最近有 3 个象甲科中的亚科 Apioninae、Cyladinae、Nanophyinae 和 Ithycerinae（之前被认为是一个独立的科 Ithyceridae）被移至三锥象科。它们以触角不为膝状为特征。

中国北方地区白垩纪报道的属：白垩三锥象属 Cretonanophyes Zherikhin，1977；雅三锥象属 Abrocar Liu & Ren，2006。

白垩三锥象属 Cretonanophyes Zherikhin，1977

Cretonanophyes Zherikhin，1977，Rhynchophora. Family Attelabidae. Family Curculionidae. In: Arnoldi，L.V.，Zherikhin，V.V.，Nikritin，L.M. *et al.* (eds.) Mezozoiskie Zhestkokrylye. *Tr. Paleontol. Inst. Akad. Nauk SSSR*，Volume 161：176–180[341]（original designation）。

Leptocar Liu & Ren，2007，*Sci. China，Ser. D. Earth Sci.*，50 (5)：641–648[225]；Syn. by Davis，Engel，Legalov & Ren，2013，*J. of Syst. Palaeontol.*，11 (4)：399–429[342]。

Rugosocar Legalov，2009，*Amur. Zool. J.*，1：283–295[343]；Syn. by Davis，Engel，Legalov & Ren，2013，*J. Syst. Palaeontol.*，11 (4)：399–429[342]。

模式种：长喙白垩三锥象 *Cretonanophyes longirostris* Zherikhin，1977。

喙细长，稍长于前胸背板的 2 倍，近直线形。前胸背板和鞘翅具浅刻点。足常具密集的刚毛，前足常稍长于中足和后足。鞘翅（特别是在近端部）常覆盖有细长刚毛。

产地及时代：中国辽宁、俄罗斯和西班牙，早白垩世。

中国北方地区白垩纪报道 2 种（表 21.1）。

雅三锥象属 *Abrocar* Liu & Ren，2006

Abrocar Liu & Ren，2006，*Zootaxa*，1176：59–68 [224] (original designation).

模式种：短喙雅三锥象 *Abrocar brachyorhinos* Liu & Ren，2006。

喙相对短，稍长于前胸背板；咽部明显存在，窄，具 1 对外咽缝；喙基部具浅的触角窝；复眼侧面细长。前胸背板侧缘拱形，窄于鞘翅肩部；前胸背板和鞘翅均覆盖有较密集的刻点。虫体覆盖有稀疏的短刚毛。前足第 1 跗分节不或稍扩展。

产地及时代：辽宁，早白垩世。

中国北方地区白垩纪报道 4 种（表 21.1）。

毛象科 Nemonychidae Bedel，1882

毛象科被普遍认为是象甲总科最基部的支系，很多用来定义该科的特征都是祖征。包括有口器发育相对良好，上唇可自由活动；外咽缝分离；触角直；腹部可见腹板不愈合。

中国北方地区白垩纪报道的属：小原枪象属 *Microprobelus* Liu，Ren & Shih，2006；纤细毛象属 *Leptocar* Liu & Ren，2007；华毛象属 *Chinocimberis* Legalov，2009；任氏毛象属 *Renicimberis* Legalov，2009。

小原枪象属 *Microprobelus* Liu，Ren & Shih，2006

Microprobelus Liu，Ren & Shih，2006，*Prog. Nat. Sci.*，16：885–888 [226] (original designation).

模式种：刘氏小原枪象 *Microprobelus liuae* Liu，Ren & Shih，2006。

该属喙在腹面前端突出，较直，仅稍弯曲。触角着生在喙部中间稍前的位置；触角末几节仅轻微膨大，不明显大于其他节。复眼圆形。前胸背板具窄边，向后端延伸至后缘。前胸背板和鞘翅覆盖有密集的细长刚毛。胫节外缘具有纵向、小圆齿状的隆线。跗节稍瓣状。

产地及时代：辽宁，早白垩世。

中国北方地区白垩纪仅报道 1 种（表 21.1）。

华毛象属 *Chinocimberis* Legalov，2009

Chinocimberis Legalov，2009，*Amur. Zool. J.*，1 (3)：200–213 [344] (original designation).

Chinabrenthorrhinus Legalov，2009，*Amur. Zool. J.*，1：283–295 [343]；Syn. by Davis，Engel，Legalov & Ren，2013，*J. Syst. Palaeontol.*，11 (4)：399–429 [342].

模式种：窄华毛象 *Brenthorrhinoides angustipecteris* Liu，Ren & Tan，2006。

虫体背腹面适度扁平。喙在前端突出，较直，仅轻微弯曲；上唇小。触角着生于喙部近顶端处；触角轻微的棒状，膨大节仅稍大于其他节。头部在喙基部前具棱。复眼稍细长，卵圆形，膨大。前胸背板侧缘拱形，近平行，后缘仅稍宽于前缘。前胸背板和鞘翅覆盖有密集的细长刚毛。鞘翅具有小刻点，排列稀疏不形成刻纹。

产地及时代：中国北京和辽宁，蒙古；早白垩世。

中国北方地区白垩纪报道 3 种（表 21.1）。

任氏毛象属 *Renicimberis* Legalov，2009

Renicimberis Legalov，2009，*Amur. Zool. J.*，1 (3)：200–213[344] (original designation).

模式种：阔胸任氏毛象 *Brenthorrhinoides latipecteris* Liu，Ren & Tan，2006。

虫体背腹面适度扁平。喙在前端突出，较直，仅轻微弯曲；喙稍长于前胸背板长的 1.5 倍。触角着生于喙部近顶端；触角轻微的棒状，膨大节几乎不大于其他节。头部在喙基部前具棱。复眼稍细长，卵圆形。前胸背板侧缘拱形，中间处最宽，稍窄于鞘翅肩部。前胸背板和鞘翅具有较密集的细长刚毛。鞘翅不具刻点。

产地及时代：辽宁，早白垩世。

中国北方地区白垩纪仅报道 1 种（表 21.1）。

阔胸任氏毛象 *Renicimberis latipecteris* Liu，Ren & Tan，2006（图21.29）

Brenthorrhinoides latipecteris Liu，Ren & Tan，2006，*Annales Zoologici*，56 (4)：605–612[227].

Renicimberis latipecteris Liu，Ren & Tan，2006，*Amur. Zool. J.*，1 (3)：200–213[344]。

产地及层位：辽宁北票黄半吉沟；下白垩统，义县组。

喙稍长于前胸背板，长是宽的 4 倍，顶端稍变宽。触角延伸至头部后缘；柄节最长，弓形；触角棒不明显。复眼大，长度与喙基部的宽度相等。前胸背板扁平，在中间位置之后最宽，侧缘圆形，宽是长的 1.7 倍。前足基节位于前胸的中后方，相距近[227]。

▲ 图 21.29　阔胸任氏毛象 *Renicimberis latipecteris* Liu，Ren & Tan，2006（正模标本，CNU-COL-LB2005101）[227]

亚目位置不确定 Suborder Incertae sedis

纹鞘甲科 Permosynidae Tillyard，1924

该科是一类仅依据单独的鞘翅所建立的类群，它们的鞘翅具有刻点或不具有刻点的刻纹。该科甲虫中大多数的种类在自然分类系统中都属于多食亚目，部分可能属于原鞘亚目 Ademosynidae 或肉食亚目[345]。

中国北方地区侏罗纪和白垩纪报道的属：阿耳特弥斯甲属 *Artematopodites* Ponomarenko，1990。

阿耳特弥斯甲属 *Artematopodites* Ponomarenko，1990

Artematopodites Ponomarenko，1990，Beetles. Scarabaeida. In: Rasnitsyn，A.P. (ed.)，Late Mesozoic Insects of Eastern Transbaikalia. *Tr. Paleontol. Inst. Akad. Nauk SSSR*，239：39–82 [83] (original designation).

模式种：宽边阿耳特弥斯甲 *Artematopodites latus* Ponomarenko，1990。

鞘翅细长，中型至大型，顶端对称；肩角不明显，圆形。鞘翅基部稍倾斜，具有扁平且较窄的缘边，具小盾片缺刻；鞘翅外缘在中间位置或基部 1/3 处弯曲，具明显且扁平的鞘翅缘折。鞘翅缝缘具有扁平的缘边，稍拱形，几乎笔直。鞘翅具缘边，表面覆盖有刻点或皱褶的刻纹。鞘翅具有 11 列纵刻点。第 1 列刻点与鞘翅缝缘边非常近，延伸至鞘翅顶端；第 2 和第 3 列刻纹变短，在大多数的种类中长于鞘翅的一半；第 4~11 列刻纹延伸至顶端。

产地及时代：中国新疆，早侏罗世和中侏罗世；河北，中侏罗世；山西，早白垩世；俄罗斯，晚侏罗世和早白垩世；蒙古，晚侏罗世；波兰，早侏罗世。

中国北方地区侏罗纪和白垩纪报道 5 种（表 21.1）。

表 21.1　中国侏罗纪和白垩纪鞘翅目化石名录

科	种	产地	层位 / 时代	文献出处
Suborder Archostemata Kolbe，1908				
Ademosynidae	*Atalosyne sinuolata* Ren，1995	北京西山	卢尚坟组 /K₁	任东等 [240]
	Eremisyne xiazhuangensis Wang，1998	北京房山	下庄组 /K₁	王五力 [175]
Asiocoleidae	*Loculitricoleus flatus* Tan & Ren，2009	内蒙古宁城	九龙山组 /J₂	Tan & Ren [139]
	Loculitricoleus tenuatus Tan & Ren，2009	内蒙古宁城	九龙山组 /J₂	Tan & Ren [139]
*Coelocatiniidae	*Catinius artus* Zhang，1997	吉林智新林场	大拉子组 /K₁	张海春 [177]
	Catinius ovatus Zhang，1997	吉林智新林场	大拉子组 /K₁	张海春 [177]
Cupedidae	*Ensicupes guyanensis* Hong，1976	内蒙古固阳	固阳组 /K₁	洪友崇等 [157]
	Ensicupes obtusus Zhang，1997	吉林智新林场	大拉子组 /K₁	张海春 [177]
	Anthocoleus hebeiensis Hong，1983	河北滦平	九龙山组 /J₂	洪友崇 [93]
	Celocoleus densus Hong，1983	河北滦平	九龙山组 /J₂	洪友崇 [93]
	Euteticoleus radiatus Hong，1983	河北承德	九龙山组 /J₂	洪友崇 [93]
	Tetrocupes cavernasus Hong，1983	河北承德	九龙山组 /J₂	洪友崇 [93]
	Hebeicupes formidabilis Zhang，1986	河北滦平	九龙山组 /J₂	张俊峰 [118]
	Longaevicupes macilentus Ren，Lu，Ji & Guo，1995	北京西山	卢尚坟组 /K₁	任东等 [240]
	Latocupes jiensis (Ren，Lu，Ji & Guo，1995)	北京西山	卢尚坟组 /K₁	任东等 [240]
	Latocupes bellus Ren & Tan，2006	辽宁北票	义县组 /K₁	Ren & Tan [178]
	Latocupes fortis Ren & Tan，2006	辽宁北票	义县组 /K₁	Ren & Tan [178]
	Latocupes angustilabialis (Tan，Huang & Ren，2007)	内蒙古宁城	九龙山组 /J₂	Tan et al. [180]
	Latocupes collaris (Tan，Huang & Ren，2007)	内蒙古宁城	九龙山组 /J₂	Tan et al. [180]
	Latocupes latilabialis (Tan，Huang & Ren，2007)	内蒙古宁城	九龙山组 /J₂	Tan et al. [180]

续表

科	种	产地	层位 / 时代	文献出处
Cupedidae	*Furcicupes raucus* Tan & Ren，2006	辽宁北票	义县组 /K$_1$	Tan & Ren[182]
	Gracilicupes crassicruralis Tan，Ren & Shih，2006	内蒙古宁城	九龙山组 /J$_2$	Tan et al.[185]
	*Gracilicupes tenuicruralis*Tan，Ren & Shih，2006	内蒙古宁城	九龙山组 /J$_2$	Tan et al.[185]
	Apriacma clavata (Tan，Ren & Shih，2006)	辽宁北票	义县组 /K$_1$	Tan et al.[186]
	Apriacma latidentata (Tan，Ren & Shih，2006)	辽宁北票	义县组 /K$_1$	Tan et al.[186]
	Apriacma renaria (Tan，Ren & Shih，2006)	辽宁北票	义县组 /K$_1$	Tan et al.[186]
	Apriacma tuberculosa (Tan，Ren & Shih，2006)	辽宁北票	义县组 /K$_1$	Tan et al.[186]
	Cretomerga subtilis (Tan & Ren，2006)	辽宁北票	义县组 /K$_1$	Tan & Ren[182]
Jurodidae	*Jurodes daohugouensis* Yan，Wang，Ponomarenko & Zhang，2014	内蒙古宁城	九龙山组 /J$_2$	Yan et al.[84]
	Jurodes pygmaeus Yan，Wang，Ponomarenko & Zhang，2014	内蒙古宁城	九龙山组 /J$_2$	Yan et al.[84]
Ommatidae	*Omma delicata* Tan，Wang，Ren & Yang，2012	内蒙古宁城	九龙山组 /J$_2$	Tan et al.[129]
	Omma daxishanense Cai & Huang，2017	北京玲珑塔	髫髻山组 /J$_3$	Cai & Huang[132]
	Tetraphalerus laetus Lin，1976	辽宁上园	尖山沟组 /K$_1$	林启彬[168]
	Tetraphalerus largicoxa Lin，1986	湖南祁阳	观音滩组 /J$_1$	林启彬[141]
	Tetraphalerus lentus Ren，Lu，Ji & Guo，1995	河北滦平	大北沟组 /K$_1$	任东等[240]
	Tetraphalerus trachylaena (Ren，Tan & Ge，2006)	辽宁北票	义县组 /K$_1$	Ren et al.[179]
	Tetraphalerus curtinervis Tan，Ren & Shih，2007	辽宁北票	义县组 /K$_1$	Tan et al.[96]
	Tetraphalerus latus Tan，Ren & Shih，2007	辽宁北票	义县组 /K$_1$	Tan et al.[96]
	Tetraphalerus decorosus Tan，Wang，Ren & Yang，2012	内蒙古宁城	九龙山组 /J$_2$	Tan et al.[129]
	Memptus handlirschi Ponomarenko，1985	湖南祁阳	观音滩组 /J$_1$	Ponomarenko[75]
	Zygadenia laiyangensis Hong & Wang，1990	山东莱阳	莱阳组 /K$_1$	洪友崇 & 王五力[173]
	Zygadenia liui Jarzembowski，Wang，Zhang & Fang，2015	内蒙古西三家	义县组 /K$_1$	Jarzembowski et al.[346]
	Zygadenia trachylenus Ren，Lu，Ji & Guo，1995	北京西山	卢尚坟组 /K$_1$	任东等[240]
	Zygadenia tuanwangensis Hong & Wang，1990	山东莱阳	莱阳组 /K$_1$	洪友崇 & 王五力[173]
	Notocupes (Amblomma) epicharis Tan，Ren & Liu，2005	辽宁北票	义县组 /K$_1$	Tan et al.[184]
	Notocupes (Amblomma) psilata Tan，Ren & Liu，2005	辽宁北票	义县组 /K$_1$	Tan et al.[184]
	Notocupes (Amblomma) rudis Tan，Ren & Liu，2005	辽宁北票	义县组 /K$_1$	Tan et al.[184]
	Notocupes (Amblomma) stabilis Tan，Ren & Liu，2005	辽宁北票	义县组 /K$_1$	Tan et al.[184]
	Notocupes (Amblomma) cyclodonta Tan，Ren，Shih & Ge，2006	辽宁北票	义县组 /K$_1$	Tan et al.[187]

续表

科	种	产地	层位 / 时代	文献出处
Ommatidae	*Notocupes* (*Amblomma*) *eumeura* Tan, Ren, Shih & Ge, 2006	辽宁北票	义县组 /K$_1$	Tan et al.[187]
	Notocupes (*Amblomma*) *miniscula* Tan, Ren, Shih & Ge, 2006	辽宁北票	义县组 /K$_1$	Tan et al.[187]
	Notocupes (*Amblomma*) *porrecta* Tan, Ren, Shih & Ge, 2006	辽宁北票	义县组 /K$_1$	Tan et al.[187]
	Notocupes (*Amblomma*) *protensa* Tan, Ren, Shih & Ge, 2006	辽宁北票	义县组 /K$_1$	Tan et al.[187]
	Notocupes (*Notocupes*) *validus* (Lin, 1976)	辽宁上园	义县组 /K$_1$	林启彬[168]
	*Notocupes (*Notocupes*) *homorus* (Lin, 1986)	湖南蓝山	观音滩组 /J$_1$	林启彬[141]
	Notocupes (*Notocupes*) *dischides* Zhang, 1986	河北滦平	下花园组 /K$_1$	张俊峰[118]
	Notocupes (*Notocupes*) *ludongensis* Wang & Liu, 1996	山东莱阳	莱阳组 /K$_1$	王五力 & 刘明渭[176]
	Notocupes (*Notocupes*) *alienus* (Tan & Ren, 2006)	辽宁北票	义县组 /K$_1$	Tan & Ren[181]
	Notocupes (*Notocupes*) *pingi* Ponomarenko & Ren, 2010	内蒙古宁城	九龙山组 /J$_2$	Ponomarenko & Ren[347]
	*Notocupes (*Notocupes*) *lini* Ponomarenko, Yan, Wang & Zhang, 2012	湖南祁阳	观音滩组 /J$_1$	Ponomarenko et al.[345]
	Brochocoleus punctatus Hong, 1982	甘肃玉门	赤金桥组 /K$_1$**	洪友崇[160]
	Brochocoleus impressus (Ren, Lu, Ji & Guo, 1995)	北京西山	卢尚坟组 /K$_1$	任东等[240]
	Brochocoleus sulcatus Tan, Ren & Shih, 2007	辽宁北票	义县组 /K$_1$	Tan et al.[128]
	Brochocoleus applanatus Tan & Ren, 2009	内蒙古宁城	九龙山组 /J$_2$	Tan & Ren[139]
	Brochocoleus magnus Tan & Ren, 2009	内蒙古宁城	九龙山组 /J$_2$	Tan & Ren[139]
	Brochocoleus validus Tan & Ren, 2009	内蒙古宁城	九龙山组 /J$_2$	Tan & Ren[139]
	Brochocoleus yangshuwanziensis Jarzembowski, Yan, Wang & Zhang, 2013	内蒙古宁城	义县组 /K$_1$	Jarzembowski et al.[348]
	Fuscicupes parvus Hong & Wang, 1990	山东莱阳	莱阳组 /K$_1$	洪友崇 & 王五力[173]
	Cionocoleus magicus Ren, 1995	北京西山	卢尚坟组 /K$_1$	任东等[240]
	Cionocoleus cervicalis Tan, Ren & Shih, 2007	辽宁北票	义县组 /K$_1$	Tan et al.[128]
	Cionocoleus planiusculus Tan, Ren & Shih, 2007	辽宁北票	义县组 /K$_1$	Tan et al.[128]
	Cionocoleus olympicus Jarzembowski, Yan, Wang & Zhang, 2013	内蒙古宁城	义县组 /K$_1$	Jarzembowski et al.[348]
	Cionocoleus tanae Jarzembowski, Yan, Wang & Zhang, 2013	内蒙古宁城	义县组 /K$_1$	Jarzembowski et al.[348]
	Monticupe surrectus Ren, Lu, Ji & Guo, 1995	北京西山	卢尚坟组 /K$_1$	任东等[240]
	Pareuryomma tylodes (Tan, Ren, Shih & Ge, 2006)	辽宁北票	义县组 /K$_1$	Tan et al.[187]
	Pareuryomma ancistrodonta Tan, Wang, Ren & Yang, 2012	辽宁北票	义县组 /K$_1$	Tan et al.[129]
	Pareuryomma cardiobasis Tan, Wang, Ren & Yang, 2012	内蒙古宁城	九龙山组 /J$_2$	Tan et al.[129]

续表

科	种	产地	层位/时代	文献出处
Schizophoridae	*Metrorhynchites putativus* (Lin，1986)	湖南浏阳	造上组 /J$_1$	林启彬[141]
	Homocatabrycus liui Tan，Ren & Shih，2007	内蒙古宁城	九龙山组 /J$_2$	Tan et al.[96]
	Menopraesagus explanatus Tan，Ren & Shih，2007	内蒙古宁城	九龙山组 /J$_2$	Tan et al.[96]
	Menopraesagus grammicus Tan，Ren & Shih，2007	内蒙古宁城	九龙山组 /J$_2$	Tan et al.[96]
	Menopraesagus oryziformis Tan，Ren，Shih & Yang，2013	内蒙古宁城	九龙山组 /J$_2$	Tan et al.[143]
	Menopraesagus oxycerus Tan，Ren & Shih，2007	内蒙古宁城	九龙山组 /J$_2$	Tan et al.[96]
	Sinorhombocoleus papposus Tan & Ren，2009	辽宁北票	义县组 /K$_1$	Tan & Ren[139]
	Sinoschizala darani Jarzembowski，Yan，Wang & Zhang，2012	内蒙古宁城	九龙山组 /J$_2$	Jarzembowski et al.[248]
	Abrohadeocoleodes amoenus Tan，Ren，Shih & Yang，2013	内蒙古宁城	九龙山组 /J$_2$	Tan et al.[143]
	Abrohadeocoleodes eurycladus Tan，Ren，Shih & Yang，2013	内蒙古宁城	九龙山组 /J$_2$	Tan et al.[143]
	Abrohadeocoleodes ooideus Tan，Ren，Shih & Yang，2013	内蒙古宁城	九龙山组 /J$_2$	Tan et al.[143]
	Abrhadeocoleodes patefactus Tan，Ren，Shih & Yang，2013	内蒙古宁城	九龙山组 /J$_2$	Tan et al.[143]
Taldycupedidae	*Yuxianocoleus hebeiense* Hong，1985	河北蔚县	下花园组 /J$_2$	洪友崇[144]
	Wuchangia latilimbata Hong，1986	湖北大冶	武昌组 /J$_1$	洪友崇[163]
	Yiyangicupes huobashanense Hong，1988	江西弋阳	冷水坞组 /K$_1$	洪友崇[164]
Tshekardocoleidae	*Dictycoleus jurassicus* Hong，1982	甘肃红柳疙瘩	大山口组 /J$_1$-J$_2$	洪友崇[160]
* Cupedidae or Ommatidae	*Gansucupes attenuatus* Hong，1982	甘肃玉门	赤金桥组 /K$_1$**	洪友崇[160]
	Chengdecupes baojiatunensis Hong，1992	吉林蛟河	保家屯组 /J$_3$	洪友崇[145]
	Chengdecupes jurassicus Hong，1983	河北承德	九龙山组 /J$_2$	洪友崇[93]
	Chengdecupes kezuoense Hong，1987	辽宁喀左	沙海组 /K$_1$	洪友崇[349]
* Cupedidae or Taldycupedidae	*Hebeicoleus sertulatus* Hong，1992	河北承德	九龙山组 /J$_2$	洪友崇[167]
Suborder Myxophaga Crowson，1955				
Hydroscaphidae	*Hydroscapha jeholensis* Cai，Short & Huang，2012	辽宁北票	义县组 /K$_1$	Cai et al.[149]
Suborder Adephaga Schellenberg，1806				
Carabidae	*Yunnanocarabus litus* Lin，1977	云南祥云	张河组 / 中侏罗统	林启彬[169]
	Conjunctia longa Zhang，1997	吉林智新林场	大拉子组 /K$_1$	张海春[177]
	Cretorabus rasnitsyni Wang & Zhang，2011	内蒙古宁城	义县组 /K$_1$	Wang & Zhang[116]

续表

科	种	产地	层位 / 时代	文献出处
Carabidae	*Protorabus polyphlebius Ren，Lu，Ji & Guo，1995	北京西山	卢尚坟组 /K₁	任东等[240]
	*Protorabus minisculus Zhang，1997	吉林智新林场	大拉子组 /K₁	张海春[177]
	*Fangshania punctata Hong，1981	北京房山	卢尚坟组 /K₁	洪友崇[159]
	Nebrorabus tumoculus (Ren，Lu，Ji & Guo，1995)	北京西山	卢尚坟组 /K₁	任东等[240]
	*Atrirabus shandongensis Hong & Wang，1990	山东莱阳	莱阳组 /K₁	洪友崇 & 王五力[173]
	*Atrirabus tuanwangensis Hong & Wang，1990	山东莱阳	莱阳组 /K₁	洪友崇 & 王五力[173]
	*Magnirabus furvus Hong & Wang，1990	山东莱阳	莱阳组 /K₁	洪友崇 & 王五力[173]
	*Cavicarabus lucensua Hong，1991	湖北大冶	武昌组 /J₁	洪友崇[163]
	*Wuchangicarabus latus Hong，1991	湖北大冶	武昌组 /J₁	洪友崇[163]
	*Lirabus granulatus Hong，1992	辽宁喀左	沙海组 /K₁	洪友崇[166]
	Aethocarabus levigata Ren，Lu，Ji & Guo，1995	北京西山	卢尚坟组 /K₁	任东等[240]
	Denudirabus exstrius Ren，Lu，Ji & Guo，1995	北京西山	卢尚坟组 /K₁	任东等[240]
	Penecupes rapax Ren，Lu，Ji & Guo，1995	北京西山	卢尚坟组 /K₁	任东等[240]
* Caraboidea incertae sedis	*Eurycoleus arcuatus Hong，1982	甘肃玉门	中沟组 /K₁	洪友崇[160]
	*Eurycoleus clypeolatus Hong，1982	甘肃玉门	中沟组 /K₁	洪友崇[160]
	*Eurycoleus dimorphocellatus Hong，1982	甘肃玉门	中沟组 /K₁	洪友崇[160]
	*Eurycoleus foveolatus Hong，1984	北京房山	卢尚坟组 /K₁	洪友崇[162]
	*Eurycoleus parvus Hong，1982	甘肃玉门	中沟组 /K₁	洪友崇[160]
	*Glottocoleus lenticulatus Hong，1982	甘肃玉门	中沟组 /K₁	洪友崇[160]
	*Glyptocoleus stellatus Hong，1982	甘肃玉门	中沟组 /K₁	洪友崇[160]
	*Grypocoleus fornicatus Hong，1982	甘肃玉门	中沟组 /K₁	洪友崇[160]
	*Leptocoleus lenis Hong，1982	甘肃玉门	赤金桥组 /K₁**	洪友崇[160]
	*Mesocoleus zhonggouense Hong，1982	甘肃玉门	中沟组 /K₁	洪友崇[160]
	*Obesofemoria chijinqiaoensis Hong，1982	甘肃玉门	赤金桥组 /K₁**	洪友崇[160]
	*Phyllocoleus striolatus Hong，1982	甘肃玉门	中沟组 /K₁	洪友崇[160]
	*Pleurocoleus catenatus Hong，1982	甘肃玉门	中沟组 /K₁	洪友崇[160]
	*Vago oblonga Hong，1982	甘肃玉门	赤金桥组 /K₁**	洪友崇[160]
	*Yumenocoleus intermedius Hong，1982	甘肃玉门	中沟组 /K₁	洪友崇[160]
	*Yumenocoleus tenuis Hong，1988	江西弋阳	冷水坞组 /K₁	洪友崇[164]
	*Yumenocoleus lineatus Hong，1982	甘肃玉门	下沟组 /K₁	洪友崇[160]
	*Yumenocoleus longus Hong，1982	甘肃玉门	赤金堡组 /K₁	洪友崇[160]

续表

科	种	产地	层位 / 时代	文献出处
* Caraboidea incertae sedis	*Yumenocoleus nantianmenensis Hong, 1984	河北张家口	青石碰组 /K₁	洪友崇[162]
	*Jiangxicoleus guixiense Hong, 1988	江西弋阳	冷水坞组 /K₁	洪友崇[164]
	*Jiangxicoleus yiyangense Hong, 1988	江西弋阳	冷水坞组 /K₁	洪友崇[164]
Superfamily Dytiscoidea Bell, 1966				
Coptoclavidae	Coptoclava longipoda Ping, 1928	甘肃酒泉	赤金桥组 /K₁**	秉志[156]
		甘肃玉门	赤金堡组 /K₁**	
		河北滦平	大北沟组 /K₁	
		吉林延吉	大拉子组 /K₁	
		辽宁大庙塔子山	金刚山组 /K₁**	
		辽宁喀左	九佛堂组 /K₁	
		山东莱阳	莱阳组 /K₁	
		内蒙古多伦	建昌组 /K₁	
	Coptoclavisca grandioculus Zhang, 1992	山东莱阳	莱阳组 /K₁	张俊峰[317]
	Daohugounectes primitivus Wang, Ponomarenko & Zhang, 2009	内蒙古宁城	九龙山组 /J₂	Wang et al.[133]
Dytiscidae	Liadroporus elegans Prokin & Ren, 2010	辽宁北票	义县组 /K₁	Prokin & Ren[255]
	Liadytiscus cretaceous Prokin & Ren, 2010	辽宁北票	义县组 /K₁	Prokin & Ren[255]
	Liadytiscus latus Prokin & Ren, 2010	辽宁北票	义县组 /K₁	Prokin & Ren[255]
	Liadytiscus longitibialis Prokin & Ren, 2010	辽宁北票	义县组 /K₁	Prokin & Ren[255]
	Mesoderus magnus Prokin & Ren, 2010	辽宁北票	义县组 /K₁	Prokin & Ren[255]
	Mesoderus ovatus Prokin, Petrov, Wang & Ponomarenko, 2013	内蒙古大双庙	义县组 /K₁	Prokin et al.[136]
	Mesoderus punctatus Prokin, Petrov, Wang & Ponomarenko, 2013	内蒙古大双庙	义县组 /K₁	Prokin et al.[136]
	Mesoderus ventralis Prokin & Ren, 2010	辽宁北票	义县组 /K₁	Prokin & Ren[255]
	Sinoporus lineatus Prokin & Ren, 2010	辽宁北票	义县组 /K₁	Prokin & Ren[255]
	Liadyxianus kirejtshuki Prokin, Petrov, Wang & Ponomarenko, 2013	辽宁北票	义县组 /K₁	Prokin et al.[136]
	Mesodytes rhantoides Prokin, Petrov, Wang & Ponomarenko, 2013	内蒙古大双庙	义县组 /K₁	Prokin et al.[136]
Haliplidae	Cretihaliplus chifengensis Ren, Zhu & Lu, 1995	内蒙古赤峰	九佛堂祖 /K₁	任东等[257]
	Cretihaliplus sidaojingensis Ren, Zhu & Lu, 1995	内蒙古赤峰	九佛堂祖 /K₁	任东等[257]
Liadytidae	Ovidytesgaoi Ren, Zhu & Lu, 1995	内蒙古赤峰	九佛堂祖 /K₁	任东等[257]
Trachypachidae	Eodromeus daohugouensis Wang, Zhang & Ponomerenko, 2012	内蒙古宁城	九龙山组 /J₂	Wang et al.[138]
	Eodromeus robustus Wang, Zhang & Ponomerenko, 2012	内蒙古宁城	九龙山组 /J₂	Wang et al.[138]
	Eodromeus viriosus Zhang, 1997	吉林智新林场	大拉子组 /K₁	张海春[177]

续表

科	种	产地	层位 / 时代	文献出处
Trachypachidae	*Unda chifengensis* Wang，Zhang & Ponomerenko，2012	内蒙古宁城	九龙山组 /J$_2$	Wang *et al.*[138]
	Unda chonggezhuangensis Wang，1998	北京房山	卢尚坟组 /K$_1$	王五力[175]
	Unda pandurata Ren，Lu，Ji & Guo，1995	北京西山	卢尚坟组 /K$_1$	任东等[240]
	Fortiseode pervalimand Jia & Ren，2011	辽宁北票	义县组 /K$_1$	Jia *et al*[258]
	Sinodromeus liutiaogouensis Wang，Zhang & Ponomerenko，2012	内蒙古大双庙	义县组 /K$_1$	Wang *et al.*[138]
Triaplidae	*Clypeus korlaensis* Hong，1983	新疆塔什店	克孜勒努尔组 /J$_2$	洪友崇[93]

Suborder Polyphaga Emery，1886

Superfamily Hydrophiloidea Latreille，1802

科	种	产地	层位 / 时代	文献出处
Helophoridae	*Helophorus (Mesosperchus) gracilis* (Prokin，Ren & Fikáček，2010)	辽宁北票	义县组 /K$_1$	Prokin *et al.*[350]
	Helophorus (Mesosperchus) yixianus Fikáček，Prokin，Angus，Ponomarenko，Yue，Ren & Prokop，2012	辽宁北票	义县组 /K$_1$	Fikáček *et al.*[351]
Hydrophilidae	*Alegorius yixianus* Fikáček，Prokin，Yan，Yue，Wang，Ren & Beattie，2014	辽宁北票	义县组 /K$_1$	Fikáček *et al.*[262]
	Hydroyixia elongata Fikáček，Prokin，Yan，Yue，Wang，Ren & Beattie，2014	辽宁北票	义县组 /K$_1$	Fikáček *et al.*[262]
	Hydroyixia latissima Fikáček，Prokin，Yan，Yue，Wang，Ren & Beattie，2014	辽宁北票	义县组 /K$_1$	Fikáček *et al.*[262]
* Hydrophiloidea incertae sedis	*Sinosperchopsis silinae* Prokin，Ren &Fikáček，2010	辽宁北票	义县组 /K$_1$	Prokin *et al.*[350]
	Laetopsia hydraenoides (Prokin，Ren &Fikáček，2010)	辽宁北票	义县组 /K$_1$	Prokin *et al.*[350]
	Laetopsia shatrovskiyi (Prokin，Ren & Fikáček，2010)	辽宁北票	义县组 /K$_1$	Prokin *et al.*[350]
Agyrtidae	*Mesecanus lintouensis* (Lin，1985)	安徽含山	含山组 /J$_2$	林启彬[77]
	Sinosilphia punctata Hong & Wang，1990	山东莱阳	莱阳组 /K$_1$	洪友崇 & 王五力[173]

Superfamily Staphylinoidea Latreille，1802

科	种	产地	层位 / 时代	文献出处
Staphylinidae	*Oxyporus yixianus* Solodovnikov & Yue，2011	辽宁北票	义县组 /K$_1$	Yue *et al.*[232]
	Quedius cretaceus Cai & Huang，2013	辽宁北票	义县组 /K$_1$	Cai &Huang[208]
	Protostaphylinus mirus Lin，1976	辽宁北票	海房沟组 /J$_2$	林启彬[168]
	Cretoquedius distinctus Solodovnikov & Yue，2013	辽宁北票	义县组 /K$_1$	Solodovnikov *et al.*[267]
	Cretoquedius dorsalis Solodovnikov & Yue，2013	辽宁北票	义县组 /K$_1$	Solodovnikov *et al.*[267]
	Cretoquedius infractus Solodovnikov & Yue，2013	辽宁北票	义县组 /K$_1$	Solodovnikov *et al.*[267]
	Laostaphylinus fuscus Zhang，1988	山东莱阳	莱阳组 /K$_1$	张俊峰[265]
	Laostaphylinus nigritellu Zhang，1988	山东莱阳	莱阳组 /K$_1$	张俊峰[265]
	Mesostaphylinus antiquus Solodovnikov & Yue，2013	辽宁北票	义县组 /K$_1$	Solodovnikov *et al.*[267]
	Mesostaphylinus elongates Solodovnikov & Yue，2013	辽宁北票	义县组 /K$_1$	Solodovnikov *et al.*[267]

续表

科	种	产地	层位 / 时代	文献出处
	Mesostaphylinus laiyangensis Zhang，1988	山东莱阳	莱阳组 /K₁	张俊峰[265]
	Mesostaphylinus yixianus Solodovnikov & Yue，2013	辽宁北票	义县组 /K₁	Solodovnikov *et*
	Sinostaphylina nanligezhuangensis Hong & Wang，1990	山东莱阳	莱阳组 /K₁	洪友崇 & 王五
	Sinostaphylius xiejiajieensis Hong，1992	吉林辽源	义县组 /K₁	洪友崇[145]
	Hesterniasca lata Cai，Huang & Solodovnikov，2011	辽宁北票	义县组 /K₁	Cai *et al.*[214]
	Hesterniasca obesa Zhang，Wang & Xu，1992	山东莱阳	莱阳组 /K₁	张俊峰等[266]
	Glabrimycetoporus amoenus Yue，Zhao & Ren，2009	辽宁北票	义县组 /K₁	Yue *et al.*[233]
	Megolisthaerus chinensis Solodovnikov & Yue，2010	辽宁北票	义县组 /K₁	Yue *et al.*[231]
	Megolisthaerus minor Cai & Huang，2013	辽宁北票	义县组 /K₁	Cai & Huang[207]
	Sinoxytelus breviventer Yue，Zhao & Ren，2010	辽宁北票	义县组 /K₁	Yue *et al.*[234]
	Sinoxytelus euglypheus Yue，Zhao & Ren，2010	辽宁北票	义县组 /K₁	Yue *et al.*[234]
	Sinoxytelus longisetosus Yue，Zhao & Ren，2010	辽宁北票	义县组 /K₁	Yue *et al.*[234]
	Juroglypholoma antiquum Cai & Huang，2012	内蒙古宁城	九龙山组 /J₂	Cai & Huang[206]
Staphylinidae	*Mesocoprophilus clavatus* Cai & Huang，2013	辽宁北票	义县组 /K₁	Cai & Huang[211]
	Pseudanotylus archaicus (Yue，Makranczy & Ren，2012)	辽宁北票	义县组 /K₁	Yue *et al.*[210]
	Sinanthobium daohugouense Cai & Huang，2013	内蒙古宁城	九龙山组 /J₂	Cai & Huang[205]
	Protodeleaster glaber Cai，Thayer，Huang，Wang & Newton，2013	辽宁北票	义县组 /K₁	Cai *et al.*[216]
	Cretoprosopus problematicus Solodovnikov & Yue，2013	辽宁北票	义县组 /K₁	Solodovnikov *et*
	Durothorax creticus Solodovnikov & Yue，2013	辽宁北票	义县组 /K₁	Solodovnikov *et*
	Paleothius gracilis Solodovnikov & Yue，2013	辽宁北票	义县组 /K₁	Solodovnikov *et*
	Paleowinus ambiguus Solodovnikov & Yue，2013	辽宁北票	义县组 /K₁	Solodovnikov *et*
	Paleowinus chinensis Solodovnikov & Yue，2013	辽宁北票	义县组 /K₁	Solodovnikov *et*
	Paleowinus fossilis Solodovnikov & Yue，2013	辽宁北票	义县组 /K₁	Solodovnikov *et*
	Paleowinus mirabilis Solodovnikov & Yue，2013	辽宁北票	义县组 /K₁	Solodovnikov *et*
	Paleowinus rex Solodovnikov & Yue，2013	辽宁北票	义县组 /K₁	Solodovnikov *et*
	Thayeralinus fieldi Solodovnikov & Yue，2013	辽宁北票	义县组 /K₁	Solodovnikov *et*

续表

科	种	产地	层位 / 时代	文献出处
Staphylinidae	*Thayeralinus fraternus* (Zhang, Wang & Xu, 1992)	辽宁北票	义县组 /K₁	张俊峰等[266]
	Thayeralinus giganteus Solodovnikov & Yue, 2013	辽宁北票	义县组 /K₁	Solodovnikov et al.[267]
	Thayeralinus glandulifer Solodovnikov & Yue, 2013	辽宁北票	义县组 /K₁	Solodovnikov et al.[267]
	Thayeralinus longelytratus Solodovnikov & Yue, 2013	辽宁北票	义县组 /K₁	Solodovnikov et al.[267]
	Cretoxyporusextraneus Cai & Huang, 2014	辽宁北票	义县组 /K₁	Cai &Huang[212]
	Protoxyporus grandis Cai & Huang, 2014	内蒙古大双庙	义县组 /K₁	Cai &Huang[212]
	Mesapatetica aenigmatica Cai, Huang, Newton & Thayer, 2014	内蒙古宁城	九龙山组 /J₂	Cai et al.[213]
	Protolisthaerus jurassicus Cai, Beattie & Huang, 2015	内蒙古宁城	海房沟组 /J₂	Cai et al.[205]
	Paleosiagonium adaequatum Yue, Gu, Yang, Wang & Ren, 2016	辽宁北票	义县组 /K₁	Yue et al.[229]
	Paleosiagonium brevelytratum Yue, Gu, Yang, Wang & Ren, 2016	辽宁北票	义县组 /K₁	Yue et al.[229]

Superfamily Scarabaeoidea Latreille, 1802

科	种	产地	层位 / 时代	文献出处
Alloioscarabaeidae	*Alloioscarabaeus cheni* Bai, Ren & Yang, 2012	内蒙古宁城	九龙山组 /J₂	Bai et al.[194]
Geotrupidae	*Geotrupoides jiaoheensis* Hong, 1992	辽宁蛟河	保家屯组 /K₁	洪友崇[166]
	Geotrupoides kezuoensis Hong, 1992	辽宁喀左	沙海组 /K₁	洪友崇[166]
	Geotrupoides lithographicus Deichmüller, 1886	山东莱阳	莱阳组 /K₁	Deichmüller[82]
	Geotrupoides nodosus Hong & Wang, 1990	山东莱阳	莱阳组 /K₁	洪友崇 & 王五力[173]
	Geotrupoides saxosus Zhang, 1997	吉林智新组	大拉子组 /K₁	张海春[177]
	Geotrupoides songyingziense Hong, 1984	辽宁建平	义县组 /K₁	洪友崇[162]
	Parageotrupes incanus Nikolajev & Ren, 2010	辽宁北票	义县组 /K₁	Nikolajev & Ren[268]
Glaphyridae	*Glaphyrus ancestralis* Nikolajev & Ren, 2011	辽宁北票	义县组 /K₁	Nikolajev & Ren[352]
	Lithohypna chifengensis Nikolajev, Wang & Zhang, 2011	内蒙古大双庙	义县组 /K₁	Nikolajev et al.[270]
	Lithohypna ericeusicus (Yan, Bai & Ren, 2013)	辽宁北票	义县组 /K₁	Yan et al.[201]
	Lithohypna laoningensis Nikolajev, 2014	辽宁北票	义县组 /K₁	Nikolajev[271]
	Lithohypna lepticephala Nikolajev & Ren, 2012	辽宁北票	义县组 /K₁	Nikolajev & Ren[353]
	Lithohypna longula Nikolajev & Ren, 2012	辽宁北票	义县组 /K₁	Nikolajev & Ren[353]
	Lithohypna tuberculata Nikolajev & Ren, 2012	辽宁北票	义县组 /K₁	Nikolajev & Ren[353]
	Lithohypna yuxiana Nikolajev & Ren, 2012	辽宁北票	义县组 /K₁	Nikolajev & Ren[353]
	Cretohypna cristata Yan, Nikolajev & Ren, 2012	内蒙古大双庙	义县组 /K₁	Yan et al.[202]

续表

科	种	产地	层位 / 时代	文献出处
Glaphyridae	*Cretohypna puncta* Zhao，Bai，Shih & Ren，2016	内蒙古大双庙	义县组 /K$_1$	Zhao *et al.*[203]
	Cretohypna robusta Zhao，Bai，Shih & Ren，2016	内蒙古大双庙	义县组 /K$_1$	Zhao *et al.*[203]
	Cretohypna yixianensis Nikolajev & Ren，2015	辽宁北票	义县组 /K$_1$	Nikolajev & Ren[354]
	Mesohypna lopatini Nikolajev & Ren，2013	辽宁北票	义县组 /K$_1$	Nikolajev & Ren[272]
	Mesohypna probata Nikolajev，2014	辽宁北票	义县组 /K$_1$	Nikolajev[271]
Glaresidae	*Glaresis orthochilus* Bai，Krell & Ren，2010	辽宁北票	义县组 /K$_1$	Bai *et al.*[197]
	Glaresis tridentata Bai，Beutel & Ren，2014	辽宁北票	义县组 /K$_1$	Bai *et al.*[195]
Hybosoridae	*Leptosorus fortus* (Ren，Zhu & Lu，1995)	内蒙古赤峰	义县组 /K$_1$	任东等[257]
	Mesoceratocanthus tuberculifrons Nikolajev，Wang，Liu & Zhang，2010	内蒙古宁城	义县组 /K$_1$	Nikolajev *et al.*[275]
	Crassisorus fractus Nikolajev，Wang & Zhang，2012	内蒙古大双庙	义县组 /K$_1$	Nikolajev *et al.*[276]
	Pulcherhybosorus tridentatus Yan，Bai & Ren，2012	内蒙古大双庙	义县组 /K$_1$	Yan *et al.*[200]
	Sinohybosorus cheni Nie，Bai，Ren & Yang，2018	辽宁北票	义县组 /K$_1$	Lu *et al.*[277]
	Sinochaetodus tridentatus Lu，Bai，Ren & Yang，2018	辽宁北票	义县组 /K$_1$	Lu *et al.*[277]
Lithoscarabaeidae	*Baiscarabaeus yixianensis* Nikolajev，Wang & Zhang，2013	内蒙古赤峰	义县组 /K$_1$	Nikolajev *et al.*[280]
Lucanidae	*Juraesalus atavus* Nikolajev，Wang，Liu & Zhang，2011	内蒙古宁城	九龙山组 /J$_2$	Nikolajev *et al.*[85]
	Sinaesalus curvipes Nikolajev，Wang，Liu & Zhang，2011	内蒙古宁城	义县组 /K$_1$	Nikolajev *et al.*[85]
	Sinaesalus longipes Nikolajev，Wang，Liu & Zhang，2011	内蒙古宁城	义县组 /K$_1$	Nikolajev *et al.*[85]
	Sinaesalus tenuipes Nikolajev，Wang，Liu & Zhang，2011	内蒙古宁城	义县组 /K$_1$	Nikolajev *et al.*[85]
	Prosinodendron krelli Bai，Ren & Yang，2012	辽宁北票	义县组 /K$_1$	Bai *et al.*[199]
	Litholamprima longimana Nikolajev & Ren，2015	辽宁北票	义县组 /K$_1$	Nikolajev & Ren[281]
Ochodaeidae	*Mesochodaeus daohugouensis* Nikolajev & Ren，2010	内蒙古宁城	九龙山组 /J$_2$	Nikolajev & Ren[89]
	Yixianochodaeus horridus Nikolajev，2015	辽宁北票	义县组 /K$_1$	Nikolajev[282]
Pleocomidae	*Pleocoma dolichophylla* Nikolajev & Ren，2012	辽宁北票	义县组 /K$_1$	Nikolajev & Ren[355]
	Proteroscarabaeus robustus Zhang，1997	吉林智新组	大拉子组 /K$_1$	张海春[177]
	Proteroscarabaeus yeni Grabau，1923	山东莱阳	莱阳组 /K$_1$	Grabau[284]
Scarabaeidae	**Prionocephale deplanate* Lin，1980	浙江兰溪	方岩组 /K$_2$**	林启彬[170]
	Prophaenognatha robusta Bai，Ren & Yang，2011	辽宁北票	义县组 /K$_1$	Bai *et al.*[198]
Septiventeridae	*Septiventer quadridentatus* Bai，Ren，Shih & Yang，2013	辽宁北票	义县组 /K$_1$	Bai *et al.*[196]

科	种	产地	层位 / 时代	文献出处
* Scarabaeoidea incertae sedis	*Mesoscarabaeus corneus* Hong，1982	甘肃玉门	赤金桥组 /K$_1$**	洪友崇[160]
	Mesoscarabaeus morulosus Hong，1982	甘肃玉门	赤金桥组 /K$_1$**	洪友崇[160]
	Hongscarabaeus brunneus (Hong，1982)	甘肃玉门	赤金桥组 /K$_1$**	洪友崇[160]
Superfamily Dascilloidea Guérin-Méneville，1843				
Dascillidae	*Cretodascillus sinensis* Jin，Ślipiński，Pang & Ren，2013	内蒙古大双庙	义县组 /K$_1$	Jin *et al.*[286]
Superfamily Buprestoidea Leach，1815				
Buprestidae	*Planocoleus ensatus* Hong，1982	甘肃玉门	中沟组 /K$_1$	洪友崇[160]
	Planocoleus glabratus Hong，1982	甘肃玉门	中沟组 /K$_1$	洪友崇[160]
	Macrotonus tuanwangensis Hong & Wang，1990	山东莱阳	莱阳组 /K$_1$	洪友崇 & 王五力[173]
	Sinoparathyrea bimaculata Pan，Chang & Ren，2011	内蒙古宁城	九龙山组 /J$_2$	Pan *et al.*[288]
	Sinoparathyrea gracilenta Pan，Chang & Ren，2011	内蒙古宁城	九龙山组 /J$_2$	Pan *et al.*[288]
	Sinoparathyrea robusta Pan，Chang & Ren，2011	内蒙古宁城	九龙山组 /J$_2$	Pan *et al.*[288]
	Trapezitergum grande Yu，Ślipiński & Shih，2013	内蒙古大双庙	义县组 /K$_1$	Yu *et al.*[239]
	Mongoligenula altilabdominis Yu，Ślipiński，Pang & Ren，2015	辽宁北票	义县组 /K$_1$	Yu *et al.*[237]
	Mongoligenula gracilis Yu，Ślipiński，Pang & Ren，2015	辽宁北票	义县组 /K$_1$	Yu *et al.*[237]
Schizopodidae	*Mesoschizopus elegans* Cai，Ślipiński & Huang，2015	辽宁北票	义县组 /K$_1$	Cai *et al.*[215]
Superfamily Byrrhoidea Latreille，1804				
Byrrhidae	*Fangshanella stolida* Huang & Zhang，1997	北京房山	卢尚坟组 /K$_1$	黄迪颖 & 张海春[291]
	Mesobyrrhus parvus Huang & Zhang，1997	北京房山	卢尚坟组 /K$_1$	黄迪颖 & 张海春[291]
	Mesobyrrhus tanae Huang & Zhang，1997	北京房山	卢尚坟组 /K$_1$	黄迪颖 & 张海春[291]
Eulichadidae	*Mesaplus beipiaoensis* Hong，1983	辽宁北票	海房沟组 /J$_2$	洪友崇[93]
	Cretasyne lata Yan，Wang & Zhang，2013	内蒙古宁城	义县组 /K$_1$	Yan *et al.*[293]
	Cretasyne longa Yan，Wang & Zhang，2013	内蒙古宁城	义县组 /K$_1$	Yan *et al.*[293]
Heteroceridae	*Heterocerites magnus* Prokin & Ren，2011	辽宁北票	义县组 /K$_1$	Prokin & Ren[356]
* Byrrhoidea incertae sedis	*Serecoleus nadbitovae* Yan，Wang，Jarzembowski & Zhang，2015	内蒙古宁城	九龙山组 /J$_2$	Yan *et al.*[357]
* Dryopoidea incertae sedis	*Jiuquanocoleus punctatus* Hong，1982	甘肃玉门	赤金桥组 /K$_1$**	洪友崇[160]

科	种	产地	层位 / 时代	文献出处
Lasiosynidae	*Lasiosyne daohugouensis* Kirejtshuk，Chang，Ren & Shih，2010	内蒙古宁城	九龙山组 /J$_2$	Kirejtshuk *et al.*[97]
	Lasiosyne euglyphea Tan，Ren & Shih，2007	内蒙古宁城	九龙山组 /J$_2$	Tan *et al.*[96]
	Lasiosyne fedorenkoi Kirejtshuk，Chang，Ren & Shih，2010	内蒙古宁城	九龙山组 /J$_2$	Kirejtshuk *et al.*[97]
	Lasiosyne gratiosa Kirejtshuk，Chang，Ren & Shih，2010	内蒙古宁城	九龙山组 /J$_2$	Kirejtshuk *et al.*[97]
	Lasiosyne quadricollis Kirejtshuk，Chang，Ren & Shih，2010	内蒙古宁城	九龙山组 /J$_2$	Kirejtshuk *et al.*[97]
	Anacapitis plata Tan & Ren，2009	内蒙古宁城	九龙山组 /J$_2$	Tan & Ren[139]
	Bupredactyla magna Kirejtshuk，Chang，Ren & Shih，2010	内蒙古宁城	九龙山组 /J$_2$	Kirejtshuk *et al.*[97]
	Parelateriformius capitifossus Yan & Wang，2010	内蒙古宁城	九龙山组 /J$_2$	Yan & Wang[297]
	Parelateriformius communis Yan & Wang，2010	内蒙古宁城	九龙山组 /J$_2$	Yan & Wang[297]
	Parelateriformius mirabdominis Yan & Wang，2010	内蒙古宁城	九龙山组 /J$_2$	Yan & Wang[297]
	Parelateriformius villosus Yan & Wang，2010	内蒙古宁城	九龙山组 /J$_2$	Yan & Wang[297]
Superfamily Elateroidea Leach，1815				
Artematopodidae	*Tarsomegamerus mesozoicus* Zhang，2005	内蒙古宁城	九龙山组 /J$_2$	Zhang[299]
	Sinobrevipogon jurassicus Cai，Lawrence，Ślipiński & Huang，2015	内蒙古宁城	九龙山组 /J$_2$	Cai *et al.*[98]
Cerophytidae	*Necromera admiranda* Chang & Kirejtshuk，2011	辽宁北票	义县组 /K$_1$	Chang & Kirejtshuk[99]
	Necromera longa (Hong & Wang，1990) *Jurassophytum* Yu，Ślipiński & Pang，2019	山东莱阳 内蒙古宁城	莱阳组 /K$_1$ 九龙山组 /J$_2$	洪友崇 & 王五力[173] Yu *et al.*[302]
Elateridae	*Sinoelaterium melanocolor* Ping，1928	辽宁北票	义县组 /K$_1$	秉志[156]
	Protagrypnus robustus Chang，Kirejtshuk & Ren，2009	内蒙古宁城	九龙山组 /J$_2$	Chang *et al.*[189]
	Fengningia punctata Hong，1984	河北丰宁	九龙山组 /J$_2$	洪友崇[162]
	Archaeolus funestus Lin，1986	广西贺州	石梯组 /J$_1$	林启彬[141]
	Artinama qinghuoensis Lin，1986	湖南浏阳	造上组 /J$_1$	林启彬[141]
	Gripecolous enallus Lin，1986	广西贺州	石梯组 /J$_1$	林启彬[141]
	Mercata festira Lin，1986	广西贺州	石梯组 /J$_1$	林启彬[141]
	Ovivagina longa Zhang，1997	新疆沙湾	八道湾组 /J$_1$	Zhang[101]
	Crytocoelus buffoni Dolin & Nel，2002	辽宁北票	义县 /K$_1$	Dolin[301]
	Crytocoelus gianteus Chang，Ren & Shih，2007	辽宁北票	义县组 /K$_1$	Chang *et al.*[191]

续表

科	种	产地	层位 / 时代	文献出处
Elateridae	*Crytocoelus major* Dolin & Nel，2002	辽宁北票	义县组 /K$_1$	Dolin [301]
	Lithomerus buyssoni Dolin & Nel，2002	辽宁北票	义县组 /K$_1$	Dolin [301]
	Bilineariselater foveatus Chang & Ren，2008	辽宁北票	义县组 /K$_1$	Chang & Ren [190]
	Curtelater wui Chang & Ren，2008	辽宁北票	义县组 /K$_1$	Chang & Ren [190]
	Paralithomerus exquisitus Chang，Zhang & Ren，2008	辽宁北票	义县组 /K$_1$	Chang *et al.* [192]
	Paralithomerus parallelus Chang，Zhang & Ren，2008	辽宁北票	义县组 /K$_1$	Chang *et al.* [192]
	Paradesmatus baiae Chang，Kirejtshuk & Ren，2009	内蒙古宁城	九龙山组 /J$_2$	Chang *et al.* [189]
	Paradesmatus dilatatus Chang，Kirejtshuk & Ren，2010	辽宁北票	义县组 /K$_1$	Chang *et al.* [188]
	Paradesmatus ponomarenkoi Chang，Kirejtshuk & Ren，2009	内蒙古宁城	九龙山组 /J$_2$	Chang *et al.* [189]
	Paraprotagrypnus superbus Chang，Zhao & Ren，2009	内蒙古宁城	九龙山组 /J$_2$	Chang *et al.* [193]
	Sinolithomerus dolini Dong & Huang，2009	辽宁北票	海房沟组 /J$_2$	Dong & Huang [305]
	Anoixis complanus Chang，Kirejtshuk & Ren，2010	辽宁北票	义县组 /K$_1$	Chang *et al.* [188]
	Apoclion antennatus Chang，Kirejtshuk & Ren，2010	辽宁北票	义县组 /K$_1$	Chang *et al.* [188]
	Apoclion clavatus Chang，Kirejtshuk & Ren，2010	辽宁北票	义县组 /K$_1$	Chang *et al.* [188]
	Apoclion dolini Chang，Kirejtshuk & Ren，2010	辽宁北票	义县组 /K$_1$	Chang *et al.* [188]
	Desmatinus cognatus Chang，Kirejtshuk & Ren，2010	辽宁北票	义县组 /K$_1$	Chang *et al.* [188]
	Clavelater ningchengensis Dong & Huang，2011	内蒙古宁城	九龙山组 /J$_2$	Dong & Huang [102]
Eucnemidae	*Palaeoxenus sinensis* Chang，Muona & Teräväinen，2016	辽宁北票	义县组 /K$_1$	Chang *et al.* [309]
* Elateroidea incertae sedis	*Microcoleus brunneus* Hong，1982	甘肃玉门	赤金堡组 /K$_1$	洪友崇 [160]
Superfamily Derodontoidea LeConte，1861				
Derodontidae	*Juropeltastica sinica* Cai，Lawrence，Ślipiński & Huang，2014	内蒙古宁城	九龙山组 /J$_2$	Cai *et al.* [103]
Superfamily BostrichoideaLatreille，1802				
Dermestidae	*Paradermestes jurassicus* Deng，Ślipiński，Ren & Pang，2017	内蒙古宁城	九龙山组 /J$_2$	Deng *et al.* [104]
Superfamily Cleroidea Latreille，1802				
Cleridae	*Protoclerus korynetoides* Kolibáč & Huang，2016	内蒙古宁城	海房沟组 /J$_2$	Kolibáč & Huang [107]
	Wangweiella calloviana Kolibáč & Huang，2016	内蒙古宁城	海房沟组 /J$_2$	Kolibáč & Huang [107]

续表

科	种	产地	层位 / 时代	文献出处
Prionoceridae	*Idgiaites jurassicus* Liu，Ślipiński，Leschen，Ren & Pang，2015	内蒙古宁城	九龙山组 /J$_2$	Liu *et al.*[108]
Trogossitidae	*Palaeoendomychus gymnus* Zhang，1992	山东莱阳	莱阳组 /K$_1$	张俊峰[317]
	Sinosoronia longiantennata Zhang，1992	山东莱阳	莱阳组 /K$_1$	张俊峰[317]
	Eotenebroides tumoculus Ren，Lu，Ji & Guo，1995	北京西山	卢尚坟组 /K$_1$	任东等[240]
	Sinopeltis amoena Yu，Leschen，Ślipiński，Ren & Pang，2012	内蒙古宁城	九龙山组 /J$_2$	Yu *et al.*[235]
	Sinopeltis jurrasica Yu，Leschen，Ślipiński，Ren & Pang，2012	内蒙古宁城	九龙山组 /J$_2$	Yu *et al.*[235]
	Latitergum glabrum Yu，Ślipiński，Leschen，Ren & Pang，2014	内蒙古宁城	九龙山组 /J$_2$	Yu *et al.*[106]
	Marginulatus venustus Yu，Ślipiński，Leschen，Ren & Pang，2014	内蒙古宁城	九龙山组 /J$_2$	Yu *et al.*[106]
	Paracretocateres bellus Yu，Ślipiński，Leschen，Ren & Pang，2015	辽宁北票	义县组 /K$_1$	Yu *et al.*[236]
	Yixianteres beipiaoensis Yu，Ślipiński，Leschen，Ren & Pang，2015	辽宁北票	义县组 /K$_1$	Yu *et al.*[236]
* Cleroidea incertae sedis	*Cervicatinius complanus* Tan & Ren，2007	内蒙古宁城	九龙山组 /J$_2$	Tan & Ren[183]
	Forticatinius elegans Tan & Ren，2007	辽宁北票	义县组 /K$_1$	Tan & Ren[183]
	Mathesius liaoningensis Kolibáč & Huang，2011	辽宁北票	义县组 /K$_1$	Kolibáč & Huang[358]
	**Superfamily Cucujoidea Latreille，1802**			
Boganiidae	*Palaeoboganium jurassicum* Liu，Ślipiński，Lawrence，Ren & Pang，2017	内蒙古宁城	九龙山组 /J$_2$	Liu *et al.*[147]
Cryptophagidae	*Atomaria cretacea* Cai & Wang，2013	江西上饶	石梯组 /K$_1$	Cai & Wang[217]
Monotomidae	*Jurorhizophagus alienus* Cai，Ślipiński & Huang，2015	内蒙古宁城	九龙山组 /J$_2$	Cai *et al.*[111]
Nitidulidae	*Sinonitidulina liugouensis* Hong，1983	河北滦平	九龙山组 /J$_2$	洪友崇[93]
	Sinonitidulina luanpingensis Hong，1983	河北滦平	九龙山组 /J$_2$	洪友崇[93]
	Sinonitidulina punctata Hong，1983	河北滦平	九龙山组 /J$_2$	洪友崇[93]
Parandrexidae	*Parandrexis parvula* Martynov，1926	内蒙古宁城	九龙山组 /J$_2$	Martynov[92]
	Parandrexis beipiaoensis Hong，1983	辽宁北票	义县组 /K$_1$	洪友崇[93]
	Parandrexis agilis Lu，Shih & Ren，2015	内蒙古宁城	九龙山组 /J$_2$	Lu *et al.*[359]
	Parandrexis longicornis Lu，Shih & Ren，2015	内蒙古宁城	九龙山组 /J$_2$	Lu *et al.*[359]
	Parandrexis oblongis Lu，Shih & Ren，2015	内蒙古宁城	九龙山组 /J$_2$	Lu *et al.*[359]
	**Superfamily Tenebrionoidea Latreille，1802**			
Mordellidae	*Liaoximordella hongi* Wang，1993	辽宁凌源	义县组 /K$_1$	王五力[174]
	Cretanaspis lushangfenensis Huang & Yang，1999	北京房山	卢尚坟组 /K$_1$	黄迪颖 & 杨俊[328]

续表

科	种	产地	层位 / 时代	文献出处
Mordellidae	*Mirimordella gracilicruralis* Liu，Lu & Ren，2007	辽宁北票	义县组 /K₁	Liu *et al.* [223]
	Bellimordella capitulifera Liu，Zhao & Ren，2008	辽宁北票	义县组 /K₁	Liu *et al.* [228]
	Bellimordella longispina Liu，Zhao & Ren，2008	辽宁北票	义县组 /K₁	Liu *et al.* [228]
	Bellimordella robusta Liu，Zhao & Ren，2008	辽宁北票	义县组 /K₁	Liu *et al.* [228]
Ripiphoridae	*Archaeoripiphorus nuwa* Hsiao，Yu & Deng，2017	内蒙古宁城	九龙山组 /J₂	Hsiao *et al.* [114]
Tenebrionidae	*Alphitopsis initialis* Kirejtshuk，Nabozhenko & Nel，2011	辽宁北票	义县组 /K₁	Kirejtshuk *et al.* [332]
	Platycteniopus diversoculatus Chang，Nabozhenko，Pu，Xu，Jia & Li，2016	辽宁北票	义县组 /K₁	Chang *et al.* [333]
* Tenebrionoidea incertae sedis	*Glypta longa* Hong，1984	河北青石硐	青石硐组 /K₁	Hong，1984 [162]
	Glypta qingshilaensis Hong，1984	河北青石硐	青石硐组 /K₁	Hong，1984 [162]
	Wuhua jurassica Wang & Zhang，2011	内蒙古宁城	九龙山组 /J₂	Wang & Zhang [116]
	**Superfamily Chrysomeloidea Latreille，1802**			
Cerambycidae	*Cretoprionus liutiaogouensis* Wang，Ma，McKenna，Yan，Zhang & Jarzembowski，2014	内蒙古大双庙	义县组 /K₁	Wang *et al.* [220]
	Sinopraecipuus bilobatus Yu，Slipiński，Reid，Shih，Pang & Ren，2015	辽宁凌源	义县组 /K₁	Yu *et al.* [238]
Chrysomelidae	*Mesolaria longala* Zhang，1986	河北滦平	九龙山组 /J₂	张俊峰 [118]
Anthribidae	*Protoscelis tuanwangensis* Hong & Wang，1990	山东莱阳	莱阳组 /K₁	洪友崇 & 王五力 [173]
	**Superfamily Curculionoidea Latreille，1802**			
Belidae	*Sinoeuglypheus* Yu，Davis & Shih，2019	内蒙古宁城	九龙山组 /J₂	Yu *et al.* [340]
Brentidae	*Cretonanophyes punctatus* Liu & Ren，2007	辽宁北票	义县组 /K₁	Liu & Ren [225]
	Cretonanophyes zherikhini (Liu & Ren，2006)	辽宁北票	义县组 /K₁	Liu & Ren [224]
	Abrocar brachyorhinos Liu & Ren，2006	辽宁北票	义县组 /K₁	Liu & Ren [224]
	Abrocar concavus Davis，Engel，Legalov & Ren，2013	辽宁北票	义县组 /K₁	Davis *et al.* [342]
	Abrocar macilentus Liu & Ren，2007	辽宁北票	义县组 /K₁	Liu & Ren [225]
	Abrocar relicinus Davis，Engel，Legalov & Ren，2013	辽宁北票	义县组 /K₁	Davis *et al.* [342]
Nemonychidae	*Longidorsum generale* Zhang，1997	吉林智新林场	大拉子组 /K₁	张海春 [177]
	Microprobelus liuae Liu，Ren & Shih，2006	辽宁北票	义县组 /K₁	Liu *et al.* [226]
	Chinocimberis angustipecteris (Liu，Ren & Tan，2006)	辽宁北票	义县组 /K₁	Liu *et al.* [227]
	Chinocimberis longidigitus (Ren，Lu，Ji & Guo，1995)	北京西山	卢尚坟组 /K₁	任东等 [240]

科	种	产地	层位 / 时代	文献出处
Nemonychidae	*Chinocimberis magnoculi* (Liu，Ren & Tan，2006)	辽宁北票	义县组 /K₁	Liu *et al.* [227]
	Renicimberis latipecteris (Liu，Ren & Tan，2006)	辽宁北票	义县组 /K₁	Liu *et al.* [227]
Suborder incertae sedis，Permosynidae	*Artematopodites insculptus* (Zhang，1997)	新疆沙湾	三工河组 /J₁ 西山窑组 /J₂	张海春 [101]
	Artematopodites longus (Hong，1983)	河北滦平	九龙山组 /J₂	洪友崇 [93]
	Artematopodites prolixus (Zhang，1997)	新疆沙湾	八道湾组 /J₁	张海春 [101]
	Artematopodites propinquus (Zhang，1997)	新疆沙湾	八道湾组 /J₁	张海春 [101]
	Artematopodites shaanbeiensis Hong，1995	陕西吴起县	花池 - 黄河组 /K₁	洪友崇 [360]
*Coleoptera incertae sedis	**Polysitum wudenghaoensis* Hong，1976	内蒙古乌拉特前旗	固阳组 /K₁	洪友崇 [157]
	*Mesotricupes lineatus Hong，1982	甘肃玉门	赤金堡组 /K₁	洪友崇 [160]
	*Mesotricupes reticulatus Hong，1982	甘肃玉门	下沟组 /K₁	洪友崇 [160]
	*Petalocupes arcus Hong，1982	甘肃玉门	中沟组 /K₁	洪友崇 [160]
	*Prosilpha nigrita Hong，1982	甘肃玉门	赤金桥组 /K₁ **	洪友崇 [160]
	*Sinocarabus longicornutus Hong，1982	甘肃玉门	赤金桥组 /K₁ **	洪友崇 [160]
	*Synodus changmaensis Hong，1982	甘肃玉门	赤金堡组 /K₁	洪友崇 [160]
	*Tetillopsis parvula Hong，1982	甘肃玉门	中沟组 /K₁	洪友崇 [160]
	*Trypocoleus ramulosus Hong，1982	甘肃玉门	中沟组 /K₁	洪友崇 [160]
	*Beipiaocarabus oblonga Hong，1983	辽宁北票	海房沟组 /J₂	洪友崇 [93]
	*Xinbinia foveolata Hong，1983	辽宁新宾	侯家屯组 /J₂	洪友崇 [93]
	*Anhuistoma hyla Lin，1985	安徽含山	含山组 /J₂	林启彬 [77]
	*Grammocolous arcuatus Lin，1986	广西贺州	石梯组 /J₁	林启彬 [141]
	*Cretohelophorus yanensis Ren，Lu，Ji & Guo，1995	北京西山	卢尚坟组 /K₁	任东等 [240]
	*Jinxidiscus lushangfenensis (Hong，1981)	北京房山	卢尚坟组 /K₁	洪友崇 [159]
	*Hubeicoleus tenuis Hong，1991	湖北大冶	武昌组 /J₁	洪友崇 [165]
	*Orphnospercheus longjingensis Hong，1992	吉林延吉	大拉子组 /K₁	洪友崇 [145]

注：* 指代由于原始描述、照片、线条图不准确以及正模无法重新检视而在正文中未提及的种。

** 指代基于更新的信息和数据将原始文献中的层位 / 时代进行了更改。

参考文献

［1］ POLILOV A A. How small is the smallest? New record and remeasuring of *Scydosella musawasensis* Hall, 1999 (Coleoptera, Ptiliidae), the smallest known free-living insect ［J］. ZooKeys, 2015, 526: 61–64.

［2］ CROWSON R A. The phylogeny of Coleoptera ［J］. Annual Review of Entomology, 1960, 5: 111–134.

［3］ BEUTEL R G, HAAS F. Phylogenetic relationships of the suborders of Coleoptera (Insecta) ［J］. Cladistics, 2000, 16 (1): 103–141.

［4］ BOCAK L, BARTON C, CRAMPTON-PLATT A, et al. Building the Coleoptera tree of life for > 8000 species: composition of public DNA data and fit with Linnaean classification ［J］. Systematic Entomology, 2014, 39 (1): 97–110.

［5］ LAWRENCE J F, ŚLIPIŃSKI A, SEAGO A E, et al. Phylogeny of the Coleoptera based on morphological characters of adults and larvae. Annales Zoologici (Warszawa) ［J］, 2011, 61: 1–217.

［6］ KUKALOVÁ-PECK J, LAWRENCE J F. Evolution of the hind wing in Coleoptera ［J］. The Canadian Entomologist, 1993, 125 (2): 181–258.

［7］ KUKALOVÁ-PECK J, LAWRENCE J F. Relationships among coleopteran suborders and major endoneopteran lineages, evidence from hind wing characters ［J］. European Journal of Entomology, 2004, 101 (1): 95–144.

［8］ SHULL V L, VOGLER A P, BAKER M D, et al. Sequence alignment of 18S ribosomal RNA and the basal relationships of adephagan beetles: evidence for monophyly of aquatic families and the placement of Trachypachidae ［J］. Systematic Biology, 2001, 50: 945–969.

［9］ HUNT T, BERGSTEN J, LEVKANICOVA Z, et al. A comprehensive phylogeny of beetles reveals the evolutionary origins of a superradiation ［J］. Science, 2007, 318: 1913–1916.

［10］ MADDISON D R, MOORE W, BAKER M D, et al. Monophyly of terrestrial adephagan beetles as indicated by three nuclear genes (Coleoptera: Carabidae and Trachypachidae) ［J］. Zoologica Scripta, 2009, 38: 43–62.

［11］ PONS J, RIBERA I, BERTRANPETIT J, et al. Nucleotide substitution rates for the full set of mitochondrial protein-coding genes in Coleoptera ［J］. Molecular phylogenetics and evolution, 2010, 56 (2): 796–807.

［12］ SONG H, SHEFFIELD N C, CAMERON S L, et al. When phylogenetic assumptions are violated: base compositional heterogeneity and among, site rate variation in beetle mitochondrial phylogenomics ［J］. Systematic Entomology, 2010, 35 (3): 429–448.

［13］ MCKENNA D D, FARRELL B D. Beetles (Coleoptera) ［M］// HEDGES S B, KUMAR S. The Time tree of Life. Oxford: Oxford University Press, 2009.

［14］ MCKENNA D D, WILD A L, KANDA K, et al. The beetle tree of life reveals that Coleoptera survived end Permian mass extinction to diversify during the Cretaceous terrestrial revolution ［J］. Systematic Entomology, 2015, 40 (4): 835–880.

［15］ LAFER G S. Family Sikhotealiniidae ［M］// LER P A. Key to the Insects of the Russian Far East. Vladivostok: Dal'nauka, 1996.

［16］ 宁眺，方宇凌，汤坚，等. 松材线虫及其关键传媒墨天牛的研究进展 ［J］. 昆虫知识，2004，41：97–104.

［17］ TEALE S A, WICKHAM J D, ZHANG F P, et al. A male-produced aggregation pheromone of *Monochamus alternatus* (Coleoptera: Cerambycidae), a major vector of pine wood nematode ［J］. Journal of Economic Entomology, 2011, 104 (5): 1592–1598.

［18］ ASHWORTH J R. The biology of *Lasioderma serricorne* ［J］. Journal of Stored Products Research, 1993, 29 (4): 291–303.

［19］ HORI M, MIWA M, IIZAWA H. Host suitability of various stored food products for the cigarette beetle, *Lasioderma serricorne* (Coleoptera: Anobiidae) ［J］. Applied entomology and zoology, 2011, 46 (4): 463–469.

［20］ PADIN S, BELLO D G, FABRIZIO M. Grain loss caused by *Tribolium castaneum*, *Sitophilus oryzae* and *Acanthoscelides obtectus* in stored durum wheat and beans treated with *Beauveria bassiana* ［J］. Journal of Stored Products Research, 2002, 38 (1): 69–74.

［21］ KAIRO M T K, PARAISO O, GAUTAM R D, et al. *Cryptolaemus montrouzieri* (Mulsant) (Coccinellidae: Scymninae): a review of biology, ecology, and use in biological control with particular reference to potential impact on non-target organisms ［J］. CAB Reviews, 2013, 8 (005): 1–20.

［22］ WU H S, ZHANG Y H, LIU P, et al. *Cryptolaemus montrouzieri* as a predator of the striped mealybug, *Ferrisia virgata*, reared on two hosts ［J］. Journal of applied entomology, 2014, 138 (9): 662–669.

［23］WU W, YANG S, BRANDON A M, et al. Rapid biodegradation of plastics by mealworms (larvae of *Tenebrio molitor*) brings hope to solve wasteplastic pollution ［J］. AGU Fall Meeting Abstracts, 2016, 2016: H24A-03.

［24］WHEELER Q D. Revision of the genera of Lymexylidae (Coleoptera: Cucujiformia) ［J］. Bulletin of the American Museum of Natural History, 1986, 183 (2): 113–210.

［25］CROWSON R A. A new genus of Boganiidae (Coleoptera) from Australia, with observations on glandular openings, cycad associations and geographical distribution in the family ［J］. Austral Entomology, 1990, 29 (2): 91–99.

［26］ENDRÃ S. Boganiidae (Coleoptera: Cucujoidea) associated with cycads in South Africa: two new species and a new synonym ［J］. Annals of the Transvaal Museum, 1991, 35 (20): 285–293.

［27］SUINYUY T N, DONALDSON J S, JOHNSON S D. Insect pollination in the African cycad *Encephalartos friderici-guilielmi* Lehm ［J］. South African Journal of Botany, 2009, 75 (4): 682–688.

［28］卢希平，杨忠岐，孙绪艮，等. 利用花绒寄甲防治锈色粒肩天牛 ［J］. 林业科学，2011, 47（10）：116–121.

［29］PECK S B. Distribution and biology of the ectoparasitic beaver beetle *Platypsyllus castoris* Ritsema in North America (Coleoptera: Leiodidae: Platypsyllinae) ［J］. Insecta Mundi, 2006, 20 (1–2): 85–94.

［30］ELZINGA R J. Observations on *Sandalusniger* Knoch (Coleoptera: Sandalidae) with a description of the triungulin larva ［J］. Journal of the Kansas Entomological Society, 1977, 50 (3): 324–328.

［31］LEE C F, SATÔ M, SAKAI M. The Rhipiceridae of Taiwan and Japan (Insecta: Coleoptera: Dascilloidea) ［J］. Zoological Studies, 2005, 44 (4): 437–444.

［32］FALIN Z H, ARNESON L C, WCISLO W T. Night-flying sweat bees *Megalopta genalis* and *Me. ecuadoria* (Hymenoptera: Halictidae) as hosts of the parasitoid beetle *Macrosiagon gracilis* (Coleoptera: Rhipiphoridae) ［J］. Journal of the Kansas Entomological Society, 2000, 73 (3): 183–185.

［33］BATELKA J. A review of the genus *Macrosiagon* in Laos (Coleoptera: Ripiphoridae) ［J］. Entomologica Basiliensia et Collectionis Frey, 2013, 34: 319–325.

［34］AUKO T H, TRAD B M, SILVESTRE R. Five new associations of parasitoids in potter wasps (Vespidae, Eumeninae) ［J］. Revista Brasileira de Entomologia, 2014, 58 (4): 376–378.

［35］CROWSON R A. The evolutionary history of Coleoptera, as documented by fossil and comparative evidence ［M］// Atti del X Congresso Nazionale Italiano di Entomologia, 1975, 1974: 47–90.

［36］CROWSON R A. The biology of the Coleoptera ［M］. London: Academic Press, 1981.

［37］KIREJTSHUK A G, POSCHMANN M, PROKOP J, et al. Evolution of the elytral venation and structural adaptations in the oldest Palaeozoic beetles (Insecta: Coleoptera: Tshekardocoleidae) ［J］. Journal of Systematic Palaeontology, 2014, 12 (5): 575–600.

［38］KUKALOVÁ J. On the systematic position of the supposed Permian beetles, Tshecardocoleidae, with a description of a new collection from Moravia ［J］. Sbornik geologickych ved, paleontologie, 1969, 11: 139–162.

［39］PONOMARENKO A G. Cretaceous insects from Labrador. 4. A new family of beetles (Coleoptera: Archostemata) ［J］. Psyche, 1969, 76 (3): 306–310.

［40］BOUCHARD P, BOUSQUET Y, DAVIES A E, et al. Family-group names in Coleoptera (Insecta) ［J］. ZooKeys, 2011, 30 (88): 1–972.

［41］CARPENTER F M. Superclass Hexapoda ［M］// MOORE R C, KAESLER R L. Treatise on Invertebrate Paleontology. Boulder, Colorado: The Geological Society of America; Kansas: the University of Kansas, 1992.

［42］VRŠANSKÝ P. Umenocoleoidea — an amazing lineage of aberrant insects (Insecta, Blattaria) ［J］. Amba projekty, 2003, 7 (1): 1–32.

［43］LUO C H, BEUTEL R G, THOMSON U R, et al. Beetle or roach: systematic position of the enigmatic Umenocoleidae based on new material from Zhonggou Formation in Jiuquan, Northwest China, and a morphocladistic analysis ［J］. Palaeoworld, 2022, 31 (1): 121–130.

［44］KUKALOVÁ-PECK J, BEUTEL R G. Is the Carboniferous † *Adiphlebia lacoana* really the "oldest beetle"? Critical reassessment and description of a new Permian beetle family ［J］. European Journal of Entomology, 2012, 109: 633–645.

［45］KIREJTSHUK A G, NEL A. Origin of the Coleoptera and significance of the fossil record ［J］. Euroasian Entomological Journal, 2016, 15 (S1): 66–73.

［46］ROHDENDORF B B. A new family of Coleoptera from the Permian of the Urals ［J］. Comptes Rendus (Doklady) de l'Académie des Sciences de l'URSS, 1944, 44 (6): 252–253.

[47] PONOMARENKO A G. Paleozoyskie zhuki Cupididea evropeyskoy chasti SSSR ［J］. Paleontologicheskii Zhurnali, 1963, 1963 (1): 70–85.

[48] PONOMARENKO A G. Istoricheskoe razvitie zhestkokrylykh-arkhostemat ［Historical development of the Coleoptera–Archostemata］ ［J］. Trudy Paleontologicheskogo Instituta Akademiya Nauk SSSR, 1969, 125: 1–240. (in Russian).

[49] LUBKIN S H, ENGEL M S. *Permocoleus*, new genus, the first Permian beetle (Coleoptera) from North America ［J］. Annals of the Entomological Society of America, 2005, 98 (1): 73–76.

[50] BECKEMEYER R J, ENGEL M S. A second specimen of *Permocoleus* (Coleoptera) from the lower Permian Wellington formation of noble County, Oklahoma ［J］. Journal of the Kansas Entomological Society, 2008, 81 (1): 4–7.

[51] PINTO I D. Permian insects from Paraná Basin, south Brazil. 4. Coleoptera ［J］. Pesquisas (Zoologia), 1987, 19: 5–12.

[52] VOLKOV A N. New species of Triaplidae from the Babii Kamen'locality (Kuznetsk Basin) ［J］. Paleontological Journal, 2013, 47 (1): 94–97.

[53] YAN E V, BEUTEL R G, PONOMARENKO A G. Peltosynidae, a new beetle family from the Middle–Late Triassic of Kyrgyzstan: its affinities with Polyphaga (Insecta, Coleoptera) and the groundplan of this megadiverse suborder ［J］. Journal of Systematic Palaeontology, 2018, 16 (6): 515–530.

[54] PONOMARENKO A G, VOLKOV A N. *Ademosynoides asiaticus* Martynov, 1936, the earliest known member of an extant beetle family (Insecta, Coleoptera, Trachypachidae) ［J］. Paleontological Journal, 2013, 47 (6): 601–606.

[55] PONOMARENKO A G. Coleoptera, in Upper Jurassic Lagerstätte Shar Teg, southwestern Mongolia ［J］. Paleontological Journal, 2014, 48: 1658–1671.

[56] ZHANG S Q, CHE L H, LI Y, et al. Evolutionary history of Coleoptera revealed by extensive sampling of genes and species ［J］. Nature Communications, 2018, 9 (1): 205.

[57] FENG Z, WANG J, RÖßLER R, et al. Late Permian wood-borings reveal an intricate network of ecological relationships ［J］. Nature Communications, 2017, 8 (1): 556.

[58] TEIXEIRA C. Sur une larved'insecte fossile (Coleoptere) du "Karroo" de l'Angola ［J］. Boletim da Sociedade Geologica de Portugal, 1975, 19 (3): 131–134.

[59] PONOMARENKO A G. Beetles (Insecta, Coleoptera) of the Late Permian and Early Triassic ［J］. Paleontological Journal, 2004, 38 (Suppl 2): S185–S196.

[60] PONOMARENKO A G. New Triassic beetles (Coleoptera) from northern European Russia ［J］. Paleontological Journal, 2008, 42 (6): 600–606.

[61] PONOMARENKO A G. New beetles (Insecta, Coleoptera) from the Lower Triassic of European Russia ［J］. Paleontological Journal, 2016, 50 (3): 286–292.

[62] PONOMARENKO A G. Order Coleoptera Linné, 1758. The beetles ［M］ // RASNITSYN A P, QUICKE D L J. History of Insects. Dordrecht: Kluwer Academic Publishers, 2002.

[63] DUNSTAN B. Mesozoic Insects of Queensland ［M］. Brisbane: Geological Survey of Queensland Publication, 1923.

[64] ZEUNER F E. A Triassic insect fauna from the Molteno beds of South Africa ［J］. XI Internationaler Kongress für Entomologie, Verhandlungen, 1960, 1: 304–306.

[65] RIEK E F. Upper Triassic Insects from the Molteno "Formation", South Africa ［J］. Palaeontologia Africana, 1974, 17: 19–31.

[66] ARNOLDI L V, ZHERIKHIN V V, NIKRITIN L M, et al. Mezozoiskie zhestkokryiye ［M］. Moskva: Akademiya Nauk SSSR, 1977.

[67] TOUSSAINT E F, SEIDEL M, ARRIAGA-VARELA E, et al. The peril of dating beetles ［J］. Systematic Entomology, 2017, 42 (1): 1–10.

[68] CHATZIMANOLIS S, GRIMALDI D A, ENGEL M S, et al. *Leehermania prorova*, the earliest staphyliniform beetle, from the Late Triassic of Virginia (Coleoptera: Staphylinidae) ［J］. American Museum Novitates, 2012, 3761: 1–28.

[69] TILLYARD R J. Permian and Triassic insects from New South Wales, in the collection of Mr. John Mitchell ［J］. The Proceedings of the Linnean Society of New South Wales, 1918, 42: 720–756.

[70] MARTINS-NETO R G, GALLEGO O F, MANCUSO A. The Triassic insect fauna from Argentina. Coleoptera from the Los Rastros Formation (Bermejo Basin), La Rioja Province ［J］. Ameghiniana, 2006, 43 (3): 1–20.

[71] MARTINS-NETO R G, GALLEGO O F. The Triassic insect fauna from Argentina. Blattoptera and Coleoptera from the Ischichuca Formation (Bermejo Basin), La Rioja Province ［J］. Ameghiniana, 2009, 46 (2): 361–372.

［72］BODE A. Die Insektenfauna des Ostniedersachsischen Oberen Lias ［J］. Palaeontographica Abteilung A, 1953, 103: 1–375.

［73］PROKIN A A. New water scavenger beetles (Coleoptera: Hydrophilidae) from the Mesozoic of Mongolia ［J］. Paleontological Journal, 2009, 43: 660–663.

［74］PERKOVSKY E E. Novyy pozdnejurskiy rod i vid Leiodinae (Coleoptera, Leiodidae) iz Mongolii ［J］.Vestnik Zoologii, 1999, 33: 77–79.

［75］PONOMARENKO A G. Coleoptera ［M］ // RASNITSYN A P (Ed.). Jurassic Insects of Siberia and Mongolia. Moscow: Nauka, 1985.

［76］CAI C Y, THAYER M K, ENGEL M S, et al. Early origin of parental care in Mesozoic carrion beetles ［J］. Proceedings of the National Academy of Sciences, USA, 2014, 111 (39): 14170–14174.

［77］林启彬. 安徽含山含山组昆虫化石 ［J］. 古生物学报, 1985, 24（3）：300–315.

［78］TIKHOMIROVA A L. Staphylinid beetles from the Jurassic of Karatau (Coleoptera, Staphylinidae) ［M］ // ROHDENDORF B B. Jurassic insects of Karatau. Moscow: Nauka, 1968.

［79］GREBENNIKOV V V, NEWTON A F. Detecting the basal dichotomies in the monophylum of carrion and rove beetles (Insecta: Coleoptera: Silphidae and Staphylinidae) with emphasis on the Oxyteline group of subfamilies ［J］. Arthropod Systematics & Phylogeny, 2012, 70: 133–165.

［80］HEER O. Die Urwelt der Schweiz ［M］. Zürich: Druck und Verlag von Friedrich Schultheß, 1865.

［81］KRELL F T. The fossil record of Mesozoic and Tertiary Scarabaeoidea (Coleoptera: Polyphaga) ［J］. Invertebrate Taxonomy, 2000, 14: 871–905.

［82］DEICHMÜLLER J V. Die Insecten aus dem lithographischen Schiefer im Dresdener Museum ［J］. Mitteilungen aus dem Koniglichen Mineralogisch-Geologischen und Prehistorischen Museum in Dresden, 1886, 7: 1–84.

［83］PONOMARENKO A G. Beetles. Scarabaeida ［M］ // RASNITSYN A P. Late Mesozoic Insects of Eastern Transbaikalia. Moscow: Nauka, 1990.

［84］YAN E V, WANG B, PONOMARENKO A G, et al. The most mysterious beetles: Jurassic Jurodidae (Insecta: Coleoptera) from China ［J］. Gondwana Research, 2014, 25 (1): 214–225.

［85］NIKOLAJEV G V, WANG B, LIU Y, et al. Stag beetles from the Mesozoic of Inner Mongolia, China (Scarabaeoidea: Lucanidae) ［J］. Acta Palaeontologica Sinica, 2011, 50: 41–47.

［86］NIKOLAJEV G V. Novyy rod triby Hybosorini (Coleoptera, Scarabaeidae) iz Mezozoya Azii ［J］. Tethys Entomological Research, 2005, 11: 27–28.

［87］NIKOLAJEV G V. Novyy vid roda *Jurahybosorus* Nikolajev (Coleoptera, Scarabaeoidea: Hybosoridae) iz verkhney Jury Kazakhstana ［J］. Tethys Entomological Research, 2008, 16: 27–30.

［88］NIKOLAJEV G V. On the Mesozoic taxa of scarabaeoid beetles of the Family Hybosoridae (Coleoptera: Scarabaeoidea) ［J］. Paleontological Journal, 2010, 44 (6): 649–653.

［89］NIKOLAJEV G V, REN D. The oldest fossil Ochodaeidae (Coleoptera: Scarabaeoidea) from the Middle Jurassic of China ［J］. Zootaxa, 2010, 2553 (1): 65–68.

［90］KIREJTSHUK A G, PONOMARENKO A G. A new coleopterous family Mesocinetidae fam. nov. (Coleoptera: Scirtoidea) from Late Mesozoic and notes on fossil remains from Shar-Teg (Upper Jurassic, South-Western Mongolia) ［J］. Zoosystematica Rossica, 2010, 19: 301–325.

［91］HANDLIRSCH A. Die Fossilen Insekten und die Phylogenie der Rezenten Formen: Ein Handbuch fur Palaontologen und Zoologen ［M］, Leipzig, W. Engelmann, 1906.

［92］MARTYNOV A V. K Poznaniyu Iskopaemykh Nasekomykh Yurskikh SlantsevTurkestana. 5. O Nekotorykh Formakh Zhukov (Coleoptera) ［J］. Ezhegodnik Russkogo Paleontologicheskogo Obshestva, 1926, 5: 1–39.

［93］洪友崇. 北方中侏罗世昆虫化石 ［M］. 北京：地质出版社，1983.

［94］KIREJTSHUK A G. Taxonomic names, in Current knowledge of Coleoptera (Insecta) from the Lower Cretaceous Lebanese amber and taxonomical notes for some Mesozoic groups ［J］. Terrestrial Arthropod Reviews, 2013, 6: 103–134.

［95］KIREJTSHUK A G. Taxonomic notes on fossil beetles (Insecta: Coleoptera) ［J］. Russian Entomological Journal, 2017, 26: 35–36.

［96］TAN J J, REN D, SHIH C K. New beetles (Insecta: Coleoptera: Archostemata) from the Late Mesozoic of North China ［J］. Annales Zoologici (Warszawa), 2007, 57 (2): 231–247.

［97］KIREJTSHUK A G, CHANG H L, REN D, et al. Family Lasiosynidae n. fam. new palaeoendemic Mesozoic family from the infraorder Elateriformia (Coleoptera: Polyphaga) ［J］. Annales De La Société Entomologique De France, 2010, 46 (1–2): 67–87.

［98］ CAI C Y, LAWRENCE J F, ŚLIPIŃSKI A, et al. Jurassic artematopodid beetles and their implications for the early evolution of Artematopodidae (Coleoptera) ［J］. Systematic Entomology, 2015, 40 (4): 779–788.

［99］ CHANG H L, KIREJTSHUK A G, REN D. On taxonomy and distribution of fossil Cerophytidae (Coleoptera, Polyphaga, Elateriformia) with description of a new species of *Necromera* Martynov, 1926 ［J］. Annales de la Société entomologique de France, 2011, 47 (1–2): 33–44.

［100］ OBERPRIELER R G, ASHMAN L G, FRESE M, et al. The first elateroid beetles (Coleoptera: Polyphaga: Elateroidea) from the Upper Jurassic of Australia ［J］. Zootaxa, 2016, 4147: 177–191.

［101］ 张海春. 新疆准噶尔盆地侏罗纪叩头虫科（昆虫纲，鞘翅目）一新属 ［J］. 微体古生物学报，1997, 14（1）: 71–77.

［102］ DONG F B, HUANG D Y. A new elaterid from the Middle Jurassic Daohugou biota (Coleoptera: Elateridae: Protagrypninae) ［J］. Acta Geologica Sinica (English Edition), 2011, 85 (6): 1224–1230.

［103］ CAI C Y, LAWRENCE J F, ŚLIPIŃSKI A, et al. First fossil tooth-necked fungus beetle (Coleoptera: Derodontidae): *Juropeltastica sinica* gen. n. sp. n. from the Middle Jurassic of China ［J］. European Journal of Entomology, 2014, 111 (2): 299–302.

［104］ DENG C S, ŚLIPIŃSKI A, REN D, et al. The oldest dermestid beetle from the Middle Jurassic of China (Coleoptera: Dermestidae) ［J］. Annales Zoologici, 2017, 67 (1): 109–112.

［105］ KOLIBÁČ J. Trogossitidae: A review of the beetle family，with a catalogue and keys ［J］. Zookeys, 2013, 366: 1–194.

［106］ YU Y L, ŚLIPIŃSKI A, LESCHEN R A B, et al. Enigmatic Mesozoic Bark-Gnawing Beetles (Coleoptera: Trogossitidae) from the Jiulongshan Formation in China ［J］. Annales Zoologici, 2014, 64 (4): 667–676.

［107］ KOLIBÁČ J, HUANG D Y. The oldest known clerid fossils from the Middle Jurassic of China, with a review of Cleridae systematics (Coleoptera) ［J］. Systematic Entomology, 2016, 41 (4): 808–823.

［108］ LIU Z H, ŚLIPIŃSKI A, LESCHEN R A B, et al. The oldest Prionoceridae (Coleoptera: Cleroidea) from the Middle Jurassic of China ［J］. Annales Zoologici, 2015, 65 (1): 41–52.

［109］ KIREJTSHUK A G. Parandrexidae fam. nov., Jurassic beetles of the infraorder Cucujiformia (Coleoptera, Polyphaga) ［J］. Paleontological Journal, 1994, 28 (1): 57–64.

［110］ SORIANO C, KIREJTSHUK A G, DELCLOS X. The Mesozoic Laurasian family Parandrexidae (Insecta: Coleoptera), new species from the Lower Cretaceous of Spain ［J］. Comptes Rendus Palevol, 2006, 5 (6): 779–784.

［111］ CAI C Y, ŚLIPIŃSKI A, HUANG D Y. The oldest root-eating beetle from the Middle Jurassic of China (Coleoptera, Monotomidae) ［J］. Alcheringa: An Australasian Journal of Palaeontology, 2015, 39 (4): 488–493.

［112］ HEER O. Die Lias-Insel des Aargau's. In 'Zwei Geologische Vorträge GehaltenimMärz' ［M］. Zürich: E. Kiesling, 1852.

［113］ SHCHEGOLEVA-BAROVSKAYA T I. Der erste Vertreter der Familie Mordellidae (Coleoptera) aus der Juraformation Turkestans ［M］. Moscow: Nauka, 1929.

［114］ HSIAO Y, YU Y L, DENG C S, et al. The first fossil wedge-shaped beetle (Coleoptera, Ripiphoridae) from the Middle Jurassic of China ［J］. European Journal of Taxonomy, 2017, 277: 1–13.

［115］ KIREJTSHUK A G, MERKL O, KERNEGGER F. A new species of the genus *Pentaphyllus* Dejean, 1821 (Coleoptera, Tenebrionidae, Diaperinae) from the Baltic amber and checklist of the fossil Tenebrionidae ［J］. Zoosystematica Rossica, 2008, 17: 131–137.

［116］ WANG B, ZHANG H C. The oldest Tenebrionoidea (Coleoptera) from the Middle Jurassic of China ［J］. Journal of Paleontology, 2011, 85: 266–270.

［117］ PONOMARENKO A G. Taxonomic names, in Order Coleoptera ［M］// ROHDENDORF B B. Osnovy Paleontologii. Moscow: Nauka, 1962.

［118］ 张俊峰. 冀北侏罗纪的某些昆虫化石［M］// 山东古生物学会主编. 山东古生物地层论文集. 北京：海洋出版社，1986.

［119］ GRATSHEV V G, ZHERIKHIN V V. A revision of the nemonychid weevil subfamily Brethorrhininae (Insecta, Coleoptera: Nemonychidae) ［J］. Paleontological Journal, 1995, 29 (4): 112–127.

［120］ GRATSHEV V G, LEGALOV A A. New taxa of the family Nemonychidae (Coleoptera) from Jurassic and Early Cretaceous ［J］. Euroasian Entomological Journal, 2009, 8: 411–416.

［121］OBERPRIELER R G, OBERPRIELER S K. *Talbragarus averyi* gen. et sp. n., the first Jurassic weevil from the southern hemisphere (Coleoptera: Curculionoidea: Nemonychidae)［J］. Zootaxa, 2012, 3478: 256–266.

［122］MEDVEDEV L N. Zhuki-Listoyedy Yury Karatau (Coleoptera, Chrysomelidae)［M］// ROHDENDORF B B. Yurskoy Nasekomiye Karatau. Moscow: Nauka, 1968.

［123］LEGALOV A A. The first record of anthribid beetle from the Jurassic of Kazakhstan (Coleoptera: Anthribidae)［J］. Paleontological Journal, 2011, 45 (6): 629–633.

［124］LEGALOV A A. Fossil Mesozoic and Cenozoic weevils (Coleoptera, Obrienioidea, Curculionoidea)［J］. Paleontological Journal, 2015, 49: 1442–1513.

［125］ARNOLDI L V. Rhynchopora［M］//Mezozoiskie zhestkokryiye. Moscow: Nauka, 1977.

［126］GRATSHEV V G, ZHERIKHINV V. New Early Cretaceous weevil taxa from Spain (Coleoptera, Curculionoidea)［J］. Acta Geologica Hispanica, 2000, 35: 37–46.

［127］PONOMARENKO A G. New beetles of of the family Cupedidae from the Jurassic of Karatau［J］. Paleontologicheskii Zhurnal, 1964, 2: 49–62.

［128］TAN J J, REN D, SHIH C K. New ommatids of Ommatinae (Coleoptera: Archostemata: Ommatidae) from the Yixian Formation of western Liaoning, China［J］. Progress in Natural Science, 2007, 17: 803–811.

［129］TAN J J, WANG Y J, REN D, et al. New fossil species of ommatids (Coleoptera: Archostemata) from the Middle Mesozoic of China illuminating the phylogeny of Ommatidae［J］. BMC Evolutionary Biology, 2012, 12 (113): 1–19.

［130］PONOMARENKO A G. Archostemata beetles from the Jurassic of the Karatau［M］// Jurassic Insects of the Karatau. Moscow: Nauka, 1968.

［131］PONOMARENKO A G. New beetles of the family Cupedidae from the Mesozoic of Mongolia. Ommatini, Mesocupedini, Priacmini［J］. Paleontological Journal, 1997, 31 (4): 389–399.

［132］CAI C Y, HUANG D Y. *Omma daxishanense* sp. nov., a fossil representative of an extant Australian endemic genus recorded from the Late Jurassic of China (Coleoptera: Ommatidae)［J］. Alcheringa: An Australasian Journal of Palaeontology, 2017, 41 (2): 277–283.

［133］WANG B, PONOMARENKO A G, ZHANG H C. A new coptoclavid larva (Coleoptera: Adephaga: Dytiscoidea) from the Middle Jurassic of China, and its phylogenetic implication［J］. Paleontological Journal, 2009, 43 (6): 652–659.

［134］PONOMARENKO A G. Mesozoic Whirligig Beetles (Gyrinidae, Coleoptera)［J］. Paleontological Journal, 1973, 7 (4): 499–506.

［135］PONOMARENKO A G. New Mesozoic Water Beetles (Insecta, Coleoptera) From Asia［J］. Paleontological Journal, 1987, 21 (2): 79–92.

［136］PROKIN A A, PETROV P N, WANG B, et al. New fossil taxa and notes on the Mesozoic evolution of Liadytidae and Dytiscidae (Coleoptera)［J］. Zootaxa, 2013, 3666: 137–159.

［137］洪友崇. 湖北大冶早侏罗世昆虫化石［J］. 地层古生物论文集, 1985, 15：181–187.

［138］WANG B, ZHANG H C, PONOMARENKO A G. Mesozoic Trachypachidae (Insecta: Coleoptera) from China［J］. Palaeontology, 2012, 55 (2): 341–353.

［139］谭京晶, 任东. 中国中生代原鞘亚目昆虫化石［M］. 北京：科学出版社, 2009.

［140］PONOMARENKO A G, YAN E V, HUANG D Y. New beetles (Coleoptera) from the terminal Middle Permian of China［J］. Paleontological Journal, 2014, 48 (2): 191–200.

［141］林启彬. 华南中生代早期的昆虫［J］. 中国古生物志乙种, 1986, 170（21）：69–82.

［142］PONOMARENKO A G. On the types of Mesozoic archostematan beetles (Insecta, Coleoptera, Archostemata) in the Natural History Museum, London［J］. Paleontological Journal, 2006, 40 (1): 90–99.

［143］TAN J J, REN D, SHIH C K, et al. New schizophorid fossils from China and possible evolutionary scenarios for Jurassic archostematan beetles［J］. Journal of Systematic Palaeontology, 2013, 11 (1): 47–62.

［144］洪友崇. 河北蔚县下花园组新的昆虫化石［J］. 天津地质矿产研究所所刊, 1985, 13：131–138.

［145］洪友崇. 中晚侏罗世昆虫［M］//吉林省地质矿产局. 吉林省古生物图册. 长春：吉林科学技术出版社, 1992.

［146］YAN E V. New taxa, in New Beetle Species of the Formal Genus *Artematopodites* (Coleoptera: Polyphaga), with Remarks on the Taxonomic Position of the Genera *Ovivagina* and *Sinonitidulina*［J］. Paleontological Journal, 2010, 44: 451–456.

［147］LIU Z H, ŚLIPIŃSKI A, LAWRENCE J F, et al. *Palaeoboganium* gen. nov. from the Middle Jurassic of China (Coleoptera: Cucujoidea: Boganiidae): the first cycad pollinators［J］. Journal of Systematic Palaeontology, 2017, 10: 1–10.

［148］洪友崇. 中国琥珀昆虫志［M］. 北京：科学出版社，2002.

［149］CAI C Y, SHORT A E, HUANG D Y. The first skiff beetle (Coleoptera: Myxophaga: Hydroscaphidae) from Early Cretaceous Jehol Biota［J］. Journal of Paleontology, 2012, 86 (1): 116–119.

［150］POINAR Jr G, CHAMBERS K L, BUCKLEY R. *Eoëpigynia burmensis* gen. and sp. nov., an Early Cretaceous eudicot flower (Angiospermae) in Burmese amber［J］. Journal of the Botanical Research Institute of Texas, 2007, 1 (1): 91–96.

［151］XING L D, MCKELLAR R C, WANG M, et al. Mummified precocial bird wings in mid-Cretaceous Burmese amber［J］. Nature communications, 2016, 7: 12089.

［152］XING L D, MCKELLAR R C, XU X, et al. A feathered dinosaur tail with primitive plumage trapped in Mid-Cretaceous amber［J］. Current Biology, 2016, 26 (24): 3352–3360.

［153］ROSS A J. Supplement to the Burmese (Myanmar) amber checklist and bibliography, 2019［J］. Palaeoentomology, 2020, 3 (1): 103–118.

［154］YAMAMOTO S, MARUYAMA M, PARKER J. Evidence for social parasitism of early insect societies by Cretaceous rove beetles［J］. Nature Communications, 2016, 7: 13658.

［155］CAI C Y, HUANG D Y, NEWTON A F, et al. Early Evolution of Specialized Termitophily in Cretaceous Rove Beetles［J］. Current Biology, 2017, 27 (8): 1229–1235.

［156］秉志. 中国白垩纪之昆虫化石［J］. 中国古生物志乙种，1928, 13（1）：1–56.

［157］洪友崇，王五力.（二）内蒙古分册［M］// 内蒙古自治区地质局，东北地质科学研究所主编. 华北地区古生物图册. 北京：地质出版社，1976.

［158］洪友崇. 六、昆虫化石［M］// 中国地质科学院地质研究所. 陕甘宁盆地中生代地层古生物. 北京：地质出版社，1980.

［159］洪友崇. 北京西山早白垩世昆虫新发现［J］. 中国地质科学院天津地质矿产研究所所刊，1981, 4：87–96.

［160］洪友崇. 酒泉盆地昆虫化石［M］. 北京：地质出版社，1982.

［161］洪友崇. 山东莱阳盆地莱阳群昆虫化石的新资料［J］. 地层古生物论文集，1984, 15：181–189.

［162］洪友崇. 昆虫纲［M］// 地质矿产部天津地质矿产研究所. 华北地区古生物图册（二）中生代分册. 北京：地质出版社，1984.

［163］洪友崇. 湖北大冶早侏罗世昆虫化石［J］. 地层古生物论文集，1986, 15：181–189.

［164］洪友崇. 赣东北冷水坞组昆虫化石新论［J］. 地层古生物论文集，1988, 21：172–179.

［165］洪友崇. 湖北大冶早侏罗世昆虫化石［J］. 地层古生物论文集，1991, 15：181–189.

［166］洪友崇. 辽西喀左早白垩世鞘翅目、蛇蛉目、双翅目化石（昆虫纲）的研究［J］. 甘肃地质学报，1992, 1（1）：1–13.

［167］洪友崇. Taxonomic names, in a new Middle Jurassic insect genus — *Hebeicoleus* gen. nov. (Insecta: Coleoptera) of Chengde, Hebei Province［J］. 北京自然博物馆研究报告，1992, 51：37–44.

［168］林启彬. 辽西侏罗系的昆虫化石［J］. 古生物学报，1976, 15（1）：97–116.

［169］林启彬. 云南的昆虫化石［M］// 中国科学院南京地质古生物研究所. 云南中生代化石，下册. 北京：科学出版社，1977.

［170］林启彬. 浙皖中生代昆虫化石［M］// 中国科学院南京地质古生物研究所. 浙皖中生代火山沉积岩地层的划分及对比. 北京：科学出版社，1980.

［171］林启彬. 湖南浏阳三丘田组的两种甲虫化石［J］. 中国科学院南京地质古生物研究所丛刊，1983, 6：297–307.

［172］林启彬. 新疆托克逊晚三叠世昆虫［J］. 古生物学报，1992, 31（3）：313–335.

［173］洪友崇，王五力. 莱阳组昆虫化石［M］// 山东省地质矿产局区域地质调查队. 山东莱阳盆地地层古生物. 北京：地质出版社，1990.

［174］王五力. 辽西鞘翅目辽西花蚤科的研究［J］. 地质学报，1993, 67（1）：86–94.

［175］王五力. 京西中生代晚期夏庄组的昆虫化石（鞘翅目）——兼论该期昆虫群的生态演替［J］. 北京自然博物馆研究报告，1998, 56：199–206.

［176］王五力，刘明渭. 莱阳早白垩世地层中的一种长扁甲化石［J］. 北京自然博物馆研究报告，1996, 55：79–82.

［177］ZHANG H C. Early Cretaceous insects from the Dalazi Formation of the Zhixin basin, Jilin Province, China［J］. Palaeoworld, 1997, 7 (8): 75–103.

［178］REN D, TAN J J. A new cupedid genus (Coleoptera: Archostemata: Cupedidae) from Jehol Biota of Western Liaoning, China［J］. Annales Zoologici, 2006, 56 (3): 457–464.

［179］REN D, TAN J J, GE S Q. New fossil ommatid (Coleoptera: Archostemata: Ommatidae) from Jehol Biota of Western Liaoning, China ［J］. Progress in Natural Science: Materials International, 2006, 16 (6): 639–643.

［180］TAN J J, HUANG D Y, REN D. First record of Fossil *Mesocupes* from China (Coleoptera: Archostemata: Cupedidae) ［J］. Acta Geologica Sinica, 2007, 81 (5): 688–696.

［181］TAN J J, REN D. *Ovatocupes*: A new Cupedid genus (Coleoptera: Archostemata: Cupedidae) from the Jehol Biota (Late Jurassic) of western Liaoning, China ［J］. Entomological News, 2006, 117 (2): 223–232.

［182］TAN J J, REN D. New fossil Priacmini (Insecta: Coleoptera: Archostemata: Cupedidae) from the Jehol Biota of China ［J］. Journal of Natural History, 2006, 40 (47–48): 2653–2661.

［183］TAN J J, REN D. Two exceptionally well-preserved catiniids (Coleoptera: Archostemata: Catiniidae) from the Late Mesozoic of northeastern China ［J］. Annals of the Entomological Society of America, 2007, 100 (5): 666–672.

［184］TAN J J, REN D, LIU M. New ommatidis from the Late Jurassic of western Liaoning, China (Coleoptera: Archostemata) ［J］. Insect Science, 2005, 12: 211–220.

［185］TAN J J, REN D, SHIH C K. New cupedids from the Middle Jurassic of Inner Mongolia, China (Coleoptera: Archostemata) ［J］. Annales Zoologici, 2006, 56 (1): 1–6.

［186］TAN J J, REN D, SHIH C K. First record of fossil *Priacma* (Coleoptera: Archostemata: Cupedidae) from the Jehol Biota of western Liaoning, China ［J］. Zootaxa, 2006, 1326: 55–68.

［187］TAN J J, REN D, SHIH C K, et al. New fossil beetles of the family Ommatidae from Jehol Biota of China (Coleoptera: Archostemata) ［J］. Acta Geologica Sinica (English Edition), 2006, 80 (4): 474–485.

［188］CHANG H L, KIREJTSHUK A G, REN D. New fossil elaterids (Coleoptera: Polyphaga: Elateridae) from the Jehol Biota in China ［J］. Annals of the Entomological Society of America, 2010, 103 (6): 866–874.

［189］CHANG H L, KIREJTSHUK A G, REN D, et al. First fossil click beetles from the Middle Jurassic of Inner Mongolia, China (Coleoptera: Elateridae) ［J］. Annales Zoologici, 2009, 59 (1): 7–14.

［190］CHANG H L, REN D. New fossil beetles of the family Elateridae from the Jehol Biota of China (Coleoptera: Polyphaga) ［J］. Acta Geologica Sinica (English edition), 2008, 82 (2): 236–243.

［191］CHANG H L, REN D, SHIH C K. New fossil elaterid (Coleoptera: Polyphaga: Elateridae) from Yixian Formation of western Liaoning, China ［J］. Progress in Natural Science (English edition), 2007, 17 (10): 1244–1249.

［192］CHANG H L, ZHANG F, REN D. A new genus and two new species of fossil elaterids from the Yixian Formation of Western Liaoning, China (Coleoptera: Elateridae) ［J］. Zootaxa, 2008, 1785: 54–62.

［193］CHANG H L, ZHAO Y Y, REN D. New fossil elaterids (Insect: Coleoptera: Polyphaga: Elateridae) from the Middle Jurassic of Inner Mongolia, China ［J］. Progress in Natural Science: Materials International, 2009, 19 (10): 1433–1437.

［194］BAI M, AHRENS D, YANG X K, et al. New fossil evidence of the early diversification of scarabs: *Alloioscarabaeus cheni* (Coleoptera: Scarabaeoidea) from the Middle Jurassic of Inner Mongolia, China ［J］. Insect Science, 2012, 19: 159–171.

［195］BAI M, BEUTEL R G, LIU W G, et al. Description of a new species of Glaresidae (Coleoptera: Scarabaeoidea) from the Jehol Biota of China with a geometric morphometric evaluation ［J］. Arthropod Systematics & Phylogeny, 2014, 72 (3): 223–236.

［196］BAI M, BEUTEL R G, SHIH C K, et al. Septiventeridae, a new and ancestral fossil family of Scarabaeoidea (Insecta: Coleoptera) from the Late Jurassic to Early Cretaceous Yixian Formation ［J］. Journal of Systematic Palaeontology, 2013, 11 (3): 359–374.

［197］BAI M, KRELL F T, REN D, et al. A new, well-preserved species of Glaresidae (Coleoptera: Scarabaeoidea) from the Jehol Biota of China ［J］. Acta Geologica Sinica (English Edition), 2010, 84 (4): 676–679.

［198］BAI M, REN D, YANG X K. *Prophaenognatha*, a new Aclopinae genus from the Yixian Formation, China and its phylogenetic position based on morphological characters (Coleoptera: Scarabaeidae) ［J］. Acta Geologica Sinica (English Edition), 2011, 85 (5): 984–993.

［199］BAI M, REN D, YANG X K. *Prosinodendron krelli*, from the Yixian Formation, China: a missing link among Lucanidae, Diphyllostomatidae and Passalidae (Coleoptera: Scarabaeoidea) ［J］. Cretaceous Research, 2012, 34 (3): 334–339.

［200］YAN Z, BAI M, REN D. A new fossil Hybosoridae (Coleoptera: Scarabaeoidea) from the Yixian Formation of China ［J］. Zootaxa, 2012, 3478 (1): 201–204.

［201］YAN Z, BAI M, REN D. A new genus and species of fossil Hybosoridae (Coleoptera: Scarabaeoidea) from the Early Cretaceous Yixian Formation of Liaoning, China ［J］. Alcheringa: An Australasian Journal of Palaeontology, 2013, 37 (2):

139–145.

[202] YAN Z, NIKOLAJEV V G, REN D. A new, well-preserved genus and species of fossil Glaphyridae (Coleoptera, Scarabaeoidea) from the Mesozoic Yixian Formation of Inner Mongolia, China [J]. ZooKeys, 2012, 241: 67–75.

[203] ZHAO H Y, BAI M, SHIH C K, et al. Two new glaphyrids (Coleoptera, Scarabaeoidea) from the jehol biota, China [J]. Cretaceous Research, 2016, 59 (5): 1– 9.

[204] 蔡晨阳. 中生代中晚期隐翅虫科昆虫：分类学、行为学和早期演化 [D]. 中国科学院大学，2015.

[205] CAI C Y, BEATTIE R, HUANG D Y. Jurassic olisthaerine rove beetles (Coleoptera: Staphylinidae): 165 million years of morphological and probably behavioral stasis [J]. Gondwana Research, 2015, 28 (1): 425–431.

[206] CAI C Y, HUANG D Y. Glypholomatine rove beetles (Coleoptera: Staphylinidae): a southern hemisphere recent group recorded from the Middle Jurassic of China [J]. Journal of the Kansas Entomological Society, 2012, 85 (3): 239–244.

[207] CAI C Y, HUANG D Y. *Megolisthaerus*, interpreted as staphylinine rove beetle (Coleoptera: Staphylinidae) based on new Early Cretaceous material from China [J]. Cretaceous Research, 2013, 40: 207–211.

[208] CAI C Y, HUANG D Y. A new species of small-eyed *Quedius* (Coleoptera: Staphylinidae: Staphylininae) from the Early Cretaceous of China [J]. Cretaceous Research, 2013, 44: 54–57.

[209] CAI C Y, HUANG D Y. *Sinanthobium daohugouense*, a tiny new omaliine rove beetle from the Middle Jurassic of China (Coleoptera, Staphylinidae) [J]. The Canadian Entomologist, 2013, 145 (5): 496–500.

[210] CAI C Y, HUANG D Y. Discussion on the systematic position of the oxyteline rove beetle *Anotylus archaicus* Yue, Makranczy & Ren, 2012 (Coleoptera: Staphylinidae) [J]. Insect Systematics & Evolution, 2013, 44 (2): 203–212.

[211] CAI C Y, HUANG D Y. *Mesocoprophilus clavatus*, a new oxyteline rove beetle (Coleoptera: Staphylinidae) from the Early Cretaceous of China [J]. Insect Systematics & Evolution, 2013, 44: 213–220.

[212] CAI C Y, HUANG D Y. Diverse oxyporine rove beetles from the Early Cretaceous of China (Coleoptera: Staphylinidae) [J]. Systematic Entomology, 2014, 39 (3): 500–505.

[213] CAI C Y, HUANG D Y, NEWTON A F, et al. *Mesapatetica aenigmatica*, a new genus and species of rove beetles (Coleoptera, Staphylinidae) from the Middle Jurassic of China [J]. Journal of the Kansas Entomological Society, 2014, 87 (2): 219–224.

[214] CAI C Y, HUANG D Y, SOLODOVNIKOV A. A new species of *Hesterniasca* (Coleoptera: Staphylinidae: Tachyporinae) from the Early Cretaceous of China with discussion of its systematic position [J]. Insect Systematics & Evolution, 2011, 42 (2): 213–220.

[215] CAI C Y, ŚLIPIŃSKI A, HUANG D Y. First false jewel beetle (Coleoptera: Schizopodidae) from the Lower Cretaceous of China [J]. Cretaceous Research, 2015, 52: 490–494.

[216] CAI C Y, THAYER M K, HUANG D Y, et al. A basal oxyteline rove beetle (Coleoptera: Staphylinidae) from the Early Cretaceous of China: oldest record for the tribe Euphaniini [J]. Comptes Rendus Palevol, 2013, 12: 159–163.

[217] CAI C Y, WANG B. The oldest silken fungus beetle from the Early Cretaceous of Southern China (Coleoptera: Cryptophagidae: Atomariinae) [J]. Alcheringa, 2013, 37 (4): 452–455.

[218] CAI C Y, YAN E V, VASILENKO D V. First record of *Sinoxytelus*(Coleoptera:Staphylinidae) from the Urey locality of Transbaikalia, Russia, with discussion on its systematic position [J]. Cretaceous Research, 2013, 41: 237–241.

[219] DONG F B, CAI C Y, HUANG D Y. Revision of five mesozoic beetles from southern china [J]. Acta Palaeontologica Sinica, 2011, 50 (4): 481–491.

[220] WANG B, MA J Y, MCKENNA D D, et al. The earliest known longhorn beetle (Cerambycidae: Prioninae) and implications for the early evolution of Chrysomeloidea [J]. Journal of Systematic Palaeontology, 2014, 12 (5): 565–574.

[221] WANG B, PONOMARENKO A G, ZHANG H C. Middle Jurassic Coptoclavidae (Insecta: Coleoptera: Dytiscoidea) from China: a Good Example of Mosaic Evolution [J]. Acta Geological Sinica, 2010, 84 (4) :680–687.

[222] WANG B, ZHANG H C. A new ground beetle (Carabidae, Protorabinae) from the Lower Cretaceous of Inner Mongolia, China [J]. ZooKeys, 2011, 130: 229–237.

[223] LIU M, LU W H, REN D. A new fossil mordellid (Coleoptera: Tenebrionoidea: Mordellidae) from the Yixian Formation of Western Liaoning Province, China [J]. Zootaxa, 2007, 1415: 49–56.

[224] LIU M, REN D. First fossil Eccoptarthridae (Coleoptera: Curculionoidea) from the Mesozoic of China [J]. Zootaxa, 2006, 1176: 59–68.

[225] LIU M, REN D. New fossil eccoptarthrids (Coleoptera: Curculionoidea) from the Yixian Formation of western Liaoning, China [J]. Science in China Series D: Earth Sciences, 2007, 50: 641–648.

［226］LIU M, REN D, SHIH C K. A new fossil weevil (Coleoptera, Curculionoidea, Belidae) from the Yixian Formation of western Liaoning, China ［J］. Progress in Natural Science, 2006, 16: 885–888.

［227］LIU M, REN D, TAN J J. New fossil weevils (Coleoptera: Curculionoidea: Nemonychidae) from the Jehol Biota of western Liaoning, China ［J］. Annales Zoologici, 2006, 56 (4): 605–612.

［228］LIU M, ZHAO Y Y, REN D. Discovery of three new mordellids (Coleoptera，Tenebrionoidea) from the Yixian Formation of Western Liaoning, China ［J］. Cretaceous Research, 2008, 29 (3): 445–450.

［229］YUE Y L, GU J J, YANG Q, et al. The first fossil species of subfamily Piestinae (Coleoptera: Staphylinidae) from the Lower Cretaceous of China ［J］. Cretaceous Research, 2016, 63: 63–67.

［230］YUE Y L, MAKRANCZY G, REN D. A Mesozoic species of *Anotylus* (Coleoptera, Staphylinidae, Oxytelinae) from Liaoning, China, with the earliest evidence of sexual dimorphism in rove beetles ［J］. Journal of Paleontology, 2012, 86: 508–512.

［231］YUE Y L, REN D, SOLODOVNIKOV A. *Megolisthaerus chinensis* gen. et sp. n. (Coleoptera: Staphylinidae incerta esedis): an enigmatic rove beetle lineage from the Early Cretaceous ［J］. Insect Systematics & Evolution, 2010, 41 (4): 317–327.

［232］YUE Y L, REN D, SOLODOVNIKOV A. The oldest fossil species of the rove beetle subfamily Oxyporinae (Coleoptera: Staphylinidae) from the Early Cretaceous (Yixian Formation, China) and its phylogenetic significance ［J］. Journal of Systematic Palaeontology, 2011, 9 (4): 467–471.

［233］YUE Y L, ZHAO Y Y, REN D. *Glabrimycetoporus amoenus*, a new tachyporine genus and species of Mesozoic Staphylinidae (Coleoptera) from Liaoning, China ［J］. Zootaxa, 2009, 2225: 63–68.

［234］YUE Y L, ZHAO Y Y, REN D. Three new Mesozoic Staphylinids (Coleoptera) from Liaoning, China ［J］. Cretaceous Research, 2010, 31: 61–70.

［235］YU Y L, LESCHEN R A B, ŚLIPIŃSKI A, et al. The first fossil bark-gnawing beetle from the Middle Jurassic of Inner Mongolia, China (Coleoptera: Trogossitidae) ［J］. Annales Zoologici, 2012, 62 (2): 245–252.

［236］YU Y L, ŚLIPIŃSKI A, LESCHEN R A B, et al. New genera and species of Bark-Gnawing beetles (Coleoptera: Trogossitidae) from the Yixian Formation (Lower Cretaceous) of Western Liaoning, China ［J］. Cretaceous Research, 2015, 53: 89–97.

［237］YU Y L, ŚLIPIŃSKI A, PANG H, et al. A new genus and two new species of Buprestidae (Insecta: Coleoptera) from the Yixian Formation (Lower Cretaceous), Liaoning, China ［J］. Cretaceous Research, 2015, 52: 480–489.

［238］YU Y L, ŚLIPIŃSKI A, REID C K, et al. A new longhorn beetle (Coleoptera: Cerambycidae) from the Early Cretaceous Jehol Biota of Western Liaoning in China ［J］. Cretaceous Research, 2015, 52: 453–460.

［239］YU Y L, ŚLIPIŃSKI, A, SHIH C K, et al. A new fossil jewel beetle (Coleoptera: Buprestidae) from the Early Cretaceous of Inner Mongolia, China ［J］. Zootaxa, 2013, 3637 (3): 355–360.

［240］任东，卢立伍，郭子光，等. 北京与邻区侏罗—白垩纪动物群及其地层 ［M］. 北京：地震出版社，1995.

［241］PONOMARENKO A G, PROKIN A A. Review of paleontological data on the evolution of aquatic beetles (Coleoptera) ［J］. Paleontological Journal, 2015, 49 (13): 1383–1412.

［242］KIREJTSHUK A G, NEL A, KIREJTSHUK P A. Taxonomy of the reticulate beetles of the subfamily Cupedinae (Coleoptera: Archostemata), with a review of the historical development ［J］. Invertebrate Zoology, 2016, 13 (2): 61–190.

［243］KIREJTSHUK A G. *Sikhotealinia zhiltzovae* (Lafer, 1996)-recent representative of the Jurassic coleopterous fauna (Coleoptera, Archostemata, Jurodidae) ［J］. Proceedings of the Zoological Institute RAS, 1999, 281: 21–216.

［244］BEUTEL R G, FRIEDRICH F, LESCHEN R A B. Charles Darwin, beetles and phylogenetics ［J］. Naturwissenschaften, 2009, 96: 1293–1312.

［245］NEWMAN E. Supplementary note to the synonymy of Passandra ［J］. Annals and Magazine of Natural History, 1839, 3: 303–304.

［246］OPPENHEIM P. Die Insektenwelt des lithographischen Schiefers in Bayern ［J］. Palaeontographica, 1888, 34: 215–247.

［247］PONOMARENKO A G. Systematic position of some beetles from the Solenhofen shales of Bavaria ［J］. Paleontologicheskii Zhurnal, 1971, 1: 67–81.

［248］WATERHOUSE C O. Two new genera of Coleoptera belong to the Cupesida and Prionida ［J］. Annals and Magazine of Natural History, 1901, 7: 520–523.

［249］KIREJTSHUK A G, PONOMARENKO A G, PROKIN A A, et al. Current knowledge of Mesozoic Coleoptera from Daohugou and Liaoning (northeast China) ［J］. Acta GeologicaSinica, 2010, 84: 783–792.

［250］JARZEMBOWSKI E A, YAN E V, WANG B, et al. A new flying water beetle (Coleoptera: Schizophoridae) from the Jurassic Daohugou Lagerstätte. Palaeoworld, 2012, 21 (3–4): 160–166.

［251］PONOMARENKO A G. Ecological evolution of beetles (Insecta: Coleoptera)［J］. Acta zoological cracoviensia, 2003, 46 (Supplement – Fossil Insects): 319–328.

［252］LECONTE J L. Descriptions of new Coleoptera chiefly from the Pacific slope of North America［J］. Transactions of the American Entomological Society, 1874, 5: 43–72.

［253］PONOMARENKO A G. New Jurassic and Cretaceous ground beetles (Insecta, Coleoptera, Caraboidea) from Asia［J］. Paleontological Journal, 1989, 2: 52–63. (in Russian)

［254］ZHAO X, ZHAO X, CHEN L, et al. The earliest tiger beetle from the Lower Cretaceous of China (Coleoptera: Cicindelinae)［J］. Cretaceous Research, 2019, 94: 147–151.

［255］PROKIN A A, REN D. New Mesozoic diving beetles (Coleoptera，Dytiscidae) from China［J］. Paleontological Journal, 2010, 44 (5): 526–533.

［256］PROKIN A A, PONOMARENKO A G. The first record of crawling water beetles (Coleoptera, Haliplidae) in the Lower Cretaceous of Mongolia［J］. Paleontological Journal, 2013, 47 (1): 89–93.

［257］任东, 朱会忠. 内蒙古赤峰早白垩世昆虫化石的新发现［J］. 地球学报，1995, 4：432–439.

［258］JIA T, LIANG H, CHANG H L, et al. A new genus and species of fossil Eodromeinae from the Yixian Formation of Western Liaoning, China (Coleoptera: Adephaga: Trachypachidae)［J］. Zootaxa, 2011, 2736: 63–68.

［259］FABRICIUS J C. Systema Entomologiae, sistens insectorvm classes, ordines, genera, species, adiectis synonymis, locis, descriptionibvs, observationibvs［M］. Flensburgi & Lipsiae: Officina LibrariaKortii, 1775.

［260］LINNAEUS C. Systema Naturae per Regna Tria Naturae，Secundum Classes, Ordines, Genera, Species, cum Characteribus, Differentiis，Synonymis, Locis［M］. Vindobonae: Typis Ioannis Thomae von Trattner, 1767–1770.

［261］ANGUS R B. *Pleistocene Helophorus* (Coleoptera, Hydrophilidae) from Borislav and Starunia in the Western Ukraine, with a Reinterpretation of M. Lomnicki's Species, Description of a New Siberian Species, and Comparison with British Weichselian Faunas［J］. Philosophical Transactions of the Royal Society B Biological Sciences, 1973, 265 (869): 299–326.

［262］FIKÁČEK M, PROKIN A, YAN E, et al. Modern hydrophilid clades present and widespread in the Late Jurassic and Early Cretaceous (Coleoptera: Hydrophiloidea: Hydrophilidae)［J］. Zoological Journal of the Linnean Society, 2014, 170 (4): 710–734.

［263］STEPHENS J F. The Nomenclature of British insects; being a compendious list of such species as are contained in the Systematic Catalogue of British Insects，and forming a guide to their classification［M］. London: Baldwin & Cradock, 1829.

［264］RYVKIN A B. Novyemelovye Staphylinidae (Insecta) s dal'nego vostoka［J］. Paleontologicheskii Zhurnal, 1988, 4: 103–106.

［265］张俊峰. 晚侏罗世隐翅虫科（鞘翅目）化石［J］. 昆虫分类学报，1988, 31：79–84.

［266］张俊峰，王晓华，徐国珍. 山东莱阳隐翅虫科化石一新属二新种［J］. 昆虫分类学报，1988, 14：277–281.

［267］SOLODOVNIKOV A, YUE Y L, TARASOV S, et al. Extinct and extant rove beetles meet in the matrix: Early Cretaceous fossils shed light on the evolution of a hyperdiverse insect lineage (Coleoptera: Staphylinidae: Staphylininae)［J］. Cladistics, 2013, 29: 360–403.

［268］NIKOLAJEV G V, REN D. New genus of the subfamily Geotrupinae (Coleoptera: Scarabaeoidea: Geotrupindae) from the Jehol Biota［J］. Acta Geologica Sinica (English Edition), 2010, 84 (4): 673–675.

［269］LATREILLE P A. Genera crustaceorum et insectorum: secundum ordinem naturalem in familias disposita, iconibus exemplisque plurimis explicate. Tomus Secundus［M］. Parisiis et Argentorati: Amand Koenig, 1807.

［270］NIKOLAJEV G V, WANG B, ZHANG H C. A new fossil genus of the family Glaphyridae (Coleoptera: Scarabaeoidea) from the Lower Cretaceous Yixian Formation［J］. Zootaxa, 2011, 2811 (1): 47–52.

［271］NIKOLAJEV G V. On the position of the fossil species *Fortishybosorus ericeusicus* Yan, Bai et Ren, 2012 within the superfamily scarabs (Coleoptera: Scarabaeoidea)［J］. Euroasian Entomological Journal, 2014, 13: 253–256.

［272］NIKOLAJEV G V, REN D. A new Glaphyridae genus (Coleoptera: Scarabaeidae) from the Yixian Formation［J］. Caucasian Entomological Bulletin, 2013, 9 (1): 62–64.

［273］ERICHSON W F. Naturgeschichte der Insecten Deutschlands. Erste Abtheilung: Coleoptera［M］. Berlin: Nicolaischen

Buchhandlung, 1848.

［274］NIKOLAJEV G V. A new genus in Hybosorinae (Coleoptera, Scarabaeidae) from the Lower Cretaceous of Transbaikalia ［J］. Evraziatskii Entomologicheskii Zhurnal, 2006, 5 (1): 12–13.

［275］NIKOLAJEV G V, WANG B, LIU Y, et al. First record of Mesozoic Ceratocanthinae (Coleoptera: Hybosoridae) ［J］. Acta Palaeontologica Sinica, 2010, 49: 443–447.

［276］NIKOLAJEV G V, WANG B, ZHANG H C. A new genus of the family Hybosoridae (Coleoptera, Scarabaeoidea) from the Yixian Lower Cretaceous Formation in China ［J］. Euroasian Entomological Journal, 2012, 11 (6): 503–506.

［277］LU Y Y, NIE R, SHIH C K, et al. New Scarabaeoidea (Coleoptera) from the Lower Cretaceous Yixian Formation, western Liaoning Province, China: Elucidating the systematics of Mesozoic Hybosoridae ［J］. Cretaceous Research, 2018, 86: 53–59.

［278］NIKOLAJEV G V. Taxonomic criteria and generic composition of Mesozoic lamellicorn beetles (Coleoptera, Scarabaeidae) ［J］. Paleontological Journal, 1992, 26 (1): 96–111. (in Russian with English abstract)

［279］NIKOLAJEV G V. Novyy rod plastinchatousykh zhukov (Coleoptera, Scarabaeidae) iz nizhnemelovogo mestonakhozhdeniya Baisa v Zabaykal'e ［J］. Biologicheskie Nauki Kazakhstana, 2005, 1: 117–120. (in Russian with English abstract)

［280］NIKOLAJEV G V, WANG B, ZHANG H C. The presence of the family Lithoscarabaeidae (Coleoptera, Scarabaeoidea) in the Yixian geological formation ［J］. Euroasian Entomological Journal, 2013, 12: 559–560. (in Russian with English abstract)

［281］NIKOLAJEV G V, REN D. A new fossil Lucanidae subfamily (Coleoptera) from the Mesozoic of China ［J］. Caucasian Entomological Bulletin, 2015, 11: 15–18. (in Russian with English abstract)

［282］NIKOLAJEV G V. On the systematic position of the new scarab beetles genus (Coleoptera: Scarabaeoidea: Ochodaeidae) from the Mesozoic of China ［J］. Euroasian Entomological Journal, 2015, 14: 21–26. (in Russian with English abstract)

［283］LECONTE J L. Notice of three genera of Scarabaeidae found in the United States ［J］. Proceedings of the Academy of Natural Sciences of Philadelphia, 1856, 8: 19–25.

［284］GRABAU A W. Cretaceous fossils from Shantung ［J］. Bulletin of the Geological Survey of China, 1923, 5: 148–181.

［285］LAWRENCE J F. 16.1 Dascillidae Guérin-Méneville, 1843 ［M］// BEUTEL R G, LESCHEN R A B (Eds.). Handbook of Zoology. Volume IV Arthropoda: Insecta Part 38. Coleoptera, Beetles. Volume 1. Morphology and Systematics (Archostemata, Adephaga, Myxophaga, Polyphagapartim). Berlin, New York: Walter DeGruyter, 2005.

［286］JIN Z Y, ŚLIPIŃSKI A, PANG H, et al. A new Mesozoic species of soft-bodied plant beetle (Coleoptera: Dascillidae) from the Early Cretaceous of Inner Mongolia, China with a review of fossil Dascillidae ［J］. Annales Zoologici (Warszawa), 2013, 63 (3): 501–509.

［287］BELLAMY C L, VOLKOVITSH M G. Chapter 17. Buprestoidea Crowson, 1955 ［M］// BEUTEL R G, LESCHEN R A B. Handbook of Zoology. Volume IV Arthropoda: Insecta Part 38. Coleoptera, Beetles. Volume 1. Morphology and Systematics (Archostemata, Adephaga, Myxophaga, Polyphagapartim). Berlin, New York: Walter DeGruyter, 2005.

［288］PAN X X, CHANG H L, REN D, et al. The first fossil buprestids from the Middle Jurassic Jiulongshan Formation of China (Coleoptera: Buprestidae) ［J］. Zootaxa, 2011, 2745 (5): 53–62.

［289］NELSON G H, BELLAMY C L. Chapter 44. Schizopodidae LeConte 1861 ［M］// ARNETT R H JR, THOMAS M C, SKELLEY P E, et al. American Beetles, Volume 2: Polyphaga: Scarabaeoidea through Curculionoidea. Boca Raton, London, New York, Washington, D.C.: CRC Press, 2002.

［290］JOHNSON P. 18.1 Byrrhidae Latreille, 1804 ［M］// BEUTEL R G, LESCHEN R A B. Handbook of Zoology. Volume IV Arthropoda: Insecta Part 38. Coleoptera, Beetles. Volume 1. Morphology and Systematics (Archostemata, Adephaga, Myxophaga, Polyphagapartim). Berlin, New York: Walter DeGruyter, 2005.

［291］黄迪颖，张海春. 京西早白垩世丸甲（昆虫纲，鞘翅目）化石 ［J］. 南京大学学报（自然科学版），1997, 33（4）：562–569.

［292］IVIE M A. 18.11 Eulichadidae Crowson, 1973 ［M］// BEUTEL R G, LESCHEN R A B. Handbook of Zoology. Volume IV Arthropoda: Insecta Part 38. Coleoptera, Beetles. Volume 1. Morphology and Systematics (Archostemata, Adephaga, Myxophaga, Polyphaga partim). Berlin, New York: Walter DeGruyter, 2005.

［293］YAN E V, WANG B, ZHANG H C. First record of the beetle family Lasiosynidae (Insecta: Coleoptera) from the Lower Cretaceous of China ［J］. Cretaceous Research, 2013, 40 (1): 43–50.

［294］VANIN S A, COSTA C, IDE S, et al. 18.6 Heteroceridae MacLeay, 1825 ［M］// BEUTEL R G, LESCHEN R A B.

Handbook of Zoology. Volume IV Arthropoda: Insecta Part 38. Coleoptera, Beetles. Volume 1. Morphology and Systematics (Archostemata, Adephaga, Myxophaga, Polyphagapartim). Berlin, New York: Walter DeGruyter, 2005.

［295］PONOMARENKO A G. Coleoptera ［M］// Insects in the Early Cretaceous Ecosystems of Western Mongolia. Moscow: Nauka, 1986.

［296］YAN E V. A new genus of elateriform beetles (Coleoptera, Polyphaga) from the Middle-Late Jurassic of Karatau ［J］. Paleontological Journal, 2009, 43 (1): 78–82.

［297］YAN E V, WANG B. A new genus of Elateriform beetles (Coleoptera, Polyphaga) from the Jurassic of Daohugou, China ［J］. Paleontological Journal, 2010, 44 (3): 297–302.

［298］LAWRENCE J F. 4.2. Artematopodidae Lacordaire, 1857 ［M］// LESCHEN R A B, BEUTEL R G, LAWRENCE J F. Handbook of Zoology. Volume IV Arthropoda: Insecta Part 38. Coleoptera, Beetles. Volume 2. Morphology and Systematics (Elateroidea, Bostrichiformia, Cucujiformia partim). Berlin, New York: Walter DeGruyter, 2010.

［299］ZHANG J F. The first find of chrysomelids (Insecta: Coleopetra: Chrysomeloidea) from Callovian-Oxfordian Daohugou biota of China ［J］. Géobios, 2005, 38 (6): 865–871.

［300］COSTA C, VANIN S A, LAWRENCE J F, et al. 4.4. Cerophytidae Latreille, 1834 ［M］// LESCHEN R A B, BEUTEL R G, LAWRENCE J F. Handbook of Zoology. Volume IV Arthropoda: Insecta Part 38. Coleoptera, Beetles. Volume 2. Morphology and Systematics (Elateroidea, Bostrichiformia, Cucujiformia partim). Berlin，New York: Walter DeGruyter, 2010.

［301］DOLIN V G. Fossil click-beetles (Coleoptera, Elateridae) from the Upper Jurassic of Karatau ［M］// Fossil insects of the Mesozoic. Kiev: Naukova Dumka, 1980.

［302］YU Y L, ŚLIPIŃSKI A, LAWRENCE J F, et al. Reconciling past and present: Mesozoic fossil record and a new phylogeny of the family Cerophytidae (Coleoptera: Elateroidea). Cretaceous Research, 2019, 99: 51–70.

［303］DOLIN V G. Fossil forms of click-beetles (Elateridae, Coleoptera) from Lower Jurassic of Middle Asia ［M］// Fauna and biology of Insects of Moldavia. Kishinev, Moldova: Shtiintsa，1973.

［304］DOLIN V G, NEL A. Three new fossil Elateridae from Superior Mesozoic in China (Coleoptera) ［J］. Bulletin de la Société entomologique de France, 2002, 107 (4): 341–346. (in French)

［305］董发兵，黄迪颖. 辽西中侏罗统海房沟组叩甲（鞘翅目：叩甲科）化石一新属 ［J］. 古生物学报，2009, 48（1）：102–108.

［306］MUONA J. A revision of the Nearctic Eucnemidae (Coleoptera) ［J］. Acta Zoologica Fennica, 2000, 212: 1–106.

［307］HORN G H. New species and miscellaneous notes ［J］. Transactions of the American Entomological Society, 1891, 18: 32–48.

［308］LAWRENCE J F, MUONA J, TERÄVÄINEN M, et al. Anischia，Perothops and the phylogeny of Elateroidea ［J］. Insect Systematic Evolution, 2007, 38: 205–239.

［309］CHANG H L, MUONA J, PU H Y, et al. Chinese Cretaceous larva exposes a Southern Californian living fossil (Insecta, Coleoptera, Eucnemidae) ［J］. Cladistics, 2016, 32 (2): 211–214.

［310］LESCHEN A B, BEUTEL R G. Derodontidae LeConte, 1861 ［M］// LESCHEN R A B, BEUTEL R G, LAWRENCE J F. Handbook of Zoology. Volume IV Arthropoda: Insecta Part 38. Coleoptera, Beetles. Volume 2. Morphology and Systematics (Polyphagapartim). Berlin, New York: Walter DeGruyter, 2010.

［311］LAWRENCE J F, ŚLIPIŃSKI A. DermestidaeLatreille, 1804 ［M］// LESCHEN R A B, BEUTEL R G, LAWRENCE J F. Handbook of Zoology. Volume IV Arthropoda: Insecta Part 38. Coleoptera，Beetles. Volume 2. Morphology and Systematics (Polyphagapartim). Berlin, New York: Walter DeGruyter, 2010.

［312］KOLIBÁČ J. Cleridae Latreille, 1802 ［M］// LESCHEN R A B, BEUTEL R G, LAWRENCE J F (Eds.). Handbook of Zoology. Volume IV Arthropoda: Insecta Part 38. Coleoptera，Beetles. Volume 2. Morphology and Systematics (Polyphagapartim). Berlin, New York: Walter DeGruyter, 2010.

［313］LAWRENCE J F, LESCHEN R A B. Prionoceridae Lacordaire, 1857 ［M］// LESCHEN R A B, BEUTEL R G, LAWRENCE J F. Handbook of Zoology. Volume IV Arthropoda: Insecta Part 38. Coleoptera, Beetles. Volume 2. Morphology and Systematics (Polyphaga partim). Berlin, New York: Walter DeGruyter, 2010.

［314］KOLIBÁČ J, LESCHEN R A B. Trogossitidae Fabricius, 1801 ［M］// LESCHEN R A B, BEUTEL R G, LAWRENCE J F. Handbook of Zoology. Volume IV Arthropoda: Insecta Part 38. Coleoptera，Beetles. Volume 2. Morphology and Systematics (Elateroidea, Bostrichiformia, Cucujiformia partim). Berlin, New York: Walter DeGruyter, 2010.

［315］KOLIBÁČ J. A review of the Trogossitidae. Part 2: Larval morphology, phylogeny and taxonomy (Coleoptera, Cleroidea)

［J］. Entomologica Basiliensia et Collectionis Frey, 2006, 28: 105–153.

［316］KOLIBÁČ J, ZAITSEV A A. A description of a larva of *Ancyrona diversa* Pic, 1921 and its phylogenetic implications (Coleoptera: Trogossitidae)［J］. Zootaxa, 2010, 2451: 53–62.

［317］张俊峰. 山东莱阳鞘翅目化石［J］. 昆虫分类学报，1992, 35：331–338.

［318］LAWRENCE J F, ŚLIPIŃSKI A. Boganiidae Sen Gupta and Crowson, 1966［M］// LESCHEN R A B, BEUTEL R G, LAWRENCE J F. Handbook of Zoology. Volume IV Arthropoda: Insecta Part 38. Coleoptera, Beetles. Volume 2. Morphology and Systematics (Elateroidea, Bostrichiformia, Cucujiformia partim). Berlin, New York: Walter DeGruyter, 2010.

［319］LESCHEN R A B, LAWRENCE J F, ŚLIPIŃSKI A. Classification of basal Cucujoidea (Coleoptera: Polyphaga): cladistic analysis, keys and review of new families［J］. Invertebrate Systematics, 2005, 19: 17–73.

［320］ESCALONA H E, LAWRENCE J F, WANAT M, et al. Phylogeny and placement of Boganiidae (Coleoptera, Cucujoidea) with a review of Australian and New Caledonian taxa［J］. Systematic Entomology, 2015, 40: 628–651.

［321］BOUSQUET Y. 10.8. Monotomidae Laporte, 1840［M］// LESCHEN R A B, BEUTEL R G, LAWRENCE J F. Handbook of Zoology. Volume IV Arthropoda: Insecta Part 38. Coleoptera, Beetles. Volume 2. Morphology and Systematics (Elateroidea, Bostrichiformia, Cucujiformia partim). Berlin, New York: Walter DeGruyter, 2010.

［322］LIU Z H, TIHELKA E, MCELRATH T C, et al. New minute clubbed beetles (Coleoptera, Monotomidae, Lenacini) from mid-Cretaceous amber of Northern Myanmar［J］. Cretaceous Research, 2020, 107: 104–255.

［323］JELÍNEK J, CARLTON C, CLINE A R, et al. Nitidulidae Latreille, 1802［M］// LESCHEN R A B, BEUTEL R G, LAWRENCE J F. Handbook of Zoology. Volume IV Arthropoda: Insecta Part 38. Coleoptera, Beetles. Volume 2. Morphology and Systematics (Elateroidea, Bostrichiformia, Cucujiformia partim). Berlin, New York: Walter DeGruyter，2010.

［324］BUKEJS A, ALEKSEEV V I, MCKELLAR R C. *Passandra septentrionaria* sp. nov.: the first described species of Passandridae (Coleoptera: Cucujoidea) from Eocene Baltic amber［J］. Zootaxa, 2016, 4144 (1): 117–123.

［325］JIN M, ŚLIPIŃSKI A, ZHOU Y L, et al. Mesopassandrinae subfam. nov., a basal group of parasitic flat beetle (Coleoptera: Passandridae) from Cretaceous Burmese amber［J］. Journal of Systematic Palaeontology, 2019, 17 (22): 1947–1956.

［326］LAWRENCE J F, ŚLIPIŃSKI A. Mordellidae Latreille, 1802［M］// LESCHEN R A B, BEUTEL R G, LAWRENCE J F. Handbook of Zoology. Volume IV Arthropoda: Insecta Part 38. Coleoptera, Beetles. Volume 2. Morphology and Systematics (Elateroidea, Bostrichiformia, Cucujiformia partim). Berlin, New York: Walter DeGruyter, 2010.

［327］WANG W. On Liaoximordellidae Fam. Nov. (Coleoptera, Insecta) from the Jurassic of Western Liaoning, China［J］. Acta Geologica Sinica, 1993, 6 (3): 361–370.

［328］黄迪颖，杨俊. 京西早白垩世花蚤化石（昆虫纲，鞘翅目）［J］. 古生物学报，1999, 38（1）：125–132.

［329］LAWRENCE J F, NEWTON A F. Families and subfamilies of Coleoptera (with selected genera, notes, and references and data on family-group names)［M］// PAKALUK J, ŚLIPIŃSKI S A (Eds.). Biology, Phylogeny, and Classification of Coleoptera Volume 2, Papers Celebrating the 80th Birthday of Roy A. Crowson. Warszawa: Muzeum i Instytut Zoologii PAN, 1995.

［330］LAWRENCE J F, FALIN Z H, ŚLIPIŃSKI A. 11.8. Ripiphoridae Gemminger and Harold, 1870 (Gerstaecker, 1855)［M］// LESCHEN R A B, BEUTEL R G, LAWRENCE J F. Handbook of Zoology. Volume IV Arthropoda: Insecta Part 38. Coleoptera, Beetles. Volume 2. Morphology and Systematics (Polyphaga partim). Berlin, New York: Walter DeGruyter, 2010.

［331］MATTHEWS E G, LAWRENCE J F, BOUCHARD P, et al. Tenebrionidae Latreille, 1802［M］// LESCHEN R A B, BEUTEL R G, LAWRENCE J F. Handbook of Zoology. Volume IV Arthropoda: Insecta Part 38. Coleoptera, Beetles. Volume 2. Morphology and Systematics (Polyphaga partim). Berlin, New York: Walter DeGruyter, 2010.

［332］KIREJTSHUK A G, NABOZHENKO M V, NEL A. First Mesozoic representative of the subfamily Tenebrioninae (Coleoptera, Tenebrionidae) from the Lower Cretaceous of Yixian (China，Liaoning)［J］. Entomologicheskoe Obozrenie, 2011, 90: 548–552. (in Russian)

［333］CHANG H L, NABOZHENKO M, PU H Y, et al. First record of fossil comb-clawed beetles of the tribe Cteniopodini (Insecta: Coleoptera: Tenebrionidae) from the Jehol Biota (Yixian Formation of China), Lower Cretaceous［J］. Cretaceous Research, 2016, 57: 289–293.

［334］ŚLIPIŃSKI A, ESCALONA H. Australian Longhorn Beetles (Coleoptera: Cerambycidae) Volume 1, Introduction and

Subfamily Lamiinae ［M］. Clayton: CSIRO Publishing, 2013.

［335］SANTIAGO-BLAY J A. Paleontology of leaf beetles ［M］// JOLIVET P H, COX M L, PETITPIERRE E. Novel aspects of the biology of Chrysomelidae. Dordrecht: Kluwer Academic Publishers, 1994.

［336］GÓMEZ-ZURITA J, HUNT T, KOPLIKU F, et al. Recalibrated tree of leaf beetles (Chrysomelidae) indicates independent diversification of angiosperms and their insect herbivores ［J］. PLoS ONE, 2007, 2: e360.

［337］KIREJTSHUK A G, PONOMARENKO A G. Catalogue of fossil Coleoptera. Beetles (Coleoptera) and Coleopterologists ［J］. St. Petersburg: Zoological Institute of the Russian Academy of Sciences, 2013. (updated at http://www.zin.ru/Animalia/Coleoptera/eng/paleosys.htm)

［338］PERALTA-MEDINA E, FALCON-LANG H J. Cretaceous forest composition and productivity inferred from a global fossil wood database ［J］. Geology, 2012, 40: 219–222.

［339］RILEY E G, CLARK S M, FLOWERS R W, et al. Chrysomelidae Latreille 1802 ［M］// ARNETT R H, THOMAS M C. American beetles Volume 2. Boca Raton, London, New York, Washington, D.C.: CRC press, 2002.

［340］YU Y L, DAVIS S R, SHIH C K, et al. The earliest fossil record of Belidae and its implications for the early evolution of Curculionoidea (Coleoptera) ［J］. Journal of Systematic Palaeontology, 2019, 17(24): 2105–2117.

［341］ZHERIKHIN V V. Rhynchophora. Family Attelabidae. Family Curculionidae ［M］// ARNOLDI L V, ZHERIKHIN V V, NIKRITIN L M, et al. Mezozoiskie Zhestkokrylye. Moscow: Nauka, 1977.

［342］DAVIS S R, ENGEL M S, LEGALOV A, et al. Weevils of the Yixian Formation, China (Coleoptera: Curculionoidea): phylogenetic considerations and comparison with other Mesozoic Faunas ［J］. Journal of Systematic Palaeontology, 2013, 11 (4): 399–429.

［343］LEGALOV A A. Contribution to the knowledge of the Mesozoic Curculionoidea (Coleoptera) ［J］. Amurian Zoological Journal, 2009, 1: 283–295.

［344］LEGALOV A A. Annotaed checklist of fossil and recent species of the family Nemonychidae (Coleoptera) from the World Fauna ［J］. Amurian Zoological Journal, 2009, 1 (3): 200–213.

［345］PONOMARENKO A G, YAN E V, WANG B, et al. Revision of some Early Mesozoic beetles from China ［J］. Acta Paleontological sinica, 2012, 51 (4): 475–490.

［346］JARZEMBOWSKI E A, WANG B, ZHANG H C, et al. Boring beetles are not necessarily dull: New notocupedins (Insecta: Coleoptera) from the Mesozoic of Eurasia and East Gondwana ［J］. Cretaceous Research, 2015, 52, 431–439.

［347］PONOMARENKO A G, REN D. First record of *Notocupes* (Coleoptera: Cupedidae) in locality Daohugou, Middle Jurassic of Inner Mongolia, China ［J］. Annales zoologici, 2010, 60 (2): 169–171.

［348］JARZEMBOWSKI E A, YAN E V, WANG B, et al. Brochocolein beetles (Insecta: Coleoptera) from the Lower Cretaceous of northeast China and southern England ［J］. Cretaceous Research, 2013, 44: 1–11.

［349］HONG Y C. The study of Early Cretaceous insects of Kezuo, west Liaoning ［J］. Professional Papers of Stratigraphy and Palaeontology, 1987, 18: 76–87.

［350］PROKIN A, REN D, FIKÁČEK, M. New Mesozoic water scavenger beetles from the Yixian Formation in China (Coleoptera: Hydrophiloidea) ［J］. Annales Zoologici, 2010, 60 (2): 173–179.

［351］FIKÁČEK M, PROKIN A, ANGUS R B, et al. Revision of Mesozoic fossils of the helophorid lineage of the superfamily Hydrophiloidea (Coleoptera: Polyphaga) ［J］. Acta Entomologica Musei Natioalis Pragae, 2012, 52 (1), 89–127.

［352］NIKOLAJEV G V, REN D. The oldest species of the genus *Glaphyrus* Latr. (Coleoptera: Scarabaeoidea: Glaphyridae) from the Mesozoic of China ［J］. Paleontological Journal, 2011, 2: 179–182.

［353］NIKOLAJEV G V, REN D. New species of the genus *Lithohypna* Nikolajev, Wang et Zhang, 2011 (Coleoptera，Scarabaeidae, Glaphyridae) from the Yixian Formation, China ［J］. Evraziatskiy entomologicheskiy zhurnal, 2012, 11 (3): 209–211.

［354］NIKOLAJEV G V, REN D. A second species of the fossil genus *Cretohypna* Yan, Nikolajev et Ren (Coleoptera: Glaphyridae) from the Mesozoic of China ［J］. Euroasian Entomological Journal, 2015, 14: 142–143.

［355］NIKOLAJEV G V, REN D. The earliest known species of the genus *Pleocoma* LeConte (Coleoptera, Scarabaeoidea, Pleocomidae) from the Mesozoic of China ［J］. Paleontological Journal, 2012, 46 (5): 495–498.

［356］PROKIN A A, REN D. New species of variegated mud-loving beetles (Coleoptera: Heteroceridae) from Mesozoic deposits of China ［J］. Paleontological Journal, 2011, 45: 284–286.

［357］YAN E V, WANG B, JARZEMBOWSKI E A, et al. The earliest byrrhoids (Coleoptera, Elateriformia) from the Jurassic of

China and their evolutionary implications ［ J ］. Proceedings of the Geologists Association, 2015, 126 (2): 211–219.

［ 358 ］KOLIBÁČ J, HUANG D Y. *Mathesius liaoningensis* gen. et sp. nov. of Jehol Biota, a presumptive relative of the clerid or thaneroclerid branches of Cleroidea (Coleoptera) ［ J ］. Zootaxa, 2011, 2872: 1–17.

［ 359 ］LU T M, ZHAO Y Y, SHIH C K, et al. Three new species of *Parandrexis* (Coleoptera: Parandrexidae) from the Middle Jurassic Jiulongshan Formation of Inner Mongolia, China ［ J ］. Entomotaxonomia, 2015, 37 (2): 111–122.

［ 360 ］洪友崇. 鄂尔多斯盆地北部昆虫化石 ［ J ］. 甘肃地质学报，1995, 4（2）：1–9.

王梅，李龙凤，史宗冈，高太平，任东

22.1 膜翅目简介

膜翅目是一个十分多样化的昆虫类群。常见的锯蜂、树蜂、蜜蜂、蚂蚁等都是本目的代表。全世界已知的现生膜翅目物种大约有 15 万种，分布于世界各地，是完全变态类昆虫，体长在 0.14~90 mm。在哥斯达黎加发现的一只柄翅卵蜂科雄性个体 *Dicopomorpha echmepterygis*，其体长为 0.14 mm，这也是迄今为止世界上最小的昆虫。尽管亚洲大黄蜂（如胡蜂科的 *Vespa mandarinia*）和沙漠蛛蜂（如蛛蜂科的 *Pepsis* 和 *Hemipepsis*）因其危险的毒针和巨大的体型（最长可达 50 mm）而臭名昭著，但是优雅美丽的雌性 *Pelecinus polyturator*（长腹细蜂科）却因其体长可达 90 mm 成为最大的膜翅目昆虫。

膜翅目的虫体分为三段：头、胸、腹。通常具有 2 对透明的膜质翅，翅脉简化，前翅略大于后翅。触角通常较长，至少具有 9 节，大多数为肘状、丝状、棍棒状、栉齿状等。成虫口器一般为咀嚼式，取食植物、捕食蜘蛛或者其他小型昆虫。蜜蜂和一些胡蜂的口器则进化为喙（嚼吸式），用于吸食花蜜。

膜翅目本意为"膜质的羽翼"，一般分为 2 个亚目：广腰亚目（Symphyta）和细腰亚目（Apocrita）。广腰亚目是膜翅目中的基干类群，涉及 7 总科、25 个科，分别为茎蜂总科（Cephoidea）、尾蜂总科（Orussoidea）、扁叶蜂总科（Pamphilioidea）、树蜂总科（Siricoidea）、叶蜂总科（Tenthredinoidea）、长颈树蜂总科（Xiphydrioidea）和长节叶蜂总科（Xyeloidea）（图 22.1）[1]。目前广腰亚目类群已报道 800 多个属，大约 8 000 个现生种，其特征是具有相对复杂的翅脉、胸腹之间没有"缢缩"、具有 1 个坚硬的长锯状产卵器。

广腰亚目可分为三类：以叶蜂为主要代表的锯蜂类，其中叶蜂科是广腰亚目中最大的科，全世界已报道 7 500 余种（图 22.2）；以树蜂为代表的蜂类，其幼虫常在树木内发现；以及肉食性的尾蜂类。这三类的主要区别在于：锯蜂类利用其锯状的产卵器，在植物表面挖洞产卵；而树蜂类利用产卵器刺入植物内部产卵；尾蜂类则外寄生于钻蛀性的甲虫。广腰类群的虫体大小变化多样，最小的体长仅 2.5 mm[2]，最大的大树蜂体长可达 20 mm。另外，高太平等在 2013 年报道了最大的锯蜂类化石昆虫 *Hoplitolyda duolunica*，该种发现于中国下白垩统的地层中，其虫体长 55 mm，翅展达 92 mm[3]。与之相反的是，Engel 等在 2016 年报道了产自晚白垩缅甸琥珀中的 *Syspastoxyela rhaphidia*，该种体长仅为 2.8 mm[4]，王一摩等在 2019 年报道了缅甸琥珀中的宽腹聚脉长节叶蜂 *Syspastoxyela pinguis*，该种体长仅为 2.7 mm[5]。

除了尾蜂科的幼虫寄生生活外，锯蜂的成虫通常取食花粉、花蜜，其幼虫常取食植物的叶片、果实或者其他植物组织。另外，锯蜂的幼虫也常是许多寄生昆虫的寄主，特别是一些寄生蜂的寄主。许多锯蜂还是林业和园艺的重要害虫，比如：松叶蜂科（Diprionidae）的幼虫 *Diprionpini* 和 *Neodiprionserifer* 会严重破坏松树；叶蜂科（Tenthredinidae）的幼虫 *Rhadinoceraea micans* 会为害鸢尾科的植物叶片。

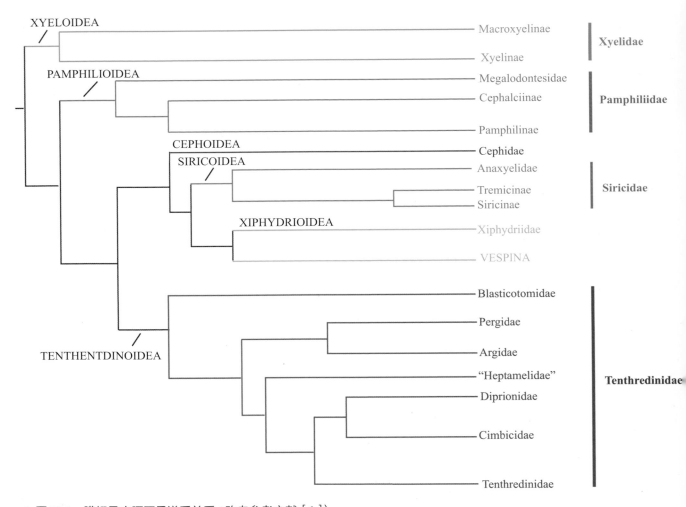

▲ 图 22.1　膜翅目广腰亚目谱系关系（改自参考文献 [1]）

▲ 图 22.2　浅环钩瓣叶蜂　史宗冈拍摄

知识窗：宽腹聚脉长节叶蜂

　　缅甸琥珀中宽腹聚脉长节叶蜂（*Syspastoxyela pinguis*）的体长2.7 mm；触角13节；前胸背板具中纵沟；翅痣细长，仅边缘硬化；前缘室狭窄；前足转节长；产卵器细长，长度几乎与腹部等长（图22.3）。

　　宽腹聚脉长节叶蜂不但具有与古老类群的长节叶蜂相似的触角和细长锯状的产卵器，同时也具有众多的自有衍征。尤其是翅脉，在"广腰亚目"类群中极为少见。其前翅翅脉显示出2个不同的部分，前翅基部为几乎完整的翅脉特征，但翅痣之后的所有翅脉消失，仅具有膜质结构，形成许多褶皱或波纹[5]。

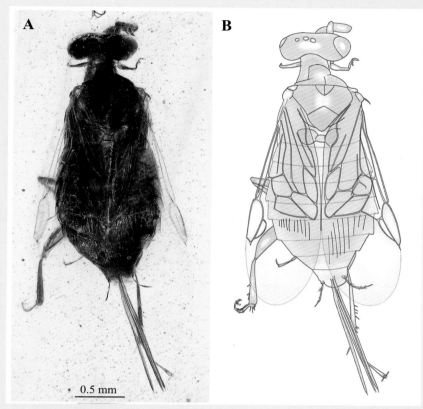

0.5 mm

▲ 图22.3　宽腹聚脉长节叶蜂 *Syspastoxyela pinguis* Wang, Shih, Ren & Gao, 2019（正模标本，CNU-HYM-MA2018013）[5]
A. 标本照片；B. 线条图

知识窗：林业有害生物

　　扁叶蜂在我国分布广泛，有时会大范围暴发。例如1912年，松阿扁叶蜂造成山西省壶关县松树次生森林严重破坏，1967~1979年对壶关县树掌林区的为害达2 000余hm²（1 hm² =10 000 m²），并向人工幼林蔓延。受灾严重的林木像被火烧过一样，连续受害2~3年，导致松林枯死。1988年在河南灵宝川口林场发生734 hm²松树严重枯萎[6]。

　　20世纪90年代，叶蜂成为一种重要的林业害虫，给我国的林业管理和生产造成了巨大的经济损失。1989年有学者在甘肃省靖远县哈斯山林场发现了一种特殊的害虫——靖远松叶蜂[7]，1990年在山西省沁源县赤石桥乡也发现了这种害虫。其幼虫取食油松针叶，被害油松树体上害虫密布，针叶几乎被吃光，状似火烧过，严重影响树木生长，部分植株因虫害而枯死[7, 8]。1990年后，我国发生新松叶蜂虫为害的速度逐年快速增加，而在此之前，却鲜有报道。

　　细腰亚目，包括各类寄生蜂、胡蜂、蜜蜂、蚂蚁等，具有较为简单的翅脉和胸腹之间连接处明显缢缩变细的蜂腰。腹部第 1 节与胸部融合形成细腰亚目类群独有的并胸腹节。对细腰亚目类群而言，真正意义的胸部指的是原胸部和腹部第 1 节融合，被称为并胸腹节，而腹部通常指除了第 1 腹节以外的其他各节。一些细腰蜂和蜜蜂等的产卵器演化形成螫针。细腰亚目内部又细分为 2 个非单系群：一是寄生部，以寄生蜂为主；一是针尾部，主要包括一些胡蜂、蜜蜂和蚂蚁（图 22.4）。寄生部目前包括 11 个总科，如分盾细蜂总科（Ceraphronoidea）、小蜂总科（Chalcidoidea）、瘿蜂总科（Cynipoidea）、旗腹蜂总科（Evanioidea）、姬蜂总科（Ichneumonoidea）、巨蜂总科（Megalyroidea）、柄翅异卵蜂总科（Mymarommatoidea）、广腹细蜂总科（Platygastroidea）、细蜂总科（Proctotrupoidea）、冠蜂总科（Stephanoidea）、钩腹蜂总科（Trigonaloidea）[9]。雌性的寄生蜂，几乎都具有发育非常完备且长度适中的产卵器用于产卵，它们用自己独特的方式插入寄主或幼虫中，或插入植物缝隙（图 22.5）。寄生蜂还被广泛地应用于害虫的生物防治，尤其是在柄翅异卵蜂总科（Mymarommatoidea）、蚜小蜂科（Aphelinidae）、姬蜂科（Ichneumonidae）、茧蜂科（Braconidae）和跳小蜂科（Encyrtidae）。

　　针尾部主要分为 3 个总科：蜜蜂总科（Apoidea）、青蜂总科（Chrysidoidea）和胡蜂总科（Vespoidea）。针尾部的大部分胡蜂和蜜蜂都具有筑巢能力（图 22.6）。一些简单的巢仅是用于储存食物或者保护幼虫。另一些拥有较为复杂的设计和结构的巢则往往适合用于整个居群的社会性活动。与传统观念相反，一些膜翅目昆虫并不去采集花粉和花蜜，而是捕食一些其他昆虫或蜘蛛去喂养它们的下一代。泥蜂科（Sphecidae）和方头泥蜂科（Crabronidae）的蜂类就具有这种捕猎技能。它们在树、岩石、地下的沙土等裂缝里建造巢穴，独自猎食，当它们捕食多种蜘蛛或如苍蝇、象鼻虫、甲虫、蟋蟀、蝉、毛毛虫等昆虫时，通常会在花上被发现（图 22.7）。胡蜂科的蛛蜂、大黄蜂等也经常会往自己的巢穴中储备毛毛虫和蜘蛛等，有些甚至咀嚼昆虫去喂养幼虫（图 22.8）。

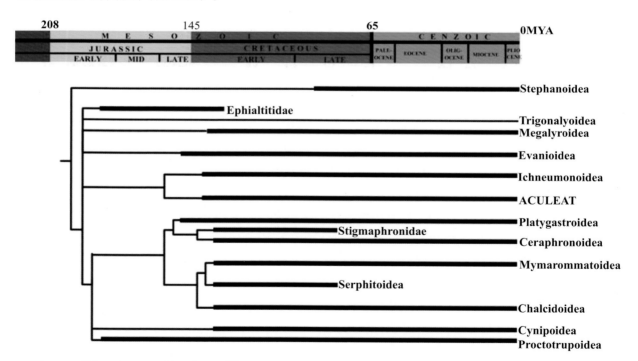

▲ 图 22.4　膜翅目细腰亚目谱系演化图[8]

▲ 图 22.5　寄生蜂向不同的寄主产卵　史宗文拍摄

◀ 图 22.6　黄蜂筑巢　史宗冈拍摄

▲ 图 22.7   蜂类捕食   史宗文拍摄

▲ 图 22.8   胡蜂捕食猎物喂养幼虫   史宗文拍摄

知识窗：寄生蜂

　　寄生蜂产卵的寄主种类非常广泛，包括蛾子、蝴蝶、苍蝇、蚜虫、蝉、甲虫或其他膜翅目昆虫（图22.9，图22.10）。胡蜂幼虫通过取食寄主的非致命组织完成初期成长，此时不会引发寄主身体的大面积破损，但到了成长后期，它们贪婪地取食寄主并杀死寄主。经历最后的蜕皮后，幼虫变成蛹（图22.11）。一些寄生蜂通常被用于农业害虫的生物防治，如蚜小蜂科经常被用于防治各类植物的粉虱，如温棚或者花园里种植的番茄、烟草、茄子、草莓等[10]；赤眼蜂科经常被用于控制甘蔗类害

▲ 图 22.9   寄生蜂为幼虫捕蝉   史建明拍摄

▲ 图 22.10　寄生蜂产卵　史宗文拍摄

▲ 图 22.11　茧蜂攻击烟蛾幼虫　史宗冈拍摄

虫，这些害虫主要分布在加勒比海、美国中部、南美一些温带区域种植的甘蔗、玉米、水稻、高粱等作物上[11]；茧蜂科也被经常用于控制一些蚜虫[12]；缨小蜂科在佛罗里达州、夏威夷、波利尼西亚西部和加利福尼亚中部和北部一些凉爽地区防治同翅目幼虫的效果也非常有效[13, 14]。

知识窗：昆虫的真社会性

真社会性，是动物所具有的一种更为复杂的社会性层次，主要的特征是合作育幼，生殖成员和非生殖成员之间有严密的分工，一个群体中存在好几代的成虫[15-17]。在一个群体里，劳动分工创造了各种等级，如蜂后或蚁后、雄蜂或雄蚁、工蜂或工蚁、兵蚁等。真社会性的行为包括严格的社会等级制度，各成员严格遵守和履行各自的职能，从而显著地提高该群体生存和发展的能力。从物种的广泛性和多样性来判断，昆虫的真社会性使得蜜蜂、胡蜂、蚂蚁和白蚁等在生态系统中具有明显的竞争优势，这也是促成它们成功进化的一个关键因素。

目前，仅有很少的昆虫表现出真社会性行为，如蜜蜂科、胡蜂科、蚁科和白蚁等。此外，还有产自澳大利亚象甲科的一种甲虫[18]和一些钻蛀性的蚜虫和蓟马等[19, 20]。

蜜蜂是一类典型的具有复杂的真社会性的昆虫。一个典型的蜂群包括一只蜂后，体长18~20 mm；6万~8万只工蜂，平均体长10~15 mm；200只雄蜂，体长15~17 mm。雌蜂是由受精卵发育而来，而雄蜂是由未受精的卵发育而来。大部分的受精卵被孵化成工蜂，只有少数个体成为"蜂后"幼虫，这些幼虫在整个幼虫期的主要食物是由工蜂的一些腺体所分泌的蜂王浆。第一个蜂后出现后，通常会用它的尾针杀死其他蜂后幼虫。在出现新的蜂后之前，老蜂后会离开蜂巢，然后会有一群工蜂来建造一个新的蜂房，新的群居地。

新的蜂后飞到空中与来自其他区域的几只雄蜂交配，然后回到蜂巢履行它的主要职责，即产卵和领导蜂群。一只蜂后在春夏季节每天可产卵1 500枚，在它将近4年的生命中可产100万枚卵。蜂后和蜂群其他成员之间交流主要靠信息素，包括辨析不同个体的角色和职能，识别朋友和抵御外侵。雄蜂的寿命可达4个月，交配后便死亡，而未交配的雄蜂会被驱逐或者当蜂蜜库存量变低时被饿死。

工蜂的寿命在春夏季节一般是6~7周，它们在不同的年龄段履行不同的职责，从管理蜂卵、分泌蜂王浆到喂养和照顾幼虫，再到维护和建造蜂巢，清理打扫蜂巢，调节蜂房温度，接受和保管花蜜，保卫蜂巢，到最后的寻找花粉和花蜜。众所周知，蜜蜂用舞蹈来通知其他觅食者食物的位置（方向和距离），以及花粉和花蜜的来源、质量和数量。

蜜蜂作为研究对象有着独特的贡献，1973年诺贝尔生理学或医学奖得主Karl von Frisch博士就是因为破译了装载食物回巢的蜜蜂用舞蹈语言通知其他蜜蜂食物的方向和距离而获奖。蜜蜂的舞蹈是各种舞蹈动作的结合，包括通过摆尾和翅膀的震动和频率的变换引来并通知离巢的同伴[21, 22]。这也是唯一以研究昆虫的行为学为重点而获得的诺贝尔奖，强调了蜜蜂使用舞蹈语言交流的重要性和独特性。

22.2　膜翅目化石的研究进展

Rasnitsyn 认为，长节叶蜂科（Xyelidae）是整个膜翅目昆虫的祖先类群，而其他类群都是由该科进化而来的[23, 24]。最早的膜翅目化石，隶属于长节叶蜂科，其中，*Archexyela crosbyi* Riek，1955 和 *Archexyela ipswichensis* Engel，2005 [25]，发现于澳大利亚的三叠系地层中。从支序分类学来看，长节叶蜂科由 2 支组成：一支为 Macroxyelinae，另一支为 Xyelinae+Madygellinae。推测从前一支进化产生了叶蜂总科，而其他所有的膜翅目昆虫则由后一支的祖先进化而来[23, 24]。另外，系统发育的结果表明，广腰亚目中的尾蜂总科（Orussoidea）进化产生了细腰亚目这一单系群[26-28]。

毫无疑问的是细腰亚目中最原始的类群属于细蜂总科，该总科包含 12 个科。最早的细蜂总科的化石记录产自中国东北部中侏罗世的长腹细蜂科和柄腹细蜂科。此外，长腹细蜂、柄腹细蜂和窄腹细蜂的属种在中国下白垩统地层也有记录[29]。细腰亚目的一些其他科的属种在白垩纪也均有记录。

大部分关于蜜蜂科化石记录的报道来自新生代的岩石印痕化石和琥珀标本，最早的记录是产自新泽西晚白垩世的琥珀（大约 6 500 万年前）[30, 31]。这一琥珀属种表明蜜蜂在白垩纪晚期的时候已经发生了分化，进一步演化出了蜜蜂科[32]。此外，研究人员还报道了亚利桑那州东部中白垩世（大约 9 500 万年前）蜜蜂的巢穴[32]。这一报道再次说明蜜蜂的起源时间可能更早，可追溯到早白垩世，大约 1.2 亿年前[8]。蜜蜂的化石记录在新生代变得丰富，尤其始新世和渐新世（5 500 万~2 300 万年前），包括大量波罗的海的琥珀（大约 4 400 万年前），弗洛里森特和科罗拉多州的岩石印痕化石（大约 3 300 万年前）和多米尼加共和国的琥珀（大约 2 500 万年前）。这些化石的蜜蜂与现生蜜蜂特别相似，而最早的现生蜜蜂化石记录在欧洲的一些产地和多米尼加琥珀中，时间是始新世 – 渐新世过渡期（大约 3 400 万年前）。

我国膜翅目昆虫化石的研究开始于 1975 年，洪友崇报道了产自河北围场下白垩统九佛堂组的一种膜翅目昆虫 —— 大型中国树蜂（*Sinosirex gigantea* Hong，1975），并以其为模式种建立了一个新科 —— 中国树蜂科（Sinosiricidae）[33]。翌年，林启彬报道了一种产自辽西北票上园乡炒米甸村的尾蜂 —— 怀疑古尾蜂（*Paroryssus suspectus* Lin，1976）[34]。此后，我国中生代膜翅目昆虫化石陆续有所发现及报道。到目前为止，我国学者公开发表的膜翅目昆虫化石涉及 34 科、80 多属、130 多种。我国东北中生代的膜翅目昆虫化石保存精美，结构十分完整，许多新发现的标本还具有重要的过渡特征状态，对研究膜翅目昆虫的早期演化具有重要作用。这期间，洪友崇、林启彬、张俊峰、张海春、任东、史宗冈、高太平、王梅、李龙凤等都做出了巨大的贡献。另外，感谢我们的合作伙伴 M. Buffington、M.S. Engel、C.C. Labandeira、H. Li、J. Huber、D.S. Kopylov、J. Ortega-Blanco、A.P. Rasnitsyn、M.J. Sharkey、M.J.H. Shih、P.J.M. Shih 和 J.A. Santiago-Blay 等在膜翅目研究中做出的卓越贡献；同时，感谢首都师范大学团队中膜翅目研究小组的刘晨曦、丰华、石晓晴、郭丽超、曹慧佳和王一摩等。

22.3 中国北方地区膜翅目的代表性化石

广腰亚目 Symphyta Gerstaecker，1867

长节叶蜂总科 Superfamily Xyeloidea Newman，1834

长节叶蜂科 Family Xyelidae Newman，1834

长节叶蜂科是膜翅目昆虫进化中最基干的类群，其触角鞭节基部数节愈合为一个具有模糊分节痕迹的长棒节；前翅 Rs 脉二分叉；产卵器发达，伸出腹端。最古老的长节叶蜂发现于中亚吉尔吉斯斯坦的下、中三叠统地层[23, 24, 35]，澳大利亚的下三叠统地层[25, 36]，南非[37]及阿根廷[38]的三叠系地层中。在侏罗纪，长节叶蜂科是膜翅目昆虫的优势类群，而且有了很大的分化[24]。该科由 4 个亚科组成：大长节叶蜂亚科、长节叶蜂亚科、斑长节叶蜂亚科（仅在三叠纪分布）、古老长节叶蜂亚科（仅在三叠纪分布）。到目前为止，全世界已报道了 47 个绝灭属 146 个种，主要分布于中国、澳大利亚、俄罗斯、非洲、阿根廷的中生代地层。但在白垩纪晚期，长节叶蜂的数量急剧下降。目前已报道 5 个现生属，包括 65 种[39]。现生长节叶蜂仅分布在北半球，而且大部分种类分布在北美。幼虫主要取食花粉、花蜜、冷杉的嫩芽及落叶植物的叶片。Rasnitsyn 曾在 *Anthoxyela anthophaga* Rasnitsyn，1982 的中肠内发现了疑似是开通类或种子蕨类的孢粉，因而推断 *A. anthophaga* 可能取食孢粉[40]。

中国北方地区侏罗纪和白垩纪报道的属：安锯蜂属 *Angaridyela* Rasnitsyn，1966；花长节蜂属 *Anthoxyela* Rasnitsyn，1977；燕长节叶蜂属 *Yanoxyela* Ren，Lu，Guo & Ji，1995；角锯蜂属 *Ceratoxyela* Zhang & Zhang，2000；异锯蜂属 *Heteroxyela* Zhang & Zhang，2000；等锯蜂属 *Isoxyela* Zhang & Zhang，2000；残锯蜂属 *Lethoxyela* Zhang & Zhang，2000；辽锯蜂属 *Liaoxyela* Zhang & Zhang，2000；华锯蜂属 *Sinoxyela* Zhang & Zhang，2000；华美长节蜂属 *Abrotoxyela* Gao，Ren & Shih，2009；短锯蜂属 *Brachyoxyela* Gao，Zhao & Ren，2011；宽缘长节叶蜂属 *Platyxyela* Wang，Shih & Ren，2012；中国长节叶蜂属 *Cathayxyela* Wang，Rasnitsyn & Ren，2014；等长长节叶蜂属 *Aequixyela* Wang，Rasnitsyn & Ren，2013。

安锯蜂属 *Angaridyela* Rasnitsyn，1966

Angaridyela Rasnitsyn，1966，*Paleontol. Zhur.*，4 (1)：729[41] (original designation).

模式种：*Angaridyela vitimica* Rasnitsyn，1966。

触角鞭小节第 1 节和剩余鞭小节的长度之和近乎等长。前翅翅痣基部硬化，翅痣前面的翅裂较深；Sc 在横脉 Rs 伸出之前与 R 相连；产卵器鞘厚而短。

产地及时代：辽宁，早白垩世。

中国北方地区白垩纪报道 4 种（表 22.1）。

花长节蜂属 *Anthoxyela* Rasnitsyn，1977

Anthoxyela Rasnitsyn，1977，*Paleontol. Zhur.*，11 (3)：99[42] (original designation).

模式种：*Anthoxyela baissensis* Rasnitsyn，1977。

触角鞭小节第 1 节粗，略微长于剩下的鞭小节，前翅翅痣仅基部加厚；Sc 在横脉 Rs 伸出一小段距离后与 R 相连；后翅 Rs 基部长；翅室 1Cu 宽阔；翅脉 cu-a 的基部极其弯曲。

产地及时代：辽宁，早白垩世。

中国北方地区白垩纪仅报道 1 种（表 22.1）。

燕长节叶蜂属 *Yanoxyela* Ren，Lu，Guo & Ji，1995

Yanoxyela Ren，1995，Faunae and Stratigraphy of Jurassic-Cretaceous in Beijing and the Adjacent Areas. Seismie Publishing House，Beijing. 107[43] (original designation).

模式种：*Yanoxyela hongi* Ren，1995。

模式种的种名献给洪友崇教授，感谢他对任东的指导与勉励。

该属前翅 1r-rs 与 2r-rs 等长；Sc 脉接近横脉 R，但是不与之融合。前胸背板后缘呈弓形。

产地及时代：河北，早白垩世。

中国北方地区白垩纪仅报道 1 种（表 22.1）。

角锯蜂属 *Ceratoxyela* Zhang & Zhang，2000

Ceratoxyela Zhang & Zhang，2000，*Acta Palaeontol. Sin.*，39 (4)：483[44] (original designation).

模式种：*Ceratoxyela decorosa* Zhang & Zhang，2000。

触角端丝长于鞭小节基部三节长度之和。前翅翅痣仅基部明显硬化；横脉 Rs 初段略短于 M 初段。产卵器较细，鞘细而短，长略大于宽。

产地及时代：辽宁，早白垩世。

中国北方地区白垩纪仅报道 1 种（表 22.1）。

异锯蜂属 *Heteroxyela* Zhang & Zhang，2000

Heteroxyela Zhang & Zhang，2000，*Acta Palaeontol. Sin.*，39 (4)：484–485[44] (original designation).

模式种：*Heteroxyela ignota* Zhang & Zhang，2000。

触角端丝显短于鞭小节第 1 节。前翅翅痣完全硬化；横脉 Rs 初段与 M 初段长度相等。产卵器短，鞘较细，长为宽的 2 倍。

产地及时代：辽宁，早白垩世。

中国北方地区白垩纪仅报道 1 种（表 22.1）。

等锯蜂属 *Isoxyela* Zhang & Zhang，2000

Isoxyela Zhang & Zhang，2000，*Acta Palaeontol. Sin.*，39 (4)：487[44] (original designation).

模式种：*Isoxyela rudis* Zhang & Zhang，2000。

触角端丝远短于鞭小节第 1 节。前翅翅痣硬化，在其基部形成宽阔、色淡的区域；横脉 Rs 初段短于 M 初段。产卵器细；鞘较粗，末端渐细，长远大于宽。

产地及时代：辽宁，早白垩世。

中国北方地区白垩纪仅报道 1 种（表 22.1）。

残锯蜂属 *Lethoxyela* Zhang & Zhang，2000

Lethoxyela Zhang & Zhang，2000，*Acta Palaeontol. Sin.*，39 (4)：481[44] (original designation).

模式种：*Lethoxyela excurva* Zhang & Zhang，2000。

触角端丝明显长于鞭小节第 1 节。前翅翅痣基部硬化，端部膜质；横脉 Rs 初段略短于 M 初段。产卵器短；鞘长略大于宽。

产地及时代：辽宁，早白垩世。

中国北方地区白垩纪报道 2 种（表 22.1）。

辽锯蜂属 *Liaoxyela* Zhang & Zhang，2000

Liaoxyela Zhang & Zhang，2000，*Acta Palaeontol. Sin.*，39 (4)：484[44] (original designation).

模式种：*Liaoxyela antiqua* Zhang & Zhang，2000。

触角端丝长于鞭小节第 1 节。前翅翅痣基部和基前部明显硬化；沟裂浅；横脉 Rs 初段略短于 M 初段。产卵器短；鞘宽短，长略大于宽。

产地及时代：辽宁，早白垩世。

中国北方地区白垩纪仅报道 1 种（表 22.1）。

华锯蜂属 *Sinoxyela* Zhang & Zhang，2000

Sinoxyela Zhang & Zhang，2000，*Acta Palaeontol. Sin.*，39 (4)：485–486[44]（original designation）。

模式种：*Sinoxyela viriosa* Zhang & Zhang，2000。

触角端丝不短于鞭小节第 1 节。前翅翅痣硬化，在其基部形成宽阔、色淡的区域；横脉 Rs 初段略短于 M 初段。产卵器相对较细；鞘细锥状，长远大于宽。

产地及时代：辽宁，早白垩世。

中国北方地区白垩纪仅报道 1 种（表 22.1）。

华美长节蜂属 *Abrotoxyela* Gao，Ren & Shih，2009

Abrotoxyela Gao，Ren & Shih，2009，*Zootaxa*，2094：53[45]（original designation）。

模式种：*Abrotoxyela lepida* Gao，Ren & Shih，2009。

触角鞭小节第 1 节的长度是剩下的触角长度的 2.5 倍。前翅 Sc 脉三分支；横脉 Rs 初段与 M 初段近乎等长。产卵器短。

产地及时代：内蒙古，中侏罗世。

中国北方地区侏罗纪报道 2 种（表 22.1）。

短锯蜂属 *Brachyoxyela* Gao，Zhao & Ren，2011

Brachyoxyela Gao，Zhao & Ren，2011，*Acta. Geol. Sin.-Engl.*，85 (3)：529[46]（original designation）。

模式种：玲珑短锯蜂 *Brachyoxyela brevinodia* Gao，Zhao & Ren，2011。

触角鞭小节第 1 节的长度几乎等于剩下的所有节的长度之和；鞭小节至少 15 节；前翅翅痣完全硬化；Sc 脉在横脉 Rs 伸出之后才与 R 脉相连。

产地及时代：辽宁，早白垩世。

中国北方地区白垩纪报道 2 种（表 22.1）。

宽缘长节叶蜂属 *Platyxyela* Wang，Shih & Ren，2012

Platyxyela Wang，Shih & Ren，2012，*Zootaxa*，3456：84[47]（original designation）。

模式种：独特宽缘长节叶蜂 *Platyxyela unica* Wang，Shih & Ren，2012。

触角鞭小节第 1 节的长度短于剩下的所有节的长度之和；前翅翅痣完全硬化；Sc 脉在横脉 Rs 伸出之前与 R 脉相连；1-Rs 脉初段短于 1-M 脉初段。产卵器鞘向外延伸至腹部顶端，相对较宽，几乎与腹部中部背板宽度一样长。

产地及时代：内蒙古，中侏罗世。

中国北方地区侏罗纪仅报道 1 种（表 22.1）。

独特宽缘长节叶蜂 *Platyxyela unica* Wang，Shih & Ren，2012 (图22.12)

Platyxyela unica Wang，Shih & Ren，2012: *Zootaxa*，3456：84.

产地及层位：内蒙古宁城道虎沟；中侏罗统，九龙山组。

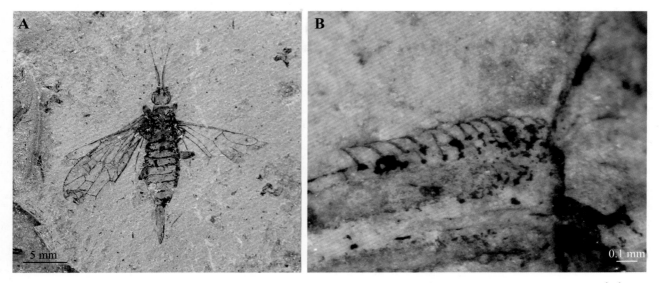

▲ 图 22.12　独特宽缘长节叶蜂 *Platyxyela unica* Wang，Shih & Ren，2012（正模标本，CNU-HYM-NN-2012100p）[47]

A. 标本照片；B. 翅钩

　　除雌性生殖器外，该种长度为 13.2 mm，前翅保存部分长度为 12.3 mm。头近似圆形；复眼窄；3 个小单眼。前胸背板梯形，布满短的绒毛。前翅前缘室在 Rs 起源之前明显变宽；Sc2 略长于 1-Rs。后翅有 21 个翅钩排成两列，13 个长而粗的翅钩插在 C 脉的前缘，8 个短而细的翅钩插在后方。

中国长节叶蜂属 *Cathayxyela* Wang，Rasnitsyn & Ren，2014

Cathayxyela Wang，Rasnitsyn & Ren，2014，*Acta Geol. Sin.-Engl.*，88（4）：1028–1029 [48] (original designation).

　　模式种：伸展中国长节叶蜂 *Cathayxyela extensa* Wang，Rasnitsyn & Ren，2014。

　　触角鞭小节第 1 节的长度大于头长，鞭小节的数目至少为 12 节。前翅翅痣窄且灰白；R 脉几乎直；Sc 脉与 R 脉紧靠，在 1-Rs 和 1-M 相交之前，Sc 脉与 C 脉相交。

　　产地及时代：内蒙古，中侏罗世。

　　中国北方地区侏罗纪仅报道 1 种（表 22.1）。

伸展中国长节叶蜂 *Cathayxyela extensa* Wang，Rasnitsyn & Ren，2014（图22.13）

Cathayxyela extensa Wang，Rasnitsyn & Ren，2014: *Acta Geol. Sin.-Engl.*，88（4）：1029–1030.

　　产地及层位：内蒙古宁城道虎沟；中侏罗统，九龙山组。

　　除了触角之外，身体长度是 7.5 mm，前翅保存

▲ 图 22.13　伸展中国长节叶蜂 *Cathayxyela extensa* Wang，Rasnitsyn & Ren，2014（正模标本，CNU-HYM-NN-2012106p）[48]

部分长度是 5.8 mm。触角鞭小节第 1 节很直，长度近乎是头长的 2 倍。中胸后背板中央有圆孔，后胸有相对长且宽的淡膜区。前翅 1-Rs 的长度是 1-M 的 0.5~0.7 倍；1r-rs 比 2r-rs 短；3-Cu 的长度是 1m-Cu 的 1.5 倍。腹部背板比中胸背板略宽。

等长长节叶蜂属 *Aequixyela* Wang，Rasnitsyn & Ren，2013

Aequixyela Wang，Rasnitsyn & Ren，2013，*Acta Geol. Sin.-Engl.*，88 (4)：1028–1029[48] (original designation).

模式种：等痣等长长节叶蜂 *Aequixyela immensa* Wang，Rasnitsyn & Ren，2013。

触角第 3 节和头长度几乎相等，余下的鞭小节短于触角第 3 节，翅痣广泛地变黑，特别是基部。R 直且在 Rs 基部附近没有弯曲，Sc 与 R 紧靠，Sc 与 C 相交的点正好是 1-Rs 和 1-M 相交的点，RS+M 的长度与 2Rs 等长，1mcu 和 2-Cu，3-Cu 长度相等，是 2-M 长度的 0.7 倍，翅室 2Cu 正六边形，产卵器很短。

产地及时代：内蒙古，中侏罗世。

中国北方地区侏罗纪仅报道 1 种（表 22.1）。

叶蜂总科 Superfamily Tenthredinoidea Latreille，1802

短鞭叶蜂科 Family Xyelotomidae Rasnitsyn，1968

短鞭叶蜂科是叶蜂总科中的一个已经灭绝的小科，Rasnitsyn 认为短鞭叶蜂科起源于长节叶蜂科[24]，其结构在很多地方与后者非常相似，包括棒状触角、前翅中明显简化的 Sc。到目前为止，全世界共报道了 15 个属，包括 21 个种。已发表的属种主要集中于哈萨克斯坦、法国、英国、西班牙和中国的上侏罗统—下白垩统地层中[23, 24, 42, 43, 49–52]。

中国北方地区侏罗纪和白垩纪报道的属：短鞭叶蜂属 *Xyelotoma* Rasnitsyn，1968；短角叶蜂属 *Xyelocerus* Rasnitsyn，1968；辽短鞭叶蜂属 *Liaotoma* Ren，1995；美丽短鞭叶蜂属 *Abrotoma* Gao，Ren & Shih，2009；奇异短鞭叶蜂属 *Paradoxotoma* Gao，Ren & Shih，2009；复合短鞭叶蜂属 *Synaptotoma* Gao，Ren & Shih，2009；奇特短鞭叶蜂属 *Aethotoma* Gao，Shih，Engel & Ren，2016。

短鞭叶蜂属 *Xyelotoma* Rasnitsyn，1968

Xyelotoma Rasnitsyn，1968，New Mesozoic sawflies (Hymenoptera，Symphyta). In Rohdendorf B. B. ed. Jurassic insects of Karatau. Nauka Press，Moscow，225[50] (original designation).

模式种：*Xyelotoma nigricornis* Rasnitsyn，1968。

触角鞭小节第 1 节略短于头长，长度是余下鞭小节长度总和的 2 倍。前翅具 Sc；R 在完全硬化的翅痣前明显加粗；1-Rs 的长度小于 1-M 长度的 1/6。

产地及时代：内蒙古，中侏罗世。

中国北方地区侏罗纪仅报道 1 种（表 22.1）。

短角叶蜂属 *Xyelocerus* Rasnitsyn，1968

Xyelocerus Rasnitsyn，1968，New Mesozoic sawflies (Hymenoptera，Symphyta). In Rohdendorf B. B. ed. Jurassic insects of Karatau. Nauka Press，Moscow，226[51] (original designation).

模式种：*Xyelocerus admirandus* Rasnitsyn，1968。

触角鞭小节第 1 节的长度是余下鞭小节长度总和的 3 倍。前翅翅痣硬化但是中央具 1 个透明区域；Sc 存在，且二分支，其基部分支（Sc1）与 R 相交的位置在翅脉 M 与 Cu 分开之后。

产地及时代：内蒙古，中侏罗世。

中国北方地区侏罗纪仅报道 1 种（表 22.1）。

辽短鞭叶蜂属 *Liaotoma* Ren，1995

Liaotoma Ren，1995，Faunae and Stratigraphy of Jurassic–Cretaceous in Beijing and the Adjacent Areas. Seismie Publishing House，Beijing，110 [43] (original designation).

模式种：*Liaotoma linearis* Ren，1995。

前翅翅痣仅基部硬化；Sc 在 C 和 R 之间形成 1 根横脉；2r-rs 存在；1-Rs 脉缺失；1mcu 翅室宽阔，几乎与 2mcu 翅室等大。

产地及时代：辽宁，早白垩世。

中国北方地区白垩纪仅报道 1 种（表 22.1）。

美丽短鞭叶蜂属 *Abrotoma* Gao，Ren & Shih，2009

Abrotoma Gao，Ren & Shih，2009，*Ann. Entomol. Soc. Am.*，102 (4)：592 [53] (original designation).

模式种：健美短鞭叶蜂 *Abrotoma robusta* Gao，Ren & Shih，2009。

前翅翅痣狭长，完全硬化；Sc 长，与 C 相比，明显靠近 R，且与 R 近于平行；Sc2 缺失；Sc1 与 C 相交的位置在 Rs 伸出之前。

产地及时代：内蒙古，中侏罗世。

中国北方地区侏罗纪仅报道 1 种（表 22.1）。

奇异短鞭叶蜂属 *Paradoxotoma* Gao，Ren & Shih，2009

Paradoxotoma Gao，Ren & Shih，2009，*Ann. Entomol. Soc. Am.*，102 (4)：591 [53] (original designation).

模式种：蔡氏奇异短鞭叶蜂 *Paradoxotoma tsaiae* Gao，Ren & Shih，2009。

前翅翅痣相对较宽，完全硬化；与 R 相比，Sc 明显靠近 C；Sc2 长，与 R 近乎垂直；1-Rs 存在，其长度几乎是 1-M 的 1/4。

产地及时代：内蒙古，中侏罗世。

中国北方地区侏罗纪仅报道 1 种（表 22.1）。

复合短鞭叶蜂属 *Synaptotoma* Gao，Ren & Shih，2009

Synaptotoma Gao，Ren & Shih，2009，*Ann. Entomol. Soc. Am.*，102 (4)：593 [53] (original designation).

触角鞭小节第 1 节的长度是余下鞭小节长度总和的 5 倍。前翅 Sc 形成 1 个短的横脉；翅痣仅基部硬化；1-Rs 缺失；1-M 与 R 相连，形成一段独特的联合翅脉段。

产地及时代：内蒙古，中侏罗世。

中国北方地区侏罗纪仅报道 1 种（表 22.1）。

奇特短鞭叶蜂属 *Aethotoma* Gao，Shih，Engel & Ren，2016

Aethotoma Gao，Shih，Engel & Ren，2016，*BMC Evol. Biol.*，16（1）：155[54]（original designation）.

模式种：*Aethotoma aninomorpha* Gao，Shih，Engel & Ren，2016。

触角具 10 节；鞭小节第 1 节长度是余下鞭小节长度总和的 4 倍。前翅 Sc 简化，无分支，仅与 R 相连；翅痣完全硬化；1-Rs 的长度是 1-M 长度的 1/5；后翅 Sc 二分支。

产地及时代：内蒙古，中侏罗世。

中国北方地区侏罗纪仅报道 1 种（表 22.1）。

异奇特短鞭叶蜂 *Aethotoma aninomorpha* Gao，Shih，Engel & Ren，2016（图22.14）

Aethotoma aninomorpha Gao，Shih，Engel & Ren，2016: *BMC Evol. Biol.*，16（1）：155.

产地及层位：内蒙古宁城道虎沟；中侏罗统，九龙山组。

虫体保存长度为 10.2 mm。左前翅 2r-rs 形成二个短的分叉，后与 Rs 相连；右前翅 2r-rs 形成 1 个小圆环，然后再形成 2 个长的分叉，后与 Rs 相连。这种类型的翅脉在广腰亚目的化石和现生种中都很特殊，因为大多数广腰亚目类群其 2r-rs 呈 1 条直线。在后翅基部，可见至少 12 个翅钩。

中生代化石昆虫的翅脉不对称现象：

异型奇特短鞭叶蜂 *Aethotoma aninomorpha* Gao，Shih，Engel & Ren，2016 具有独特的翅脉不对称特征：其左前翅 2r-rs 脉形成 2 个短的分叉，后与 Rs 相连（图 22.15 C、F）；而右前翅 2r-rs 形成 1 个小圆环，然后再形成 2 个长的分叉，后与 Rs 相连（图 22.15 B、E）。在 2009 年，高太平等人报道的 *Xyelocerus diaphanous* Gao，Ren & Shih，其左前翅 R 和 M 之间，由 Rs 围绕形成 1 个小的翅室（图 22.15 H、I、K），但是在其右前翅中并没有这一小翅室（图 22.15 H、J、L）[53]。

近年来，中国中生代地层中也相继报道了一些昆虫具有翅脉不对称的特性。如长翅目中的 *Paristopsyche angelineae* Qiao，Shih，Petrulevicius & Ren，2013，其右前翅 MP_3 二分支，但在左前翅则仅一支[55]（图 22.16 A–C）；又如 *Exilibittacus lii* Yang，Ren & Shih，2012，左后翅 RP+ MA 和 MP 仅具有三分支，RP_{1+2} 和 MP_3 不分支，而其左右前翅中，RP+ MA 和 MP 具有典型的四分支[56]（图 22.16 D–G）；又如来自道虎沟地区的古

2 mm

▲ 图 22.14　异奇特短鞭叶蜂 *Aethotoma aninomorpha* Gao，Shih，Engel & Ren，2016（正模标本，CNU-HYM-NN-2012003）[54]

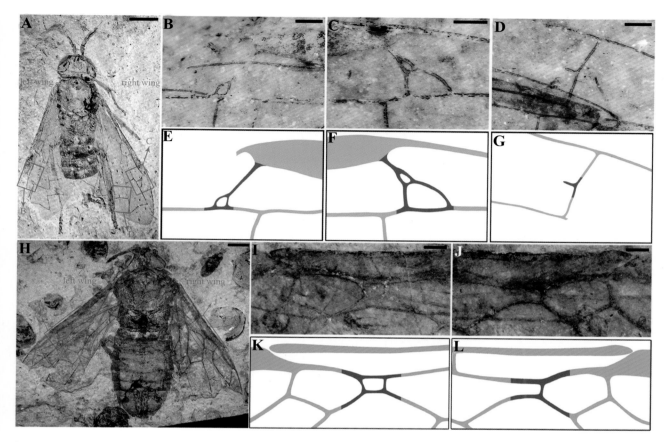

▲ 图 22.15 异奇特短鞭叶蜂 *Aethotoma aninomorpha* Gao，Shih，Engel & Ren，2016 和 *Xyelocerus diaphanous* Gao，Ren & Shih，2009 的前翅不对称现象，紫色代表不对称翅脉

A. *A. aninomorpha* 正模标本；B 和 E. *A. aninomorpha* 的左前翅 2r-rs 脉；C 和 F. *A. aninomorpha* 的右前翅 2r-rs 脉；D 和 G. *A. aninomorpha* 的右前翅 2m-cu 脉；H.*X. diaphanus*（正模标本，CNU-HYM-NN-2008011p）；I 和 K. *X. diaphanus* 的部分左前翅；J 和 L. *X. diaphanous* 的部分右前翅（正常翅脉）。比例尺 = 2 mm（A 和 H），0.4 mm（B–D），0.2 mm（I 和 J）

蝉 *Synapocossus sciacchitanoae* Wang，Shih & Ren，2012，右前翅 RP 和 M₁ 有 1 mm 长度的联合，而在左前翅中，仅为 1 个点的联合[57]（图 22.16 H–J）；在襀翅目中，同样也发现 *Sinosharaperla zhaoi* Liu，Sinitshenkova & Ren，2007，具有左右后翅不一样的现象[58]（图 22.16 K–M）。

有时，左右翅的大小和形状也有很大的差异，比如 *Epicharmesopsyche pentavenulosus* Shih，Qiao，Labandeira & Ren，2013，就是长翅目 mesopsychid 类群中一个比较常见的例子[59]。而且，左翅通常比右翅更加宽阔，这一发现在长翅目 Mesopsychidae 科中多有报道[60, 61]。另外，在双翅目 Ptychopteridae 科中也有左右翅不对称报道，如 *Eoptychopterinae lenae* Ren & Krzeminski，2002[62] 和 *E. postica* Liu，Shih & Ren，2012[63]。

综合以上，这些在中国东北中生代相继报道的物种，为探寻翅脉的不稳定性，以及昆虫的变异发育提供了早期的直接证据。在未来的物种性状研究中，还需要认真辨识翅脉特征的变异。

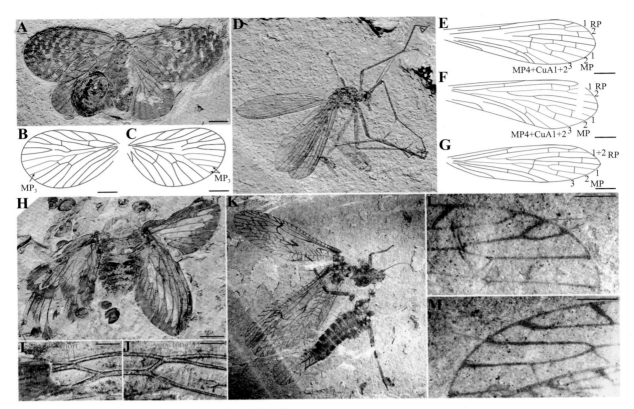

▲ 图 22.16　中国中生代化石昆虫的翅脉不对称现象

A–C. 长翅目 *Paristopsyche angelineae* 的左右前翅中 MP$_3$ 的不同分支状态。A. 化石照片；B. 左前翅线条图（MP$_3$ 具一分支）；C. 右前翅线条图（MP$_3$ 具二分支）；D–G. 长翅目 *Exilibittacus lii* 的前后翅中 RP 和 MP 的不同状态；D. 化石照片；E 和 F. 左右前翅 RP$_{1+2}$ 脉分支和 MP 四分支；G. 左后翅 RP$_{1+2}$ 不分支和 MP 三分支；H–J. 头喙亚目 *Synapocossus sciacchitanoae* 的左右前翅中 RP 与 M$_1$ 合并；H. 化石照片；I. 左前翅 Rs 与 M$_1$ 结合成一点；J. 右前翅 RP 与 M$_1$ 合并后长度为 1 mm；K–M. 襀翅目 *Sinosharaperla zhaoi* 的左右前翅中 Rs 的分支；K. 化石照片；L. 部分右后翅 Rs 端部二分支；M. 部分左后翅 Rs 仅具一分支。比例尺 = 5 mm（H 和 K），2 mm（A–D），1 mm（E–G，I，J，L 和 M）

扁叶蜂总科 Superfamily Pamphilioidea Cameron，1890

切锯蜂科 Family Xyelydidae Rasnitsyn，1968

切锯蜂科是一个相对很小的绝灭科。一直以来，切锯蜂科被认为是扁叶蜂总科的基干类群[1, 23, 24, 64]，最近基于形态学数据的系统发育结果，再次证实了该科并非单系[65]。切锯蜂科的主要特征是：Sc 脉二分支；前翅 R 脉在 1-Rs 起源处明显弯曲；中胸后小盾片远离腹侧板的前缘[64]。目前该科已报道 12 属 32 种，大多数已发表的属种集中于吉尔吉斯斯坦、中国、俄罗斯以及哈萨克斯坦的中上侏罗统地层中[64, 66, 67]，仅 3 属（*Novalyda*，*Fissilyda*，*Rectilyda*）发现于下白垩统地层[68–70]。

中国北方地区侏罗纪和白垩纪报道的属：前切锯蜂属 *Prolyda* Rasnitsyn，1968；费尔干纳切锯蜂属 *Ferganolyda* Rasnitsyn，1983；新切锯蜂属 *Novalyda* Gao，Engel，Shih ·& Ren，2013；直切锯蜂属 *Rectilyda* Wang，Rasnitsyn，Shih & Ren，2014；裂痣切锯蜂属 *Fissilyda* Wang，Rasnitsyn，Shih & Ren，2015；中切锯蜂属 *Medilyda* Wang & Rasnitsyn，2016；短切锯蜂属 *Brevilyda* Wang & Rasnitsyn，2016；强

壮切锯蜂属 *Strenolyda* Wang & Rasnitsyn，2016。

前切锯蜂属 *Prolyda* Rasnitsyn，1968

Prolyda Rasnitsyn，1968，New Mesozoic sawflies (Hymenoptera，Symphyta). In Rohdendorf B. B. ed. Jurassic insects of Karatau. Nauka Press，Moscow. 194[51] (original designation).

模式种：*Prolyda karatavica* Rasnitsyn，1968。

触角鞭小节第 1 节的长度与头长相等，是鞭小节第 2 节长度的 8 倍。前翅翅痣多样，完全硬化或部分硬化或完全膜质；后翅 1r-m 相对较长，和 1-M 近乎等长或稍短。

产地及时代：内蒙古，中侏罗世。

中国北方地区侏罗纪报道 2 种（表 22.1，图 22.17）。

▲ 图 22.17　前切锯蜂属 *Prolyda* Rasnitsyn，1968，改自参考文献［65］　王晨绘制

费尔干纳切锯蜂属 *Ferganolyda* Rasnitsyn，1983

Ferganolyda Rasnitsyn，1983，*Paleontol. J.*，2：62[64] (original designation) .

模式种：*Ferganolyda cubitalis* Rasnitsyn，1983。

具有明显的雌雄二型现象，特别体现在体型大小、头及触角的形状上。头扁宽，头宽是体长的 1/3~1/2，上颚长且强壮，镰刀状，具有两个齿；唇基短但很宽；触角长于体长，除了鞭小节第 1 节之外，第 2 节同样变粗变长。前翅 Sc2 短，垂直或微倾斜；翅痣多变（边缘硬化或者完全硬化）；1-Rs 短或缺失；1mcu 翅室基部不对称，其翅室前缘直。

产地及时代：内蒙古，中侏罗世。

中国北方地区侏罗纪报道 5 种（表 22.1）。

稀奇费尔干纳切锯蜂 *Ferganolyda insolita* Wang，Rasnitsyn，Shih & Ren，2015（图22.18）

Ferganolyda insolita Wang，Rasnitsyn，Shih & Ren，2015，*Alcheringa*，39：104–106.

产地及层位：内蒙古宁城道虎沟；中侏罗统，九龙山组。

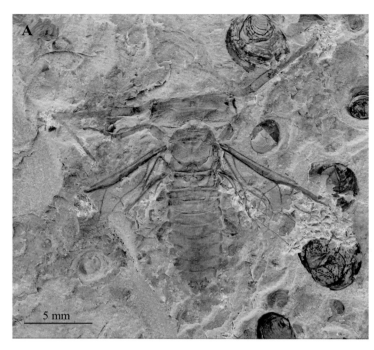
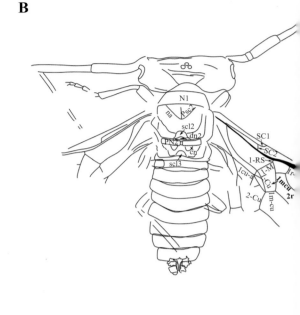

▲ 图 22.18　稀奇费尔干纳切锯蜂 *Ferganolyda insolita* Wang，Rasnitsyn，Shih & Ren，2015（正模标本，雄性，CNU-HYM-NN-2012136）[67]

A. 标本照片；B. 线条图

　　虫体体长（不包括触角）14.3 mm，前翅保存部分长度为 11.9 mm。头中部略后方最宽；复眼几乎是头长度的一半，位于上颚的基部；触角鞭小节第 1 节和第 2 节直且粗，第 2 节的长度是第 1 节的 2 倍，宽度是其 0.8 倍。前翅翅痣窄，且完全硬化；Sc2 倾斜且长，几乎与 Sc1 等长；1-RS 脉不明显；M+Cu 在基部呈 "S" 状弯曲。雄性生殖器明显；生殖基节梯形，相对小且短，长是宽的 0.7 倍，其后缘向内弯曲；生殖刺突四边形，大且长，长是宽的 1.4 倍，端部膜质；阳茎瓣膜接近长方形。

　　在中国东北中侏罗统九龙山组地层中，相继报道了 *Ferganolyda* 属的多个种，增加了该属的形态多样性[66,67]。对于头部大小和触角第四节的形状特征，Rasnitsyn 等学者认为这是膜翅目中的性二型现象[66]。基于新发现的标本，统计发现：*Ferganolyda* 属的雄性个体中，头宽和头长的比例为 3.1∶3.6；而雌性个体该比例为 1.9∶2.1。因此，这一发现可为未来判断 *Ferganolyda* 属个体的性别提供直接证据。

新切锯蜂属 *Novalyda* Gao，Engel，Shih & Ren，2013

Novalyda Gao，Engel，Shih & Ren，2013，*J. Kansas Entomol. Soc.*，86：79[68]（original designation）。

　　模式种：*Novalyda cretacica* Gao，Engel，Shih & Ren，2013。

　　触角 15 节；鞭小节第 1 节的长度略短于余下鞭小节长度之和；上颚强壮，至少具 2 齿。前翅 Sc 二分支；Sc1 在 Rs 出现前与 C 相连；1-Rs 短于 Sc2，其长度为 1-M 的 1/6。

　　产地及时代：辽宁，早白垩世。

　　中国北方地区白垩纪报道 2 种（表 22.1）。

白垩新切锯蜂 *Novalyda cretacica* Gao，Engel，Shih & Ren，2013（图22.19）

Novalyda cretacica Gao，Engel，Shih & Ren，2013: *J. Kansas Entomol. Soc.*，86：79–82.

产地及层位：辽宁北票黄半吉沟；下白垩统，义县组。

虫体体长（不包括触角）8.72 mm，前翅翅长 6.83 mm。前胸背板短；中胸盾片大，其后缘很直；盾纵沟形成的夹角为 115°；中胸小盾片梯形，与后胸小盾片近乎等大，但是二者形状不同，前者为卵圆形，而后者为梯形。

现生扁叶蜂总科昆虫常利用其强大的上颚作为防御武器，或者用作异性之间的交流工具。然而，*Novalyda cretacica* 的上颚宽且短，基部看起来非常灵活。高太平等学者认为 *N. cretacica* 的上颚可能用来钻蛀某些树木或者茎秆[68]。*N. cretacica* 的幼虫生活在同时期裸子植物内，因而使用强壮的上颚在木质部开掘通道，于蛹化后离开。当然，*N. cretacica* 也可能利用其上颚来与异性交流。

▲ 图 22.19　白垩新切锯蜂 *Novalyda cretacica* Gao，Engel，Shih & Ren，2013（正模标本，CNU-HYM-LB-2011016）[68]

直切锯蜂属 *Rectilyda* Wang，Rasnitsyn，Shih & Ren，2014

Rectilyda Wang，Rasnitsyn，Shih & Ren，2014，*BMC Evol. Biol.*，14：131[69]（original designation）.

模式种：*Rectilyda sticta* Wang，Rasnitsyn，Shih & Ren，2014。

触角 17 节；鞭小节第 1 节短于余下鞭小节长度之和。前翅 Sc 二分支；翅痣狭长，完全硬化；1Rs 朝翅端部倾斜，与 1-M 等长且与其连成 1 条直线；1-M 与 2-M 等长；后翅具 Sc1 和 Sc2。

产地及时代：内蒙古，早白垩世。

中国北方地区白垩纪仅报道 1 种（表 22.1）。

疤直切锯蜂 *Rectilyda sticta* Wang，Rasnitsyn，Shih & Ren，2014（图22.20）

Rectilyda sticta Wang，Rasnitsyn，Shih & Ren，2014: *BMC Evol. Biol.*，14：131.

产地及层位：内蒙古多伦南盘营；下白垩统，义县组。

虫体体长（不包括触角）24 mm，前翅保存部分长度为 17.5 mm。整个身体及所有的足都覆盖有浓密的长黑色绒毛。上颚小，镰刀状，至少具有 1 个内部小齿；触角鞭小节朝端部逐渐变短变窄，每节鞭小节扁平，近似四方形。前翅 3r 翅室长度是 1r 和 2r 翅室长度之和的 1.5 倍；后翅 m-cu 远离 rm 翅室的中部；cu-a 接近 mcu 翅室的中部。

神奇的翅疤

自 19 世纪末以来，完全变态类昆虫翅上的翅疤开始逐渐被人们所关注和熟知。曾被学者认为在毛

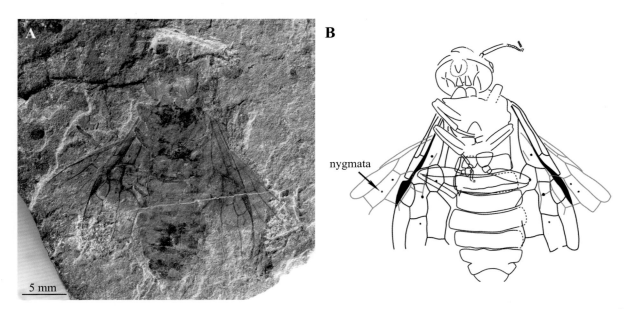

▲ 图 22.20　疤直切锯蜂 *Rectilyda sticta* Wang，Rasnitsyn，Shih & Ren，2014（正模标本，CNU-HYM-LB-2012125）[69]

A. 标本照片；B. 线条图

翅目中翅疤是一个 "facetic organs" 结构，和腺体分泌有关。也有学者认为翅疤是感觉器官[71, 72]。近来，Minet 等人（2010）在对 Microptysmatidae 的系统研究中，提及翅疤是完全变态类昆虫的古老性状[73]。在现生膜翅目中，翅疤仅存在于广腰亚目中。基于观察，我们发现翅疤在广腰亚目的每一个科内都有分布，但在属级阶元的发生却不稳定。通常情况下，翅疤在现生扁叶蜂科（前翅有 5 个、后翅有 4 个）和树蜂科（前翅有 5 个、后翅仅有 2 个）中数量最多；数量最少的发生在茎蜂中，广腰亚目其他科内翅疤的数量则介于中间。此外，翅疤通常在广腰亚目前翅的 1rm 和 2rm 翅室，以及后翅的 2＋3rm 翅室中发生，而且在前翅 2rm 翅室及后翅 2＋3rm 翅室尤为稳定（图 22.21）。

　　在膜翅目的翅脉演化过程中，翅疤的数量有减少的趋势。具体为：二叠纪的 *Parasialis latipennis*（Parasialidae）前翅有 7 个翅疤（图 22.22A）；三叠纪的 *Asioxyela paurura* 和 *Madygenius primitives*（长节叶蜂科：Xyelidae）前翅保存有 6 个翅疤（图 22.22B）；白垩纪的 *Rectilyda sticta*（切锯蜂科：Xyelydidae）前翅 4 个翅疤（图 22.22C）；除了现生扁叶蜂和树蜂的前翅具有 5 个翅疤外（图 22.21F），大多数现生广腰的翅疤是 1~3 个（图 22.21 A–E，G–J）。疤直切锯蜂 *Rectilyda sticta* Wang，Rasnitsyn，Shih & Ren，2014 在翅疤的演化过程中起到了过渡的作用，弥补了中间的缺失环节。

裂痣切锯蜂属 *Fissilyda* Wang，Rasnitsyn，Shih & Ren，2015

Fissilyda Wang，Rasnitsyn，Shih & Ren，2015，*Cret. Res.*，5：171[70] (original designation).

　　模式种：美丽裂痣切锯 *Fissilyda compta* Wang，Rasnitsyn，Shih & Ren，2015。

　　触角至少20节。前翅翅痣基部灰白，端部区域完全硬化；Sc二分支；1-Rs短，长度至少是1-M长度的0.3倍；2r-m远离2r-rs的距离至少是前者长度的一半；1mcu翅室相对较大，长是宽的1.35~1.9倍。

　　产地及时代：辽宁，早白垩世。

　　中国北方地区白垩纪报道 3 种（表 22.1）。

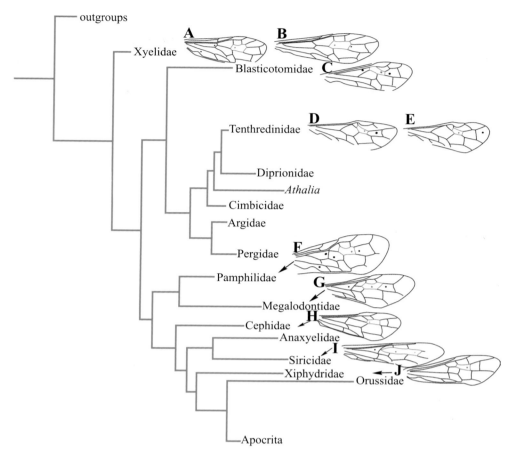

▲ 图 22.21　现生膜翅目基干类群拓扑关系图（改自参考文献［74］）及其对应具翅疤的前翅[68]

A. *Macroxyela ferruginea* Say，1824（Xyelidae）；B. *Megaxyela major* Cresson，1880（Xyelidae）；C. *Blasticotoma filiceti* Klug，1834（Blasticotomidae）；D. *Empria candidata* Fallén，1808（Tenthredinidae）；E. *Empria formosana* Prous & Heidemaa，2012（Tenthredinidae）；F. *Onycholyd amplecta* Fabricius，1804（Pamphiliidae）；G. *Megalodontes cephalotes* Fabricius，1781（Megalodontidae）；H. *Cephus pygmeus* Linné，1767（Cephidae）；I. *Tremex columba* Linné，1763（Siricidae）；J. *Xiphydria camelus* Linné，1758（Xiphydriidae）。

中切锯蜂属 *Medilyda* Wang & Rasnitsyn，2016

Medilyda Wang & Rasriitsyn，2016，*Cladistics*，32 (3)：249[65]（original designation）。

模式种：巨型中切锯蜂 *Medilyda procera* Wang & Rasnitsyn，2016。

头巨大，圆形，至少与中胸背板等宽；前翅翅痣细长，完全硬化；Sc 接近 R，Sc2 极短，几乎消失；2r-rs 与翅痣相交的位置几乎在翅痣的中段；1r 翅室至少与 2r 翅室等长；后翅中，1-Rs 极短，最多是 1r-m 长度的一半。

产地及时代：内蒙古，中侏罗世。

中国北方地区侏罗纪报道 2 种（表 22.1）。

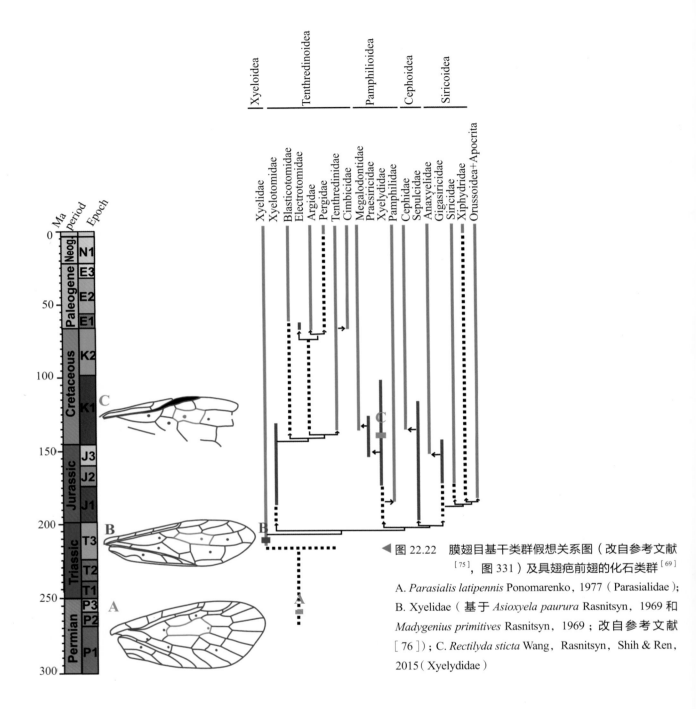

▶ 图 22.22　膜翅目基干类群假想关系图（改自参考文献 [75]，图 331）及具翅疤前翅的化石类群 [69]

A. *Parasialis latipennis* Ponomarenko，1977（Parasialidae）；

B. Xyelidae（基于 *Asioxyela paurura* Rasnitsyn，1969 和 *Madygenius primitives* Rasnitsyn，1969；改自参考文献 [76]）；C. *Rectilyda sticta* Wang，Rasnitsyn，Shih & Ren，2015（Xyelydidae）

巨型中切锯蜂 *Medilyda procera* Wang & Rasnitsyn，2016（图22.23）

Medilyda procera Wang & Rasnitsyn，2016，*Cladistics*，32 (3)：250 - 251.

产地及层位：内蒙古宁城道虎沟；中侏罗统，九龙山组。

虫体体长（不包括触角）15 mm，前翅保存部分长度为 11.1 mm。头圆且巨大，至少与中胸背板等宽。前翅 1cu-a 几乎位于 1mcu 翅室的中段；Rs+M 略短于 2-M；2r-m 远离 2r-rs 的距离大于其自身长度的一半；2r 翅室相对较小，几乎是 3r 翅室的 1/3；后翅 1-Rs 短，是 1r-m 长度的一半。

短切锯蜂属 *Brevilyda* Wang & Rasnitsyn，2016

Brevilyda Wang & Rasnitsyn，2016，*Cladistics*，32（3）：252[65]（original designation）.

模式种：前位短切锯蜂 *Brevilyda provecta* Wang & Rasnitsyn，2016。

前翅翅痣完全硬化，细且长，长是宽的 4.5 倍；Sc1 与 Sc2 等长；1-Rs 几乎垂直于 R，大约是 1-M 长度的 0.4 倍；2r-m 位于 2r-rs 之前；2r 翅室大，至少是 1r 翅室的 1.5 倍；1mcu 翅室形成一个六边形，长至少是宽的 1.1 倍。

产地及时代：内蒙古，中侏罗世。

中国北方地区侏罗纪仅报道 1 种（表 22.1）。

▲ 图 22.23　巨型中切锯蜂 *Medilyda procera* Wang & Rasnitsyn，2016（正模标本，CNU-HYM-NN-2012143）[65]

强壮切锯蜂属 *Strenolyda* Wang & Rasnitsyn，2016

Strenolyda Wang & Rasnitsyn，2016，*Cladistics*，32 (3)：254[65]（original designation）.

模式种：边缘强壮切锯蜂 *Strenolyda marginalis* Wang & Rasnitsyn，2016。

前翅翅痣完全硬化或者仅在边缘硬化；Sc1 与 Sc2 等长或者长于后者；1-Rs 短，短于 1-M 长度的一半；1-M 与 1-Cu 的角度为 100°~140°；2r-m 位于 2r-rs 之前，有时略微位于后者的后方；1mcu 翅室的长不超过宽的 1.5 倍；1r 翅室小，是 2r 翅室的 0.6~0.7 倍。

产地及时代：内蒙古，中侏罗世。

中国北方地区侏罗纪报道 2 种（表 22.1）。

边缘强壮切锯蜂 *Strenolyda marginalis* Wang & Rasnitsyn，2016（图22.24）

Strenolyda marginalis Wang & Rasnitsyn，2016: *Cladistics*，32（3）：254–255.

产地及层位：内蒙古宁城道虎沟；中侏罗统，九龙山组。

虫体体长（不包括触角）16.9 mm，前翅保存部分长度为 13 mm。头大，近乎圆形；上颚镰刀状，具有长的端部齿，闭合时到达头的相对侧，亚端部齿位于上颚的基部。后翅具 19 个翅钩；Sc 二分支。

▲ 图 22.24　边缘强壮切锯蜂 *Strenolyda marginalis* Wang & Rasnitsyn，2016（正模标本，CNU-HYM-NN-2012166）[65]

原树蜂科 Praesiricidae Rasnitsyn，1968

原树蜂科原来是树蜂总科 Siricoidea 中的一个亚科——原树蜂亚科 Praesiricinae，由 Rasnitsyn 在 1968 年基于一块已挤压变形的标本建立，因而对中胸及产卵器等结构认识有误[23]。1983 年，Rasnitsyn 在重新检视标本并修正之前的错误后，将原树蜂亚科 Praesiricinae 从树蜂总科转移到扁叶蜂总科中，并将其提升到科级水平，即原树蜂科 Praesiricidae。目前，该科已报道 10 属 20 种[23, 24, 51, 64, 77–80]。

中国北方地区侏罗纪和白垩纪报道的属：野树蜂属 *Rudisiricius* Gao，Rasnitsyn，Shih & Ren，2010；初树蜂属 *Archoxyelyda* Wang，Rasnitsyn & Ren，2013；齐整树蜂属 *Hoplitolyda* Gao，Shih，Rasnitsyn & Ren，2013；华美树蜂属 *Decorisiricius* Wang，Rasnitsyn，Shih& Ren，2016；周硬树蜂属 *Limbisiricius* Wang，Rasnitsyn，Shih & Ren，2016；短脉树蜂属 *Brevisiricius* Wang，Rasnitsyn，Shih & Ren，2016。

野树蜂属 *Rudisiricius* Gao，Rasnitsyn，Shih & Ren，2010

Rudisiricius Gao，Rasnitsyn，Shih & Ren，2010，*Ann. Soc. Entomol. Fr.*，46 (1–2)：150[77] (original designation).

模式种：贝氏大头野树蜂 *Rudisiricius belli* Gao，Rasnitsyn，Shih & Ren，2010

触角 17~24 节；柄节特别长，明显比其他节粗，长至少是宽的 2 倍，且近乎与头等长；上颚镰刀状，坚硬。前翅 1-Rs 的长度最多是 Rs+M 长度的一半；cu-a 位于 2a 翅室的端部；后翅中 1-M 与 1r-m 在一条直线上。

产地及时代：辽宁，早白垩世。

中国北方地区白垩纪报道 9 种（表 22.1）。

细基野树蜂 *Rudisiricius tenellus* Wang，Rasnitsyn，Shih & Ren，2015 (图22.25)

Rudisiricius tenellus Wang，Rasnitsyn，Shih & Ren，2015：*Cret. Res.*，52：574.

产地及层位：辽宁北票黄半吉沟；下白垩统，义县组。

虫体体长（不包括触角）12.9 mm，前翅保存部分长度为 8.9 mm。触角至少 20 节；长度是头长的 2.3 倍；柄节细长，端部变宽，其长是宽的 4.3~5.4 倍；鞭小节第 1 节的长度等于余下 4 节长度之和；剩余的鞭小节长，朝端部逐渐变短；唇基前缘略微突起。前翅翅痣灰白；R 脉在翅痣前变粗，宽度与 1r-rs 等长；1cu-a 位于 1mcu 翅室的基部；1-RS 垂直于 R 且与 1-M 几乎位于一条直线上；1-M 垂直于 RS+M 以及 1-Cu。

与早白垩世其他产地热河生物群的膜翅

▲ 图 22.25　细基野树蜂 *Rudisiricius tenellus* Wang，Rasnitsyn，Shih & Ren，2015（正模标本，CNU-HYM-LB-2012114）[77]

目类群相比，野树蜂属具有很高的物种多样性，这可能表明该属存在很窄的时空分布。而且，目前野树蜂属中的所有种都是雄性，这一现象在广腰亚目中实属罕见，因为绝大多数已报道的广腰亚目化石昆虫均为雌性。为什么野树蜂属的物种数量很多，但是却都是雄性，是否和雌性定栖的生活方式有关？目前还没有找到确切的证据来解答这个疑问。

初树蜂属 *Archoxyelyda* Wang，Rasnitsyn & Ren，2013

Archoxyelyda Wang，Rasnitsyn & Ren，2013，*Syst. Entomol.*，38：579[78]（original designation）.

模式种：神奇初树蜂 *Archoxyelyda mirabilis* Wang，Rasnitsyn & Ren，2013。

头宽于长，复眼是头长的一半；中胸拟腹板三角形，宽长于长，几乎与中胸盾片等大；前翅 Rs+M 近乎垂直于 1-M，且长于 1-Cu；2-M 短，表面无刻痕。

产地及时代：辽宁，早白垩世。

中国北方地区白垩纪仅报道 1 种（表 22.1）。

神奇初树蜂 *Archoxyelyda mirabilis* Wang，Rasnitsyn & Ren，2013 （图22.26）

Archoxyelyda mirabilis Wang，Rasnitsyn & Ren，2013: *Syst. Entomol.*，38：579–581.

产地及层位：辽宁北票黄半吉沟；下白垩统，义县组。

虫体体长（不包括触角）9.4 mm，前翅保存部分长度为 6.5 mm。口腔窝与上颚孔通过口后桥相互分离；触角的鞭节基部由 9 小节紧凑相连，其长度是头宽的 0.4 倍；余下 10~12 节连接较为松散，延长，亚端部近正方形，朝端部逐渐变短变窄。

膜翅目触角的形态多样性与演化

Rasnitsyn 在其一系列的古生物著作中指出：格外加长变粗的鞭小节第1节，即 Xyelid-like 触角类型，是膜翅目的祖先性状[23, 24, 53, 75, 81, 82]。在膜翅目进化过程中，鞭小节第1节可能历经了不同的演变方式，从而使得所有鞭小节各节没有明显差异。在此，我们提出了大多数膜翅目中，触角可能变化的三种方式[78]：

（1）由于胚胎发育的异时性，复合的触角鞭小节第1节直接分节为等长的亚小节。但这一变化方式并不常见（图22.27A－D，I）。

（2）通过鞭小节第1节长度缩短，最终鞭小节几乎等长（图22.27A－F，I）。这一变化方式较为常见[81]。

（3）前两种方式的组合，即鞭小节第1节长度

▲ 图 22.26　神奇初树蜂 *Archoxyelyda mirabilis* Wang，Rasnitsyn & Ren，2013（正模标本，CNU-HYM-LB-2012102）[78]

缩短，同时伴随着自身的分节现象（图22.27A‐E，G‐I），直到最终完全分离，成为正常型触角。这一变化方式不常见[81]。

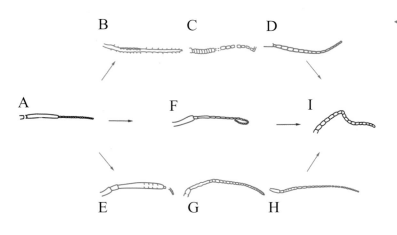

◀ 图 22.27　锯蜂的触角变化（改自参考文献[78]）A. *Platyxyela unica* Wang *et al.* 2012 (Xyelidae)；B. *Xyela julii* (Brébisson，1818) (Xyelidae)；C. *Archoxyelyda mirabilis* (Praesiricidae)；D. *Brachysyntexis brachyuran* Rasnitsyn (1968) (Anaxyelidae)；E. *Xyelotoma macroclada* Gao，Ren & Shih，2009 (Xyelotomidae)；F. *Rudisiricius belli* Gao，Rasnitsyn，Ren & Shih，2010 (Praesiricidae)；G. *Cephalcia fasciipennis*(Cresson，1880) (Pamphiliidae)；H. *Caenolyda reticulata* (Linnaeus，1758) (Pamphiliidae)；I. *Microryssus minus* Rasnitsyn，1968 (Paroryssidae)

齐整树蜂属 *Hoplitolyda* Gao，Shih，Rasnitsyn & Ren，2013

Hoplitolyda Gao，Shih，Rasnitsyn & Ren，2013，*PLoS ONE*，8：e62420[3] (original designation).

模式种：*Hoplitolyda duolunica* Gao，Shih，Rasnitsyn & Ren，2013

虫体大；头近圆形，在上颚基部最宽；上颚镰刀状，具单个亚端部齿；触角柄节相对较长；鞭小节第1节不均匀地变大。前足胫节无端刺；基跗节的基部在胫节下方弯曲。前翅 Sc 缺失；R 和翅痣窄；1-Rs 朝翅端部倾斜，和 1-M 形成的夹角为 145°；RS+M 非常短；2rm 翅室和 1mcu 翅室很长。后翅有 Sc 脉。

产地及时代：内蒙古，早白垩世。

中国北方地区白垩纪仅报道 1 种（表 22.1）。

多伦齐整树蜂 *Hoplitolyda duolunica* Gao，Shih，Rasnitsyn & Ren，2013 （图22.28）

Hoplitolyda duolunica Gao，Shih，Rasnitsyn & Ren，2013，*PLoS ONE*，8：e62420.

产地及层位：内蒙古多伦南盘营；下白垩统，义县组。

这是迄今为止报道最大的膜翅目化石昆虫，其体长大于55 mm，翅展大于92 mm。触角至少保存27节；柄节的长度几乎与鞭小节基部4~5节的长度之和相等。上颚长，尖锐；端齿较长，亚端齿短且弯曲。前翅翅痣狭窄，完全硬化；1cu-a在1mcu翅室的中部；1mcu翅室很大，前后缘很直；1r翅室小；后翅具至少10个翅钩；1r-m

5 mm

▲ 图 22.28　多伦齐整树蜂 *Hoplitolyda duolunica* Gao，Shih，Rasnitsyn & Ren，2013（正模标本，CNU-HYM-ND-2011016）[3]

远离Rs和M的基部。到目前为止，*Hoplitolyda duolunica*是唯一一个前翅无Sc，而后翅具Sc脉的广腰亚目类群[3]。

低等膜翅目昆虫的翅脉演化

在有翅类中，膜翅目具有相对简单的翅脉类型，而且从低等膜翅目向高等膜翅目进化过程中，翅脉有简化的趋势。高太平等基于化石标本，总结了低等膜翅目 Sc 脉的演化方式[77]。在长节叶蜂科中，*G. quadrifurcata* 的前翅 Sc 脉四分支；*Abrotoxyela*，*Xyelites* 和 *Shartexyela*[45] 中 Sc 则三分支；而在大多数属种中均为二分支。在短鞭叶蜂科中，Sc 的状态从二分支 (in *Pseudoxyela*) 到完全缺失 (in *Leridotoma*)，中间还有各种各样的过渡状态。但在扁叶蜂总科、树蜂总科、茎蜂总科等类群中，Sc 却是一个非常稳定的性状。

另外，在广腰亚目化石类群的研究中，还发现了 Rs 的初段和 M 脉初段的一些变化趋势。1-Rs 的方向在扁叶蜂总科中变化多样：通常情况下，1-Rs 朝翅基部倾斜（如 *Prolyda*，*Xyelyda*，*Strophandria*，*Ferganolyda*），有些则与 R 垂直（如 *Sagulyda*，*Mesolyda*），因而 1-Rs 和 1-M 的角度从 86.8°~140° 变化。众所周知，1-Rs 与 1-M 形成的 "T" 形在膜翅目细腰亚目中是很常见的[54, 77]，然而，在首都师范大学古生物标本馆中，目前仅 2 件广腰亚目化石标本（*Rectilyda sticta* Wang，Rasnitsyn，Shih & Ren，2014[69] 和 *Hoplitolyda duolunica* Gao，Shih，Rasnitsyn & Ren，2013[3]），它们的前翅 1-Rs 与 1-M 形成了通常在膜翅目细腰亚目中才会出现的 "T" 形。

华美树蜂属 *Decorisiricius* Wang，Rasnitsyn，Shih & Ren，2016

Decorisiricius Wang，Rasnitsyn，Shih & Ren，2016，*Syst. Entomol.*，41：44[80] (original designation).

模式种：展翅华美树蜂 *Decorisiricius patulus* Wang，Rasnitsyn，Shih & Ren，2016。

头大而圆，几乎与胸等宽；触角保存 11~15 节；鞭小节第 1 节的长度至少是宽的 4.6 倍，长度等于余下 3 节之和，且宽于余下鞭小节。前翅翅痣完全硬化；1-Rs 是 1-M 长度的 0.4 倍；1m-cu 是 1-M 长度的 0.5 倍；1cu-a 位于 1mcu 翅室的基部，几乎与 2-Cu 等长。

产地及时代：辽宁，早白垩世。

中国北方地区白垩纪报道 2 种（表 22.1）。

周硬树蜂属 *Limbisiricius* Wang，Rasnitsyn，Shih & Ren，2016

Limbisiricius Wang，Rasnitsyn，Shih & Ren，2016，*Syst. Entomol.*，41：47[80] (original designation).

模式种：等长周硬树蜂 *Limbisiricius aequalis* Wang，Rasnitsyn，Shih & Ren，2016。

头相对较大，圆形，略扁，与中胸背板等宽或者略宽于后者。前翅翅痣仅在翅脉边缘硬化，中间膜质；1-Rs 的长度是 1-M 的 0.5~0.7 倍；Rs+M 与 2-M 等长；1r-rs 和 2r-rs 垂直于翅前缘；1m-cu 与 2-Cu 等长，且 1cu-a 位于 1mcu 翅室的中部。

产地及时代：内蒙古，中侏罗世。

中国北方地区侏罗纪报道 2 种（表 22.1）。

短脉树蜂属 *Brevisiricius* Wang，Rasnitsyn，Shih & Ren，2016

Brevisiricius Wang，Rasnitsyn，Shih & Ren，2016，*Syst. Entomol.*，41：51[80] (original designation).

模式种：残翅短脉树蜂 *Brevisiricius partialis* Wang，Rasnitsyn，Shih & Ren，2016。

前翅翅痣完全硬化；1-Rs的长度是1-M的0.65倍；Rs+M短，长度是2-M的0.62倍；1m-cu长度小于

2-Cu长度的一半；且1cu-a位于1mcu翅室中部的略前方。

产地及时代：内蒙古，中侏罗世。

中国北方地区侏罗纪仅报道 1 种（表 22.1）。

扁叶蜂科 Family Pamphiliidae Cameron，1890

扁叶蜂科是扁叶蜂总科中的现生科，目前已报道了现生 10 属 330 多个种，化石类群 4 属 8 种[51, 64, 83, 84]。化石类群主要发现于俄罗斯、美国、中国、西班牙的中生代及新生代地层中。扁叶蜂通常具有分裂的腹板第 2 节，以及弯曲的前翅 A 脉[85]。现生种的分布有较大的地域局限性，仅分布于北美及欧洲的温带区域[86, 87]。其中扁叶蜂亚科 Pamphiliinae 的幼虫取食被子植物的叶片，当其取食时，可将叶片卷为小管状；而腮扁叶蜂亚科 Cephalciinae 的幼虫则寄生在针叶类的松科植物上[85, 88, 89]。除了上述的 2 个现生亚科外，Rasnitsyn 在 1977 年基于一块仅保存了残破翅的标本建立了新属 *Juralyda*，同时将 *Juralyda* 作为模式属，建立扁叶蜂科的另一个新亚科 Juralydinae[42]。

中国北方地区侏罗纪仅报道 1 属：粗纹扁叶蜂属 *Scabolyda* Wang，Rasnitsyn，Shih & Ren，2014。

粗纹扁叶蜂属 *Scabolyda* Wang，Rasnitsyn，Shih & Ren，2014

Scabolyda Wang，Rasnitsyn，Shih & Ren，2014，*Alcheringa*，38：392[84] (original designation).

模式种：东方粗纹扁叶蜂 *Scabolyda orientalis* Wang，Rasnitsyn，Shih & Ren，2014。

触角鞭小节第 1 节的长度至少是下 1 节的 2 倍；中胸小盾片小，几乎与中胸前盾片大小相等。前翅翅痣长且窄，完全硬化；前翅 Sc 完全发育且二分支；Rs+M 的长度至少是 1-M 长度的 1.3 倍；2-M 是 Rs+M 长度的 0.8~0.9 倍；1-M 与 1-Cu 的角度大于 90°。

产地及时代：内蒙古，中侏罗世。

中国北方地区侏罗纪报道 2 种（表 22.1）。

东方粗纹扁叶蜂 *Scabolyda orientalis* Wang，Rasnitsyn，Shih & Ren，2014 （图22.29）

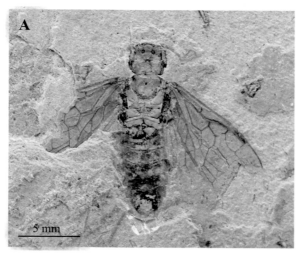
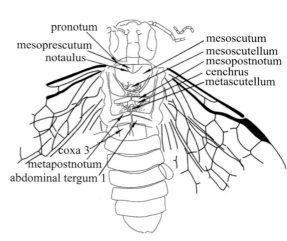

▲ 图 22.29 东方粗纹扁叶蜂 *Scabolyda orientalis* Wang，Rasnitsyn，Shih & Ren，2014（正模标本，CNU-HYM-NN-2012108）[84]

A. 标本照片；B. 线条图

Scabolyda orientalis Wang，Rasnitsyn，Shih & Ren，2014，*Alcheringa*，38：392–395.

产地及层位：内蒙古宁城道虎沟；中侏罗统，九龙山组。

虫体体长（不包括触角）15.7 mm，前翅保存部分长度为 11.2 mm。头大且近似圆形，长等于宽；上颚长且窄，后头孔与口腔窝通过口后桥分离；触角的长度约是头宽度的 1.7 倍，并覆有短绒毛；鞭小节第 1 节的长度约为第 2 节长度的 3 倍，宽度的 1.5 倍；此外端部还保存有 9~10 节鞭小节，并且逐渐变短。

广背叶蜂科 Family Megalodontesidae Konow，1897

广背叶蜂科 Megalodontesidae 是一个小的现生科，目前仅报道一个现生属 *Megalodontes* Latreille，1803，以及 88 个现生种，所有其现生类群都分布在欧亚大陆[39]。和扁叶蜂不同，广背叶蜂具有栉状触角，且腹部第 1 背板分裂，第 2 背板完整[89, 90]。广背叶蜂科的化石非常稀少，到目前为止仅报道 1 个化石种 *Jibaissodes giganteus* Ren，Lu，Guo & Ji，1995[43]，该种是由 Rasnitsyn 从拜萨德蜂科（Baissodidae）转移而来[91]。

中国北方地区白垩纪仅报道 1 属：蓟类蜂属 *Jibaissodes* Ren，1995。

蓟类蜂属 *Jibaissodes* Ren，1995

Jibaissodes Ren，1995，Faunae and Stratigraphy of Jurassic-Cretaceous in Beijing and the Adjacent Areas. 120[43] (original designation).

模式种：*Jibaissodes giganteus* Ren，1995。

前翅前缘室端部逐渐变宽；1-Rs 与 1-M 呈 1 条直线；1cu-a 恰位于 M+Cu 的分叉点；M+Cu 很直，无残柄；缘室顶端变圆，几乎到达翅脉边缘。腹部背板无侧痕。

产地及时代：辽宁，早白垩世。

中国北方地区白垩纪报道 2 种（表 22.1）。

美丽蓟类蜂 *Jibaissodes bellus* Gao，Shih，Labandeira & Ren，2016（图22.30）

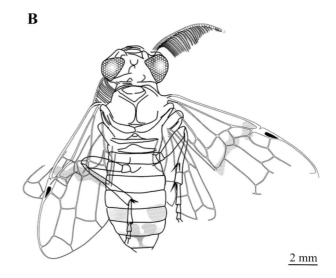

▲ 图 22.30　美丽蓟类蜂 *Jibaissodes bellus* Gao，Shih，Labandeira & Ren，2016（正模标本，CNU-HYM-LB-2011009）[92]
　　　　A. 标本照片；B. 线条图

Jibaissodes bellus Gao，Shih，Labandeira & Ren，2016: *Proc. R. Soc. B*，283 (1839)，20161448.

产地及层位：辽宁北票黄半吉沟；下白垩统，义县组。

虫体体长（不包括触角）15.5 mm，前翅保存部分长度为 13.0 mm。触角羽毛状，大约 30 节；鞭节长度略大于头宽，顶端具羽状的鞭毛。后胸淡漠区相对小而窄[92]。

扁叶蜂总科的系统发育重建

为了阐明扁叶蜂总科内各属间关系，王梅等选取了 45 个形态学特征，包括 44 个种，重建了扁叶蜂总科系统发育历史。结果证实了扁叶蜂总科（Pamphilioidea）及扁叶蜂科（Pamphiliidae）的单系性，以及绝灭的原树蜂科（Praesiricidae）和切锯蜂科（Xyelydidae）并不是单系群（图 22.31）。根据系统发

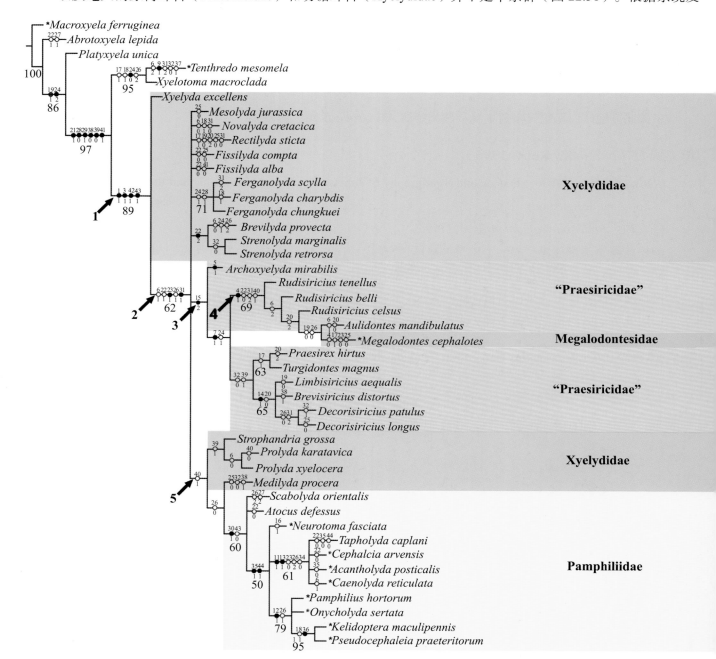

▲ 图 22.31 结合现生类群和化石类群的形态特征，利用最大简约法，重建扁叶蜂总科的系统发育关系得到的严格合意树（改自参考文献 [65]）。其中：自展值大于 50% 均在拓扑树上标示；星号代表现生类群

育的结果，建议原树蜂科与广背叶蜂科合并，原树蜂科作为广背叶蜂科的次异名处理；将 *Megalodontes* Latreille，1803 属归入野树蜂亚科 Rudisiriciinae Gao，Shih，Rasnitsyn & Ren，2010 中，将野树蜂亚科作为广背叶蜂亚科 Megalodontesinae Konow，1897 的次异名处理。根据化石证据，扁叶蜂的起源及分歧时间向前推进，或许至更早的侏罗纪早期。

上述形态数据集并未很好地解析扁叶蜂科内的亲缘关系。因此，王梅等利用"全证据"数据集，包括 45 个形态学性状和 7 个基因片段，解析扁叶蜂科内属级阶元关系（图 22.32）。扁叶蜂科的单系性得到了很好的支持（后验概率 PP：0.99），该科明显地分为 2 支：3 个不同时代的属（*Scabolyda*，*Atocus*，*Neurotoma*）与扁叶蜂内其他属构成姐妹群的关系；另外，腮扁叶蜂亚科和扁叶蜂亚科构成姐妹群的关系，且得到相对较高的支持（PP：0.77）（图 22.32）。

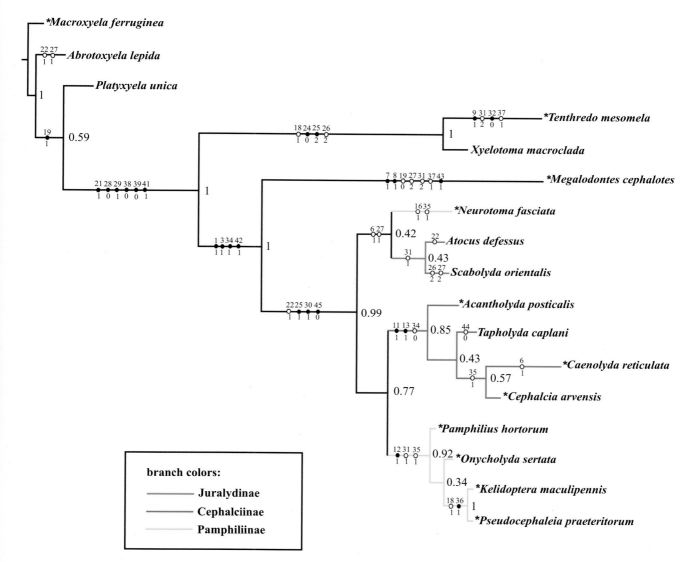

▲ 图 22.32　结合化石类群和现生类群，形态特征和分子数据，利用贝叶斯法分析，全证据重建扁叶蜂科的系统发育关系（改自参考文献 [65]）。其中：节点的数值代表贝叶斯后验支持率；星号代表现生物种。

细腰亚目 Suborder Apocrita Gerstacker，1867

中国东北地区的中侏罗统九龙山组和下白垩统义县组具有许多保存较为完好的细腰亚目化石，根据这些标本的形态学特征，可以进行分类学研究和系统发育研究，以便为研究其进化趋势、起源、扩散和潜在可能的生态角色提供直接证据。至今已发表 10 科 23 属 67 种；Pelecinidae（长腹细蜂科）、Heloridae（柄腹细蜂科）、Mesoserphidae（中细蜂科）、Praeaulacidae（原举腹蜂科）、Anomopterellidae（异背蜂科）、Evaniidae（旗腹细蜂科）、Scolebythidae（菱板蜂科）、Ephialtitidae（魔蜂科）、Karatavitidae（卡拉达蜂科）和 Kuafuidae（夸父科）。

细蜂总科 Proctotrupoidea Latreille，1802

细蜂总科包括 11 个现生科，如物种量非常丰富的锤角细蜂科（Diapriidae）和细蜂科（Proctutrupidae）、相对单一的澳细蜂科（Austroniidae）、柄腹细蜂科（Heloridae）、纤细蜂科（Monomachidae）、长腹细蜂科（Pelecinidae）、优细蜂科（Peradeniidae）、窄腹细蜂科（Roproniidae）和离颚细蜂科（Vanhorniidae）。在膜翅目中，细蜂总科特有的形态特征和丰富的物种量在其漫长的演化历史中都发生了显著的变化[9]。除了巨型长腹细蜂，细蜂总科大部分的蜂类体型都较小[93, 94]。

长腹细蜂科 Pelecinidae Haliday，1840

长腹细蜂是一类非常优雅且漂亮的蜂类，具有独特的腹部结构，身体长度 20~90 mm[95]。雌性长腹细蜂具有修长纤细的腹部，而雄性的腹部则略微粗壮些且第 1 节明显加长[95]。此外，Brues[96] 发现了现生长腹细蜂的一个非常有趣的现象，即地理性孤雌生殖：在温暖的地方，长腹细蜂进行孤雌生殖，而在热带地区则选择两性生殖。这也进一步解释了为什么在美国和加拿大的长腹细蜂进行单性生殖[95]。目前，长腹细蜂科仅包含 1 个现生属长腹细蜂属（Pelecinus）和 19 个灭绝的化石属及 54 个化石种[97]。

中国北部地区侏罗纪和白垩纪报道的属：始长腹细蜂属 *Eopelecinus* Zhang，Rasnitsyn & Zhang，2002；中国长腹细蜂属 *Sinopelecinus* Zhang，Rasnitsyn & Zhang，2002；蝎形长腹细蜂属 *Scorpiopelecinus* Zhang，Rasnitsyn & Zhang，2002；奇异长腹细蜂属 *Allopelecinus* Zhang & Rasnitsyn，2006；古老长腹细蜂属 *Archaeopelecinus* Shih，Liu & Ren，2009；华夏长腹细蜂属 *Cathaypelecinus* Shih，Liu & Ren，2009；首师大长腹细蜂属 *Shoushida* Liu，Shih & Ren，2009；优美长腹细蜂属 *Abropelecinus* Feng，Shih，Ren & Liu，2010；单影长腹细蜂属 *Azygopelecinus* Feng，Shih，Ren & Liu，2010；硕大长腹细蜂属 *Megapelecinus* Shih，Feng，Liu，Zhao & Ren，2010；柄形长腹细蜂属 *Stelepelecinus* Guo，Shih & Ren，2016。

始长腹细蜂属 *Eopelecinus* Zhang，Rasnitsyn & Zhang，2002

Eopelecinus Zhang，Rasnitsyn & Zhang，2002，*Cret. Res.*，23：687[98] (original designation).

模式种：强壮始长腹细蜂 *Eopelecinus vicinus* Zhang，Rasnitsyn & Zhang，2002。

触角 13~15 节，前翅 2 条管装脉 C 和 R 保留，翅痣形状大小多样。前胸背板短至较长，腹部第 1 节基部宽阔，有时第 2 节呈现棒状，后续各节呈现管状。

产地及时代：辽宁，早白垩世。

中国北方地区白垩纪报道 14 种（表 22.1）。

中国长腹细蜂属 *Sinopelecinus* Zhang，Rasnitsyn & Zhang，2002

Sinopelecinus Zhang，Rasnitsyn & Zhang，2002，*Cret. Res.*，23：88[98] (original designation).

模式种：精美中国长腹细蜂 *Sinopelecinus delicatus* Zhang，Rasnitsyn & Zhang，2002。

雄性，触角 15 节，前翅 C 和 R 保留，R 轻微弯曲，2r-rs 远端弯曲并且略长于翅痣宽度，Rs 短且极为模糊，M+Cu 笔直，连接极短的 M 和 1cu-a。腹部 6 节可见，腹节两侧近乎平行，似长方形，最后 1 节呈三角形。

产地及时代：辽宁，早白垩世。

中国北方地区白垩纪报道 6 种（表 22.1）。

蝎形长腹细蜂属 *Scorpiopelecinus* Zhang，Rasnitsyn & Zhang，2002

Scorpiopelecinus Zhang，Rasnitsyn & Zhang，2002，*Cret. Res.*，23：96[98] (original designation).

模式种：多才蝎形长腹细蜂 *Scorpiopelecinus versatilis* Zhang，Rasnitsyn & Zhang，2002。

触角 14 节。前翅翅痣狭长，前缘尖锐，中段以外未加宽；2r-rs 清晰，Rs 退化，仅在 2r-rs 远端保留部分痕迹，翅室 r 开放，M+Cu 清晰可见。后翅仅 C 存在。前胸背板较长。并胸腹节表面具网格。腹部靠近基部的 3 节宽阔，其余各节呈管状。

产地及时代：辽宁，早白垩世。

中国北方地区白垩纪报道 2 种（表 22.1）。

奇异长腹细蜂属 *Allopelecinus* Zhang & Rasnitsyn，2006

Allopelecinus Zhang & Rasnitsyn，2006，*Cret. Res.*，27：687[99] (original designation).

模式种：可爱奇异长腹细蜂 *Allopelecinus terpnus* Zhang & Rasnitsyn，2006。

触角 15 节。前胸背板较长。前翅翅痣狭长，前缘尖锐，C 和 R 退化消失。并胸腹节具网格。腹部靠近基部的 3 节宽阔，在节与节的衔接处明显变窄，其后 2 节相对变窄，没有形成明显的管状，第 6 节和第 1 节几乎等宽。产卵器外露，长。

产地及时代：山东，早白垩世。

中国北方地区白垩纪仅报道 1 种（表 22.1）。

古老长腹细蜂属 *Archaeopelecinus* Shih，Liu & Ren，2009

Archaeopelecinus Shih，Liu & Ren，2009，*Ann. Entomol. Soc. Am.*，102：25[93] (original designation).

模式种：泰比古老长腹细蜂 *Archaeopelecinus tebbei* Shih，Liu & Ren，2009。

触角 17~23 节不等。前翅翅室 r 闭合；Rs_1 几乎是直线性的延续到翅缘；Rs_2 很短或近乎退化；M+Cu、M 和 Cu 明显存在，后者几乎延伸至翅缘；翅室 1mcu 小，接近三角形；1Rs 比 1M 短或者二者几乎相等；翅室 1+2r 被 R、Rs、Rs+M、Rs 和 2r-rs 环绕成五边形；1cu-a 和 2cu-a 保留但未达翅缘。胸部宽阔具不规则的网状格。腹部基部两节比其他各节宽阔，且第 1 节比第 2 节宽阔，其余各节呈管状。

产地及时代：内蒙古，中侏罗世。

中国北方地区侏罗纪报道 2 种（表 22.1）。

泰比古老长腹细蜂 *Archaeopelecinus tebbei* Shih，Liu & Ren，2009（图22.33）

Archaeopelecinus tebbei Shih，Liu & Ren，2009，*Ann. Entomol. Soc. Am.*，102，25.

产地及层位：内蒙古宁城道虎沟；中侏罗统，九龙山组。

该物种的种名 "tebbei" 是为了感谢 Stan Tebbe 给予史宗冈的指导与鼓励。

该标本除了触角，身体长度达到22.7 mm。头大，椭圆形；复眼大，圆形，距离很近。触角23节。前胸背板相对较短，胸部呈现拉长的六边形。前翅长，具有细长的翅痣；翅室 r 闭合，Rs₁ 直，Rs₂ 短（未退化）；翅室 1mcu 小，接近三角形；翅室 1+2r 被 R、Rs、Rs+M、Rs 和 2r-rs 环绕成五边形。腹部基部2节宽阔，其余各节呈现管状。这也代表着最早的长腹细蜂化石记录出现在中侏罗世[93]。

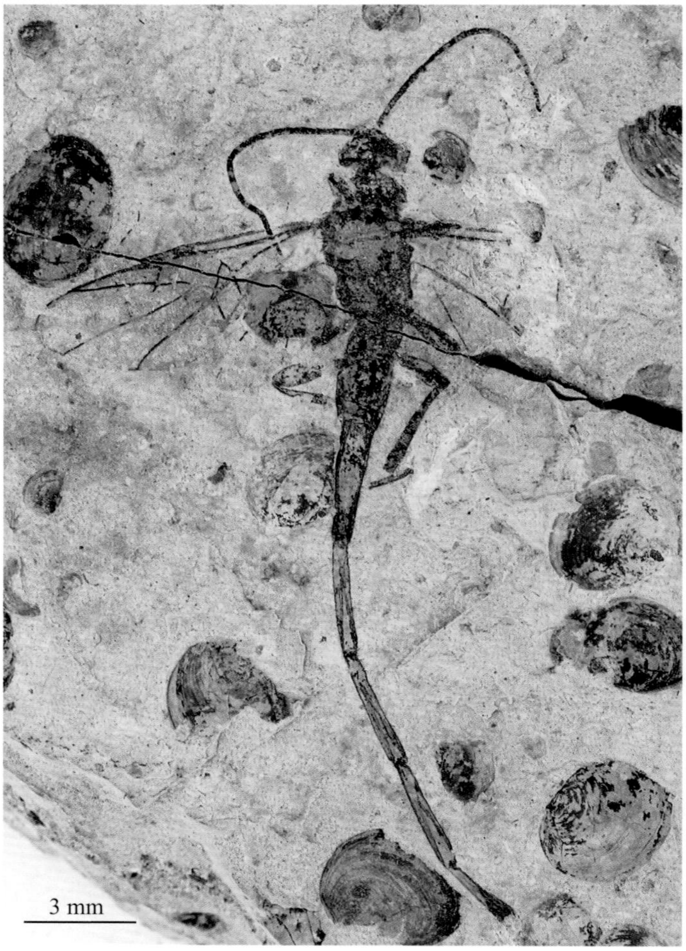

华夏长腹细蜂属 *Cathaypelecinus* Shih，Liu & Ren，2009

Cathaypelecinus Shih，Liu & Ren，2009，*Ann. Entomol. Soc. Am.*，102：30 [93] (original designation).

模式种：道虎沟华夏长腹细蜂 *Cathaypelecinus daohugouensis* Shih，Liu & Ren，2009。

▲ 图 22.33　泰比古老长腹细蜂 *Archaeopelecinus tebbei* Shih，Liu and Ren，2009（正模标本，雌性，CNU-HYM-NN-2006001p）标本由史宗冈捐赠[93]

触角 17~21 节不等，具相对细长的鞭节。前翅翅室 r 闭合；Rs₁ 几乎是直线性的延续到翅缘；Rs₂ 很短，近乎退化；M+Cu、M 和 Cu 明显存在，后者几乎延伸至翅缘；翅室 1mcu 小，呈不规则四边形（接近梯形）；1Rs 和 1M 几乎相等；翅室 1+2r 被 R、Rs、Rs+M、Rs 和 2r-rs 环绕成五边形；1cu-a 和 2cu-a 保留但未达翅缘。胸部宽阔具不规则的网状格。腹部基部两节（特别是基部第 1 节）比其他各节宽阔，其余各节呈管状。

产地及时代：内蒙古，中侏罗世。

中国北方地区侏罗纪仅报道 1 种（表 22.1）。

首师大长腹细蜂属 *Shoushida* Liu，Shih & Ren，2009

Shoushida Liu，Shih & Ren，2009，*Zootaxa*，2080：48 [100] (original designation).

模式种：可敬首师大长腹细蜂 *Shoushida regilla* Liu，Shih & Ren，2009。

属名 "Shoushida" 指的是作者刘晨曦学习的首都师范大学的汉语拼音，而种名 'regilla' 是敬爱的意思，为了表达作者对母校的感恩之情。

这一类群具有如下共同特征：触角 14 节。前翅 Rs 分为两支 Rs₁ 和 Rs₂；Rs₁ 不弯曲且延伸至翅缘；

Rs$_2$ 仅隐约可见痕迹，长但不达翅缘；Rs、Rs$_1$、Rs$_2$ 和 2r-rs 形成 "X" 形；M+Cu 明显，翅痣狭长。盾纵沟达前胸背板，并胸腹节具网格。腹部基部 2 节比其他各节宽阔，基部第 1 节宽于第 2 节，随后的 3 节呈管状，最后一节纺锤形。

产地及时代：辽宁，早白垩世。

中国北方地区白垩纪报道 2 种（表 22.1）。

外扩首师大长腹细蜂 *Shoushida infera* Guo，Shih & Ren，2016（图22.34）

Shoushida infera Guo，Shih & Ren，2016: *Cret. Res.*，61：154.

产地及层位：辽宁北票黄半吉沟；下白垩统，义县组。

该物种是在这一产地发现的第 2 个具有 "X" 形脉（Rs、Rs$_1$、Rs$_2$ 和 2r-rs 形成）的长腹细蜂化石种。身体长度（除触角）达 12.5 mm。头中等大小，侧面看横向加宽，触角 14 节。侧面观整个胸部呈长的椭圆形，前胸背板较短，中胸盾片中等大小，非常平；中胸小盾片呈现轻微的凹陷；并胸腹节宽阔，表面具不规则网格。前翅仅具有管状脉 C 和 R，1-Rs 和 1-M 长度相等，1m-cu 非常短，翅室 1m-cu 呈不规则四边形；Rs 分两支 Rs$_1$ 和 Rs$_2$；1cu-a 不分叉，仅基部保留；2cu-a 相较 1m-cu 的位置更靠近远端。腹部修长，第 1 节梯形，且明显宽于其他各节，第 2 节呈倒梯形，余下各节呈纤细的管状[97]。

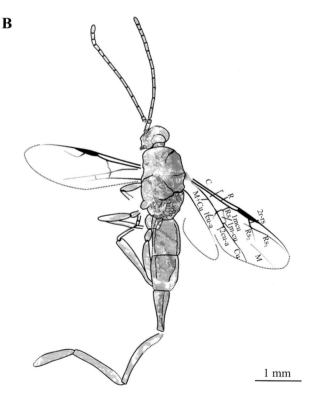

▲ 图 22.34　外扩首师大长腹细蜂 *Shoushida infera* Guo，Shih & Ren，2016（正模标本，CNU-HYM-LB2006105）[97]
　　　　A. 标本照片；B. 线条图

优美长腹细蜂属 *Abropelecinus* Feng，Shih，Ren & Liu，2010

Abropelecinus Feng，Shih，Ren & Liu，2010，*Geolo. Carpath.*，61：464 [101] (original designation).

模式种：环绕优美长腹细蜂 *Abropelecinus annulatus* Feng，Shih，Ren & Liu，2010。

雄性，触角 13 节。前翅仅两条脉 C 和 R 存在。腹部 7 节，各节呈椭圆形，仅末端微微变尖（有时背板和腹板在一定程度上分开）。

产地及时代：辽宁，早白垩世。

中国北方地区白垩纪仅报道 1 种（表 22.1）。

单影长腹细蜂属 *Azygopelecinus* Feng，Shih，Ren & Liu，2010

Azygopelecinus Feng，Shih，Ren & Liu，2010，*Geolo. Carpath.*，61：464 [101] (original designation).

模式种：棍棒单影长腹细蜂 *Azygopelecinus clavatus* Feng，Shih，Ren & Liu，2010。

雄性，前翅仅 2 条脉，C 和 R 明显且完整；2r-rs 从翅痣 1/3 处分出；Rs 短；M+Cu 脉可见，无弯曲。腹部第 1 节呈纤细的长方形，第 2 节和第 3 节近似三角形，基部非常窄，第 4~6 节近似梯形，最后 1 节呈短的三角形状。

产地及时代：辽宁，早白垩世。

中国北方地区白垩纪仅报道 1 种（表 22.1）。

硕大长腹细蜂属 *Megapelecinus* Shih，Feng，Liu，Zhao & Ren，2010

Megapelecinus Shih，Feng，Liu，Zhao & Ren，2010，*Ann. Entomol. Soc. Am.*，103：877 [94] (original designation).

模式种：张氏硕大长腹细蜂 *Megapelecinus changi* Shih，Feng，Liu，Zhao & Ren，2010。

该类群具有如下特征：雌性，触角 22~26 节。前翅翅室 r 闭合；Rs_1 没有明显弯曲，且延伸至翅缘；Rs+M 在翅室 1mcu 的远端分为 Rs 和 M，且 Rs 的长度仅为 Rs+M 的 1/5；Rs_2 消失；翅室 1+2r 六边形；1-Rs 的长度是 1-M 的 2~3 倍；翅室 1m-cu 呈小的窄的梯形，1m-cu 的长度稍短于或者与 1-M 近似相等；1cu-a 和 2cu-a 非常短，未达翅缘。腹部基部两节相较其余的各节较为宽阔，且第 1 节比第 2 节更宽。

产地及时代：辽宁，早白垩世。

中国北方地区白垩纪报道 2 种（表 22.1）。

张氏硕大长腹细蜂 *Megapelecinus changi* Shih，Liu & Ren，2010（图22.35）

Megapelecinus changi Shih，Liu & Ren，2010：*Ann. Entomol. Soc. Am.*，103：877.

产地及层位：辽宁北票黄半吉沟；下白垩统，义县组。

该物种的种名"changi"是为了表达对张永常（Yung-Chang Chang）为史宗冈提供了很多指导和鼓励。

这是迄今为止最大的长腹细蜂化石物种，体长达到 50.9 mm，大小非常接近现生的雌性长腹细蜂。头圆且大，复眼小且相距较远。触角丝状，26 节。胸部长达 8 mm，前胸背板非常短，中胸盾纵沟明显，且向内侧弯曲；并胸腹节具网状格。前翅翅痣长且前缘尖锐；M 和 Cu 平行；2r-rs 从翅痣靠近基部的 1/3 分出，远端轻微弯曲，外边缘具有浅黄色的斑点。后翅仅 C 脉沿着翅前缘存在，且外边缘具有浅黄色的斑点。腹部第 1 节近似椭圆形，第 2 节呈梯形且近端明显宽于远端；腹部前 2 节明显宽于其他各节，第 3~5 节纤细，第 6 节末端轻微膨大 [94]。

柄形长腹细蜂属 *Stelepelecinus* Guo，Shih & Ren，2016

Stelepelecinus Guo，Shih & Ren，2016，*Cret. Res.*，61：156 [97] (original designation).

模式种：狭长柄形长腹细蜂 *Stelepelecinus longus* Guo，Shih & Ren，2016。

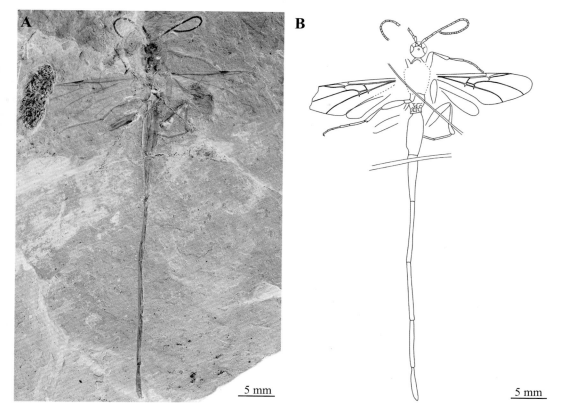

▲ 图 22.35　张氏硕大长腹细蜂 *Megapelecinus changi* Shih，Liu & Ren，2010（正模标本，雌性，CNU–HY–LB2006036p）[94]
标本由史宗冈捐赠
A. 标本照片；B. 线条图

雄性，触角 14 节。前翅 C 和 R 存在。腹部棍棒状，尾部变窄，6 节可见，第 1 节明显长于其他各节，且呈柄状。

产地及时代：辽宁，早白垩世。

中国北方地区白垩纪仅报道 1 种（表 22.1）。

狭长柄形长腹细蜂 *Stelepelecinus longus* Guo，Shih & Ren，2016（图22.36）

Stelepelecinus longus Guo，Shih & Ren，2016，*Cret. Res.*，61：156.

产地及层位：辽宁北票黄半吉沟；下白垩统，义县组。

该物种体长达到 9.2 mm，头大，梯形；触角 14 节保留。胸部侧面观呈拉长的椭圆形；前胸背板较长，中胸盾片长，中胸小盾片短且凸起；后胸背板短且平，中胸盾片，后胸背板，后胸侧板和并胸腹节密布网格。前翅顶端相对尖锐，R脉弯曲不明显；翅痣细长，完全硬化，似长方形。腹部棒状，6 节可见，第 1 节很长，似柄状[97]。

▲ 图 22.36　狭长柄形长腹细蜂 *Stelepelecinus longus* Guo，Shih & Ren，2016（正模标本，雄性，CNU-HYM-LB2015093）[97]

知识窗：缅甸琥珀中的长腹细蜂

短直长腹细蜂*Brachypelecinus eythyntus* Guo, Shih & Ren, 2016，雄性，标本采自缅甸北部的克钦邦胡康河谷，时代是白垩纪中期，（98.79±0.62）百万年[102]。虫体长5.1 mm，触角13节。前翅透明膜质，密布绒毛，翅室1m-cu小，四面，近似梯形；M、Cu和A延伸至翅尖，Rs_1和Rs_2脉的色素沉积越往翅缘越浅；1m-cu相较2cu-a更靠近翅基部。腹部棍棒形，6节可见（图22.37）。

▲ 图22.37　短直长腹细蜂 *Brachypelecinus eythyntus* Guo, Shih & Ren, 2016（正模标本，雄性，CNU-HYM-MA2016001）[103]

1.65亿年以来长腹细蜂的形态学、系统学、起源与扩散

体型较大的雌性现生长腹细蜂体态优雅，具有修长纤细的腹部，仅在美洲北部、中部和南部发现。这类独特的，被称为"活化石"的蜂类都隶属于孑遗的长腹细蜂科。近年来，中国东北部中侏罗世和早白垩世发现并报道的保存非常完整的长腹细蜂物种，如*Archaeopelecinus tebbei*、*Shoushida regilla*、*Megapelecinus changi*和*Megapelecinus nashi*为研究长腹细蜂在过去1.65亿年间的形态的变化（如身体大小、触角和翅脉）和起源问题提供了强有力的证据。史宗冈等研究人员选用长腹细蜂12个化石属和1个现生属的22个形态特征，对长腹细蜂科进行了系统发育分析。分析结果如图22.38所示，证明*Megapelecinus* Shih, Liu & Ren, 2010是最基干的长腹细蜂类群，而*Cathaypelecinus* Shih, Liu et Ren 2009, *Archaeopelecinus* Shih, Liu et Ren 2009和*Iscopinus* Kozlov, 1974三个属构成了相对基干的一支。在长腹细蜂中的自然选择更偏向于体型较大的雌性个体，它具备更强的能力以对寄主产卵。不仅如此，其前翅翅脉的"X"结构使整个翅的稳定性和飞行能力相应增加。此外，根据长腹细蜂时间和空间的分布情况，最简约的假设是原始类群主要起源于中国东北部，之后扩散到亚洲的中部和东部。在中白垩到晚白垩时期，亚洲和美国北部的西边由白令海峡连接，长腹细蜂可能通过这个通道从古北区的东部迁移到了美国北部[94]。

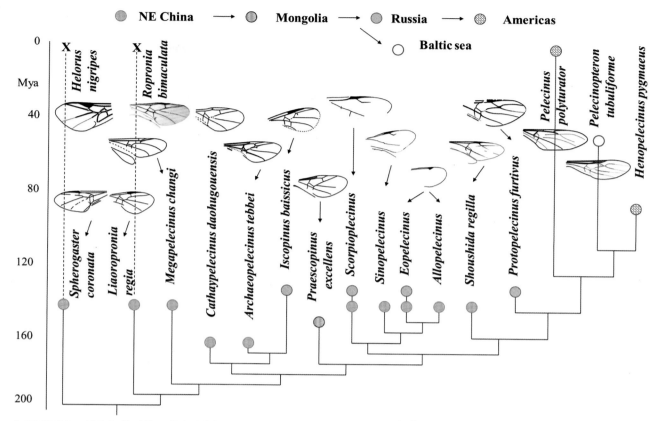

▲ 图 22.38　长腹细蜂科的系统发育树、可能的翅脉进化、迁移扩散路线[94]

柄腹细蜂科 Heloridae Foerster, 1856

　　柄腹细蜂科隶属于细蜂总科[9]，虽然是一个小的现生科，但其物种世界性分布。柄腹细蜂科仅包含一个现生属Helorus Latreille, 1802，所有的物种均以脉翅目的草蛉科为寄主[104]。Helorus的主要鉴别特征有触角15节，翅痣明显，1m-cu翅室呈三角形，Rs+M脉保留，1-Rs消失，腹部第1节拉长，第2~4节背板融合[105]。相比较现生类群而言，化石的柄腹细蜂物种更为丰富一些，统计发现来自中国、蒙古、俄罗斯中侏罗世至早白垩世的化石物种有10属18种[106-114]。

　　中国北方地区侏罗纪和白垩纪报道的属：原始弯蜂属Protocyrtus Rohdendorf, 1938；莱阳柄腹细蜂属Laiyanghelorus Zhang, 1992；辽宁窄腹细蜂属Liaoropronia Zhang & Zhang, 2001；球腹蜂属Spherogaster Zhang & Zhang, 2001；古老柄腹细蜂属Archaeohelorus Shih, Feng & Ren, 2011；中国柄腹细蜂属Sinohelorus Shi, Zhao, Shih & Ren, 2013；美丽柄腹细蜂属Bellohelorus Li, Shih & Ren, 2017；新柄腹细蜂属Novhelorus Li, Shih & Ren, 2017。

原始弯蜂属 *Protocyrtus* Rohdendorf, 1938

　　Protocyrtus Rohdendorf, 1938, *Mesozoic Diptera from Karatau. I Brachycera and some Nematocera*, 7: 29–67[106] (original designation).

　　模式种：侏罗原始弯蜂 *Protocyrtus jurassicus* Rohdendorf, 1938。

　　前翅1-Rs和1-M几乎呈直线，1-M倾斜，1cu-a轻微后分叉，2cu-a不分叉，Rs+M的分叉点在1m-cu和

2r-rs之间距离的40%处，更靠近1m-cu。腹部第1节宽阔。

产地及时代：辽宁，早白垩世。

中国北方地区白垩纪报道2种（表22.1）。

莱阳柄腹细蜂属 *Laiyanghelorus* Zhang, 1992

Laiyanghelorus Zhang, 1992, *Entomotaxonomia*, 14: 1 [109] (original designation).

模式种：粗壮莱阳柄腹细蜂*Laiyanghelorus erymnus* Zhang, 1992。

前翅翅形长且宽阔，2r-rs倾斜，长度超过3r翅室远端宽度的2倍，3r翅室宽阔；2-Rs明显弯曲，与2r-rs的起源位置处在同一水平位置；1m-cu翅室非常窄，长度是宽度的4倍。

产地及时代：山东莱阳，早白垩世。

中国北方地区白垩纪仅报道1种（表22.1）。

辽宁窄腹细蜂属 *Liaoropronia* Zhang & Zhang, 2001

Liaoropronia Zhang & Zhang, 2001, *Acta Micropalaeontol. Sin.*, 18: 22 [110] (original designation).

模式种：辽宁窄腹细蜂 *Liaoropronia leonine* Zhang & Zhang, 2001。

头大，复眼大；触角至少14节且柄节粗壮。并胸腹节的背板和腹膜均具有网状格。腹柄纤细，长度明显大于宽度。腹部第1节呈钟形，其他各节变短。前翅具翅痣狭长，2r-rs几乎与翅前缘垂直，1-Rs比1-M短，1m-cu明显比1-M短，cu-a不分叉。后翅仅前翅缘保存。

产地及时代：辽宁，早白垩世。

中国北方地区白垩纪报道2种（表22.1）。

球腹蜂属 *Spherogaster* Zhang & Zhang, 2001

Spherogaster Zhang & Zhang, 2001, *Acta Micropalaeontol. Sin.*, 18: 21 [110] (original designation).

模式种：王冠球腹蜂 *Spherogaster coronata* Zhang & Zhang, 2001。

体型大，触角细长，26节，长于身体。腹部第1节粗短，似鼓状，其余各节短小呈球面形。前翅翅痣细长呈三角形，2r-rs长度长于翅痣宽度；2r-rs从翅痣分出点更接近翅痣基部；1-Rs向翅基部强烈倾斜，且长度长于1-M；1m-cu翅室非常窄，形状接近三角形。

产地及时代：辽宁，早白垩世。

中国北方地区白垩纪报道2种（表22.1）。

古老柄腹细蜂属 *Archaeohelorus* Shih, Feng & Ren, 2011

Archaeohelorus Shih, Feng & Ren, 2011, *Ann. Entomol. Soc. Am.*, 104: 1337 [111] (original designation).

模式种：何氏古老柄腹细蜂 *Archaeohelorus hoi* Shih, Feng & Ren, 2011。

种名是为了感谢何德仲博士（Dr. Teh Chung Ho）对史宗冈提供指导和鼓励。

该类群的典型特征如下：体型小，触角16或17节，不包括第一鞭节上的小环，整个触角的长度长于头胸之和。腹部有6~7节，第1节比较窄，呈圆锥形。前翅1-Rs的长度稍长于或者等于1-M的长度，且向翅基部倾斜；翅室1m-cu呈小的近似三角形状；1cu-a不分叉，2cu-a与Cu和Rs+M交于一点。

产地及时代：辽宁，早白垩世。

中国北方侏罗纪报道3种（表22.1）。

何氏古老柄腹细蜂 *Archaeohelorus hoi* Shih, Feng & Ren, 2011（图22.39）

Archaeohelorus hoi Shih, Feng & Ren, 2011: *Ann. Entomol. Soc. Am.*, 104: 1338.

产地及层位：内蒙古宁城道虎沟；中侏罗统，九龙山组。

该物种体长达到5.12 mm，触角长度除外，头和复眼均较大，触角16节。胸部近似椭圆形，前胸背板前缘较窄，中胸盾片呈梯形状，盾纵沟明显且凹陷，后胸背板相对较宽，并胸腹节表面具网格。前翅翅面宽阔，较短，似三角形；翅痣狭长，前缘尖锐；C脉粗壮，向前翅前缘延伸，2r-rs自翅痣基部1/3处产生；R粗壮；Rs不弯曲；翅室r闭合，呈三角形状；翅室1+2r被Rs、1-Rs、1-Rs+M、2-Rs+M、2-Rs和2r-rs围成六边形；翅室1m-cu呈小三角形状。腹部椭圆形，可见7节。这是目前为止最早的柄腹细蜂化石记录，将该类群的化石向前推进到中侏罗世[111]。

 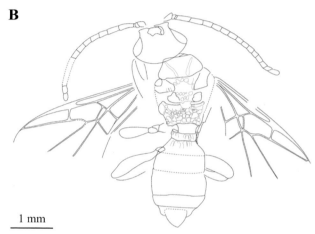

▲ 图 22.39　何氏古老柄腹细蜂 *Archaeohelorus hoi* Shih, Feng & Ren, 2011（正模标本，CNU-HYNN2008005）[111]（标本由史宗冈捐赠）
A. 标本照片；B. 线条图

中国柄腹细蜂属 *Sinohelorus* Shi, Zhao, Shih & Ren, 2013

Sinohelorus Shi, Zhao, Shih & Ren, 2013, *Cret. Res.*, 41: 137 [112] (original designation).

模式种：优雅中国柄腹细蜂 *Sinohelorus elegans* Shi, Zhao, Shih & Ren, 2013。

腹部7节可见，第1腹节拉长，第2腹节很长，可能是几节融合而成，其他各节很短，所有腹节表面光滑。前翅1-Rs的长度等于或稍短于1-M，且1-Rs向翅基部轻微倾斜，1-M向翅尖端倾斜；1-Rs、1-M和Rs+M形成"Y"形；翅室1m-cu小，近似三角形；1cu-a不分叉；2cu-a与Cu和Rs+M接触于一点或者稍微靠近翅基部；M脉和Rs的分叉点在1m-cu和2r-rs脉之间距离的30%处，更靠近1m-cu脉。

产地及时代：辽宁，早白垩世。

中国北方地区白垩纪仅报道1种（表22.1）。

优雅中国柄腹细蜂 *Sinohelorus elegans* Shi, Shih & Ren, 2013（图 22.40）

Sinohelorus elegans Shi, Shih & Ren, 2013: *Cret. Res.*, 41: 137.

产地及层位：辽宁北票黄半吉沟；下白垩统，义县组。

体长7.65 mm，触角除外。头部分保留，触角保存有24节。前翅2r-rs起源于翅痣靠近基部的1/3处；R

粗壮；Rs不弯曲；翅室r四边形，1+2r六边形；1-Rs和1-M形成135°角且与Rs+M形成"Y"形；翅室1m-cu小，近似三角形；1cu-a不分叉（横脉1cu-a和2cu-a明显，1cu-a和1-M在一条直线上），2cu-a相比较Cu和Rs+M更靠近翅基部。腹部细长，7节可见，第1腹节拉长[112]。

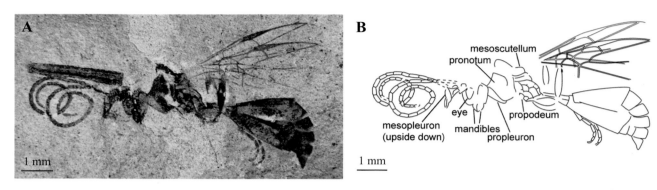

▲ 图 22.40 优雅中国柄腹细蜂 *Sinohelorus elegans* Shi, Shih & Ren, 2013（正模标本，CNU-HYM-LB-2012001）[112]
　　　　　A. 标本照片；B. 线条图

美丽柄腹细蜂属 *Bellohelorus* Li, Shih & Ren, 2017

Bellohelorus Li, Shih & Ren, 2017, *Alcheringa*, 17: 3 [114]（original designation）.

模式种：强壮美丽柄腹细蜂 *Bellohelorus fortis* Li, Shih & Ren, 2017。

头横向加宽，触角19节。腹部第1腹节拉长，且从基部到远端逐渐加宽，第2腹节长，可能是几节融合而成，余下各节明显比第1节短。前翅1-Rs比1-M长，且二者都没有弯曲，向翅痣方向倾斜；1cu-a轻微后分叉，2cu-a不分叉；翅室1m-cu长且窄；Rs+M的分叉点在1m-cu和2r-rs之间距离的40%处，更靠近1m-cu；2r-rs长且不弯曲，长度大约是翅痣宽度的3倍。

产地及时代：辽宁，早白垩世。

中国北方地区白垩纪仅报道1种（表22.1）。

强壮美丽柄腹细蜂 *Bellohelorus fortis* Li, Shih & Ren, 2017（图22.41）

Bellohelorus fortis Li, Shih & Ren, 2017: *Alcheringa*, 17: 9.

产地及层位：辽宁北票黄半吉沟；下白垩统，义县组。

体长8.3 mm，触角除外。头长是宽的2倍，触角丝状，很长，各节粗壮，整体弯曲。胸部明显比腹部短，后胸背板非常短，但几乎与并胸腹节基部等宽。腹部第1节拉长，第2节可能是多节融合，既长又宽。前翅5.5 mm长，1-Rs长于1-M，2r-rs长，且从翅痣1/3处分出，1cu-a和2cu-a都到达A；翅室1m-cu呈窄三角形，长几乎是宽的3倍；翅室1+2r被R、1-Rs、1-Rs+M、2Rs+M+2-Rs和2r-rs围成五边形，2r-rs翅室比3r翅室短；1-Rs+M和2-Rs都长于2-Rs+M[114]。

新柄腹细蜂属 *Novhelorus* Li, Shih & Ren, 2017

Novhelorus Li, Shih & Ren, 2017, *Alcheringa*, 17: 6 [114]（original designation）.

模式种：纤瘦新柄腹细蜂 *Novhelorus macilentus* Li, Shih & Ren, 2017。

身体纤细。前翅1-Rs比1-M长，1-Rs起源点到翅痣基部的长度几乎和翅痣的长度相等；1-Rs+M几乎和2-Rs+M等长；Rs+M的分叉点在1m-cu和2r-rs之间距离的50%处，1cu-a和2cu-a后分叉。

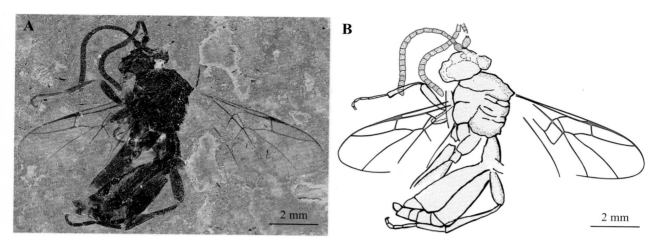

▲ 图 22.41　强壮美丽柄腹细蜂 *Bellohelorus fortis* Li, Shih & Ren, 2017（正模标本，CNU-HYM-LB-2016001p）[114]

A. 标本照片；B. 线条图

产地及时代：辽宁，早白垩世。

中国北方地区白垩纪报道2种（表22.1）。

中细蜂科 Mesoserphidae Kozlov, 1970

　　中细蜂科是细蜂总科唯一的绝灭科，包括2个亚科：中细蜂亚科(Mesoserphinae)和卡拉套细蜂亚科(Karataoserphinae)[115]。中细蜂是一类中小型蜂类，目前报道的体长1.7~8.0 mm都有(一些保存不完整的标本可能原本体型更大)。鉴别特征如下：触角一般11~18节，一个特例是25节；前翅1-Rs和1-M的长度之和大于1cu-a的长度；2r-rs几乎垂直于翅前缘；翅室1m-cu呈四边形，翅脉极度退化。腹部较短，呈椭圆形或纺锤形，硬化程度低，产卵器外露，长度不定[115]。最早的中细蜂化石记录是发现于中国东北部中侏罗统九龙山组的标本[111]。到目前为止，有22属53种中细蜂科化石物种被描述报道[115-121]。而主要分布的产地是哈萨克斯坦和中国中侏罗统至下白垩统的地层[121]。

　　中国北部地区侏罗纪和白垩纪报道的属：中细蜂属*Mesoserphus* Kozlov, 1968；卡拉套中细蜂属*Karataoserphus* Rasnitsyn, 1994；北票中细蜂属*Beipiaoserphus* Zhang & Zhang, 2000；中国中细蜂属*Sinoserphus* Shih, Feng & Ren, 2011；燕辽中细蜂属*Yanliaoserphus* Shih, Feng & Ren, 2011；二叉中细蜂属*Amboserphus* Li, Rasnitsyn, Shih & Ren, 2017；尖腹中细蜂属*Apiciserphus* Li, Rasnitsyn, Shih & Ren, 2017；双基中细蜂属*Basiserphus* Li, Rasnitsyn, Shih & Ren, 2017；单叉中细蜂属*Choriserphus* Li, Rasnitsyn, Shih & Ren, 2017；新中细蜂属*Novserphus* Li, Rasnitsyn, Shih & Ren, 2017；前叉中细蜂属*Ozososerphus* Li, Rasnitsyn, Shih & Ren, 2017。

中细蜂属 *Mesoserphus* Kozlov, 1968

　　Mesoserphus Kozlov, 1968, *Jurassic Proctotrupidea (Hymenoptera)*, 237 [116] (original designation).

　　模式种：卡拉套中细蜂 *Mesoserphus karatavicus* Kozlov, 1968。

　　触角16节。前翅1cu-a和2cu-a不分叉；1-M和1m-cu长度相等；Rs+M的分叉点在1m-cu和2r-rs之间距离的1/5处，且更靠近1m-cu。虫体纤细，腹部呈拉长的椭圆形，产卵器伸出体外，长度长于整个腹部。

产地及时代：内蒙古，中侏罗世。

中国北方地区侏罗纪仅报道1种（表22.1）。

卡拉套中细蜂属 *Karataoserphus* Rasnitsyn, 1994

Karataoserphus Rasnitsyn, 1994, *Paleontol. Zhur.*, 2: 115-119 [118] (original designation).

模式种：黑背卡拉套中细蜂 *Karataoserphus dorsoniger* Rasnitsyn, 1994。

触角大于或等于20节。前翅具有四个闭合的翅室，1-Rs比1-M长；翅痣狭长；1cu-a和2cu-a都后分叉；Rs+M的分叉点相比较2r-rs的位置更靠近1m-cu。后翅翅室r封闭。产卵器短，伸出腹部末端。

产地及时代：内蒙古，中侏罗世。

中国北方地区侏罗纪报道3种（表22.1）。

北票中细蜂属 *Beipiaoserphus* Zhang & Zhang, 2000

Beipiaoserphus Zhang & Zhang, 2000, *Entomotaxomomia*, 22: 279 [122] (original designation).

模式种：优雅北票中细蜂 *Beipiaoserphus elegans* Zhang & Zhang, 2000。

触角大于等于20节。前翅1cu-a前分叉，2cu-a前分叉；Rs+M的分叉点在1m-cu和2r-rs之间距离的1/2处。后翅翅室r封闭。产卵器短，没有伸出体外或者略微伸出末端。

产地及时代：辽宁，早白垩世。

中国北方地区白垩纪仅报道1种（表22.1）。

中国中细蜂属 *Sinoserphus* Shih, Feng & Ren, 2011

Sinoserphus Shih, Feng & Ren, 2011, *Ann. Entomol. Soc. Am.*, 104: 1340 [111] (original designation).

模式种：吴氏中国中细蜂 *Sinoserphus wui* Shih, Feng & Ren, 2011。

该类群的主要鉴别特征是：触角大于19节。前翅有4个封闭的翅室，分别是3r、1+2r、1mcu和cua；1cu-a和2cu-a均不分叉；Rs+M的分叉点在1m-cu和2r-rs之间距离的1/3或1/5处，更靠近1m-cu。后翅如果保存，可见管状脉C、R、M+Cu、Cu、M、r-m；翅室r消失。

产地及时代：内蒙古，中侏罗世。

中国北方地区侏罗纪报道6种（表22.1）。

史氏中国中细蜂 *Sinoserphus shihae* Shih, Feng & Ren, 2011 (图 22.42)

Sinoserphus shihae Shih, Feng & Ren, 2011: *Ann. Entomol. Soc. Am.*, 104: 1341 (original designation).

产地及层位：内蒙古宁城道虎沟；中侏罗统，九龙山组。

种名是为了感谢为史宗冈提供指导和帮助的史宗淮博士（Dr. Zong Whai Shih）。

该标本虫体长12.8 mm，触角除外，头椭圆形，较大；复眼大。触角丝状，各节粗壮，22节。前翅2r-rs从翅痣中部位置分出；C长直达翅顶端；R粗壮；翅室r呈闭合的三角形状Rs直达C末端。翅室1+2r五边形，M+Cu明显且不弯曲；M脉和Cu明显；1-Rs的长度是1-M长度的1/3；1cu-a与1-m成一线，2cu-a在右翅上不分叉，在左翅上前分叉。后翅具有管状脉C、R、M+Cu、Cu、M和r-m；翅室r消失。腹部呈现长椭圆形，8节背板可见 [111]。

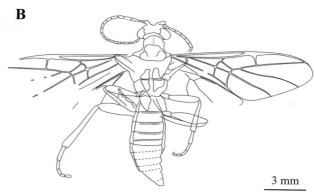

图 22.42　史氏中国中细蜂 *Sinoserphus shihae* Shih, Feng & Ren, 2011（正模标本，CNU-HYM-NN2008001）[111]（标本由史宗冈捐赠）

A. 标本照片；B. 线条图

燕辽中细蜂属 *Yanliaoserphus* Shih, Feng & Ren, 2011

Yanliaoserphus Shih, Feng & Ren, 2011, *Ann. Entomol. Soc. Am.*, 104: 1344 [111] (original designation).

模式种：侏罗燕辽中细蜂 *Yanliaoserphus jurassicus* Shih, Feng & Ren, 2011。

前翅翅痣狭长；2r-rs的长度是翅痣宽度的1.3倍；1-Rs和1-M等长；1m-cu翅室呈四边形；1-M和1m-cu的长度相等；1cu-a和2cu-a明显；1m-cu和1cu-a都很短；Rs+M的分叉点在1m-cu和2r-rs之间距离的1/5处。后翅具有管状脉C、R、M+Cu、Cu、M和r-m，翅室r消失。

产地及时代：内蒙古，中侏罗世。

中国北方地区侏罗纪仅报道1种（表22.1）。

二叉中细蜂属 *Amboserphus* Li, Rasnitsyn, Shih & Ren, 2017

Amboserphus Li, Rasnitsyn, Shih & Ren, 2017, *J. Syst. Palaeontol.*, 15: 623 [121] (original designation).

模式种：肿腿二叉中细蜂 *Amboserphus physematosus* Li, Rasnitsyn, Shih & Ren, 2017。

触角一般多于15节。前翅1cu-a后分叉，2cu-a前分叉；Rs+M的分叉点在1m-cu和2r-rs之间距离的1/2处。产卵器没有伸出体外。

产地及时代：辽宁，早白垩世。

中国北方地区白垩纪报道3种（表22.1）。

尖腹中细蜂属 *Apiciserphus* Li, Rasnitsyn, Shih & Ren, 2017

Apiciserphus Li, Rasnitsyn, Shih & Ren, 2017, *J. Syst. Palaeontol.*, 15: 623 [121] (original designation).

模式种：高雅尖腹中细蜂 *Apiciserphus augustus* Li, Rasnitsyn, Shih & Ren, 2017。

触角多于或等于20节。前翅1-Rs的长度是1-M的1.5倍；1-M比1m-cu长。2r-rs从翅痣远端的1/3处分出；1cu-a后分叉，2cu-a后分叉；Rs+M的分叉点在1m-cu个2r-rs之间距离的1/3处，更靠近1m-cu。后翅r翅室开放。产卵器短，几乎没有伸出体外。

产地及时代：内蒙古，中侏罗世。

中国北方地区侏罗纪仅报道1种（表22.1）。

双基中细蜂属 *Basiserphus* Li, Rasnitsyn, Shih & Ren, 2017

Basiserphus Li, Rasnitsyn, Shih & Ren, 2017, *J. Syst. Palaeontol.*, 15: 627 [121] (original designation).

模式种：小室双基中细蜂 *Basiserphus loculatus* Li, Rasnitsyn, Shih & Ren, 2017。

前翅1cu-a前分叉，2cu-a前分叉；Rs+M的分叉点在1m-cu和2r-rs之间距离的1/6或1/4处，更靠近1m-cu。后翅具有管状脉C、R、M+Cu、Cu、M、r-m；翅室r消失。

产地及时代：内蒙古，中侏罗世；辽宁，早白垩世。

中国北方地区中侏罗世和早白垩世报道2种（表22.1）。

单叉中细蜂属 *Choriserphus* Li, Rasnitsyn, Shih & Ren, 2017

Choriserphus Li, Rasnitsyn, Shih & Ren, 2017, *J. Syst. Palaeontol.*, 15: 626 [121].

模式种：精致单叉中细蜂 *Choriserphus bellus* Li, Rasnitsyn, Shih & Ren, 2017。

触角大于或等于15节。前翅1cu-a不分叉，2cu-a后分叉；Rs+M的分叉点在1m-cu和2r-rs之间距离的1/5或1/3处，更靠近1m-cu。后翅如果保留，具有管状脉C、R、M+Cu、Cu、M、r-m；翅室r消失。短的产卵器几乎没有伸出腹部末端。

产地及时代：内蒙古，中侏罗世。

中国北方地区侏罗纪报道2种（表22.1）。

新中细蜂属 *Novserphus* Li, Rasnitsyn, Shih & Ren, 2017

Novserphus Li, Rasnitsyn, Shih & Ren, 2017, *J. Syst. Palaeontol.*, 15: 628 [121] (original designation).

模式种：宁城新中细蜂 *Novserphus ningchengensis* Li, Rasnitsyn, Shih & Ren, 2017。

前翅具有四个封闭的翅室；1-Rs比1-M长，1-M和1m-cu几乎等长；2r-rs从翅痣中间位置分出，1cu-a后分叉，2cu-a不分叉；Rs+M的分叉点在1m-cu和2r-rs之间距离的1/3处，更靠近1m-cu。后翅翅室r闭合。短的产卵器伸出腹部末端。

产地及时代：内蒙古，中侏罗世。

中国北方地区侏罗纪仅报道1种（表22.1）。

前叉中细蜂属 *Ozososerphus* Li, Rasnitsyn, Shih & Ren, 2017

Ozososerphus Li, Rasnitsyn, Shih & Ren, 2017, *J. Syst. Palaeontol.*, 15: 629 [121] (original designation).

模式种：华美前叉中细蜂 *Ozososerphus lepidus* Li, Rasnitsyn, Shih & Ren, 2017。

触角多于20节。前翅具有4个封闭的翅室；1cu-a不分叉，2cu-a前分叉；Rs+M的分叉点在1m-cu和2r-rs之间距离的1/4~1/2处。后翅如果保留，具有管状脉C、R、M+Cu、Cu、M、r-m；翅室r消失。短的产卵器伸出腹部末端。

产地及时代：内蒙古，中侏罗世。

中国北方地区侏罗纪报道3种（表22.1）。

华美前叉中细蜂 *Ozososerphus lepidus* Li, Rasnitsyn, Shih & Ren, 2017 (图22.43)

Ozososerphus lepidus Li, Rasnitsyn, Shih & Ren, 2017: *J. Syst. Palaeontol.*, 15: 629.

产地及层位：内蒙古宁城道虎沟；中侏罗统，九龙山组。

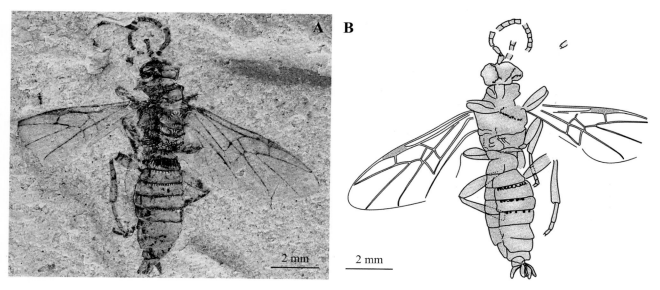

▲ 图 22.43　华美前叉中细蜂 *Ozososerphus lepidus* Li, Rasnitsyn, Shih & Ren, 2017（正模标本，CNU-HYM-NN-2014013p）[121]

　　　　A. 标本照片；B. 线条图

　　身体大约长9.58 mm。头圆形（长1.06 mm，宽1.71 mm）；触角部分保存，可见8节。胸部长是宽的1.6倍。腹部呈拉长的椭圆形，8节可见，各节的长度几乎相等。雄性生殖器被挤压略微变形，基环，阳基侧突和阳茎可辨别。前翅6.53 mm长，2.45 mm宽，1-Rs和1-M等长，1-M的长度是1m-cu长度的2倍；2r-rs在翅痣中间位置分出，长度稍长于翅痣宽度；翅室1+2r五边形，1-Rs的起源点距离翅痣的距离几乎等于1-Rs与1-M的长度之和；Rs+M的分叉点在1m-cu和2r-rs之间距离的中间位置[121]。

中细蜂科的主要鉴别特征

　　通过检视62件中细蜂化石标本，总结中细蜂科属级界元的分类特征如下：

　　（1）前翅1m-cu翅室四边形。

　　（2）前翅1-M、1cu-a、1m-cu、2cu-a 4条脉形成7种稳定的位置关系（图22.44）。

　　（3）前翅Rs+M在1m-cu和2r-rs之间距离的分叉点位置有三种情况：分叉点在1/5处，更靠近1m-cu；分叉点在1/4或1/3处，更靠近1m-cu；分叉点在1/2处，到1m-cu和2r-rs距离相等。

　　（4）前翅M脉和2-Rs+M存在两种关系：连接或不连接。

　　（5）后翅如果保存，M两种状态：消失或保留；翅室r两种状态：开放或闭合。

　　（6）产卵器长度多变，例如在中细蜂属*Mesoserphus*里特别长，在其他属里则比较短。

　　（7）触角节数在大部分属中少于20节，从13到19变化，在个别属里（*Beipiaoserphus*,*Sinoserphus*,*Ozososerphus*）超过20节[121]。

菱板蜂科 Scolebythidae Evans, 1963

　　菱板蜂科是细腰亚目针尾部青蜂总科的一个小科。目前，仅包含现生4属6种，化石7属9种。而在化石类群中，仅1属2种是产自中国东北部下白垩统，义县组地层的化石标本为岩石印痕，其他都是琥珀标本[123]。菱板蜂类具有一原始的生物学特性，即属于群居性的外寄生性昆虫，主要寄生在鞘翅目天牛科（Cerambycidae）和窃蠹科（Anobiidae）等钻木性生活的甲虫身上[124, 125]。菱板蜂科的标本能够又快又

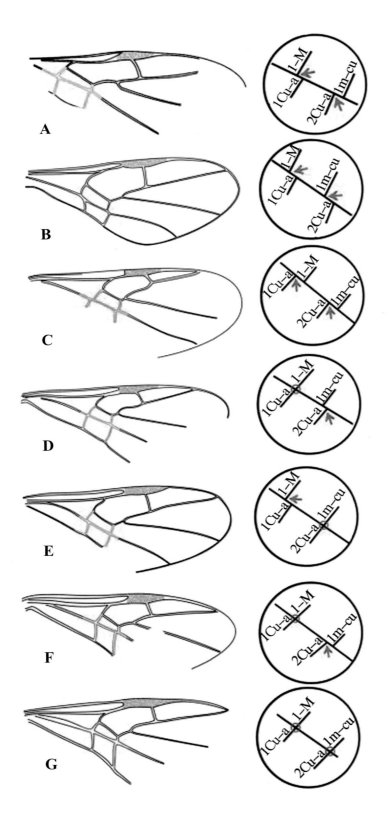

◀ 图 22.44　中细蜂科昆虫化石前翅翅脉线条图，图示前翅 1M 脉、1Cu-a 脉、1m-cu 脉和 2Cu-a 脉的 7 种不同组合类型 pa、pp、aa、ip、pi、ia 和 ii（i 不分叉；a 前分叉；p 后分叉）

A. 肿二叉中细蜂 *Amboserphus tumidus*；

B. 苗条尖腹中细蜂 *Apiciserphus tenuis*；

C. 长双基中细蜂 *Basiserphus longa*；

D. 美丽单叉中细蜂 *Choriserphus bellus*；

E. 宁城新中细蜂 *Novserphus ningchengensis*；

F. 优雅前叉中细蜂 *Ozososerphus lepidus*；

G. 吴氏中国中细蜂 *Sinoserphus wui*

准确地被鉴别主要基于一个独有衍征，即前胸具大的、外露的、菱形的前胸腹板[126-128]。

中国北方地区白垩纪报道的属：奇菱板蜂属Mirabythus Cai, Shih & Ren, 2012。

奇菱板蜂属 *Mirabythus* Cai, Shih & Ren, 2012

Mirabythus Cai, Shih & Ren, 2012, *Zootaxa*, 3504: 58 [123] (original designation).

模式种：斜身奇菱板蜂 *Mirabythus lechrius* Cai, Shih & Ren, 2012。

额骨突消失；唇基短，明显的横向扩展；下颌骨的槽口在前缘。枕骨隆线存在。前胸背板没有形成颈状结构，且背面观前胸背板较短。盾纵沟存在。前胸腹板较大，外露，呈菱形。侧缘小盾片缝隙消失。后胸背板非常短。前翅翅室1cu、2cu、r、2r1和1r1闭合；R1存在，融合于Rs的尖端；翅痣非常小，在翅缘略微凸起；r-m和2cu-a脉都存在，但脉的痕迹若隐若现；2cu-a之前的Cu保留。

产地及时代：辽宁，早白垩世。

中国北方地区白垩纪报道2种（表22.1）。

斜身奇菱板蜂 *Mirabythus lechrius* Cai, Shih & Ren, 2012 (图 22.45)

Mirabythus lechrius Cai, Shih & Ren, 2012: *Zootaxa*, 3504: 59.

产地及层位：辽宁北票黄半吉沟；下白垩统，义县组。

身体大约长9.2 mm，触角除外，头圆形。额骨突消失；唇基短，明显的横向扩展；下颌骨的槽口在前缘。单眼位置明显高于复眼切线位置。枕骨隆线消失。前胸背板没有形成颈状结构，且背面观前胸背板较短。前胸腹板较大，外露，呈菱形。侧缘小盾片缝隙消失。中胸盾片和小盾片之间的缝隙横向贯

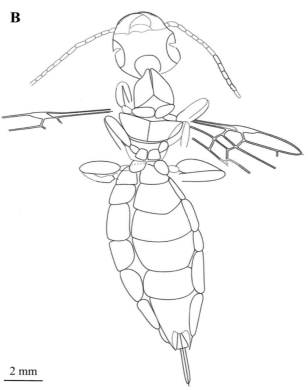

▲ 图 22.45　斜身奇菱板蜂 *Mirabythus lechrius* Cai, Shih & Ren, 2012（正模标本，CNU-HYM-LB2012105p）[123]

　　A. 标本照片；B. 线条图

穿。后胸背板非常短，具窄的横带，微微向后缘延伸。并胸腹节中间具纵向的凹线从并胸腹节前缘一直延伸至接近后缘。腹部长5.2 mm，长且粗壮，侧缘轻微压缩[123]。

旗腹蜂总科 Evanioidea Latreille, 1802

旗腹蜂总科的一个很明显特征是腹部着生在胸部背面很高的位置，与后足基节相距较远。其他的鉴别特征主要来自内骨骼、肌肉组织和分子数据[26]。旗腹蜂总科目前主要包括3个现生科：举腹蜂科（Aulacidae）、褶翅蜂科（Gasteruptiidae）和旗腹蜂科（Evaniidae）[9]。一些中生代报道的化石类群也相继被归入旗腹蜂总科，如原举腹蜂科（Praeaulacidae）、异背蜂科（Anomopterellidae）、拜萨德蜂科（Baissidae）等[129-133]。

异背蜂科 Anomopterellidae Rasnitsyn, 1975

异背蜂是一个绝灭科，最初认为是旗腹蜂总科一个独立的科，后来又被降级称为原举腹蜂科下一亚科。2013年根据道虎沟新发现的化石标本和初步的支序系统学分析结果重新恢复异背蜂科科级界元分类位置，并修订描述其下3个属。支序系统学结果也表明中生代的绝灭科原举腹蜂科是旗腹蜂总科内部最原始的类群，异背蜂科次之[132]。

中国北方侏罗纪和白垩纪报道的属：异背蜂属*Anomopterella* Rasnitsyn，1975；联脉蜂属*Synaphopterella* Li, Rasnitsyn, Shih & Ren, 2013。

异背蜂属 *Anomopterella* Rasnitsyn, 1975

Anomopterella Rasnitsyn, 1975, *Hymenoptera Apocrita of Mesozoic*, 147[130] (original designation).

模式种：奇异异背蜂 *Anomopterella mirabills* Rasnitsyn, 1975。

前翅1r-rs消失或者仅保留非常短的一段；M+Cu与Rs+M不连接；1-M保留，2r-rs和2m-cu比3r-m更靠近翅基部；1cu-a不分叉或轻微后分叉。腹部在中部位置最宽，第1节长度明显长于其他各节，且宽度从基部向远端逐渐变宽。产卵器短，微微伸出腹部末端，产卵鞘的长度也略短于基部的骨片。

产地及时代：内蒙古，中侏罗世。

中国北方地区侏罗纪报道8种（表22.1）。

矮小异背蜂 *Anomopterella pygmea* Li, Shih & Ren, 2014 (图 22.46)

Anomopterella pygmea Li, Shih & Ren, 2014: *Geolo. Carpath.*, 65: 366.

产地及层位：内蒙古宁城道虎沟；中侏罗统，九龙山组。

头圆形，复眼大，触角25节。翅保存完好，前翅1-Rs比1-M长；1r-rs消失；2r-rs几乎从翅痣尖端分出；3-Rs比3r-m长；翅室3r宽阔；翅室2+3rm比2m-cu宽，与1m-cu接触于一点；1cu-a不分叉，但弯曲，长度几乎与1-Rs脉长度相等。后翅1-Rs、1-M和Rs+M形成"Y"形状；1-Rs和1-M长度相等；cu-a存在且弯曲。腹部短，6节可见，第1节非常窄，形成明显的腹柄结构[133]。

联脉蜂属 *Synaphopterella* Li, Rasnitsyn, Shih & Ren, 2013

Synaphopterella Li, Rasnitsyn, Shih & Ren, 2013, *PLoS ONE*, 8, e82587[132] (original designation).

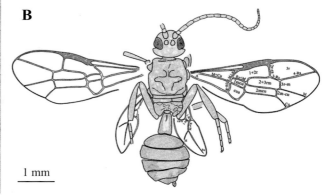

▲ 图 22.46 矮小异背蜂 *Anomopterella pygmea* Li, Shih & Ren, 2014（正模标本，CNU-HYM-NN-2012045）[133]
A. 化石照片；B. 线条图

模式种：展翅联脉蜂 *Synaphopterella patula* Li, Rasnitsyn, Shih & Ren, 2013

触角粗壮。胸部短小，前胸背板和并胸腹节都很短。前翅2r-rs几乎从翅痣顶端分出；1r-rs退化；Rs+M与M+Cu在一条线上，1-M消失；3r-m和2m-cu连接，在一水平位；1-Cu接近垂直，长度与1cu-a相等。

产地及时代：内蒙古，中侏罗世。

中国北方地区侏罗纪仅报道1种（表22.1）。

旗腹蜂科 Evaniidae Latreille, 1802

旗腹蜂科是寄生蜂中的一个类群，由于它们腹部具长且纤细的腹柄，通常被习惯性地称为"旗腹蜂"。除了极地，旗腹蜂几乎是世界性分布的，目前有400余种隶属于20个现生属[134]。旗腹蜂科区别于其他膜翅目类群主要基于2个同源性状：腹部除第7节外，其他功能性气门消失；胸部和腹部结合的关节位置在胸部后缘背面很高处[135]。

中国北部地区侏罗纪报道1属：前白垩旗腹蜂属 *Procretevania* Zhang & Zhang, 2000。

前白垩旗腹蜂属 *Procretevania* Zhang & Zhang, 2000

Procretevania Zhang & Zhang, 2000, *Acta Micropalaeon.Sin.*, 17: 286 [136] (original designation).

模式种：原始前白垩旗腹蜂 *Procretevania pristina* Zhang & Zhang, 2000。

上颚须4节。前胸背板短；中胸背板相对较长，中胸盾片短而宽阔且轻微凸起；并胸腹节，中胸侧板和后胸侧板表面密布网格。前翅1-Rs短且向翅基部倾斜；翅室rm开放。腹柄稍短于胸部。腹部呈椭圆形，腹柄长，第1腹节较短且呈半卵形，其他各节形成球形，长度几乎和胸部相等。产卵器较短。

产地及时代：辽宁，早白垩世。

中国北方地区白垩纪报道4种（表22.1）。

静雅前白垩旗腹蜂 *Procretevania mitis* Li, Shih & Ren, 2014 (图 22.47)

Procretevania mitis Li, Shih & Ren, 2014: *Cret. Res.*, 47: 49.

产地及层位：辽宁北票黄半吉沟；下白垩统，义县组。

身体除触角外长度为约11.3 mm。前胸背板非常短；前胸侧板横向加宽；中胸侧板表面密布网格；后胸背板非常短；并胸腹节向腹柄连接处弯曲。前翅1-Rs明显比1-M短；翅痣狭长，两侧平行；翅室1+2r比3r长；3-Rs在2r-rs前端出现轻微弯曲；2-M在2r-rs的前部轻微肘状弯曲，3-M轻微弯曲；1m-cu与1-M近乎平行；1cu-a后分叉；A部分可见。腹部腹柄长，第1腹节短，长度不足腹柄的一半，侧面观呈三角形，其余各节呈卵圆形[137]。

1 mm

◀ 图 22.47　静雅前白垩旗腹蜂 *Procretevania mitis* Li, Shih & Ren, 2014（正模标本，CNU-HYM-LB-2013001）[137]

原举腹蜂科 Praeaulacidae Rasnitsyn, 1972

原举腹蜂科是一个绝灭科，被认为是旗腹蜂总科内部其他各科的祖先类群[138]。目前，该科包含3亚科20属，主要的分布地是东亚、澳大利亚、哈萨克斯坦南部和中国[128, 130]。

中国北方地区侏罗纪和白垩纪报道的属：原举腹蜂属*Praeaulacus* Rasnitsyn, 1972；举腹蜂属*Aulacogastrinus* Rasnitsyn, 1983；华外蜂属*Sinowestratia* Zhang & Zhang, 2000；非旗腹蜂属*Nevania* Zhang & Rasnitsyn, 2007；中国举腹蜂属*Sinaulacogastrinus* Zhang & Rasnitsyn, 2008；东方举腹蜂属*Eosaulacus* Zhang & Rasnitsyn, 2008；东方非旗腹蜂属*Eonevania* Rasnitsyn & Zhang, 2010；中国旗腹蜂属*Sinevania* Rasnitsyn & Zhang, 2010；古老举腹蜂属*Archaulacus* Li, Shih & Ren, 2014。

原举腹蜂属 *Praeaulacus* Rasnitsyn, 1972

Praeaulacus Rasnitsyn, 1972, *Paleontol. Zhur.*, 1: 72 [128] (original designation).

模式种：分支原举腹蜂 *Praeaulacus ramosus* Rasnitsyn, 1972。

前翅1-Rs的长度比1-Rs起点到翅痣基部的距离短；2r-rs的位置比2r-m更靠近基部；2r-rs短或者仅略长于翅痣宽度；翅室3rm稍短于2rm且3r-m没有明显弯曲；翅室2rm与1m-cu通过一段短的M接触。后翅具有M和Cu；cu-a接触Cu的位置比M+Cu分叉点的位置更靠近翅尖端。腹部第1节圆锥形或者基部轻微拉长。产卵器长，长度是前翅翅长的2/3。

产地及时代：内蒙古，中侏罗世。

中国北方地区侏罗纪报道11种（表22.1）。

沉思原举腹蜂 *Praeaulacus obtutus* Li, Shih & Ren, 2014 (图 22.48)

Praeaulacus obtutus Li, Shih & Ren, 2014: *J. Nat. Hist.*, 49: 831.

产地及层位：内蒙古宁城道虎沟；中侏罗统，九龙山组。

虫体长6.2 mm，触角除外，头中等大小，复眼大呈不规则椭圆形，触角16节。胸部粗壮，并胸腹节短，侧面观较为宽阔。前翅1-Rs比1-M短；2r-m不弯曲，3r-m轻微弯曲；2rm翅室比3rm翅室长；1m-cu翅室似平行四边形，长是宽的2倍；cu-a不分叉，且比1-M长。后翅r-m不弯曲，且比1-Rs和1-M短；cu-a强烈弯曲；A保留。腹部第1节柄状，腹部着生在并胸腹节的很高处，远离后足基节[139]。

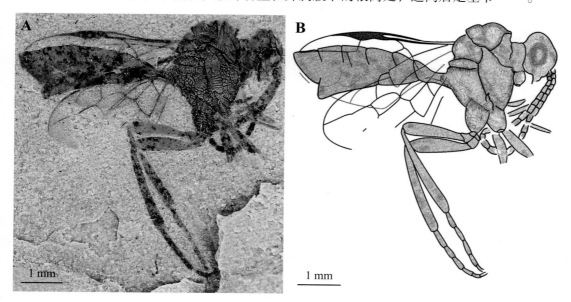

▲ 图 22.48　沉思原举腹蜂 *Praeaulacus obtutus* Li, Shih & Ren, 2014（正模标本，CNU-HYM-NN-2012039p）[139]
　　　　　A. 标本照片；B. 线条图

知识窗：琥珀里的原举腹蜂

赵氏优举腹蜂*Habraulacus zhaoi* Li, Rasnitsyn, Shih & Ren, 2015是产自缅甸中白垩世的琥珀标本。种名是为了感谢赵仁浩捐赠这件标本用于科学研究。该标本虫体长5.6 mm，头大，触角丝状，细长，超过30节。胸部粗短，仅外轮廓可见。腹部明显拉长，第1腹节长是宽的5倍，着生在并胸腹节背部。前翅翅痣狭长，1-Rs在R的起源点距离翅痣基部有一段距离；1cu-a不分叉；2r-rs从翅痣基部1/3处分出且远端微弯曲；2r-m和3r-m保存完好；2r-m脉比2m-cu更靠近翅基部，3r-m比2r-m长，"V"形弯曲；2m-cu与2r-m几乎在一条线上；翅室2m-cu长且窄[140]（图22.49）。

举腹蜂属 *Aulacogastrinus* Rasnitsyn, 1983

Aulacogastrinus Rasnitsyn, 1983, *Hymenoptera from the Jurassic of East Siberia*, 58: 85[117] (original designation).

模式种：黑举腹蜂*Aulacogastrinus ater* Rasnitsyn, 1983。

头横向宽阔。前翅1-Rs从Rs的起源点远离翅痣；2r-rs的长度长于翅痣的最大宽度，与Rs接触的位置比2r-m更靠近翅基部；3r-m没有明显的弯曲；翅室2r-m与1m-cu通过一段短的2M接触。后翅cu-a与M+Cu

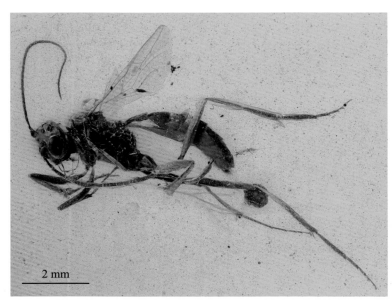

◀ 图22.49 赵氏优举腹蜂 *Habraulacus zhaoi* Li, Rasnitsyn, Shih & Ren, 2015（正模标本，CNU-HYM-MA-2014001）[140]（标本由赵仁浩捐赠）

的接触点距离M+Cu的分叉点很近。腹部粗壮，第1腹节拉长，缢缩，基部呈管状，远端呈钟口状。产卵器和前翅至少等长。

产地及时代：内蒙古，中侏罗世。

中国北方地区侏罗纪报道2种（表22.1）。

非旗腹蜂属 *Nevania* Zhang & Rasnitsyn, 2007

Nevania Zhang & Rasnitsyn, 2007, *Insect Syst. Evol.*, 38: 2 [141] (original designation).

模式种：粗壮非旗腹蜂*Nevania robusta* Zhang & Rasnitsyn, 2007。

中等体型，触角远离上颚，通常超过28节。胸部短，前胸背板和中胸盾片横向延伸，中胸侧板呈拱形弯曲，后胸背板非常短，并胸腹节侧面和背面都具网格。前翅翅脉完整，具11个封闭的翅室；1r-rs的痕迹微弱可见或完全消失；1cu-a不分叉或者轻微后分叉；2A完整。后翅翅脉完整，C、Rs和M均达翅缘；翅室r闭合；1-Cu与cu-a接触，延伸的Cu退化或完全消失；A在cu-a更基部的位置出现明显弯曲。腹部第1腹节和第2腹节呈长管状，远端稍微加粗，2节长度几乎相等。

产地及时代：内蒙古，中侏罗世。

中国北方地区侏罗纪报道8种（表22.1）。

中国举腹蜂属 *Sinaulacogastrinus* Zhang & Rasnitsyn, 2008

Sinaulacogastrinus Zhang & Rasnitsyn, 2008, *J. Syst. Palaeontol.*, 6: 481 [138] (original designation).

模式种：美丽中国举腹蜂 *Sinaulacogastrinus eucallus* Zhang & Rasnitsyn, 2008。

头横向比较宽阔。前翅1-Rs起源远离翅痣基部；2r-rs与Rs接触点比2r-m更靠近翅基部，长度几乎与2r-m翅室最宽处相等；3r-m接近垂直；2r-m翅室和3r-m翅室等长；2r-m翅室和1m-cu翅室接触于一点。后翅M不弯曲（没有形成明显角度，M和Cu明显），cu-a与M+Cu的接触点比M+Cu的分叉点更靠近翅基部。腹部第1节基部一半呈圆锥形，远端一半近似长方形。产卵器的长度长于前翅翅长。

产地及时代：内蒙古，中侏罗世。

中国北方地区侏罗纪报道2种（表22.1）。

东方举腹蜂属 *Eosaulacus* Zhang & Rasnitsyn, 2008

Eosaulacus Zhang & Rasnitsyn, 2008, *J. Syst. Palaeontol.*, 6: 481 [138] (original designation).

模式种：巨型东方举腹蜂 *Eosaulacus giganteus* Zhang & Rasnitsyn, 2008。

体型较大，触角丝状，超过30节。前翅Rs起源于翅痣基部；1-Rs比1-M短；2r-rs从翅痣中间分出，在Rs上的接触点与2r-m一致，长度明显比2r-m翅室最宽处长；3r-m明显倾斜且呈波浪状弯曲；2r-m翅室明显短于3r-m翅室。后翅r-m到翅基部之间的M拱形弯曲；cu-a与M+Cu的接触点比M+Cu的分叉点更靠近翅基部；M、Cu和A保留。腹部第1节呈拉长的圆锥形。产卵器的长度长于后翅翅长。

产地及时代：内蒙古，中侏罗世。

中国北方地区侏罗纪报道2种（表22.1）。

东方非旗腹蜂属 *Eonevania* Rasnitsyn & Zhang, 2010

Eonevania Rasnitsyn & Zhang, 2010, *Acta Geol. Sin.-Engl.*, 84: 854 [142] (original designation).

模式种：粗壮东方非旗腹蜂 *Eonevania robusta* Rasnitsyn & Zhang, 2010。

前翅A$_1$和A$_2$之间的区域没有延展，a$_1$-a$_2$存在。腹部第1节和第2节没有形成明显的管状结构，但比其他各节稍窄。

产地及时代：内蒙古，中侏罗世。

中国北方地区侏罗纪仅报道1种（表22.1）。

粗壮东方非旗腹蜂 *Eonevania robusta* Rasnitsyn & Zhang, 2010 (图 22.50)

Eonevania robusta Rasnitsyn & Zhang, 2010: *Acta Geol. Sin. -Engl.*, 84: 854.

产地及层位：内蒙古宁城道虎沟；中侏罗统，九龙山组。

头小，复眼大，卵圆形，触角18节。前胸背板非常短。中胸背板的盾纵沟呈"V"形，与横盾沟接触。前翅1-Rs是1-M长度的1.7倍；翅室2rm和1m-cu接触于一点；cu-a与Cu的接触点比M+Cu的分叉点更靠近翅尖端；2A完整；a$_1$-a$_2$比1cu-a短；2a略长于cua。腹部第1节基部明显纤细，向远端逐渐加粗，似梯形，第2节与第1节类似。产卵器短，略微伸出腹部末端[142]。

2 mm

◀ 图 22.50　粗壮东方非旗腹蜂 *Eonevania robusta* Rasnitsyn & Zhang, 2010（正模标本，NND0029/NIGP151947）[142]（张海春供图）

中国旗腹蜂属 *Sinevania* Rasnitsyn & Zhang, 2010

Sinevania Rasnitsyn & Zhang, 2010, *Acta Geol. Sin.-Engl.*, 84: 854 [142] (original designation).

模式种：美眩中国旗腹蜂 *Sinevania speciosa* Rasnitsyn & Zhang, 2010。

前翅1-Rs和1-M在其连接处形成微弱的角度。腹部第1节几乎呈管状，基部的3节轻微肿大，且至少有1个气门可见。

产地及时代：内蒙古，中侏罗世。

中国北方地区侏罗纪仅报道1种（表22.1）。

古老举腹蜂属 *Archaulacus* Li, Shih & Ren, 2014

Archaulacus Li, Shih & Ren, 2014, *Zootaxa*, 3814: 433 [143] (original designation).

模式种：优古老举腹蜂 *Archaulacus probus* Li, Shih & Ren, 2014。

前翅1-Rs的起源点远离翅痣基部，翅痣狭长且两边平行；1-Rs几乎与Rs垂直；2r-rs与Rs的接触点比2r-m更靠近翅基部，长度长于2rm翅室的最宽处；2m-cu比2r-m更靠近翅基部，翅室2rm比3rm长，但比3rm窄；2r-m翅室和1m-cu翅室接触于一点；cu-a后分叉。后翅C保留。腹部长椭圆形，第1腹节侧面观似三角形。产卵器的长度长于前翅翅长。

产地及时代：内蒙古，中侏罗世。

中国北方地区侏罗纪仅报道1种（表22.1）。

优古老举腹蜂 *Archaulacus probus* Li, Shih & Ren, 2014 (图 22.51)

Archaulacus probus Li, Shih & Ren, 2014: *Zootaxa*, 3814: 433.

产地及层位：内蒙古宁城道虎沟；中侏罗统，九龙山组。

头中等大小，触角保留的有20节。前翅Rs的起源点远离翅痣基部；1-Rs与R和Rs+M垂直；1-Rs比1-M短；2r-rs与Rs的接触点比2r-m更靠近翅基部，长度稍长于2r-m翅室的最宽处；2m-cu比2r-m更靠近翅基部；2r-m翅室与1m-cu翅室接触于一点；1cu-a脉后分叉，长度稍短于1-M脉。腹部长卵圆形，7节可见。产卵器的长度稍长于前翅翅长 [143]。

2 mm

◀ 图 22.51　优古老举腹蜂 *Archaulacus probus* Li, Shih & Ren, 2014（正模标本，CNU-HYM-NN- 2012033）[143]

知识窗：琥珀里的旗腹蜂

短脉缅甸旗腹蜂*Burmaevania brevis* Shih, Li & Ren, 2019是产自缅甸中白垩世的琥珀标本。该标本虫体长约3.77 mm，头横向椭圆，触角14节。胸腹黑色为主，轮廓可见，腹部尤其短小，着生在并胸腹节背部。前翅翅痣窄长，1-Rs明显比1-M短；1cu-a不分叉；2r-rs从翅痣尖端分出，几乎与Rs+M平行；2r-m和3r-m消失[144]（图22.52）。

▶ 图 22.52 短脉缅甸旗腹蜂 *Burmaevania brevis* Shih, Li & Ren, 2019（正模标本，CNU-HYM-MA-2018102）[144]

1 mm

魔蜂科 Ephialtitidae Handlirsh, 1906

魔蜂科是一个绝灭科，被认为是膜翅目细腰亚目最原始的类群，与卡拉达蜂科构成魔蜂总科[145]。但最近的研究[132, 142]显示卡拉达蜂科被转移到广腰亚目的尾蜂总科中，而魔蜂科暂时列入冠蜂总科，冠蜂总科是细腰亚目的原始类群。到目前为止，魔蜂科共报道化石29属77种[146]。

中国北方地区侏罗纪和白垩纪报道的属：亚洲魔蜂属*Asiephialtites* Rasnitsyn, 1975；古细蜂属*Proapocritus* Rasnitsyn, 1975；冠腹蜂属*Stephanogaster* Rasnitsyn, 1975；联腹蜂属*Symphytopterus* Rasnitsyn, 1975；卡拉套蜂属*Karataus* Rasnitsyn, 1977；中国魔蜂属*Sinephialtites* Zhang, 1985；白垩蜂属*Crephanogaster* Rasnitsyn, 1990；原古细蜂属*Praeproapocritus* Rasnitsyn & Zhang, 2010；长针魔蜂属*Acephialtitia* Li, Shih, Rasnitsyn & Ren, 2015；古魔蜂属*Proephialtitia* Li, Shih, Rasnitsyn & Ren, 2015。

亚洲魔蜂属 *Asiephialtites* Rasnitsyn, 1975

Asiephialtites Rasnitsyn, 1975, *Hymenoptera Apocrita of Mesozoic*, 147 [130] (original designation).

模式种：黑体亚洲魔蜂 *Asiephialtites niger* Rasnitsyn, 1975。

前翅1cu-a不分叉；1-Rs几乎垂直；3r-m和2m-cu保留，a_1-a_2消失；翅室3rm比1m-cu长。后翅r翅室闭合，1-M短且不弯曲。产卵器长。

产地及时代：内蒙古，中侏罗世。

中国北方地区侏罗纪仅报道1种（表22.1）。

古细蜂属 *Proapocritus* Rasnitsyn, 1975

Proapocritus Rasnitsyn, 1975, *Hymenoptera Apocrita of Mesozoic*, 147 [130] (original designation).

模式种：先驱古细蜂 *Proapocritus praecursor* Rasnitsyn, 1975。

前翅1-Rs倾斜；1r-rs存在或消失；3r-m和2m-cu管状；1cu-a不分叉或者轻微后分叉；2A基本退化；翅室2a闭合。后翅C保留；Rs的起源点比M+Cu的分叉点更靠近翅尖端。

产地及时代：内蒙古，中侏罗世。

中国北方地区侏罗纪报道8种（表22.1）。

联腹蜂属 *Symphytopterus* Rasnitsyn, 1975

Symphytopterus Rasnitsyn, 1975, *Hymenoptera Apocrita of Mesozoic*, 147 [130] (original designation).

模式种：黑角联腹蜂 *Symphytopterus nigricornis* Rasnitsyn, 1975。

前翅翅脉完整，1r-rs消失或退化或保留；1cu-a后分叉或不分叉；2r-m，3r-m和a1-a2存在。后翅翅室r闭合或开放；r-m比1-Rs短；r-m到翅基部之间的M通常弯曲；Cu保存且延伸至翅缘。腹部粗壮，尤其中间位置非常宽阔。产卵器短。

产地及时代：内蒙古，中侏罗世。

中国北方地区侏罗纪仅报道1种（表22.1）。

纤美联腹蜂 *Symphytopterus graciler* Wang, Li & Shih, 2015 (图 22.53)

Symphytopterus graciler Wang, Li & Shih, 2015: *Insect Syst. Evol.*, 46：474.

产地及层位：内蒙古宁城道虎沟；中侏罗统，九龙山组。

头中等大小，触角有18节。前胸背板短，中胸背板的盾纵沟呈"U"形，且延伸至横盾构。前翅翅痣尖锐，2r-rs从翅痣1/3处起源；1-Rs稍长于1-M，2r-rs的长度是翅痣宽度的1.5倍，但等于2rm翅室的最宽距离；2r-m接近垂直；3r-m轻微弯曲；1m-cu与2rm翅室的接触点比Rs+M的分叉点更靠近翅尖端；1cu-a后分叉；a_1-a_2保留，2A几乎完整。腹部呈宽阔的椭圆形，6节可见[147]。

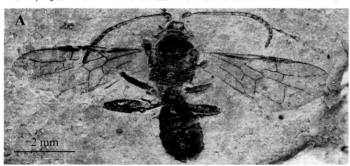

2 mm

◀ 图22.53 纤美联腹蜂 *Symphytopterus graciler* Wang, Li & Shih, 2015（正模标本，CNU-HYM-NN-2012036）[147]

A. 标本照片；B. 线条图

卡拉套蜂属 *Karataus* Rasnitsyn, 1977

Karataus Rasnitsyn, 1977, *Paleontol. J.*, 11：103 [42] (original designation).

模式种：异足卡拉套蜂 *Karataus pedalis* Rasnitsyn, 1977。

触角至少20节。后足腿节在雄性个体中明显膨大，在雌性个体中不明显。前翅1-Rs脉明显地向翅基部倾斜；1r-rs消失或完整保留；2r-m的位置比2m-cu更靠近2r-rs；翅室2rm比3rm长；1m-cu在M的接触点比Rs+M的分叉点更靠近翅尖端；Rs+M的分叉点位置几乎和翅痣基部在一个水平；cua的位置比M+Cu的分叉位置更靠近翅边缘；a_1-a_2至翅基部之间的2A保留；a_1-a_2完整，且2a翅室闭合。后翅1-Rs明显长于r-m；翅室r(在后翅前缘)闭合。腹部纺锤形，中部位置最宽。产卵器略微伸出腹部末端。

产地及时代：内蒙古，中侏罗世。

中国北方地区侏罗纪报道6种（表22.1）。

白垩蜂属 *Crephanogaster* Rasnitsyn, 1990

Crephanogaster Rasnitsyn, 1990, *Academy of Science of the USSR*, 239：187 [108] (original designation).

模式种：异腿白垩蜂 *Crephanogaster fomorata* Rasnitsyn, 1990。

触角26节。前翅翅脉完整；1r-rs的痕迹微弱保留，2A，a1-a2完整保留；1-Rs几乎与R脉垂直；翅室2rm和3rm短；1cu-a略微后分叉或不分叉。后翅r翅室闭合。

产地及时代：辽宁，早白垩世。

中国北方地区白垩纪仅报道1种（表22.1）。

原古细蜂属 *Praeproapocritus* Rasnitsyn & Zhang, 2010

Praeproapocritus Rasnitsyn & Zhang, 2010, *Acta. Geol. Sin.-Engl.*, 84：852 [142] (original designation).

模式种：平凡远古细蜂 *Praeproapocritus vulgates* Rasnitsyn & Zhang, 2010。

触角通常超过30节。前翅1-Rs倾斜；1r-rs、3r-m和2m-cu保留；2A完整且基部出现明显弯曲，后胸淡膜区非常小但明显可见。后翅1-Rs的起源点比M+Cu的分叉点更靠近翅尖端。

产地及时代：内蒙古，中侏罗世。

中国北方地区侏罗纪报道2种（表22.1）。

曲脉原古细蜂 *Praeproapocritus flexus* Li, Shih & Ren, 2013 (图 22.54)

Praeproapocritus flexus Li, Shih & Ren, 2013: *Acta. Geol. Sin-Engl.*, 87：1488.

产地及层位：内蒙古宁城道虎沟；中侏罗统，九龙山组。

虫体除触角外长14.7 mm。头和复眼均较大，触角33节。胸部细长，前胸背板短，中胸背板和中胸盾片明显比小盾片长，盾纵沟"V"形且延伸至横盾沟；淡膜区非常小；并胸腹节近似梯形。前翅1-Rs明显比1-M短；1r-rs完整且与2r-rs接近平行；2r-m比3r-m短；1m-cu翅室近似长方形，长是宽的2倍；2m-cu轻微弯曲；1cu-a不分叉；2A完整；a_1-a_2保留。后翅1-Rs、r-m、1-M、cu-a、M+Cu和A保留。腹部8节可见 [148]。

长针魔蜂属 *Acephialtitia* Li, Shih, Rasnitsyn & Ren, 2015

Acephialtitia Li, Shih, Rasnitsyn & Ren, 2015, *BMC Evol. Biol.*, 15：3 [146] (original designation).

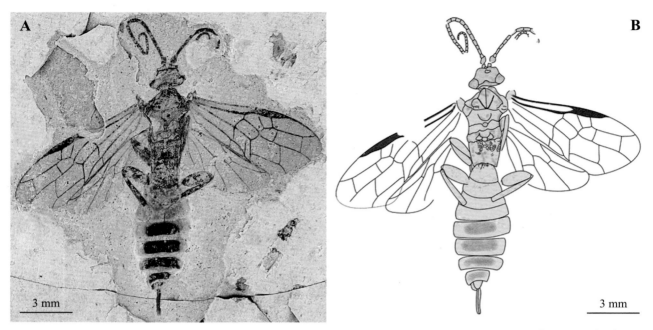

▲ 图 22.54 曲脉原古细蜂 *Praeproapocritus flexus* Li, Shih & Ren, 2013（正模标本，CNU-HYM-NN-2012031p）[148]
A. 标本照片；B. 线条图

模式种：巨型长针魔蜂 *Acephialtitia colossa* Li, Shih, Rasnitsyn & Ren, 2015。

体型非常大，产卵器很长，几乎是整个身体的2倍（雌性）。触角超过25节，长度几乎是头和胸部长度之和。翅几乎完整，脉清晰可见。前翅1Rs比1M短，1r-rs、2r-rs、2r-m、3r-m和2m-cu存在，1r-rs非常长，几乎与Rs+M平行；2r-m和3r-m近乎垂直，且二者相距较远；cu-a略微后分叉；2r-rs起源于翅痣中间位置，翅室1m-cu和2rm接触于一点，翅室2rm比3rm短，且二者都短于1m-cu室，2rm翅室的基部比翅痣的基部更靠近翅尖端。后翅Rs、M、Cu和r-m存在，1M略微弯曲，cu-a后分叉。胸部很长，整个腹部几乎没有缢缩，很宽阔地与并胸腹节相连。足细长，转节存在。产卵器很长，明显地长于整个身体，并微向下弯曲。

产地及时代：辽宁，早白垩世。

中国北方地区白垩纪仅报道1种（表22.1）。

巨型长针魔蜂 *Acephialtitia colossa* Li, Shih, Rasnitsyn & Ren, 2015 (图 22.55)

Acephialtitia colossa Li, Shih, Rasnitsyn & Ren, 2015: *BMC Evol. Biol.*, 15：3.

产地及层位：辽宁北票黄半吉沟；下白垩统，义县组。

身体很长，约28.3 mm，触角和产卵器除外。头短，大的复眼侧面可见，触角超过25节。前胸背板较短，中胸背板横向呈脊状弯曲，小盾片和盾纵沟存在，横盾沟直，腋直区可见；后胸背板狭长不弯曲。前翅1Rs比1M短，但比1Rs起源点到翅痣基部的距离长；翅痣狭长，2r-rs脉约在接近翅痣1/2的位置分出；1r-rs长，指向1Rs；2r-m也比3r-m短，2条脉都略微弯曲；cu-a后分叉。后翅Rs、M、Cu和r-m存在，1M较长且弯曲，cu-a后分叉。腹部很宽阔地着生在并胸腹节上，8节可见。产卵鞘包裹的产卵器细长些，微向下弯曲，约为50.6 mm[146]（图22.56）。

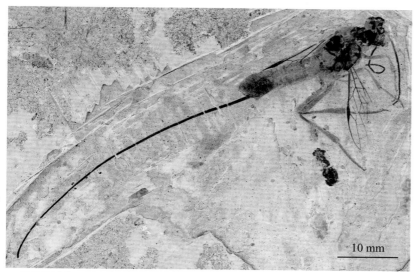

10 mm

◀ 图 22.55　巨型长针魔蜂 *Acephialtitia colossa* Li, Shih, Rasnitsyn & Ren, 2015（正模标本，CNU-HYM-LB-2013004）[146]

◀ 图 22.56　巨型长针魔蜂生态复原图 *Acephialtitia colossa* Li, Shih, Rasnitsyn & Ren, 2015（正模标本，CNU-HYM-LB-2013004）[146]（王晨绘制）

古魔蜂属 *Proephialtitia* Li, Shih, Rasnitsyn & Ren, 2015

Proephialtitia Li, Shih, Rasnitsyn & Ren, 2015, *BMC Evol. Biol.*, 15：6 [146] (original designation).

模式种：长针古魔蜂 *Proephialtitia acanthi* Li, Shih, Rasnitsyn & Ren, 2015。

翅脉完整，前翅1Rs比1M短，并与1M形成钝角，接近120°，1Rs起源远离翅痣，到翅痣基部的距离是1Rs长度的3倍，1r-rs很短或消失；2r-rs、2r-m、3r-m、2m-cu、cu-a和a1-a2都存在，2rm翅室的基部较接近翅痣基部；2r-m和3r-m接近垂直，cu-a与1M连接不分叉；后翅Rs、M、Cu、r-m和cu-a存在，1M略微弯曲，cu-a前轻微分叉。产卵器几乎垂直，比整个身体还长。

产地及时代：内蒙古，中侏罗世。

中国北方地区侏罗纪报道2种（表22.1）。

长针古魔蜂 *Proephialtitia acantha* Li, Shih, Rasnitsyn & Ren, 2015 (图 22.57)

Proephialtitia acantha Li, Shih, Rasnitsyn & Ren, 2015：*BMC Evol. Biol.*, 15：6.

产地及层位：内蒙古宁城道虎沟；中侏罗统，九龙山组。

身体长约23.7 mm，触角和产卵器除外。前翅1Rs比1M短，1Rs垂直于Rs，且与1M形成钝角，近120°，1r-rs消失；2r-m和2m-cu部分保存，3r-m完整且些微弯曲，cu-a与1M连接不分叉，长度短于1M；2A保存不完整，与1A接触比1m-cu的位置更靠近翅基部。后翅，r-m明显短于1Rs和1M，1M弯曲，cu-a近"S"形弯曲，略微前分叉。腹部宽阔的着生在并胸腹节上，8节可见。产卵鞘包裹的产卵器非常长，保存的有38.3 mm[146]。

▲ 图22.57　长针古魔蜂 *Proephialtitia acantha* Li, Shih, Rasnitsyn & Ren, 2015（正模标本，CNU-HYM-NN-2014004p）[146]（标本由史宗冈捐赠）

细腰亚目基干类群的"胸部-腹部结合结构"的起源和转化

通过研究魔蜂科已经报道的化石物种的蜂腰结构，李龙凤等于2015年初步提出三种典型的细腰亚目类群胸-腹结合方式[146]。魔蜂科具有的非常宽阔的并胸腹节与腹部结合的结构与广腰亚目没有缢缩的胸腹结构非常相似，所以认为作为细腰亚目的魔蜂科极有可能是从更为原始的广腰亚目的卡拉达蜂科演化而来。正因如此，从魔蜂科的演化开始，研究者提出了三种可能的蜂腰进化路径（图22.58）[146]。

（1）从魔蜂科非常宽阔的蜂腰结合结构逐步向侏罗纪的绝灭科夸父科转变，即腹部第1节基部逐渐变窄，并胸腹节背部逐渐弯曲，而后二者结合形成一种较窄的可运动的蜂腰结合方式，这种蜂腰结合的结构更接近后足基节，相对处于并胸腹节的较低处，也是除了旗腹蜂总科和冠蜂总科之外的其他细腰亚目类群所具有的蜂腰结合结构。

（2）从魔蜂科非常宽阔的蜂腰结合结构逐步向现生科冠蜂科转变，即腹部第1节和并胸腹节都没有强烈弯曲或变窄，基本的宽度和大小都保留，相比第一种蜂腰结构更为纤细，并胸腹节的背板向末端倾斜，这种现象在魔蜂科很少见。

（3）从魔蜂科非常宽阔的蜂腰结合结构开始，并胸腹节不变，只是并胸腹节上的用于腹部着生的关节孔发生变化，位置上移，与此同时腹部第1节基部缢缩变窄并且开始上移去与并胸腹节结合。这样就会形成典型的旗腹蜂式蜂腰结合方式，这种并胸腹节与腹部的结合点远离后足基节。

卡拉达蜂科 Karatavitidae Rasnitsyn, 1963

绝灭的卡拉达蜂科隶属于卡拉达蜂总科，该总科也包括尾蜂科。到目前为止，7个化石属被归入卡拉达蜂科，它们在研究细腰亚目早期起源演化问题上发挥了重要作用。2006年在卡拉达蜂科内部发现了非常重要的过渡特征，即前翅2A脉基部是否存在明显的环形弯曲结构，因为只有细腰亚目的祖先类群保留这一类似特征[82]。

中国北方地区侏罗纪和白垩纪报道的属：卡拉达蜂属*Karatavites* Rasnitsyn, 1963；原卡拉达蜂属*Praeratavites* Rasnitsyn, Ansorge & Zhang, 2006；原近古蜂属*Praeparyssites* Rasnitsyn, Ansorge & Zhang, 2006；后长颈树蜂属*Postxiphydria* Rasnitsyn & Zhang, 2010；似后长颈树蜂属*Postxiphydroides* Rasnitsyn &

Zhang, 2010；似原卡拉达蜂属*Praeratavitioides* Rasnitsyn & Zhang, 2010。

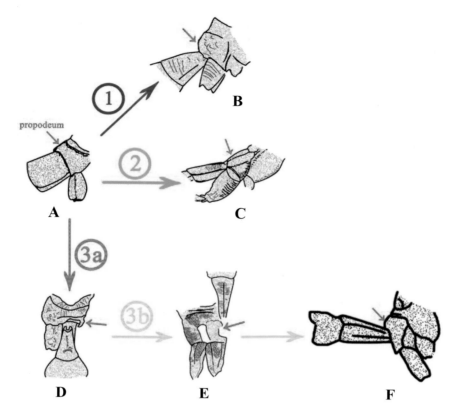

▲ 图 22.58 膜翅目细腰亚目类群"蜂腰"结构的转变路径，红色箭头表示并胸
腹节，数字所示箭头代表三条转变路线，从魔蜂科分别向夸父科进
而到细腰亚目其他类群，到冠蜂科，到旗腹蜂总科

A. *Acephialtitia colossa* Li, Shih, Rasnitsyn & Ren, 2015；

B. *Kuafua polyneura* Rasnitsyn & Zhang, 2010 (Kuafuidae)；

C. *Schlettererius cinctipes* (Cresson, 1880) (Stephanidae)；

D. *Proapocritus sculptus* Rasnitsyn & Zhang, 2010；

E. *Eosaulacus giganteus* Zhang & Rasnitsyn, 2008 (Preaulacidae)；

F. *Eosaulacus granulates* Zhang & Rasnitsyn, 2008 (Preaulacidae)

卡拉达蜂属 *Karatavites* Rasnitsyn, 1963

Karatavites Rasnitsyn, 1963, *Paleontol. Zhur.*, 1：97 [149] (original designation).

模式种：狭小卡拉达蜂 *Karatavites angustus* Rasnitsyn, 1963。

前翅1r-rs起源于翅痣基部，2r-rs比1r-rs长且二者相距较远，2r-rs从翅痣分出的位置超过翅痣中间且更靠近翅尖端；1cu-a后分叉；3r-m和2m-cu有弯曲；2A脉基部没有环装弯曲。并胸腹节上没有明显的分界线。产卵器扁平，似剑。

产地及时代：内蒙古，中侏罗世。

中国北方地区侏罗纪报道2种（表22.1）。

原卡拉达蜂属 *Praeratavites* Rasnitsyn, Ansorge & Zhang, 2006

Praeratavites Rasnitsyn, Ansorge & Zhang, 2006, *Insect Syst. Evol.*, 37：181 [150] (original designation).

模式种：道虎沟原卡拉达蜂 *Praeratavites daohugou* Rasnitsyn, Ansorge & Zhang, 2006。

前翅1r-rs起源于翅痣基部，2r-rs比1r-rs长且二者相距较远，2r-rs从翅痣分出的位置超过翅痣中间且更靠近翅尖端；1cu-a后分叉；3r-m和2m-cu管状；2A基部有明显的环装弯曲。并胸腹节上没有明显的分界线。产卵器扁平，似剑。

产地及时代：内蒙古，中侏罗世。

中国北方地区侏罗纪报道3种（表22.1）。

拉氏原卡拉达蜂 *Praeratavites rasnitsyni* Shih, Li & Ren, 2017 (图22.59)

Praeratavites rasnitsyni Shih, Li & Ren, 2017, *Alcheringa*, 2017：3.

产地及层位：内蒙古宁城道虎沟；中侏罗统，九龙山组。

该种名是为了致谢俄罗斯著名古生物学家Alexandr P. Rasnitsyn教授在膜翅目的起源演化方面做出的重大贡献。

该标本体长10.9 mm，触角除外，包括产卵器。头圆形，触角部分保存，柄节长且粗，梗节与柄节相比短且细。前翅翅痣长且宽，2r-rs几乎从翅痣远端1/4处分出，1r-rs比2r-rs稍短，几乎从翅痣基部1/4处分出；R在Rs基部明显有角度，基部拱起。1-Rs的长度是1-M的2倍；1cu-a后分叉，且位置几乎在1m-cu翅室的中间位置；3r-m的长度是2r-m长度的2倍；2m-cu是1m-cu长度的2倍；1a-2a的位置比M+Cu更加靠近基部，2A基部的环装弯曲明显存在[151]。

原近古蜂属 *Praeparyssites* Rasnitsyn, Ansorge & Zhang, 2006

Praeparyssites Rasnitsyn, Ansorge & Zhang, 2006, *Insect Syst. Evol.*, 370：186[150] (original designation).

模式种：东方原近古蜂 *Praeparyssites orientalis* Rasnitsyn, Ansorge & Zhang, 2006。

前翅翅脉相对退化，2r-rs、3r-m、3m-cu和Rs不完整；翅脉基部到a_1-a_2之间的2A消失；1r-rs脉几乎从翅痣基部分出；翅室2a较长。后翅具m-cu、cu-s和a_1-a_2。

产地及时代：内蒙古，中侏罗世。

中国北方地区侏罗纪报道4种（表22.1）。

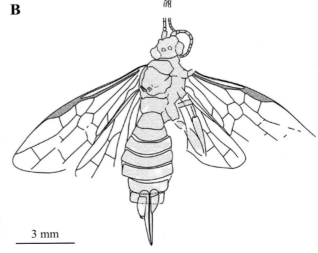

▲ 图22.59 拉氏原卡拉达蜂 *Praeratavites rasnitsyni* Shih, Li & Ren, 2017（正模标本，雌性，CNU-HYM-NN-2016001p）[151]
A. 标本照片；B. 线条图

后长颈树蜂属 *Postxiphydria* Rasnitsyn & Zhang, 2010

Postxiphydria Rasnitsyn & Zhang, 2010, *Acta Geol. Sin.-Engl.*, 84：841 [142] (original designation).

模式种：道虎沟后长颈树蜂 *Postxiphydria daohugouensis* Rasnitsyn & Zhang, 2010。

后胸后背板形成两个不连续的三角片，类似长颈树蜂科和一些树蜂科，区别是前缘只有刻痕，而没有窄的、深的缝隙。第1腹节的背腹板融合，但并不牢固，导致化石化的过程中很容易破碎产生不均匀的裂缝。后胸背板两侧的淡膜区和前翅2A上的环状弯曲存在。前翅3r-m和2m-cu脉管状。

产地及时代：内蒙古，中侏罗世。

中国北方地区侏罗纪报道2种（表22.1）。

似后长颈树蜂属 *Postxiphydroides* Rasnitsyn & Zhang, 2010

Postxiphydroides Rasnitsyn & Zhang, 2010, *Acta Geol. Sin.-Engl.*, 84：843 [142] (original designation).

模式种：活跃似后长颈树蜂 *Postxiphydroides strenuous* Rasnitsyn & Zhang, 2010。

三角形的后胸后背板和并胸腹节非常短，腹部背腹板融合形成中线。前翅1r-rs明显比2r-rs长，且二者距离较近；3r-m和2m-cu管状；2A基部的环装弯曲存在。后翅Cu基部存在。

产地及时代：内蒙古，中侏罗世。

中国北方地区侏罗纪仅报道1种（表22.1）。

似原卡拉达蜂属 *Praeratavitioides* Rasnitsyn & Zhang, 2010

Praeratavitioides Rasnitsyn & Zhang, 2010, *Acta Geol. Sin.-Engl.*, 84：843 [142] (original designation).

模式种：可爱似原卡拉达蜂 *Praeratavitioides amabilis* Rasnitsyn & Zhang, 2010。

前翅1r-rs起源于翅痣基部，2r-rs比1r-rs长，且二者相距较远；2r-rs从翅痣远端1/3处分出；cu-a后分叉，位置在1m-cu翅室1/3处；3r-m和2m-cu管状；2A基部的环状弯曲存在。并胸腹节上没有膜质线和嵴。产卵器纤细，针形。

产地及时代：内蒙古，中侏罗世。

中国北方地区侏罗纪报道4种（表22.1）。

夸父蜂科 Kuafuidae Rasnitsyn & Zhang, 2010

夸父蜂科是2010年根据中国内蒙古中侏罗统九龙山组地层的岩石标本鉴定描述建立的新类群。目前，该科包括3属，主要产自中国和哈萨克斯坦，特征推断该科和树蜂科是姐妹群，并且根据如下特征：并胸腹节纵向弯曲（区别于尾蜂类）；腹部着生在胸部很低的位置，接近后足基节（区别于旗腹蜂类）；前翅2A脉存在及后翅缘室闭合（区别于细蜂类、姬蜂类等），一般认为夸父蜂科应该是魔蜂科和其他细腰亚目类群之间的过渡类群 [142]。

中国北方地区侏罗纪仅报道一属：夸父蜂属 *Kuafua* Rasnitsyn & Zhang, 2010.

夸父蜂属 *Kuafua* Rasnitsyn & Zhang, 2010

Kuafua Rasnitsyn & Zhang, 2010, *Acta Geol. Sin.-Engl.*, 84：855 [142] (original designation).

模式种：多脉夸父蜂 *Kuafua polyneura* Rasnitsyn & Zhang, 2010。

前翅1-Rs与R垂直；1cu-a不分叉；1r-rs，3r-m和a1-a2保留；2A几乎完整。

产地及时代：内蒙古，中侏罗世。

中国北方地区侏罗纪仅报道1种（表22.1）。

多脉夸父蜂 *Kuafua polyneura* Rasnitsyn & Zhang, 2010 (图 22.60)

Kuafua polyneura Rasnitsyn & Zhang, 2010: *Acta Geol. Sin.-Engl.*, 84：856.

产地及层位：内蒙古宁城道虎沟；中侏罗统，九龙山组。

头小，触角21节。前翅翅痣狭长，2r-rs从翅痣中间位置分出。1-Rs与1-M等长；1r-rs痕迹微弱，但保留完整，2r-rs几乎与1r-rs和1-Rs平行；翅室2rm和3rm长度几乎相等；2r-m稍短于3r-m，且2条脉几乎都垂直；1m-cu与2rm翅室的接触点比Rs+M的分叉点更靠近翅尖端；2A完整，a_1-a_2明显。腹部第1节基部近似半圆锥形，侧面观远端接近柱状。具鞘的产卵器长[142]。

2 mm

◄ 图 22.60 多脉夸父蜂 *Kuafua polyneura* Rasnitsyn & Zhang, 2010（正模标本，NND2005, 6/NIGPl 51949）[142]（张海春供图）

姬蜂科 Ichneumonidae Latreille, 1802

姬蜂科是膜翅目中种类非常丰富的一个类群，现生物种超过6万种，主要取食鳞翅目、膜翅目、鞘翅目、双翅目和毛翅目幼虫。但是，该类群的化石记录比现生物种较少。到目前为止，中生代姬蜂已报道24属57种，我国5属13种[152]。

中国北方白垩纪报道的属：巨室姬蜂属*Amplicella* Kopylov, 2010；卡色姬蜂属*Khasurtella* Kopylov, 2011；中国姬蜂属*Sinchora* Kopylov & Zhang, 2014；长室姬蜂属*Tanychora* Townes, 1973；小室姬蜂属*Tanychorella* Rasnitsyn, 1975。

巨室姬蜂属 *Amplicella* Kopylov, 2010

Amplicella Kopylov, 2010, *Paleontol. Zhur.*, 44, 183[153] (original designation).

模式种：无柄巨室姬蜂*Amplicella sessilis (Townes, 1973)* Kopylov, 2010。

前翅1-Rs+M完整保留，2-Rs+M消失；翅间隙六边形，与1-Rs+M和1m-cu接触，2-Rs长于或者等于3-Rs，a_1-a_2比1cu-a更靠近翅基部。

产地及时代：辽宁，早白垩世。

中国北方地区白垩纪报道7种（表22.1）。

短脉巨室姬蜂 *Amplicella abbreviata* Li, Shih, Kopylov & Ren, 2019 (图 22.61)

Amplicella abbreviata Li, Shih, Kopylov & Ren, 2019: *J. Syst. Palaeontol.*, 18：935.

产地及层位：辽宁北票黄半吉沟；下白垩统，义县组。

体长约10.3 mm，腹部8节可见，产卵器长，伸出体外。前翅1-Rs比1-M短，翅间隙五边形且r-m分别和3-Rs、4-M垂直，1cu-a后分叉，a_1-a_2比1cu-a更靠近翅基部。

几何形态学在姬蜂科分类中的应用[152]

选用24个姬蜂属种的前翅，有序打点19个（图22.62），经过分析得到相似性位置关系图（图22.63）。该图阐释了如下几点结论：

（1）*Amplicella beipiaoensis* 和*Amplicella abbreviata*距离最近，相似度高，支持新标本归入*Amplicella*属，与传统利用特征分类的结果一致。

（2）*Cretobraconus mongolensis*作为外群，其特征介于姬蜂科和茧蜂科之间，几何形态学结果显示它归入Tanychorinae亚科中，而该亚科由于保留完整的1-Rs+M被认为是姬蜂科的古老类群。*Cretobraconus mongolensis*的位置关系也进一步证明了该观点。

（3）到目前为止，缅甸琥珀中报道的姬蜂仅3属3种，它们也代表着姬蜂在中生代热带环境中生存的记录。几何形态学的结果显示缅甸琥珀的3属3种在翅脉特征上具有相似性的同时又存在显著差异。

（4）对于存疑的*Tryphopimpla*属，几何形态学结果显示它与*Rugopimpla* 和*Ramulimonstrum*属的相似程度很高，建议归入Labenopimplinae亚科而非单独新建为独立亚科。

卡色姬蜂属 *Khasurtella* Kopylov, 2011

Khasurtella Kopylov, 2011, *Paleontol. Zhur.*, 45：411 [154] (original designation).

模式种：布里亚特卡色姬蜂*Khasurtella Buryatia* Kopylov, 2011。

前翅1-Rs+M完整保留，2-Rs+M消失；翅间隙六边形，与1-Rs+M接触，a_1-a_2消失。

产地及时代：辽宁，早白垩世。

中国北方地区白垩纪报道2种（表22.1）。

▶ 图 22.61　短脉巨室姬蜂 *Amplicella abbreviata* Li, Shih, Kopylov & Ren, 2019（正模标本，CNU-HYM-LB-2018101）[152]

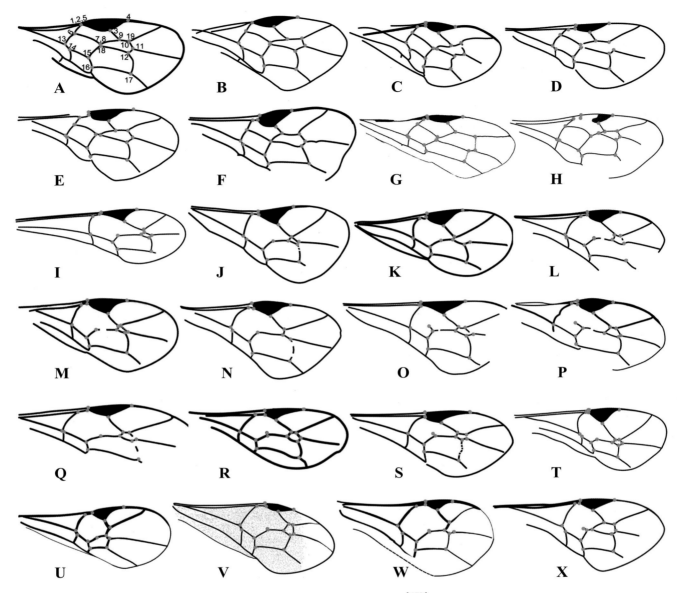

▲ 图 22.62　姬蜂几何形态学打点示意图[152]

中国姬蜂属 *Sinchora* Kopylov & Zhang, 2014

Sinchora Kopylov & Zhang, 2014, *Cre. Res.*, 52：601[155] (original designation).

模式种：弯曲中国姬蜂*Sinchora distorta* Kopylov & Zhang, 2014。

前翅1-Rs+M完整保留，2-Rs+M存在；翅间隙存在，但未与1-Rs+M和1m-cu接触，2-Rs长于3-Rs脉，a_1-a_2比1cu-a更靠近翅基部。

产地及时代：辽宁，早白垩世。

中国北方地区白垩纪报道1种（表22.1）。

长室姬蜂属 *Tanychora* Townes, 1973

Tanychora Townes, 1973, *P Entomol Soc Wash.*, 75：217[156] (original designation).

模式种：具柄长室姬蜂*Tanychora petiolata* Townes, 1973。

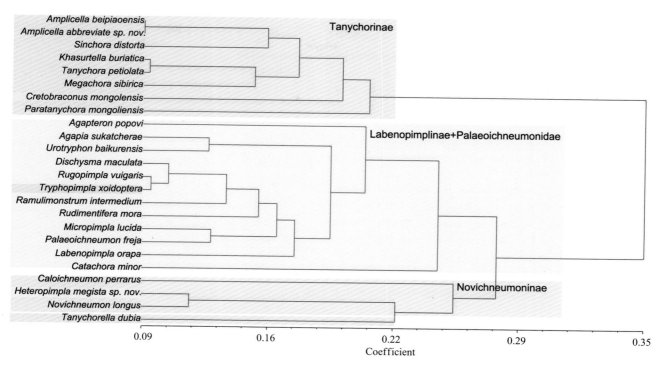

▲ 图 22.63　姬蜂几何形态学分析的关系图[152]

　　前翅1-Rs+M完整保留，2-Rs+M存在，但极短；翅间隙存在，但未与1-Rs+M和1m-cu接触，2-Rs长于或等于3-Rs，a_1-a_2消失。

　　产地及时代：辽宁，早白垩世。

　　中国北方地区白垩纪报道2种（表22.1）。

小室姬蜂属 *Tanychorella* Rasnitsyn, 1975

　　Tanychorella Rasnitsyn, 1975, *Trans. Paleontol. Inst., Acad. Sci.*, 147：91[130] (original designation).

　　模式种：微小室姬蜂*Tanychorella parvula* Rasnitsyn, 1975。

　　触角多于15节，前翅Rs+M不完整保留，翅室2+3rm短；1cu-a后分叉，a_1-a_2消失。后翅A和Cu短或者在cua室前就消失。

　　产地及时代：辽宁，早白垩世。

　　中国北方地区白垩纪报道1种（表22.1）。

表 22.1　中国侏罗纪和白垩纪膜翅目化石名录

科	种	产地	层位/时代	文献出处
	**Suborder Symphyta Gerstaecker, 1867**			
Megalodontesidae	*Jibaissodes giganteus* Ren, 1995	辽宁北票	义县组/K_1	Ren *et al.*, 1995 [43]
	J. bellus Gao, Shih, Labandeira & Ren, 2016	辽宁北票	义县组/K_1	Gao *et al.*, 2016 [92]
Pamphiliidae	*Scabolyda orientalis* Wang, Rasnitsyn, Shih & Ren, 2014	内蒙古宁城	九龙山组/J_2	Wang *et al.*, 2014 [84]
	S. incompleta Wang, Rasnitsyn, Shih & Ren, 2014	内蒙古宁城	九龙山组/J_2	Wang *et al.*, 2014 [84]
Praesiriicidae	*Rudisiricius belli* Gao, Rasnitsyn, Shih & Ren, 2010	辽宁北票	义县组/K_1	Gao *et al.*, 2010 [77]
	R. crassinodus Gao, Rasnitsyn, Shih & Ren, 2010	辽宁北票	义县组/K_1	Gao *et al.*, 2010 [77]
	R. scelsus Gao, Rasnitsyn, Shih & Ren, 2010	辽宁北票	义县组/K_1	Gao *et al.*, 2010 [77]
	R. validus Wang, Rasnitsyn, Shih & Ren, 2015	辽宁北票	义县组/K_1	Wang *et al.*, 2015 [79]
	R. ferox Wang, Rasnitsyn, Shih & Ren, 2015	辽宁北票	义县组/K_1	Wang *et al.*, 2015 [79]
	R. ater Wang, Rasnitsyn, Shih & Ren, 2015	辽宁北票	义县组/K_1	Wang *et al.*, 2015 [79]
	R. tenellus Wang, Rasnitsyn, Shih & Ren, 2015	辽宁北票	义县组/K_1	Wang *et al.*, 2015 [79]
	R. membranaceous Wang, Rasnitsyn, Shih & Ren, 2015	辽宁北票	义县组/K_1	Wang *et al.*, 2015 [79]
	R. parvus Wang, Rasnitsyn, Shih & Ren, 2014	辽宁北票	义县组/K_1	Wang *et al.*, 2015 [79]
	Archoxyelyda mirabilis Wang, Rasnitsyn & Ren, 2013	辽宁北票	义县组/K_1	Wang *et al.*, 2013 [78]
	Hoplitolyda duolunica Gao, Shih, Rasnitsyn & Ren, 2013	内蒙古多伦	义县组/K_1	Gao *et al.*, 2013 [3]
	Decorisiricius patulus Wang, Rasnitsyn, Shih & Ren, 2016	辽宁北票	义县组/K_1	Wang *et al.*, 2016 [80]
	D. latus Wang, Rasnitsyn, Shih & Ren, 2016	辽宁北票	义县组/K_1	Wang *et al.*, 2016 [80]
	Limbisiricius aequalis Wang, Rasnitsyn, Shih & Ren, 2016	内蒙古宁城	九龙山组/J_2	Wang *et al.*, 2016 [80]
	L. complanatus Wang, Rasnitsyn, Shih & Ren, 2016	内蒙古宁城	九龙山组/J_2	Wang *et al.*, 2016 [80]
	Brevisiricius partialis Wang, Rasnitsyn, Shih & Ren, 2016	内蒙古宁城	九龙山组/J_2	Wang *et al.*, 2016 [80]
Xyelidae	*Angaridyela robusta* Zhang & Zhang, 2000	辽宁北票	义县组/K_1	Zhang & Zhang, 2000 [44]
	A. exculpta Zhang & Zhang, 2000	辽宁北票	义县组/K_1	Zhang & Zhang, 2000 [44]
	A. suspecta Zhang & Zhang, 2000	辽宁北票	义县组/K_1	Zhang & Zhang, 2000 [44]
	A. endemica Zhang & Zhang, 2000	辽宁北票	义县组/K_1	Zhang & Zhang, 2000 [44]
	Anthoxyela orientalis Gao & Ren, 2008	辽宁北票	义县组/K_1	Gao & Ren, 2008 [157]
	Yanoxyela hongi Ren, Lu, Guo & Ji, 1995	辽宁北票	义县组/K_1	Ren *et al.*, 1995 [43]
	Ceratoxyela decorosa Zhang & Zhang, 2000	辽宁北票	义县组/K_1	Zhang & Zhang, 2000 [44]
	Heteroxyela ignota Zhang & Zhang, 2000	辽宁北票	义县组/K_1	Zhang & Zhang, 2000 [44]
	Isoxyela rudis Zhang & Zhang, 2000	辽宁北票	义县组/K_1	Zhang & Zhang, 2000 [44]
	Lethoxyela excurva Zhang & Zhang, 2000	辽宁北票	义县组/K_1	Zhang & Zhang, 2000 [44]
	Liaoxyela antiqua Zhang & Zhang, 2000	辽宁北票	义县组/K_1	Zhang & Zhang, 2000 [44]
	Sinoxyela viriosa Zhang & Zhang, 2000	辽宁北票	义县组/K_1	Zhang & Zhang, 2000 [44]
	Abrotoxyela lepida Gao, Ren & Shih, 2009	内蒙古宁城	九龙山组/J_2	Gao *et al.*, 2009 [45]
	A. multiciliata Gao, Ren & Shih, 2009	内蒙古宁城	九龙山组/J_2	Gao *et al.*, 2009 [45]
	Brachyoxyela brevinodia Gao, Zhao & Ren, 2011	辽宁北票	义县组/K_1	Gao et al., 2011 [46]
	B. gracilenta Gao, Zhao & Ren, 2011	辽宁北票	义县组/K_1	Gao *et al.*, 2011 [46]
	Platyxyela unica Wang, Shih & Ren, 2012	内蒙古宁城	九龙山组/J_2	Wang *et al.*, 2012 [47]
	Cathayxyela extensa Wang, Rasnitsyn & Ren, 2013	内蒙古宁城	九龙山组/J_2	Wang *et al.*, 2014 [48]
	Aequixyela immensa Wang, Rasnitsyn & Ren, 2013	内蒙古宁城	九龙山组/J_2	Wang *et al.*, 2014 [48]

续表

科	种	产地	层位 / 时代	文献出处
Xyelotomidae	*Xyelotoma macroclada* Gao, Ren & Shih, 2009	内蒙古宁城	九龙山组 /J$_2$	Gao *et al.*, 2009 [53]
	Xyelocerus diaphanous Gao, Ren & Shih, 2009	内蒙古宁城	九龙山组 /J$_2$	Gao *et al.*, 2009 [53]
	Liaotoma linearis Ren, Lu, Guo & Ji, 1995	辽宁北票	义县组 /K$_1$	Ren *et al.*, 1995 [43]
	Abrotoma robusta Gao, Ren & Shih, 2009	内蒙古宁城	九龙山组 /J$_2$	Gao *et al.*, 2009 [53]
	Paradoxotoma tsaiae Gao, Ren & Shih, 2009	内蒙古宁城	九龙山组 /J$_2$	Gao et al., 2009 [53]
	Synaptotoma limi Gao, Ren & Shih, 2009	内蒙古宁城	九龙山组 /J$_2$	Gao *et al.*, 2009 [53]
	Aethotoma aninomorpha Gao, Shih, Engel & Ren, 2016	内蒙古宁城	九龙山组 /J$_2$	Gao *et al.*, 2016 [54]
	Prolyda dimidia Wang, Shih, Rasnitsyn & Wang, 2016	内蒙古宁城	九龙山组 /J$_2$	Wang *et al.*, 2016 [158]
	P. elegantula Wang, Shih, Rasnitsyn & Wang, 2016	内蒙古宁城	九龙山组 /J$_2$	Wang *et al.*, 2016 [158]
	Ferganolyda scylla Rasnitsyn, Zhang & Wang, 2006	内蒙古宁城	九龙山组 /J$_2$	Wang *et al.*, 2015 [67]
	F. charybdis Rasnitsyn, Zhang & Wang, 2006	内蒙古宁城	九龙山组 /J$_2$	Wang *et al.*, 2015 [67]
	F. chungkuei Rasnitsyn, Zhang & Wang, 2006	内蒙古宁城	九龙山组 /J$_2$	Wang *et al.*, 2015 [67]
	F. eucalla Wang, Rasnitsyn, Shih & Ren, 2015	内蒙古宁城	九龙山组 /J$_2$	Wang *et al.*, 2015 [67]
	F. insolita Wang, Rasnitsyn, Shih & Ren, 2015	内蒙古宁城	九龙山组 /J$_2$	Wang *et al.*, 2015 [67]
	Novalyda cretacica Gao, Engel, Shih & Ren, 2013	辽宁北票	义县组 /K$_1$	Gao *et al.*, 2013 [68]
	N. decora Wang, Rasnitsyn, Shih & Ren, 2015	辽宁北票	义县组 /K$_1$	Wang *et al.*, 2015 [70]
	Rectilyda sticta Wang, Rasnitsyn, Shih & Ren, 2014	内蒙古多伦	义县组 /K$_1$	Wang *et al.*, 2014 [69]
	Fissilyda compta Wang, Rasnitsyn, Shih & Ren, 2015	辽宁北票	义县组 /K$_1$	Wang *et al.*, 2015 [70]
	F. alba Wang, Rasnitsyn, Shih & Ren, 2015	辽宁北票	义县组 /K$_1$	Wang *et al.*, 2015 [70]
	F. parilis Wang, Rasnitsyn, Shih & Ren, 2015	辽宁北票	义县组 /K$_1$	Wang *et al.*, 2015 [70]
	Medilyda procera Wang & Rasnitsyn, 2016	内蒙古宁城	九龙山组 /J$_2$	Wang *et al.*, 2016 [65]
	M. distorta Wang & Rasnitsyn, 2016	内蒙古宁城	九龙山组 /J$_2$	Wang *et al.*, 2016 [65]
	Brevilyda provecta Wang & Rasnitsyn, 2016	内蒙古宁城	九龙山组 /J$_2$	Wang *et al.*, 2016 [65]
Xyelydidae	*Strenolyda marginalis* Wang & Rasnitsyn, 2016	内蒙古宁城	九龙山组 /J$_2$	Wang *et al.*, 2016 [65]
	Strenolyda retrorsa Wang & Rasnitsyn, 2016	内蒙古宁城	九龙山组 /J$_2$	Wang *et al.*, 2016 [65]
	**Suborder Apocrita Gerstäcker, 1867**			
Anomopterellidae	*Anomopterella huang* Zhang & Rasnitsyn, 2008	内蒙古宁城	九龙山组 /J$_2$	Zhang & Rasnitsyn, 2008 [138]
	Anomopterella coalita Li, Rasnitsyn, Shih & Ren, 2013	内蒙古宁城	九龙山组 /J$_2$	Li *et al.*, 2013 [132]
	Anomopterella ampla Li, Rasnitsyn, Shih & Ren, 2013	内蒙古宁城	九龙山组 /J$_2$	Li *et al.*, 2013 [132]
	Anomopterella brachystelis Li, Rasnitsyn, Shih & Ren, 2013	内蒙古宁城	九龙山组 /J$_2$	Li *et al.*, 2013 [132]
	Anomopterella divergens Li, Rasnitsyn, Shih & Ren, 2013	内蒙古宁城	九龙山组 /J$_2$	Li *et al.*, 2013 [132]
	Anomopterella ovalis Li, Rasnitsyn, Shih & Ren, 2013	内蒙古宁城	九龙山组 /J$_2$	Li *et al.*, 2013 [132]
	Anomopterella brevis Li, Shih & Ren, 2014	内蒙古宁城	九龙山组 /J$_2$	Li *et al.*, 2014 [133]
	Anomopterella pygmea Li, Shih & Ren, 2014	内蒙古宁城	九龙山组 /J$_2$	Li *et al.*, 2014 [133]
	Synaphopterella patula Li, Rasnitsyn, Shih & Ren, 2013	内蒙古宁城	九龙山组 /J$_2$	Li *et al.*, 2013 [132]

科	种	产地	层位 / 时代	文献出处
Ephialtitidae	*Acephialtitia* Li, Shih, Rasnitsyn & Ren, 2015	辽宁北票	义县组 /K₁	Li *et al.*, 2015 [146]
	Asiephialtites lini Rasnitsyn & Zhang, 2010	内蒙古宁城	义县组 /K₁	Rasnitsyn & Zhang, 2010 [142]
	Crephanogaster rara Zhang, Rasnitsyn & Zhang, 2002	辽宁北票	义县组 /K₁	Zhang *et al.*, 2002 [159]
	Karataus daohugouensis Q. Zhang, Zhang & Rasnitsyn, 2014	内蒙古宁城	九龙山组 /J₂	Zhang *et al.*, 2014 [160]
	Karataus strenuus Q. Zhang, Zhang & Rasnitsyn, 2014	内蒙古宁城	九龙山组 /J₂	Zhang *et al.*, 2014 [160]
	Karataus vigoratus Q. Zhang, Zhang & Rasnitsyn, 2014	内蒙古宁城	九龙山组 /J₂	Zhang *et al.*, 2014 [160]
	Karataus exilis Q. Zhang, Zhang & Rasnitsyn, 2014	内蒙古宁城	九龙山组 /J₂	Zhang *et al.*, 2014 [160]
	Karataus orientalis Q. Zhang, Zhang & Rasnitsyn, 2014	内蒙古宁城	九龙山组 /J₂	Zhang *et al.*, 2014 [160]
	Praeproapocritus vulgates Rasnitsyn & Zhang, 2010	内蒙古宁城	九龙山组 /J₂	Rasnitsyn & Zhang, 2010 [142]
	Praeproapocritus flexus Li, Shih & Ren, 2013	内蒙古宁城	九龙山组 /J₂	Li *et al.*, 2013 [148]
	Proapocritus atropus Rasnitsyn & Zhang, 2010	内蒙古宁城	九龙山组 /J₂	Rasnitsyn & Zhang, 2010 [142]
	Proapocritus densipediculus Rasnitsyn & Zhang, 2010	内蒙古宁城	九龙山组 /J₂	Rasnitsyn & Zhang, 2010 [142]
	Proapocritus elegans Rasnitsyn & Zhang, 2010	内蒙古宁城	九龙山组 /J₂	Rasnitsyn & Zhang, 2010 [142]
	Proapocritus formosus Rasnitsyn & Zhang, 2010	内蒙古宁城	九龙山组 /J₂	Rasnitsyn & Zhang, 2010 [142]
	Proapocritus longatennatus Rasnitsyn & Zhang, 2010	内蒙古宁城	九龙山组 /J₂	Rasnitsyn & Zhang, 2010 [142]
	Proapocritus sculptus Rasnitsyn & Zhang, 2010	内蒙古宁城	九龙山组 /J₂	Rasnitsyn & Zhang, 2010 [142]
	Proapocritus parallelus Rasnitsyn & Zhang, 2010	内蒙古宁城	九龙山组 /J₂	Rasnitsyn & Zhang, 2010 [142]
	Proapocritus parallelus Li, Shih & Ren, 2013	内蒙古宁城	九龙山组 /J₂	Li *et al.*, 2013 [148]
	Proephialtitia acanthi Li, Shih, Rasnitsyn & Ren, 2015	内蒙古宁城	九龙山组 /J₂	Li *et al.*, 2015 [146]
	Proephialtitia tenuata Li, Shih, Rasnitsyn & Ren, 2015	内蒙古宁城	九龙山组 /J₂	Li *et al.*, 2015 [146]
	Sinephialtites glyptus Zhang, 1986	内蒙古宁城	九龙山组 /J₂	Zhang, 1986 [166]
	Stephanogaster pristinus Rasnitsyn, 1975	内蒙古宁城	九龙山组 /J₂	Rasnitsyn, 1975 [130]
	Symphytopterus graciler Wang, Li & Shih, 2015	内蒙古宁城	九龙山组 /J₂	Wang *et al.*, 2015 [147]
	Tuphephialtites zherikhini Zhang, Rasnitsyn & Zhang, 2002	辽宁北票	义县组 /K₁	Zhang *et al.*, 2002 [159]
Evaniidae	*Procretevania pristina* Zhang & Zhang, 2000	辽宁北票	义县组 /K₁	Zhang & Zhang, 2000 [136]
	Procretevania vesca Zhang, Rasnitsyn & Wang, 2007	辽宁北票	义县组 /K₁	Zhang *et al.*, 2007 [161]
	Procretevania exquisite Zhang, Rasnitsyn & Wang, 2007	辽宁北票	义县组 /K₁	Zhang *et al.*, 2007 [161]
	Procretevania mitis Li, Shih & Ren, 2014	辽宁北票	义县组 /K₁	Li *et al.*, 2014 [137]
Heloridae	*Archaeohelorus hoi* Shih, Feng & Ren, 2011	内蒙古宁城	九龙山组 /J₂	Shih *et al.*, 2011 [111]
	Archaeohelorus polyneurus Shi, Zhao, Shih & Ren, 2014	内蒙古宁城	九龙山组 /J₂	Shi *et al.*, 2014 [113]
	Archaeohelorus tensus Shi, Zhao, Shih & Ren, 2014	内蒙古宁城	九龙山组 /J₂	Shi *et al.*, 2014 [113]
	Bellohelorus fortis Li, Shih & Ren, 2017	辽宁北票	义县组 /K₁	Li *et al.*, 2017 [114]
	Laiyanghelorus erymnus Zhang, 1992	山东莱阳 辽宁北票	莱阳组 /K₁ 义县组 /K₁	Zhang, 1992 [109]
	Liaoropronia leonine Zhang & Zhang, 2001	辽宁北票	义县组 /K₁	Zhang & Zhang, 2001 [110]

续表

科	种	产地	层位 / 时代	文献出处
Heloridae	*Liaoropronia regia* Zhang & Zhang, 2001	辽宁北票	义县组 /K₁	Zhang & Zhang, 2001 [110]
	Novhelorus macilentus Li, Shih & Ren, 2017	辽宁北票	义县组 /K₁	Li *et al.*, 2017 [114]
	Novhelorus saltatrix (Shi, Zhao, Shih & Ren) Li, Shih & Ren, 2017	辽宁北票	义县组 /K₁	Li *et al.*, 2017 [114]
	Protocyrtus validus Zhang & Zhang, 2001	辽宁北票	义县组 /K₁	Zhang & Zhang, 2001 [110]
	Protocyrtus parilis Li, Shih & Ren, 2017	辽宁北票	义县组 /K₁	Li *et al.*, 2017 [114]
	Sinohelorus elegans Shi, Zhao, Shih & Ren, 2013	辽宁北票	义县组 /K₁	Shi *et al.*, 2013 [112]
	Spherogaster coronata Zhang & Zhang, 2001	辽宁北票	义县组 /K₁	Zhang & Zhang, 2001 [110]
	Spherogaster beipiaoensis (Shi, Zhao, Shih & Ren) Li, Shih & Ren, 2017	辽宁北票	义县组 /K₁	Li *et al.*, 2017 [114]
Ichneumonidae	*Amplicella beipiaoensis* (Zhang & Rasnitsyn, 2003) Kopylov, 2010	辽宁北票	义县组 /K₁	Kopylov, 2010 [153]
	Amplicella exquisite (Zhang & Rasnitsyn, 2003) Kopylov, 2010	辽宁北票	义县组 /K₁	Kopylov, 2010 [153]
	Amplicella spinata (Zhang & Rasnitsyn, 2003) Kopylov, 2010	辽宁北票	义县组 /K₁	Kopylov, 2010 [153]
	Amplicella. Flagellate Kopylov & Zhang, 2014	辽宁北票	义县组 /K₁	Kopylov & Zhang, 2014 [154]
	Amplicella. Exquisitis sima Kopylov & Zhang, 2014	辽宁北票	义县组 /K₁	Kopylov & Zhang, 2014 [154]
	Amplicella. Townesi Kopylov & Zhang, 2014	山东莱阳	义县组 /K₁	Kopylov & Zhang, 2014 [154]
	Khasurtella. Sinensis (Zhang, 1991) Kopylov & Zhang, 2014	辽宁北票	义县组 /K₁	Kopylov & Zhang, 2014 [154]
	Khasurtella. Zhangi Kopylov & Zhang, 2014	辽宁北票	义县组 /K₁	Kopylov & Zhang, 2014 [154]
	Sinchora distorta Kopylov & Zhang, 2014	辽宁北票	义县组 /K₁	Kopylov & Zhang, 2014 [154]
	Tanychora liaoningensis Kopylov & Zhang, 2014	辽宁北票	义县组 /K₁	Kopylov & Zhang, 2014 [154]
	Tanychora rasnitsyni Kopylov & Zhang, 2014	辽宁北票	义县组 /K₁	Kopylov & Zhang, 2014 [154]
	Tanychorella dubia Zhang & Rasnitsyn, 2003	辽宁北票	义县组 /K₁	Zhang & Rasnitsyn, 2003 [168]
Karatavitidae	*Karatavites junfengi* Rasnitsyn & Zhang, 2010	内蒙古宁城	九龙山组 /J₂	Rasnitsyn & Zhang, 2010 [142]
	Karatavites ningchengensis M. Shih, Li & Ren, 2017	内蒙古宁城	九龙山组 /J₂	Shih *et al.*, 2017 [144]
	Praeratavites daohugou Rasnitsyn, Ansorge & Zhang, 2006	内蒙古宁城	九龙山组 /J₂	Rasnitsyn *et al.*, 2006 [150]
	Praeratavites wuhuaensis Rasnitsyn & Zhang, 2010	内蒙古宁城	九龙山组 /J₂	Rasnitsyn & Zhang, 2010 [142]
	Praeratavites perspicuus Rasnitsyn & Zhang, 2010	内蒙古宁城	九龙山组 /J₂	Rasnitsyn & Zhang, 2010 [142]
	Praeratavites rasnitsyni Shih, Li & Ren, 2017	内蒙古宁城	九龙山组 /J₂	Shih *et al.*, 2017 [144]
	Postxiphydria daohugouensis Rasnitsyn & Zhang, 2010	内蒙古宁城	九龙山组 /J₂	Rasnitsyn & Zhang, 2010 [142]
	Postxiphydria ningchengensis Rasnitsyn & Zhang, 2010	内蒙古宁城	九龙山组 /J₂	Rasnitsyn & Zhang, 2010 [142]
	Praeratavitioides amabilis Rasnitsyn & Zhang, 2010	内蒙古宁城	九龙山组 /J₂	Rasnitsyn & Zhang, 2010 [142]

续表

科	种	产地	层位 / 时代	文献出处
Kuafuidae	*Kuafua polyneura* Rasnitsyn & Zhang, 2010	内蒙古宁城	九龙山组 /J$_2$	Rasnitsyn & Zhang, 2010 [142]
Mesoserphidae	*Amboserphus tumidus* Li, Rasnitsyn, Shih & Ren, 2017	辽宁北票	义县组 /K$_1$	Li *et al.*, 2017 [121]
	Amboserphus beipiaoensis Li, Rasnitsyn, Shih & Ren, 2017	辽宁北票	义县组 /K$_1$	Li *et al.*, 2017 [121]
	Amboserphus dimidius Li, Rasnitsyn, Shih & Ren, 2017	辽宁北票	义县组 /K$_1$	Li *et al.*, 2017 [121]
	Apiciserphus augustus Li, Rasnitsyn, Shih & Ren, 2017	内蒙古宁城	九龙山组 /J$_2$	Li *et al.*, 2017 [121]
	Basiserphus loculatus Li, Rasnitsyn, Shih & Ren, 2017	辽宁北票	义县组 /K$_1$	Li *et al.*, 2017 [121]
	Basiserphus longus Li, Rasnitsyn, Shih & Ren, 2017	内蒙古宁城	九龙山组 /J$_2$	Li *et al.*, 2017 [121]
	Choriserphus bellus Li, Rasnitsyn, Shih & Ren, 2017	内蒙古宁城	九龙山组 /J$_2$	Li *et al.*, 2017 [121]
	Choriserphus gigantus Li, Rasnitsyn, Shih & Ren, 2017	内蒙古宁城	九龙山组 /J$_2$	Li *et al.*, 2017 [121]
	Novserphus ningchengensis Li, Rasnitsyn, Shih & Ren, 2017	内蒙古宁城	九龙山组 /J$_2$	Li *et al.*, 2017 [121]
	Mesoserphus venustus Li, Rasnitsyn, Shih & Ren, 2017	内蒙古宁城	九龙山组 /J$_2$	Li *et al.*, 2017 [121]
	Ozososerphus lepidus Li, Rasnitsyn, Shih & Ren, 2017	内蒙古宁城	九龙山组 /J$_2$	Li *et al.*, 2017 [121]
	Ozososerphus ovatus Li, Rasnitsyn, Shih & Ren, 2017	内蒙古宁城	九龙山组 /J$_2$	Li *et al.*, 2017 [121]
	Ozososerphus cuboidus Li, Rasnitsyn, Shih & Ren, 2017	内蒙古宁城	九龙山组 /J$_2$	Li *et al.*, 2017 [121]
	Sinoserphus wui Shih, Feng & Ren, 2011	内蒙古宁城	九龙山组 /J$_2$	Shih *et al.*, 2011 [111]
	Sinoserphus shihae Shih, Feng & Ren, 2011	内蒙古宁城	九龙山组 /J$_2$	Shih *et al.*, 2011 [111]
	Sinoserphus lillianae Shih, Feng & Ren, 2011	内蒙古宁城	九龙山组 /J$_2$	Shih *et al.*, 2011 [111]
	Sinoserphus flexilis Li, Rasnitsyn, Shih & Ren, 2017	内蒙古宁城	九龙山组 /J$_2$	Li *et al.*, 2017 [121]
	Sinoserphus grossus Li, Rasnitsyn, Shih & Ren, 2017	内蒙古宁城	九龙山组 /J$_2$	Li *et al.*, 2017 [121]
	Sinoserphus petilus Li, Rasnitsyn, Shih & Ren, 2017	内蒙古宁城	九龙山组 /J$_2$	Li *et al.*, 2017 [121]
	Yanliaoserphus jurassicus Shih, Feng & Ren, 2011	内蒙古宁城	九龙山组 /J$_2$	Shih *et al.*, 2011 [111]
	Beipiaoserphus elegans Zhang & Zhang, 2000	辽宁北票	义县组 /K$_1$	Zhang & Zhang, 2000 [122]
	Karataoserphus adaequatus Li, Rasnitsyn, Shih & Ren, 2017	内蒙古宁城	九龙山组 /J$_2$	Li *et al.*, 2017 [121]
	Karataoserphus gracilentus Li, Rasnitsyn, Shih & Ren, 2017	内蒙古宁城	九龙山组 /J$_2$	Li *et al.*, 2017 [121]
	Karataoserphus sinicus (Ping) Li, Rasnitsyn, Shih & Ren, 2017	内蒙古宁城	九龙山组 /J$_2$	Li *et al.*, 2017 [121]
Pelecinidae	*Allopelecinus terpnus* Zhang & Rasnitsyn, 2006	山东莱阳	莱阳组 /K$_1$	Zhang & Rasnitsyn, 2006 [99]
	Archaeopelecinus tebbei Shih, Liu & Ren, 2009	内蒙古宁城	九龙山组 /J$_2$	Shih *et al.*, 2009 [93]
	Archaeopelecinus jinzhouensis Shih, Liu & Ren, 2009	内蒙古宁城	九龙山组 /J$_2$	Shih *et al.*, 2009 [93]
	Abropelecinus annulatus Feng, Shih, Ren & Liu, 2010	辽宁北票	义县组 /K$_1$	Feng *et al.*, 2010 [101]

科	种	产地	层位 / 时代	文献出处
	Azygopelecinus clavatus Feng, Shih, Ren & Liu, 2010	辽宁北票	义县组 /K$_1$	Feng *et al.*, 2010 [101]
	Cathaypelecinus daohugouensis Shih, Liu & Ren, 2009	内蒙古宁城	九龙山组 /J$_2$	Shih *et al.*, 2009 [93]
	Eopelecinus eucallus Zhang, 2005	山东莱阳	莱阳组 /K$_1$	Zhang, 2005 [162]
	Eopelecinus giganteus Zhang, 2005	山东莱阳	莱阳组 /K$_1$	Zhang, 2005 [162]
	Eopelecinus hodoiporus Zhang, 2005	山东莱阳	莱阳组 /K$_1$	Zhang, 2005 [162]
	Eopelecinus laiyangicus Zhang, 2005	山东莱阳	莱阳组 /K$_1$	Zhang, 2005 [162]
	Eopelecinus leptaleus Zhang, 2005	山东莱阳	莱阳组 /K$_1$	Zhang, 2005 [162]
	Eopelecinus mecometasomatus Zhang, 2005	山东莱阳	莱阳组 /K$_1$	Zhang, 2005 [162]
	Eopelecinus mesomicrus Zhang, 2005	山东莱阳	莱阳组 /K$_1$	Zhang, 2005 [162]
	Eopelecinus pusillus Zhang, 2005	山东莱阳	莱阳组 /K$_1$	Zhang, 2005 [162]
	Eopelecinus shangyuanensis Zhang, Rasnitsyn & Zhang, 2002	辽宁北票	义县组 /K$_1$	Zhang *et al.*, 2002 [98]
	Eopelecinus similaris Zhang, Rasnitsyn & Zhang, 2002	辽宁北票	义县组 /K$_1$	Zhang *et al.*, 2002 [98]
	Eopelecinus vicinus Zhang, Rasnitsyn & Zhang, 2002	辽宁北票	义县组 /K$_1$	Zhang, *et al.*, 2002 [98]
	Eopelecinus yuanjiawaensis Duan & Chen, 2006	辽宁北票	义县组 /K$_1$	Duan & Chen, 2006 [167]
	Eopelecinus huangi Liu, Gao, Shih & Ren, 2011	辽宁北票	义县组 /K$_1$	Liu *et al.*, 2011 [163]
Pelecinidae	*Eopelecinus tumidus* Liu, Gao, Shih & Ren, 2011	辽宁北票	义县组 /K$_1$	Liu *et al.*, 2011 [163]
	Megapelecinus changi Shih, Feng, Liu, Zhao & Ren, 2010	辽宁北票	义县组 /K$_1$	Shih *et al.*, 2010 [94]
	Megapelecinus nashi Shih, Feng, Liu, Zhao & Ren, 2010	辽宁北票	义县组 /K$_1$	Shih *et al.*, 2010 [94]
	Scorpiopelecinus versatilis Zhang, Rasnitsyn & Zhang, 2002	辽宁北票	义县组 /K$_1$	Zhang, *et al.*, 2002 [98]
	Scorpiopelecinus laetus Zhang & Rasnitsyn , 2004	辽宁北票	义县组 /K$_1$	Zhang & Rasnitsyn, 2004 [165]
	Shoushida regilla Liu, Shih & Ren, 2009	辽宁北票	义县组 /K$_1$	Liu *et al.*, 2009 [100]
	Shoushida infera Guo, Shih & Ren, 2016	辽宁北票	义县组 /K$_1$	Guo *et al.*, 2016 [97]
	Sinopelecinus daspletis Zhang & Rasnitsyn, 2006	山东莱阳	莱阳组 /K$_1$	Zhang & Rasnitsyn, 2006 [99]
	Sinopelecinus delicatus Zhang, Rasnitsyn, & Zhang, 2002	辽宁北票	义县组 /K$_1$	Zhang *et al.*, 2002 [98]
	Sinopelecinus epigaeus Zhang, Rasnitsyn & Zhang, 2002	辽宁北票	义县组 /K$_1$	Zhang *et al.*, 2002 [98]
	Sinopelecinus hierus Zhang & Rasnitsyn, 2006	山东莱阳	莱阳组 /K$_1$	Zhang & Rasnitsyn, 2006 [99]
	Sinopelecinus magicus Zhang, Rasnitsyn & Zhang, 2002	辽宁北票	义县组 /K$_1$	Zhang *et al.*, 2002 [98]
	Sinopelecinus viriosus Zhang, Rasnitsyn & Zhang, 2002	辽宁北票	义县组 /K$_1$	Zhang *et al.*, 2002 [98]
	Stelepelecinus longus Guo, Shih & Ren, 2016	辽宁北票	义县组 /K$_1$	Guo *et al.*, 2016 [97]
	Archaulacus probus Li, Shih & Ren, 2014	内蒙古宁城	九龙山组 /J$_2$	Li *et al.*, 2014 [143]
	Aulacogastrinus hebeiensis Zhang & Rasnitsyn, 2008	内蒙古宁城	九龙山组 /J$_2$	Zhang & Rasnitsyn, 2008 [138]
	Anomopterella huangi Zhang & Rasnitsyn, 2008	内蒙古宁城	九龙山组 /J$_2$	Zhang & Rasnitsyn, 2008 [138]
Praeaulacidae	*Aulacogastrinus insculptus* Zhang & Rasnitsyn, 2008	内蒙古宁城	九龙山组 /J$_2$	Zhang & Rasnitsyn, 2008 [138]
	Aulacogastrinus longaciculatus Zhang & Rasnitsyn, 2008	内蒙古宁城	九龙山组 /J$_2$	Zhang & Rasnitsyn, 2008 [138]
	Eosaulacus giganteus Zhang & Rasnitsyn, 2008	内蒙古宁城	九龙山组 /J$_2$	Zhang & Rasnitsyn, 2008 [138]
	Eosaulacus granulatus Zhang & Rasnitsyn, 2008	内蒙古宁城	九龙山组 /J$_2$	Zhang & Rasnitsyn, 2008 [138]

续表

科	种	产地	层位/时代	文献出处
	Eonevania robusta Rasnitsyn & Zhang, 2010	内蒙古宁城	九龙山组/J₂	Rasnitsyn & Zhang, 2010 [142]
	Nevania delicata Zhang & Rasnitsyn, 2007	内蒙古宁城	九龙山组/J₂	Zhang & Rasnitsyn, 2007 [141]
	Nevania exquisita Zhang & Rasnitsyn, 2007	内蒙古宁城	九龙山组/J₂	Zhang & Rasnitsyn, 2007 [141]
	Nevania ferocula Zhang & Rasnitsyn, 2007	内蒙古宁城	九龙山组/J₂	Zhang & Rasnitsyn, 2007 [141]
	Nevania malleata Zhang & Rasnitsyn, 2007	内蒙古宁城	九龙山组/J₂	Zhang & Rasnitsyn, 2007 [141]
	Nevania retenta Zhang & Rasnitsyn, 2007	内蒙古宁城	九龙山组/J₂	Zhang & Rasnitsyn, 2007 [141]
	Nevania robusta Zhang & Rasnitsyn, 2007	内蒙古宁城	九龙山组/J₂	Zhang & Rasnitsyn, 2007 [141]
	Nevania perbella Li, Shih & Ren, 2013	内蒙古宁城	九龙山组/J₂	Li et al., 2013 [164]
	Nevania aspectabilis Li, Shih & Ren, 2013	内蒙古宁城	九龙山组/J₂	Li et al., 2013 [164]
	Praeaulacus afflatus Zhang & Rasnitsyn, 2008	内蒙古宁城	九龙山组/J₂	Zhang & Rasnitsyn, 2008 [138]
	Praeaulacus daohugouensis Zhang & Rasnitsyn, 2008	内蒙古宁城	九龙山组/J₂	Zhang & Rasnitsyn, 2008 [138]
	Praeaulacus exquisitus Zhang & Rasnitsyn, 2008	内蒙古宁城	九龙山组/J₂	Zhang & Rasnitsyn, 2008 [138]
Praeaulacidae	*Praeaulacus orientalis* Zhang & Rasnitsyn, 2008	内蒙古宁城	九龙山组/J₂	Zhang & Rasnitsyn, 2008 [138]
	Praeaulacus robustus Zhang & Rasnitsyn, 2008	内蒙古宁城	九龙山组/J₂	Zhang & Rasnitsyn, 2008 [138]
	Praeaulacus scabratus Zhang & Rasnitsyn, 2008	内蒙古宁城	九龙山组/J₂	Zhang & Rasnitsyn, 2008 [138]
	Praeaulacus sculptus Zhang & Rasnitsyn, 2008	内蒙古宁城	九龙山组/J₂	Zhang & Rasnitsyn, 2008 [138]
	Praeaulacus subrhombeus Li, Shih & Ren, 2014	内蒙古宁城	九龙山组/J₂	Li et al., 2014 [143]
	Praeaulacus tenellus Li, Shih & Ren, 2014	内蒙古宁城	九龙山组/J₂	Li et al., 2014 [143]
	Praeaulacus obtutus Li, Shih & Ren, 2014	内蒙古宁城	九龙山组/J₂	Li & Shih, 2014 [139]
	Praeaulacus byssinus Wang, Li & Shih, 2015	内蒙古宁城	九龙山组/J₂	Wang et al., 2015 [147]
	Praeaulacon elegantulus Zhang & Rasnitsyn, 2008	内蒙古宁城	九龙山组/J₂	Zhang & Rasnitsyn, 2008 [138]
	Praeaulacon ningchengensis Zhang & Rasnitsyn, 2008	内蒙古宁城	九龙山组/J₂	Zhang & Rasnitsyn, 2008 [138]
	Sinaulacogastrinus eucallus Zhang & Rasnitsyn, 2008	内蒙古宁城	九龙山组/J₂	Zhang & Rasnitsyn, 2008 [138]
	Sinowestratia communicata Zhang & Zhang, 2000	辽宁北票	义县组/K₁	Zhang & Zhang, 2000 [136]
	Sinevania speciosa Rasnitsyn & Zhang, 2010	内蒙古宁城	九龙山组/J₂	Rasnitsyn & Zhang, 2010 [142]
Scolebythidae	*Mirabythus lechrius* Cai, Shih & Ren, 2012	辽宁北票	义县组/K₁	Cai et al., 2012 [123]
	Mirabythus liae Cai, Shih & Ren, 2012	辽宁北票	义县组/K₁	Cai et al., 2012 [123]

参考文献

［1］ MALM T, NYMAN T. Phylogeny of the symphytan grade of Hymenoptera: new pieces into the old jigsaw (fly) puzzle ［J］. Cladistics, 2015, 31: 1–17.

［2］ BENSON R B. Handbooks for the Identification of British Insects: VI Hymenoptera 2 Symphyta Section (b) ［M］. London:

Royal Entomological Society of London.1952, 51.

［3］GAO T P, SHIH C K, RASNITSYN A P, et al. Hoplitolyda duolunica gen. et sp. nov. (Insecta, Hymenoptera, Praesiricidae), the hitherto largest sawfly from the Mesozoic of China ［J］. PLoS ONE, 2013, 8 (5): e62420.

［4］ENGEL M S, HUANG D Y, ALQARNI A S, et al. An unusual new lineage of sawflies (Hymenoptera) in Upper Cretaceous amber from northern Myanmar ［J］. Cretaceous Research, 2016, 60: 281–286.

［5］WANG Y M, LIN X D, WANG M, et al. New sawflies from the mid–Cretaceous Myanmar amber (Insecta: Hymenoptera: Syspastoxyelidae) ［J］. Historical Biology. 2019.

［6］XIAO, G R, HUANG X Y, et al. Economic Sawfly Fauna of China ［M］. Tianze Publishing House, Shaanxi, China. 1991.

［7］XIAO G R, ZHANG Y. A new species of the genus Diprion (Hymenoptera: Diprionidae) from China ［J］. Forest Research, 1994, 6: 663–664.

［8］WANG L Z, ZHAO J L, LI F Y, et al. Research on biology of Diprion sp. and its biological control ［J］. Forest Pest and Disease, 1994, 3: 12–14.

［9］GRIMALDI D, ENGEL M S. Evolution of the Insects ［M］, Cambridge University Press, New York. 2005.

［10］HODDLE M S, VANDRIESCHE R G, SANDERSON J P. Biology and use of the Whitefly parasitoid Encarsia formosa ［J］. Annual Review of Entomology, 1998, 43: 645–669.

［11］RAFIKOV M, DE HOLANDA IMEIRA E. Mathematical modelling of the biological pest control of the sugarcane borer ［J］. International Journal of Computer Mathematics, 2012, 89 (3): 390–401.

［12］ZAMANI A A, TALEBI A, FATHIPOUR Y BANIAMERI V. Effect of temperature on life history of Aphidius colemani and Aphidius matricariae (Hymenoptera: Braconidae), two parasitoids of Aphis gossypii and Myzus persicae (Homoptera: Aphididae) ［J］. Environmental Entomology, 2007, 36 (2): 263–71.

［13］PILKINGTON L J, HODDLE M S. Reproductive and developmental biology of Gonatocerus ashmeadi (Hymenoptera: Mymaridae), an egg parasitoid of Homalodisca coagulata (Hemiptera: Cicadellidae) ［J］. Biological Control, 2006, 37: 266–275.

［14］CHARLES J G, LOGAN D P. Predicting the distribution of Gonatocerus ashmeadi, an egg parasitoid of glassy winged sharpshooter, in New Zealand ［J］. New Zealand Entomologist, 2013, 36 (2): 73–81.

［15］BATRA S W T. Behavior of some social and solitary Halictine bees within their nests: a comparative study (Hymenoptera: Halictidae) ［J］. Journal of the Kansas Entomological Society, 1968, 41 (1): 120–133.

［16］CRESPI B J, YANEGA D. The definition of eusociality ［J］. Behavior Ecology, 1995, 6: 109–115.

［17］WILSON E O, HÖLLDOBLER B. Eusociality: origin and consequences ［J］. Proceedings of National Academy of Sciences, 2005, 102 (38): 13367–13371.

［18］KENT D. S, SIMPSON J A. Eusociality in the beetle Austroplatypus incompertus (Coleoptera: Curculionidae) ［J］. Naturwissenschaften, 1992, 79: 86–87.

［19］STERN D L. A phylogenetic analysis of soldier evolution in the aphid family Hormaphididae ［J］. Proceedings of the Royal Society, 1994, 256: 203–209.

［20］AOKI S, IMAI M. Factors affecting the proportion of sterile soldiers in growing aphid colonies ［J］. Population Ecology,2005), 47: 127–136.

［21］FRISCH K VON. The Dance Language and Orientation of Bees ［M］. The Belknap Press of Harvard University Press, Cambridge, Massachusetts. 1967, 566.

［22］FRISCH K VON. Bees: Their Vision, Chemical Senses, and Language ［M］. Cornell University Press, Revised Edition, Ithaca, N.Y. 1976, 157.

［23］RASNITSYN A P. Origin and evolution of lower Hymenoptera ［J］. Transactions of Paleontological Institution. Academy of Sciences, USSR, 1969, 123: 1–196.

［24］RASNITSYN A P. Origin and evolution of Hymenoptera ［J］. Transactions of Paleontological Institution. Academy of Sciences, USSR, 1980, 174: 1–192.

［25］ENGEL M S. A new sawfly from the Triassic of Queensland (Hymenoptera: Xyelidae) ［J］. Memoirs of the Queensland Museum, 2005, 51 (2): 558.

［26］SHARKEY M J, CARPENTER J M, VILHELMSEN L, et al. Phylogenetic relationships among superfamilies of Hymenoptera ［J］. Cladistics, 2012, 28 (1): 80–112.

［27］MAO M, GIBSON T, DOWTON M. Higher-level phylogeny of the Hymenoptera inferred from mitochondrial genomes ［J］.

Molecular Phylogenetics and Evolution, 2015, 84: 34–43.

［28］SONG S N, TANG P, WEI S J CHEN X X. Comparative and phylogenetic analysis of the mitochondrial genomes in basal hymenopterans ［J］. Scientific Reports, 2016, 6: 20972.

［29］ENGEL M S, ORTEGA-BLANCO J, SORIANO C. et al. A new lineage of enigmatic diaprioid wasps in Cretaceous amber (Hymenoptera, Diaprioidea) ［J］. American Museum Novitates, 2013, 3771: 1–23.

［30］MICHENER C D, GRIMALDI D A. A Trigona from Late Cretaceous Amber of New Jersey (Hymenoptera: Apidae: Meliponinae) ［J］. American Museum Novitates, 1988, 2917: 1–10.

［31］ENGEL M S. A new interpretation of the oldest fossil bee (Hymenoptera: Apidae) ［J］. American Museum Novitates, 2000, 3296: 1–10.

［32］ELLIOTT D K, NATIONS J D. Bee burrows in the Late Cretaceous (Late Cenomanian) Dakota Formation, northeastern Arizona, Ichnos, 1998, 5: 243–253.

［33］HONG Y C. A new family - Sinosiricidae (Hymenoptera: Siricoidea) in west Weichangder, Hebei Province ［J］. Acta Entomologica Sinica, 1975, 18 (2): 235–241.

［34］LIN Q B. The Jurassic fossil insects from western Liaoning ［J］. Acta Palaeontologica Sinica, 1976, 15: 97–116.

［35］RASNITSYN A P. New Triassic Hymenoptera of the Middle Asia ［J］. Paleontologicheskiy Zhurnal, 1964, 1: 88–97.

［36］RIEK E F. Fossil insects from the Triassic beds at Mt.Crosby, Queensland ［J］. Australian Journal of Zoology, 1955, 3 (4): 654–657.

［37］SCHLÜTER T. Moltenia rieki n. gen., n. sp. (Hymenoptera: Xyelidae?), a tentative sawfly from the Molteno Formation (Upper Triassic), South Africa ［J］. Paläontologische Zeitschrift, 2000, 74: 75–78.

［38］LARA M B, RASNITSYN A P, ZAVATTIERIC A M. Potrerilloxyela menendezi gen. et sp. nov. from the late Triassic of Argentina: the oldest representative of Xyelidae (Hymenoptera: Symphyta) for Americas ［J］. Paleontology Journal, 2014, 48 (2): 182–190.

［39］TAEGER A, BLANK S M, LISTON A D. World catalog of Symphyta (Hymenoptera) ［J］. Zootaxa, 2010, 2580: 1–1064.

［40］KRASSILOV V A, RASNITSYN A P. A unique finding: pollen in the intestine of Early Cretaceous sawflies ［J］. Paleontologicheskij Zhurnal, 1982, 3: 78–87.

［41］RASNITSYN A P. New Xyelidae (Hymenoptera) from the Mesozoic of Asia ［J］. Paleontologicheskiy Zhurnal, 1966, 4: 69–85.

［42］RASNITSYN A P. New Hymenoptera from the Jurassic and Cretaceous of Asia ［J］. Paleontologicheskiy Zhurnal, 1977, 11 (3): 349–357.

［43］REN D, LU L W, GUO Z G, et al. Faunae and Stratigraphy of Jurassic-Cretaceous in Beijing and the Adjacent Areas ［M］. Seismie Publishing House, Beijing. 1995, 106–112.

［44］ZHANG H C, ZHANG J F. Xyelid sawflies (Insecta, Hymenoptera) from the Upper Jurassic Yixian Formation of Western Liaoning, China. Acta Palaeontologica Sinica, 2000, 39 (4): 476–492.

［45］GAO T P, REN D, SHIH C K. Abrotoxyela gen. nov. (Insecta, Hymenoptera, Xyelidae) from the Middle Jurassic of Inner Mongolia, China ［J］. Zootaxa, 2009, 2094: 52–59.

［46］GAO T P, ZHAO Y Y, REN D. New fossil Xyelidae (Insecta, Hymenoptera) from the Yixian Formation of western Liaoning, China ［J］. Acta Geologica Sinica (English Edition), 2011, 85 (3): 528–532.

［47］WANG M, SHIH C K, REN D. Platyxyela gen. nov. (Hymenoptera, Xyelidae, Macroxyelinae) from the Middle Jurassic of China ［J］. Zootaxa, 2012, 3456: 82–88.

［48］WANG M, RASNITSYN A P, REN D. Two new fossil sawflies (Hymenoptera, Xyelidae, Xyelinae) from Middle Jurassic of China ［J］. Acta Geologica Sinica - English Edition, 2014, 88 (4): 1027–1033.

［49］HONG Y C. Mesozoic Fossil Insects of Jiuquan Basin in Gansu Province ［M］. Geological Publishing House, Beijing. 1982, pp. 173–175.

［50］PAGLIANO G, SCARAMOZZINO P. Elenco dei generi di Hymenoptera del mondo ［J］. Members of the Entomological Society of Italy, 1990, 68: 1–210.

［51］RASNITSYN A P. New Mesozoic sawflies (Hymenoptera, Symphyta) ［M］. In Rohdendorf, B.B. ed. Jurassic Insects of Karatau. Nauka Press, Mescow. 1968, pp. 190–236.

［52］NEL A, PETRULEVICIUS J F, HENROTAY M. New early Jurassic sawflies from Luxembourg: the oldest record of Tenthredinoidea (Hymenoptera: "Symphyta") ［J］. Acta Palaeontologica Sinica, 2004, 49: 283–288.

［53］GAO T P, REN D, SHIH C K. The first Xyelotomidae (Hymenoptera) from the Middle Jurassic in China ［J］. Annals of the Entomological Society of America, 2009 102 (4): 588–596.

［54］GAO T P, SHIH C K, ENGEL M S, REN D. A new xyelotomid (Hymenoptera) from the Middle Jurassic of China displaying enigmatic venational asy mmetry ［J］. BMC Evolutionary Biology, 2016, 16 (1): 155.

［55］QIAO X, SHIH C K, PETRULEVIČIUS J F, et al. Fossils from the Middle Jurassic of China shed light on morphology of Choristopsychidae (Insecta, Mecoptera) ［J］. ZooKeys, 2013, 318: 91–111.

［56］YANG X G, REN D, SHIH C K. New fossil hangingflies (Mecoptera, Raptipeda, Bittacidae) from the Middle Jurassic to Early Cretaceous of Northeastern China ［J］. Geodiversitas, 2012, 34 (4): 785–799.

［57］WANG Y, SHIH C K, SZWEDO J, et al. New fossil palaeontinids (Hemiptera, Cicadomorpha, Palaeontinidae) from the Middle Jurassic of Daohugou, China ［J］. Alcheringa, 2012, 37 (1): 1–12.

［58］LIU Y S, SINITSHENKOVA N D, REN D. A new genus and species of stonefly (Insecta: Plecoptera) from the Yixian Formation, Liaoning Province, China ［J］. Cretaceous Research, 2007, 28 (2): 322–326.

［59］SHIH C K, QIAO X, LABANDEIRA C C, et al. A new mesopsychid (Mecoptera) from the Middle Jurassic of Northeastern China ［J］. Acta Geologica Sinica (English Edition), 2013, 87 (5): 1235–1241.

［60］REN D, LABANDEIRA C C, SANTIAGO-BLAY J A, et al. A probable pollination mode before angiosperms: Eurasian, long-proboscid scorpionflies ［J］. Science, 2009, 326 (5954): 840–847.

［61］REN D, LABANDEIRA C C, SHIH C K. New Mesozoic Mesopsychidae (Mecoptera) from Northeastern China ［J］. Acta Geologica Sinica (English Edition), 2010, 84 (4): 720–731.

［62］REN D, KRZEMIŃSKI W. Eoptychopteridae (Diptera) from the Middle Jurassic of China ［J］. Annales Zoologici, 2002, 52 (2): 207–210.

［63］LIU L X, SHIH C K, REN D. Two new species of Ptychopteridae and Trichoceridae from the Middle Jurassic of northeastern China (Insecta: Diptera: Nematocera) ［J］. Zootaxa, 2012, 3501: 55–62.

［64］RASNITSYN A P. Fossil Hymenoptera of the superfamily Pamphilioidea ［J］. Paleontological Journal, 1983, 2: 56–70.

［65］WANG M, RASNITSYN A P, LI H, et al. Phylogenetic analyses elucidate the inter-relationships of Pamphilioidea (Hymenoptera, Symphyta) ［J］. Cladistics, 2016, 32: 239–260.

［66］RASNITSYN A P, ZHANG H C, WANG B. Bizarre fossil insects: web-spinning sawflies of the genus Ferganolyda (Vespida, Pamphilioidea) from the Middle Jurassic of Daohugou, Inner Mongolia, China ［J］. Paleontology, 2006, 49: 907–916.

［67］WANG M, RASNITSYN A P, SHIH C K, et al. New fossil records of bizarre Ferganolyda (Hymenoptera: Xyelydidae) from the Middle Jurassic of China ［J］. Alcheringa, 2015, 39: 99–108.

［68］GAO T P, ENGEL M S, BLANCO J O, et al. A new xyelydid sawfly from the Early Cretaceous of China (Hymenoptera: Xyelydidae) ［J］. Journal of the Kansas Entomological Society, 2013, 86: 78–83.

［69］WANG M, RASNITSYN A P, SHIH C K, et al. A new Cretaceous genus of xyelydid sawfly illuminating nygmata evolution in Hymenoptera ［J］. BMC Evolutionary Biology, 2014, 14: 131.

［70］WANG M, RASNITSYN A P, SHIH C K, et al. New xyelydid sawflies from the Lower Cretaceous of China ［J］. Cretaceous Research, 2015, 5: 169–178.

［71］NICHOLS S W, SCHUH R T, MANAGING The Torre-Bueno Glossary of Entomology (Revised Edition of a Glossary of Entomology by J. R. de la Torre-Bueno; Including Supplement a by George S. Tulloch) ［M］. New York: New York Entomological Society & American Museum of Natural History. 1989, xvii + 840.

［72］NEW T R. Neuroptera (Lacewings). In The Insects of Australia: A Textbook for Students and Research Workers (2). Melbourne University Press, Melbourne. 1991, 525–542.

［73］MINET J, HUANG D Y, WU H, et al. Early mecopterida and the systematic position of the microptysmatidae (insecta: endopterygota) ［J］. Annales de la Société entomologique de France, 2010, 46 (1–2): 262–270.

［74］RONQUIST F, KLOPFSTEIN S, VILHELMSEN L, et al. A total-evidence approach to dating with fossils, applied to the early radiation of the Hymenoptera ［J］. Systematic Biology, 2012, 61: 973–999.

［75］RASNITSYN A P. Superorder Vespidea Laicharting, 1781. Order Hymenoptera Linné, 1758 (=Vespida Laicharting, 1781). In: Rasnitsyn, A.P., Quicke, L.J.D. History of Insects ［M］. Kluwer Academic Publishers, Netherlands. 2002, pp. 242–254.

［76］SHCHERBAKOV D E. Permian ancestors of hymenoptera and raphidioptera ［J］. ZooKey. 2013, 358: 45–67.

［77］GAO T P, RASNITSYN A P, REN D, et al. The first Praesiricidae (Hymenoptera) from Northeast China ［J］. Annales de la Société Entomologique de France, 2010, 46 (1–2): 148–153.

［78］WANG M, RASNITSYN A P, REN D. New sawfly fossil from the Lower Cretaceous of China elucidates the antennal evolution in lower Hymenoptera (Pamphilioidea: Praesiricidae: Archoxyelydinae subfam. n.) ［J］. Systematic Entomology, 2013, 38: 577–584.

［79］WANG M, RASNITSYN A P, SHIH C K, et al. Revision of the genus Rudisiricius (Hymenoptera, Praesiricidae) with six new species from Jehol biota, China ［J］. Cretaceous Research, 2015, 52: 570–578.

［80］WANG M,RASNITSYN A P, SHIH C K, et al. New fossils from China elucidating the phylogeny of Praesiricidae (Insecta: Hymenoptera) ［J］. Systematic Entomology, 2016, 41: 41–55.

［81］RASNITSYN A P. Conceptual issues in Phylogeny, taxonomy, and nomenclature ［J］. Contributions to Zoology, 1996, 66 (1): 3–41.

［82］RASNITSYN A P. Ontology of evolution and methodology of taxonomy ［J］. Paleontological Journal, 2006, 40 (6): 679–737.

［83］PENĀLVER E, ARILLO A. Primer registro fósil del género Acantholyda (Insecta: Hymenoptera: Pamphiliidae), Mioceno inferior de Ribesalbes (Espanã) ［J］. Revista Espanõla de Paleontologia, 2002, 17: 73–81.

［84］WANG M, RASNITSYN A P, SHIH C K, et al. A new fossil genus in Pamphiliidae (Hymenoptera) from China ［J］. Alcheringa, 2014, 38: 391–397.

［85］VIITASAARI M. (Ed.) Sawflies (Hymenoptera, Symphyta), I: A Review of the Suborder, the Western Palaearctic Taxa of Xyeloidea and Pamphilioidea (Vol. 1). Tremex Press Ltd., Helsinki, 2002, 516.

［86］EIDT C D. The life histories, distribution, and immature forms of the North American sawflies of the genus Cephalcia (Hymenoptera: Pamphiliidae) ［J］. Members of the Entomological Society of Canada, 1969, 101: 5–56.

［87］XIAO G R. Forest Insects of China, 2 ［M］. Chinese Forestry Publishing House, Beijing. 1992, 1144–1204.

［88］BENSON R B. Classification of the Pamphiliidae (Hymenoptera Symphyta) ［J］. Proceedings of the Royal Entomological Society of London (B), 1945, 14: 25–33.

［89］BENSON R B. Hymenoptera from Turkey, Symphyta ［J］. Bulletin of the British Museum (Natural History), 1968, 22: 111–207.

［90］GOULET H. Superfamilies Cephoidea, Megalodontoidea, Orussoidea, Siricoidea, Tenthredinoidea, and Xyeloidea. In: Goulet, H. and Huber, J.T. Hymenoptera of the World: An Identification Guide to Families. Centre for Land and Biological Resources Research, Research Branch Agriculture Canada, Ottawa, Ontario. 1993, 101–129.

［91］RASNITSYN A P. Testing cladograms by fossil record: the ghost range test ［J］. Contributions to Zoology. 2000, 69: 251–258.

［92］GAO T P, SHIH C K, LABANDEIRA C C, et al. Convergent evolution of ramified antennae in insect lineages from the Early Cretaceous of Northeastern China ［J］. Proceedings of the Royal Society of London B, 2016, 283 (1839): 20161448.

［93］SHIH C K, LIU C X., REN D. The earliest fossil record of pelecinid wasps (Inseta: Hymenoptera: Proctotrupoidea: Pelecinidae) from Inner Mongolia, China ［J］. Annals of the Entomological Society of America, 2009, 102 (1): 20–38.

［94］SHIH C K, FENG H, LIU C X, et al. Morphology, phylogeny, evolution, and dispersal of pelecinid wasps (Hymenoptera: Pelecinidae) over 165 Million Years ［J］. Annals of the Entomological Society of America, 2010, 103 (6): 875–885.

［95］JOHNSON N F, MUSETTI L. Revision of the proctotrupoid genus Pelecinus Latreille (Hymenoptera: Pelecinidae) ［J］. Journal of Natural History, 1999, 33: 1513–1543.

［96］BRUES C T. A note on the genus Pelecinus ［J］. Psyche, 1928, 35: 205–209.

［97］GUO L C, SHIH C K, LI L F, et al. New pelecinid wasps (Hymenoptera: Pelecinidae) from the Yixian Formation of western Liaoning, China ［J］. Cretaceous Research, 2016, 61: 151–160.

［98］ZHANG H C, RASNITSYN A P, ZHANG J F. Pelecinid wasps (Insecta: Hymenoptera: Proctotrupoidea) from the Yixian Formation of western Liaoning, China ［J］. Cretaceous Research, 2002, 23: 87–98.

［99］ZHANG J F, RASNITSYN A P. New extinct taxa of Pelecinidae *sensu lato* (Hymenoptera: Proctotrupoidea) in the Laiyang Formation, Shandong, China ［J］. Cretaceous Research, 2006, 27: 684–688.

［100］LIU C X, SHIH C K, REN D. The earliest fossil record of the wasp subfamily Pelecininae (Hymenoptera: Proctotrupoidea: Pelecinidae) from the Yixian Formation of China ［J］. Zootaxa, 2009, 2080: 7–54.

［101］FENG H, SHIH C K, REN D. New male pelecinid wasps (Hymenoptera: Pelecinidae) from the Yixian Formation of western Liaoning (China) ［J］. Geologica Carpathica, 2010, 61 (6): 463–468.

［102］SHI G H, GRIMALDI D A, HARLOW G E, et al. Age constraint on Burmese amber based on U-Pb dating of zircons ［J］.

Cretaceous Research, 2012, 37: 155–163.

［103］GUO L C, SHIH C K, LI L F, et al. New pelecinid wasps (Hymenoptera: Pelecinidae) from Upper Cretaceous Myanmar amber ［J］. Cretaceous Research, 2016, 61: 151–160.

［104］ACHTERBERG C. European species of the genus Helorus Latreille (Hymenoptera: Heloridae), with description of a new species from Sulawesi (Indonesia) ［J］. Zoologische Mededelingen, Leiden, 2006, 80: 1–12.

［105］KUSIGEMATI K. The Heloridae (Hymenoptera: Proctotrupoidea) of Japan ［J］. Kontyû, 1987, 55: 477–485.

［106］ROHDENDORF B B. Mesozoic Diptera from Karatau. I Brachycera and some Nematocera ［J］. Trudy Paleontologicheskogo Instituta Academii Nauk SSSR, 1938, 7: 29–67.

［107］RASNITSYN A P. Order Vespida (Hymenoptera). In Insects in the Early Cretaceous Ecosystem of the West Mongolia ［J］. Transactions of the Joint Soviet- Mongolian Paleontological Expedition, 1986, 28: 154–164.

［108］RASNITSYN A P. Hymenopterans Vespida. In late Mesozoic insects of eastern Transbailalia ［J］. Trudy Paleontologicheskogo Instituta Academii Nauk SSSR, 1990, 239: 177–205.

［109］ZHANG J F. Two new genera and species of Heloridae (Hymenoptera) from late Mesozoic of China ［J］. Entomotaxonomia, 1992, 14: 222–228.

［110］ZHANG H C, ZHANG J F. Proctotrupoid wasps (Insecta, Hymenoptera) from the Yixian Formation of western Liaoning province ［J］. Acta Micropalaeontologica Sinica, 2001, 18: 11–28.

［111］SHIH C K, FENG H, REN D. New fossil Heloridae and Mesoserphidae wasps (Insecta, Hymenoptera, Proctotrupoidea) from the Middle Jurassic of China ［J］. Annals of the Entomological Society of America, 2011, 104: 1334–1348.

［112］SHI X Q, ZHAO Y Y, SHIH C K, et al. New fossil helorid wasps (Insecta, Hymenoptera, Proctotrupoidea) from the Jehol Biota, China ［J］. Cretaceous Research, 2013, 41: 136–142.

［113］SHI X Q, ZHAO Y Y, SHIH C K, et al. Two new species of Archaeohelorus (Hymenoptera, Proctotrupoidea, Heloridae) from the Middle Jurassic of China ［J］. Zookeys, 2014, 369: 49–59.

［114］LI L F, SHIH C K, REN D. New fossil helorid wasps (Hymenoptera, Proctotrupoidea) from the Early Cretaceous of China ［J］. Alcheringa, 2017,17: 1–13.

［115］RASNITSYN A P. New species of the Mesoserphidae hymenopteran family from Upper Jurassic Kara-Tau ［J］. Vestnik Zoologii, 1986, 2: 19–25.

［116］KOZLOV M A. Jurassic Proctotrupidea (Hymenoptera). In Rohdendorf, B.B. Jurassic Insects of Karatau. Academiya Nauk SSSR Otdelenie Obshchej Biologii, Moscow, Russia. 1968, 237–240.

［117］RASNITSYN A P. Hymenoptera from the Jurassic of East Siberia ［J］. Bulletin of Moscow Society of Naturalists Biological Series, 1983, 58: 85–94.

［118］RASNITSYN A P. New Late Jurassic Mesoseprhidae (Vespida, Proctotrupoidea) ［J］. Paleontologicheskii Zhurnal 1994: 115–119.

［119］SHI X Q, ZHAO Y Y, SHIH C K, et al. New fossil mesoserphid wasps (insect, Hymenoptera, Proctotrupoidea) from the Jehol Biota, China ［J］. Zootaxa, 2013, 3710: 591–599.

［120］ZHANG H C, ZHENG D R, ZHANG Q, et al. Re-description and systematic of *Paraulacus sinicus* Ping, 1928 (Insecta, Hymenoptera) ［J］. Palaeoworld, 2013, 22, 32–35.

［121］LI L F, RASNITSYN A P, SHIH C K, et al. The Mesozoic family Mesoserphidae and its phylogeny (Hymenoptera, Apocrita, Proctotrupoidea) ［J］. Journal of Systematic Palaeontology, 2017, 15 (8): 617–639.

［122］ZHANG H C, ZHANG J F. A new genus of Mesoserphidae (Hymenoptera: Proctotrupoidea) from the Upper Jurassic of northeast China. Entomotaxonomia, 2000, 22: 279–282.

［123］CAI Y P, ZHAO Y Y, SHIH C K, et al. A new genus of Scolebythidae (Hymenoptera: Chrysidoidea) from the early cretaceous of China ［J］. Zootaxa, 2012, 3504: 56–66.

［124］BROTHERS D J. Note on the biology of Ycaploca evansi (Hymenoptera: Scolebythidae) ［J］. Journal of the Entomological Society of Southern Africa, 1981, 44: 107–108.

［125］MELO G A R. Biology of an extant species of the scolebythid genus Dominibythus (Hymenoptera: Chrysidoidea: Scolebythidae), with description of its mature larva. In: Austin, A D. and Dowton, M. Hymenoptera: Evolution, Biodiversity and Biological Control. CSIRO, Collingwood. 2000, 281–284.

［126］CARPENTER J M. Cladistics of the Chrysidoidea (Hymenoptera) ［J］. Journal of the New York Entomological Society, 1986, 94: 303–330.

［127］PRENTICE M A, POINAR JR G O, MILKI R. Fossil scolebythids (Hymenoptera, Scolebythidae) from Lebanese and Dominican amber ［J］. Proceedings of the Entomological Society of Washington, 1996, 98: 802–811.

［128］RASNITSYN A P. Praeaulacidae (Hymenoptera) from the Upper Jurassic of Karatau ［J］. Paleontologicheskiy Zhurnal, 1972, 1: 72–87.

［129］ENGEL, M S, HUANG D Y, et al. A remarkable evanioid wasp in mid-Cretaceous amber from northern Myanmar (Hymenoptera: Evanioidea) ［J］. Cretaceous Research, 2016, 60: 121–127.

［130］RASNITSYN A P. Hymenoptera Apocrita of Mesozoic ［J］. Trudy Paleontologicheskogo Instituta Academii Nauk SSSR, 1975, 147: 1–134.

［131］RASNITSYN A P, MARTÍNEA-DELCLÒS X. Wasps (Insecta: Vespida = Hymenoptera) from the Early Cretaceous of Spain ［J］. Acta Geologica Hispanica, 2000, 35: 65–95.

［132］LI L F, RASNITSYN A P, SHIH C K, et al. Anomopterellidae restored with two new genera and its phylogeny in Evanioidea (Hymenoptera) ［J］. PLoS ONE, 2013, 8: e82587.

［133］LI L F, SHIH C K, REN D. Revision of Anomopterella Rasnitsyn, 1975 (Insecta, Hymenoptera, Anomopterellidae) with two new Middle Jurassic species from northeastern China ［J］. Geologica Carpathica, 2014, 65 (5): 365–374.

［134］Ghahari, H. and Deans, A.R. A comment on Iranian Ensign wasps (Hymenoptera: Evanoidea: Evaniidae) ［J］. Munis Entomology and Zoology, 2010, 5: 295–296.

［135］DEANS A R, GILLESPIE J J, YODER, M J. An evaluation of ensign wasp classification (Hymenoptera: Evaniidae) based on molecular data and insights from ribosomal RNA secondary structure ［J］. Systematic Entomology, 2006, 31: 517–528.

［136］ZHANG H C, ZHANG J F. A new genus and two new species of Hymenoptera (Insecta) from the Upper Jurassic Yixian Formation of Beipiao, western Liaoning ［J］. Acta Micropalaeontologica Sinica, 2000, 17: 286–290 (in English, Chinese abstract).

［137］LI L F, SHIH C K, REN D. New fossil evaniids (Hymenoptera, Evanioidea) from the Yixian Formation of western Liaoning, China ［J］. Cretaceous Research, 2014, 47: 48–55.

［138］ZHANG H C, RASNITSYN A P. Middle Jurassic Praeaulacidae (Insecta: Hymenoptera: Evanioidea) of Inner Mongolia and Kazakhstan ［J］. Journal of Systematic Palaeontology, 2008, 6: 463–487.

［139］LI L F, SHIH C K. Two new fossil wasps (Insecta: Hymenoptera: Apocrita) from northeastern China ［J］. Journal of Natural History, 2014, 49 (13–14): 829–840.

［140］LI L F, RASNITSYN A P, SHIH C K, et al. A new genus and species of Praeaulacidae (Hymenoptera: Evanioidea) from Upper Cretaceous Myanmar amber ［J］. Cretaceous Research, 2015, 41 (2013): 136–142.

［141］ZHANG H C, RASNITSYN A P. Nevaniinae subfam. n., a new fossil taxon (Insecta: Hymenoptera: Evanioidea: Praeaulacidae) from the Middle Jurassic of Daohugou in Inner Mongolia, China ［J］. Insect Systematics & Evolution, 2007, 38 (2): 149–166.

［142］RASNITSYN A P, ZHANG H C. Early evolution of Apocrita (Insect, Hymenoptera) as indicated by new findings in the Middle Jurassic of Daohugou, Northeast China ［J］. Acta Geologica Sinica (English Edition), 2010, 84: 834–873.

［143］LI L F, SHIH C K, REN D. New fossil Praeaulacinae wasps (Insect: Hymenoptera: Evanioidea: Praeaulacidae) from the Middle Jurassic of China ［J］. Zootaxa, 2014, 3814 (3): 432–442.

［144］SHIH J M PETER, LI L F, LI D Q, REN D. Application of geometric morphometric analyses to confirm three new wasps of Evaniidae (Hymenoptera: Evanioidea) from mid-Cretaceous Myanmar amber ［J］. Cretaceous Research. 2019. 109: 104249.

［145］RASNITSYN A P. An outline of evolution of the hymenopterous insects (order Vespida) ［J］. Oriental Inssets, 1988, 22: 115–145.

［146］LI L F, SHIH C K, RASNITSYN A P, et al. New fossil ephialtitids elucidating the origin and transformation of the propodeal-metasomal articulation in Apocrita (Hymenoptera) ［J］. BMC Evolutionary Biology, 2015, 15 (1): 1–17.

［147］WANG M L, LI L F, SHIH C K. New fossil wasps (Hymenoptera, Apocrita) from the Middle Jurassic of China ［J］. Insect Systematics & Evolution, 2015, 46 (5): 471–484.

［148］LI L F, SHIH C K, REN D. Two new wasps (Hymenoptera: Stephanoidea: Ephialtitidae) from the Middle Jurassic of China ［J］. Acta Geologica Sinica (English Edition), 2013, 87 (6): 1486–1494.

［149］RASNITSYN A P. Late Jurassic Hymenoptera of Karatau ［J］. Paleontologicheskii Zhurnal, 1963, 1: 86–99.

［150］RASNITSYN A P, ANSORGE J, ZHANG H C. Ancestry of the orussoid wasps, with description of three new genera and species of Karatavitidae (Hymenoptera = Vespida: Karatavitoidea stat. nov.) ［J］. Insect Systematics and Evolution, 2006, 37: 179–190.

［151］ SHIH M J H, LI L F, REN D. Application of geometric morphometric analyses to confirm two new species of Karatavitidae (Hymenoptera: Karatavitoidea) from northeastern China ［J］. Alcheringa, 2017: 1–10.

［152］ LI L F, SHIH PETER J M, KOPYLOV D S, et al. Geometric morphometric analysis of Ichneumonidae (Hymenoptera: Apocrita) with two new Mesozoic taxa from Myanmar and China ［J］. Journal of Systematic Palaeontology. 2019, 18 (11): 931–943.

［153］ KOPYLOV D S. Ichneumonids of the Subfamily Tanychorinae (Insecta: Hymenoptera: Ichneumonidae) from the Lower Cretaceous of Transbaikalia and Mongolia ［J］. Paleontological Journal, 2010, 44: 180-187.

［154］ KOPYLOV D S. Ichneumon Wasps of the Khasurty Locality in Transbaikalia (Insecta, Hymenoptera, Ichneumonidae) ［J］. Paleontological Journal, 2011, 45: 406-413.

［155］ KOPYLOV D S, ZHANG H C. New ichneumonids (Insecta: Hymenoptera: Ichneumonidae) from the Lower Cretaceous of north China ［J］. Cretaceous Research, 2014, 52: 591-604.

［156］ TOWNES H. Two ichneumonids (Hymenoptera) from the Early Cretaceous ［J］. Proceedings of the Entomological Society of Washington, 1973, 75: 216-219.

［157］ GAO T P, REN D. Description of a new fossil Anthoxyela species (Hymenoptera, Xyelidae) from Yixian Formation of Northeast China ［J］. Zootaxa, 2008, 1842: 56–62.

［158］ WANG C, SHIH C K, RASNITSYN A P, et al. Two new species of Prolyda from the Middle Jurassic of China (Hymenoptera, Pamphilioidea) ［J］. ZooKeys, 2016, 569: 71.

［159］ ZHANG H C, RASNITSYN A P, ZHANG J F. Two ephialtitid wasps (Insecta, Hymenoptera, Ephialtitoidea) from the Yixian Formation of western Liaoning, China ［J］. Cretaceous Research, 2002, 23: 401–407.

［160］ ZHANG Q, ZHANG H C, RASNITSYN A P, et al. New ephialtitidae (Insecta: Hymenoptera) from the jurassic daohugou beds of Inner Mongolia, China ［J］. Palaeoworld, 2014, 23 (3–4): 276–284.

［161］ ZHANG H C, RASNITSYN A P, WANG D J, et al. Some hatchet wasps (Hymenoptera, Evaniidae) from the Yixian Formation of western Liaoning, China ［J］. Cretaceous Research, 2007, 28: 310–316.

［162］ ZHANG J F. Eight new species of the genus Eopelecinus (Hymenoptera: Prototrupoidea) from the Laiyang Formation, Shandong Province, China ［J］. Paleontological Journal, 2005, 39: 417–427.

［163］ LIU C X, GAO T P, SHIH C K, et al. New Pelecinid wasps (Hymenoptera: Proctotrupoidea: Pelecinidae) from the Yixian Formation of Western Liaoning, China ［J］. Acta Geologica Sinica (English Edition), 2011, 85 (4): 749–757.

［164］ LI L F, SHIH C K, REN D. Two new species of Nevania (Hymenoptera: Evanioidea: Praeaulacidae: Nevaniinae) from the Middle Jurassic of China ［J］. Alcheringa, 2013, 38: 140–147.

［165］ ZHANG H C, RASNITSYN A P. Pelecinid wasps (Insecta: Hymenoptera: Proctotrupoidea) from the Cretaceous of Russia and Mongolia ［J］. Cretaceous Research, 2004, 25: 807–825.

［166］ ZHANG J F. A new Middle Jurassic insect genus Sinephialtites of Ephialtitidae discovered in China ［J］. Acta Palaeontologica Sinica, 1986, 25: 585–90.

［167］ DUAN Y, CHENG S L. A new species of Pelecinidae (Hymenoptera: Proctotrupoidea) from the lower Cretaceous Jiufotang Formation of western Liaoning ［J］. Acta Palaeontologica Sinica, 2006, 45: 393–398.

［168］ ZHANG H C, RASNITSYN A P. Some ichneumonids (Insecta, Hymenoptera, Ichneumonoidea) from the Upper Mesozoic of China and Mongolia ［J］. Cretaceous Research, 2003, 24: 193–202.

第 23 章
双翅目

韩晔，张浩强，史宗冈，王永杰，任东

  双翅目的学名为"Diptera"。在希腊语中，"di"的意思是"双"，"ptera"的意思是"翅"。因为双翅目昆虫只有两个翅，其后翅特化为平衡棒，所以它们被命名为"双翅目"。尽管双翅目昆虫只有一对翅，它们却是昆虫纲中善于飞行的种类之一（图23.1）。例如，蜂虻、食蚜蝇在吸食花蜜时保持悬飞，蚊、蝇可以在飞行中急转。同时，多数双翅目昆虫具有一对高度特化的复眼，宽阔的视角使得它们可以更为快速地感知周围环境，从而做出灵敏的判断和反应（图23.2）。例如，家蝇 *Musca domestica* Linnaeus, 1758的复眼占据了整个头的60%~90%，每个复眼上有3 500~4 000个小眼。通过成千上万个小眼的图像输入，双翅目昆虫可以观察到快速移动的物体，逃避捕食者或天敌，也可以寻找食物或潜在的配偶。

  与其他所有的全变态类昆虫一样，双翅目昆虫的生活史包含有四个时期：卵期、幼虫期、蛹期和成虫期。一些蝇类，如蝇科Muscidae、丽蝇科Calliphoridae、寄蝇科Tachinidae和麻蝇科Sarcophagidae有卵胎生的习性。卵胎生即卵在母体内完成胚胎发育，孵化成幼虫后才被产离母体，是保护和提高后代成活率的重要策略[1]。双翅目昆虫的食性多样，包括植食性、腐食性、捕食性、寄生性、血食性等，可分为传粉昆虫（如食蚜蝇）、捕食性昆虫（如食虫虻和长足虻）、腐食性昆虫（如实蝇和麻蝇）、拟寄生昆虫（如蜂虻和花蝇）和血食性昆虫（如斑虻）等（图23.3、图23.4）。它们在自然界中起着至关重要的作用，许多种类与人们的生活密切相关。

  作为昆虫多样性最为丰富的类群之一，双翅目昆虫分布极其广泛，除极地和远海，全球均有发现。目前现生种类包括150科，约10 000属，至少154 000种，占动物种类的10%~12%[2-4]。

  一般来说，双翅目分为两个亚目：长角亚目Nematocera和短角亚目Brachycera（图23.5）。长角亚目昆虫触角鞭节均超过6节，包括蚊、蠓、蚋等，超过52 000种[5-7]。长角亚目包含7次目：极蚊次目Axymyiomorpha、褶蚊次目Ptychopteromorpha、蚊次目Culicomorpha、网蚊次目Blephariceromorpha、毛蚊次目Bibionomorpha、蛾蚋次目Psychodomorpha和大蚊次目Tipulomorpha，其中只有蚊次目和毛蚊次目的单系性被广泛接受[4]，其他次目仍存在一定的问题[8]，尤其是大蚊次目的系统地位一直存在较大的争议。长角亚目昆虫中包含有一些臭名昭著的病毒携带者：蠓科Ceratopogonidae、蚋科Simuliidae、蚊科Culicidae、蛙蠓科Corethrellidae和蛾蠓科Psychodidae中的部分昆虫以血液为食，可以传播极其有害的疾病，如疟疾、黄热病、西尼罗热、登革热、脑炎、寨卡热等；其中蚊子也被称为"世界上最致命的动物"。

  短角亚目包括4个次目：食木虻次目Xylophagomorpha、水虻次目Stratiomyomorpha、虻次目Tabanomorpha和蝇次目Muscomorpha。其中，前三个次目和蝇次目中的食虫虻总科Asiloidea和网翅虻总科Nemestrinoidea被统称为虻类，包含有约20科，24 000种[9]。在短角亚目中，血食性类群主要为虻次目，

◀ 图 23.1　交配中的喜花食
　　蚜蝇
　　　史宗文拍摄

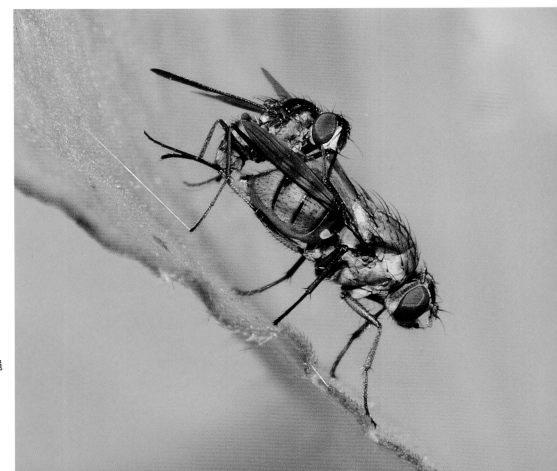

▶ 图 23.2　交配中的家蝇
　　　史宗文拍摄

▲ 图 23.3　长足虻取食小型昆虫
　　（蚜虫）
　　史宗文拍摄

▶ 图 23.4　食蚜蝇将卵产在有蚜虫
　　生活的地方
　　史宗文拍摄

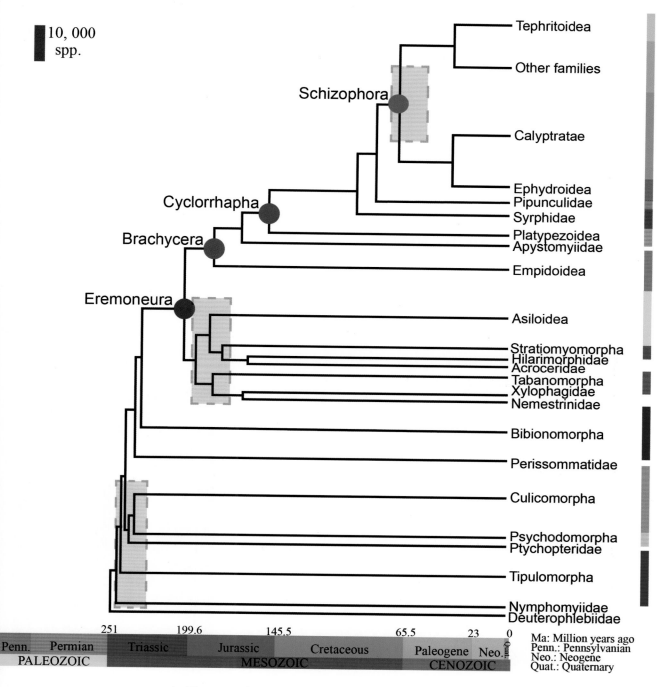

10, 000 spp.

Tephritoidea

Other families

Schizophora

Calyptratae

Ephydroidea
Pipunculidae
Syrphidae

Cyclorrhapha

Platypezoidea
Apystomyiidae

Brachycera

Empidoidea

Eremoneura

Asiloidea

Stratiomyomorpha
Hilarimorphidae
Acroceridae
Tabanomorpha
Xylophagidae
Nemestrinidae

Bibionomorpha

Perissommatidae

Culicomorpha

Psychodomorpha
Ptychopteridae

Tipulomorpha

Nymphomyiidae
Deuterophlebiidae

| Penn. | Permian | Triassic | Jurassic | Cretaceous | Paleogene | Neo. | Quat. |
| PALEOZOIC | | | MESOZOIC | | CENOZOIC | | |

251　199.6　145.5　65.5　23　0

Ma: Million years ago
Penn.: Pennsylvanian
Neo.: Neogene
Quat.: Quaternary

▲ 图 23.5　双翅目系统发育和估计的进化枝分歧时间（改自参考文献［5］）

如伪鹬虻科Athericidae、鹬虻科Rhagionidae和虻科Tabanidae[10]。此外，蝇次目中的雌性马蝇*Philoliche rostrata*既能取食花蜜也能吸食血液，其口器包含有两个功能单元，即近端用于叮咬和刺穿的上唇、上颚、舌和下颚，以及远端用于吸食的前颏，以适应不同的取食方式[11]。

蝇次目中的舞虻总科Empidoidea和环裂部Cyclorrhapha统称为寡脉类Eremoneura，是短角亚目单系性以及系统位置争议最小的进化分支之一[12]。舞虻总科作为一个中间类群是短角亚目和环裂部之间的重要联系。这个总科中已发现有超过12 000种（舞虻科中发现4 900种，长足虻科中发现7 000种）。

环裂部成虫在羽化时蛹壳前端呈环状裂开，因此被称为环裂部。环裂部包括无缝组Aschiza和有缝组Schizophora。有缝组昆虫多样性极高，又被分为无瓣类Acalyptratae和有瓣类Calyptratae，约包涵80 000种。在环裂部昆虫内，有缝组是双翅目中单系性争议最小的类群之一，包括12总科，约80科，其共有衍征包括倒"U"形额囊缝（在触角基部上方）、不分支的M_{1+2}和短的cup室。

血食性在蝇类中也比较常见，其中蝇科、舌蝇科Glossinidae、虱蝇科Hippoboscidae、蝠蝇科Streblidae和蛛蝇科Nycteribiidae都包含有吸血昆虫。与其他双翅目的血食性昆虫不同的是，有瓣类昆虫的雌雄双性均以血液为食。毫无疑问，双翅目昆虫的血食性已经历了多次独立衍化，而部分种类对寄主已经形成了专化性，演化出了独特的交配方式和生命周期[13]。

知识窗：2015年诺贝尔生理学或医学奖——一项针对疟疾的新疗法

在2015年，中国中医科学院首席研究员屠呦呦博士（图23.6）因其在20世纪70年代发现了疟疾的新疗法而获得了诺贝尔生理学或医学奖[14]；2020年3月屠呦呦博士入选《时代周刊》100位世纪（1920—2019）最具影响力女性人物榜，被评选为1979年年度女性[15]。

疟疾是全球关注的重要公共卫生问题之一，广泛流行于世界各地，它是由蚊子传播的寄生虫病，在严重的情况下会造成患者脑损伤甚至死亡。据世界卫生组织统计，自2010年起，全球每年疟疾发病人数为2.0亿~2.5亿，每年死亡人数40万~50万，儿童是最易受疟疾影响的人群。

疟疾的传统治疗方法是使用氯喹或奎宁，但成功率较低。到20世纪60年代后期，屠呦呦接受了国家疟疾防治研究项目"523"办公室抗疟研究任务，并担任中药抗疟研究组组长。东晋葛洪《肘后备急方》中记载的治疟疾方法"青蒿一握，以水二升渍，绞取汁，尽服之"给了屠呦呦新的研究思路。最终，屠呦呦团队改用低沸点溶剂的提取方法，成功提取到了青蒿的抗疟组分。屠呦呦第一个证明了这种成分，即青蒿素，对感染动物和人类的疟疾寄生虫有明显的抑制效果。青蒿素代表了一类新的抗疟药物，它们在早期阶段能迅速杀死疟疾寄生虫，因此在治疗严重疟疾方面具有前所未有的效力[16]。

▲ 图23.6　诺贝尔获奖者屠呦呦
A. Mahmoud 拍摄[16]

23.1 双翅目昆虫化石研究进展

1709年，Scheuchzer发现并描述了第一件双翅目昆虫化石。这块标本采自意大利始新世，是一个大蚊科 Tipulidae的雌虫，然而当时被置于蜻蜓目中[17]。原始的双翅目经常与长翅目Mecoptera混淆不清，一些二叠纪描述的"双翅目"后来均被转移到了长翅目[18-21]。目前，已经确认的最早的双翅目来自法国中三叠世早期，包括矮蚊科 Nadipteridae、始沼大蚊科Archilimoniidae、原伪大蚊科Protorhyphidae、劳弗格蚊科Grauvogeliidae和鹬虻科[22]。到三叠纪末期，双翅目已经分布全球，亚洲、澳大利亚、北美洲和欧洲均有记录，一些主要类群，如毛蚊次目、蚊次目、蛾蚋次目和大蚊次目也已经出现。

历史上，许多双翅昆虫学家对双翅目昆虫化石的研究做出了重要贡献。著名的德国双翅昆虫学家Hermann Loew对波罗的海琥珀中的双翅目昆虫研究做出了巨大贡献，一生中描述了超过4 000种的蚊、蝇、蚋和蠓。美国古生物学家Samuel Hubbard Scudder发表了两本重要专著，*Fossil Insects of North America*和*The Pre-tertiary Insects and The Tertiary Insects of North America*。20世纪，双翅目昆虫化石的研究蓬勃发展：Cockerell描述了大量全球新生代（第三纪）双翅目昆虫；Handlirsch[23]发表的*Die Fossilen Insekten*是第一部关于昆虫化石的综述性专著，书中对大量双翅目昆虫化石名称进行了修订；俄罗斯古生物学家Rohdendorf对双翅目昆虫化石的分类和系统发育做出了重大贡献；Carpenter[24]和Evenhuis[25]各自完成了双翅目昆虫化石世界名录，为双翅目昆虫化石的研究奠定了基础；此外，Kovalev致力于短角亚目的研究，建立和描述了许多来自西伯利亚侏罗纪到白垩纪的新阶元；后来，以M. B. Mostovski、A. Nagatomi、W. Krzemiński和D. A. Grimaldi等为代表的科学家，描述了许多双翅目化石的新类群，使得双翅目昆虫化石的属种多样性得到了较大提升。

中国双翅目昆虫化石研究始于1923年，Grabau描述了山东莱阳早白垩世的4个昆虫属种，包括中国第一个双翅目昆虫化石种——群集隐翅幽蚊 *Samarura gregaria*[26]；之后，秉志检视了这件标本，并基于该种建立了第一个中国双翅目昆虫化石属——隐翅摇蚊属 *Chironomaptera*[27]。在中断了近五十年（1929—1975）之后，双翅目昆虫化石研究迅速发展。我国中生代化石主要有三个产地：内蒙古宁城道虎沟、辽宁北票黄半吉沟和山东莱阳。除此之外，其他地区也有少量双翅目昆虫化石被发现，例如广西、湖南、浙江、甘肃等。在我国双翅目昆虫不断发展的过程中，林启彬、洪友崇、王文利、张俊峰、任东、杨定、张海春、黄迪颖、史宗冈和张魁艳做出了重要贡献。中国双翅目昆虫化石的研究使我们对双翅目进化和系统发育的理解更为深入。迄今为止，我国已有46科157属约262个化石种被描述。

23.2 中国北方地区中生代双翅目的代表性化石

长角亚目 Nematocera Duméril, 1805

原菌蚊科 Antefungivoridae Rohdendorf, 1938

原菌蚊科是一个灭绝科，属于毛蚊次目，眼蕈蚊总科 Sciaroidea，由Rohdendorf根据哈萨克斯坦卡拉套晚侏罗世的原菌蚊属 *Antefungivora* 建立。原菌蚊科的科级地位一直没有得到确认，Rohdendorf曾将其并入普蕈蚊科 Pleciominidae[28]；Carpenter对此提出质疑，认为原菌蚊属中M和Rs之间的横脉与Rs源点相差很远，这与普蕈蚊属 *Pleciomima* 不同，不过他还是接受了Rohdendorf的观点[24]；但是原菌蚊科的科级地位也得到部分学者的承认[7, 25]，本书也仍将其作为科级阶元对待。迄今为止，该科共报道9属，包含有44种[7]。

中国北方地区侏罗纪与白垩纪报道的属：原菌蚊属 *Antefungivora* Rohdendorf, 1938；狼毛蚊属 *Lycoriomimodes* Rohdendorf, 1946；小奇脉毛蚊属 *Mimallactoneura* Rohdendorf, 1946；脉毛蚊属 *Aortomima* Zhang, Zhang, Liu & Shangguan, 1986。

原菌蚊属 *Antefungivora* Rohdendorf, 1938

Antefungivora Rohdendorf, 1938, *Trud. Paleont. Inst. Acad. Sci. SSSR.*, 7 (3)：48[29] (original designation).

Lycoriomima Rohdendorf, 1946, *Trud. Paleont. Inst. Acad. Sci. SSSR.*, 13 (2)：62[28]. Syn. by Ansorge, 1996, *Neue Palaeontol. Abh.*, 2：98[30].

Lycorioplecia Rohdendorf, 1946, *Trud. Paleont. Inst. Acad. Sci. SSSR.*, 13 (2)：66[28]. Syn. by Ansorge, 1996, *Neue Palaeontol. Abh.*, 2：98[30].

Paritonida Rohdendorf, 1946, *Trud. Paleont. Inst. Acad. Sci. SSSR.*, 13 (2)：74[28]. Syn. by Ansorge, 1996, *Neue Palaeontol. Abh.*, 2：98[30].

Archilycoria Rohdendorf, 1962, *Fundamentals of Paleontology*, 328[31]. Syn. by Ansorge, 1996, *Neue Palaeontol. Abh.*, 2：98[30].

模式种：始原菌蚊 *Antefungivora prima* Rohdendorf, 1938。

体长3~4 mm。Sc不明显；R长且直，是翅长的2/3；Rs基部长度大约是r-m的3倍，且稍微呈现弓形弯曲；M短[28, 32]。

产地及时代：辽宁，中侏罗世。

中国北方地区侏罗纪仅报道1种（表23.1）。

狼毛蚊属 *Lycoriomimodes* Rohdendorf, 1946

Lycoriomimodes Rohdendorf, 1946, *Trud. Paleont. Inst. Acad. Sci. SSSR.*, 13 (2)：67[28] (original designation).

Lycoriomimella Rohdendorf, 1946, *Trud. Paleont. Inst. Acad. Sci. SSSR.*, 13 (2)：69[28]. Syn. by Kovalev, 1990, *Trud. Paleont. Inst. Acad. Sci. SSSR.*, 239：160[33].

Pleciomimella Rohdendorf, 1946, *Trud. Paleont. Inst. Acad. Sci. SSSR.*, 13 (2)：71[28]. Syn. by Kovalev, 1990, *Trud. Paleont. Inst. Acad. Sci. SSSR.*, 239：160[33].

Megalycoriomima Rohdendorf, 1962, *Fundamentals of Paleontology*, 326[31]. Syn. by Kovalev, 1990, *Trud. Paleont. Inst. Acad. Sci. SSSR.*, 239：160[33].

Sinemedia Rohdendorf, 1962, *Fundamentals of Paleontology*, 328[31]. Syn. by Kovalev, 1990, *Trud. Paleont. Inst. Acad. Sci. SSSR.*, 239：160[33].

模式种：变形狼毛蚊 *Lycoriomimodes deformatus* Rohdendorf, 1946。

翅长1.6 mm，无翅痣。R直，其末端向C弯曲，长度大约是翅长的2/3；r-m比Rs基部柄稍短，Rs向后弯曲；M和Cu弱化且不明显；CuP不明显[28, 32]。

产地及时代：辽宁、河北，中侏罗世；山东，早白垩世。

中国北方地区侏罗纪与白垩纪报道7种（表23.1）。

小奇脉毛蚊属 *Mimallactoneura* Rohdendorf, 1946

Mimallactoneura Rohdendorf, 1946, *Trud. Paleont. Inst. Acad. Sci. SSSR.*, 13 (2)：72[28] (original designation).

模式种：古小奇脉毛蚊 *Mimallactoneura vetusta* Rohdendorf, 1946。

翅长3 mm。Sc较弱，不明显；R近乎直线；Rs基部长度大约是r-m的5倍，Rs末端向后轻微弯曲；M和CuP明显[28, 32]。

产地及时代：辽宁，中侏罗世；山东，早白垩世。

中国北方地区侏罗纪与白垩纪报道2种（表23.1）

脉毛蚊属 *Aortomima* Zhang, Zhang, Liu & Shangguan, 1986

Aortomima Zhang, Zhang, Liu & Shangguan, 1986, *Geol. Shandong*, 2 (1)：27[34] (original designation).

模式种：山东脉毛蚊 *Aortomima shandogensis* Zhang, Zhang, Liu & Shangguan, 1986。

头部大；触角长，15节。胸部小。Sc缺失；R短，靠近C；Rs在翅长的2/3处由R分出，明显弯曲，Rs基部几乎与r-m等长；M前分支长，后分支弱；CuA粗壮。足细长；前足有1个距。腹部粗壮，有8节。

产地及时代：山东，早白垩世。

中国北方地区白垩纪仅报道1种（表23.1）。

极蚊科 Axymyiidae Shannon, 1921

极蚊科是极蚊总科 Axymyioidea中的一个小科。该科昆虫体长一般11~17 mm；有翅痣；r-m倾斜，形似Rs的延续；R_2如短横脉从R_{2+3}分出，在C或R_1末端结束；M双分支。极蚊的幼虫生活在腐木中，Mamaev和Krivosheina在研究了幼虫和生态习性后认为极蚊科与其他长角亚目非常不同[35]。迄今为止，在加拿大、中国、匈牙利、日本、俄罗斯和美国等国发现了3个极蚊科现生属；极蚊科化石相对丰富，在中国共描述了中侏罗世的化石3属4种[36]。极蚊科化石的研究历史超过100年，可以大致分为两个阶段：20世纪初是初始阶段，该阶段研究主要依靠简单的形态特征对化石进行分类；20世纪中叶是发展阶段，该阶段从单一的形态学研究拓展至系统学、生态学等领域[37]。

中国北方地区侏罗纪与白垩纪报道的属：侏罗极蚊属 *Juraxymyia* Zhang, 2010；华极蚊属 *Sinaxymyia* Zhang, 2010；稀有极蚊属 *Raraxymyia* Shi, Zhu, Shih & Ren, 2013。

侏罗极蚊属 *Juraxymyia* Zhang, 2010

Juraxymyia Zhang, 2010, *Ann. Entomol. Soc. Am.*, 103 (4)：460–461[38] (original designation).

模式种：化石侏罗极蚊 *Psocites fossilis* Zhang, 2004。

Sc相对较长；R_{2+3}分叉成一个钝角；r-m位置靠端部（超过翅中线），稍微倾斜并且比dM_{1+2}短；Rs分支比M分支远；bM_{1+2}长度只有dM_{1+2}的1.5倍；CuP短。

产地及时代：内蒙古，中侏罗世。

中国北方地区侏罗纪仅报道1种（表23.1）。

华极蚊属 *Sinaxymyia* Zhang, 2010

Sinaxymyia Zhang, 2010, *Ann. Entomol. Soc. Am.*, 103 (4)：462[38] (original designation).

模式种：稀有华极蚊 *Sinaxymyia rara* Zhang, 2010。

Sc较短；R_2与R_3形成一个钝角，在R_1之后与C相交；bR_{4+5}短，与r-m等长；r-m位于翅中部，垂直于M_{1+2}；bM_{1+2}比dM_{1+2}短。CuP短。

产地及时代：内蒙古，中侏罗世。

中国北方地区侏罗纪仅报道1种（表23.1）。

稀有极蚊属 *Raraxymyia* Shi, Zhu, Shih & Ren, 2013

Raraxymyia Shi, Zhu, Shih & Ren, 2013, *Acta. Geol. Sin. -Engl.*, 87 (5)：1229[36] (original designation).

模式种：平脉稀有极蚊 *Raraxymyia parallela* Shi, Zhu, Shih & Ren, 2013。

翅痣梭形，止于R_2；R_{2+3}分出R_2和R_3，R_2与R_3形成钝角，R_2如短横脉，止于C和R_1末端之间，或者接近R_1；bM_{1+2}比dM_{1+2}短；dM_{1+2}比r-m更长，与r-m形成一个锐角。

产地及时代：内蒙古，中侏罗世。

中国北方地区侏罗纪报道2种（表23.1）。

平脉稀有极蚊 *Raraxymyia parallela* Shi, Zhu, Shih & Ren, 2013（图23.7）

Raraxymyia parallela Shi, Zhu, Shih & Ren, 2013, *Acta. Geol. Sin. -Engl.*, 87 (5)[36]：1229.

产地及层位：内蒙古宁城道虎沟；中侏罗统，九龙山组。

体型中等，体长14~16 mm。头长1.0~1.6 mm，宽1.8 mm；触角长0.6~0.7 mm，宽0.2 mm。翅长12.8 mm。翅痣呈纺锤状，深褐色，止于R_2；Sc相对长；R分为4支；Rs在不足翅长1/3处由R分出，bR_{4+5}明显长于r-m，但比Rs短。M三分支，M_1、R_{4+5}和R_3弯曲并且平行；bM_{1+2}短于dM_{1+2}；dM_{1+2}长于r-m。CuP短。平衡棒短且粗大[36]。

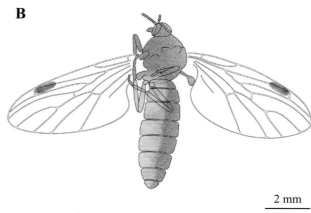

▲ 图23.7 平脉稀有极蚊 *Raraxymyia parallela* Shi, Zhu, Shih & Ren, 2013（正模标本，CNU-DIP-NN2012874）[36]
A. 正模标本照片；B. 正模标本线条图

网蚊科 **Blephariceridae** Loew, 1862

　　网蚊科昆虫是一类非常奇特的长角亚目昆虫，其典型特征是在前翅上具有不明显的网状褶皱。成虫口器雌雄异型：雌性具有下颚，用以吸血和取食昆虫，雄性则没有下颚。幼虫通常附着在山间急流中的岩石上。到目前为止，世界上已发现超过45个现生属，包含700多种。此外，化石已报道5个绝灭属，包含7种[7]。目前，该科内的属种关系尚不明确[39]。

　　中国北方地区侏罗纪报道的属：大网蚊属 *Megathon* Lukashevich & Shcherbakov, 1997；布氏网蚊属 *Brianina* Zhang & Lukashevich, 2007。

大网蚊属 *Megathon* Lukashevich & Shcherbakov, 1997

　　Megathon Lukashevich & Shcherbakov, 1997, *Neues Jahrbuch für Geologie und Paläontologie, Monatshefte*, 11：639–646[40] (original designation).

　　模式种：兹氏大网蚊 *Megathon zwicki* Lukashevich & Shcherbakov, 1997。

　　该属模式种的种名源自Zwick博士，以纪念他对昆虫化石研究所做出的贡献。触角长度小于头宽；雌性复眼离眼式。复眼和雌性生殖器没有非常长的刚毛。前足股节直。翅宽大约中等长度。雌性第九背板正常[39, 40]。

　　产地及时代：内蒙古，中侏罗世。

　　中国北方地区侏罗纪仅报道1种（表23.1）。

布氏网蚊属 *Brianina* Zhang & Lukashevich, 2007

　　Brianina Zhang & Lukashevich, 2007, *Cret. Res.*, 28 (2)：303[39] (original designation).

　　模式种：长胫布氏网蚊 *Brianina longitibialis* Zhang & Lukashevich, 2007。

　　Rs起始处没有向后的刺；Rs分叉成R_{2+3}和短的R_{4+5}；M_2与M_1连接，与M_{3+4}不相连；CuP没有到达翅缘。后足胫节弯曲；胫节比股节长。

　　产地及时代：内蒙古，中侏罗世。

　　中国北方地区侏罗纪仅报道1种（表23.1）。

毛蚊科 **Bibionidae** Kirby, 1837

　　毛蚊科属于毛蚊次目，是双翅目中化石记录最多的科。世界上共记录了12属，超过1 100个现生种[7]。毛蚊科昆虫体型中等大小，体长4.0~10.0 mm，念珠状触角；前足胫节有粗壮的距或环状刺，跗节五分节，具有发达的中垫；R三分支；R_{4+5}分支或不分支；无d室[41]。虽然目前最早的化石记录在早白垩世，但是此时的化石毛蚊已与现生类群相似。欧洲发现了大量新生代的毛蚊化石——枳毛蚊 *Plecia*，该属的现生类群主要分布于热带地区，在欧洲并无现生记录，这表明在新生代时期，欧洲的气候应当更为温暖。到目前为止，该科已报道9个绝灭属，超过350种[25]，但在中国仅报道1个属种。

　　中国北方地区白垩纪报道的属：丽叉脉毛蚊属 *Lichnoplecia* Ren, 1995。

丽叉脉毛蚊属 *Lichnoplecia* Ren, 1995

　　Lichnoplecia Ren, 1995, *Faunae and Stratigraphy of Jurassic-Cretaceous in Beijing and the Adjacent Areas*,

$102^{[41]}$ (original designation).

模式种：克氏丽叉脉毛蚊 *Lichnoplecia kovalevi* Ren, 1995。

该属模式种的种名源自Kovalev博士，以纪念他对西伯利亚地区侏罗纪到白垩纪短角亚目分类研究所做出的贡献。Sc远离R_1；Rs在r-m后分叉；Rs_2比r-m短；R_{4+5}长度是R_{2+3}的1.5倍，与R_{2+3}近平行；M_{1+2}分叉点在Rs分叉点之后。

产地及时代：河北，早白垩世。

中国北方地区白垩纪仅报道1种（表23.1）。

幽蚊科 Chaoboridae Edwards, 1920

幽蚊科是蚊次目中的一个现生科，与蚊科翅脉相似（即R_1在C结束，M二分支）。幽蚊科昆虫触角鞭节13节，雄性触角羽状，幼虫胸部和7节腹部上各有一对突出的气囊[42]。幼虫水生，大多是透明的，主要以小型昆虫为食，如蚊子的幼虫（孑孓）和水蚤 *Daphnia* 等甲壳类动物。截止到目前，全世界已报道超过33个现生属（超过80种）[7]，20个绝灭属（47种）[25]。该科最古老的化石来自西伯利亚的中侏罗世。

中国北方地区白垩纪报道的属：中幽蚊属 *Mesochaoborus* Zhang, Zhang, Liu & Shangguan, 1986。

中幽蚊属 *Mesochaoborus* Zhang, Zhang, Liu & Shangguan, 1986

Mesochaoborus Zhang, Zhang, Liu & Shangguan, 1986, *Geol. Shandong*, 2 (1)：$19^{[34]}$ (original designation).

模式种：张三营中幽蚊 *Leptoplecia zhangshanyingensis* Hong, 1984。

体型中型，较粗壮。复眼大，离眼式。触角14节。下颚须5节，喙较短。胸部发达，背板高凸，小盾片明显。翅宽长比约为0.33；C直且粗；Sc长达翅长的3/4；R直且长；R_{2+3}基部长于Rs基部。m-cu和r-m在翅脉中部。腹部7节，较粗壮。

产地及时代：河北、山东，早白垩世。

中国北方地区白垩纪报道2种（表23.1）。

摇蚊科 Chironomidae Macquart, 1838

摇蚊科是长角亚目，蚊次目，摇蚊总科 Chironomoidea中的一个大科[43]，已报道500多个现生属，7 000多种[7]。化石记录超过100属287种[25]。摇蚊科昆虫的典型特征是单眼缺失，M不分支。

中国北方地区侏罗纪与白垩纪报道的属：曼来摇蚊属 *Manlayamyia* Kalugina, 1980；化石摇蚊属 *Oryctochlus* Kalugina, 1985；腹摇蚊属 *Coelochironoma* Zhang, Zhang, Liu & Shangguan, 1986和华石摇蚊属 *Sinoryctochlus* Zhang, 1991。

曼来摇蚊属 *Manlayamyia* Kalugina, 1980

Manlayamyia Kalugina, 1980, *Trudy Sovmest. Sov. -Mongol. Paleontol. Ekped.*, 13：$63^{[44]}$ (original designation).

模式种：海滨曼来摇蚊 *Manlayamyia litorina* Kalugina, 1980。

蚊型虫体；生殖刺明显，靠近生殖基节，钳状。触角短且细，每节长均略大于宽，具刚毛[43,44]。

产地及时代：河北，晚侏罗世。

中国北方地区侏罗纪仅报道1种（表23.1）。

化石摇蚊属 *Oryctochlus* Kalugina, 1985

Oryctochlus, Kalugina, 1985, *Dipterous insects of Jurassic Siberia*, 159[45] (original designation).

模式种：火神化石摇蚊 *Oryctochlus vulcanus* Kalugina, 1985。

虫体小型。复眼裸露。胸部短，后背板短。胫距短；爪垫和爪间突不明显。C止于Rs处；Rs简单，与R间隔远；r-m明显长于Rs基部柄[43,45]。

产地及时代：山东，早白垩世。

中国北方地区白垩纪仅报道1种（表23.1）。

腹摇蚊属 *Coelochironoma* Zhang, Zhang, Liu & Shangguan, 1986

Coelochironoma Zhang, Zhang, Liu & Shangguan, 1986, *Geol. Shandong*, 2 (1)：24[34] (original designation).

模式种：黄腹摇蚊 *Coelochironoma xantha* Zhang, Zhang, Liu & Shangguan, 1986。

触角粗且长，12节。Sc粗，为翅长的2/3；Rs两分支，后分支略向下弯；M、CuA和A弱；r-m位于Rs的基部。腹部粗壮，8节。

产地及时代：山东，早白垩世。

中国北方地区白垩纪仅报道1种（表23.1）。

华石摇蚊属 *Sinoryctochlus* Zhang, 1991

Sinoryctochlus Zhang, 1991, *Acta Palaeontol. Sin.*, 30 (5)：563[43] (original designation).

模式种：稀有华石摇蚊 *Sinoryctochlus insolitus* Zhang, 1991。

体型小。头部大。触角短，11节。足纤细。尾须钩状。翅较短；Rs简单；r-m与Rs基部柄几乎等长；M_{3+4}基部与m-cu不明显。

产地及时代：山东，早白垩世。

中国北方地区白垩纪仅报道1种（表23.1）。

始毛蚊科 Eopleciidae Rohdendorf, 1945

始毛蚊科是一个绝灭科，之前仅在侏罗纪有记录，洪友崇和王文利在1990年报道了早白垩世的三孔甘肃枳毛蚊 *Gansuplecia triporata*[46]。这个科的特点是Rs前端存在有两个强壮的分支，其中近端分支与Rs主脉的分支点比r-m更靠近翅基部；Sc长，超过翅长的一半[47]。1982年，Kovalev提到北票毛蚊属 *Beipiaoplecia* 的翅脉可能有误，并提出该属可能属于食虫虻次目[48]；Kovalev在1990年对始毛蚊科进行了修订，仍将北票毛蚊属归于该科[33]。迄今为止，始毛蚊科已报道6属6种[25]。

中国北方地区侏罗纪报道的属：北票毛蚊属 *Beipiaoplecia* Lin, 1976；侏罗樊毛蚊属 *Jurolaemargus* Evenhuis, 1994。

北票毛蚊属 *Beipiaoplecia* Lin, 1976

Beipiaoplecia Lin, 1976, *Acta Palaeontol. Sin.*, 15 (1)：110 [49] (original designation).

模式种：锤形北票毛蚊 *Beipiaoplecia malleformis* Lin, 1976。

Rs短，两分支，后分支非常长；M主干长，M_4与CuA不相连。腹部末端小。

产地及时代：辽宁，中侏罗世。

中国北方地区侏罗纪仅报道1种（表23.1）。

侏罗樊毛蚊属 *Jurolaemargus* Evenhuis, 1994

Jurolaemargus Evenhuis, 1994, *Catalogue of the fossil flies of the world (Insecta: Diptera)*, 112 [25] (original designation).

Laemargus Hong, 1983, *Middle Jurassic fossil insects in North China*, 119 [32]. Syn. by Evenhuis, 1994, *Catalogue of the fossil flies of the world (Insecta: Diptera)*, 112 [25].

模式种：于家沟樊毛蚊 *Laemargus yujiagouensis* Hong, 1983。

前足胫节有2个距，后足胫节有2~3个距。翅长，翅的宽长比为0.25~0.29；Sc斜长，到达翅脉中部；Rs末端分叉，基部呈拱形；M与CuA，M_{1+2}和M_4在Rs前分离；m-cu不存在。

产地及时代：辽宁，中侏罗世。

中国北方地区侏罗纪仅报道1种（表23.1）。

沼大蚊科 Limoniidae Speiser, 1909

沼大蚊科是大蚊总科中最大的科之一，全世界已描述了约有11 000种 [50]。它们被细分为4个现存的亚科：平大蚊亚科 Pediciinae、毛大蚊亚科 Eriopterinae、陆大蚊亚科 Hexatomonae、沼大蚊亚科 Limoniinae，2个已绝灭的亚科：原始大蚊亚科Architipulinae、东大蚊亚科Eotipulinae [51]。在中生代，除南极洲以外的所有大陆都发现了沼大蚊科化石昆虫。沼大蚊科昆虫最早出现在三叠纪时期，是现生双翅目中最古老的科之一 [52]。该科的幼虫生活在水生或半水生的环境中，以腐烂的植物、真菌或藻类为食，而成虫通常都聚集在水生环境和潮湿的地方，营陆生或水生生活 [53]。

中国北方地区侏罗纪报道的属：原始大蚊属*Architipula* Handlirsch, 1906；中大蚊属 *Mesotipula* Handlirsch, 1920；白垩沼大蚊属 *Cretolimonia* Kalugina, 1986。

原始大蚊属 *Architipula* Handlirsch, 1906

Architipula Handlirsch, 1906, *Die fossilen Insekten und die Phylogenie der rezenten Formen. Ein Handbuch für Paläontologen und Zoologen*, 490 [23] (original designation).

Protipula Handlirsch, 1906, *Die fossilen Insekten und die Phylogenie der rezenten Formen. Ein Handbuch für Paläontologen und Zoologen*, 491 [23]. Syn. by Evenhuis, 1994, *Catalogue of the fossil flies of the world (Insecta: Diptera)*, 62 [25].

Liassotipula Tillyard, 1933, *The Panorpoid complex in the British Rhaetic and Lias. Fossil Insects no.3*, 74 [54]. Syn. by Kopeć *et al.*, 2017, *Palaeontol. Electron.*, 20 (1)：2 [55].

Paratipula Bode, 1953, *Palaeontographica (A)*, 103：305 [56]. Syn. by Evenhuis, 1994, *Catalogue of the fossil flies of the world* (*Insecta: Diptera*), 62[25].

　　Eoasilidea Bode, 1953, *Palaeontographica* (*A*), 103：315[56]. Syn. by Krzemiński & Kovalev, 1988, *Syst. Entomol.*, 13：55[57].

　　模式种：湖溪原大蚊 *Protipula seebachiana* Handlirsch, 1906。

　　翅上有一个狭窄的亚前缘区域；Sc的走向几乎与Rs的分叉相反；R四分支或五分支；r-m与R_5的相交点在Rs第一支分叉点附近，M四分支。A_1与A_2末端到达翅缘[23]。

　　产地及时代：内蒙古，中侏罗世。

　　中国北方地区侏罗纪报道4种（表23.1）。

中大蚊属 *Mesotipula* Handlirsch, 1920

　　Mesotipula Handlirsch, 1920, *Handbuch der Entomologie*, 205[58] (original designation).

　　模式种：短翅中大蚊 *Mesotipula brachyptera* Handlirsch, 1920。

　　Sc长，与C相交于翅中部，在Rs分叉点附近；sc-r靠近端部；Rs分出一条非常短的R_{2+3+4}柄（短于bR_5）和R_5，或R_{2+3}以及非常短的R_{4+5}；R_3与R_4端部距离小于其与R_1的距离；R_5终止于翅顶点处；Rs起始处接近翅中部，靠近A_1顶端；Cu垂直于m-cu[58, 59]。

　　产地及时代：内蒙古，中侏罗世。

　　中国北方地区侏罗纪仅报道1种（表23.1）。

极佳中生大蚊 *Mesotipula gloriosa* Gao, Shih, Zhao & Ren, 2015（图23.8）

　　Mesotipula gloriosa Gao, Shih, Zhao & Ren, 2015, *Acta Geol. Sin. -Engl.*, 89：1792–1794.

　　产地及层位：内蒙古宁城道虎沟；中侏罗统，九龙山组。

　　体长11.8 mm，保存完好。头部椭圆形；下颚须和触角部分保存；复眼清晰。胸部背板保存完好；

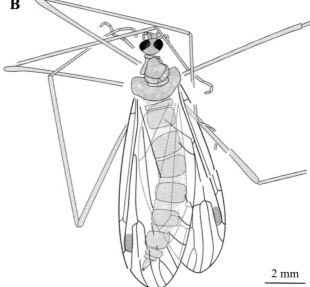

▲ 图 23.8 极佳中生大蚊 *Mesotipula gloriosa* Gao, Shih, Zhao & Ren, 2015（正模标本，CNU-DIP-NN2015003）[59]
A. 正模标本照片；B. 正模线条图

前胸、中胸和后胸之间的界限明显；中胸背板强壮，保存完好；平衡棒未保留。足长而纤细。腹部比较长。右翅保存完好，长9.3 mm，宽3.5 mm。翅痣浅色，R_1、R_2和R_3端部区域具有浅色斑块。Sc较长，约为翅长的0.61倍，与C相交在Rs分叉处；sc-r在端部。R_1长；Rs起始点位于翅基部0.31倍处；Rs在距离翅基部0.63倍处；R_2靠近R_1端部，R_2距离R_1端部的距离为其自身长度的3/5；R_{2+3}的长度是R_3的1.5倍，是R_2的2.5倍。M主干分叉点和Rs分叉点位置相近；d室端部加宽，长度为翅长的0.12倍；m_1室具柄，m_1室的长度是其柄（dM_{1+2}）长的1.1倍，mM_{1+2}的长度和m_1室柄（dM_{1+2}）的长度基本相等。m-cu接近M_{3+4}分叉点；bM_{3+4}是dM_{3+4}的1.5倍；Cu长。臀脉较长[59]。

白垩沼大蚊属 *Cretolimonia* Kalugina, 1986

Cretolimonia Kalugina, 1986, *Trudy Sovmest. Sov. -Mongol. Palaeontol. Exped.*, 28：115[60] (original designation).

模式种：波氏白垩沼大蚊 *Cretolimonia popovi* Kalugina, 1986。

雄性生殖器明显伸长。股节和胫节细长，两者长度之和明显超过腹长，但比翅的长度短。sc-r不存在；Rs对称分叉；R_2不存在；R_3短，终止于C，比R_4更靠近R_1或者等距[59, 60]。

产地及时代：内蒙古，中侏罗世。

中国北方地区侏罗纪仅报道1种（表23.1）。

高大白垩沼大蚊 *Cretolimonia excelsa* Gao, Shih, Zhao & Ren, 2015（图23.9）

Cretolimonia excelsa Gao, Shih, Zhao & Ren, 2015, *Acta Geol. Sin. -Engl.*, 89：1791–1792.

产地及层位：内蒙古宁城道虎沟；中侏罗统，九龙山组。

体型较大，体长12.3 mm。头部长0.8~0.9 mm，呈卵形。复眼小眼面清晰可见。触角长2.3 mm，分16节。胸部长2.1~2.2 mm；前胸可见；中胸盾片前边的部分呈拱形；侧面观中，前盾片、盾片、小盾片和中背片的分界线明显。平衡棒未保存。足细长；股节明显短于腹部。腹部较细长，长9.4 mm，8节可见。

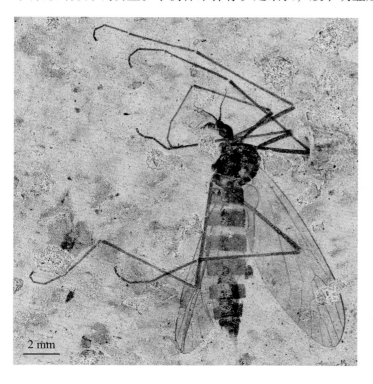

2 mm

◄ 图 23.9 高大白垩沼大蚊 *Cretolimonia excelsa* Gao, Shih, Zhao & Ren, 2015（正模标本，雌性，CNU-DIP-NN2015001）[59]

雌性产卵器保存完好。翅保存良好，左翅部分折叠，并有部分与身体重叠在一起。长10.6~11.1 mm，宽3.5 mm。无翅斑，在R_1和R_3端部有一明显、较大的翅痣。Sc为翅长的0.67~0.69倍，端部明显超过Rs分叉处。sc-r缺失。R_1长；Rs起点处位于翅基部的0.37倍处，Rs在翅基部0.63~0.64倍处分为R_{3+4}和R_5，和M主干分叉处相对；R_2缺失；R_3短，和C的连接处较R_4更靠近R_1；R_{3+4}长，为R_4的0.75~0.81倍，是R_3的3.28~3.60倍；R_5直，bR_5短，和同样短的r-m几乎相等。d室小，约为翅长的1/10；m_1室具柄；mM_{1+2}的长度是m_1室柄（dM_{1+2}）长的0.77~0.86倍；m_1室的长度是m_1室柄（dM_{1+2}）长的1.50~1.57倍。m-cu和M_{3+4}的连接处位于d室的1/2处。Cu在m-cu处明显弯曲。A_1和后缘连接处与Rs分叉处相对[59]。

滦平蚋科 Luanpingitidae Zhang, 1986

滦平蚋科是一个绝灭的小科，其特征是体型小，翅前缘直；C在臀区前结束；C、R和Rs明显比M、Cu和A更粗壮；C、R和Rs粗壮，其他脉较弱且未到达翅后缘；Sc长；R长且简单，M三分支。该科仅包含有1属1种[61]。

中国北方地区侏罗纪报道的属：滦平蚋属 *Luanpingites* Zhang, 1986。

滦平蚋属 *Luanpingites* Zhang, 1986

Luanpingites Zhang, 1986, *Acta Palaeontol. Sin.*, 25 (1)：49[61] (original designation).

模式种：黄滦平蚋 *Luanpingites flavus* Zhang, 1986。

翅长超过腹部顶端。C直，终止于翅顶点；Sc长；R粗壮且长；Rs粗壮，基部弱，末端向下弯曲；cup室狭窄。

产地及时代：河北，中侏罗世。

中国北方地区侏罗纪仅报道1种（表23.1）。

中生黏蚊科 Mesosciophilidae Rohdendorf, 1946

中生黏蚊科是长角亚目的一个绝灭科。Rohdendorf于1946年首次描述了该科的部分属种，但将其归于阿拉蕈蚊科 Allactoneuridae，并建立1个亚科Mesosciophilinae[28]。之后，Rohdendorf将阿拉蕈蚊科更名为蕈蚋科 Fungivoritidae[62]。1985年，Kovalev认为蕈蚋科是捻蕈蚊科 Pleciofungivoridae的异名，并将Mesosciophilinae提升至科级地位[45]。1993年，Blagoderov对中生黏蚊科的科征进行了修订，并描述了来自贝加尔拜萨早白垩世尼欧克姆阶的1个新属——中生黏蚊别属 *Mesosciophilopsis*以及3个新种[63]。中生黏蚊科的化石主要来自中侏罗世和晚侏罗世，到早白垩世变得非常罕见，Blagoderov认为其可能是由于被蕈蚊科 Mycetophilidae所取代[63]。目前对中生黏蚊科的认识主要基于侏罗纪和早白垩世化石上的翅的特征[64]，该科化石标本中极少保留有完整的身体和翅，因此对该科仍有待进一步深入研究。在多次修定和转移之后，该科已描述9属28种，分别位于西伯利亚和哈萨克斯坦侏罗纪、内蒙古中侏罗世、外贝加尔和辽宁北票早白垩世[65]。

中国北方地区侏罗纪与白垩纪报道的属：中生黏蚊属 *Mesosciophila* Rohdendorf, 1946；似中生黏蚊属 *Mesosciophilodes* Rohdendorf, 1946；近中生黏蚊属 *Paramesosciophilodes* Zhang, 2007；侏罗黏蚊属 *Jurasciophila* Li & Ren, 2009；似黏蚊属 *Similsciophila* Shi, Shih & Ren, 2014；东方黏蚊属 *Orentalphila* Lin, Shih & Ren, 2015。

中生黏蚊属 *Mesosciophila* Rohdendorf, 1946

Mesosciophila Rohdendorf, 1946, *Trud. Paleont. Inst. Acad. Sci. SSSR.*, 13 (2)：76[28] (original designation).

模式种：脉中生黏蚊 *Mesosciophila venosa* Rohdendorf, 1946。

触角丝状，16节。Sc_1结束点远离Rs源点，Sc_2明显位于Rs基部；bRs比r-m长；R_1稍微弯曲；R_1和R_{4+5}在末端分叉；Rs的分叉点远离M_{1+2}的分叉点；R_{2+3}倾斜；r室中等大小，长度是翅长的1/5到1/4；M基部不发达[28, 64]。

产地及时代：内蒙古，中侏罗世。

中国北方地区侏罗纪报道3种（表23.1）。

似中生黏蚊属 *Mesosciophilodes* Rohdendorf, 1946

Mesosciophilodes Rohdendorf, 1946, *Trud. Paleont. Inst. Acad. Sci. SSSR.*, 13 (2)：76[28] (original designation).

模式种：铗似中生黏蚊 *Mesosciophilodes angustipenis* Rohdendorf, 1946。

触角丝状，16节。Sc_2发达，细长，但稍微模糊；R比bRs更长；bRs和r-m等长，R_{4+5}近直线；M_{3+4}基部与CuA接近[28]。

产地及时代：内蒙古，中侏罗世。

中国北方地区侏罗纪仅报道1种（表23.1）。

近中生黏蚊属 *Paramesosciophilodes* Zhang, 2007

Paramesosciophilodes Zhang, 2007, *Cret. Res.*, 28 (2)：298[64] (original designation).

模式种：宁城近中生黏蚊 *Paramesosciophilodes ningchengensis* Zhang, 2007。

Sc_1长；Sc_2位于Rs基部内侧；R_1和R_{4+5}在末端分叉；Rs在M_{1+2}分叉点的远端或附近分叉；r室的长度是翅长的0.16~0.19倍；M基部不发达；M_{1+2}在基部或靠近末端处分叉，与Sc_1结束点位置相一致。

产地及时代：内蒙古，中侏罗世。

中国北方地区侏罗纪报道5种（表23.1）。

侏罗黏蚊属 *Jurasciophila* Li & Ren, 2009

Jurasciophila Li & Ren, 2009, *Prog. Nat. Sci.*, 19 (12)：1838[66] (original designation).

模式种：弯曲侏罗黏蚊 *Jurasciophila curvula* Li & Ren, 2009。

触角通常15~16节。翅的长宽比为2.3~2.6。Sc_1在bRs和r-m的分叉点附近或之后终止；R_1和R_{4+5}在末端分叉；M_{1+2}分叉点明显在R_{2+3}之前；M_{3+4}靠近CuA基部，但未相交。

产地及时代：内蒙古，中侏罗世。

中国北方地区侏罗纪报道2种（表23.1）。

优雅侏罗黏蚊 *Jurasciophila lepida* Li & Ren, 2009（图23.10）

Jurasciophila lepida Li & Ren, 2009, *Prog. Nat. Sci.*, 19 (12)：1838–1840[66].

产地及层位：内蒙古宁城道虎沟；中侏罗统，九龙山组。

雌性成虫，背腹面均有保存。灰色，头部和后胸小盾片深褐色。复眼大，近卵圆形。胸部近椭圆

▶ 图 23.10　优雅侏罗黏蚊 *Jurasciophila lepida* Li & Ren, 2009（正模标本，雌性，CNU-DIP-NN2008586）[66]

形。翅的长宽比为2.4。Sc_1的长度是翅长的0.38~0.40倍，在bRs和r-m的交点后终止，Sc_2发达；R_1直，尖端不弯曲；R从Sc_2到Rs的区域面积大约是bRs的1.5倍，bRs长度略长于r-m，约为1.2倍；R_1和R_{4+5}均在端部分叉。胫节和跗节有一排或两排短刚毛，胫节距发育良好，爪非常小。腹部中部最宽，从第5节开始缩短直到顶端，第8节比前一节更小，端部狭窄。雌性生殖器呈钝的三角形，尾须短而尖[66]。

似黏蚊属 *Similsciophila* Shi, Shih & Ren, 2014

Similsciophila Shi, Shih & Ren, 2015, *J. Nat. Hist.*, 49 (19–20)：1149[67] (original designation).

模式种：独似黏蚊 *Similsciophila singularis* Shi, Shih & Ren, 2014。

Sc短于翅长的一半；r室明显大；Rs分叉点远离M_{1+2}分叉点；bRs比r-m长；R_1稍微弯曲；R_{4+5}中部拱起；M_{1+2}分叉点稍晚于Sc终止点。

产地及时代：内蒙古，中侏罗世；辽宁，早白垩世。

中国北方地区侏罗纪和白垩纪报道3种（表23.1）。

波形似黏蚊 *Similsciophila undulata* Lin, Shih & Ren, 2015（图23.11）

Similsciophila undulata Lin, Shih & Ren, 2015, *Cret. Res.*, 54：96[65].

产地及层位：辽宁北票黄半吉沟；下白垩统，义县组。

体长8.1 mm。触角长，明显大于头和胸的长度和；基节和梗节圆形；触角中部长是宽的2倍。下颚须保存4节。翅长5 mm，翅长是翅宽的2.1倍。Sc_1与C形成较窄的前缘区。bRs长度是r-m的1.2倍，dRs明显，是bRs的2倍长。前中后足基节膨大，股节明显粗于胫节；胫节距发育良好，爪小。腹部黑，密布软毛；第4背板到第7背板最宽；第9背板最窄，大多藏在第8背板下。雄性生殖器复杂，略窄于第8背板，基部粗厚，端部圆筒状，末端小，明显长于第8、9节之和[65]。

东方黏蚊属 *Orentalphila* Lin, Shih & Ren, 2015

Orentalphila Lin, Shih & Ren, 2015, *Cret. Res.*, 54：90[65] (original designation).

模式种：软毛东方黏蚊 *Orentalphila gravia* Lin, Shih & Ren, 2015。

翅长是翅宽的2~2.4倍。Sc是翅长的1/4~1/3。Sc_1结束点在R分叉点附近；Sc_2靠近R分叉点。R_{2+3}向R_1

倾斜，"S"形弯曲。bRs平滑弯曲。R_{4+5}略微弯曲，与R_1近平行，r室小。M_{1+2}分叉点远离或者和R_{2+3}的分叉点在一条线上。

产地及时代：辽宁，早白垩世。

中国北方地区白垩纪报道2种（表23.1）。

软毛东方黏蚊 *Orentalphila gravia* Lin, Shih & Ren, 2015（图23.12）

Orentalphila gravia Lin, Shih & Ren, 2015, *Cret. Res.*, 54：91–93[65].

产地及层位：辽宁北票黄半吉沟；下白垩统，义县组。

体长4.6~4.8 mm；体黑。触角7节；柄节和梗节圆形；触角中部长是宽的2倍。下颚须未保存。翅长2.9~3.7 mm，长是宽的2.1~2.3倍。Sc_1在R分叉点前到达C。r-m长是bRs的1.2~1.3倍，bRs略短于dRs。平衡棒短小，密布软毛。前中后足基节膨大，股节明显粗于胫节；胫节距发育良好，爪小。腹部黑，密布软毛；第4背板最宽；第8背板和第9背板紧紧连在一起。尾须发达，分2节，几乎和第8、9腹板之和等长[65]。

▶ 图 23.12　软毛东方黏蚊 *Orentalphila gravia* Lin, Shih & Ren, 2015（正模标本，CNU-DIP-LB-2013403）[65]

蕈蚊科 Mycetophilidae Johannesen, 1910

　　蕈蚊科是一个小科，包含有现生和化石类群。该科昆虫体长2.2~13 mm，除了南极洲（从格陵兰岛北部到火地岛）以及大多数海洋岛屿外，所有大陆地区都有记录。因此，虽然目前已经描述了大约3 000个种，但是蕈蚊科的实际物种数量无疑更为丰富。蕈蚊科的历史非常悠久，目前来自三叠纪早期的最古老双翅目化石中就包括了蕈蚊类昆虫。1946年，Rohdendorf描述了来自哈萨克斯坦晚侏罗世的多个化石蕈蚊[28]，但Rohdendorf将它们归于阿拉蕈蚊科，直到1985年，Rohdendorf根据Rs4直接连接R1的特征，将它们转移到蕈蚊科[45]。值得注意的是，作为一个古老的类群，部分现生属在琥珀化石中被发现，表明蕈蚊在进化上是一个非常保守的类群。

　　中国北方地区白垩纪报道的属：华夏黏蚊属 *Huaxiasciophilites* Zhang, Hong & Li, 2001。

华夏黏蚊属 *Huaxiasciophilites* Zhang, Hong & Li, 2001

　　Huaxiasciophilites Zhang, Hong & Li, 2001, *Entomol. Sin.*, 8 (3)：194[68] (original designation).
　　模式种：京西华夏黏蚊 *Huaxiasciophilites jingxiensis* Zhang, Hong & Li, 2001。
　　Sc短，不超过R和Rs的分叉点，有分支；r-m比Rs基部柄长；Rs粗壮，波浪形起伏；r室非常短。
　　产地及时代：北京，早白垩世。
　　中国北方地区白垩纪仅报道1种（表23.1）。

平大蚊科 Pediciidae Osten Sacken, 1860

　　平大蚊科除非洲热带和南极地区之外广泛分布于全世界，属于大蚊总科下的一个子遗科[50]。该科现生类群共包含有10多属，约500种[7]，化石类群报道7属23种，分别来自中侏罗世到晚渐新世[25]。平大蚊科目前分为平大蚊亚科 Pediciinae和齿大蚊亚科 Ulina[50]，但科内属间系统发育关系尚不清楚[69]。

　　中国北方地区侏罗纪报道的属：极古大蚊属 *Praearchitipula* Kalugina, 1985。

极古大蚊属 *Praearchitipula* Kalugina, 1985

　　Praearchitipula Kalugina, 1985, *Dipterous insects of Jurassic Siberia*, 198[45]［in Russian］(original designation).
　　模式种：瞩目极古大蚊 *Praearchitipula notabilis* Kalugina, 1985。
　　Sc端部远离Rs分叉点；sc-r一般位于翅前半部，接近或仅仅超过R1和Rs的分支点；R2终止于R1上；Rs两分叉，R2+3长，R4+5短；m-cu的位置大约在盘室基部中间或者端部[45, 69]。
　　产地及时代：内蒙古，中侏罗世。
　　中国北方地区侏罗纪报道3种（表23.1）。

首极古大蚊 *Praearchitipula apprima* Gao, Shih, Kopeć, Krzemiński & Ren, 2015（图23.13）

　　Praearchitipula apprima Gao, Shih, Kopeć, Krzemiński & Ren, 2015: *Zootaxa*, 3963 (2)：243–246.
　　产地及层位：内蒙古宁城道虎沟；中侏罗统，九龙山组。
　　体型大，保存良好。体长11.4~13 mm，头部长0.5~0.7 mm，近圆形。复眼中的小眼面清晰可见，但刚毛未被保存。触角长1.6 mm，是头部长的2.1倍；左边的触角保存有14节，右边的触角为16节。下颚须

◀ 图23.13　首极古大蚊 *Praearchitipula apprima* Gao, Shih, Kopeć, Krzemiński & Ren, 2015（正模标本，CNU-DIP-NN2014001）[69]

4节可见，长1 mm。胸部长约2 mm；前胸可见；中胸前盾片呈拱形；前盾片、盾片和小盾片之间的分界线清楚；侧面观可发现中背片发达。足细长。腹部保存良好，较细长，9节，长8.9~10.3 mm。翅的宽长比为3.1；无翅斑，仅有一细长的翅痣。Sc长，其长度为翅长的3/4，结束点在R_{4+5}分叉处后；sc-r在Sc中部。Rs在基部非常弯曲；Rs起点位于翅中部。R_1长；R_2（形似横脉）于R_1端部分出，并与R_3相交；R_{4+5}短，仅为R_{2+3}长度的1/5；M主干的分叉处和Rs分叉处相对；m_1室有柄；mM_{1+2}的长是dM_{1+2}的1.4倍；dM_{1+2}长度为m_1室长度的一半；r-m位于R_{4+5}的2/5处；d室端部宽，长度为翅长的1/9；bM_{3+4}的长是dM_{3+4}的2.2倍。Cu在m-cu后呈直线状向下弯曲[69]。

捻蕈蚊科 Pleciofungivoridae Rohdendprf, 1946

捻蕈蚊科是一个绝灭科，仅在中生代有报道，与毛蚊次目眼蕈蚊总科中的一些种较为相似。该科自成立以来，名称和范围已发生多次改变。截至目前，共有18属66种被报道[25]。

中国北方地区侏罗纪与白垩纪报道的属：捻蕈蚊属 *Pleciofungivora* Rohdendorf, 1938；始昏毛蚊属 *Eohesperinus* Rohdendorf, 1946；丽蕈蚊属 *Opiparifungivora* Ren, 1995。

捻蕈蚊属 *Pleciofungivora* Rohdendorf, 1938

Pleciofungivora Rohdendorf, 1938, *Trud. Paleont. Inst. Acad. Sci. SSSR.*, 7：42-43 [29] (original designation).

Allactoneurites Rohdendorf, 1938, *Trud. Paleont. Inst. Acad. Sci. SSSR.*, 7：43 [29]. Syn. by Kovalev, 1987, *Paleontol. Zhur.*, 1987 (2), 69-82 [70].

Polyneurisca Rohdendorf, 1946, *Trud. Paleont. Inst. Acad. Sci. SSSR.*, 13 (2)：52 [28]. Syn. by Kovalev, 1987, *Paleontol. Zhur.*, 1987 (2), 69-82 [70].

Transversiplecia Rohdendorf, 1946, *Trud. Paleont. Inst. Acad. Sci. SSSR.*, 13 (2)：53 [28]. Syn. by Kovalev, 1987, *Paleontol. Zhur.*, 1987 (2), 69-82 [70].

模式种：宽翅捻蕈蚊 *Pleciofungivora latipennis* Rohdendorf, 1938。

触角直，密集，长远大于宽。翅呈三角形。

产地及时代：河北，晚侏罗世。

中国北方地区侏罗纪仅报道1种（表23.1）。

始昏毛蚊属 *Eohesperinus* Rohdendorf, 1946

Eohesperinus Rohdendorf, 1946, *Trud. Paleont. Inst. Acad. Sci. SSSR.*, 13：60[28] (original designation).

Eopachyneura Rohdendorf, 1946, *Trud. Paleont. Inst. Acad. Sci. SSSR.*, 13：57[28]. Syn. by Kovalev, 1985, *Dvukrylye nasekomye Yury Sibiri*, 137[45].

模式种：马氏始昏毛蚊 *Eohesperinus martynovi* Rohdendorf, 1946。

模式种的名字源自A. V. Martynov，纪念他对昆虫化石研究做出的贡献。Rs倾斜，长度大约是r-m的1.5倍，末端与C相交；翅痣近圆形；M分支较小，远离r-m[28, 32]。

产地及时代：辽宁，中侏罗世；山东，早白垩世。

中国北方地区侏罗纪和白垩纪报道2种（表23.1）。

丽蕈蚊属 *Opiparifungivora* Ren, 1995

Opiparifungivora Ren, 1995, *Faunae and stratigraphy of Jurassic-Cretaceous in Beijing and the adjacent areas*, 104[41] (original designation).

模式种：奇异丽蕈蚊 *Opiparifungivora aliena* Ren, 1995。

Sc在Rs起点前结束；Rs_1的长度超过r-m的2倍；Rs_2长，长度约为Rs_1的2倍；M_1和M_2远长于M_3；R_4和Rs_1长度相等，与R_5夹角大于45°。

产地及时代：河北，早白垩世。

中国北方地区白垩纪仅报道1种（表23.1）。

前毛蚊科 Protobibionidae Rohdendorf, 1946

前毛蚊科是长角亚目中的一个绝灭科，仅发现于哈萨克斯坦卡拉套晚侏罗世和中国山东莱阳早白垩世[25]。在中国早白垩世仅报道1属1种[34]。

中国北方地区白垩纪报道的属：前毛蚊属 *Protobibio* Rohdendorf, 1946。

前毛蚊属 *Protobibio* Rohdendorf, 1946

Protobibio Rohdendorf, 1946, *Trud. Paleont. Inst. Acad. Sci. SSSR.*, 13 (2)：47[28] (original designation).

模式种：侏罗前毛蚊 *Protobibio jurassicus* Rohdendorf, 1946。

头部中等大小，圆形；复眼不可辨认；触角粗壮且长，长度大概是体长的1/2。翅细长，翅长是翅宽的2.5倍。Sc短于翅长的一半；r-m倾斜且长[28, 34]。

产地及时代：山东，早白垩世。

中国北方地区白垩纪仅报道1种（表23.1）。

原毛蚊科 Protopleciidae Rohdendorf, 1946

原毛蚊科是一个绝灭科，仅发现于欧亚大陆的侏罗纪[71]。该科最早的化石记录是赖蠓 *Macropeza*

liasina Geinitz, 1884，发现于德国早侏罗世里阿斯期[72]。原毛蚊科由Rohdendorf于1946年建立，最初由3个属组成：原毛蚊属 *Protoplecia*、中生毛蚊属 *Mesoplecia*和中生次毛蚊属 *Mesopleciella*[25, 28]。2007年，张俊峰描述了原毛蚊科的2属4种，修订了中生毛蚊属，并且将瘦长准寡脉毛蚊 *Paraoligus exilus*和新博中生毛蚊 *Mesoplecia xinboensis*从原毛蚊科中转出，但是该转移仍然存在一定的争议[73]，本书仍保留其原始归属；迄今为止，该科已描述超过10属66种[25]。

中国北方地区侏罗纪与白垩纪报道的属：中生毛蚊属 *Mesoplecia* Rohdendorf, 1938；华毛蚊属 *Sinoplecia* Lin, 1976；晚中生毛蚊属 *Epimesoplecia* Zhang, 2007。

中生毛蚊属 *Mesoplecia* Rohdendorf, 1938

Mesoplecia Rohdendorf, 1938, *Trud. Paleont. Inst. Acad. Sci. SSSR.*, 7 (3)：49[29] (original designation).

模式种：侏罗中生毛蚊 *Mesoplecia jurassica* Rohdendorf, 1938。

头小，bRs长度不超过dRs的2倍，bM_{1+2}一般长于dM_{1+2}，M_1与M_2长度超过dM_{1+2}的5倍。足基节和股节粗壮[29, 73]。

产地及时代：内蒙古，中侏罗世；河北，早白垩世。

中国北方地区侏罗纪和白垩纪报道8种（表23.1）。

高举中生毛蚊 *Mesoplecia fastigata* Lin, Shih & Ren, 2014（图23.14）

Mesoplecia fastigata Lin, Shih & Ren, 2014: *Zootaxa*, 3838 (5)：545–556.

产地及层位：内蒙古宁城道虎沟；中侏罗统，九龙山组。

在腹面观中，前中后胸的界限不是很明显；右侧平衡棒小。翅狭长，宽长比是0.4；h发达，直且短；Sc发达，在r-m处到达翅缘；Sc可见；R_1直；Rs源自翅基部1/3处，分叉点在M_{1+2}分叉点的后方；bRs是r-m的3.7倍；R_{4+5}略微向上弯曲，几乎是R_{2+3}的1.8倍且与Rs几乎基部等长；M_1比M_2长，与M_{3+4}几乎等长；CuA强烈弯曲，结束在翅后缘。前足基节和右后足膨大。前足股节和胫节保存完好，股节覆盖着密集的刚毛。中足只有右胫节保存完好，胫节长而纤细，胫节距未保存。右后足保存完好；股节圆柱形，粗壮；胫节略小于股节的两倍；两个胫节距发育良好。在腹面观中，第1~7腹节清晰可见。第1腹节明显比第2腹节短；第3至第5腹节最宽，第8腹节和生殖器融合，末端有尾须[74]。

华毛蚊属 *Sinoplecia* Lin, 1976

Sinoplecia Lin, 1976, *Acta Palaeontol. Sin.*, 15 (1)：109[49] (original designation).

模式种：小型华毛蚊 *Sinoplecia parvita* Lin, 1976。

体型小。触角丝状，长度是头胸长度和的2倍。胫节比股节长。Rs在翅基部分叉；M_{1+2}在翅远端分叉；m-cu在M_4和CuA之间；CuA强烈弯曲，骨化强。

产地及时代：辽宁，中侏罗世。

中国北方地区侏罗纪仅报道1种（表23.1）。

晚中生毛蚊属 *Epimesoplecia* Zhang, 2007

Epimesoplecia elenae Zhang, 2007, *Cret. Res.*, 28：292[73] (original designation).

模式种：谢氏晚中生毛蚊 *Epimesoplecia shcherbakovi* Zhang, 2007。

模式种的名字源自Shcherbakov博士，纪念他对双翅目化石研究做出的贡献。触角丝状，长度超过头

▶ 图 23.14　高举中生毛蚊 *Mesoplecia fastigata* Lin, Shih & Ren, 2014（正模标本, CNU-DIP-NN-2013101）[74]

长的2倍。翅狭长，前缘部分直，Sc长，接近翅长一半；bRs长度超过dRs的2.5倍；R_{2+3}长；bM_{1+2}略长于或短于dM_{1+2}；bM_{3+4}比m-cu长或者稍短。

产地及时代：内蒙古，中侏罗世。

中国北方地区侏罗纪报道7种（表23.1）。

丰满晚中生毛蚊 *Epimesoplecia plethora* Lin, Shih & Ren, 2015（图23.15）

Epimesoplecia plethora Lin, Shih & Ren, 2015: *ZooKeys*, 492：127–129.

产地及层位：内蒙古宁城道虎沟；中侏罗统，九龙山组。

复眼半月形。触角念珠状。Sc的结束点与r-m几乎在一条直线上；Rs分叉点在M_{1+2}的分叉点之后；Rs远离r-m；bRs长度小于dRs的2倍（1.6~1.8倍），dRs长度大概是r-m的3倍（2.6~3倍）；R_{2+3}呈"S"形弯曲，明显短于bRs+dRs；bM_{1+2}短于dM_{1+2}；bM_{3+4}短于m-cu；br室和bm室的末端等宽[75]。

▶ 图 23.15　丰满晚中生毛蚊 *Epimesoplecia plethora* Lin, Shih & Ren, 2015（正模标本, CNU-DIP-NN2013202）[75]

原伪大蚊科 **Protorhyphidae** Handlirsch, 1906

原伪大蚊科是殊蟆总科 Anisopodoidea中的一个小的绝灭科[76]。1964年，Handlirsch基于德国早侏罗世的原伪大蚊属 *Protorhyphus*建立原伪大蚊科[25]。同年，Rohdendorf将该科归入伪大蚊总科 Rhyphidea中，位于Oligophrynidae和Olbiogastridae（二者在这里均被认为是殊蟆科的异名）之间[62]。到目前为止，该科从三叠纪到白垩纪共报道5属19种。

中国北方地区侏罗纪和白垩纪报道的属：原伪大蚊属 *Protorhyphus* Handlirsch, 1906。

原伪大蚊属 *Protorhyphus* Handlirsch, 1906

Protorhyphus Handlirsch, 1906, *Die fossilen Insekten und die Phylogenie der rezenten Formen. Ein Handbuch für Paläontologen und Zoologen*, 487[23] (original designation).

模式种：简易原伪大蚊 *Phryganidium simplex* Geinitz, 1887。

Sc强壮，短于翅长的一半。R_4比R_{4+5}长。M基部柄弱，M_1和M_2在d室后即分叉（在M_{1+2}和M_2分支中间有伪脉）[23, 32]。

产地及时代：内蒙古，中侏罗世；辽宁，早白垩世。

中国北方地区侏罗纪和白垩纪报道5种（表23.1）。

褶蚊科 **Ptychopteridae** Osten-Sacken, 1862

褶蚊科是一个非常小的科，除澳大利亚和南极洲外广泛分布于全球[77]。到目前为止，该科现生类群共包含有27属156种[7]。2008年，Lukashevich[78]指出始褶蚊科 Eoptychopteridae是褶蚊科的异名，因此，现在的褶蚊科包含有2个现生亚科：褶蚊亚科 Ptychopterinae和林氏褶蚊亚科 Bittacomorphinae，以及3个绝灭亚科：原褶蚊亚科 Proptychopterininae、始褶蚊亚科 Eoptychopterinae和 Eoptychopterininae[79]。

中国北方地区侏罗纪报道的属：始褶蚊属 *Eoptychoptera* Handlirsch, 1906；刻痕褶蚊属 *Crenoptychoptera* Kalugina, 1985；原褶蚊属 *Eoptychopterina* Kalugina, 1985。

始褶蚊属 *Eoptychoptera* Handlirsch, 1906

Eoptychoptera Handlirsch, 1906, *Die fossilen Insekten und die Phylogenie der rezenten Formen.Ein Handbuch fur Palaontologen und Zoologen*, 489[23] (original designation).

Proptychoptera Handlirsch, 1906, *Die fossilen Insekten und die Phylogenie der rezenten Formen. Ein Handbuch für Paläontologen und Zoologen*, 489[23]. Syn. by Lukashevich *et al.*, 1998, *Polskie Pismo Ent.*, 67[80].

Metaxybittacus Bode, 1953, *Palaeontographica (A)*, 103：287[56]. Syn. by Ansorge, 1996, *Neue Palaeontol. Abh.*, 2：75[30].

Acritorhyphus Bode, 1953, *Palaeontographica (A)*, 103：299[56]. Syn. by Ansorge, 1996, *Neue Palaeontol. Abh.*, 2：81[30].

Palaeolimnobia Bode, 1953, *Palaeontographica (A)*, 103：301[56]. Syn. by Lukashevich *et al.*, 1998, *Polskie Pismo Entomol.*, 338[80].

模式种：简易始褶蚊 *Eoptychoptera simplex* Handlirsch, 1906。

虫体强壮。M四分支，m-m（连接M_2和M_3）远离M_{1+2}分叉点。

产地及时代：内蒙古，中侏罗世。

中国北方地区侏罗纪报道2种（表23.1）。

刻痕褶蚊属 *Crenoptychoptera* Kalugina, 1985

Crenoptychoptera Kalugina, 1985, *Dipterous insects of Jurassic Siberia*, 41[47]（original designation）.

模式种：前刻痕褶蚊 *Crenoptychoptera antica* Kalugina, 1985。

（雄性）腹部窄细，末端宽大。翅细长，尖端窄。M三分支（M_1、M_2和M_{3+4}）；m-m位于M_2基部，长且弯曲[47, 81]。

产地及时代：内蒙古，中侏罗世。

中国北方地区侏罗纪报道4种（表23.1）。

原褶蚊属 *Eoptychopterina* Kalugina, 1985

Eoptychopterina Kalugina, 1985, *Dipterous insects of Jurassic Siberia*, 37[47]（original designation）.

模式种：阮氏原褶蚊 *Eoptychopterina rohdendorphi* Kalugina, 1985。

模式种的命名源自Rohdendorph博士，纪念他对双翅目化石的研究做出的贡献。触角短，圆形；上唇宽，骨化强烈。Rs大约在中间向M弯曲，长度为M的2/3；R_{4+5}在r-m处弯曲；在M_{1+2}和M_{3+4}之间有伪脉[47, 82]。

产地及时代：内蒙古，中侏罗世。

中国北方地区侏罗纪报道5种（表23.1）。

后原褶蚊 *Eoptychopterina postica* Liu, Shih & Ren, 2012（图23.16）

Eoptychopterina postica Liu, Shih & Ren, 2012: *Zootaxa*, 3501：55–62.

产地及层位：内蒙古宁城道虎沟；中侏罗统，九龙山组。

身体短粗。头呈圆形，并且明显比胸部窄。左边触角被保存，短，11节。复眼大，小眼面清晰可见。胸部近卵圆形。腹部长5.9 mm，8节明显可见。雄性抱握器保存完好。翅膜质，密被短柔毛。两翅沿C均有明显深色条带。翅长于身体。右翅比左翅长且窄。不对称的左右翅在海伦原褶蚊*Eoptychopterina elenae*和一些其他化石上也有表现。Sc长，大约占整个翅长的3/5，在R_{4+5}分叉点处与C相交。R粗；R_1长并稍微向R_2弯曲；R_3比R_{2+3}长，但短于R_4。R_3的顶端向前弯曲。R_{4+5}在r-m处弯曲，r-m比bR_{4+5}长，dR_{4+5}长度大约是bR_{4+5}的两倍；R_{4+5}对称分支。M弱；dM_{1+2}略长于bM_{1+2}；M_1末端平滑弯曲，并且明显比M_2长。CuA在m-cu处弯曲。A_1强烈弯曲到翅缘[79]。

► 图 23.16　后原褶蚊 *Eoptychopterina postica*
Liu, Shih & Ren, 2012（正模标本，
CNU-DIP-NN2011001）[79]

恐怖虫科 Strashilidae Rasnitsyn, 1992

1992年，Rasnitsyn[83]描述了来自西伯利亚晚侏罗世的惊人恐怖虫 Strashila incredibilis，并建立了恐怖虫科（目未定），认为其可能与蚤目 Siphonaptera存在亲缘关系。该科昆虫形态非常特殊：下口式，具有短的念珠状触角（或是短的喙）；无翅，胸部无中缝；由股节、胫节和基跗节组成的螯肢状后足，其余跗节形状正常；腹部有长管状附肢。2010年，Vršanský等基于来自中国的新材料建立了威恐怖虫科 Vosilidae，并将其归入新目——翔虫目 Nakridletia；同时指出该类昆虫可能属于Papilionidea Laicharting, 1781（= Mecopteroidea auct.），即长翅部[84]。2013年，黄迪颖等人[85]对道虎沟地区恐怖虫进行了分析，首次发现了具有疑似翅的标本，并指出恐怖虫是高度特化的双翅目昆虫，特化的后足和腹部附肢结构可能属于性二型现象；同时，黄迪颖等人认为道虎沟恐怖虫 Strashila daohugouensis与现生的水生缨翅蚊科 Nymphomyiidae的孑遗种类似，其发育过程中雄性成虫延续了幼虫腹部呼吸鳃的存在，这可能属于一种特殊的幼态持续现象。因此，恐怖虫成虫可能是水生的或两栖的，羽化后翅脱落，之后在水中交配[85]。不过这一群体的特征和分类位置仍然存在争议，需要今后进一步研究加以确认。

中国北方地区侏罗纪报道的属：恐怖虫属 Strashila Rasnitsyn, 1992；威恐怖虫属 Vosila Vrsansky & Ren, 2010。

恐怖虫属 Strashila Rasnitsyn, 1992

Strashila Rasnitsyn, 1992, *Psyche*, 99 (4): 324[83] (original designation).

模式种：惊人恐怖虫 *Strashila incredibilis* Rasnitsyn, 1992。

前足、中足胫节似棒状；后足胫节基部短柄状，之后极度膨大，形状与股节相似；胫节端部侧向伸长形成稍微弯曲的突起。跗节纤细，各节近等长；后足基跗节明显比最后一节更强壮，顶端部分中等长度，爪略弯曲。

产地及时代：内蒙古，中侏罗世。

中国北方地区侏罗纪仅报道1种（表23.1）。

威恐怖虫属 Vosila Vrsansky & Ren, 2010

Vosila Vrsansky & Ren, 2010, *Amba projekty*, 8 (1): 2[84] (original designation).

Parazila Vrsansky & Ren, 2010, *Amba projekty*, 8 (1): 4[84]. Syn. by Huang *et al.*, 2013, *Nature*, 495 (7439): 4[85].

模式种：华恐怖虫 *Vosila sinensis* Vrsansky & Ren, 2010。

与恐怖虫属不同的是移恐怖虫属有更强壮的胸部背板，所有股节均巨大，后足螯孔圆形，前跗节非常长。此外和恐怖虫属不同，移恐怖虫属腹部的附肢上有一个大的类似钩状结构，但腹部侧面没有延伸；而且移恐怖虫属的刚毛很少。

产地及时代：内蒙古，中侏罗世。

中国北方地区侏罗纪仅报道1种（表23.1）。

华恐怖虫 Vosila sinensis Vrsansky & Ren, 2010（图23.17）

Vosila sinensis Vrsansky & Ren, 2010: *Amba projekty*, 8 (1): 2.

Parazila saurica Vrsansky & Ren, 2010, *Amba projekty*, 8 (1): 4[84]. Syn. by Huang *et al.*, 2013, *Nature*,

495 (7439), 4[85].

　　产地及层位：内蒙古宁城道虎沟；中侏罗统，九龙山组。

　　头部被方形的前胸背板覆盖。中胸和后胸背板非常狭窄。腹部几乎没有硬化，长约5 mm，宽1 mm。腹部附肢由三个部分组成：基部弱硬化，狭窄，近端有孔；中部骨化较强，靠近虫体的一侧有两个部分紧密相连；在远端有平的鳃状叶片延伸至中部，分别有3个远端叶，8个中心叶和1个近端叶。尾器伸出，长约0.5 mm。前足股节粗壮，有许多长的感受器，胫节只有5个感受器。基跗节末端有一对爪和一排非常小的感受器。中足股节粗壮，有许多刺，胫节有两个长的纵向突起。后足不对称。右基节很长（1.3 mm），股节不粗壮（1.8 mm），有许多感受器，胫节长（2.8 mm）。左股节非常粗壮，有两个纵向突起和多个感受器，胫节顶端有突起，非常长，具有两个纵向突起。顶端突起和基跗节组成螯肢状结构[84]。

▶　图 23.17　华恐怖虫 *Vosila sinensis* Vrsansky & Ren, 2010（正模标本，CNU-PARA-001）[84]

颈蠓科 **Tanyderidae** Osten-Sacken, 1879

　　颈蠓科是现存的一类体形变化较大的原始大蚊，分布于世界各地，包括北美洲和南美洲、非洲、澳大利亚、新西兰和太平洋的各个岛屿，其中在南半球物种多样性最高[86]，现生类群包含有12属55种[7]。颈蠓科幼虫水生，生活在具有砾石或沙石的溪流中。相较于现生，颈蠓科昆虫在中生代更为常见，该科昆虫最古老的化石来自德国早侏罗世[86, 87]。颈蠓科昆虫具有相对原始的翅脉结构，除了缺少A₂，该科昆虫与双翅目昆虫翅脉假想图几乎一致，通常被认为是最古老的现生双翅科。

　　中国北方地区侏罗纪报道的属：始巨颈蠓属 *Praemacrochile* Kalugina, 1985；祖颈蠓属 *Protanyderus* Handlirsch, 1909。

始巨颈蠓属 *Praemacrochile* Kalugina, 1985

Praemacrochile Kalugina, 1985, *Dipterous insects of Jurassic Siberia*, 35[45] (original designation).

　　模式种：斯氏始巨颈蠓 *Praemacrochile stackelbergi* Kalugina, 1985。

　　触角长，柄节长圆柱状，梗节短，椭圆状，鞭节长。胫节距缺失。Sc长，在翅中部之后结束，且远离Rs分叉点；Rs基部柄长，起始处接近翅中部，Rs两分叉，R_{4+5}与Rs形成一条长直线；R_{2+3}分支比Rs基部柄短。

产地及时代：内蒙古，中侏罗世。

中国北方地区侏罗纪报道4种（表23.1）。

椭圆始巨颈蠓 *Praemacrochile ovalum* Dong, Shih & Ren, 2015（图23.18）

Praemacrochile ovalum Dong, Shih & Ren, 2015: *Alcheringa*, 39：498–501.

产地及层位：内蒙古宁城道虎沟；中侏罗统，九龙山组。

胸部长1.5 mm，宽1.3 mm，近圆形，具有健壮发达的中胸背板。翅长7.5 mm，狭长，有翅痣；翅脉清晰；Sc大约是翅长的0.6倍，并且在R_{4+5}分叉处与C相交；Rs在翅的1/3处发出，Rs在翅的0.63处分叉；R_1在R_{2+3}分叉处结束；R_{2+3}几乎是R_2的4.2倍；R_4是R_{4+5}的6.0倍，R_{4+5}是r-m的2.0倍；M_1是M_{1+2}的1.45倍；d室窄而长，几乎是翅长的0.25倍；M_3向后弯曲，M_4向前弯曲，M_3和M_4之间存在m_3-m_4；Cu长且到达翅后缘，是翅长的0.61倍。A长且略微弯曲并到达后缘，是翅长的0.54倍。胫节距缺失；基跗节大约是第2跗节的两倍[88]。

3 mm

◀ 图 23.18　椭圆始巨颈蠓 *Praemacrochile ovalum* Dong, Shih & Ren, 2015（正模标本，CNU-DIP-NN2014550p）[88]

祖颈蠓属 *Protanyderus* Handlirsch, 1909

Protanyderus Handlirsch, 1909, *Ann. K. K. Naturhist. Hofmus.*, 23：270[89] (original designation).

模式种：白祖颈蠓 *Protanyderus vipio* Osten-Sacken, 1877。

胫节距明显。翅上有斑点。Rs两分叉；R_{4+5}短，与Rs形成一条直线；R_{2+3}分支比Rs基部柄短，分叉点在R_1末端的中部或者之后。翅室无多余翅脉[82, 89]。

产地及时代：内蒙古，中侏罗世。

中国北方地区侏罗纪仅报道1种（表23.1）。

知识窗：缅甸晚白垩世琥珀中的颈蟁

　　李氏似小颈蟁 *Similinannotanyderus lii* Dong, Shih & Ren, 2015保存在缅甸琥珀中（图23.19）。该种的命名是为了感谢李军先生慷慨捐赠正模标本。翅短（长为3.9 mm）；Sc长度约为翅长的0.6倍；R_1短，是翅长的0.82倍；R_2长；R_{2+3}在翅的4/5处分叉；m-cu明显长于M_{3+4}；臀区小，圆形；M_1几乎与M_{1+2}等长。足上有两根粗壮的距；t_1明显长于t_2（长度比为4.1：1）。与其他颈蟁科昆虫不同的是，该种的翅脉和雄性生殖器很特别：生殖基节长且窄，生殖刺突上有一个巨大的突起，突起上覆盖有短粗的刚毛。李氏似小颈蟁丰富了白垩纪颈蟁科的多样性，其形态特征加深了人们对大蚊类昆虫早期演化的认识[90]。

▶ 图23.19　李氏似小颈蟁 *Similinannotanyderus lii* Dong, Shih & Ren, 2015（正模标本，CNU-DIP-MA2014001）[90]

大蚊科 **Tipulidae** Latreille, 1802

　　大蚊科属于大蚊次目，是双翅目中物种多样性最丰富的科之一，到目前为止，已有超过4 000种（包括现生的和已绝灭的）被描述，几乎分布在世界各地[25, 91]。大蚊体型中型到大型，下颚须端节非常长。大多数大蚊科昆虫具有独特的后唇基，触角8~15节，单眼缺失；胸部具有"V"形盾间缝；Sc末端减弱，通过sc-r与R连接，m-cu位于或接近M_{3+4}的分叉点。大蚊科分为3个亚科：梳大蚊亚科 Ctenophorinae、长大蚊亚科 Dolichopezinae和大蚊亚科 Tipulinae。迄今为止，最早的大蚊科化石报道于西班牙早白垩世的（约126 Mya）前瘦扁大蚊属 *Leptotarsus*[92]。目前，已有100多个大蚊科化石种发现于美国、俄罗斯、英国、法国、德国、西班牙、丹麦、捷克、克罗地亚、加拿大、中国、多米尼加、巴西和波罗的海地区。

　　中国北方地区白垩纪报道的属：瘦扁大蚊属 *Leptotarsus* Guérin-Méneville, 1831。

瘦扁大蚊属 *Leptotarsus* Guérin-Méneville, 1831

　　Leptotarsus Guérin-Méneville, 1831, *Voyageautour du monde, execute par ordre du Roi, sur la corvette de samajeste La Coquille etc*, 20[93] (original designation).

　　模式种：马氏瘦扁大蚊 *Leptotarsus macquarti* Guérin-Méneville, 1831。

　　体型大。第8背板有两对大的弯曲的刺状裂片，裂片上具有纵向排列的小刺；雄性生殖器有生殖鞘，背侧具有一对圆顶状突起，末端有乳突。

产地及时代：辽宁，早白垩世。

中国北方地区白垩纪仅报道1种（表23.1）。

原始长大蚊 *Leptotarsus (Longurio) primitivus* Shih, Dong, Kania, Liu, Krzemiński & Ren, 2015（图23.20）

Leptotarsus (Longurio) primitivus Shih, Dong, Kania, Liu, Krzemiński & Ren, 2015: *Cret. Res.*, 54：100.

产地及层位：辽宁北票黄半吉沟；下白垩统，义县组。

史宗冈等人描述的原始长大蚊标本来自中国辽宁北票黄半吉沟早白垩世义县组（约125 Mya），是世界上最早的大蚊科化石记录之一[88]。瘦扁大蚊属共有20个亚属。基于Sc发育完好，与C相交；m-cu远离M_{3+4}分岔点以及触角和口器的特征，原始长大蚊被归于长瘦扁大蚊亚属[94]。

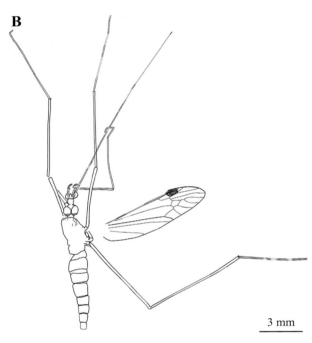

▲ 图 23.20 原始长大蚊 *Leptotarsus (Longurio) primitivus* Shih, Dong, Kania, Liu, Krzemiński & Ren, 2015（正模标本，CNU-DIP-NN2008108）[94]

标本由史宗冈捐赠

A. 正模标本照片；B. 正模标本线条图

毫蚊科 Trichoceridae Kertesz, 1902

毫蚊科包括15个现生属，183个种[7]。毫蚊成虫不仅生活在寒冷的环境中，而且也会在积雪下交配并产卵，因此也被称为冬大蚊[95]。迄今为止，该科已报道12个属79个绝灭种，分为3个亚科：毫蚊亚科 Trichocerinae、等枝豪蚊亚科 Paracladurinae和科氏豪蚊亚科 Kovalevinae。毫蚊具有以下典型特征：Sc在R_2的分叉点附近结束，d室狭长，A_2很短并且向后缘急剧弯曲。最早的毫蚊报道于德国早侏罗世[96]。

中国北方地区侏罗纪报道的属：原毫蚊属 *Eotrichocera* Kalugina, 1985；长斗毫蚊属 *Tanyochoreta* Zhang, 2006。

原毫蚊属 *Eotrichocera* Kalugina, 1985

Eotrichocera Kalugina, 1985, *Dipterous insects of Jurassic Siberia*, 47[45] (original designation).

模式种：叉原毫蚊 *Eotrichocera* (*Eotrichocera*) *christinae* Kalugina, 1985。

体型中等。Sc_1超过翅的3/4；d室长且宽；bM_{1+2}和mM_{1+2}在r-m处强烈弯曲。足有胫节距；基跗节比第2跗节更长[45, 97]。

产地及时代：内蒙古，中侏罗世。

中国北方地区侏罗纪报道4种（表23.1）。

长足古毫蚊 *Eotrichocera* (*Archaeotrichocera*) *longensis* Dong, Shih & Ren, 2014（图23.21）

Eotrichocera (*Archaeotrichocera*) *longensis* Dong, Shih & Ren, 2014: *ZooKeys*, 411：145–160.

产地及层位：内蒙古宁城道虎沟；中侏罗统，九龙山组。

体长13 mm（包括头部）。触角很长，大约是头部长度的3.5倍，下颚须大约是头部长度的两倍。侧面观，胸部圆形隆起，中胸背板大。翅狭长，短于腹部，长9.0 mm。Sc相当短，结束于R_2前缘附近；sc-r位于Rs的2/3处；Rs在翅基约1/5处分出；R_2约为R_3长度的1/10；bM_{1+2}几乎与r-m等长；d室狭长，几乎是翅长的1/5；m-m和m-cu与M_4在同一点相交；A分为A_1和A_2；A_1长，稍弯曲；A_2短，长度几乎是A_1的0.3倍，强烈弯曲。腹部细长，共10节[98]。

长斗毫蚊属 *Tanyochoreta* Zhang, 2006

Tanyochoreta Zhang, 2006, *Can. J. Earth. Sci.*, 43：11[97] (original designation).

模式种：完整长斗毫蚊属 *Tanyochoreta* (*Tanyochoreta*) *integera* Zhang, 2006。

体型中等。唇瓣大，在上唇和舌端部形成包围状。Sc_1长度大约是翅长的0.7倍；d室大；在r-m处，bM_{1+2}和mM_{1+2}近乎成一条线。足有胫节距；基跗节明显比第2跗分节段短。

产地及时代：内蒙古，中侏罗世。

中国北方地区侏罗纪报道3种（表23.1）。

张大蚊科 **Zhangobiidae** Evenhuis, 1994

张大蚊科是大蚊总科中的一个小科。1986年，张俊峰等基于古沼大蚊属 *Palaeolimnobia* 和隐脉沼大蚊属 *Ceuthoneura* 建立了Palaeolimnobiidae[34]；在1994年，Evenhuis指出该科名为无效科名，并将其改为

2 mm

◀　图 23.21　长足古毫蚊 *Eotrichocera* (*Archaeotrichocera*) *longensis* Dong, Shih & Ren, 2014（正模标本，CNU-DIP-NN2013133）[98]

Zhangobiidae[25]。Pape等人在2011年将始沼大蚊科 Archilimoniidae、纤大蚊科 Gracilitipulidae、古沼大蚊科以及张大蚊科转合并至平大蚊科[7]。但由于上述各科的化石分类仍然存在较大的问题，因此在本书中，仍保留各科原始位置。目前，张大蚊科的化石记录只有在山东早白垩世描述的2属。

中国北方地区白垩纪报道的属：隐脉沼大蚊属 *Ceuthoneura* Zhang, Zhang, Liu & Shangguan, 1986和张大蚊属 *Zhangobia* Evenhuis, 1994。

隐脉沼大蚊属 *Ceuthoneura* Zhang, Zhang, Liu & Shangguan, 1986

Ceuthoneura Zhang, Zhang, Liu & Shangguan, 1986, *Geol. Shandong*, 2：19[34] (original designation).

模式种：长翅隐脉沼大蚊 *Ceuthoneura dolichoptera* Zhang, Zhang, Liu & Shangguan, 1986。

复眼大。触角长，丝状。胸部球状。足纤细，很长，胫节长于股节；基跗节长。翅狭长，翅脉弱，不可分辨。腹部8节可见。

产地及时代：山东，早白垩世。

中国北方地区白垩纪仅报道1种（表23.1）。

张大蚊属 *Zhangobia* Evenhuis, 1994

Zhangobia Evenhuis, 1994, *Catalogue of the Fossil Flies of the World* (*Insecta: Diptera*), 54[25] (original designation).

Palaeolimnobia Zhang, Zhang, Liu & Shangguan, 1986, *Geol. Shandong*, 2：16[34]. Syn. by Evenhuis, 1994, *Catalogue of the Fossil Flies of the World* (*Insecta: Diptera*), 54[25].

模式种：莱阳张大蚊 *Palaeolimnobia laiyangensis* Zhang, Zhang, Liu & Shangguan, 1986。

复眼大；触角长。胸部球状。翅细长，Sc较弱；Rs从近基部发出，三分支；M分支长，在CuA分出，M有横脉；CuA短；腹部9节。

产地及时代：山东，早白垩世。

中国北方地区白垩纪仅报道1种（表23.1）。

知识窗：缅甸晚白垩世琥珀中的沼大蚊

晚白垩世的缅甸琥珀中发现的皱二叉褶大蚊 *Dicranoptycha plicativa* Gao, Shih & Ren, 2016（图23.22）等3种化石是二叉褶大蚊最早的化石记录。该种翅透明，无翅斑、翅痣；R_1端部接近（未达到）R_{3+4}中

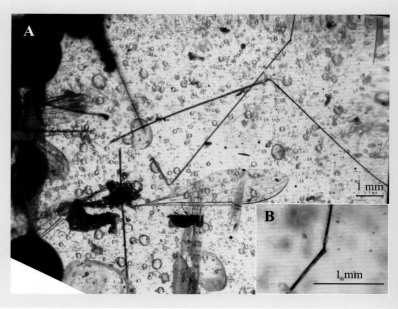

▶ 图 23.22　皱二叉褶大蚊 *Dicranoptycha plicativa* Gao, Shih & Ren, 2016（正模标本，CNU-DIP-MA2015002）[99]
A. 标本照片；B. 胫节末端

点；Rs在基部非常弯曲，略短于d室；r-r（R_2）位于R_{3+4}的1/3处；m-cu位于d室基部2/5处。阳茎很长，侧面观中可以很清楚地看到其略长于生殖突基节，明显弯曲。与同属的其他种相比，皱二叉褶大蚊的Rs更短（略短于d室）；远比r-r（R_2）的位置近端部；并且较m-cu的位置更靠近端部[99]。二叉褶大蚊属共包含现生约90种，除澳大利亚和南极洲外，广泛分布；该属化石共发现11种，除缅甸琥珀中所包含的3种属于中生代，其余8种均属于新生代。

短角亚目 Brachycera Schiner, 1862

始水虻科 Archisargidae Rohdendorf, 1962

始水虻科是一个绝灭科，通常具有以下特征：头部圆形，R和M通常有四分支，Sc和R_1长而直，d室明显向端部移动。1962年，Rohdendorf基于始鹬虻属 *Archirhagio* 和美丽始水虻 *Archisargus pulcher* 建立始水虻科。始水虻科从晚侏罗世到早白垩世均有记录[31, 100]，分布在劳亚大陆和冈瓦纳大陆，包括中国、哈萨克斯坦、蒙古和澳大利亚。始水虻科分为两个亚科：始水虻亚科 Archisarginae和莫氏水虻亚科 Mostovskisarginae，在中国均有报道，包括12属54种。

中国北方地区侏罗纪与白垩纪报道的属：始鹬虻属 *Archirhagio* Rohdendorf, 1938；始水虻属 *Archisargus* Rohdendorf, 1938；中木虻属 *Mesosolva* Hong, 1983；卵木虻属 *Ovisargus* Mostovski, 1996；莎水虻属 *Sharasargus* Mostovski, 1996；丽始水虻属 *Calosargus* Mostovski, 1997；短室木虻属 *Brevisolva* Zhang, Ren & Shih, 2010；莫氏木虻属 *Mostovskisargus* Zhang, 2010；鞭状始水虻属 *Flagellisargus* Zhang, 2012；新始水虻属 *Novisargus* Zhang, 2014；似虻始水虻属 *Tabanisargus* Zhang, 2014。

始鹬虻属 *Archirhagio* Rohdendorf, 1938

Archirhagio Rohdendorf, 1938, *Trud. Paleont. Inst. Acad. Sci. SSSR.*, 7 (3)：3[29] (original designation).

模式种：昏暗始鹬虻 *Archirhagio obscurus* Rohdendorf, 1938。

体型大，粗壮。头部近球状，复眼裸露，离眼式；触角短。翅狭长；Rs、R_1和R_{2+3}长；d室细长，与M_1近等长；m_3室开口大，cup室开口小[29, 100]。

产地及时代：内蒙古，中侏罗世。

中国北方地区侏罗纪报道5种（表23.1）。

纤细始鹬虻 *Archirhagio gracilentus* Wang, Shih, Ren & Wang, 2017（图23.23）

Archirhagio gracilentus Wang, Shih, Ren & Wang, 2017: *Syst. Entomol.*, 42：232.

产地及层位：内蒙古宁城道虎沟；中侏罗统，九龙山组。

体长15.2 mm；翅长10.1 mm，宽2.3 mm。头近椭圆形，约与胸等宽。复眼裸露。触角柄节基部覆盖有3~5个锯齿状脊，端部具特殊的刺。梗节较短，第1鞭小节侧向内凹。胸部近卵圆形。足细长。翅膜质，狭长。C结束在翅顶端；h存在；Rs长度大约是bR_{4+5}的两倍；R_{4+5}分叉较深，R_4和R_5基部几乎平行。腹

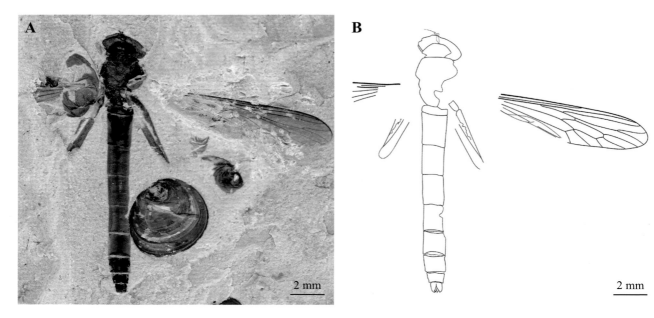

▲ 图 23.23 纤细始鹬虻 *Archirhagio gracilentus* Wang, Shih, Ren & Wang, 2017（正模标本，CNU-DIP-NN2016001）[101]
A. 标本照片；B. 线条图

部细长圆柱状。第1节比第2节短；8节清晰可见。雄性生殖器：第9背板凹陷，在背视图下形成两个三角状的裂片。生殖基节发育良好，带有明显的内生齿状物。在生殖基节处有一对阳基侧突，带有许多长鬃毛。雌性：腹部只有7节可见。生殖器部分保存清楚，第8、9背板和第8腹板小。下生殖板勾状，突出于腹部[101]。

始水虻属 *Archisargus* Rohdendorf, 1938

Archisargus Rohdendorf, 1938, *Trud. Paleont. Inst. Acad. Sci. SSSR.*, 7 (3)：30[29] (original designation).

模式种：美丽始水虻 *Archisargus pulcher* Rohdendorf, 1938。

体大型，粗壮。Rs长；R_5终止于翅端稍后；M_2、M_3和CuA短；CuP存在；sc室开放，开口宽度宽于R_1和R_5结束点间的距离；r_1室开口小（或近闭合）；r_{2+3}室开口宽度小于r_4室开口；d室明显延长，接近翅外缘；cup室闭合，端部平截。腹部细长，近两侧平行[102]。

产地及时代：内蒙古，中侏罗世。

中国北方地区侏罗纪报道3种。

中木虻属 *Mesosolva* Hong, 1983

Mesosolva Hong, 1983, *Middle Jurassic fossil insects in North China*, 133[32] (original designation).

Prosolva Hong, 1983, *Middle Jurassic fossil insects in North China*, 135[32]. Syn. by Zhang, 2012, *ZooKeys*, 238：57–76[103].

模式种：小型中木虻 *Mesosolva parva* Hong, 1983。

Sc开口宽；R脉四分支，M三分支；CuA_1从bm室发出；m_3室闭合，顶端带有小柄；cup室开放[32, 104]。

产地及时代：内蒙古、辽宁，中侏罗世。

中国北方地区侏罗纪报道5种（表23.1）。

卵木虻属 *Ovisargus* Mostovski, 1996

Ovisargus Mostovski, 1996, *Russ. Ent. J.*, 5 (1–4)：121[105] (original designation).

模式种：纤细卵木虻 *Ovisargus gracilis* Mostovski, 1996。

Sc短，约在翅中部结束；bR_{4+5}相当长，dR_{4+5}长，R_{4+5}分叉很短；M三分支；M_3从d室发出，翅室m_1、m_2和m_3开口大；cup室在翅缘前闭合，并形成一截短柄；d室短且宽[100, 105]。

产地及时代：内蒙古，中侏罗世。

中国北方地区侏罗纪仅报道1种（表23.1）。

莎水虻属 *Sharasargus* Mostovski, 1996

Sharasargus Mostovski, 1996, *Russ. Ent. J.*, 5 (1–4)：124[105] (original designation).

模式种：残莎水虻 *Sharasargus ruptus* Mostovski, 1996。

触角第1鞭节圆锥状；Sc结束点远离翅中部；R_1和R_{2+3}长；R_5结束在翅顶端；R四分支；r_1室开放；M三分支；翅室m_1、m_2和m_3开口大；cup室不闭合[105, 106]。

产地及时代：内蒙古，中侏罗世。

中国北方地区侏罗纪报道5种（表23.1）。

丽始水虻属 *Calosargus* Mostovski, 1997

Calosargus Mostovski, 1997, *Paleontol. J.*, 1：74[107] (original designation).

模式种：达丽始水虻 *Calosargus (Calosargus) tatianae* Mostovski, 1997。

翅细，Sc结束点远离翅中部；R_{2+3}短，R_{2+3}和R_1在翅缘前相交。在一些种中，M_1和M_2在基部汇聚，M_4从d室发出，cup室开口窄[107, 108]。

产地及时代：内蒙古，中侏罗世。

中国北方地区侏罗纪报道7种（表23.1）。

美丽始水虻 *Calosargus (Calosargus) bellus* Zhang, Yang & Ren, 2007（图23.24）

Calosargus (Calosargus) bellus Zhang, Yang & Ren, 2007: *Zootaxa*, 1645：15.

产地及层位：内蒙古宁城道虎沟；中侏罗统，九龙山组。

体长17.3~17.6 mm，翅长9.4~10.3 mm，翅宽2.8~2.9 mm。头部圆形，稍窄于胸部。复眼大，裸露，离眼式；小眼面清晰可见。胸部黑色。足密被细毛；前中足胫节细长；后足胫节具1个距，股节长粗壮，跗节明显长于其余各跗节。翅透明；Rs_1是Rs_2的两倍长；R_{2+3}从d室基部稍后方发出，在近翅缘处与R_1愈合；r-m在d室基部2/5的位置。腹部细长，顶部稍窄，被细毛。8节清晰可见。第1节明显短。第1、2节每节背板中部都具有一道黑色纵带，第2~7节每节背板两侧各具有一条明显贯穿的细纵带[108]。

短室木虻属 *Brevisolva* Zhang, Ren & Shih, 2010

Brevisolva Zhang, Ren & Shih, 2010, *Entomol. Sci.*, 13：78[104] (original designation).

模式种：道虎沟短室木虻 *Brevisolva daohugouensis* Zhang, Ren & Shih, 2010。

Sc、R_1和R_{2+3}长且直；Sc明显远离r-m；R_5和Rs短；r-m靠近d室基部；M四分支，M_3和M_4在翅缘共柄；CuA_1从bm室发出；cup室开放。

3 mm

1 mm

◀ 图 23.24 美丽始水虻 *Calosargus* (*Calosargus*) *bellus* Zhang, Yang & Ren, 2007（正模标本，CNU-DB-NN2007004）[108]
标本由史宗冈捐赠

产地及时代：内蒙古，中侏罗世。

中国北方地区侏罗纪仅报道1种（表23.1）。

莫氏水虻属 *Mostovskisargus* Zhang, 2010

Mostovskisargus Zhang, 2010, *Palaeontology*, 53 (2)：310[109] (original designation).

模式种：奇脉莫氏水虻 *Mostovskisargus portentosus* Zhang, 2010。

触角第1鞭节圆锥状，顶端尖。R_{2+3}基部剧烈隆起；Rs_2短。Rs分叉点远离m-cu；R_{4+5}分叉远离翅缘；M_3和M_4存在，dM_{1+2}存在；m_3室开口宽；d室很短；M_4和CuA通过m-cu相连，CuA与CuP近乎平行，cup室开口宽。

产地及时代：内蒙古，中侏罗世。

中国北方地区侏罗纪报道2种（表23.1）。

鞭状始水虻属 *Flagellisargus* Zhang, 2012

Flagellisargus Zhang, 2012, *J. Paleontol.*, 86 (5)：879[110] (original designation).

模式种：中国鞭状始水虻 *Flagellisargus sinicus* Zhang, 2012。

R四分支，M三分支；Rs分叉点和d室基部在同一水平；R_{4+5}分叉浅；R_5到达翅顶端；r_1室开放，cup室开口窄。雄性生殖器大，有粗且长的生殖刺突。

产地及时代：内蒙古，中侏罗世。

中国北方地区侏罗纪报道4种（表23.1）。

新始水虻属 *Novisargus* Zhang, 2014

Novisargus Zhang, 2014, *J. Syst. Palaeontol.*, 07：12[100] (original designation).

模式种：稀少始水虻 *Novisargus rarus* Zhang, 2014。

体型大。头大，球状，触角短、细长。翅细长，翅长是翅宽的3倍以上；Sc长，超过翅长的一半；R三分支，Sc、R_1和R_{2+3}长且直，R_{4+5}不分支；M四分支；r-m在d室中部；cup室开口小。

产地及时代：内蒙古，中侏罗世。

中国北方地区侏罗纪仅报道1种（表23.1）。

似虻始水虻属 *Tabanisargus* Zhang, 2014

Tabanisargus Zhang, 2014, *J. Syst. Palaeontol.*, 07：12 [100] (original designation).

模式种：道虎沟似虻始水虻 *Tabanisargus daohugous* Zhang, 2014。

体型大；头部圆形；翅宽；R四分支，M四分支，Sc、R_1、R_{2+3}、R_{4+5}近乎平行；b室内有一条伪脉；d室小；R_{4+5}分叉点前移；cup室开口小；M_4从d室发出。

产地及时代：内蒙古，中侏罗世。

中国北方地区侏罗纪仅报道1种（表23.1）。

伪鹬虻科 Athericidae Stuckenberg, 1973

伪鹬虻科也曾被称作"流虻科"，是虻总科 Tabanoidea下的一个小科，全球性分布 [111]。该科世界上只有11个现生属，包括约121种，其中大部分曾被归入在鹬虻科中。虽然伪鹬虻科昆虫的翅与鹬虻科相似，但是可以通过以下特征区分出伪鹬虻科昆虫：触角鞭节基部肾状，腹向延伸超过梗节；R_1和R_{2+3}共同在R_{4+5}分叉点之上或更远端与C相交；腹部具有黑色条纹。伪鹬虻科昆虫成虫大多以花蜜为食，但有些种以鸟类和哺乳动物的血液为食，有些则是两栖动物的寄生虫。该科的化石记录很少，目前只在丹麦、法国、俄罗斯、美国、澳大利亚和中国共报道了7属。在中国的中侏罗世和早白垩世仅报道了2个化石属种 [112]。

中国北方地区侏罗纪与白垩纪报道的属：华垩伪鹬虻属 *Sinocretomyia* Zhang, 2012；奇异虻属 *Qiyia* Chen, Wang & Engel, 2014。

华垩伪鹬虻属 *Sinocretomyia* Zhang, 2012

Sinocretomyia Zhang, 2012, *Cret. Res.*, 36：3 [112] (original designation).

模式种：纤细华垩伪鹬虻 *Sinocretomyia minuscula* Zhang, 2012。

触角鞭节长，不分节，端芒细长。R_{2+3}短，强烈弯曲，且与R_1在前缘处连接。br室和bm室相当长，末端到达Sc结束点处。M_1稍微拱起。m_3室末端略大；M_3和M_4距离较远。m_2室和m_3室长。cup室闭合或者开口非常小。无翅痣。尾须一节，卵圆形。

产地及时代：山东，早白垩世。

中国北方地区白垩纪仅报道1种（表23.1）。

奇异虻属 *Qiyia* Chen, Wang & Engel, 2014

Qiyia Chen, Wang & Engel, 2014, *eLife*, e02844：2 [113] (original designation).

模式种：侏罗奇异虻 *Qiyia jurassica* Chen, Wang & Engel, 2014。

这个奇特的幼虫来自中侏罗世，是一个蝾螈的吸血寄生虫。胸部三节融合，有一个腹侧的吸盘；第1~7腹节各有两对背侧突起；第1~6节各有一对腹足，足上具两列锋利的小钩，同时伪足上还长有较长的倒刺；第7腹足长，两对肛门突；生殖器有硬化的刚毛。

产地及时代：内蒙古，中侏罗世。

中国北方地区侏罗纪仅报道1种（表23.1）。

侏罗奇异虻 *Qiyia jurassica* Chen, Wang & Engel, 2014（图23.25）

Qiyia jurassica Chen, Wang & Engel, 2014: *eLife*, e02844：2.

产地及层位：内蒙古宁城道虎沟；中侏罗统，九龙山组。

"Qiyi"来源于中文"奇异"。侏罗奇异虻生活在水生环境中。身体长18~24 mm。头部小，部分缩入胸内。触角和复眼不可见，有一对硬化的幕骨棒。吸盘可以伸缩，直径大约2 mm，位于胸的腹侧，由一个圆形吸盘组成，中心开口约为圆盘直径的1/4；圆盘周边区域薄而有弹性。吸盘上有6个硬化的脊，径向排列，脊上有小刺，被柔软的皮肤覆盖；每个脊的端部变厚，可能有3个部分嵌入肌肉组织。在胸背背侧边缘有3对小刺，单侧轴上有两对，在第1~7腹节的背外侧边缘有两对，在第8腹节上有一对[113]。

3 mm

◀ 图 23.25　侏罗奇异虻 *Qiyia jurassica* Chen, Wang & Engel, 2014[113]
图片由史宗冈提供

独须虻科 Eremochaetidae Ussatchov, 1968

独须虻科是一个特有的中生代类群，存在于晚侏罗世到早白垩世。该科具有以下特征：翅相对较弱（因此翅顶点多模糊不清）；无r-m，R_{4+5}（或R_{2+3}）直接与d室连接；产卵器针状。到目前为止，独须虻科中已描述了2个亚科，独须虻亚科 Eremochaetinae（包括6属7种）和独穆虻亚科 Eremomukhinae（包括3属10种）[114]。

中国北方地区白垩纪报道的属：双独须虻属 *Dissup* Evenhuis, 1994；异独须虻属 *Alleremonomus* Ren & Guo, 1995；独穆虻属 *Eremomukha* Mostovski, 1996；纤独须虻属 *Lepteremochaetus* Ren, 1998。

双独须虻属 *Dissup* Evenhuis, 1994

Dissup Evenhuis, 1994, *Catalogue of the fossil flies of the world (Insecta: Diptera)*, 316[25] (original designation).

模式种：多氏独须虻 *Eremonomus irae* Kovalev, 1989。

触角芒细长。Sc短，终止于翅上缘中部；r-m存在，R_{4+5}由d室发出；R_4极短；sc室开口较宽；br室明显长且宽于bm室[25, 114]。

产地及时代：辽宁，早白垩世。

中国北方地区白垩纪仅报道1种（表23.1）。

异独须虻属 *Alleremonomus* Ren & Guo, 1995

Alleremonomus Ren & Guo, 1995, *Insect Science*, 2 (4)：301[115] (original designation).

模式种：邢氏异独须虻 *Alleremonomus xingi* Ren & Guo, 1995。

C结束在R_1顶端前；R_{2+3}在Rs基部分出；R_{4+5}分叉早；R_5长，末端到达翅缘；d室位于翅中央；m-m明显长于M_3。

产地及时代：辽宁，早白垩世。

中国北方地区白垩纪报道2种（表23.1）。

独穆虻属 *Eremomukha* Mostovski, 1996

Eremomukha Mostovski, 1996, *Russ. Ent. J.*, 5：118[105] (original designation).

模式种：特氏独穆虻 *Eremomukha* (*Eremomukha*) *tsokotukha* Mostovski, 1996。

r_1室开放；R_{4+5}分支短且宽；4个后缘室，M_4缺失（起源于bm）；cup室有柄。

产地及时代：辽宁，早白垩世。

中国北方地区白垩纪报道2种（表23.1）。

纤独须虻属 *Lepteremochaetus* Ren, 1998

Lepteremochaetus Ren, 1998, *Acta Zootaxonomica Sin.*, 23：78[116] (original designation).

模式种：石纤独须虻 *Lepteremochaetus lithoecius* Ren, 1998。

C在翅顶点终止；R四分支；R_{2+3}短，从d室基部发出，与R_1相交于R_1近中间的位置。A_1延伸至翅缘。

产地及时代：辽宁，早白垩世。

中国北方地区白垩纪报道2种（表23.1）。

塔蝇科 Ironomyidae McAlpine & Martin, 1966

塔蝇科隶属于蚤蝇总科 Phoroidea，被称为"活化石"，体小型，仅1~5mm，翅脉特殊（Sc与R_1中部融合，端部分离且具有翅斑）[117, 118]。现生塔蝇仅1属3种，分布于澳大利亚东南部，生物学习性未知[119]。化石6属26种，分布于中国、蒙古、加拿大和缅甸，均出现在北半球。

中国北方地区侏罗纪报道的属：古钻蝇属 *Palaeopetia* Zhang, 1978。

古钻蝇属 *Palaeopetia* Zhang, 1978

Palaeopetia Zhang, 1978, *Acta Palaeontol. Sin.*, 26 (5)：596[120] (original designation).

Sinolesta Hong & Wang, 1988, *Geoscience*, 2 (3)：388[121]. Syn. by Mostovski, 1995, *Paleontol. Zhur.*, 4：87[122].

模式种：莱阳古钻蝇 *Palaeopetia laiyangensis* Zhang, 1978。

中胸背板侧部具稀疏的鬃。Sc长，中部与R合并；dm室小，几乎与br室等大；M_{1+2}在翅中部分叉；M_1长且直；cup室小，端部尖；A_2长，几乎达翅后缘。足胫节端部具刚毛；跗节短，后足基跗节短，略窄于胫节。

产地及时代：山东，早白垩世。

中国北方地区白垩纪报道2种（表23.1）。

科氏水虻科 Kovalevisargidae Mostovski, 1997

科氏水虻科是始水虻总科 Archisargoidea下的一个已绝灭的科[123]。该科被认为是始水虻科的姊妹群，是一个相当小的科，仅记录有2属6种[96]，分布在中国和哈萨克斯坦的侏罗纪中晚期[107, 124]。

中国北方地区侏罗纪报道的属：凯帕水虻属 *Kerosargus* Mostovski, 1997；科氏水虻属 *Kovalevisargus* Mostovski, 1997。

凯帕水虻属 *Kerosargus* Mostovski, 1997

Kerosargus Mostovski, 1997, *Paleontol. J.*, 31 (1)：76[107] (original designation).

模式种：闲凯帕水虻 *Kerosargus argus* Mostovski, 1997。

体型短粗。R三分支，R_{2+3}短；Rs_1比Rs_2短；r-m连接在Rs分叉点的基部；M_4和CuA通过m-cu连接；r_{2+3}室开口广；d室长，比M_1和M_2更长；cup室和m_3室开放[107, 124]。

产地及时代：内蒙古，中侏罗世。

中国北方地区侏罗纪仅报道1种（表23.1）。

科氏水虻属 *Kovalevisargus* Mostovski, 1997

Kovalevisargus Mostovski, 1997, *Paleontol. J.*, 31 (1)：76[107] (original designation).

模式种：清亮科氏水虻 *Kovalevisargus clarigenus* Mostovski, 1997。

雄性体型细长，覆盖浓密的刚毛。翅痣存在。所有的R分支强壮；R_{2+3}长；R_{4+5}靠近R_{2+3}，结束在翅前缘；M分叉点远离Rs基部；d室短；m_3室和cup室开口大[107, 124]。

产地及时代：内蒙古，中侏罗世。

中国北方地区侏罗纪报道3种（表23.1）。

网翅虻科 Nemestrinidae Macquart, 1834

网翅虻科是短角亚目下的一个小类群，约有30属300种（包括现生和化石）。成虫体型中到大型，身体强壮，有显眼的浓密的毛；翅长通常超过体长，翅脉复杂，有一根从br室端部斜向翅后缘的斜脉；胫节无端距，爪间突垫状[125, 126]。网翅虻科昆虫成虫具有高度发达的飞行能力，并且经常在花上被观察到。幼虫具有寄生习性，可以寄生蝗虫或金龟等昆虫。根据其中生代广泛的化石记录，推测网翅虻科可能起源于晚三叠纪或侏罗纪早期[127]。目前，最古老的网翅虻科昆虫化石发现于德国下侏罗统地层，中国是网翅虻科昆虫化石的重要产地，已描述了2属3种。

中国北方地区侏罗纪与白垩纪报道的属：原网翅虻属 *Protonemestrius* Rohdendorf, 1968；花网翅虻属 *Florinemestrius* Ren, 1998；异网翅虻属 *Ahirmoneura* Zhang, Yang & Ren, 2008。

原网翅虻属 *Protonemestrius* Rohdendorf, 1968

Protonemestrius Rohdendorf, 1968, *Jurassic Insects of Karatau*, 182[128] (original designation).

模式种：马氏原网翅虻 *Protonemestrius martynovi* Rohdendorf, 1968。

该属的模式种名源于Martynov A.V.，以纪念他对昆虫化石的研究做出的贡献。原网翅虻属与异网翅虻属的相似处是没有悬骨。原网翅虻属的C和R_1明显加粗，且Sc短，但不同的是r-m明显，M_2相当长，且br室长于bm室[128, 129]。

产地及时代：内蒙古，中侏罗世；辽宁，早白垩世。

中国北方地区侏罗纪和白垩纪报道3种（表23.1）。

侏罗原网翅虻 *Protonemestrius jurassicus* Ren, 1998（图23.26）

Protonemestrius jurassicus Ren, 1998: *Acta Zootaxonomica Sin.*, 23 (1)：73.

产地及层位：辽宁北票炒米甸附近；下白垩统，义县组。

体长（不包含口器）至少13.0 mm；喙长（保存部分）5.0 mm；翅长10.0 mm，翅宽3.0 mm。头大，半球状，和胸等宽。复眼裸，离眼式，小眼面清晰可见，覆盖头大部分区域。触角和单眼未知。喙细长，长度约为头宽的3倍。左前足完整，胫节比股节长，5个跗节明显。前足基跗节明显长但短于其余跗节之和。两个爪强壮。爪间突垫状。C终止于M_1前端，Sc长，结束点超过r-m；R_{2+3}直，起源于Rs，稍远于M的分叉点；R_{4+5}分叉深；M_1终止于翅端；M_2平行于M_1，终结在翅顶端；斜脉完整到达翅脉边缘；CuA在翅缘处与1A接合；CuP存在；m-cu在d室之前与M_4连接。腹部8节可见，第2节最宽大。整个身体缺乏浓密的刚毛和鬃[116]。

侏罗原网翅虻具有长且细的喙，表明其可能是一种传粉昆虫，推测当时的生态系统中可能存在具有长管状结构的"花"或具胚珠的裸子植物，而侏罗原网翅虻可能是其重要的传粉者[130]。

▶ 图 23.26　侏罗原网翅虻 *Protonemestrius jurassicus* Ren, 1998（正模标本，LB97005）[116]

花网翅虻属 *Florinemestrius* Ren, 1998

Florinemestrius Ren, 1998, *Acta Zootaxonomica Sin.*, 23 (1)：74[116] (original designation).

模式种：美丽花网翅虻 *Florinemestrius pulcherrimus* Ren, 1998。

头与胸近等宽。复眼裸露。喙长且粗。Sc明显超过R_{4+5}的分叉点；R_{2+3}从Rs处发出，远离M分叉点；R与M所有分叉终止于翅顶点之前；斜脉完整，到达翅边缘；M_1和M_2之间存在一条横脉。

产地及时代：辽宁，早白垩世。

中国北方地区白垩纪仅报道1种（表23.1）。

美丽花网翅虻 *Florinemestrius pulcherrimus* Ren, 1998（图23.27）

Florinemestrius pulcherrimus Ren, 1998: *Acta Zootaxonomica Sin.*, 23 (1)：74.

产地及层位：辽宁北票炒米甸附近；下白垩统，义县组。

体长26.0 mm；喙长（保存部分）3.1 mm；翅长18.5 mm，宽5.0 mm。头明显比胸小。复眼大，占据整个头部前侧区域。喙强直，长于头高。触角明显3节，柄节卵圆形，长于梗节，第3节圆锥状，带有长的触角芒。下颚须发达，分2节。从腹侧观察，胸部背板稍隆起。足细长。前中足股节与胫节近等长。后足股节明显短于胫节。中足基跗节稍短于其余4跗节之和，后足基跗节稍膨大，约等于其余4跗节之和。爪强壮，爪间突垫状。C终止于M_2顶点；Sc长，在R_{4+5}的分叉点之后与C相交；R_{2+3}起源处在M分叉点之后；R_{4+5}分叉靠近基部；M_1和M_2平行，终止于翅顶点之前；M_1和M_2之间存在一条横脉；CuA与1A在翅缘处连接；CuP室存在。腹部8节可见，密被细毛。第3节最宽大，从第4节依次向端部逐渐变窄[116]。

现生网翅虻具有访花的习性，被认为是重要的传粉昆虫。美丽花网翅虻具有相对短和粗的喙，可以从开放性或短筒花或者是具胚珠的裸子植物中取食含糖的液体。这块标本的口器结构细节保存良好，为研究早期植物与传粉昆虫协同进化关系提供有价值的证据[130]。

3 mm

◀ 图 23.27 美丽花网翅虻 *Florinemestrius pulcherrimus* Ren, 1998（正模标本，LB97007）[116]

异网翅虻属 *Ahirmoneura* Zhang, Yang & Ren, 2008

Ahirmoneura Zhang, Yang & Ren, 2008, *Acta Palaeontol. Pol.*, 53 (1)：162[131] (original designation).

模式种：内蒙古网翅虻 *Ahirmoneura neimengguensis* Zhang, Yang & Ren, 2008。

C基部明显骨化膨大，密被细毛。Sc短，终止于翅中央稍后；无R_3；R_4基部呈圆弧形上弯；r-m位于d室基部；M_2从d室端部发出；M_3和CuA_1端部愈合，具一短柄；CuA_1从d室发出。

产地及时代：内蒙古，中侏罗世。

中国北方地区侏罗纪仅报道1种（表23.1）。

东虻科 Orientisargidae Zhang, 2012

　　东虻科是始水虻总科下的一个小的绝灭科，仅在中国内蒙古中侏罗世报道1属1种。东虻科具有与始水虻科类似的体型和翅脉。但是东虻科具有以下特点：Rs起源靠近基部，R_{4+5}简单；M_{3+4}强烈弯曲，不经过m-cu直接与CuA连接。东虻科与科氏水虻科也很相似，但是东虻科具有更长的Sc、R_1和R_{2+3}，m_3室闭合，m-cu缺失。更为特殊的是，触角顶端芒和生殖背板的缺失仅出现在东虻科，在始水虻科和科氏水虻科中未发现[103]。

　　中国北方地区侏罗纪报道的属：东虻属 *Orientisargus* Zhang, 2012。

东虻属 *Orientisargus* Zhang, 2012

　　Orientisargus Zhang, 2012, *ZooKeys*, 238：60[103] (original designation).

　　模式种：迷人东虻 *Orientisargus illecebrosus* Zhang, 2012。

　　触角第1鞭节圆锥状。R_{2+3}中部拱形，到达C，结束点在翅顶端之前，远离R_1；R_{4+5}在翅顶端下终结点；Rs基部和bR_{4+5}短，Rs分叉点远离M分叉点；r-m连接R_{4+5}和M_{1+2}，靠近d室基部；M四分支；d室和m_3室狭长，后室有个长柄；bM_{3+4}段比r-m更短，CuA和CuP近平行，cup室开口宽。

　　产地及时代：内蒙古，中侏罗世。

　　中国北方地区侏罗纪仅报道1种（表23.1）。

原食虫虻科 Origoasilidae Zhang, Yang & Ren, 2011

　　原食虫虻科仅包含1属1种，采自河北省平泉市杨树岭镇义县组。基于其典型的短角亚目类型的触角和翅脉特征，原食虫虻科被归入了短角虻类[132]。

　　中国北方地区白垩纪报道的属：原食虫虻属 *Origoasilus* Zhang, Yang & Ren, 2011。

原食虫虻属 *Origoasilus* Zhang, Yang & Ren, 2011

　　Origoasilus Zhang, Yang & Ren, 2011, *Acta Geol. Sin. -Engl.*, 85 (5)：995[132] (original designation).

　　模式种：平泉原食虫虻 *Origoasilus pingquanensis* Zhang, Yang & Ren, 2011。

　　头部圆。翅非常细；腹部可见9节。Sc、R_1和R_{2+3}极长直，几乎平行；R_{4+5}分叉靠近基部，窄；R_4和R_5长，远长于Rs_3；R_4几乎和M_1等长；Rs_1极长，比Rs_2和Rs_3长；br室比bm室长；r-m位于d室端部约1/4处；M_4从d室和bm室交叉处发出；m_3室闭合带有柄。

　　产地及时代：河北，早白垩世。

　　中国北方地区白垩纪仅报道1种（表23.1）。

平泉原食虫虻 *Origoasilus pingquanensis* Zhang, Yang & Ren, 2011（图23.28）

　　Origoasilus pingquanensis Zhang, Yang & Ren, 2011: *Acta Geol. Sin. -Engl.*, 85 (5)：995.

　　产地及层位：河北承德平泉杨树岭；下白垩统，义县组。

　　体型粗长，黑色。背视图下头部稍宽于胸部。复眼大，没有刚毛；小眼面明显可见。触角鞭节明显伸长，带有一个逐渐变细的触角芒。胸部发达，黑色。足细长。后足能看到明显的稠密刚毛；基跗节比其余的跗节更长更宽。翅相对窄。Sc相对长，结束点远离翅中部，在r-m远端；R_1长且直，在R_4远端；Rs_1

起源于翅脉基部1/3处；Rs$_2$和Rs$_3$几乎等长，比Rs$_1$短。R$_4$稍微弯曲；r-m在d室近基部1/4处；M$_1$与R$_5$几乎等长；M$_1$和M$_2$在d室前端融合；M$_3$和CuA$_1$在翅缘前融合，形成一根短柄；CuA$_1$向上弯曲，m-cu不存在；sc室开口小；br室狭长但明显比bm室窄；d室长度是m$_3$室的2倍；m$_1$室开口比m$_2$室更宽；m$_3$室小且闭合，三角形。臀瓣发达；翅瓣宽。平衡棒发达，褐色。腹部健壮，9节，覆盖有密集的刚毛。尾须可见[132]。

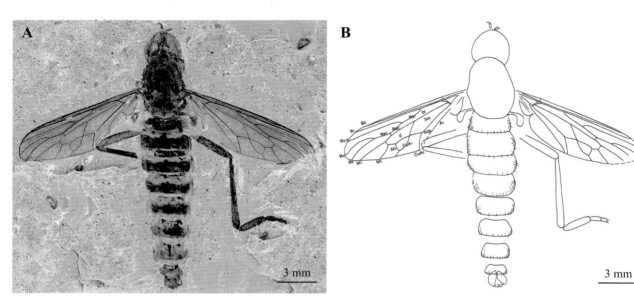

▲ 图 23.28 平泉原食虫虻 *Origoasilus pingquanensis* Zhang, Yang & Ren, 2011（正模标本，CNU-DIB-HC2008001）[132]
A. 正模标本照片；B. 正模标本线条图

扁足蝇科 Platypezidae Fallen, 1817

扁足蝇科广泛分布于除南极洲以外的其他各洲，共计35属277种，其中19个现生属，16个化石属。扁足蝇的后足胫节与跗节宽大；bm室小，br室明显短于dm室[120]。扁足蝇成虫通常活动于森林环境，常被观察到在阔叶上飞行或休息；幼虫通常以真菌为食[133]。

中国北方地区侏罗纪报道的属：中钻蝇属 *Mesopetia* Zhang, 1978；石钻蝇属 *Lithopetia* Zhang, 1978；假钻蝇属 *Pseudopetia* Zhang, 1978。

中钻蝇属 *Mesopetia* Zhang, 1978

Mesopetia Zhang, 1978, *Acta Palaeontol. Sin.*, 26 (5)：597[120] (original designation).

模式种：团旺中钻蝇 *Mesopetia tuanwangensis* Zhang, 1978。

头大。d室长，远长于br室；M$_1$长且直；M$_1$和M$_2$间具横脉；A$_2$短，臀室较长。腹部细长，8节。

产地及时代：山东，早白垩世。

中国北方地区白垩纪仅报道1种（表23.1）。

石钻蝇属 *Lithopetia* Zhang, 1978

Lithopetia Zhang, 1978, *Acta Palaeontol. Sin.*, 26 (5)：598[120] (original designation).

模式种：多毛石钻蝇 *Lihopetia hirsute* Zhang, 1978。

后足基跗节短。Sc止于翅前缘中部；R止于前缘三分之二处；M、CuA和A弱。腹部5节。

产地及时代：山东，早白垩世。

中国北方地区白垩纪仅报道1种（表23.1）。

假钻蝇属 *Pseudopetia* Zhang, 1978

Pseudopetia Zhang, 1978, *Acta Palaeontol. Sin.*, 26 (5)：598[120] (original designation).

模式种：大假钻蝇 *Pseudopetia grandis* Zhang, 1978。

头大，三角形；触角短锥状；足粗且短。后足基跗节略细于后足胫节。翅前缘具毛；Sc短，在翅缘前结束；R粗且长。腹部8节。

产地及时代：山东，早白垩世。

中国北方地区白垩纪仅报道1种（表23.1）。

原棘虻科 Protapioceridae Ren, 1998

原棘虻科是一个非常罕见的类群，仅在中国下白垩统报道2属：采自辽宁省义县组的原棘虻属 *Protapiocera* 和山东省莱阳组的假棘虻属 *Pseudapiocera*。该科的主要鉴定特征是虫体和足上无刺或刚毛；Rs在翅中部从R_1起源；R_5和M的四个分支延伸至翅顶端；所有后缘翅室均开放；1A在翅缘前强烈弯曲，几乎成直角；后足基跗节并不明显长于其他跗节。该科被认为可能与现生的棘虻科 Apioceridae 和拟食虫虻科 Mydidae 密切相关，可能是棘虻科和拟食虫虻科中生代祖先的姊妹群[127]。

中国北方地区白垩纪报道的属：原棘虻属 *Protapiocera* Ren, 1998；假棘虻属 *Pseudapiocera* Zhang, 2015。

原棘虻属 *Protapiocera* Ren, 1998

Protapiocera Ren, 1998, *Acta Zootaxonomica Sin.*, 23 (1)：76[116] (original designation).

模式种：硕原棘虻 *Protapiocera megista* Ren, 1998。

体型大，粗壮，密被细毛。复眼大，雄虫接眼式。翅狭窄，翅基部至中部翅脉清晰，翅端部分脉序不清晰或者昏暗（非保存造成的）。R_{2+3}和R_4连续，都结束在R_1端部；M_3存在，CuA_1从bm室发出；CuP存在；cup室闭合，端部平截。

产地及时代：辽宁，早白垩世。

中国北方地区白垩纪报道3种（表23.1）。

假棘虻属 *Pseudapiocera* Zhang, 2015

Pseudapiocera Zhang, 2015, *Alcheringa*, 39 (4)：460[135] (original designation).

模式种：山东假棘虻 *Pseudapiocera shandongensis* Zhang, 2015。

触角芒缺失。盾片相对较小；小盾片很大，近四边形；R_{2+3}在R_1之前与R_4连接，r_3室椭圆形横向；$R_{2+3}+R_4$与R_1在翅缘前连接；Rs的起源靠近M分叉点；M三分支；CuA+CuP的柄缺失。腹部通常顶端膨大。

产地及时代：山东，早白垩世。

中国北方地区白垩纪仅报道1种（表23.1）。

原舞虻科 Protempididae Ussatchov, 1968

原舞虻科最初由Ussatchev基于角原舞虻 *Protempis antennata*建立[136]。该科的翅脉与舞虻科Empididae基干类群的特征相似，但同时也与独虻属 *Apystomyia*和喜虻属 *Hilarimorpha*等虻类相似。迄今为止，在中国和哈萨克斯坦已相继报道2属4种。

中国北方地区白垩纪报道的属：原舞虻属 *Protempis* Ussatchov, 1968；泽舞虻属 *Helempis* Ren, 1998。

原舞虻属 *Protempis* Ussatchov, 1968

Protempis Ussatchev, 1968, *Ent. Obozr.*, 47：623[136] (original designation).

模式种：角原舞虻 *Protempis antennata* Ussatchov, 1968。

R_1于翅中部之前终止在C上；翅痣延伸至Sc和R_1之间的端部；R_{4+5}末端分叉；M三分支，从d室发出并终止于翅缘；CuA在翅缘前与1A融合；CuP和2A缺失[129, 136]。

产地及时代：辽宁，早白垩世。

中国北方地区白垩纪仅报道1种（表23.1）。

泽舞虻属 *Helempis* Ren, 1998

Helempis Ren, 1998, *Acta Zootaxonomica Sin.*, 23 (1)：80[116] (original designation).

模式种：义县泽舞虻 *Helempis yixianensis* Ren, 1998。

Sc在近端部到达翅缘；Rs在翅中部自R_1发出，靠近M分叉点；R_1在近顶点处到达翅缘；R_{4+5}分叉浅；M三分支；r-m与Rs连接处靠近R_{2+3}的起始点；CuA和1A在翅缘前相交；CuP存在。股节明显膨大。第2腹节明显长。

产地及时代：辽宁，早白垩世。

中国北方地区白垩纪报道2种（表23.1）。

原短角虻科 Protobrachyceridae Rohdendorf, 1962

原短角虻科被认为是短角亚目的祖先代表，目前已知1属2种：里原短角虻 *Protobrachyceron liasinum*和泽原短角虻 *Protobrachyceron zessini*。该科化石首次发现在德国早侏罗世（下托尔阶）。该科可以通过以下特征区分：Sc在翅中部结束，R_4和d室明显比M_1短，CuP可见，r_1室开口狭窄，5个后缘翅室开口很大，m_3室和cup室开口小。最初，原短角虻属 *Protobrachyceron*归入到食木虻科 Xylophagidae[58]，之后被提升为一个独立的科[31, 129]。张俊峰等人在内蒙古中侏罗统道虎沟报道了华原短角虻 *Protobrachyceron sinensis*，该标本大部分虫体和翅保存良好，是中国的第一个原短角虻科化石记录[137]。

中国北方地区侏罗纪报道的属：原短角虻属 *Protobrachyceron* Handlirsch, 1920。

原短角虻属 *Protobrachyceron* Handlirsch, 1920

Protobrachyceron Handlirsch, 1920, *Handbuch der Entomologie*, 205[58] (original designation).

模式种：里原短角虻 *Protobrachyceron liasinum* Handlirsch, 1920。

体型小。Sc在翅中部到达翅缘，比br稍长；R_1和R_{2+3}端部靠近；R_4和d室长度明显长于M_1，r-m在d室基部的1/5~1/4；5个后室开口宽，m_3室和cup室开口窄[58, 137]。

产地及时代：内蒙古，中侏罗世。

中国北方地区侏罗纪仅报道1种（表23.1）。

鹬网翅虻科 Rhagionemestriidae Ussatchov, 1968

鹬网翅虻科是一个小型绝灭科，属于网翅虻总科。该科特征是C围绕整个翅缘，在R$_4$或翅顶端后变细；R相当长；翅中部翅脉形成典型的"对角线型"脉序；臀室开放或闭合[138]。该科包括2个亚科：鹬网翅虻亚科 Rhagionemestriinae和异喙鹬网翅虻亚科 Heterostominae[109]。截至目前，在中国、英国、哈萨克斯坦、蒙古和西班牙报道5属8种。

中国北方地区侏罗纪报道的属：侏罗网翅虻属 *Jurassinemestrinus* Zhang, 2010和华网翅虻属 *Sinomuscai* Nel, 2010。

侏罗网翅虻属 *Jurassinemestrinus* Zhang, 2010

Jurassinemestrinus Zhang, 2010, *Paleontology*, 52 (2)：313[109] (original designation).

模式种：东方侏罗网翅虻 *Jurassinemestrinus orientalis* Zhang, 2010。

触角小，第1鞭节类似圆锥状，触角芒发育完好。Rs分叉早于M分叉点；Rs$_1$比Rs$_2$短；R$_{4+5}$与M$_{1+2}$共柄长；R$_{4+5}$分叉浅，在R$_1$终结点附近；斜脉包括Rs、R$_{4+5}$、R$_{4+5}$+M$_{1+2}$、M$_{1+2}$基部融合部分和M$_2$；br室比bm室更长更窄；d室长；cup室闭合。

产地及时代：内蒙古，中侏罗世。

中国北方地区侏罗纪仅报道1种（表23.1）。

华网翅虻属 *Sinomuscai* Nel, 2010

Sinomuscai Nel, 2010, *Zootaxa*, 2645：49[139] (original designation).

模式种：莫氏华网翅虻 *Sinomusca mostovskii* Nel, 2010。

R$_{4+5}$与M$_{1+2}$部分融合；R$_{2+3}$波浪形；R$_{4+5}$末端分叉；R$_4$和R$_5$短；R$_5$在翅顶点结束；M$_1$短；m-m较长。

产地及时代：辽宁，早白垩世。

中国北方地区白垩纪仅报道1种（表23.1）。

鹬舞虻科 Rhagionempididae Rohdendorf, 1938

鹬舞虻科是一个绝灭科，存在于中侏罗世到晚侏罗世。鹬舞虻科与其他科的区别是触角鞭节圆三角形，顶端芒指向前方且不超过梗节的长度，下颚须2节；中胸背板上有成对的纵列刚毛，胫节无刺，翅后缘发达[129]。到目前为止，在俄罗斯和中国已报道鹬舞虻科昆虫化石5属8种。该科最早的记录是虻角鹬舞虻 *Rhagionempis tabanicornis*[29]。

中国北方地区侏罗纪报道的属：乌鹬舞虻属 *Ussatchovia* Kovalev, 1982。

乌鹬舞虻属 *Ussatchovia* Kovalev, 1982

Ussatchovia Kovalev, 1982, *Paleontol. J.*, 16 (3)：91[48] (original designation).

模式种：侏罗乌鹬舞虻 *Ussatchovia jurassica* Kovalev, 1982。

体型小，粗壮。触角端部有长的触角芒。翅痣存在；R_1-R_{2+3}前缘部分与Sc-R_1部分近乎等长；M_{1+2}的分叉点在R_1结束点之前；m-m稍微向下弯曲；m_1室比d室更长。雄外生殖器的生殖突大，粗壮[48, 140]。

产地及时代：内蒙古，中侏罗世。

中国北方地区侏罗纪报道2种（表23.1）。

鹬虻科 Rhagionidae Latreille, 1802

鹬虻科是虻次目中最古老的类群之一。体型中型到大型，具有纤细的身体和细长的足，通常是棕色和黄色，体表无鬃毛。成虫有可用于刺吸的口器，多个种以吸食血液为生，还有一些种则以昆虫为食。鹬虻的幼虫也具有捕食性，大多数是陆生的，少部分是水生的。该科包括4个亚科：角鹬虻亚科 Arthrocerinae、金毛鹬虻亚科 Chrysopilinae、鹬虻亚科 Rhagioninae和西班牙鹬虻亚科 Spaniinae[141]。到目前为止，全世界已发现现生26属750多种，化石35属80多种。该科最古老的化石记录是早三叠世的阿尔萨斯佳鹬虻 Gallia alsatica[142]。中生代描述了大量的鹬虻化石[143]，对于研究双翅目昆虫的历史演化有重要意义。

中国北方地区侏罗纪与白垩纪报道的属：原鹬虻属 Protorhagio Rohdendorf, 1938；古球鹬虻属 Palaeobolbomyia Kovalev, 1982；足鹬虻属 Scelorhagio Zhang, Zhang & Li, 1993；帝鹬虻属 Basilorhagio Ren, 1995；古角鹬虻属 Palaeoarthroteles Kovalev & Mostovski, 1997；孤角鹬虻属 Oiobrachyceron Ren, 1998；殊角鹬虻属 Orsobrachyceron Ren, 1998；华鹬虻属 Sinorhagio Zhang, Yang & Ren, 2006；异金鹬虻属 Achrysopilus Zhang, Yang & Ren, 2008；石鹬虻属 Lithorhagio Zhang & Li, 2012；道虎沟鹬虻属 Daohugorhagio Zhang, 2013；近异金鹬虻属 Parachrysopilus Zhang, 2013；多毛鹬虻属 Trichorhagio Zhang, 2013；圆翅鹬虻属 Elliprhagio Han, Cai, Ren & Wang, 2019。

原鹬虻属 Protorhagio Rohdendorf, 1938

Protorhagio Rohdendorf, 1938, Trud. Paleont. Inst. Acad. Sci. SSSR., 7 (3)：37[29] (original designation).

模式种：头原鹬虻 Protorhagio capitatus Rohdendorf, 1938。

触角第1鞭节相当大，其他鞭节形成一个粗的触角芒，有明显的分节；中胸侧板多刚毛。后背片刚毛不成列。小盾鬃多。翅痣存在；R_1具有刚毛；R_{2+3}与R_1近平行或者稍微弯曲，或者r_1室开口明显变窄；R_5到达翅顶点；r-m在d室靠近基部或者中间位置；M四分支，M_3的端部向前拱起或近似竖直，与基部等长或略短于基部；m_3室顶端窄；CuP室开放。胫节距式是0-2-2，距发育好。尾须基节宽阔，顶端圆形或椭圆形[29, 144]。

产地及时代：内蒙古，中侏罗世。

中国北方地区侏罗纪仅报道1种（表23.1）。

古球鹬虻属 Palaeobolbomyia Kovalev, 1982

Palaeobolbomyia Kovalev, 1982, Paleontol. J., 16 (3)：94[48] (original designation).

模式种：西伯利亚古球鹬虻 Palaeobolbomyia sibirica Kovalev, 1982。

触角鞭节5~6节。翅痣存在；R_1-R_{2+3}前缘脉部分比Sc-R_1前缘脉部分长；R_{2+3} "S" 形，在R_1结束点下强烈弯曲；R_{4+5}相当长；R_5结束在翅脉顶端；M_3缺失，M_4基部通常缺失；cup室闭合。翅瓣发育良好。后足基节前缘具有钝的小结。后足胫节有两个短的腹侧距。产卵器短，稍微延伸。尾须基节无大的腹侧瓣，端部短，近椭圆形[48,145]。

产地及时代：内蒙古，中侏罗世。

中国北方地区侏罗纪仅报道1种（表23.1）。

足鹬虻属 *Scelorhagio* Zhang, Zhang & Li, 1993

Scelorhagio Zhang, Zhang & Li, 1993, *Acta Palaeontol. Sin.*, 32 (6)：664[146] (original designation).

模式种：长鞭足鹬虻 *Scelorhagio mecomastigus* Zhang, Zhang & Li, 1993。

体小型。触角柄节和梗节平且宽，触角芒长，分节不可见。翅狭长，Sc与R_1基部合并，终止于翅前缘中部；Rs非常短，R_{2+3}末端明显向上弯曲；R_4比M_1长。5个后室开口大，cup室关闭。

产地及时代：山东，早白垩世。

中国北方地区白垩纪仅报道1种（表23.1）。

帝鹬虻属 *Basilorhagio* Ren, 1995

Basilorhagio Ren, 1995, *Faunae and Stratigraphy of Jurassic-Cretaceous in Beijing and the Adjacent Areas*, 106[41] (original designation).

模式种：迷人帝鹬虻 *Basilorhagio venustus* Ren, 1995。

体型小，头部大。中胸背板明显凸起。基节粗长，超过股节长的一半。Sc短，不达翅中部；R_1端部区域明显加厚，R_1和R_{2+3}长且直；R_4明显短；d室靠近翅基部，M_1和M_2基部明显融合。

产地及时代：河北，早白垩世。

中国北方地区白垩纪仅报道1种（表23.1）。

古角鹬虻属 *Palaeoarthroteles* Kovalev & Mostovski, 1997

Palaeoarthroteles Kovalev & Mostovski, 1997, *Paleontol. Zhur.*, 1997 (5)：523–527[147] (*original designation*).

模式种：中生古角鹬虻 *Palaeoarthroteles mesozoicus* Kovalev & Mostovski, 1997。

颊侧面清晰可见。从第3触角鞭节开始形成触角芒。喙长，下唇肉质，唇瓣宽。下颚须长，两节，端节圆锥状。中胸侧板带有刚毛，侧背片裸露。胫节距0-2-2，发达。后足基跗节不加粗。翅痣存在；R_1带刚毛，r-m在d室基部相交；M四分支，M_3端部垂直或近"S"形，短于基部；d室端部稍微宽；cup室开放。尾须两分节，基节有腹侧瓣。

产地及时代：内蒙古，中侏罗世。

中国北方地区侏罗纪报道2种（表23.1）。

孤角鹬虻属 *Oiobrachyceron* Ren, 1998

Oiobrachyceron Ren, 1998, *Acta Zootaxonomica Sin.*, 23 (1)：71[116] (original designation).

模式种：泽孤角鹬虻 *Oiobrachyceron limnogenus* Ren, 1998。

头小。复眼裸露。触角短粗，有7节。喙粗，比头高短。胫节距缺失。Sc结束在C中部；R_{4+5}的分叉点与M_{1+2}分叉点相近；R_4和R_5弯曲；M四分支；m_3室开放；CuA在顶端与1A融合。

产地及时代：辽宁，早白垩世。

中国北方地区白垩纪仅报道1种（表23.1）。

殊角鹬虻属 *Orsobrachyceron* Ren, 1998

Orsobrachyceron Ren, 1998, *Acta Zootaxonomica Sin.*, 23 (1)：69 [116] (original designation).

模式种：华殊角鹬虻 *Orsobrachyceron chinensis* Ren, 1998。

头部小。复眼裸露。触角细长，第3节环状，分7亚节。喙粗，长度接近头高。前足胫节距缺失。Sc在翅中部稍后处结束；R_{4+5}分叉点远离M_{1+2}分叉点；R_4和R_5几乎平行；M四分支；m_3室在翅缘闭合；CuA在其顶端与1A融合。

产地及时代：辽宁，早白垩世。

中国北方地区白垩纪仅报道1种（表23.1）。

华鹬虻属 *Sinorhagio* Zhang, Yang & Ren, 2006

Sinorhagio Zhang, Yang & Ren, 2006, *Zootaxa*, 1134 (1134)：53 [148] (original designation).

模式种：道虎沟华鹬虻 *Sinorhagio daohugouensis* Zhang, Yang & Ren, 2006。

鞭节长，各节向端部逐渐变尖。翅室sc、r_1和r_{2+3}开口宽，近乎相等；r_4室开口比r_{2+3}窄；R_{2+3}长，端部直；Rs与R_4+R_5近乎等长；M_1和M_2在d室基部融合；CuA_1存在，从bm室发出。cup室闭合，端部有一短柄。

产地及时代：内蒙古，中侏罗世。

中国北方地区侏罗纪报道2种（表23.1）。

异金鹬虻属 *Achrysopilus* Zhang, Yang & Ren, 2008

Achrysopilus Zhang, Yang & Ren, 2008, *Biologia*, 63 (1)：114 [149] (original designation).

模式种：内蒙古异金鹬虻 *Achrysopilus neimenguensis* Zhang, Yang & Ren, 2008。

体密被长毛。翅痣明显；Sc到达翅中部，R_5长于R_4与r-m的间距；r-m在d室基部1/4处；M_1和M_2分叉点远离m-m；CuA_1从d室发出；CuA_2和A_1端部融合，具一短柄；cup室开放；臀瓣明显。腹部粗壮，9节。

产地及时代：内蒙古，中侏罗世。

中国北方地区侏罗纪仅报道1种（表23.1）。

内蒙古异金鹬虻 *Achrysopilus neimenguensis* Zhang, Yang & Ren, 2008 （图23.29）

Achrysopilus neimenguensis Zhang, Yang & Ren, 2008: *Biologia*, 63 (1)：114–115.

产地及层位：内蒙古宁城道虎沟；中侏罗统，九龙山组。

雄性，体长7.0 mm，翅长5.5 mm，翅宽2.0 mm。头部密被长毛。复眼侧视大而圆。喙肉质，短且宽。胸部黑色，被长毛；中胸背板稍隆起。足：股节细长，不膨大；基跗节明显长于其余各跗节；胫节无端距。翅透明，略带褐色。Sc终止于翅中部，翅痣明显，位于R_1端部；所有径分脉直，R_1基部明显加粗；Rs短；R_5长于R_4与r-m的间距；r-m位于d室基部1/4处；M_1和M_2分叉点位于m-m远处，M_1+M_2稍微接近R_4+R_5；CuA_1从d室基部发出；CuA_2和A_1端部愈合，具一短柄；CuP存在，A_2细短；r_4室开口稍窄于r_{2+3}室开口；m_2室开口宽约为m_3室开口的2倍；br室远窄于bm室；d室五边形；cup室闭合。腹部短粗，被细毛；末端圆滑。可见9节；第2节最宽，然后向末端逐渐变窄。第1、2节及第8、9节分节不明显 [149]。

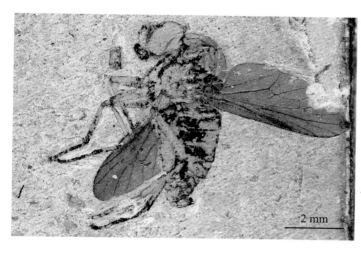

◀ 图 23.29 内蒙古异金鹬虻 *Achrysopilus neimenguensis* Zhang, Yang & Ren, 2008（正模标本，CNU-DB-NN2006-001）[149]

石鹬虻属 *Lithorhagio* Zhang & Li, 2012

Lithorhagio Zhang & Li, 2012, *Paleontol. J.*, 46 (2)：160[144] (original designation).

模式种：大头石鹬虻 *Lithorhagio megalocephalus* Zhang & Li, 2012。

具有典型的可用于吸食血液的口器。触角圆锥状，鞭节带有8个环状鞭小节。头、胸和足缺乏刚毛。翅痣模糊；R_{4+5}分叉中等长度，末端扩展；R_4波状；r-m在d室基部连接；r_5室顶端狭窄；br室比bm室更短；cu室闭合，具有一短柄。

产地及时代：内蒙古，中侏罗世。

中国北方地区侏罗纪仅报道1种（表23.1）。

道虎沟鹬虻属 *Daohugorhagio* Zhang, 2013

Daohugorhagio Zhang, 2013, *Palaeontology*, 56 (1)：221[143] (original designation).

模式种：长道虎沟鹬虻 *Daohugorhagio elongatus* Zhang, 2013。

触角鞭节角状，有8个鞭小节。翅痣存在；C环绕翅；R_1末端向上弯曲；r_1室的开口明显小于Sc室和r_{2+3}室的开口；R_{2+3}直；R_{4+5}分叉长，中等狭窄；dM_3与bM_3等长；M_4基部（bM_4）存在；cu室闭合，在顶端有一根短柄。

产地及时代：内蒙古，中侏罗世。

中国北方地区侏罗纪仅报道1种（表23.1）。

近异金鹬虻属 *Parachrysopilus* Zhang, 2013

Parachrysopilus Zhang, 2013, *Palaeontology*, 56 (1)：225[143] (original designation).

模式种：侏罗近异金鹬虻 *Parachrysopilus jurassicus* Zhang, 2013。

触角较短，鞭节角状，包含5或6节鞭小节。Sc短，短于翅长一半；R_{4+5}长（靠近R_1末端）；M_{1+2}在d室末端分叉；dM_3比bM_3长；cu室闭合，具一短柄。翅瓣发育不好。后足疑似有胫节距。

产地及时代：内蒙古，中侏罗世。

中国北方地区侏罗纪仅报道1种（表23.1）。

多毛鹬虻属 *Trichorhagio* Zhang, 2013

Trichorhagio Zhang, 2013, *Palaeontology*, 56 (1)：218[143] (original designation).

模式种：丰富多毛鹬虻 *Trichorhagio gregarius* Zhang, 2013。

身体被软毛。触角鞭节角状，雌性8节或者雄性9节。翅痣存在；R_1直；r_1室的开口明显小于sc室和r_{2+3}室的开口；R_{2+3}中部向下弯曲；R_{4+5}分叉狭长；dM_3比bM_3短；cu室闭合，具一短柄。后足有胫节距。爪垫宽，卵圆状。

产地及时代：内蒙古，中侏罗世。

中国北方地区侏罗纪仅报道1种（表23.1）。

圆翅鹬虻属 *Elliprhagio* Han, Cai, Ren & Wang, 2019

Elliprhagio Han, Cai, Ren & Wang, 2019, *Zootaxa*, 4691 (2)：154[150] (original designation).

模式种：长喙圆翅鹬虻 *Elliprhagio macrosiphonius* Han, Cai, Ren & Wang, 2019。

触角包含10个鞭小节。喙显著增长，下唇丰满肉质，唇瓣宽。翅椭圆形，宽；R_{2+3}在中部弯曲，并在端部显著上弯；r-m将d室上缘分为比例为1：2的两部分；bM_3和dM_3直。中足胫节端部有一根距。

产地及时代：内蒙古，中侏罗世。

中国北方地区侏罗纪仅报道1种（表23.1）。

虻科 Tabanidae Latreille, 1802

虻科昆虫俗称"马蝇"，属于短角亚目基干类群虻次目，包括3个亚科：华丽虻亚科 Chrysopsinae、庞虻亚科 Pangoniinae和虻亚科 Tabaninae。体型中型到大型，体表无鬃毛，触角鞭节环状，腋瓣大，爪间突垫状。除北极和南极外，全球均有分布。目前已发现约4 500个现生种，其中1 000多种属于虻属 *Tabanus*。虻科成虫是重要的传粉昆虫，但其中大多数雌虫也具有血食性，取食对象包括两栖类、鸟类和哺乳动物[112]。成虫会将卵产在淡水附近的沼泽植物上，因此幼虫在水或泥中发育[151]。该科最古老的化石采自辽宁北票早白垩世：俊翅古距虻 *Palaepangonius eupterus* 和壮原距虻 *Eopangonius pletus*。这两个种的化石标本保存有发育良好的长口器，表明在白垩纪早期这些虻类可能是当时植物重要的传粉者[130]。

中国北方地区白垩纪报道的属：异虻属 *Allomyia* Ren, 1998；原距虻属 *Eopangonius* Ren, 1998；古距虻属 *Palaepangonius* Ren, 1998；秀鹬虻属 *Pauromyia* Ren, 1998；莱阳鹬虻属 *Laiyangitabanus* Zhang, 2012。

异虻属 *Allomyia* Ren, 1998

Allomyia Ren, 1998, *Acta Zootaxonomica Sin.*, 23 (1)：68[116] (original designation).

模式种：蛮异虻 *Allomyia ruderalis* Ren, 1998。

体型中等，粗壮。复眼大，裸。Sc终止于翅上缘中部稍前；R_1明显比Rs更长；Rs基部非常短；R_4与r-m间距极长；R_4和R_5短；r-m在d室基部；m_3室边缘窄。

产地及时代：辽宁，早白垩世。

中国北方地区白垩纪仅报道1种（表23.1）。

原距虻属 *Eopangonius* Ren, 1998

Eopangonius Ren, 1998, *Acta Zootaxonomica Sin.*, 23 (1)：68[116] (original designation).

模式种：壮原距虻 *Eopangonius pletus* Ren, 1998。

喙发达，保存印痕长度稍长于头长。复眼大，裸。单眼存在，三角形排列。R_1直，Rs从R_1基部发出；Sc边缘不变窄；R_{4+5}分叉晚于M_{1+2}分叉点；M_3存在；r_4室长。腹部宽大。

产地及时代：辽宁，早白垩世。

中国北方地区白垩纪仅报道1种（表23.1）。

古距虻属 *Palaepangoniu* Ren, 1998

Palaepangonius Ren, 1998, *Acta Zootaxonomica Sin.*, 23 (1)：66[116] (original designation).

模式种：俊翅古距虻 *Palaepangonius eupterus* Ren, 1998。

喙发达，长于头长。复眼裸露。后足胫节距存在。R_1靠近Sc末端，因此sc室开口窄；Rs从R_1基部分出；R_{4+5}分叉点在M_{1+2}分叉点之前；R_4和R_5极长，形成一个狭长的r_4室；r_5室开放。

产地及时代：辽宁，早白垩世。

中国北方地区白垩纪仅报道1种（表23.1）。

俊翅古距虻 *Palaepangonius eupterus* Ren, 1998（图23.30）

Palaepangonius eupterus Ren, 1998: *Acta Zootaxonomica Sin.*, 23 (1)：66.

产地及层位：辽宁北票炒米甸附近；下白垩统，义县组。

头部近三角形。复眼大，裸，离眼式，占据头部大半（该标本为雌性）。喙发达，长度约为头长的1.5倍。触角和单眼未知。足细长，密被柔毛；中后足胫节具距；基跗节长度约等于其余4个跗节之和；爪垫和爪间突保存完好，爪间突垫状。翅透明，翅痣明显。C骨化较强，结束在翅顶点，Sc终止于翅中部；R_1较短，稍微超过Sc；Rs起源于R_1的基部；R_{2+3}端部上弯；R_4和R_5近等长，均明显长于M_1和M_2；R_{4+5}的分叉点在M_{1+2}的分叉点之前；r-m在d室基部；d室发出3条脉（M_1、M_2和M_3），最后一条远端靠近M_4，平衡棒清晰可见。腹部粗壮，近圆柱状，5节可见。生殖器未知[116]。

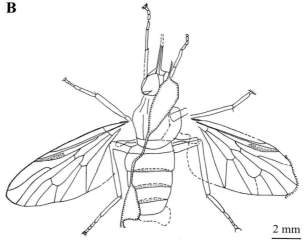

▲ 图 23.30 俊翅古距虻 *Palaepangonius eupterus* Ren, 1998（正模标本，LB97017）[116]
A. 正模标本照片；B. 正模标本线条图

秀鹬虻属 *Pauromyia* Ren, 1998

Pauromyia Ren, 1998, *Acta Zootaxonomica Sin.*, 23 (1)：72[116] (original designation).

模式种：川秀鹬虻 *Pauromyia oresbia* Ren, 1998。

体型中等。中胸背板明显隆起。足细长。翅细长，Sc终止于翅前缘中部或稍后。R_1长直，R_{2+3}端部稍上弯；R_5短于R_4与r-m间距；r-m位于d室中部偏后；M_1和M_2基部汇合，cup室开口宽。

产地及时代：辽宁，早白垩世。

中国北方地区白垩纪仅报道1种（表23.1）。

莱阳鹬虻属 *Laiyangitabanus* Zhang, 2012

Laiyangitabanus Zhang, 2012, *Cret. Res.*, 36：2[112] (original designation).

模式种：美丽莱阳鹬虻 *Laiyangitabanus formosus* Zhang, 2012。

复眼离眼式。单眼缺失。翅略狭长，端部尖细。C基部粗壮；R_{4+5}分叉宽，R_4与R_5形成一个直角；br室很长，比bm室长；d室短且宽；翅痣发育好，在R_1之下。后足胫节距短。尾须一节，短，卵圆状。

产地及时代：山东，早白垩世。

中国北方地区白垩纪仅报道1种（表23.1）。

穹脉鹬虻科 Uranorhagionidae Zhang, Yang & Ren, 2010

穹脉鹬虻科仅报道于中国内蒙古道虎沟中侏罗世，包括2属4种。穹脉鹬虻科可以通过以下特征与鹬虻科区分开来：Sc和R_1长；R_{2+3}基部明显隆起上弯；CuA_2短；在穹脉鹬虻属 *Uranorhagio*中，d室延伸到翅缘附近；后足股节顶端肿胀；腹部9节。穹脉鹬虻科兼有鹬网翅虻科（网翅虻总科）和鹬虻科（虻总科）两个总科的特征，因此该科可能处于双翅目系统发育的关键位置。目前，该科的分类地位仍然存在一定的疑问，有学者将其转移至始水虻科。但该科昆虫与始水虻科的差异明显，本书认为该转移仍有待进一步验证，暂仍保留其科级地位[152]。

中国北方地区侏罗纪报道的属：强壮鹬虻属 *Strenorhagio* Zhang, Yang, Ren & Shih, 2010；穹脉鹬虻属 *Uranorhagio* Zhang, Yang & Ren, 2010。

强壮鹬虻属 *Strenorhagio* Zhang, Yang, Ren & Shih, 2010

Strenorhagio Zhang, Yang, Ren & Shih, 2010, *Zool. J. Linn. Soc.*, 158 (3)：566[152].

模式种：异脉穹脉鹬虻 *Strenorhagio deviatus* Zhang, Yang & Shih, 2010。

体型大；后足有胫节距。R_1和Rs_1长；R_{2+3}粗壮，基部明显隆起上弯；R_4起点位于d室基部上方；r-m位于d室基部1/3处。

产地及时代：内蒙古，中侏罗世。

中国北方地区侏罗纪报道4种（表23.1）。

格氏穹脉鹬虻 *Strenorhagio grimaldi* Zhang, Ren & Shih, 2010（图23.31）

Strenorhagio grimaldi Zhang, Ren & Shih, 2010: *Zool. J. Linn. Soc.*, 158 (3)：566.

产地及层位：内蒙古宁城道虎沟；中侏罗统，九龙山组。

◀ 图 23.31　格氏穹脉鹬虻 *Strenorhagio grimaldi* Zhang, Ren & Shih, 2010（正模标本，CNU-DIB-NN2007019）[152] 标本由史宗冈捐赠

该模式种的名字源自D.A. Grimaldi博士。体型大，体长17.0 mm。头圆，稍窄于胸。复眼大，裸；小眼面清晰可见。R_1和Rs长；R_{2+3}从r_5室基部发出，强烈上弯；R_5在翅顶端之后结束；r-m位于d室基部1/3处；M各分支长，M_1与M_2在基部明显汇聚，其基柄短于m-m；CuA_1从bm室发出，m-cu短；bm室宽是br室的2倍；d室细长，远离翅缘；5个后室和cup室的开放；m_1室开口宽度稍窄于m_2室开口；m_3室开口宽度远窄于m_1室开口，约为cua_1室开口宽度的一半[152]。

穹脉鹬虻属 *Uranorhagio* Zhang, Yang & Ren, 2010

Uranorhagio Zhang, Yang & Ren, 2010, *Zool. J. Linn. Soc.*, 158 (3)：563[152].

模式种：道虎沟穹脉鹬虻 *Uranorhagio daohugouensis* Zhang, Yang & Ren, 2010。

体型大，粗壮。后足股节强壮，端部明显膨大，后足胫节具2距；爪间突垫状。R_{2+3}粗壮，基部明显隆起上弯；R_{2+3}、R_4和R_5三条脉的大部分区域近平行；R_4起点位于d室端部上方；R_{2+3}从br室端部发出；M_1与M_2分叉远离m-m，M_1基部向上隆起；r_4室极狭长。

产地及时代：内蒙古，中侏罗世。

中国北方地区侏罗纪仅报道1种（表23.1）。

张木虻科 Zhangsolvidae Nagatomi & Yang, 1998

张木虻科是水虻型次目中的一个绝灭类群，由永富昭先生和杨定教授在1998年基于一块来自中国山东早白垩世的化石标本建立[129]。所有的张木虻科昆虫都具有长口器，推测可能是传粉昆虫[153]。张木虻科的典型特征是具有相当长的口器，口器的顶端有小的唇瓣；C结束在翅顶点（或附近），M_1强烈弯曲，m_3室和cu室在翅边缘前闭合[154]。到目前为止，共报道5属9种，分布于中国、巴西、西班牙和缅甸的琥珀中。

中国北方地区白垩纪报道的属：张木虻属 *Zhangsolva* Nagatomi & Yang, 1998。

张木虻属 *Zhangsolva* Nagatomi & Yang, 1998

Zhangsolva Nagatomi & Yang, 1998, *Ent. Mon. Mag.*, 134：139[129] (original designation).

模式种：柏张木虻 *Archisolva cupressa* Zhang, Zhang & Li, 1993。

触角分12节。喙明显，长。Rs基节部长；R_4短于M_1；M_1与M_2在d室端部愈合；m-m长；m_3室闭合。腹部圆筒形，8节可见[129, 146]。

产地及时代：山东，早白垩世。

中国北方地区白垩纪仅报道1种（表23.1）。

表23.1　中国侏罗纪和白垩纪双翅目化石名录

科	种	产地	层位 / 年代	文献出处
Suborder Nematocera Dumémil, 1805				
Anisopodidae	*Megarhyphus rarus* Zhang, 2007	内蒙古宁城	九龙山组 /J₂**	Zhang, 2007 [76]
	Mesorhyphus blagoderovi Wojtoń, Kania, Krzemiński & Ren, 2019	内蒙古宁城	九龙山组 /J₂**	Wojtoń et al., 2019 [155]
	Mesobrachyopteryx shandongensis Hong & Wang, 1990	山东莱阳	莱阳组 /K₁	洪友崇 & 王文利, 1990 [46]
Antefungivoridae	Antefungivora haifanggouensis (Hong, 1983)	辽宁北票	海房沟组 /J₂	洪友崇, 1983 [32]
	Aortomima shandongensis Zhang, Zhang, Liu & Shangguan, 1986	山东莱阳	莱阳组 /K₁**	张俊峰等, 1986 [34]
	Lycoriomimodes oblongus (Hong, 1983)	辽宁北票	海房沟组 /J₂	洪友崇, 1983 [32]
	Lycoriomimodes producopoda (Lin, 1976)	辽宁北票	海房沟组 /J₂	林启彬, 1976 [49]
	Lycoriomimodes perbella (Zhang, Zhang, Liu & Shangguan, 1986)	山东莱阳	莱阳组 /K₁**	张俊峰等, 1986 [34]
	Lycoriomimodes longiradiata (Hong & Wang, 1990)	山东莱阳	莱阳组 /K₁	洪友崇 & 王文利, 1990 [46]
	Lycoriomimodes ovatus Hong & Wang, 1990	山东莱阳	莱阳组 /K₁	洪友崇 & 王文利, 1990 [46]
	Lycoriomimodes parva (Hong & Wang, 1990)	山东莱阳	莱阳组 /K₁	洪友崇 & 王文利, 1990 [46]
	Lycoriomimodes luanpingensis (Hong, 1983)	河北滦平	九龙山组 /J₂	洪友崇, 1983 [32]
	Mimallactoneura lirata Hong, 1983	辽宁北票	海房沟组 /J₂	洪友崇, 1983 [32]
	Mimallactoneura tuanwangensis Hong & Wang, 1990	山东莱阳	莱阳组 /K₁	洪友崇 & 王文利, 1990 [46]
Asiochaoboridae	*Asiochaoborus tenuous* Hong & Wang, 1990	山东莱阳	莱阳组 /K₁	洪友崇 & 王文利, 1990 [46]
	Chaoboropsis longipedalis Hong & Wang, 1990	山东莱阳	莱阳组 /K₁	洪友崇 & 王文利, 1990 [46]
	Sinochaoborus dividus Hong & Wang, 1990	山东莱阳	莱阳组 /K₁	洪友崇 & 王文利, 1990 [46]
	Sunochaoborus laiyangensis Hong & Wang, 1990	山东莱阳	莱阳组 /K₁	洪友崇 & 王文利, 1990 [46]
Axymyiidae	Juraxymyia fossilis (Zhang, 2004)	内蒙古宁城	九龙山组 /J₂**	Zhang, 2004 [156]
	*Psocites pectinatus (Hong, 1983)	辽宁北票	海房沟组 /J₂	洪友崇, 1983 [32]
	Raraxymyia parallela Shi, Zhu, Shih & Ren, 2013	内蒙古宁城	九龙山组 /J₂	Shi et al., 2013 [36]
	Raraxymyia proxima Shi, Zhu, Shih & Ren, 2013	内蒙古宁城	九龙山组 /J₂	Shi et al., 2013 [36]
	Sinaxymyia rara Zhang, 2010	内蒙古宁城	九龙山组 /J₂**	Zhang, 2010 [38]
Blephariceridae	*Blephadejura propria* Lukashevich, Huang & Lin, 2006	内蒙古宁城	九龙山组 /J₂**	Lukashevich et al., 2006 [157]
	Brianina longitibialis Zhang & Lukashevich, 2007	内蒙古宁城	九龙山组 /J₂	Zhang & Lukashevich, 2007 [39]
	Megathon brodskyi Zhang & Lukashevich, 2007	内蒙古宁城	九龙山组 /J₂	Zhang & Lukashevich, 2007 [39]
Bibionidae	Lichnoplecia kovalevi Ren, 1995	河北承德	义县组 /K₁**	任东等, 1995 [41]
Chaoboridae	*Chironomaptera robustus (Lin, 1976)	辽宁喀左	九佛堂组 /K₁**	林启彬, 1976 [49]
	*Chironomaptera gregaria (Grabau, 1923)	辽宁喀左	九佛堂组 /K₁**	Grabau, 1923 [26]
	Mesochaoborus zhangshanyingensis (Hong, 1984)	河北隆化	义县组 /K₁**	洪友崇, 1984 [158]
	Mesochaoborus pallens Zhang, Zhang, Liu & Shangguan, 1986	山东莱阳	莱阳组 /K₁**	张俊峰等, 1986 [34]

续表

科	种	产地	层位 / 年代	文献出处
Chironomidae	*Coelochironoma xantha* Zhang, Zhang, Liu & Shangguan, 1986	山东莱阳	莱阳组 /K₁**	张俊峰等, 1986 [34]
	Manlayamyia dabeigouensis Zhang, 1991	河北滦平	大北沟组 /J₃	张俊峰, 1991 [43]
	Oryctochlus contiguus Zhang, 1991	山东莱阳	莱阳组 /K₁**	张俊峰, 1991 [43]
	Sinoryctochlus insolitus Zhang, 1991	山东莱阳	莱阳组 /K₁**	张俊峰, 1991 [43]
	Tendipopsis colorata Hong & Wang, 1990	山东莱阳	莱阳组 /K₁	洪友崇 & 王文利, 1990 [46]
Eopleciidae	*Beipiaoplecia malleformis* Lin, 1976	辽宁北票	海房沟组 /J₂	林启彬, 1976 [49]
	Gansuplecia triporata Hong, 1990	甘肃崇信	环河组 /K₁	洪友崇 & 王文利, 1990 [46]
	Jurolaemargus yujiagouensis Hong, 1983	辽宁北票	海房沟组 /J₂	洪友崇, 1983 [32]
	Leptoplecia laevis Hong, 1983	辽宁北票	海房沟组 /J₂	洪友崇, 1983 [32]
Gracilitipulidae	*Gracilitipula asiatica* Hong & Wang, 1990	山东莱阳	莱阳组 /K₁	洪友崇 & 王文利, 1990 [46]
Hennigmatidae	*Daohennigma panops* Lukashevich, Huang & Lin, 2006	内蒙古宁城	九龙山组 /J₂**	Lukashevich et al., 2006 [157]
Limoniidae	*Architipula chinensis* Zhang, 2004	内蒙古宁城	九龙山组 /J₂	Zhang, 2004 [159]
	Architipula conformis Hao & Ren, 2009	内蒙古宁城	九龙山组 /J₂	Hao & Ren, 2009 [160]
	Architipula insolita Zhang, 2006	内蒙古宁城	九龙山组 /J₂**	Zhang, 2006 [51]
	Architipula trichoclada Zhang, 2006	内蒙古宁城	九龙山组 /J₂**	Zhang, 2006 [51]
	Cretolimonia excelas Gao, Shih, Zhao & Ren, 2015	内蒙古宁城	九龙山组 /J₂	Gao et al., 2015 [59]
	Eotipulina eximia Zhang, 2006	内蒙古宁城	九龙山组 /J₂**	Zhang, 2006 [51]
	Eotipuloptera dignata Zhang, 2006	内蒙古宁城	九龙山组 /J₂**	Zhang, 2006 [51]
	Mesotipula gloriosa Gao, Shih, Zhao & Ren, 2015	内蒙古宁城	九龙山组 /J₂	Gao et al., 2015 [59]
	Sinotipula huabeiensis (Hong, 1983)	辽宁北票	海房沟组 /J₂	洪友崇, 1983 [32]
	Xutipula longipetalis Hong, 1983	辽宁北票	海房沟组 /J₂	洪友崇, 1983 [32]
Limnorhyphidae	*Limnorhyphus haifanggouensis* Hong, 1983	辽宁北票	海房沟组 /J₂	洪友崇, 1983 [32]
Luanpingitidae	*Luanpingites flavus* Zhang, 1986	河北滦平	下花园组 /J₂	张俊峰, 1986 [61]
Mesosciophilidae	*Jurasciophila curvula* Li & Ren, 2009	内蒙古宁城	九龙山组 /J₂	Li & Ren, 2009 [66]
	Jurasciophila lepida Li & Ren, 2009	内蒙古宁城	九龙山组 /J₂	Li & Ren, 2009 [66]
	Mesosciophila abstracta Zhang, 2008	内蒙古宁城	九龙山组 /J₂**	Zhang, 2008 [161]
	Mesosciophila eucalla Zhang, 2007	内蒙古宁城	九龙山组 /J₂**	Zhang, 2007 [64]
	Mesosciophila sigmoidea Wang, Zhao & Ren, 2012	内蒙古宁城	九龙山组 /J₂	Wang et al., 2012 [162]
	Mesosciophilodes synchrona Zhang, 2008	内蒙古宁城	九龙山组 /J₂**	Zhang, 2008 [161]
	Orentalphila caloa Lin, Shih & Ren, 2015	辽宁北票	义县组 /K₁	Lin et al., 2015 [65]
	Orentalphila gravia Lin, Shih & Ren, 2015	辽宁北票	义县组 /K₁	Lin et al., 2015 [65]
	Paramesosciophilodes aequus Wang, Zhao & Ren, 2012	内蒙古宁城	九龙山组 /J₂	Wang et al., 2012 [162]
	Paramesosciophilodes bellus Gao, Shi, Shih & Ren, 2015	内蒙古宁城	九龙山组 /J₂	Gao et al., 2015 [163]
	Paramesosciophilodes eximia Zhang, 2008	内蒙古宁城	九龙山组 /J₂**	Zhang, 2008 [161]
	Paramesosciophilodes ningchengensis Zhang, 2007	内蒙古宁城	九龙山组 /J₂**	Zhang, 2007 [64]
	Paramesosciophilodes rarissima Gao, Shi, Shih & Ren, 2015	内蒙古宁城	九龙山组 /J₂	Gao et al., 2015 [163]
	Similsciophila singularis Shi, Shih & Ren, 2015	内蒙古宁城	九龙山组 /J₂	Shi et al., 2015 [67]
	Similsciophila sinuata Shi, Shih & Ren, 2015	内蒙古宁城	九龙山组 /J₂	Shi et al., 2015 [67]
	Similsciophila undulata Lin, Shih & Ren, 2015	辽宁北票	义县组 /K₁	Lin et al., 2015 [65]
	Sinosciophila angustia Lin, Shih & Ren, 2015	辽宁北票	义县组 /K₁	Lin et al., 2015 [65]
	Sinosciophila meileyingziensis Hong, 1992	辽宁喀左	沙海组 /K₁	洪友崇, 1992 [164]
	Sinosciophila seboa Lin, Shih & Ren, 2015	辽宁北票	义县组 /K₁	Lin et al., 2015 [65]

科	种	产地	层位 / 年代	文献出处
Mycetophilidae	*Huaxiasciophilites jingxiensis* Zhang, Hong & Li, 2001	北京京西	卢尚坟 /K₁	Zhang *et al.*, 2001[68]
	*Liaoxifungivora simplicis Hong, Wang & Sun, 1992	辽宁喀左	沙海组 /K₁	洪友崇等, 1992[165]
Parapleciidae	**Paraplecia ovata* Hong, 1983	辽宁北票	海房沟组 /J₂	洪友崇, 1983[32]
Paraxymyiidae	**Arcus beipiaoensis* Hong, 1983	辽宁北票	海房沟组 /J₂	洪友崇, 1983[32]
Pediciidae	*Praearchitipula abnormis* (Hao & Ren, 2009)	内蒙古宁城	九龙山组 /J₂	Hao & Ren, 2009[160]
	Praearchitipula apprima Gao & Shih, Kopeć, Krzemiński & Ren, 2015	内蒙古宁城	九龙山组 /J₂	Gao *et al.*, 2015[69]
	Praearchitipula mirabilis Gao & Shih, Kopeć, Krzemiński & Ren, 2015	内蒙古宁城	九龙山组 /J₂	Gao *et al.*, 2015[69]
Perissommatidae	**Perissordes pilosus* Lukashevich, Huang & Lin, 2006	内蒙古宁城	九龙山组 /J₂**	Lukashevich *et al.*, 2006 [157]
Pleciofungivoridae	*Eohesperinus latus* Hong & Wang, 1990	山东莱阳	莱阳组 /K₁	洪友崇 & 王文利, 1990 [46]
	Eohesperinus gracilis Hong, 1983	辽宁北票	海房沟组 /J₂	洪友崇, 1983[32]
	*Fera jurassica Hong, 1983	辽宁北票	海房沟组 /J₂	洪友崇, 1983[32]
	*Fera parva Hong, 1983	辽宁北票	海房沟组 /J₂	洪友崇, 1983[32]
	*Mesopleciofungivora martynovae Hong & Wang, 1990	山东莱阳	莱阳组 /K₁	洪友崇 & 王文利, 1990 [46]
	Opiparifungivora aliena Ren, 1995	河北承德	义县组 /K₁**	任东等, 1995[41]
	*Parapleciofungivora triangulata Hong & Wang, 1990	山东莱阳	莱阳组 /K₁	洪友崇 & 王文利, 1990 [46]
	Pleciofungivora yangtianense (Hong, 1984)	河北所城	大北沟组 /J₃	洪友崇, 1984[158]
Protendipedidae	**Priscotendipes mirus* Zhang, 1986	河北围场	大北沟组 /J₂	张俊峰, 1986[61]
	*Protendipes huabensis Zhang, 1986	河北围场	大北沟组 /J₂	张俊峰, 1986[61]
Protobibionidae	*Protobibio orientalis* Zhang, Zhang, Liu & Shangguan, 1986	山东莱阳	莱阳组 /K₁**	张俊峰等, 1986[34]
Protopleciidae	*Epimesoplecia ambloneura* Lin, Shih & Ren, 2015	内蒙古宁城	九龙山组 /J₂	Lin *et al.*, 2015[75]
	Epimesoplecia elenae Zhang, 2007	内蒙古宁城	九龙山组 /J₂**	Zhang, 2007[73]
	Epimesoplecia macrostrena Lin, Shih & Ren, 2015	内蒙古宁城	九龙山组 /J₂	Lin *et al.*, 2015[75]
	Epimesoplecia plethora Lin, Shih & Ren, 2015	内蒙古宁城	九龙山组 /J₂	Lin *et al.*, 2015[75]
	Epimesoplecia prosoneura Lin, Shih & Ren, 2015	内蒙古宁城	九龙山组 /J₂	Lin *et al.*, 2015[75]
	Epimesoplecia shcherbakovi Zhang, 2007	内蒙古宁城	九龙山组 /J₂**	Zhang, 2007[73]
	Epimesoplecia stana Lin, Shih & Ren, 2015	内蒙古宁城	九龙山组 /J₂	Lin *et al.*, 2015[75]
	*Hebeiplecia brunnea Hong, 1983	河北周营子	九龙山组 /J₂	洪友崇, 1983[32]
	*Huaxiaplecia zhongguanensis Hong, 1992	辽宁喀左	沙海组 /K₁	洪友崇, 1992[156]
	Mesoplecia anfracta Hao & Ren, 2009	内蒙古宁城	九龙山组 /J₂	郝剑英 & 任东, 2009[71]
	Mesoplecia antiqua Hao & Ren, 2009	内蒙古宁城	九龙山组 /J₂	郝剑英 & 任东, 2009[71]
	Mesoplecia coadnata Hao & Ren, 2009	内蒙古宁城	九龙山组 /J₂	郝剑英 & 任东, 2009[71]
	Mesoplecia fastigata Lin, Shih & Ren, 2014	内蒙古宁城	九龙山组 /J₂	Lin *et al.*, 2014[74]
	Mesoplecia mediana Zhang, 2007	内蒙古宁城	九龙山组 /J₂**	Zhang, 2007[73]
	Mesoplecia plena Lin, Shih & Ren, 2014	内蒙古宁城	九龙山组 /J₂	Lin *et al.*, 2014[74]
	Mesoplecia sinica Zhang, 2007	内蒙古宁城	九龙山组 /J₂**	Zhang, 2007[73]
	Mesoplecia xinboensis Hong, 1984	河北围场	大北沟组 /K₁**	洪友崇, 1984[158]
	*Pleciopsis longa Hong, 1983	河北周营子	九龙山组 /J₂	洪友崇, 1983[32]
	*Pseudoplecia ovata Hong & Wang, 1990	山东莱阳	莱阳组 /K₁	洪友崇 & 王文利, 1990 [46]
	Sinoplecia parvita Lin, 1976	辽宁北票	海房沟组 /J₂	林启彬, 1976[49]

续表

科	种	产地	层位 / 年代	文献出处
Protopleciidae	*Sunoplecia curvata* Hong & Wang, 1990	山东莱阳	莱阳组 /K₁	洪友崇 & 王文利, 1990 [46]
	Sunoplecia liaoningensis Hong, 1983	辽宁北票	海房沟组 /J₂	洪友崇, 1983 [32]
	Sunoplecia longa Hong, 1983	辽宁北票	海房沟组 /J₂	洪友崇, 1983 [32]
Protorhyphidae	*Protorhyphus arcuatus* (Hong,1983)	辽宁北票	义县组 /K₁	洪友崇, 1983 [32]
	Protorhyphus liaoningicus Zhang, 2007	辽宁北票	海房沟组 /J₂	Zhang, 2007 [76]
	Protorhyphus neimonggolensis Zhang, 2007	内蒙古宁城	九龙山组 /J₂**	Zhang, 2007 [76]
	Protorhyphus lukashevichae Wojtoń, Kania, Krzemiński & Ren, 2019	内蒙古宁城	九龙山组 /J₂**	Wojtoń et al., 2019 [155]
	Protorhyphus jurassicus Wojtoń, Kania, Krzemiński & Ren, 2019	内蒙古宁城	九龙山组 /J₂**	Wojtoń et al., 2019 [155]
Ptychopteridae	*Crenoptychoptera decorosa* Hao, Dong & Ren, 2009	内蒙古宁城	九龙山组 /J₂	郝剑英等, 2009 [81]
	Crenoptychoptera vicina Hao, Dong & Ren, 2009	内蒙古宁城	九龙山组 /J₂	郝剑英等, 2009 [81]
	Crenoptychoptera vulgaris Hao, Dong & Ren, 2009	内蒙古宁城	九龙山组 /J₂	郝剑英等, 2009 [81]
	Crenoptychoptera gaoi Liu & Huang, 2021	河南济源	马凹组 /J₂	Liu & Huang, 2021 [166]
	Eoptychoptera ansorgei Ren & Krzemiński, 2002	内蒙古宁城	九龙山组 /J₂	Ren & Krzemiński, 2002 [167]
	Eoptychoptera jurassica Ren & Krzemiński, 2002	内蒙古宁城	九龙山组 /J₂	Ren & Krzemiński, 2002 [167]
	Eoptychopterina antica Hao, Ren & Shih, 2009	内蒙古宁城	九龙山组 /J₂	Hao et al., 2009 [168]
	Eoptychopterina elenae Ren & Krzemiński, 2002	内蒙古宁城	九龙山组 /J₂	Ren & Krzemiński, 2002 [167]
	Eoptychopterina gigantea Zhang, 2004	内蒙古宁城	九龙山组 /J₂**	Zhang, 2004 [169]
	Eoptychopterina mediata Hao, Ren & Shih, 2009	内蒙古宁城	九龙山组 /J₂	Hao et al., 2009 [168]
	Eoptychopterina postica Liu, Shih & Ren, 2012	内蒙古宁城	九龙山组 /J₂	Liu et al., 2012 [79]
Serendipidae	*Serendipa laiyangensis* (Hong & Wang, 1990)	山东莱阳	莱阳组 /K₁	洪友崇 & 王文利, 1990 [46]
	Serendipa tuanwangensis (Hong & Wang, 1990)	山东莱阳	莱阳组 /K₁	洪友崇 & 王文利, 1990 [46]
	Thamnitendipes vegetabilis Hong & Wang, 1990	山东莱阳	莱阳组 /K₁	洪友崇 & 王文利, 1990 [46]
Sinotendipedidae	*Sinotendipes tuanwangensis* Hong & Wang, 1990	山东莱阳	莱阳组 /K₁	洪友崇 & 王文利, 1990 [46]
Strashilidae	*Strashila daohugouensis* Huang, Nel, Cai, Lin & Engel, 2013	内蒙古宁城	九龙山组 /J₂	Huang et al., 2013 [85]
	Vosila sinensis Vršanský & Ren, 2010	内蒙古宁城	九龙山组 /J₂	Vršanský et al., 2010 [84]
Tanyderidae	*Protanyderus astictum* Dong, Shih, Skibinska, Krzemiński & Ren, 2015	内蒙古宁城	九龙山组 /J₂	Dong et al., 2015 [88]
	Praemacrochile chinensis Krzemiński & Ren, 2001	内蒙古宁城	九龙山组 /J₂	Krzemiński & Ren, 2001 [170]
	Praemacrochile dryasis Dong, Shih, Skibinska, Krzemiński & Ren, 2015	内蒙古宁城	九龙山组 /J₂	Dong et al., 2015 [88]
	Praemacrochile ovalum Dong, Shih, Skibinska, Krzemiński & Ren, 2015	内蒙古宁城	九龙山组 /J₂	Dong et al., 2015 [88]
	Praemacrochile vulcanium Zhang, 2004	内蒙古宁城	九龙山组 /J₂	Zhang, 2004 [159]
Tipulidae	*Leptotarsus* (*Longurio*) *primitivus* Shih, Dong, Kania, Liu, Krzemiński & Ren, 2015	辽宁北票	义县组 /K₁	Shih et al., 2015 [94]

续表

科	种	产地	层位 / 年代	文献出处
Trichoceridae	*Eotrichocera (Archaeotrichocera) amabilis* Dong, Shih & Ren, 2014	内蒙古宁城	九龙山组 /J$_2$	Dong et al., 2014[98]
	Eotrichocera (Archaeotrichocera) ephemera (Zhang, 2006)	内蒙古宁城	九龙山组 /J$_2$**	Zhang, 2006[97]
	Eotrichocera (Archaeotrichocera) longensis Dong, Shih & Ren, 2014	内蒙古宁城	九龙山组 /J$_2$	Dong et al., 2014[98]
	Eotrichocera (Archaeotrichocera) spatiosa (Liu, Shih & Ren, 2012)	内蒙古宁城	九龙山组 /J$_2$	Liu et al., 2012[79]
	*Mesotrichocera laiyangensis Hong & Wang, 1990	山东莱阳	莱阳组 /K$_1$	洪友崇 & 王文利, 1990[46]
	Tanyochoreta (Tanyochoreta) chifengica (Zhang, 2006)	内蒙古宁城	九龙山组 /J$_2$**	Zhang, 2006[97]
	Tanyochoreta (Tanyochoreta) integera Zhang, 2006	内蒙古宁城	九龙山组 /J$_2$**	Zhang, 2006[97]
	Tanyochoreta (Sinotrichocera) parva (Zhang, 2006)	内蒙古宁城	九龙山组 /J$_2$**	Zhang, 2006[97]
Zhangobiidae	*Ceuthoneura dolichoptera* Zhang, Zhang, Liu & Shangguan, 1986	山东莱阳	莱阳组 /K$_1$	张俊峰等, 1986[34]
	Zhangobia laiyangensis (Zhang, Zhang, Liu & Shangguan, 1986)	山东莱阳	莱阳组 /K$_1$	张俊峰等, 1986[34]
Family incertae sedis	**Brachyopteryx weichangensis* Hong, 1984	河北围场	大北沟组 /K$_1$**	洪友崇, 1984[158]
	*Huaxiarhyphus chichengensis Hong, 1996	河北赤城	后城组 /K$_1$	洪友崇, 1996[171]
	*Mesasimulium lahaigouense Zhang, 1986	河北围场	大北沟组 /K$_1$	张俊峰, 1986[61]
	*Paucivena elongata Lin, 1976	辽宁北票	海房沟组 /J$_2$	林启彬, 1976[49]
	*Platyplecia suni Hong, 1983	辽宁北票	海房沟组 /J$_2$	洪友崇, 1983[32]
	*Platyplecia parva Hong, 1983	辽宁北票	海房沟组 /J$_2$	洪友崇, 1983[32]
	*Raptatores erraticus Hong, 1983	河北周营子	九龙山组 /J$_2$	洪友崇, 1983[32]

Suborder Brachycera Schiner, 1862

科	种	产地	层位 / 年代	文献出处
Archisargidae	*Archirhagio gracilentus* Wang, Shih, Ren & Wang, 2017	内蒙古宁城	九龙山组 /J$_2$	Wang et al., 2017[101]
	Archirhagio mostovskii Zhang, 2015	内蒙古宁城	九龙山组 /J$_2$**	Zhang, 2015[100]
	Archirhagio striatus Zhang & Zhang, 2003	内蒙古宁城	九龙山组 /J$_2$	Zhang & Zhang, 2003[172]
	Archirhagio varius Zhang, 2015	内蒙古宁城	九龙山组 /J$_2$**	Zhang, 2015[100]
	Archirhagio zhangi Zhang, Yang & Ren, 2009	内蒙古宁城	九龙山组 /J$_2$	Zhang et al., 2009[173]
	Archisargus spurivenius Zhang, Yang & Ren, 2007	内蒙古宁城	九龙山组 /J$_2$	Zhang et al., 2007[102]
	Archisargus strigatus Zhang, Yang & Ren, 2007	内蒙古宁城	九龙山组 /J$_2$	Zhang et al., 2007[102]
	Archisargus aequinervus Feng, Wang, Shih, Ren & Wang, 2019	内蒙古宁城	九龙山组 /J$_2$	Feng et al., 2019[174]
	Brevisolva daohugouensis Zhang, Ren & Shih, 2010	内蒙古宁城	九龙山组 /J$_2$	Zhang et al., 2010[104]
	Calosargus (Calosargus) antiquus Zhang, Yang & Ren, 2007	内蒙古宁城	九龙山组 /J$_2$	Zhang et al., 2007[108]
	Calosargus (Calosargus) bellus Zhang, Yang & Ren, 2007	内蒙古宁城	九龙山组 /J$_2$	Zhang et al., 2007[108]
	Calosargus (Calosargus) daohugouensis Zhang, Yang & Ren, 2007	内蒙古宁城	九龙山组 /J$_2$	Zhang et al., 2007[108]
	Calosargus (Calosargus) hani Zhang, Yang & Ren, 2007	内蒙古宁城	九龙山组 /J$_2$	Zhang et al., 2007[108]
	Calosargus (Calosargus) tenuicellus Zhang, Yang & Ren, 2007	内蒙古宁城	九龙山组 /J$_2$	Zhang et al., 2007[108]
	Calosargus (Calosargus) validus Zhang, Yang & Ren, 2007	内蒙古宁城	九龙山组 /J$_2$	Zhang et al., 2007[108]
	Calosargus (Pterosargus) sinicus Zhang, 2010	内蒙古宁城	九龙山组 /J$_2$**	Zhang, 2010[109]

科	种	产地	层位 / 年代	文献出处
Archisargidae	*Flagellisargus robustus* Zhang, 2012	内蒙古宁城	九龙山组 /J$_2$**	Zhang, 2012 [110]
	Flagellisargus sinicus Zhang, 2012	内蒙古宁城	九龙山组 /J$_2$**	Zhang, 2012 [110]
	Flagellisargus (*Changbingsargus*) *parvus* Zhang, 2017	内蒙古宁城	九龙山组 /J$_2$**	Zhang, 2017 [175]
	Flagellisargus venustus Zhang, 2012	内蒙古宁城	九龙山组 /J$_2$**	Zhang, 2012 [110]
	Mesosolva daohugouensis Zhang & Zhang, 2003	内蒙古宁城	九龙山组 /J$_2$**	Zhang & Zhang, 2003 [172]
	Mesosolva huabeiensis (Hong, 1983)	辽宁北票	海房沟组 /J$_2$	洪友崇, 1983 [32]
	Mesosolva jurassica Zhang, Yang & Ren, 2010	内蒙古宁城	九龙山组 /J$_2$	Zhang et al., 2010 [104]
	Mesosolva parva Hong, 1983	辽宁北票	海房沟组 /J$_2$	洪友崇, 1983 [32]
	Mesosolva sinensis Zhang, Yang & Ren, 2010	内蒙古宁城	九龙山组 /J$_2$	Zhang et al., 2010 [104]
	Mostovskisargus portentosus Zhang, 2010	内蒙古宁城	九龙山组 /J$_2$**	Zhang, 2010 [109]
	Mostovskisargus signatu Zhang, 2010	内蒙古宁城	九龙山组 /J$_2$**	Zhang, 2010 [109]
	Novisargus rarus Zhang, 2015	内蒙古宁城	九龙山组 /J$_2$**	Zhang, 2015 [100]
	Ovisargus (*Ovisargus*) *singulus* Zhang, 2015	内蒙古宁城	九龙山组 /J$_2$**	Zhang, 2015 [100]
	Sharasargus daohugouensis Wang, Feng & Wang, 2020	内蒙古宁城	九龙山组 /J$_2$**	Wang et al.,2020 [176]
	Sharasargus eximius Zhang, Yang & Ren, 2008	内蒙古宁城	九龙山组 /J$_2$	Zhang et al., 2008 [106]
	Sharasargus fortis Zhang K, Yang & Ren, 2008	内蒙古宁城	九龙山组 /J$_2$	Zhang et al., 2008 [106]
	Sharasargus longivenus Wang, Feng & Wang, 2020	内蒙古宁城	九龙山组 /J$_2$**	Wang et al.,2020 [176]
	Sharasargus maculus Zhang, 2015	内蒙古宁城	九龙山组 /J$_2$**	Zhang, 2015 [100]
	Tabanisargus daohugous Zhang, 2015	内蒙古宁城	九龙山组 /J$_2$**	Zhang, 2015 [100]
Athericidae	*Qiyia jurassica* Chen, Wang & Engel, 2014	内蒙古宁城	九龙山组 /J$_2$**	Chen et al., 2014 [113]
	Sinocretomyia minuscula Zhang, 2012	山东莱阳	莱阳组 /K$_1$	Zhang, 2012 [112]
Eremochaetidae	*Alleremonomus liaoningensis* Ren & Guo, 1995	辽宁北票	义县组 /K$_1$**	任东 & 郭子光, 1995 [115]
	Alleremonomus xingi Ren & Guo, 1995	辽宁北票	义县组 /K$_1$**	任东 & 郭子光, 1995 [115]
	Dissup clausus Zhang, Yang & Ren, 2014	辽宁北票	义县组 /K$_1$	Zhang et al., 2014 [114]
	Eremomukha (*Eremomukha*) *angusta* Zhang, 2014	辽宁北票	义县组 /K$_1$	Zhang, 2014 [177]
	Eremomukha (*Eremomukha*) *tenuissima* Zhang, 2014	辽宁北票	义县组 /K$_1$	Zhang, 2014 [177]
	Lepteremochaetus elegans Zhang, 2014	辽宁北票	义县组 /K$_1$	Zhang, 2014 [177]
	Lepteremochaetus lithoecius Ren, 1998	辽宁北票	义县组 /K$_1$**	任东, 1998 [116]
Ironomyidae	*Palaeopetia laiyangensis* Zhang, 1978	山东莱阳	莱阳组 /K$_1$	张俊峰, 1987 [120]
	Palaeopetia lata Hong & Wang, 1988	山东莱阳	莱阳组 /K$_1$	洪友崇 & 王文利, 1988 [121]
Kovalevisargidae	*Kerosargus sororius* Zhang, 2011	内蒙古宁城	九龙山组 /J$_2$**	Zhang, 2011 [124]
	Kovalevisargus brachypterus Zhang, 2011	内蒙古宁城	九龙山组 /J$_2$**	Zhang, 2011 [124]
	Kovalevisargus haifanggouensis Zhang, 2015	内蒙古宁城	九龙山组 /J$_2$**	Zhang, 2015 [100]
	Kovalevisargus macropterus Zhang, 2011	内蒙古宁城	九龙山组 /J$_2$**	Zhang, 2011 [124]
Nemestrinidae	*Ahirmoneura neimengguensis* Zhang, Yang & Ren, 2008	内蒙古宁城	九龙山组 /J$_2$	Zhang et al., 2008 [131]
	Florinemestrius pulcherrimus Ren, 1998	辽宁北票	义县组 /K$_1$**	任东, 1998 [116]
	Protonemestrius beipiaoensis Ren, 1998	辽宁北票	义县组 /K$_1$**	任东, 1998 [116]
	Protonemestrius magnus Liu & Huang, 2019	内蒙古宁城	九龙山组 /J$_2$	Liu & Huang, 2019 [178]
	Protonemestrius jurassicus Ren, 1998	辽宁北票	义县组 /K$_1$**	任东, 1998 [116]
Orientisargidae	*Orientisargus illecebrosus* Zhang, 2012	内蒙古宁城	九龙山组 /J$_2$**	Zhang, 2012 [103]
Origoasilidae	*Origoasilus pingquanensis* Zhang, Yang & Ren, 2011	河北承德	义县组 /K$_1$**	Zhang et al., 2011 [132]

续表

科	种	产地	层位 / 年代	文献出处
Platypezidae	*Mesopetia tuanwangensis* Zhang, 1978	山东莱阳	莱阳组 /K₁	张俊峰，1987[120]
	Pseudopetia grandis Zhang, 1978	山东莱阳	莱阳组 /K₁	张俊峰，1987[120]
	Lihopetia hirsute Zhang, 1978	山东莱阳	莱阳组 /K₁	张俊峰，1987[120]
Protapioceridae	*Protapiocera convergens* Zhang, Yang & Ren, 2007	辽宁北票	义县组 /K₁**	Zhang et al., 2007[134]
	Protapiocera ischyra Ren, 1998	辽宁北票	义县组 /K₁**	任东，1998[116]
	Protapiocera megista Ren, 1998	辽宁北票	义县组 /K₁**	任东，1998[116]
	Pseudapiocera shandongensis Zhang, 2015	山东莱阳	莱阳组 /K₁	Zhang, 2015[135]
Protempididae	*Helempis eucalla* Ren, 1998	辽宁北票	义县组 /K₁**	任东，1998[116]
	Helempis yixianensis Ren, 1998	辽宁北票	义县组 /K₁**	任东，1998[116]
	Protempis minuta Ren, 1998	辽宁北票	义县组 /K₁**	任东，1998[116]
Protobrachyceridae	*Protobrachyceron sinensis* Zhang, Yang & Ren, 2008	内蒙古宁城	九龙山组 /J₂	Zhang et al., 2008[137]
Rhagionemestriidae	*Jurassinemestrinus orientalis* Zhang, 2010	内蒙古宁城	九龙山组 /J₂**	Zhang, 2010[109]
	Sinomusca mostovskii Nel, 2010	辽宁北票	义县组 /K₁	Nel, 2010[139]
Rhagionempididae	*Ussatchovia gracilenta* Zhang, 2010	内蒙古宁城	九龙山组 /J₂**	Zhang, 2010[140]
	Ussatchovia robusta Zhang, 2010	内蒙古宁城	九龙山组 /J₂**	Zhang, 2010[140]
Rhagionidae	*Achrysopilus neimenguensis* Zhang, Yang & Ren, 2008	内蒙古宁城	九龙山组 /J₂	Zhang et al., 2008[149]
	Basilorhagio venustus Ren, 1995	河北承德	义县组 /K₁**	任东等，1995[41]
	Daohugorhagio elongatus Zhang, 2013	内蒙古宁城	九龙山组 /J₂**	Zhang, 2013[143]
	Elliprhagio macrosiphonius Han, Cai, Ren & Wang, 2019	内蒙古宁城	九龙山组 /J₂**	Han et al., 2019[150]
	Lithorhagio megalocephalus Zhang & Li, 2012	内蒙古宁城	九龙山组 /J₂**	Zhang & Li, 2012[144]
	*Longhuaia orientalis Hong, 1992	河北承德	义县组 /K₁**	洪友崇，1992[165]
	Oiobrachyceron limnogenus Ren, 1998	辽宁北票	义县组 /K₁**	任东，1998[116]
	Orsobrachyceron chinensis Ren, 1998	辽宁北票	义县组 /K₁**	任东，1998[116]
	Palaeoarthroteles jurassicus Zhang, 2011	内蒙古宁城	九龙山组 /J₂**	Zhang, 2011[179]
	Palaeoarthroteles pallidus Zhang, 2011	内蒙古宁城	九龙山组 /J₂**	Zhang, 2011[179]
	Palaeobolbomyia sinica Zhang, 2010	内蒙古宁城	九龙山组 /J₂**	Zhang, 2010[140]
	Parachrysopilus jurassicus Zhang, 2013	内蒙古宁城	九龙山组 /J₂**	Zhang, 2013[143]
	Protorhagio parvus Zhang & Li, 2012	内蒙古宁城	九龙山组 /J₂**	Zhang & Li, 2012[144]
	Scelorhagio mecomastigus Zhang, Zhang & Li, 1993	山东莱阳	莱阳组 /K₁**	张俊峰等，1993[146]
	Sinorhagio daohugouensis Zhang, Yang & Ren, 2006	内蒙古宁城	九龙山组 /J₂	Zhang et al., 2006[148]
	Sinorhagio sinuatus Zhang, 2013	内蒙古宁城	九龙山组 /J₂**	Zhang, 2013[143]
	Trichorhagio gregarius Zhang, 2013	内蒙古宁城	九龙山组 /J₂**	Zhang, 2013[143]
Sinonemestriidae	**Sinonemestrius completus* Zhang, 2017	山东莱阳	莱阳组 /K₁	Zhang, 2017[180]
	*Sinonemestrius tuanwangensis Hong & Wang, 1990	山东莱阳	莱阳组 /K₁	洪友崇 & 王文利，1990[47]
Tabanidae	*Allomyia ruderalis* Ren, 1998	辽宁北票	义县组 /K₁**	任东，1998[116]
	Eopangonius pletus Ren, 1998	辽宁北票	义县组 /K₁**	任东，1998[116]
	Laiyangitabanus formosus Zhang, 2012	山东莱阳	莱阳组 /K₁	Zhang, 2012[112]
	Palaepangonius eupterus Ren, 1998	辽宁北票	义县组 /K₁**	任东，1998[116]
	Pauromyia oresbia Ren, 1998	辽宁北票	义县组 /K₁**	任东，1998[116]
Uranorhagionidae	*Strenorhagio asymmetricus* Zhang, Yang & Ren, 2010	内蒙古宁城	九龙山组 /J₂	Zhang et al., 2010[152]
	Strenorhagio deviatus Zhang, Yang & Shih, 2010	内蒙古宁城	九龙山组 /J₂	Zhang et al., 2010[152]
	Strenorhagio conjugovenius Zhang, Yang & Ren, 2010	内蒙古宁城	九龙山组 /J₂	Zhang et al., 2010[152]

续表

科	种	产地	层位 / 年代	文献出处
Uranorhagionidae	*Strenorhagio grimaldi* Zhang, Ren & Shih, 2010	内蒙古宁城	九龙山组 /J$_2$	Zhang *et al.*, 2010 [152]
	Uranorhagio daohugouensis Zhang, Yang & Ren, 2010	内蒙古宁城	九龙山组 /J$_2$	Zhang *et al.*, 2010 [152]
Zhangsolvidae	*Archisolva cupressa* Zhang, Zhang & Li, 1993	山东莱阳	莱阳组 /K$_1$**	张俊峰等，1993 [146]
Family incertae sedis	**Gigantoberis liaoningensis* Huang & Lin, 2007	辽宁北票	义县组 /K$_1$	Huang & Lin, 2007 [181]
	*Mesomphrale asiaticum Hong & Wang, 1990	山东莱阳	莱阳组 /K$_1$	洪友崇 & 王文利，1990 [47]
	*Mesorhagiophryne incerta Hong & Wang, 1990	山东莱阳	莱阳组 /K$_1$	洪友崇 & 王文利，1990 [47]
	*Mesorhagiophryne robusta Hong & Wang, 1990	山东莱阳	莱阳组 /K$_1$	洪友崇 & 王文利，1990 [47]
	*Mesostratiomyia laiyangensis Hong & Wang, 1990	山东莱阳	莱阳组 /K$_1$	洪友崇 & 王文利，1990 [47]
	*Stratiomyopsis robusta Hong & Wang, 1990	山东莱阳	莱阳组 /K$_1$	洪友崇 & 王文利，1990 [47]

注：*代表正文中没出现的物种，原始文献描述、照片、画图不够精确且正模不可再被检视。

　　**代表层位/时代使用最新信息和数据，不同于原始文献。

参考文献

[1] WIMAN N G, JONES V P. Influence of oviposition strategy of *Nemorilla pyste* and *Nilea erecta* (Diptera: Tachinidae) on parasitoid fertility and host mortality ［J］. Biological Control, 2013, 64 (3): 195–202.

[2] YEATES D K, WIEGMANN B M. Congruence and controversy: toward a higher-level phylogeny of the Diptera ［J］. Annual Review of Entomology, 1999, 44: 397–428.

[3] YEATES D K, WIEGMANN B M. The Evolutionary Biology of Flies ［M］. New York: Columbia University Press, 2005.

[4] LAMBKIN C, PAPE T, SINCLAIR B J, et al. The phylogenetic relationships among infraorders and superfamilies of Diptera based on morphological evidence ［J］. Systematic Entomology, 2013, 38: 164–179.

[5] WIEGMANN B M, TRAUTWEIN M D, WINKLER I S, et al. Episodic radiations in the fly tree of life ［J］. Proceedings of the National Academy of Sciences of the USA, 2011, 108 (14): 5690–5695. doi: 10.1073/pnas.1012675108.

[6] MCALPINE J F, PETERSON B V, SHEWELL G E, et al. Manual of Nearctic Diptera. Monograph, vol 28 ［M］. Ottawa, Ontario: Biosystematics Reaserch Institute, 1981.

[7] PAPE T, BLAGODEROV V, MOSTOVSKI M. Order Diptera Linnaeus, 1758, in Animal biodiversity: an outline of higher-level classification and survey of taxonomic richness ［J］. Zootaxa, 2011, 3148: 1–237.

[8] BERTONE M A, COURTNEY G W, WIEGMANN B M. Phylogenetics and temporal diversification of the earliest true flies (Insecta: Diptera) based on multiple nuclear genes ［J］. Systematic Entomology, 2008, 33 (4): 668–687.

[9] YEATES D K, WIEGMANN B M, COURTNEY G W, et al. Phylogeny and systematics of Diptera: two decades of progress and prospects ［J］. Zootaxa, 2007, 1668: 565–590.

[10] NAGATOMI A, SOROIDA K. The structure of the mouthparts of the orthorrhaphous Brachycera (Diptera) with special reference to blood-sucking ［J］. Beiträge zur Entomologie, 1985, 35: 263–368.

[11] KAROLYI F, COLVILLE J F, HANDSCHUH S, et al. One proboscis, two tasks: adaptations to blood-feeding and nectar-extracting in long-proboscid horse flies (Tabanidae, *Philoliche*) ［J］. Arthropod Structure & Development, 2014, 43: 403–413.

[12] YEATES D K. Relationships of the lower Brachycera (Diptera): a quantitative synthesis of morphological characters ［J］. Zoologica Scripta, 2002, 31: 105–121.

［13］YUVAL B. Mating systems of blood-feeding Flies ［J］. Annual Review of Entomology, 2006, 51: 413–440.

［14］屠呦呦，倪慕云，钟裕蓉，等. 中药青蒿的化学成分和青蒿素衍生物的研究(简报) ［J］. 中国中药杂志，1981，6（02）：31.

［15］GATES M. 100 Women of the Year, 1979: Tu Youyou ［J］. TIME, 2020, 195 (9–10): 100.

［16］Nobelprize.org. Nobel Media AB (2014) The 2015 Nobel Prize in Physiology or Medicine. Press Release, 20 March.

［17］张魁艳，杨定，任东. 中国双翅目化石研究现状 ［J］. 环境昆虫学报，2008，30（4）：248–256.

［18］TILLYARD R J. Permian Diptera from Warner's Bay ［J］. N.S.W. Nature, 1929, 123: 778–779.

［19］TILLYARD R J. The ancestors of the Diptera ［J］. Nature, 1937, 139: 66–67.

［20］RIEK E F. Four-winged Diptera from the Upper Permian of Australia ［J］. Proceedings of the Linnean Society of New South Wales, 1977, 101 (4): 250–255.

［21］WILLMANN R. Rediscovered: *Pennotipula patricia*, the oldest known fly ［J］. Naturwissenschaften, 1989, 76: 375–377.

［22］KRZEMIŃSKI W, KRZEMIŃSKA E. Triassic Diptera: descriptions, revisions and phylogenetic relations ［J］. Acta Zoologica Cracoviensia, 2003, 46 (Suppl): 153–184.

［23］HANDLIRSCH A. Die fossilen Insekten und die Phylogenie der rezenten Formen ［M］. Leipzig: Verlag Engelmann, 1906–1908.

［24］CARPENTER F M. Treatise on Invertebrate Paleontology, Part R, Arthropoda 4, vol. 3: Superclass Hexapoda ［M］. Colorado and Kansas: Geological Society of America and The University of Kansas, 1992.

［25］EVENHUIS N L. Catalogue of the fossil flies of the world (Insecta: Diptera) ［M］. Leiden: Backhuys Publishers, 1994.

［26］GRABAU A W. Cretaceous fossils from Shantung ［J］. Acm Communications in Computer Algebra, 1923, 48 (3/4): 78–89.

［27］PING C. Study of the Cretaceous fossil insects of China ［J］. Palaeontologia Sinica, 1928, 13 (1): 1–56.

［28］ROHDENDORF B B. Evolution of the wing and the phylogeny of oligoneura (Diptera, Nematocera) ［J］. Trudy Paleontologicheskogo Instituta, Academii Nauk SSSR, 1946, 13 (2): 1–108.

［29］ROHDENDORF B B. Dipterous insects of the Mesozoic of Karatau. I. Brachycera and part of the Nematocera ［J］. Trudy Paleontologicheskogo Instituta, Akademii Nauk SSSR, 1938, 7 (3): 29–67.

［30］ANSORGE J. The Upper Liassic insects of Grimmen (Pomerania, north Germany) ［J］. Neue Paläontologische Abhandlungen, 1996, 2: 1–132.

［31］ROHDENDORF B B. Fundamentals of paleontology. vol. 9. Izdatel'stvo Akad. Moscow: Nauk, 1962.

［32］洪友崇. 北方中侏罗世昆虫化石 ［M］. 北京：地质出版社，1983.

［33］KOVALEV V G. Diptera, Muscida, in Pozdne-Mezozoyskie Nasekomye Vostochnogo Zabaykal'ya ［J］. Akademiya Nauk SSSR, Trudy Paleontologicheskogo Instituta, 1990, 239: 123–177.

［34］张俊峰，张生，刘德正，等. 莱阳盆地双翅目长角亚目昆虫化石 ［J］. 山东地质，1986，2（1）：14–39.

［35］MAMAEV B M, KRIVOSHEINA N P. New date on the taxonomy and biology of Diptera of the family Axymyiddae ［J］. Entomologicheskoe Obozrenie, 1966, 45 (1): 168–180.

［36］SHI G F, ZHU Y, SHIH C K, et al. A new axymyiid genus with two new species from the Middle Jurassic of China (Diptera: Nematocera: Axymyiidae) ［J］. Acta Geologica Sinica (Englishi Edition), 2013, 87 (5): 1228–1234.

［37］史桂凤，任东. 双翅目极蚊科化石研究简史与现状 ［J］. 环境昆虫学报，2013，35（5）：650–655.

［38］ZHANG J F. Two new genera and one new species of Jurassic Axymyiidae (Diptera: Nematocera), with revision and redescription of the extinct taxa ［J］. Annals of The Entomological Society of America, 2010, 103 (4): 455–464.

［39］ZHANG J F, LUKASHEVICH E D. The oldest known net-winged midges (Insecta: Diptera: Blephariceridae) from the late Mesozoic of northeast China ［J］. Cretaceous Research, 2007, 28 (2): 302–309.

［40］LUKASHEVICH E D, SHCHERBAKOV D E. A first find of net-winged midges (Blephariceridae, Diptera) in the Mesozoic ［J］. Neues Jahrbuch für Geologie und Paläontologie-Monatshefte, 1997, 11: 639–646.

［41］任东，卢立武，郭子光，等. 北京与邻区侏罗-白垩纪动物群及其地层 ［M］. 北京：地震出版社，1995.

［42］BROWN B V, BORKENT A, CUMMING J M, et al. Manual of Central American Diptera, vol. 1 ［M］. Ottawa: NRC Research Press, 2009.

［43］张俊峰. 晚侏罗世摇蚊科新属、种 ［J］. 古生物学报，1991，30（5）：556–569.

［44］KALUGINA N S. Mosquitoes of the Chaoboridae and Chironimidae of the sediments of Lake Manlay ［J］. Trudy Sovmestnaya Sovetsko—Mongol'skaya Paleontologicheskaya Ekpeditsiya, 1980, 13: 61–65.

［45］KALUGINA N S, KOVALEV V G. Dipterous insects of Jurassic Siberia ［M］. Moscow: Paleontological Institute,

Akademia Nauk, 1985.

［46］洪友崇，王文利. 莱阳组昆虫化石［M］// 山东省地质矿产局区域地质调查队主编. 山东莱阳盆地地层古生物. 北京：地质出版社，1990.

［47］ROHDENDORF B B, HOCKING B, OLDROYD H, et al. The historical development of Diptera［M］. Edmonton: University of Alberta, 1974.

［48］KOVALEV V G. Some Jurassic Diptera rhagionids (Muscida, Rhagionidae)［J］. Paleontological Journal, 1982, 16 (3): 87–99.

［49］林启彬. 辽西侏罗系的昆虫化石［J］. 古生物学报，1976，15（1）：99–140.

［50］OOSTERBROEK P. Catalogue of the Craneflies of the World (Diptera, Tipuloidea: Pediciidae, Limoniidae, Cylindrotomidae, Tipulidae). 2018. http://nlbif.eti.uva.nl/ccw/index.phpn.

［51］ZHANG J F. Jurassic limoniid dipterans from China (Diptera: Limoniidae)［J］. Oriental Insects, 2006, 40 (1): 115–126.

［52］LUKASHEVICH E D. Limoniidae (Diptera) in the Upper Jurassic of Shar Teg, Mongolia［J］. Zoosymposia, 2009, 3: 131–145.

［53］PRITCHARD G. Biology of Tipulidae［J］. Annual Review of Entomology, 1983, 28: 122.

［54］TILLYARD R J. The panorpoid complex in the British Rhaetic and Lias. Fossil insects no. 3［M］. London: British Museum (Natural History), 1933.

［55］KOPEĆ K, KRZEMIŃSKI W, SKOWRON K, et al. The genera *Architipula* Handlirsch, 1906 and *Grimmenia* Krzemiński and Zessin, 1990 (Diptera: Limoniidae) from the Lower Jurassic of England［J］. Palaeontologia Electronica, 2017, 20 (1): 1–7.

［56］BODE A. Die Insektenfauna des osterniedersächsischen Oberen Lias［J］. Palaeontographica (A), 1953, 103: 1–375.

［57］KRZEMIŃSKI W, KOVALEV V G. The taxonomic status of *Architipula fragmentosa* (Bode) and the family Eoasilidae (Diptera) from the Lower Jurassic［J］. Systematic Entomology, 1988, 13: 55–56.

［58］HANDLIRSCH A. Palaeontologie［M］// SCHROEDER C W M. Handbuch der Entomologie, Band III. Jena: G. Fischer, 1920.

［59］GAO J Q, SHIH C K, ZHAO Y Y, et al. New species of *Cretolimonia* and *Mesotipula* (Diptera: Limoniidae) from the Middle Jurassic of Northeastern China［J］. Acta Geologica Sinica (Englishi Edition), 2015, 89 (6): 1789–1796.

［60］KALUGINA N S. Flies. Muscida (=Diptera), in Nasekomye v rannemelovykh ekosistemakh zapadnoy Mongolii［J］. The Joint Soviet-Mongolian Palaeontological Expedition, 1986, 28: 112–125.

［61］张俊峰. 冀北侏罗纪的某些昆虫化石［M］// 山东古生物学会. 山东古生物地层论文集. 北京：海洋出版社，1986.

［62］ROHDENDORF B B. Historical development of the Diptera［J］. Trudy Paleontologicheskogo Instituta, Akademii Nauk SSSR, 1964, 100: 1–311.

［63］BLAGODEROV V A. Dipterans (Mesosciophilidae) from the Lower Cretaceous of Transbaykal［J］. Paleontological Journal, 1994, 27: 123–130.

［64］ZHANG J F. New mesosciophilid gnats (Insecta: Diptera: Mesosciophilidae) in the Daohugou biota of Inner Mongolia, China［J］. Cretaceous Research, 2007, 28 (2): 297–301.

［65］LIN X Q, SHIH C K, REN D. New fossil mesosciophilids (Diptera: Nematocera) from the Yixian Formation (Lower Cretaceous) of western Liaoning, China［J］. Cretaceous Research, 2015, 54: 86–97.

［66］LI T, REN D. A new fossil genus of Mesosciophilidae (Diptera, Nematocera) with two new species from the Middle Jurassic of Inner Mongolia, China［J］. Progress in Natural Science, 2009, 19 (12): 1837–1841.

［67］SHI G F, SHIH C K, REN D. A new genus with two new species of mesosciophilids from the Middle Jurassic of China (Diptera: Nematocera: Mesosciophilidae)［J］. Journal of Natural History, 2015, 49: 1147–1158.

［68］ZHANG Z J, HONG Y C, LI Z Y. Description of a new fossil genus and species *Huaxiasciophilites jingxiensis* (Diptera: Mesosciophilidae) from Early Cretaceous Jingxi Basin of Beijing［J］. Entomologia Sinica, 2001, 8 (3): 193–198.

［69］GAO J Q, SHIH C K, KOPEĆ K, et al. New species and revisions of Pediciidae (Diptera) from the Middle Jurassic of northeastern China and Russia［J］. Zootaxa, 2015, 3963 (2): 240–249.

［70］KOVALEV V G. The Mesozoic mycetophiloid Diptera of the family Pleciofungivoridae［J］. Paleontologicheskii Zhurnal, 1987, 1987 (2): 69–82.

［71］郝剑英，任东. 内蒙古道虎沟中侏罗世原毛蚊科（昆虫纲，双翅目）昆虫化石［J］. 动物分类学报，2009，34（3）：554–559.

［72］GEINITZ F E. Über die Fauna des Dobbertiner Lias ［J］. Zeitschrift der Deutschen Geologischen Gesellschaft, 1884, 36: 566–583.

［73］ZHANG J F. New Mesozoic Protopleciidae (Insecta: Diptera: Nematocera) from China ［J］. Cretaceous Research, 2007, 28 (2): 289–296.

［74］LIN X Q, SHIH C K, REN D. Two new species of *Mesoplecia* (Insecta: Diptera: Protopleciidae) from the late Middle Jurassic of China ［J］. Zootaxa, 2014, 3838 (5): 545–556.

［75］LIN X Q, SHIH C K, REN D. Revision of the genus *Epimesoplecia* Zhang, 2007 (Diptera, Nematocera, Protopleciidae) with five new species ［J］. ZooKeys, 2015, 492: 123–143.

［76］ZHANG J F. Some anisopodoids (Insecta: Diptera: Anisopodoidea) from late Mesozoic deposits of northeast China ［J］. Cretaceous Research, 2007, 28 (2): 281–288.

［77］KRZEMIŃSKI W, PROKOP J. *Ptychoptera deleta* Novák, 1877 from the Early Miocene of the Czech Republic: redescription of the first fossil attributed to Ptychopteridae (Diptera) ［J］. ZooKeys, 2011, 130: 299–305.

［78］LUKASHEVICH E D. Ptychopteridae (Insecta: Diptera): history of its study and limits of the family ［J］. Paleontological Journal, 2008, 42 (1): 66–74.

［79］LIU L X, SHIH C K, REN D. Two new species of Ptychopteridae and Trichoceridae from the Middle Jurassic of northeastern China (Insecta: Diptera: Nematocera) ［J］. Zootaxa, 2012, 3501: 55–62.

［80］LUKASHEVICH E D, ANSORGE J, KRZEMIŃSKI W, et al. Revision of Eoptychopterinae (Diptera: Eoptychopteridae) ［J］. Polskie Pismo Entomologiczne, 1998, 67 (3–4): 311–343.

［81］郝剑英，董克奇，任东. 内蒙古道虎沟中侏罗世原褶蚊科化石记述（昆虫纲，双翅目，原褶蚊科）［J］. 动物分类学报，2009，34（1）：106–110.

［82］LUKASHEVICH E D, CORAM R A, JARZEMBOWSKI E A. New true flies (Insecta: Diptera) from the lower cretaceous of southern england ［J］. Cretaceous Research, 2001, 22 (4): 451–460.

［83］RASNITSYN A P. *Strashila incredibilis*, a new enigmatic mecopteroid insect with possible siphonapteran affinities from the Upper Jurassic of Siberia ［J］. Psyche A Journal of Entomology, 1992, 99 (4): 323–333.

［84］VRŠANSKÝ P, REN D, SHIH C K. Nakridletia ord. n. – enigmatic insect parasites support sociality and endothermy of pterosaurs ［J］. Amba projekty, 2010, 8 (1): 1–16.

［85］HUANG D Y, NEL A, CAI C Y, et al. Amphibious flies and paedomorphism in the Jurassic period ［J］. Nature, 2013, 495 (7439): 94–97.

［86］ANSORGE J, KRZEMIŃSKI W. Lower Jurassic tanyderids (Diptera: Tanyderidae) from Germany ［J］. Studia Dipterologica, 2002, 9: 21–29.

［87］ANSORGE J. Tanyderidae and Psychodidae (Insecta: Diptera) from the Lower Jurassic of northeastern Germany ［J］. Palaontologische Zeitschrift, 1994, 68 (12): 199–210.

［88］DONG F, SHIH C K, SKIBIŃSKA K, et al. New species of Tanyderidae (Diptera) from the Jiulongshan Formation of China ［J］. Alcheringa: An Australasian Journal of Palaeontology, 2015, 39 (4): 494–507.

［89］HANDLIRSCH A. Zur phylogenie und flügelmorphologie der ptychopteriden (Dipteren) ［J］. Annalen des Kaiserlich-Königlichen Naturhistorischen Hofmuseums in Wien, 1909, 23: 263–272.

［90］DONG F, SHIH C K, REN D. A new genus of Tanyderidae (Insecta: Diptera) from Myanmar amber, Upper Cretaceous ［J］. Cretaceous Research, 2015, 54: 260–265.

［91］KANIA I, NEL A. New fossil Tipulidae from the volcano-sedimentary Latest Oligocene of Bes-Konak (Turkey) ［J］. Polish Journal of Entomology, 2013, 82 (4): 327–338.

［92］RIBEIRO G C, LUKASHEVICH E D. New *Leptotarsus* from the Early Cretaceous of Brazil and Spain: the oldest members of the family Tipulidae (Diptera) ［J］. Zootaxa, 2014, 3753 (4): 347–363.

［93］GUÉRIN-MÉNEVILLE F E. Insectes ［M］ // DUPERREY L I (Ed.). Voyageautour du monde, execute par ordre du Roi, sur la corvette de samajeste La Coquille etc. Atlas, Paris plates: Histoire naturelle, zoologie, 1831.

［94］SHIH C K, DONG F, KANIA I, et al. A new species of Tipulidae (Diptera) from the Lower Cretaceous Yixian Formation of Liaoning, China - evolutionary implications ［J］. Cretaceous Research, 2015, 54: 98–105.

［95］HÅGVAR S, KRZEMIŃSKA E. Contribution to the winter phenology of Trichoceridae (Diptera) in snow-covered southern Norway ［J］. Studia Dipterologica, 2007, 14: 271–283.

［96］KRZEMIŃSKA E, KRZEMIŃSKI W, DAHL C. Monograph of Fossil Trichoceridae (Diptera) over 180 Million Years of

Evolution ［M］. Krakow, Poland: Institute of Systematics and Evolution of Animals of the Polish Acadmy of Sciences Press, 2009.

［97］ ZHANG J F. New winter crane flies (Insecta: Diptera: Trichoceridae) from the Jurassic Daohugou Formation (Inner Mongolia, China) and their associated biota ［J］. Canadian Journal of Earthences, 2006, 43 (1): 9–22.

［98］ DONG F, SHIH C K, REN D. Two new species of Trichoceridae from the Middle Jurassic Jiulongshan Formation of Inner Mongolia, China ［J］. ZooKeys, 2014, 411: 145–160.

［99］ GAO J Q, SHIH C K, REN D. New species of Limoniidae (Diptera) from Myanmar amber, Upper Cretaceous ［J］. Cretaceous Research, 2015, 58: 42–48.

［100］ ZHANG J F. Archisargoid flies (Diptera, Brachycera, Archisargidae and Kovalevisargidae) from the Jurassic Daohugou biota of China, and the related biostratigraphic correlation and geological age ［J］. Journal of Systematic Palaeontology, 2015, 13 (10): 857–881.

［101］ WANG F Y, SHIH C K, REN D, et al. Quantitative assessments and taxonomic revision of the genus *Archirhagio* with a new species from Daohugou, China (Diptera: Archisargidae) ［J］. Systematic Entomology, 2017, 42 (1): 230–239.

［102］ ZHANG K Y, YANG D, REN D, et al. The earliest species of the extinct genus *Archisargus* from China (Diptera: Brachycera: Archisargidae) ［J］. Annales Zoologici, 2007, 57 (4): 827–832.

［103］ ZHANG J F. Orientisargidae fam. n., a new Jurassic family of Archisargoidea (Diptera, Brachycera), with review of Archisargidae from China ［J］. ZooKeys, 2012, 238: 57–76.

［104］ ZHANG K Y, YANG D, REN D, et al. New archisargids from China (Insecta: Diptera) ［J］. Entomological Science, 2010, 13 (1): 75–80.

［105］ MOSTOVSKI M B. To the knowledge of Archisargoidea (Diptera, Brachycera). families Eremochaetidae and Archisargidae ［J］. Russian Entomological Journal, 1996, 5 (1-4): 117–124.

［106］ ZHANG K Y, YANG D, REN D. Middle Jurassic fossils of the genus *Sharasargus* from Inner Mongolia, China (Diptera: Archisargidae) ［J］. Entomological Science, 2008, 11: 269–272.

［107］ MOSTOVSKI M B. To the knowledge of fossil dipterans of superfamily Archisargoidea (Diptera, Brachycera) ［J］. Paleontological Journal, 1997, 31 (1): 72–78.

［108］ ZHANG K Y, YANG,D, REN D, et al. The oldest *Calosargus* Mostovski, 1997 from the Middle Jurassic of China (Diptera: Brachycera: Archisargidae) ［J］. Zootaxa, 2007, 1645: 1–17.

［109］ ZHANG J F. Records of bizarre Jurassic brachycerans in the Daohugou biota, China (Diptera, Brachycera, Archisargidae and Rhagionemestriidae) ［J］. Palaeontology, 2010, 53 (2): 307–317.

［110］ ZHANG J F. Distinct but rare archisargid flies from the Jurassic of China (Diptera, Brachycera, Archidargidae) with discussion of the systematic position of *Origoasilus pingquanensis* Zhang et al., 2011 ［J］. Journal of Paleontology, 2012, 86 (5): 878–885.

［111］ STUCKENBERG B R. The Athericidae, a new family in the lower Brachycera (Diptera) ［J］. Annals of the Natal Museum, 1973, 21: 649–673.

［112］ ZHANG J F. New horseflies and water snipe-flies (Diptera: Tabanidae and Athericidae) from the Lower Cretaceous of China ［J］. Cretaceous Research, 2012, 36: 1–5.

［113］ CHEN J B, WANG M, ENGEL M S, et al. Extreme adaptations for aquatic ectoparasitism in a Jurassic fly larva ［J］. ELife, 2014, 3 (3): e02844.

［114］ ZHANG K Y, YANG D, REN D. New short-horned flies (Diptera: Eremochaetidae) from the Early Cretaceous of China ［J］. Zootaxa, 2014, 3760: 479–486.

［115］ REN D, GUO Z G. A new genus and two new species of short-horned flies of Upper Jurassic from Northeast China (Diptera: Eremochaetidae) ［J］. Insect Science, 1995, 2 (4): 300–307.

［116］任东. 中国东北晚侏罗世虻类化石 ［J］. 动物分类学报, 1998, 23 (1): 65–83.

［117］ MCALPINE J F. A fossil ironomyiid fly from Canadian amber (Diptera: Ironomyiidae) ［J］. The Canadian Entomologist, 1973, 105: 105–111.

［118］ LI X K, YEATES D K. The first Ironomyiidae from mid-Cretaceous Burmese amber provides insights into the phylogeny of Phoroidea (Diptera: Cyclorrapha) ［J］. Systematic Entomology, 2018, 44: 251–261.

［119］ MCALPINE D K. New extant species of ironic flies (Diptera: Ironomyiidae) with notes on ironomyiid morphology and relationships ［J］. Proceedings of the Linnean Society of New South Wales, 2008, 129: 17–38.

［120］张俊峰. 扁足蝇科（Platypezidae）四新属［J］. 古生物学报，1987，26（5）：595–603.

［121］洪友崇，王文利. 山东莱阳盆地早白垩世扁足蝇科一个新亚科（昆虫纲：双翅目）［J］. 1988，2（3）：386–392.

［122］MOSTOVSKI M B. New taxa of ironomyiid flies (Diptera, Phoromorpha, Ironomyiidae) from Cretaceous deposits of Siberia and Mongolia［J］. Paleontologicheskii Zhurnal, 1995, 4: 86–103.

［123］GRIMALDI D A, BARDEN P. The Mesozoic family Eremochaetidae (Diptera: Brachycera) in Burmese amber and relationships of Archisargoidea: Brachycera, in Cretaceous amber, part VIII［J］, American Museum Novitates, 2016, 3865: 1–29.

［124］ZHANG J F. Three distinct but rare kovalevisargid flies from the Jurassic Daohugou biota, China (Insecta, Diptera, Brachycera, Kovalevisargidae)［J］. Palaeontology, 2011, 54 (1): 163–170.

［125］YEATES D K. The cladistics and classification of the Bombyliidae (Diptera: Asiloidea)［J］. Bulletin of the American Museum of Natural History, 1994, 219: 1–191.

［126］WEDMANN S. A nemestrinid fly (Insecta: Diptera: Nemestrinidae: cf. *Hirmoneura*) from the Eocene Messel pit (Germany)［J］. Journal of Paleontology, 2007, 81 (5): 1114–1117.

［127］ANSORGE J, MOSTOVSKI M B. Redescription of *Prohirmoneura jurassica* Handlirsch 1906 (Diptera: Nemestrinidae) from the Lower Tithonian lithographic limestone of Eichstätt (Bavaria)［J］. Neues Jahrbuch fur Geologie und Palaontologie–Monatshefte, 2000 (4): 235–243.

［128］ROHDENDORF B B. Jurassic insects of the Karatau［M］. Moscow: Nauka, 1968.

［129］NAGATOMI A, YANG D. A review of extinct Mesozoic genera and families of Brachycera (Insecta, Diptera, Orthorrhapha)［J］. Entomologist's Monthly Magazine, 1998, 134: 95–196.

［130］REN D. Flower–associated Brachycera flies as fossil evidences for Jurassic angiosperm origins［J］. Science, 1998, 280 (5360): 85–88.

［131］ZHANG K Y, YANG D, REN D, et al. New Middle Jurassic tangle–veined flies from Inner Mongolia, China［J］. Acta Palaeontologica Polonica, 2008, 53 (1): 159–162.

［132］ZHANG K Y, YANG D, REN, D. A new brachycerans family Origoasilidae fam. nov. from the Late Mesozoic of China (Insecta: Diptera)［J］. Acta Geologica Sinica (Englishi Edition), 2011, 85 (5): 994–997.

［133］TKOČ M, TÓTHOVÁ A, STÅHLS G, et al. Molecular phylogeny of flat–footed flies (Diptera: Platypezidae): main clades supported by new morphological evidence［J］. Zoologica Scripta, 2017, 46: 429–444.

［134］ZHANG K Y, YANG D, REN D. Notes on the extinct family Protapioceridae, with description of a new species from China (Insecta: Diptera: Asiloidea)［J］. Zootaxa, 2007, 1530 (1): 27–32.

［135］ZHANG J F. *Pseudapiocera shandongensis* gen. et sp. nov., a protapiocerid fly (Diptera: Brachycera: Protapioceridae) from the Early Cretaceous Jehol Biota, China［J］. Alcheringa: An Australasian Journal of Palaeontology, 2015, 39 (4): 459–464.

［136］USSATCHEV D A. New Jurassic Asilomorpha (Diptera) in Karatau［J］. Entomologicheskoe Obozrenie, 1968, 47: 617–628.

［137］ZHANG K Y, YANG D, REN D. The first Middle Jurassic *Protobrachyceron* Handlirsch fly (Diptera: Brachycera: Protobrachyceridae) from Inner Mongolia (China)［J］. Zootaxa, 2008, 1879: 61–64. doi: 10.5281/zenodo.184177.

［138］MOSTOVSKI M B, MARTÍNEZ–DELCLÒS X. New Nemestrinoidea (Diptera: Brachycera) from the Upper Jurassic–Lower Cretaceous of Eurasia, taxonomy［J］. Entomological Problems, 2000, 31 (2): 137–148.

［139］NEL A. A new Mesozoic–aged rhagionemestriid fly (Diptera: Nemestrinoidea) from China［J］. Zootaxa, 2010, 2645: 49–54.

［140］ZHANG J F. New species of *Palaeobolbomyia* Kovalev and *Ussatchovia* Kovalev (Diptera, Brachycera, Rhagionidae) from the Callovian-Oxfordian (Jurassic) Daohugou biota of China: Biostratigraphic and paleoecologic implications［J］. Geobios, 2010, 43 (6): 663–669.

［141］KERR P H. Phylogeny and classification of Rhagionidae, with implications for *Tabanomorpha* (Diptera: Brachycera)［J］. Zootaxa, 2010, 2592: 1–133.

［142］KRZEMIŃSKI W, KRZEMIŃSKA E. Triassic Diptera: descriptions, revisionsand phylogenetic relations［J］. Acta Zoologica Cracoviensia, 2003, 46 (Supplement–Fossil Insects): 153–184.

［143］ZHANG J F. Snipe flies (Diptera: Rhagionidae) from the Daohugou Formation (Jurassic), Inner Mongolia, and the systematic position of related records in China［J］. Palaeontology, 2013, 56 (1): 217–228.

［144］ZHANG J F, LI H J. New taxa of snipe flies (Diptera: Brachycera: Rhagionidae) in the Daohugou biota, China［J］. Paleontological Journal, 2012, 46 (2): 157–163.

［145］MOSTOVSKI M B. Contributions to the study of fossil snipe-flies (Diptera: Rhagionidae): the genus *Palaeobolbomyia*［J］. Paleontological Journal, 2000, 34 (Supplement 3): 360–366.

[146] 张俊峰，张生，李莲英. 中生代的虻类 [J]. 古生物学报，1993，32（6）：662–672.

[147] KOVALEV V G, MOSTOVSKI M B. A new genus of snipe-flies (Diptera, Rhagionidae) from the Mesozoic of eastern Transbaikalia [J]. Paleontologicheskii Zhurnal, 1997 (5): 86–90.

[148] ZHANG K Y, YANG D, REN D. The first snipe fly (Diptera: Rhagionidae) from the Middle Jurassic of Inner Mongolia, China [J]. Zootaxa, 2006, 1134 (1134): 51–57.

[149] ZHANG K Y, YANG D, REN D. A new genus and species of Middle Jurassic rhagionids from China (Diptera, Rhagionidae) [J]. Biologia, 2008, 63 (1): 113–116.

[150] HAN Y, CAI Y J, REN D, et al. A new fossil snipe fly with long proboscis from the Middle Jurassic of Inner Mongolia, China (Diptera: Rhagionidae) [J]. Zootaxa, 2019, 4691 (2): 153–160.

[151] TASHIRO H, SCHWARDT H H. Biological studies of horseflies in New York [J]. Journal of Economic Entomology, 1953, 46 (5): 813–822.

[152] ZHANG K Y, YANG D, REN D, et al. An evolutional special case in the Lower Orthorrhapha: some attractive fossil flies from the Middle Jurassic of China (Insecta: Diptera: Brachycera) [J]. Zoological Journal of the Linnean Society, 2010, 158 (3): 563–572.

[153] GRIMALDI D A. Diverse orthorrhaphan flies (Insecta: Diptera: Brachycera) in amber from the Cretaceous of Myanmar: Brachycera in Cretaceous amber, part VII [J]. Bulletin of the American Museum of Natural History, 2016, 408 (1): 1–131.

[154] ARILLO A, PEÑALVER E, PÉREZDELAFUENTE R, et al. Long-proboscid brachyceran flies in Cretaceous amber (Diptera: Stratiomyomorpha: Zhangsolvidae) [J]. Systematic Entomology, 2015, 40 (1): 242–267.

[155] WOJTOŃ M, KANIA I, KRZEMIŃSKI W, et al. Phylogenetic relationships within the superfamily Anisopodoidea (Diptera: Nematocera), with description of new Jurassic species [J]. Palaeoentomology, 2019, 2 (2): 119–139.

[156] ZHANG J F. First description of axymyiid fossils (Insecta: Diptera: Axymyiidae) [J]. Geobios, 2004, 37 (5): 687–694. doi.org/10.1016/j.geobios.2003.04.007.

[157] LUKASHEVICH E D, HUANG D Y, LIN Q B. Rare families of lower Diptera (Hennigmatidae, Blephariceridae, Perissommatidae) from the Jurassic of China [J]. Studia dipterologica, 2006, 13 (1): 127–143.

[158] 洪友崇. 昆虫纲，双翅目 [M] // 地质矿产部天津地质矿产研究所. 华北地区古生物图册（二）中生代分册. 北京：地质出版社，1984.

[159] ZHANG J F. Nematocerans dipterans from the Jurassic of China (Insecta: Diptera: Limoniidae, Tanyderidae) [J]. Paleontologicheskil Zhurnal, 2004, 5: 53–57.

[160] HAO J Y, REN D. Two new fossil species of Limoniidae (Diptera: Nematocera) from the Middle Jurassic of northeast, China [J]. Entomological News, 2009, 120 (2): 171–178.

[161] ZHANG J F. Three new species of Mesosciophilid gnats from the Middle-Late Jurassic of China (Insecta: Diptera: Nematocera: Mesosciophilidae) [J]. Pakistan Journal of Biological Sciences, 2008, 11 (22): 2567.

[162] WANG Q, ZHAO Y Y, REN D. Two new species of Mesosciophilidae (Insecta: Diptera: Nematocera) from the Yanliao Biota of Inner Mongolia, China [J]. Alcheringa: An Australasian Journal of Palaeontology, 2012, 36 (4): 509–514.

[163] GAO J Q, SHI G F, SHIH C K, et al. Two new species of Paramesosciophilodes (Diptera, Nematocera, Mesosciophilidae) from the Middle Jurassic of China [J]. ZooKeys, 2015 (511): 117.

[164] 洪友崇. 辽宁喀左早白垩世鞘翅目、蛇蛉、双翅目化石（昆虫纲）的研究 [J]. 甘肃地质学报，1992，1（1）：1–10.

[165] 洪友崇，王志彬，孙维君. 河北中关盆地昆虫化石 [J]. 北京自然博物馆研究报告，1992，51：20–36.

[166] LIU Y M, HUANG D Y. A new species of Crenoptychoptera Kalugina, 1985 (Diptera: Ptychopteridae) from the Middle-Late Jurassic of Jiyuan Basin, China [J]. Palaeoentomology, 2021, 4 (1): 27–29.

[167] REN D, KRZEMIŃSKI W. Eoptychopteridae (Diptera) from the Middle Jurassic of China [J]. Annales Zoologici, 2002, 52 (2): 207–210.

[168] HAO J Y, REN D, SHIH C K. New fossils of Eoptychopteridae (Diptera) from the Middle Jurassic of Northeastern China [J]. Acta Geologica Sinica (Englishi Edition), 2009, 83 (2): 222–228.

[169] ZHANG J F. A new gigantic species of Eoptychopterina (Diptera: Eoptychopteridae) from Jurassic of Northeastern China [J]. Oriental Insects, 2004, 38 (1): 173–178.

[170] KRZEMIŃSKI W, REN D. Praemacrochile chinensis sp. n. from the Middle Jurassic of China [Diptera: Tanyderidae] [J]. Polskie pismo entomologiczne, 2001, 70 (2): 127–129.

［171］洪友崇. 河北后城组华夏伪大蚊新属（*Huaxiarhyphus* gen. nov.）［J］. 北京自然博物馆研究报告，1996，55：47–53.

［172］ZHANG J F, ZHANG H C. Two new species of archisargids (Insecta: Diptera: Archisargidae) from the Upper Jurassic Daohugou Formation (Inner Mongolia, northeastern China)［J］. Paleontological Journal, 2003, 37 (4): 409–412.

［173］ZHANG K Y, LI J H, YANG D, et al. A new species of *Archirhagio* Rohdendorf, 1938 from the Middle Jurassic of Inner Mongolia of China (Diptera: Archisargidae)［J］. Zootaxa, 2009, 1984: 61–65.

［174］FENG C P, WANG F Y, SHIH C K, et al. New species of Archisargus from the Middle Jurassic Daohugou of Northeastern China (Diptera: Brachycera: Archisargidae)［J］. Palaeoentomology, 2019, 2 (6): 581–584.

［175］ZHANG J F. New findings of *Flagellisargus* J Zhang, 2012 (Diptera, Brachycera, Archisargidae), with discussion of the placements of some controversial taxa［J］. Deutsche Entomologische Zeitschrift (neue Folge), 2017, 64(2):111–122.

［176］王军有，冯翠平，张浩强，等. 中国中侏罗世水虻科莎水虻属二新种记述［J］. 地质学报，2020，94（12）：3555–3560.

［177］ZHANG J F. New male eremochaetid flies (Diptera, Brachycera, Eremochaetidae) from the Lower Cretaceous of China［J］. Cretaceous Research, 2014, 49 (2): 205–213.

［178］LIU Y M, HUANG D Y. A large new nemestrinid fly from the Lower Cretaceous Yixian formation at Liutiaogou, Ningcheng County, Inner Mongolia, NE China［J］.Cretaceous Research, 2019, 96: 107–112.

［179］ZHANG J F. Two new species of *Palaeoarthroteles* Kovalev and Mostovski (Diptera, Rhagionidae) from the Callovian-Oxfordian (Jurassic) Daohugou biota of China［J］. Geobios, 2011, 44 (6): 635–639.

［180］ZHANG J F. On the enigmatic *Sinonemestrius* Hong & Wang, 1990, with description of a new species based on a complete fossil fly (Diptera, Brachycera, Tabanomorpha, Heterostomidae)［J］. Deutsche Entomologische Zeitschrift, 2017, 64: 61–67.

［181］HUANG D Y, LIN Q B. A new soldier fly (Diptera, Stratiomyidae) from the Lower Cretaceous of Liaoning Province, northeast China［J］. Cretaceous Research, 2007, 28 (2): 317–321.

林晓丹，张燕婕，史宗冈，李升，任东

长翅目是一个较小的孑遗类群，命名来源于希腊语的"mēkos+ptero"（长翅 long wings），由于部分类群的雄性具有膨大上翘的外生殖器，类似于蝎子的尾刺，长翅目昆虫俗称为蝎蛉（scorpionflies）或蚊蝎蛉（hangingflies）。迄今现生的蝎蛉共报道了 9 科 38 属 800 余种，为全球性分布类群。相比之下，绝灭类群的物种多样性更高，迄今共发现 39 科 210 属 710 余种的化石记录，且在中生代尤为繁盛[1-3]。

长翅目是全变态类昆虫中一个较小的类群，也是唯一在幼虫期具有复眼的全变态类昆虫[4, 6]。Misof等人的分子系统发育分析结果表明现生长翅目是一个单系群，并且与蚤目和双翅目昆虫存在较近的亲缘关系（图 24.1）[7]。2019 年及 2020 年的研究发现广义长翅目包含了现生和绝灭的长翅目类群、蚤目及双翅目。基于形态数据的系统发育分析认为长翅目为并系群（图 24.2）[2]。同时，2019 年关于长翅目后翅退化类群的相关分析认为长翅目与基于双翅目及蚤目的亲缘关系较近。而 2020 年最新研究表明蚤目与双翅目互为姐妹群关系，两者组成的分支与长翅目传粉类群阿纽蝎蛉亚目 Aneuretopsychina 的亲缘关系较近[8]。

现生长翅目仅包含 9 个科：无翅蝎蛉科 Apteropanorpidae、蚊蝎蛉科 Bittacidae、雪蝎蛉科 Boreidae、异蝎蛉科 Choristidae、原蝎蛉科 Eomeropidae、美蝎蛉科 Meropeidae、小蝎蛉科 Nannochoristidae、蝎蛉科 Panorpidae 及似蝎蛉科 Panorpodidae。大多数现生蝎蛉具有咀嚼式口器，且口器存在不同程度的延长。同

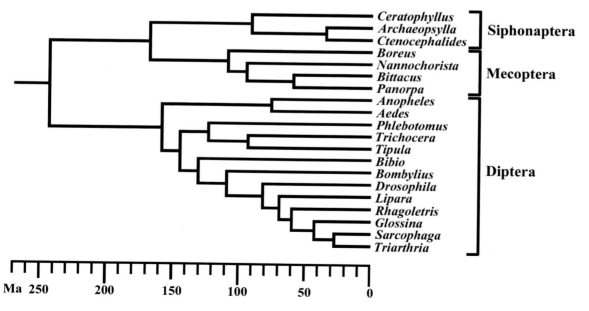

▲ 图 24.1　基于分子数据和利用最大似然法得出的长翅目、双翅目及蚤目类群的系统发育树（改自参考文献［7］）

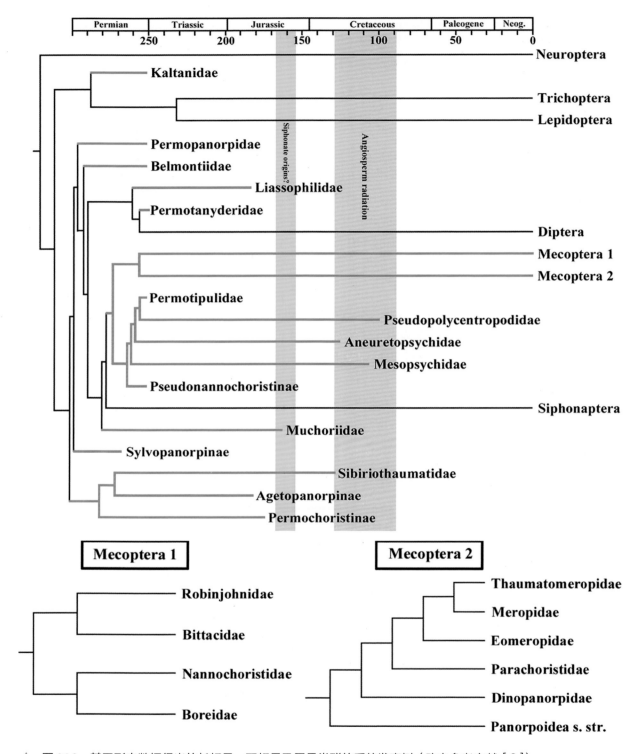

▲ 图 24.2　基于形态数据得出的长翅目、双翅目及蚤目类群的系统发育树（改自参考文献［2］）

　　注：图顶部为地质年代，单位为百万年（Ma）。红色条带为长口器可能的起源时间，蓝色条带为优势类群从裸子植物向被子植物的转变时期。红色分支为长翅目类群。下方支序图为 Mecoptera 1 和 Mecoptera 2 的具体类群及系统发育关系。

时，各类群幼虫的形态特征及生活习性相当多样：小蝎蛉的幼虫为水生，主要捕食小型的节肢动物；雪蝎蛉的幼虫生活在被冰雪覆盖的苔原上，绝大多数为植食性；大部分蚊蝎蛉和蝎蛉的幼虫为腐食性；似蝎蛉、异蝎蛉及无翅蝎蛉的幼虫食性尚不明确[9, 10]。另外，现生长翅目的成虫通常生活在潮湿的灌木层，取食死亡的小型节肢动物或腐烂的有机质（图24.3），有时也会从蜘蛛网上偷取被捕捉的昆虫（图24.4）[5, 11, 12]。蚊蝎蛉利用前足悬挂在植物的茎叶边缘，而用中足和后足捕食小型的节肢动物（图24.5）[13]。似蝎蛉主要取食植物的叶片（少部分取食花粉）[14]，而智利的原蝎蛉容易被麦片引诱[15]。迄今中国仅报道了长翅目的三个现生科，即蝎蛉科、蚊蝎蛉科及似蝎蛉科[16]。

　　长翅目昆虫的体长2~35 mm，体型最大的类群属于蝎蛉科和蚊蝎蛉科。长翅目昆虫通常具有两对膜质的翅，脉序与全变态类昆虫中的基干类群相似。前翅与后翅的翅型相似，后翅稍小于前翅[17, 18]。长翅目昆虫的头部背面观为三角形，复眼大而分离，触角通常为丝状，极少数绝灭类群中触角鞭节向一侧延伸，呈梳状（栉状）[5, 18–20]。

　　迄今长翅目的绝灭类群被分为8个亚目：阿纽蝎蛉亚目Aneuretopsychina、真长翅亚目Eumecoptera、小蝎蛉亚目Nannomecoptera、新长翅亚目Neomecoptera、似毛翅亚目Paratrichoptera、忤蝎蛉亚目Pistillifera、原双翅亚目Protodiptera及原长翅亚目Protomecoptera。另有12个绝灭科的亚目归属未定。而在中国仅发现阿纽蝎蛉亚目、真长翅亚目、小蝎蛉亚目及忤蝎蛉亚目的化石记录。

　　阿纽蝎蛉亚目是一个较小的绝灭类群，目前仅报道了5个科，阿纽蝎蛉科Aneuretopsychidae、中蝎蛉科Mesopsychidae、奈杜蝎蛉科Nedubroviidae、绝灭拟蝎蛉科Pseudopolycentropodidae及双翅蝎蛉科Dualulidae。虫体大小不等，从最小的1.79 mm（似缅甸似拟蝎蛉*Parapolycentropus paraburmiticus*，拟蝎蛉科Pseudopolycentropodidae）[21]到最大的28 mm（蔓零精美中蝎蛉*Lichnomesopsyche gloriae*，中蝎蛉科Mesopsychidae）[22]。目前尚无阿纽蝎蛉亚目幼虫的化石记录。通常该类昆虫具有延长的吸收式口器用于取食裸子植物的传粉滴，寄主植物为银杏类、苏铁类及本内苏铁类等[22, 25]（详见第28章）。然而，Grimaldi和Rasnitsyn在2005年报道了缅甸琥珀中拟蝎蛉科一新属，似拟蝎蛉属*Parapolycentropus*，该类群体型较小，仅一对前翅为正常的膜质，后翅退化为类似平衡棒的小叶结构（图24.6）[21, 26]。

　　真长翅亚目包括三个科，辙蝎蛉科Holcorpidae、中直脉蝎蛉科Mesorthophlebiidae及副蝎蛉科Parachoristidae。尽管一些研究认为副蝎蛉科与二叠蝎蛉科和直脉蝎蛉科存在较近的亲缘关系，但三者仍可通过很多明显的翅型和脉序特征区分开来[27]。膨大上翘的雄外生殖器是很多长翅目类群的典型特

▶ 图 24.3　雄性蝎蛉的取食行为
　　　　史宗文拍摄

▲ 图 24.4 雌性蝎蛉从蜘蛛网上偷取被捕捉的昆虫
史宗文拍摄

图 24.5 扁蚊蝎蛉 *Bittacus planus* ▶
Cheng, 1949
由花保祯提供
左：雄性；右：雌性

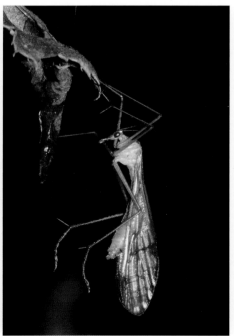

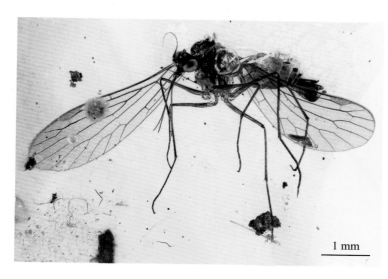

1 mm

◀ 图24.6 似缅甸似拟蝎蛉 *Parapolycentropus paraburmiticus* Grimaldi & Rasnitsyn, 2005（新材料，雄性，CNU-MEC-MA-2015047）

征，在现生的蝎蛉科、绝灭的直脉蝎蛉科和辙蝎蛉科中，雄性腹部末节和外生殖器都存在极度延长的现象。特别是辙蝎蛉科雄虫腹部第6~8节明显延长，很可能用于性展示或同性间争夺配偶（图24.17，详见章节30.2）。

小蝎蛉亚目包括两个科，罗氏蝎蛉科Robinjohniidae及小蝎蛉科Nannochoristidae。罗氏蝎蛉科最初由Martynova于1948年建立，但模式属罗氏蝎蛉属*Robinjohnia*在1968年被Riek转移至小蝎蛉科中[28]。而后在1994年和1997年，Novokshonov详细描述并重新修订了该科唯一仅存的微小蝎蛉属*Minusinia*的鉴定特征[29, 30]。小蝎蛉科是现生长翅目中一个十分重要的分支，同时在中生代具有丰富的化石记录。在亚洲中生代的化石记录中最常见的异塔蝎蛉属*Itaphlebia*，与现生小蝎蛉科昆虫相比已经存在很多相似的形态特征[31]。忭蝎蛉亚目Pistillifera可进一步分为两个次目，后蝎蛉次目Opisthogonopora及拉普蝎蛉次目Raptipedia。其中后蝎蛉次目包括两个分支，美蝎蛉下目Meropomorpha和蝎蛉下目Panorpomorpha，而拉普蝎蛉次目包括两个科，绝灭的半岛蝎蛉科Cimbrophlebiidae及现生的蚊蝎蛉科Bittacidae。美蝎蛉下目仅包括美蝎蛉科Meropeidae，蝎蛉下目包括两个分支，原蝎蛉类Eomeropina（原蝎蛉科Eomeropidae）及似蝎蛉类Panorpina（异蝎蛉总科Choristoidea和蝎蛉总科Panorpoidea）。与其他亚目相比，忭蝎蛉亚目在中国中生代具有较高的多样性，迄今化石记录涉及6个科，即蚊蝎蛉科、半岛蝎蛉科、美蝎蛉科、原蝎蛉科、直脉蝎蛉科及蝎蛉科。

近年来基于形态和分子数据的系统发育分析较多，加深了对长翅目科级阶元间系统发育关系的理解。同时，在探究科内属种间系统发育关系的问题上，几何形态学分析（Geometric Morphometric Analyses, GMA）也带来了重大突破。如中蝎蛉科Mesopsychidae（阿纽蝎蛉亚目）内各属种间的分类关系并不明确，林晓丹等人利用系统发育和几何形态学分析相结合的方法，得出了全新的结论[32]。此外，半岛蝎蛉科作为一个绝灭类群，仅保存了少部分的鉴定特征，而利用系统发育和几何形态学分析得出的结果支持了该科的单系性[33]。

知识窗：特殊的"彩礼"

一些雄性的鸟类、昆虫及蜘蛛具有特殊的交配策略，即在交配或求偶之前为潜在的交配对象提供"彩礼"，从而增加交配机会。这些礼物可能是食物或精液类似物。对于一些雄性的盎斯，献给雌性的礼物是一些精英，而对于蝎蛉和蚊蝎蛉来说，礼物一般为死亡的节肢动物或植物果实（图24.7）。此外，一些蝎蛉也用腺体的分泌物作为礼物，通常由唾液腺或尼氏囊分泌[34, 35]。一些类群利用唾液球作为礼

▲ 图 24.7　大双角蝎蛉 *Dicerapanorpa magna* Chou, 1981 的献礼和交配行为

由花保祯提供

物，并且比提供猎物更加常见[36]。而刘氏蝎蛉*Panorpa liui* Hua, 1997和吉林蝎蛉*Panorpa jilinensis* Zhou, 1999通常以死亡的小型昆虫作为礼物，它们不具有发达的唾液腺[37, 38]。

蚊蝎蛉为捕食性昆虫，通常用前足悬挂于低矮的植物茎叶上，而用中足和后足捕捉柔软的昆虫[13, 39, 42]。蚊蝎蛉雄虫常捕捉小型的昆虫，同时释放性信息素来吸引雌虫。如果猎物不能让雌性满意，雄虫会舍弃猎物再重新捕捉一个更好的，以此来吸引潜在的交配对象。这种献礼行为在其他昆虫类群中相对少见。如果猎物能够满足要求，雌虫会接受礼物（图24.7），当其享用美食时雄虫会借机进行交配，以此完成自身基因的延续[43]。

24.1　长翅目化石的研究进展

化石证据表明长翅目昆虫自二叠纪早期就已经出现，在二叠纪晚期和中生代繁盛。而白垩纪晚期之后，由于生态环境的变化，大部分类群趋于灭绝[44, 45]。众多支序分析结果表明卡尔丹蝎蛉科Kaltanidae是长翅目的基干类群，与二叠蝎蛉科Permochoristidae相似，该科的化石记录在整个二叠纪都有发现[2, 29, 46]。目前该科的化石记录共报道10属，大多数化石仅保存了不完整的翅。近年来大量化石证据表明长翅目的起源时间应不晚于石炭纪与二叠纪之交[30, 47, 56]。

随着时间推移，阿纽蝎蛉亚目Aneuretopsychina取代了二叠蝎蛉科，成为了二叠纪晚期至三叠纪中期长翅目中的优势类群。在侏罗纪和白垩纪早期，对大多数的裸子植物来说阿纽蝎蛉亚目昆虫扮演了重要的传粉者角色[2]。该亚目最早的化石记录属于中蝎蛉科的二叠中蝎蛉属 *Permopsyche* Bashkuev, 2011，化石产自晚二叠世的俄罗斯和澳大利亚[56, 57]。

在侏罗纪晚期，阿纽蝎蛉亚目逐渐被副蝎蛉科Parachoristidae和直脉蝎蛉科Orthophlebiidae取代。毫无疑问，真长翅亚目的基干类群为副蝎蛉科，迄今共报道9属23种，且该类群与二叠蝎蛉科的亲缘关系较近。此外，最早描述的化石类群华夏三叠副蝎蛉 *Triasoparachorista huaxiaensis* Hong, 2009 产自中国的中三叠统地层[57]。另有4个属：新副蝎蛉属 *Neoparachorista* Riek, 1954；背翅三叠蝎蛉属 *Triassochorista* Willmann, 1989；吉尔吉斯蝎蛉属 *Kirgizichorista* Novokshonov, 2001；光蝎蛉属 *Panorpaenigma* Novokshonov, 2001，化石记录来自晚三叠世的澳大利亚和吉尔吉斯斯坦[52, 58, 59]。

小蝎蛉亚目仅包含两个科，小蝎蛉科Nannochoristidae和罗氏蝎蛉科Robinjohniidae。目前最早被描述的类群是麦克南非二叠小蝎蛉 *Afrochoristella maclachlani* Pinto & Ornellas, 1978，化石产自南非早二叠世地层。而该亚目最早的化石记录是马氏微小蝎蛉 *Minusinia martynovae* Novokshonov, 1994[29, 30, 60]。迄今长翅目中忏蝎蛉亚目是属种最丰富的，而长翅目的现生类群很可能起源于其中的直脉蝎蛉科[55]。

关于长翅目昆虫化石的研究已有百余年的历史。20世纪初，Handlirsch与其他研究者一道发表了众多长翅目化石的研究论文[49, 61, 67]。而中国长翅目化石的研究起步较晚，直到20世纪70年代才有正式的分类学研究论文发表，洪友崇和林启彬是最早关注中国长翅目化石研究的学者[68, 69]。之后40余年间，中国古昆虫学家陆续发表了50多篇长翅目化石研究的相关论文和多部相关专著。迄今，我国长翅目化石研究共涉及18科约190种，其中大部分化石产自中国北方，且保存了清晰的翅和其他虫体形态结构。

在此期间许多研究者做出了杰出的贡献，尤其是洪友崇、林启彬、张海春、张俊峰、任东及史宗冈。同时也感谢我们的合作者：Conrad C. Labandeira、Jorge A. Santiago-Blay、Alexandr Rasnitsyn、Alexei Bashkuev、Carol L. Hotton、David Dilcher、M. Amelia V. Logan、Petrulevičius F. Julian、Matthew J. H. Shih 及 Peter J. M. Shih。

24.2　中国北方地区长翅目的代表性化石

阿纽蝎蛉亚目 Aneuretopsychina Rasnitsyn & Kozlov, 1990

阿纽蝎蛉科 Aneuretopsychidae Rasnitsyn & Kozlov, 1990

阿纽蝎蛉科是一个较小而神秘的长翅目绝灭类群，具有明显延长的吸收式口器，迄今报道了3属9种。模式种 *Aneuretopsyche rostrata* Rasnitsyn & Kozlov, 1990[70]，化石产自哈萨克斯坦的上侏罗统地层。任东等2011年对阿纽蝎蛉科的鉴定特征进行了修订：具有明显延长呈管状的口器，下口式或后口式，外表面被有环状刚毛或微刺，口器末端具有肉质伪唇瓣；触角长丝状，明显长于口器，外表面被有短刚毛，排列呈环形；前翅Sc多分支，Rs和MA两分支，MP四分支，CuA不分支（或少数分支）；后翅明显比前翅宽阔；足外表面被毛呈环形排列[71]。而后2012年乔潇等再次补充和修订了该科的鉴定特征：复眼大，椭圆形，单眼较小，近圆形；CuA与MP交点比Rs+MA从R起源点靠近翅基部；Rs+MA分支点明显比MP更靠近翅基部[72]。

中国北方地区白垩纪报道的属：热河阿纽蝎蛉属 *Jeholopsyche* Ren, Shih & Labandeira, 2011。

热河阿纽蝎蛉属 *Jeholopsyche* Ren, Shih & Labandeira, 2011

Jeholopsyche Ren, Shih & Labandeira, 2011, *ZooKeys*, 129：20[71] (original designation)。

模式种：辽宁热河阿纽蝎蛉 *Jeholopsyche liaoningensis* Ren, Shih & Labandeira, 2011。

前翅Sc三分支；R₁不分支，MP从MP+CuA的起源点比Rs+MA从R的起源点靠近翅基部；Rs+MA分支点明显比MP分支点靠近翅基部。前足和中足的基跗节稍短于其余4节长度之和，后足基跗节与其余4节近等长。

产地及时代：辽宁，早白垩世。

中国北方地区白垩纪报道4种（表24.1）。

辽宁热河阿纽蝎蛉 *Jeholopsyche liaoningensis* Ren, Shih & Labandeira, 2011（图24.8）

Jeholopsyche liaoningensis Ren, Shih & Labandeira, 2011: *ZooKeys*, 129：20.

产地及层位：辽宁北票黄半吉沟；下白垩统，义县组。

体长至少23 mm（不计触角和口器）；口器长6.8 mm，触角长至少10 mm；头卵状，复眼间距大；口器管状，较直，尖端伪唇瓣明显（图24.8B）；前胸背板明显小于中、后胸背板；足外表面密被刚毛，排列呈环形；后足明显长于前足和中足，胫端距至少一个；端跗节末端爪一对，具退化的爪垫；前翅狭长，长至少21.6 mm，宽约6 mm；Sc较长，与翅缘交点几乎与MA分支点在同一直线上；Rs和MA两分支，MP四分支；臀区明显扩大，A₁较长；翅痣缺失。腹部仅10节可见，第9~11节结构不清晰，但明显膨大，疑似雄性[2, 71]。

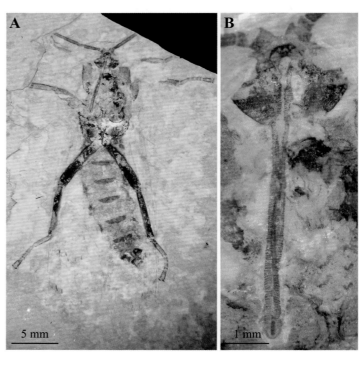

▶ 图 24.8 辽宁热河阿纽蝎蛉 *Jeholopsyche liaoningensis* Ren, Shih & Labandeira, 2011（正模标本，雄性，CNU-MEC-LB-2005002p）[71]

标本由史宗冈捐赠

A. 标本照片；B. 口器细节

中蝎蛉科 **Mesopsychidae** Tillyard, 1917

　　中蝎蛉科是一个较小的绝灭类群，迄今报道了11属30种，生活时代从二叠纪晚期到白垩纪早期。与其他阿纽蝎蛉亚目类群相似，中蝎蛉科昆虫也具有长管状口器用于取食裸子植物的传粉滴[2, 24, 25]。该科最古老的化石记录属于中蝎蛉属 *Mesopsyche* Tillyard, 1917，化石产地除俄罗斯的上二叠统地层[73, 74]，在中国的西北部中三叠统及上三叠统地层中也有记载，化石记录分别为产自陕西省铜川组的金锁关中蝎蛉 *Mesopsyche jinsuoguanensis* Lian, Cai & Huang, 2021及新疆黄山街组的廖氏中蝎蛉 *Mesopsyche liaoi* Lian, Cai & Huang, 2021[75]。该科其他描述的属种来自澳大利亚、吉尔吉斯斯坦、南非、乌克兰、塔吉克斯坦及中国[32]。任东等在2010年修订了中蝎蛉科的鉴定特征：成虫具长管状口器，触角长丝状；足外表面被毛不呈环形排列；前翅和后翅大小和翅型相似；绝大多数属种的CuP与翅缘交点处存在明显凹陷；MP四分支，CuA不分支[22]。之后高太平等人又报道了具梳状触角的中蝎蛉科昆虫，梳状维季姆中蝎蛉 *Vitimopsyche pectinella* Gao, Shih, Labandeira, Santiago-Blay, Yao & Ren, 2016，化石产自中国东北义县组地层，时代为下白垩统。这种特殊的触角在现生长翅目类群中尚未发现，推测这种触角很可能有助于提高感觉能力[20, 76, 77]。

　　中国北方地区白垩纪和侏罗纪报道的属：维季姆中蝎蛉属 *Vitimopsyche* Novokshonov & Sukatsheva, 2001；精美中蝎蛉属 *Lichnomesopsyche* Ren, Labandeira & Shih, 2010；美丽中蝎蛉属 *Epicharmesopsyche* Shih, Qiao, Labandeira & Ren, 2013。

维季姆中蝎蛉属 *Vitimopsyche* Novokshonov & Sukatsheva, 2001

　　Vitimopsyche Novokshonov & Sukatsheva, 2001, *Paleontol. J.*, 35 (2)：179[78] (original designation).

　　模式种：弯曲维季姆中蝎蛉 *Vitimopsyche torta* Novokshonov & Sukatsheva, 2001。

　　翅宽阔，CuP与翅缘交点处存在明显凹陷。前翅Sc长，远超过MA分支点，Rs具两条短分支，MP$_1$分支点比Rs+MA更靠近翅端部。MA基干与MA$_1$呈"S"形弯曲，前后翅MP从MP+CuA起源点远比Rs+MA从R起源点靠近翅基部。后翅Sc较短，未达到MA分支点；MP从MP+CuA起源点比Rs+MA从R$_1$起源点靠近翅基部或端部。

　　产地及时代：内蒙古，中侏罗世；辽宁，早白垩世。

　　中国北方地区侏罗纪和白垩纪报道3种（表24.1）。

梳状维季姆中蝎蛉 *Vitimopsyche pectinella* Gao, Shih, Labandeira, Santiago-Blay, Yao & Ren, 2016（图24.9）

　　Vitimopsyche pectinella Gao, Shih, Labandeira, Santiago-Blay, Yao & Ren, 2016: *Proc. R. Soc. Lond. B.*, 283 (20161448)：2–3.

　　产地及层位：辽宁北票黄半吉沟；下白垩统，义县组。

　　长管状口器，长度至少10 mm，外表面密被刚毛。触角梳状（栉状），长度约7.8 mm。前翅宽阔，Sc长，仅一前分支；R$_1$不分支；Rs和MA两分支；MP四分支，较长；臀脉发达，两支。后翅前缘密被短刚毛，Sc长，缺乏前分支，与C交点比MP分支点更靠近翅端部；MP从MP+CuA起源点比Rs+MA从R$_1$起源点更靠近翅端部[20]。

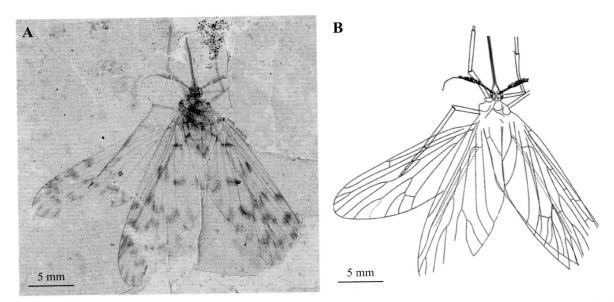

▲ 图 24.9　梳状维季姆中蝎蛉 *Vitimopsyche pectinella* Gao, Shih, Labandeira, Santiago-Blay, Yao & Ren, 2016（正模标本，CNU-MEC-LB-2012088）[20]
A. 标本照片；B. 线条图

精美中蝎蛉属 *Lichnomesopsyche* Ren, Labandeira & Shih, 2010

Lichnomesopsyche Ren, Labandeira & Shih, 2010, *Acta Geol. Sin.-Engl.*, 84 (4)：721[22] (original designation).

模式种：蔼雩精美中蝎蛉 *Lichnomesopsyche gloriae* Ren, Labandeira & Shih, 2010。

种名是以史宗冈教授妻子的名字张蔼雩（Ms. Gloria Ai-Yu Shih）命名，以感谢她在昆虫和植物化石收集及研究方面给予的支持和鼓励。前后翅的翅型及翅脉均相似。前翅Sc两分支，后翅仅一前分支；Rs_{1+2}和Rs_{3+4}均两分支；MP从MP+CuA起源点比Rs+MA从R_1起源点更靠近翅基部或端部，Rs与M的分支位置基本一致或稍有差异[22]。2021年，精美中蝎蛉属的两个种，*L. gloriae*和*L. daohugouensis*的雄性生殖器被详细描述：生殖刺突长度约等于生殖突基节；生殖刺突形态因种而异[23]。

产地及时代：内蒙古，中侏罗世。

中国北方地区侏罗纪报道3种（表24.1）。

蔼雩精美中蝎蛉 *Lichnomesopsyche gloriae* Ren, Labandeira & Shih, 2010（图24.10）

Lichnomesopsyche gloriae Ren, Labandeira & Shih, 2010: *Acta Geol. Sin.-Engl.*, 84 (4)：721–722.

产地及层位：内蒙古宁城道虎沟；中侏罗统，九龙山组。

前翅长约24 mm，宽约8 mm；触角长至少9 mm，体长约23 mm（不计触角和口器）。头背面观三角形，复眼大。口器长而直，外表面密被刚毛，唇基发达；前翅狭长，Sc与翅缘交点比MA分支点更靠近翅端部，Sc仅一前分支；Rs和MA两分支；Rs分支点比MA靠近翅端部；MP四分支，较长，比MA+Rs分支点更靠近翅基部；臀区宽阔，A_1和A_2发达。后翅和前翅大小和翅型相似，Sc短，缺乏前分支，R_1在翅痣区域弯曲。缺乏圆形翅斑。雌性腹部可见10节，尾须两分节（图24.10）。雄性腹部可见9节，末端明显膨大呈球状[22]。雄性生殖器背面观呈梯形，被有较短的刚毛；生殖突基节圆柱状，向后逐渐变细；生殖刺突末端扩张，近似弯钩状[23]。

▶ 图 24.10 薆雩精美中蝎蛉 *Lichnomesopsyche gloriae* Ren, Labandeira & Shih, 2010（正模标本，雌性，CNU-MEC-NN-2002020p）[22] 标本由史宗冈捐赠

道虎沟精美中蝎蛉 *Lichnomesopsyche daohugouensis* Ren, Labandeira & Shih, 2010（图24.11）

Lichnomesopsyche daohugouensis Ren, Labandeira & Shih, 2010, *Acta Geol. Sin.-Engl.*, 84 (4)：721–722[22].

产地及层位：内蒙古宁城道虎沟；中侏罗统，九龙山组。

头背面观三角形，复眼大。口器长且略弯曲。触角略短于口器，丝状。前胸小，中、后胸较长。足细长。前翅较小，较宽，顶端钝圆[22]。雄性生殖突基节圆柱状；生殖刺突顶端分别向两侧突出，末端近圆形，具许多细小的刺[23]。

前叉精美中蝎蛉 *Lichnomesopsyche prochorista* Lin, Shih, Labandeira & Ren, 2016（图24.12）

Lichnomesopsyche prochorista Lin, Shih, Labandeira & Ren, 2016: *BMC Evo. Bio.*, 16 (1)：8–11.

▶ 图 24.11 道虎沟精美中蝎蛉 *Lichnomesopsyche daohugouensis* Ren, Labandeira & Shih, 2010[22, 32]

产地及层位：内蒙古宁城道虎沟；中侏罗统，九龙山组。

虫体长22.2 mm（不计触角和口器）；前翅长24.6 mm，宽7.5 mm。前口式，复眼大而分离。口器长，稍弯曲，外表面密被刚毛。前翅狭长，Sc长，存在一前分支，R_1在翅痣区域弯曲。前后翅Rs分支点均比MA分支点更靠近翅基部。雌性腹部可见10节，尾须至少两分节，基部不融合（图24.12）。雄性腹部可见9节，末端膨大呈球状[32]，生殖刺突末端扩张，顶端钝圆，近三角形。

美丽中蝎蛉属 *Epicharmesopsyche* Shih, Qiao, Labandeira & Ren, 2013

Epicharmesopsyche Shih, Qiao, Labandeira & Ren, 2013, *Acta Geol. Sin.-Engl.*, 87 (5)：1237[78] (original designation).

模式种：五叉美丽中蝎蛉 *Epicharmesopsyche pentavenulosa* Shih, Qiao, Labandeira & Ren, 2013。

触角长丝状。前后翅Sc长，缺乏前分支，与Rs分支点几乎在同一水平；MP_1分支点比Rs+MA更靠近翅基部；MP五分支。

产地及时代：内蒙古，中侏罗世。

中国北方地区侏罗纪仅报道1种（表24.1）。

五叉美丽中蝎蛉 *Epicharmesopsyche pentavenulosa* Shih, Qiao, Labandeira & Ren, 2013（图24.13）

Epicharmesopsyche pentavenulosa Shih, Qiao, Labandeira & Ren, 2013：*Acta Geol. Sin.-Engl.*, 87 (5)：1237.

产地及层位：内蒙古宁城道虎沟；中侏罗统，九龙山组。

虫体长20.8 mm（不计触角），触角较长，长约16.6 mm。复眼大，椭圆形，单眼3个。长口器缺失

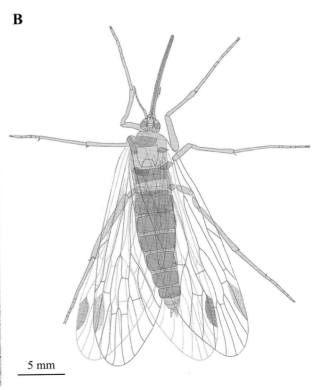

▲ 图 24.12　前叉精美中蝎蛉 *Lichnomesopsyche prochorista* Lin, Shih, Labandeira & Ren, 2016（正模标本，雌性，CNU-MEC-NN-2015002p）[32]

A. 正模标本照片；B. 正模标本线条图

▶ 图 24.13　五叉美丽中蝎蛉 *Epicharmesopsyche pentavenulosa* Shih, Qiao, Labandeira & Ren, 2013（正模标本，CNU-MEC-NN-2011095p）[79]

或未保存。左前翅Sc有一较长的前分支；R_1在靠近翅缘处弯曲；Rs分支点远比MA更靠近翅基部；MA基干和MA_1呈"S"形弯曲；CuA、CuP、A_1及A_2较发达，不分支。右前翅和左前翅相比翅型相似，但更狭窄。存在对称的深色翅斑。左后翅MP分支点比Rs+MA更靠近翅基部，翅基部前缘存在4根较长的刚毛。右后翅存在3根长刚毛。腹部仅8节可见，雄外生殖器较小，球状[79]。

知识窗：中蝎蛉科系统发育及几何形态学分析

　　为探究中蝎蛉科属种间的系统发育关系及长口器的起源，林晓丹等进行了系统发育分析，矩阵共包含16个类群和26个形态特征，分别在NONA和PAUP两种软件中运算。同时为补充系统发育分析的结果，也进行了几何形态学分析，分别选择了38和42个标志点进行了两次分析。所有的结果均表明中蝎蛉科是一个单系群，其中的维季姆中蝎蛉属 *Vitimopsyche* 和精美中蝎蛉属 *Lichnomesopsyche* 亦为单系，二叠中蝎蛉属 *Permopsyche* 和中蝎蛉属 *Mesopsyche* 为并系（图24.14）。此外，推测长口器在长翅目中很可能存在4或5次的独立起源（图24.14A），而*ext*和*hth*基因的重复抑制可能是早期长翅目中长口器出现的主要原因[32]。

拟蝎蛉科 **Pseudopolycentropodidae** Handlirsch, 1925

　　拟蝎蛉科是早期长翅目中一个较小的绝灭类群，与中蝎蛉科 Mesopsychidae、阿纽蝎蛉科 Aneuretopsychidae及奈杜蝎蛉科 Nedubroviidae存在较近的亲缘关系。拟蝎蛉科昆虫的鉴定主要涉及前翅的形态特征：翅三角形（非长卵形），前后翅的翅型相似，但后翅更小，甚至在似拟蝎蛉属 *Parapolycentropus* Grimaldi & Rasnitsyn, 2005中后翅退化为类似平衡棒的小叶（图24.6）；前后翅Sc短；R_1不分支，Rs四分支；M五分支；存在中盘室（dc）；CuA不分支。迄今拟蝎蛉科共报道了4属13种，化石产自缅甸[26]、美国[26]、哈萨克斯坦[66]、吉尔吉斯斯坦[80]、德国[62, 81]、英国[82]、法国[83]及中

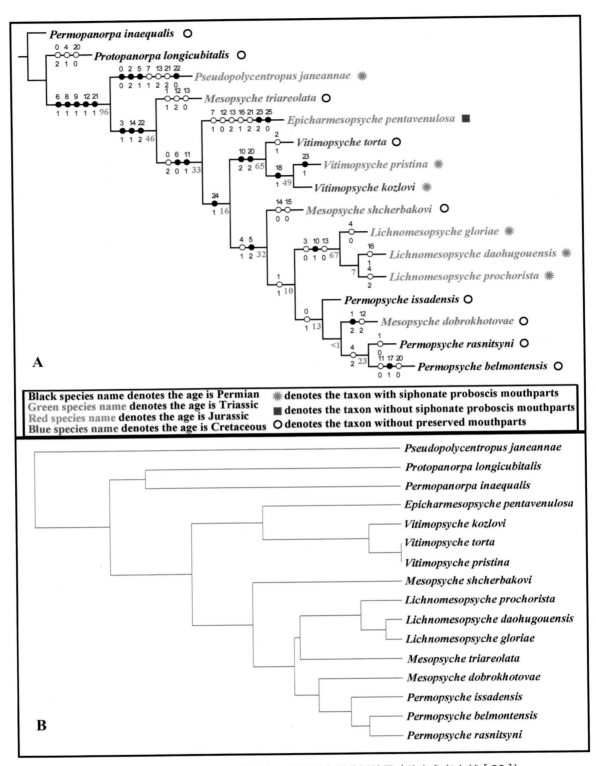

▲ 图 24.14　中蝎蛉科 Mesopsychidae 系统发育及几何形态学分析结果（改自参考文献［32］）

　　A. NONA 分析得到的最大简约树，包含自举法检验值；B. 含 38 个标志点的几何形态学分析结果树（不展示树长）。分支上白点为同源特征，黑点为非同源特征。分支上方黑色数字为特征编号，下方黑色数字为特征状态，下方红色数字为（A）中自举法检验值

国。最古老的化石记录是三叠拟蝎蛉 *Pseudopolycentropus triasicus* Papier, Nel & Grauvogel-Stamm, 1996，化石产自中三叠世（拉丁尼阶）的法国。

中国北方地区侏罗纪和白垩纪报道属：拟蝎蛉属 *Pseudopolycentropus* Handlirsh, 1906；中国拟蝎蛉属 *Sinopolycentropus* Shih, Yang, Labandeira & Ren, 2011。

拟蝎蛉属 *Pseudpolycentropus* Handlirsh, 1906

Pseudopolycentropus Handlirsh, 1906–1908, *Verlagvon Wilhelm Engelmann, Leipzig*, 482–483 [61] (original designation).

模式种：美丽拟蝎蛉 *Pseudopolycentropus perlaeformis* Geinitz, 1884（= *Phryganidium perlaeformis* Geinitz, 1884）。

前翅宽阔，三角形，Sc短，R_1不分支，Rs四分支，M五分支，存在中盘室（discal cell, dc），CuA和CuP不分支，臀脉较短或缺失，横脉少。后翅明显小于前翅或高度退化。

产地及时代：内蒙古，中侏罗世。

中国北方地区侏罗纪报道3种（表24.1）。

建恩拟蝎蛉 *Pseudopolycentropus janeannae* Ren, Shih & Labandeira, 2010（图24.15）

Pseudopolycentropus janeannae Ren, Shih & Labandeira, 2010: *Acta Geol. Sin.-Engl.*, 84：23–24.

产地及层位：内蒙古宁城道虎沟；中侏罗统，九龙山组。

该种以史宗冈教授女儿的名字史建恩（Ms. Jane Ann Shih）命名，以鼓励其在工作和学习中的主动性、爱心和领导力，并感谢她对史宗冈教授在古生物研究方面的鼓励和支持。该种口器长而弯曲，明显

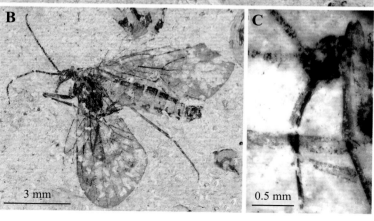

◀ 图 24.15　建恩拟蝎蛉 *Pseudopolycentropus janeannae* Ren, Shih & Labandeira, 2010（正模标本，雌性，CNU-MEC-NN-2005001p；副模标本，雄性，CUN-MEC-NN-2005004p）[84] 标本由史宗冈捐赠

A. 正模标本照片；B. 副模标本照片；C. 口器细节

由三部分结构组成（一对下颚的外颚叶及舌），触角长丝状，鞭节多分节，明显长于口器（图24.15A–C）。前翅宽阔，Sc与翅缘交点达到Rs分支点，c-r几乎垂直于R_1和C；R基干稍弯，Rs基干直，R_{2+3}基干呈拱形，两分支，较短；M_{4+5}分支点比M_{1+3}更靠近翅基部；m-cua靠近中盘室（dc）基部，a1-a2比cup-a1更靠近翅基部。后翅小于前翅，但翅型类似，翅脉简化；Sc较短，不分支；M具两长分支，CuA不分支，呈拱形。雄性后足被有刚毛，排列呈环形。雌性腹部可见10节，尾须至少两分节（图24.15A）。雄性腹部可见9节，第8~11节膨大呈球状（图24.15B）[84]。

中国拟蝎蛉属 *Sinopolycentropus* Shih, Yang, Labandeira & Ren, 2011

Sinopolycentropus Shih, Yang, Labandeira & Ren, 2011, *ZooKeys*, 130：289[85] (original designation).

模式种：拉氏中国拟蝎蛉 *Sinopolycentropus rasnitsyni* Shih, Yang, Labandeira & Ren, 2011。

该种Sc与R在基部融合，R_{2+3}分支点比R_{4+5}更靠近翅基部。触角念珠状，较强壮，被有环毛。下颚须多分节，外表面被有长刚毛。

产地及时代：内蒙古，中侏罗世。

中国北方地区侏罗纪仅报道1种（表24.1）。

拉氏中国拟蝎蛉 *Sinopolycentropus rasnitsyni* Shih, Yang, Labandeira & Ren, 2011（图24.16）

Sinopolycentropus rasnitsyni Shih, Yang, Labandeira & Ren, 2011: *ZooKeys*, 130：289–292.

该种以俄罗斯学者Alexandr Rasnitsyn的名字命名，以感谢他对古昆虫学研究做出的杰出贡献及1990年与M. V. Kozlov报道了第一件具长口器的长翅目昆虫（*Aneuretopsyche rostrata*）[70]。

虫体长5.5 mm（不计触角和口器）。头球状，复眼大而圆。触角长2.0 mm，长丝状，外表面被环毛。吸收式口器长2.0 mm，稍弯，末端缺乏伪唇瓣，下颚须短，三分节（图24.16）。前翅宽阔，翅长6.1 mm，翅宽2.4 mm，Sc不分支，与翅缘交点比Rs起源点更靠近翅基部，Rs基干直；M分支点稍比Rs靠近翅基部，M五分支；M+CuA分支点比R靠近翅基部。前后翅的翅型相似，但后翅明显小于前翅。腹部细长，可见9节，第2~5节明显宽阔，下生殖板呈矩形[85]。

产地及层位：内蒙古宁城道虎沟；中侏罗统，九龙山组。

触角和口器形态改变的重要意义

触角和口器的形态结构（图24.17）可能关系到昆虫寻找同类或寄主植物。拉氏中国拟蝎蛉 *Sinopolycentropus rasnitsyni* 特殊的触角形态、结构及长度很可能与寻找配偶或食物来源有关。触角的鞭小节具有特殊的环状结构，外表面被有刚毛。该类结构目前仅发现于拉氏中国拟蝎蛉中，功能类似于阿纽蝎蛉科昆虫口器外表面保存良好的环毛[71]，它们都可

▲ 图24.16　拉氏中国拟蝎蛉 *Sinopolycentropus rasnitsyni* Shih, Yang, Labandeira & Ren, 2011（正模标本，雄性，CNU-MEC-NN2010044p）[85]

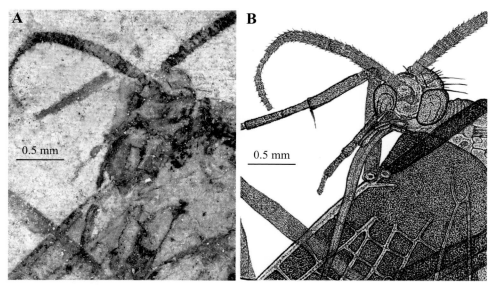

▲ 图 24.17 拉氏中国拟蝎蛉的触角及口器 *Sinopolycentropus rasnitsyni* Shih, Yang, Labandeira & Ren, 2011（正模标本，CNU-MEC-NN-2010044p）[85]

A. 标本的触角及口器照片；B. 触角及口器线条图

能参与了同类信息素或特定宿主植物化学物质的探测。更重要的是口器结构、长度及形态表明该类昆虫可能取食裸子植物的传粉滴或类似的胚珠分泌液，可能的宿主植物为多种小型的裸子植物，如本内苏铁类、松柏类及银杏类植物[2, 25, 85]。

知识窗：缅甸琥珀中特殊双翅蝎蛉的形态结构、生活习性及系统发育分析

绝大多数阿纽蝎蛉亚目昆虫都具有吸收式口器，用于取食裸子植物的传粉滴或被子植物的花蜜[2, 22, 23]。该亚目的化石记录可以追溯到晚二叠世[25, 56]，由于食物和环境等因素的影响，在白垩纪末随着裸子植物走向衰落，阿纽蝎蛉亚目昆虫也逐渐消失。迄今，缅甸琥珀中该亚目的记录仅涉及两个类群，即似拟蝎蛉属 *Parapolycentropus* Grimaldi & Rasnitsyn, 2005（拟蝎蛉科 Pseudopolycentropodidae）[21, 26]及双翅蝎蛉属 *Dualula* Lin, Shih, Labandeira & Ren, 2019（双翅蝎蛉科 Dualulidae）[86]。两者的口器主要由唇基、上唇、一对下颚的外颚叶及中央的舌组成（图24.18A），存在特殊的"双泵式系统"（double pump system）（图24.18B），即同时具有食窦泵和食物道及唾液泵和唾液道，与迄今已知的吸收式口器形态结构均不相同[86]。最新研究在缅甸琥珀中发现了该类昆虫传粉行为的直接证据，在似缅甸似拟蝎蛉虫体上（或附近）发现了孢粉粒和疑似的花粉粒（图24.18C）。经鉴定孢粉属于苏铁粉属 *Cycadopites*[87, 88]，个体较小（平均长轴长12.15 μm），可能属于某种小型的本内苏铁类植物。而疑似的花粉粒仅一颗，为无孔花粉，根据表面的显微结构判断可能属于某种被子植物[86]。依据昆虫口器和植物繁殖器官形态结构的间接证据及上述孢粉和花粉的直接证据，推测似拟蝎蛉属昆虫的寄主植物可能为小型裸子植物或早期被子植物，而体型较大的阿纽蝎蛉亚目昆虫很可能以本内苏铁类、苏铁类、银杏类等的传粉滴和其他分泌液为食[86]。

除特殊的口器结构外，缅甸琥珀类群的另一独征为高度退化的后翅。在全变态类昆虫中,除双翅目的后翅退化为平衡棒外，迄今仅在少部分脉翅目[89, 91]及长翅目昆虫中发现了明显的后翅退化现象。长翅目的岩石印痕化石类群都具有两对膜翅，虽然少部分类群（如Liassophilidae和Pseudopolycentropodidae）的后翅明显小于前翅，但仍保留有符合该类群后翅鉴定特征的翅脉[51, 84, 92]。似拟蝎蛉属和双翅蝎蛉属

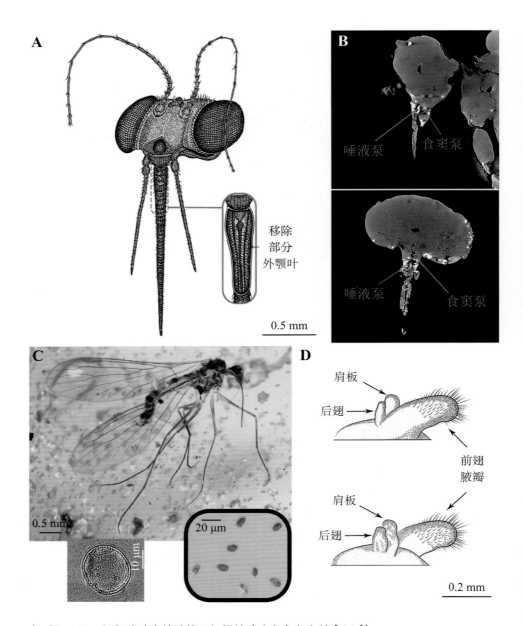

唾液泵　食窦泵

唾液泵　食窦泵

移除
部分
外颚叶

0.5 mm

0.5 mm

20 μm

10 μm

肩板
后翅

前翅
腋瓣

肩板
后翅

0.2 mm

▲ 图 24.18　缅甸琥珀中特殊的双翅蝎蛉（改自参考文献 [86]）

A. 克钦双翅蝎蛉 Dualula kachinensis Lin, Shih, Labandeira & Ren, 2019 口器结构重建图（副模标本，雄性，CNU-MEC-2017017）；B. 似缅甸似拟蝎蛉 Parapolycentropus paraburmiticus Grimaldi & Rasnitsyn, 2005 头部及口器基部的显微 CT（Micro-CT）扫描图像（新材料，雄性，CNU-MEC-MA-2017008），不按比例；C. 似缅甸似拟蝎蛉及虫体上黏附的孢粉和花粉粒。上图为 CNU-MEC-MA-2017012（新材料，雄性）照片，右下为其口器尖端附近的苏铁粉属 Cycadopites 孢粉粒。左下为 CNU-MEC-MA-2015054 口器附近疑似花粉粒的纳米 CT（Nano-CT）扫描图像；D. 克钦双翅蝎蛉后翅线条图（正模标本，CNU-MEC-MA-2014001，雌性），上为背面观，下为腹面观。

（图24.18D）昆虫的后翅退化为小叶，且翅脉几乎完全缺失，与双翅目的平衡棒存在显著的形态差异，推测这种"双翅化"增强了该类群的飞行能力，在取食和躲避天敌方面有一定优势[93, 94]。该结构在长翅目中的发生很可能与现生的黑腹果蝇（双翅目）具有相似的进化发育机制，即环境温度升高激活了超双胸基因（Ultrabithorax），最终导致了后翅的完全退化[95-97]。同时，在琥珀样本中观察到了似拟蝎蛉属昆虫的集群和交配行为，该类群的交配为尾对尾式（tip-to-tip），很可能存在由雄性主导的婚飞行为[86]。

研究人员为了探究阿纽蝎蛉亚目与其他长翅目、基干双翅目及蚤目的系统发育关系，进行了支序分析。涉及类群37个，包含绝大部分的长翅目绝灭类群、部分现生类群、基干的双翅目及蚤目。共选取形态特征51个进行分析，包含了头、胸、翅、腹和外生殖器的相关特征。分析采用最大简约法在NONA[98]中完成，得到的严格合意树（图24.19）显示：①阿纽蝎蛉亚目为并系，其中似拟蝎蛉属与拟蝎蛉科其他类群的亲缘关系较远，而与双翅蝎蛉科及基干双翅目和蚤目的亲缘关系较近；②长翅目的现生类群为并系，原蝎蛉科和美蝎蛉科是基干类群；③整个长翅目为并系群，其中卡尔丹蝎蛉科 Kaltanidae 和索玛蝎蛉科 Thaumatomeropidae 是基干类群[86]。但由于取样的不完整及特征选择的局限性，目前研究所得的结果仅作为一种推测性结论，为将来的相关研究提供参考。

真长翅亚目 Eumecoptera Tillyard, 1919

辙蝎蛉科 Holcorpidae Willmann, 1989

辙蝎蛉科是一个神秘而又存在争议的绝灭类群，与直脉蝎蛉科Orthophlebiidae的亲缘关系较近。该科的化石十分稀少，迄今仅包含2属，辙蝎蛉属 Holcorpa Scudder, 1878（模式属）及锥状辙蝎蛉属 Conicholcorpa Li, Shih, Wang and Ren, 2017。辙蝎蛉科的化石记录发现于美国科罗拉多州[99]、加拿大哥伦比亚[100]及中国内蒙古自治区[101, 102]，时代为中侏罗世到晚始新世。该科的鉴定特征为前后翅M五分支；雄性腹部第6~8节（A6~A8）明显延长；生殖刺突细长，基部缺少齿状结构[100]。

尽管另有两属（强壮辙蝎蛉属 Fortiholcorpa 及奇异辙蝎蛉属 Miriholcorpa）也与辙蝎蛉科的亲缘关系较近，但王琦等认为应暂定为长翅目科未定（Family incertae sedis），主要由于中脉（M）的特殊分支模式、惊异强壮辙蝎蛉 Fortiholcorpa paradoxa腹部第8节的相对长度及钳状奇异辙蝎蛉 Miriholcorpa forcipata 后翅M的第5个分支（M_5）难以辨别[103]。

中国北方地区侏罗纪仅报道1属：锥状辙蝎蛉属 Conicholcorpa Li, Shih, Wang & Ren, 2017。

锥状辙蝎蛉属 Conicholcorpa Li, Shih, Wang & Ren, 2017

Conicholcorpa Li, Shih, Wang & Ren, 2017, Acta Geol. Sin.-Engl., 91 (3)：798[101] (original designation).

模式种：多斑锥状辙蝎蛉 Conicholcorpa stigmosa Li, Shih, Wang & Ren, 2017。

前翅R_1三分支；Rs_{1+2}基干长度是Rs_{3+4}的1.3倍；Rs_{1+2}分支点比Rs_{3+4}更靠近翅端部；M和Rs分支点几乎在同一水平。后翅Sc短，达到C中部；Rs_{1+2}基干长度是Rs_{3+4}的两倍；Rs_{1+2}分支点比Rs_{3+4}更靠近翅端部。腹部第6节（A6）末端的距缺失。

产地及时代：内蒙古，中侏罗世。

中国北方地区侏罗纪报道2种（表24.1）。

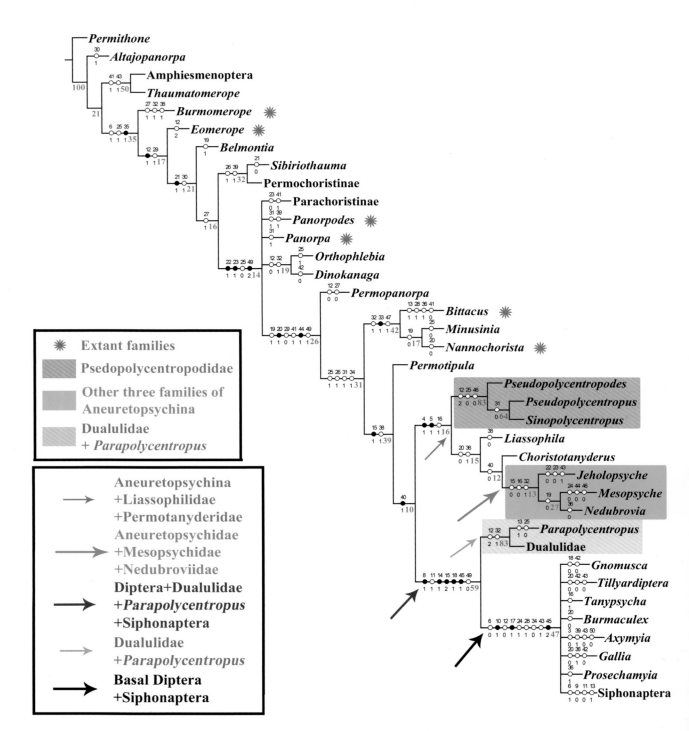

▲ 图 24.19　阿纽蝎蛉亚目与其他长翅目、基干双翅目及蚤目的系统发育关系，NONA 分析得到的严格合意树。分支上白
　　　　　点为非同源相似性状，黑点为同源相似性状（共有衍征）；上方黑色数字为特征编号，下方黑色数字为特征
　　　　　状态，分支下方粉色数字为自举法检验数值（改自参考文献［86］）

多斑锥状辙蝎蛉 *Conicholcorpa stigmosa* Li, Shih, Wang & Ren, 2017（图24.20）

Conicholcorpa stigmosa Li, Shih, Wang & Ren, 2017: *Acta Geol. Sin.-Engl.*, 91 (3)：799–801.

产地及层位：内蒙古宁城道虎沟；中侏罗统，九龙山组。

虫体长47.4 mm（从头部到生殖器末端）。咀嚼式口器较短，复眼大，卵状，触角长丝状。前胸是中胸长度的0.3倍。腹部第6~8节（A6~A8）长度和为28.7 mm，其中第8节（A8）最长，约14.5 mm。前翅长卵状，长21.5 mm，宽5.7 mm；Sc长，几乎达到翅痣区域；R不分支；Rs_{1+2}四分支，Rs_{3+4}两分支；M分支点比Rs更靠近翅端部；M_{1+2}与Rs分支点几乎在同一水平；Cu_1基部弯曲；臀脉三支，较长。后翅翅型与前翅相似，但更小，翅长19.6 mm，翅宽5.4 mm；Sc短，达到翅前缘中部。生殖球明显膨大，生殖基节保存良好，生殖刺突长而直[101]。

长腹锥状辙蝎蛉 *Conicholcorpa longa* Zhang, Shih & Ren, 2021（图24.21）

Conicholcorpa longa Zhang, Shih & Ren, 2021: *BMC Ecol. Evo.*, 21, 47[102]

产地及层位：内蒙古宁城道虎沟；中侏罗统，九龙山组。

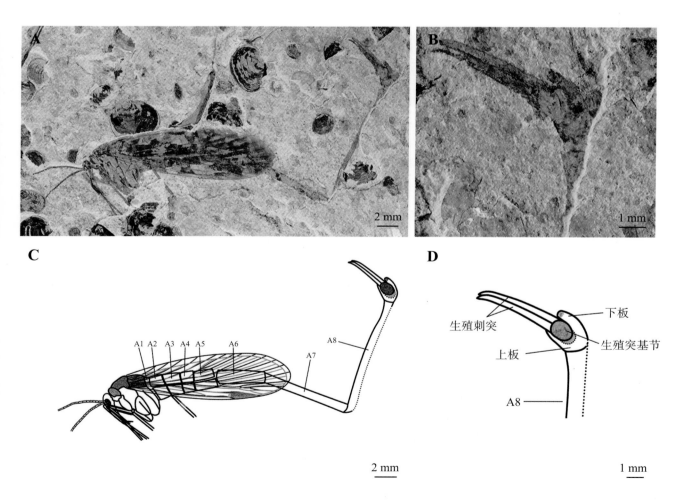

▲ 图 24.20　多斑锥状辙蝎蛉 *Conicholcorpa stigmosa* Li, Shih, Wang & Ren, 2017（正模标本，雄性，CNU-MEC-NN-2005023）（改自参考文献［101］）

　　　A. 正模标本照片；B. 生殖器细节照片；C. 正模标本线条图；D. 生殖器线条图

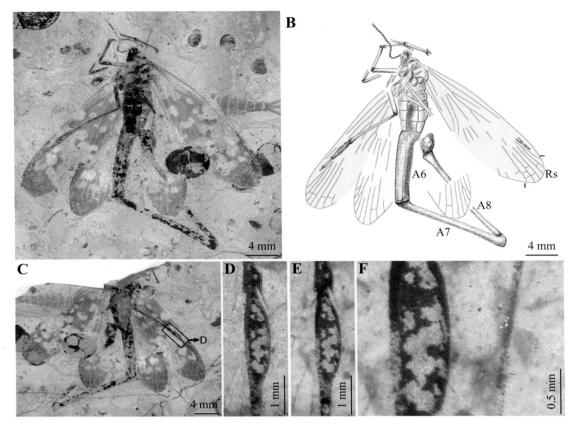

▲ 图 24.21　长腹锥状辙蝎蛉 *Conicholcorpa longa* Zhang, Shih & Ren, 2021（正模标本，雄性，CNU-MEC-NN-2015108）（改自参考文献［102］）

　　A. 正模标本照片；B. 正模标本线条图；C. 正模对板标本照片；D、E、F. 膨大的后足第一跗节

　　咀嚼式口器，头近圆形，触角丝状，鞭小节至少23节。前翅Rs六分支，M与Rs分支点几乎在同一水平或Rs更靠近翅基部，Rs分支间具多个横脉。腹部第6~8节（A6~A8）极度延长，腹部第6节的长度约等于头、胸及腹部第1~5节的长度之和。腹部第7节（A7）长为第6节（A6）的1.5倍，略短于第8节（A8）。

科未定 Family incertae sedis

强壮辙蝎蛉属 *Fortiholcorpa* Wang, Shih & Ren, 2013

　　Fortiholcorpa Wang, Shih & Ren, 2013, *PLoS ONE*, 8 (8), e71378[103] (original designation).

　　模式种：惊异强壮辙蝎蛉 *Fortiholcorpa paradoxa* Wang, Shih & Ren, 2013。

　　前后翅中脉（M）五分支。前翅狭长，Cu_1与翅缘交点明显超过翅中点。后翅长，顶角钝圆，Rs_{1+2}与Rs_{3+4}分支点几乎在同一水平，M_5不分支。腹部第6~8节极度延长，其中第7和第8节（A7、A8）近等长，约为第6节（A6）长度的3倍。雄性生殖球膨大，生殖刺突较长。该属与模式属（辙蝎蛉属*Holcorpa* Scudder, 1878）的主要区别在于后翅M的分支模式，该属A8稍长于A7（模式属A8明显长于A7）及A6末端的距缺失（辙蝎蛉属具有两个距）。此外，生殖刺突端部的锯齿状结构难以辨认。因此该属暂定为长翅目科未定。

产地及时代：内蒙古，中侏罗世。

中国北方地区侏罗纪仅报道1种（表24.1）。

惊异强壮辙蝎蛉 *Fortiholcorpa paradoxa* Wang, Shih & Ren, 2013（图24.22）

Fortiholcorpa paradoxa Wang, Shih & Ren, 2013: *PLoS ONE*, 8 (8), e71378：5–8.

虫体长73.5 mm（从头部到生殖器末端），触角长丝状，复眼大，卵形。前翅长约20.5 mm，M五分支；存在m3-m4、m4-m5和m5-cua；A_1和A_2较直，几乎平行，A_3基部弯曲。后翅短于前翅，长约20.1 mm；Sc与翅缘交点明显超过翅中部，具两前分支；R基部、Cu_1及A_1彼此距离较近；A_1和A_2直，几乎平行，A_3基部弯曲。腹部可见8节，第6节（A6）长7.0 mm，背侧的距缺失；第7节（A7）长21.1 mm，基部稍弯曲，扩大呈圆锥状；第8节（A8）长21.8 mm，中部稍弯曲。生殖球较大，具一对下瓣；生殖刺突长3.8 mm，延长呈钳状（图 24.22B,D）[103]。

产地及层位：内蒙古宁城道虎沟；中侏罗统，九龙山组。

奇异辙蝎蛉属 *Miriholcorpa* Wang, Shih & Ren, 2013

Miriholcorpa Wang, Shih & Ren, 2013, *PLoS ONE*, 8 (8), e71378：2[103] (original designation).

模式种：钳状奇异辙蝎蛉 *Miriholcorpa forcipata* Wang, Shih & Ren, 2013。

前翅Sc与翅缘交点达到翅痣中部；Rs与M分支点几乎在同一水平；Rs_{3+4}基干直；R_1在翅痣区域弯曲；M五分支；Rs_{1+2}基干是Rs_{3+4}长度的1.5~2.0倍；M_1不分支，M_{2+3}分支为M_2和M_3，M_{4+5}分支为M_4和M_5；Cu_1与Cu_2之间仅存一横脉。后翅M五分支。腹部第6~8节延长，第8节（A8）最长；雄性生殖器细长，生

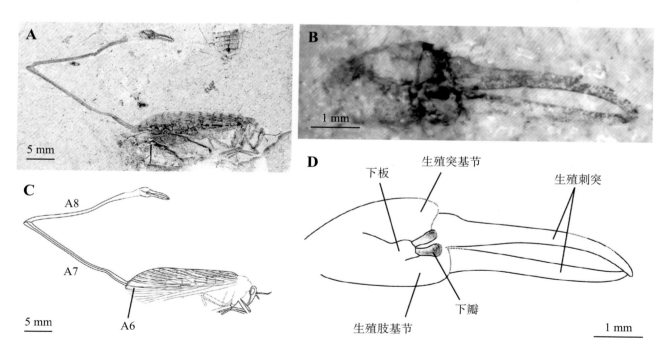

▲ 图 24.22 惊异强壮辙蝎蛉 *Fortiholcorpa paradoxa* Wang, Shih & Ren, 2013（正模标本，雄性，CNU-MEC-NN-2012002p）（改自参考文献 [103]）

标本由史宗冈捐赠

A. 正模标本照片；B. 生殖器照片；C. 正模标本线条图；D. 生殖器线条图

殖刺突较长。由于不确定钳状奇异辙蝎蛉后翅的中脉（M）是否为五分支，暂定为长翅目科未定（Family incertae sedis）。

产地及时代：内蒙古，中侏罗世。

中国北方地区侏罗纪仅报道1种（表24.1）。

钳状奇异辙蝎蛉 *Miriholcorpa forcipata* Wang, Shih & Ren, 2013（图24.23）

Miriholcorpa forcipata Wang, Shih & Ren, 2013: *PLoS ONE*, 8 (8), e71378：2–5.

产地及层位：内蒙古宁城道虎沟，中侏罗统，九龙山组

虫体长32.7 mm（从头部到生殖器末端）。触角长丝状，复眼大，卵状。前翅宽阔，长16.6 mm，宽5.5 mm，具浅色的条带状翅斑；Sc极长，几乎达到翅痣中部；Sc与R_1之间存在若干横脉；Rs_{1+2}五分支，Rs_{3+4}两分支；Rs_{1+2}基干为Rs_{3+4}长度的1.65倍；M与R平行；M与Rs分支点几乎在同一水平；Cu_1基部弯曲，存在cu1-m和cu1-cu2；臀脉三支，A_1、A_2及A_3。右后翅长约15.2 mm；Rs_{1+2}基干为Rs_{3+4}长度的1.36倍；Rs分支点稍比M靠近翅基部，M_{1+2}分支点比Rs_{3+4}更靠近翅端部。生殖球膨大，具有狭长、钳状的生殖刺突，长约2.8 mm（图24.23）[103]。

极长的雄性器官及性展示

多斑锥状辙蝎蛉 *Conicholcorpa stigmosa* Li, Shih, Wang & Ren, 2017 及长腹锥状辙蝎蛉 *Conicholcorpa longa* Zhang, Shih & Ren, 2021 的化石产自内蒙古自治区，中侏罗统九龙山组，也是迄今辙蝎蛉科最早的化石记录[101, 102]。辙蝎蛉科昆虫具有两个十分特殊的形态特征，在其他长翅目中甚至其他的昆虫类

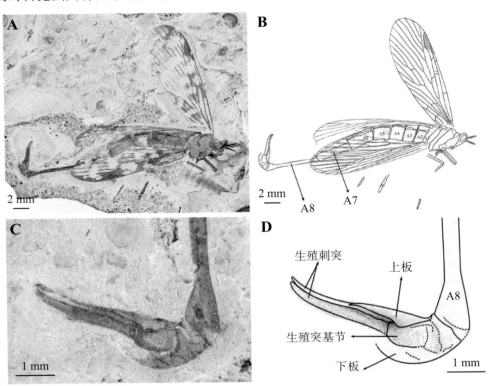

▲ 图 24.23　钳状奇异辙蝎蛉 *Miriholcorpa forcipata* Wang, Shih & Ren, 2013（正模标本，雄性，CNU-MEC-NN-2012001）（改自参考文献［103］）
标本由史宗冈捐赠
A. 正模标本照片；B. 正模标本线条图；C. 生殖器照片，加酒精拍摄；D. 生殖器线条图

群中尚未发现。除特殊的脉序特征外，另一个重要的形态特征是极度延长的腹部第6~8节（A6~A8）及扩大的雄性生殖器。王琦等人描述了长翅目的两新种，即奇异强壮辙蝎蛉 *Fortiholcorpa paradoxa* Wang, Shih & Ren, 2013 和钳状奇异辙蝎蛉 *Miriholcorpa forcipata* Wang, Shih & Ren, 2013，都存在极度延长的 A6~A8，但由于上述理由暂定为科未定。这种延长的腹部末节也存在于另外两个长翅目类群，直脉蝎蛉科[104, 105]及蝎蛉科[106]。而腹节的长度和延长程度在不同类群中差异显著。多斑锥状辙蝎蛉的腹部最末两节长24 mm，与辙蝎蛉科的其他种长度（21.8~26.3 mm）相似。奇异强壮辙蝎蛉腹部最末两节长度为42.9 mm，而在钳状奇异辙蝎蛉中长度仅为11.6 mm。以上属种腹节的长度均比直脉蝎蛉科的长。这种腹部第6~8节的极度延长很可能是用于性展示，或与其他雄性争夺配偶（图24.24）。这种特殊雄性虫体结构的发现，将长翅目性展示和性选择行为的化石记录从早始新世向前推进至中侏罗世晚期。相似的特征也存在于一些现生蝎蛉科的长腹蝎蛉属 *Leptopanorpa* 中，表明这种雄性腹部和生殖器极度延长带来的性选择优势，超过了在进化过程中由于体型臃肿带来行动不便的负面影响[101, 103]。

◀ 图 24.24　多斑锥状辙蝎蛉 *Conicholcorpa stigmosa* Li, Shih, Wang & Ren, 2017 雄性，生态复原图
王晨绘制

副蝎蛉科 Parachoristidae Tillyard, 1937

　　副蝎蛉科是一个较小的绝灭类群，已有的研究结果表明该科与二叠蝎蛉科 Permochoristidae 和直脉蝎蛉科 Orthophlebiidae 的亲缘关系较近[29, 59, 108, 109]。迄今副蝎蛉科包含2亚科10属24种。两亚科为副蝎蛉亚科 Parachoristinae Handlirsch, 1937 及新副蝎蛉亚科 Neoparachoristinae Willmann, 1978。化石产自澳大利亚[111, 112]、吉尔吉斯斯坦[29, 59, 113]及中国[27, 114]，时代从中三叠世至早白垩世。副蝎蛉科昆虫既具有二叠蝎蛉科的部分特征，又有直脉蝎蛉科的部分特征，因此被认为是两者之间的过渡类群，相关特征如前后翅的MP至少六分支，Rs₁具二或三前分支[27]。

　　中国北方地区侏罗纪仅报道1属：准格尔副蝎蛉属 *Junggarochorista* Hong, 2009。

准格尔副蝎蛉属 *Junggarochorista* Hong, 2009

Junggarochorista Hong, 2009, *Geological Bulletin of China*, 28 (10)：1382–1389[27].

Mesopanorpa Zhang, 1996, *Acta Palaeontol. Sin.*, 35 (4)：442–456[107]（original designation）（归入直脉蝎蛉科）.

　　模式种：吐孜沟准格尔副蝎蛉 *Junggarochorista tuzigouensis* Hong, 2009。

Sc长而直，缺乏前分支，与翅前缘相交；R_1不分支；Rs_1和MA两分支；MP六分支，MP基干较短，与CuA融合。

产地及时代：新疆维吾尔自治区，早侏罗世。

中国北方地区侏罗纪仅报道1种（表24.1）。

小蝎蛉亚目 Nannomecoptera Hinton, 1981

小蝎蛉科 Nannochoristidae Tillyard, 1917

小蝎蛉科是一个长翅目的孑遗类群，迄今报道了1个现生属和6个绝灭属。迄今报道的现生小蝎蛉均产自南半球，即澳大利亚、南美洲[58, 113, 115]及新西兰[116]。小蝎蛉科成虫的形态特征已广为人知，但幼虫的结构仍需进一步研究[117]。该科成虫多发现于潮湿的草本植物上[57, 118]，幼虫主要水生，为捕食性昆虫[119, 120]。迄今报道的小蝎蛉科绝灭类群共20种，化石记录来自中国[108, 110]、蒙古、俄罗斯、哈萨克斯坦及澳大利亚[1, 29, 124, 128]。该科最古老的化石产自晚二叠世的澳大利亚[44]，共涉及3属，即小蝎蛉属 *Nannochoristella* Riek, 1953；新小蝎蛉属 *Neochoristella* Riek, 1953；罗氏小蝎蛉属 *Robinjohnia* Martynova, 1948。异塔小蝎蛉属 *Itaphlebia* Sukatsheva, 1985是中生代最常见的小蝎蛉科昆虫，具有独特的形态特征，且与已知的现生类群存在显著差异，如Sc前分支至少三支，Rs四分支。

中国北方地区侏罗纪仅报道1属：异塔小蝎蛉属 *Itaphlebia* Sukatsheva, 1985。

异塔小蝎蛉属 *Itaphlebia* Sukatsheva, 1985

Itaphlebia Sukatsheva, 1985. In The Jurassic Insects of Siberia and Mongolia. *Rasnitsyn, A.P., ed., Nauka Press, Moscow*, 96–97[124].

Chrysopanorpa Ren, Lu, Ji & Guo, 1995, *Seismic Publishing House, Beijing*, 91[121].

Stylopanorpodes Sun, Ren & Shih, 2007, *Acta Zootaxonomica Sinica*, 32：865–866[129].

Netropanorpodes Sun, Ren & Shih, 2007, *Acta Zootaxonomica Sinica*, 32：867[129].

Protochoristella Sun, Ren & Shih, 2007, *Acta Zootaxonomica Sinica*, 32：406[122].

Itaphlebia: Cao, Shih, Bashkuev & Ren, 2015, *Alcheringa*, 40 (1)：2[31].

模式种：完整异塔小蝎蛉 *Itaphlebia completa* Sukatsheva, 1985。

前翅长5.1~15.4 mm，Sc二或三分支；Rs四或五分支，起源点比M更靠近翅端部；M四或五分支。后翅Sc短，不分支，未达到翅痣区域；Rs四分支，M四或五分支。

产地及时代：内蒙古，中侏罗世。

中国北方地区侏罗纪报道8种（表24.1）。

精美异塔小蝎蛉 *Itaphlebia amoena* Cao, Shih, Bashkuev & Ren, 2015（图24.25）

Itaphlebia amoena Cao, Shih, Bashkuev & Ren, 2015: *Alcheringa*, 40 (1)：4–7.

产地及层位：内蒙古宁城道虎沟；中侏罗统，九龙山组。

虫体长7.3 mm（不计触角和尾须）；左前翅长约8.6 mm，宽约2.9 mm。复眼小而分开；触角丝状，左右触角分别保存10和13节。下颚须较细，外表面被有短刚毛。足细长，胫端距两个；所有足外表面被

▶ 图 24.25 精美异塔小蝎蛉 *Itaphlebia amoena* Cao, Shih, Bashkuev & Ren, 2015（正模标本，雌性，CNU-MEC-NN-2008209p）[31]

有短刚毛。腹部可见10节。前翅前缘在基部稍凸出，Sc三分支，Sc_1和Sc_2均未超过翅中部，Sc_3几乎达到翅痣区域；R分支点比Sc_2更靠近翅基部；Rs和M四分支；m-cu1弯曲呈"S"形；Cu_1与M存在长距离的融合；A_1和A_2几乎平行。后翅短于前翅，Sc不分支，c-r1几乎位于翅中部；R_1在翅痣区域弯曲；存在一支c-r1[31]。

忏蝎蛉亚目 Pistillifera Willmann, 1987

蚊蝎蛉科 Bittacidae Handlirsch, 1906

蚊蝎蛉科是现生长翅目中的第二大科，包含270余种[130]。通常体型较大；3对足极长，第5跗节回折于第4跗节之上，末端具1个爪；前翅Cu_1与M短距离共柄；雄性外生殖器不呈球状。由于形态类似双翅目大蚊科昆虫，常用前足（或前足和中足）悬挂于低矮的植物枝条或叶上，利用后足捕捉小飞虫，俗称为"蚊蝎蛉"（hangingflies）。现生的蚊蝎蛉为世界性分布，在热带和温带均有发现。最古老的蚊蝎蛉化石是*Archebittacus exilis* Riek, 1955，产自晚三叠世的澳大利亚。侏罗纪该科的数量达到顶峰，存在24个属的化石记录[118-120]，而白垩纪仅报道了7属9种[41, 127, 131, 133-136]。

中国北方地区侏罗纪及白垩纪报道的属：直脉蚊蝎蛉属*Orthobittacus* Willmann, 1989；西伯利亚蚊蝎蛉属*Sibirobittacus* Sukatsheva, 1990；辽蚊蝎蛉属*Liaobittacus* Ren, 1993；派纳蚊蝎蛉属*Preanabittacus* Novokshonov, 1993；蓟蚊蝎蛉属*Jichoristella* Ren, Lu, Ji & Guo, 1995；大蚊蝎蛉属*Megabittacus* Ren, 1997；蒙古蚊蝎蛉属*Mongolobittacus* Petrulevičius, Huang & Ren, 2007；美丽蚊蝎蛉属 *Formosibittacus* Li, Ren & Shih, 2008；侏森蚊蝎蛉属*Jurahylobittacus* Li, Ren & Shih, 2008；华美蚊蝎蛉属*Decoribittacus* Li & Ren, 2009；卡拉蚊蝎蛉属*Karattacus* Li & Ren, 2009；小蚊蝎蛉属*Exilibittacus* Yang, Ren & Shih, 2012；复合蚊蝎蛉属*Composibittacus* Liu, Shih & Ren, 2016。

直脉蚊蝎蛉属 *Orthobittacus* Willmann, 1989

Orthobittacus Willmann, 1989, *Abhandlungen Sencken.*, 544：123–124[137] (original designation).
模式种：似脉直脉蚊蝎蛉 *Orthobittacus abshirica* Martynova, 1951。

Sc到达翅前缘的端部，超过R_{4+5}的分支；前缘域存在1或2条横脉，翅痣区域存在1或2条翅痣下横脉；Rs四分支，M六或七分支。

产地及时代：内蒙古，中侏罗世。

中国北方地区侏罗纪仅报道1种（表24.1）。

西伯利亚蚊蝎蛉属 *Sibirobittacus* Sukatsheva, 1990

Sibirobittacus Sukatsheva, 1990, *Transactions of the Paleontological Institute of the USSR Academy of Sciences*, 93[125]（original designation）.

模式种：波状西伯利亚蚊蝎蛉 *Sibirobittacus undus* Sukatsheva, 1990。

Rs长于R_{2+3}与R_2长度和，Sc延伸至翅缘，明显超过Rs分支点。M与Rs分支几乎在同一水平。

产地及时代：辽宁，早白垩世。

中国北方地区白垩纪仅报道1种（表24.1）。

辽蚊蝎蛉属 *Liaobittacus* Ren, 1993

Liaobittacus Ren, 1993, *Acta Geol. Sin.-Engl.*, 67：378[138]（original designation）.

模式种：长角辽蚊蝎蛉 *Liaobittacus longantennatus* Ren, 1993。

触角明显长于翅，R_1超过翅痣区域，翅膜上无条带状翅斑；Rs分支点比M脉的分支点更靠近翅基部；存在两个翅痣下横脉和一个前缘域横脉。

产地及时代：辽宁，早白垩世。

中国北方地区白垩纪仅报道1种（表24.1）。

派纳蚊蝎蛉属 *Preanabittacus* Novokshonov, 1993

Preanabittacus Novokshonov, 1993, *Russian Entomol. J.*, 2：81[134]（original designation）.

模式种：卡拉派纳蚊蝎蛉 *Preanabittacus karatavensis* Novokshonov, 1993。

前翅Sc比R_{4+5}更靠近翅端部，后翅Sc比Rs更靠近翅端部；Rs和M四分支；Rs比M更靠近翅基部；A_1短，与翅缘交点比Rs和M分支点更靠近翅基部。

产地及时代：内蒙古，中侏罗世。

中国北方地区侏罗纪仅报道1种（表24.1）。

强壮派纳蚊蝎蛉 *Preanabittacus validus* Yang, Shih & Ren, 2012（图24.26）

Preanabittacus validus Yang, Shih & Ren, 2012: *Alcheringa*, 36 (2)：197–200.

产地及层位：内蒙古宁城道虎沟；中侏罗统，九龙山组。

体长18.5 mm，唇基狭长，复眼大，胸部长4.1 mm，第1节背板与后胸融合。翅近卵圆形，基部狭窄，至端部逐渐扩大，无翅斑。Sc与R_1之间存在一个亚前缘横脉，R_1分支；Cu_1与Cu_2平行；A_1向臀区弯曲，比Rs分支点更靠近翅基部。后翅小于前翅，Sc比前翅短[41]。

蓟蚊蝎蛉属 *Jichoristella* Ren, Lu, Ji & Guo, 1995

Jichoristella Ren, Lu, Ji & Guo, 1995, Seismic Publishing House, Beijing, p. 222[121].

模式种：稀少蓟蚊蝎蛉 *Jichoristella rara* Ren, Lu, Ji & Guo, 1995。

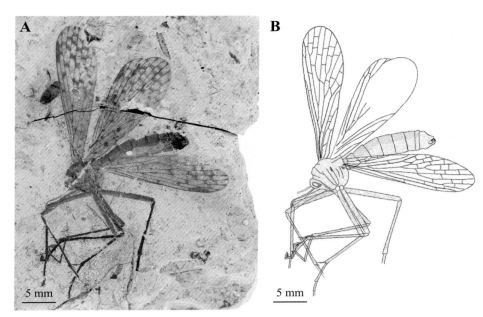

▲ 图 24.26 强壮派纳蚊蝎蛉 *Preanabittacus validus* Yang, Shih & Ren, 2012（正模标本，雌性，CNU-MEC-NN-2010005p）（改自参考文献 [41]）

A. 正模标本照片；B. 正模标本线条图

翅狭长，Sc未达到翅中点；R_1直；Rs三分支，分支点比M更靠近翅基部；Rs_1不分支，Rs_{2+3}分支点比M更靠近翅端部；M四分支，M_{3+4}比M_{1+2}更靠近翅基部；CuA与M基部存在短距离融合；CuP不分支；臀脉两支；横脉较多。

产地及时代：北京，早白垩世。

中国北方地区白垩纪仅报道1种（表24.1）。

大蚊蝎蛉属 *Megabittacus* Ren, 1997

Megabittacus Ren, 1997, *Acta Zootax. Sin.*, 22：76 [135] (original designation).

模式种：巨大蚊蝎蛉 *Megabittacus colosseus* Ren, 1997。

翅狭长，触角略短于翅长的1/4；Sc与R_1间存在3或4条横脉；仅一条翅痣下横脉；Sc与翅缘交点远超过Rs第1分支点，Rs和M四分支；A_1长，与翅缘交点接近CuP末端。

产地及时代：辽宁，早白垩世。

中国北方地区白垩纪报道3种（表24.1）。

修长大蚊蝎蛉 *Megabittacus spatiosus* Yang, Ren & Shih, 2012（图24.27）

Megabittacus spatiosus Yang, Ren & Shih, 2012: *Geodiversitas*, 34 (4)：795–796.

产地及层位：辽宁北票黄半吉沟；下白垩统，义县组。

翅狭长，明显长于其他已知的蚊蝎蛉，顶角钝圆；Sc较长，到达翅痣基部；R_1超过翅痣区域，端部上弯，呈勺状。生殖节保存完好，第9背片长，尖端渐细，且向中部弯曲。

蒙古蚊蝎蛉属 *Mongolobittacus* Petrulevičius, Huang & Ren, 2007

Mongolobittacus Petrulevičius, Huang & Ren, 2007, *Afr. Invertebr.*, 48 (1)：146 [39] (original designation).

10 mm

◀ 图24.27 修长大蚊蝎蛉 *Megabittacus spatiosus* Yang, Ren & Shih, 2012（正模标本，雌性，CNU-MEC-LB-2010003）[41]

模式种：道虎沟蒙古蚊蝎蛉 *Mongolobittacus daohugouensis* Petrulevičius, Huang & Ren, 2007。

Sc与翅缘交点与Rs分支点几乎在同一水平；Rs和M四分支；R_1端部呈勺状，不分支；A_1短，比M分支点更靠近翅基部。

产地及时代：内蒙古，中侏罗世。

中国北方地区侏罗纪报道2种（表24.1）。

美丽蚊蝎蛉属 *Formosibittacus* Li, Ren & Shih, 2008

Formosibittacus Li, Ren & Shih, 2008, *Zootaxa*, 1929：39[40] (original designation).

模式种：多斑美丽蚊蝎蛉 *Formosibittacus macularis* Li, Ren & Shih, 2008。

触角短于体长的一半。Sc比R_{4+5}分支点更靠近翅端部；R_1超过翅痣区域，仅一翅痣下横脉；Rs和M四分支，Rs分支点比M更靠近翅基部；A_1与翅缘交点与Rs第一分支点几乎在同一水平。

产地及时代：内蒙古，中侏罗世。

中国北方地区侏罗纪仅报道1种（表24.1）。

多斑美丽蚊蝎蛉 *Formosibittacus macularis* Li, Ren & Shih, 2008（图24.28）

Formosibittacus macularis Li, Ren & Shih, 2008: *Zootaxa*, 1929：42.

产地及层位：内蒙古宁城道虎沟；中侏罗统，九龙山组。

触角长不足体长的一半，腹部至少10节可见。足细长，密被短刚毛，附节末端具1个捕食性的爪。前翅长23 mm，后翅长20 mm，翅基部狭长；M第1个分支处存在1个明斑，A_1与A_2间存在2条横脉，A_2到达翅缘处的位置比Rs远。后翅和前翅脉序基本相似，除A_1与CuP存在明显融合，A_2比Rs起源点更靠近翅基部。

侏森蝎蛉属 *Jurahylobittacus* Li, Ren & Shih, 2008

Jurahylobittacus Li, Ren & Shih, 2008, *Zootaxa*, 1929：42[40] (original designation).

模式种：无斑侏森蚊蝎蛉 *Jurahylobittacus astictus* Li, Ren & Shih, 2008。

Sc与翅缘交点比Rs分支点更靠近翅基部；R_1呈勺状，明显超过翅痣区域；Rs与M四分支，Rs分支点比M更靠近翅基部。

产地及时代：内蒙古，中侏罗世。

▶ 图 24.28 多斑美丽蚊蝎蛉 *Formosibittacus macularis* Li, Ren & Shih, 2008（正模标本，CNU-M-NN-2007001p）[40]

5 mm

中国北方地区侏罗纪仅报道1种（表24.1）。

华美蚊蝎蛉属 *Decoribittacus* Li & Ren, 2009

Decoribittacus Li & Ren, 2009, *Acta Zootax. Sin.*, 34 (3)：560 [139] (original designation).

模式种：美脉华美蚊蝎蛉 *Decoribittacus euneurus* Li & Ren, 2009。

翅狭长，Sc极长，到达翅痣区域；R_1超过翅痣区域，端部存在轻微的减弱及弯曲；Rs四分支，比M分支点更靠近翅基部。

产地及时代：内蒙古，中侏罗世。

中国北方地区侏罗纪仅报道1种（表24.1）。

卡拉蚊蝎蛉属 *Karattacus* Li & Ren, 2009

Karattacus Li & Ren, 2009, *Acta Zootax. Sin.*, 34 (3)：563 [139] (original designation).

模式种：极卡拉蚊蝎蛉 *Karattacus persibus* Novokshonov,1997。

R_1长，超过翅痣区域，在翅端部分支；Rs四分支，M五分支；A_2长，与前翅后缘间存在3条横脉。

产地及时代：内蒙古，中侏罗世。

中国北方地区侏罗纪仅报道1种（表24.1）。

小蚊蝎蛉属 *Exilibittacus* Yang, Ren & Shih, 2012

Exilibittacus Yang, Ren & Shih, 2012, *Geodiversitas*, 34 (4)：788 [41] (original designation).

模式种：李氏小蚊蝎蛉 *Exilibittacus lii* Yang, Ren & Shih, 2012。

前缘域仅1条横脉，Rs分支点比M更靠近翅基部；A_1与翅后缘交点达到或超过Rs分支点；后翅Rs三或四分支。

产地及时代：内蒙古，中侏罗世。

中国北方地区侏罗纪报道3种（表24.1）。

似叶小蚊蝎蛉 *Exilibittacus foliaceus* Liu, Shih & Ren, 2014（图24.29）

Exilibittacus foliaceus Liu, Shih & Ren, 2014: *ZooKeys*, 466：87–89.

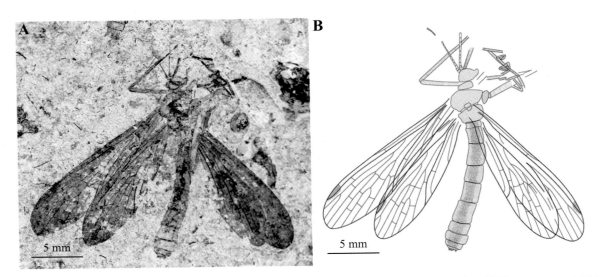

▲ 图 24.29　似叶小蚊蝎蛉 *Exilibittacus foliaceus* Liu, Shih & Ren, 2014（正模标本，雌性，CNU-MEC-NN-2013010）（改自参考文献［140］）

A. 正模标本照片；B. 正模标本线条图

产地及层位：内蒙古宁城道虎沟；中侏罗统，九龙山组。

足细长，被有短刚毛；第5跗节折回到第4跗节，端跗节具一爪。翅基部狭长，翅痣区域颜色略深；Sc与翅缘交点比Rs分支点更靠近翅端部，R_1超过翅痣区域，较直；A_1与翅缘交点与Rs分支点几乎在同一水平。尾须被有短刚毛[140]。

复合蚊蝎蛉属 *Composibittacus* Liu, Shih & Ren, 2016

Composibittacus Liu, Shih & Ren, 2016, *Zootaxa*, 4067 (1)：66[132] (original designation).

模式种：双斑复合蚊蝎蛉 *Composibittacus bipunctatus* Liu, Shih & Ren, 2016。

Sc长，与翅缘交点与R_{4+5}几乎在同一水平；翅痣下横脉5条，位于R_1与R_2之间及R_1与R_{2+3}之间；A_1长，到达翅痣区域，接近Rs分支点。

产地及时代：内蒙古，中侏罗世。

中国北方地区侏罗纪报道2种（表24.1）。

知识窗：缅甸琥珀中的蚊蝎蛉

缅甸琥珀（Myanmar amber）产自缅甸北部克钦的胡康河谷，两千多年前作为珠宝的原材料传入中国。一个世纪前，人们开始关注其中包埋的昆虫样本，开始对这些化石进行系统研究[141, 146]。迄今，缅甸琥珀中仅报道了两种蚊蝎蛉昆虫[133, 148]。基于孢粉学、围岩成分及琥珀中包埋的昆虫类群，认为缅甸琥珀的年代应为森诺曼阶最初期[146, 149, 150]。

侏罗纪蚊蝎蛉的物种数量达到了顶峰，而到了晚白垩世数量急剧减少，仅报道了8属10种[131, 133, 148]。2017年赵祥东等人报道了缅甸琥珀中的第一个蚊蝎蛉属种：*Burmobittacus jarzembowskii* Zhao, Bashkuev, Chen & Wang, 2017[133]。2018年李升等人在缅甸琥珀中发现了最早的蚊蝎蛉属记录：*Bittacus lepiduscretaceus* Li, Zhang, Shih & Ren, 2018[148]。这些发现丰富了蚊蝎蛉属种的多样性，同时将蚊蝎蛉属*Bittacus*的生活时间提前至白垩纪中期。通常琥珀可以很好地保存小型昆虫，而体型较大的样本却较难保存[151, 152]。由于蚊蝎蛉昆虫的体型较大（通常大于10 mm），在琥珀中一般较为罕见[133]（图24.30）。

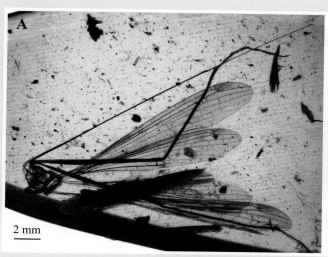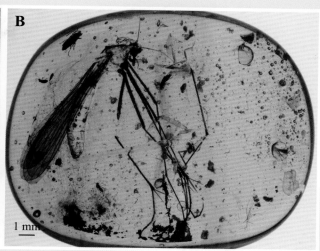

▲ 图 24.30　缅甸琥珀中两种蚊蝎蛉（改自参考文献［133］、［148］）

A. *Burmobittacus jarzembowskii* Zhao, Bashkuev, Chen & Wang, 2017（正模标本，NIGP164041）；

B. *Bittacus lepiduscretaceus* Li, Zhang, Shih & Ren, 2018（正模标本，BU-001263）。

半岛蝎蛉科 Cimbrophlebiidae Willmann, 1977

　　半岛蝎蛉科通常被认为是蚊蝎蛉科的姐妹群[137, 153]，是长翅目中鲜为人知的绝灭类群，生活在侏罗纪至始新世时期[154]。该科与蚊蝎蛉科的形态特征十分相似，主要区别在于半岛蝎蛉的臀脉长而多分支[155]，而两者足的相似性也很高，推测半岛蝎蛉也是捕食性昆虫。该科的化石记录十分稀少，迄今中国仅报道了7属。

　　中国北方地区侏罗纪报道的属：半岛蝎蛉属 *Cimbrophlebia* Willmann, 1977；远蝎蛉属 *Telobittacus* Zhang, 1993；侏罗半岛蝎蛉属 *Juracimbrophlebia* Wang, Labandeira, Shih & Ren, 2012；完美半岛蝎蛉属 *Perfecticimbrophlebia* Yang, Shih & Ren, 2012；典雅半岛蝎蛉属 *Bellicimbrophlebia* Yang, Shih & Ren, 2013；奇异半岛蝎蛉属 *Mirorcimbrophlebia* Yang, Shih & Ren, 2013。

半岛蝎蛉属 *Cimbrophlebia* Willmann, 1977

Cimbrophlebia Willmann, 1977, *Neues Jahrbuch für Geologie und Paläontologie, Monatshefte*, 12：736[153].

模式种：类蚊半岛蝎蛉 *Cimbrophlebia bittaciformis* Willmann, 1977。

Sc到达翅痣基部，M四分支，Cu_1与Cu_2几乎平行，Cu_2端部弯曲。

产地及时代：内蒙古，中侏罗世。

中国北方地区侏罗纪和白垩纪报道3种（表24.1）。

秀丽半岛蝎蛉 *Cimbrophlebia amoena* Zhang, Shih & Ren, 2015（图24.31）

Cimbrophlebia amoena Zhang, Shih & Ren, 2015: *Acta Geol. Sin.-Engl.*, 89 (5)：1487–1489.

产地及层位：内蒙古宁城道虎沟；中侏罗统，九龙山组。

头卵圆状，具延长的咀嚼式口器。复眼大，卵圆形。足细长，被有短刚毛。翅基部狭长，向端部渐

▶ 图24.31　秀丽半岛蝎蛉 *Cimbrophlebia amoena* Zhang, Shih & Ren, 2015（正模标本，CNU-MEC-NN-2014072p)[154]

5 mm

宽。Sc与翅缘交点几乎位于翅2/3处。R_1在翅痣处弯曲。M分支点比Rs更靠近翅端部，Rs和M五分支。A_1与翅后缘交点比M_{1+2}更靠近翅基部，A_3不可见[154]。

远蝎蛉属 *Telobittacus* Zhang, 1993

Telobittacus Zhang, 1993, *Palaeoworld*, 2：56[156] (original designation).

模式种：破裂远蝎蛉 *Telobittacus fragosus* Zhang, 1993。

M_5分支，Cu_1与Cu_2几乎平行，Cu_2端部延伸至翅缘；A_2至少六分支。

产地及时代：内蒙古，中侏罗世；山西，早白垩世。

中国北方地区侏罗纪和白垩纪报道3种（表24.1）。

侏罗半岛蝎蛉属 *Juracimbrophlebia* Wang, Labandeira, Shih & Ren, 2012

Juracimbrophlebia Wang, Labandeira, Shih & Ren, 2012, *PNAS*, 20516[33] (original designation).

模式种：银杏侏罗半岛蝎蛉 *Juracimbrophlebia ginkgofolia* Wang, Labandeira, Shih & Ren, 2012。

A_2至少六分支，呈梳状；Sc与翅缘交点约为翅2/3处；R_1接近翅痣区域；Rs五分支，M四分支，Rs、M与Cu基部融合。

产地及时代：内蒙古，中侏罗世。

中国北方地区侏罗纪仅报道1种（表24.1）。

银杏侏罗半岛蝎蛉 *Juracimbrophlebia ginkgofolia* Wang, Labandeira, Shih & Ren, 2012（图24.32）

Juracimbrophlebia ginkgofolia Wang, Labandeira, Shih & Ren, 2012: *PNAS*, 20516.

产地及层位：内蒙古宁城道虎沟；中侏罗纪，九龙山组。

体长38.5 mm。前翅长32.4 mm，宽8.9 mm，存在较浅的着色及透明的翅斑。翅膜存在明显褶皱，义马果属*Yimaia*（银杏类）的叶片也存在同样情况。脉序与半岛蝎蛉代表类群基本相似，Sc达到翅2/3处；R_1分支点接近翅痣；Rs、M及Cu基部融合；Cu_2在翅后缘处存在强烈弯曲；A_1仅一分支，A_2至少六分支，

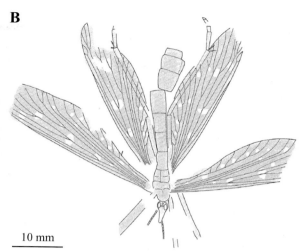

▲ 图 24.32　银杏侏罗半岛蝎蛉 *Juracimbrophlebia ginkgofolia* Wang, Labandeira, Shih & Ren, 2012（正模标本, CNU-MEC-NN-2010050p）（改自参考文献 [33]）

A. 正模标本照片；B. 正模标本线条图

且接近翅基部存在短横脉。后翅与前翅脉序相似，比前翅稍小，后翅长33.8 mm，宽8.6 mm [33]。

叶状拟态与互利共生

银杏侏罗半岛蝎蛉生活在1.65亿年前，2012年王永杰等人发现该类昆虫与银杏叶间可能存在叶状拟态与互利共生关系。几何形态学分析为古老的蚊蝎蛉昆虫与银杏叶间形成的相似特征提供了直接证据。虽然现生的银杏不太可能是昆虫拟态的对象 [33, 157, 159]，但侏罗纪植食性昆虫对银杏叶的破坏是很常见的 [33]。最有趣的发现是银杏侏罗半岛蝎蛉作为一种小型的捕食者出现了叶状拟态现象，用于迷惑天敌，躲避较大的捕食者，如捕食性昆虫、食虫类恐龙及哺乳动物，或者可能作为一种掠夺性的生存策略，保护其寄主植物不受植食性动物的侵害，从而实现昆虫与植物间的互利共生。在侏罗纪和白垩纪之交，这种银杏类的寄主植物趋于灭绝，随之在白垩纪末期，大量被子植物出现前银杏侏罗半岛蝎蛉也灭绝了（第29章 29.3.2，图 29.19，图 29.20）。银杏侏罗半岛蝎蛉在2013年被国际物种探索协会（The International Institute for Species Exploration, IISE）列为"IISE 2012年十大新物种"之一。

半岛蝎蛉科的系统发育及几何形态学分析

为探究半岛蝎蛉科属间的系统发育关系，研究人员选取了9个类群和7个形态学特征，其中选取了两个蚊蝎蛉科的属作为外群，分析在PAUP中完成。尽管半岛蝎蛉科的系统发育关系问题尚未完全解决，该结果仍为该科的演化研究提供了一个全新的视角，并为关键性状的转化提供了可能的方向。此外，几何形态学分析包含了半岛蝎蛉科的10个样本、蚊蝎蛉及义马果属完整的银杏叶片，选取了翅及叶片外轮廓的100个标志点。普氏距离（Procrustes distances）很好地揭示了形态间的差异。此外，最终的结果也提供了一种直接的方法来解释半岛蝎蛉、蚊蝎蛉及银杏间的关系。蚊蝎蛉、半岛蝎蛉及银杏叶在研究中被很好地区分开来。同时，研究发现半岛蝎蛉和银杏叶之间的形态相似度比蚊蝎蛉与银杏叶之间的大 [33]（图24.33）。

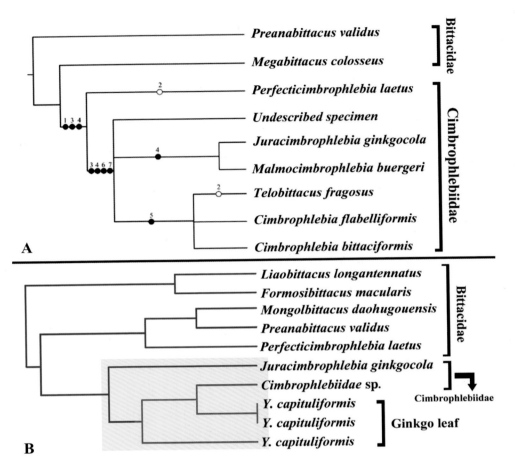

▲ 图 24.33　半岛蝎蛉科系统发育及几何形态学分析结果（改自参考文献［33］）
A. PAUP 分析得到的最佳结果树；B. NTSYSpc 和 UPGMA 翅缘标志点分析得到的表型
分类结果树；（A）中黑点为共有衍征，白点为平行和逆转的形态特征；（B）中粉色矩
形为半岛蝎蛉前翅和银杏叶的分支

完美半岛蝎蛉属 *Perfecticimbrophlebia* Yang, Shih & Ren, 2012

Perfecticimbrophlebia Yang, Shih & Ren, 2012, *Alcheringa*, 36 (2)：196 [42] (original designation).

模式种：清晰完美半岛蝎蛉 *Perfecticimbrophlebia laetus* Yang, Shih & Ren, 2012。

前翅Sc长，端部几乎到达R_{5+6}分支点，后翅Sc短，比Rs更靠近翅基部。前翅和后翅R_1分支且弯曲，R_1与R_{2+3}间横脉相连。前翅M六分支，后翅M五分支。前后翅Cu_1与Cu_2几乎平行，A_2长，两分支。

产地及时代：内蒙古，中侏罗世。

中国北方地区侏罗纪仅报道1种（表24.1）。

清晰完美半岛蝎蛉 *Perfecticimbrophlebia laetus* Yang, Shih & Ren, 2012（图24.34）

Perfecticimbrophlebia laetus Yang, Shih & Ren, 2012: *Alcheringa*, 36 (2)：198–199.

产地及层位：内蒙古宁城道虎沟；中侏罗统，九龙山组。

体长24.5 mm，头顶部凸出，口器细长，复眼较大。腹部长17.5 mm，可见9节。足上密被短刚毛。前翅Sc长，比R_1靠近翅基部，端部超过Rs；C与Sc间仅一横脉，Sc与R_1有两支横脉相连；Cu_1与M存在短距离融合；A_2两分支，与A_1间有一短横脉相连[42]。

▶ 图 24.34　清晰完美半岛蝎蛉 *Perfecticimbrophlebia laetus* Yang, Shih & Ren, 2012（正模标本，CNU-M-NN2010004p）（改自参考文献［42］）

典雅半岛蝎蛉属 *Bellicimbrophlebia* Yang, Shih & Ren, 2013

Bellicimbrophlebia Yang, Shih & Ren, 2013, *Palaeontology*, 56 (4)：718［160］(original designation).

模式种：交叉典雅半岛蝎蛉 *Bellicimbrophlebia cruciata* Yang, Shih & Ren, 2013。

Sc与翅缘交点远超过Rs分支点；Rs和M五分支；Rs分支点比M更靠近翅基部；Cu$_1$与Cu$_2$几乎平行，两者间存在3条横脉。

产地及时代：内蒙古，中侏罗世。

中国北方地区侏罗纪报道5种（表24.1）。

奇异半岛蝎蛉属 *Mirorcimbrophlebia* Yang, Shih & Ren, 2013

Mirorcimbrophlebia Yang, Shih & Ren, 2013, *Palaeontology*, 56 (4)：718［160］(original designation).

模式种：道虎沟奇异半岛蝎蛉 *Mirorcimbrophlebia daohugouensis* Yang, Shih & Ren, 2013。

翅长是翅宽的4.5倍，M六分支，Cu$_1$与Cu$_2$几乎平行。翅整体色浅，M$_{1+2+3}$分支点在"Bittacid cross"之前。

产地及时代：内蒙古，中侏罗世。

中国北方地区侏罗纪仅报道1种（表24.1）。

原蝎蛉科 Eomeropidae Cockerell, 1909

原蝎蛉科是一个较小的孑遗类群，现生仅1属1种，即*Notiothauma reedi* M'Lachlan, 1877。该类群非常稀少，被称为"活化石"，现生种仅发现于智利南部的山毛榉林中［114］，夜行性，通常产卵于落叶和树皮下［15］。原蝎蛉科的化石记录相当稀少，迄今仅报道了6属12种，时代从侏罗纪早期到古近纪。最古老的化石产自英国南部多塞特郡的查莫斯泥岩组，时代为早侏罗世（辛涅缪尔阶）［161］。中国中生代有3属5种的化石记录［162, 164］，白垩纪中期缅甸琥珀中报道1种［165］，6个种的化石产自加拿大［166］、美国科罗拉多［167］及西伯利亚地区［168］。该科的主要特征为：脉序较复杂，前缘域可见平行的副脉；翅膜被有长刚毛；虫体扁平，外表面具有长而坚硬的棘状突起，排列较分散；咀嚼式口器，下口式［162, 163］。

中国北方地区侏罗纪和白垩纪报道的属：祖卿原蝎蛉属*Tsuchingothauma* Ren & Shih, 2005；云状原蝎蛉属*Typhothauma* Ren & Shih, 2005；侏罗原蝎蛉属*Jurathauma* Zhang, Shih, Petrulevičius & Ren, 2011。

祖卿原蝎蛉属 *Tsuchingothauma* Ren & Shih, 2005

Tsuchingothauma Ren & Shih, 2005, *Acta Zootax. Sin.*, 30 (2)：276[162] (original designation).

模式种：史氏祖卿原蝎蛉 *Tsuchingothauma shihi* Ren & Shih, 2005。

该属献给史宗冈教授的父亲史祖卿先生，以感谢他对史宗冈教授的指导和鼓励。

前翅顶角稍尖；前缘域基部狭窄，由四条纵脉形成五排翅室，平行于前缘；Sc具一或二前分支；R_1不分支；Rs和M九分支；Cu_1分支点与Rs从R起源点几乎位于同一水平，Cu_1第一分支与M存在短距离融合；Cu_2仅一前分支。

产地及时代：内蒙古，中侏罗世。

中国北方地区侏罗纪仅报道2种（表24.1）。

史氏祖卿原蝎蛉 *Tsuchingothauma shihi* Ren & Shih, 2005（图24.35）

Tsuchingothauma shihi Ren & Shih, 2005: *Acta Zootax. Sin.*, 30 (2)：277–279.

产地及层位：内蒙古宁城道虎沟；中侏罗统，九龙山组。

虫体长约22 mm（不计触角），前翅长28 mm，宽10.5 mm，触角长至少5 mm。头部分覆盖于前胸背板下。下口式。触角丝状，多分节。前胸背板较大，中胸和后胸大小相似，盾片和小盾片可见。足外表面被有短刚毛，排列呈环形，胫端距两个，跗节五分节。腹部可见10节；第7~10节明显比第2~6节细长；第10和第11节融合，尾须至少两分节[162]。

云状原蝎蛉属 *Typhothauma* Ren & Shih, 2005

Typhothauma Ren & Shih, 2005, *Acta Zootax. Sin.*, 30 (2), 279[162] (original designation).

模式种：义县云状原蝎蛉 *Typhothauma yixianensis* Ren & Shih, 2005。

前缘域基部较宽阔，由2条纵脉形成3排翅室；肩脉（humeral vein）存在；R_1不分支；Rs和M九分支；Cu_1与M存在短距离融合；Cu_2不分支；臀脉三支，均不分支。横脉和翅室较少。

产地及时代：辽宁，早白垩世。

中国北方地区白垩纪报道2种（表24.1）。

优秀云状原蝎蛉 *Typhothauma excelsa* Zhang, Shih & Ren, 2012（图24.36）

Typhothauma excelsa Zhang, Shih & Ren, 2012: *Acta Zootax. Sin.*, 37 (1)：68–71.

产地及层位：辽宁北票黄半吉沟；下白垩统，义县组。

前翅长13.3 mm，宽5.5 mm；前缘基部被有长刚毛（长约0.5 mm）；前缘域基部狭窄，存在3排翅室；肩脉存在；Sc具一或二前分支，两纵脉间有4~5条横脉；R_1不分支；Rs六分支；M七分支；Cu_1分支点与Rs_{1+2+3}从R起源点几乎在同一水平，仅两前分支，与M_{3+4}存在短距离融合；Cu_2不分支；翅痣可见。足外表面被有短刚毛，排列呈环状，胫节细长[164]。

侏罗原蝎蛉属 *Jurathauma* Zhang, Shih, Petrulevičius & Ren, 2011

Jurathauma Zhang, Shih, Petrulevičius & Ren, 2011, *Zoosystema*, 33(4)：445[163] (original designation).

模式种：简单侏罗原蝎蛉 *Jurathauma simplex* Zhang, Shih, Petrulevičius & Ren, 2011。

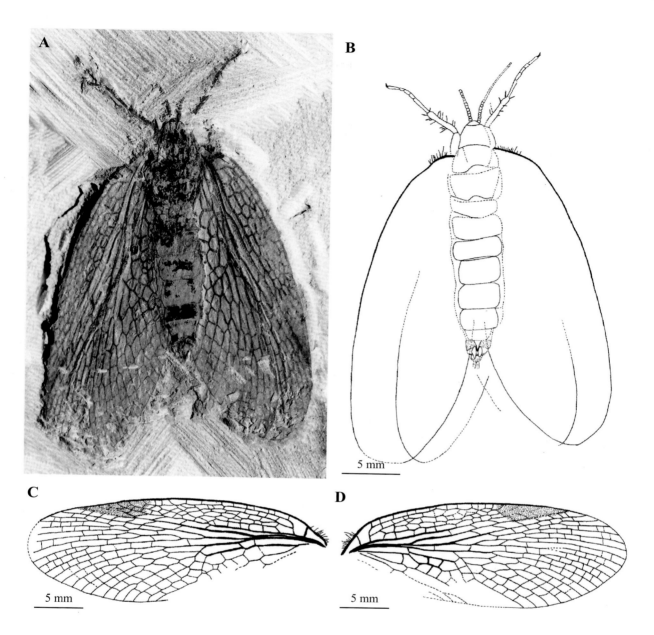

▲ 图 24.35　史氏祖卿原蝎蛉 *Tsuchingothauma shihi* Ren & Shih, 2005（正模标本，雌性，CNU-MEC-NN-2004001）（改自参考文献［162］）
标本由史宗冈捐赠
A. 正模标本照片；B. 正模标本线条图；C. 左前翅线条图；D. 右前翅线条图

　　与原蝎蛉科其他属相比，脉序相对简单，前缘域由一纵脉形成两排翅室；Rs和M五分支；Cu_1两分支；Cu_2不分支；臀脉三支。
　　产地及时代：内蒙古，中侏罗世。
　　中国北方地区侏罗纪仅报道1种（表24.1）。

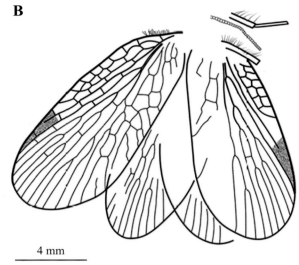

▲ 图 24.36　优秀云状原蝎蛉 *Typhothauma excelsa* Zhang, Shih & Ren, 2012（正模标本，CNU-MEC-LB-2009004）
（改自参考文献 [164]）
A. 正模标本照片；B. 正模标本线条图

蝎蛉总科 **Panorpidea** Willmann, 1987

直脉蝎蛉科 **Orthophlebiidae** Handlirsch, 1906

　　直脉蝎蛉科是长翅目绝灭类群中最大的一个科，迄今报道了至少190种，生活时间从晚三叠世到早白垩世，其中约30种来自中国 [104, 107, 108, 112, 121, 135, 168, 174]。该科的分类位置一直存在争议。最初，Handlirsch在1906年建立了直脉蝎蛉科并描述了7个新属，而后又将另8属归入该科。1992年Carpenter修订合并了一些属种。迄今较公认的分类系统认为该科包含三属：直脉蝎蛉属*Orthophlebia* Westwood, 1845；原直脉蝎蛉属*Protorthophlebia* Tillyard, 1933；中蝎蛉属*Mesopanorpa* Handlirsch, 1906。直脉蝎蛉科的形态特征类似于蝎蛉科，但也存在一些不同点：口器短，咀嚼式；前翅宽阔，R1不分支；Rs具三到七分支，排列呈扇形，MP五分支，CuA不与MP融合，两者间存在一短横脉；后翅Sc稍短，CuA和MP基部存在短距离融合 [104]。

　　中国北方地区侏罗纪和白垩纪报道的属：直脉蝎蛉属*Orthophlebia* Westwood, 1845；中蝎蛉属*Mesopanorpa* Handlirsch, 1906；准澳蝎蛉属*Parachorista* Lin, 1976；多脉直脉蝎蛉属Longiphlebia Soszyńska-Maj & Krzemiński, 2018;巨翅直脉蝎蛉属*Gigaphlebia* Soszyńska-Maj & Krzemiński, 2018;侏罗直脉蝎蛉属 *Juraphlebia* Soszyńska-Maj & Krzemiński, 2019。

直脉蝎蛉属 *Orthophlebia* Westwood, 1845

Orthophlebia Westwood, 1845, BRODIE, 399–402 [172] (original designation).

Callopanorpa Handlirsch, 1906, W. Engelmann, 615 [61].

Orthophlebioides Handlirsch, 1906, W. Engelmann, 481 [61].

Orthophlebiites Handlirsch, 1939, *Ann.Natrrhist.Mus. Wien*, 83–84 [81].

Synorthophlebia Handlirsch, 1939, *Ann. Natrrhist. Mus. Wien*, 78–81 [81].

模式种：平行直脉蝎蛉 *Orthophlebia liassica* (Mantell, 1844) Tillyard, 1933。

前翅Rs_{1+2}和Rs_{3+4}分支点几乎在同一水平；Rs和MA分支点几乎在同一水平；Rs_1至少三分支；后翅MP和CuA间无横脉相连。

产地及时代：辽宁、河北，早白垩世；新疆维吾尔自治区，早侏罗世；广西壮族自治区、内蒙古自治区、山西，中侏罗世。

中国北方地区侏罗纪和白垩纪报道11种（表24.1）。

多脉直脉蝎蛉 *Orthophlebia nervulosa* Qiao, Shih & Ren, 2012（图24.37）

Orthophlebia nervulosa Qiao, Shih & Ren, 2012: *Alcheringa*, 36 (4)：3–4.

产地及层位：内蒙古宁城道虎沟；中侏罗统，九龙山组。

头圆形，口器短，咀嚼式；复眼大，卵形。足外表面密被短刚毛。前翅长27.5 mm，宽6.0 mm；Sc长，与翅前缘相交；R长，稍弯曲；Rs六分支；Rs+MA基干为Rs长度的两倍；Sc与C间存在5~6条横脉；Rs和MA分支点几乎在同一水平；MP五分支，CuA与MP基部不融合，但与CuP基部融合；臀脉三支。后翅长26.7 mm；Sc短，仅到达翅中部；Rs六分支；R直，不分支；Rs分支点比MA更靠近翅基部；MP四分支；CuA与MP短距离融合 [104]。

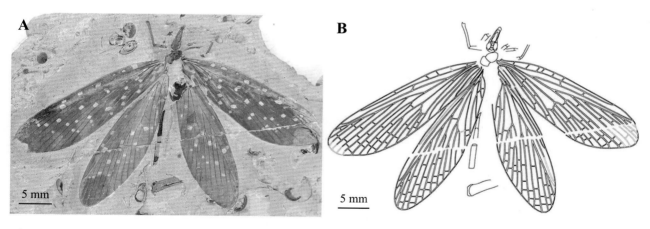

▲ 图 24.37　多脉直脉蝎蛉 *Orthophlebia nervulosa* Qiao, Shih & Ren, 2012（正模标本，CNU-MEC-NN-2011060）（改自参考文献［104］）
　　A. 正模标本照片；B. 正模标本线条图

中蝎蛉属 *Mesopanorpa* Handlirsch, 1906

Mesopanorpa Handlirsch, 1906, W. Engelmann, 615 [61] (original designation).

模式种：哈通中蝎蛉 *Mesopanorpa hartungi* Brauer, Redtenbacher & Ganglbauer, 1889。

前翅Rs_{1+2}约为Rs_{3+4}长度的两倍；Rs至少三分支，Rs_1单支或多分支。

产地及时代：内蒙古自治区，中侏罗世；新疆维吾尔自治区，早白垩世；北京，早白垩世；新疆维吾尔自治区，早侏罗世；浙江，早侏罗世；广西壮族自治区，中侏罗世；河北，中侏罗世。

中国北方地区侏罗纪和白垩纪报道7种（表24.1）。

准澳蝎蛉属 *Parachorista* Lin, 1976

Parachorista Lin, 1976, *Acta Pal. Sin.*, 15 (1)：97–116[68] (original designation).

模式种：奇异准澳蝎蛉 *Parachorista miris* Lin, 1976。

前翅Sc长，不分支，与翅前缘相交；R直，具一前分支；Rs四分支，M五分支；CuA不分支，与M_4在翅中部融合；臀脉两支。

产地及时代：辽宁，早白垩世。

中国北方地区仅报道1种（表24.1）。

侏罗直脉蝎蛉属 *Juraphlebia* Soszyńska-Maj & Krzemiński, 2019

Juraphlebia Soszyńska-Maj & Krzemiński, 2019, *Hist Bio.*, 1–17[67] (original designation).

模式种：妮亚侏罗直脉蝎蛉 *Juraphlebia eugeniae* Soszyńska-Maj & Krzemiński, 2019。

前翅Sc较长，达到翅痣区域，两分支，后翅Sc较短，不分支；前后翅R_1在靠近翅痣区域明显弯曲、增厚、凸出；Rs七分支（少数八分支），前翅M五分支，后翅M四分支；雄性腹部明显短于翅长，腹部第6节（A6）宽明显大于长，第7节长宽相等，第8节最窄，长约为宽的两倍；雌性腹部短于翅长，几乎到达翅长77%的位置，腹部第6~10节缩短，第6~10节的长度之和短于第5节。

产地及时代：内蒙古，中侏罗世。

中国北方地区侏罗纪仅报道1种（表24.1）。

原直脉蝎蛉科 Protorthophlebiidae Soszyńska-Maj, Krzemiński & Kopeć, 2019

原直脉蝎蛉科是长翅目的一个绝灭科，目前已记载的化石数量较少。起初，Tillyard基于一件仅保存翅的模式标本*Protorthophlebia latipennis* Tillyard, 1933建立了直脉蝎蛉属，隶属于长翅目下最大的灭绝科直脉蝎蛉科。2019年，Soszyńska-Maj等人基于几件保存完整身体结构的标本，对该类群模式种进行了修订，包括虫体尤其腹部等特征进行了详细的描述及补充，建立了新科原直脉蝎蛉科。原直脉蝎蛉科的鉴定特征为：相比直脉蝎蛉科昆虫，体型较小；口器咀嚼式，类似现生的似蝎蛉；前翅的Sc到达翅痣区域，二分支；前后翅R_1在翅痣处逐渐弯曲；前后翅Rs五分支，M前翅五分支，后翅四分支；雌雄腹部与翅近似等长，所有的腹节宽均大于长。

中国北方地区侏罗纪和白垩纪报道的属：原直脉蝎蛉属*Protorthophlebia* Tillyard, 1933。

原直脉蝎蛉属 *Protorthophlebia* Tillyard, 1933

Protorthophlebia Tillyard, 1933, *Fossil Insects, British Museum Natural History*, 3：28–31[65] (original designation).

Juraphlebia Soszyńska-Maj & Krzemiński, 2019, *Hist Bio.*, 1–17[67] (original designation).

模式种：侧翅原直脉蝎蛉 *Protorthophlebia latipennis* Tliiyard, 1933。

前翅Rs_1二或三分支；Rs分支点比MA更靠近翅基部，或几乎在同一水平；Rs基干短于或长于MA；Rs_{1+2}和Rs_{3+4}分支点几乎在同一水平。

产地及时代：辽宁，早白垩世；新疆维吾尔自治区，早侏罗世。

中国北方地区侏罗纪和白垩纪报道5种（表24.1）。

蝎蛉科 Panorpidae Linnaeus, 1758

蝎蛉科是现生长翅目中属种最丰富的类群，迄今报道了8属，约500种[40, 175]。然而，该科的化石记录十分稀少。迄今报道4属，其中3属仅包含绝灭类群，化石产自早白垩世的中国[176]、始新世的波罗的海琥珀[3]，最古老的记录来自中国中侏罗统的九龙山组地层[177]。蝎蛉科的鉴定特征为：口器部分延长，下口式；翅狭长，前翅稍大于后翅，脉序相似；前翅R$_1$两分支，Rs五分支，M四分支；Cu$_1$与M基部不融合；M$_4$与Cu$_1$间存在一横脉；后翅Rs五分支，M四分支[177]。

中国北方地区侏罗纪报道的属：侏罗蝎蛉属 Jurassipanorpa Ding, Shih & Ren, 2014。

侏罗蝎蛉属 Jurassipanorpa Ding, Shih & Ren, 2014

Jurassipanorpa Ding, Shih & Ren, 2014, ZooKeys, 431：81[177] (original designation).

模式种：无斑侏罗蝎蛉 Jurassipanorpa impunctata Ding, Shih & Ren, 2014。

前翅Sc与C交点达到或超过翅中点；R$_1$和Rs$_1$两分支；A$_1$分支点比Rs从R$_1$起源点更靠近翅端部；臀脉三支；存在cu1-cu2及a1-a2。

产地及时代：内蒙古，中侏罗世。

中国北方地区侏罗纪报道2种（表24.1）。

无斑侏罗蝎蛉 Jurassipanorpa impunctata Ding, Shih & Ren, 2014（图24.38）

Jurassipanorpa impunctata Ding, Shih & Ren, 2014: ZooKeys, 431：81–84.

产地及层位：内蒙古宁城道虎沟；中侏罗统，九龙山组。

虫体长12 mm。口器延长，复眼大，卵形。胸部长2.9 mm，中胸和后胸背板等大，均大于前胸背板。腹部长9 mm，可见11节。足外表面被有短刚毛，中足胫端距两个，前足和后足胫端距一个。前翅长约14 mm，宽约4 mm；Sc与C交点达到翅中部；Sc与R$_1$间存在一横脉；R$_1$长，存在r1-rs；Rs$_1$和Rs$_{3+4}$分支点几乎在同一水平，Rs$_{1+2}$分支点比Rs$_{3+4}$更靠近翅基部；Cu$_1$与M基部不融合；cu1-cu2存在；A$_1$、A$_2$及A$_3$长，A$_1$与翅缘交点比Rs从R$_1$起源点更靠近翅端部。后翅长约12.3 mm，宽约3.9 mm；与前翅的翅型和脉序相似，但明显小于前翅；Sc短，未达到翅中部；Rs和M分支点几乎在同一水平；M$_{1+2}$长于M$_{3+4}$；Cu$_1$和M基部融合，m4-cu$_1$一支；臀脉间无横脉[177]。

亚目未定 Suborder incertae sedis

异脉蝎蛉科 Choristopsychidae Martynov, 1937

异脉蝎蛉科是一个鲜为人知的绝灭长翅目类群，1937年由Martynov根据单个的翅样本建立。此后，该科曾与Agetopanopidae Carpenter, 1930[137]和二叠蝎蛉科Permochoristidae Tillyard, 1917[45]合并。然而，很多形态特征都证明这三科差异显著，如翅型和脉序。迄今异脉蝎蛉科仅报道了2属4种。除Choristopsyche tenuinervis Martynov, 1937来自早侏罗世的塔吉克斯坦以外，其他种均报道于中侏罗统九龙山组（内蒙古自治区，中国）。2013年乔潇等人修订了异脉蝎蛉科的鉴定特征：前翅较宽阔，长卵形而非近似三角形；C和ScP区域较宽阔，ScP具三长分支；RA不分支，scp-ra和ra-rp存在；RP和MA两分支，

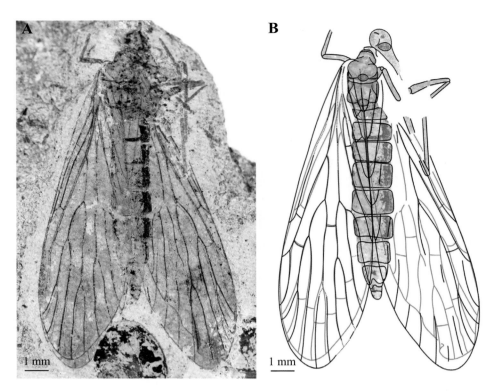

▲ 图24.38　无斑侏罗蝎蛉 *Jurassipanorpa impunctata* Ding, Shih & Ren, 2014（正模标本，CNU-MEC-NN-2013006）（改自参考文献［177］）

A. 正模标本照片；B. 正模标本线条图，红色线条为后翅

MP五分支，MP$_{4+5}$分支点比MP$_{2+3}$更靠近翅基部；MP和CuA基部融合，CuA在中部稍弯曲；CuP、A$_1$和A$_2$几乎平行；后翅和前翅的翅型相似，但稍小于前翅，MP$_{4+5}$分支点比前翅更靠近翅基部，CuA直；触角长丝状，口器咀嚼式，较小[178]。对比细脉异脉蝎蛉*Choristopsyche tenuinervis* Martynov, 1937、完整异脉蝎蛉*Choristopsyche perfecta* Qiao, Shih, Petrulevičius & Ren, 2013和安氏等异脉蝎蛉*Paristopsyche angelineae* Qiao, Shih, Petrulevičius & Ren, 2013，其翅膜存在许多的翅斑和条带状颜色加深区域，几乎在左右翅上对称分布。这些翅斑也存在于许多其他长翅目类群中，可能用于躲避捕食者和吸引潜在的交配对象。

　　中国北方地区侏罗纪报道的属：异脉蝎蛉属 *Choristopsyche* Martynov, 1937；等异脉蝎蛉属 *Paristopsyche* Qiao, Shih, Petrulevičius & Ren, 2013。

异脉蝎蛉属 *Choristopsyche* Martynov, 1937

Choristopsyche Martynov, 1937, *Trudy Paleont. Inst. Akad. Nauk SSSR*, 7：26–29[179] (original designation).

模式种：细脉异脉蝎蛉 *Choristopsyche tenuinervis* Martynov, 1937。

前翅ScP长，具两前分支；RP和MA两分支；MP五分支；RP+MA从RA起源点比MP从CuA起源点更靠近翅端部；CuA和MP基部融合，CuA中部强烈弯曲。

产地及时代：中国内蒙古，中侏罗世；塔吉克斯坦，早侏罗世。

中国北方地区侏罗纪报道3种（表24.1）。

等异脉蝎蛉属 *Paristopsyche* Qiao, Shih, Petrulevičius & Ren, 2013

Paristopsyche Qiao, Shih, Petrulevičius & Ren, 2013, *ZooKeys*, 318：101 [178] (original designation).

模式种：安氏等异脉蝎蛉 *Paristopsyche angelineae* Qiao, Shih, Petrulevičius & Ren, 2013。

前翅宽阔，长卵形，RP+MA从RA起源点与MP从CuA起源点几乎在同一水平，RP+MA分支点比MP更靠近翅端部，MP$_3$为MP$_{2+3}$长度的两倍。

产地及时代：内蒙古，中侏罗世。

中国北方地区侏罗纪仅报道1种（表24.1）。

安氏等异脉蝎蛉 *Paristopsyche angelineae* Qiao, Shih, Petrulevičius & Ren, 2013（图24.39）

Paristopsyche angelineae Qiao, Shih, Petrulevičius & Ren, 2013, *ZooKeys*, 318：101.

产地及层位：内蒙古宁城道虎沟；中侏罗统，九龙山组。

此种名献给Ms. Janet Angeline，感谢她为史宗冈教授的古生物学研究提供了鼓励和支持。右前翅长8.4 mm，宽5.5 mm；MP$_3$为MP$_{2+3}$长度的三倍；在MA和MP$_{1+2+3}$之间、MP$_{2+3}$和MP$_4$之间，各有一横脉；CuP、A$_1$及A$_2$不分支；右后翅长约7.5 mm，宽4.6 mm；后翅脉序与前翅相似，但稍小于前翅。翅膜上存在若干深色翅斑，几乎左右对称。

大部分长翅目类群的翅长而狭窄，前翅长宽比范围为3.0~5.2，而异脉蝎蛉科昆虫明显具有较宽阔的翅，翅型一般为卵形或近似三角形，翅长宽比为1.5~2.0。另两个具较宽阔翅的长翅目类群是拟蝎蛉科Pseudopolycentropodidae，前翅长宽比为2.0~2.5；原蝎蛉科Eomeropidae，长宽比为2.3~2.7 [178]。

▶ 图 24.39　安氏等异脉蝎蛉 *Paristopsyche angelineae* Qiao, Shih, Petrulevičius & Ren, 2013（正模标本，CNU-MEC-NN-2011076p）[177]

表 24.1　中国中生代长翅目化石名录

科	种	产地	层位/时代	文献出处
Suborder Aneuretopsychina Rasnitsyn & Kozlov, 1990				
Aneuretopsychidae	*Jeholopsyche bella* Qiao, Shih & Ren, 2012	辽宁北票	义县组/K_1	Qiao *et al.*, 2012[72]
	Jeholopsyche completa Qiao, Shih & Ren, 2012	辽宁北票	义县组/K_1	Qiao *et al.*, 2012[72]
	Jeholopsyche liaoningensis Ren, Shih & Labandeira, 2011	辽宁北票	义县组/K_1	Ren *et al.*, 2011[71]
	Jeholopsyche maxima Qiao, Shih & Ren, 2012	辽宁北票	义县组/K_1	Qiao *et al.*, 2012[72]
Mesopsychidae	*Epicharmesopsyche pentavenulosa* Shih, Qiao, Labandeira & Ren, 2013	内蒙古宁城	九龙山组/J_2	Shih *et al.*, 2013[79]
	Lichnomesopsyche daohugouensis Ren, Labandeira & Shih, 2010	内蒙古宁城	九龙山组/J_2	Ren *et al.*, 2010[22]
	Lichnomesopsyche gloriae Ren, Labandeira & Shih, 2010	内蒙古宁城	九龙山组/J_2	Ren *et al.*, 2010[22]
	Lichnomesopsyche prochorista Lin, Shih, Labandeira & Ren, 2016	内蒙古宁城	九龙山组/J_2	Lin *et al.*, 2016[32]
	Vitimopsyche kozlovi Ren, Labandeira & Shih, 2010	辽宁北票	义县组/K_1	Ren *et al.*, 2010a[22]
	Vitimopsyche pectinella Gao, Shih, Labandeira, Santiago-Blay, Yao & Ren, 2016	辽宁北票	义县组/K_1	Gao *et al.*, 2016[20]
	Vitimopsyche pristina Lin, Shih, Labandeira & Ren, 2016	内蒙古宁城	九龙山组/J_2	Lin *et al.*, 2016[32]
	Mesopsyche jinsuoguanensis Lian, Cai & Huang, 2021	陕西	铜川组/T_2	Lian *et al.*, 2021[75]
	Mesopsyche liaoi Lian, Cai & Huang, 2021	新疆	黄山街组/T_1	Lian *et al.*, 2021[75]
Pseudopolycentro-podidae	*Pseudopolycentropus daohugouensis* Zhang, 2005	内蒙古宁城	九龙山组/J_2	Grimaldi *et al.*, 2005[26]
	Pseudopolycentropus janeannae Ren, Shih & Labanderia, 2010	内蒙古宁城	九龙山组/J_2	Ren *et al.*, 2010b[84]
	Pseudopolycentropus novokshonovi Ren, Shih & Labanderia, 2010	内蒙古宁城	九龙山组/J_2	Ren *et al.*, 2010b[84]
	Sinopolycentropus rasnitsyni Shih, Yang, Labandeira & Ren, 2011	内蒙古宁城	九龙山组/J_2	Shih *et al.*, 2011[85]
Suborder Eumecoptera Tillyard, 1919				
Holcorpidae	*Conicholcorpa stigmosa* Li, Shih, Wang & Ren, 2017	内蒙古宁城	九龙山组/J_2	Li *et al.*, 2017[101]
	Conicholcorpa longa Zhang, Shih & Ren, 2021	内蒙古宁城	九龙山组/J_2	Zhang *et al.*, 2021[102]
Mesorthophlebiidae	*Mesorthophlebia sinica* Hong, 1983	河北小范杖子	九龙山组/J_2	Hong, 1983[112]
Parachoristidae	*Jibeiorthophlebia internata* Hong, 1983	河北小范杖子	九龙山组/J_2	Hong, 1983[112]
	Jibeiorthophlebia xiaofanzhangziensis Hong, 1983	河北小范杖子	九龙山组/J_2	Hong, 1983[112]
	Junggarochorista tuzigouensis Hong, 2009	新疆准格尔盆地	九龙山组/J_2	Hong, 2009[27]
Suborder Nannomecoptera Hinton, 1981				
Nannochoristidae	*Itaphlebia amoena* Cao, Shih, Bashkuev & Ren, 2015	内蒙古宁城	九龙山组/J_2	Cao *et al.*, 2015[31]
	Itaphlebia decorosa Sun, Ren & Shih, 2007a	内蒙古宁城	九龙山组/J_2	Sun *et al.*, 2007a[122]
	Itaphlebia exquisite Liu, Zhao & Ren, 2010	内蒙古宁城	九龙山组/J_2	Liu *et al.*, 2010[123]
	Itaphlebia laeta Liu, Zhao & Ren, 2010	内蒙古宁城	九龙山组/J_2	Liu *et al.*, 2010[123]
	Itaphlebia longiovata Cao, Shih, Bashkuev & Ren, 2015	内蒙古宁城	九龙山组/J_2	Cao *et al.*, 2015[31]
	Itaphlebia ruderalis Ren, Lu, Ji & Guo, 1995	辽宁北票	海房沟组/J_2	Ren *et al.*, 1995[121]

续表

科	种	产地	层位 / 时代	文献出处
	Suborder Pistillifera Willmann, 1987			
Bittacidae	*Composibittacus bipunctatus* Liu, Shih & Ren, 2016	内蒙古宁城	九龙山组 /J$_2$	Liu *et al.*, 2016[132]
	Composibittacus reticulatus Liu, Shih & Ren, 2016	内蒙古宁城	九龙山组 /J$_2$	Liu *et al.*, 2016[132]
	Decoribittacus euneurus Li & Ren, 2009	内蒙古宁城	九龙山组 /J$_2$	Li & Ren, 2009[139]
	Exilibittacus foliaceus Liu, Shih & Ren, 2014	内蒙古宁城	九龙山组 /J$_2$	Liu *et al.*, 2014[140]
	Exilibittacus lii Yang, Ren & Shih, 2012	内蒙古宁城	九龙山组 /J$_2$	Yang *et al.*, 2012[41]
	Exilibittacus plagioneurus Liu, Shih & Ren, 2014	内蒙古宁城	九龙山组 /J$_2$	Liu *et al.*, 2014[140]
	Formosibittacus macularis Li, Ren & Shih, 2008	内蒙古宁城	九龙山组 /J$_2$	Li *et al.*, 2008[40]
	Jichoristella Ren, Lu, Ji & Guo, 1995	北京西山	卢尚坟组 /K$_1$	Ren *et al.*, 1995[121]
	Jurahylobittacus astictus Li, Ren & Shih, 2008	内蒙古宁城	九龙山组 /J$_2$	Li *et al.*, 2008[40]
	Karattacus longialatus Li & Ren, 2009	内蒙古宁城	九龙山组 /J$_2$	Li & Ren, 2009[139]
	Liaobittacus longantennatus Ren, 1993	辽宁北票	海房沟组 /J$_2$	Ren, 1993[138]
	Megabittacus beipiaoensis Ren, 1997	辽宁北票	义县组 /K$_1$	Ren, 1997[135]
	Megabittacus colosseus Ren, 1997	辽宁北票	义县组 /K$_1$	Ren, 1997[135]
	Megabittacus spatiosus Yang, Ren & Shih, 2012	辽宁北票	义县组 /K$_1$	Yang *et al.*, 2012[41]
	Mongolbittacus daohugoensis Petrulevičius, Huang & Ren, 2007	内蒙古宁城	九龙山组 /J$_2$	Petrulevičius *et al.*, 2007[39]
	Mongolbittacus oligophlebius Liu, Shih & Ren, 2014	内蒙古宁城	九龙山组 /J$_2$	Liu *et al.*, 2014[140]
	Orthobittacus maculosus Liu, Shih & Ren, 2016	内蒙古宁城	九龙山组 /J$_2$	Liu *et al.*, 2016[132]
	Preanabittacus validus Yang, Shih, Ren & Petrulevičius, 2012	内蒙古宁城	九龙山组 /J$_2$	Yang *et al.*, 2012[42]
	Sibirobittacus undus Sukatsheva, 1990	辽宁北票	义县组 /K$_1$	Sukatsheva, 1990[125]
Cimbrophlebiidae	*Bellicimbrophlebia angusta* Yang, Shih & Ren, 2013	内蒙古宁城	九龙山组 /J$_2$	Yang *et al.*, 2013[160]
	Bellicimbrophlebia cruciata Yang, Shih & Ren, 2013	内蒙古宁城	九龙山组 /J$_2$	Yang *et al.*, 2013[160]
	Bellicimbrophlebia disvena Yang, Shih & Ren, 2013	内蒙古宁城	九龙山组 /J$_2$	Yang *et al.*, 2013[160]
	Bellicimbrophlebia eumorpha Yang, Shih & Ren, 2013	内蒙古宁城	九龙山组 /J$_2$	Yang *et al.*, 2013[160]
	Bellicimbrophlebia heteroneura Zhang, Shih, Zhao & Ren, 2015	内蒙古宁城	九龙山组 /J$_2$	Zhang *et al.*, 2015[154]
	Cimbrophlebia amoena Zhang, Shih, Zhao & Ren, 2015	内蒙古宁城	九龙山组 /J$_2$	Zhang *et al.*, 2015[154]
	Cimbrophlebia gracilenta Zhang, Shih, Zhao & Ren, 2015	内蒙古宁城	九龙山组 /J$_2$	Zhang *et al.*, 2015[154]
	Cimbrophlebia rara Wang, Shih & Ren, 2014	辽宁北票	义县组 /K$_1$	Wang *et al.*, 2014[180]
	Juracimbrophlebia ginkgofolia Wang, Labandeira, Shih & Ren, 2012	内蒙古宁城	九龙山组 /J$_2$	Wang *et al.*, 2012[33]
	Mirorcimbrophlebia daohugouensis Yang, Shih & Ren, 2013	内蒙古宁城	九龙山组 /J$_2$	Yang *et al.*, 2013[160]
	Perfecticimbrophlebia laetus Yang, Shih, Ren & Petrulevičius, 2012	内蒙古宁城	九龙山组 /J$_2$	Yang *et al.*, 2012[42]
	Telobittacus bellus Yang, Shih & Ren, 2013	内蒙古宁城	九龙山组 /J$_2$	Yang *et al.*, 2013[160]
	Telobittacus decorus Zhang, Shih, Zhao & Ren, 2015	内蒙古宁城	九龙山组 /J$_2$	Zhang *et al.*, 2015[154]
	Telobittacus fragosus Zhang, 1993	陕西商县	冯家山组 /K$_1$	Zhang, 1993[156]

续表

科	种	产地	层位 / 时代	文献出处
Eomeropidae	*Jurathauma simplex* Zhang, Shih, Petrulevičius & Ren, 2011	内蒙古宁城	九龙山组 /J₂	Zhang et al., 2011 [163]
	Tsuchingothauma shihi Ren & Shih, 2005	内蒙古宁城	九龙山组 /J₂	Ren & Shih, 2005 [162]
	Typhothauma excelsa Zhang, Shih & Ren, 2012	辽宁北票	义县组 /K₁	Zhang et al., 2012 [164]
	Typhothauma yixianensis Ren & Shih, 2005	辽宁北票	义县组 /K₁	Ren & Shih, 2005 [162]
Orthophlebiidae	*Mesopanorpa densa* Zhang, 1996	新疆克拉玛依吐孜沟	八道湾组 /J₁	Zhang, 1996 [107]
	Mesopanorpa enormis Lin, 1986	广西钟山	石梯组 /J₂	Lin, 1986 [169]
	Mesopanorpa fanshanensis Ren et al., 1995	北京西山	卢尚坟组 /K₁	Ren et al., 1995 [121]
	Mesopanorpa gambra Lin, 1980	浙江寿昌	劳村组 /K₁	Lin, 1980 [176]
	Mesopanorpa monstrosa Zhang, 1996	新疆克拉玛依吐孜沟	八道湾组 /J₁	Zhang, 1996 [107]
	*Mesopanorpa yaojiashanensis Lin, 1980	浙江寿昌	劳村组 /K₁	Lin, 1980 [176]
	Orthophlebia colorata Zhang, 1996	新疆克拉玛依吐孜沟	八道湾组 /J₁	Zhang, 1996 [107]
	*Orthophlebia deformis Lin, 1986	广西钟山	石梯组 /J₂	Lin, 1986 [169]
	Orthophlebia liaoningensis Ren, 1997	辽宁北票	义县组 /K₁	Ren, 1997 [135]
	*Orthophlebia luanpingensis Hong, 1983	河北周营子	九龙山组 /J₂	Hong, 1983 [112]
	Orthophlebia nervulosa Qiao, Shih & Ren, 2012	内蒙古宁城	九龙山组 /J₂	Qiao et al., 2012 [104]
	*Orthophlebia quadrimacula Lin, 1982	陕西子长	直罗组 /J₂	Lin, 1982 [168]
	Orthophlebia stigmosa Qiao, Shih & Ren, 2012	内蒙古宁城	九龙山组 /J₂	Qiao et al., 2012 [104]
	*Orthophlebia yangjuanxiangensis Hong, 1985	河北蔚县	下花园组 /K₁	Hong, 1985 [181]
	*Orthophlebia yaogouensis Hong, 1983	河北周营子	九龙山组 /J₂	Hong, 1983 [112]
	Parachorista miris Lin, 1976	辽宁北票	义县组 /K₁	Lin, 1976 [68]
	Protorthophlebia badaowanica Hong & Guo, 2010	新疆克拉玛依吐孜沟	八道湾组 /J₁	Hong & Guo, 2010 [171]
	Protorthophlebia karamayiensis Hong & Guo, 2010	新疆克拉玛依吐孜沟	八道湾组 /J₁	Hong & Guo, 2010 [171]
	Protorthophlebia strigata Zhang, 1996	新疆乌苏	西山窑组 /J₂	Zhang, 1996 [107]
	Protorthophlebia yanqingensis Hong & Xiao, 1997	北京延庆	后城组 /J₃	Hong & Xiao, 1997 [182]
	Protorthophlebia puctata Soszyńska-Maj & Krzemiński, 2019	内蒙古宁城	九龙山组 /J₂	Soszyńska-Maj et al., 2019 [67]
	Juraphlebia eugeniae Soszyńska-Maj & Krzemiński, 2019	内蒙古宁城	九龙山组 /J₂	Soszyńska-Maj et al., 2019 [67]
	Gigaphlebia riccardii Petrulevićius & Ren, 2012	内蒙古宁城	九龙山组 /J₂	Soszyńska-Maj et al., 2018 [173]
	Longiphlebia stigmosa Qiao & Ren, 2012	内蒙古宁城	九龙山组 /J₂	Soszyńska-Maj et al., 2018 [173]
	Longiphlebia incompleta Lian, Cai &Huang, 2021	河北青龙县	髫髻山组 /J₁	Lian et al., 2021 [174]
Panorpidae	*Jurassipanorpa impunctata* Ding, Shih & Ren, 2014	内蒙古宁城	九龙山组 /J₂	Ding et al., 2014 [177]
	Jurassipanorpa sticta Ding, Shih & Ren, 2014	内蒙古宁城	九龙山组 /J₂	Ding et al., 2014 [177]
Suborder Incertae sedis				
Choristopsychidae	*Choristopsyche asticta* Qiao, Shih, Petrulevičius & Ren, 2013	内蒙古宁城	九龙山组 /J₂	Qiao et al., 2013 [178]
	Choristopsyche perfecta Qiao, Shih, Petrulevičius & Ren, 2013	内蒙古宁城	九龙山组 /J₂	Qiao et al., 2013 [178]
	Choristopsyche tenuinervis Martynov, 1937	内蒙古宁城	九龙山组 /J₂	Qiao et al., 2013 [178]
	Paristopsyche angelineae Qiao, Shih, Petrulevičius & Ren, 2013	内蒙古宁城	九龙山组 /J₂	Qiao et al., 2013 [178]

续表

科	种	产地	层位 / 时代	文献出处
Volitorididae	*Volitoridia fulvis* Hong, 1982	河北丰宁	义县组 /K_1	Hong, 1982 [69]
Family incertae sedis	*Fortiholcorpa paradoxa* Wang, Shih & Ren, 2013	内蒙古宁城	九龙山组 /J_2	Wang *et al.*, 2013 [103]
	Miriholcorpa forcipata Wang, Shih & Ren, 2013	内蒙古宁城	九龙山组 /J_2	Wang *et al.*, 2013 [103]

注：* 由于原始描述、照片和线描不精确，以及无法重新检视，该种没有在正文中出现。

　　** 根据更新的信息和数据，对原始文献中的地质时期进行了修订。

参考文献

［1］GRIMALDI D A, ENGEL M S. The Evolution of the Insects［M］. New York: Cambridge University Press, 2005.

［2］REN D, LABANDEIRA C C, SANTIAGO-BLAY J A, et al. A probable pollination mode before angiosperms: Eurasian, long-proboscid scorpionflies［J］. Science, 2009, 326 (5954): 840–847.

［3］KRZEMIŃSKI W, SOSZYŃSKA-MAJ A. A new genus and species of scorpionfly (Mecoptera) from Baltic amber, with an unusually developed postnotal organ［J］. Systematic Entomology, 2012, 37 (1): 223–228.

［4］KRISTENSEN N P. Phylogeny of endopterygote insects, the most successful lineage of living organisms［J］. European Journal of Entomology, 1999, 96: 237–253.

［5］BYERS G W, THORNHILL R. Biology of the Mecoptera［J］. Annual Review of Entomology, 1983, 28: 203–228.

［6］CHEN Q X, HUA B Z. Ultrastructure and morphology of compound eyes of the scorpionfly Panorpa dubia (Insecta: Mecoptera: Panorpidae)［J］. PLoS ONE, 2016, 11 (6): e0156970.

［7］MISOF B, LIU S, MEUSEMANN K, et al. Phylogenomics resolves the timing and pattern of insect evolution［J］. Science, 2014, 346 (6210): 763–767.

［8］Zhao X D, WANG B , BASHKUEV A S, et al. Mouthpart homologies and life habits of Mesozoic long-proboscid scorpionflies［J］. Science Advances, 2020, 6 (10):eaay1259.

［9］DUNFORD J C, SOMMA L A. Scorpionflies (Mecoptera)［J］. Encyclopedia of entomology, 2008: 3304–3310.

［10］JIANG L. Comparative Morphology and Phylogenetic Analysis of the Larvae of Panorpidae (insect: Mecoptera)［J］. Doctor Dissertation, 2016: 13–31.

［11］PALMER C M. Diversity of feeding strategies in adult Mecoptera［J］. Terrestrial Arthropod Reviews, 2010, 3 (2): 111–128.

［12］BOCKWINKEL G, SAUER K P. Panorpa scorpionflies foraging in spider webs-kleptoparasitism at low risk［J］. Bulletin of the British Arachnological Society, 1993, 9 (4): 110–112.

［13］TAN J L, HUA, B Z. Morphology of immature stages of Bittacus choui (Mecoptera: Bittacidae) with notes on its biology［J］. Journal of Natural History, 2008, 42 (31–32): 2127–2142.

［14］MA N, HUANG J, HUA B Z. Functional morphology and sexual dimorphism of mouthparts dianensis (Mecoptera: Panorpodidae)［J］. PLoS One, 2013, 8 (3): e60351.

［15］PEÑA, L.E. Natural History Notes on Notiothauma［J］. Discovery (Yale University), 1968, 4: 42, 44.

［16］WANG J, HUA B Z. An annotated checklist of the Chinese Mecoptera with description of male Panorpa guttata Navás, 1908［J］. Entomotaxonomia, 2017, 39 (1): 24–42.

［17］CHAPMAN R F. Wings form. In: The Insects: Structure and Function, 4e (S.J. Simpson and A.E. Douglas)［M］. Cambridge University Press, 1998: 190–192.

［18］GULLAN P J, CRANSTON P S. Taxobox 25 Mecoptera (hangingflies, scorpionflies and snowfleas)［M］// The Insects: An Outline of Entomology, Chichester: Wiley, 2014, 5e, 520.

［19］DALY H V, DOYEN J, EHRLICH P R. Introduction to Insect Biology and Diversity ［M］. McGraw-Hill Book Company, 1978.

［20］GAO T P, SHIH C K, LABANDEIRA C C, et al. Convergent evolution of ramified antennae in insect lineages from the Early Cretaceous of Northeastern China ［J］. Proceedings of the Royal Society B, 2016, 283 (1839): 20161448.

［21］GRIMALDI D A, JOHNSTON M A. The long-tongued Cretaceous scorpionfly Parapolycentropus Grimaldi and Rasnitsyn (Mecoptera: Pseudopolycentropodidae): new data and interpretations ［J］. American Museum Novitates, 2014, 3793: 1–24.

［22］REN D, LABANDEIRA C C, SHIH C K. New Mesozoic Mesopsychidae (Mecoptera) from Northeastern China ［J］. Acta Geologica Sinica-English Edition, 2010, 84 (4): 720–731.

［23］LIAN X N, CAI C Y, HUANG D-Y. Revision of the long-proboscid scorpionflies, Lichnomesopsyche Ren, Labandeira, and Shih ［J］. Journal of Paleontology, 2021: 1–7.

［24］LABANDEIRA C C, KVAČEK J, MOSTOVSKI M B. Pollination drops, pollen, and insect pollination of Mesozoic gymnosperms ［J］. Taxon, 2007, 56 (3): 663–695.

［25］LABANDEIRA, C C. The pollination of mid Mesozoic seed plants and the early history of long-proboscid insects 1, 2, 3 ［J］. Annals of the Missouri Botanical Garden, 2010, 97 (4): 469–513.

［26］GRIMALDI D A, ZHANG J F, FRASER N C, et al. Revision of the bizarre Mesozoic scorpionflies in the Pseudopolycentropodidae (Mecopteroidea) ［J］. Insect Systematic and Evolution, 2005, 36 (4): 443–458.

［27］HONG Y C. First discovery of fossil Parachoristidae (Insecta: Mecoptera) in China ［J］. Geological Bulletin of China, 2009, 28 (10): 1382–1389.

［28］RIEK E F. Robinjohnia tillyardi Martynova, a mecopteron from the Upper Permian of Belmont, New South Wales ［J］. Records of the Australian Museum, 1968, 27 (14): 299–302.

［29］NOVOKSHONOV V G. Early Evolution of Scorpionflies (Insecta: Panorpida) ［M］. Moscow: Nauka Press, 1997. ［in Russian］.

［30］NOVOKSHONOV V G. Permian scorpionflies (Insecta, Panorpida) of the families Kaltanidae, Permochoristidae and Robinjohniidae ［J］. Paleontologicheskii Zhurnal, 1994, 1: 65–76.

［31］CAO Y Z, SHIH C K, BASHKUEV A S, et al. Revision and two new species of Itaphlebia (Nannochoristidae: Mecoptera) from the Middle Jurassic of Inner Mongolia, China ［J］. Alcheringa: the Australasian Journal of Palaeontology, 2015, 40 (1): 1–10.

［32］LIN X D, SHIH M J H, LABANDEIRA C C, et al. New data from the Middle Jurassic of China shed light on the phylogeny and origin of the proboscis in the Mesopsychidae (Insecta: Mecoptera) ［J］. BMC Evolutionary Biology, 2016, 16 (1): 1.

［33］WANG Y J, LABANDEIRA C C, SHIH C K, et al. Jurassic mimicry between a hangingfly and a ginkgo from China ［J］. Proceedings of the National Academy of Sciences of the USA, 2012, 109 (50): 20514–20519.

［34］VAHED K. The function of nuptial feeding in insects: A review of empirical studies ［J］. Biological Reviews, 1998, 73 (1): 43–78.

［35］XIANG L B, XIE G L, WANG W K. Application of insect courtship behaviors in classification and identification ［J］. Journal of Environmental Entomology, 2016, 38 (5): 883–887.

［36］MISSOWEIT M, SAUER K P. Not all Panorpa (Mecoptera: Panorpidae) scorpionfly mating systems are characterized by resource defence polygyny ［J］. Animal Behaviour, 2007, 74 (5): 1207–1213.

［37］MA N, ZHONG W, HUA B Z. Genitalic morphology and copulatory mechanism of the scorpionfly Panorpa jilinensis (Mecoptera: Panorpidae) ［J］. Micron, 2010, 41 (8): 931–938.

［38］MA N, LIU S Y, HUA B Z. Morphological diversity of male salivary glands in Panorpidae (Mecoptera) ［J］. European Journal of Entomology, 2011, 108 (3): 493–499.

［39］PETRULEVIČIUS J F, HUANG D-Y, REN D. A new hangingfly (Insecta: Mecoptera: Bittacidae) from the Middle Jurassic of Inner Mongolia, China ［J］. African Invertebrates, 2007, 48 (1): 145–152.

［40］LI Y L, REN D, SHIH C K. Two Middle Jurassic hanging-flies (Insecta: Mecoptera: Bittacidae) from Northeast China ［J］. Zootaxa, 2008, 1929: 38–46.

［41］YANG X G, REN D, SHIH C K. New fossil hangingflies (Mecoptera, Raptipeda, Bittacidae) from the Middle Jurassic to Early Cretaceous of Northeastern China ［J］. Geodiversitas, 2012, 34: 785–799.

［42］YANG X G, SHIH C K, REN D, et al. New Middle Jurassic hangingflies (Insecta: Mecoptera) from Inner Mongolia, China ［J］. Alcheringa: An Australasian Journal of Palaeontology, 2012, 36 (2): 195–201.

［43］REN D, SHIH C K, GAO T P, et al. Silent Stories-Insect Fossil Treasures from Dinosaur Era of the Northeastern China ［M］. Beijing: Science Press, 2010.

［44］CARPENTER F M. Superclass Hexapoda ［M］// KAESLER R L (Ed.). Treatise on Invertebrate Paleontology. Part R, Arthropoda 4. Boulder, Colorado: Geological Society of America, 1992: 279–655.

［45］NOVOKSHONOV V G. Order Panorpida Latreille, 1802. The scorpionflies ［M］// RASNITSYN A P (Ed.). History of Insects. Dordrecht: Kluwer Academic Publisher, 2002: 194–198.

［46］WILLMANN R. The phylogenetic system of Mecoptera ［J］. Systematic Entomology, 1987, 12: 519–524.

［47］TILLYARD R J. Kansas Permian insects ［M］// Part 7, The order Mecoptera. American Journal of Science, 1926, (62): 133–164.

［48］TILLYARD R J. Kansas Permian insects ［M］// Part 17, The order Megasecoptera and additions to the Palaeodictyoptera, O donata, Protoperlaria, Copeognatha, and Neuroptera. American Journal of Science, 1937, 194: 81–110.

［49］CARPENTER F M. The Lower Permian insects of Kansas. Part 1. Introduction and the order Mecoptera ［J］. Bulletin of the Museum of Comparative Zoology, 1930, 52: 69–101.

［50］MARTYNOV A V. Permian Fossil Insects of Tshekarda ［J］. Trudy Paleontologicheskogo Instituta Akademii nauk SSSR, 1940, 11 (1): 5–62. ［In Russian］.

［51］WILLMANN R. Mecoptera (Insecta, Holometabola). In: Fossilium Catalogus, Animalia, vol., 1978, 124: 1–139.

［52］NOVOKSHONOV V G. Fossil insects of Chekarda ［M］// NOVOKSHONOV V G. Chekarda-mestonakhozhdenie permskikh iskopaemykh rastenii i nasekomykh (Chekarda-The Locality of Permian Fossil Plants and Insects), Perm: Perm University Press, 1998: 25–54.

［53］NOVOKSHONOV V G. New fossil insects (Insecta: Hypoperlida, Panorpida, ordinis incertis) from the Chekarda locality ［J］. Paleontological Journal, 1999, 33: 52–56.

［54］RASNITSYN A P, ARISTOV D S, GOROCHOV A V, et al.. Important new insect fossils from Carrizo Arroyo and the Permo-Carboniferous faunal boundary ［J］. Bulletin of the New Mexico Museum of Natural History and Science, 2004, 25: 215–246.

［55］BASHKUEV A S. The first record of Kaltanidae (Insecta: Mecoptera: Kaltanidae) from the Permian of European Russia ［J］. Paleontological Journal, 2008, 42 (4): 401–405.

［56］BASHKUEV A S. Nedubroviidae, a new family of Mecoptera: the first Paleozoic long-proboscid scorpionflies ［J］. Zootaxa, 2011, 2895 (1): 47–57.

［57］RIEK E F. Fossil mecopteroid insects from the upper Permian of New South Wales ［J］. Records of the Australian Museum, 1953, 23 (2): 55–87.

［58］RIEK E F. The Australian Mecoptera or scorpionflies ［J］. Australian Journal of Zoology, 1954, 2 (1): 143–168.

［59］NOVOKSHONOV V G. New Triassic scorpionflies (Insecta, Mecoptera) from Kyrgyzstan ［J］. Paleontological Journal, 2001, 35 (3): 281–288.

［60］PINTO I D, ORNELLAS L P. New fossil insects from the White Band Formation (Permian), South Africa ［J］. Pesquisas, Zoologia, Porto Alegre, 1978, 10: 96–104.

［61］HANDLIRSCH A. Die fossilen Insekten und die phylogenie der Rezenten Formen: ein Handbuch für paläontologen und Zoologen ［M］. Leipzig: Verlagvon Wilhelm Engelmann, 1906–1908.

［62］HANDLIRSCH A. Geschichte, literatur, technik, palaeontologie, phylogenie, systematik ［M］// SCHRDER C (Ed.). Handbuch der Entomologie, Band 3. Verlag von Gustav Fischer: Jena, 1925: 117–306.

［63］TILLYARD R J. Mesozoic insects of Queensland ［J］. Proceedings of the Linnean Society of NSW, 1917, 42: 172–200.

［64］TILLYARD R J. The panorpoid complex ［M］// A study of the phylogeny of the holometabolous Insects, with special reference to the subclasses panorpoidea and neuropteroidea. Part 3: the wing venation. Proceedings of the Linnean Society of NSW, 1919, 44: 533–718.

［65］TILLYARD R J. The Panorpoid Complex in the British Rhaetic and Lias ［J］. British Museum (Natural History): Fossil Insects, 1933, 3: 7–79.

［66］MARTYNOV A V. Jurassic fossil Mecoptera and Paratrichoptera from Turkestan and Ust-Balei (Siberia) ［J］. Bulletin of the Academy of Science URSS, 1927, 21: 651–666.

［67］SOSZYŃSKA-MAJ A, KRZEMIŃSKI W, KOPEĆ K, et al. New Middle Jurassic fossils shed light on the relationship of recent Panorpoidea (Insecta, Mecoptera) ［J］. Historical Biology, 2019: 1–17.

［68］LIN Q B. The Jurassic fossil insects from western Liaoning ［J］. Acta Palaeontologica Sinica, 1976, 15 (1): 97–121.

［69］HONG Y C. Mesozoic Fossil Insects of Jiuquan Basin in Gansu Province ［M］. Beijing: Geological Publish House, 1982.

［70］RASNITSYN A P, KOZLOV M V. A new group of fossil insects: scorpionfly with cicada and butterfly adaptations ［J］. Doklady Akademii Nauk SSSR, 1990, 310: 973–976. ［in Russian］.

［71］REN D, SHIH CK, LABANDEIRA C C. A well-preserved aneuretopsychid from the Jehol Biota of China (Insecta, Mecoptera, Aneuretopsychidae) ［J］. ZooKeys, 2011, 129: 17–28.

［72］QIAO X, SHIH C K, REN D. Three new species of aneuretopsychids (Insecta: Mecoptera) from the Jehol Biota, China ［J］. Cretaceous Research, 2012, 36: 146–150.

［73］ZALESSKY G. Sur deux restes d'insectes fossils provenant du bassin de Kousnetzk et surl'age geologique des depots qui les renferment ［J］. Bulletin de la Societe geologique de France, 1936, 5: 687–695.

［74］BASHKUEV A S. The earliest Mesopsychidae and revision of the family Mesopanorpodidae (Mecoptera) ［J］. ZooKeys, 2011, 130: 263–179.

［75］LIAN X N, CAI C Y, HUANG D Y. New species of Mesopsyche Tillyard, 1917 (Mecoptera: Mesopsychidae) from the Triassic of northwestern China ［J］. Zootaxa, 2021, 4995 (3): 565–572.

［76］TSCHARNTKE T, STEFFAN-DEWENTER I, KRUESS A, et al. Characteristics of insect populations on habitat fragments: a mini review ［J］. Ecological Research, 2002, 17 (2): 229–239.

［77］CASPER B B, NIESENBAUM R A. Pollen versus resource limitation of seed production: a reconsideration ［J］. Current Science, 1993: 210–214.

［78］NOVOKSHONOV V G, SUKACHEVA I D. Fossil scorpionflies of the "Suborder" Paratrichoptera (Insecta: Mecoptera) ［J］. Paleontological Journal, 2001, 35 (2): 173–182.

［79］SHIH C K, QIAO X, LABANDEIRA C C, et al. A new mesopsychid (Mecoptera) from the Middle Jurassic of Northeastern China ［J］. Acta Geologica Sinica-English Edition, 2013, 87 (5): 1235–1241.

［80］NOVOKSHONOV V G. Some Mesozoic scorpionflies (Insecta: Panorpida: Mecoptera) of the families Mesopsychidae, Pseudopolycentrodidae, Bittacidae, and Permochoristidae ［J］. Paleontologicheskii Zhurnal, 1997, 1: 65–71. ［In Russian］.

［81］HANDLIRSCH A. Neue Untersuchungen über die fossilen Insekten mit Ergänzungen und Nachträgen sowie Ausblicken auf phylogenetische, palaeogeographische und allgemein biologische Probleme. II ［M］// Annalen des naturhistorischen Museums in Wien, 1939: 78–86.

［82］WHALLEY P E S. The systematics and palaeogeography of the Lower Jurassic insects of Dorset, England ［J］. Bulletin of the British Museum (Natural History), Geology Series, 1985, 39: 107–189.

［83］PAPIER F, NEL A, GRAUVOGEL-STAMM L. Deux nouveaux insectes Mecopteroidea du Buntsandstein supérieur (Trias) des Vosges (France) ［J］. Paleontologia Lombarda, 1996, 5: 37–45.

［84］REN D, SHIH C K, LABANDEIRA C C. New Jurassic pseudopolycentropodids from China (Insecta: Mecoptera) ［J］. Acta Geologica Sinica-English Edition, 2010, 84 (1): 22–30.

［85］SHIH C K, YANG X G, LABANDEIRA C C, et al. A new long-proboscid genus of Pseudopolycentropodidae (Mecoptera) from the Middle Jurassic of China and its plant-host specializations ［J］. ZooKeys, 2011, 130: 281–297.

［86］LIN X D, LABANDEIRA C C, SHIH C K, et al. Life habits and evolutionary biology of new two-winged long-proboscid scorpionflies from mid-Cretaceous Myanmar amber ［J］. Nature Communications, 2019, 10: 1235.

［87］BALME B E. Fossil in-situ spores and pollen grains: An annotated catalogue ［J］. Review of Palaeobotany and Palynology, 1995, 87: 81–323.

［88］TRAVERSE A. Paleopalynology, 813. 2nd Edition. Topics in Geobiology, vol. 28 ［M］. Springer, Dordrecht, 2007.

［89］GRIMALDI D A. A diverse fauna of Neuropterodea in amber from the Cretaceous of New Jersey ［M］// GRIMALDI D A (Ed.). Studies on Fossil in Amber, with Particular Reference to the Cretaceous of New Jersey. Leiden: Backhuys Publishers, 2000: 259–303.

［90］MAKARKIN V N, YANG Q, REN D. A new Cretaceous family of enigmatic two-winged lacewings (Neuroptera) ［J］. Fossil Record, 2013, 16 (1): 67–75.

［91］LIU X Y, ZHANG W W, WINTERTON S L, et al. Early Morphological Specialization for Insect-Spider Associations in Mesozoic Lacewings ［J］. Current Biology, 2016, 26 (12): 1590–1594.

［92］KRZEMIŃSKI W, KRZEMIŃSKA E. Revision of Laurentiptera gallica from the Lower-Middle Triassic of France (Mecoptera:

Liassophilidae）［J］. Polskie Pismo Entomologiczne, 1996, 65 (3-4): 267–274.

［93］ SHERMAN A, DICKINSON M H. A comparison of visual and haltere-mediated equilibrium reflexes in the fruit fly Drosophila melanogaster［J］. Journal of Experimental Biology, 2003, 206 (2): 295–302.

［94］ FOX J L, DANIEL T L. A neural basis for gyroscopic force measurement in the halteres of Holorusia［J］. Journal of Comparative Physiology A, 2008, 194 (10): 887–897.

［95］ WEATHERBEE S D, HALDER G, KIM J, et al. Ultrabithorax regulates genes at several levels of the wing-patterning hierarchy to shape the development of the Drosophila haltere［J］. Genes & development, 1998, 12 (10): 1474–1482.

［96］ PAVLOPOULOS A, AKAM M. Hox gene Ultrabithorax regulates distinct sets of target genes at successive stages of Drosophila haltere morphogenesis［J］. Proceedings of the National Academy of Sciences, 2011, 108 (7): 2855–2860.

［97］ CLARK-HATCHEL C M, TOMOYASU Y. Exploring the origin of insect wings from an evo-devo perspective［J］. Current opinion in insect science, 2016, 13: 77–85.

［98］ GOLOBOFF P A. NoName (NONA), Version 2.0. Program and Documentation［M］. Tucumán: Fundación Instituto Miguel Lillo, 1997.

［99］ SCUDDER S H. An account of some insects of unusual interest from the Tertiary rocks of Colorado and Wyoming［J］. Bulletin of the United States Geological and Geographical Survey of the Territories, 1878, 4 (2): 519–543.

［100］ ARCHIBALD S B. Revision of the scorpionfly family Holcorpidae (Mecoptera), with description of a new species from Early Eocene McAbee, British Columbia, Canada［J］. Annales la Societe Entomologique de France, 2010, 46 (1-2): 173–182.

［101］ LI L, SHIH C K, WANG C, et al. A new fossil scorpionfly (Insecta: Mecoptera: Holcorpidae) with extremely elongate male genitalia from Northeastern China［J］. Acta Geologica Sinica-English Edition, 2017, 91 (3): 797–805.

［102］ ZHANG Y J, SHIH P J M, WANG J Y, et al. Jurassic scorpionflies (Mecoptera) with swollen first metatarsal segments suggesting sexual dimorphism［J］. BMC Ecology and Evolution, 2021, 21:47.

［103］ WANG Q, SHIH C K, REN D. The earliest case of extreme sexual display with exaggerated male organs by two Middle Jurassic mecopterans［J］. PLoS One, 2013, 8 (8): e71378.

［104］ QIAO X, SHIH C K, REN D. Two new Middle Jurassic species of orthophlebiids (Insecta: Mecoptera) from Inner Mongolia, China［J］. Alcheringa: the Australasian Journal of Palaeontology, 2012, 36 (4): 1–7.

［105］ PETRULEVIČIUS J F, REN D. A new species of "Orthophlebiidae" (Insecta: Mecoptera) from the Middle Jurassic of Inner Mongolia, China［J］. Revue de Paléobiologie, Genève, 2012, 11: 311–315.

［106］ LATREILLE P A. Histoire Naturelle, Générale et Particulière des Crustacés et des Insectes［M］. Paris: Tome Troisième, 1802.

［107］ ZHANG H C. The Mesozoic Orthophlebiidae (Insecta, Mecoptera) Junggar basin of Xinjiang［J］. Acta Palaeontologica Sinica, 1996, 35 (4): 442–454.

［108］ HONG Y C, ZHANG Z J. Reclassification of fossil Orthophlebiidae Insecta Mecoptera［J］. Entomotaxonomia, 2007, 29 (1): 26–36.

［109］ JELL P A, ROBERTS J. Plants and Invertebrates from the Lower Cretaceous Koonwarra Fossil Bed, South Gippsland, Victoria［J］. Association of Australasian Palaeontologists, 1986, 3:196–197.

［110］ RIEK E F. Fossil insects from the Triassic beds at Mt. Crosby, Queensland［J］. Australian Journal of Zoology, 1955, 3 (4): 654–691.

［111］ NOVOKSHONOV V G. Mysterious organs of Jurassic Orthophlebiidae males (Insecta, Mecoptera) from Karatau［J］. Paleontologicheskii Zhurnal, 1996, 75: 1491–1495.

［112］ HONG Y C. Middle Jurassic fossil insects in north China［M］. Beijing: Geological Publishing House, 1983.

［113］ BYERS G W. The Nannochoristidae of South America (Mecoptera)［J］. The University of Kansas Science Bulletin (USA), 1989, 54: 25–34.

［114］ PENNY N D. Evolution of the extant Mecoptera［J］. Journal of the Kansas Entomological Society, 1975, 48: 331–350.

［115］ KRISTENSEN N P. The New Zealand scorpionfly (Nannochorista philpotti comb. n.): wing morphology and its phylogenetic significance［J］. Journal of Zoological Systematics and Evolutionary Research. 1989, 27 (2): 106–114.

［116］ BYERS G W. New generic names for Mecoptera of Australia and New Zealand［J］. Austral Entomology, 1974, 13 (2): 165–167.

［117］ FRAULOB M, WIPFLER B, HÜNEFELD F, et al. The larval abdomen of the enigmatic Nannochoristidae (Mecoptera,

Insecta) [J]. Arthropod Structure and Development, 2012, 41 (2): 187–198.

[118] RIEK E F. Fossil insects from the Upper Permian of Natal, South Africa [J]. Annals of the Natal Museum, 1973, 21 (3): 513–532.

[119] RIEK E F. Lower Cretaceous fleas [J]. Nature, 1970, 227 (5259): 746–747.

[120] PILGRIM R L C. Aquatic larva and the pupa of Choristella philpotti Tillyard, 1917 (Mecoptera: Nannochoristidae) [J]. Pacific Insects, 1972, 14: 151–168.

[121] REN D, LU L W, JI S A, et al. Faunae and Stratigraphy of Jurassic-Cretaceous in Beijing and the Adjacent Areas [M]. Beijing: Seismic Publishing House, 1995.

[122] SUN J H, REN D, SHIH C K. Middle Jurassic Nannochoristidae fossils from Daohugou, Inner Mongolia in China (Insecta, Mecoptera) [J]. Acta Zootaxonomica Sinica, 2007, 32: 405–411.

[123] LIU N, ZHAO Y Y, REN D. Two new fossil species of Itaphlebia (Mecoptera: Nannochoristidae) from Jiulongshan Formation, Inner Mongolia, China [J]. Zootaxa, 2010, 2420: 37–45.

[124] SUKATSHEVA I D. Jurassic scorpionflies of South Siberia and West Mongolia. [M] // RASNITSYN A P. The Jurassic Insects of Siberia and Mongolia. Moscow: Nauka Press, 1985: 96–114. [in Russian].

[125] SUKATSHEVA I D. Description of fossil insects. Scorpionflies (Panorpida). [M] // Late Mesozoic Insects of Eastern Transbaikalia. Transactions of the Paleontological Institute of the USSR Academy of Sciences, 88-94. Moscow: Nauka Press, 1990.

[126] SUKATSHEVA I D. New Mesozoic scorpion flies (Nannochoristidae, Mecoptera) from Yakutia [J]. Paleontological Journal, 1993, 27: 169–171.

[127] NOVOKSHONOV V G. New and little known Mesozoic Nannochoristidae (Insecta: Mecoptera) [J]. Vestnik Permskogo Universiteta (Biologiya), 1997, 4:126–136.

[128] NOVOKSHONOV V G, SUKATSHEVA I D. New Jurassic scorpionflies of the families Orthophlebiidae and Nannochoristidae (Insecta: Mecoptera) from Mongolia and Transbaikalia [J]. Paleontological Journal, 2003, 37: 501–506.

[129] SUN J H, REN D, SHIH, C.K. Middle Jurassic Mesopanorpodidae from Daohugou, Inner Mongolia, China (Insecta, Mecoptera) [J]. Acta Zootaxonomica Sinica, 2007, 32: 865–874.

[130] KRZEMIŃSKI W. A revision of Eocene Bittacidae (Mecoptera) from Baltic amber with the description of a new species [J]. African Invertebrates, 2007, 48: 153–162.

[131] KOPEĆ K, SOSZYNSKA-MAJ A, KRZEMIŃSKI W, et al. A new hangingfly (Insecta, Mecoptera, Bittacidae) from the Purbeck Limestone Group (Lower Cretaceous) of Southern England and a review of Cretaceous Bittacidae [J]. Cretaceous Research, 2016, 57: 122–130.

[132] LIU S L, SHIH C K, REN D. New Jurassic hangingflies (Insecta: Mecoptera: Bittacidae) from Inner Mongolia, China [J]. Zootaxa, 2016, 4067 (1): 65–78.

[133] ZHAO X D, BASHKUEV A, CHEN L, et al. The first hangingfly from mid-Cretaceous Burmese amber (Mecoptera: Bittacidae) [J]. Cretaceous Research, 2016, 70: 147–151.

[134] NOVOKSHONOV V G. Mückenhafte (Mecoptera Bittacidae) aus dem Jura, Kreide und Paläogen von Eurasien und ihre phylogenetischen Beziehungen [J]. Russian Entomological Journal, 1993, 2: 75–86.

[135] REN D. Studies Late Jurassic scorpion-flies from Northeast China [J]. Acta Zootaxonomica Sinica, 1997, 22 (1): 75–85.

[136] PETRULEVIČIUS J F, JARZEMBOWSKI E A. The first hangingfly (Insecta: Mecoptera: Bittacus) from the Cretaceous of Europe [J]. Journal of Paleontology, 2004, 78: 1198–1201.

[137] WILLMANN R. Evolution und Phylogenetisches System der Mecoptera (Insecta: Holometabola) [J]. Abhandlungen Sencken, 1989, 544: 1–153.

[138] REN D. First discovery of fossil bittacids from China [J]. Acta Geologica Sinica-English Edition, 1993, 67: 376–381.

[139] LI Y L, REN D. Middle Jurassic Bittacidae (Insecta: Mecoptera) from Daohugou, Inner Mongolia, China [J]. Acta Zootaxonomica Sinica, 2009, 3: 560–567.

[140] LIU S L, SHIH C K, REN D. Four new species of hangingflies (Insecta, Mecoptera, Bittacidae) from the Middle Jurassic of Northeastern China [J]. ZooKeys, 2014, 466: 77–94.

[141] COCKEREL T D A. Insects in Burmese amber [J]. American Journal of Science, 1916, 42: 135–138.

[142] COCKERELL T D A. Arthropods in Burmese amber [J]. Psyche, 1917, 24: 40–45.

[143] COCKERELL T D A. Insects in Burmese amber [J]. Annals of the Entomological Society of America, 1917, 10: 23–329.

［144］COCKERELL T D A. XXV.-Fossil Arthropods in the British Museum ［J］.-IV. Annals and Magazine of Natural History, 1920, 6: 211–214.

［145］COCKERELL T D A. A therevid fly in Burmese amber ［J］. Entomologist, 1920, 53: 69–70.

［146］BURN F N. Insects in Burmese amber ［J］. Entomologist, 1918, 51: 102–103.

［147］GRIMALDI D A, ENGEL M S. The relict scorpionfly family Meropeidae (Mecoptera) in Cretaceous amber ［J］. Journal of the Kansas Entomological Society, 2013, 86: 253–263.

［148］LI S, ZHANG W W, SHIH C K, et al. A new species of hangingfly (Insecta: Mecoptera: Bittacidae) from the mid-Cretaceous Myanmar amber ［J］. Cretaceous Research, 2018, 89: 92–97.

［149］CRUICKSHANK R D, KO K. Geology of an amber locality in the Hukawng Valley, Northern Myanmar ［J］. Journal of Asian Earth Sciences, 2003, 21: 441–455.

［150］SHI G H, GRIMALDI D A, HARLOW G E, et al. Age constraint on Burmese amber based on U-Pb dating of zircons ［J］. Cretaceous Research, 2012, 37: 155–163.

［151］MARTÍNEZ-DELCLÓS X, BRIGGS D E, PEÑALVER E. Taphonomy of insects in carbonates and amber ［J］. Palaeogeography, Palaeoclimatology, Palaeoecology, 2004, 203: 19–64.

［152］SOLÓRZANO K M M, KRAEMER A S, STEBNER F, et al. Entrapment bias of arthropods in Miocene amber revealed by trapping experiments in a tropical forest in Chiapas, Mexico ［J］. PLoS ONE, 2015, 10: e0118820.

［153］WILLMANN R. Mecoptera aus dem untereozänen Moler des Limfjordes (Denmärk) ［J］. Neues Jahrbuch für Geologie und Paläontologie, Monatschefte, 1977, 12: 735–744.

［154］ZHANG X, SHIH C K, ZHAO Y Y, et al. New species of Cimbrophlebiidae (Insecta: Mecoptera) from the Middle Jurassic of Northeastern China ［J］. Acta Geologica Sinica-English Edition, 2015: 1428–1496.

［155］ARCHIBALD S B. New Cimbrophlebiidae (Insecta: Mecoptera) from the early Eocene at McAbee, British Columbia, Canada and Republic, Washington, USA ［J］. Zootaxa, 2009, 2249: 51–62.

［156］ZHANG J F. A contribution to the knowledge of insects from the Late Mesozoic in Southern Shaanxi and Henan Provinces, China ［J］. Palaeoworld, 1993, 2: 49–56.

［157］MAJOR R T. The ginkgo, the most ancient living tree. The resistance of Ginkgo biloba L. to pests accounts in part for the longevity of this species ［J］. Science, 1967, 157 (3794): 1270–1273.

［158］WHEELER A G JR. Insect associates of Ginkgo biloba ［J］. Entomological News. 1975, 86: 37–44.

［159］HONDA H. Ginkgo Biloba: A Global Treasure (T. Hori et al.) ［M］. Tokyo: Springer, 1997: 243–250.

［160］YANG X G, SHIH C K, REN D. New fossil hangingflies (Insecta: Mecoptera: Raptioedia: Cimbrophlebiidae) from the Middle Jurassic of Inner Mongolia, China ［J］. Palaeontology, 2013, 56 (4): 711–726.

［161］SOSZYŃSKA-MAJ A, KRZEMIŃSKI W, KOPEĆ K, et al. Phylogenetic relationships within the relict family Eomeropidae (Insecta, Mecoptera) based on the oldest fossil from the Early Jurassic (Sinemurian) of Dorset, Southern England ［J］. Journal of Systematic Palaeontology, 2016, 14 (12): 1025–1031.

［162］REN D, SHIH C K. The first discovery of fossil eomeropids from China (Insecta, Mecoptera) ［J］. Acta Zootaxonomica Sinica, 2005, 30 (2): 275–280.

［163］ZHANG J X, SHIH C K, PETRULEVIČIUS J F, et al. A new fossil eomeropid (Insecta, Mecoptera) from the Jiulongshan Formation, Inner Mongolia, China ［J］. Zoosystema, 2011, 33 (4): 443–450.

［164］ZHANG J X, SHIH C K, REN D. A new fossil eomeropids (Insecta, Mecoptera) from the Yixian Formation, Liaoning, China ［J］. Acta Zootaxonomica Sinica, 2012, 37: 68-71. ［in Chinese with English abstract］.

［165］ARCHIBALD S B, RASNITSYN A P, AKHMETIEV M A. Ecology and distribution of Cenozoic Eomeropidae (Mecoptera), and a new species of Eomerope Cockerell from the early Eocene McAbee locality, British Columbia, Canada ［J］. Annals of the Entomological Society of America, 2005, 98 (4): 503–514.

［166］COCKERELL T D A. Description of Tertiary insects VI ［J］. American Journal of Science, 1909, 27: 381–387.

［167］PONOMARENKO A G, RASNITSYN A P. New Mesozoic and Cenozoic Protomecoptera ［J］. Paleontological Journal, 1974, 8 (4): 493–507.

［168］LIN Q B. Mesozoic and Cenozoic insects. ［M］// Atlas of Palaeontology from Northwest Region, Shaanganning Division. Beijing: Geological Publishing House, 1982: 70–83. ［in Chinese］.

［169］LIN Q B. Mesozoic fossil insects from South China ［J］. Acta Palaeontologia Sinica, 1986, 170: 82–84.

［170］HONG Y C, ZHANG Z J. New taxonomy of Orthophlebiidae ［J］. Geological Bulletin of China, 2004, 23 (8): 802–808.

［171］HONG Y C, GUO X R. Emendation for 3 homonym and 1 species of Orthophlebiidae (Insecta, Mecoptera) ［J］. Geological Bulletin of China, 2010, 29 (2-3): 188–194.

［172］WESTWOOD J O. In History of the Fossil Insects in the Secondary Rocks of England ［M］. Van Voorst, London, 8vo, xviii, 1845.

［173］SOSZYŃSKA-MAJ A, KRZEMIŃSKI W, KRZEMIŃSKI W, et al. Large Jurassic Scorpionflies Belonging to a New Subfamily of the Family Orthophlebiidae (Mecoptera) ［J］. Annales Zoologici, 2018, 68(1):85–92.

［174］LIAN X N, CAI C Y, HUANG D Y. A new orthophlebiid scorpionfly (Insecta, Orthophlebiidae) from the Late Jurassic Linglongta biota of northern China ［J］. Historical Biology, DOI: 10.1080/08912963.2021.1878512.

［175］ZHONG W, HUA B Z. Mating behavior and copulatory mechanism in the scorpionfly Neopanorpa longiprocessa (Mecoptera: Panorpidae) ［J］. PLoS One, 2013, 8 (9): e74781.

［176］LIN Q B. Mesozoic insects from Zhejiang and Anhui Provinces. In Nanjing Institute of Geology and Palaeontology, Chinese Academy of Sciences ［M］// Division and correlation of the Mesozoic volcano-sedimentary strata in Zhejiang and Anhui Provinces, 211-234. Beijing: Science Press, 1980.

［177］DING H, SHIH C , BASHKUEV A S, et al. The earliest fossil record of Panorpidae (Mecoptera) from the Middle Jurassic of China ［J］. ZooKeys, 2014, 431:79–92.

［178］QIAO X, SHIH C K, PETRULEVIČIUS J F, et al. Fossils from the Middle Jurassic of China shed light on morphology of Choristopsychidae (Insecta, Mecoptera) ［J］. ZooKeys, 2013, 318: 91–111.

［179］MARTYNOV A V. Liassic insects of Shurab and Kizilkya Mongolia ［J］. Trudy Paleontologicheskogo Instituta Akademii nauk SSSR, 1937, 7: 1–178.

［180］WANG C, SHIH C K, REN D. A new fossil hangingfly (Mecoptera: Cimbrophlebiidae) from the Early Cretaceous of China ［J］. Acta Geologica Sinica-English Edition, 2014, 88 (1): 29–34.

［181］HONG Y C. New fossil insects of Xiahuanyuan Formation in Yuxian County, Hebei Province ［J］. Bulletin Tianjin Institute Geological Mineral Research, 1985, 13: 131–138.

［182］洪友崇，萧宗正.北京延庆后城组蜚蠊目、鞘翅目、长翅目化石（昆虫纲）［J］.北京地质，1997，3：3–12.

第 25 章
蚤目

张燕婕，高太平，史宗冈，任东

　　蚤目昆虫俗称"跳蚤"，是一类体型相对较小的无翅全变态昆虫。全世界已知蚤目昆虫现生类群15科，约2 500余种[1-3]。跳蚤具有终身外寄生的生活习性，大多寄生在哺乳动物身上，少数寄生于鸟类体表[3, 4]。

　　跳蚤的成虫体型相对较小，一般都小于8 mm，绝大多数体长在1～5 mm，善于爬行和跳跃。人蚤 *Pulex irritans* 是一类寄生于人体的跳蚤，一次跳跃高度可达18 cm，水平距离超过30 cm[5]，直到2003年，它在昆虫界"跳高冠军"的位置才被体长为6 mm的沫蝉取代（详见：16.3知识窗：跳高冠军）。跳蚤的身体侧扁，覆盖有长度不等的刚毛，其刺吸式的口器具有锯齿状的外叶[6]；足5跗节，前跗节具有一对锋利的爪；触角的鞭小节呈扁平状堆叠，可自由伸缩到触角窝中；复眼退化，单眼缺失。这些特化的外部特征是跳蚤在演化过程中对外寄生生活的一种适应[7-9]。跳蚤的身上覆盖有很多粗、宽、硬化的鬃毛（呈栉状结构），可以避免在寄主运动过程中被甩掉。根据鬃毛着生位置的不同可分为颊栉、前胸栉等。此外，"臀板"作为跳蚤的感受器[3, 10]，由较短的刚毛和杯状凹陷的板状结构组成，位于腹部背板的第9节和第10节上。

　　跳蚤一生要经历卵、幼虫、蛹和成虫四个阶段。雌性的跳蚤成虫需要在产卵前通过吸血来获取足够的营养。一只雌性跳蚤成虫每次可产3～18粒卵，在下一次产卵前，必须经历一段时间的休整，在此期间还需要摄取足够的血液。雌性跳蚤的产卵周期可以持续几个月，一只雌性跳蚤在整个生活史可产卵近1 000粒。跳蚤的卵呈白色，倒卵状，通常散落在寄主的巢穴中。在适宜的温度和湿度下，卵在2～12天后即可发育为幼虫。幼虫形状像蛆，具成排的鬃毛，取食成虫的残粪或者寄主的皮屑。幼虫无寄生习性，经过2～3次蜕皮后，10天左右就会结出茧，如果环境恶劣，幼虫的形态可以维持一个月，甚至超过200天。蛹期一般持续15～20天，视其生活环境而定，也可提前3天或推迟2年之久。

　　不同种类的跳蚤成虫在寄主选择上差异比较大。有些跳蚤专性寄生于某一类特定的属或种的寄主身上，有些跳蚤对寄主的选择却并不严格。如果寄主死亡后，它们很容易地转移到新的寄主上，甚至可能选择另一种完全不同科的宿主继续营寄生生活[3]。

　　前人整合了现生跳蚤的形态学和分子数据，同时加入化石标本的性状[12]，对蚤目和其他类群昆虫的亲缘关系进行了系统发育分析[2, 11]。分子数据和组织解剖学的研究结果表明，蚤目与长翅目的雪蝎蛉互为姐妹群[9, 13, 14]。然而，近年来在中生代发现的一类阿纽蝎蛉科Aneuretopsychidae的长翅目昆虫，具有很长的虹吸式口器，与跳蚤的亲缘关系更近[15, 16]。

知识窗："黑死病"和鼠疫

比叮咬和吸血更糟糕的是，跳蚤作为病毒或细菌的传播媒介给人类带来的疾病。曾经发生在14世纪的欧洲的"黑死病"和鼠疫[17, 18]，就是由跳蚤传播的流行病，导致数百万人死亡，类似的灾难在人类历史上发生过很多次。

虽然目前对"黑死病"的病因还没有最终的解释，但普遍认为"黑死病"是由耶尔森菌中的一种鼠疫耶尔森氏菌*Yersinia pestis*引起的，该菌由耶尔森Alexandre Yersin于1894年首次发现。这种细菌在啮齿目动物中很常见，而且没有什么危害，却能给人类带来毁灭性的伤害。例如，寄生在褐鼠身上有几种跳蚤，尤其是轮叶蚤*Xenopsylla cheopis*。这些跳蚤一旦被鼠疫菌感染，细菌便会迅速繁殖并充斥了跳蚤的整个消化道，此时携带鼠疫菌的跳蚤会持续地感到饥饿，随后疯狂地叮咬寄主。当寄主因感染细菌死亡后，跳蚤便会迅速地转移到新的寄主身上继续作恶。在13世纪中期，由于农场收成不好，许多人逃荒到城市，导致城市街道拥挤，垃圾遍地，进而出现大量的老鼠。耶尔森氏菌可以通过空气飞沫（咳嗽）或跳蚤的宿主转换从而迅速传播[19, 20]。人类在被携带鼠疫菌的跳蚤叮咬后，身体会出现呈黑色的浮肿块，进而导致严重的疾病甚至死亡。

如今，越来越多的国家重视环境卫生问题，关注防治潜在的流行性传染疾病。特别是联合国世界卫生组织（WHO）在防止重大传染病暴发方面做了大量的工作。因此，如今鼠疫不太可能像中世纪那样大范围内发生。然而，鼠疫在局部地区的死灰复燃仍不可轻视。在2014年11月，马达加斯加还暴发了鼠疫。

25.1 蚤目化石的研究进展

在2012年之前，能够真正确定的跳蚤化石标本全部来自始新世的波罗的海琥珀[21, 22]以及中新世的多米尼加琥珀[23]，被归入到现生的古蚤属*Palaeopsylla*和蚤属*Pulex*。Perrichot等人还报道了中新世琥珀中一个已经绝灭的类群，科氏古兔蚤*Eospilopsyllus kobberti*[24]。由于新生代的跳蚤类群具有和现生跳蚤相似的形态特征[23, 25]，因而被认为与现生跳蚤具有密切的亲缘关系。

1970年，Riek报道了一块来自澳大利亚上白垩统地层中疑似跳蚤的化石标本——*Tarwinia australis*，身体无翅，胫节末端有成排的栉状刚毛，腹部背板具臀板[26, 27]。遗憾的是，Riek当时并没有描述标本的口器结构，因而*T. australis*的分类位置也一直饱受质疑。直到2015年，黄迪颖对*T. australis*的模式标本进行了重新检视并修订，发现了标本上保存的细长虹吸管状口器，延伸超过了前足基节位置[28]。1976年，Ponomarenko在拜萨上白垩统扎扎组地层Zaza Formation中发现了另一块疑似跳蚤的具短管状口器的外寄生虫，命名为长足刺龙蚤*Saurophthirus longipes*[29]。直到1986年，Ponomarenko才把这一块标本归于刺龙科Saurophthiridae[30]。2017年，Rasnitsyn和Strelnikova分析了长足刺龙蚤的气管系统，认为它具有一个复杂的生殖营养循环系统[31]。

1992年，Rasnitsyn描述了一块来自西伯利亚中/晚侏罗世的昆虫标本，称为奇异恐怖虫*Strashila incredibilis*，触角较短，三对足很长，后足的基节和腿节格外膨大。这件保存并不完整的化石标本起初被认为是一种特化的外寄生性昆虫。直到2013年，黄迪颖等人报道了13件来自中国中侏罗世的恐怖虫化石标本。新的标本具有典型的双翅目昆虫的背板结构，较大的复眼和一对外侧单眼等特征，因此黄迪颖等人将恐怖虫归到双翅目中。黄迪颖等认为恐怖虫雄性特有的膨大后足可以协助它在交配中控制雌性，但在这些标本上均看不到刺吸式口器结构[34]。

2012年，黄迪颖等人和高太平等人几乎同时报道了几只巨型的"基干跳蚤类群"。高太平等人基于两件分别来自中国中侏罗统九龙山组和下白垩统义县组的化石标本建立了蚤目的新科——似蚤科Pseudopulicidae Gao, Shih & Ren, 2012[16, 35, 36]。似蚤科的主要特征包括长长的刺吸式口器、无翅的中后胸、成排的栉状刚毛、臀板等表明它们与现生跳蚤的亲缘关系很近，然而似蚤科缺乏现生跳蚤那样的跳跃足及明显侧扁的身体结构。似蚤科体型巨大，体长甚至达到了22.8 mm，锯齿状的口针长达5.5 mm，有利于刺穿寄主粗糙且较厚的皮肤。因此推测这些古老的基干类群的跳蚤可能寄生在体型相对较大的宿主身上，比如同时期的中等或大型脊椎动物身上[16, 35, 37-40]。

2013年，黄迪颖等人将王氏似蚤*Pseudopulex wangi*、中华巨蚤*Hadropsylla sinica*和北票凶蚤*Tyrannopsylla beipiaoensis*归入了似蚤科，并将*Tarwinia*划分到了一个新科 Tarwiniidae[41]。2013年，高太平等人基于我国早白垩世热河生物群的三件保存完好的化石标本，将奇美刺龙蚤*Saurophthirus exquisitus*归入了刺龙科Saurophthiridae Ponomarenko, 1986，称它们为具有"过渡性状"的跳蚤[31, 42]。刺龙蚤展现了很多由似蚤科到冠群跳蚤演化的"过渡"阶段的特征，如较小的身体，明显变短的刺吸式口器，背板上短而坚硬的成排栉状刚毛，延长的足，部分向内收缩的雄性外生殖器等。2014年，高太平等人描述了一件采自中国下白垩统义县组的雌性跳蚤——贪婪似蚤*Pseudopulex tanlan*，其极度膨大而明显侧扁的腹部表明可能是死前最后一次吸血的结果[43]。

迄今为止，中生代记录跳蚤4属8种（表25.1），分布在刺龙科Saurophthiridae Ponomarenko, 1986，似蚤科Pseudopulicidae Gao, Shih & Ren, 2012和Tarwiniidae Huang, Engel, Cai & Nel, 2013三个科中[31]。

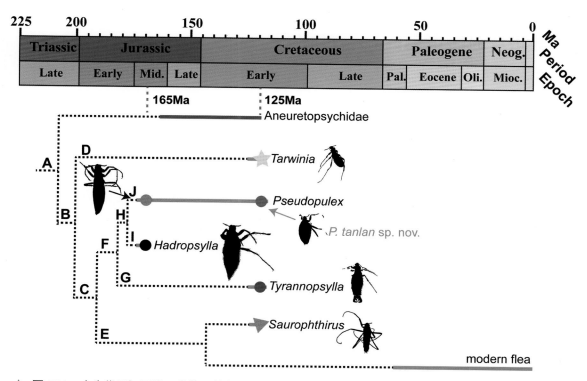

▲ 图 25.1　中生代已知蚤类可能的系统发育关系（改自参考文献［43］）

中生代的"基干"或"过渡"跳蚤类群与现生的冠群跳蚤互为姐妹群[16, 43]。黄迪颖等人认为整个蚤目（包括中生代的化石类群）的姐妹群有可能是长翅目的一类已经绝灭的昆虫——阿纽蝎蛉Aneuretopsychidae，而不是之前认为的雪蝎蛉Boreidae（图25.1）。这两种观点其实并不矛盾，后者并没有考虑化石标本提供的数据[2, 44]。目前，关于跳蚤的早期演化还存在很多问题，新的化石材料和更深入的研究将逐渐补充我们的认知。

知识窗："跳蚤的基干类群"

Dittmar等人对中生代已经报道的跳蚤有着不同的看法。他们认为"目前关于恐龙时代（中生代）报道的跳蚤的演化历程及生态学现象的解释仅仅是基于猜测而不是证据。因此，有关这些跳蚤的基干类群的分类位置，以及其作为外寄生虫的生态学现象和吸血性等相关问题，目前还缺乏可靠的资料支持"[45, 46]。

中生代的"跳蚤"化石与现生冠群跳蚤有很多共有衍征[16, 35, 41-43]：延伸的锯齿状的刺吸式口器，意味着在取食时，它们可以刺穿比较粗糙硬化的皮肤；雌性柔软和膨胀的腹部，能够适应一次性摄入大量的液体食物的需求；较大且无翅的身体，细长的足和镰刀型的爪，表明它们适合生活在大型脊椎动物宿主的体表；在身体的背板和足部胫节末端覆盖着成排的硬刺或者刚毛，一致地向后生长，有利于在毛发或羽毛中移动或固着。上述特征都有可能单独地出现在某一种昆虫身上，然而同时具有这些特征的昆虫，明显与所有已知的植食性昆虫不同，它们更适合于吸食有羽或带毛的脊椎动物血液[47]。1976年，Ponomarenko认为刺龙蚤应该寄生在翼龙的翼膜上。目前我们认为中生代有羽、带毛的，体表有部分裸露、有弹性的皮肤的大型恐龙、翼龙、哺乳动物、鸟类等，这些都可能是刺龙蚤，似蚤和tarwiniids等"基干"或"过渡"跳蚤类群的潜在宿主[16, 35, 41-43, 47]。

25.2 中国北方地区蚤目的代表性化石

似蚤科 Pseudopulicidae Gao, Shih & Ren, 2012

迄今为止，中国东北地区似蚤科化石已记录3属6种，这些标本采自中侏罗统和下白垩统地层中[16, 35, 41, 43]。似蚤科的鉴定特征如下：延长的刺吸式口器，触角鞭小节扁平紧凑，至少14节，无翅且相对较小的胸部，足细长，胫节有明显的成排栉状刚毛，体表具坚硬的、向后伸出的成排刚毛或鬃毛，雌性体长一般大于雄性，雄性的外生殖器大且暴露在体外，具有延长的生殖基节和生殖刺突。

中国北方地区侏罗纪和白垩纪报道的属：似蚤属 *Pseudopulex* Gao, Shih & Ren, 2012；巨蚤属 *Hadropsylla* Huang, Engel, Cai & Nel, 2013；凶蚤属 *Tyrannopsylla* Huang, Engel, Cai & Nel, 2013。

似蚤属 *Pseudopulex* Gao, Shih & Ren, 2012

Pseudopulex Gao, Shih & Ren, 2012, *Cur. Biol.*, 22 (8)：732[35] (original designation).

模式种：侏罗似蚤 *Pseudopulex jurassicus* Gao, Shih & Ren, 2012。

身体覆盖有致密的刚毛和鬃毛；针状的刺吸式口器延伸至后足基节；胫节末端具栉状鬃毛；跗节长度超过腿节和胫节长度之和。

产地及时代：内蒙古，中侏罗世；辽宁，早白垩世。

中国北方地区侏罗纪和白垩纪报道4种（表25.1）

侏罗似蚤 *Pseudopulex jurassicus* Gao, Shih & Ren, 2012 (图25.2)

Pseudopulex jurassicus Gao, Shih & Ren, 2012: *Cur. Biol.*, 22 (8)：732[35].

产地及层位：内蒙古宁城道虎沟；中侏罗统，九龙山组。

单眼缺失，触角短而粗壮。刺吸式口器长度超过头的两倍，下唇须可见4节，内颚叶从基部到端部布满了锯齿状缺刻。足部基节略微延长，胫节有短而粗壮的鬃毛形成的"假栉"结构，端跗节具一对镰刀型的爪。腹部背腹扁平状，臀板呈卵圆形[35, 41]。

巨大似蚤 *Pseudopulex magnus* Gao, Shih & Ren, 2012（图25.3）

Pseudopulex magnus Gao, Shih & Ren, 2012, *Cur. Biol.*, 22 (8)：732.

产地及层位：内蒙古多伦；下白垩统，义县组。

体长约22.82 mm（不含触角）；触角的节数超过16节，鞭小节堆叠；口器格外延长且粗壮，长约5.15 mm，内颚叶的边缘长有几排锯齿状结构；身体上特别是腹部长有浓密的刚毛和鬃毛；胫节和跗节的内侧具有长度不等的距[35]。

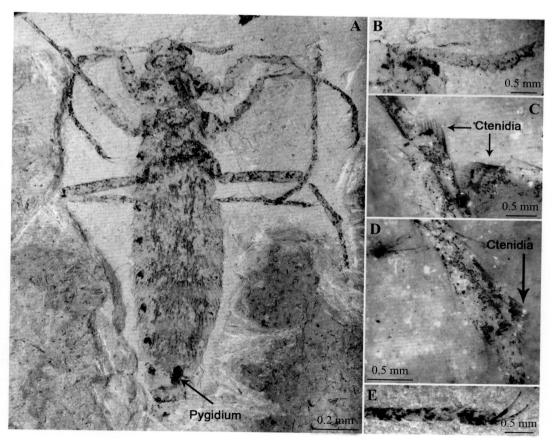

▲ 图 25.2 侏罗似蚤 *Pseudopulex jurassicus* Gao, Shih & Ren, 2012（正模标本，CNU-NN2010001）[35]
　　标本由史宗冈捐赠
　　A. 正模标本照片；B. 右边触角；C、D. 胫节上的刚毛；E. 左前足的爪

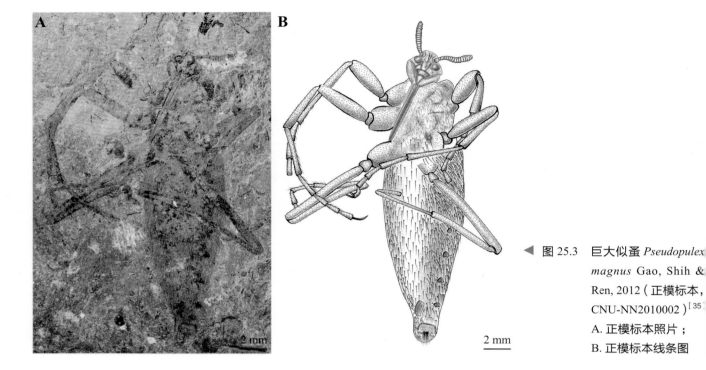

图 25.3 巨大似蚤 *Pseudopulex magnus* Gao, Shih & Ren, 2012（正模标本，CNU-NN2010002）[35]
A. 正模标本照片；
B. 正模标本线条图

贪婪似蚤 *Pseudopulex tanlan* Gao, Shih, Rasnitsyn & Ren, 2014（图25.4）

Pseudopulex tanlan Gao, Shih, Rasnitsyn & Ren, 2014: *BMC Evo. Bio.*, 14 (168)：2.

产地及层位：辽宁凌源；下白垩统，义县组。

体型中等大小（体长约10 mm），头部和胸部相对较小。体表覆盖坚硬的较短的鬃毛和刚毛。胫节末端无"栉状"鬃毛结构。腹部的末节不硬化。雌性前足胫节长度约为腿节的一半。雄性外生殖器相对较小且短。

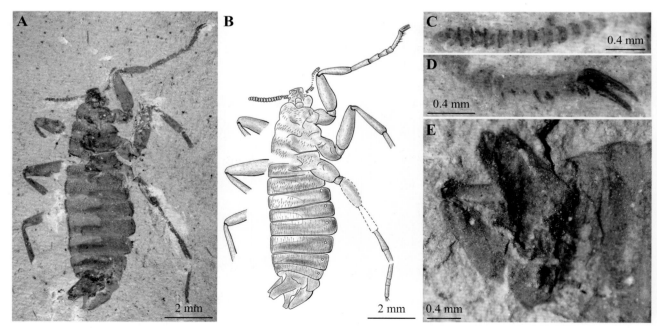

▲ 图 25.4 贪婪似蚤 *Pseudopulex tanlan* Gao, Shih, Rasnitsyn & Ren, 2014（正模标本，CNU-SIP-LL2013003）[35]
A. 正模标本照片；B. 正模标本线条图；C. 触角；D. 右前足；E. 雄性生殖器

王氏似蚤 *Pseudopulex wangi* Huang, Engel, Cai, & Nel, 2013

Pseudopulex wangi Huang, Engel, Cai, & Nel, 2013, *Chinese Sci. Bull.,* 58 (14)：1685[41] (original designation).

产地及层位：内蒙古宁城道虎沟；中侏罗统，九龙山组。

雌性，触角14节，鞭小节粗且明显短扁；内颚叶内侧具有锯齿状缺刻，口器延长至中足基节；下唇须4节；前、中足胫节末端有成排的栉状刚毛，后足上刚毛则较为分散。雄性体长只有雌性一半左右，触角呈念珠状，相对较细，14节；刺吸式口器延伸至中足基节；第5跗节延长，前跗节具细长的爪。

巨蚤属 *Hadropsylla* Huang, Engel, Cai & Nel, 2013

Hadropsylla Huang, Engel, Cai & Nel, 2013, *Chinese Sci. Bull.,* 58 (14)：1685[41] (original designation).

模式种：*Hadropsylla sinica* Huang, Engel, Cai & Nel, 2013。

雌性触角19节，刺吸式口器至少延伸到第2腹板；胫节的末端均具有稀疏的刚毛；跗节的长度几乎等于腿节和胫节长度之和，第4跗节非常短；体表覆盖向后生长的长刚毛[41]。

产地及时代：内蒙古，中侏罗世。

中国北方地区侏罗纪仅报道1种（表25.1）

凶蚤属 *Tyrannopsylla* Huang, Engel, Cai & Nel, 2013

Tyrannopsylla Huang, Engel, Cai & Nel, 2013, *Chinese Sci. Bull.*, 58 (14)：1687[41] (original designation).

模式种：*Tyrannopsylla beipiaoensis* Huang, Engel, Cai & Nel, 2013。

刺吸式口器延伸到后足基节位置，胫节末端具稀疏的刚毛；跗节的长度明显长于腿节和胫节之和；腹部的第4背板较小但明显硬化，第5~9节腹板高度硬化。雌性个体略大于雄性；触角17节。

产地及时代：辽宁，早白垩世。

中国北方地区白垩纪仅报道1种（表25.1）

北票凶蚤 *Tyrannopsylla beipiaoensis* Huang, Engel, Cai & Nel, 2013（图25.5）

Tyrannopsylla beipiaoensis Huang, Engel, Cai & Nel, 2013, *Chinese Sci. Bull.*, 58 (14)：1687.

产地及层位：辽宁北票；下白垩统，义县组。

雄性，体长14.7 mm，刺吸式口器延伸到中足基节与后足基节之间的位置；前胸背板略向前延伸盖住部分头部，略窄于中胸背板；中足略长于前足，后足长于中足；腹部覆盖着向后径直伸长的刚毛，每一腹节上较短的刚毛排列在前，较长的排列在后；雄性的外生殖器完全暴露在腹部之外，生殖基节细长，着生的生殖刺突呈圆柱形，仅有一节，较宽[41]。

刺龙科 Saurophthiridae Ponomarenko, 1986

Saurophthiridae Gao, Shih, Rasnitsyn & Ren, 2013, *Cur. Bio.*, 23 (13)：1261[42].

Ponomarenko于1976年在西伯利亚的下白垩地层中发现并报道了长足刺龙蚤*Saurophthirus longipes*。1986年，他把长足刺龙蚤归于刺龙科[30]。2013年，高太平等人报道了该科的另外一种——奇美刺龙蚤。刺龙科特征：头部的长和宽几乎相等；复眼很小；触角至少12节，雌性体呈纺锤状，雄性体型似棒状，

2 mm

◀ 图 25.5　北票凶蚤 *Tyrannopsylla beipiaoensis* Huang, Engel,
Cai & Nel, 2013（正模标本，NIGP154249a）
黄迪颖供图

后足的基跗节的长度超过剩余4节长度之和；腹部末端颜色加深[29, 42]。2020年，张燕婕等人报道了该科下又一新种——光滑刺龙蚤，为刺龙蚤作为"过渡时期"的跳蚤补充了新的证据。

中国北方地区白垩纪仅报道1属：刺龙属 *Saurophthirus* Ponomarenko, 1976。

刺龙属 *Saurophthirus* Ponomarenko, 1976

Saurophthirus Ponomarenko, 1976, *Paleontologicheskii Zhurnal*, 3：103[29] (original designation).

模式种：长足刺龙蚤 *Saurophthirus longipes* Ponomarenko, 1976。

体型中等大小，无翅，雌性个体略大于雄性，3对足细长，均超过身体长度；复眼小，单眼缺失，较短的刺吸式口器内具一对细长的内颚叶；背板上覆盖有成排的短而粗壮的鬃毛。

产地及时代：辽宁，早白垩世。

中国北方地区白垩纪报道2种（表25.1）

奇美刺龙蚤 *Saurophthirus exquisitus* Gao, Shih, Rasnitsyn & Ren, 2013（图25.6、图25.7）

Saurophthirus exquisitus Gao, Shih, Rasnitsyn & Ren, 2013: *Cur. Bio.*, 23 (13)：1261.

产地及层位：辽宁凌源；下白垩统，义县组。

雌性体长8~12 mm，雄性体长约7 mm；触角紧凑扁平，触角窝较深；基节圆形，腿节从前、中、后足依次变细，3对足中腿节一般比胫节长，胫节略长于基跗节，前跗节均具一对长而窄的爪。雄性腹部各节界限明显，但是腹部腹表面不硬化；雄性外生殖器部分露出腹部，腹部第7节基部到第9节内凹，阳茎延长超过了腹部的顶端，雌性具1对尾须[42]。

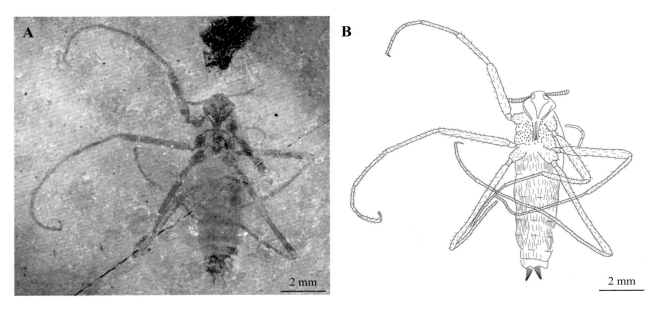

▲ 图 25.6 奇美刺龙蚤 *Saurophthirus exquisitus* Gao, Shih, Rasnitsyn & Ren, 2013（正模标本，雌性，CNU-LB2010016c）[42]
标本由史宗冈捐赠
A. 正模标本照片；B. 正模标本线条图

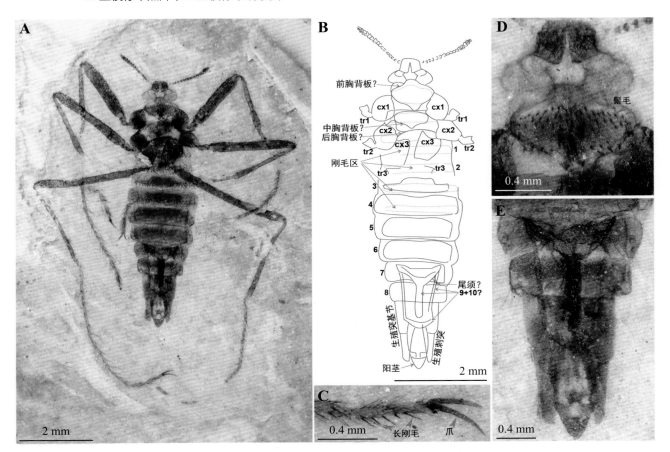

▲ 图 25.7 奇美刺龙蚤 *Saurophthirus exquisitus* Gao, Shih, Rasnitsyn & Ren, 2013（副模标本，雄性，CNU-LB2010018）[42]
A. 正模标本照片；B. 正模标本线条图；C. 后足的爪；D. 头部和前胸背板；E. 腹部末端（酒精下拍摄）

光滑刺龙蚤 *Saurophthirus laevigatus* Zhang, Shih, Rasnitsyn & Gao, 2020（图25.8）

Saurophthirus laevigatus Zhang, Shih, Rasnitsyn & Gao, 2020: *Acta Palaeontol. Pol.,*65(1)：102.

产地及层位：辽宁凌源；早白垩统，义县组。

雄性，体长约9.8 mm，身体呈纺锤形，全身覆盖较短的刚毛；触角17节，呈棋子状堆叠；足的长度与体长近等，后足基节延长，后足腿节约为腹部长度的0.35倍；雄性外生殖器部分外露，约为腹部长度的0.3倍，生殖刺突、生殖突基节明显。

1 mm

◀ 图 25.8 光滑刺龙蚤 *Saurophthirus laevigatus* Zhang, Shih, Rasnitsyn & Gao, 2020（正模标本，雄性，CNU-SIP-LL2015001）[48]

表 25.1 中国侏罗纪和白垩纪蚤目化石名录

科	种	产地	层位 / 时代	文献出处
Pseudopulicidae	*Pseudopulex jurassicus* Gao, Shih & Ren, 2012	内蒙古宁城	九龙山组 /J$_2$	Gao *et al.*[35]
	Pseudopulex magnus Gao, Shih & Ren, 2012	内蒙古多伦	义县组 /K$_1$	Gao *et al.*[35]
	Pseudopulex wangi Huang, Engel, Cai & Nel, 2013	内蒙古宁城	九龙山组 /J$_2$	Huang *et al.*[41]
	Pseudopulex tanlan Gao, Shih, Rasnitsyn & Ren, 2014	辽宁北票	义县组 /K$_1$	Gao *et al.*[43]
	Hadropsylla sinica Huang, Engel, Cai & Nel, 2013	内蒙古宁城	九龙山组 /J$_2$	Huang *et al.*[41]
	Tyrannopsylla beipiaoensis Huang, Engel, Cai & Nel, 2013	内蒙古宁城	九龙山组 /J$_2$	Huang *et al.*[41]
Saurophthiridae	*Saurophthirus exquisitus* Gao Shih Rasnitsyn & Ren, 2013	辽宁北票	义县组 /K$_1$	Gao *et al.*[42]
	Saurophthirus laevigatus Zhang, Shih, Rasnitsyn & Gao, 2020	辽宁凌源	义县组 /K$_1$	Zhang *et al.*[48]

参考文献

［1］LEWIS R E. Resume of the Siphonaptera (Insecta) of the world ［J］. Journal of Medical Entomology, 1998, 35 (4): 377–389.

［2］WHITING M F, WHITING A S, HASTRITER M W, et al. A molecular phylogeny of fleas (Insecta: Siphonaptera): origins and host associations ［J］. Cladistics, 2008, 24: 677–707.

［3］KRASNOV B R. Functional and Evolutionary Ecology of Fleas: A Model for Ecological Parasitology ［M］. New York: Cambridge University Press, 2008.

［4］HOLLAND G P. Evolution, classification, and host relationships of Siphonaptera ［J］. Annual Review of Entomology, 1964, 9: 123–146.

［5］BUCKLAND P C, SADLER J P. A biogeography of the human flea, Pulex irritans L. (Siphonaptera: Pulicidae) ［J］. Journal of Biogeography, 1989, 16: 115–120.

［6］MICHELSEN V. A revised interpretation of the mouthparts in adult fleas (Insecta, Siphonaptera)［J］. Zoologischer Anzeiger, 1997, 235: 217–223.

［7］SNODGRASS R E. The skeletal anatomy of fleas (Siphonaptera)［M］. Smithsonian Miscellaneous Collections, 1946, 104: 1–89.

［8］RASNITSYN A P, QUICKE D L. History of Insects［M］. Dordrecht: Kluwer, 2002.

［9］GRIMALDI D A, ENGEL, M S. Evolution of the Insects［M］. New York: Cambridge University Press, 2005.

［10］MEDVEDEV S G. Morphological basis of the classification of fleas［J］. Entomologicheskoe Obozrenie. 1994, 73: 22–43.

［11］WHITING M F. Mecoptera is paraphyletic: multiple genes and phylogeny of Mecoptera and Siphonaptera［J］. Zoologica Scripta, 2002, 31 (1): 93–104.

［12］ZHU Q, HASTRITER M W, WHITING M F, et al. Fleas (Siphonaptera) are Cretaceous, and evolved with Teria［J］. Molecular Phylogenetics and Evolution, 2015, 90: 129–139.

［13］WHITING M F, CARPENTER J C, WHEELER Q D, et al. The Strepsiptera problem: phylogeny of the holometabolous insect orders inferred from 18S and 28S ribosomal DNA sequences and morphology［J］. Systematic Biology, 1997, 46 (1): 1–68.

［14］MISOF B, LIU S, MEUSEMANN K, et al. Phylogenomics resolves the timing and pattern of insect evolution［J］. Science, 2014, 346: 763–767.

［15］REN D, LABANDEIRA C C, SANTIAGO-BLAY J A, et al. A probable pollination mode before angiosperms: eurasian, long-proboscid scorpionflies［J］. Science, 2009, 326 (5954): 840–847.

［16］HUANG D Y, ENGEL M S, CAI C Y, et al. Diverse transitional giant fleas from the Mesozoic era of China［J］. Nature, 2012, 483: 201–204.

［17］HAENSCH S, BIANUCCI R, SIGNOLI M, et al. Distinct clones of Yersinia pestis caused the black death［J］. PLoS Pathogens, 2010, 6 (10): e1001134.

［18］WELFORD M, BOSSAK B H. Revisiting the medieval black death of 1347–1351: spatiotemporal dynamics suggestive of an alternate causation［J］. Geography Compass, 2010, 4: 561–575.

［19］HINNEBUSCH B J, PERRY R D, SCHWAN T G. Role of the Yersinia pestis Hemin storage (hms) locus in the transmission of plague by fleas［J］. Science, 1996, 273 (5273): 367–370.

［20］SCHMID B V, BÜNTGEN U, EASTERDAY W R, et al. Climate-driven introduction of the Black Death and successive plague reintroductions into Europe［J］. Proceedings of the National Academy of Sciences of the United States of America, 2015, 112 (10): 3 020–3 025.

［21］PEUS F. Über die beiden Bernstein-Flöhe (Insecta, Siphonaptera)［J］. Paläontologische Zeitschrift, 1968, 42: 62–72.

［22］BEAUCOURNU J, WUNDERLICH J. A third species of Palaeopsylla Wagner, 1903, from Baltic amber (Siphonaptera: Ctenophthalmidae)［J］. Entomologische Zeitschrift, 2001, 111: 296–298.

［23］LEWIS R E, GRIMALDI D A. A pulicid flea in Miocene amber from the Dominican Republic (Insecta: Siphonaptera: Pulicidae)［J］. American Museum Novitaties, 1997, 3205: 1–9.

［24］PERRICHOT V, BEAUCOURNU J C, VELTEN J. First extinct genus of a flea (Siphonaptera: Pulicidae) in Miocene amber from the Dominican Republic［J］. Zootaxa, 2012, 3438: 54–61.

［25］POINAR G O. Fleas (Insecta, Siphonaptera) in Dominican Amber［J］. Medical Science Research, 1995, 23: 789.

［26］RIEK E F. Lower Cretaceous fleas［J］. Nature, 1970, 227: 746–747.

［27］JELL P A, DUNCAN P M. Invertebrates, mainly insects, from the freshwater, Lower Cretaceous, Koonwarra fossil bed (Korumburra group), South Gippsland, Victoria［J］. Memoirs of the Association of Australasian Palaeontologists, 1986, 3: 111–205.

［28］HUANG DY. Tarwinia australis (Siphonaptera: Tarwiniidae) from the Lower Cretaceous Koonwarra fossil bed: morphological revision and analysis of its evolutionary relationship［J］. Cretaceous Research, 2015, 52: 507–515.

［29］PONOMARENKO A G. A new insect from the Cretaceous of Transbaikalia Ussr a possible parasite of Pterosaurians［J］. Paleontologicheskii Zhurnal, 1976, 3: 102–106.

［30］PONOMARENKO A G. Insects in the Early Cretaceous ecosystems of Western Mongolia［J］. Joint Soviet-Mongolian Geological and Paleontological Expedition, 1986, 28: 110–112.

［31］RASNITSYN A P, STRELNIKOVA O D. Tracheal system and biology of the Early Cretaceous Saurophthirus longipes

Ponomarenko, 1976 (Insecta, ?Aphaniptera, Saurophthiroidea stat. nov.) ［J］. Paleontological Journal, 2017, 51: 171–182.

［32］RASNITSYN A P. Strashila incredibilis, a new enigmatic mecopteroid insect with possible siphonapteran affinities from the Upper Jurassic of Siberia ［J］. Psyche, 1992, 99: 323–333.

［33］VRŠANSKÝ P, REN D, SHIH C K. Nakridletia ord. n-enigmatic insect parasites support sociality and endothermy of pterosaurs ［J］. AMBA Projekty, 2010, 8: 1–16.

［34］HUANG DY, NEL A, CAI C Y, et al. Amphibious flies and paedomorphism in the Jurassic period ［J］. Nature, 2013, 495: 94–97.

［35］GAO T P, SHIH C K, XU X, et al. Mid-Mesozoic flea-like ectoparasites of feathered or haired vertebrates ［J］. Current Biology, 2012, 22 (8): 732–735.

［36］POINAR G O. Palaeontology: the 165-million-year itch ［J］. Current Biology, 2012, 22 (8): 278–280.

［37］ZHOU Z H, BARRETT P M, HILTON J. An exceptionally preserved Lower Cretaceous ecosystem ［J］. Nature, 2003, 421: 807–814.

［38］XU X, ZHANG F C. A new maniraptoran dinosaur from China with long feathers on the metatarsus ［J］. Naturwissenschaften, 2005, 92: 173–177.

［39］MENG J, HU Y M, WANG Y Q, et al. A Mesozoic gliding mammal from Northeastern China ［J］. Nature, 2006, 444: 889–893.

［40］HUANG D Y. Trace back the origin of recent insect orders-evidence from the Middle Jurassic Daohugou Biota ［J］. Science Foundation in China, 2014, 22: 34–42.

［41］HUANG D Y, ENGEL M S, CAI C Y, et al. Mesozoic giant fleas from Northeastern China (Siphonaptera): taxonomy and implications for palaeodiversity ［J］. Chinese Science Bulletin, 2013, 58 (14): 1 682–1 690.

［42］GAO T P, SHIH C K, RASNITSYN A P, et al. New transitional fleas from China highlighting diversity of Early Cretaceous ectoparasitic insects ［J］. Current Biology, 2013, 23 (13): 1 261–1 266.

［43］GAO T P, SHIH C K, RASNITSYN A P, et al. The first flea with fully distended abdomen from the Early Cretaceous of China ［J］. BMC Evolutionary Biology, 2014, 14: 168.

［44］BEUTEL R G, FRIEDRICH F, HÖRNSCHEMEYER T, et al. Morphological and molecular evidence converge upon a robust phylogeny of the megadiverse Holometabola ［J］. Cladistics, 2011, 27: 341–355.

［45］DITTMAR K, ZHU Q, HASTRITER M W, et al. On the probability of dinosaur fleas ［J］. BMC Evolutionary Biology, 2016, 16: 9.

［46］BAETS K D, LITTLEWOOD D T J. The importance of fossils in understanding the evolution of parasites and their vectors ［J］. Advances in Parasitology, 2015, 90: 1–51.

［47］GAO T P, SHIH C K, RASNITSYN A P, et al. Reply to "On the probability of dinosaur fleas" ［J］. BMC Evolutionary Biology, 2016, 16: 9.

［48］ZHANG Y J, SHIH C K, RASNITSYN A P, et al. A new Early Cretaceous flea from China ［J］. Acta Palaeontologica Polonica, 2020, 65 (1): 99–107.

张维婷，王佳佳，史宗冈，任东

毛翅目昆虫又称为"石蛾"，已描述的现生种约16 000种，广泛分布于世界各地（除南极洲外）[1]。石蛾体长2~40 mm，复眼突出于头部两侧，胸部背侧具有毛瘤。虫体、足和翅密布毛。石蛾休息时，翅呈屋脊状折叠于身体两侧[2]。

1924年，Martynov基于成虫下颚须末节有无环纹和幼虫的筑巢习性将毛翅目分为两个亚目：环须亚目 Annulipalpia和完须亚目 Integripalpia[3]。这个分类系统被广泛接受。Wiggins和Wichard在1989年将营"自由生活"的幼虫类群从环须亚目中单独列出，建立尖须亚目 Spicipalpia[4]，但是尖须亚目的单系性一直存在争议[2]。另外，生存于二叠纪的二叠亚目 Protomeropina最初被认为是毛翅目的一个亚目[5]。但是Minet等在2010年指出该亚目是一个并系群，且该亚目中的分支石蛾科 Cladochoristidae、二叠石蛾科 Protomeropidae、前上双齿石蛾科 Prosepididontidae和微石蛾科 Microptysmatidae均不归属于毛翅目[6]。

大多数雌性石蛾将卵产在水中植物、岩石或其他附着物的表面，以及水面上的植物叶片和茎干上，只有少数雌性石蛾直接在水中产卵。石蛾的生命周期较短，仅1~2年。毛翅目昆虫一生中大部分时间以幼虫的状态生活在自己建筑的小房子里。石蛾的幼虫看起来像毛毛虫，它们中的大多数会利用腹部的气管鳃在水中呼吸。一些幼虫取食水生植物、小动物或鱼卵，危及渔业养殖或者水稻种植业。但有些幼虫却是很多鱼类特别是鳟鱼的主要食物来源。因此，除蜉蝣外，石蛾也是钓鱼者非常喜欢的人工鱼饵之一。多数石蛾成虫在傍晚或夜间活动，但有的类群在白天比较活跃。它们喜欢在水边的灌木丛中飞旋，寻找配偶，完成交配和繁殖。毛翅目成虫寿命很短，大多数仅存活几天，一般口器退化不进食。但有些种类可存活一个月以上，它们可能会取食花蜜或植物的蜜露。

知识窗：水质监测者

水生石蛾幼虫对生态环境适应性相对较弱，且对水质污染特别敏感，因此它们是水质监测的重要指示昆虫[7]。很多国家将石蛾幼虫、蜉蝣及石蝇的稚虫一同用作水质监测。由于某些种类的石蛾幼虫在变化的环境中能够承受一定程度的污染，因此溪流内石蛾种类和丰度在环境维护状况、环境变化和受影响状况方面具有很好的指示作用[8]。

26.1　毛翅目化石的研究进展

毛翅目化石的研究可追溯到19世纪早期。1805年，Bosc报道了发现于法国古近纪时期的毛翅目蛹化石管状硬壳石蛾蛹 *Indusia tubulosa* [9]。1992年，Carpenter将早期文献中描述的毛翅目化石记录进行了汇编[10]。Sukacheva描述了200余种毛翅目化石类群，为毛翅目化石的研究做出巨大贡献。迄今为止，在俄罗斯、美国、加拿大、蒙古、地中海区域以及中国等地发现的毛翅目化石记录共43科100余属600余种。

由于二叠纪的 Protomeropina部分类群的分类位置存在争议，依据化石证据，毛翅目的起源时间不能确定。最近，依据分子数据可知，毛翅目的起源时间约为距今2.34亿年，即中三叠世与晚三叠世之间[11]。古生物学家发现了三叠纪时期的僵石蛾科 Necrotauliidae和等翅石蛾科 Philopotamidae的化石记录[12]。尽管僵石蛾科曾被认为是兼翅总目 Amphiesmenoptera的一个基干类群[13, 14]，但刘雨佳等根据化石证据认为僵石蛾科属于毛翅目，且为完须亚目的基干类群[15]。直到侏罗纪和白垩纪，毛翅目现生类群的多样性才显著增加。

洪友崇率先在我国开展毛翅目化石研究。1976年，他描述了一个发现于内蒙古乌拉特前旗早白垩世时期魏姬姆石蛾科 Vitimotauliidae的化石种小佘太大翅石蛾 *Macropteryx xiaoshetaiensis* [16]。随后王美霞、高燕、刘雨佳、张维婷、高太平、姚云志、史宗冈和任东也做了许多研究工作。迄今为止，我国古生物学者描述毛翅目化石共6科9属18种。大多数毛翅化石发现于内蒙古、辽宁和河北。Davis等人描述了我国东北下白垩统义县组的一块毛翅目蛹化石，推测其属于魏姬姆石蛾科[17]。这是在我国发现并描述的首块毛翅目蛹化石。

知识窗：移动房屋建筑师

毛翅目幼虫俗称石蚕，能够修建可移动的房屋来隐藏和保护自己，以其巧夺天工的建筑技术而著称。它们通过吐丝把小树枝、树叶、沙子、小鹅卵石或碎片粘在一起建造移动房屋。必要时，它们强有力的上颚可将大型材料切成小块。石蚕房屋的样式千奇百怪、多种多样，如直管形、螺旋形或弯管形。当它们取食植物或藻类时，可以像蜗牛和寄居蟹一样，带着自己的小房子到处觅食。毛翅目往往以幼虫的形式越冬，春季化蛹，初夏羽化成虫。

20世纪80年代早期，法国一位极富创意的珠宝艺术家Hubert Duprat利用石蚕独特的建筑才能制作珠宝首饰。Hubert Duprat把小珠子或黄金薄片、蛋白石、珍珠、绿松石和其他半宝石放到玻璃缸中，然后把池塘中捉来的石蚕也放入其中。石蚕开始收集这些珠子和鹅卵石，建造成各式各样、五颜六色、精妙绝伦的小房子，作为自己的住所。当石蚕在这些庇护所内羽化成虫后，石蛾被放生到大自然中。而这些被石蛾遗弃的小房子，变成了炫彩夺目的小管，就被用来制作珠宝首饰。

与石蛾幼虫一样，其他陆生昆虫也有建造房屋的例子，如陆生的鳞翅目蓑蛾科幼虫（Psychidae，蓑蛾虫）和谷蛾科幼虫（Tineidae，蠹虫）也是建造移动住宅的建筑高手。蓑蛾虫用丝将干树叶、草和嫩枝等织成一个纤维质的小壳，在取食时带着自己的巢四处移动用来保护和伪装自己，甚至在巢里化蛹。蠹虫更为聪明，它们用衣服的纤维或碎片为自己建造管状巢来以隐藏自己。取食羊毛、毛皮或其他衣物上的纤维时，便带着自己的巢四处移动。此外，草蛉科 Chrysopidae和褐蛉科 Hemerobidae的幼虫也会利用猎物（如蚜虫）的尸体、枯叶、嫩枝或碎片放于其背部用来伪装自己（图20.6）。在捕食者或捕食对象看来，它们就像死亡的昆虫或无用的碎屑。

最早的石蚕巢化石发现于外贝加尔下侏罗统地层中[13]。在我国内蒙古道虎沟中侏罗统地层中发现有一些小的石蚕巢化石[18]。

26.2　中国北方地区毛翅目的代表性化石

完须亚目 Suborder Integripalpia Martynov, 1924

魏姬姆石蛾科 Family Vitimotauliidae Sukatcheva, 1968

魏姬姆石蛾科是一个绝灭科，最早的化石发现于晚侏罗世，在白垩纪大量兴盛，广泛分布于欧亚大陆[19]。至今，魏姬姆石蛾科包括4个属：多型石蛾属 *Multimodus* Sukatcheva, 1968（14种）[20-24]；魏姬姆石蛾属 *Vitimotaulius* Sukatcheva, 1968（3种）[20, 22]；波贝克石蛾属 *Purbimodus* Sukatcheva & Jarzembowski, 2001（4种）[25]和中华石蛾属 *Sinomodus* Wang, Liang, Ren & Shih, 2009（3种）[26]。多型石蛾属和魏姬姆石蛾属生存于早白垩世，分布于西伯利亚地区东南部、蒙古和中国；波贝克石蛾属发现于英国南部的下白垩统地层；中华石蛾属发现于中国的下白垩统地层。然而，至今在南半球仍未有魏姬姆石蛾科化石的报道。

中国北方地区白垩纪报道的属：多型石蛾属 *Multimodus* Sukatcheva, 1968；中华石蛾属 *Sinomodus* Wang & Ren, 2009。

多型石蛾属 *Multimodus* Sukatcheva, 1968

Multimodus Sukatcheva, 1968, *Palaentol. J.*, 2：63[20] (original designation).

模式种：玛蒂诺娃多型石蛾 *Multimodus martynovae* Sukatcheva, 1968。

前翅Rs短，四分支；F1、F2、F3和F4分支顶端位于翅长1/3处；F5分支早于F1。DC室、MC室、TC室封闭，MC室短，约为DC室长度的2/3。M的基干长于MC室的长度。

产地及时代：河北，早白垩世。

中国北方地区白垩纪报道3种（表26.1）。

中华石蛾属 *Sinomodus* Wang & Ren, 2009

Sinomodus Wang & Ren, 2009, *Cret. Res.*, 30：593-594[26] (original designation).

模式种：大型中华石蛾 *Sinomodus spatiosus* Wang & Ren, 2009。

前翅的DC室、MC室、TC室封闭，DC室与MC室等长。F1和F2的顶端位于翅长的1/3~1/2处，　F3和F4

的顶端位于翅长的1/4~1/3处。Cu$_{1a}$和F1在同一水平分支，Cu$_2$和1A达到前翅后缘，超过翅长的1/2。

产地及时代：辽宁，早白垩世。

中国北方地区白垩纪报道3种（表26.1）

大型中华石蛾 *Sinomodus spatiosus* Wang & Ren, 2009（图26.1）

Sinomodus spatiosus Wang & Ren, 2009, *Cret. Res.*, 30：594.

产地及层位：辽宁北票黄半吉沟；下白垩统，义县组。

体长21 mm，前翅长19 mm。触角短于前翅，基部粗壮，鞭节细长。下颚须4~5节，具密毛，第1节到第4节等长。中胸小盾片上的一对毛瘤融合。前翅Sc直，长度超过翅长的1/2，Rs在翅长1/3处分支，M在横脉m-cu$_1$后分支，M$_{1+2}$和M$_{3+4}$在Rs分叉点后分支，R$_{4+5}$在R$_{2+3}$后分支，F1和F2平行[26]。

魏姬姆石蛾科？　**Vitimotauliidae?** Sukatcheva, 1968

属种未定 **Genus and species** *Incertae sedis* Davis, Engel & Ren, 2010（图26.2）

Genus and species *Incertae sedis* Davis, Engel & Ren, 2010, *Cret. Res.*, 31：297.

产地及层位：辽宁北票黄半吉沟；下白垩统，义县组。

体长29.7 mm（头到臀突）；腹部最宽处为5.1 mm。触角约33节；柄节约与下颚须第2、3节之和等长；梗节大小与基部的触角节近等；柄节和梗节比鞭节略粗。下颚须5节，密布刚毛，第5节比其余各节略细长，其余各节近等长。下唇须分节不清。触角毛瘤保存不清；单眼毛瘤不明显，近圆形。前胸毛瘤长椭圆形；中胸盾片毛瘤边界模糊（尽管刚毛可见）；中胸小盾片毛瘤不明显。翅面密布毛，翅尚未完

3 mm

◀ 图26.1　大型中华石蛾 *Sinomodus spatiosus* Wang & Ren, 2009（正模标本，TNP-42592p）[26]

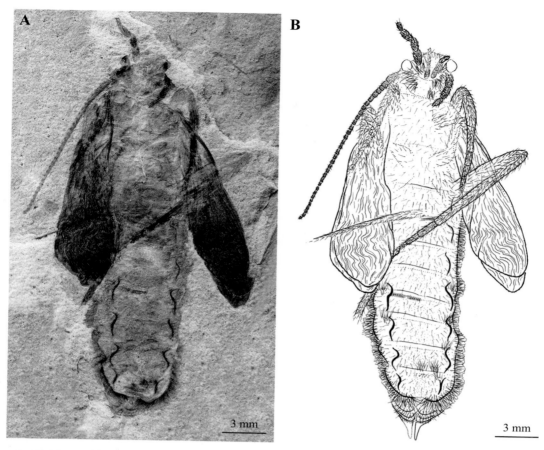

▲ 图 26.2　魏姬姆石蛾科蛹化石（正模标本，CNU-T-LB-2009000）[17]
　　　　　A. 正模标本照片；B. 正模标本线条图

全打开。腹部两侧各有一纵列缘毛，且在第8腹片后缘中线略微突出；背板清晰，第1背板前部着生具小刺的脊，第3~7背板前部着生成对的椭圆形钩片；第5腹节背板后缘具成对延长的矩形钩片，钩片上具6~8个钩；第3~7腹节背板前侧和后侧缘均可见拉长小簇的幼虫腮，腹部末端有一对平行的臀突，与第6腹节背板近等长[17]。

宁夏石蛾科 Ningxiapsychidae Hong & Li, 2004

　　宁夏石蛾科是一个绝灭科，依据中国宁夏早白垩世晚期的一个化石种而建立。该类群的主要特征为DC室和MC室闭合，TC室开放；M四分支；叉室5个，F1~F5完整且直；臀脉2支，即1A和2A[27]。

　　中国北方地区白垩纪仅报道1属：宁夏石蛾属 Ningxiapsyche Hong & Li, 2004。

宁夏石蛾属 *Ningxiapsyche* Hong & Li, 2004

Ningxiapsyche Hong & Li, 2004, *Acta Zootaxonomica. Sin.*, 29 (2)：225 [27] (original designation).

模式种：房氏宁夏石蛾 *Ningxiapsyche fangi* Hong & Li, 2004。

　　前翅DC室长于MC室；TC室约为MC长的2.5倍；前缘区宽，约为亚前缘区的2倍；翅痣三角形，长且大；翅面有3条黑色条带。R_2和R_3，R_4和R_5，M_1和M_2，M_3和M_4的分支点位置依次向后错开排列成一条斜线[27]。

产地及时代：宁夏，早白垩世晚期。

中国北方地区白垩纪仅报道1种（表26.1）。

科未定 Family incertae sedis

华夏准石蛾属 *Cathayamodus* Gao, Shih, Labandeira & Ren, 2016

Cathayamodus Gao, Shih, Labandeira & Ren, 2016, *Proc. R. Soc. Lond. B*, 283 (1839), 20161448 [28] (original designation).

模式种：富氏华夏准石蛾 *Cathayamodus fournieri* Gao, Shih, Labandeira & Ren, 2016。

成虫中等大小，全身被密毛，头及胸部具毛瘤。触角略短于或等于前翅；柄节短；鞭节双栉状，每侧具横向枝。翅伸长；前翅DC室和MC室闭合。F1和F2的顶点距翅端为翅长1/3到1/4的位置。F3和F4的顶点距翅端的长度是翅长的1/4。Cu_{1a}分支与F3在同一水平。后翅无横脉。

产地及时代：辽宁，早白垩世。

中国北方地区白垩纪仅报道1种（表26.1）。

富氏华夏准石蛾 *Cathayamodus fournieri* Gao, Shih, Labandeira & Ren, 2016（图26.3、图26.4）

Cathayamodus fournieri Gao, Shih, Labandeira & Ren, 2016, *Proc. R. Soc. Lond. B*, 283 (1839), 20161448.

产地及层位：辽宁北票黄半吉沟；下白垩统，义县组。

前翅长16 mm，后翅约长12 mm。成虫中等大小。头被毛；触角略短于前翅；柄节、梗节和鞭节基部有坚硬的像刺一样的刚毛或略坚硬无尖端的毛点；鞭节细长，双栉形，每一侧鞭小节具有横向枝（有些枝没有保存）；鞭毛状侧支具毛点。足细长；胫节边缘具长刚毛；所有胫节均具2个端距，后足胫节具2个端前距。后翅无F4；无横脉；Rs和Cu_1在同一水平分支；R_{2+3}和R_{4+5}在同一水平分支 [28]。

环须亚目 Suborder Annulipalpia

等翅石蛾科 Philopotamidae Stephens, 1829

等翅石蛾科是一个现生科，通常被称为"织网能手石蛾"。它们的幼虫通过在流水中纺织丝网来捕捉食物，一只幼虫可以纺出上千米的极薄的丝，交织成错综复杂的网。等翅石蛾科的特征是下颚须5节，第1节最短，第2节中远端有刚毛，第5节长、具环纹且柔软，通常至少是前4节的两倍 [29, 30]。最古老的等翅石蛾化石发现于早三叠世的吉尔吉斯斯坦 [12]。等翅石蛾科包括3个亚科，现存17属，已灭绝12属。迄今为止，在吉尔吉斯斯坦、蒙古、中国、哈萨克斯坦和俄罗斯的印模化石中，以及在新泽西、缅甸、波罗的海、萨克森尼亚和多米尼加的琥珀中，共描述了中生代、渐新世和中新世的48个毛翅目化石种。

中国北方地区侏罗纪仅报道1属：雷图斯石蛾属 *Liadotaulius* Handlirsch, 1939。

雷图斯石蛾属 *Liadotaulius* Handlirsch, 1939

Liadotaulius Handlirsch, 1939, *Ann. Naturhist. Mus. Wien.*, 49：97 [31] (original designation).

▶ 图 26.3 富氏华夏准石蛾 *Cathayamodus fournieri*
Gao, Shih, Labandeira & Ren, 2016（正
模标本，CNU-TRI-LB-2009001p）[28]
标本由史宗冈捐赠

▶ 图 26.4 富氏华夏准石蛾 *Cathayamodus*
fournieri Gao, Shih, Labandeira &
Ren, 2016 的生态复原图 [28]
王晨绘制

模式种：大壮雷图斯石蛾 *Liadotaulius maior* (Handlirsch, 1906)。

前翅Rs和M均四分支；DC室和MC室闭合；Cu$_2$末端明显向翅缘骤弯且去骨化。后翅具有完整的臀脉。

产地及时代：内蒙古，中侏罗世。

中国北方地区侏罗纪报道2种（表26.1）。

倾斜雷图斯石蛾 *Liadotaulius limus* Zhang, Shih & Ren, 2017（图26.5）

Liadotaulius limus Zhang, Shih & Ren, 2017, *Alcheringa*, 41 (1)：25–27.

产地及层位：内蒙古宁城道虎沟；中侏罗统，九龙山组。

前翅长6.3 mm，宽2.1 mm。前翅顶端圆润；Sc直且伸达翅前缘，超过翅长一半；R$_1$不分支；Rs在翅中部分支；横脉r、s、m和m-cu存在；横脉r比s更靠近翅基部；横脉m-cu倾斜；Cu$_2$不到前翅后缘。5个叉室均存在。F1分支早于F2分支，F3分支明显晚于F4分支[32]。

◀ 图26.5　倾斜雷图斯石蛾 *Liadotaulius limus* Zhang, Shih & Ren, 2017（正模标本，CNU-TRI-NN-2014012）[32]

科未定 Family incertae sedis

清泉石蛾属 *Qinquania* Hong, 1982

Qinquania Hong, 1982, Insect fossils in Jiuquan Basin, 158 [33] (original designation).

模式种：井脉清泉石蛾 *Qinquania combinata* Hong, 1982。

前翅Sc和R$_1$不分支；Rs分支早于M，Rs四分支。DC室和TC室开放；MC室闭合；TC长于MC，短于DC；Cu$_1$比较短，为M的分支；Cu$_{1a}$和Cu$_{1b}$部分融合；横脉m和cu$_1$-cu$_2$存在。

产地及时代：甘肃，早白垩世。

中国北方地区白垩纪仅报道1种（表26.1）。

"尖须亚目" Suborder "Spicipalpia" Weaver, 1984

原石蛾科 Rhyacophilidae Stephens, 1836

原石蛾科为"尖须亚目"中最大的科,是一个较为古老的毛翅目类群。最早的化石记录发现于我国内蒙古中侏罗统地层。原石蛾科幼虫自由生活且大多数种为捕食型。迄今为止,已报道原石蛾科现生类群6属700余种,广布于北美洲、欧洲、中亚、东亚、印度以及东南亚的热带地区,在中国、德国、俄罗斯和波罗的海的琥珀中发现14个灭绝种,为中生代和新生代时期的化石[34-40]。

中国北方地区侏罗纪仅报道1属:倾斜型原石蛾属 *Declinimodus* Gao, Yao & Ren, 2013。

倾斜型原石蛾属 *Declinimodus* Gao, Yao & Ren, 2013

Declinimodus Gao, Yao & Ren, 2013, *Acta Geol. Sin.-Engl.*, 87 (6): 1496[40] (original designation).

模式种:多毛倾斜型原石蛾 *Declinimodus setulosus* Gao, Yao & Ren, 2013。

虫体较大。下颚须5节,第1节和第2节呈圆球状,短于第3节,第5节下颚须末端圆滑。R_5达前翅末端。R_1脉在末端分支,前翅DC室封闭,Rs的基干与DC室长度近等。Rs和M分别四分支,前翅存在F1~F5,F5在后翅上缺失。胫距式为3-4-4。

产地及时代:内蒙古,中侏罗世。

中国北方地区侏罗纪仅报道1种(表26.1)。

多毛倾斜型原石蛾 *Declinimodus setulosus* Gao, Yao & Ren, 2013(图26.6)

Declinimodus setulosus Gao, Yao & Ren, 2013, *Acta Geol. Sin.-Engl.*, 87 (6): 1496–1498.

产地及层位:内蒙古宁城道虎沟;中侏罗统,九龙山组。

体长11.82 mm。前胸狭窄,有一对毛瘤;中胸盾片宽且有一对圆形对称的中胸盾片毛瘤。前足跗节长度是胫节的1.05倍,中足胫节长度是腿节的1.64倍,中足跗节是胫节的1.29倍。前足跗节末端有两个小爪片。前翅Sc分支。M在前翅翅长1/3处分支,MC室开放,Cu_1分支且几乎与Rs在同一水平上。Cu_{1a}在翅中部轻微弯曲[40]。

螯石蛾科 Family Hydrobiosidae Ulmer, 1905

螯石蛾科最初作为原石蛾科的一个亚科,由Ulmer于1905年建立[41],随后在1989年被Schmid提升为科[42]。该科大约包括50属[2]。迄今,已报道的螯石蛾科的化石类群有5属5种。

中国北方地区侏罗纪报道的属:侏罗等翅石蛾属 *Juraphilopotamus* Wang, Zhao & Ren, 2009;美圆螯石蛾属 *Pulchercylindratus* Gao, Yao & Ren, 2013。

侏罗等翅石蛾属 *Juraphilopotamus* Wang, Zhao & Ren, 2009

Juraphilopotamus Wang, Zhao & Ren, 2009, *Prog. Nat. Sci.*, 19: 1428[43] (original designation).

模式种:平滑侏罗等翅石蛾 *Juraphilopotamus lubricus* Wang, Zhao & Ren, 2009。

R_5伸达前翅顶端。Sc分支,在翅基部存在肩横脉h;MC室和DC室封闭,Rs的基干约为DC室长度的两

2 mm

◄ 图 26.6　多毛倾斜型原石蛾 *Declinimodus setulosus* Gao, Yao & Ren, 2013（正模标本，CNU-TRI-NN-2011006p）[40]

倍。Rs和M分别四分支；5个叉室完整；Cu_2和1A在翅后缘到达同一点。后翅具横脉r和m-cu，F4缺失，DC室封闭。

　　产地及时代：内蒙古，中侏罗世。

　　中国北方地区侏罗纪仅报道1种（表26.1）。

美圆螯石蛾属 *Pulchercylindratus* Gao, Yao & Ren, 2013

Pulchercylindratus Gao, Yao & Ren, 2013, *Foss. Rec.*, 16(1)：112 [39] (original designation).

　　模式种：斑点美圆螯石蛾 *Pulchercylindratus punctatus* Gao, Yao & Ren, 2013。

　　翅中等宽度，翅缘圆滑。R_5伸达前翅顶端，R_1末端分支，前翅DC室和MC室封闭，但是后翅DC室开放。Rs的基干是DC室长度的两倍。Sc脉长，Rs和M分别四分支，前翅存在5个叉室F1~F5，臀室长。胫距式为2-4-4。

　　产地及时代：内蒙古，中侏罗世。

　　中国北方地区侏罗纪仅报道1种（表26.1）。

斑点美圆螯石蛾 *Pulchercylindratus punctatus* Gao, Yao & Ren, 2013（图26.7）

Pulchercylindratus punctatus Gao, Yao & Ren, 2013, *Foss. Rec.*, 16 (1)：114–115.

　　产地及层位：内蒙古宁城道虎沟；中侏罗统，九龙山组。

2 mm

◀ 图 26.7　斑点美圆螯石蛾 *Pulchercylindratus punctatus* Gao, Yao & Ren, 2013（正模标本，CNU-TRI-NN-2011003）[39]

　　体长10.47 mm，宽8.24 mm；前翅长9.06 mm，宽3.47 mm。头圆，明显窄于前胸背板。触角短于前翅，丝状；柄节和梗节粗壮，鞭节细长。下颚须5节，第2节近圆柱形，所有分节近等长。单眼存在。头部具前毛瘤和后侧毛瘤。前胸窄，前胸背板具一对前胸毛瘤[39]。

亚目未定 Suborder incertae sedis

僵石蛾科 Necrotauliidae Handlirsch, 1906

　　许多古生物学家认为僵石蛾科是兼翅总目基干类群的代表，接近毛翅目和鳞翅目的共同祖先[13, 14, 44-47]。而刘雨佳等[15]基于异脉顶弧僵石蛾 *Acisarcuatus variradius* 的特征，认为僵石蛾科属于毛翅目，代表完须亚目的基干类群。刘雨佳等指出异脉顶弧僵石蛾 *Acisarcuatus variradius* 的雄性生殖器所具有的抱握器是毛翅目的共有衍征；而下颚须结构和横脉m的缺失符合完须亚目的衍征[15]。然而，我们需要依据更多标本，特别是具有虫体信息的模式种娇小僵石蛾 *Necrotaulius parvulus* 标本来确认这个科的分类位置[32]。

　　僵石蛾科存活于三叠纪到白垩纪。发现于吉尔吉斯共和国三叠系地层的拟僵石蛾 *Necrotaulius proximus* Sukatcheva, 1973是目前该科最古老的化石记录。迄今为止，在德国、俄罗斯、中国和英国共发现7属25种[13, 25, 39, 40, 47, 48]。古生物学家曾报道了德国下侏罗统上部地层的大量僵石蛾种类，但多数种类被认为是娇小僵石蛾 *Necrotaulius parvulus*、过渡中生石蛾 *Mesotrichopteridium intermedium* 和大壮雷图斯石蛾 *Liadotaulius maior* 的同物异名[25, 46, 47]。

　　中国北方地区侏罗纪和白垩纪报道的属：僵石蛾属 *Necrotaulius* Handlirsch, 1906；顶弧僵石蛾属 *Acisarcuatus* Liu, Zhang, Yao & Ren, 2014。

僵石蛾属 *Necrotaulius* Handlirsch, 1906

Necrotaulius Handlirsch, 1906, Die fossilen Insekten und die Phylogenie der rezenten Formen: Ein Handbuch für Paläntologen und Zoologen, 483[44] (original designation).

模式种：分支僵石蛾 *Necrotaulius furcatus* (Giebel, 1856)。

头部具毛瘤。前翅密布毛，后翅翅缘具长毛。前翅Sc伸达翅长2/3处；F1的基干长于F2；横脉m–cu和TC室位于F3处；后翅M_4常退化。

产地及时代：河北、内蒙古，中侏罗世—早白垩世。

中国北方地区侏罗纪和白垩纪报道2种（表26.1）。

顶弧僵石蛾属 *Acisarcuatus* Liu, Zhang, Yao & Ren, 2014

Acisarcuatus Liu, Zhang, Yao & Ren, 2014, *PLoS ONE*, 10：3–5[15] (original designation).

模式种：异脉顶弧僵石蛾 *Acisarcuatus variradius* Liu, Zhang, Yao & Ren, 2014。

单眼存在，头和胸部具毛瘤。翅基片具有长刚毛。胫距式为0-2-4。前翅Sc二分支；DC室封闭，MC室和TC室开放。后翅Sc不分支。雄性抱器分为2节。

产地及时代：内蒙古，中侏罗世。

中国北方地区白垩纪报道2种（表26.1）。

异脉顶弧僵石蛾 *Acisarcuatus variradius* Liu, Zhang, Yao & Ren（图26.8）

Acisarcuatus variradius Liu, Zhang, Yao & Ren, 2014, *PLoS ONE*, 10：5–8.

产地及层位：内蒙古宁城道虎沟；中侏罗统，九龙山组。

虫体长9.92 mm，宽1.74 mm；前翅长9.36 mm，宽3.4 mm。头部呈圆滑的三角形，复眼位于头部前方外侧，呈卵圆状。前毛瘤和后毛瘤分布于复眼周围，呈不规则的椭圆形。前胸背板有一对毛瘤，呈对称的水滴形。前翅R_1不分支，基部平直，翅痣区域有明显的弯曲；Rs在翅中部分支；DC室短且由横脉s封闭；F1分支早于F2；R_2脉末端弯曲且轻微地向R_1脉靠近；M的基部发源于R的基部；M分支早于Rs分支；F3和F4长于其主干脉；F3分支晚于F4；MC室长且开放；Cu_1分两支Cu_{1a}和Cu_{1b}，且F5与Rs在同一水平上分支；横脉$m-cu_1$存在；TC室开放；Cu_2直且不分支；臀脉可见，1A直，2A到达1A的中间，3A向2A强烈弯曲，到达2A的中间。后翅狭长且短于前翅。后翅有5个叉室；DC室、MC室和TC室均开放；Sc不分支；R_1直且不分支；F1分支晚于F2，F3分支略早于F4，F5分支最早[15]。

▲ 图 26.8　异脉顶弧僵石蛾 *Acisarcuatus variradius* Liu, Zhang, Yao & Ren, 2014（正模标本，CNU-TRI-NN-2013001p）[15]
A. 正模标本照片；B. 正模标本线条图

小室顶弧僵石蛾 *Acisarcuatus locellatus* Zhang, Shih & Ren, 2017（图26.9）

Acisarcuatus locellatus Zhang, Shih & Ren, 2017, *Alcheringa*, 41 (1)：24–25.

产地及层位：内蒙古宁城道虎沟；中侏罗统，九龙山组。

虫体长5.5~7.4 mm，宽1.1~1.4 mm；前翅长5.4~6.9 mm，宽2.1~2.4 mm。触角丝状，约为前翅长的0.6倍。下颚须5节，第1节膨大。前翅具斑点；Sc分支；R_1平直且不分支；Rs在前翅翅中分支；M分支早于Rs分支。5个叉室均存在。F3长度约为F4的一半；DC室由横脉s封闭；MC室和TC室开放；Cu_1起源于M的基部且稍弯曲；Cu_1分两支，分别为Cu_{1a}和Cu_{1b}；F5分支早于F4；Cu_2末端弯曲，到达前翅后缘。后翅Sc和R_1不分支；F3明显短于F2；F4缺失[32]。

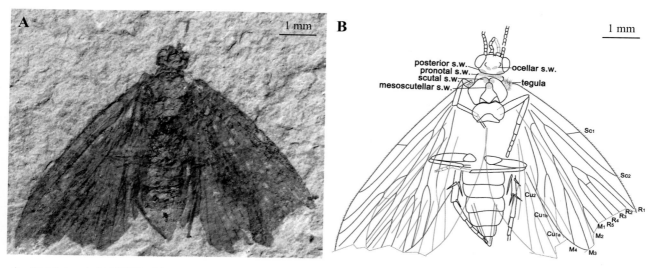

▲ 图 26.9　小室顶弧僵石蛾 *Acisarcuatus locellatus* Zhang, Shih & Ren, 2017（正模标本，CNU-TRI-NN-2014011p）[32]
　　　　A. 正模标本照片；B. 正模标本线条图

表 26.1　中国侏罗纪和白垩纪毛翅目化石名录

科	种	产地	层位 / 时代	文献出处
Vitimotauliidae	*Multimodus dissitus* Ren, 1995	河北承德	义县组 / K_1	任东等 [24]
	Multimodus stigmaeus Ren, 1995	河北承德	义县组 / K_1	任东等 [24]
	Multimodus elongatus Ren,1995	河北承德	义县组 / K_1	任东等 [24]
	Sinomodus spatiosus Wang, Ren & Liang, 2009	辽宁北票	义县组 / K_1	Wang *et al.* [26]
	Sinomodus peltatus Wang, Ren & Liang, 2009	辽宁北票	义县组 / K_1	Wang *et al.* [26]
	Sinomodus macilentus Wang, Ren & Liang, 2009	辽宁北票	义县组 / K_1	Wang *et al.* [26]
Necrotauliidae	*Necrotaulius kritus* Lin, 1986	广西钟山	石梯组 / J_2	林启彬 [49]
	Necrotaulius qingshilaense Hong, 1984	河北石洞子	义县组 / K_1	洪友崇 [50]
	Acisarcuatus variradius Liu, Zhang, Yao & Ren, 2014	内蒙古宁城	九龙山组 / J_2	Liu *et al.* [15]
	Acisarcuatus locellatus Zhang, Shih & Ren, 2017	内蒙古宁城	九龙山组 / J_2	Zhang *et al.* [32]
Rhyacophilidae	*Declinimodus setulosus* Gao, Yao & Ren, 2013	内蒙古宁城	九龙山组 / J_2	Gao *et al.* [40]
Philopotamidae	*Liadotaulius daohugouensis* Wu & Huang, 2012	内蒙古宁城	九龙山组 / J_2	Wu and Huang [51]
	Liadotaulius limus Zhang, Shih & Ren, 2017	内蒙古宁城	九龙山组 / J_2	Zhang *et al.* [32]
Hydrobiosidae	*Juraphilopotamus lubricus* Wang, Zhao & Ren, 2009	内蒙古宁城	九龙山组 / J_2	Wang *et al.* [43]
	Pulchercylindratus punctatus Gao, Yao & Ren, 2013	内蒙古宁城	九龙山组 / J_2	Gao *et al.* [39]
Ningxiapsychidae	*Ningxiapsyche fangi* Hong & Li, 2004	宁夏固原	乃家河组 / K_1	洪友崇和李镇宇 [27]
Family incertae sedis	*Qinquania combinata* Hong, 1982	甘肃玉门	赤金桥组 / K_1	洪友崇 [33]
	Cathayamodus fournieri Gao, Shih, Labandeira & Ren, 2016	辽宁北票	义县组 / K_1	Gao *et al.* [28]

参考文献

［1］HOLZENTHAL R W, MORSE J C, KJER K M. Order Trichoptera Kirby, 1813 ［M］// ZHANG Z Q. Animal Biodiversity: An Outline of Higher-level Classification and Survey of Taxonomic Richness. Zootaxa, 2011, 3148: 209–211.

［2］HOLZENTHAL R W, BLAHNIK R J, PRATHER A L, et al. Order Trichoptera Kirby, 1813 (Insecta), caddisflies ［J］. Zootaxa, 2007, 1 668: 639–698.

［3］MARTYNOV A V.. Rucheiniki (caddisflies ［Trichptera］) ［M］// BOGDANOVA-KAT'KOVA N N. Prakticheskaya Entomologiya, vol. 5. Leningrad: Gosudarstvennoe Izdatelstvo, 1924: iv + 384.

［4］WIGGINS G B, WICHARD W. Phylogeny of pupation in Trichoptera, with proposals on the origin and higher classification of the order ［J］. Journal of the North American Benthological Society, 1989, 8: 260–276.

［5］SUKATCHEVA I D. Evolution of the caddisfly (Trichoptera) larval case construction ［J］. Zhurnal Obshchey Biology, 1980, 41: 457–469.

［6］MINET J, HUANG D Y, WU H, et al. Early Mecopterida and the systematic position of the Microptysmatidae (Insecta: Endopterygota) ［J］. Annales de la Société entomologique de France, 2010, 46 (1-2): 262–270.

［7］BOWLES D E, KLEINSASSER L J, JURGENSEN T. Environmental determinates of stream caddisfly (Trichoptera) diversity in eastern Texas, USA ［J］. Transactions of Kansas Academy of Sciences, 2016, 119: 281–298.

［8］PEREIRA L R, CABETTE H S R, JUEN L. Trichoptera as bioindicators of habitat integrity in the Pindaíba river basin, Mato Grosso (Central Brazil) ［J］. International Journal of Limnology, 2012, 48: 295–302.

［9］BOSC L. Note sur un fossile remarquable de la montagne de Saint-Gérand-le-Puy, entre Moulins et Roane, Département de l'Allier, appelé l'Indusie tubuleuse ［J］. Journal des Mines, 1805, 17: 397–400.

［10］CARPENTER F M. Treatise on Invertebrate Palaeontology, Part R. Arthropoda 4 Vol 3, Superclass Hexapoda ［M］. Lawrence: Geological Society American and University Kansas, 1992.

［11］MALM T, JOHANSON K A, WAHLBERG N. The evolutionary history of Trichoptera (Insecta): a case of successful adaptation to life in freshwater ［J］. Systematic Entomology, 2013, 38: 459–473.

［12］SUKATCHEVA I D. New caddisflies (Trichoptera) from Mesozoic middle Asia ［J］. Paleontology Journal, 1973, 3: 100–107.

［13］IVANOV V D, SUKATCHEVA I D. Order Trichoptera Kirby, 1813. The caddisflies (=Phryganeida Latrielle, 1810) ［M］// RASNITSYN A P, QUICKE D L J. History of Insects. Dordrecht: Kluwer Academic Publishers, 2002.

［14］GRIMALDI D A, ENGEL M S. Evolution of the Insects ［M］. New York: Cambridge University Press, 2005.

［15］LIU Y J, ZHANG W T, YAO Y Z, et al. A new fossil of Necrotauliidae (Insecta: Trichoptera) from the Jiulongshan Formation of China and its taxonomic significance ［J］. PLoS One, 2014, 9 (12): e114968.

［16］洪友崇，王五力. 华北地区古生物图册，内蒙古分册（二）［M］. 北京：地质出版社，1976.

［17］DAVIS S R, ENGEL M S, REN D. A pupal caddisfly from the Early Cretaceous of China (Trichoptera) ［J］. Cretaceous Research, 2010, 31(4): 396–399.

［18］黄迪颖，吴灏，董发兵. 中国石蚕巢化石（昆虫纲，毛翅目）的发现与初步研究［J］. 古生物学报，2009，48(4): 646–653.

［19］SUKATCHEVA I D. The Early Cretaceous Caddisfly Fauna of English ［C］. Proceeding of the 9th international symposium on Trichoptera, Thailand, 1998: 371–375.

［20］SUKATCHEVA I D. Mesozoic caddisflies (Trichoptera) from the Zabaikalia ［J］. Paleontology Journal, 1968, 2: 59–75.

［21］SUKATCHEVA I D. History development of the Trichoptera ［J］. Transactions of Paleontological Institution. Academy of Sciences, USSR, 1982, 197: 1–111 (in Russian).

［22］SUKATCHEVA I D. Description of fossil insect, caddisflies, Phryganeidae. Late Mesozoic insects of eastern Transbaikalia ［J］. Transactions of Paleontological Institution. Academy of Sciences, USSR, 1990, 239: 94–122 (in Russian).

［23］SUKATCHEVA I D. New fossil Trichoptera from Mongolia. New Species of Fossil Invertebrates, Trans. Joint Soviet-Mongol ［J］. Paleontological Expedition, 1992, 4: 111–116 (in Russian).

［24］任东，卢立伍，郭子光，等. 北京与邻区侏罗—白垩纪动物群及其地层［M］. 北京：地震出版社，1995.

［25］SUKATCHEVA D, JARZEMBOWSKI E A. Fossil caddisflies (Insecta: Trichoptera) from the Early Cretaceous of South

England II ［J］. Cretaceous Research, 2001, 22: 685–694.

［26］WANG M X, LIANG J H, REN D, et al. New fossil Vitimotauliidae (Insecta: Trichoptera) from the Jehol Biota of Liaoning Province, China ［J］. Cretaceous Research, 2009, 30(3): 3 592–3 598.

［27］洪友崇，李镇宇. 宁夏六盘山早白垩世一新科（昆虫纲，毛翅目）［J］. 动物分类学报，2004，29(2): 224–233.

［28］GAO T P, SHIH C K, LABANDEIRA C C, et al. Convergent evolution of ramified antennae in insect lineages from the Early Cretaceous of Northeastern China ［J］. Proceedings of the Royal Society of London B: Biological Sciences, 2016, 283, 20161448.

［29］NEBOISS A. Trichoptera (caddis-flies, caddises) ［M］// NAUMANN I D, CARNE P B, LAWRENCE J F, et al. The Insects of Australia: A Textbook for Students and Research Workers. Vol. 2. Carlton: Melbourne University Press. 1991.

［30］WIGGINS G B, CURRIE D C. Trichoptera families ［M］. // MERRITT R W, CUMMINS K W, BERG M B. An Introduction to the Aquatic Insects of North America. Dubuque: Kendall/Hunt Publishing C, 2008.

［31］HANDLIRSCH A. Neue Untersuchungen über die fossilen Insekten mit Ergänzungen und Nachträgen sowie Ausblicken auf phylogenetische, palaeogeographische und allgemein biologische Probleme. II ［J］. Teil. Annalen des naturhistorischen Museums in Wien, 1939, 49: 1–240.

［32］ZHANG W T, SHIH C K, REN D. Two new fossil caddisflies (Amphiesmenoptera: Trichoptera) from the Middle Jurassic of Northeastern China ［J］. Alcheringa, 2017, 41(1): 22–29.

［33］洪友崇. 酒泉盆地昆虫化石［M］. 北京：地质出版社，1982.

［34］Ulmer G. Die Trichopteren des Baltischen Bernsteins ［J］. Beiträge zur Naturkunde Preussens, 1912, 10: 1–380.

［35］BOTOSANEANU L, WICHARD W. Upper-Cretaceous Siberian and Canadian Amber Caddisflies (Insecta: Trichoptera) ［J］. Bijdragen tot de Dierkunde, 1983, 53: 187–217.

［36］SUKATCHEVA I D. Jurassic Trichoptera of South Siberia. Jurassic insects of Siberia and Mongolia ［J］. Transactions of Paleontological Institution. Academy of Sciences, USSR, 1985, 221: 115–120 (in Russian).

［37］MEY W. The caddisflies of the Saxonian Amber (III) (Trichoptera) ［J］. Deutsch. Deutsche Entomologische Zeitschrift, 1988, 35: 299–309.

［38］WICHARD W, NEUMANN C. Rhyacophila quadrata n. sp., a new caddisfly (Insecta, Trichoptera) from Eocene Baltic amber ［J］. Fossil Record, 2008, 11(1): 19–23.

［39］GAO Y, YAO Y Z, REN D. A new Middle Jurassic caddisfly (Trichoptera, Hydrobiosidae) from China ［J］. Fossil Record, 2013, 16(1): 111–116.

［40］GAO Y, YAO Y Z, REN D. New genus and species of Rhyacophilidae (Insecta: Trichoptera) from the Middle Jurassic of China ［J］. Acta Geologica Sinica (English Edition), 2013, 87(6): 1 495–1 500.

［41］ULMER G. Zur Kenntniss aussereuropäischer Trichopteren ［J］. Stettiner Entomologische Zeitung, 1905, 66: 3–119.

［42］SCHMID F. Les hydrobiosides (Trichoptera, Annulipalpia) ［J］. Bulletin de l'Institute Royal des Sciences Naturelles de Belgique, Entomologie, 1989, 59: 1–154.

［43］WANG M X, ZHAO Y Y, REN D. New fossil caddisfly from Middle Jurassic of Daohugou, Inner Mongolia, China (Trichoptera: Philopotamidae) ［J］. Progress in Natural Science, 2009, 19 (10): 1 427–1 431.

［44］HANDLIRSCH A. Die fossilen insekten und die phylogenie der rezenten formen ［M］. Leipzig: Wilhelm Engelmann, 1906.

［45］WILLMANN R. Evolution und phylogenetisches system der Mecoptera (Insecta, Holometabola) ［J］. Abhandlungen der Senckenbergischen Naturforschenden Gesellschaft, 1989, 544: 1–153.

［46］ANSORGE J. Revision of the "Trichoptera" described by Geinitz and Handlirsch from the Lower Toarcian of Dobbertin (Germany) based on new material ［J］. Proceedings of the 10th International Symposium on Trichoptera. Nova Supplementary Entomology, 2002, 15: 55–74.

［47］ANSORGE J. Upper Liassic Amphiesmenopterans (Trichoptera + Lepidoptera) from Germany ［J］. Acta Zoologica Cracoviensia, 2003, 46: 285–290.

［48］ROSS H H, The evolution and past dispersal of the Trichoptera ［J］. Annual Review Entomology, 1967, 12: 169–206.

［49］林启彬. 华南中生代早期的昆虫，中国古生物志，新乙种第21号［M］. 北京：科学出版社，1986.

［50］洪友崇. 华北地区古生物图册，（二）中生代分册［M］. 北京：地质出版社，1984.

［51］WU H, HUANG D Y. A new species of Liadotaulius (Insecta: Trichoptera) from the Middle Jurassic of Daohugou, Inner Mongolia ［J］. Acta Geologica Sinica, 2012, 86: 320–324.

第27章
鳞翅目

张维婷，史宗冈，任东

    鳞翅目昆虫又被称为蝴蝶和蛾，是植食性昆虫中物种最丰富的类群之一。鳞翅目分为4个亚目，即轭翅亚目 Zeugloptera、无喙亚目 Aglossata、异蛾亚目 Heterobathmiina和有喙亚目 Glossata，目前现生种类包括126科，46总科，超过180 000个已描述的物种[1, 2]。鳞翅目为毛翅目（石蛾）的姐妹群，它们共同组成更高级的分类阶元——兼翅总目[3]。

    鳞翅目成虫个体大小相差极大，小翅蛾翅展不足1 cm，而来自巴西的强喙夜蛾翅展可达30 cm[4, 5]。鳞翅目成虫一般具有虹吸式口器，一条能伸长和卷曲的喙（吸器）用于吮吸液体[6]，但少数原始蛾类则具有咀嚼式口器，可取食孢子和花粉。鳞翅目昆虫的翅面和部分虫体覆盖有浓密的鳞片，因此被称为鳞翅目。鳞片也赋予该目大部分类群美丽的色彩和花纹[7]。鳞翅目的翅脉包括主要的纵脉、少数横脉以及显著的中室和其他几个翅室[5]。

    尽管Kristensen等人列举了鳞翅目成虫的23个衍征[7]，然而在印痕/印模化石中很少能观察到这些特征。Grimaldi详细阐释了鳞翅目成虫化石上存在的3个关键性外部衍征[8]：①前翅M_4脉缺失；②大多数鳞翅目昆虫的前足胫节具有前胫突；③前后翅均具有鳞片。前翅M脉三分支曾被认为是鳞翅目的共有衍征，但是在鳞翅目和毛翅目昆虫中均有例外。例如，鳞翅目中的无喙亚目 Aglossata、中生柯氏蛾科 Mesokristenseniidae和少距蛾科 Ascololepidopterigidae具有M_4脉，而毛翅目戴森石蛾科 Dysoneuridae的某些属则无M_4脉。

    所有蝴蝶和蛾的生活史都包括4个明显的发育阶段：卵、幼虫、蛹和成虫[9]。大多数鳞翅目幼虫取食种子植物（几乎涉及了裸子植物和被子植物的所有目）、蕨类和苔藓[3]。因此，许多鳞翅目幼虫是害虫，如螟蛉和蛀茎虫。但鳞翅目昆虫对生态环境也具有积极影响，即鳞翅目成虫在取食花蜜的同时可以为花传粉[10]。

    知识窗：用鳞片盛装打扮

    蝴蝶，由于它们具色彩艳丽的翅，成为最受欢迎的昆虫之一，常出现在诗歌、歌曲和文学作品中。大量的小鳞片有秩序地排列在翅面和部分虫体上，赋予了蝴蝶和一些蛾类美丽惊艳的色彩和花纹（图27.1）。鳞片的色彩主要有两个来源：一种是"化学色"，来自于生理代谢产生的色素颗粒；另一种是"结构色"，由光和鳞片的显微结构相互作用而产生。McNamara等人首次报道了4 700万年前德国梅塞尔油页岩中鳞翅目昆虫化石上具结构色的鳞片[11]。

    鳞翅目昆虫翅上独特的色彩图案在求偶和种内识别方面起到重要的作用。在一些鳞翅目昆虫中，鳞片和色彩图案能够使昆虫通过伪装来保护自己。蛱蝶科中的枯叶蛱蝶 *Kallima inachus* Doyère, 1840特别像具有深色脉络的枯萎树叶（图27.2）。休息时，它们会落到叶子上，静止且双翅并拢，翅的腹面向外，像一片枯叶，以免被捕食者察觉。受到侵扰时，枯叶蛱蝶则会张开翅，暴露出翅背面的鲜艳色彩来惊吓潜在的捕食者，并借机逃走。

◀ 图 27.1 地中海粉螟 *Ephestia kuehniella*（螟蛾科）的头部、喙、虫体密布鳞片
史宗冈拍摄

▲ 图 27.2 蛱蝶拥有似枯叶的翅
史宗冈拍摄

27.1 鳞翅目化石的研究进展

与其他化石记录丰富的昆虫类群（例如鞘翅目、膜翅目和双翅目）相比，鳞翅目的化石记录非常稀少[12, 13]。鳞翅目的鳞片使鳞翅目昆虫的翅和虫体具有疏水性，可能造成鳞翅目昆虫较难保存为印痕/印模化石[14, 15]。迄今为止，最古老的鳞翅目类群为拂晓古鳞蛾*Archaeolepis mane* Whalley, 1985，发现于英国多塞特郡，距今约1.9亿年（早侏罗世）[16]。另外，在德国多贝尔廷发现了8个约1.8亿年前的鳞翅目化石属[17]。现生鳞翅目的主要支系起源于白垩纪，它们在晚白垩世的快速分化很可能与被子植物的快速分化密切相关[18]。

鳞翅目昆虫化石的研究始于19世纪早期，Germar和Heer率先对欧洲渐新世和中新世时期的鳞翅目化石展开研究[19-21]。迄今为止，基于虫体的实体或模铸化石已描述有4 000余种，此外，鳞翅目遗迹化石报道有300多例[15]。鳞翅目化石在世界各地均有发现，如北美洲[14]、亚洲[22-24]、波罗的海[25-28]、多米尼加[29]和缅甸[30]等。大量潜叶类型化石的发现为鳞翅目昆虫和植物之间的联系提供了证据[31]。Whalley和Grimaldi评述了中生代的鳞翅目化石[8, 32]。Kozlov、Skalski和Carpenter也曾对鳞翅目化石研究进行了概述[33-35]。Sohn等在2012年汇编了迄今最全面的鳞翅目化石名录，涵盖了几乎所有已描述或被提及的鳞翅目化石记录[13]。

张俊峰于1989年首次描述了我国山东临朐山旺村中新统山旺组的2块鳞翅目化石，一块为蝙蝠蛾科Hepialidae的夜独蝙蝠蛾 *Oiophassus nycterus*，另一块为天蛾科 Sphingidae的未定属种[36]。1994年，张俊峰等又描述了发现于山旺村同一地层中的天蛾科化石种山旺中天蛾 *Mioclanis shanwangiana*[37]。黄迪颖等根据在内蒙古宁城道虎沟中侏罗统九龙山组采集的鳞翅目昆虫化石建立了1个灭绝科中生柯氏蛾科 Mesokristenseniidae，包括1属3种[22]。随后张维婷等又相继报道该地区同一地层中发现的始鳞翅科Eolepidopterigidae、中生柯氏蛾科 Mesokristenseniidae和少距蛾科 Ascololepidopterigidae的12属15种[23, 24]。

知识窗：授粉与互利共生

鳞翅目昆虫与花有着密切的联系，两者具有互利共生的关系。大多数现生鳞翅目昆虫都具有一条长喙，喙管由下颚的一对外颚叶嵌合而成，在休息时卷曲于头下。取食时，蝴蝶或蛾伸长它们的喙来触探花以取食花蜜。长喙也可触探其他基质，如糖、咸水、果汁等，甚至触探尿液以获得糖、盐或其他矿物质。由于花蜜通常隐藏于花中，蝴蝶或蛾在觅食花蜜时，它们的口、头或身体其他部位会接触到花粉（图27.3、图27.4）。当它们飞到另一株同种花上采蜜时，附着的花粉很可能被转移到另一株同种花，从而能最大程度地促成异株异花授粉。

鳞翅目的基部类群不具有典型的虹吸式口器，但保留有功能性上颚。尽管如此，许多小翅蛾还是会到被子植物的花上取食花粉[38]。它们的下颚须在取食孢子和花粉时起到辅助作用[38]。在白垩纪中期的缅甸琥珀中发现的小翅蛾具有功能性上颚和长下颚须，这可能在授粉过程中起到重要作用（图27.5）[30]。

▲ 图 27.3 传粉时吸食花蜜的蛾子
史宗文拍摄

▼ 图 27.4 东方虎凤蝶 *Papilio glaucus*（凤蝶科）传粉时吸食花蜜
史宗冈拍摄

1 mm

◀ 图 27.5　白垩萨巴丁卡蛾 *Sabatinca cretacea* Zhang, Wang, Shih & Ren, 2017（正模标本，CNU-LEP-MA2016013）[30]

27.2　中国北方地区鳞翅目的代表性化石

始鳞翅亚目 **Eolepidopterigina** Rasnitsyn, 1983

始鳞翅科 **Eolepidopterigidae** Rasnitsyn, 1983

　　始鳞翅亚目是鳞翅目中一个灭绝亚目，生存于中生代中期，仅包含一个科，即始鳞翅科。始鳞翅科昆虫可能取食花粉，产卵于植物组织内部并在植物上留下长的损伤[39]。模式属始鳞翅属 *Eolepidopterix* 的代表种侏罗始鳞翅 *Eolepidopterix jurassica* Rasnitsyn, 1983发现于俄罗斯外贝加尔的上侏罗统地层中。中国东北中侏罗世晚期地层中发现的8属8种是始鳞翅科最古老的化石记录[23]。

　　中国北方地区侏罗纪报道的属：刺鳞蛾属 *Akainalepidopteron* Zhang, Shih, Labandeira & Ren, 2013；强足蛾属 *Dynamilepidopteron* Zhang, Shih, Labandeira & Ren, 2013；线脉蛾属 *Grammikolepidopteron* Zhang, Shih, Labandeira & Ren, 2013；长头蛾属 *Longcapitalis* Zhang, Shih, Labandeira & Ren, 2013；瘦体蛾属 *Petilicorpus* Zhang, Shih, Labandeira & Ren, 2013；四方蛾属 *Quadruplecivena* Zhang, Shih, Labandeira & Ren, 2013；中丝蛾属 *Seresilepidopteron* Zhang, Shih, Labandeira & Ren, 2013；少支蛾属 *Aclemus* Zhang, Shih, Labandeira & Ren, 2015。

刺鳞蛾属 *Akainalepidopteron* Zhang, Shih, Labandeira & Ren, 2013

Akainalepidopteron Zhang, Shih, Labandeira & Ren, 2013, *PLoS ONE*, 8 (11)：9 [23] (original designation).

模式种：短翅刺鳞蛾 *Akainalepidopteron elachipteron* Zhang, Shih, Labandeira & Ren, 2013。

中足胫节具少量短刺，后足胫节具粗壮的刺。前后翅前缘均具缘毛；前翅具肩横脉h；Sc和R均二分支；Rs_{1+2}、Rs_{3+4} 和 M_{1+2} 在同一水平分叉。后翅Sc不分叉；R二分支；Rs_{1+2}、Rs_{3+4} 和 M_{1+2} 几乎在同一水平分叉；后翅部分翅脉上具刚毛状鳞片；具横脉cua–cup。

产地及时代：内蒙古，中侏罗世。

中国北方地区侏罗纪仅报道1种（表27.1）。

短翅刺鳞蛾 *Akainalepidopteron elachipteron* Zhang, Shih, Labandeira & Ren, 2013（图27.6、图27.7）

Akainalepidopteron elachipteron Zhang, Shih, Labandeira & Ren, 2013, *PLoS ONE*, 8 (11)：9.

产地及层位：内蒙古宁城道虎沟；中侏罗统，九龙山组。

体长6.3~7.2 mm，前翅长6.0~11.1 mm。头部长宽近等，头前缘具有浓密的刚毛。复眼卵圆状，外缘具有稀疏的刚毛。前翅具有翅痣；Rs_4末端略低于前翅顶端；Rs_{1+2}有脉干；Rs_{1+2}和Rs_{3+4}近等长。后翅前缘脉基部具翅连锁，即7根缰鬃（图27.6C）；Rs_{1+2}和Rs_{3+4}在同一水平分支；横脉cua-cup倾斜；翅脉的Sc、R_1、R_2、Rs_1、Rs_2、Rs_3和Rs_4上具有刚毛状鳞片，鳞片长0.12~0.21 mm（图27.6D）。雌性产卵器较短[23]。

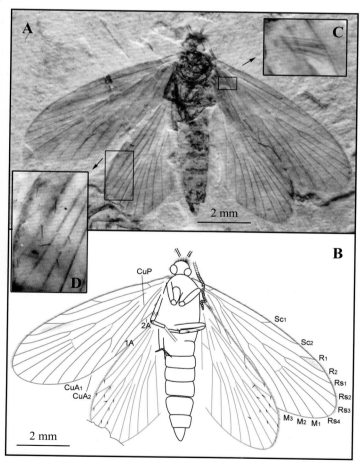

◀ 图 27.6 短翅刺鳞蛾 *Akainalepidopteron elachipteron* Zhang, Shih, Labandeira & Ren, 2013（正模标本，CNU-LEP-NN-2012024）[23]
标本由史宗冈捐赠
A. 化石标本；B. 虫体线条图；C. 后翅的翅缰（翅连锁）；D. 后翅刚毛状鳞片

▲ 图 27.7　短翅刺鳞蛾的生态复原图
　　　　王晨绘制

强足蛾属 *Dynamilepidopteron* Zhang, Shih, Labandeira & Ren, 2013

Dynamilepidopteron Zhang, Shih, Labandeira & Ren, 2013, *PLoS ONE*, 8 (11)：12 [23] (original designation).

模式种：无刺强足蛾 *Dynamilepidopteron aspinosus* Zhang, Shih, Labandeira & Ren, 2013。

虫体较大，长约7 mm。后足胫节粗壮，具有强壮的刺。前翅和后翅均缺少翅缘毛。前翅具有肩横脉h。Sc和R均二分支；Rs_{1+2}和Rs_{3+4}在同一水平分支。后翅翅脉无刚毛状鳞片。

产地及时代：内蒙古，中侏罗世。

中国北方地区侏罗纪仅报道1种（表27.1）。

线脉蛾属 *Grammikolepidopteron* Zhang, Shih, Labandeira & Ren, 2013

Grammikolepidopteron Zhang, Shih, Labandeira & Ren, 2013, *PLoS ONE*, 8 (11)：18 [23] (original designation).

模式种：展翅线脉蛾 *Grammikolepidopteron extensus* Zhang, Shih, Labandeira & Ren, 2013。

虫体较小，不长于4.0 mm。前翅伸长；肩横脉h和sc-r缺失；Sc和R不分支；Rs_3末端止于翅前缘；R和Rs_1到Rs_3的分支点成线性排列；M分支成M_3和M_{1+2}；M_{1+2}进一步分支为M_1和M_2，M_1和M_2之间夹角约为15°；M_1直而平滑；CuA二分支；CuP简单；三条臀脉融合成双"Y"形。雌虫生殖器内表皮突较短。

产地及时代：内蒙古，中侏罗世。

中国北方地区侏罗纪仅报道1种（表27.1）。

长头蛾属 *Longcapitalis* Zhang, Shih, Labandeira & Ren, 2013

Longcapitalis Zhang, Shih, Labandeira & Ren, 2013, *PLoS ONE*, 8 (11)：16 [23] (original designation).

模式种：高大长头蛾 *Longcapitalis excelsus* Zhang, Shih, Labandeira & Ren, 2013。

头部长大于宽。后足胫节缺少刺。翅前缘缺少翅缘毛。前翅具有肩横脉h；Sc二分支；R不分支；Rs_{1+2}、Rs_{3+4}和M_{1+2}几乎在同一水平分支。臀脉融合成双"Y"形。后翅Sc和R均不分支。后翅翅脉无刚毛状鳞片 [23, 24]。

产地及时代：内蒙古，中侏罗世。

中国北方地区侏罗纪仅报道1种（表27.1）。

高大长头蛾 *Longcapitalis excelsus* Zhang, Shih, Labandeira & Ren, 2013（图27.8）

Longcapitalis excelsus Zhang, Shih, Labandeira & Ren, 2013, *PLoS ONE*, 8 (11)：17.

产地及层位：内蒙古宁城县道虎沟；中侏罗统，九龙山组。

虫体长7.9~10.5 mm，前翅长8.2~11.8 mm。头较长，约0.9 mm；复眼长卵圆状。后足腿节基部具有一根刺。前翅长为宽的2.7倍；翅痣存在；Sc在脉干远端2/5处分支；Rs_4延伸至翅顶端；Rs_{1+2}脉干约为总脉长的0.4倍；Rs_{1+2}和Rs_{3+4}的脉干近等长；在横脉r-m的周围、Rs_{1+2}的分支点周围、Rs_{3+4}的分支点周围和M_{1+2}的分支点周围为透明区，M_{1+2}–M_3分支点周围也存在透明区。后翅长为宽的2.6倍 [23]。

5 mm

◀ 图 27.8　高大长头蛾 *Longcapitalis excelsus* Zhang, Shih, Labandeira & Ren, 2013（正模标本，CNU-LEP-NN-2012025P）[23]

瘦体蛾属 *Petilicorpus* Zhang, Shih, Labandeira & Ren, 2013

Petilicorpus Zhang, Shih, Labandeira & Ren, 2013, *PLoS ONE*, 8 (11)：15 [23] (original designation).

模式种：簇冠瘦体蛾 *Petilicorpus cristatus* Zhang, Shih, Labandeira & Ren, 2013。

虫体细长。前翅和后翅具翅缘毛。Sc和R均分为2支；Rs分支为Rs_{1+2}和Rs_{3+4}；Rs_{3+4}分支点比Rs_{1+2}分支点更靠近翅远端；Rs_{3+4}与M_{1+2}在同一水平分支；具横脉m。后翅Sc不分支，R二分支。雌虫生殖器内表皮突发达。

产地及时代：内蒙古，中侏罗世。

中国北方地区侏罗纪仅报道1种（表27.1）。

四方蛾属 *Quadruplecivena* Zhang, Shih, Labandeira & Ren, 2013

Quadruplecivena Zhang, Shih, Labandeira & Ren, 2013, *PLoS ONE*, 8 (11)：13 [23] (original designation).

模式种：高贵四方蛾 *Quadruplecivena celsa* Zhang, Shih, Labandeira & Ren, 2013。

下唇须3节。所有足均缺少刺。前翅和后翅具翅缘毛。前翅具有肩横脉h；Sc二分支；R不分支；Rs_{1+2} 和Rs_{3+4}在同一水平分支，且比M_{1+2}的分支点更靠近翅基部。后翅Sc不分支；R二分支；具横脉$sc-r_1$。

产地及时代：内蒙古，中侏罗世。

中国北方地区侏罗纪仅报道1种（表27.1）。

中丝蛾属 *Seresilepidopteron* Zhang, Shih, Labandeira & Ren, 2013

Seresilepidopteron Zhang, Shih, Labandeira & Ren, 2013, *PLoS ONE*, 8 (11)：6 [23] (original designation)．

模式种：双中丝蛾 *Seresilepidopteron dualis* Zhang, Shih, Labandeira & Ren, 2013。

中胸略长且略宽于后胸。所有足均无刺。前翅具肩横脉h；Sc和R均为二分支；Rs_{1+2}、Rs_{3+4}和M_{1+2}在同一水平分支；横脉sc-r和r-rs存在；三条臀脉融合成双"Y"形。前翅翅轭短。后翅Sc不分支；R二分支；具横脉sc-r。

产地及时代：内蒙古，中侏罗世。

中国北方地区侏罗纪仅报道1种（表27.1）。

双中丝蛾 *Seresilepidopteron dualis* Zhang, Shih, Labandeira & Ren, 2013（图27.9、图27.10）

Seresilepidopteron dualis Zhang, Shih, Labandeira & Ren, 2013, *PLoS ONE*, 8 (11)：7.

产地及层位：内蒙古宁城县道虎沟；中侏罗统，九龙山组。

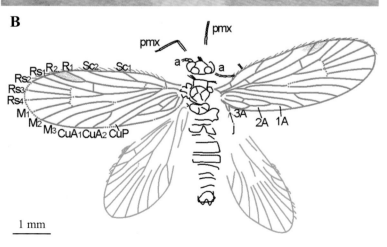

◀ 图 27.9 双中丝蛾 *Seresilepidopteron dualis* Zhang, Shih, Labandeira & Ren, 2013（正模标本，雄性，CNU-LEP-NN-2006-001c）[23]

A. 正模标本照片；B. 正模标本线条图，示整体形态。缩写：a, 触角；pmx，下颚须

雄性（图27.9）：虫体长4.3 mm；前翅长 4.7 mm。前翅Sc略弯曲；Rs_4伸达前翅顶端；Rs_{1+2}、Rs_{3+4}和M_{1+2}在同一水平分支；横脉sc-r倾斜，靠近R-Rs分支；横脉r位于R分支点和Rs分支点的中部；在横脉r-m周围、Rs_{1+2}的分支点周围、Rs_{3+4}的分支点周围和M_{1+2}的分支点周围为透明区；CuP末端略弯曲；1A和2A之间存在横脉。前翅后缘基部存在一短的指状翅轭。后翅具翅缘毛，横脉sc-r靠近R分支点[23]。

雌性（图27.10）：虫体长5.0 mm；前翅长 4.5 mm。产卵器长，发达，具有一对内表皮突[23]。雌性翅脉与雄性相似，除以下差别：雄虫Sc_2伸达翅前缘中部，而雌虫Sc_2伸达翅前缘中部之后；雌虫的R分支点比雄虫更靠近翅顶端；雌虫右翅的R和Rs之间的横脉位于Rs分支点之前，但雄虫R和Rs之间的横脉位于Rs分支点之后；雌虫具横脉cup-a，臀脉间无横脉，但雄虫的横脉cup-a缺失，臀脉间有横脉[23]。

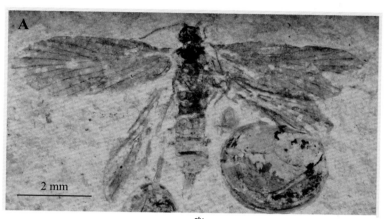

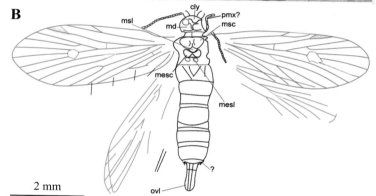

▶ 图 27.10　双中丝蛾 *Seresilepidopteron dualis* Zhang, Shih, Labandeira & Ren, 2013（副模标本，雌性，CNU-LEP-NN-2006-002）[23]
A. 标本照片，右下角具叶肢介；B. 线条图，示整体形态。缩写：cly，唇基；md，上颚；msc，中胸盾片；msl，中胸小盾片；mesc，后胸盾片；mesl，后胸小盾片；ovl，产卵器；pmx，下颚须

少支蛾属 *Aclemus* Zhang, Shih, Labandeira & Ren, 2015

Aclemus Zhang, Shih, Labandeira & Ren, 2015, *J. Paleontol*., 89(4)：618 [24]（original designation）.

模式种：伸展少支蛾 *Aclemus patulus* Zhang, Shih, Labandeira & Ren, 2015。

所有足均具刺；后足胫节具有一对中距和一对端距。前翅和后翅前缘缺少缘毛。前翅Sc和R不分叉；具横脉r-m和横脉m_3-cua_1。后翅Sc和R不分叉；具横脉m_3-cua_1。

产地及层位：内蒙古宁城县道虎沟；中侏罗统，九龙山组。

中国北方地区侏罗纪仅报道1种（表27.1）。

伸展少支蛾 *Aclemus patulus* Zhang, Shih, Labandeira & Ren, 2015（图27.11）

Aclemus patulus Zhang, Shih, Labandeira & Ren, 2015, *J. Paleontol*., 89 (4)：618.

产地及层位：内蒙古宁城县道虎沟；中侏罗统，九龙山组。

体长约5.2 mm，宽1.3 mm；前翅长4.8 mm，宽1.8 mm。复眼卵圆状，复眼外缘具有稀疏的毛。前翅中等宽度，前翅远端边缘圆滑；前翅宽为长的0.25倍；Rs_4伸达翅顶端；Rs_{1+2}和Rs_{3+4}在同一水平分支；CuA分支点比M分支点更靠近翅远端；横脉m_3-cua_1起源于距M_{2+3}分支点M_3长度的1/3处，终止于距CuA分支点CuA_1长度的1/3处。后翅翅脉与前翅相似；Rs_{1+2}和Rs_{3+4}在同一水平分支[24]。

◀ 图 27.11　伸展少支蛾 *Aclemus patulus* Zhang, Shih, Labandeira & Ren, 2015（正模标本，CNU-LEP-NN-2013001）[24]

亚目未定 Suborder incertae sedis

中生柯氏蛾科 Mesokristenseniidae Huang, Nel & Minet, 2010

中生柯氏蛾科是一个灭绝科，被认为是小翅蛾科的姐妹群[22]。目前，所有已知种均来自中国中侏罗统地层中。中生柯氏蛾科的共有衍征包括中足胫节仅有一个端距，同脉类，前翅R不分支，M四分支，产卵器具前表皮突。

中国北方地区侏罗纪报道的属：中生柯氏蛾属 *Mesokristensenia* Huang, Nel & Minet, 2010；支脉蛾属 *Kladolepidopteron* Zhang, Shih, Labandeira & Ren, 2013。

中生柯氏蛾属 *Mesokristensenia* Huang, Nel & Minet, 2010

Mesokristensenia Huang, Nel & Minet, 2010, *Acta Geol. Sin.-Engl.*, 84 (4)：875[22] (original designation).

模式种：宽翅中生柯氏蛾 *Mesokristensenia latipenna* Huang, Nel & Minet, 2010。

触角短，约为前翅长的1/3；柄节明显膨大；梗节较粗。后足胫节具刺和两对距。Sc分支；横脉sc-r缺失；M_1与M_2以大于60°的角度相分离，并与横脉r-m成锐角；三条臀脉融合成双"Y"形。后翅Sc和R不分支；Rs_4伸达翅顶端；M三分支[22, 23]。

产地及时代：内蒙古，中侏罗世。

中国北方地区侏罗纪报道4种（表27.1）。

角毛中生柯氏蛾 *Mesokristensenia trichophora* Zhang, Shih, Labandeira & Ren, 2013（图27.12）

Mesokristensenia trichophora Zhang, Shih, Labandeira & Ren, 2013, *PLoS ONE*, 8 (11)：20.

产地及层位：内蒙古宁城县道虎沟；中侏罗统，九龙山组。

体长5.1 mm；翅长5.0 mm。触角柄节较粗壮且伸长，远端具有刚毛。前翅长是宽的2.9倍；具有明显的翅痣；具肩横脉h；Sc在距其脉干远端1/3处分支；Rs_4伸达翅顶点；Rs_{1+2}脉干约为其总长度的1/3；M_{1+2}脉干长于M_{3+4}脉干；在横脉r-m的周围、Rs_{1+2}的分支点周围、Rs_{3+4}的分支点周围和M_{1+2}的分支点周围为透明区；CuA分支早于M_{3+4}分支；2A起源于1A中点之后。后翅长为宽的2.6倍；Rs_{3+4}脉干比Rs_{1+2}脉干略长。产卵器较长且粗壮[23]。

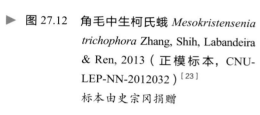

▶ 图 27.12　角毛中生柯氏蛾 *Mesokristensenia trichophora* Zhang, Shih, Labandeira & Ren, 2013（正模标本，CNU-LEP-NN-2012032）[23]

标本由史宗冈捐赠

支脉蛾属 *Kladolepidopteron* Zhang, Shih, Labandeira & Ren, 2013

Kladolepidopteron Zhang, Shih, Labandeira & Ren, 2013, *PLoS ONE*, 8 (11)：21 [23] (original designation).

模式种：卵胸支脉蛾 *Kladolepidopteron oviformis* Zhang, Shih, Labandeira & Ren, 2013。

前翅M四分支，横脉sc-r位于翅基部。前胸具一对卵圆形结构。后足胫节无刺。

产地及时代：内蒙古，中侏罗世。

中国北方地区侏罗纪报道3种（表27.1）。

卵胸支脉蛾 *Kladolepidopteron oviformis* Zhang, Shih, Labandeira & Ren, 2013（图27.13）

Kladolepidopteron oviformis Zhang, Shih, Labandeira & Ren, 2013, *PLoS ONE*, 8 (11)：23.

产地及层位：内蒙古宁城县道虎沟；中侏罗统，九龙山组。

虫体长6.3 mm；前翅长4.8 mm。虫体细长。前胸较大，前胸中央具一对紧邻的横向卵圆状结构。前翅略细长，渐变为尖细的顶端；前翅长为宽的3.0倍。前翅具肩横脉h；Sc在距其脉干远端1/4处分叉；Sc_2伸达翅前缘距翅基部翅长的3/5处；具横脉sc-r；Rs_4伸达前翅顶端；M_{1+2}脉干长于M_{3+4}脉干；横脉m自M_{1+2}分叉点止于M_3中点附近；在横脉r-m的周围、Rs_{3+4}的分支点周围和M_{1+2}的分支点周围存在透明区域；2A源自1A中部。后翅长为宽的2.8倍；Sc不分支；R不分支；Rs_{3+4}脉干为Rs_{1+2}脉干的2倍。产卵器长[23]。

1 mm

◀ 图 27.13　卵胸支脉蛾 *Kladolepidopteron oviformis* Zhang, Shih, Labandeira & Ren, 2013（正模标本，雌性，CNU-LEP-NN-2009007c）[23]

少距蛾科 Ascololepidopterigidae Zhang, Shih, Labandeira & Ren, 2013

少距蛾科是一个灭绝的科，包括3属3种，目前只发现于中国中侏罗统地层中。少距蛾科的主要特征为后足胫节无中距，前翅R分支，M四分支，具横脉m-cua和cua-cup。

中国北方地区侏罗纪报道的属：少距蛾属 *Ascololepidopterix* Zhang, Shih, Labandeira & Ren, 2013；壮体蛾属 *Pegolepidopteron* Zhang, Shih, Labandeira & Ren, 2013；三脉蛾属 *Trionolepidopteron* Zhang, Shih, Labandeira & Ren, 2013。

少距蛾属 *Ascololepidopterix* Zhang, Shih, Labandeira & Ren, 2013

Ascololepidopterix Zhang, Shih, Labandeira & Ren, 2013, *PLoS ONE*, 8 (11)：26 [23] (original designation).

模式种：多脉少距蛾 *Ascololepidopterix multinerve* Zhang, Shih, Labandeira & Ren, 2013。

虫体大。前翅Sc不分支；R分叉；具横脉s和横脉r-m；M_{1+2}脉干短于M_{3+4}脉干；具横脉m。后翅的R脉不分叉；2A脉远端向上弯曲。

产地及时代：内蒙古，中侏罗世。

中国北方地区侏罗纪仅报道1种（表27.1）。

多脉少距蛾 *Ascololepidopterix multinerve* Zhang, Shih, Labandeira & Ren, 2013（图27.14）

Ascololepidopterix multinerve Zhang, Shih, Labandeira & Ren, 2013, *PLoS ONE*, 8 (11)：27.

产地及层位：内蒙古宁城县道虎沟；中侏罗统，九龙山组。

虫体长8.1 mm；前翅长8.8 mm。头宽于长。前翅长为宽的2.8倍；无肩横脉h；有明显的翅痣；R_2弯曲；Rs_4伸达前翅顶点；Rs_{1+2}脉干和Rs_{3+4}脉干近等长；具横脉s；M_1以63°（右翅）和53°（左翅）的角度与M_2分离，并与横脉r-m成锐角；M_{1+2}脉干短于M_{3+4}脉干；横脉m始于M_{1+2}分支附近，止于M_{3+4}；横脉m_{3+4}-cua始于M_{3+4}基部约1/3处，止于CuA分支附近；横脉cua-cup始于CuA基部约2/3处，止于CuP中点之后。后翅长约为宽的2.6倍；Rs_{1+2}脉干长于Rs_{3+4}脉干；M_1和M_2均有脉干；M_{1+2}和Rs_{1+2}在同一水平分支；具横脉m_3-cua_1 [23]。

▶ 图 27.14　多脉少距蛾 *Ascololepidopterix multinerve* Zhang, Shih, Labandeira & Ren, 2013（正模标本，CNU-LEP-NN-2012028）[23]

壮体蛾属 *Pegolepidopteron* Zhang, Shih, Labandeira & Ren, 2013

Pegolepidopteron Zhang, Shih, Labandeira & Ren, 2013, *PLoS ONE*, 8 (11)：27 [23] (original designation).

模式种：阔翅壮体蛾 *Pegolepidopteron latiala* Zhang, Shih, Labandeira & Ren, 2013。

虫体较大。前翅Sc二分支，R二分支；无横脉r；横脉r-m较弱；M_{1+2}脉干长于M_{3+4}脉干；横脉m_{3+4}-cua始于M脉分支附近止于CuA脉中点；横脉cua-cup位于前翅基部。2A脉远端不向上弯曲。后翅R脉二分支。

产地及时代：内蒙古，中侏罗世。

中国北方地区侏罗纪仅报道1种（表27.1）。

三脉蛾属 *Trionolepidopteron* Zhang, Shih, Labandeira & Ren, 2013

Trionolepidopteron Zhang, Shih, Labandeira & Ren, 2013, *PLoS ONE*, 8 (11)：27 [23] (original designation).

模式种：近缘三脉蛾 *Trionolepidopteron admarginis* Zhang, Shih, Labandeira & Ren, 2013。

虫体小。前翅Sc二分支，R二分支；横脉rs_1-rs_2存在；M_{1+2}脉干长于M_{3+4}脉干；横脉m_{3+4}-cua位于CuA分支处。后翅Rs和M均三分支。

产地及时代：内蒙古，中侏罗世。

中国北方地区侏罗纪仅报道1种（表27.1）。

表 27.1　中国侏罗纪和白垩纪鳞翅目化石名录

科	种	产地	层位 / 时代	文献出处
	Suborder Eolepidopterigina Rasnitsyn, 1983			
Eolepidopterigidae	*Akainalepidopteron elachipteron* Zhang, Shih, Labandeira & Ren, 2013	内蒙古宁城	九龙山组 /J_2	Zhang *et al.*[23]
	Dynamilepidopteron aspinosus Zhang, Shih, Labandeira & Ren, 2013	内蒙古宁城	九龙山组 / J_2	Zhang *et al.*[23]
	Grammikolepidopteron extensus Zhang, Shih, Labandeira & Ren, 2013	内蒙古宁城	九龙山组 / J_2	Zhang *et al.*[23]
	Longcapitalis excelsus Zhang, Shih, Labandeira & Ren, 2013	内蒙古宁城	九龙山组 / J_2	Zhang *et al.*[23]
	Petilicorpus cristatus Zhang, Shih, Labandeira & Ren, 2013	内蒙古宁城	九龙山组 / J_2	Zhang *et al.*[23]
	Quadruplecivena celsa Zhang, Shih, Labandeira & Ren, 2013	内蒙古宁城	九龙山组 / J_2	Zhang *et al.*[23]
	Sereslepidopteron dualis Zhang, Shih, Labandeira & Ren, 2013	内蒙古宁城	九龙山组 / J_2	Zhang *et al.*[23]
	Aclemus patulus Zhang, Shih, Labandeira & Ren, 2015	内蒙古宁城	九龙山组 / J_2	Zhang *et al.*[24]
	Suborder *Incertae sedis*			

续表

科	种	产地	层位 / 时代	文献出处
Mesokristenseniidae	*Mesokristensenia angustipenna* Huang, Nel & Minet, 2010	内蒙古宁城	九龙山组 / J₂	Huang *et al.*[22]
	Mesokristensenia latipenna Huang, Nel & Minet, 2010	内蒙古宁城	九龙山组 / J₂	Huang *et al.*[22]
	Mesokristensenia sinica Huang, Nel & Minet, 2010	内蒙古宁城	九龙山组 / J₂	Huang *et al.*[22]
	Mesokristensenia trichophora Zhang, Shih, Labandeira & Ren, 2013	内蒙古宁城	九龙山组 / J₂	Zhang *et al.*[23]
	Kladolepidopteron oviformis Zhang, Shih, Labandeira & Ren, 2013	内蒙古宁城	九龙山组 / J₂	Zhang *et al.*[23]
	Kladolepidopteron parva Zhang, Shih, Labandeira & Ren, 2013	内蒙古宁城	九龙山组 / J₂	Zhang *et al.*[23]
	Kladolepidopteron subaequalis Zhang, Shih, Labandeira & Ren, 2013	内蒙古宁城	九龙山组 / J₂	Zhang *et al.*[23]
Ascololepidopterigidae	*Ascololepidopterix multinerve* Zhang, Shih, Labandeira & Ren, 2013	内蒙古宁城	九龙山组 / J₂	Zhang *et al.*[23]
	Pegolepidopteron latiala Zhang, Shih, Labandeira & Ren, 2013	内蒙古宁城	九龙山组 / J₂	Zhang *et al.*[23]
	Trionolepidopteron admarginis Zhang, Shih, Labandeira & Ren, 2013	内蒙古宁城	九龙山组 / J₂	Zhang *et al.*[23]

参考文献

[1] MALLET J. Taxonomy of Lepidoptera: The Scale of the Problem. The Lepidoptera Taxome Project ［OL］. London: University College, 2007. Available at: https://www.ucl.ac.uk/taxome/lepnos.html ［Accessed 29 May 2021］.

[2] VAN NIEUKERKEN E J, KAILA L, KITCHING I J, et al. Order Lepidoptera Linnaeus, 1758 ［M］ // ZHANG Z Q (Ed.). Animal biodiversity: an outline of higher-level classification and survey of taxonomic richness. Zootaxa, 2011, 3148: 212–221.

[3] KRISTENSEN N P. Lepidoptera: moths and butterflies, vol. 1. (evolution, systematics and biogeography) ［M］ // FISCHER M. Handbook of Zoology, vol. IV (Arthropoda: Insecta), Part 35. Berlin/New York: Walter de Gruyter, 1999.

[4] KONS H JR. Largest lepidopteran wing span, chapter 32 ［M］ // WALKER T J (Ed.). University of Florida Book of Insect Records. Gainesville: University of Florida, 1998.

[5] GULLAN P J, CRANSTON P S. The Insects: An Outline of Entomology, 3e ［M］. UK: Blackwell Publishing, 2004.

[6] RESH V H, CARDÉ R T. Encyclopedia of Insects ［M］. San Diego: Academic Press, 2003.

[7] KRISTENSEN N P, SCOBLE M, KARSHOLT O. Lepidoptera phylogeny and systematics: the state of inventorying moth and butterfly diversity ［J］. Zootaxa, 2007, 1668: 699–747.

[8] GRIMALD, D A. The co-radiations of pollinating insects and angiosperms in the Cretaceous ［J］. Annals of the Missouri Botanical Garden, 1999, 86 (2): 373–406.

[9] CAPINERA J L. Encyclopedia of Entomology, 2e ［M］. Netherlands: Springer Netherlands, 2008.

[10] SCOBLE M J. The Lepidoptera: Form, Function and Diversity ［M］. Oxford: Oxford University Press, 1992.

[11] MCNAMARA M E, BRIGGS D E G, ORR P J, et al. Fossilized biophotonic nanostructures reveal the original colors of 47-million-year-old moths ［J］. PLoS Biology, 2011, 9 (11): e1001200.

[12] LABANDEIRA C C, SEPKOSKI J J JR. Insect diversity in the fossil record ［J］. Science, 1993, 261: 310–315.

[13] SOHN J C, LABANDEIRA CC, DAVIS D, et al. An annotated catalog of fossil and subfossil Lepidoptera (Insecta: Holometabola) of the world ［J］. Zootaxa, 2012, 3286: 1–132.

[14] GRIMALDI D A, ENGEL M S. Amphiesmenoptera: the caddisflies and Lepidoptera ［M］ // GRIMALDI D A, ENGEL M S. Evolution of the Insects. New York: Cambridge University Press, 2005.

[15] SOHN J C, LABANDEIRA C C, DAVIS D. The fossil record and taphonomy of butterflies and moths (Insecta, Lepidoptera): implications for evolutionary diversity and divergence-time estimates ［J］. BMC Evolutionary Biology, 2015, 15: 12.

［16］WHALLEY P E. The systematics and palaeogeography of the Lower Jurassic insects of Dorset, England ［J］. Bulletin of the British Museum of Natural History (Geology), 1985, 39: 107–189.

［17］ANSORGE J. Upper Liassic amphiesmenopterans (Trichoptera + Lepidoptera) from Germany-a review ［J］. Acta Zoologica Cracoviensia, 2002, 46 (Suppl._Fossil Insects): 285–290.

［18］KOZLOV M V, IVANOV V D, RASNITSYN A P. Order Lepidoptera Linné, 1758. The butterflies and moths (= Papilionida Laicharting, 1781) ［M］// RASNITSYN A P, QUICKE D L J. History of Insects. Dordrecht. Boston/London: Kluwer Academic Publishers, 2002.

［19］GERMAR E F. Fauna insectorum Europae. Fasciculus 19. Insectorum protogaeae specimen sistens insecta carbonum fossilium ［M］. Halle: Kümmel, 1837.

［20］GERMAR E F. Die versteinerte Insecten Solenhofens ［J］. Nova Acta Leopoldina, 1839, 19: 187–222.

［21］HEER O. Die Insektenfauna der Tertiärgebilde von Oeningen und von Radoboj in Croatien, vol. 2 ［M］. Leipzig: Wilhelm Engelmann, 1849.

［22］HUANG D, NEL A, MINET J. A new family of moths from the Middle Jurassic (Insecta: Lepidoptera) ［J］. Acta Geologica Sinica (English Edition), 2010, 84 (4): 874–885.

［23］ZHANG W T, SHIH C K, LABANDEIRA C C, et al. New fossil Lepidoptera (Insecta: Amphiesmenoptera) from the Middle Jurassic Jiulongshan Formation, Northeastern China ［J］. PLoS One, 2013, 8 (11): e79500.

［24］ZHANG W T, SHIH C K, LABANDEIRA C C, et al. A new taxon of a primitive moth (Insecta: Lepidoptera: Eolepidopterigidae) from the latest Middle Jurassic of Northeastern China ［J］. Journal of Paleontology, 2015, 89 (4): 617–621.

［25］SKALSKI A W. Studies on the Lepidoptera from fossil resins. Part II. Epiborkhausenites obscurotrimaculatus gen. et. sp. nov. (Oecophoridae) and a tineid-moth discovered in the Baltic amber ［J］. Acta Palaeontologica Polonica, 1973a, 28 (1): 153–160.

［26］SKALSKI A W. Studies on the Lepidoptera from fossil resins. Part VI. Tortricidrosis inclusa gen. et spec. nov. from the Baltic amber (Lep., Tortricidae) ［J］. Deutsche Entomologische Zeitschrift, N. F., 1973b, 20 (4/5): 339–344.

［27］SKALSKI A W. Studies on the Lepidoptera from fossil resins. Part 1. General remarks and descriptions of new genera and species of the families Tineidae and Oecophoridae from the Baltic amber ［J］. Prace Muzeum Ziemi, 1977, 26: 3–24.

［28］MEY W. On the systematic position of Baltimartyria Skalski, 1995 and description of a new species from Baltic amber (Lepidoptera, Micropterigidae) ［J］. Zookeys, 2011, 130: 331–342.

［29］PEÑALVER E, GRIMALDI D A. New data on Miocene butterflies in Dominican amber (Lepidoptera: Riodinidae and Nymphalidae) with the description of a new nymphalid ［J］. American Museum Novitates, 2006, 3519: 1–17.

［30］ZHANG W T, WANG J J, SHIH C K, et al. Cretaceous moths (Lepidoptera: Micropterigidae) with preserved scales from Myanmar amber ［J］. Cretaceous Research, 2017, 78: 166–173.

［31］LABANDEIRA C C, DILCHER D L, DAVIS D R, et al. Ninety-seven million years of angiosperm-insect association: paleobiological insights into the meaning of coevolution ［J］. Proceedings of the National Academy of Sciences, 1994, 91: 12278–12282.

［32］WHALLEY P E S. A review of the current fossil evidence of Lepidoptera in the Mesozoic ［J］. Biological Journal of the Linnean Society, 1986, 28: 253–271.

［33］KOZLOV M V. Paleontology of lepidopterans and problems of the phylogeny of the order Papilionida ［M］// PONOMARENKO A G. The Mesozoic-Cenozoic Crisis in the Evolution of Insects. Moscow: Academy of Sciences, 1988.

［34］SKALSKI A W. An annotated review of all fossil records of lower Lepidoptera ［J］. Bulletin of the Sugadaira Montane Research Center, 1990, 11: 125–128.

［35］CARPENTER F M. Superclass Hexapoda ［M］// KAESLER R L, BROSIUS E, KEIM J, et al. (Ed.). Treatise on Invertebrate Paleontology, Part R (Arthropoda-4), 3 and 4 (Superclass Hexapoda). Boulder, Colorado/Lawrence, Kansas: Geological Society of America and the University of Kansas, 1992.

［36］张俊峰. 山旺昆虫化石 ［M］. 济南：山东科学技术出版社，1989.

［37］张俊峰，孙博，张希雨. 山东山旺中新世昆虫与蜘蛛 ［M］. 北京：科学出版社，1994.

［38］GIBBS G W. Micropterigidae (Insecta: Lepidoptera) ［J］. Fauna of New Zealand, 2014, 72: 1–127.

［39］RASNITSYN A.P. Pervaya nakhodka babochki yurskogo vozrasta ［J］. Doklady Akademiya Nauk SSSR, 1983, 269 (2): 467–671.

第 28 章

昆虫的取食

史宗冈，曹慧佳，吴琼，肖丽芳，姚云志，任东

取食是所有生物的本能行为。身体机能的运转，生长发育，维持正常生命活动以及繁衍后代都需要通过取食获取营养。昆虫通过多样的身体结构和生活方式来适应各种各样的生活环境，同时也进化出了许多不同的取食策略。例如，对于完全变态昆虫来说，其幼虫和成虫分别采取不同的取食方式以减少对食物资源的竞争。

一般而言，根据取食对象的不同，可以将现生昆虫分为植食性昆虫（取食枝叶、花粉、花蜜、种子、果实、植物汁液等）、捕食性昆虫、杂食性昆虫、腐食性昆虫和血食性昆虫（吸血为生）等。然而，由于缺少保存较为完好的化石记录，已绝灭昆虫的取食行为鲜为人知。

中国东北地区的印痕化石保存了完整的昆虫形态特征。通过形态功能分析，借助先进的成像和分析仪器已经证明并推断出在远古时期昆虫已进化出了多样的取食方式。本章将通过以下实例呈现远古时期昆虫多样化的取食方式：以延长的吸收式口器取食裸子植物花粉滴的长翅目昆虫（中蝎蛉科、拟蝎蛉科、阿纽蝎蛉科）和脉翅目昆虫（丽蛉科）；以咀嚼式口器和特化的捕捉前足来捕食其他昆虫的脉翅目螳蛉科和双翅螳蛉科；通过交叉折叠的捕捉性跗小节来捕食其他昆虫的蚊蝎蛉和半岛蝎蛉；具有锯齿状口器的血食性原始似蚤类群和过渡性刺龙蚤类；以及以刺吸式口器进行吸血食性的喙蟪科昆虫。此外，通过检测植物印痕化石上保存完好的昆虫损伤类型（DTs），还发现了昆虫通过刺吸式口器吸取植物汁液以及上颚咀嚼叶片后在叶片上遗留的痕迹，昆虫取食植物的损伤遗迹也反映了昆虫（包括成虫和幼虫、若虫）的取食方式。

28.1　虫媒传粉与互利共生——被子植物出现之前昆虫取食裸子植物传粉滴

28.1.1　具延长吸收式口器的蝎蛉

虫媒传粉能够确保植物高效的受精作用，而植物也为昆虫提供花粉或花蜜作为回报[1]。关于中生代中期植物与传粉昆虫互利共生的报道十分稀少[2, 3]。例如，相关的化石记录如昆虫口器的形态结构[4]、肠道内含物[5]、昆虫取食植物各组织结构形成的损伤痕迹[6]及植物生殖器官的形态结构[3, 7]等表明中生代中期的昆虫以孢粉、传粉滴、花粉及其他植物组织[6]为食。现生长翅目是一个较小的子遗类群，迄今报道约700个现生种[8]，其中绝大多数为捕食性或腐食性[9]，仅有极少数种类访花[10]，而小蝎蛉科

昆虫就是一个例外，该科昆虫具有特殊的适于吸食液体的口器，因此推测该类蝎蛉很可能以花蜜或其他植物分泌液为食[11]。

　　任东等人在2009年报道了阿纽蝎蛉亚目（长翅目）中3科的化石记录[12]，即中蝎蛉科[13]（图28.1）、阿纽蝎蛉科[14]（图28.2）及拟蝎蛉科[15]（图24.15）。这些类群来自中侏罗世晚期到早白垩世，且具有特殊的长管状口器，其潜在寄主植物可能为该时期比较繁盛的5种植物，如种子蕨、松柏类、银杏、茨康类及买麻藤，以裸子植物为主。根据上述3科及与它们相关的宿主植物的大量化石证据，任东等人认为阿纽蝎蛉亚目昆虫是一个重要的绝灭类群，也是长翅目（蝎蛉）中较原始的分支，具有延长的吸收式口器，可能以裸子植物胚珠的分泌液为食（图28.3）。相关证据包括：①口器外表面独特的形态学特征，如被毛及斜向排列的硬化带等（图28.1和图28.2）；②同时期的种子蕨和松柏类植物十分隐蔽且珠被管较长的胚珠，该结构降低了风媒传粉的可能性；③现生裸子植物中虫媒传粉类群的传粉滴营养丰富，其中氨基酸、糖、无机盐及其他有机成分所占比例较高，也证明传粉滴的营养可以维持昆虫的高水平活动[16]；④无论是雌雄同株还是异株，雌雄球花之间距离较远时虫媒成为一种更有效的传粉方式，促进了植物的远缘杂交；⑤从各种虫媒传粉植物胚珠中提取的花粉直径范围在17~65 μm，接近虫媒传粉的现生苏铁类花粉的直径（25~50 μm）[17]，而在具有相似授粉方式的买麻藤类中[18]花粉直径范围更加宽泛（10~80 μm）；⑥一些中生代昆虫的肠道中发现了掌鳞杉类及买麻藤类的孢粉[5, 6]，证明传粉滴是该类昆虫的食物来源。

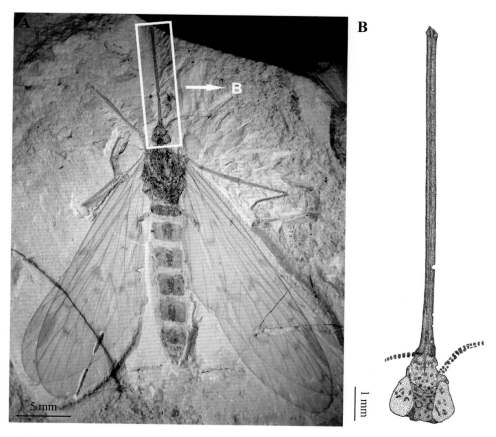

▲ 图 28.1　蔓霄美丽中蝎蛉 *Lichnomesopsyche gloriae* Ren, Labandeira & Shih, 2010 头部以及吸食液体长吸收式口器的特征[12, 13]

标本由史宗冈捐赠

A. 标本照片，CNU-M-NN2005020-1；B.（A）图中头部和吸收式长口器放大线条图

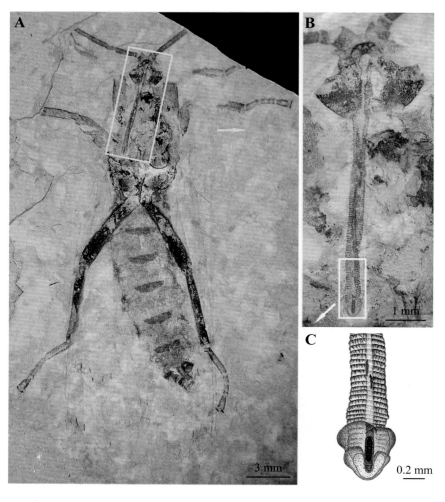

◀ 图 28.2 辽宁热河阿纽蝎蛉 *Jehanopsyche liaoningensis* Ren, Shih & Labandeira, 2011 的头部和口器结构（正模标本，CNU-M LB2005002）[14]
标本由史宗冈捐赠
A. 虫体的腹面观；B. 头部和吸收式长口器的背面观；C. 口器端部线条图

在中生代中期，这些具有延长吸收式口器的长翅目昆虫可能以裸子植物的传粉滴或胚珠分泌液为食，与已灭绝的裸子植物之间形成了传粉上的互利共生关系，并早在以被子植物花蜜为食的蝇、蛾、蜜蜂及蜂类等昆虫出现之前就已经出现（早出现2500万~6500万年）。化石记录表明在早白垩世晚期裸子植物逐渐由被子植物所取代，而长翅目上述3科的昆虫也相继灭绝。

28.1.2 具有虹吸式口器的脉翅目丽蛉科昆虫

杨强等人[19]描述了来自中国东北地区中侏罗统九龙山组和下白垩统义县组的脉翅目丽蛉科中的3亚科4属12种丽蛉以及4种分类位置未定的丽蛉。这些丽蛉形态多样，其中一个主要进化支具咀嚼式口器，而其余四个进化支具有虹吸式长口器。此外，丽蛉的翅斑十分独特，有条纹状、斑点状和眼斑状，翅形也十分多样。

中生代中期脉翅目丽蛉科昆虫的化石记录所处时间距今1.25亿~1.65亿年。相比之下，人们认为现生的新生代蝴蝶类（鳞翅目，凤蝶总科）的起源距今7000万~8000万年，而这一时期丽蛉科昆虫已经灭绝很久了。

Labandeira等人[20]使用偏振光、荧光显微镜成像、环境扫描电子显微镜（ESEM）成像以及能量色散光谱（EDS）等技术来检测丽蛉科化石以及与其相邻的化石围岩。根据标本的形态学特征进行支序分析并构建系统发育树，在该系统发育树上标注独征的演化过程。该结果表明丽蛉科和凤蝶总科昆虫趋同演

1 mm

▲ 图 28.3　植物传粉的生态复原图

美国史密森学院国家自然历史博物馆古生物学系 Mary Parrish 绘制

A. 建恩拟蝎蛉 *Pseudopolycentropus janeannae* Ren, Shih & Labandeira, 2010；B. 蔓霁美丽中蝎蛉 *Lichnomesopsyche gloriae* [15]

化出了相似的眼斑、翅鳞片、长管状口器、取食方式，以及可能的与植物之间的联系（图28.4）。

斑点状和眼斑状翅斑在这两个进化支中似乎具有相似的进化轨迹，表现为斑点状和眼斑状翅斑从缺失到简单的圆形斑点或眼斑，再到具有多重鲜明颜色对比的更复杂的同心环眼斑（图28.4）。

丽蛉科昆虫和凤蝶总科昆虫的口器是另一个更加显著的趋同演化的例子。丽蛉科昆虫的口器从原始的咀嚼式口器演变为由下颚等结构结合而形成的长喙（虹吸式）口器。这与具旋喙的鳞翅目昆虫口器的演化过程十分相似，也是从具上颚的祖先类群演化而来[21]。多数衍生的丽蛉科昆虫的长口器与鳞翅目有独特的相似性[21]。丽蛉科昆虫的口器长（8~20 mm）、有弹性、无口针或其他刺状结构，表面光滑或覆盖有细毛，由多节下颚须包围，其末端通常为圆形或截形，类似于粗秸秆的末端。与蝴蝶虹吸式口器相似的脉翅目丽蛉科昆虫的口器可能适合探测同时期更大且坚硬的本内苏铁、苏铁类植物的孢子球穗[20]。

▲ 图 28.4　迷人山丽蛉 *Oregramma illecebrosa* Yang, Wang, Labandeira, Shih & Ren, 2014（正模标本，CNU-NEU-LB-2009-031）寄生在威廉姆逊属 *Williamsonia* 本内苏铁（♀）闭合果实孢子叶球上的复原图
美国史密森学院国家自然历史博物馆古生物学系 Vichai Malikul 绘制

知识窗：传粉

　　4月中旬的一天，阳光明媚，在北京东郊的平谷区，一年一度的桃花节正如火如荼地进行着，成千上万的游客欣赏着总面积达22万亩的粉红色海洋。盛开的桃花树下，孩子们正嬉笑打闹，大人们有些三五成群，用手机捕捉精彩瞬间，有些在树下野餐。他们大多数都没有意识到，嗡嗡作响的蜜蜂正在他们附近的桃花丛中飞来飞去，忙着采花蜜和花粉。蜜蜂和桃花完美地融合在一起。鼎鼎大名的平谷大桃年产量约12万吨，多汁、甜美、口感好，人们只沉浸于10月大桃收获的喜悦，却很少有人认识到授粉的重要性以及辛勤劳作的蜜蜂所带来的重大经济效益。

　　蜜蜂属于蜜蜂总科蜜蜂科蜜蜂属（图28.5），蜜蜂总科的其他昆虫包括无刺蜂（蜜蜂科麦蜂族）、遂蜂（遂蜂科）、切叶蜂（切叶蜂科）、花蜂（蜜蜂科条蜂族）、木蜂（蜜蜂科木蜂属）、熊蜂（蜜蜂科熊蜂属，图28.6）等，一般我们都统称为蜜蜂。蜜蜂的口器经过演化适于吸食花蜜，只有少数一些蜜蜂会通过加工花蜜和唾液来生产并储存蜂蜜以供包括幼虫在内的整个蜂巢食用。与制作、储存蜂蜜的蜜蜂不同，熊蜂只在短时间储存少量的花蜜来喂养幼虫。遂蜂通常被称为小花蜂，会将花蜜和花粉的混合物注入小室里供孵化后的幼虫取食。

　　蜜蜂的工蜂除了身体覆盖有非常精细的刚毛外，其后足还有由长刚毛形成的花粉篮这种特殊的结构以收集花粉。花粉含有丰富的蜜蜂幼虫生长发育所需的蛋白质、脂肪、维生素以及其他微量元素。同时，蜜蜂为被子植物传粉，使其可以生长发育出果实和种子且一代代继续传播繁衍，增加了后代植物基因的多样性。

▲ 图 28.5　一只正在采集花粉的蜜蜂
　　　　　史宗冈拍摄

▶ 图 28.6　一只正在采集花蜜的熊蜂
　　　　　史宗冈拍摄

　　膜翅目昆虫对粮食作物和其他植物的传粉有显著的商业价值。世界上最大的蜜蜂传粉区是美国加州杏园，2011年杏园的作物价值为36亿美元[22]，每年春季大约有160万个蜜蜂蜂巢被运到杏园中。据估计，美国2000年由蜜蜂和其他昆虫传粉产生的价值超过150亿美元[23]。此外，蜜蜂为人类提供的蜂蜜可以作为烘焙食材、药品、美容产品的成分；蜂蜡是木材抛光剂、蜡烛、黏合剂以及化妆品的成分之一。据估计，在美国，每年蜂蜜产量超过9万吨，蜂蜡产量超过1 800吨。

　　2006—2007年冬季，美国的养蜂人发现蜜蜂的蜂巢损失比例很高，因此美国养蜂人创造了"蜂种群崩溃病害"（CCD）这一术语。CCD的特点是在一个种群中，绝大多数的工蜂死亡，剩余大量的食物和少数看护蜂来饲育剩余的幼虫和蜂后。美国农业部（USDA）近期的一份报告显示[24]：由美国蜜蜂知情伙伴协会和蜂房检查员协会（AIA）引导开展的一项年度调查报告指出，在2007年至2014年期间，每年冬季蜂群损失率在22%~33%之间波动，远远超过在20世纪80年代中期前为10%~15%的历史损失率。冬季蜂群损失的增加对养蜂业以及依靠蜜蜂传粉的农作物生产构成了严重威胁。为了解决这一问题，已开展了许多相关的研究工作。现在，大多数研究人员正关注入侵性的瓦罗亚虱螨、新出现的疾病、化学农药中毒、蜜蜂经历的压力（如来自运输）、对觅食栖息地的干扰，潜在的免疫抑制因子等对蜜蜂造成影响的因素。虽然冬季蜂群损失问题目前有了进一步改善，但该问题的彻底解决仍然任重而道远。

28.2　捕食——捕食其他昆虫

28.2.1　具捕捉前足的脉翅目螳蛉

螳蛉科昆虫是脉翅目褐蛉亚目中一个高度特化的类群，其特征为前足特化为捕捉足（图28.7）、大复眼、延长的前胸背板[25-27]。该科昆虫特化不仅表现在形态学，还表现在其生活习性和生活史上。有些螳蛉寄生于蛛形纲蜘蛛目类群或膜翅目针尾部昆虫上，其幼虫在蜘蛛卵鞘或蜂巢内生长发育[28, 29]。

Jepson等人[30]报道了来自辽宁省下白垩统义县组和内蒙古中侏罗统九龙山组已灭绝的中螳蛉亚科（昆虫纲：脉翅目：螳蛉科）的3属4种螳蛉。发现于义县组的螳蛉有：*Archaeodrepanicus nuddsi* Jepson, Heads, Makarkin & Ren, 2013（图28.8）；*A. acutus* Jepson, Heads, Makarkin & Ren, 2013；*Sinomesomantispa microdentata* Jepson, Heads, Makarkin & Ren, 2013。九龙山组的螳蛉有：*Clavifemora rotundata* Jepson, Heads, Makarkin & Ren, 2013。

◀ 图 28.7　螳蛉的前足为典型的捕捉足
史宗文拍摄

◀ 图 28.8　*Clavifemora rotundata* Jepson, Heads, Makarkin & Ren, 2013[30]（正模标本，CNU-NEU-NN2011001）

这些标本代表了首次发现保存身体结构的中生代螳蛉科昆虫印痕化石，前足特化为捕捉足并且前端与前胸相连，起到捕食其他昆虫的作用，这一特征是此科的独征。这些类群的发现进一步证实了中螳蛉亚科在螳蛉科内的分类地位，但中螳蛉亚科的单系性尚未得到证实，并且很可能是并系。

28.2.2　具捕捉前足的双翅螳蛉

脉翅目昆虫通常具两对发育良好的翅。在一些现生科中发现了少量短翅、小翅或无翅的类群，这种翅的退化通常与飞行能力的丧失有关。唯一报道的后翅退化（退化为类似小平衡棒的结构）的脉翅目昆虫化石记录是来自新泽西的晚白垩世琥珀中的神秘属 *Mantispidiptera* Grimaldi, 2000 [31]。

Makarkin等人 [32] 报道了一个来自中国下白垩统义县组的属种：*Dipteromantispa brevisubcosta* Makarkin, Yang & Ren, 2013（图28.9），这一属种与 *Mantispidiptera* 属的昆虫十分相似。这两个属的昆虫均被放在双翅螳蛉科Dipteromantispidae Makarkin, Yang & Ren, 2013内，且均具发育良好、翅脉退化的前翅，后翅极度退化为类似于双翅目的小平衡棒结构。此外，前足特化为捕捉足，前缘与前胸相连接，可能用于捕食其他昆虫。

双翅螳蛉科可能是一些早期鳞蛉科的后裔，或是螳蛉科和鳞蛉科的基干类群，推测其飞行能力很强。这是脉翅目和双翅目昆虫翅脉结构平行演化的一个罕见例子。

28.2.3　悬挂蝎蛉——蚊蝎蛉科和半岛蝎蛉科昆虫

蚊蝎蛉科是长翅目中一个种群较大的现生科，包含16个现生属，约270种 [33]。现生的蚊蝎蛉科昆虫通常用前足将身体悬挂在低矮的草木枝上，同时用交叉折叠的捕捉性跗小节来捕捉软体昆虫 [34]。这种悬挂蛉的雄虫以求偶时的赠礼行为而著名，在求偶或交配期间将捕获的昆虫送给雌虫。

半岛蝎蛉科 [35, 36]（图28.10）是长翅目中一个绝灭类群，人们对其知之甚少，被认为是蚊蝎蛉科的姐妹群 [37]（图28.11），和蚊蛉科构成了忾蝎蛉亚目下Raptipedia次目 [38, 39]。这两个科均具有细长的足且每个足均具一个独立的具捕捉性的大跗节爪，翅脉也十分相似。但半岛蝎蛉科的2A脉长且有分叉，而蚊蝎蛉科2A脉短且不分叉 [40]，我们可以很容易地将二者区分开来。悬挂蛉还具咀嚼式口器以取食猎物。

▶ 图 28.9　*Dipteromantispa brevisubcosta* Makarkin, Yang & Ren, 2013 [32] 前翅发育良好、翅脉退化，而后翅极为退化为小平衡棒

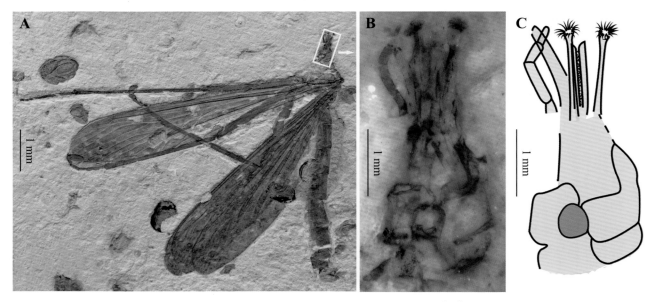

▲ 图 28.10　纤细半岛蝎蛉 *Cimbrophlebia gracilenta* Zhang, Shih, Zhao & Ren, 2015[36]
　　　　　　A. 标本照片（正模标本，CNU-MEC-NN2014077p）；B. 酒精下拍摄的口器细节图；C. 口器线条图

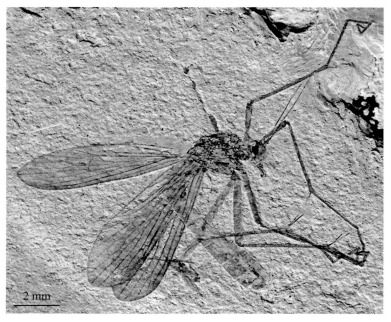

◀ 图 28.11　李氏小蝎蛉 *Exilibittacus lii* Yang, Ren & Shih, 2012[37]（正模标本，CNU-M-NN2010001p）

28.3　吸血的外寄生性跳蚤

　　外寄生性昆虫主要包括虱子和跳蚤两类。在人类史上，跳蚤（蚤目）因引起黑死病并造成了人类大量的死亡而臭名昭著。跳蚤是一类高度特化的具有吸血性的外寄生昆虫，体型小，身体呈左右侧扁，具适于吸血且高度特化的口器和长而粗壮并适于跳跃的足。已报道6个来自始新世和中新世琥珀中的跳蚤化石：来自波罗的海琥珀的*Palaeopsylla klebsiana* Dampf, 1911[41]；*Palaeopsylla dissimilis* Peus, 1968[42]；*Peusianapsylla baltica* Beaucournu & Wunderlich, 2001[43]；*Peusianapsylla groehni* Beaucournu,

2003[44]；以及来自多米尼加琥珀[45]的*Pulex larimerius* Lewis & Grimaldi, 1997[46]和*Eospilopsyllus kobberti* Beaucournu & Perrichot, 2012[47]。这些类群均与现生跳蚤十分相似。此外，一块来自始新世的鸟虱印痕化石[48, 49]也已被报道。

现代生物学可以直接观察和研究昆虫与哺乳动物或鸟类之间的寄生—宿主关系[50]。但由于中生代时期外寄生性昆虫的记录较少，大多数记录缺少口器信息以及头部形态的关键信息[52-55]，使得人们对寄生性昆虫的起源、形态特征、早期演化以及其与宿主的关系尚不明确[27, 51]。

2012年黄迪颖等人报道了3个待命名的"巨型跳蚤"，并提供了关于外寄生性昆虫形态的重要特征和早期演化的相关见解，认为外寄生性昆虫最早的寄主可能是有毛或被羽毛的"爬行动物"[56]。几乎同时，高太平等人[57]也描述了两个较原始的跳蚤类昆虫，分别是来自中国东北地区中侏罗世晚期（165 Mya）的侏罗似蚤*Pseudopulex jurassicus* Gao, Shih & Ren, 2012（图28.12），以及来自中国东北早白垩世（125 Mya）时期的巨大似蚤*Pseudopulex magnus* Gao, Shih & Ren, 2012（图28.13）。这些标本具有许多外寄生性昆虫的特征，尤其是用于刺穿寄主坚硬厚实的皮肤或皮毛的长锯齿状口针（侏罗似蚤的口器长3.44 mm，巨大似蚤的口器长5.15 mm，而现生跳蚤的口器长度小于1.0 mm）。这些外寄生性昆虫可能以吸食同时期有羽毛的恐龙、翼龙或中等体型的哺乳动物的血液[57]为生。黄迪颖等人[58]在2013年将没有正式命名的3个类群给予了正式学名，分别是*Pseudopulex wangi*、*Hadropsylla sinica*和*Tyrannopsylla beipiaoensis*，并将它们归入蚤目似蚤科。

高太平等人[57]证明了新的似蚤属与现生跳蚤之间的相似性，包括具有粗壮和加长的锯齿状刺吸式口器，无翅，较小的胸部，粗壮且镰刀状的爪，以及遍布身体的坚硬且后向径直生长的刚毛。此外，似蚤属有一个具感受器的臀板，这一特征仅在现生的跳蚤中存在。然而，似蚤属与现生跳蚤的不同在于其栉状结构只存在于胫节而身体其他部分不存在，似蚤属缺乏适于跳跃的后足并且身体侧扁。此外，似蚤属相比于现生跳蚤具有更发达的复眼、更长的触角以及触角分节数更多、身体更大（侏罗似蚤体长17 mm，

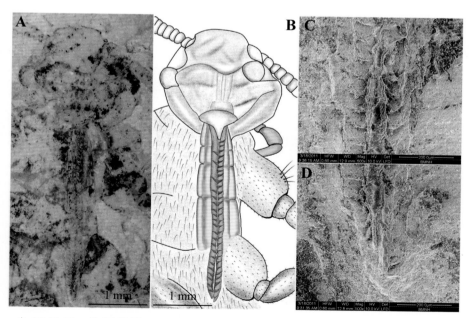

▲ 图 28.12　侏罗似蚤 *Pesudopulex jurassicus* Gao, Shih & Ren, 2012（正模标本，CNU-NN2010001）的细节特征，（改自参考文献 [57]）

标本由史宗冈捐赠

A、B. 口器的照片和线条图；C、D. 口器中部和尖端的电镜扫描图

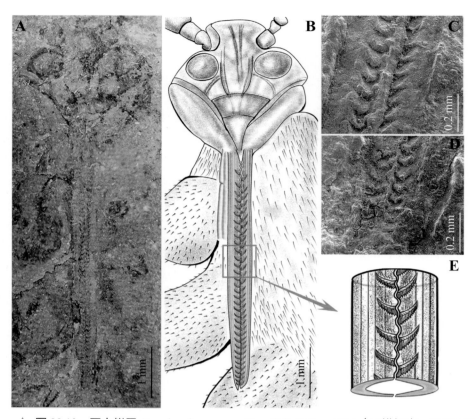

▲ 图 28.13　巨大似蚤 *Pseudopulex magnus* Gao, Shih & Ren, 2012（正模标本，CNU-ND2010002）
（改自参考文献 [57]）

A、B. 口器的照片和线条图；C、D. 口器中部和尖端电镜扫描图；E. 内颚叶的放大线条图

巨大似蚤体长22.8 mm，而现生跳蚤体长约为2 mm）。高太平等人还发现了似蚤科跳蚤与最基干的潜蚤科跳蚤有许多惊人的相似之处，因此得出结论：似蚤科与蚤目联系十分紧密并可能是跳蚤谱系基干类群的代表类群，但由于缺少一些蚤目的鉴别特征，其在蚤目下的分类位置还未确定。

　　为了解释外寄生性昆虫与宿主之间的关系，高太平等人在徐星研究员的指导下还研究了中生代同时期生态系统中的有羽恐龙、有羽翼龙、哺乳动物以及鸟类。结果表明，似蚤属跳蚤体型大且具有长的锯齿状口器，不适于刺吸和切割小型啮齿类哺乳动物的软真皮组织。这些体型较大的寄生性昆虫可能以中大型的有羽恐龙（图28.14）、有羽翼龙或中型哺乳动物的血液为食 [57]。

▶ 图 28.14　侏罗似蚤 *Pseudopulex jurassicus* Gao, Shih & Ren, 2012 [57] 的生态
复原图

王晨绘制

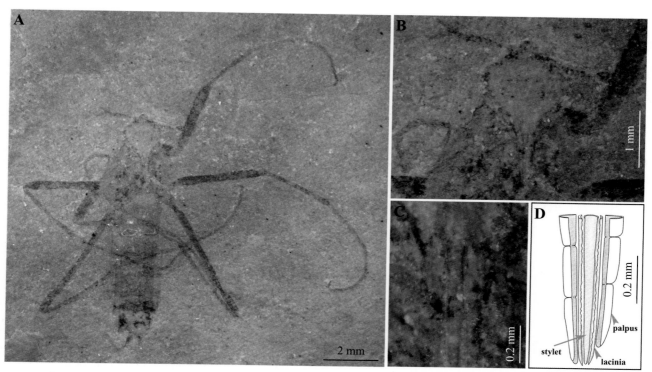

▲ 图 28.15　精美刺龙蚤 *Saurophthirus exquisitus* Gao, Shih, Rasnitsyn & Ren, 2013（正模标本，CNU-LL2010016P）（改自参考文献[59]）

标本由史宗冈捐赠

A. 正模标本照片；B. 头部细节；C. 口器最基部；D. 口器端部线条图

▲ 图 28.16　精美刺龙蚤 *Saurophthirus exquisitus* Gao, Shih, Rasnitsyn & Ren, 2013（正模标本，雌性，CNU-LB2010017）（改自参考文献[59]）

A. 标本照片；B. 左复眼和触角细节，酒精下拍摄；C. 酒精下拍摄的口器细节

1976年，Ponomarenko描述了一块来自西伯利亚拜萨早白垩世[53]的早期长足刺龙蚤标本，该标本具有足长、身体被毛以及其他重要的外寄生性昆虫的特征，但缺少一些口器结构的细微特征。2013年高太平等人报道了一种来自中国东北地区下白垩统义县组的新型过渡性跳蚤：精美刺龙蚤*Saurophthirus exquisitus* Gao, Shih & Ren, 2013，并将其归入蚤目刺龙科[59]。刺龙科跳蚤与其他基干类群的跳蚤相比，与冠群跳蚤更加相似：刺龙科跳蚤体型较小，具相对短而细长的刺吸式口器，触角相对短而紧凑，胸部有短而坚硬的刚毛排以及加长的足。这一新发现弥补了原始基干蚤类为向现生高度特化跳蚤演化过程中的"缺失的锁链"（图28.15）。

然而，刺龙科跳蚤也展示了一些其他跳蚤不具备的特征，其中一些特征暗示可能与同时期的翼龙有外寄生关系，但也存在其他可能性。另外，基于保存完好的雄性和雌性标本，我们能够清晰地看到刺龙科跳蚤显著的"性双型"（图28.16）。

高太平等人[60]报道的来自中国辽宁省下白垩统义县组的似蚤科一新种，贪婪似蚤*Pseudopulex tanlan* Gao, Shih, Rasnitsyn & Ren, 2014，并将其归入到似蚤科（图28.17）。与之前描述过的似蚤科跳蚤不同的是：贪婪似蚤体型相对较小，缺乏身体或胫节上的栉状结构，雄性跳蚤的生殖器相对较短小。另外，贪婪似蚤有类似于"过渡性"刺龙科跳蚤的一些特征，如头小，触角短而紧密，臀板较小以及身体覆盖的坚硬的刚毛。尽管不能排除其他可能性，但此雌性标本腹部极度膨胀，表明可能在其死亡前刚刚进行了最后一次进食。统计分析所有已经报道的雌性跳蚤化石，估算此贪婪似蚤*P. tanlan*一次性的吸血量大概为0.02 mL，这是现生跳蚤单次摄血量的15倍（图28.18）。此外，这些新发现也进一步证明了早白垩世时期跳蚤已经具有了丰富的多样性。

28.4　血食性的蝽

血食性昆虫作为人类和牲畜疾病传播的媒介，引起了人们极大的关注[50, 61]。由于现有研究材料稀缺，再加上血食与非血食性昆虫在形态上难以区分，人们对早期血食性昆虫演化的理解十分有限。姚云志等人[62]报道了来自中国东北下白垩统义县组的枪喙蝽科Torirostratidae Yao, Cai, Shih & Engel, 2014的两种蝽：密毛枪喙蝽*Torirostratus pilosus* Yao, Shih & Engel, 2014（图28.19）和伶俐尖喙蝽*Flexicorpus acutirostratus* Yao, Cai & Engel, 2014。

作为血食性蝽的宿主，脊椎动物的血液中的血红蛋白含有铁元素，在取食过程中，部分铁元素也会渗入到与吸血相关的组织器官中。在现生异翅亚目昆虫中，血食性蝽体内的铁元素含量均高于捕食性和植食性蝽，因此在化石中保留的铁元素化学遗迹信息可以用来探究古代昆虫的取食策略。姚云志等利用能量X射线扫描电镜能谱（EDS）对比分析来自同一层位的枪喙蝽科Torirostratidae和其他异翅类化石标本中铁元素（Fe）的含量，发现这些标本的围岩中铁元素含量均无明显差异，但新枪喙蝽虫体内的铁元素含量显著高于其他异翅类化石中铁元素含量，新枪喙蝽化石标本中昆虫体内的铁元素含量明显高于围岩，与现生血食性异翅亚目昆虫吸血后消化道中的铁元素含量富集规律一致，表明枪喙蝽化石食物的来源是寄主动物的血液。

此外，形态学和埋藏学数据表明：342个古花蝽类（捕食性蝽）化石标本中有318个（93%）标本保存有向前延伸的喙[63]。但在1 809个植食性蝽类化石中有1 768个标本（97.7%）所保存的喙贴近虫体。

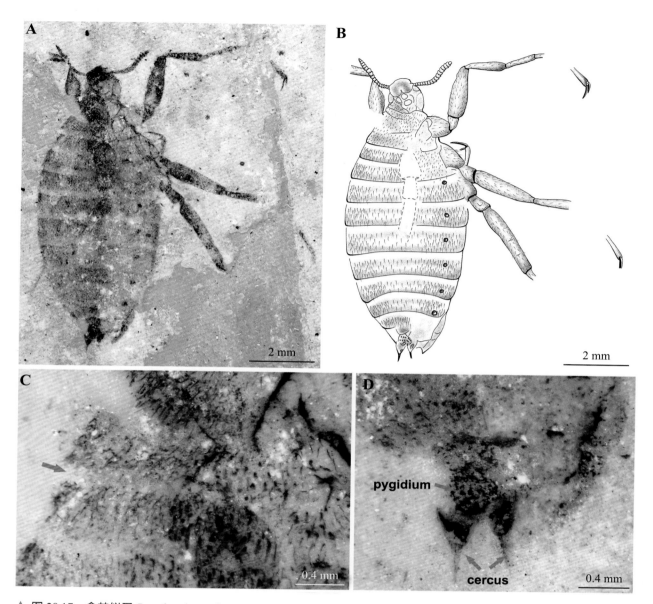

▲ 图 28.17 贪婪似蚤 *Pseudopulex tanlan* Gao, Shih, Rasnitsyn & Ren, 2014（正模标本，雌性，CNU-SIP-LL2013002）（改自参考文献 [60]）
A. 标本照片；B. 线条图；C. 腹部清晰的分界；D. 腹部末端（C 和 D 均为滴酒精之后拍摄的照片）

29个枪喙蜢属化石标本中的11个标本的（38%）喙保存时侧向伸长，只有一个（3.4%）标本喙向前延伸。368个尖喙蜢属化石标本中有115个（31.3%）标本喙侧向保存，而23个（6.3%）标本喙向前延伸。

一般来说，现生植食性蜢的喙相对细长，通常直且两侧近乎平行，厚度均匀，上颚口针刺钝圆，休息时通常贴在身体腹面。而捕食性或血食性蜢通常具粗壮且弯曲的喙，且喙的基部到顶端逐渐变细，上颚口针刺尖锐 [64]。枪喙蜢科中的这两个类群的化石标本喙粗壮，第1节大，第2节最长且基部膨大，第4节端部变尖。喙的结构及其保存的方向表明这些新种也都是捕食性的或血食性的。

结合形态学、埋藏学和地质化学三方面的分析数据，姚云志等人 [62] 得到如下结论：枪喙蜢是蜢类血食性最早的化石代表，将蜢类血食性的化石记录向前推进了大约3 000万年。值得注意的是，其中一

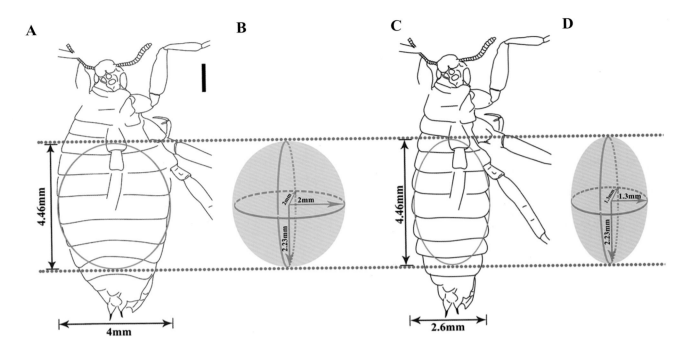

▲ 图 28.18 对贪婪似蚤 *Pseudopulex tanlan* Gao, Shih, Rasnitsyn & Ren, 2014 吸血量估算，改自参考文献［60］，估算贪婪似蚤 *Yixianpulex tanlan* 单次血液摄入量约 0.02mL

A、B. 标本展示出膨胀的腹部；C、D. 非膨胀状态下的假定腹部。在椭圆体中，B = C，体积变化应为：$V_1 =$ 4/3×3.14×2.23×2×2 - 4/3×3.14×2.23×1.3×1.3=22（mm³）

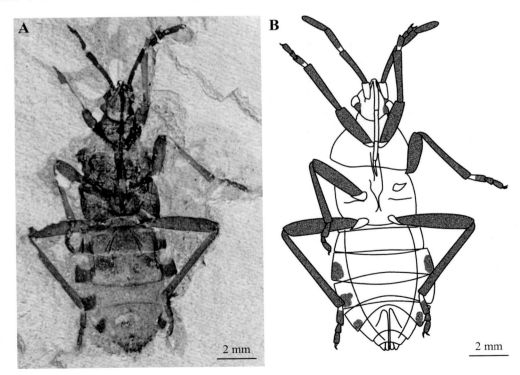

▲ 图 28.19 密毛枪喙蝽 *Torirostratus pilosus* Yao, Shih & Engel, 2014（副模标本，雌性，CNU-HET-LB2010134p）[62]

A. 标本照片；B. 线条图

个蟭类化石似乎是吸血后立即死亡的，寄主动物可能是同时期的哺乳类动物、鸟类或有羽毛的恐龙（图 28.20）。这些化石记录扩展了早白垩世时期血食性昆虫的系统发育信息和生态多样性，丰富了我们对古环境中昆虫吸血行为的认知。

▲ 图 28.20　血食性蟭的生态复原图（描绘了几个来自中国东北早白垩世喙蟭类昆虫正在吸食睡着的具羽毛恐龙的血）
　　　　　　王晨绘制

28.5 植食性：以植物损伤遗迹类型为证的昆虫取食类型

通过观察昆虫取食行为或检查昆虫的肠道内含物，我们可以发现许多现生昆虫为植食性。然而对于化石上的昆虫而言，特别是那些已绝灭的类群，尽管在昆虫化石中残留有一些消化道内含物质，但想要获取昆虫植食行为的直接证据还是相当困难的。

通过观察植物化石上保存完好的昆虫取食的损伤类型（DTs）可以推断植食性昆虫的取食行为。王永杰等人报道了中国东北地区中侏罗统九龙山组化石中卵形义马银杏*Yimaia capituliformis*叶片上的刺吸取食损伤类型（DT48）以及边缘取食损伤类型（DT12）（图28.21）[65]。

丁巧玲等[66]报道了下白垩统义县组阔叶松柏类薄氏辽宁枝*Liaoningocladus boii*化石标本（343块）上的损伤类型。其中一个损伤类型为表面取食的损伤痕迹，编号为DT103，这种损伤类型可能由潜叶虫的成虫取食形成（图28.22）。

丁巧玲等人[68]报道了来自中国东北中生代的3个时期5个地层中的3种阔叶松柏类植物，包括苏铁

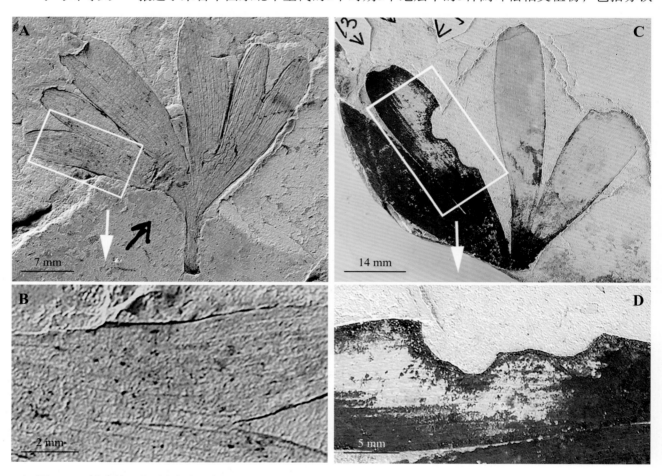

▲ 图 28.21　植食性昆虫对来自中国东北地区中侏罗统九龙山组银杏义马属银杏 *Y. capituliformis* 叶片的损伤类型修改自参考文献[65]

A、B. 刺吸式口器取食损伤类型（DT48；CNU-PLA-NN-2010-044）；C、D. 叶片边缘取食损伤类型（DT12；CNU-PLA-NN-2010-521）；B、D. 在相应叶片损伤区域使用昆虫损伤类型（DT）系统的放大图，DT 鉴定主要依据昆虫损伤类型（DT）系统

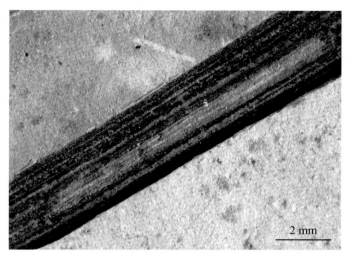

▶ 图 28.22　中国东北地区义县组的薄氏辽宁枝 *Liaoningocladus boii*[67]（CNU-PLA-LL-2010-230-1）上的表面取食痕迹（DT103）

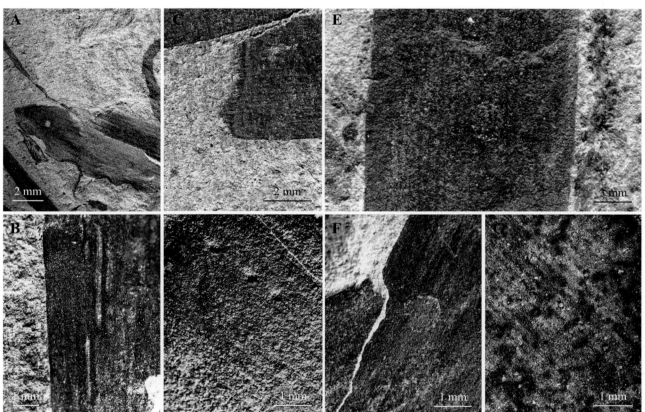

▲ 图 28.23　来自上三叠统（T3）羊草沟组的阔叶松柏类 *Podozamites lanceolatus-Lindleycladus lanceolatus* 复合损伤类型
所有标本均来自中国东北辽宁省羊草沟地区

A. 外部取食的损伤类型，包括的洞食（DT01）和边缘取食（DT12）（CNU-CON-LB-2010-103-22），其中 DT12 上有明显的反应圈；B. 外部取食的损伤类型，线状，表面取食痕迹 DT103（CNU-CON-LB-2010-042-6）；C. 外部取食的损伤类型，边缘取食（DT13）（CNU-CON-LB-2010-106-1）；D. 刺吸式取食损伤类型，刺吸孔沿叶脉平行分布，以叶片汁液为食（DT138）（CNU-CON-LB-2010-041-1）；E. 刺吸式取食损伤类型，近似介壳虫外形的虫体印痕（DT77）（CNU-CON-LB 2010-043P-2）；F. 外部取食的损伤类型，表面取食（DT30）（CNU-CON-LB-2010-057-1）；G. 刺吸式取食损伤类型，单个随机分布（DT46）（CNU-CON-LB-2010-065C-1）[68]

杉*Podozamites*、林德勒枝*Lindleycladus*和辽宁枝*Liaoningocladus*，共756件化石标本，检测并鉴定了叶片上的各类损伤类型。这5个地层分别为上三叠统的羊草沟组（T3，约205 Mya）（养草沟），中侏罗统的九龙山组（J2,165 Mya）（道虎沟）和下白垩统的义县组（K1,125 Mya）（包括大王杖子、柳条沟和多伦）。依据FFG-DT分类系统，共7种功能取食型（FFGs），分别是打洞取食、边缘取食、表面取食、刺吸取食、产卵、造瘿和潜叶，以及23种不同的损伤类型（DTs），其中打洞取食、边缘取食、表面取食的DT类型统一为外部取食组，包括DT01、DT12、DT13、DT30、DT103，刺吸取食的损伤类型包括DT46、DT48、DT77、DT128、DT138（图28.23和图28.24）。造成这种刺吸取食的损伤类型的潜在昆虫可能包括古蝉（图28.25）、蟊蝉、蜡蝉、原沫蝉、沫蝉或蟊蝉等，而外部取食类型的则主要是具有咀嚼式口器的直翅目（图28.26）。

对每种功能取食型FFG损伤类型进行数量和丰富度统计，结果显示3个时期的损伤类型都包括10~16种。对于这个长达8 000万年的时间间隔，在阔叶松柏类植物上，晚三叠世（T3）昆虫取食方式以外部取食为主，至中侏罗世时期（J2），刺吸取食为该时期主要的取食方式，早白垩世时期（K1）内寄生性的造瘿和潜叶的取食方式开始出现。

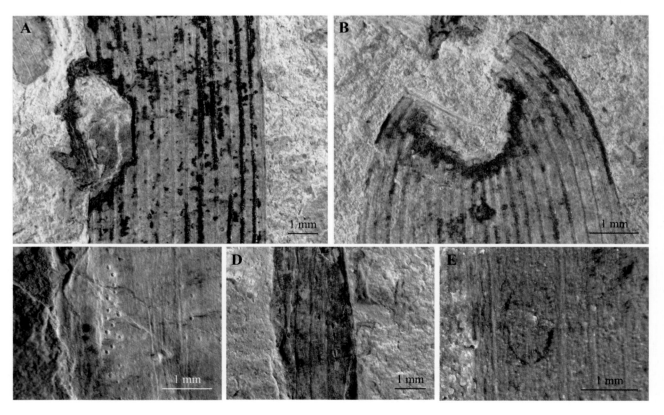

▲ 图 28.24　来自中侏罗统（J2）九龙山组的阔叶松柏类 *Podozamites lanceolatus-Lindleycladus lanceolatus* 复合体损伤类型，所有标本均来自内蒙古自治区的道虎沟
A. 外部取食损伤类型，边缘取食（DT12）（CNU-CON-NN 2011-421P-1）；B. 外部取食损伤类型，取食叶片顶部的边缘取食（DT13），具有明显的反应圈（CNU-CON-NN-2009-646P-1）；C. 刺吸取食损伤类型，单个随机分布（DT46）及线性分布（DT138）（CNU-CON-NN-2011-314P-1）；D. 刺吸取食损伤类型，单个 DT48（CNU-CON-NN-2011-028-1）；E. 刺吸式取食损伤类型，近似介壳虫外形的虫体印痕 DT128（CNU-CON-NN-2011-633-1）[68]

▶ 图 28.25　古蝉，具有刺吸式口器，潜在的在植物上造成刺吸取食损伤类型的昆虫

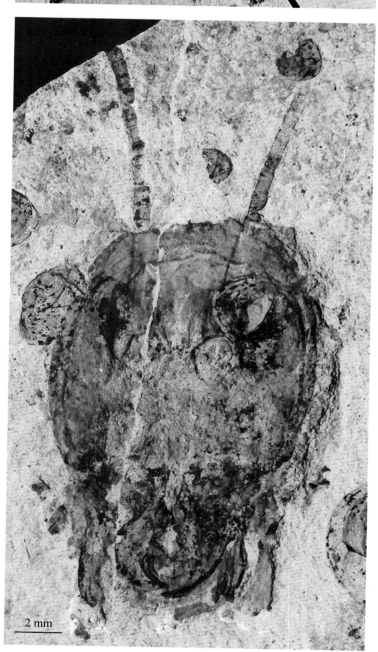

▶ 图 28.26　巨大奇异阿博鸣螽 *Allaboilus gigantus* Ren & Meng, 2006（头部，强壮的上颚，与边缘取食密切相关）

　　　　　史宗冈拍摄

晚三叠世到早白垩世的植食性昆虫取食演变的趋势表明，植物—昆虫的相互作用表现为从"依赖于大量的外部取食模式"发展为后来的"内部取食模式"的出现。这一变化也说明了昆虫对食物资源更精细的划分和对特定寄主植物组织类型的专性寄生的高度特化，这种对植物组织取食的分化可能极大地提高了植食性昆虫对不同生态位的适应。

植食性昆虫取食方式变化的原因可能包括生态影响、长期的环境变化或两种因素共同影响。生态因子，如可获取的植物资源，植物形态及其防御策略，对新出现的或不同类群的寄主植物的适应，捕食类群、真菌病害以及寄生性昆虫，对植食性昆虫有抑制效应。气候变化、灭绝事件或地质历史演化也可能影响植食性昆虫取食模式的变化[10]。

知识窗：昆虫取食被子植物

白垩纪是被子植物逐渐取代裸子植物快速辐射的关键时期。该时期，昆虫除了在裸子植物上造成大量的损伤痕迹外，被子植物（包括花朵）也是昆虫取食的主要寄主植物，然而昆虫取食早期被子植物的相关研究相对较少。下白垩统美国达科塔组（距今1.03亿年）化石层中，被子植物叶片、花朵等组织结构上保存了多样的昆虫取食痕迹（图28.27），如叶片上大量的打洞取食、边缘取食、刺吸取食、潜叶、造瘿和真菌病害侵染等损伤类型（图28.28）。这些多样化的昆虫取食模式表明在早白垩世晚期就已出现与当今生态环境中相似的昆虫取食情况，而且昆虫对花的多种取食方式也进一步表明早白垩世昆虫（尤其是访花昆虫）与早期被子植物之间存在着相对稳定且持续的取食或传粉关系[69]，反映了昆虫对新的寄主植物的高度专性适应以及共生的关系。

此外，最近另一项关于早白垩世介壳虫刺吸取食植物不同组织的研究表明，早白垩世介壳虫开始了对寄主植物资源的分化利用和生态位的扩张；而且该研究也是目前介壳虫刺吸取食早期被子植物的最早的化石记录，这一记录比先前发现于始新世中期的盾蚧科Diaspididae取食被子植物的化石记录早约0.55亿年。该记录体现了介壳虫与被子植物，尤其是粉蚧与樟科植物，存在历时久远的植食关系。

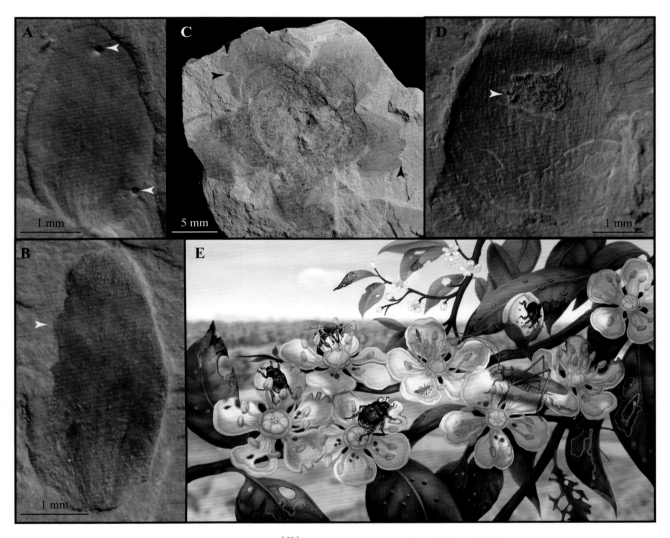

▲ 图 28.27　昆虫取食早期被子花朵的遗迹多样性[69]，所有标本均来自下白垩统美国达科塔组

左笑然绘制

A. 花型 4 花瓣上的打洞取食（DT01）；B. 花型 4 花瓣上的边缘取食的痕迹（DT12）；C. *Dakotanthus cordiformis* 花型，花瓣边缘的"U"形取食痕迹（DT405）；D. 花型 7，近圆形花瓣上的表面取食（DT29）；E. 早白垩世昆虫植食复原图，其中叶片为近似现生樟科植物的绝灭种 *Pandemophyllum kvacekii* Upchurch and Dilcher, 1990，（但该花朵类型与叶片的关系还有待进一步研究），图中展示鞘翅目、膜翅目、直翅目和缨翅目昆虫取食花朵，*P. kvacekii* 叶片上具有各种外部取食、造瘿和潜叶取食，以及真菌侵染叶片的痕迹

▲ 图 28.28　昆虫刺吸取食早期被子植物[70]，所有标本均来自下白垩统美国达科塔组
　　　　　复原图由左笑然绘制
　　　　　A. *P. kvacekii* 叶片上的介壳虫取食（DT384），并放大于 B；C. 现生樟科 *Cinnamomum camphora* (L.) J.Presl 植物叶片上的粉蚧 *Phenacoccus solenopsis* Tinsley, 1898 刺吸取食叶片汁液，并放大于 D；E. 枝干上的半球状不同龄期介壳虫取食（DT394），以及与之相类似的现生介壳虫 Coccidae，取食于壳斗科茎杆（F）；G. 枝干上的椭圆形不同龄期介壳虫取食（DT406），以及相似的现生介壳虫（Coccidae）取食于芸香科茎杆（H）；I. 早白垩世昆虫刺吸多样性复原图，包括聚簇分布于叶片上的粉蚧和茎杆上的介壳虫

参考文献

［1］PROCTOR M C F, YEO P F, LACK A. The Natural History of Pollination ［M］. London: Harper Collins Publishers, 1996.

［2］GRIMALDI D A. The co-radiations of pollinating insects and angiosperms in the Cretaceous ［J］. Annals of the Missouri Botanical Garden, 1999, 86: 373–406.

［3］GORELICK R. Did insect pollination cause increased seed plant diversity? ［J］. Biological Journal of the Linnean Society, 2001, 74: 407–427.

［4］LABANDEIRA C C. Insect mouthparts: ascertaining the paleobiology of insect feeding strategies ［J］. Annual Review of Ecology and Systematics, 1997, 28: 153–193.

［5］KRASSILOV V A, RASNITSYN A P, AFONIN S A. Pollen eaters and pollen morphology: Coevolution through the Permian and Mesozoic ［J］. African Invertebrates, 2007, 48 (1): 3–11.

［6］LABANDEIRA C C, KVAČEK J, MOSTOVSKI M B. Pollination drops, pollen, and insect pollination of Mesozoic gymnosperms ［J］. Taxon, 2007, 56 (3): 663–695.

［7］AXSMITH B J, KRINGS M, WASELKOV K. Conifer pollen cones from the Cretaceous of Arkansas: implications for diversity and reproduction in the Cheirolepidiaceae ［J］. Journal of Paleontology, 2004, 78 (2): 402–409.

［8］王吉申，花保祯. 中国长翅目昆虫原色图鉴 ［M］郑州：河南科学技术出版社. 2018.

［9］BYERS G W, THORNHILL R. Biology of the Mecoptera ［J］. Annual Review of Entomology, 1983, 28: 203–228.

［10］PORSCH O. Alte Insektentypen als Blumenausbeuter ［J］. Plant Systematic and Evolution, 1957, 104: 115–164.

［11］BEUTEL R G, BAUM E. A longstanding entomological problem finally solved? Head morphology of *Nannochorista* (Mecoptera, Insecta) and possible phylogenetic implications ［J］. Journal of Zoological Systematics and Evolutionary Research, 2008, 46: 346.

［12］REN D, LABANDEIRA C C, SANTIAGO-BLAY J A, et al. A probable pollination mode before angiosperms: Eurasian, long-proboscid scorpionflies ［J］. Science, 2009, 326: 840–847.

［13］REN D, LABANDEIRA C C, SHIH C K. New Mesozoic Mesopsychidae (Mecoptera) from Northeastern China ［J］. Acta Geologica Sinica-English Edition, 2010, 84 (4): 720–731.

［14］REN D, SHIH C K, LABANDEIRA C C. A well-preserved aneuretopsychid from the Jehol Biota in China (Insecta: Mecopteroidea: Aneuretopsychidae) ［J］. Zookeys, 2011, 129: 17–28.

［15］REN D, SHIH C K, LABANDEIRA C C. New Jurassic pseudopolycentropodids from China (Insecta: Mecoptera) ［J］. Acta Geologica Sinica-English Edition, 2010, 84 (1): 22–30.

［16］NEPI M, VON ADERKAS P, WAGNER R, et al. Nectar and pollination drops: how different are they? ［J］. Annals of Botany, 2009, 104: 205–219.

［17］DEHGAN B, DEHGAN N B. Comparative pollen morphology and taxonomic affinities in Cycadales ［J］. American Journal of Botany, 1988, 75: 1501–1516.

［18］TEKLEVA M V, KRASSILOV V A. Comparative pollen morphology and ultrastructure of modern and fossil gnetophytes ［J］. Review of Palaeobotany and Palynology, 2009, 156: 130–138.

［19］YANG Q, WANG Y J, LABANDEIRA C C, et al. Mesozoic lacewings from China provide phylogenetic insight into evolution of the Kalligrammatidae (Neuroptera) ［J］. BMC-Evolutionary Biology, 2014, 14: 126.

［20］LABANDEIRA C C, YANG Q, SANTIAGO-BLAY J A, et al. The evolutionary convergence of mid-Mesozoic lacewings and Cenozoic butterflies ［J］. Proceedings of the Royal Society B: Biological Sciences, 2016, 283: 20152893.

［21］KRENN H W, KRISTENSEN N P. Early evolution of the proboscis of Lepidoptera: external morphology of the galea in basal glossatan moths, with remarks on the origin of the pilifers ［J］. Zoologische Anzeiger, 2000, 239: 179–196.

［22］ARTZ D R. Nesting site density and distribution affect *Osmia lignaria* (Hymenoptera: Megachilidae) reproductive success and almond yield in a commercial orchard ［J］. Insect Conservation and Diversity, 2013, 6 (6): 715–724.

［23］MORSE R A. CALDERONE N W. The value of honeybees as pollinators of US crops in 2000 ［J］. Cornell University, 2000, 128(3): 1–15.

［24］USDA Report. Colony collapse disorder and honey bee health action plan by CCD and Honey Bee Health Steering Committee on May 21, 2015. Retrieved 17 December 2016.

［25］LAMBKIN K J. A revision of the Australian Mantispidae (Insecta: Neuroptera) with a contribution to the classification of the family. I. General and Drepanicinae ［J］. Australian Journal of Zoology, Supplementary Series, 1986, 116: 1–142.

［26］NEW T R. Planipennia: Lacewings ［M］. In FISCHER, M. Handbuch der Zoologie: Ein Naturgeschichte der Stämme des Tierreiches, Band IV Arthropoda: Insecta, Teilband 30. Berlin: Walter de Gruyter, 1989: 1–132.

［27］GRIMALDI D A, ENGEL M S. Evolution of the insects ［M］. New York: Cambridge University Press, 2005.

［28］REDBORG K E. Biology of the Mantispidae ［J］. Annual Review of Entomology, 1998, 43: 175–194.

［29］WEDMANN S, MAKARKIN V N. A new genus of Mantispidae (Insecta: Neuroptera) from the Eocene of Germany, with a review of the fossil record and palaeobiogeography of the family ［J］. Zoological Journal of the Linnean Society, 2007, 149: 701–716.

［30］JEPSON J E, HEADS S W, MAKARKIN V N, et al. New Fossil Mantidflies (Insecta: Neuroptera: Mantispidae) from the Mesozoic of Northeastern China ［J］. Palaeontology, 2013, 56 (3): 603–613.

［31］GRIMALDI D A. A diverse fauna of Neuropterodea in amber from the Cretaceous of New Jersey ［M］. In Grimaldi, D.A. Studies on Fossil in Amber, with Particular Reference to the Cretaceous of New Jersey. Leiden: Backhuys Publishers, 2000: 259–303.

［32］MAKARKIN V N, YANG Q, REN D. A new Cretaceous family of enigmatic two-winged lacewings (Neuroptera) ［J］. Fossil Record, 2013, 16 (1): 67–75.

［33］KRZEMINSKI W. A revision of Eocene Bittacidae (Mecotera) from Baltic amber, with the description of a new species ［J］. African Invertebrates, 2007, 48: 153–162.

［34］PETRULEVICIUS J F, HUANG D Y, REN D. A new hangingfly (Insecta: Mecoptera: Bittacidae) from the Middle Jurassic of Inner Mongolia, China ［J］. African Invertebrates, 2007, 48: 145–152.

［35］YANG X G, SHIH C K, REN D, et al. New Middle Jurassic hangingflies (Insecta: Mecoptera) from Inner Mongolia, China ［J］. Alcheringa: An Australasian Journal of Palaeontology, 2012, 36 (2): 195–201.

［36］ZHANG X, SHIH C K, ZHAO Y Y, et al. New Species of Cimbrophlebiidae (Insecta: Mecoptera) from the Middle Jurassic of Northeastern China ［J］. Acta Geologica Sinica-English Edition, 2015, 89 (5): 1482–1496.

［37］YANG X G, REN D, SHIH C K. New fossil hangingflies (Mecoptera, Raptipeda, Bittacidae) from the Middle Jurassic to Early Cretaceous of Northeastern China ［J］. Geodiversitas, 2012, 34 (4): 785–799.

［38］WILLMANN R, Mecopteran aus dem untereozänen Moler des Limfjordes (Dänemark) ［J］. Neues Jahrbuch für Geologie und Paläontologie, Monatschefte, 1977: 735–744.

［39］WILLMANN R. Evolution und Phylogenetisches System der Mecoptera (Insecta: Holometabola) ［J］. Abhandlungen der senckenbergischen naturforschenden Gesellschaft, 1989, 544: 1–153.

［40］ARCHIBALD S B. New Cimbrophlebiidae (Insecta: Mecoptera) from the early Eocene at McAbee, British Columbia, Canada and Republic, Washington, USA ［J］. Zootaxa, 2009, 2249: 51–62.

［41］DAMPF A. *Palaeopsylla klebsiana* n. sp., eine fossiler Floh aus dem baltischen Bernstein ［J］. Schriften der Physikalisch-Okonomischen Gesellschaft zu Königsberg, 1911, 51: 248–259.

［42］PEUS F. Über die beiden Bernstein-Flöhe (Insecta, Siphonaptera) ［J］. Palaontologische Zeitschrift, 1968, 42: 62–72.

［43］BEAUCOURNU J C, WUNDERLICH J. A third species of *Palaeopsylla* Wagner, 1903, from Baltic amber (Siphonaptera: Ctenophthalmidae) ［J］. Entomologische Zeitschrift, 2001, 111: 296–298.

［44］BEAUCOURNU J C. *Palaeopsylla groehni* n. sp., quatrième espèce de puce connue de l'ambre de la Baltique (Siphonaptera, Ctenophthalmidae) ［J］. Bulletin of Society of Entomology France, 2003, 108: 217–220.

［45］POINAR G O. Fleas (Insecta, Siphonaptera) in Dominican Amber ［J］. Medical Science Research, 1995, 23: 789.

［46］LEWIS R E, GRIMALDI D A. A pulicid flea in Miocene amber from the Dominican Republic (Insecta: Siphonaptera: Pulicidae) ［J］. American Museum Novitates, 1997, 3205: 1–9.

［47］PERRICHOT V, BEAUCOURNU J C, VELTEN J. First extinct genus of a flea (Siphonaptera: Pulicidae) in Miocene amber from the Dominican Republic ［J］. Zootaxa, 2012, 3438: 54–61.

［48］WAPPLER T, SMITH V S, DALGLEISH R C. Scratching an ancient itch: an Eocene bird louse fossil ［J］. Proceedings of the Royal Society B: Biological Sciences, 2004, 271 (Suppl 5): S255–S258.

［49］DALGLEISH R C, PALMA R L, PRICE R D, et al. Fossil lice (Insecta: Phthiraptera) reconsidered. Systematic Entomology, 2006, 31: 648–651.

［50］LEHANE M J. The Biology of Blood-Sucking in Insects, second edition ［M］. New York: Cambridge University Press, 2005.

［51］RASNITSYN A P, QUICKE D L J. History of Insects ［M］. Dordrecht, Boston: Kluwer Academic Publisher, 2002.

［52］RIEK E F. Lower Cretaceous fleas ［J］. Nature, 1970, 227: 746–747.

［53］PONOMARENKO A G. A New Insect from the Cretaceous of Transbaikalia Ussr a possible parasite of Pterosaurians ［J］. Paleontologicheskii Zhurnal, 1976, 3: 102–106.

［54］JELL P A, DUNCAN P M. Invertebrates, mainly insects, from the freshwater, Lower Cretaceous, Koonwarra Fossil Bed (Korumburra Group), South Gippsland, Victoria ［M］. Memoirs of the Association of Australasian Palaeontologists, 1986, 3: 111–205.

［55］RASNITSYN A P. *Strashila incredibilis*, a new enigmatic mecopteroid insect with possible siphonapteran affinities from the Upper Jurassic of Siberia ［J］. Psyche A Journal of Entomology, 1992, 99: 323–333.

［56］HUANG D Y, ENGEL M S, CAI C Y, et al. Diverse transitional giant fleas from the Mesozoic era of China ［J］. Nature, 2012, 483 (7388): 201–204.

［57］GAO T P, SHIH C K, XU X, et al. Mid-Mesozoic flea-like ectoparasites of feathered or haired vertebrates ［J］. Current Biology, 2012, 22 (8): 732–735.

［58］HUANG D Y, ENGEL M S, CAI C Y, et al. Mesozoic giant fleas from northeastern China (Siphonaptera): taxonomy and implications for palaeodiversity ［J］. Chinese Science Bulletin, 2013, 58(14): 1682–1690.

［59］GAO T P, SHIH C K, RASNITSYN A P, et al. New transitional fleas from China highlighting diversity of Early Cretaceous Ectoparasitic insects ［J］. Current Biology, 2013, 23 (13): 1261–1266.

［60］GAO T P, SHIH C K, RASNITSYN A P, et al. The first flea with fully distended abdomen from the Early Cretaceous of China ［J］. BMC Evolutionary Biology, 2014, 14: 168–174.

［61］ADAMS T S. Hematophagy and hormone release ［J］. Annals of the Entomological Society of America, 1999, 92: 1–13.

［62］YAO Y Z, CAI W Z, XU X, et al. Blood-Feeding True Bugs in the Early Cretaceous ［J］. Current Biology, 2014, 24 (15): 1786–1792.

［63］YAO Y Z, CAI W Z, REN D. Fossil flower bugs (Heteroptera: Cimicomorpha: Cimicoidea) from the Late Jurassic of northeast China, including a new family, Vetanthocoridae ［J］. Zootaxa, 2006, 1360: 1–40.

［64］SCHUH R T, SLATER J A. True Bugs of the World (Hemiptera:Heteroptera): Classification and Natural History ［M］. Ithaca: Cornell University Press, 1995.

［65］WANG Y J, LABANDEIRA C C, SHIH C K, et al. Jurassic mimicry between a hangingfly and a ginkgo from China ［J］. Proceedings of the National Academy of Sciences, 2012, 109(50): 20514–20519.

［66］DING Q L, LABANDEIRA C C, REN D. Biology of a leaf miner (Coleoptera) on *Liaoningocladus boii* (Coniferales) from the Early Cretaceous of Northeastern China and the leaf-mining biology of possible insect culprit clades ［J］. Arthropod Systematics & Phylogeny, 2014, 72(3): 281–308.

［67］SUN G, ZHENG S L, MEI S. Discovery of *Liaoningocladus* gen. nov. from the Lower part of Yixian Formation (Upper Jurassic) in western Liaoning, China ［J］. Acta Palaeontologica Sinica, 2000, 39 (Suppl.): 200–208.

［68］DING Q L, LABANDEIRA C C, MENG Q M, et al. Insect herbivory, plant-host specialization and tissue partitioning on mid-Mesozoic broadleaved conifers of Northeastern China ［J］. Palaeogeography, Palaeoclimatology, Palaeoecology, 2015, 440: 259–273.

［69］XIAO L F, LABANDEIRA C C, DILCHER D L, REN D. ［J］. Florivory of Early Cretaceous flowers by fun ctionally diversc insets: implications for earlg angiosperm pollination. Proceedings of the Royal Society B, 2021, 288: 20210320.

［70］XIAO L F, LABANDEIRA C C, BEN-DOV Y, MACCRACKEN S A, SHIH C K, DILCHER L D, REN D. ［J］. Early Cretaceous mealybug herbivory on a laurel highlights the deep-time history of angiosperm–scale insect associations. New Phytologist, 2021, 232: 1414–1423.

第 29 章
伪装、拟态和警戒

史宗冈，杨弘茹，王永杰，任东

　　一个活跃且运作良好的生态系统中存在着多种不同生物的互利共生与相互竞争关系。所有生物都必须通过进食来获取它们所需的营养和能量（第28章），同时避免被其他生物捕食。食物链分析和能流图研究表明中国东北地区中侏罗世和早白垩世的大多数昆虫种类都扮演着初级和次级消费者的角色，为生态系统中的第三级或更高级的消费者提供食物[1]。这些昆虫为避免在生态系统中被捕食，必须采取一定的防御措施从而更好地生存和繁殖。

　　昆虫对抗捕食者最常见也是最有效的方式是隐蔽，这是一种昆虫隐藏自己以便更好地融入周围环境的能力。对于猎物来说，隐蔽是用来避免被捕食者发现；而对于捕食者来说，隐蔽则可以更加容易捕获猎物。典型的隐蔽包括伪装、拟态，以及夜行或地下的生活方式等。

　　伪装是指昆虫通过身体形态、色斑或颜色的变化，使其难以被捕食者或猎物发现的一种隐蔽方式。许多昆虫能够进化出隐藏自身的结构或颜色，使其在视觉上与周围环境的颜色或质地相似，如绿叶上绿色的螽斯或叶蝉伪装（图29.1、图29.2）。此外，破坏性的伪装是指利用明暗对比度强烈的颜色或条纹，通过破坏昆虫的轮廓（图29.3），使其不那么显眼[2]。

　　拟态是另一种隐蔽类型，指昆虫通过模拟周围环境中捕食者不感兴趣的某种物体的特征来欺骗捕食者[3]。昆虫的拟态现象很常见，从卵（图29.4）、若虫、幼虫、蛹和成虫的各个阶段均有体现。有些现生的昆虫利用叶状拟态模仿被子植物的叶子作为一种隐蔽的方式，如螳目中叶螳科（Phyllidae）的"叶子虫"，直翅目中螽斯科（Tettigoniidae）的"拟叶螽"，螳螂目中的"小提琴螳螂（Gongylus）"和"枯叶螳螂（Deroplatys）"，以及鳞翅目中蛱蝶科（Nymphalidae）的枯叶蝶（图29.5）和天社蛾科（Notodontidae）的飞蛾等。

　　对于脊椎动物来说，眼睛的对视具有很强的威慑力，因此眼斑成为昼行性昆虫的一种很重要的反捕食策略。直到现在，眼斑仍是昆虫尤其是现生鳞翅目昆虫重要的自我防御措施之一。眼斑可以吓退潜在的捕食者（图29.6）或将捕食者的注意力从猎物身体最脆弱的重要部位移开（图29.7）[4]。

◀ 图 29.1　绿色螽斯的叶色伪装
　　　　　史宗文拍摄

▶ 图 29.2　绿色叶蝉翅的叶色伪装
　　　　　史宗文拍摄

◀ 图 29.3　蝎蛉翅上颜色对比强烈的条纹可以通过破
　　　　　坏其形状和轮廓来进行伪装
　　　　　史宗文拍摄

◀ 图 29.4　脉翅目昆虫卵的拟态现象
史宗文拍摄

▶ 图 29.5　蛱蝶科的枯叶蝶
（*Kallima inachus*
Doyère, 1840）翅模
拟枯叶
史宗文拍摄

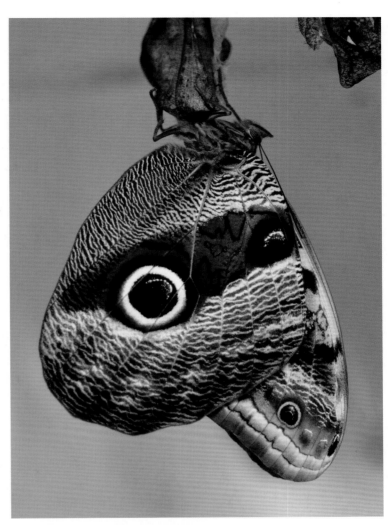

▶ 图 29.6　蛱蝶科的猫头鹰蝶 *Caligo placidianus*
　　Staudinger, 1887 拥有巨大的猫头鹰
　　眼斑
　　史宗冈拍摄于秘鲁马丘比丘

◀ 图 29.7　灰蝶科 *Spindasis seliga*
　　Fruhstorfer, 1912 翅的后
　　部形成类似于"头部"
　　的结构
　　史宗文拍摄

29.1　化石昆虫的伪装

许多文献记载了化石昆虫伪装的例子，这些化石昆虫的种类多样，包括来自中国东北早白垩世热河生物群和中侏罗世燕辽生物群的蜻蜓目、直翅目、同翅目、脉翅目和长翅目等。为了便于识别，我们对脉翅目昆虫翅斑的分类进行了扩充[5]，并根据上述5个目的昆虫化石将翅斑的伪装类型分为6种。

29.1.1　覆盖于整个翅的不规则明暗翅斑

一些化石昆虫的翅上有不规则的斑点和斑块，很可能是模仿了生存环境中其栖息的树皮或树枝，这种不规则的斑块可能有利于昆虫伏击猎物或避免被天敌发现。

丽脉池丽翼蛉*Laccosmylus calophlebius* Ren & Yin, 2003，丽翼蛉科Saucrosmylidae, 脉翅目Neuroptera（图29.8）[6]。

神秘白垩蝶蛉*Cretapsychops decipiens* Peng, Makarkin, Yang & Ren, 2010，蝶蛉科Psychopsidae，脉翅目Neuroptera（图20.38）[7]。

石氏道虎沟古蝉*Daohugoucossus shii* Wang, Ren & Shih, 2007，古蝉科Palaeontinidae，同翅目Homoptera（图16.16）[8]。

5 mm

◀ 图 29.8　丽脉池丽翼蛉 *Laccosmylus calophlebius* Ren & Yin, 2003（正模标本，CNU-NEU-NN1999013）[6]

29.1.2　翅边缘或翅中部不规则的明暗翅斑

一些化石昆虫翅上有不规则的斑点和斑块，这些斑点和斑块掩盖并破坏了它们翅的形状。

贝壳东方古蝉*Eoiocossus conchatus* Wang, Ren & Shih, 2007，古蝉科Palaeontinidae, 同翅目Homoptera[9]。

纳德古卓螳蛉*Archaeodrepanicus nuddsi* Jepson, Heads, Makarkin & Ren, 2013，螳蛉科Mantispidae, 脉翅目Neuroptera（图20.26）[10]。

中华瑕细蛉*Sialium sinicus* Shi, Winterton & Ren, 2015，细蛉科Nymphidae, 脉翅目Neuroptera（图20.32）[11]。

小斑细蛉*Spilonymphes minor* Shi, Winterton & Ren, 2015，细蛉科Nymphidae, 脉翅目Neuroptera（图29.9）[11]。

贝氏古蛾蛉*Guithone bethouxi* Zheng, Ren & Wang, 2016，蛾蛉科Ithonidae, 脉翅目Neuroptera（图20.18）[12]。

强壮派纳蚊蝎蛉*Preanabittacus validus* Yang, Shih & Ren, 2012，蚊蝎蛉科Bittacidae，长翅目Mecoptera（图24.26）[13]。

清晰完美半岛蝎蛉*Perfecticimbrophlebia laetus* Yang, Shih & Ren, 2012，半岛蝎蛉科Cimbrophlebiidae，长翅目Mecoptera（图24.34）[13]。

钳状奇异辙蝎蛉*Miriholcorpa forcipata* Wang, Shih & Ren, 2013，未定科，长翅目Mecoptera（图24.23）[14]。

梳状维季姆中蝎蛉*Vitimopsyche pectinella* Gao, Shih, Labandeira, Santiago-Blay, Yao & Ren, 2016，中蝎蛉科Mesopsychidae，长翅目Mecoptera（图24.9）[15]。

29.1.3　翅上分布有大小不一的深色翅斑

一些化石昆虫的翅上有深色斑点和斑块，大小不一，分布不规则。

中华侏罗肯氏溪蛉*Jurakempynus sinensis* Wang, Liu, Ren & Shih, 2011，溪蛉科Osmylidae，脉翅目Neuroptera（图20.34）[16]。

双纹原丽蛉*Protokalligramma bifaciatum* Yang, Makarkin & Ren, 2011，丽蛉科Kalligrammatidae，脉翅目Neuroptera[17]。

多斑美丽蚊蝎蛉*Formosibittacus macularis* Li, Ren & Shih, 2008，蚊蝎蛉科Bittacidae，长翅目Mecoptera（图24.28）[18]。

▲ 图29.9　小斑细蛉 *Spilonymphes minor* Shi, Winterton & Ren, 2015（副模标本，CNU-NEU-LB2014003）[11]

完整异脉蝎蛉*Choristopsyche perfecta* Qiao, Shih, Petrulevičius & Ren, 2013，异脉蝎蛉科Choristopsychidae，长翅目Mecoptera（图29.10）[19]。

29.1.4　翅上分布有小的浅色斑点，或小的深色斑点包围着大的浅色斑点

有些化石昆虫翅上有大小不一、分布不规则的明亮斑点和斑块。在某些情况下，大的浅色斑点被小的深色斑点包围。

七斑古窗溪蛉*Palaeothyridosmylus septemaculatus* Wang, Liu & Ren, 2009，溪蛉科Osmylidae，脉翅目Neuroptera（图29.11）[20]。

多脉直脉蝎蛉*Orthophlebia nervulosa* Qiao, Shih & Ren, 2012，直脉蝎蛉科Orthophlebiidae，长翅目Mecoptera（图24.37）[21]。

斑点直脉蝎蛉*Orthobittacus maculosus* Liu, Shih & Ren, 2016，蚊蝎蛉科Bittacidae，长翅目Mecoptera[22]。

◀ 图 29.10　完整异脉蝎蛉 *Choristopsyche perfecta* Qiao, Shih, Petrulevičius & Ren, 2013（正模标本，CNU-MEC-NN-2011082）[19]

◀ 图 29.11　七斑古窗溪蛉 *Palaeothyridosmylus septemaculatus* Wang, Liu & Ren, 2009（正模标本，CNU-NN99032）[20]

29.1.5　翅前缘至后缘分布有规则的明暗相间横向条纹

这种破坏性伪装的例子有很多，昆虫翅上的条带均匀而有规律地分布，呈现出深色与浅色相间的条纹。尽管它们看起来很相似，却由于长期的自然选择，在细节上仍然有所不同。

薄氏线蛉 *Grammolingia boi* Ren, 2002，线蛉科 Grammolingiidae Ren, 2002，脉翅目 Neuroptera（图 29.12）[23]。

侏罗细蛉 *Leptolingia jurassica* Ren, 2002，线蛉科 Grammolingiidae Ren, 2002，脉翅目 Neuroptera[23]。

阔翅远线蛉 *Chorilingia euryptera* Shi, Wang, Yang & Ren, 2012，线蛉科 Grammolingiidae Ren, 2002，脉翅目 Neuroptera（图 20.16）[24]。

单列线蛉 *Grammolingia uniserialis* Shi, Wang & Ren, 2013，线蛉科 Grammolingiidae Ren, 2002，脉翅目 Neuroptera（图 20.15）[25]。

穹脉丽翼蛉 *Saucrosmylus sambneurus* Ren & Yin, 2003，丽翼蛉科 Saucrosmylidae，脉翅目 Neuroptera[6]。

阿列西波边蝶蛉 *Undulopsychopsis alexi* Peng, Makarkin & Ren, 2011，蝶蛉科 Psychosidae，脉翅目 Neuroptera（图 20.35）[26]。

雌性西伯利亚似哈格拉鸣螽 *Parahagla sibirica* Sharov, 1968，鸣螽科 Prophalangopsidae，直翅目 Orthoptera[27]。

西伯利亚似哈格拉鸣螽 *Parahagla sibirica* Sharov, 1968，鸣螽科 Prophalangopsidae，直翅目 Orthoptera[27]。

史氏拟阿博鸣螽*Pseudohagala shihi* Li, Ren & Wang, 2007，鸣螽科Prophalangopsidae，直翅目Orthoptera（图29.13）[28]。

侏罗巴哈阿博鸣螽*Bacharaboilus jurassicus* Li, Ren & Wang, 2007，鸣螽科Prophalangopsidae，直翅目Orthoptera[28]。

李氏巴哈阿博鸣螽*Bacharaboilus lii* Gu, Qiao & Ren, 2011，鸣螽科Prophalangopsidae，直翅目Orthoptera（图9.9）[29]。

热水汤类古蝉*Palaeontinodes reshuitangensis* Wang & Zhang, 2007，古蝉科Palaeontinidae，同翅目Homoptera（图29.14）[30]。

波状枝古蝉*Cladocossus undulatus* Wang & Ren, 2009，古蝉科Palaeontinidae，同翅目Homoptera[31]。

多室中国蜓*Sinaeschnidia cancellosa* Ren, 1995，古蜓科Aeschnidiidae，蜻蜓目Odonata[32]。

◀ 图 29.12　薄氏线蛉 *Grammolingia boi* Ren, 2002（正模标本，NEU99001-1）[23]

◀ 图 29.13　史氏拟阿博鸣螽 *Pseudohagla shihi* Li, Ren & Wang, 2007（正模标本，CNU-O-NN2006011）[28] 标本由史宗冈捐赠

◀ 图 29.14　热水汤类古蝉 *Palaeontinodes resh-*
　　　　　　uitangensis Wang & Zhang, 2007（正
　　　　　　模标本，CNU-HEM-NN-2006008）[30]
　　　　　　标本由史宗冈捐赠

29.1.6　翅基部至端部分布有规则的明暗相间纵向条纹

有许多这种破坏性伪装的例子，昆虫翅上的纵向条带分布均匀且有规律，呈现出深浅相间的条纹，其中两个例子均为来自中国内蒙古九龙山组中侏罗统的脉翅目昆虫（图29.15）。

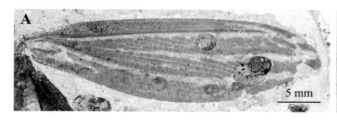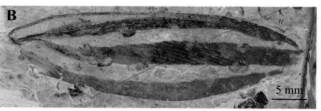

▲ 图 29.15　来自九龙山组的脉翅目昆虫
　　　　　　A. 肯氏溪蛉亚科 *Arbusella magna* Khramov, Liu & Zhang, 2017 的翅上有 4 条纵向条纹，边缘有一排小的眼斑；
　　　　　　B. 一种未被描述的蛾蛉 Ithonidae，翅上有 3 条纵向条纹

29.2　化石昆虫的拟态

昆虫的拟态理论是Bates于1862年提出的，以解释南美大陆一些不同科中的蝴蝶外形相近的现象。Bates发现分布于亚马孙平原同一地区不同种类的蝴蝶体色和斑纹极为相似，并认为这种现象是无毒蝴蝶在"自然选择"下模仿体内有毒素或者具有警戒色的蝴蝶种类导致的，并且这种选择压力可能来自捕食蝴蝶的鸟类[33]。Fisher在1958年声称这种现象是继达尔文之后"自然选择"最重要的证据[34]。

一个典型的拟态系统包括三个角色或要素：拟态者、模拟对象和受骗者。这三个角色只有在时间和空间上具有一致性才能保证拟态现象的成立，但也有一些拟态系统中只有拟态者和模拟对象[35]。拟态按

内容命名可以分为形状拟态、颜色拟态、声学拟态、光学拟态、行为拟态和化学拟态等。另外，根据科学家的姓氏还可以将拟态分为贝氏拟态（Batesian mimicry）、缪氏拟态（Müllerian mimicry）、波氏拟态（Poultonian mimicry）和瓦氏拟态（Wasmannian mimicry）。

　　明显具有拟态现象的昆虫主要有直翅目、蜻目、螳螂目、同翅目、异翅目、鞘翅目、鳞翅目、长翅目和双翅目等。其中，既有植食性的类群，也有捕食性的类群；既有寄生性类群，也有共生性类群。一些研究表明昆虫拟态最早可能发现于石炭纪。拟态是昆虫和捕食者或昆虫与植物之间协同进化的主要研究内容。

29.2.1　脉翅目丽翼蛉科昆虫的古老羽叶状拟态

　　许多现生的昆虫，包括一些螳螂、角蝉和蝴蝶，通过模拟开花的被子植物的叶子来躲避捕食者，但由于缺乏化石研究证据，这种适应性拟态的历史起源目前尚不清楚。2010年王永杰等人报道的中国东北地区距今1.65亿年前发现的两件保存完整的脉翅目昆虫化石叶形美翼蛉*Bellinympha filicifolia* Wang, Ren, Liu & Engel, 2010和丹氏美翼蛉*B. dancei* Wang, Ren, Shih & Engel, 2010是昆虫最古老的叶状拟态证据[36]。这两件昆虫化石前翅均具有类似于苏铁类植物叶片的羽叶状翅斑（图29.16），它们细长前翅的外缘呈波浪状，类似叶子的色斑，复杂的脉序和类似叶轴的分支，与中生代苏铁类植物的叶子惊人地相似。这一发现为叶状拟态的出现早于被子植物出现提供了证据，并说明该类脉翅目昆虫很可能栖息在苏铁类植物的叶子上，在微风中保持静止或摇摆来欺骗捕食者（图29.16、图29.17），如食虫恐龙、原始鸟类和哺乳动物等。当这些裸子植物由被子植物取代后，由于生境中植物叶片形状、纹理和排列方式均发生变化，这类模拟裸子植物羽叶的昆虫很容易被天敌发现而导致其灭绝。目前的化石记录也表明这种神秘的昆虫在早白垩世就已经灭绝，显然与当时苏铁和本内苏铁的衰退密切相关。

▲ 图29.16　两件保存完整的脉翅目昆虫化石

　　A. 丹氏美翼蛉 *Bellinympha dancei* Wang, Ren, Shih & Engel, 2010（正模标本，CNU-NEU-NN2010241-1），前翅有羽叶状翅斑；B. 叶形美翼蛉 *B. filicifolia*，前翅也有明显的羽叶状翅斑；C. 潜在的羽叶状模式植物：尼尔桑羽叶（*Nilssonia*）[36]

　　丹氏美翼蛉的化石标本由史宗冈捐赠

◀ 图 29.17　中侏罗世脉翅目美翼蛉
昆虫和潜在的捕食者
王晨绘制

29.2.2　长翅目蚊蝎蛉类昆虫与银杏植物的拟态和互利共生

发现于1.65亿年前的银杏侏罗半岛蝎蛉Juracimbrophlebia ginkgofolia Wang, Labandeira, Shih & Ren, 2012）（图29.18）（半岛蝎蛉科），展示了昆虫与位于同一地层中卵形义马银杏Yimaia capituliformis之间的叶状拟态和互利共生的有趣案例[37]。通过定量的几何形态学分析（GMA），证明了中国东北九龙山组特有的半岛蝎蛉与卵形义马银杏的相似性优于其他相关类群的蚊蝎蛉类昆虫，银杏侏罗半岛蝎蛉和卵形义马银杏之间通过一种更精细的拟态方式，即整个昆虫的身体都参与了拟态，进一步丰富了拟态的内容（图29.19）。

更有趣的是，研究结果表明，银杏侏罗半岛蝎蛉进化出来的叶状拟态可作为一种保护自身的策略来愚弄捕食者，如较大的捕食性昆虫、食虫恐龙和哺乳动物；也可作为一种捕食性策略使得侏罗半岛蝎蛉更加有效地捕食危害卵形义马银杏的小型昆虫，进而保护义马银杏植物免受小型植食昆虫的伤害，蚊蝎蛉类昆虫和卵形义马银杏植物之间形成了互惠互利关系[37]。

化石记录显示卵形义马银杏（模拟对象）与银杏侏罗半岛蝎蛉类昆虫（拟态者）往往同时在同一地层中出现，直到晚白垩世晚期被子植物大量出现才完全灭绝，二者携手演化了近1亿年。中侏罗世的脉翅目昆虫[36]和蚊蝎蛉类昆虫[37]叶状拟态的例子为被子植物出现之前昆虫和植物之间相互作用的多样性提供了重要的实证。

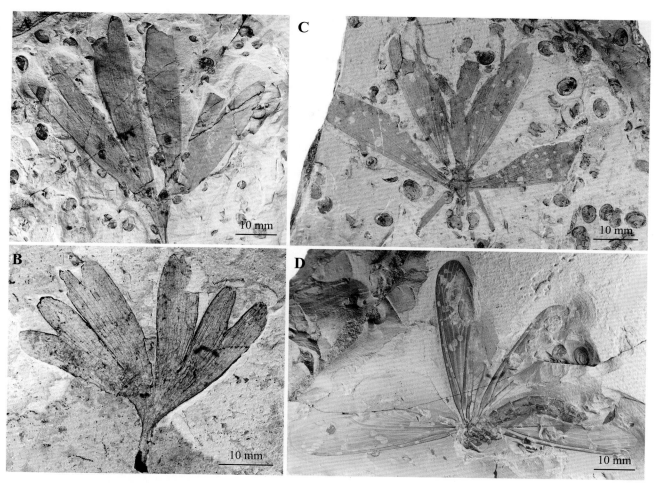

▲ 图 29.18 银杏侏罗半岛蝎蛉 *Juracimbrophlebia ginkgofolia* 模拟银杏[37]

A、B. 卵形义马银杏（*Y. capituliformis*）的叶子（CNU-PLA-NN-2009-085p），（CNU-PLA-NN-2010-044）；
C. 银杏侏罗半岛蝎蛉（正模标本，CNU-MEC-NN-2010-050p）；D. 长翅半岛蝎蛉科的标本（CNU-MEC-NN-2010-017p）

▶ 图 29.19 银杏侏罗半岛蝎蛉 *Juracimbrophlebia ginkgofolia*
模拟卵形义马银杏 *Yimaia capituliformis*[37]
王晨绘制

29.2.3   模拟地衣的脉翅目蛾蛉科昆虫和自我保护策略

2020年方慧等人在中国内蒙古宁城中侏罗统地层发现了1.65亿年前最古老的模拟地衣的蛾蛉科昆虫：狭斑地衣美蛉*Lichenpolystoechotes angustimaculatus* Fang, Zheng & Wang, 2020和枝斑地衣美蛉*Lichenpolystoechotes ramimaculatus* Fang, Ma & Wang, 2020（图29.20）。通过对昆虫的翅斑各部位大小以及与同层伴生的叶状体地衣化石*Daohugouthallus ciliiferus*宽度的随机测量和统计分析，表明蛾蛉昆虫与该地衣在外部形态有着极高的相似性。同时在枝斑地衣美蛉*L.ramimaculatus*的翅斑和*D. ciliiferus*叶状体地衣上发现了相似的黑色斑点，进一步增加了二者相似性，揭示了最早的昆虫模拟地衣的自我保护机制[38]。

▲ 图 29.20   枝斑地衣美蛉 *Lichenpolystoechotes ramimaculatus* Fang, Ma & Wang, 2020 模拟地衣
Daohugouthallus ciliiferus 的自我保护机制[38]
左笑然绘制

29.2.4   竹节虫的拟态和防御

䗛目（又称竹节虫目，该目的昆虫俗称竹节虫或叶子虫）拥有绿色或褐色细长杆状的身体，大多通过模拟树干或者树枝来伪装自己，被称为昆虫界的伪装大师。白天，它们安静地待在树上，偶尔像树枝一样在风中摇曳[39]。叶子虫（叶䗛）足的股节、胫节和腹部均出现了强烈的叶状扩展，来模拟被子植物的叶子，如身体巨大的马来西亚巨叶䗛*Phyllium giganteum*[40]和泛叶䗛*Phyllium bioculatum*，其身体叶状扩展的边缘甚至会出现被昆虫咬过或者枯萎的痕迹。一些现存的竹节虫，如*Pseudodiacantha macklotti*[41]和*Bactrododema centaurum*[42]，用苔藓和地衣覆盖自己来增强伪装。另外，*Bostra scabrinota*[43]和*Timema californica*[44]能够通过改变身体颜色与周围环境相适应。竹节虫和叶子虫通过精确地模拟树枝或者树叶来躲避捕食者，这样的拟态现象帮助它们很好地生存和繁殖。

竹节虫不仅是拟态高手，当受到威胁时也善于防御。一种方式是显现出它们平常隐藏起来的鲜艳颜色，另一种方式则是当受到捕食者侵犯时发出响亮的声音[45]，还有一些种类可以利用前胸前缘的一对腺体向各个方向释放化学分泌物以干扰和吓退捕食者[46]。竹节虫还有一项独特的本领：如果树枝摇动，它们就会掉到草地上，缩起胸和足，假装死亡，像极了树枝和树叶，然后等待合适的逃亡时机。而当受到攻击时，一些幼虫则会选择自断足逃跑，下次蜕皮的时候又会长出新的足。

现存的竹节虫和叶子虫通常模拟树枝或树叶来保护自己，侧边缘扩展则用来加强隐蔽性或达到拟态的效果。然而，这种侧边缘扩展的起源和早期演化在䗛目昆虫中仍然未知。由于缺乏化石证据，已报道的中生代䗛目拟态现象的案例非常少。来自中国下白垩统义县组的竹节虫基干类群黑带䗛*Cretophasmomima melanogramma* Wang, Béthoux & Ren, 2014（图13.7）有奇特的翅脉颜色和纵向的深色脉纹，通过研究对比，来自同一地层的植物奇异膜质叶*Membranifolia admirabilis* Sun & Zheng, 2001为其模拟的对象。因此，王茂民等人认为䗛目昆虫叶状拟态现象的出现很可能早于枝状和棍状拟态[47]。另外一个来自中国中侏罗统九龙山组的竹节虫基干类群多刺隐蔽䗛*Aclistophasma echinulatum* Yang, Engel & Gao, 2020拥有中生代竹节虫典型的杆状有翅身体，保存了十分完整的拟态和防御结构。该标本清晰地展示了腹部每节侧边缘的扩展结构以及足部股节上的突刺结构，并且其腹部的扩展与同时期蕨类植物叶片的大小和形状极其相似，表明侏罗纪时期的竹节虫就早已具备了现代竹节虫拟态和防御技能的雏形。虽然其拟态和防御机制并没有现存竹节虫那么完善，却也初步展示了"躲"和"防"的"组合拳"生存策略，并通过两侧扩展这种初期的"拟态"辅助其隐藏，在被捕食者发现之后，利用股节上的突"刺"来奋起反抗，还可以通过飞行来逃避捕食者。杨弘茹和师超凡等人认为竹节虫的这种腹部扩展和股节上的突刺与其翅一样在竹节虫的演化过程中反复出现（图29.21）[48]。

来自缅甸北部琥珀中的竹节虫新种，斑点薄片䗛*Elasmophasma stictum* Chen, Shih, Gao & Ren, 2018归于真䗛亚目，其胸部侧板、腹部背板和所有股节的外侧边缘都出现了保存十分完整的薄片状扩展[49]，并且斑点薄片䗛拥有清晰的枝状身体，已经开始模拟白垩纪中期（大约99 Mya）的乔木和灌木小枝的形态。此外，该种腹部结构还显示了背板多次扩展的痕迹，说明这种结构可能是竹节虫身体扩展的早期演化方式，用来增强其在树枝或者树叶上的拟态现象（图29.22）。

29.3　化石昆虫眼斑的警戒作用

对于现生的昆虫，特别是鳞翅目昆虫，眼斑是其重要的防御手段之一（图29.6）。在化石昆虫中，我们报道过具有眼斑的脉翅目昆虫（第20章），但在中侏罗世鳞翅目的基干类群化石中并没有发现眼斑（第27章）。例如，优雅丽蛉*Kalligramma elegans* Yang, Makarkin & Ren, 2014[50]（图20.22）；韩式沼泽丽玲*Limnogramma hani* Makarkin, Ren & Yang, 2009[51]；多脉丽褐蛉*Kallihemerobius pleioneurus* Ren & Oswald, 2002[52]；内蒙古沼泽丽蛉*Limnogramma mongolicum* Makarkin, Ren & Yang，2009[51]和美形山丽蛉*Oregramma gloriosa* Ren, 2003[53]；以及许多来自中侏罗世和早白垩世其他类群的昆虫都有各种各样的眼斑。这些眼斑非常精致，有些甚至具有类似脊椎动物瞳孔的结构，被认为是对食虫脊椎动物的一种有效的恐吓措施。大多数脉翅目昆虫因飞行能力差，逃跑能力较弱，而极易被更强壮、更迅速的蜻蜓、恐龙、翼龙、哺乳动物或爬行动物捕食，因此，它们的翅上进化出各种各样的眼斑。这种防御性的眼斑警告如果不够有效，会逐渐被更有效的隐蔽性颜色或翅斑所取代[36, 54]。

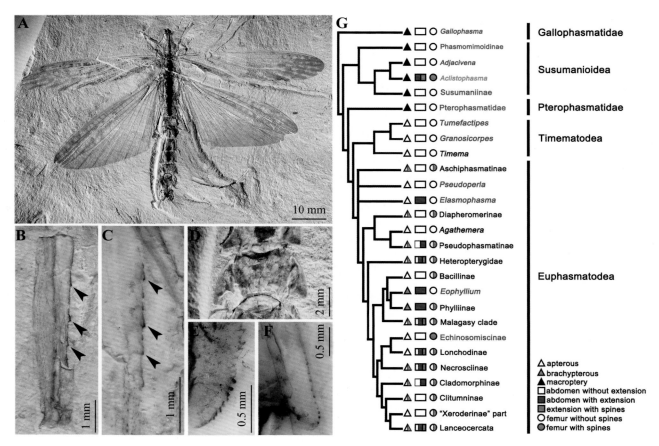

▲ 图 29.21   多刺隐蔽蟾 *Aclistophasma echinulatum* Yang, Engel & Gao, 2020（正模标本，CNU-PHA-NN2019006）[48]
A. 整体结构图；B. 前足股节上的刺；C. 后足股节上的刺；D. 腹部扩展结构图；E. 扩展上的刺（背面观）；
F. 扩展上的刺（腹面观）；G. 系统发育关系标定的翅、腹部扩展、扩展上及股节上刺的所在类群

29.3.1   丽蛉类昆虫前翅的眼斑和斑点

如第20章提到的，来自中国中侏罗世和早白垩世的许多丽蛉科的昆虫翅上均有眼斑或斑点，通常位于翅表面由基部至端部的中间到2/3的位置，其通过向潜在的捕食者发出警告来保护自己（图29.23）[55]。在已知的丽蛉昆虫中，4个演化分支的前翅上存在5种不同的眼斑[55-58]，但是基干的丽蛉类群无眼斑（图29.26）[59]。其中4种类型的眼都由独特的、不同深浅颜色的环组成，中央是一个深色的圆盘，周围有白色的椭圆形小白点环绕（类型1~4；图29.24A~D）。另外一种类型的眼斑是由1个简单、缺少同心环的圆形暗斑组成（类型5；图29.24E）。而在第1种类型的眼斑中，相对于单环型的2~4，均出现了第2圈深色圆环（图29.24A~D和图29.25）[58]。

将丽蛉科前翅具有眼斑的类型（图29.24、图29.25）作为特征加入到系统发育分析中（图29.26），揭示了丽蛉科的主要分类模式。很明显，丽蛉科最基干分支的聪蛉亚科Sophogrammatinae中不存在眼斑。因此，眼斑的出现很可能起源于丽蛉演化早期聪蛉亚科的姐妹群（图29.26）。在丽蛉的其他4个非基干类群演化分支中表现出各种各样的眼斑模式或缺失，最复杂的眼斑类型出现在3个不同分支的晚期，包括山丽蛉亚科Oregrammatinae（类型1；图29.24A）、丽褐蛉亚科Kallihemerobiinae和丽蛉亚科Kalligrammatinae（图29.26），表明这些复杂的眼斑是由简单的眼斑演化而来，并且这种转变很可能发生过多次。此

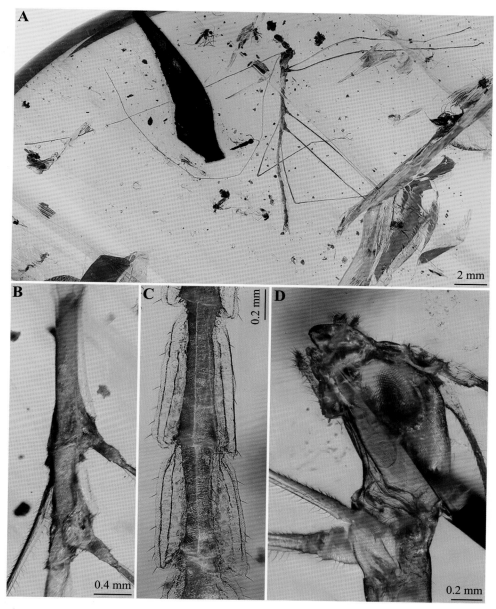

▲ 图 29.22 斑点薄片蛉 *Elasmophasma stictum* Chen, Shih, Gao & Ren, 2018（正模标本，CNU-PHA-MA2017004）[49]

A. 标本照片；B. 胸部侧板的早期演化模式图；C. 腹部侧边缘扩展模式图；

D. 头部结构图

外，在一些分支中，多个简单的斑点被转化为单个眼斑，这些眼斑的模式类似于现代鳞翅目蛱蝶科蝴蝶的趋同演化[60-62]。基干类群的丽褐蛉亚科 Kallihemerobiinae、丽蛉亚科 Kalligrammatinae 和山丽蛉亚科 Oregrammatinae，其两个主脉之间的这种单色斑点（图29.26、图29.24E）在现生类群中发生了重新进化，并且与蝶蛉科 Psychopsidae 和旌蛉科 Nemopteridae 建立了联系[59]。

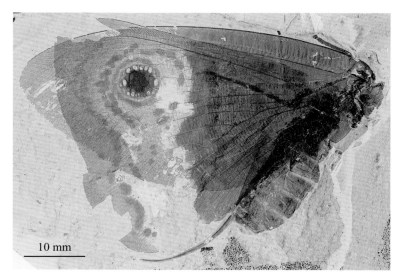

◀ 图 29.23　迷人山丽蛉 *Oregramma illecebrosa* Yang, Wang, Labandeira, Shih & Ren, 2014 翅的眼斑（CNU-NEU-LB2009-031）[55]

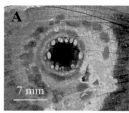 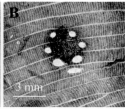   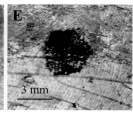

▲ 图 29.24　丽蛉翅上眼斑的 5 种类型

A. 第 1 种有两个外环（迷人山丽蛉 *Oregramma illecebrosa*，CNU-NEU-LB-2009-031）；B. 第 2 种有一个外环，环内区域颜色浅，中间是一个不间断的深色圆盘，周围有不连续的白色斑点环绕（娇小丽褐蛉 *Kallihemerobius almacellus*，CNU-NEU-NN-2009-050p）；C. 第 3 种外边有一个浅色的圆形区域，内部深色圆盘里有几个不同大小的白色斑点（多脉蛾丽蛉 *Ithigramma multinervium*，CNU-NEU-NN-2009-034p）；D. 第 4 种中间深色圆盘里边和外边都有一些白色斑点，一个浅色的内部圆环和一个深色的最外层圆环（圆形丽蛉 *Kalligramma circularia*，CNU-NEU-NN-2010-003）；E. 第 5 种是一个简单的深色圆盘（长齿丽褐蛉 *Kallihemerobius aciedentatus*，CNU-NEU-NN-2010-008p）

▲ 图 29.25　丽蛉属的未定种（*Kalligramma* sp.）翅的第 6 种眼斑（CNU-NEU-NN2010-010p）

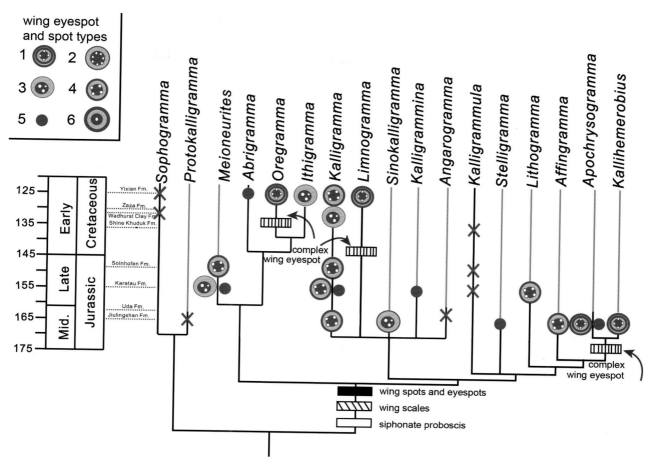

▲ 图 29.26　中生代丽蛉翅上眼斑的系统发育分析[55, 58]

　　　　　　左上角为翅上眼斑和圆点类型的符号；（X）代表眼斑缺失

参考文献

［1］REN D, SHIH C K, GAO T P, et al. Silent Stories–Insect Fossil Treasures from Dinosaur Era of the Northeastern China ［M］. Beijing: Science Press, 2010.

［2］COTT H B. Adaptive Coloration in Animals ［M］. Methuen: Oxford University Press, 1940.

［3］GULLAN P J, CRANSTON P S. The Insects: An Outline of Entomology ［M］. Oxford: Blackwell Publishing, 2005.

［4］STEVENS M. The role of eyespots as anti-predator mechanisms, principally demonstrated in the Lepidoptera ［J］. Biological Reviews, 2005, 80 (4): 573–588.

［5］FU T, PENG Y Y, WANG Y J, et al. Diversity of wing markings in Neuroptera from Daohugou ［J］. Acta Zootaxonomica Sinica, 2013, 38 (4): 741–748.

［6］REN D, YIN J C. New 'osmylid-like' fossil Neuroptera from the Middle Jurassic of Inner Mongolia, China ［J］. Journal of the New York Entomological Society, 2003, 111 (1): 1–11.

［7］PENG Y Y, MAKARKIN V N, YANG Q, et al. A new silky lacewing (Neuroptera: Psychopsidae) from the Middle Jurassic of Inner Mongolia, China ［J］. Zootaxa, 2010, 2663: 59–67.

［8］WANG Y J, REN D, SHIH C K. New discovery of palaeontinid fossils from the Middle Jurassic in Daohugou, Inner Mongolia (Homoptera, Palaeontinidae) ［J］. Science in China Series D: Earth Sciences, 2007, 50 (4): 481–486.

［9］WANG Y J, REN D, SHIH C K. Discovery of Middle Jurassic palaeontinids from Inner Mongolia, China (Hompterα: Palaeontinidae) ［J］. Progress in Natural Science, 2007, 17 (1): 112–116.

［10］JEPSON J E, HEADS S W, MAKARKIN V N, et al. New fossil mantidflies (Insecta: Neuroptera: Mantispidae) from the Mesozoic of northeastern China ［J］. Palaeontology, 2013, 56 (3): 603–613.

［11］SHI C F, WINTERTON S L, REN D. Phylogeny of split-footed lacewings (Neuroptera, Nymphidae), with descriptions of new Cretaceous fossil species from China ［J］. Cladistics, 2015, 31 (5): 455–490.

［12］ZHENG B Y, REN D, WANG Y J. Earliest true moth lacewing from the Middle Jurassic of Inner Mongolia, China ［J］. Acta Palaeontologica Polonica, 2016, 61 (4): 847–851.

［13］YANG X G, SHIH C K, REN D, et al. New Middle Jurassic hangingflies (Insecta: Mecoptera) from Inner Mongolia, China ［J］. Alcheringa: An Australasian Journal of Palaeontology, 2012, 36 (2): 195–201.

［14］WANG Q, SHIH C K, REN D. The earliest case of extreme sexual display with exaggerated male organs by two Middle Jurassic mecopterans ［J］. PloS One, 2013, 8 (8): e71378.

［15］GAO T P, SHIH C K, LABANDEIRA C C, et al. Convergent evolution of ramified antennae in insect lineages from the Early Cretaceous of Northeastern China ［J］. Proceedings of the Royal Society B, 2016, 283 (1839): 20161448.

［16］WANG Y J, LIU Z Q, REN D, et al. New Middle Jurassic kempynin osmylid lacewings from China ［J］. Acta Palaeontologica Polonica, 2011, 56 (4): 865–869.

［17］YANG Q, MAKARKIN V N, REN D. Two interesting new genera of Kalligrammatidae (Neuroptera) from the Middle Jurassic of Daohugou, China ［J］. Zootaxa, 2011, 2873 (6): 60–68.

［18］LI Y L, REN D, SHIH C K. Two Middle Jurassic hanging-flies (Insecta: Mecoptera: Bittacidae) from Northeast China ［J］. Zootaxa, 2008, 1929: 38–46.

［19］QIAO X, SHIH C K, PETRULEVIČIUS J F, et al. Fossils from the Middle Jurassic of China shed light on morphology of Choristopsychidae (Insecta, Mecoptera) ［J］. ZooKeys, 2013, 318: 91–111.

［20］WANG Y J, LIU Z Q, REN D. A new fossil lacewing genus from the Middle Jurassic of Inner Mongolia, China (Neuroptera: Osmylidae) ［J］. Zootaxa, 2009, 2034: 65–68.

［21］QIAO X, SHIH C K, REN D. Two new Middle Jurassic species of orthophlebiids (Insecta: Mecoptera) from Inner Mongolia, China ［J］. Alcheringa: the Australasian Journal of Palaeontology, 2012, 36: 467–472.

［22］LIU S L, SHIH C K, REN D. New Jurassic hangingflies (Insecta: Mecoptera: Bittacidae) from Inner Mongolia, China ［J］. Zootaxa, 2016, 4067 (1): 65–78.

［23］REN D. A new lacewing family (Neuroptera) from the Middle Jurassic of Inner Mongolia, China ［J］. Insect Science, 2002, 9 (4): 53–67.

［24］SHI C F, WANG Y J, YANG Q, et al. *Chorilingia* (Neuroptera: Grammolingiidae): a new genus of lacewings with four species from the Middle Jurassic of Inner Mongolia, China ［J］. Alcheringa: An Australasian Journal of Palaeontology, 2012, 36 (3): 309–318.

［25］SHI C F, WANG Y J, REN D. New species of *Grammolingia* Ren, 2002 from the Middle Jurassic of Inner Mongolia, China (Neuroptera: Grammolingiidae) ［J］. Fossil Record, 2013, 16 (2): 171–178.

［26］PENG Y Y, MAKARKIN V N, WANG X D, et al. A new fossil silky lacewing genus (Neuroptera, Psychopsidae) from the Early Cretaceous Yixian Formation of China ［J］. ZooKeys, 2011, 130: 217–228.

［27］GU J J, QIAO G X, REN D. Revision and new taxa of fossil Prophalangopsidae (Orthoptera: Ensifera) ［J］. Journal of Orthoptera Research, 2010, 19 (1): 41–56.

［28］LI L M, REN D, WANG Z H. New prophalangopsids from late Mesozoic of China (Orthoptera, Prophalangpsidae, Aboiliane) ［J］. Acta Zootaxonomica Sinica, 2007, 32 (2): 412–422.

［29］GU J J, QIAO G X, REN D. An exceptionally-preserved new species of *Bacharaboilus* (Orthoptera: Prophalangopsidae) from the Middle Jurassic of Daohugou, China ［J］. Zootaxa, 2011, 2909: 64–68.

［30］WANG B, ZHANG H C, FANG Y. *Palaeontinodes reshuitangensis*, a new species of Palaeontinidae (Hemiptera, Cicadomorpha) from the Middle Jurassic of Reshuitang and Daohugou of China ［J］. Zootaxa, 2007, 1500: 61–68.

［31］WANG Y J, REN D. New fossil palaeontinids from the Middle Jurassic of Daohugou, Inner Mongolia, China (Insecta, Hemiptera) ［J］. Acta Geologica Sinica, 2009, 83 (1): 33–38.

［32］REN D, LU L W, GUO Z G, et al. Faunae and stratigraphy of Jurassic-Cretaceous in Beijing and the Adjacent Areas ［M］. Beijing: Seismic Publishing House (in Chinese and English) Abstract, 1995.

［33］BATES H W. Contributions to an insect fauna of the Amazon Valley. Lepidoptera: Heliconidae ［J］. Transactions of the Linnaean Society, 1862, 23: 495–515.

［34］FISHER R A. The Genetical Theory of Natural Selection ［M］. New York: Dover Publications, 1958.

［35］REMINGTON C L. Historical backgrounds of mimicry ［J］. International Congress of Zoology, 1963, 16 (4): 145–149.

‌‌‍‌‍‌‍

‍‌‍‌‌

［36］WANG Y J, LIU Z Q, WANG X, et al. Ancient pinnate leaf mimesis among lacewings［J］. Proceedings of the National Academy of Sciences, 2010, 107 (37): 16 212–16 215.

［37］WANG Y J, LABANDEIRA C C, SHIH C K, et al. Jurassic mimicry between a hangingfly and a ginkgo from China［J］. Proceedings of the National Academy of Sciences of the USA, 2012, 109 (50): 20 514–20 519.

［38］FANG H, LABANDEIRA C C, MA Y M, et al. Lichen mimesis in mid-Mesozoic lacewings［J］. eLife, 2020, 9: e59007.

［39］郑乐怡，归鸿. 昆虫分类［M］. 南京：南京师范大学出版社，1999.

［40］HAUSLEITHNER B. Eine neue Phyllium-Art aus Malaysia (Phasmatodea: Phylliidae)［J］. Entomologische Zeitschrift, 1984, 94 (4): 39–42.

［41］HAAN W D. Bijdragen to de kennis der Orthoptera［M］. Verhandelingen over de Natuurlijke Geschiedenis der Nederlansche Overzeesche Bezittingen. Leiden: In commissie bij S. en J. Luchtmans, en C.C. van der Hoek, 1842.

［42］WESTWOOD J O. Catalogue of Orthopterous Insects in the Collection of the British Museum: Part I. Phasmidae［M］. Printed by order of the Trustees, 1859.

［43］REDTENBACHER J. Die Insektenfamilie der Phasmiden. III. Phasmidae Anareolatae (Phibalosomini, Acrophyllini, Necrosciini)［M］. Leipzig: Verlag Engelmann, 1908.

［44］SCUDDER S H. Summary of the U.S. Phasmids［J］. The Canadian Entomologist, 1895, 27: 29–30.

［45］ROBINSON M H. The Defensive Behavior of *Pterinoxylus spinulosus* Redtenbacher, a Winged Stick Insect from Panama (Phasmatodae)［J］. Psyche, 1968, 75 (3): 195–207.

［46］DOSSEY A T. Insects and their chemical weaponry: new potential for drug discovery［J］. Natural Product Reports, 2010, 27 (12): 1737–1757.

［47］WANG M M, BÉTHOUX O, BRADLER S, et al. Under cover at pre-angiosperm times: a cloaked phasmatodean insect from the Early Cretaceous Jehol Biota［J］. PLoS ONE, 2014, 9 (3): e91290.

［48］YANG H R, SHI C F, ENGEL M S, et al. Early specializations for mimicry and defense in a Jurassic stick insect［J］. National Science Review, 2021, 8: nwaa056.

［49］CHEN S, YIN X C, LIN X D, et al. Stick insect in Burmese amber reveals an early evolution of lateral lamellae in the Mesozoic［J］. Proceedings of the Royal Society B, 2018, 285 (1877): 20180425.

［50］YANG Q, MAKARKIN V N, REN D. Two new species of *Kalligramma* Walther (Neuroptera: Kalligrammatidae) from the Middle Jurassic of China［J］. Annals of the Entomological Society of America, 2014, 107 (5): 917–925.

［51］MAKARKIN V N, REN D, YANG Q. Two new species of Kalligrammatidae (Neuroptera) from the Jurassic of China, with comments on venational homologies［J］. Annals of the Entomological Society of America, 2009, 102 (6): 964–969.

［52］REN D, OSWALD J D. A new genus of kalligrammatid lacewings from the Middle Jurassic of China (Neuroptera: Kalligrammatidae)［J］. Stuttgarter Beitragezur Naturkunde, Ser. B, 2002, 33: 1–8.

［53］任东. 辽宁北票晚侏罗世丽蛉化石二新属（脉翅目，丽蛉科）［J］. 动物分类学报，2003，28 (1)：105–109.

［54］WANG S Z. Keys to insect success: physiological traits［J］. Entomological knowledge, 2001, 38 (6): 467–472.

［55］YANG Q, WANG Y J, LABANDEIRA C C, et al. Mesozoic lacewings from China provides phylogenetic insight into evolution of the Kalligrammatidae (Neuroptera)［J］. BMC Evolution Biology, 2014, 14: 126.

［56］YANG Q, ZHAO Y Y, REN D. An exceptionally well-preserved fossil kalligrammatid from the Jehol Biota［J］. Chinese Scientific Bulletin, 2009, 54: 1 732–1 737.

［57］PANFILOV D V. Kalligrammatids (Neuroptera, Kalligrammatidae) in the Jurassic deposits at Karatau［M］. // ROHDENDORF B B. Jurassic insects of Karatau. Moscow, Russia: Nauka Press, 1968.

［58］LABANDEIRA C C, YANG Y, SANTIAGO-BLAY JA, et al. The evolutionary convergence of mid-Mesozoic lacewings and Cenozoic butterflies［J］. Proceedings Royal Society B, 2016, 283: 20152893.

［59］KRENN H W, GEREBEN-KRENN B, STEINWENDER B M, et al. Flower-visiting Neuroptera: mouthparts and feeding behaviour of *Nemoptera sinuata* (Nemopteridae)［J］. European Journal Entomology, 2008, 105: 267–277.

［60］MONTEIRO A. Alternative models for the evolution of eyespots and serial homology on lepidopteran wings［J］. BioEssays, 2008, 30: 358–366.

［61］OLIVER J C, BEAULIEU J M, GALL L F, et al. Nymphalid eyespot serial homologues originate as a few individualized modules［J］. Proceedings Royal Society B, 2014, 281: 20133262.

［62］KODANDARAMAIAH U. Eyespot evolution: phylogenetic insights from *Junonia* and related butterfly genera (Nymphalidae: Junoniini)［J］. Evolutionary Development, 2009, 11: 489–497.

第 30 章
基因的延续——求偶、交配及产卵

史宗冈，林晓丹，李升，高太平，任东

对自然界所有生物而言，生存最重要的功能或目的就是将自身基因传给下一代，以此维持种群的存在与延续。昆虫基因的延续或繁衍后代主要涉及：性展示、同性竞争和性选择、物理和化学通信、交配、产卵、胚后发育、护幼等行为。然而，关于昆虫繁殖行为的化石记录十分稀有，我们对昆虫繁衍后代的早期演化了解十分有限。

内蒙古道虎沟中侏罗统九龙山组以及辽宁下白垩统义县组保存完好的昆虫和植物化石，在昆虫繁衍行为方面为我们提供了很多重要的证据。例如来自中侏罗世的4只雄性蝎蛉（长翅目Mecoptera），具有极度延长的腹节及膨大的生殖器，是一种明显的性展示[1-3]；来自下白垩统义县组的几只原树蜂，具有长而尖的上颚，可能用于性展示、领土防御或吸引配偶[4]；一只中侏罗世雄性螽斯翅的摩擦发音结构保存完好，可利用低频发声吸引潜在的配偶[5]；在早白垩世的生态系统中，昆虫多样的分支触角，如双栉状、羽状及梳状[6]，可用于确定潜在配偶或食物的位置；一对来自1.65亿年前中侏罗世正在交配的沫蝉样本，展示了与现生沫蝉相同的对称生殖器结构及交配姿态，表明在进化过程中该种的交配状态几乎未有改变[7]；中侏罗世的一些寄生蜂具有较长的产卵器，可将卵产进宿主体内[8]；此外，从晚三叠世到早白垩世的植物化石还记录了昆虫产卵、潜叶及虫瘿等对寄主植物的不同损伤痕迹类型（Damage types, DTs）[9, 10]。

30.1 夸张的性展示

许多现生的雄性动物都具有夸张的身体结构，在性选择时用于展示、防御或打斗。例如雄性孔雀、松鸡和天堂鸟，它们都具有绚丽精美的羽毛、舞蹈般的动作及歌唱般的鸣叫声；雄性麋鹿和驯鹿具有大型的鹿角，在交配季节用于雄性间争夺配偶。在昆虫类群中，雄性犀金龟和鹿角花金龟都具有较大的角状结构，用于雄性间打斗；而一些雄性蝎蛉，如长腹蝎蛉属*Leptopanorpa*（蝎蛉科Panorpidae）昆虫也具有极其延长的腹部末节，用于性展示和雄性竞争。

在绝灭昆虫类群中，具有夸张虫体结构用于性展示的化石记录十分稀少。2010年，两只具有延长腹节（第6~8节）和膨大生殖器的雄性辙蝎蛉在始新统地层被发现[11]。此后，在中国东北部中侏罗统九龙山组也报道了四类具有夸张虫体结构的雄性长翅目昆虫[1-3]。化石保存了极度延长的腹节（第6~8节）和膨大的生殖器都可用于性展示或同性竞争。钳状奇异辙蝎蛉*Miriholcorpa forcipata* Wang, Shih & Ren, 2013[1]（图30.1）和惊异强壮辙蝎蛉*Fortiholcorpa paradoxa* Wang, Shih & Ren, 2013[1]（图30.2）可能与辙蝎蛉科Holcorpidae有较近的亲缘关系。多斑锥状辙蝎蛉*Conicholcorpa stigmosa* Li, Shih, Wang & Ren 2017[2]（图30.3、图30.4）及长腹锥状辙蝎蛉*Conicholcorpa longa* Zhang, Shih & Ren 2021[3]是辙蝎蛉科最早的化石记录，该类群的发现将辙蝎蛉科的生活时间从早始新世向前推进至距今1.65亿年的中侏罗世[2,3]。

以上3个类群的雄性均具有夸张的虫体结构，用于性展示和性选择，同时将有关性展示的化石记录向前推进至中侏罗世晚期。一些现生的蝎蛉科昆虫，如长腹蝎蛉属*Leptopanorpa*，也存在类似的形态特征，表明在进化过程中，雄性昆虫具有极长的腹部和膨大的生殖器结构，在性展示和性选择时带来的优势明显超过由于体型庞大在移动方面带来的负面影响。

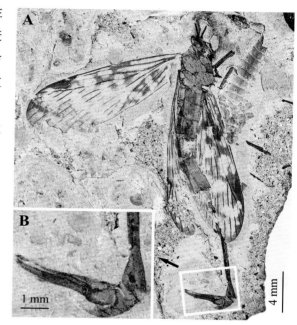

▶ 图 30.1 钳状奇异辙蝎蛉 *Miriholcorpa forcipata* Wang, Shih & Ren, 2013（正模标本，CNU-MEC-NN-2012001）[1]
标本由史宗冈捐赠
A. 标本照片；B. 膨大的生殖器细节照片

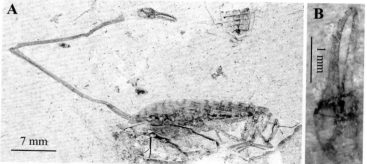

▶ 图 30.2 惊异强壮辙蝎蛉 *Fortiholcorpa paradoxa* Wang, Shih & Ren, 2013（正模标本，CNU-MEC-NN-2012002p）[1]
标本由史宗冈捐赠
A. 标本照片；B. 膨大的生殖器细节照片

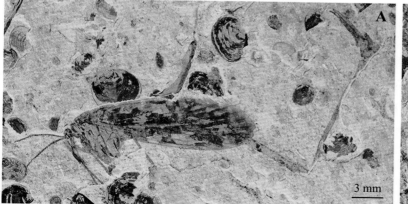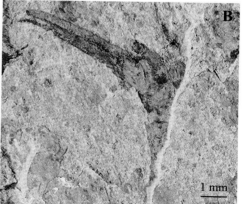

▲ 图 30.3 辙蝎蛉科 Holcorpidae，多斑锥状辙蝎蛉 *Conicholcorpa stigmosa* Li, Shih, Wang & Ren, 2017（正模标本，CNU–MEC–NN–2015023）[2]
A. 标本照片；B. 生殖器细节照片

2015年，王梅等人[4]描述的原树蜂科一新种，强颚野树蜂*Rudisiricius validus* Wang, Rasnitsyn, Shih & Ren, 2015（图30.5），化石标本产自下白垩统义县组。该类昆虫具有长而尖的下颚，长约3.5 mm，闭合时可达头部另一侧，同时具有长端齿及位于下颚中部长且倾斜的亚端齿。这些绝灭原树蜂具有较大的头、长而尖的下颚，这些结构很可能用于性展示、领地防御和吸引配偶。现生扁叶蜂的雌雄虫通常具有较大的头部和长而强壮的下颚，但明显小于以上绝灭类群[12, 13]。

▲ 图 30.4   多斑锥状辙蝎蛉 *Conicholcorpa stigmosa* Li, Shih, Wang & Ren, 2017 生态复原图
王晨绘制

▶ 图 30.5   强颚野树蜂 *Rudisiricius validus* Wang, Rasnitsyn, Shih & Ren, 2015（正模标本，雌性，CNU-HYM-LB-2012119p）[4]
标本由史宗冈捐赠
A. 标本照片；B. 上颚细节照片

30.2 爱的小夜曲

与许多鸣虫一样，螽斯能够产生种内特异的鸣声，而鸣声是它们声音生态学的重要组成部分[14, 15]。通常雄性螽斯通过一前翅上的音齿和另一前翅上的刮器摩擦发声，以此吸引潜在配偶。中侏罗世晚期的悦耳古鸣螽*Archaboilus musicus* Gu, Engel & Ren, 2012的前翅保存了完好的音齿和摩擦发音结构，顾俊杰等人据此重建了该种的低频鸣声[5]。

悦耳古鸣螽属于哈格鸣螽科Haglidae[16, 17]。通过对比标本前翅上良好的发音器官形态和现生螽斯的系统发育关系，发现悦耳古鸣螽以谐振机制发出纯音，频率为6.4 kHz。这样的鸣声频率非常适合近地面的远距离通信，也符合声学传播的特征。

在现生螽斯的宽频鸣声出现之前，纯音是鸣声演化的早期阶段。根据对古鸣声的生态学重建，表明在侏罗纪中期，悦耳古鸣螽的低频纯音鸣声非常适宜在以针叶树和蕨类植物为主的森林环境中传播[18]。与此同时，以昆虫为食的捕食者，如爬行动物、两栖动物、带羽毛恐龙和早期哺乳动物也可听到悦耳古鸣螽的鸣声。与许多现生螽斯相同，为防范可能出现的掠食者，悦耳古鸣螽白天很少活动，而夜晚通过鸣声发出求爱信号（图30.6）。

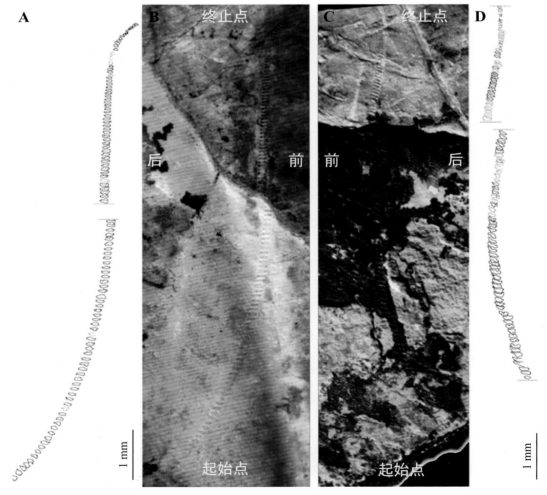

▲ 图 30.6　悦耳古鸣螽 *Archaboilus musicus* Gu, Engel & Ren, 2012（改自参考文献［5］）
A、B. 左翅细节照片；C、D. 右翅细节照片；线条图显示音锉形态及间隔排列方式

30.3　利用分支触角感觉并定位潜在配偶

触角是昆虫用于相互交流或检测环境信息的重要感觉器官[19]。触角的作用主要包括定位潜在配偶[20-22]、寻找食物及锁定特定的生物宿主等[22, 23]。触角上存在各种类型的感受器，作为化学感受器、机械感受器、热感受器或湿度感受器等发挥作用[24-26]。然而，大多数昆虫触角的感受器主要与嗅觉相关[23, 27]。一些昆虫类群已进化出了各种各样的分支触角，如梳状分支（鞭节一侧的单排梳状分支，或多分支），双栉状（鞭节两侧各一排梳状分支），羽状或扇形分支[28]。这些复杂的触角形态扩大了触角表面积，增加了感受器的数量。

虽然分支触角在现生昆虫中十分常见，但在中生代昆虫类群中非常罕见。高太平等人[6]报道了目前已知唯一具有双栉状触角的石蛾（图30.7），富氏华夏准石蛾*Cathayamodus fournieri* Gao, Shih, Labandeira, Santiago-Blay, Yao & Ren, 2016；已知最早的具羽状触角的化石锯蜂：美丽蓟类蜂*Jibaissodes bellus* Gao, Shih, Labandeira, Santiago-Blay, Yao & Ren, 2016（图30.8）；以及具梳状触角的绝灭蝎蛉，梳状维季姆中蝎蛉*Vitimopsyche pectinella* Gao, Shih, Labandeira, Santiago-Blay, Yao & Ren, 2016（图30.9）。这些昆虫化石均产自中国东北地区下白垩统义县组（125 Mya），比下白垩统克拉图组（115 Mya）的拉氏羽叶蜂*Atefia rasnitsyni* Krogmann Engel, Bechly & Nel, 2012的出现早了约1 000万年[29]。

▲ 图 30.7　富氏华夏准石蛾 *Cathayamodus fournieri* Gao, Shih, Labandeira, Santiago-Blay, Yao & Ren, 2016（正模标本，雄性，CNU-TRI-LB-2009001p）（改自参考文献 [6]）
标本由史宗冈捐赠
A. 滴酒精之后拍摄的标本照片；B. 分支触角的中心区域，展示分支；C. 具毛状感受器和感觉毛的分支触角鞭节扫描电子显微镜（SEM）图像

▶ 图 30.8 美丽蓟类蜂 *Jibaissodes bellus* Gao, Shih, Labandeira, Santiago-Blay, Yao & Ren, 2016（正模标本，CNU-HYM-LB-2011009p）（改自参考文献［6］）
A. 标本照片；B. 右触角细节照片

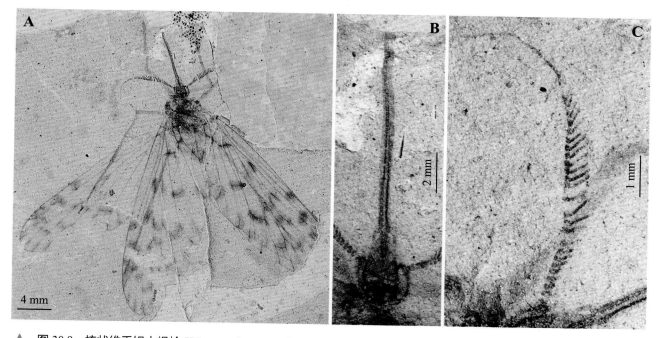

▲ 图 30.9 梳状维季姆中蝎蛉 *Vitimopsyche pectinella* Gao, Shih, Labandeira, Santiago-Blay, Yao & Ren, 2016（正模标本，CNU-MEC-LB-2012088p）（改自参考文献［6］）
A. 标本照片；B. 长口器细节照片；C. 左触角细节照片

以上 3 个具分支状触角的昆虫类群间分属于不同的目级单元，该现象为触角结构的趋同演化提供了化石证据。此外，分支状触角可能不是中生代类群重要的独征，与无分支状触角的近缘类群相比，具分支触角的昆虫与类群多样性显著增加之间并无明显关系，也不与触角形态相对保守的伴生昆虫形成生态隔离[6]。

30.4 永恒的爱——迄今最早的昆虫交配化石记录

现生昆虫的交配行为已被广泛记录，如沫蝉[30]、蝎蛉[31]及蜡蝉[32]的交配行为，但关于昆虫交配的化石记录却相当稀少。Boucot和Poinar[33]列出了33个昆虫交配的化石案例，如萤火虫、蚊子、蜡蝉、叶蝉、水黾、蜜蜂和蚂蚁，其中27个保存于琥珀化石样本中，其他保存于印模化石上。Boucot和Babcock还报道了一对来自早白垩世黎巴嫩琥珀中的摇蚊交配的实例[33, 34]。有限的化石记录制约了我们对中生代昆虫交配行为和生殖器结构方面的认识，阻碍了我们对生态系统中昆虫交配行为演变的理解。

李姝等人[7]报道了中国东北地区中侏罗统九龙山组的一对正在交配的沫蝉——永恒花格蝉*Anthoscytina perpetua* Li, Shih & Ren, 2013（原沫蝉科Procercopidae）。原沫蝉科是沫蝉总科Cercopoidea中的绝灭类群。沫蝉俗称青蛙蝉（froghoppers），由于沫蝉成虫在植物和灌木上跳来跳去，像小青蛙一样。沫蝉的若虫也被称为吹沫虫（spittlebugs），擅长用起泡的唾液包裹自己，这些泡沫由马氏管分泌物吸收微小气泡而成，能保护若虫远离捕食、寄生及脱水的伤害[35]。

这对正在交配的沫蝉标本显示了腹对腹的交配姿态，便于雄性的阳茎插入雌性受精囊中（图30.10、图30.11）。其中，雄性腹部第8、9节脱离，表明这些部分在交配期间发生了扭曲。由于存在的埋葬学影响，不能排除其像现生沫蝉一样采取肩并肩的交配方式。此外，根据保存完好的副模标本，发现雄性和雌性沫蝉的生殖器具有对称结构，与现生沫蝉一致，表明这种对称的生殖器和特殊的交配方式已在进化过程中稳定保持了至少1.65亿年。这也是迄今最早的化石记录，这一发现揭示了昆虫的早期交配行为模式[7]。

30.5 产卵于寄主体内的长产卵器

李龙凤等人[8]描述了产自中侏罗统九龙山组的长针古魔蜂*Proephialtitia acantha* Li, Shih, Rasnitsyn & Ren, 2015（图30.12）。虫体（不计触角和产卵器）长23.7 mm。头中等大小，触角纤细，柄节膨大，梗节明显比柄节窄，鞭节极细。中胸长约6.4 mm，宽3.6 mm，长约为宽的1.8倍；前胸背板较短，与头近等宽，中胸背板略宽于前胸背板；并胸腹节长宽几乎相等，与中足和后足基节相连。后躯较粗，与并胸腹节相连，可见8节，从第3节到末节几乎等宽；第1节侧面观近梯形，第2节比第1节略宽，但较短；第3节和第4节圆柱形，第3节与第4节近等长等宽；其余部分几乎与第4节一样宽。产卵器纤细，存在产卵鞘，长约38.3 mm（为虫体长的1.6倍）[8]。

细腰亚目昆虫腹部第1节已作为并胸腹节与胸部融合，而剩余腹节（即后躯），通过狭窄的并胸腹节—后躯间关节形成的"细腰"与该区域相连，使细腰蜂能更好地控制产卵器，增强可操作性。通过对一些现生黄蜂产卵行为的观察（图30.13），李龙凤等人[8]归纳了4种不同的产卵姿势，强调了各种黄蜂利用并胸腹节—后躯间的关节运动和相关能力完成产卵过程。产卵的4种典型姿势如下：①后躯在头部和

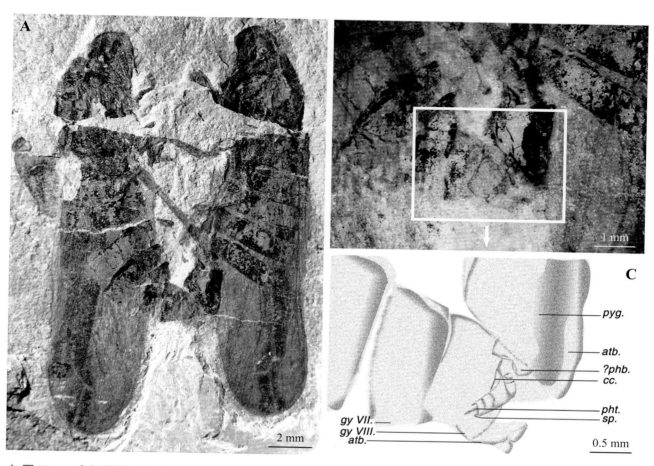

▲ 图 30.10　永恒花格蝉 *Anthoscytina perpetua* Li, Shih & Ren, 2013（正模标本，雄性，右，CNU-HEM-NN-2012002p，配模标本，雌性，左，CNU-HEM-NN2012003p）（改自参考文献［7］）
　　A. 标本照片；B. 交配细节照片，酒精下拍摄；C. 交配过程中生殖器图解，B 中放大图
pyg，尾节（pygofer）；atb，肛管（anal tube）；phb，阳基（phallobase）；cc，躯体连接（corpus connective）；pht，阳茎口（phallotrema）；sp，硬化结构（sclerotized process）；gy，生殖突（gonapophyses）

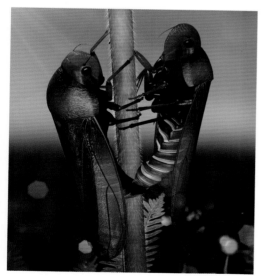

◀　图 30.11　永恒花格蝉 *Anthoscytina perpetua* Li, Shih & Ren, 2013 生态复原图
　　王晨绘制

胸部上方垂直竖起，形成"L"形（图30.13A），此外，长产卵器从"L"顶部开始几乎垂直插入树枝或花中，以便灵活准确地将卵产在隐藏的宿主幼虫体内；②后躯弯曲且平行于头部和胸部，形成"="形状（图30.13B），产卵器用于刺穿宿主腹壁，进入血腔后产卵；③后躯末端从基部向下弯曲，形成倒"V"形，产卵器和虫体主要部分形成角度小于或等于90°（图30.13C），将产卵器插入植物中，将卵产在隐藏的宿主幼虫体内；④后躯不从头部和胸部弯曲，形成线性的"—"形状（图30.13D），产卵器向下弯曲插入植物中产卵。因此，相信并胸腹节与后躯间连接的关节是一个至关重要的因素，直接影响了细腰亚目昆虫产卵的姿势和可操作性。

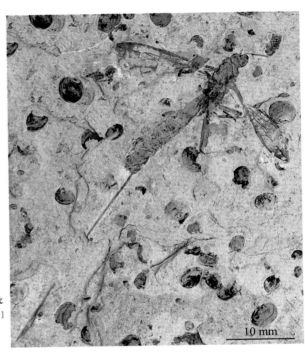

▶ 图30.12 长针古魔蜂 *Proephialtitia acantha* Li, Shih, Rasnitsyn & Ren, 2015（正模标本，CNU-HYM-NN-2014004p）[8] 标本由史宗冈捐赠

30.6 昆虫与宿主植物的互利共生——潜叶、虫瘿及产卵

新生幼虫或刚孵化若虫的化石记录较罕见，主要由于体型较小且虫体结构脆弱。然而，产自中国北方保存完好的植物印痕化石上发现了产卵、虫瘿及潜叶等损伤痕迹，为昆虫的产卵行为及幼虫早期发育研究提供了直接证据。

辽宁省大王杖子村下白垩统义县组具有丰富的阔叶松柏类植物，最典型的是薄氏辽宁枝 *Liaoningocladus boii* Sun, Zheng & Mei, 2000[36]。丁巧玲等人[9]对343件薄氏辽宁枝化石样本中节肢动物造成的损伤痕迹进行了分类，发现其中一种损伤类型（DT280）为典型的潜叶类型，并建立了新的遗迹属种*Fossafolia offae* Ding, Labandeira & Ren, 2014, *ichnogen. et ichnosp*[9]。

DT280与现生的潜叶损伤类似，主要依据有：①与现生潜叶损伤的形态特征类似；②根据系统发育分析的相关证据，表明存在特定潜叶昆虫类群的可能性；③在同一或附近沉积层中发现了可能的潜叶昆虫化石。根据上述及一些其他的证据表明，最可能形成*F. offae*损伤的潜叶虫是一种吉丁虫科Buprestidae（鞘翅目Coleoptera）的绝灭类群，可能类似于现生潜吉丁族Trachyini。其他可能的潜叶类群是花蚤科Mordellidae、叶甲科Chrysomelidae及象甲总科Curculionoidea。

▲ 图 30.13　现生黄蜂产卵的典型姿势

史宗文拍摄

A. 后躯形成"L"形；B. 后躯形成"="形；C. 后躯末端与基部形成倒"V"形；D. 后躯形成线性的"—"形（改自参考文献［8］）

Fossafolia offae 潜叶损伤痕迹是由吉丁的幼虫潜食而成，该类幼虫共4龄，能够进行全深度的叶组织取食，分为早期的线性潜食，同时具有独特的虫粪痕迹，以及后期的多斑块状潜道（图30.14）。该潜叶虫的成虫可能取食 *L. boii* 的叶组织，产生叶脉间线形排列的斑块痕迹，属DT103（图28.22），并且该类潜叶虫不是传粉昆虫［9］。

2015年，丁巧玲等人［10］报道了3种阔叶松柏类植物上的损伤痕迹，化石样本分别产自中国东北部5个不同的中生代地层，研究共检视了756件化石样本，其中植物类群涉及苏铁杉 *Podozamites*、林德勒枝 *Lindleycladus* 及辽宁枝 *Liaoningocladus*。产地分别为上三叠统羊草沟组（T₃，约205 Mya），中侏罗统九龙山组（J₂，约165 Mya）和下白垩统义县组（K₁，约125 Mya）。依据广泛应用的损伤类型分类系统，在这3个时期植物标本中发现了植食性昆虫的5种功能取食类型（functional feeding groups, FFGs）及23种损

▲ 图 30.14　薄氏辽宁枝 *Liaoningocladus boii* Sun, Zheng & Mei, 2000 [36]（阔叶松柏类）叶片上由甲虫造成的潜叶痕迹 *Fossafolia offae* Ding, Labandeira & Ren, 2014, *ichnogen. et ichnosp.*（DT280），（改自参考文献［9］）
A. 晚期成熟的潜叶痕迹，CNU-PLA-LL-2010-062P-1-2；B. 早期未成熟的潜叶痕迹，CNU-PLA-LL-2010-031-1-1；C. 晚期成熟的潜叶痕迹，CNU-PLALL-2010-067C-3-1；D、E. 早期未成熟的潜叶痕迹，CNU-PLA-LL-2010-116C-1-1

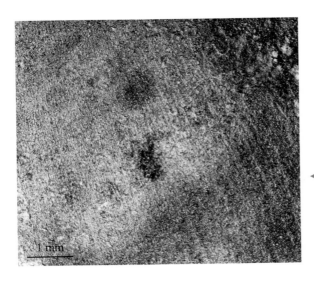

◀ 图 30.15　阔叶松柏类植物 *Podozamites lanceolatus-Lindleycladus lanceolatus* 上的虫瘿痕迹，化石产自上三叠统（T₃），中国东北部辽宁省，羊草沟组。损伤为小而圆的表皮虫瘿（DT80），CNU-CON-LB-2010-104-2（改自参考文献［10］）

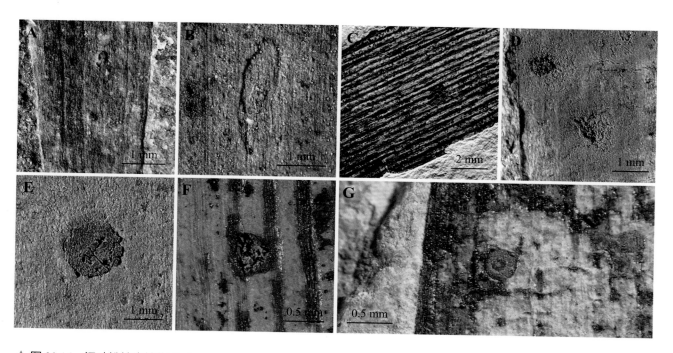

▲ 图 30.16　阔叶松柏类植物 *Podozamites lanceolatus-Lindleycladus lanceolatus* 上的损伤痕迹，化石产自中侏罗统（J₂），内蒙古宁城道虎沟，九龙山组（改自参考文献［10］）

A. 主脉上的产卵痕迹（DT76），CNU-CON-NN-2011-634-1；B. 表现出明显外边缘和内部损坏组织的产卵痕迹（DT101），CNU-CON-NN-2011-636-1；C. 主脉上的虫瘿痕迹，结构简单（DT33），CNU-CON-NN-2010-662-2；D. 另一位于副脉上的虫瘿痕迹（DT34），CNU-CON-NN-2009-604-1；E. CNU-CON-NN-2010-078-1，叶表面的虫瘿（DT161）；F、G. 具有独特的柱状、深陷的虫瘿痕迹（DT116），（F）CNU-CON-NN-2011-421P-1，（G）为另一保存较好的标本，CNU-CON-NN-2009-635-1

伤类型（DTs），即外部树叶取食（6种DTs）、刺吸式取食（5种DTs）（图28.23、图28.24）、产卵（3种DTs）、造瘿（8种DTs）及潜叶（1种DTs）（图30.15、图30.16）。对每种功能取食类型和损伤类型进行了多维度和丰富度统计，结果显示3个时期的损伤类型共包括10~16种。在近8 000万年的时间间隔中，阔叶松柏类植物上的损伤类型从早期的外部树叶取食（T₃）为主转变为刺吸式（J₂）为主，之后从取食向内寄生型产卵和潜叶（K₁）扩张（图30.15、图30.16）。

2019年，林晓丹等人［37］统计了中国东北中生代昆虫产卵的损伤痕迹，植物化石标本共6 111件，涉及3个不同时期的产卵痕迹：早白垩世（125 Mya）热河生物群共198件植物损伤样本，其中60件为产卵痕迹；中侏罗世（165 Mya）燕辽生物群共3 886件样本，其中296件与产卵相关，其化石记录最为丰富；晚三叠世（205 Mya）北票生物群408件样本，仅19件样本上观察到昆虫产卵的损伤痕迹。以上数据表明，燕辽植物群比其他两个产地受到的昆虫产卵损伤更严重。依据细致的形态分析，描述了15种昆虫产卵损伤痕迹（oviposition damage types），其中新描述损伤类型3种，即DT226（图30.17A、B）、DT292（图30.17C~F）及DT293（图30.17G~J）。在燕辽生物群中观察到了全部的痕迹类型，热河生物群包含8种，而北票生物群仅6种。同时，解析了热河和燕辽生物群中昆虫产卵器的形态结构，并归为9个形态种（morphotypes A–I），相关产卵昆虫涉及8目68种。其中半翅目和膜翅目昆虫的产卵器形态最为多样，而黾蝽科、脉翅目及鳞翅目各1种产卵器形态。同时，初步尝试将特定的产卵损伤痕迹与昆虫产卵器相匹配，为昆虫产卵习性及宿主植物偏好的分析提供化石证据［37］。

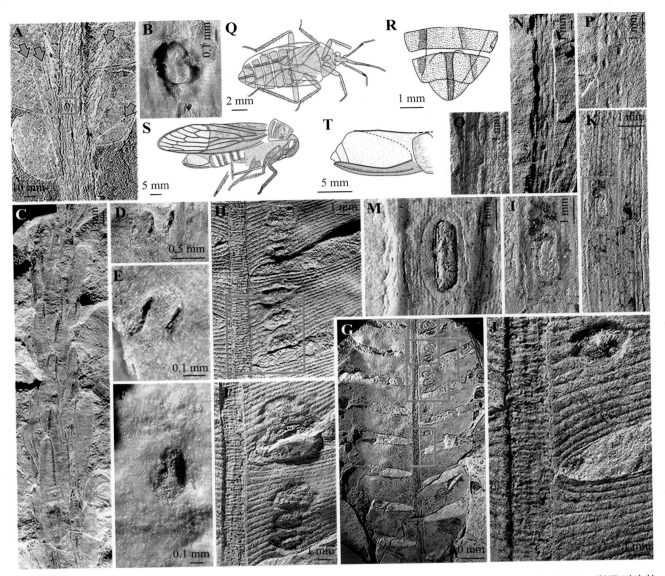

▲ 图 30.17 本内苏铁类、苏铁类及松柏类上的产卵损伤痕迹，DT101、DT175、DT226、DT292 和 DT293，以及对应的产卵昆虫和产卵器类型（半翅类，C 和 G）（改自参考文献［37］）

A. 异羽叶 *Anomozamites villosus*（CNU-PLA-NN-2006913C，本内苏铁类）及其上的产卵损伤痕迹，DT226，产卵点周围可见坚硬的刺状结构；B. 放大 (A) 中产卵点位置，中央结构为椭球状，外缘存在受干扰区域，呈圆形；C. 燕辽杉 *Yanliaoa sinensis*（CNU-PLA-NN-2009797P，松柏类）及其上的产卵损伤痕迹，DT292；D、E 和 F. 放大 (C) 中从下至上的三个产卵点；G. 尼尔桑叶 Nilssonialean *Nilssonia compta*（CNU-PLA-NN-2009487P，苏铁类）及其上的产卵损伤痕迹，DT293；H. 放大 (G) 中部的 6 个产卵点位置，显示相邻小羽叶基部的多重损伤；I. 放大 (G) 上方的产卵点位置，显示 3 个连续小羽叶基部的一系列病变；J. 放大 (G) 下方的产卵点位置，显示一个独立透镜状的损伤；K. 薄氏辽宁枝 *Liaoningocladus boii*（CNU-PLA-LL-2010388，松柏类）及其上的产卵损伤痕迹，DT101，产地为大王杖子；L. 放大 (K) 中的产卵点位置；M. 薄氏辽宁枝 *L. boii*（CNU-PLA-NN-2010149P，松柏类）上的产卵损伤痕迹，DT101，丁巧玲等人 2014 年报道［9］，产地为大王杖子；N. 薄氏辽宁枝 *L. boii*（CNU-PLA-NN-2010018，松柏类）一片叶上出现了 7 个连续的及 3 个首尾相连的损伤痕迹，DT175；O. 放大 (N) 中三个产卵点；P. 拜拉属 *Baiera* sp.（CNU-PLA-LL-2010331，银杏类）两组平行的产卵损伤痕迹，一组 6 个而另一组 4 个，DT175，产地为柳条沟；Q. 螽蝉科 Tettigarcitidae（头喙亚目，同翅目），*Sunotettigarcta hirsuta* Li, Wang & Ren, 2012（CNU-HEM-NN-2009700，九龙山组），右侧为产卵器线条图，类型为 G，长度约 2.38 mm；R. 古花蝽科 Vetanthocoridae（异翅亚目，半翅目），*Vetanthocoris longispicus* Yao, Cai & Ren, 2006（CNU-HET-LL2006001，义县组），右侧为产卵器线条图，类型为 C，长度约 2.1 mm

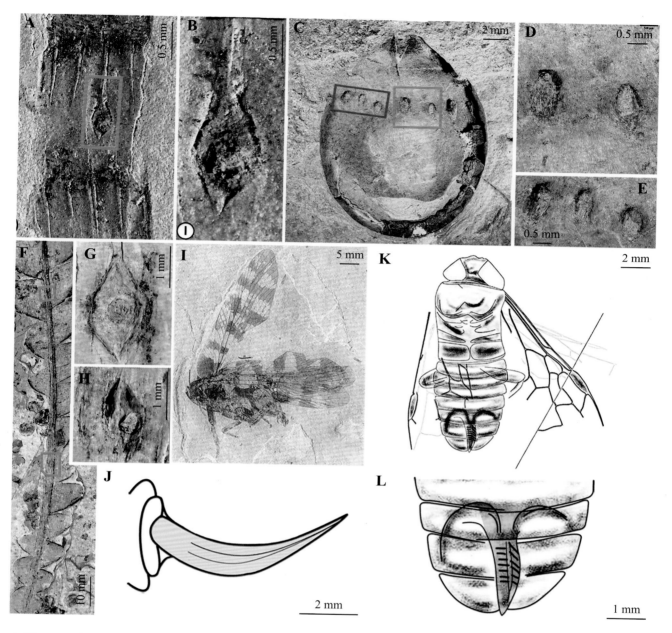

▲ 图 30.18 银杏类、本内苏铁类、木贼类上的产卵损伤痕迹，DT72、DT76 和 DT272，以及对应的产卵昆虫和产卵器类型（直翅目和膜翅目，D、E）（改自参考文献 [37]、[38]）

A. 拟木贼 *Equisetites longivaginatus*（CNU-PLA-NN-2009325P，木贼目）及其上的产卵损伤痕迹，DT72，产地为道虎沟；B. 放大 (A) 中产卵点位置，显示茎边缘对卵形状的限制；C. 义马果 *Yimaia capituliformis*（CNU-PLA-NN-2011663P，银杏类）及其上的产卵损伤痕迹，DT272；D. 放大 (C) 右侧的两个产卵点；E. 放大 (C) 左侧的 3 个产卵点；F. 异羽叶 *Anomozamites angustifolium*（CNU-PLA-NN-2005273，本内苏铁类）及其上的产卵损伤痕迹，DT76，产地为道虎沟；G. 放大 (F) 上方的产卵点，中央可见圆形区域，推测可能包含一个卵；H. 放大 (F) 下方的产卵点，中央的圆形区域稍偏右；I. 鸣螽科 Prophalangopsidae，*Bacharaboilus jurassicus* Li, Ren & Wang, 2007（CNU-ORT-LB-2006012，直翅目），义县组；J. 为 (I) 中产卵器线条图，类型为 D，长度约 6.8 mm；K. 短鞭叶蜂科 Xyelotomidae，*Abrotoma robusta* Gao, Ren & Shih, 2009b（CNU-HYM-NN-2008014，膜翅目），九龙山组；L. 为 (K) 中产卵器线条图，类型为 E，长度约 3 mm

该研究的主要结果有：①热河生物群中最多的产卵损伤类型为DT101（图30.17 K–M）和DT175（图30.17 N–P），宿主植物主要为薄氏辽宁枝*Liaoningocladus boii*（阔叶松柏类），产卵昆虫大部分属于半翅目，产卵器类型为C（图30.17 Q）和G（图30.17 R）。其次为DT72（图30.18A、B），宿主植物为两种拟木贼*Equisetites*（楔叶类horsetails）。②燕辽生物群中宿主植物的组成较为复杂，涉及的损伤痕迹类型也很多样。该时期昆虫在植物的茎叶表皮、维管组织、叶肉、甚至是果实上产卵[37]（DT272，图30.18 C~F），与现生类群相似且分布较为广泛。异羽叶*Anomozamites*（本内苏铁类）在宿主植物中占绝对优势。共观察到3种损伤类型，其中DT76（图30.18 G~I）可能对应产卵器类型D（图30.18J、K）和E（图30.18M），DT101比热河生物群对应的昆虫类群更为广泛，多属于半翅目和膜翅目，产卵器类型也很相似（C、G），而DT226发现于5种不同的异羽叶上。除本内苏铁类植物外，在松柏类（DT76、DT101）和银杏类（DT100、DT101、DT137）植物上也观察到了昆虫产卵痕迹。③北票生物群未有昆虫化石的报道，但宿主植物类型和产卵痕迹形态却很独特，涉及苏铁类和蕨类植物（图30.18），产卵损伤类型主要为DT76和DT101[37]。

从晚三叠世到早白垩世，植食性昆虫取食模式的演替具有一定轨迹，表明植物与昆虫的相互作用关系从早期大量的外部取食转变为后来的内部取食模式。这种转变也说明昆虫对食物资源进行了更精细的划分，以及对特定宿主植物的寄生发生了专性化。这种组织类型的分化，可能通过提高功能取食类型增加了昆虫取食的饱和度。关于植食性昆虫取食的转变可能解释为生态因素或长期的环境变化，或两种原因兼有。相关的生态因素有：①进化出可利用分化程度更高、更广泛的宿主植物资源；②植物形态的长期变化及形成针对植食性昆虫的防御系统；③植食性昆虫取食宿主植物组织分配的变化；④拟寄生类群的出现对植食性昆虫的有效控制。长期的环境变化可能与植食性昆虫的取食方式变化相关[9]。同时，产卵损伤痕迹在不同时期的类型和数量差异显著。晚三叠世产卵损伤痕迹在各类群的分布较为均衡，昆虫并未对宿主植物存在明显偏好，而这一产卵模式在中侏罗世晚期发生了显著转变，昆虫主要倾向于取食本内苏铁类、少数松柏类及银杏类植物，该现象很可能与同时期昆虫的植食和传粉习性密切相关[37]。

知识窗：基因延续中的互利共生

榕树有许多种（如*Ficus microcarpa* L. F., 1782; *Ficus benguetensis* L., 1753），隶属于桑科，是一种绞杀无花果树strangler fig trees，广布于中国、印度、斯里兰卡、马来群岛、澳大利亚等地。榕树可能由幼苗或树枝发育出细小的卷须根，冲向地面并最终生长为树干，但在某些情况下，榕树的缠绕会导致其寄主树木窒息并死亡。随着榕树的成长，由硬化"气生根"形成的树冠会逐渐伸展开来。在中国南方，榕树宽阔的树冠为当地人提供了良好的相聚、乘凉和休息的场所。因此，许多榕树常栽种于公园、寺庙和学校（图30.19）。各种鸟类、爬行动物和昆虫会栖息在榕树上。鸟类以榕树的无花果为食，许多鳞翅目和鞘翅目昆虫的幼虫以榕树的叶片为食。夏天蝉躲在茂密的树叶间奏出响亮的"乐曲"。

▶ 图 30.19　中国榕树具有昆虫与植物基因延续的互利共生现象
史宗冈拍摄

　　藏匿于榕树简单表象之下的是有趣的互利共生现象，榕小蜂*Eupristina verticillata* Waterston, 1921[39]（小蜂总科Chalcidoidea，榕小蜂科Agaonidae）与中国榕树是昆虫与植物之间互利共生很好的例子，两者都以此方式延续自己的基因。榕树花就像无花果树的花一样位于无花果内部，被外侧一层较厚的果肉包裹。通常给榕树雌花授粉的雌性榕小蜂具翅，而雄性则无翅。雄蜂会在雌蜂前成虫化，而后会在无花果内爬行，寻找雌性进行交配。交配后的雌性榕小蜂会爬到榕树无花果中的雄花上采集花粉，而雄蜂在无花果上啃咬出通道，之后雌蜂从该通道爬出无花果，而雄性在完成通道后死亡。虽然翅上携带花粉，雌蜂仍可以进行长距离的飞行，直至找到另一颗适宜产卵的无花果，此过程也有助于榕树雌花的授粉。此后，榕小蜂和榕树之间的互利共生循环再次开始[40]。榕小蜂与其他相关黄蜂的基因组进行比较时，发现榕小蜂保留并保存气味受体的基因，可以检测无花果榕树产生的相同气味化合物。这些基因组特征是榕树和榕小蜂之间共同进化的征据[41]。

　　榕小蜂和其他的蜂类与榕树的无花果的内部的"花"形成了复杂的竞争生态系统。研究人员发现，所有在形态上被确定为榕小蜂的昆虫，可以分化成三小类，主要为4.22%~5.28%的mtDNA分化和2.29%~20.72%的核基因分化[42]，Wolbachia细菌可能在这些分化中发挥作用[42]。结合以前公布的*Ficus microcarpa*与榕小蜂分布的记录，以及对其迁移和原生范围的广泛调查的结果，至少有43种无花果小蜂与*Ficus microcarpa*有关，其中大多数只在*Ficus microcarpa*宿主中有记录[43]。然而，许多寄生在*Ficus microcarpa*无花果上的蜂类并不具有传粉能力，其中物种最为丰富的是金小蜂科Pteromalidae，其次是广肩小蜂科Eurytomidae，而数量最少的刻腹小蜂科Ormyridae，仅报道了一种[43]。这些不传粉的蜂类在形态上也演化出了显著的适应性变化，如较长的产卵器用来探测并将卵产在无花果中。

参考文献

［1］WANG Q, SHIH C K, REN D. The earliest case of extreme sexual display with exaggerated male organs by two middle Jurassic Mecopterans ［J］. PLoS ONE, 2013, 8 (8), e71378.

［2］LI L, SHIH C K, WANG C, et al. A new fossil scorpionfly (Insecta: Mecoptera) with extremely elongate male genitalia from northeastern China ［J］. Acta Geologica Sinica (English Edition), 2017, 91 (3): 797–805.

［3］ ZHANG Y J, SHIH P J M, WANG J Y, et al. Jurassic scorpionflies (Mecoptera) with swollen first metatarsal segments suggesting sexual dimorphism ［J］. BMC Ecology and Evolution, 2021, 21:47.

［4］ WANG M, RASNITSYN A P, SHIH C K, et al. Revision of the Genus *Rudisiricius* (Hymenoptera, Praesiricidae) with six new species from Jehol Biota, China ［J］. Cretaceous Research, 2015, 52: 570–578.

［5］ GU J J, FERNANDO M Z, ROBERT D, et al. Wing stridulation in a Jurassic katydid (Insecta, Orthoptera) produced low-pitched musical calls to attract females ［J］. Proceedings of the National Academy of Sciences, 2012, 109 (10): 3 868–3 873.

［6］ GAO T P, SHIH C K, LABANDEIRA C C, et al. Convergent evolution of ramified antennae in insect lineages from the Early Cretaceous of Northeastern China ［J］. Proceedings of Royal Society B, 2016: 283: 20161448.

［7］ LI S, SHIH C K, WANG C, et al. Forever love: the hitherto earliest record of copulating insects from the Middle Jurassic of China ［J］. PLoS ONE, 2013, 8 (11), e78 188.

［8］ LI L F, SHIH CK, RASNITSYN A P, et al. New fossil ephialtitids elucidating the origin and transformation of the propodeal-metasomal articulation in Apocrita (Hymenoptera) ［J］. BMC Evolutionary Biology, 2015, 15–45.

［9］ DING Q L, LABANDEIRA C C, REN D. Biology of a leaf miner (Coleoptera) on *Liaoningocladus boii* (Coniferales) from the Early Cretaceous of northeastern China and the leaf-mining biology of possible insect culprit clades ［J］. *Arthropod Systematics & Phylogeny*, 2014, 72: 281–308.

［10］ DING Q L, LABANDEIRA, C C, MENG, Q M, et al. Insect herbivory, plant-host specialization and tissue partitioning on mid-Mesozoic broadleaved conifers of Northeastern China ［J］. Palaeogeography, Palaeoclimatology, Palaeoecology, 2015, 440: 259–273.

［11］ ARCHIBALD S B. Revision of the scorpionfly family Holcorpidae (Mecoptera), with description of a new species from Early Eocene McAbee, British Columbia, Canada ［J］. Annales de la Société entomologique de France, 2010, 46 (1–2) : 173–182.

［12］ RASNITSYN A P, ZHANG H C, WANG B. Bizarre fossil insects: web-spinning sawflies of the genus *Ferganolyda* (Vespida, Pamphilioidea) from the Middle Jurassic of Daohugou, Inner Mongolia, China ［J］. Palaeontology Journal, 2006, 49: 907–916.

［13］ GAO T P, SHIH C K, RASNITSYN A P, et al. *Hoplitolyda duolunica* gen. et sp. nov. (Insecta, Hymenoptera, Praesiricidae), the hitherto largest sawfly from the Mesozoic of China ［J］. PLoS ONE, 2013, 8 (5), e62420.

［14］ LANG A B , KALKO E K V , RÖMER, H. et al. Activity levels of bats and katydids in relation to the lunar cycle ［J］. Oecologia, 2006, 146: 659–666.

［15］ DIWAKAR S, BALAKRISHNAN R. Vertical stratification in an acoustically communicating ensiferan assemblage of a tropical evergreen forest in southern India ［J］. Journal of Tropical Ecology, 2007, 23: 479–486.

［16］ GOROCHOV A V. System and evolution of the suborder Ensifera ［J］. Proceedings of the Zoological Institute of the Russian Academy of Sciences, 1995, 260: 3–224.

［17］ HEADS S W, LEUZINGER L. On the placement of the Cretaceous orthopteran *Brauckmannia groeningae* from Brazil, with notes on the relationships of Schizodactylidae (Orthoptera, Ensifera) ［J］. Zookeys, 2011, 77: 17–30.

［18］ SENTER P. Voices of the past: A review of Paleozoic and Mesozoic animal sounds ［J］. *Historical Biology,* 2008, 20 (4): 255–287.

［19］ CARDÉ R T, MINKS A K. Insect Pheromone Research: New Directions ［M］. Chapman & Hall, New York, 1997.

［20］ EBERHARD W G. Sexual Selection and Animal Genitalia ［M］. Harvard University Press, Cambridge, 1985.

［21］ TEGONI M, CAMPANACCI V, CAMBILLAU C. Structural aspects of sexual attraction and chemical communication in insects ［J］. *Trends in Biochemical* Sciences, 2004, 29 (5) : 257–264.

［22］ SHUKER D M, SIMMONS L W. The Evolution of Insect Mating Systems ［M］. Oxford University Press, New York, 2014.

［23］ VENTURA M U, PANIZZI A R. Morphology of olfactory sensilla and its role in host plant recognition by *Neomegalotomus parvus* (Westwood) (Heteroptera: Alydidae) ［J］. Brazilian Archives of Biology and Technology, 2005, 48 (4) : 589–597.

［24］ CROOK D J, KERR L M, MASTRO V C. Distribution and fine structure of antennal sensilla in emerald ash borer (Coleoptera: Buprestidae) ［J］. Annals of the Entomological Society of America, 2008, 101 (6) : 1 103–1 111.

［25］ BARSAGADE D D, TEMBHARE B, KADU S G. Microscopic structure of antennal sensilla in the carpenter ant *Camponotus compressus* (Fabricius) (Formicidae: Hymenoptera) ［J］. Asian Myrmecology, 2013, 5: 113–120.

［26］ ZHENG H X, LIU H X, GUO S Y. et al. Scanning electron microscopy study of the antennal sensilla of *Catocala remissa* ［J］.

Bull Insectology, 2014, 67 (1) : 63–71.

［27］BENTON R. On the origin of smell: odorant receptors in insects ［J］. Cellular and Molecular Life Sciences, 2006, 63: 1 579–1 585.

［28］SCHNEIDER D. Insect Antennae ［J］. Annual Review of Entomology, 1964, 9 (1) : 103–122.

［29］KROGMANN L, ENGEL M S, BECHLY G, et al. Lower Cretaceous origin of long-distance mate finding behaviour in Hymenoptera (Insecta) ［J］. Journal of Systematic Palaeontology, 2012, 11 (1): 83–89. doi:10.1080/14772019.2012.693954.

［30］BIEDERMANN R. Mating success in the spittlebug *Cercopis sanguinolenta* (Scopoli, 1763) (Homoptera, Cercopidae): the role of body size and mobility ［J］. Journal of Ethology, 2002, 20: 13–18.

［31］MA N, ZHONG W, HUA B. Genitalic morphology and copulatory mechanism of the scorpionfly *Panorpa jilinensis* (Mecoptera: Panorpidae) ［J］. Micron, 2010, 41: 931–938.

［32］WANG R R, LIANG A P, WEBB M D. A new tropiduchid planthopper genus and species from China with descriptions of in copula genitalic structures (Hemiptera: Fulgoromorpha) ［J］. Systematic Entomology, 2009, 34: 434–442.

［33］BOUCOT A J, POINAR G O JR. Fossil behavior compendium ［M］. CRC Press, Boca Raton, 2010.

［34］BOUCOT A J, BABCOCK L E. Evolutionary paleobiology of behavior and coevolution ［M］. Elsevier, Amsterdam, Oxford, New York, Tokyo, 1990.

［35］CRYAN J R, SVENSON G J. Family-level relationships of the spittlebugs and froghoppers (Hemiptera: Cicadomorpha: Cercopoidea) ［J］. Systematic Entomology, 2010, 35: 393–415.

［36］孙革，郑少林，梅盛吴. 辽宁枝属（新属）*Liaoningocladus* gen. nov. 在辽西义县组下部（晚侏罗世）的发现 ［J］.古生物学报，2000, 39（增刊）：200–208.

［37］LIN X D, LABANDEIRA C C, DING Q L, et al. Exploiting Nondietary Resources in Deep Time: Patterns of Oviposition on Mid-Mesozoic Plants from Northeastern China ［J］. International Journal of Plant Sciences, 2019, 180 (5) : 411–457.

［38］MENG Q M, LABANDEIRA C C, DING Q L, et al. The natural history of oviposition on a ginkgophyte fruit from the Middle Jurassic of northeastern China ［J］. Insect Science, 2017, 26: 171–179.

［39］WATERSTON J. On some Bornean fig-insects (Agaonidae - Hymenoptera Chalcidoidea) ［J］. Bulletin of Entomological Research, 1921, 12 (1) : 35–40.

［40］SUSHEEL A P, RADHA R, MEENATSHI K. A preliminary study on the life history of fig wasp, *Eupristina verticillata* and its key role in the pollination of fig tree, *Ficus macrocarpa* ［J］. Journal of Entomology and Zoology Studies, 2016. 4(6): 496–500.

［41］ZHANG X T, WANG G, ZHANG S C, et al. Genomes of the Banyan tree and pollinator wasp provide insights into gig-wasp coevolution ［J］. Cell, 2020, 183 (4): 875–889.

［42］SUN X J, XIAO J H, COOK J M, et al. Comparisons of host mitochondrial, nuclear and endosymbiont bacterial genes reveal cryptic fig wasp species and the effects of Wolbachia on host mtDNA evolution and diversity ［J］. BMC Evolutionary Biology, 2011, 11:86.

［43］WANG R, AYLWIN R, BARWELL L, et al. The fig wasp followers and colonists of a widely introduced fig tree, *Ficus macrocarpa* ［J］. Insect Conservation and Diversity, 2015, doi: 10: 1111/icad.12111.

中文名称索引

拉丁学名索引